Mit Sicherheit gesund bauen

Peter Bachmann • Matthias Lange (Hrsg.)

Mit Sicherheit gesund bauen

Fakten, Argumente und Strategien
für das gesunde Bauen, Modernisieren
und Wohnen

2. Auflage

Herausgeber
Peter Bachmann
Matthias Lange

Freiburg, Deutschland

ISBN 978-3-8348-2522-3 ISBN 978-3-8348-2523-0 (eBook)
DOI 10.1007/978-3-8348-2523-0

Die Deutsche Nationalbibliothek verzeichnet diese Publikation in der Deutschen Nationalbibliografie;
detaillierte bibliografische Daten sind im Internet über http://dnb.d-nb.de abrufbar.

Springer Vieweg
© Springer Fachmedien Wiesbaden 2012, 2013

Lektorat: Ralf Harms | Annette Prenzer

Gedruckt auf säurefreiem und chlorfrei gebleichtem Papier

Springer Vieweg ist eine Marke von Springer DE. Springer DE ist Teil der Fachverlagsgruppe Springer
Science+Business Media.
www.springer-vieweg.de

Inhaltsverzeichnis

1 Geleitwort Fachbuch zur Innenraumhygiene

Mehr als 80 Prozent des Tages verbringen wir durchschnittlich in geschlossenen Räumen. Das trifft in Deutschland nicht nur auf Erwachsene, sondern zunehmend auch auf Jugendliche und Kinder zu. Treten Belastungen in der Wohnung und am Arbeitsplatz auf, ist das für die Gesundheit und das Wohlbefinden besonders folgenschwer. Die Quellen für Belastungen sind im Wohnbereich vielfältig: Bauprodukte, Möbel, Inventar und Gegenstände des täglichen Gebrauchs geben chemische Stoffe ab, die in der Innenraumluft nachweisbar sind. Sie sind oft von größerer Bedeutung als Schadstoffe aus der Außenluft, die beim Lüften in die Wohnung gelangen können.

Das Umweltbundesamt (UBA) ist seit Beginn der Diskussion um Innenraumschadstoffe in vorderster Linie dabei, wenn es gilt, Gefahren zu erkennen und Empfehlungen zur Minimierung zu geben. Wo nötig, erarbeitet das UBA Vorlagen und Empfehlungen für die Politik, regulatorische Maßnahmen zu ergreifen. In der Vergangenheit war dies bei der Begrenzung des Einsatzes von Holzschutzmittelwirkstoffen, dem Verbot von Pentachlorphenol für Erzeugnisse im Innenraum, dem Verbot des Einsatzes von Asbest oder der Ableitung eines Richtwertes für Formaldehyd in der Innenraumluft der Fall. In der jüngeren Zeit erarbeitete das UBA Richtwerte für verschiedene Innenraumschadstoffe, bei deren Überschreiten Maßnahmen zur Minderung zu ergreifen sind. Auch gab das UBA Empfehlungen für die Innenraumhygiene in Schulen oder für die Vorbeugung und fachgerechte Sanierung bei Schimmelpilzbefall.

Dennoch bleibt weiterhin viel zu tun. Immer neue chemische Stoffe werden auch in Innenraumprodukten eingesetzt. Die Gebäudebauweise hat sich seit einigen Jahren deutlich geändert. Aus energetischen Gründen wird heute luftdicht gebaut. So positiv dies für das Erreichen der Energiesparziele ist, so gilt es doch auch die Risiken zu beachten: Luftdicht bauen heißt, dass die im Innenraum freigesetzten Stoffe nicht mehr einfach durch Luftaustausch nach außen gelangen, sondern vermehrt im Raum verbleiben. Auch Feuchtigkeit, die bei der Raumnutzung entsteht, wird durch verringerten Luftaustausch im Innenraum angereichert und kann schlimmstenfalls zu Schimmelpilzschäden führen. Hier gilt es, gegenzusteuern. Energiesparen und gute Raumluft zu schaffen, müssen keine sich widersprechenden Ziele sein. Im Gegenteil: Durch konsequente Auswahl emissionsarmer Bauprodukte und anderer im Innenraum eingesetzter Produkte sowie durch sachgerechte Lüftungstechniken und Lüftungsempfehlungen wird es gelingen, beide Prinzipien – Energiesparen und Wohngesundheit – in Einklang zu bringen.

Hierbei ist auch die Aufklärung der Verbraucherinnen und Verbraucher ein wichtiges Instrument. Das UBA wird weiterhin seinen Beitrag dazu leisten. Oft gelingt es uns allein dabei aber nicht, alle Akteure – beginnend beim Bauplaner, den bauausführenden Fachfirmen, über Wohnungsbau- und Wohnungsverwaltungen bis hin zum Wohnungsnutzer – zu erreichen. Das vorliegende Buch kann hier eine Lücke schließen. Es soll betroffene Fachkreise ansprechen und notwendige Maßnahmen und Optionen zur Verbesserung der Innenraumluftsituation in deutschen Wohnhaushalten aufzeigen.

Jochen Flasbarth
Präsident des Umweltbundesamtes

1.1 Geleitwort

Jede Zeit hat ihre eigene Architektur und Städteplanung. Die Architektur und Städteplanung der 70er Jahre lässt sich aus heutiger Sicht auf einen einfachen Nenner bringen: Der Mensch hat sich der Architektur unterzuordnen. Die Form ist das Maß für das Wohlbefinden des Einzelnen. Die sich der Architektur entgegenstellenden störenden bauphysikalischen Probleme galt es zu überwinden. Das normgerechte Bauen wurde kultiviert.

Mit zunehmendem Unbehagen gegenüber dem modernen Bau- und Siedlungswesen, mit dem auch eine zunehmende gesundheitliche Skepsis einherging, entwickelte sich um 1960 der baubiologische Gedanke vom gesunden Bauen als eine Art romantische Rückbesinnung auf die Vorteile des ursprünglichen naturgemäßen oder natürlichen Bauens.

Dr. Hubert Palm, ein Mediziner, gilt mit seinem 1954 veröffentlichten Buch „Das gesunde Haus" als Vater der Baubiologie mit seinen Thesen: *„Hausbau ist Hautbau"* oder *„Das gesunde Haus ist die dritte Haut des Menschen."*

Organisatorisch entstand 1968 unter der Initiative von Prof. Anton Schneider die „Arbeitsgemeinschaft: Gesundes Bauen und Wohnen", aus der 1976 das erste Institut für Baubiologie hervorging.

Aus dieser Rückbesinnung auf traditionelle Werte und der vereinfachten Vorstellung, dass früher das Wohnen gesünder war, konnten die Baustoffe nicht „natürlich" genug sein. Mit der wachsenden Erkenntnis, dass gesundes Wohnen aber nicht durch die alleinige Verwendung natürlicher Baustoffe zu verwirklichen ist, gelang eine entscheidende Objektivierung im gesunden Bauen.

Nun schlug die Zeit der Umweltlabel, die mit einfacher Kennzeichnung versuchten, Informationen zur Gesundheitsverträglichkeit zu transportieren. Auch hierdurch gelang es nicht wirklich, eine einfache Formel für gesundes Bauen zu schaffen, denn das Ganze ist bekanntlich mehr als die Summe seiner Teile.

Deshalb setzt das Sentinel-Haus Institut genau hier mit seinem Fachbuch „Mit Sicherheit gesund bauen" für den Baupraktiker an. Über 30 namhafte Fachleute stellen Stand und Regel der Technik im gesunden Bauen und Wohnen dar. Eine derart umfassende Darstellung der Aspekte der Innenraumhygiene hat es für den Baupraktiker bisher nicht gegeben. Die Struktur des Buches orientiert sich am Verlauf des Bauprozesses selber und bietet Fakten, Argumente und Strategien für das gesunde Bauen und Wohnen mit dem Ziel, für den Bauherrn einen gangbaren Weg zu einem gesunden Haus aufzuzeigen.

Der Berufsverband Deutscher Baubiologen – VDB e. V. – hat nicht zuletzt mit seinen Richtlinien zur fachgerechten und professionellen Erkennung von Gesundheitsrisiken in Innenräumen einen entscheidenden Beitrag zur Qualitätssicherung bei baubiologischen Untersuchungen geleistet, um damit einen wesentlichen Baustein für gesundes Bauen und Wohnen zu schaffen. Daher sehen wir es als zielorientiert und Erfolg versprechend an, den Bauprozess selbst in den Fokus der Betrachtung zu stellen. Dieser Gedanke ist nicht neu, allein die baupraktische Umsetzung fehlte bisher. Wir freuen uns über dieses umfassende Fachbuch für Baupraktiker und wünschen der Initiative und den danach Handelnden viel Erfolg!

Uwe Münzenberg

Vorstand im Berufsverband Deutscher Baubiologen – VDB e. V.

1.2 Vorwort zur 2. Auflage

1

Zehn Jahre Wohngesundheit oder von einer fixen Idee zu einer professionellen Ingenieursdienstleistung

Seit zehn Jahren befasse ich mich nun intensiv mit dem gesunden Bauen und Wohnen. Es ist ein stark wachsender Markt in allen Wertschöpfungsbereichen der Bauwirtschaft. Jede der zahlreichen Interessensgruppen hat mit ihren eigenen Herausforderungen zu kämpfen. Im Folgenden sollen meine sehr unterschiedlichen Erfahrungen beschrieben und besonders auf die Herausforderungen und Widersprüche des gesunden Bauens eingegangen werden. Seit 25 Jahren bin ich im Bausektor tätig und habe dabei noch kein Thema erlebt, dass so starke Reaktionen und unterschiedlichste Emotionen auslöst.

Diese große Emotionalität des Themas Gesundheit ist Triebkraft und Hemmnis zugleich. Geht es um Gesundheit, geht es offensichtlich für viele Beteiligte auf einmal um „Alles".

Hinzu kommt, dass die regulierenden Behörden im Wettlauf mit den technischen Möglichkeiten der Wärmedämmung und Energieeffizienz oft nur hinterher hinken können. Passivhäuser liegen im Trend. Das ist gut so, da wir unsere Energieverschwendung der letzten Jahrzehnte endlich eindämmen müssen. Allerdings spitzt sich durch diese Entwicklung die innenraumhygienische Situation deutlich zu.

Das gesunde Planen und Bauen braucht Paten in den unterschiedlichen Wertschöpfungsbereichen. Gesundes Bauen funktioniert nur mit Veränderungswillen und innovativer Kraftanstrengung.

Es geht nicht mehr um die Frage, ob das gesunde Bauen kommt, es geht nur noch darum, in welcher Geschwindigkeit es sich als „Standard" durchsetzen wird.

Gesundes Bauen und die Architekten

Das Bauen hat in den letzten 20 Jahren in atemberaubender Weise an Komplexität zugenommen. Wärmeschutz, Schallschutz, Brandschutz und viele weitere Bereiche sind mittlerweile so stark reguliert, dass die technischen Anforderungen und die grundlegenden architektonischen Herausforderungen wie funktionale/ästhetische Planung sowie die Bauleitung von vielen Gewerken und das zugehörige kaufmännisch/rechtliche Verständnis im Sinne des Auftraggebers kaum von einem Menschen allein zu leisten sind. Hinzu kommt die große rechtliche Relevanz im Bau (es geht um Leib und Leben)!

Wie oft habe ich in entsetzte Gesichter von Architekten geschaut, wenn ich ihnen die zusätzlichen Herausforderungen des gesunden Bauens vortrage. „Altbewährte" Baustoffe und Bausysteme funktionieren im gesunden Bauen zum Teil nicht. Zusätzliche Kriterien der Verarbeitung müssen berücksichtigt werden. Neue Verordnungen zur gesundheitlichen Qualität der Immobilie sprießen aus dem Boden wie Pilze nach einem regnerischen Herbsttag. Trotzdem wollen alle Architekten natürlich ihre Sache gut machen. Das gesunde Bauen stellt viele neue Fragen im Alltag des Architekten. In der Ausbildung wird das Thema, wenn überhaupt, nur am Rande behandelt. Die meisten Hochschulen haben das Thema noch nicht im Ausbildungsplan integriert. Die Rolle der Architektenkammern ist noch zu klären, klar ist allenfalls, dass „Green Building" mal Bedeutung bekommen könnte.

Die Konzepte, welche wir im Sentinel-Haus Institut gemeinsam mit vielen Partnern in den letzten Jahren im gesunden Bauen erarbeitet haben, konnten wir nur durch die wunderbare Unterstützung von innovativen Architekten leisten, die das Thema erkannt haben und sich ihm stellen. Trotzdem schwanken auch diese Architekten zwischen Hochgefühl und Resignation. Letzteres liegt vor allem daran, dass die Investoren (private wie öffentliche) gesunde Immobilien voraussetzen und keine Bereitschaft zeigen, dies beim Planungshonorar zusätzlich zu würdigen. Insgesamt kostet gesundes Bauen für Planer zurzeit tatsächlich mehr Engagement und Investitionen in eine zusätzliche Ausbildung, was eben auch zusätzlich honoriert werden sollte.

Dass die Architekten das Thema inzwischen als Herausforderung wahrnehmen, zeigt eine repräsentative bundesweite Studie[1] der Heinze Marktforschung im Auftrag von Sentinel und Baumit, die die Bedeutung und Bekanntheit der genutzten Labels und ihre Relevanz auf dem deutschen Baumarkt untersuchte.

Gesundes Bauen und der Handel

Der Handel lebt vom Verkauf der Produkte und gerät durch die gesundheitlichen Kriterien für Baustoffe in eine teilweise prekäre Lage. Besonders dann, wenn es für bestimmte Baustoffe und Bausysteme keine Alternativen gibt. Sollte man diese Baustoffe „auslisten"? Klärt man den Kunden zu eventuellen gesundheitlichen Risiken auf?

Klar ist schon jetzt, dass mit dem Eintritt großer Handelsunternehmen in den Wohngesundheitssektor viel Bewegung in den Markt kommt. Jahrelang erwartete Emissionszeugnisse werden plötzlich von den Bauproduktenherstellern geliefert – nicht freiwillig, sondern weil der Handel eine entsprechende Macht besitzt, Hersteller mit entsprechenden Qualitätsanforderungen zu konfrontieren.

Die besondere Herausforderung des Handels scheint es zu sein, dass der Mitarbeiter an der Theke von gewohnten Beratungsroutinen abweicht. Zudem hat der Mitarbeiter im Handel in der Vergangenheit nahezu blind auf die Beratung des Herstellers vertraut. In vielen technischen Fragen hat das funktioniert, in gesundheitlichen Fragen besteht noch viel Aufklärungsbedarf.

Ich freue mich über den Markteintritt von großen und innovativen Handelskonzernen und hoffe sehr, dass die verantwortlichen Mitarbeiter den Mut und die Kraft nicht verlieren, für dieses Thema in ihren Unternehmen zu kämpfen, da dies in großen Konzernen eine besondere Herausforderung mit neuen Themen ist. Auch ist eine gute Reaktion im Markt zu verspüren, Wohngesundheit wird zu einem Wettbewerbsvorteil. Die Folge: Die Wettbewerber dieser Protagonisten müssen aktiv werden, was dem Markt des wohngesunden Bauens zusätzliche Dynamik verleiht.

Gesundes Bauen und die Behörden

Ich zitiere eine Juristin aus einer Bundesbehörde: „Was sollen wir machen? Sollen wir jetzt, nachdem wir den Menschen 20 Jahre lang gesagt haben, dass sie ihre Häuser dämmen und dichten sollen, nun zugeben, dass sie im schlimmsten Fall krank werden in diesen Gebäuden?"

Das zeigt das Dilemma, in dem die Behörden stecken. Die meisten Politiker haben nun endlich das Energiethema verstanden und jetzt sollen sie auf einmal auch noch gesundheitliche Aspekte berücksichtigen? Ich habe das gesunde Bauen nun über vier Legislaturperioden begleitet. In dieser Zeit habe ich viel Entmutigendes in der politischen Landschaft erleben müssen. Menschen kämpfen in den vier Jahren einer Legislaturperiode für eine Veränderung zugunsten der

---

[1]   http://www.baudatenonline.de/aktuellestatistiken/8595411/aktuelles-aus-der-marktforschung.html

1

Wohngesundheit, dann kommt ein politischer Wechsel, Positionen werden neu besetzt und die Arbeit von vier Jahren ist schlichtweg zunichtegemacht. Diese Randbedingungen unserer Demokratie betreffen selbstverständlich nicht allein das Bauen, ein Stück weit mehr Kontinuität wäre aber auch hier zu begrüßen. Glücklicherweise gibt es auf allen Ebenen der öffentlichen Verwaltung Menschen, die nicht vom Wohl und Wehe politisch gewählter Personen direkt abhängen und mit viel Mut und Konsequenz das Thema immer wieder auf die Agenda setzen und zum Teil mit „kreativen Verfahrenswegen" dem gesunden Bauen weiter voran helfen.

Natürlich kann man nicht grundsätzlich von **der** Behörde und **dem** gesunden Bauen sprechen. Es gibt viele Behörden und viele Ansätze zum gesunden Bauen. Die Behörde, die ich als steuerzahlender Bürger im Besonderen schätzen gelernt habe, ist das Umweltbundesamt. Hier wird in dauerhafter Arbeit im Sinne des gesunden Bauens gehandelt. Selbstverständlich muss auch hier auf viele politische und wirtschaftliche Interessen Rücksicht genommen werden, jedoch zählt aus meiner Sicht die konsequente Verfolgung des Themas. Leider (aus Sicht des Verfassers) resultiert aus den Abstimmungsprozessen mit Wirtschaft und Politik häufig ein etwas weichgespültes Ergebnis, welches jedoch der Alternative, absolut kein Ergebnis zu erzielen, deutlich vorzuziehen ist!

Viele untergeordnete Behörden haben von der Wohngesundheit allerdings noch gar keine Kenntnis erhalten, da einfach die zeitlichen (und finanziellen) Ressourcen fehlen. Hier ist noch viel Aufklärungsarbeit zu leisten.

Gesundes Bauen und die Kommunen

Bauen kostet Geld! Gesundes Bauen kostet noch mehr Geld und das lässt sich nur schwer vertreten. Glücklicherweise nehmen immer mehr kommunale Bauämter das Thema der Innenraumhygiene auf ihre Agenda. Die Mitarbeiter, welche dies initiieren, haben jedoch mit vielen Herausforderungen und Widerständen zu kämpfen. Zum Beispiel, wie man gesundes Bauen in die Ausschreibung von Bauleistungen integriert. Die Rechtsabteilungen und die Rechnungsämter der Kommunen können hier zu einem echten Hindernis werden, denn für die Einbindung ist einiges an fachlicher Expertise nötig und auch ein kreatives Umgehen der geforderten europaweiten Ausschreibungen. Jedoch zeigt die Erfahrung, dass innerhalb des vorhandenen Ermessensspielraums extrem viel möglich ist.

Eine Mitarbeiterin einer Baubehörde hat mir mit höchster Selbstverständlichkeit erläutert, dass auf Grundlage der „Fürsorgepflicht" es keine Frage ob, sondern wie gesundes Bauen umgesetzt werden kann. Eine große Sorge, mit welcher das gesunde Bauen in Behörden konfrontiert ist, ist immer wieder die Frage: „Was sagen wir den Bürgern zu den Immobilien aus der Vergangenheit, wenn wir ab heute gesünder bauen?"

Eine weitere Herausforderung können die strukturellen Hindernisse zwischen Politik und Verwaltung sein. Ein Originalzitat eines hohen Mitarbeiters einer deutschen Kommune: „Wir müssen dann die Dinge der Politik (er meint die Innenraumhygiene) ausbaden!" Damit war gemeint, dass die Politik aus Gründen der politischen Aufmerksamkeit positive Themen besetzt und dann die technischen Ausmaße nicht abschätzt und nicht entsprechend unterstützt.

Aber: Wenn Kommunen die Innenraumhygiene als Modellprojekte umsetzen, hat dies einen sehr hohen Multiplikationsgrad, da die Kommune eine Vorbildfunktion hat. Kommunale Auftraggeber haben eine große Macht gegenüber der Baustoffindustrie. Wenn ernsthaft Emissionszeugnisse seitens der öffentlichen Auftraggeber gefordert werden, kann man eine sehr schnelle Reaktion der Hersteller beobachten.

1

Beispiele für den Umgang der Kommunen mit der Innenraumhygiene finden sich im Kapitel 5.7.

Gesundes Bauen und das Handwerk

Ohne das Handwerk geht gar nichts, auch im gesunden Bauen! Bei einer genauen Betrachtung der aktuellen Situation kann man folgende Punkte festhalten:

- Das Handwerk setzt sich zurzeit sehr offensiv mit dem gesunden Bauen auseinander. Das Sentinel-Haus Institut verzeichnet in diesem Segment die meisten Seminarteilnehmer.
- Das Handwerk hat bei der erfolgreichen Umsetzung eine herausragende Bedeutung.
- Das Handwerk bekommt die zusätzliche Leistung für gesundes Bauen nicht vergütet.
- Das Handwerk trägt zurzeit das größte rechtliche Risiko. Dies belegen auch die Urteile im Kapitel Recht.
- Das Handwerk braucht einen starken Baustoffhandel, der die Überprüfung der Baustoffe seriös übernimmt, da der Handwerker neben seinen alltäglichen Aufgaben keine Emissionszeugnisse prüfen kann.

Seit 2005 haben wir über 7.000 Handwerker zum gesunden Bauen geschult und hierbei sehr gute Ergebnisse erzielen können. Der Handwerker will mit seinen Händen etwas Gutes tun und ist bereit, hierfür neue Wege zu gehen.

Die Rolle der Handwerkskammern muss hierbei noch geklärt werden. Ggf. haben hier die Innungen eine Chance, dem Handwerker zu helfen bei den neuen Herausforderungen.

Gesundes Bauen und die Baustoffindustrie

Hier lässt sich die Entwicklung in einem Satz zusammenfassen: „Alles ist möglich!"

Seit 2002 stehe ich im Kontakt mit vielen Herstellern zum gesunden Bauen. Die zunehmende Bedeutung der Innenraumhygiene fordert die Hersteller in einer für sie ungewohnten Weise. Eine Regulierung auf Emissionsverhalten, Geruch und weitere gesundheitliche Aspekte stellt die F&E-Abteilungen vor komplett neue Herausforderungen. Hinzu kommen die unterschiedlichen nationalen und zum Teil sogar regionalen Regulierungen. Auch der Zertifizierungssektor, der nicht umsonst auch „Labeldschungel" genannt wird, dient eher der Verwirrung als dem Überblick.

Das Lager der Hersteller lässt sich in drei Lager aufteilen:

- Die Unverbesserlichen: Sie profitieren, wenn das Thema Gesundheit möglichst schnell wieder vom Markt verschwindet und nur eine kurzfristige Modewelle ist. Diese Hersteller haben zumeist Produkte mit Emissions- oder Geruchsproblemen. Über Lobbyarbeit werden staatliche Regulierungen aufgeweicht oder zumindest ausgebremst. Die Situation in Europa bietet hierzu wunderbare Möglichkeiten.
- Die Grenzgänger: Sie haben Produkte mit sehr guten Emissionszeugnissen, verdienen aber auch Geld mit Produkten, die ein schlechtes Emissionsverhalten an den Tag legen. Hier habe ich regelmäßig erlebt, dass diese Hersteller zumeist eine ausschließliche Produktion von „gesunden" Produkten vorziehen würden, jedoch an Umsatz und Gewinn von gesundheitlich problematischen Produkten gebunden sind. Dieses Lager ist auch noch häufig durch die „Ökobewegung" der 1980'er Jahre geschädigt. Es bestehen große Vorbehalte gegenüber gesundem und ökologischem (was häufig mit gesundem verwechselt wird) Bauen. Viele Produkte mit suboptimalen Emissionszeugnissen sind zudem für einen qualitativ hochwertigen Bau unentbehrlich. Beispielsweise ein Silikondichtstoff mit Schimmelschutz

ist einem Silikon ohne Schimmelschutz (in den entsprechenden Anwendungsbereichen) vorzuziehen, da eine Schimmelbelastung höher ist, als die Belastung durch den Wirkstoff. Jedoch muss dann hier die Trocknungszeit oder Verarbeitung optimiert werden, um die Gesundheit der Bewohner und Nutzer zu schützen.

- Die wohngesunden Baustoffhersteller: Sie führen meist mineralische Produkte oder Produkte aus nachwachsenden Rohstoffen. Wobei nachwachsend nicht selbstverständlich gesund ist (was einige Hersteller jedoch gerne so hätten und zum Teil auch absichtlich falsch kommunizieren). Diese Hersteller haben sich schon vor vielen Jahren zur Zertifizierung ihrer Baustoffe mit Zertifikaten wie natureplus oder dem eco-Zertifikat entschieden.

Gesundes Bauen und ökologische Baustoffe

„Ökologisch ist nicht automatisch gesund" Diese Aussage führt regelmäßig zu Unverständnis, Ablehnung und Polemik, da hier vermeintliche Selbstverständlichkeiten infrage gestellt werden. Alte Veteranen des ökologischen Bauens, welche das Thema vor 20–30 Jahren „erfunden" haben, verstehen auf einmal ihre Welt nicht mehr. Einige ökologische Farben, manche Holzwerkstoffe und andere Materialien haben zwar ökologische Vorteile, können aber das Ziel guter Emissionsergebnisse einer Immobilie in Gefahr bringen. Was nicht sein darf, kann nicht sein, ist hier zum Teil die Devise. Dies produziert zum Teil absurde Konstellationen. Die Öko-veteranen stehen auf einmal an der Seite der Industrie aus dem Lager der Unverbesserlichen und versuchen den Markt des gesunden Bauens zu bekämpfen. Schlimm wird es, wenn diese Situation zulasten der Bauherren, des Handwerks und der Bauunternehmen geht. Es mehren sich Schadensfälle, welche mit besserer Information und Aufklärung seitens der Handwerker hätten vermieden werden können. Aus meiner Sicht ist eine interdisziplinäre Aufklärung, bei der die beteiligten Behörden mit den Bauschaffenden die Situation beleuchten und Lösungen entwickeln, unabdingbar. Festzuhalten bleibt, dass die ökologische Baubewegung (ich zähle mich hier dazu) viel Gutes in Bewegung gesetzt hat.

Gesundes Bauen und die Verbände

Dies ist ein Bereich, der mich in den vergangenen zehn Jahren teilweise zur Verzweiflung getrieben hat! Immer wieder habe ich Vertreter unterschiedlichster Verbände kennengelernt und Hoffnung auf Veränderung geschöpft. Doch immer wieder habe ich in meiner mangelhaften Kenntnis der deutschen Verbandswelt die Erfahrung machen müssen, dass Veränderung nicht leicht zu bewerkstelligen ist. Selbstverständlich gibt es auch hier sehr positive Ausnahmen! Die Mehrzahl der Kontakte mit Verbandsvertretern hat jedoch immer wieder meine zuvor beschriebene Erfahrung bestätigt.

Ich gehe davon aus, dass die vielen guten Handwerksunternehmen und Architekten künftig ihre Interessenvertreter unter Druck setzen werden und zum Handeln zwingen werden.

Gesundes Bauen und die Baufamilien

Der „übliche" Bauherr (soweit es diesen gibt) erwartet ein gesundes Haus, ob Neubau oder Modernisierung. Er ist verwundert, wenn ihm erklärt wird, dass eine Handwerks- oder Planungsleistung mehr Geld kosten soll, wenn deren Ergebnis ihn nicht krankmacht. Ja, gesundes Bauen kostet heute noch manchmal etwas mehr Geld. Es hängt aber auch davon ab, von welcher qualitativen Basis man startet. Wenn es einfach nur billig sein soll, kann der Bauherr schlecht auch noch eine hohe gesundheitliche Qualität erwarten. Mit Handwerkern ohne aus-

1

reichende Qualifikation und Baustoffen ohne Qualitätsprüfung wird es wirklich schwer, ein wohngesundheitlich gutes Ergebnis zu erreichen. Bauherren müssen sich aktiv entscheiden dürfen, welche innenraumhygienische Qualität sie für ihre Immobilie wünschen.

Erste repräsentative Daten[2] zu den Anforderungen der Bauherren und Modernisierer hat 2011 die Heinze Marktforschung im Auftrag von Sentinel und Baumit erhoben. Welche Baustoffe gelten als kritisch, welche als eher harmlos? Was machen die Betroffenen, wenn es zu gesundheitlichen Problemen kommt? Sind Bauherren und Modernisierer bereit einen Mehrbetrag für bessere Baustoffe/Systeme zu bezahlen? Diese Fragen wurden in überraschender Klarheit zugunsten der Innenraumhygiene beantwortet und sollten allen Akteuren Mahnung sein, dass der Kunde Lösungen verlangt und dafür auch bereit ist, zu bezahlen.

Gesundes Bauen und die Bauunternehmen

Vieles ist hierzu schon gesagt, da viele Aspekte im Bereich der Handwerker und Architekten auch für den Bauunternehmer gelten. Er hat allerdings die besondere Herausforderung, alle Aspekte des gesunden Bauens zusammen zu bringen. Es ist erfreulich, dass eine zunehmende Zahl von Bauunternehmer die Wohngesundheit als Alleinstellungsmerkmal erkennt und aus diesem Grund bereit ist, Zeit und Geld in diese Innovation zu investieren. Als Folge nehmen diese Unternehmen dann Handwerker, Architekten und andere Akteure mit auf die Reise hin zum gesunden Bauen. Es wird aber noch viel Zeit vergehen, bis die Mehrzahl der Bauunternehmen im deutschsprachigen Raum standardmäßig ein wohngesundes Ergebnis abliefern.

Das Bauen der Zukunft ist wohngesund

Was viele Marktakteure noch nicht erfasst haben, ist, dass zumindest bei Großprojekten der Finanzsektor inzwischen entschieden hat, dass Innenraumhygiene ein notwendiges Qualitätsmerkmal von Immobilien ist. Damit ist das Thema vom „nice to have" zu einer unabdingbaren Notwendigkeit geworden. Schließlich geht es hier um viel Geld. Zeichen sind im Bereich der mittleren und großen Projekte die stark zunehmenden Zertifizierungsaktivitäten durch DGNB, MINERGIE, NaWoh, LEED usw. Die Entscheidung ist schon längst für das gesunde Bauen gefallen, weil die Investoren den wirtschaftlichen Nutzen von „gesünderen" Immobilien immer stärker in ihre Anforderungsprofile integrieren, nach denen sie die Gelder zur Finanzierung bereitstellen. Ein wunderbares Beispiel liefert dazu die Neue Heimat Tirol mit dem Bau einer Wohnanlage mit 23 Wohneinheiten. Die Neue Heimat Tirol, je zur Hälfte im Besitz des Landes Tirol und der Stadt Innsbruck, ist eine der führenden Bauträgergesellschaften in Österreich und setzt gezielt auf „… die Gesundheit unserer Bewohner". Auch die Joseph-Stiftung in Bamberg, eines der größten Wohnungsunternehmen in Bayern sieht die Wohngesundheit als Teil der Unternehmensstrategie. Dipl.-Ing. Reinhard Zingler betont als Vorstand: „Wir müssen dafür sorgen, dass die Menschen in unseren Wohnungen gesund bleiben."

Gesundheit ist nicht zuletzt auch ein wichtiger Bereich der Nachhaltigkeit und Nachhaltigkeit ist gerade bei lang laufenden Projekten wie der Finanzierung und Vermietung einer Immobilie mittlerweile eines der wichtigsten Kriterien. Geringere Fehlzeiten, höhere Leistungsfähigkeit durch bessere Luft bzw. weniger CO_2 sind nur zwei Beispiele für Argumente, die nicht nur für große Unternehmen einen geldwerten Vorteil ausmachen. Solche Leuchtturmprojekte werden mittelfristig ihre Wirkung auf kleinere Einheiten und mittelständische Bauunternehmen nicht verfehlen.

---

[2]   http://www.baudatenonline.de/aktuellestatistiken/8595411/aktuelles-aus-der-marktforschung.html

Bild 1-1 Einer von 2 Baukörpern einer Wohnanlage mit 23 Mietkaufwohnungen in Kundl in Tirol. Das in Holz- und Massivbauweise 20011/12 errichtete Gebäude vereint hohe Energieeffizienz und nachgewiesenermaßen gute Werte für die Qualität der Innenraumluft. Bedingung für die Umsetzung war, dass die Kosten durch die innenraumhygienischen Maßnahmen nicht über die für sozialen Wohnungsbau maßgebliche Grenze steigen.

– Ein weiterer spannender Motor für die Wohngesundheit sind die rechtlichen Aspekte. Wir werden in den nächsten Jahren mehr und mehr Gerichtsentscheidungen zur Innenraumhygiene erleben. Besonders, wenn der Verbraucher (Mieter, Bauherr, Mitarbeiter) durch die starke Medienpräsenz des Themas die persönliche Bedeutung für sich erkennt. Und das ist gut so, denn mündige Verbraucher haben die Macht, um Dinge zu verändern.

– In dieser 2. Auflage „Mit Sicherheit gesund Bauen" möchte ich mich ganz herzlich bei unseren Lesern der ersten Auflage bedanken. Die vielen positiven, freundlichen und konstruktiven Rückmeldungen haben uns bestärkt, die 2. Auflage so schnell und umfassend zu bearbeiten. Der Markt des gesunden Bauens entwickelt sich in atemberaubender Geschwindigkeit und es zeigt sich zunehmend, dass es möglich ist, die Raumluftqualität durch die im Buch beschriebenen Maßnahmen deutlich zu verbessern.

– Ich möchte mich wieder bei meiner Familie für die wunderbare Unterstützung bedanken, während ich meine Energie den gesünderen Lebensräumen so intensiv widme.

– Der Erfolg unseres Instituts und die schnelle erfolgreiche Entwicklung haben wir unserem wunderbaren Netzwerk von wertvollen Menschen, Unterstützern und Mitarbeitern zu verdanken!

November 2012   Peter Bachmann

2 Einführung in die Problemstellung

Peter Bachmann

Die anerkannten Regeln der Technik: Garant für wohngesundes Bauen?

„Mit Sicherheit gesund bauen" ist ein gewagter und zugleich provozierender Titel für dieses Buch. Denn je intensiver man sich mit dem Thema Wohngesundheit befasst, stellt man fest, dass es ausgeschlossen ist, mit hundertprozentiger Sicherheit gesund zu bauen! Das ultimativ gesunde Haus gibt es nicht. Denn jeder Bewohner oder Nutzer hat sehr unterschiedliche Ansprüche an seinen Lebensraum. Und bei allein mehr als 18.000 bekannten Allergenen, also Allergien erzeugenden Stoffen, kann man sich vorstellen, dass es nahezu unmöglich ist, diese komplett aus einem Innenraum zu verbannen. Dazu kommen hunderte, wenn nicht tausende von Schadstoffen, die die Gesundheit eines Menschen beeinflussen und beeinträchtigen können.

In diesem Zusammenhang muss man bei einer gesundheitlichen Betrachtung eines Lebensraums die sehr unterschiedliche Sensitivität von Menschen berücksichtigen. Jeder Mensch reagiert auf Umwelteinflüsse und Gifte anders. Manch einer hat schon nach einem kleinen Bier einen Schwips, andere gehen nach zwei bis drei Litern Bier irrtümlicherweise noch davon aus, fahrtüchtig zu sein.

Genauso gestaltet sich auch die Unterschiedlichkeit gegenüber Schadstoffen in Innenräumen. Gesundes Bauen im absoluten Sinn scheint nach aktuellen Erkenntnissen also nicht möglich zu sein. Das darf uns jedoch nicht dazu veranlassen, dieses Thema als technisch unmöglich abzustempeln. Ganz im Gegenteil, denn moderne Bauweisen erfordern ein klares Handeln.

Luftdichtheit: Segen oder Fluch?

Denn es ist den Ingenieuren gelungen, aus unseren Gebäuden hochenergieeffiziente und moderne Bauten zu machen. Dies ist dringend erforderlich, da die Immobilien immense Ressourcen für die Beheizung verschlingen. Das Klima unseres Planeten muss geschützt werden, damit die Menschheit auch in Zukunft eine Chance zum Überleben hat. Jedoch sollte dies in Einklang mit den menschlichen Bedürfnissen an das Klima in Lebensräumen gebracht werden. Das Innenraumklima und die Innenraumhygiene nach menschlichem Maßstab zu gestalten, stellt bei energetisch hocheffizienten Gebäuden für alle Beteiligten eine neue Herausforderung dar. „Noch nie waren Gebäude so dicht gegen Luftaustausch und damit dicht gegen den Austausch von schädlichen Substanzen aus dem Innenraum"[1].

Dabei herrscht auch in Fachkreisen oftmals die Meinung vor, dass der Staat im Rahmen der Daseinsvorsorge in Sachen Innenraumhygiene ausreichend handelt! Unser System von Gesetzen, Verordnungen, Normen und den anerkannten Regeln der Technik sollte doch zumindest die Mehrzahl der Menschen vor gesundheitlichen Beeinträchtigungen und Krankheiten in Innenräumen schützen. Schließlich scheint in Deutschland und den angrenzenden Staaten doch alles staatlich geregelt zu sein. Doch das ist noch nicht in ausreichendem Maß der Fall, wie in den folgenden Beiträgen deutlich wird.

---

[1] Leitfaden für die Innenraumhygiene in Schulgebäuden, Umweltbundesamt, 2008.

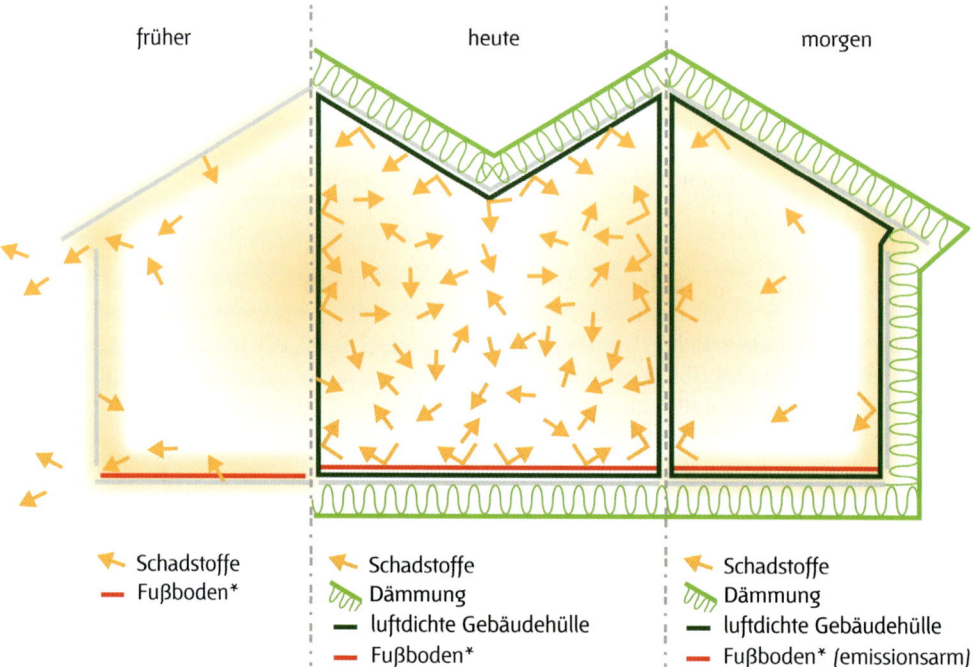

früher   heute   morgen

Schadstoffe   Schadstoffe   Schadstoffe
Fußboden*   Dämmung   Dämmung
                     luftdichte Gebäudehülle   luftdichte Gebäudehülle
                     Fußboden*   Fußboden* (emissionsarm)

*Fußboden steht in dieser Grafik stellvertretend für alle Baustoffe im Innenraum.

Bild 2-1   Der Luftwechsel, also die Häufigkeit des Luftaustauschs in einem Raum, lag bis 1994 bei bis zu 10. Heute liegt dieser Wert in Neubauten bei 0,5 und darunter. Das heißt, dass nur alle zwei Stunden das Luftvolumen komplett ausgetauscht wird. Schadstoffe verbleiben deshalb viel stärker innerhalb des Lebensraums.
Grafik: Sentinel-Haus Institut

Da es vermutlich in absehbarer Zeit keine „Technische Anleitung (TA) Innenluft" als Äquivalent zur geltenden „TA Luft" (für die Außenluft) und damit eine verbindliche staatliche Vorgabe für die Innenraumluftqualität geben wird, müssen andere Wege gefunden werden, um die moderne und energieeffiziente Bauweise mit den gesundheitlichen Ansprüchen der Bewohner in Einklang zu bringen. Sowohl auf europäischer als auch auf nationalstaatlicher Ebene wirken hier aktuell starke Kräfte, wie die Verabschiedung der 2013 in Kraft trendenden EU-Bauproduktenverordnung oder die VOC-Deklarationspflicht für Bauprodukte in Frankreich zeigen. Deutschland ist in Sachen Innenraumhygiene mit an vorderster Front, gleichzeitig setzen zum Beispiel der Eigentumsvorbehalt des Grundgesetzes dem staatlichen Eingriff enge Grenzen. Eine Innenraumhygienebehörde soll und wird es nicht geben.

Die Behörden leisten in Deutschland extrem viel für die Optimierung der Innenraumhygiene. Dies zeigen die zunehmenden Publikationen des Umweltbundesamtes, die Empfehlungen und Regelungen des Bundesbauministeriums in Bundesbauten und für Schulen, neue Radonverordnungen des Bundesamtes für Strahlenschutz und neue Empfehlungen der Arbeitsgruppen des Umweltbundesamtes und des DIBt (Deutsches Institut für Bautechnik). Allerdings wird auchdeutlich, dass es eine Herkules-Aufgabe ist, eine „gute" Regelung für die gesundheitliche Qualität von Baustoffen und Innenräumen zu definieren.

Aufklärung von Bauakteuren und Nutzern auf der einen Seite und eine Regulierung von als Schadstoff erkannter Substanzen in Bauprodukten auf der anderen Seite sind das Gebot der Stunde.

Ein besonderes Augenmerk verdienen hierbei das Bauhandwerk, Architekten und Planer sowie die Baustoffindustrie. Diese drei Akteure haben den Schlüssel für eine gute Innenraumhygiene in der Hand. Ein gemeinsames Handeln ist jedoch leider nicht einfach zu erreichen, da hier starke Kräfte am Markt wirken, die genauer betrachtet werden sollen.

Investor als Schlüsselfigur

Den Zentralschlüssel für eine gute Innenraumhygiene hat jedoch der Bauherr und Investor (nachfolgend Investor genannt) in seiner Hand. Als Besteller von Bau- und Planungsleistungen kann er die „Leitplanken" und damit die Richtlinien der baulichen Qualität definieren und seine Auftragnehmer zu deren Umsetzung vertraglich verpflichten.

Die allermeisten Investoren kennen jedoch die Risiken einer schlechten Innenraumhygiene gar nicht. Vielmehr gehen auf Befragen die meisten Investoren von einer bestehenden gesetzlichen Regulierung aus, welche es in dieser Form jedoch nicht gibt. Eine zentrale Aufgabe ist es also, dem Investor den zivilrechtlichen Regelungsrahmen für gesundheitliche Sicherheit und Behaglichkeit aufzuzeigen. Dies erfordert eine qualitativ hochwertige, transparente Informationspolitik, die öffentliche, private und institutionelle Investoren über Risiken und Chancen des gesunden Bauens in Kenntnis setzt.

Das Motto „Geiz ist geil" passt nicht zu einer hochwertigen und gesunden Gebäudesubstanz. Eher sollte die „Lust auf Qualität" das erstrebenswerte Ziel in der Bauwirtschaft sein. Planerische, bauliche und handwerkliche Produkte und Leistungen nur an der Einsparung von Zeit und Geld zu orientieren, ist ein Weg in eine falsche Richtung.

Dabei haben gute Planer, Bauunternehmer und Handwerker durchaus Interesse an einer hochwertigen Leistung und an der Berücksichtigung der gesundheitlichen Bedürfnisse der künftigen Bewohner und Nutzer. Problematisch ist der zerstörerische Zeit- und Kostendruck am Markt, verursacht durch die übliche Ausschreibungspraxis, nach der der billigste Anbieter automatisch den Zuschlag erhält. Hinzu kommt eine phänomenale technische Regulierung in der Baubranche, welche die Akteure vor nahezu unlösbare Probleme stellt. Dass hier Alternativen und Einwirkungsmöglichkeiten vorhanden sind, soll dieses Buch zeigen.

Die zunehmende Energieeffizienz von Gebäuden wird durch die Energieeinsparverordnung (EnEV) reguliert, die bedeutende Anpassungen bei Bauunternehmen, Handwerkern und Planern erfordern. Eine zusätzliche Qualifizierung bezüglich der gesundheitlichen Qualität von Gebäuden führt die Bauwirtschaft an und gegebenenfalls über ihre Grenzen. Wobei viele gebaute Beispiele in Mitteleuropa beweisen, dass eine hohe gesundheitliche Innenraumhygiene mit sehr geringen Mehrkosten vereinbar ist.

2

Bild 2-2   Gemeindezentrum Ludesch, Vorarlberg. Das in Holzbauweise nach dem Passivhausstandard 2005 errichtete Gebäude vereint hohe Energieeffizienz, natürliche
Baustoffe und nachgewiesenermaßen exzellente Werte für die Qualität der Innenraumluft und erbringt damit den Beweis, dass energiesparende Bauweisen und
Wohngesundheit kein Widerspruch sind.

Wohngesundheit als Zukunftsaufgabe

Die anerkannten Regeln der Technik bieten schon heute viele wertvolle Anhaltspunkte für eine
gute Innenraumhygiene. Problematisch ist aber die unüberschaubare Vielzahl von Normen,
Richtlinien, Verordnungen und Empfehlungen, die den Beteiligten Hinweise, Vorgaben und
Einschränkungen auferlegen, in Teilbereichen auch zur Innenraumhygiene. Eine eindeutige
und prominente staatliche Regelung des wichtigen Themas Innenraumhygiene oder populärer
Wohngesundheit steht aber noch aus. Noch gleichen die Herleitungen und Zitate aus den entsprechenden Gesetzen, Verordnungen, DIN-Normen, VDI-Richtlinien und behördlichen Empfehlungen einem Puzzle. Da aktuell und auf absehbare Zeit das nationalstaatliche Denken auch
im Bereich der Innenraumhygiene vorherrscht, potenziert sich das Puzzlespiel beim Wechsel
über die Staatsgrenzen zu einem nahezu unübersehbaren Dickicht. Aus diesem Grund muss die
Eingangsfrage „Sind die anerkannten Regeln der Technik Garant für mangelfreies Bauen?"
aktuell und auf absehbare Zeit für den Teilbereich Innenraumhygiene mit „Nein" beantwortet
werden.

Konkrete Wege zu einem „Ja" will dieses Buch beschreiben und dem Praktiker gleichzeitig
Hinweise und Handreichungen für die Umsetzung bieten. Dabei ist dieses Buch ohne Zweifel
eine Momentaufnahme, denn die wissenschaftlichen Erkenntnisse und technischen Möglichkeiten für gesundes Bauen entwickeln sich dynamisch.

Im vorliegenden Buch stehen die chemischen, biologischen und physikalischen Aspekte im
Vordergrund. Damit sollen weitere Betrachtungsformen der Innenraumhygiene und Wohngesundheit nicht negiert werden. Hierzu gehören Verfahren wie Pendeln, Rutengang und vieles
mehr. Eine Diskussion und Betrachtung dieser Systeme würde den Rahmen des Buchs spren-

gen und ist nicht leistbar. Naturgemäß konnten nicht alle Aspekte des Gesunden Bauens adäquat abgehandelt werden. So wurde z. B. der Schallschutz nicht eigens behandelt oder die Immissionsanalyse als Planungsgrundlage. Hier werden wir in den Folgeauflagen versuchen, das Spektrum zu vervollständigen. Einstweilen sei hier deshalb auf das Literaturverzeichnis verwiesen. Neu hinzu gekommen sind u. a. die Aspekte des Geruchs (VDI 4302), Radon und Licht.

Eine weitere Trennlinie ist zwischen Renovierung/Sanierung/Neubau einer Immobilie zu ziehen und der anschließenden Nutzung. Während eine gute Innenraumhygiene bei Bau und Sanierung von Gebäuden durch die Einflussnahme von Fachleuten mit guten Baustoffen und innovativen Handwerkern planbar, bezahlbar und machbar ist, ist der Nutzer für die spätere Bedienung der Immobilie selbst verantwortlich. Aktuell ist eine starke Nachfrage von neuen Akteuren aus dem Facility Management, Reinigungsmittelhersteller und Möbelproduzenten zu verzeichnen, welche das Thema der Innenraumhygiene in das tägliche Handeln integrieren möchten. Dass hier die Nutzer und Bewohner mit vielen Maßnahmen die gute bauliche Qualität schnell zunichtemachen können liegt auf der Hand. Notwendig ist eine offene und intensive Kommunikation auf allen Ebenen, entsprechende Aspekte wurde aber in diesem Werk aus praktischen Gründen weitgehend ausgeklammert. Eine Ausnahme bildet das Kapitel Empfehlungen zu Einrichtung und Unterhalt von Wohnräumen von Ruth Abel und Silke Sous. Für eine Neuauflage ist bereits ein Kapitel zu Betreiberkonzepten von Immobilien vorgesehen.

Die zentrale Aufgabe ist es, das vorhandene Wissen um Gesundheitsgefährdungen und ihre Vermeidung in die gebaute Realität umzusetzen. Die Branche und ihre Akteure auf diesem Weg ein Stück weit voranzubringen ist das erklärte Ziel dieses Buches. Neben dem Buch steht neuerdings eine Datenbank (http://www.sentinel-haus.eu) für die schnelle und zuverlässige Umsetzung von gesünderen Immobilien zur Verfügung. Diese Datenbank ist das dynamische Produkt der letzten Jahre. Sie hat den Anspruch, Informationen zu Baustoffen, qualifizierten Handwerkern und Planern und Objekten zu liefern. Auch dieses Werkzeug wird durch die künftige Praxis schnell weiter entwickelt werden.

3 Anforderungen der Innenraumhygiene/ Wohngesundheit

3.1 Standpunkt der Behörden in Deutschland

Anja Lüdecke und Heinz-Jörn Moriske

Einführung

Der Mensch in Mitteleuropa hält sich 80–90 % des Tages in Innenräumen auf, den größten Teil davon zu Hause. Auch Kinder spielen längst nicht mehr nur im Freien, sondern halten sich – laut Umfrage des Umweltbundesamtes bei 3–14-jährigen im Rahmen des Kinder- und Umweltsurveys (KUS) – im Winter zu 91 % im Innenraum auf; der Aufenthalt im Sommer wurde nicht abgefragt (Schulz et al. 2002 + 2010). Ein gutes und behagliches Innenraumklima zu schaffen und eine schadstoffarme Wohnumgebung zu gewährleisten, sind daher umwelthygienisch und umweltpolitisch gleichermaßen wichtig.

Anders als im Außenluftbereich und an Arbeitsplätzen gibt es jedoch im privaten Innenraum bis heute keine für die Innenraumhygiene allgemein und verbindlich regelnden Gesetze, Verordnungen oder Verwaltungsvorschriften. Im Außenluftbereich schaffen das Bundesimmissionsschutzgesetz (BImSchG) von 1974 und die Technische Anleitung zur Reinhaltung der Luft (TA Luft) die gesetzliche Grundlage für die Schadstoffbegrenzung. Unter anderem werden die Emissionen bei der Genehmigung neuer Anlagen begrenzt, Immissionen überwacht und verbindliche Grenzwerte eingeführt. Im Wohninnenraumbereich fehlen diese gesetzlichen Grundlagen. Die Betonung liegt dabei auf „Wohn"-Innenraum; für den Innenraumbereich „Büro" gibt es sehr wohl Vorgaben, z. B. aus dem Arbeitsschutz und den Unfallverhütungsvorschriften, die Arbeitnehmerinnen und Arbeitnehmer schützen und Gesundheitsgefahren am Büroarbeitsplatz minimieren sollen. Bei der Bewertung von nicht produktionstechnisch bedingten Innenraumbelastungen, denen Büroangestellte ausgesetzt sind (Beispiel: Emissionen von Formaldehyd aus Büromöbeln oder von Partikeln beim Gebrauch von Laserdruckern), gelten auch in Büros wohnraumhygienische Vorgaben und keine Arbeitsplatzgrenzwerte (vgl. Kap. 4.1, Qualitätskriterien: Bewertungsschemata).

Brauchen wir eine „TA-Innenraumluft"?

Die Gründe, warum es im Wohninnenraum bis heute keine allgemein verbindlichen gesetzlichen Vorgaben zur Schadstoffbegrenzung oder eine „TA Innenraumluft" gibt, sind Folgende:

Mehr noch als im Außenluftbereich bestimmt die Innenraumumgebung in erheblichem Maße die Freisetzung und die gesundheitliche Auswirkung von Innenraumschadstoffen. Die Größe des Raumes (Raumvolumen), der Luftaustausch zwischen Innenraum- und Außenluft, Senkeneffekte an den Wänden, Sekundäremissionen von ad-/absorbierten Stoffen aus Bauprodukten und Inventar, Luftfeuchte und -temperatur, die Zahl der anwesenden Personen im Raum und schließlich die Vielfalt an möglichen Eintragsquellen sind wichtige Faktoren, die sowohl die Konzentration eines Stoffes in der Raumluft als auch die Dauer seiner Einwirkung auf den Raumnutzer bestimmen. Das „Grenzwertkonzept" der TA (Außen-)Luft würde somit nicht greifen, weil es diese im Einzelfall sehr unterschiedlichen Randbedingungen nicht berücksichtigt und auch nicht berücksichtigen kann.

3

Begrifflichkeiten

Ein **Grenzwert** ist ein in der Regel nach hygienisch-toxikologischen Kriterien abgeleiteter Wert, bei dessen Überschreiten eine Gesundheitsgefahr nicht auszuschließen ist. Grenzwerte sind gesetzlich verbindlich. Bei Unterschreiten wird von keiner Gesundheitsgefährdung ausgegangen – de facto und de jure (Moriske+Beuermann 2004; vgl. auch Kap. 8, Innenraumhygiene und Recht). Im Außenluftbereich gibt es wie beschrieben eine Reihe von Grenzwerten nach BImschG und TA Luft. Auch die Europäische Union erarbeitet in Richtlinien Grenzwertvorschläge, die anschließend durch die Mitgliedsstaaten in nationales Recht umgesetzt werden müssen. Grenzwerte im Außenluftbereich gibt es als Emissions- und Immissionsgrenzwerte. Auch für Trinkwasser und Lebensmittel gibt es übrigens solche Grenzwerte.

Der einzige Grenzwert für Innenraumverunreinigungen – außerhalb von Arbeitsplätzen – ist bis heute der aus dem Lebensmittelrecht abgeleitete Wert für Tetrachlorethen in der Nachbarschaft von chemischen Reinigungen. Danach darf in benachbarten Wohnungen ein Wert von 0,1 mg/m^3 nicht überschritten werden (siehe Kap. 4.1 Qualitätskriterien: Bewertungsschemata) (Bundesgesundheitsamt 1993).

Eine Beurteilung erfolgt in Innenräumen besser über „Innenraumrichtwerte" und, wo diese nicht vorliegen, über „Orientierungswerte" und/oder „Referenzwerte".

Ein **Richtwert** hat empfehlenden Charakter. Richtwerte sind nicht gesetzlich verbindlich. Auch Innenraumrichtwerte der Ad-hoc-Arbeitsgruppe aus Mitgliedern der Innenraumlufthygiene-Kommission des Umweltbundesamtes und Vertretern der Gesundheitsbehörden der Länder („Ad-hoc-AG Innenraumrichtwerte") werden nach hygienisch-toxikologischen Vorgaben abgeleitet. Sie berücksichtigen die Empfindlichkeit von Kindern, Erwachsenen und älteren Menschen. Bei Überschreiten eines Richtwertes ist die Wahrscheinlichkeit einer gesundheitlichen Gefährdung erhöht, kann aber auch bei (leichtem) Unterschreiten im Einzelfall nicht gänzlich ausgeschlossen werden. Es gilt der Wahrscheinlichkeitseintritt. Das Richtwertkonzept ermöglicht es, die im Einzelfall vorliegende Wohnraumumgebung und die Randbedingungen der Exposition (z. B. äußert geringer Luftaustausch oder hohe relative Luftfeuchte) stärker als bei Grenzwerten, die unter Annahme standardisierter Bedingungen abgeleitet wurden, zu berücksichtigen. Auch das Unterschreiten eines Richtwertes kann nämlich im Einzelfall Maßnahmen zur Minimierung des Schadstoffeintrages erforderlich machen. Dies ist stets eine Einzelfallentscheidung und erfordert eine Begutachtung der Raumluftsituation vor Ort, bevor eine Beurteilung der Belastungssituation vorgenommen wird (Moriske+Beuermann 2004).

Besonders bei empfindlichen Personengruppen kann bei Unterschreiten eines Richtwertes Handlungsbedarf bestehen. Richtwerte müssen nicht unbedingt aus einem „festen" Wert bestehen, sondern können auch als Richtwertbereich definiert sein.

Die Erarbeitung von Richtwerten für Innenraumluftschadstoffe durch die Ad-hoc-AG Innenraumrichtwerte beim Umweltbundesamt ist langwierig und wird mehr oder minder eine Daueraufgabe bleiben – schon deshalb, weil die Produkthersteller immer neue Stoffe auf den Markt bringen und alte ersetzen. Zum Beispiel werden Phthalat-Weichmacher zunehmend durch DINCH (= Diisononyl 1,2-cyclohexandicarboxylsäure) oder Naturstoffe wie Rhizinusöl ersetzt. Chlorierte Kohlenwasserstoffe als Lösemittel kommen heute kaum noch vor. Der Anteil von organischen Säuren, Alkoholen, Aldehyden und langkettigeren Alkanen nimmt hingegen zu (Moriske 2007).

Hat man weder Richt- noch Grenzwerte zur Hand, helfen **Orientierungswerte**. Grundlage dafür bilden meist Messergebnisse aus umfangreichen Studien, bei denen z. B. die Konzentrationen an flüchtigen organischen Verbindungen (englisch: Volatile Organic Compounds –

VOC) in Wohnungen gemessen werden. Als Orientierungswerte werden dann bestimmte Perzentilwerte (P50, P90, P95) der ermittelten Schadstoffkonzentrationen herangezogen.

Frühere VOC-Orientierungsdaten stammten in Deutschland häufig aus den Umweltsurveys des Umweltbundesamtes in den 1980er- und 1990er-Jahren. Neuere Messergebnisse wurden im Auftrag des Umweltbundesamtes z. B. durch die Arbeitsgemeinschaft Ökologischer Forschungsinstitute (AGÖF) zwischen 2003 und 2006 zusammengetragen und ebenfalls nach Perzentilen geordnet aufgelistet (Hofmann und Plieninger 2008). Daraus und aus anderen AGÖF-Studien leiten sich die AGÖF-Orientierungswerte für VOC ab. Sie werden häufig verwendet, aus behördlicher Sicht muss jedoch betont werden, dass diese Werte nicht nach hygienisch-toxikologischen Kriterien abgeleitet wurden und daher keine unmittelbare Aussage über das Gesundheitsrisiko beim Über- oder Unterschreiten erlauben. Die AGÖF-Orientierungswerte zeigen lediglich statistisch an, ob in einer Wohnung ein Stoff eine vergleichsweise „erhöhte" oder „nicht erhöhte" Raumluftkonzentration aufweist. Daraus abzuleitende Handlungsmaßnahmen müssen diesen Umstand *immer* berücksichtigen.

Dennoch ist aus Sicht der Autoren der Gebrauch dieser Werte zulässig, zumal es für viele Innenraumvereinreinigungen gar kein Pendant eines offiziellen Richtwertes der Ad-hoc-AG Innenraumrichtwerte beim Umweltbundesamt gibt. Bei gerichtlichen Auseinandersetzungen wird im Beweisbeschluss vom Sachverständigen oft eine Beurteilung der ermittelten Raumluftkonzentrationen auch der Stoffe, für die keine Richtwerte existieren, verlangt. Es können dann die AGÖF-Orientierungswerte herangezogen werden. Es muss im Gutachten aber immer auf das Zustandekommen der Orientierungswerte sowie auf deren begrenzte Aussagefähigkeit hingewiesen werden. Gesundheitsbezogene Aussagen dürfen daraus nicht abgeleitet werden.

Anstelle von Orientierungswerten wird hin und wieder auch der Begriff **Referenzwert** gewählt, der aus umwelthygienischer Sicht aber die gleiche Grundlage, nämlich das statistische Vorkommen von Stoffkonzentrationen, berücksichtigt und ebenfalls nichts über die gesundheitliche Wirkung aussagt.

Andere Begrifflichkeiten wie **Eingriffs- (Eingreif-)wert** und **Zielwert** beschreiben Handlungsoptionen. Der RW-II-Richtwert der Ad-hoc-AG Innenraumrichtwerte etwa (vgl. Kap. 4.1) ist als Eingriffswert zu sehen, bei dessen Überschreiten unmittelbarer Handlungsbedarf besteht. Bei Sanierungen wird ein Zielniveau angestrebt, das durch den Begriff „Zielwert" zum Ausdruck kommt. Werden Zielwerte unterschritten, besteht auch bei lebenslanger Exposition kein Gesundheitsrisiko. Die Ad-hoc-AG Innenraumrichtwerte betrachtet in diesem Sinne den RW-I-Richtwert eines Stoffes meist als Zielwert (vgl. Kap. 4.1). Neben der Begriffsverwirrung bei der Beurteilung der Innenraumluftkonzentration eines Stoffes und der erwähnten, im Einzelfall sehr unterschiedlichen Innenraumumgebungssituation, die die Beurteilung der Schadstoffkonzentrationen in der Raumluft erschwert, gibt es einen weiteren wichtigen Grund, der dazu führt, dass eine TA-Innenraumluft bislang nicht eingeführt wurde: die Privatsphäre.

Der Wohnraum als Privatsphäre

Der Wohnraum ist vom Gesetzgeber ausdrücklich geschützte Privatsphäre. Das bedeutet, dass staatliche Regelungen, die diesen Bereich betreffen, mit Bedacht eingeführt werden müssen, um die elementaren Grundrechte des/der Einzelnen nicht zu verletzen und nicht in Konflikt mit Verfassungsgrundsätzen zu kommen. Bis heute gibt es daher kein Rauchverbot in Privatwohnungen, trotz inzwischen umfassender Nichtraucherschutzgesetze des Bundes und der Länder. Auch in privaten und privat genutzten Kraftfahrzeugen kann der Gesetzgeber das Rauchen nicht einfach verbieten, auch wenn dort die Gefährdung der Insassen, besonders der Kinder, eindeutig zu hoch ist.

Im Wohnungsbau hat die Bundesregierung aktuell ihre Position zurückgezogen, nach der private Einfamilienhausbesitzer in den kommenden Jahren verpflichtet werden sollten, die verschärften Vorgaben der Energieeinsparverordnung 2009/2012 durch umfassende energetische Modernisierung des Eigenheims zu erfüllen. Es bleibt bei einer Empfehlung und bei finanziellen Anreizen des Staates für die Sanierung (Stand: Herbst 2011). Neben dem Kostenfaktor dürfte auch der Tatbestand des Eingriffs in die Privatsphäre mit eine Rolle für diese Entscheidung gespielt haben.

Gebäudezertifizierung als Weg zur Beurteilung Gesunden Wohnens?

Die Verunsicherung ist bei Bauherren, Hausbesitzern und Mietern nach wie vor groß, wenn es darum geht, eine verlässliche Beurteilung zu erhalten, ob das Gebäude, in dem sie wohnen, krankmacht und ob erhöhte Schadstoffkonzentrationen vorliegen. Die eingangs beschriebene Begriffsverwirrung in Messprotokollen beauftragter Analyselabors tut ein Übriges, um die Verwirrung zu komplettieren. Es fehlen bundesweit einheitliche Maßstäbe bei der Gesamtbeurteilung eines Gebäudes unter wohnhygienischen Gesichtspunkten. Bestehende Gesetze greifen im Privatbereich Wohnung wie beschrieben oft zu kurz oder gar nicht, wenn es um die Innenraumlufthygiene geht.

Andere Wege müssen gefunden werden. Eine Überlegung ist die, dem Verbraucher über eine Art Prüflabel für das Gebäude einen verlässlichen Hinweis an die Hand zu geben, ob das Gebäude krankmacht. Vorbild könnten dabei Systeme in anderen Ländern, wie den USA („Leed"-System) (US Green Building Council; http://www.usgbc.org) oder der Schweiz (Label „GI" Gutes Innenraumklima) sein (Coutalides 2009).

In Deutschland versuchen private Institutionen wie die Deutsche Gesellschaft für Nachhaltiges Bauen (DGNB) oder das Sentinel-Haus Institut eine Beurteilung von Gebäuden aus wohnhygienischer Sicht nach eigens dafür geschaffenen Beurteilungsmaßstäben vorzunehmen. Dies ersetzt aber nicht staatliche Vorgaben, da nur solche Stellen das nötige Vertrauen in der Bevölkerung im Hinblick auf die Neutralität der Beurteilung und die objektive Vergabe der Prüflabel haben werden.

Zwei Wege gibt es derzeit: Das Bundesbauministerium (BMVBS) hat den Prüfkatalog der DGNB erweitert und möchte nach Prüfung von Verwaltungsgebäuden im Neubau diesen künftig das Prädikat (sinngemäß könnte es lauten): Geprüftes nachhaltiges Gebäude – Siegel: „Gold" „Silber" oder „Bronze" verleihen (nähere Informationen dazu erhält der Leser auf der Homepage des Bundesbauministeriums unter www.bmvbs.bund.de). Die Wohnhygiene ist dabei nur eines von vielen Prüfkriterien, die in 63 „Steckbriefen" festgelegt sind. Die Überprüfung der Innenraumluftqualität erfolgt nach bisherigem Stand der Konzeption (Stand Oktober 2010) 4 Wochen nach Fertigstellung des Gebäudes. Es ist aber bekannt, dass manche Raumluftmängel wie Schimmelbefall durch zu viel Feuchte oder Ausgasungen von schwer flüchtigen organischen Verbindungen (englisch: Semivolatile Organic Compounds – SVOC) erst nach einiger Zeit in der Nutzungsphase des Gebäudes auftreten. 4 Wochen nach Fertigstellung würde man mithin dem Gebäude ein falsches Zeugnis ausstellen. Vermisst wird im Konzept des BMVBS auch, dass die Lüftung und Lüftungstechniken bislang kaum Gegenstand der Prüfung sind. Mikrobiologische Prüfparameter wie Schimmelpilze fehlen ebenfalls oder sind noch in der Diskussion (Stand Oktober 2010). Auch weiß man bis heute kaum, wie bei der Sanierung bestehender Gebäude vorgegangen werden soll. Die bislang erarbeiteten Empfehlungen gelten ausschließlich für Verwaltungsgebäude des Bundes im Neubau. Dafür sollen die Vorgaben verbindlich eingeführt werden. Für alle anderen Gebäude ist dies freiwillig. Kein Bauherr soll künftig verpflichtet werden, sich der Zertifizierung Nachhaltige Gebäude zu unterziehen.

KfW-Förderkriterien Gesundes Bauen

Ein einfacherer Weg wäre folgender: In Deutschland vergibt die KfW-Kreditbank (früher Kreditanstalt für Wiederaufbau) zinsgünstige Darlehen und Zuschüsse für die energetische Gebäudesanierung. Diese Mittel sollen auch in den kommenden Jahren fließen. Die Überlegung ist die, angeflanscht an die energetische Gebäudeförderung einen Bonus zu zahlen, wenn der Bauherr oder die Bauherrin gleichzeitig Gesundheitsaspekte beim Bauen in besonderer Weise berücksichtigt. Beim Bau eines Gebäudes würden nur solche Bauprodukte eingesetzt werden, die nachweislich (!) gesundheitlich unbedenklich sind. Die alleinige Zulassung am Markt reicht dafür nicht aus. Es müssen vielmehr Prüfzeugnisses für jedes verwendete Bauprodukt vorlegt werden. Dies ist bereits in der Planungsphase zu belegen und in der Errichtungsphase zu überprüfen. Ein speziell dafür ausgebildeter Fachmann oder eine dafür ausgebildete Fachfrau (Hygiene-Fachbegleiter(in)) könnten helfen, die Vorgaben in der Planung und bei der Ausführung umzusetzen und zu überwachen. Eine Lüftungskonzeption für das Gebäude in der Bau- und Nutzungsphase ist in jedem Fall in die Planung und Errichtung einzubeziehen und würde ebenfalls Gegenstand der Prüfung durch den/die Hygiene-Fachbegleiter(in) sein. Auf Messungen im Neubau wird weitgehend verzichtet. Im Altbaubestand kann eine Messung vor Beginn der Sanierungsarbeiten aber sinnvoll sein, um den Status quo zu erfassen und den Erfolg der späteren Sanierung aus raumlufthygienischer Sicht zu kontrollieren.

Aus Sicht der Autoren stellen diese Überlegungen einen möglichen Alternativweg zum komplexen Vorgehen des Bauministeriums dar. Zu klären sind noch einige wichtige Punkte, etwa welche Materialanforderungen konkret gestellt werden und wer die Qualifikation der Hygiene-Fachbegleiter prüft. Die Diskussion hierzu dauert an.

Aufklärung ist wichtig!

Die Einbeziehung von Gesundheitsaspekten bei der Förderung des Wohnungsbaus ist aus innenraumhygienischer Sicht mehr denn je notwendig. Das beste Gebäude nützt jedoch nichts, wenn hinterher in der Nutzungsphase nicht auch die Bewohner bestimmte Vorgaben beachten. In erster Linie betrifft dies das **Lüften**. Nicht nur in Schulen, auch zu Hause beobachtet das UBA eine zunehmende Verdrießlichkeit, wenn es darum geht, regelmäßig und sachgerecht zu lüften. Ja, manche Bewohner meinen sogar, dass dann ihre kostbare Heizenergie im wahrsten Sinne des Wortes „zum Fenster hinaus" verloren ginge. Natürlich soll man in einem energieeffizienten, luftdichten Gebäude nicht den ganzen Tag lüften. Dies würde jede Energiesparmaßnahme konterkarieren. Permanentes Lüften sollte nur über mechanische Lüftungsanlagen erfolgen. Beim Fensterlüften gilt die Regel: Morgens nach dem Aufstehen, abends nach der Rückkehr von der Arbeit für 5–10 Minuten im Winter und für 20–30 Minuten im Sommer lüften (frühmorgens ist im Sommer Erfolg versprechender als abends) und möglichst mehrere Fenster gleichzeitig weit öffnen (Moriske 2007; siehe auch UBA-Leitfäden im Literaturnachweis).

Auch richtiges **Heizen** ist wichtig. Hier nehmen moderne und geregelte Heiztechniken dem Verbraucher bereits eine Menge Arbeit ab. Falsch ist es, die Heizkörperthermostaten bei jedem Verlassen der Wohnung herunterzuregeln und nach Rückkehr wieder aufzudrehen. Dies kostet unnötig Energie beim Hochheizen und fördert zudem unangenehme Begleiterscheinungen des Neubaus und der Sanierung wie bei dem „Phänomen Schwarze Wohnungen" (Moriske 2007).

Wohnungsunternehmen sollten die Mieter bereits beim Einzug durch Informationsschriften über sachgerechtes Lüften und Heizen informieren. Besonders in modernen, luftdichten Gebäuden sollte dies zur „Pflichtlektüre" werden. Staatliche Stellen werden auch weiterhin helfen, durch Broschüren und Leitfäden allgemeine Verbraucherempfehlungen zu geben. Das Umweltbundesamt versendet auf Nachfrage gern die dort erarbeiteten Broschüren (siehe Literaturnachweis).

Literatur

Bundesgesundheitsamt: Innenraumlufthygiene-Kommission: Zum Ersatz von Tetrachlorethen (PER) durch Kohlenwasserstoff-Lösemittel (KWL) in chemischen Reinigungen. Bundesgesundheitsblatt 36 (1993) 392

R. Coutalides: Innenraumklima – Wege zu gesunden Bauten. Werd-Verlag, Zürich 2002/2009

H. Hofmann und P. Plieninger: Bereitstellung einer Datenbank zum Vorkommen von flüchtigen organischen Verbindungen in der Raumluft. Umweltbundesamt, WaBoLu-Hefte Nr. 5, 2008

H.-J. Moriske: Schimmel, Fogging und weitere Innenraumprobleme. Fraunhofer-IRB-Verlag, Stuttgart 2007

H.-J. Moriske und R. Beuermann: Schadstoffe in Innenräumen – Hygienische Bedeutung und rechtliche Konsequenzen. Grundeigentum-Verlag, Berlin 2004

C. Schulz, K. Becker und M. Seiwert: Kinder-Umwelt-Survey. Gesundheitswesen 64 (2002) 569–579

C. Schulz, D. Ullrich, H. Pick-Fuß, M. Seiwert, A. Conrad, K.-H. Brenske, A. Hünken, A. Lehmann und M. Kolossa-Gehring: Kinder-Umwelt-Survey (KUS) 2003/06. Innenraumluft – Flüchtige organische Verbindungen in der Innenraumluft in Haushalten mit Kindern in Deutschland. Umweltbundesamt, Schriftenreihe Umwelt&Gesundheit Nr. 3, 2010

US Green Building Council. http://www.usgbc.org (September 2010)

Broschüren und Leitfäden des Umweltbundesamtes zur Wohngesundheit:

- Leitfaden für die Innenraumhygiene in Schulgebäuden; Umweltbundesamt 2008
- Leitfaden zur Vorbeugung, Untersuchung, Bewertung und Sanierung von Schimmelpilzwachstum in Innenräumen; Umweltbundesamt 2002
- Leitfaden zur Ursachensuche und Sanierung bei Schimmelpilzwachstum in Innenräumen („Schimmelpilzsanierungs-Leitfaden"); Umweltbundesamt 2005
- Gesünder Wohnen – Aber wie?; Informationsbroschüre; Umweltbundesamt 2005
- Hilfe! Schimmel im Haus; Informationsbroschüre, Umweltbundesamt 2009

Alle Leitfäden und Broschüren können kostenfrei angefordert werden bei:

- GVP Gemeinnützige Werkstätten Bonn, In den Wiesen 1–3, 53227 Bonn

3.2 Standpunkt der Behörden in der Schweiz

3.2.1 Fachstelle Wohngifte des Bundesamtes für Gesundheit BAG

Roger Waeber

3

Luft und Gesundheit

Ob zu Hause, am Arbeitsplatz oder in der Freizeit – wir halten uns die meiste Zeit in Innenräumen auf. Die Luft, die wir atmen, ist deshalb zum größten Teil Innenraumluft. Doch wer denkt beim Begriff „Luftverschmutzung" spontan an Innenraumluft? Oder gar an die Luft in seiner Wohnung? Es sind doch vielmehr Bilder von Auspuffrohren von Autos und Lastwagen oder von rauchenden Kaminschloten, die hier im Bewusstsein erscheinen. Kein Wunder: In unseren westlichen, zivilisierten Ländern hat sich die Aufmerksamkeit von Gesellschaft und Politik, was die Luft betrifft, bislang in erster Linie auf die Verschmutzung der Umwelt, also auf die Verschmutzung der Außenluft, die wir alle teilen, fokussiert. Zu Recht, denn die Abgase/Emissionen aus den Verbrennungsprozessen von Motoren und Feuerungen in die Atmosphäre belasten nicht nur unsere Böden und Wälder, sondern haben auch drastische Auswirkungen auf unsere Gesundheit. Im Jahr 2000 verursachte die gesamte Außenluftbelastung in der Schweiz über 3.700 frühzeitige Todesfälle, mehr als 15.000 Spitaltage wegen Atemwegs- und Herz/Kreislauferkrankungen, rund 40.000 Asthmaanfälle bei Erwachsenen und ähnlich viele Fälle von akuter Bronchitis bei Kindern. Ein Drittel davon ist verkehrsbedingt [1]. Feinstaub und Abgase in der Außenluft machen nicht Halt vor Wohnungstüren oder vor Eingangspforten in Schulen und Verwaltungsgebäuden [2]. Die Reinhaltung der Raumluft beginnt somit bei der Reinhaltung der Außenluft.

Im Alltag ist uns oft gar nicht bewusst, dass die Innenraumluft in aller Regel stärker belastet ist als die Außenluft. Denn zahlreiche weitere Quellen können die Raumluft belasten: Baustoffe, Einrichtungsgegenstände wie Möbel, Teppiche und Vorhänge, aber auch elektronische Geräte wie etwa Computer und Drucker. Hinzu kommen stets die Belastungen aus dem Stoffwechsel der Bewohner und ihrer Aktivitäten, beispielsweise Emissionen beim Kochen oder dem Gebrauch von Haushaltsprodukten. Nicht nur die Anzahl und Stärke der Verschmutzungsquellen, sondern auch der Grad der Durchlüftung eines Raumes beeinflusst die Raumluftbelastung – und damit auch die damit verbundenen Risiken für Gesundheit, Wohlbefinden und Produktivität.

Innenraumluftqualität als staatliche Aufgabe

Im Gegensatz zur Außenluft ist die Innenraumluft aber gesetzlich nirgends als solche verankert [3]. Es fehlt damit die entscheidende Grundlage für staatliches Handeln, wie etwa das Festlegen von Grenzwerten für die Innenraumluft und daraus abgeleitete konkrete Anforderungen für die verschiedenen Quellen. In den einzelnen sektoriellen Erlassen, die bestimmte Quellen regeln, fehlen konkrete Anforderungen an die Freisetzung von gefährlichen Stoffen in die Innenraumluft. Die einzige Raumluftbelastung, die in der Schweiz eine klare gesetzliche Regelung hat, ist das Radon. Seit 1994 sind in der Strahlenschutzverordnung Grenzwerte für die Radonkonzentration und Richtwerte für Neu- und Umbauten festgeschrieben [4].

Der Schweizerische Bundesrat hat die gesundheitliche Bedeutung der Innenraumluft und die im Vergleich dazu schlechte gesetzliche Lage erkannt [5]. Als Ende der 1990er Jahre das alte Giftgesetz durch das neue mit dem EU-Chemikalienrecht harmonisierte Chemikaliengesetz

3

(ChemG) abgelöst wurde, hatte der Bundesrat im Entwurf eine gesetzliche Grundlage für Schadstoffe in Innenräumen vorgeschlagen [6]. Dieser sogenannte „Wohngift-Artikel" im ChemG wurde im Parlament ausgiebig diskutiert und von einer klaren Mehrheit abgelehnt: Das Problem sei bereits an anderer Stelle genügend geregelt; der Bund gehe damit weiter als die EU; die wissenschaftlichen Kenntnisse würden nicht ausreichen, um Grenzwerte festzulegen. Maßgebend waren letztlich wohl Befürchtungen von staatlichen Überregulierungen, unnötigen Einschränkungen, gar einem „Eingriff in die Intimsphäre" von privaten Räumen [7]. Das Parlament hat aber anerkannt, dass der Bund die Möglichkeit haben muss, auf diesem Gebiet Informationen und Empfehlungen abzugeben sowie Forschung zu betreiben und hat mit Art. 29 einen entsprechenden Informationsauftrag im ChemG festgeschrieben [8]. Dies war ein entscheidender Fortschritt, denn damit wurde die Thematik Innenraumluft mit dem Inkrafttreten des neuen ChemG am 1. August 2005 zu einer fest verankerten Aufgabe der Bundesverwaltung beziehungsweise im zuständigen Bundesamt für Gesundheit BAG.

Strategie der Fachstelle Wohngifte

Die Fachstelle Wohngifte, die in der Abteilung Chemikalien des Direktionsbereiches Verbraucherschutz im BAG angesiedelt ist, ist mit der Umsetzung der Aufgabe betraut. Die Fachstelle musste sich dazu eine Strategie zurechtlegen, welche einige grundlegende Aspekte des thematischen Umfeldes berücksichtigt:

– Die Innenraumluft ist der wichtigste Aufnahmeweg für gasförmige chemische Schadstoffe. Angesichts der Relevanz der Raumluftbelastung für Gesundheit, Wohlbefinden und Produktivität sind die wissenschaftlichen Erkenntnisse zur gesundheitlichen Bewertung von Raumluftschadstoffen insgesamt dürftig – vor allem auch, weil wir von vielen Stoffen, denen wir ausgesetzt sind, kaum toxikologische Daten haben. Bei der Chemikaliensicherheit und der entsprechenden Produktsicherheit braucht es hier noch eine ganze Menge Arbeit, die nur mit international vereinten Kräften geleistet werden kann. Zahlreiche Kenntnislücken werden auch in Zukunft bestehen bleiben. In vielen Bereichen sind jedoch genügend Kenntnisse vorhanden, um präventive Maßnahmen zu begründen und umzusetzen.
– Die Informationsbedürfnisse steigen; die Sensibilisierung der Bevölkerung bezüglich gesundheitlicher Aspekte nimmt zu – und damit steigen auch die Verunsicherungen und Ängste vor gefährlichen Stoffen in Innenräumen, die auch von den Medien gerne bedient werden. Man muss Ängste ernst nehmen und soll gleichzeitig ungerechtfertigte Befürchtungen nicht schüren.
– Es gibt unterschiedliche Akteure und Zuständigkeiten je nach Themenbereich und Gesetzesgrundlage. Die Akteure in den verschiedenen Bereichen mit Schnittstellen zur Thematik Innenraumluft haben aber meist keine oder nur sehr beschränkte Fachkenntnisse dazu. Wo Wissen vorhanden ist, ist es in aller Regel an einzelne Personen gebunden.
– Angesichts der Bedeutung und der Breite der Thematik sind die dafür zur Verfügung stehenden Ressourcen sehr bescheiden. Dies wird sich in den kommenden Jahren auch nicht wesentlich ändern – es muss im Gegenteil darauf geachtet werden, dass die noch junge Aufgabe nicht kommenden Sparrunden in der Verwaltung zum Opfer fällt. Die Fachstelle muss sich intern und extern als fachkompetenter und nützlicher Partner profilieren.

Die Fachstelle Wohngifte hat ihren Auftrag wie folgt formuliert: Hauptaufgabe ist die Sensibilisierung, Anregung und Unterstützung der relevanten Akteure zu einem Handeln, welches zur Vermeidung von Schadstoffbelastungen in der Raumluft und damit verbundenen Gesundheitsrisiken führt. Die zentralen Fragestellungen dazu lauten: Welche Gesundheitsrisiken im Zusammenhang mit Raumluftbelastungen bestehen und könnten sich verstärken? Wer müsste was tun, um sie zu vermindern oder zu vermeiden? Die Fachstelle geht dabei vom wissenschaftlichen Kenntnisstand und den gesammelten Erfahrungen aus. Als Risiken werden adverse Effekte, Verschlechterung des Gesundheitszustandes bei Kranken, aber auch anhaltende Störungen des Wohlbefindens bei Gesunden – etwa durch Geruchsbelästigungen – berücksichtigt. Wo immer möglich, wird ein quellenorientierter Ansatz verwendet, anstatt von einzelnen Raumluftschadstoffen auszugehen. Das heißt beispielsweise, dass über Raumluftbelastungen durch Drucker und Kopierer insgesamt sowie deren Verminderung informiert wird, anstatt nur über Tonerpartikel in Nano-Größe, die aus diesen Geräten freigesetzt werden könnten. Denn die grundlegende Problematik der Geräteemission bleibt – auch wenn sich herausstellt, dass das Tonerpartikelproblem eigentlich gar keines ist und die mediale Aufmerksamkeit nachlässt. Prioritär geht die Fachstelle Themen mit großer Gesundheitsrelevanz an, bei denen bereits Kenntnisse zu wirkungsvollen Maßnahmen bestehen und die somit schon heute „für die Umsetzung reif" sind. Die Themen können dabei nur Schritt für Schritt abgearbeitet werden.

3

Relevante Akteure als Partner und Multiplikatoren

Die Fachstelle erarbeitet in erster Linie Informationsmaterial wie ausführliche Broschüren, Minibroschüren oder Flyer für das breite Publikum und stellt insbesondere auch Informationen im Internet bereit (http://www.wohngifte.admin.ch). Um sicherzustellen, dass die Informationen und vor allem auch Empfehlungen den Weg in die konkrete Praxis finden, werden die wichtigsten Akteure im jeweiligen Themenbereich einbezogen und als Multiplikatoren gewonnen. Akteure können neben der Allgemeinbevölkerung, die als Bewohner oder Anwender von Produkten direkt angesprochen werden können, auch bestimmte Berufsgruppen oder Institutionen sein. So wurden bei der Erstellung und Verbreitung der Informationen zu Feuchtigkeitsproblemen und Schimmel auch die wichtigsten Vertreter von Hausbesitzern und Mietern von Anfang an in eine gemeinsame Trägerschaft eingebunden. Denn sehr häufig blockieren Streitigkeiten zwischen Mieter- und Vermieterseite die nötigen Maßnahmen. Mit der Wegleitung gibt es nun eine gemeinsame inhaltliche Basis der beiden Parteien zur Schimmelproblematik und sie hat gute Chancen, auch zum Schweizer Standard bei Streitereien vor Mietgerichten zu werden. Gleichzeitig wurde von der Schweizerischen Unfallversicherungsanstalt Suva eine Richtlinie zum Arbeitnehmerschutz bei Sanierungen und ein entsprechendes detailliertes Merkblatt des Schweizerischen Maler- und Gipserunternehmer-Verbandes (smgv) erstellt. Damit steht nun ein umfassendes Informationspaket zu dieser Problematik zur Verfügung [9] und die Fachstelle kann sich anderen Themenschwerpunkten zuwenden.

Herausforderung Gesundes Bauen

Beim Bauen und Renovieren von Gebäuden werden die Voraussetzungen für gesunde Innenräume und eine gute Raumluft geschaffen. Hier dominieren heute Maßnahmen für eine bessere Energieeffizienz. Die Diskussionen zum bereits heute stattfindenden Klimawandel haben den Druck in den letzten Jahren massiv erhöht. So gelten in allen Kantonen der Schweiz künftig sehr strenge Anforderungen an den Energieverbrauch von Neubauten. Eine einseitige Maximierung der Energieeffizienz kann aber negative Folgen für Gesundheit und Wohlbefinden der Nutzer haben – so führt die Abdichtung der Gebäudehülle ohne flankierende Maßnahmen zu einer massiven Verringerung der Durchlüftung und zu einer generellen Verschlechterung der Raumluftqualität, der mit Quellenbekämpfung alleine nicht begegnet werden kann. Die Lüftung über Fenster etwa stößt bei dichten Gebäudehüllen an ihre Grenzen und es braucht deshalb ein Lüftungskonzept [10]. Lösungen stehen bereit [11]. Das Bewusstsein für diese Problematik ist aber noch sehr mangelhaft – vielen Gebäuden geht heute die Luft aus. Die Fachstelle Wohngifte unterstützt deshalb auch Projekte, welche zum Ziel haben, die verfügbaren Kenntnisse zur Raumluftqualität besser in den Bauprozess zu integrieren. Dabei ist die Fachstelle bestrebt, die Thematik Gesundheit/Wohlbefinden der Nutzer und insbesondere den Schwerpunkt Raumluftqualität in bestehende Vorhaben und Programme im Bereich Nachhaltiges Bauen zu integrieren. Damit ist von vornherein gewährleistet, dass Maßnahmen für die Gesundheit der Bewohner nicht mit Energieverschwendung und Umweltbelastung „erkauft" werden. Denn deren Folgen, wie etwa die Außenluftverschmutzung, treffen uns alle.

Nachhaltig Bauen heißt auch Gesund Bauen

Nachhaltiges Bauen ist ein Maßnahmenbereich in der Strategie Nachhaltige Entwicklung des Bundesrates [12]. Die Maßnahmen lassen sich auf einen einfachen Nenner bringen: Der öffentliche Hochbau geht mit gutem Beispiel voran und versucht über baurelevante Programme Einfluss auf das Bauwesen zu nehmen. Tatsächlich können die öffentlichen Bauherren in der Schweiz mit Fug und Recht als Zugpferde des nachhaltigen und damit auch gesunden Bauens in der Schweiz bezeichnet werden [13, 14]. Prozesse und Instrumente, die dabei entwickelt werden, müssen den Lackmustest der Umsetzbarkeit auf den Baustellen unter den momentan gegebenen Rahmenbedingungen bestehen. Dies führt in der Regel zu pragmatischen Lösungen, die somit auch für eine breitere Umsetzung auf privaten Baustellen zugänglich sind. So konnte ausgehend von einem von öffentlichen Bauherren entwickeltem Nachweisinstrument für ökologische und gesundheitliche Aspekte der Baustandard MINERGIE-ECO entwickelt werden, der neben den energetischen auch ökologische und gesundheitliche Aspekte berücksichtigt [15]. Was das emissionsarme Bauen betrifft, stehen wir jedoch erst am Anfang [16].

Literatur

[1]   Bundesamt für Raumentwicklung (2004). Externe Gesundheitskosten durch verkehrsbedingte Luftverschmutzung in der Schweiz, Aktualisierung für das Jahr 2000.
http://www.bbl.admin.ch/bundespublikationen, Art.-Nr.: 812.039.d

[2]   Waeber, R. und Wanner. H.U. (1997) Luftqualität in Innenräumen. Außenluftverunreinigung, Quellen in Innenräumen, Gesundheit, Maßnahmen. Schriftenreihe Umwelt Nr.287, Bundesamt für Umwelt, Wald und Landschaft (BUWAL)

[3]   Waeber, R. Rechtliche Situation zu Schadstoffen in Innenräumen. Safety-Plus Zeitschrift für Arbeitssicherheit, Nr.3/2004, 17-18

[4]   Strahlenschutzverordnung (StSV, SR 814.501), Artikel 110 bis 118,
http://www.admin.ch/ch/d/sr/c814_501:html

[5]   vgl. Antwort des Bundesrates vom 2. Oktober 2000 zur einfachen Anfrage 00.1059 Schadstoffe in Innenräumen. Geschäftsdatenbank des Schweizerischen Parlaments,
http://www.parlament.ch/d/suche/seiten/geschaefte.aspx?gesch_id=20001059

[6]   vgl. Entwurf Bundesgesetz über den Schutz vor gefährlichen Stoffen und Zubereitungen (Chemikaliengesetz, ChemG), Art. 20 Schadstoffe in Innenräumen,
http://www.admin.ch/ch/d/ff/2000/840.pdf und Botschaft ChemG vom 24. November 1999, S.761f.,
http://www.admin.ch/ch/d/ff/2000/687.pdf

[7]   Die Wortprotokolle der parlamentarischen Beratungen des Chemikaliengesetzes im Jahr 2000 können über die Geschäftsdatenbank des Schweizerischen Parlaments (Curia-Vista, Geschäftsnummer 99.090) eingesehen werden:
http://www.parlament.ch/d/suche/seiten/geschaefte.aspx?gesch_id=19990090

[8]   Bundesgesetz vom 15. Dezember 2000 über den Schutz vor gefährlichen Stoffen und Zubereitungen (Chemikaliengesetz, ChemG, SR 813.1), http://www.admin.ch/ch/d/sr/c813_1.html

[9] Sämtliche Dokumente sind auf der thematischen Internetseite des Bundesamtes für Gesundheit zu Feuchtigkeit und Schimmel für Download und Bestellung verfügbar: http://www.wohngifte.admin.ch → Gesund Wohnen→ Feuchtigkeitsprobleme und Schimmel

[10] SIA Norm 180 – Wärme- und Feuchteschutz im Hochbau (SN 520 180) (Ausgabe 1999, wird abgelöst durch Ausgabe 2011). Schweizerischer Ingenieur- und Architektenverein SIA. http://www.sia.ch

[11] Merkblatt SIA 2023 Lüftung in Wohnbauten (2008). Schweizerischer Ingenieur- und Architektenverein SIA. http://www.sia.ch

[12] Schweizerischer Bundesrat. Strategie Nachhaltige Entwicklung: Leitlinien und Aktionsplan 2008-2011. Bericht vom 16. April 2008. http://www.bundespublikationen.admin.ch, Art. Nr.812.080.d

[13] Koordinationskonferenz der Bau- und Liegenschaftsorgane der öffentlichen Bauherren (KBOB). KBOB Empfehlungen Nachhaltiges Bauen. http://www.kbob.ch-, Publikationen

[14] eco-bau – Nachhaltigkeit im öffentlichen Hochbau. Gemeinsame Plattform öffentlicher Bauherrschaften von Bund, Kantonen und Städten mit Empfehlungen zum nachhaltigen Planen, Bauen und Bewirtschaften von Gebäuden und Anlagen. http://www.eco-bau.ch

[15] http://www.minergie.ch/minergie-eco.html

[16] Faktenblatt MINERGIE und Gesundheit. Bundesamt für Gesundheit BAG. Bern, April 2010 (nur elektronisch). http://www.wohngifte.admin.ch, → Gesund Bauen, → Energieeffizienz und Materialökologie

3.2.2 Amt für Hochbauten der Stadt Zürich

Michael Pöll

Portfolio als Triebfeder

Das Amt für Hochbauten der Stadt Zürich AHB setzt mit rund 4000 stadteigenen Bauten ein jährliches Investitionsvolumen von 350 Millionen Franken um [1]. Dies entspricht knapp einem Prozent der gesamtschweizerischen Hochbauinvestitionen [2]. Das stadtzürcherische Gebäudeportfolio ist vielfältig und reicht vom Zeitnehmerhäuschen in Stampflehm in einer Sportanlage bis zur hoch technisierten vierzehnstöckigen Stadtspitalerweiterung auf 50.000 Quadratmeter Fläche. In vielen Bauten halten sich empfindliche Nutzende wie Kinder, schwangere Frauen oder kranke und alte Personen auf. Zu diesen Bauten gehören zum Beispiel die rund 120 Volksschulhäuser, aber auch Kindergärten, Horte, Büro- und Wohnbauten, Altersheime, Spitäler und Pflegezentren. Die Stadt Zürich hat darum ein besonderes Interesse daran, dass ihre Bauten über ein gesundes Innenraumklima verfügen. Diesem Anliegen Geltung zu verschaffen ist eine Herausforderung.

Schlüsselereignis mit Formaldehyd

Ein Schlüsselereignis im Jahr 2001 prägte den Umgang mit dem Innenraumklima. Das Schulhaus im Gut, gerade erst für rund 13 Millionen Franken erweitert und instand gesetzt, musste geschlossen werden. Verschiedene Lehrerinnen und Lehrer beklagten sich über Reizungen von Augen und Atemwegen. Raumluftmessungen zeigten Formaldehydkonzentrationen, welche den maßgebenden Richtwert des Bundesamtes für Gesundheit BAG von $120 \, g/m^3$ deutlich überschritten und damit geeignet waren, die geschilderten gesundheitlichen Beeinträchtigungen zu verursachen. Die Schule musste in provisorische Schulhauspavillons ausquartiert werden. Als Emissionsquellen wurden in monatelangen und aufwendigen Untersuchungen verschiedene neu eingebaute Holzwerkstoffe eruiert. Nachdem diese ausgebaut und durch Produkte mit niedrigen Formaldehydemissionen ersetzt worden waren, konnte die Schule wieder bezogen werden. Die Kosten für die Bereitstellung von provisorischem Schulraum, die aufwendige Quellensuche und schlussendlich die baulichen Ersatzmaßnahmen beliefen sich auf weitere 2 Millionen Franken.

Maßnahmen für ein gesundes Innenraumklima

Der Fall im Gut hatte ein juristisches Nachspiel. Dieses ging zuungunsten der Stadt Zürich aus. Da die eingesetzten Holzwerkstoffe, wenn auch nur knapp, den gesetzlichen Anforderungen entsprachen, mussten die gesamten Kosten vom Steuerzahler getragen werden. Die verantwortliche Unternehmung beteiligte sich zwar auch an den Kosten, allerdings nur aus Kulanzgründen. Der Fall im Gut hat die Stadt Zürich sensibilisiert. Es ist die Erkenntnis gewachsen, dass die wenigen vorhandenen gesetzlichen Vorgaben ungenügend sind und mit „Papierökologie" allein, das heißt mit unverbindlichen Empfehlungen, ein gesundes Innenraumklima nicht sicher gestellt werden kann. Als Konsequenz aus dem Fall im Gut wurden darum verschiedene Maßnahmen beschlossen, welche auch heute noch aktuell sind. Sie haben dazu beigetragen, dass die Stadt Zürich heute in Fragen eines gesunden Innenraumklimas über eine ausgeprägte Handlungsfähigkeit verfügt.

Rahmenbedingungen und Ressourcen

Ein wichtiger und oft unterschätzter Teil ist der politische Wille. Absichtserklärungen auf der Stufe Abteilung oder sogar Amt mögen gut sein. Sie laufen aber Gefahr, durch übergeordnete Instanzen kassiert zu werden. In der Stadt Zürich ist der politische Wille seit dem Jahr 2008 in Form eines Stadtratsbeschlusses, der höchst möglichen Ebene der politischen Exekutive, festgehalten. Der Beschluss, aufbereitet als „7 Meilenschritte zum umwelt- und energiegerechten Bauen" [3], macht auch eine Aussage zum gesunden Innenraumklima (vgl. Bild 3-1).

---

5 Gesundheit und Baustoffe

Die Bauten bieten ein gesundes Innenraumklima. Grenzwerte oder anerkannte Richtwerte werden deutlich unterschritten.

Es sind gesundheitlich unbedenkliche und ökologisch günstige Baustoffe gemäß ECO-BKP zu wählen, www.eco-bau.ch

---

Bild 3-1   Meilenschritt 5 der 7 Meilenschritte zum umwelt- und energiegerechten Bauen

Fachstelle nachhaltiges Bauen

Neben dem politischen Willen ist es fast genau so wichtig, die für die Umsetzung benötigten personellen und finanziellen Ressourcen bereitzustellen. Diese sind in der Fachstelle nachhaltiges Bauen gebündelt. Die personellen Ressourcen sind in den vergangenen Jahren kontinuierlich gestiegen und betragen heute rund 400 Stellenprozente. Circa 50 Stellenprozente werden für die Sicherstellung eines gesunden Innenraumklimas eingesetzt. Für ein Gebäude mit 100 Millionen Franken Investitionsvolumen würde dies also bedeuten, eine Person während der gesamten Bauzeit mit 12,5 Stellenprozent für ein gesundes Innenraumklima anzustellen, was gut einem halben Arbeitstag pro Woche entspricht.

Umweltmanagement

Ohne die Unterstützung der Projektleitenden kann eine Fachstelle, auch wenn sie personell gut dotiert ist, die Vielfalt der Aufgaben rund um das nachhaltige Bauen nicht bewältigen. Eine Anstellung beim Amt für Hochbauten der Stadt Zürich ist darum mit einem starken Bekenntnis zum gesunden und ökologischen Bauen verbunden. In ihrem Arbeitsalltag werden die rund 90 Projektleitenden durch ein Managementsystem unterstützt, welches phasengerecht diverse Hilfsmittel bereitstellt und für Bauten ab 5 Millionen Investitionsvolumen nach Abschluss der Bauarbeiten Raumluftmessungen vorschreibt. Ergänzend werden die Kompetenzen der Projektleitenden mit jährlich stattfindenden Weiterbildungen zum Thema des nachhaltigen Bauens und zu Fragen eines gesunden Innenraumklimas gestärkt.

Materialvorgaben

Natürlich braucht es auch schriftliche Vorgaben, in welchen die Details einer emissionsarmen Materialisierung festgehalten sind. Die wichtigsten Dokumente sind die sogenannten ECO-BKP-Merkblätter [4]. Sie haben den Charakter einer Materialpositivliste. Der Einsatz von Baumaterialien, welche klassische Innenraum-Schadstoffe wie Formaldehyd oder Lösemittel enthalten, ist stark eingeschränkt oder mit Auflagen verknüpft. Malerarbeiten im Innenraum mit lösemittelverdünnbaren Produkten sind zum Beispiel nicht erlaubt (vgl. Bild 3-2).

Material/Prozess	Vorgaben	Hinweise/Quellen
■ Allgemeines		
Produktauswahl 	Für den ganzen Schichtaufbau sind wasserverdünnbare Produkte oder Produkte ohne Lösemittel (0%) einzusetzen. Die Produkte sind nur in Originalgebinden zu verwenden (Kontrolle durch die Bauleitung) und gemäss VSLF-Produktdeklaration zu deklarieren.	Die Produkte werden durch den Namen und die Produktegruppennummer (PG) gemäss Schweizerischem Maler- und Gipsmeisterverband (SMGV) definiert. PG Beschichtungsstoffe www.smgv.ch

Bild 3-2 Auszug ECO-BKP-Merkblatt 285, innere Oberflächenbehandlungen

Vertragsbedingungen

Eine weitere Schlüsselgröße sind die Verträge mit den Planenden und den Unternehmungen. Die angestrebte Qualität des Innenraumklimas ist darin festgehalten. Für Formaldehyd wird ein Wert von 60 µg/m^3 verlangt, für Lösemittel (TVOC) ein Wert von 1000 µg/m^3 [5]. Streitigkeiten darüber, ob jetzt die Anwendung eines Bauproduktes nach den Regeln der Baukunst erfolgt ist oder ob das Produkt normkonform war, erübrigen sich damit. Die Planenden und die Unternehmungen schulden der Bauherrschaft die vertraglich zugesicherte Raumluftqualität.

Umsetzung und Controlling

Was die besten Strukturen und ausgefeiltesten Hilfsmittel nicht ersetzen können, sind die Knochenarbeit an den Leistungsverzeichnissen und die Projektoptimierung mit den Planenden und den Unternehmungen. Materialkonzepte müssen überprüft und Einzelprodukte auf ihr Emissionsverhalten hin untersucht werden. Und da bekanntlich auf der Baustelle gebaut wird, geht

3

Bild 3-4   Deckenelement

Bild 3-3
Die Massivholzplatten eines alten Einbau-
schrankes entpuppten sich bei genauerem
Hinsehen als Spanplatten mit hauchdünnem
Furnier. Die Formaldehydemissionen der
Spanplatten erreichten auch noch nach 50
Jahren 60 % der Emissionsklasse E1.

Bild 3-5   Oberlichtverkleidungen mit formaldehydgebundenen MDF-Platten der Emissionsklasse E1. Die Sonneneinstrahlung verursachte lokal hohe Temperaturen, was zu
sehr starken Formaldehydemissionen führte.

es auch nicht ohne regelmäßige Kontrollen vor Ort. Gewissheit darüber, ob die Raumluftquali-
tät den gesetzten Zielen entspricht, gibt aber immer erst die abschließende Raumluftmessung
(vgl. Bild 3-6). Beim Formaldehyd erfüllen 75 % der Messresultate die Zielvorgabe. 5 % der
Messwerte liegen über dem Richtwert des Bundesamtes für Gesundheit. In den allermeisten
Fällen konnten die Ursachen für hohe Messwerte gefunden werden. Nach entsprechenden
Korrekturmaßnahmen wurde der Richtwert in der Regel deutlich unterschritten.

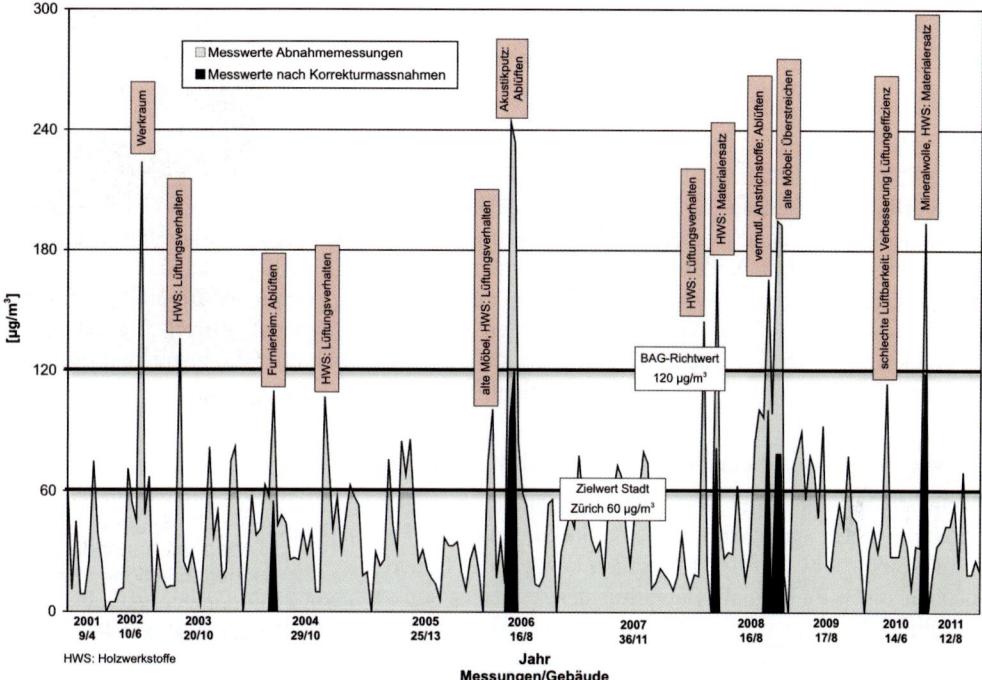

Bild 3-6 Resultate der Formaldehyd-Abnahmemessungen in stadtzürcherischen Gebäuden 2001–2011 (104 Messpunkte in 92 Gebäuden), Ursachen für hohe Messwerte und Korrekturmaßnahmen

Fazit

Ob sich der verhältnismäßig hohe Aufwand positiv auf die Raumluftqualität auswirkt, kann nicht abschließend beurteilt werden. Die Qualität des Innenraumklimas ist bei der Stadt Zürich zwar bekannt, Vergleichszahlen mit anderen Bauherrschaften fehlen aber. Auch die politischen und organisatorischen Voraussetzungen sind gegeben, um in Gebäuden ein gesundes Innenraumklima zu ermöglichen. Ausgeschlossen werden kann das Risiko von erhöhten Schadstoffkonzentrationen trotzdem nicht. Das Projektmanagement ist aber derart ausgestaltet, dass Problemfälle effizient bearbeitet und die angestrebte Raumluftqualität auf Kosten der Verursachenden erreicht werden kann.

Literatur

[1] http://www.stadt-zuerich.ch/ahb → Zahlen & Fakten
[2] http://www.bfs.admin.ch → 09 – Bau- und Wohnungswesen → Bautätigkeit, Bauausgaben → Daten, Indikatoren
[3] http://www.stadt-zuerich.ch/nachhaltiges-bauen → Vorgaben nachhaltiges Bauen → Richtlinie: 7 Meilenschritte
[4] http://www.eco-bau.ch → ECO-BKP-Merkblätter
[5] http://www.stadt-zuerich.ch/nachhaltiges-bauen → Vorgaben nachhaltiges Bauen → Richtlinie: Bedingungen für Planungsleistungen/Werkleistungen

3.3 Entwicklung zum Thema Wohngesundheit und Standpunkt der Behörden in Österreich

Hildegund Mötzl und Peter Tappler

Der vorliegende Beitrag gibt einen Überblick über behördliche Vorgaben und Initiativen in Österreich zum Thema Wohngesundheit. Dazu gehören gesetzliche Vorgaben und Richtwerte für die Innenraumluft, Kriterien für die Wohnbauförderung, freiwillige Maßnahmen auf Bundesebene (z. B. klima:aktiv) und schließlich die ökologisch orientierte öffentliche Beschaffung. Diese behördlichen Maßnahmen werden durch die Internet-Plattform und Datenbank baubook unterstützt. Zu Beginn des Artikels steht ein Überblick über die historische Entwicklung des Zugangs zum Thema Wohngesundheit in Österreich.

Entwicklung zum Thema Wohngesundheit in Österreich

In den frühen achtziger Jahren des vorigen Jahrhunderts wurde im deutschsprachigen Raum der Begriff der „ganzheitlichen" Baukultur und Architektur geprägt. Gemeint war damit ein „bauökologisches, auf den Menschen bezogenes" Bauen, das weitgehend als Antwort auf die mechanistisch-funktionale Baukultur der sechziger und siebziger Jahre mit all ihren negativen Begleiterscheinungen wie geringe Energieeffizienz, Vereinzelung und Anonymisierung der Nutzer verstanden wurde. Darunter, wenn nicht im Zentrum, befand sich auch die „Baubiologie", also die direkte Wirkung des Bauwerkes auf den Menschen, deren Kritik an synthetischen Substanzen bei Bau und Innenausstattung von Räumen – Stichwörter Formaldehyd, Asbest und PCP – wie man heute weiß, nur zu berechtigt war. Es entstanden wegweisende ökologische Musterprojekte wie die Ökosiedlung Gärtnerhof in Gänserndorf (Arch. Deubner, 1982–1988) und die ersten Niedrigenergiehäuser (Arch. Reinberg & Treberspurg). In Vorarlberg entwickelte sich eine neue, moderne Formensprache, wobei auch ökologische Aspekte zunehmend ins Interesse der Planer rückten.

So berechtigt die Kritik der Baubiologie und -ökologie auch war, die von ihr gelieferten Antworten waren nicht immer praktikabel und zukunftsbezogen. Zum einen Teil lag das darin, dass man eher kritiklos überholte Konzepte aus der Vergangenheit recycelte, die sich schon aus ökonomischen Gründen oder aufgrund mangelnder Praktikabilität nicht großflächig durchsetzten, zum anderen Teil am Fehlen von handwerklichen Erfahrungen mit den neuen Konzepten und Materialien. Der Großteil der baubiologischen Bewegung war jedenfalls zu dieser Zeit stark von technik- und wirtschaftsfeindlichen Tendenzen geprägt. Man befürwortete in weiten Bereichen die Rückkehr zur Natur und zu einer neuen Einfachheit. Es war die Zeit der geölten Holzfußböden, der Biotoiletten, der Erdkeller und der Kastenfenster nach dem Motto „Natur ist gesund!". Im Bereich Innenraumhygiene blies man zum Generalangriff auf Formaldehyd, PCP, Asbest und Co. Zahlreiche Baubiologen setzen ihre Aktivitäten vor allem im Wohnbau, der Objektbereich wurde sträflich vernachlässigt.

Die Baukultur der achtziger Jahre des vorigen Jahrhunderts war also von einem breiten konventionell geprägten Bereich dominiert, mit kleinen grünen Inseln, die sich zwar üppig entwickelten, deren oft exotische Pflanzen sich jedoch (noch) nicht am Festland durchsetzen konnten. Das Österreichische Institut für Baubiologie und -ökologie (kurz IBO, gegründet 1980) war so eine kreative Insel, auf der sich sowohl Träumer als auch praxisorientierte Visionäre verwirklichen konnten. Für die breite Bevölkerung war ökologisches Bauen zu dieser Zeit jedoch (noch) kein Thema.

Ab den neunziger Jahren kam es zu einer spürbaren Professionalisierung der bauökologischen Bewegung, die Ideen begannen in Institutionen und Universitäten vorzudringen und fanden dort zum Teil einen fruchtbaren Boden vor. Meilenstein in der Entwicklung des ökologischen Bauens war die Gründung des Departments für Bauen & Umwelt auf der damals neu gegründeten Donauuniversität Krems durch Proponenten des IBO und den Physiker Doz. Herbert Klima im Jahre 1996. Das IBO wurde vollständig neu strukturiert und es begann sich, auch als Antwort auf retroromantische Konzepte, eine neue integrale Baukultur durchzusetzen, die in Ökonomie und Ökologie keinen Widerspruch sah. Auch die Baustoffindustrie schwenkte in diesem Zeitraum auf wohlwollende Unterstützung dieser neu entstandenen Bewegung um, da sich hier offensichtlich neue, interessante Absatzmöglichkeiten auftaten. Zusätzlich dämmerte vielen die Erkenntnis, dass einer der wichtigsten Ressourcenverbraucher im bisher vernachlässigten Objektbereich liegt.

Im Bereich der Innenraumhygiene zeigte sich eine ähnliche Entwicklung. In Studien wurde festgestellt, dass natürliche Lösungsmittel mindestens so reaktiv und damit bedenklich sind wie synthetische, oder dass Erdkeller in Radonrisikogebieten massiv den Eintritt des Naturstoffs Radon (ein radioaktives Edelgas) in bewohnte Räume begünstigen – kurz, dass die Dinge nicht so einfach sind, wie bisher angenommen. Es setzte sich auch die Erkenntnis durch, dass sich Natur ungünstig auf die Innenraumhygiene auswirken kann und dass die Wohngesundheit betreffende Konzepte sich nur dann etablieren, wenn sie sowohl praktikabel als auch nicht zu teuer sind. Waren es zuerst umweltbewegte Kleingruppen und Betroffene, die den Diskurs führten, breitete sich das Thema „Schadstoffe in Innenräumen" in den gebildeteren Bevölkerungsschichten aus. Rückenwind bekam die Entwicklung durch die wissenschaftlich abgesicherte Erkenntnis, dass durch eine gute, hygienisch einwandfreie Raumluft sowohl gesundheitliche als auch ungeahnte ökonomische Vorteile entstehen, die man bisher nicht genutzt hatte. Ohne Berücksichtigung der Themen Schadstofffreiheit und saubere, geruchsfreie Innenraumluft ist ökologisches Bauen mittlerweile undenkbar geworden.

Ab den späten neunziger Jahren des vorigen Jahrhunderts begannen Institutionen und Fördergeber auf den Bereich Baubiologie und -ökologie aufmerksam zu werden. Bauökologisch sinnvolle Konzepte flossen immer mehr in Bautechnikverordnungen, Fördervoraussetzungen und Normen ein. Meilenstein war hier die Gründung des Arbeitskreises Innenraumluft am Ministerium für Land- und Forstwirtschaft, Umwelt und Wasserwirtschaft im Jahre 1999, der die Aufgabe wahrnimmt, Richtwerte und Positionspapiere für die Innenraumluft zu entwickeln (analog zur deutschen Ad-hoc-Arbeitsgruppe).

Die Anfang des neuen Jahrtausends entstandene Diskussion über Erderwärmung gab dem Bereich ökologisches Bauen, in dem das Thema effiziente Energienutzung immer schon breiten Raum eingenommen hat, weiteren massiven Rückenwind. In diese Zeit fällt auch die immer stärker um sich greifende Ökologisierung der öffentlichen Wohnbauförderung. Um Lüftungswärmeverluste in Gebäuden zu verringern, wurde das Thema Luftdichtigkeit immer wichtiger bis hin zu den heute nahezu vollständig abgedichteten Gebäuden im Passivhausbereich. Einen Meilenstein stellten die ab 2007 in allen Bundesländern als Novellen zu den Landesbauordnungen bzw. zu den Landesbautechnikgesetzen in Kraft getretenen, österreichweit akkordierten Bauordnungen dar. Diesen Novellen liegen unter anderem die OIB-Richtlinie 3: Hygiene, Gesundheit und Umweltschutz und die OIB-Richtlinie 6: Energieeinsparung und Wärmeschutz zugrunde – es wird dadurch eine starke Ökologisierung der Bauordnungen erreicht.

Schon bald bemerkte man, dass man durch Abdichten von Fenstern, Türen und der Konstruktion zwar massiv Energie einsparte, den Nutzern dadurch aber neue Probleme wie Schimmel

3

oder unhygienische Atemluft bescherte. Die hygienisch notwendige Frischluftzufuhr kann bei dichten Gebäuden durch Fensterlüftung alleine in der Regel nicht hinreichend gewährleistet werden – eine Erkenntnis, gegen die auch heute noch manche konservative Baubiologen verbissene Abwehrgefechte führen. Es war daher nach dem ersten Schritt – der Vermeidung von Lüftungswärmeverlusten – notwendigerweise der nächste Schritt zu machen: die verpflichtende mechanische Lüftung von Büros und Wohnräumen. Die Vorgaben der österreichischen Bauordnung (präzisiert in den Kommentaren zur OIB-Richtlinie 3) sind in der Regel ohne mechanische Lüftung nicht erreichbar.

Auch hier bemerkte man rasch, dass rein technische Lösungen mit oft unprofessioneller und billiger Ausführung den gewünschten Zweck – behagliche und gesunde Innenräume – dramatisch verfehlen. Die verstärkte Frischluftzufuhr wurde bei den ersten Anlagen mit winterlicher Trockenheit der Zuluft, sommerlicher Überwärmung und bei höherem Luftwechsel, wie er in Unterrichtsgebäuden notwendig wird, mit unangenehmen Zugerscheinungen erkauft. Moderne Lösungen verwenden daher Solewärmetauscher (aus hygienischen Gründen werden Luft-Erdwärmetauscher nicht mehr empfohlen), Feuchterückgewinnung, spezielle Lüftungsgeräte und umfassende Hygienevorgaben, die auch in einschlägigen Normen vorgegeben werden. Lüftungsanlagen, die hohen technischen und hygienischen Ansprüchen genügen, werden „Komfortlüftungen" genannt. Im Rahmen eines geförderten und zum Teil von öffentlichen Stellen getragenen Projektes wurden diese Erkenntnisse in Form einer unabhängigen Webplattform veröffentlicht (http://www.komfortlüftung.at).

Vorgaben für die Innenraumhygiene

Tabelle 3-1   Milestones für die Innenraumlufthygiene in Österreich (Auswahl)

Jahr	Publikation/Ereignis
1997	Wegweiser für eine gesunde Raumluft, Umweltministerium (BMLFUW)
1999	Gründung Arbeitskreis Innenraumluft am BMLFUW
2003	Erste österreichische Richtwerte für die Innenraumluft der Österreichischen Akademie der Wissenschaften/BMLFUW
2005	ÖNORM EN 13779: Grundlagen für Lüftung von Objekten (2008 aktualisiert)
2006	ÖNORM H 6038: Grundlagen für Lüftung von Wohnungen
2007	ÖNORM EN 15251: Kategorisierung von Gebäuden in Bezug auf Schadstoffe
2007	OIB Richtlinie 3: Hygiene, Gesundheit, Umweltschutz
2008	ÖNORM H 6039: Grundlagen für Lüftung von Schulräumen
2010	Gemeinsame Richtlinie der AGÖF und des BMLFUW zur Bewertung von Gerüchen in Innenräumen (Entwurf)
2011	Infohomepage www.raumluft.org

Vor allem in den letzten 10 Jahren stiegen die Anforderungen an die Qualität der Raumluft signifikant an, es wurde eine erhebliche Zahl von Normen und Richtlinien, die sich mit Innenraumhygiene beschäftigen, veröffentlicht.

Gesetzliche Vorgaben für den Neubau und die Sanierung von Gebäuden wurden in den OIB-Richtlinien niedergelegt, die 2007 unter Anwesenheit der Vertreter aller Bundesländer einstimmig beschlossen wurden. Sie basieren auf den Beratungsergebnissen der von der Landesamtsdirektorenkonferenz zur Ausarbeitung eines Vorschlags zur Harmonisierung bautechnischer Vorschriften eingesetzten Länderexpertengruppe. Die OIB-Richtlinien dienen als Basis für die Harmonisierung der bautechnischen Vorschriften und wurden mittlerweile von fast allen Bundesländern zu diesem Zweck herangezogen und rechtlich verbindlich gemacht.

Für die Innenraumluft ist vor allem die OIB Richtlinie 3: Hygiene, Gesundheit, Umweltschutz relevant. In den Bundesländern, in denen die OIB Richtlinie 3 in die jeweiligen Bauordnungen übernommen wurde, sind die entsprechenden Vorgaben sowohl bei Neubau als auch bei größeren Sanierungen zu beachten und umzusetzen. Details findet man in den Erläuterungen zur Richtlinie.

Um die eher allgemein gehaltenen Vorgaben der Bauordnungen in Bezug auf Schadstoffe und Lüftung mit konkreten Inhalten zu füllen und zu präzisieren, wurden seit 2003 vom Lebensministerium (BMLFUW) und der Österreichischen Akademie der Wissenschaften für Innenräume (z. B. Büros, Schulen und Wohnräume) Richtwerte zur Bewertung der Innenraumluft erstellt. In den Erläuterungen der OIB Richtlinie 3 wird auf diese Richtwerte als Beurteilungsgrundlage verwiesen. Es werden zum Teil die gleichen Substanzen behandelt wie in der Liste gesundheitsschädigender Arbeitsstoffe, die Richtwerte liegen jedoch aus Vorsorgegründen weit unter den Arbeitsschutzgrenzwerten. Innenraum-Richtwerte gelten für Wohnungen, aber auch für Büros, Schulen und andere Innenräume. Die Richtwerte sind in der Richtlinie zur Bewertung der Innenraumluft enthalten und wurden auf der Website des Lebensministeriums (BMLFUW) veröffentlicht. Zusätzlich wurden Empfehlungen zu aktuellen Innenraumthemen, genannt „Positionspapiere", vom Arbeitskreis Innenraumluft des BMLFUW auf der Website des Lebensministeriums veröffentlicht.

Tabelle 3-2   Klassifizierung der Innenraumluftqualität in Hinblick auf Schadstoffe laut österreichischer Akademie der Wissenschaften/BMLFUW (2009)

Substanz	Bezeichnung	Raumluftkonzentration [mg/m^3]	Bemerkungen
Formaldehyd	WIR – wirkungsbezogener Innenraumrichtwert	0,10	Halbstunden-Mittelwert
		0,06	24h-Mittelwert
Tetrachlorethen (TCE, PER)	WIR – wirkungsbezogener Innenraumrichtwert	0,250	7-Tages-Mittelwert
Styrol	WIR – wirkungsbezogener Innenraumrichtwert	0,040	7-Tages-Mittelwert
		0,010	Stunden-Mittelwert, bei Unterschreitung keine 7-Tages-Messung nötig
Toluol	WIR – wirkungsbez. Innenraumrichtwert	0,075	Stunden-Mittelwert

Für manche Schadstoffe, z. B. CO_2 oder VOC (flüchtige organische Verbindungen), werden Kategorien gebildet, die die Luftqualität bezeichnen – dies geschieht aufgrund der Tatsache, dass keine definierten Grenzen für das Wohlbefinden und die Leistungsfähigkeit beeinträchtigende Konzentrationen vorliegen, sondern steigende Konzentrationen kontinuierliche Verschlechterungen der Raumluftqualität anzeigen. In der Beurteilung in Bezug auf Mindest- und Zielvorgaben für den Parameter CO_2 wird zwischen natürlich und mechanisch belüfteten Innenräumen unterschieden.

Tabelle 3-3   Klassifizierung der Innenraumluftqualität in Hinblick auf CO_2 laut Akademie der Wissenschaften/BMLFUW

Mindest- und Zielvorgaben für dauernd von Menschen genutzte Innenräume	
natürlich belüftete Innenräume	mechanisch belüftete Innenräume
Zielbereich für die Innenraumluft < etwa 1000 ppm	Zielbereich für die Innenraumluft < etwa 800 ppm
Mindestvorgabe 1-MWg < etwa 1400 ppm	Mindestvorgabe 1-MWg < etwa 1000 ppm
Mindestvorgabe Alle Einzelwerte im Beurteilungszeitraum: < etwa 1900 ppm	Mindestvorgabe Alle Einzelwerte im Beurteilungszeitraum: < etwa 1400 ppm

1-MWg = maximaler gleitender Stundenmittelwert

Die Vorgaben sind auch deshalb als Bereiche mit fließenden Übergängen formuliert, da auch die je nach Standort des Gebäudes unterschiedliche CO_2-Konzentration der Außenluft Einfluss auf die CO_2-Konzentration innerhalb der Räume hat. Es existiert nach Ansicht der Kommission auch keine scharfe Grenze, ab der ein Raum als „zu hoch belastet" einzustufen ist. Vielmehrzeigt sich ein fließender Übergang zwischen guter, akzeptabler und unzureichender Raumluft.

Link zu österreichischen Richtwerten: http://www.umweltnet.at/article/archive/7277/

Für eine Umsetzung von Wohnraumlüftungen wurden vor allem Normen und normähnliche Regelwerke (z. B. die vom Verein Deutscher Ingenieure herausgegebenen VDI-Richtlinien) herausgegeben. In zunehmendem Ausmaß gleichen sich die nationalen Regelwerke an bzw. werden durch EU-weite Regelungen ersetzt.

Eine Zusammenstellung innenraumrelevanter Normen findet man im Teil „Normen und Regelwerke" der „Richtlinie zur Bewertung der Innenraumluft", herausgegeben als lose Blattsammlung vom BMLFUW und der Österreichischen Akademie der Wissenschaften. Normen und VDI-Richtlinien sind am Österreichischen Normungsinstitut erhältlich.

Orientierungswerte zu durchschnittlich in Innenräumen auftretenden Konzentrationen erhält man bei der Arbeitsgemeinschaft ökologischer Forschungsinstitute (AGÖF), hier wurde auch eine Richtlinie zur Bewertung von Gerüchen publiziert.

Link zu den AGÖF-Werten: http://agoef.de/agoef/oewerte/orientierungswerte.html

3.3.1 Ökologisch orientierte Wohnbauförderung

In Österreich ist die Wohnbauförderung ein wesentlicher Bestandteil der Wohnungssozialpolitik. Etwa vier von fünf Neubauwohnungen in Österreich werden mit Finanzmitteln der Länder aus dem Titel der Wohnbauförderung mitfinanziert. Österreichweit wurden 2008 für 34.400 Wohneinheiten Förderungen zugesichert. Insgesamt stiegen die Wohnbauförderungsausgaben um 5 % und überschritten damit erstmals die 3-Milliarden-Grenze (AMANN 2009).

Das System der Wohnbauförderung in Österreich stützt sich auf drei Förderungsschienen:

– Die Objekt- und Subjektförderung für Neubau und Sanierung nach den Wohnbauförderungsgesetzen: Sie ist die quantitativ wichtigste Förderungsart.

- Die Förderung über subventionierte Bausparkassendarlehen.
- Die steuerliche Subjektförderung durch die Absetzbarkeit der Annuitätenzahlungen als Sonderausgabe: Sie nimmt – im Vergleich zu Deutschland – einen nur sehr geringen Stellenwert ein.

Seit Ende der achtziger Jahre des vorigen Jahrhunderts liegt die Wohnbauförderung im Kompetenzbereich der Länder. Seither verfügen alle 9 österreichischen Bundesländer über eigene, weitgehend voneinander abweichende Förderungsbestimmungen. Seit 2009 liegt die Verantwortung für den Mitteleinsatz für die Wohnbauförderung sogar ausschließlich bei den Ländern.

Nicht von der Hand zu weisen ist die Bedeutung der Wohnbauförderung und insbesondere der Objektförderung als Instrument der Ökologisierung des Wohnbaus. Ein gängiges Instrument zur Erreichung hoher ökologischer Standards stellen Förderzuschlagssysteme (Punktesysteme) und damit verbundene Anreize zur Durchführung ökologischer bzw. energiesparender Maßnahmen dar.

Punkte für die Verwendung emissionsarmer Baumaterialien gibt es in den im Folgenden aufgelisteten Bundesländern.

Oberösterreich

In der oberösterreichischen Wohnbauförderung für den mehrgeschossigen Wohnbau sind als Fördervoraussetzung ökologische Mindestanforderungen einzuhalten. Für emissionsarme Bauchemikalien gelten folgende Kriterien:

- formaldehydarme bzw. formaldehydfreie Holzwerkstoffe
- Einsatz von Verlegewerkstoffen für Boden und Parkettlegearbeiten gemäß dem Emissionsstandard „sehr emissionsarm" (EC1) des international etablierten Codierungssystems EMICODE oder mit gleichwertigem Nachweis
- lösemittel-, biozid- und weichmacherfreie Wand- und Deckenanstriche und Tapetenkleber
- Lacke, Lasuren und Holzversiegelungen dürfen maximal 5 Prozent Lösemittel enthalten und müssen aromatenfrei sein. Bei Fußbodenoberflächenbehandlung sind maximal 8 Prozent Lösemittelanteil erlaubt.
- lösemittelfreie Vorstriche und bituminöse Spachtelmassen

Die entsprechenden Bestimmungen sind in die Ausschreibungstexte aufzunehmen. Es können jederzeit stichprobenartig Kontrollen bezüglich der Einhaltung der Anforderungen durchgeführt werden. Für Einfamilien- und Reihenhäuser gibt es noch keine entsprechenden Bestimmungen.

Niederösterreich

In der niederösterreichischen Wohnbauförderung werden Ökopunkte für Materialien mit Umweltzeichen vergeben (max. 14 von 100 Punkten im Neubau). Voraussetzung für die Anerkennung von Umweltzeichen ist die umfassende Prüfung des Produkts über dessen Lebenszyklus hinweg, nicht zuletzt auch die Emissionsarmut in der Nutzungsphase.

Vorarlberg

In der Vorarlberger Wohnbauförderung für den Neubau wurden in den Bereichen Planung, Standort, Energiebedarf, Haustechnik, Materialwahl und Innenraum Maßnahmen definiert, mit deren Hilfe max. 327 Ökopunkte erreicht werden können. Im Themenbereich „Innenraum" stehen 7 Maßnahmen à 2 Punkte (max. 14 Punkte) zur Verfügung:

- E. 1. Verlegewerkstoffe emissionsarm
- E. 2. Bodenbelag – Oberflächenbehandlung emissionsarm, aromatenfrei
- E. 3. Wand-, Deckenanstriche, Tapetenkleber emissionsarm, weichmacherfrei
- E. 4. Metall- und Holzanstriche emissionsarm, aromatenfrei
- E. 5a. Frischluftanlage optimiert
- E. 5b. Komfortlüftung optimiert
- E. 6. Elektrobiologische Hausinstallation

Weitere Punkte werden für die Verwendung von Bauprodukten mit Umweltzeichen (s. a. Niederösterreich) vergeben (max. 2 Punkte).

Wien

In Wien sind die öffentlich ausgelobten Bauträgerwettbewerbe, die für geförderte Wohnbauvorhaben ab einer Größenordnung von ca. 200 bis 300 Wohneinheiten durchzuführen sind, ein wichtiger Motor für Innovation. Die Beurteilung und Bewertung der Beiträge erfolgt durch eine interdisziplinäre Fachjury bestehend aus Experten aus den Fachbereichen Architektur, Städtebau, Ökologie, Ökonomie, Wohnrecht, Wohnbauförderung sowie Bauträgervertreter, Vertreter der Stadt Wien und des wohnfonds_wien. Kleinere Wohnbauvorhaben (ausgenommen Einzelförderungen wie Eigenheime, Kleingartenwohnhäuser, Dachbodenwohnungen für den Eigenbedarf) sind vor Ansuchen auf Gewährung einer Förderung vom sog. Grundstücksbeirat hinsichtlich ihrer planerischen, ökonomischen und ökologischen Qualitäten zu bewerten.

Die Durchführung von Maßnahmen zur Verwendung emissionsarmer Bauprodukte wird positiv beurteilt. Das Verfahren entspricht dabei dem im Kapitel „klima:aktiv Haus" dargestellten.

klima:aktiv Haus (BMLFUW)

Im Rahmen des Programms klima:aktiv des Umweltministeriums (BMLFUW) soll die breite Einführung ökologischer Niedrigstenergie- und Passivhäuser auf dem Markt gelingen. Der klima:aktiv-Haus-Standard geht über die energetischen Anforderungen hinaus und schreibt zusätzlich Mindestanforderungen bezüglich Planungsqualität, Raumluftqualität und ökologischer Baustoffqualität vor. Das klima:aktiv-Haus-Programm soll u. a. als Grundlage für Wohnbauförderungen dienen.

Ein „klima:aktiv Haus" muss mindestens 700 (von 1000) Punkten erreichen. Der Nachweis der Kriterien und die Ermittlung der Punktzahl erfolgen durch den Bauträger, die entsprechenden Unterlagen sind auf Nachfrage vorzulegen. klima:aktiv-Haus-Standards sind für den Neubau und die Sanierung, für Wohngebäude und für Dienstleistungsgebäude definiert.

Die weitgehendsten Anforderungen bezüglich emissionsarmer Baumaterialien enthält der technische Kriterienkatalog für Dienstleistungsgebäude. 50 Punkte können für das sog. Bauproduktemanagement erlangt werden. Dabei bedeutet „Management" die sorgfältige Auswahl und Kontrolle von Bauprodukten zur Vermeidung von Raumluftschadstoffen. Es wird durch unabhängige Dritte (intern oder extern) durchgeführt und umfasst die Verankerung ökologischer Kriterien in den Ausschreibungen und bei der Auftragsvergabe, die Freigabe der Bauprodukte vor Einsatz auf der Baustelle sowie eine kontinuierliche Qualitätssicherung auf der Baustelle. Die erfolgreiche Umsetzung wird von Fachkonsulenten als Kurzbericht schriftlich dokumentiert und muss zusätzlich durch eine Raumluftmessung überprüft werden.

Bezüglich anzuwendender Kriterien wird auf die ökologischen Mindestanforderungen in der öffentlichen Beschaffung (siehe nächstes Kapitel) verwiesen.

3.3.2 Öffentliche Beschaffung

Öffentliche Auftraggeber können eine wichtige Rolle bei der Entwicklung hin zu nachhaltigen Konsummustern spielen, indem sie nachhaltigere Produkte und Leistungen beschaffen. Sie können als Vorbild für private Konsumenten und Unternehmen agieren und die Anbieter bewegen, ihr Angebot an nachhaltigeren Lösungen zu steigern.

In Österreich gibt es derzeit zwei Akteure, die bisher bedeutende Programme zur ökologischen Beschaffung im Bauwesen umgesetzt haben: die Stadt Wien und der Umweltverband Vorarlberg.

Stadt Wien: ÖkoKauf Wien

Insgesamt gibt die Stadt Wien jährlich rund fünf Milliarden Euro für Produkte und Leistungen aus. Ihren Beitrag zur Beschaffung von Waren und Leistungen unter ökologischen Gesichtspunkten leistet die Stadt mit dem Programm „ÖkoKauf Wien". Ein zentrales Steuerungsinstrument dazu sind die „ÖkoKauf Wien"-Kriterienkataloge. Diese Kriterienkataloge sind per Erlass für die Dienststellen der Stadt Wien verbindlich. Im Themenbereich „Vermeidung von Emissionen aus Bauprodukten in die Raumluft" spielen die Kriterienkataloge der „ÖkoKauf Wien"-Arbeitsgruppe „Innenausbau" eine zentrale Rolle.

Umweltverband Vorarlberg: Servicepaket Nachhaltig Bauen für Kommunen

Der ÖkoBeschaffungsService (ÖBS) wurde vom Umweltverband Vorarlberg ins Leben gerufen. Der ÖBS bietet den 96 Vorarlberger Gemeinden und den Landesinstitutionen den Service, Produkte und Dienstleistungen gebündelt für sie zu beschaffen. Bei allen Beschaffungsvorgängen werden ökologische und teilweise soziale Anforderungen berücksichtigt. Dem Beispiel des Umweltverbands Vorarlberg sind inzwischen Abfallwirtschaftsverbände in anderen Bundesländern gefolgt, die ihren Mitgliedsgemeinden den Service einer gebündelten ökologischen Beschaffung für ausgewählte Produkte und Dienstleistungen bieten. Der Umweltverband Vorarlberg bietet seinen Gemeinden auch das Beratungspaket „Nachhaltig: Bauen in der Gemeinde" an, welches für das Thema „Schadstofffreie Innenraumluftqualität" maßgebend ist.

Ökologische Mindestanforderungen

Im Jahr 2010 wurden die ökologischen Mindestanforderungen der „ÖkoKauf Wien"-Arbeitsgruppe „AG 08 Innenausbau" und des Pakets „Nachhaltig:Bauen in der Gemeinde" harmonisiert. Mit den Kriterien werden möglichst umweltfreundliche Produkte angeboten, die schadstoffarm hergestellt wurden und eine gute Innenraumluftqualität sicherstellen. Sie sind als „Musskriterien" vom Lieferanten sowohl bei der Angebotsabgabe als auch im Auftragsfall bei der Leistungserbringung zwingend einzuhalten. Der Auftragnehmer bzw. Bieter ist verpflichtet, dem Auftraggeber eine Produkt-Deklarationsliste über alle verwendeten Produkte (nach entsprechender Dokumentenvorlage) vorzulegen, inklusive der geforderten Nachweise wie Produktbeschreibungen, Sicherheitsdatenblätter oder Herstellerbestätigungen.

Die ökologischen Mindestanforderungen sind auf der Internetplattform „baubook ökologisch ausschreiben" (http://www.baubook.info/oea) abgebildet. Produkte können auf baubook zu den Kriterien gelistet werden. Diese Listung gilt dann auch als Nachweis.

baubook

http://www.baubook.info ist eine Internetplattform mit umfassenden Daten und Instrumenten für die Realisierung von energieeffizienten und ökologischen Gebäuden. Kernelemente bilden

- die Produktdatenbank (ca. 2000 Produkte),
- die Richtwerte und der Bauteilrechner für die Erstellung von Energieausweisen und Ökobilanzen von Gebäuden,
- die Kriterienkataloge für Wohnbauförderungen, für öffentliche Gebäude und für klima:aktiv.

Hersteller können auf baubook ihre Produkte zu den Kriterienkatalogen der Wohnbauförderungen, für öffentliche Gebäude und für klima:aktiv deklarieren. Diese Möglichkeit der zentralen Nachweisführung vereinfacht den Verwaltungsaufwand bei ökologischen Bauprojekten wesentlich. Die Nutzer finden an einer zentralen Stelle erforderliche Daten und geeignete Produkte zu den diversen Programmen. Derzeit (2011) sind 6300 Benutzer registriert, etwa 20.000 Besucher informieren sich wöchentlich.

Literatur

Amann Wolfgang (2008): Wohnbauförderung 2008. IIBW – Institut für Immobilien, Bauen und Wohnen GmbH. Emailsendung 18.09.2009

BMLFUW (2009): Richtlinie zur Bewertung der Innenraumluft, erarbeitet vom Arbeitskreis Innenraumluft am Bundesministerium für Land- und Forstwirtschaft, Umwelt und Wasserwirtschaft und der Österreichischen Akademie der Wissenschaften, Blau-Weiße Reihe (Loseblattsammlung)

BMLFUW (2009): Wegweiser für eine gesunde Raumluft. Konsumentenbroschüre, beauftragt vom Bundesministerium für Land- und Forstwirtschaft, Umwelt und Wasserwirtschaft, 5. Auflage

ISWB – Infoservice Wohnen&Bauen Österreich. Arbeitsgemeinschaft IS wohn.bau. Internet-Informationsdienst, http://www.iswb.at, abgefragt am 22.03.2006

OIB Richtlinie 3 Hygiene, Gesundheit und Umweltschutz (2007): Internet http://www.oib.or.at/RL3_250407.pdf, abgefragt am 22.01.2011

OIB Richtlinie 3 Erläuterungen (2007): Internet http://www.oib.or.at/EB3_250407.pdf, abgefragt am 22.01.2011.

wohnfonds_wien – fonds für wohnbau und stadterneuerung. http://www.wohnfonds.wien.at/

klima:aktiv haus – Bauen und Sanieren in klima:aktiv-Qualität. http://www.klimaaktiv.at/

3.4 Gesundheitlicher Bedarf in der Bevölkerung

Matthias Augustin

Statistisch befindet sich jeder Mensch zu etwa 40 % seiner Lebenszeit im eigenen Wohnbereich, davon etwa 60 % im Bett. Zeitlich gesehen ist unser Organismus somit in hohem Maße den Bedingungen des häuslichen Bereiches ausgesetzt. Die Wechselwirkung zwischen dem Wohnumfeld und dem Einzelnen ist aus medizinischer Sicht vielfältig. Sie umfasst die Einwirkungen von äußerlichen Faktoren auf die Haut und Schleimhäute, die Sinnesorgane, Herz und Kreislauf, den Stoffwechsel und vielfältige andere Körperfunktionen. Darüber hinaus tragen Verhalten, emotionales Befinden und soziale Einflüsse ebenfalls zum Gesundheitszustand im häuslichen Bereich bei.

3

1. Systematik

Angesichts der engen Verflechtungen zwischen körperlicher, psychischer und seelischer Gesundheit mit dem Wohnbereich ist eine Gliederung der Wohn-Gesundheits-Faktoren sinnvoll.

Aus medizinischer Sicht kann zunächst zwischen der ursächlichen Auslösung gesundheitlicher Störungen und Krankheiten durch Einflüsse des Wohnumfeldes auf der einen Seite und der Einflussnahme auf vorbestehende Gesundheitszustände anderer Genese unterschieden werden. Zu Ersteren gehört beispielsweise die Entwicklung einer allergischen Erkrankung durch eine Allergenbelastung der Innenräume, zu Letzteren die Verschlechterung eines Diabetes mellitus aufgrund von Bewegungsmangel in barrierefreien Wohneinheiten.

Des Weiteren finden sich neben den Einflüssen des Wohnumfeldes auf die Gesundheit des Menschen auch im umgekehrten Sinne Auswirkungen des Einzelnen auf sein Wohnumfeld. Hierzu zählt beispielsweise die Vernachlässigung und Verwahrlosung der Wohnung bei psychosozialen Störungen mit nachfolgenden negativen gesundheitlichen Auswirkungen wie allergischen Erkrankungen oder mit sekundär verstärkten psychischen Belastungen durch fehlende Struktur in der Wohnung.

Grundlage jeder medizinischen Analyse ist die Berücksichtigung wissenschaftlicher Studien, mit denen Einzelfallbeobachtungen erst zu einer allgemeingültigen Regel werden. Für den Bereich der Wohnmedizin besteht wie auch in anderen Bereichen der Medizin somit Bedarf nach kontrollierten, in ihrer Ursache und Wirkung belegten Erkenntnissen aus der Forschung. Im Falle der Auslösung und Verstärkung gesundheitlicher Störungen durch Einflüsse des Wohnumfeldes ist das Aufkommen an wissenschaftlich gesicherten Erkenntnissen im Vergleich zur Bedeutung der Wohngesundheit allerdings gering. In der nachfolgenden Übersicht werden wichtige Grunderkenntnisse dargestellt und darüber hinaus die notwendigen Felder medizinischer Probleme mit Bezug zu Wohngesundheit genannt.

2. Wohnmedizinisch bedeutende Erkrankungen und Störungen

Erkrankungen entstehen meist in einem bio-psycho-sozialen Kontext, für den die Lebensbedingungen und das Wohnumfeld des Patienten bedeutsam sind. Dies gilt sowohl für chronische als auch akute Erkrankungen. Ursachen oder Folgen der Erkrankung stehen bei fast allen Leiden mit dem Wohnbereich in Wechselwirkung. Hierzu einige Beispiele:

– Allergische Erkrankungen: Auslösung von Sofort-Typ-Allergien mit Asthma und allergischem Schnupfen durch Hausstaubmilben, Schimmelpilze, Tierhaare (vgl. 3.)
– Herz-Kreislauf-Erkrankungen: Einschränkung des Treppensteigens bei Herzinsuffizienz oder schlecht eingestelltem Bluthochdruck

- Chronische Hauterkrankungen: Hautentzündungen (Neurodermitis) durch gestaute Wärme
- Akute Infektionen: Re-Infektionen mit Skabies-Milben bei unterlassener häuslicher Sanierung
- Atemwegserkrankungen: Chronische Bronchitis durch anhaltend schlechte Lüftungsverhältnisse
- Rheumatische Erkrankungen: Funktionsverlust bei häuslicher Tätigkeit
- Umweltsyndrome: Durch Einwirkung von Schadstoffen aus Raumluft und/oder Materialien
- Periphere Durchblutungsstörungen: Chronische Ulzera bei Bewegungsmangel
- Neurologische Erkrankungen: Immobilität und Bewegungseinschränkung erfordern spezielle Maßnahmen im Wohnbereich
- Orthopädische Erkrankungen: Haltungsschäden und chronische Rückenschmerzen durch falsche Matratzen und ungünstige Möbel
- Endokrinologische Erkrankungen: Manifestation eines Diabetes mellitus bei Bewegungsmangel und unüberwindbare Barrieren
- Unfälle im häuslichen Umfeld

Tabelle 3-4 Auszug aus den häufigsten 100 Erkrankungen des Allgemeinmediziners (KV Nordrhein 2010[2]; 3.224.139 Behandlungsfälle mit 20.186.997 Diagnoseeinträgen in 2.856 allgemeinmedizinischen Praxen, 3. Quartal 2010): Eine Vielzahl der häufigen Leiden wird durch häusliche Faktoren mitbedingt oder wirkt sich auf diese aus (z. B. 1, 2, 3, 4, 6, 7, 8, 11, 13, 14, 16, 18, 19, 20).

Rang	ICD-Code-Nr.	ICD-Code	* Anteil in %
1	I10	Essentielle (primäre) Hypertonie	31,8/
2	E78	Störungen des Lipoproteinstoffwechsels und sonstige Lipidämien	22,5
3	M54	Rückenschmerzen	16,5
4	E11	Nicht primär insulinabhängiger Diabetes mellitus (Typ 2-Diabetes)	9,7
5	E04	Sonstige nichttoxische Struma	9,5
6	I25	Chronische ischämische Herzkrankheit	8,1
7	F32	Depressive Episode	7,8
8	E66	Adipositas	7,7
9	K29	Gastritis und Duodenites	6,7
10	I83	Varizen der unteren Extremitäten	6,5
11	J45	Asthma bronchiale	5,9
12	K76	Sonstige Krankheiten der Leber	5,8
13	M17	Gonarthrose (Arthrose des Kniegelenks)	5,7
14	M53	Sonstige Krankheiten der Wirbelsäule und des Rückens, anderenorts nicht klassifiziert	5,6
15	K21	Gastroösophageale Refluxkrankheit	5,4
16	M47	Spondylose	5,3
17	E79	Störungen des Purin- und Pyrimidinstoffwechsels	5,3
18	J44	Sonstige chronische obstruktive Lungenkrankheit	5,2
19	M51	Sonstige Bandscheibenschäden	5,2
20	J30	Vasomotorische und allergische Rhinopathie	5,0

- Sehschwäche: Verstärkung durch ungünstige Beleuchtung
- HNO-Bereich: Hörstörungen und Tinnitus bei chronischem Lärm
- Psychovegetative Störungen und „Stress"-bedingte Erkrankungen: Auslösung oder Verstärkung durch Umgebungslärm, Reizüberflutung, verwahrloste Wohnumgebung

Hilfreich für das Verständnis des Ausmaßes an Wechselwirkungen zwischen Wohnumfeld und Erkrankungen ist ein Blick auf die Häufigkeit der Behandlungsanlässe beim Hausarzt[1] (Tab. 3-4). Unter den 20 häufigsten Erkrankungen finden sich 16, die entweder durch häusliche Faktoren mitbedingt sind (z. B. allergische Rhinopathie) oder sich auf diese auswirken (z. B. Lipidämie/Adipositas).

Aus den klinischen Erkenntnissen wie auch der Versorgungsforschung wird im letzten Teil des Beitrages eine Abschätzung des Bedarfes nach wohnmedizinischer Versorgung und Forschung vorgenommen.

Psychosoziale Faktoren und Prävention im häuslichen Bereich

Trotz der innigen Verbindung des Daseins mit ihrer Wohnung werden viele Menschen mit der häuslichen Umgebung nicht glücklich. Sie verlernen die aktive, positive Gestaltung ihrer Wohnräume und flüchten in die Außenwelt. Die Wohnung als erste äußerliche Hülle des Menschen verkümmert nicht selten. Statt Wohlbefinden und Geborgenheit zu erzeugen, bewirkt die Wohnung Erstarrung und Passivität.

Medizinische Konsequenzen ungesunden Wohnens können wie ausgeführt allergische und respiratorische Krankheiten, aber auch kardiovaskuläre, metabolische und chronisch-entzündliche Erkrankungen sein. Ungünstige räumliche Verhältnisse können zu Sehbeschwerden und Hörstörungen, Schlafstörungen und anderen vegetativen Beschwerden führen. Wenn nicht als Auslöser, so wirken Wohnfaktoren bei entsprechender Disposition als Verstärker der genannten Störungen. Insbesondere wirken sich negative Faktoren der Wohnumgebung aber auf das psychische Befinden, den Aktivitätszustand und die Lebensfreude aus.

Im präventiven Sinne können Maßnahmen einer verbesserten Wohnumgebung das psychische Befinden, die Lebensfreude und die Lebenstüchtigkeit des Menschen steigern, seine sozialen Beziehungen und seine Leistungsfähigkeit positiv beeinflussen. Bei aktiver Gestaltung wird die Wohnung zum Lebensmittelpunkt, in dem Platz für die individuelle Entwicklung besteht.

Das Konzept der „präventiven Wohngesundheit" beinhaltet eine Vielzahl bewährter Maßnahmen der Wohnraumwahl und -gestaltung wie auch der Lebensgestaltung in den eigenen vier Wänden.[2, 3] Hierzu zählt die medizinisch sinnvolle Wahl der Wohnung, Anordnung der Zimmer, technische Ausstattung, Wahl der Beleuchtung, Be- und Entlüftung sowie Akustik. Starke Akzente können die Wahl von Farben und Formen, die Positionierung der Wohnelemente wie auch die dekorative Gestaltung spielen. Der aktiven Ausübung von Musik und Bewegung sollte in den eigenen Wänden genügend Raum gelassen werden. In wohnmedizinischer Hinsicht ist somit die gezielte Einrichtung und Gestaltung der Wohnräume wichtig. Sie orientiert sich neben persönlichen Vorlieben auch an den medizinischen Risiken der Bewohner. Hierzu zählen beispielsweise bei Personen mit manifesten Allergien oder entsprechenden Risiken die

---

[1] KV Nordrhein: Die 100 häufigsten ICD-10-Schlüssel und Kurztexte – Allgemeinmediziner. http://www.kvno.de; letzter Zugriff 04.04.2011

[2] Augustin M, Augustin C: Präventive Wohngesundheit – warum wohnen wir uns krank und nicht gesund? http://www. inwoge.de

[3] Deutsche Gesellschaft für Präventivmedizin und Präventionsmanagement (DGPP): Konzepte zur Wohngesundheit. http://www.dgpp-online.de

Wahl der Materialien und der Belüftung, bei Adipositas und metabolischen Erkrankungen bewegungsunterstützende Gestaltungselemente in und um die Wohnung.

Multiple Chemical Sensitivity (MCS, vielfache Chemikalienunverträglichkeit)

MCS ist eine chronische Erkrankungsentität, bei der nicht-toxische, nicht-allergische Schlüsselreize zu körperlichen und psychischen Beschwerden führen (IPCS 1996).[4] Häufigste Auslöser dieser Reaktionen sind flüchtige organische Substanzen wie Duftstoffe, Reinigungsmittel und Verdünner, aber auch Abgase sowie andere geruchsintensive Reize, die miteinander meist keine chemisch-strukturellen Ähnlichkeiten aufweisen. Wenngleich diese Substanzen häufig stark riechen, scheinen die MCS-Reaktionen nicht primär über den olfaktorischen Weg (Riechfasern) ausgelöst zu werden, da auch Personen mit Anosmie und verlegten Riechwegen MCS-Symptome ausbilden können. Das Symptombild ist breit und unspezifisch, es kann viele Organe betreffen. Häufig finden sich Müdigkeit, Kopfschmerzen, Arthralgien, Schwächegefühl und Inappetenz sowie Reaktionen an Haut und Schleimhäuten. Zudem werden psychische Störungen wie Depressionen vielfach beschrieben.

Patienten mit MCS weisen darüber hinaus eine erhöhte Komorbidität mit atopischen Erkrankungen, Intoleranzreaktionen sowie mit psychischen Störungen auf, ohne dass diese kausaler Faktor der MCS-Erkrankung selbst sein müssen. Auch die Ähnlichkeit von MCS-Merkmalen mit dem „chronic fatigue syndrome", der Fibromyalgie und dem post-traumatischen Stress-Syndrom werden betont.[5]

Die Diagnosestellung ist komplex, beruht primär auf subjektiven Angaben und beinhaltet zahlreiche Ausschlussdiagnosen. Die US-amerikanische MCS-Konsensuskonferenz hat als Kernkriterien entwickelt:[6]

1. Chronische Erkrankung
2. Reaktion erfolgt bereits auf niedrige Expositionslevel (d. h. Auslösung durch eine für andere Personen nicht toxische Substanz)
3. Wiederholtes, gleichbleibendes Reaktionsmuster
4. Reaktion erfolgt auf mehrere, miteinander strukturell nicht verwandte Chemikalien
5. Besserung der Symptome nach Karenz
6. Die Symptome betreffen mehrere Organ(system)e

Allergische oder andere organmanifeste Erkrankungen sind ebenso auszuschließen wie andere, v. a. neurotoxische Ursachen (z. B. Medikamente, Drogen).

Erweiterungen dieser Kriterien wurden von Lacour et al. (2003)[7] vorgeschlagen. Die in der Ätiologie diskutierten biochemischen Veränderungen wie vermehrter oxidativer Stress und

---

[4] IPCS, 1996. Report of Multiple Chemical Sensitivities (MCS) Workshop. Berlin, Germany, 21–23 February 1996. International Programme on Chemical Safety (IPCS) in collaboration with the German Federal Ministry of Health, Federal Institute for Health Protection of Consumers and Veterinary Medicine (BgVV) and the Federal Environmental Agency (UBA); PCS/96.29,August 1996

[5] Pall ML: Multiple Chemical Sensitivity: Toxicological Questions and Mechanisms. Chapter XX in General and Applied Toxicology, Bryan Ballantyne, Timothy C. Marrs, Tore Syversen, Eds., John Wiley & Sons, London, 2009

[6] MCS consensus conference: Multiple chemical sensitivity: a 1999 consensus. Arch. Environ. Health 54,147–149, 1999

[7] Lacour M, Zunder T, Schmidtke K, Vaith P, Scheidt C: Multiple Chemical Sensitivity Syndrome (MCS) – suggestions for an extension of the US MCS-case defini- tion. Int. J. Hyg. Environ Health 208, 141–151, 2005

eine abnorme Produktion von Stickstoff-Metaboliten im NO/ONOO-Zyklus[8] sind bisher noch nicht als diagnostische Marker etabliert worden.

Die Ursachen von MCS sind bislang unklar. Wenngleich erstmals bereits vor über 50 Jahren beschrieben,[9] sind die Merkmale von MCS erst in den letzten Dekaden systematisch beforscht worden – und immer noch nicht hinreichend erklärt. Zur Entstehung wurden mehrere Theorien aufgestellt, darunter die Auslösung durch psychosomatische Störungen oder die latente Intoxikation durch Umweltgifte.[10] Das häufig genannte Merkmal eines primären toxischen Ereignisses als Initialereignisses fand sich in einer ausgedehnten deutschen Studie von Eis et al. (2009)[11] bei nur wenigen Prozent der Patienten mit gesicherten Diagnosen. Bei MCS scheint es auf dem Boden einer genetisch bedingten erhöhten Suszeptibilität (Empfänglichkeit) zu einer stärkeren Empfindlichkeit gegenüber bestimmten Substanzen zu kommen,[12] nach Aktivierung gefolgt von einer reproduzierbaren Serie körperlicher Reaktionen. Unklar ist dabei, ob die körperlichen Reaktionsmuster ebenfalls Teil einer genetischen Disposition oder eher einer erworbenen Konditionierung sind.

Variabel sind auch die Häufigkeitsangaben für MCS. So beträgt die Prävalenz in den internationalen Studien zwischen 0,1 und 30 % der Bevölkerung, wobei die durch Betroffene eingeschätzte Prävalenz meist deutlich höher als die ärztlich gestellte lag. In einer umfangreichen deutschen Studie fand sich eine selbst berichtete Häufigkeit von etwa 15 %, dem gegenüber eine ärztliche gesicherte Diagnose bei 0,5 % der Personen.[13] Auffällig ist, dass MCS bisher vornehmlich in westlich geprägten Industrieländern beschrieben wurde, neben Deutschland und den USA etwa Skandinavien[14], Japan[15] und Kanada[16].

---

[8] Pall ML 2009 The NO/ONOO- Vicious Cycle Mechanism as the Cause of Chronic Fatigue Syndrome/Myalgic Encephalomyelitis. In: Chronic Fatigue Syndrome: Symptoms, Causes and Prevention, Svoboda and Kristof Zelenjcik, Eds. Nova Biomedical Publishers, New York

[9] Randolph TG: Allergic-type reactions to industrial solvents and liquid fuels; mosquito abatement fogs and mists; motor exhausts; indoor utility gas and oil fumes; chemical additives of foods and drugs; and synthetic drugs and cosmetics. J Lab Clin Med 44: 910-22, 1954

[10] Ashford N, Miller C (1998) Chemical Exposures: Low Levels and High Stakes, 2nd edition. John Wiley & Sons, New York.

[11] Eis D, Helm D, Mühlinghaus T, Birkner N, Dietel A, Eikmann T, Gieler U, Herr C, Lacour M, Nowak D, Pedrosa Gil F, Podoll K, Renner B, Andreas Wiesmüller G, Worm M. The German Multicentre Study on Multiple Chemical Sensitivity (MCS). Int J Hyg Environ Health. 2008 Oct; 211 (5-6): 658–681. Epub 2008 May 27

[12] De Luca C, Scordo MG, Cesareo E, Pastore S, Mariani S, Maiani G, Stancato A, Loreti B, Valacchi G, Lubrano C, Raskovic D, De Padova L, Genovesi G, Korkina LG. Biological definition of multiple chemical sensitivity from redox state and cytokine profiling and not from polymorphisms of xenobiotic-metabolizing enzymes. Toxicol Appl Pharmacol. 2010 Nov 1; 248 (3): 285–292

[13] Hausteiner C, Bornschein S, Hansen J, Zilker T, Förstl H. Self-reported chemical sensitivity in Germany: a population-based survey. Int J Hyg Environ Health. 2005; 208 (4): 271–278

[14] Andersson L, Johansson A, Millqvist E, Nordin S, Bende M. Prevalence and risk factors for chemical sensitivity and sensory hyperreactivity in teenagers. Int J Hyg Environ Health. 2008 Oct; 211 (5–6):690–697

[15] Hojo S, Sakabe K, Ishikawa S, Miyata M, Kumano H. Evaluation of subjective symptoms of Japanese patients with multiple chemical sensitivity using QEESI((c)). Environ Health Prev Med. 2009 Sep; 14 (5): 267–275

[16] McKeown-Eyssen, G.E., Sokoloff, E.R., Jazmaji, V., Marshall, L.M., Baines, C.J., Reproducibility of the University of Toronto self-administered questionnaire used to assess environmental sensitivity. Am J Epidemiol 151, 1216–1222, 2000

Unstrittig ist, dass MCS eine Erkrankungsentität darstellt, die vergleichsweise häufig ist, oft spät erkannt wird und bei den Betroffenen zu erheblichem Leidensdruck durch die körperlichen und psychischen Beschwerden wie auch durch das häufige Unverständnis der sozialen Umgebung führt. Notwendig sind eine möglichst frühzeitige, gezielte und verständnisvolle interdisziplinäre Abklärung, klare Diagnosestellung und individuell zugeschnittene Therapie. Letztere umfasst zunächst die symptomatische Behandlung der Beschwerden, die Karenz vor den Schlüsselreizen, umweltmedizinische Diagnostik sowie das breite Spektrum der Maßnahmen zur psychosomatischen und psychosozialen Bewältigung der MCS. Wegen der Komplexität der Erkrankung und ihrer Wechselwirkungen mit externen Einflüssen ist die umweltmedizinisch geführte Behandlung erste Wahl.

Sick Building Syndrom (SBS)

Das Sick Building Syndrom ist eine ätiologisch heterogene Gruppe von Störungen und Beschwerden, die bei den Betroffenen in Zusammenhang mit dem Aufenthalt in Gebäuden vorkommen. Es tritt bei Frauen häufiger als bei Männern auf.[17] Der Begriff und das Phänomen tauchten in den sechziger und siebziger Jahren des vorigen Jahrhunderts erstmals auf, wobei im Gegensatz zum MCS bisher keine ätiologische und nosologische Einordnung erfolgt ist.

Im Gegensatz zum MCS ist das Reaktionsmuster bei SBS auf bestimmte Gebäude oder Räume bezogen, noch unspezifischer und beinhaltet auch den Trend zu einer Verallgemeinerung auf mehrere Personen im selben Gebäude. Typischerweise, aber nicht ausschließlich, treten die Symptome bei Neubezug oder Renovierung von Gebäuden auf.[18] Die Betroffenen klagen über Unwohlsein, Beeinträchtigungen der Konzentrationsfähigkeit sowie Reizsymptome an Haut und Schleimhäuten. Postuliert wird auch eine Verbindung zum neuen Syndrom der „Adjuvans-induzierten autoinflammatorischen Entzündungen", zu denen auch Reaktionen nach Impfungen, nach Silikon-Implantaten sowie das Post-Golfkriegs-Syndrom gehören.[19]

Unklar ist bisher, inwieweit hier vornehmlich stoffliche oder physikalische Noxen eine Rolle spielen oder auch psychologische Effekte zu der Verbreitung führen. Das Beschwerdespektrum umfasst jedoch auch inhalativ-allergische, kontaktallergische und möglicherweise psychosomatische (somatoforme) Erkrankungen.

Bei Verdacht auf Vorliegen eines SBS ist somit wie auch beim MCS eine interdisziplinäre, mit sorgfältiger Anamnese beginnende Abklärung notwendig. Es schließen sich medizinische Untersuchungen der Betroffenen sowie Schadstoffmessungen am Arbeitsplatz an.

3 Allergische Erkrankungen im Fokus

Systematik und Ursachen allergischer Erkrankungen

Allergien sind überschießende Reaktionen des Körpers, insbesondere des Immunsystems, auf externe Stoffe. Zu unterscheiden sind

---

[17] Brasche S, Bullinger M, Morfeld M, Gebhardt HJ, Bischof W.: Why do women suffer from sick building syndrome more often than men?--subjective higher sensitivity versus objective causes. Indoor Air. 2001 Dec; 11 (4): 217–222.

[18] Neuner R, Seidel JH: Adaptation of office workers to a new building – impaired well-being as part of the sick-building-syndrome. Int J Hyg Environ Health. 2006 Jul; 209 (4): 367–375

[19] Israeli E, Pardo A. The sick building syndrome as a part of the autoimmune (auto-inflammatory) syndrome induced by adjuvants. Mod Rheumatol. 2011 Jun; 21 (3):2 35–9. Epub 2010 Dec 29.

1) verschiedene Mechanismen der allergischen Reaktionen und
2) verschiedene klinische Manifestationen.

Die Auslösung allergischer Reaktionen beruht auf dem Kontakt der Haut oder Schleimhaut mit einer externen, ansonsten verträglichen Substanz, z. B. Pollen, Tierepithelien, Arzneimitteln oder Nahrungsmitteln. Während diese Stoffe bei nicht-allergischen Personen toleriert werden, löst das Immunsystem allergischer Personen bei Kontakt eine übersteigerte Reaktion aus. Immunologisch innerte Substanzen werden damit bei Allergikern zu „Allergenen". Der Vorgang dieser Allergisierung wird als „Sensibilisierung" bezeichnet. Dieses kann mit verschiedenen Mechanismen geschehen, von denen zwei am häufigsten sind.

1) Reaktionen, die durch ein Eiweiß im Blut, das Immunglobulin E, vermittelt werden; diese laufen schnell, zum Teil sogar heftig und lebensbedrohlich ab (Minuten bis Stunden); sie werden als „Reaktionen vom Soforttyp" bezeichnet.
2) Reaktionen durch Vermittlung spezieller Immunzellen (T-Lymphozyten); diese laufen verzögert ab (meist nach vielen Stunden bis Tagen), sind praktisch nie lebensbedrohlich und werden als „Reaktion vom Spättyp" bezeichnet.

Typische Soforttyp-Reaktionen sind Pollenallergien, manche Reaktionen auf Lebensmittel und manche Medikamentenallergien. Typische Spättyp-Reaktionen sind die Kontaktallergien, z. B. auf Nickel, Duftstoffe oder Konservierungsmittel. Neben den genannten Allergien gibt es weitere Mechanismen, mit denen allergieähnliche Reaktionen auftreten. Diese werden als „Pseudoallergien" oder „Unverträglichkeiten" bezeichnet (Bild 3-7).

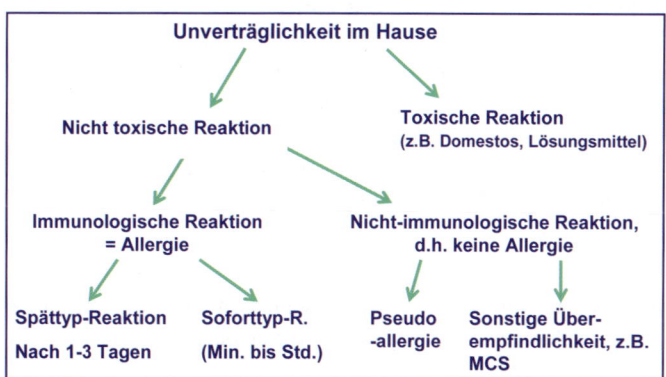

Bild 3-7 Systematik von umweltbedingten Unverträglichkeiten im Wohnbereich

Als klinische Erscheinungsformen der Soforttyp-Reaktionen finden sich – individuell unterschiedlich – das allergische Asthma, der allergische Schnupfen (= Rhinitis allergica), die allergische Bindehautentzündung (= Konjunktivitis allergica) und – mit Mischformen – die Neurodermitis (= atopische Dermatitis). Diese Erkrankungen zeigen eine genetische Verwandtschaft und kommen oftmals auch bei einer Person gleichzeitig oder im Wechsel vor. Die erbliche Veranlagung zu diesen Erkrankungen wird als „Atopie" bezeichnet. Etwa 30–40 % der Deutschen sind entsprechende „Atopiker". An Magen und Darm treten die Symptome der Nahrungsmittelallergie auf (Tab. 3-5), Spättyp-Reaktionen bedingen Ekzeme an der Haut. Bei entsprechend disponierten Personen kann das Ausmaß der Reaktion stark von der aktuellen Verfassung und von psychischen Faktoren abhängen. Antizipierte Reaktionen und Angst können den Schweregrad verstärken.[20] Umgekehrt gehen Allergien häufig mit starken psychischen Belastungen einher.[21]

Tabelle 3-5   Symptome allergischer Reaktionen

Haut:	Rötungen, Ekzeme, Schwellungen, Nesselsucht, Juckreiz
Nase:	Schnupfen, Niesen, Juckreiz
Augen:	Bindehautentzündung, Rötungen, Juckreiz
Atemwege:	Husten, Asthma, Atemnot
Magen-Darm:	Durchfälle, Erbrechen, Krämpfe
Weitere:	Blutdruckabfall, Herzrasen, Schock (selten), Fieber, Unruhe Kopfschmerzen, Unwohlsein, Depression

Das Auftreten allergischer Erkrankungen beruht sowohl auf genetischen Faktoren wie auch auf Umwelteinflüssen – Letztere werden auch wesentlich durch unser Verhalten determiniert. Die genetischen Merkmale der Erkrankung sind inzwischen gut beforscht.[22] Dabei ist klar, dass jede der Erkrankungen nicht auf einem einzelnen genetischen Faktor beruht, sondern viele Gene beteiligt sind. Vererbt wird also lediglich die Disposition zu den allergischen Erkrankungen, nicht die Krankheiten selbst.

Auf dem Boden der genetischen Disposition tragen dann Umweltfaktoren sowie weitere Einflüsse (z. B. andere Erkrankungen) zur Auslösung bei. Unter den Umweltfaktoren spielen sowohl globale Umweltbelastungen als auch individuelle Belastungen eine Rolle.

Zu den globalen Umweltfaktoren gehören Luftschadstoffe und weitere Noxen aus Industrie, Landwirtschaft und Verkehr. Bekannt ist z. B., dass die allergene Wirkung von Pollen durch Rußpartikel verstärkt wird, wie sie in verkehrsintensiven Bereichen vorkommen. In Studien aus Deutschland und Japan zeigte sich, dass der allergische Schnupfen auf Pollen entlang von Verkehrsachsen signifikant häufiger ist als in verkehrsarmen Wohngebieten.[23]

Zu den individuellen Umweltfaktoren gehören das Wohn- und Arbeitsumfeld, aber auch Schadstoffe in Kleidung und Fahrzeugen.

Beispiele für erwiesenermaßen allergiefördernde Noxen sind der Tabakrauch in Innenräumen als Teil der „indoor pollution"[24] und Schadstoffe in Bau- und Dämmstoffen sowie Einrich-

---

[20] Augustin M, Zschocke I: Lebensqualität und Ökonomie bei allergischen Hauterkrankungen. Allergologie 24, 433–442, 2001

[21] Augustin M, Zschocke I, Koch A, Schöpf E, Czech W: Psychisches Befinden und Motivation zu psychosozialen Interventionen bei Patienten mit allergischen Erkrankungen. Hautarzt 50 (6), 422–427, 1999

[22] Wan YI, Strachan DP, Evans DM, Henderson J, McKeever T, Holloway JW, Hall IP, Sayers I.: A genome-wide association study to identify genetic determinants of atopy in subjects from the United Kingdom. J Allergy Clin Immunol. 2011 Jan; 127 (1): 223–231, 231.e1-3. Epub 2010 Nov 20.

[23] Morgenstern V, Zutavern A, Cyrys J, Brockow I, Koletzko S, Krämer U, Behrendt H, Herbarth O, von Berg A, Bauer CP, Wichmann HE, Heinrich J; GINI Study Group; LISA Study Group: Atopic diseases, allergic sensitization, and exposure to traffic-related air pollution in children. Am J Respir Crit Care Med. 2008 Jun 15; 177 (12): 1331-7

[24] Schäfer T in Zusammenarbeit mit dem Aktionsbündnis Allergieprävention (abap): Prävention des atopischen Ekzems – Evidenzbasierte Leitlinie. Hautarzt 56:232–240, 2005

tungsmaterialien. Auch in Textilien können allergieauslösende Substanzen enthalten sein, z. B. Chromate in gegerbtem Leder.

Wichtig: Bei der Betrachtung von Umweltnoxen ist zu unterscheiden zwischen

a) unmittelbar allergen wirkenden Substanzen (z. B. Schimmelpilz-Allergie)
b) Irritantien und Schadstoffen, die sekundär die Allergiebereitschaft erhöhen (z. B. Belastung durch Formaldehyde oder Tabakrauch)
c) Substanzen, die Unverträglichkeiten hervorrufen, welche Allergien ähnlich sind, jedoch nicht immunologischen Mechanismen folgen (z. B. Intoleranz bestimmter Additiva wie Glutamat in Nahrungsmitteln)

3

Während die Faktoren zu a) sich meist durch Allergietests klar ermitteln lassen, sind Umweltnoxen zu b) nur selten als direkte Ursachen allergischer Erkrankungen identifizierbar, da sich meist keine klare, zeitlich eingrenzbare Ursachen-Wirkungs-Beziehung induzieren lässt. Die Noxen zu c) können ebenfalls nicht durch Allergietests ermittelt werden, lassen sich aber durch Ursache-Wirkungs-Beobachtungen (kontrollierte Expositionstests, z. B. orale Nahrungsmittelprovokationstests, Expositions-Tagebücher) eingrenzen.

Häufigkeit allergischer Erkrankungen in Deutschland

In praktisch allen westlichen Ländern ist es in den letzten Dekaden zu einer erheblichen Zunahme allergischer Erkrankungen gekommen.[25] Die Prävalenzdaten schwanken allerdings erheblich, zudem sind die Einjahresprävalenzdaten abhängig vom Alter sowie von der Erhebungsform (Eigenangabe versus ärztliche Diagnose). Unstrittig ist jedoch, dass sich die Prävalenz sowohl der allergischen Rhinokonkunktivitis als auch des allergischen Asthmas und der Neurodermitis seit den 1950er Jahren statistisch alle 10–20 Jahre verdoppelt haben. Zu den häufigsten Theorien dieses Anstiegs zählen insbesondere die Hygienetheorie (fehlende immunologische Auseinandersetzung mit Krankheitserregern in den ersten Lebensjahren), die Umwelttheorie (u. a. Verstärkung der Effekte von Allergenen durch Kopplung an Schadstoffe) sowie allgemein die Konzepte des Wohlstandsverhaltens.[26, 27] Auch trägt der Klimawandel zu einer Veränderung der Allergieprävalenzen bei, da sich Vegetationsperioden, Wetterlagen und klimatische Wachstumsbedingungen von Pflanzen und Vektoren nachweislich ändern.[28] Keines der genannten ätiologischen Modelle ist in der Literatur widerspruchsfrei, da für viele Befunde auch Gegenbeispiele publiziert wurden und sich zudem die proallergisierenden Mechanismen auch mit protektiven Einflüssen mischen können.

Dass Umwelteinflüsse eine Rolle für die hohe Allergierate in Deutschland spielen, ist jedoch nicht zu bestreiten.

---

[25] Ring J, Bacher C, Bauer CP, Czech W: Weißbuch Allergie in Deutschland, 3. Aufl. S. 64–80. Urban & Vogel Verlag, München 2010
[26] Krämer U, Oppermann H, Ranft U, Schäfer T, Ring J, Behrendt H.: Differences in allergy trends between East and West Germany and possible explanations. Clin Exp Allergy. 2010 Feb; 40 (2):289–298.
[27] Romagnani S.: The increased prevalence of allergy and the hygiene hypothesis: missing immune deviation, reduced immune suppression, or both? Immunology 2004 Jul; 112 (3): 352–63.
[28] Augustin J, Franzke N, Augustin M, Kappas M: Beeinflusst der Klimawandel das Auftreten von Haut- und Allergiekrankheiten in Deutschland? J Dtsch Dermatol Ges 6 (8): 632–639, 2008

Als aktuellste Daten in Deutschland fanden sich 2010 in einer Analyse von über 48.000 Werktätigen aus bundesweit über 200 Betrieben folgende Häufigkeiten: allergische Rhinitis 20,3 %, allergisches Asthma 4,8 %, Neurodermitis 3,8 % und Kontaktallergien 2,1 % (Tabelle 3-6).

Das Ausmaß an allergischen Sensibilisierungen (ohne aktuelle Symptome) ist allerdings noch erheblich größer (Tab. 3-6). So fanden sich bei über 22 % der Personen in der Werktätigenbevölkerung vorausgegangene allergische Sensibilisierungen. Dieser Anteil war bei Personen mit bekannten atopischen Erkrankungen nochmals weitaus höher.

Die Daten zeigen, dass bei der Bewertung der Wohnraumsituation und bei jeglichen wohnmedizinischen Analysen die individuelle Disposition und das Erkrankungsrisiko des Einzelnen zu beachten sind.

Tabelle 3-6   Häufigkeit atopischer Erkrankungen in der Bevölkerung (Basis: n = 42.215 erwachsene Werktätige in Deutschland; AR = allergische Rhinitis; Augustin 2011)

	Prävalenz%	Fälle	Kohorte
Allergische Rhinitis	20,31	8.574	42.215
Allergisches Asthma	4,80	2.028	42.215
Neurodermitis	3,79	1.599	42.215
Kontaktallergien	2,14	903	42.215

Ökonomische Bedeutung

Allergische Erkrankungen weisen in Deutschland durch ihre große Häufigkeit, den Leidensdruck für die Patienten und die mit der Therapie verbundenen direkten Kosten eine hohe sozioökonomische und psychosoziale Relevanz auf. Auch die indirekten (= volkswirtschaftlichen) Kosten sind beträchtlich (Bild 3-8). Dies gilt insbesondere für berufsbedingte Erkrankungen.[29, 30]

Auch unter den Kontaktallergien gibt es im häuslichen Bereich spezifische Risikoprofile (Tab. 3-8).[31] So zeigten Hausfrauen neben den häufigen Sensibilisierungen gegen Nickelsulfat und Duftstoffmix eine besonders hohe Frequenz gegen Perubalsam, Phenylendiamin (in Textil-Farbstoffen), Amerchol (u. a. in Schuhcreme und Möbelpolituren) und Benzolyperoxid (u. a. in Desinfizientien und Waschmitteln).

---

[29] Augustin M et al.: Cost-of-illness of patients with chronic hand eczema in routine care: results from a multi-centre study in Germany. Br J Dermatol 2011, May 28. doi: 10.1111/j.1365-2133.2011.10427.x. [Epub ahead of print]

[30] Augustin M: Sozio-ökonomische Bedeutung allergischer Erkrankungen. In: Ring J, Bacher C, Bauer CP, Czech W: Weißbuch Allergie in Deutschland, 3. Aufl. S. 64–80. Urban & Vogel Verlag, München 2010

[31] Irion: Alles zur Allergologie online, 2008, http://www.alles-zur-allergologie.de/Allergologie/Artikel/3826/ Allergen,Allergie/Sp%FClmittel.html

Tabelle 3-7 Häufigkeit verschiedener Allergengruppen bei Erwachsenen in Deutschland sowie speziell bei Personen mit atopischen Erkrankungen.[32]

	Personen, davon mit Allergien auf:	Hausstaub-Sensibilisierung	Pollen-Sensibilisierung	Kontakt-Sensibilisierung	Medikamenten-Unverträglichkeit	Nahrungsmittel-Unverträglichkeit	Allergie gegen Tierhaare	UV-Licht Unverträglichkeit	Andere Unverträglichkeiten und Sensibilisierungen	Mind 1 Typ I Allergie (Hausstaub oder Pollen oder Tierhaare)
Bevölkerung gesamt	42.215	4,8%	10,2%	7,5%	6,0%	4,5%	3,7%	2,8%	4,0%	22,1%
Personen mit Asthma	2.028	6,0%	67,6%	8,8%	9,0%	24,6%	32,8%	2,7%	7,0%	77,7%
Personen mit Neurodermitis	1.599	18,0%	39,5%	15,5%	7,8%	18,3%	18,2%	2,9%	7,7%	46,8%
Personen mit allergischer Rhinitis	8.574	19,5%	85,6%	6,7%	6,8%	18,6%	19,2%	2,4%	4,1%	88,3%

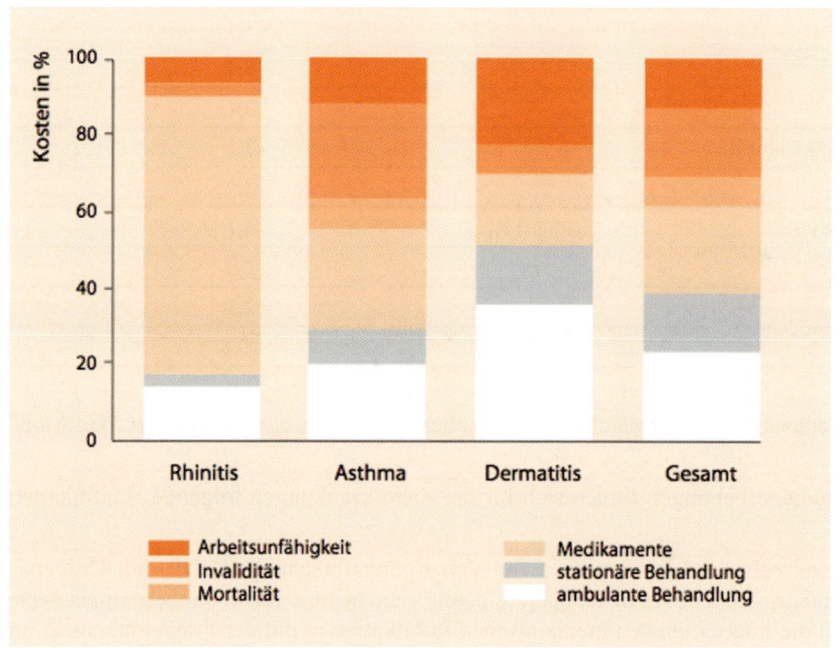

Bild 3-8 Kostenstruktur allergischer Erkrankungen in Deutschland im Jahr 1996 [Quelle: Weißbuch Allergie in Deutschland][26]

---

[32] Augustin M, Schäfer I: Häufigkeit allergischer Beschwerden in der deutschen Erwachsenenbevölkerung. 2011, in Druck

Tabelle 3-8   Spektrum häufiger Kontaktallergene bei Hausfrauen (nach Irion 2008)[33]

Die 20 häufigsten Kontaktallergene bei Hausfrauen

Substanz	positive Testreaktion (%)
Nickel (II-)sulfat	16,4
Duftstoff-Mix	14,5
Perubalsam	9,8
Kobalt (II-)chlorid	5,9
p-Phenylendiamin	6,0
Neomycinsulfat	5,5
Kaliumdichromat	4,8
Wollwachsalkohole	4,6
Kolophonium	4,3
Benzoylperoxid	11,0
(Chlor-)Methylisothiazolinon	3,9
Thiomersal	3,4
Kobaltsulfat	6,4
Paraben-Mix	3,1
Quecksilber(II-)amidchlorid	3,1
Thiuram-Mix	2,9
Phenylquecksilberacetat	5,1
Formaldehyd	2,6
Benzocain	2,5
Amerchol L-101	10,8

Evidenz zur Wechselwirkung zwischen allergischen Erkrankungen und dem Wohnumfeld

Aus aktuellen Studienerhebungen finden sich für die Zielerkrankungen folgende Häufigkeiten in Deutschland:

In einer Datenbankrecherche des Institutes für Versorgungsforschung (IVDP) am Universitätsklinikum Hamburg-Eppendorf in Kooperation mit dem Institut für Wohngesundheit wurden im Jahr 2010 die internationalen medizinischen Publikationen mit der Frage untersucht, in welchem Umfang und mit welchem Ergebnis Forschungsarbeiten zu den Auswirkungen des Wohnumfeldes auf die Gesundheit publiziert wurden (Bild 3-9).

Die in Bild 3-9 zusammengefasste Analyse beruht auf der Auswertung von über 900.000 wissenschaftlichen, in medizinischen Datenbanken publizierten Arbeiten, von denen sich aufgrund definierter Suchwörter 6500 Publikationen als relevant für die Fragestellung der Wohnmedizin erwiesen.[33, 34] Ein Großteil davon bezog sich nicht auf wohnmedizinische Fragestellungen im

---

[33] Tyzak L: Die Bedeutung des Wohnumfeldes für die Versorgung atopischer Krankheiten und Allergien. Medizinische Dissertation, Universität Hamburg 2011

engeren Sinne, sondern auf Einflüsse externer Noxen, wie sie auch im Wohnumfeld vorkommen und somit auf unsere Fragestellung übertragbar sind. Der mit Abstand größte Bereich an Erkrankungen umfasst Allergien vom Sofort- und Spättyp.

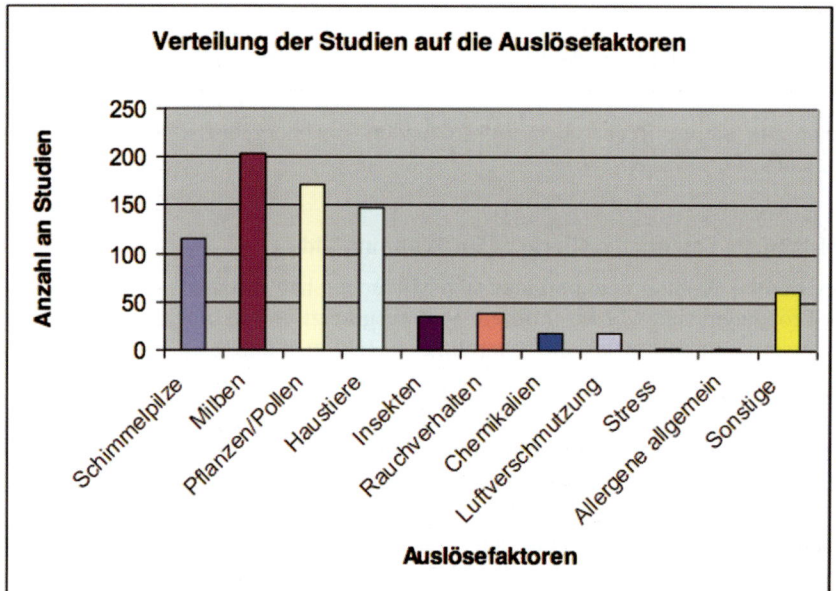

3

Bild 3-9 Anzahl an publizierten Studien zu Auslösefaktoren von Allergien mit Bezug zum Wohnumfeld [Medline-Recherche 2009; Tyzak 2010].

Die nachfolgende Übersicht fasst die aus der wissenschaftlichen Literatur gewonnenen Ergebnisse zusammen:

Systematisches Review zur Evidenz von Einflüssen des Wohnumfeldes auf die Gesundheit 2009/2010

Methoden: Im November 2009 wurde durch die Autoren eine systematische Literaturrecherche in Medline durchgeführt. Hierzu wurden die Schlagworte nach allergischen Erkrankungen in Kombination mit Auslösefaktoren des Wohnumfelds durchsucht. Die identifizierten Studien wurden anhand des Abstracts und Titels nach a priori festgelegten Kriterien ausgewählt. Die einschlägigen Studien wurden analysiert, indem Auslösefaktor, die Symptome und Studientyp festgehalten und statistisch ausgewertet wurden.

Ergebnisse: Fast alle für den Wohnbereich relevanten Studiendaten beziehen sich auf Allergien. Zur allergischen Rhinitis (AR) und Auslösefaktoren im Wohnumfeld erfüllten 699 aus 2320 Studien die Einschlusskriterien und wurden näher analysiert. In 594 Studien zeigten Innenraumallergene eine Auswirkung auf AR, in 178 Studien ließ sich ein Zusammenhang zwischen AR und Reizstoffen des Wohnumfeldes und in 12 Studien zu Umfeldfaktoren nachweisen. Zur atopischen Dermatitis und Auslösefaktoren im Wohnumfeld wurden 628 Studien

---

[34] Franzke N, Tyzak L, Blome C, Augustin M: Die Bedeutung des Wohnumfeldes für die Versorgung von Patienten mit atopischen Krankheiten und Allergien; J Dtsch Dermatol Ges 2011

weiter analysiert. Auch hier fanden sich Studien zu Innenraumallergenen (447) am häufigsten, gefolgt von 235 Studien zu Reizstoffen im Innenraum und 17 Studien zu Umfeldfaktoren.

Schlussfolgerung: Insgesamt wurde für die atopischen Erkrankungen (allergisches Asthma, allergische Rhinitis, Neurodermitis) ein Zusammenhang zu typischen Innenraumallergenen gefunden. Viele weitere häusliche Einflussfaktoren wurden bisher nicht oder nur ungenügend betrachtet. Weitere Untersuchungen sind erforderlich, um die Bedeutung potentiell relevanter Auslösefaktoren im Wohnumfeld zu identifizieren und so allergischen Erkrankungen besser vorzubeugen.

Beispielhaft seien aus diesen Recherchen die folgenden Einzelergebnisse mit Bezug zur Wohnmedizin genannt:

Auswertung: Milben als potentielle Allergene im Wohnumfeld

1. An welchen Orten im Wohnumfeld befinden sich Milben am häufigsten?
   a) 20 % der Probanden sind Milben in ihrem Bett ausgesetzt. Wenn eine Sensibilisierung vorliegt, verstärkt die Milbenlast die Symptome. → (Holm et al. 1999)
2. Welchen Interventionen haben sich als sinnvoll erwiesen?
   a) Die Patienten zeigen eine Verbesserung ihrer Symptome, wenn sie ihrer normalen Umgebung entzogen wurden. Allergenvermeidung wirkt sich positiv auf Symptome aus. → (Adinoff et al. 1988; Clark und Adinoff 1989a, b; Devlin et al. 1991; David 1992; Kumei 1995; Petrova et al. 2000)
   b) Umbaumaßnahmen, verbesserte Lüftung und Abschleifen von Mineraloberflächen verbessert die Symptome. → (Kort et al. 1993)
   c) Bettbezüge, starke Staubsauger und ein Gerbsäure-Benzylalkoholspray verbessern die Symptome bei einer atopischen Dermatitis. → (Tan et al. 1996; Endo et al. 1997; Friedmann und Tan 1998)
   d) Bettbezüge, wöchentliche heiße Wäsche des Bettzeugs, regelmäßiges Staubsaugen, regelmäßiges Säubern oder Entfernen von Stofftieren und Teppichböden und das Entfernen von Haustieren zeigt eine Verbesserung der Symptome. → (Ricci et al. 2000)
   e) Polyurethan-beschichtete Bettbezüge senken die Symptome milbensensibilisierter und nicht sensibilisierter Patienten mit einer atopischen Dermatits. → (Holm et al. 2001)
   f) „Clean-Room-Therapy" schwächt die Beschwerden der Patienten mit einer atopischen Dermatitis ab. → (Sanda et al. 1992)
   g) Das Benutzen eines Akarizids senkt die Symptome. → (Brown und Merrett 1991; Arshad et al. 2007)
   h) Die Vermeidung von Hausstaubmilben (z. B. Bettbezügen, Akarizid) und Ernährungseinschränkungen senken die Rate der atopischen Dermatitis. → (Casimir et al. 1993; Hide et al. 1994, 1996)
   i) „Mite free room (MFR)": Hausstaubmilben-Vermeidung durch Übernachtung im MFR verbessert die Symptome (der Raum hatte 3 Milben/m²). → (Fukuda et al. 1991)
   j) Natamycin-Spray und Staubsaugen führen zu einer Senkung der Allergenlast und Verbesserung der Symptome. → (Colloff et al. 1989)
   k) Ein Luftreiniger senkt die Allergenkonzentration an Milbenallergenen, die Symptome sind verbessert. → (Okada et al. 1994)
   l) Ernährungsmaßnahmen, Vermeidung von Milben und passivem Rauch senken die Prävalenz der atopischen Dermatitis. → (Bruno et al. 1993, 1996)
   m) Das Austauschen von Matratzen und das gründliche Hausreinigen wirkt sich auf Patienten mit einer atopischen Dermatitis positiv aus. → (Kubota et al. 1992)

3. Patienten mit welchen Hauterkrankungen sollten besonders auf ein milbenfreies Wohnumfeld achten?
   a) Patienten mit einer atopischen Dermatitis, die ein Hausstaubmilben-IgE aufweisen, sind
      empfindlich gegenüber Milben im Wohnumfeld, welche ihre Symptome verschlechtern.
      → (Katoh et al. 2004)

4. Stellen Milben im Wohnumfeld einen Risikofaktor für die Entwicklung einer allergischen
   Hautkrankheit dar?
   a) Frühe Exposition durch Milben stellt einen Risikofaktor dar, eine atopische Dermatitis
      zu entwickeln. → (Huang et al. 2001; Ibargoyen-Roteta et al. 2007)

5. Was kann einer Sensibilisierung auf Milben und folgenden allergischen Erkrankung ent-
   gegenwirken?
   a) Milbenundurchlässige Bettbezüge können die Entstehung von Sensibilisierungen und
      allergischen Krankheiten verhindern. → (Nishioka et al. 1998; Tsitoura et al. 2002;
      Arshad et al. 2007)

6. Gibt es Faktoren, die den negativen Effekt von Milben im Wohnumfeld noch verstärken?
   a) Handystrahlung verstärkt den negativen Effekt der Allergene und führt so zu stärkeren
      Symptomen. → (Kimata 2002)
   b) Chemikalien wie Natriumlaurylsulfat verstärken die allergische Reaktion. → (Löffler et
      al. 2003)
   c) Flüchtige organische Verbindungen (VOCs) in einer in der Innenraumluft gewöhnlich
      vorkommenden Konzentration verstärken die allergische Reaktion auf Milbenallergene
      bei atopischen Dermatitis-Patienten. → (Huss-Marp et al. 2006)

7. Gibt es Eigenschaften von Gebäuden, die sich auf Milben auswirken?
   a) Die Feuchtigkeit in Häusern wirkt sich nicht auf die Milbenkonzentration aus, aber die
      Milbenkonzentration korreliert positiv mit einer atopischen Dermatitis. → (Colloff
      1992)

8. Welche Milben im Wohnumfeld rufen allergische Hautreaktionen hervor?
   a) Ornithonyssus bacoti foci. → (Theis et al. 1981; Betke et al. 1987; Lopatina et al. 1992;
      Morsy et al. 1994; Chung et al. 1998; Beck und Pfister 2004)
   b) Pyemotes beckeri. → (Hewitt et al. 1976)
   c) Pyemotes herfsi. → (Samsinák et al. 1979)
   d) Cheyletiella. → (Cohen 1980; Maurice et al. 1987)
   e) Dermatophagoides scheremetewskyi. → (Aylesworth und Baldridge 1985)
   f) Pyemotes ventricosus. → (Betz et al. 1982)
   g) Dermatophagoides pteronyssinus. → (Morsy et al. 1994; Huang et al. 2006)
   h) Haemogamasus pontiger. → (Morsy et al. 1994)
   i) Ornithonyssus sylviarum. → (Orton et al. 2000)
   j) Dermatophagoides farinae (Der f 1). → (Krämer et al. 2006; Huang et al. 2006)
   k) Dermatophagoides microceras. → (Huang et al. 2006)
   l) Blomia tropicalis. → (Huang et al. 2006)

9. Was sind die möglichen pathologischen Mechanismen der Milbenallergene?
   a) Sie wirken durch luftgetragene Allergene. → (Reitamo et al. 1989; Tupker et al. 1996,
      1998)
   b) Kutane Hausstaubmilben-Exposition kann ein Triggerfaktor für eine atopische Dermati-
      tis sein. → (Norris et al. 1988)
   c) Bei einer Verschlechterung der atopischen Dermatitis werden Milben in die Haut „ge-
      kratzt" und verursachen erneut eine Verschlechterung. → (Barnetson et al. 1987)

Erkenntnisse aus den Literaturrecherchen wurden zu 24 weiteren Themenbereichen gefunden.

Weitere Daten aus der Präventionsforschung bei Allergien sind neben der vorgenannten Studie auch in die „Präventionsleitlinie" des Aktionsbündnisses Allergien eingeflossen.[35]

4. Versorgungsbedarf

Aus den vorstehenden Daten lässt sich folgern, dass die Einflüsse aus häuslichen Bedingungen maßgeblich zur Gesundheit und Krankheit der Menschen beitragen. Handlungsbedarf besteht sowohl für die Primärprävention als auch für die Sekundärprävention und Kuration. Hierzu bedarf es einer Abstufung (Bild 3-10), bei der auch die latenten Risiken unterhalb der manifesten Erkrankungen als „Spitze des Eisberges" berücksichtigt werden. Im Einzelnen leitet sich hieraus folgender Bedarf ab:

1) Kuration

In der Behandlung erkrankter Menschen sind in den differentialdiagnostischen und kausalen Überlegungen die potentiellen wohnmedizinischen Einflüsse stets zu berücksichtigen. Nur in seltenen Fällen werden bislang die aus ärztlicher Sicht notwendigen Entscheidungen mit Daten aus dem Wohnumfeld unterlegt. Hierzu ist ein besserer und systematisch erhobener Kenntnisstand des Arztes über die Wohnsituation notwendig. Da Hausbesuche heute eine Ausnahme darstellen, hat der behandelnde Arzt nur selten Zugang zum Wohnbereich des Patienten. Als Ersatz bieten sich dafür die standardisierte Dokumentation wohnmedizinischer Daten sowie telemedizinische Maßnahmen an.

Aus eigener Erfahrung insbesondere im Bereich allergologischer und infektiologischer Erkrankungen ist die Umsetzung ärztlich empfohlener Maßnahmen auch bei guter Aufklärung in der Arztpraxis oft unzureichend. Die Umsetzung notwendiger Maßnahmen zur Verbesserung der Wohnsituation kann ebenfalls a) in Abstimmung mit dem Baubiologen und b) unter Einsatz telemedizinischer Technologien (z. B. Bildübertragung) erfolgen.

2) Prävention

Gesunde Menschen müssen über die potentiellen Risiken ungünstiger Wohnumstände seriös informiert werden. Hierzu bedarf es eines individuellen Risikoprofils, damit keine im Einzelfall unnötigen Maßnahmen eingeleitet werden.

Personen mit bekannten Erkrankungen haben Bedarf nach einer medizinisch und baubiologisch fundierten Beratung. Die Kopplung zwischen diesen Bereichen funktioniert bislang nur selten. Anzustreben ist die aktive Verbindung beider Bereiche und insbesondere die Rückführung medizinischer Erkenntnisse auf den Wohnbereich. Eine Schnittstelle könnte dadurch gebildet werden, dass das medizinische Risikoprofil – adaptiert an die Fragen der Wohnmedizin – dem baubiologischen Berater übermittelt wird und in dessen Überlegungen einfließt. Umgekehrt sollte das individuelle baubiologische Profil an den behandelnden Arzt zur Prüfung und unterstützenden Umsetzung zurückvermittelt werden. Die ggf. notwendige umweltmedizinische Analytik wird idealerweise in Abstimmung zwischen Patient, Baubiologen und Arzt geplant und bewertet.

---

[35] Schäfer T und weitere Mitglieder der Konsensusgruppe des Aktionsbündnisses Allergieprävention: Allergieprävention – Evidenzbasierte und konsentierte Leitlinie des Aktionsbündnisses Allergieprävention (abap) – Kurzfassung. Allergo J 2004; 13: 252–260

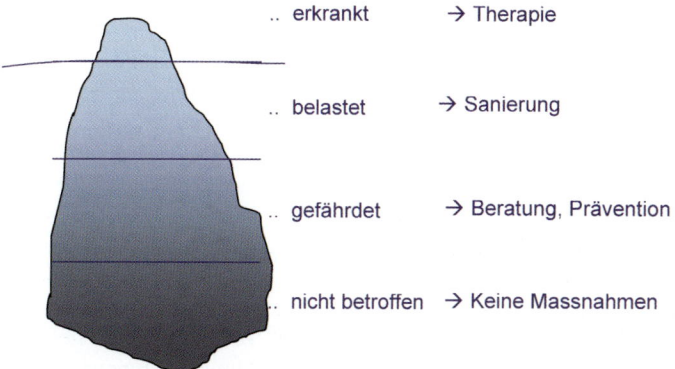

.. erkrankt → Therapie

.. belastet → Sanierung

.. gefährdet → Beratung, Prävention

.. nicht betroffen → Keine Massnahmen

3

Bild 3-10 Versorgung von Allergie- und Umwelterkrankungen in Deutschland ober- und unterhalb der „Spitze des Eisbergs"

5. Forschungsbedarf

Die Ursachenforschung zur Frage baubiologischer Faktoren als Trigger gesundheitlicher Störungen ist bislang nur rudimentär entwickelt. Handlungsbedarf besteht sowohl mit Blick auf die Identifizierung kausaler Faktoren als auch auf die Wechselwirkungen zwischen verschiedenen umweltbedingten Einflüssen. Unzureichend sind auch die Erkenntnisse über die Bedeutung der umweltmedizinischen Analytik für die spätere Verbesserung der Morbidität.

Von besonderer Bedeutung ist des Weiteren die Wirkforschung an präventiven und therapeutischen Maßnahmen. Diese sollte unter Berücksichtigung der individuellen Dispositionen, Komorbiditäten und Risikoprofile erfolgen.

6. Informationen und Beratung

Fachinformationen

Leitlinie Allergieprävention

AWMF-Leitlinien zu spezifischen Erkrankungen

Verbraucherinformationen

Verbraucherhinweise des ECAARF, Berlin

Ratgeber der Bundeszentrale

→ weitere Hinweise sollten in Abstimmung mit den anderen Kapiteln erfolgen

Selbsthilfegruppen

Deutsche Allergie- und Asthmahilfe, Mönchengladbach

Deutscher Neurodermitis Bund, Hamburg

MCS Selbsthilfegruppe

3

Institute und Fachgesellschaften

AG Allergieforschung und Wohnmedizin (Leiterin: Prof. Dr. Regina Fölster-Holst), Hautklinik der Universität Kiel

Deutsche Gesellschaft für Präventivmedizin und Präventionsmanagement (DGPP), Hamburg

Deutsche Gesellschaft für Umweltmedizin und Hygiene

Deutsche Gesellschaft für Wohnmedizin

Europäisches Institut für Allergieforschung (ECARF), Charité Berlin (Direktor: Prof. Dr. Thorsten Zuberbier)

Institut für Umweltmedizin und Hygiene, Freiburg (Direktor: Prof. Dr. Sundermann)

Institut für Wohngesundheit (INWOGE), Hamburg (Leiterin: Carola Augustin, Innenarchitektin, Baubiologin)

Sentinel-Haus Institut, Freiburg

Sektion Wohnmedizin, Institut für Versorgungsforschung in der Dermatologie und bei Pflegeberufen, Universitätsklinikum Hamburg (Direktor: Prof. Dr. Matthias Augustin)

4 Qualitätskriterien für Gebäude

4.1 Schadstoffe und Bewertungsschemata

Anja Lüdecke und Heinz-Jörn Moriske

Einführung

Da sich der Mensch die meiste Zeit des Tages in Innenräumen aufhält, ist es wichtig, für eine einwandfreie Innenraumluftqualität zu sorgen, die die Gesundheit nicht gefährdet. Ein Großteil der Schadstoffe in der Innenraumluft wird durch Bauprodukte und Einrichtungsgegenstände eingetragen.

Um eine gute Innenraumluftqualität gewährleisten zu können, müssen bestimmte Vorkehrungen getroffen werden. Da in Wohninnenräumen eine gesetzliche Grundlage zur Schadstoffbegrenzung in der Raumluft bislang fehlt (vgl. Kap. 3.1) und auch einige Gründe dagegen sprechen, dass man in Wohninnenräumen mit Grenzwerten wie etwa im Außenluftbereich arbeitet, wurde ein Richtwertkonzept für den Innenraumbereich erarbeitet. In Deutschland geschieht dies durch die Ad-hoc-Arbeitsgruppe aus Mitgliedern der Innenraumlufthygiene-Kommission des Umweltbundesamtes und der obersten Gesundheitsbehörden der Länder, kurz „Ad-hoc-AG IRK/AOLG". Die Geschäftsstelle ist im Umweltbundesamt angesiedelt. Von dort wurde 1996 das Basisschema zur Ableitung von Richtwerten für Innenraumverunreinigungen erarbeitet und werden regelmäßig für einzelne Verbindungen Innenraumrichtwerte neu festgelegt und bestehende überprüft.

Diese Bewertungen sollen Aufschluss darüber geben, ab welcher Konzentration ein Stoff in der Raumluft als „gesundheitsschädlich" eingestuft wird.

Auf internationaler und europäischer Ebene gibt es derzeit zahlreiche Bewertungsansätze und Normungsaktivitäten, doch gibt es derzeit noch keine umfassende, durchgehende und standardisierte Regelung.

Bewertung von Innenraumnoxen

Das Richtwertkonzept

Die Ad-hoc-AG IRK/AOLG hat 1996 ein Basisschema zur Ableitung von Innenraumrichtwerten erarbeitet. Es ist im Bundesgesundheitsblatt veröffentlicht (Umweltbundesamt, 1996). Es werden zwei Richtwert-Kategorien unterschieden. Zurzeit steht eine Aktualisierung an (noch unveröffentlicht).

Richtwert II (RW II) ist ein wirkungsbezogener Wert, der auf gegenwärtige toxikologische und epidemiologische Kenntnisse zur Wirkungsschwelle eines Stoffes basiert unter Berücksichtigung von Unsicherheitsfaktoren. Erreicht die Konzentration eines Stoffes diesen Wert oder überschreitet ihn sogar, so ist unverzüglich zu handeln. Eine gesundheitliche Gefährdung bei Daueraufenthalt in diesen Räumen kann bei empfindlichen Personen nicht ausgeschlossen werden. Je nach Wirkungsweise des Stoffes kann der Richtwert II als Kurzzeitwert (RW II K) oder Langzeitwert (RW II L) definiert sein (UBA 1996).

Richtwert I (RW I) beschreibt die Konzentration eines Stoffes in der Innenraumluft, bei der bei einer Einzelstoffbetrachtung nach gegenwärtigem Erkenntnisstand auch dann keine gesundheitliche Beeinträchtigung zu erwarten ist, wenn ein Mensch diesem Stoff lebenslang ausgesetzt ist. Aus Gründen der Vorsorge sollte auch im Konzentrationsbereich zwischen Richtwert I und II gehandelt werden, sei es durch technische und bauliche Maßnahmen am Gebäude (handeln muss in diesem Fall der Gebäudebetreiber) oder durch verändertes Nutzerverhalten. RW I kann als Zielwert bei der Sanierung dienen.

Tabelle 4-1   Liste der von der Ad-hoc-AG IRK/AOLG erarbeiteten Richtwerte; Stand: Oktober 2011

Verbindung	Richtwert II (mg/m^3)	Richtwert I (mg/m^3)	Jahr der Festlegung
Zyklische Dimethylsiloxane (als Summenwert D_3–D_6)	4	0,4	2011
2-Furalaldehyd (Fufural)	0,1	0,01	2011
Benzaldehyd	0,2	0,02	2010
Benzylalkohol	4	0,4	2010
Monozyklische Monoterpene *(Leitsubstanz d-Limonen)*	10	1	2010
Aldehyde, C_4 bis C_{11} (gesättigt, azyklisch, aliphatisch)	2	0,1	2009
Kohlendioxid	2 (hygienisch inakzeptabel)	1 (hygienisch unbedenklich)	2008
C9–C14-Alkane/Isoalkane (aromatenarm)	2	0,2	2005
Naphthalin	0,020	0,002 [1]	2004
Terpene, bicyclisch *(Leitsubstanz α-Pinen)*	2	0,2	2003
Tris(2-chlorethyl)phosphat (TCEP)	0,05 [2]	0,005 [2]	2002
Diisocyanate	Siehe Erläuterungen im folgenden Text		2000
TVOC	Siehe Erläuterungen im folgenden Text		1999 + 2007
Quecksilber (als metallischer Dampf)	0,00035	0,000035	1999
Styrol	0,3	0,030	1998
Stickstoffdioxid (NO_2)	0,35 (30-Min-Wert) 0,06 (7-Tage-Wert)	–	1998
Dichlormethan	2 (24 h) [3]	0,2	1997
Kohlenmonoxid	60 (½ h) [3] 15 (8 h) [3]	6 (½ h) [3] 1,5 (8 h) [3]	1997
Pentachlorphenol (PCP)	0,001	0,0001	1997
Toluol	3	0,3	1996

[1]   Der RW-I-Wert dürfte Schutz auch vor geruchlichen Belästigungen bieten.
[2]   Obwohl die Ergebnisse tierexperimenteller Studien auf ein krebserzeugendes Potenzial der Verbindung hinweisen und für krebserzeugende Stoffe das Basisschema zur Richtwertableitung keine Anwendung finden sollte, sieht die Kommission aufgrund des Fehlens eindeutiger Hinweise zur Genotoxizität und des Bedarfs an Orientierungshilfen die Ableitung von Richtwerten für TCEP als vertretbar an.
[3]   In Klammern ist, soweit er ausdrücklich festgelegt wurde, ein Mittelungszeitraum angegeben, z. B. 24 Stunden (h).

Tabelle 4-1 zeigt eine Aufstellung der bislang von der Ad-hoc-AG IRK/AOLG erarbeiteten Innenraumrichtwerte. Die Richtwerte beziehen sich auf Einzelstoffe und beinhalten keine

Aussage über mögliche Kombinationswirkungen verschiedener Substanzen. Bis 2011 sind die in der Tabelle aufgeführten Richtwerte festgelegt worden.

Die Festlegung eines Richtwertes II für Diisocyanate (DI) erachtete die Arbeitsgruppe nicht als sinnvoll: Die anfänglich höhere Konzentration in der Raumluft bei der Verarbeitung von Di-isocyanate-haltigen Lacken und Klebern (Konzentration im Bereich des MAK-Wertes) sinkt rasch ab und nach Beendigung des Aushärtevorgangs ist nicht mit einer Dauerbelastung zu rechnen. Generell sollte beim Verarbeiten DI-haltiger Produkte gut gelüftet werden.

Da die Innenraumluft viele organische Verbindungen enthält und Richtwerte nur für relativ wenige Einzelverunreinigungen zur Verfügung stehen, hat die IRK Maßstäbe zur Beurteilung der Innenraumluftqualität mithilfe der Summe der flüchtigen organischen Verbindungen (Total Volatile Organic Compounds, TVOC) erarbeitet. Diese TVOC-Werte sind jedoch nicht nach dem Basisschema abgeleitet. Zur Verdeutlichung der Unsicherheiten, die bei der Ableitung entstanden, wurden nicht einzelne Zahlenwerte, sondern Konzentrationsbereiche angegeben. Demzufolge wurden für die hygienische Bewertung von TVOC-Werten 5 Stufen definiert und für die einzelnen Stufen wurden Empfehlungen für Maßnahmen erarbeitet (Umweltbundesamt 2007).

Tabelle 4-2   Richtwerte für den Gesamtgehalt flüchtiger organischer Verbindungen in der Raumluft (TVOC-Konzept); Ad-hoc-AG Richtwerte 2007

Stufe	Konzentrationsbereich [mg/m³]	Hygienische Bewertung
1	$\leq 0,3$ mg/m³	Hygienisch unbedenklich
2	$> 0,3–1$ mg/m³	Hygienisch noch unbedenklich, sofern keine Richt-wertüberschreitungen für Einzelstoffe bzw. Stoffgruppen vorliegen
3	$> 1–3$ mg/m³	Hygienisch auffällig
4	$> 3–10$ mg/m³	Hygienisch bedenklich
5	> 10 mg/m³	Hygienisch inakzeptabel

Blauer Engel

1977 wurde das Umweltzeichen „Blauer Engel" von den zuständigen Ministerien des Bundes und der Länder eingeführt. Kennzeicheninhaber ist das Bundesministerium für Umwelt, Natur-schutz und Reaktorsicherheit. Die Vergaberichtlinien des Blauen Engels für Bauprodukte und Einrichtungsgegenstände zielen primär auf den Umweltschutz ab. Produkte, die von der Jury „Umweltzeichen" mit dem Blauen Engel gekennzeichnet werden, müssen umweltfreundlich sein. Erst allmählich wurde auch der Gesundheitsaspekt mehr und mehr in die Vergabegrund-lage eingearbeitet. Viele Blaue-Engel-Produkte für den Innenraumbereich müssen heute hohe gesundheits- und arbeitsschutzbezogene Voraussetzungen erfüllen. Hierbei soll die Gebrauch-tauglichkeit voll gewährleistet bleiben. Den Herstellern soll ein Anreiz gegeben werden, öko-logisch vorteilhaftere Produkte zu entwickeln und für Verbraucher wird es einfacher, emis-sionsarme Produkte zu erkennen.

Tabelle 4-3   Emissionsarme Produkte für die Wohnumwelt und das Büro des Blauen Engel

Produktgruppe	Ausgezeichnete Produkte	Vergabegrundlage
Schadstoffarme Lacke	Weiß- und Buntlacke, Lasuren, Grundierungen, Holzlacke, Heizkörperlacke	RAL-UZ 12 a
Produkte aus Holz und Holz-werkstoffen	Holzmöbel, Parkett, Laminat, Linoleum, Paneele	RAL-UZ 38
Holzwerkstoffplatten	Spanplatten, Faserplatten, Verlegeplatten	RAL-UZ 76
Wandfarben	Dispersionsfarben, Latexfarben, Abtönfarben, Dispersionssilikatfarben	RAL-UZ 102
Bodenbelagsklebstoffe und andere Verlegewerkstoffe	Klebstoffe für elastische Bodenbeläge und Parkett, Spachtelmassen	RAL-UZ 113
Polstermöbel	Polstermöbel, Polsterstühle, Bürodrehstühle	RAL-UZ 117
Matratzen	Taschenfederkern-, Kaltschaummatratzen	RAL-UZ 119
Elastische Bodenbeläge	Bodenbeläge aus Kautschuk, Linoleum	RAL-UZ 120
Dichtstoffe	Silikone, Acrylate	RAL-UZ 123
Textile Bodenbeläge	Teppichböden	RAL-UZ 128
Wärmedämmstoffe	Akkustikdecken	RAL-UZ 132
Polsterleder	gedeckte und pigmentierte Leder	RAL-UZ 148
Holzspielzeuge		RAL-UZ 130
Wiederaufgearbeitete Toner-module	Toner für verschiedene Laserdrucker und Multifunktionsgeräte	RAL-UZ 55
Bürogeräte mit Druckfunktion	Kopierer unterschiedlicher Größe und Leis-tung, Laserdrucker, Tintenstrahldrucker, Ko-pierer oder Drucker mit weiteren Funktionen	RAL-UZ 122

Die unabhängige Beschlusskommission der Jury Umweltzeichen setzt sich aus Vertretern aus Umwelt- und Verbraucherverbänden, Gewerkschaften, Industrie, Handel, Handwerk, Kommunen, Wissenschaft, Medien, Kirchen und Bundesländern zusammen. Die Geschäftsstelle der Jury Umweltzeichen ist im Fachgebiet Umweltkennzeichnung, Umweltdeklaration, umweltfreundliche Beschaffung im Umweltbundesamt ansässig (http://www.blauer-engel.de). Dort werden Vorschläge für die fachlichen Kriterien der Vergabegrundlagen des Blauen Engels entwickelt und alle drei bis vier Jahre überprüft. In den Vergaberichtlinien wird insbesondere der Ausschluss bzw. die mengenmäßige Begrenzung einzelner Inhaltstoffe oder Summenparameter (VOC) berücksichtigt. Aber auch der Ausschluss bestimmter (toxischer) Einstufungen bei einzelnen Inhaltstoffen oder Zubereitungen sowie die Vorgabe von Emissionsgrenzwerten werden bei der Vergabe berücksichtigt. Dies bedeutet, dass Produkte, die mit dem Blauen Engel gekennzeichnet sind, im Vergleich zu herkömmlichen Produkten weniger Emissionen verursachen. Dies wiederum schützt die Gesundheit der Verbraucher.

Die Prüfung der Emissionen aus Bauprodukten erfolgt durch unabhängige Labore, wobei die meisten Bauproduktgruppen nach dem AgBB-Bewertungsschema bewertet werden. Die Anforderungen an die Emissionswerte emissionsarmer Produkte sind für einige Produktgruppen, beispielsweise für Bodenbeläge, beim Blauen Engel oft strenger als beim AgBB-Schema (Brandt et al, 2010). Das heißt, die Konzentrationen der Emissionen flüchtiger organischer

Verbindungen müssen im Vergleich zum AgBB-Schema noch weiter reduziert werden. Dies soll künftig auch für Geruchsprobleme gelten.

Künftige Innenraumprobleme

a) *Feine und ultrafeine Partikel*: Die Exposition und gesundheitliche Risikobewertung von Feinstäuben im Außenluftbereich bestimmen die Diskussion der letzten Jahre und dies wird auch in den kommenden Jahren anhalten. Während es für den Außenbereich zahlreiche Untersuchungen gibt, weiß man beim Innenbereich bis heute vergleichsweise wenig über die Quelleneinträge feiner und ultrafeiner Partikel sowie über deren gesundheitliche Bedeutung. Die Diskussion darüber hat gerade erst begonnen.

Die Innenraumlufthygiene-Kommission des UBA hat in einer Stellungnahme im Jahr 2007 festgestellt, dass die gesundheitliche Bedeutung von Feinstaub im Innenraum nicht mit der im Außenluftbereich gleichzusetzen ist (Umweltbundesamt 2008). Erschwert wird die Situation dadurch, dass die Exposition gegenüber Stäuben im Innenraumbereich sehr viel mehr als im Außenbereich von den umgebenden Bedingungen abhängig ist wie etwa dem Raumvolumen, von Senkeneffekten, Synergie- und Antagonieeffekten, Sekundärfreisetzungen und den Luftwechseln (vgl. Kap. 3.1).

Besonderes Augenmerk wird in den kommenden Jahren der Frage der ultrafeinen Partikel (< 100 Nanometer Größe) gewidmet werden müssen. Die aktuelle Diskussion um die Partikelfreisetzung bei Laserdruckern und der Einsatz von Nanoteilchen in Bauprodukten sowie anderen im Innenraum eingesetzten Produkten zwingen dazu, sich dieser Partikelfraktion stärker zuzuwenden.

b) Im Innenraumbereich werden in verschiedenen Produkten häufig *neue organisch chemische Stoffe* eingesetzt und alte verdrängt. Beispiele aus der Vergangenheit sind PCP, PCB, Tetrachlorethen in chemischen Reinigungen oder Asbest. Jüngere Beispiele sind Weichmacher und Flammschutzmittelwirkstoffe. Hier kommen immer neue Ersatzstoffe auf den Markt, die teils weniger gesundheitsbedenklich sein sollen, teils technisch zu Verbesserungen beim Einsatz im Produkt führen sollen. Phthalate, die lange Zeit bestimmend waren in der Diskussion um die gesundheitliche Bedeutung von Stoffen im Innenraum, werden zunehmend ersetzt, etwa durch Terephthalate, DINCH oder Naturstoffe wie Rhizinusöle. Auf dem europäischen Markt werden immer mehr hochmolekulare Weichmacher verwendet. So stellt DINP zusammen mit DIDP und DPHP 75 % der Weichmacherproduktion dar. Seit Dezember 2009 ist DIDP gemäß der REACH-Verordnung registriert. DPHP soll folgen (http://www.dinp-facts.com).

Literatur

S. Brandt, H.-H. Eggers, W. Plehn: Blauer Engel – Neuorientierung des Umweltzeichens ermöglicht bessere Verbraucherorientierung. UMID 03/2010

Bundesgesundheitsamt: Ad-hoc-AG IRK/AOLG: Richtwerte für die Innenraumluft: Basisschema. Bundesgesundheitsblatt 11 (1996) 422-426

Bundesgesundheitsamt: Ad-hoc-AG IRK/AOLG: Beurteilung von Innenraumluftkontaminationen mittels Referenz- und Richtwerten, Handreichung. Bundesgesundheitsblatt (2007) 50 990–1005

Bundesgesundheitsamt: Ad-hoc-AG IRK/AOLG: Gesundheitliche Bedeutung von Feinstaub in der Innenraumluft. Bundesgesundheitsblatt 51 (2008) 1370-1378

Blauer Engel http://www.blauer-engel.de

DINP Informationszentrum http://www.dinp-facts.com

Broschüren und Leitfäden:

- Bauprodukte: Schadstoffe und Gerüche bestimmen und verweiden; Ergebnisse aus einem Forschungsprojekt; Umweltbundesamt 2007
- Produktwegweiser Blauer Engel. Umweltfreundlich bauen, gesund wohnen

4.2 Gütesiegel und Zertifikate zur Innenraumhygiene von Gebäuden

Susanne Gehrmann

Gütesiegel und Zertifikate für Gebäude gewinnen an Bedeutung. Immer mehr Bauherren oder Investoren wollen spezielle Eigenschaften ihrer Gebäude, die über das Normalsoll hinausgehen, mittels Gütesiegel oder Zertifikaten ausgewiesen wissen. Meist handelt es sich dabei um Nachweise besonderer Energiestandards, Nachhaltigkeitsaspekte oder wie hier um innenraumhygienische oder gesundheitliche Eigenschaften der Gebäude.

Gerade in der Immobilienwirtschaft sind heute Gebäudezertifikate als Werttreiber fest etabliert. Dabei spielen vor allem Nachhaltigkeitszertifikate, wie sie von meist privaten Vergabeinstitutionen wie der Deutschen Gesellschaft für Nachhaltiges Bauen vergeben werden, eine entscheidende Rolle. Aber auch gesundheitsbezogene Gütesiegel finden als wertbildender Faktor im Markt ihren Widerhall.

4.2.1 Wozu dienen Gütesiegel?

In Deutschland sind zwar die Anforderungen an die Außenluft in der TA Luft geregelt, für die Innenluft existieren jedoch keine allgemeingültigen Anforderungen. Gütesiegel ermöglichen hier dem Endverbraucher die innenraumhygienische Qualität einzuordnen und verschiedene Gebäude zu vergleichen. Dem Eigentümer verhelfen Gütesiegel durch die genaue Beschreibung der Beschaffenheit zu einem Mehrwert ihrer Immobilie.

Die Innenraumhygiene von Gebäuden hängt von einer Vielzahl von Einflussgrößen ab, beispielsweise den Gehalten flüchtiger organischer Verbindungen, Feinstaub, Schimmel oder CO_2. Gütesiegel sollen die Gesamtheit dieser Faktoren zusammenfassen.

Die Kriterien der verschiedenen Label werden üblicherweise kontinuierlich an wissenschaftliche Erkenntnisse, insbesondere im Bereich der Toxikologie und der Messverfahren, angepasst. Daher kann keine Gewähr über eventuelle Änderungen der Zertifikatsanforderungen übernommen werden.

4.2.2 Welche Gütesiegel gibt es?

Im Folgenden werden einige Gütesiegel vorgestellt, die in Deutschland sowie im deutschsprachigen Ausland verbreitet sind. Gebäudelabel unterscheiden sich im Allgemeinen nicht nur in ihrem Umfang, den Anforderungen und der Transparenz, sondern auch in den Zielgruppen und dem Zweck. Einige der Zertifizierungen sind für Büro- oder Verwaltungsgebäude konzipiert und sprechen somit Großinvestoren an, andere sind für Ein- und Mehrfamilienhäuser bestimmt und damit an private Eigenheimbesitzer adressiert. Weiterhin liegt der Schwerpunkt einiger

Gebäudezertifizierungen auf einer umfassenden und ganzheitlichen Gebäudebeurteilung, andere fokussieren die Bewertung auf die Innenraumhygiene. Außerdem gibt es Gütesiegel, welche die besonderen Anforderungen von Allergikern berücksichtigen. Grundsätzlich sind zwei Klassen von Gütesiegeln und Zertifikaten zu unterscheiden:

– Gütesiegel, die allein Aspekte der Innenraumhygiene berücksichtigen
– Umfassende Gütesiegel oder Zertifikate, die Aspekte der Innenraumhygiene neben anderen mit berücksichtigen

4.2.3 Gütesiegel für die Innenraumhygiene/Wohngesundheit

Toxproof Wohn- und Fertighäuser

Das Toxproof-Zertifikat bzw. das TÜV Rheinland Signet „schadstoffgeprüft" wird vom TÜV Rheinland vergeben. Es handelt sich um ein Schwerpunktzertifikat für die Fertighausindustrie. Grundlage sind zum einen Prüfkriterien zur Bewertung von Baumaterialien, zum anderen Prüfkriterien zur Bewertung von Schadstoffkonzentrationen in der Raumluft.

Es werden alle Informationen zu Baumaterialien, die hinsichtlich der Schadstoffabgabe in die Raumluft ein Gefährdungspotential enthalten, ausgewertet und repräsentative, schadstoffrelevante Materialproben auf mögliche Emissionen im Prüfkammerverfahren untersucht. Bei der Schadstoffabgabe wird die Ausgasung von Formaldehyd, Diisocyanaten und VOC betrachtet sowie der Feststoffgehalt von organischen Holzschutzmitteln, chromathaltigen Holzschutzmitteln und bioziden Wirksoffen.

Die Raumluft in Gebäuden wird einmalig bei einer repräsentativen Anzahl von Raumluftuntersuchungen analysiert. Dabei müssen die Gehalte von Schadstoffen deutlich geringer als erfahrungsgemäße Raumluftkonzentrationen in Wohnräumen neuer Gebäude sein.

Nach der Erstuntersuchung an einem Mustergebäude erfolgen Raumluftmessungen nur stichprobenartig während der jährlichen Marktüberwachung bei Gebäuden der laufenden Produktion. Diese Messungen erfolgen frühestens 30 Tage nach Fertigstellung. Die Raumluft wird auf Formaldehyd, Acetaldehyd und VOC untersucht. Die Gehalte an Formaldehyd und Acetaldehyd dürfen jeweils 60 µg/m³ nicht überschreiten. Der TVOC-Wert muss unter 1000 µg/m³ liegen, eine Zeichenvergabe ist bei erhöhten Terpenkonzentrationen aber auch dann möglich, wenn diese Gehalte durch Reinigungsmittel verursacht wurden und andere Quellen sicher ausgeschlossen werden können. Zusätzlich zum TVOC-Wert werden auch verschiedene Stoffgruppen der VOCs betrachtet, für diese gelten ebenfalls Richt- bzw. Grenzwerte.

Es werden keine Anforderungen an Raumluftanlagen und die Luftaufbereitung gestellt. Ebenso werden die Parameter Feinstaub, Bakterien, Thermoactinomyceten, Schimmelpilze und CO_2 nicht untersucht. Das Zertifikat berücksichtigt die Parameter Radon und Elektrosmog nicht, auch an den Wärme-, Lärm- und Schallschutz werden keine Anforderungen gestellt.

Die Kriterien für das Label schadstoffgeprüfte Wohn- und Fertighäuser sind nicht öffentlich und auf Nachfrage erhältlich, allgemeine Angaben sind unter http://www.tuvdotcom.com zu finden.

Sentinel-Haus Gesundheitspass

Der Sentinel-Haus-Institut-Gesundheitspass (SHI Gesundheitspass) ist ein vorwiegend für Wohngebäude konzipiertes Gütesiegel, welches vom Sentinel-Haus-Institut vergeben wird. Schwerpunkt ist die Gesundheit des Bewohners. Das Konzept beruht auf mehreren Säulen: der Schulung der Handwerker und Planer, der definierten und produktbezogenen Bauteilbeschreibung, der

Auswahl wissenschaftlich geprüfter emissionsarmer Bauprodukte, einer kontinuierlichen Baubegleitung mit Baustellentagebuch sowie einer obligatorischen Abschlussmessung der Innenraumluft bei jedem Gebäude.

Das Ziel, wohngesunde Lebensräume zu schaffen, wird vor allem durch strenge Kriterien an die Innenraumluft umgesetzt. Für die Zertifikatsvergabe muss zwingend 30 bis 100 Tage nach Fertigstellung eine Abschlussmessung stattfinden. Der Gesundheitspass fordert die Messung von Formaldehyd, VOCs und SVOCs. Die Formaldehydkonzentration in der Raumluft darf 60 µg/m³, die Konzentration der TVOCs 1000 µg/m³ nicht überschreiten. Zusätzlich werden die Einzelstoffkonzentrationen betrachtet und bewertet, bei den SVOCs werden ebenfalls die Einzelstoffkonzentrationen analysiert und beurteilt.

In den Gebäuden dürfen bei üblicher Nutzung maximale CO_2-Konzentrationen von 1500 ppm auftreten, dies soll durch CO_2-gesteuerte Lüftungsanlagen oder CO_2-Messampeln sichergestellt werden. Mögliche Verunreinigungen der Innenraumluft durch Lüftungsanlagen sind durch Raumluftuntersuchungen auszuschließen. Dabei wird die Innenraumluft auf Feinstaub sowie Schimmelpilze untersucht. Der Feinstaubgehalt $PM_{2,5}$ muss kleiner als 25 µg/m³ sein, Schimmelpilze werden im Verhältnis zur Außenluft bewertet. Alle Raumluftmessungen sind durch unabhängige Prüfer durchzuführen und von akkreditierten Analyselaboren auszuwerten.

Der SHI-Gesundheitspass fordert abschließende Blower-Door-Tests mit n_{50}-Werten < 1,0 h-1. Es werden keine weiteren Anforderungen an den Energiebedarf und Wärmeschutz gestellt.

Als weiterer Faktor der Wohngesundheit ist das Radongefährdungspotential durch Radonkarten des Bundesamtes für Strahlenschutz (BFR) abzuschätzen. Bei Bedarf sind eine Radonmessung durchzuführen, ggf. Abschirmmaßnahmen zu ergreifen und eine überprüfende Abschlussmessung auszuführen. Untersuchungen zum Elektrosmog sind nicht zwingender Bestandteil des Kriterienkataloges und werden bei Bedarf gemacht. Bei Wohngebäuden gibt es keine besonderen Anforderungen an den Lärm- und Schallschutz.

Die Kriterien des Labels sind öffentlich und stehen unter http://www.sentinel-haus.eu zum Download bereit. Als Besonderheit des Zertifikats sind die Handwerkerschulungen und Baustoffbewertungen zu nennen.

GI Gutes Innenraumklima

Das Label „Gutes Innenraumklima" ist ein unabhängiges Schweizer Gütesiegel für die Raumluftqualität. Für den Zertifizierungsprozess verantwortlich ist die Schweizerische Zertifizierungsstelle S-Cert AG. Das Zertifikat ist vor allem für größere Projekte konzipiert, beispielsweise Bürogebäude und größere Wohnprojekte Es werden zwei verschiedene Label für den Neubau und den Bestand vergeben, auch die

Kriterien unterscheiden sich teilweise. Beide Label beziehen sich ausschließlich auf die chemische Innenraumluftqualität, hier werden die Kriterien für Neu- und Umbauten näher vorgestellt.

Das Zertifikat GI Gutes Innenraumklima fordert die Einhaltung von Anforderungen an Schadstoffe in der Raumluft und bei Lüftungsanlage zusätzlich an Keime und Feinstaub. Es werden grundsätzlich für die Zertifikatsvergabe Raumluftmessungen nach 30 bis 100 Tagen Auslüftzeit in unmöblierten Räumen durchgeführt. Zur Messung der Luftschadstoffe werden Formaldehyd, der TVOC-Gehalt sowie Einzelstoffkonzentrationen bestimmt, alle auf Tenax detektierbaren SVOCs werden ebenfalls semiquantitativ ermittelt. Die Konzentration von Formaldehyd darf 60 µg/m³, der von TVOC 1000 µg/m³ nicht überschreiten, für Einzelstoffe und Stoffgruppen sind weitere Zertifikatswerte einzuhalten. Wenn raumlufttechnische Anlagen vorhanden sind, werden zusätzlich Bakterien, Thermoactinomyceten und Schimmelpilze sowie Feinstäube gemessen, die Messung erfolgt in der Zuluft. Die Anzahl der Koloniebildenden Einheiten darf zur Zertifikatserfüllung für Bakterien 190 KBE/m³, für Thermoactinomyceten 0 KBE/m³ und für Schimmelpilze 120 KBE/m³ nicht überschreiten. Feinstaubpartikel mit einem aerodynamischen Durchmesser < 2 µm sollten 10 Partikel/Liter und bei einem aerodynamischen Durchmesser > 0,8 µm 150 Partikel/Liter unterschreiten. Weitere Anforderungen sind nicht berücksichtigt. Die Kriterien sind unter dem Link http://www.s-cert.ch veröffentlicht.

4.2.4 Gebäudezertifizierungen

Deutsche Gesellschaft für nachhaltiges Bauen (DGNB)

Die 2007 gegründete Deutsche Gesellschaft für nachhaltiges Bauen hat auf Grundlage eines ganzheitlichen Bewertungs- und Beurteilungskonzepts für Gebäude ein umfassendes Zertifizierungssystem entwickelt. Die DGNB Zertifikate werden national und international seit 2009 in den Kategorien Bronze, Silber und Gold vergeben. Auch ist die Vorzertifizierung für Projekte möglich.

Das DGNB System kann als kontinentaleuropäische Weiterentwicklung der angelsächsischen und amerikanischen Nachhaltigkeitszertifikate wie LEED (http://www.leed.org) oder BREAM (http://www.bream.org) verstanden werden. Das DGNB-Zerifikat berücksichtigt ökologische, ökonomische, soziokulturelle, technische Kriterienfelder ebenso wie die Prozess- und Standortqualität. Die einzelnen Bewertungskriterien werden in sogenannten Steckbriefen festgelegt und bewertet. Für einzelne Gebäudetypen wiederum hat die DGNB Nutzungsprofile erarbeitet, die eine spezifische Anpassung der Kriterien erlaubt. Neben Nutzungsprofilen für den Objektbau ist mittlerweile auch ein Nutzungsprofil für den Wohnungsneubau (ab sechs Wohneinheiten) in Kraft getreten. Weitere Nutzungsprofile sind in Vorbereitung, teilweise werden bestehende Nutzungsprofile auch einer Revision unterzogen und entsprechend der Entwicklung angepasst.

Die innenraumhygienische Qualität eines Gebäudes stellt im Rahmen der DGNB-Zertifizierung systembedingt nur einen Teilaspekt dar. Die innenraumhygienischen Aspekte werden als soziokulturelle Qualität erfasst. Vor dem Hintergrund eines Gesundheitsschutzes für die Nutzer eines Gebäudes erfährt die Innenraumhygiene allerdings insofern eine besondere Aufwertung, als dass eine DGNB-Zertifizierung zwingend die Unterschreitung von 3000 µg/m3 vorschreibt.

Leitfaden und Bewertungssystem Nachhaltiges Bauen für Bundesgebäude (BNB)

Im Zuge ihrer nationalen Nachhaltigkeitsstrategie hat die Bundesregierung unter Federführung des zuständigen Bundesministeriums für Verkehr, Bau und Stadtentwicklung (BMVBS) Richtlinien zum nachhaltigen Bauen erlassen. Dabei soll der Bund eine Vorbildfunktion übernehmen. Im März 2011 wurde der Leitfaden Nachhaltiges Bauen für Bauvorhaben des Bundes verbindlich in Kraft gesetzt und ist seitdem bei Neubauvorhaben des Bundes zwingend zu beachten.

Ergänzend zum verbindlichen Leitfaden hat das BMVBS das Bewertungssystem Nachhaltiges Bauen für Bundesgebäude (BNB) entwickelt. Das BNB geht auf die enge Zusammenarbeit des BMVBS und der DGNB bei der Entwicklung von Nachhaltigkeitskriterien für Gebäude zurück. Beim BNB handelt es sich um ein für die Gebäude des Bundes gültiges Nachhaltigkeitszertifikat, welches ebenfalls in den Kategorien Gold, Silber und Bronze vergeben wird. Im Wesentlichen übernimmt das BNB die Systematik und den Zertifikatsaufbau der DGNB. Mittlerweile liegen Bewertungssysteme für eine Vielzahl von Gebäudetypen vor.

Sowohl der Leitfaden Nachhaltiges Bauen als auch das BNB nehmen auf die innenraumhygienische Qualität von Gebäuden im Rahmen ihrer soziokulturellen Qualität Rücksicht. Eine entsprechende emissionsarme Baustoffauswahl ist somit für Bundesbauten seit 2011 verbindlich. Der TVOC-Wert von 3000 µg/m3 darf nicht überschritten werden (Quellen: BNB Steckbrief 3.1.3; Anlage 5.1 zum Leitfaden). Das BNB sieht sogar einen Leitwert von 500 $\mu g/m^3$ vor. Eine Zertifizierung von Gebäuden mit einem TVOC-Wert von über 3000 $\mu g/m^3$ ist ausgeschlossen.

Die Erlasse, Leitfäden, das komplette Zertifizierungssystem des BNB sowie weiterführende Informationen finden sich auf der Internetplattform des BMVBS http://www.nachhaltiges bauen.de.

Qualitätssiegel nachhaltiger Wohnungsbau (NaWoh)

Die Wohnungswirtschaft und deren Verbände haben 2012 mit dem Qualitätssiegel nachhaltiger Wohnungsbau (NaWoh) ein eigenes, speziell auf die Bedürfnisse der Wohnwirtschaft zugeschnittenes Gebäudezertifikat in Kraft gesetzt. Zertifizierungsinstanz ist der Verein zur Förderung der Nachhaltigkeit im Wohnungsbau e.V. Das Qualitätssiegel ist in enger Abstimmung mit dem BMVBS erarbeitet worden. Es handelt sich um ein einstufiges System, das auf der einen Seite bewertende und auf der anderen Seite beschreibende Kriterien enthält. Bei bewertenden Kriterien werden Bewertungsmaßstäbe definiert, deren Mindesteinhaltung nachzuweisen ist. Beschreibende Kriterien entsprechen eher Checklisten. Unter Beachtung von Dokumentationspflichten werden bautechnische Lösungen beschrieben, deren Art und Umfang der Beschreibung dann nachgeprüft werden. Die einzelnen Kriterien werden wie im Falle der DGNB und des BNB in Steckbriefen festgehalten.

Im Rahmen der Beurteilung der sozialen und funktionalen Wohnraumqualität berücksichtigt das NaWoh Siegel auch die Innenraumhygiene von Wohnneubauten. Die Kriterien werden näher im Steckbrief 1.2.2 beschrieben. Es handelt sich dabei um beschreibende Kriterien. So ist der Nachweis über die Verwendung entsprechend emissionsarmer Baustoffe zu erbringen. Verlangt werden entsprechende Nachweisdokumente (Bautagebuch, Baustoffverzeichnis etc.). Auch sollen die Gebäude nach 4 Wochen einer Raumluftmessung unterzogen werden. Als oberster Nachweiswert sind TVOC 800 $\mu g/m^3$ und bei Formaldehyd 60 $\mu g/m^3$ vorgegeben. Der Nachweis dieser beschreibenden Kriterien ist Teil-Voraussetzung für die Zertifikatsvergabe.

Allgemeine Informationen sowie die Steckbriefe und Vergabekriterien in ihrer jeweils gültigen Fassung finden sich freizugänglich im Internet unter http://www.nawoh.de .

Total Quality Building (TQB)

Das österreichische Gütesiegel TQB wird von der Österreichischen Gesellschaft für Nachhaltiges Bauen (ÖGNB) vergeben und ist aus der Fusion der Label TQ des Österreichischen Ökologie-Instituts und dem IBO Ökopass des Österreichischen Instituts für Baubiologie und – ökologie hervorgegangen. Der Strukturaufbau fand in enger Abstimmung mit dem Label klima:aktiv Bauen und Sanieren statt. Es handelt sich bei TQB um ein umfassendes Gebäudelabel, welches sowohl für Wohngebäude als auch für Dienstleistungsgebäude vergeben wird, im Folgenden werden die Anforderungen an Wohngebäude näher erläutert.

Die Siegelvergabe bei TQB basiert auf einem Punktesystem mit den Schwerpunkten Standort und Ausstattung, Wirtschaft und technische Qualität, Energie und Versorgung, Gesundheit und Komfort sowie Ressourceneffizienz. Der Bereich Raumluftqualität hat dabei einen Einfluss von 5 % auf die Gesamtbewertung und setzt sich zusammen aus Anforderungen an Lüftung, emissionsarme Bau- und Werkstoffe im Innenausbau sowie Vermeidung von Schimmel und Feuchte. Eine Raumluftuntersuchung auf VOC und Formaldehyd ist nicht zwingend erforderlich, wird jedoch positiv bewertet, ebenso ein umfassendes Produktmanagement für die Materialien des Innenausbaus mit Benennung der Qualitätskriterien der eingesetzten Produkte. Maximale Punkte werden für TVOC-Werte unter 300 µg/m³ sowie Formaldehydkonzentrationen unter 60 µg/m³ vergeben. Bei höheren Gehalten werden abgestuft geringere Punkte vergeben bis zu TVOC-Konzentrationen von 3000 µg/m³ bzw. Formaldehydgehalten von 120 µg/m³. Bei Überschreitung dieser Werte werden keine Punkte vergeben. Die Installation von Lüftungsanlagen wird ebenfalls positiv bewertet, Anforderungen an Feinstaub, Bakterien und Thermoactinomyceten sind nicht definiert, Schimmel soll durch ein Baustellenkonzept zur Vermeidung von Wasserschäden und Einhaltung von Trocknungszeiten vermieden werden.

Unter den übrigen Bewertungskriterien haben weitere Einfluss auf die Innenraumhygiene, so beispielsweise Anforderungen an Oberflächentemperaturen, sommerlichen Wärmeschutz, Luftdichtheit und Wärmebrückenoptimierung.

Die gesamte Bewertungsmatrix ist unter http://www.oegnb.net veröffentlicht.

Minergie-Eco

Das Schweizer Gütezeichen Minergie-Eco ist eine Ergänzung zum Minergie®- bzw. Minergie-P®-Standard. Als Minergie wird der wichtigste Energiestandard in der

Schweiz für Niedrigenergiehäuser bezeichnet. Das Zertifikat Minergie-P wird für Häuser mit einem besonders geringen Primärenergieverbrauch vergeben. Zuständig sind die kantonalen Energiefachstellen bzw. spezielle Minergie-Zertifizierungsstellen. Mit dem Label Minergie-Eco ausgezeichnete Gebäude erfüllen neben den Anforderungen an Komfort und Energieeffizienz auch Kriterien an eine gesunde und ökologische Bauweise. Das Nachweisverfahren ist sowohl für Verwaltungsbauten, Schulen und Mehrfamilienhäuser als auch für Einfamilienhäuser anwendbar.

Anträge für Minergie-Eco werden in der Planungsphase gestellt, es gibt ein provisorisches Zertifikat für die Projektierung sowie die definitive Zertifizierung nach Fertigstellung. Eine Vielzahl der Zertifizierungskriterien werden durch die entsprechende Planung erfüllt, diese werden durch umfangreiche Fragenkataloge abgefragt. Bezüglich der Innenraumlufthygiene fordert das Label eine geringe Schadstoffbelastung der Raumluft durch Emissionen von Bauprodukten. Zur Senkung der Schadstoffemissionen müssen die Gebäude nach Fertigstellung bis zum Bezug mindestens 30 Tage auslüften. Abschließende Raumluftmessungen sind nicht für alle Gebäudekategorien verpflichtend vorgeschrieben, sie werden stichprobenweise im Rahmen des Zertifizierungsprozesses ausgeführt und erfolgen 1 bis 3 Monate nach Abschluss der letzten Bauarbeiten. Es können sowohl Aktivmessungen als auch Passivmessungen ausgeführt werden, die Wahl obliegt der Zertifizierungsstelle. Einzuhalten sind bei Aktivmessungen TVOC-Konzentrationen unter 1000 µg/m³ und Formaldehyd-Konzentrationen unter 62 µg/m³ (0,05 ppm). Es sind keine gesonderten Anforderungen an Einzelstoffe der VOC formuliert, auch der Geruch wird nicht bewertet.

Der Nachweis der CO_2-Konzentrationen durch Raumluftmessungen führt zu Zusatzpunkten sofern diese durchschnittlich < 1000 ppm betragen und maximal 1500 ppm erreichen, die Messung ist jedoch nicht verpflichtend. Das Gütesiegel Minergie-Eco für kleine Wohnbauten bis 500 m² beinhaltet weiterhin Kriterien bezüglich der Radonbelastung. Das Gefährdungspotential ist auf den Radonkarten zu prüfen, Maßnahmen sind in Absprache mit den kantonalen Radonfachstellen zu ergreifen, um Konzentrationen in den bewohnten Räumen < 100 Bq zu gewährleisten. Die Berücksichtigung elektrosmogarmer Installation ist nicht verpflichtend, bei Umsetzung der Empfehlungen des Amts für Hochbauten der Stadt Zürich werden Zusatzpunkte vergeben.

Mechanische Lüftungsanlagen sind für die Vergabe des Minergie-Eco-Zertifikats obligatorisch. Untersuchungen auf Feinstaub, Schimmel, Thermoactinomyceten und Bakterien sind nicht vorgesehen, es sind jedoch Maßnahmen zur Sicherstellung der Hygiene der Anlage zu treffen.

Weiterhin umfasst der Kriterienkatalog u.a. Anforderungen bezüglich des Schall- und Wärmeschutzes. Als Besonderheit ist hervorzuheben, dass der Preis des Gebäudes den von konventionellen Gebäuden maximal um 10 % überschreiten darf. Die Kriterien von Minergie-Eco sind öffentlich unter http://www.minergie.ch zugänglich.

4.2.5 Fazit

In Deutschland und im deutschsprachigen Ausland gibt es eine Vielzahl von Gütesiegeln, welche u.a. die Qualität der Innenraumluft beurteilen. Die Vergleichbarkeit der unterschiedlichen Gütesiegel ist aufgrund der differierenden Anforderungen bezüglich Umfang und Methoden nur bedingt gegeben, dies ist am Beispiel der Raumluftmessung für Lösemittel in Tabelle 4-4 dargestellt.

Insbesondere sollte darauf geachtet werden, dass die Kriterien für die Zertifikate öffentlich und die Bewertung nachvollziehbar ist. Bei Gütesiegeln, die die Qualität von Gebäuden umfassend bewerten, sollte die Bewertung in den Teilbereichen erkennbar sein und damit auch die Qualität der Innenraumhygiene.

Tabelle 4-4   Vergleich von Labeln anhand der Anforderungen an TVOC-Raumluftmessungen

Label	Obligatorische Raum-luftmessung	Max. TVOC	Einzelstoffbetrachtung
Toxproof (Wohn- und Fertighäuser)	Nein	1000 $\mu g/m^3$	Ja
SHI-Gesundheitspass	Ja	1000 $\mu g/m^3$	Ja
Minergie-Eco	Nein	1000 $\mu g/m^3$	Nein
GI	Ja	1000 $\mu g/m^3$	Ja
TQB	Nein	3000 $\mu g/m^3$ [1]	nein

[1]   Beste Bewertung für < 300 $\mu g/m^3$

4

4.3 Vertragsgestaltung bei wohngesunden und nachhaltigen Bauprojekten

Justus Kampp

4.3.1 Strategisches Vertragsmanagement als Steuerungselement

Wirtschaftliche Bedeutung und juristische Dimension

Immer mehr Bauprojekte werden unter den Aspekten der Wohn-Baugesundheit oder der Nachhaltigkeit geplant und realisiert. Nicht selten strebt der Bauherr einen bestimmten Baustandard als Projekterfolg an. Die Zertifizierung von Gebäuden nach nationalen oder internationalen Standards (z. B. LEED, BREEAM oder DGNB) wird am Markt immer mehr gefordert. Diese Zertifikate können wiederum wertbildenden Charakter für die Vermarktung oder Vermietung der Gebäude haben. Immer häufiger werden Mieter oder Nutzer von Gebäuden sich die Einhaltung von innenraumhygienischen Standards und Zielwerten ebenso zusichern lassen, wie die Einhaltung zertifizierter Nachhaltigkeits- oder Energieeffizienzkriterien.

Diese Entwicklung wirft die Frage auf, welche Auswirkungen der gewünschte nachhaltige oder wohngesunde Erfolg am Bau auf die vielfältigen Vertragsbeziehungen am Bau hat. Wie sollten oder müssen die Vertragsbeziehungen gestaltet werden? Welche Aspekte sind dabei grundsätzlich zu beachten? Welche Haftungsrisiken bestehen?

Dabei ist zu berücksichtigen, dass es bei den hier infrage kommenden Bauprojekten in der Regel zur Erreichung der gewünschten Innenraumhygiene oder Nachhaltigkeit nicht mit der Einhaltung von anerkannten Regeln der Technik getan ist. Fragen der Nachhaltigkeit oder der Innenraumhygiene stellen vielmehr über das „Normalmaß" hinausgehende Leistungen dar. Entsprechend ist diese Mehrleistung von allen Projektbeteiligten im Vorhinein zu berücksichtigen und bei der Realisierung umzusetzen. Es liegt in der Natur der Sache, dass weder Nachhaltigkeitsziele noch innenraumhygienische Standards im Nachhinein erreicht werden können. Bauprojekte im Bereich der Nachhaltigkeit sowie der Baugesundheit unterscheiden sich daher von bisherigen „konventionellen" Bauvorhaben dadurch, dass immer auch eine besondere Produkt- und Prozessqualität verlangt wird, die es vertraglich abzubilden gilt.

Um dieses „Mehr" zu erreichen, werden häufig neue Anbieter und Dienstleistungen im Zuge der Projektsteuerung und Projektrealisierung hinzugezogen.

Vor dem Hintergrund der Haftungsfragen wird die Dimension des Vertragsmanagements deutlich: Wer haftet dafür, wenn gewünschte oder zur Erlangung eines Zertifikates eventuell notwendige innenraumhygienische oder nachhaltigkeitsbezogene Kriterien nicht erfüllt werden: Der Architekt? Der Fachplaner? Die ausführenden Gewerke? Der Projektsteuerer? Der für diese Fragen hinzugezogene Fachplaner oder externe Berater? Wer schuldet welche Leistungen?

4.3.2 Produkt- und Prozessqualität vertraglich regeln

Bau- oder Wohngesundheit, innenraumhygienische Ziele sind ebenso wenig wie Nachhaltigkeitskriterien oder „Green building" klar definierte Begriffe. Auch handelt es sich bei ihnen keineswegs um eindeutig umrissene und abgrenzbare Bauleistungen. Verkürzt ausgedrückt: Sie sind kein „Gewerk". Im Gegenteil: Sie sind allesamt komplexe Bauleistungen, die von einer Vielzahl von Komponenten und Leistungserbringern am Bau abhängen. Daher bedürfen Bauprojekte mit solchen Zielen einer durchgängigen Vertragsgestaltung, da erst im Vertrag – mangels einer durchgängig gültigen Definition – eine begriffliche und inhaltliche Konkretisierung durch die Vertragsparteien selbst erfolgt.

Nur wenn die vielfältigen Vertrags- und Rechtsbeziehungen am Bau, die Fragen der Bau- und Wohngesundheit, der Innenraumhygiene sowie der Nachhaltigkeit durchgängig und aufeinander abgestimmt geregelt werden, können letztlich die gewünschten Ziele im Projekt sicher erreicht werden.

Dabei ist der spezifischen Produkt- und Prozessqualität solcher Projekte von vornherein Rechnung zu tragen. Die planerischen, konstruktiven Elemente, die Fragen der Vergabe und Ausschreibung, die Auswahl und die Verarbeitung von qualifizierten Baustoffen, die Abstimmung von Bauschritten und die Dokumentation stellen bei diesen Projekten an alle Beteiligten besondere Anforderungen, die im Rahmen der Vertragsgestaltung ihren Niederschlag finden sollten.

Diese mitunter projektentscheidenden Fragen sind im Vorfeld im Zuge des Vertragsmanagements zu klären und aufzunehmen.

Entscheidend im Zentrum haben dabei immer die Fragen zu stehen:

– Wer entscheidet?
– Wer schuldet was?
– Wer trägt die Verantwortung?
– Wer überprüft, kontrolliert und dokumentiert?

In der Praxis zeigt sich dann, dass die vertragliche Gestaltung ein unabdingbares Steuerungsinstrument für entsprechende Projekte darstellen wird.

4.3.3 Zieldefinitionen

Grundsätzlich gilt es im Vorfeld zu klären, welche innenraumhygienischen Ziele, welche Leit- oder Richtwerte, welche überprüfbaren Kriterien erzielt werden sollen. Dabei ist auch die Frage der Überprüfung durch entsprechende Mess- und Zertifizierungsmethoden zu beantworten.

Entsprechend sind die Ziele und Anforderungen des Bauherren an das Projekt und die Projektbeteiligten zu klären. Welche Erwartungen haben der Bauherr und die Projektbeteiligten? Wie wirken sich die spezifischen Ziele der Nachhaltigkeit oder der Innenraumhygiene auf andere Ziele, wie Baukosten, Bauzeitenplan, Betriebskosten etc. aus? Benötigen Architekten, Planer,

Ausführende zusätzliche Qualifikationen? Müssen neue externe Berater hinzugezogen werden und wenn ja, wie sind deren Leistungen im Verhältnis zu den anderen Akteuren einzubringen? Welchen Einfluss nehmen sie auf die Planung der Architekten? Bedarf es einer geänderten Überwachung und Dokumentation der Bauausführung und wenn ja, wie?

4.3.4 Haftungsrahmen

Wie eingangs erwähnt, konkretisieren und definieren die Vertragsparteien die unbestimmten Begriffe der Innenraumhygiene, Bau- oder Wohngesundheit oder Nachhaltigkeit. Dies ermöglicht ihnen, im Wege der Vertragsgestaltung den Grad und die Qualität der Konkretisierung selbst zu wählen.

Wer ein Vorhaben für eine besonders disponierte Bauherrenschaft (z. B. MCS-Patienten, s. Kap. 3.4) durchführen will oder beispielsweise eine Zertifizierung nach DGBN oder LEED erlangen will oder muss, wird in seinen Verträgen weitaus strengere Regelungen zu treffen haben als bei Projekten, in denen es lediglich darum geht, gewisse Zielwerte erreichen zu wollen. Das mögliche Spektrum reicht hier von einer unverbindlichen Zielvereinbarung über Beschaffenheitsvereinbarungen bis hin zum Garantieversprechen.

Daher ist bei der Formulierung der jeweiligen Verträge äußerste Sorgfalt anzuwenden, damit entsprechende Klauseln oder Vertragsbestandteile nicht ungewollt ein Mehr oder ein Weniger an Leistungspflichten und Haftungsansprüchen begründen, als es von den Parteien gewollt ist. Im Blick sind dabei immer auch die vielfältigen Vertragsketten am Bau zu behalten. So ist ein im Werkvertrag mit einem Generalunternehmer als Beschaffenheitsvereinbarung i. S. d. § 633 BGB festgelegtes innenraumhygienisches Ziel von diesem bei der Vergabe an Sub-Unternehmer entsprechend „weiterzureichen", will er nicht für eventuell eintretende Mängel haften. Gleiches gilt für mögliche Verträge im Bereich der Planung und Fachplanung.

Der Bauherr wird in der Regel bestrebt sein, die gewünschten nachhaltigen oder baugesunden Standards verbindlich festzuschreiben. Die Lösung stellen hier entsprechende Beschaffenheitsvereinbarungen in den Werkverträgen mit den Planern und den beauftragten Unternehmern dar. Werden mit Projektsteuerern, Sonderfachleuten, Auditoren oder Beratern Verträge geschlossen, so sind auch hier entsprechende Regelungen zu verankern. Hier ist die jeweilige Rechtsnatur (Dienst- oder Werkvertrag) des Vertragsverhältnisses zu berücksichtigen.[1]

---

[1] So ist die Rechtsnatur des Projektsteuerungsvertrags weiterhin strittig. Hierzu Werner, Werner/Pastor 13. Aufl. Rdnr. 1929 f.; BGH NJW 1999, 1371

4.3.5 Überblick über die Vertragsbeziehungen

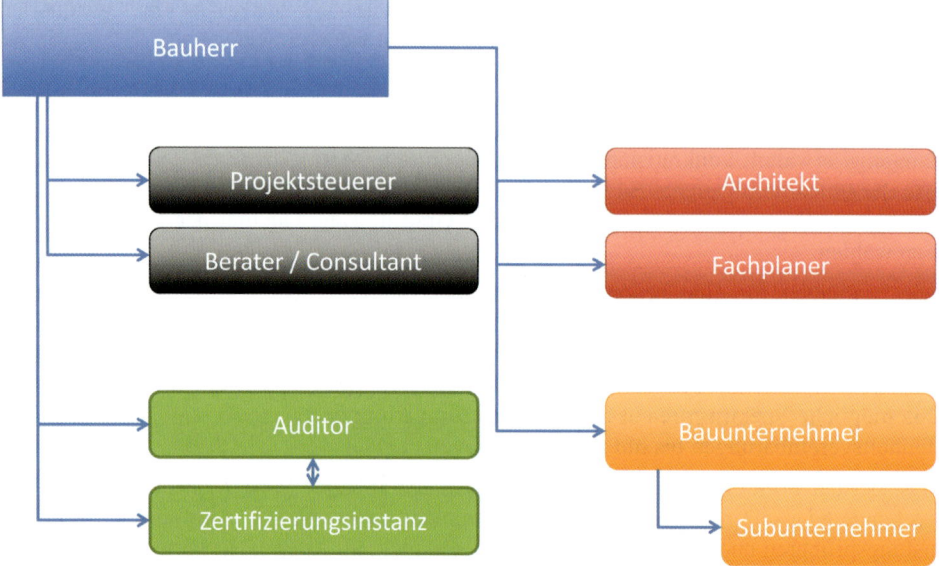

Bild 4-1   Vereinfachter Überblick über die Vertragsbeziehungen

Bauherr und Planer

Der Bauherr wird in seinen Verträgen mit den Architekten und Planern die gewünschten Bauziele zu vereinbaren haben. Dies kann, wenn der entsprechende Erfolg geschuldet werden soll, im Wege einer Beschaffenheitsvereinbarung in den entsprechenden Werkverträgen mit den Planern erfolgen. Beim Architektenvertrag ist zu überprüfen, ob und gegebenenfalls in welchen Leistungsphasen entsprechende Leistungen vonseiten des Planers oder Architekten zu erbringen sind. Von zentraler Bedeutung ist auch, ob der Planer oder Architekt nur Planungsaufgaben oder auch Überwachungs- und Steuerungsaufgaben übernimmt.

Im Detail werfen die notwendigen Regelungen aber eine Vielzahl von Fragen auf. So sind zum Beispiel die Mitwirkungspflichten des Bauherren oder anderer Projektbeteiligter häufig von entscheidender Bedeutung. Auch müssen die jeweiligen Verantwortungskreise klar definiert und gegeneinander abgegrenzt werden. Lücken oder Widersprüche in den jeweiligen Verträgen sind im Zuge des strategischen Vertragsmanagements zu vermeiden.

Wird eine Zertifizierung angestrebt, so sollte unbedingt festgehalten werden, welcher Zertifizierungsmaßstab zum Zeitpunkt der Abnahme gilt, um mögliche zwischenzeitlich eingetretene Änderungen innerhalb der Zertifizierungssysteme abfangen zu können. Wird eine solche Regelung nicht getroffen, so ist der Standard zum Zeitpunkt der Abnahme entscheidend, was zu erheblichen Haftungsrisiken führt.

Besonderes Augenmerk verlangen Verträge mit Planern, wenn zusätzlich weitere Fachplaner und/oder externe Berater und Auditoren (z. B. für Innenraumhygiene) eingeschaltet werden sollen. In diesen Fällen ist die Haftungsabgrenzung, aber auch das Zusammenwirken beider Leistungserbringer (Planer, Berater) eindeutig in den jeweiligen Verträgen zu regeln. Dabei ist aus Sicht des Architekten zu beachten, dass er sich nicht allein auf die Leistungen der Berater verlassen darf. Der Bundesgerichtshof sieht den Architekten aufgrund seiner „herausgehobenen Stellung unter den Baubeteiligten" verantwortlich für die entsprechende Bauüberwachung.[2] Von seiner Pflicht der Bauüberwachung wird er durch die Hinzuziehung von Sonderfachleuten nicht entbunden.[3]

4.3.6 Bauherr – Sonderfachleute

Aufgrund der Projektanforderungen wird es häufig vorkommen, dass der Bauherr neben dem Architekten und Planer weitere externe Sonderfachleute hinzuziehen wird. Im Falle einer Zertifizierung wird der Kreis um den Auditor sowie die jeweilige Zertifizierungsinstanz erweitert.

Auch hier gilt das bereits Ausgeführte: Ziele, Leistungen, Mitwirkungspflichten, Verantwortlichkeiten sind entsprechend in den Verträgen zu regeln. Bei der Vertragsgestaltung ist zu beachten, dass die Frage der Verantwortungs- und damit Haftungssphären hier von entscheidender Bedeutung ist. Die Rolle der Sonderfachleute und Berater ist gerade dadurch gekennzeichnet, dass sie häufig Querschnittsaufgaben wahrnehmen, die eine Vielzahl von Schnittstellen zu anderen Planungs- und Ausführungsbereichen aufweisen können. Diese Schnittstellen sind entsprechend vertraglich zu berücksichtigen und zu klären. Auch sollte vor dem Hintergrund, dass die jeweiligen Vertragsverhältnisse nur zwischen dem Bauherrn und den Auftragnehmern bestehen, mit in die Gestaltung einfließen, wie die Sonderfachleute mit den Planern, Architekten und sonstigen Projektbeteiligten zusammenarbeiten sollen.

4.3.7 Bauherr – Bauunternehmer

Schließlich ist der Bauherr bei seinen Verträgen mit den bauausführenden Unternehmern gehalten, die Ziele der Innenraumhygiene, Wohn- oder Baugesundheit oder Nachhaltigkeit entsprechend zu vereinbaren. Auch hier wird die Beschaffenheitsvereinbarung im Rahmen des Werkvertrags in der Praxis dominieren. In der Baupraxis sind bei entsprechenden Projekten häufig gesonderte Forderungen an die Baustelleneinrichtung, die Unterweisung der Mitarbeiter, die Verarbeitung und vor allem an die Baustoffauswahl zu stellen. Die eingangs bereits erwähnte spezifische Produkt- und Prozessqualität „steht und fällt" häufig auf der Ebene der Bauunternehmer und Handwerker. Der Bauherr wird dies bei der Frage der Ausschreibung und Vergabe mit zu bedenken haben. Entsprechende Passagen in den Leistungsverzeichnissen, Allgemeinen Technischen Vertragsbedingungen und Vortexten der Ausschreibungen dürfen nicht außer Acht gelassen werden. Der Bauunternehmer selbst wird wiederum zu bedenken haben, wie er seine Verantwortungs- und Haftungsgrenzen zu ziehen hat. Ferner muss er im Falle der Beauftragung von Subunternehmern darauf achten, dass er entsprechende vertragliche Verpflichtungen „weiterreicht" und so eine lückenlose Haftungskette entsteht.

4.3.8 Sonderpunkt: Bauprodukte

Für die Realisierung innenraumhygienischer Standards, aber auch für die Errichtung „nachhaltiger Gebäude" spielen die Bauprodukte und deren Qualität eine Schlüsselrolle. Bereits bei der Planung und später bei der Ausführung sind Produkteigenschaften, aber auch mögliche chemische Wechselwirkungen zu bedenken. Ohne ein entsprechendes Wissen über Produktdeklarationen oder technische Spezifikationen von Baustoffen ist die Realisierung bau-, wohngesunder oder nachhaltiger Gebäude kaum möglich. Insofern sollten in den Verträgen entsprechende Grundanforderungen an die Bauprodukte festgelegt werden. Diese müssen objektiv nachvoll-

---

[2] BGH – Glasfassadenurteil VII ZR 206/06 = BGHZ 119,55-71
[3] So schon die Vorinstanz: OLG Frankfurt 23 U 138/01 = IBR 2009, 593

zieh- und überprüfbar sein. Hier besteht die Möglichkeit, die „Freigabe" von Bauprodukten an das Vorhandensein bestimmter Prüfzertifikate zu knüpfen (z. B. Environmental Product Declaration [EPD] nach ISO 21930 oder das AgBB-Bewertungsschema[4]).

Das Vertragsmanagement hat hier eine klare Regelung zu treffen, wer für die Baustoffauswahl verantwortlich ist und welche Dokumentationspflichten (Stichwort: Bauproduktentagebuch) einzuhalten sind. Häufig genug spielt im Projektalltag ferner die Frage eine Rolle, welche Kriterien Alternativbaustoffe zu erfüllen haben, wenn es zu Liefer- oder Beschaffungsengpässen kommt.

Wer also entscheidet über die „Freigabe" von Baustoffen? Besonders bei Bauvorhaben für hochsensitive Nutzer (Stichwort: MCS-Patienten) ist hier Vorsicht geboten.

Auch sollten die Verträge mit Blick auf die Baustoffe Haftungsregelungen für den Fall enthalten, dass Baustoffe oder Bauarbeiten vom Bauherrn selbst oder durch Dritten in das Gebäude eingebracht werden. Hier muss es im Interesse des Unternehmers sein, dieselben Anforderungskriterien einzufordern und sich für die möglichen Folgen solcher Einbringungen freizuzeichnen.

Auch spielt im Bereich der Schadstoffe und der Innenraumhygiene der Gefahrübergang eine entscheidende Rolle. Ab wann geht die Gefahr für die Innenraumluftqualität auf den Besteller über? Welche Mitwirkungspflichten, zum Beispiel bei der Entlüftung, treffen den Besteller? Sollen zum Beispiel der vorzeitige Bezug oder die Teilnutzung einen Gefahrübergang auf den Besteller herbeiführen?

Diese und weitere Fragen rund um die Baustoffe und die Baustoffauswahl gilt es im Rahmen des Vertragsmanagements zu berücksichtigen.

4.3.9 Schlussbemerkung

Mit der wirtschaftlichen Bedeutungszunahme der Wohn- oder Baugesundheit sowie der Nachhaltigkeit von Gebäuden steigt auch die Anforderung an die Vertragsgestaltung und das Vertragsmanagement. Die komplexen Bauaufgaben bedürfen einer widerspruchsfreien, lückenlosen und strategischen Vertragsgestaltung der komplexen Konstellationen aus Bauherren, Architekten, Planern, Experten, Bauunternehmern und Handwerkern. Nur so können die gewünschten Produkt- und Prozessqualitäten bei solch anspruchsvollen Bauvorhaben gewährleistet werden. Fehler oder Mängel in der Konzeption, Planung, wegen unzureichender Baustoffauswahl und der Ausführung lassen sich bei diesen Projekten kaum im Nachhinein beheben. Daher gilt es, die zum Teil erheblichen Haftungsrisiken der Parteien im Blick zu haben. Gleichzeitig bietet ein vor dem Hintergrund der Nachhaltigkeit oder der Innenraumhygiene aufgesetztes Vertragsmanagement die Chance, die Qualität am Bau und die Qualität der Zusammenarbeit zu verbessern, und stellt somit ein wichtiges Steuerungselement dar.

---

[4]   Siehe u. a. Deutsches Institut für Bautechnik (DIBt, 2004): Zulassungsgrundsätze zur gesundheitlichen Bewertung von Bauprodukten in Innenräumen, DIBt-Mitteilungen 4/2004, S. 119–141

5 Qualitätsmanagement in Planung und Umsetzung

5.1 Die Umsetzung wohngesunder Qualitätskriterien

Peter Bachmann

Einführung in die Bereiche Neubau, Sanierung und Modernisierung

Um gesundheitliche Aspekte in der baulichen Praxis zu verankern, ist eine Vielzahl von Maßnahmen erforderlich, die bei allen Beteiligten ein Umdenken erfordern. Entsprechend des planerischen und baulichen Ablaufs eines Bauprojekts gliedern sich diese Maßnahmen in folgende Bereiche:

Bild 5-1   Der Weg zur wohngesunden Immobilie

Eine besondere Aufmerksamkeit verdienen die Erwartungshaltung und der Informationsstand bei Auftraggebern und Bestellern baulicher Leistungen. Wenig überraschend ist, dass kein Auftraggeber ein „ungesundes" Bauwerk wünscht. Doch „Gesundheit" ist ein reichlich undifferenzierter Begriff beziehungsweise Zustand. Gleichzeitig umfassen die gesundheitlichen Aspekte eines Innenraums vielfältige Aspekte. Aus diesem Grund ist eine klare Definition der gesundheitlichen Qualität des Bauwerks nach einem Neubau, einer Sanierung oder Modernisierung eine zentrale Grundlage. Schon ein kurzer Blick auf die wichtigsten Schadstoffgruppen zeigt die komplexe Ausgangslage, die für die allermeisten Akteure einer Erklärung der gesundheitlichen und baupraktischen Zusammenhänge bedürfen.

- CO_2
- Lösemittel (TVOC und SVOC)
- Formaldehyd
- Stäube
- Schimmel
- Nanopartikel
- Radon
- Schall
- Geruch
- Elektrosmog
- Ästhetik (Form, Farbe, Haptik)
- Licht

Lassen sich bei Neubauten auf der Basis vorliegender Daten über die Beschaffenheit des Grundstücks, der Auswahl der Baustoffe und einer „bei Null" beginnenden Planung relativ sichere Aussagen über den späteren, wohngesundheitlichen Zustand treffen, ist dies bei zu sanierenden oder renovierenden Bestandsgebäuden deutlich schwieriger. Hier gilt es, im Rahmen einer Bestandsaufnahme den Zustand der Bausubstanz in gesundheitlicher Sicht zu erfassen und ggfls. Altlasten und ihre Wirkung auf die Gebäudenutzer zu bewerten. Die Hinterlassenschaften vergangener Jahrzehnte sind zahlreich. Einige Beispiele sind Asbest, Formaldehyd, Polycyclische aromatische Kohlenwasserstoffe (PAK), Polychlorierte Biphenyle (PCB). Zusammenhänge und Details werden in den folgenden Beiträgen ausführlich erörtert. Sollten Altlasten durch eine hochwertige Gebäudeanamnese gefunden werden, ist ein professioneller Sanierungsplan zu entwickeln. Unbedingt zu empfehlen ist die Kontrolle des Sanierungserfolgs, bevor die Immobilie mit neuen Baustoffen und Arbeiten aufgewertet wird.

Art der Auftragsvergabe bedingt Koordinationsaufwand

Für den Auftraggeber und den Planer sind zwei Fragen entscheidend: Werden Gewerke einzeln vergeben oder ist eine Generalvergabe geplant? Erfolgt die Ausschreibung im Detail oder schreibt sie lediglich die spätere Funktion des Gebäudes fest? Im Falle der gesundheitlichen Qualitätssicherung im gesamten baulichen Prozess sind die Antworten auf diese Fragen ausschlaggebend für den zeitlichen und kommunikativen Aufwand und damit für einen Gutteil der Kosten für Planung und Bauüberwachung. Eine zusätzliche Herausforderung im privaten Baubereich sind die bei vielen Baufamilien beliebten Eigenleistungen. Hier greift der Auftraggeber direkt und maßgeblich in den Bauprozess ein und übernimmt gerade bei Ausbaugewerken wie Bodenbelägen oder Malerarbeiten eine hohe Verantwortung für das Gesamtergebnis.

Einzelvergabe

Diese Vergabeform fordert eine sehr hohe Koordinationsfähigkeit und Qualifikation des Bauleiters, um ein Ergebnis mit einer guten Innenraumhygiene nach Maßgabe des Auftraggebers zu erzielen. In der Regel benötigen die einzelnen Gewerke hier eine sehr klare und detaillierte Angabe von Baustoffen und Bausystemen.

Generalvergabe

Diese Form der Auftragsvergabe ist für den Auftraggeber hinsichtlich seiner Rechtsansprüche eine elegante Variante, da bei einem Mangel nur ein Ansprechpartner für die Gesamtleistung verantwortlich ist. Der Auftraggeber kann die gesundheitlichen Ziele in der Ausschreibung und/oder im Kaufwerkvertrag definieren und diese nach Abschluss der Arbeiten von einem kundigen Sachverständigen (siehe Anhang „Akteure der Wohngesundheit") auf Einhaltung prüfen lassen. Bei einem Mangel kann der Auftraggeber Nachbesserung fordern.

Sonderfall Eigenleistung

Erfahrungsgemäß erfordert die Eigenleistung eine Qualifizierung des Bauherren nach wohngesundheitlichen Kriterien. Der Bauherr verpflichtet sich, ausschließlich gesundheitsgeprüfte Baustoffe zu verwenden und zudem die Verhaltensregeln (siehe Kapitel 5.3.4) einer typischen wohngesunden Baustelle zu berücksichtigen.

Facility Management

Eine zunehmende Bedeutung nimmt die Pflege und Wartung von Immobilien ein. Davon ausgehend, dass die Immobilie nach gesundheitlichen Aspekten saniert und gebaut wurde, ist es sinnvoll, auch die Reinigungsmittel, Einrichtungsgegenstände und Reparaturmittel gesundheitlich zu bewerten. Gerade in Hotels, KiTas, Schulen, Kliniken müssen laufend Gebrauchsspuren beseitigt werden (Maler, Silikon, Acryl, etc.), diese sollten selbstverständlich ebenso einem gesundheitlichen Qualitätsmanagement unterworfen werden. Weiterhin sind gerade bei den bauchemischen Produkten und Reinigungsmittel Standards für die Verarbeiter zu definieren, da hier eklatante Fehler durch Verarbeitungsfehler möglich sind.

5.2 Leistungsbeschreibung und Ausschreibung

Justus Kampp und Christine Overath

Der Bauherr, der ein wohngesundes Gebäude wünscht, oder die Einhaltung innenraumhygienischer Ziele anstrebt, hat darauf zu achten, dass diese Ziele vertraglich vereinbart und entsprechend umgesetzt werden. Der Leistungsbeschreibung und Ausschreibung kommt daher auf dem noch relativ jungen Gebiet der „Baugesundheit" eine besondere Bedeutung und Aufmerksamkeit zu.

5.2.1 Werkerfolg und Leistungsbeschreibung

Der Unternehmer schuldet beim Werkvertrag immer den Werkerfolg. Der Werkerfolg wird durch den Zweck (Funktionalität) des Bauwerkes bestimmt. Die Vertragspartner vereinbaren Ziele und Zweck der zu erbringenden Bauleistung. Geschuldet ist der funktionale Erfolg, daher spricht man auch vom „funktionalen Leistungsbegriff". Welchen Erfolg der Unternehmer schuldet, ist im Zweifel durch Auslegung zu ermitteln. Die einzelnen Bestandteile des Bauvertrages (Leistungsbeschreibungen) umschreiben zum einen den geschuldeten Werkerfolg, zum anderen ist nach der ständigen Rechtsprechung des BGH[1] entschieden, dass der funktionale Werkerfolg über der gesamten Bau-Sollbeschreibung als zu erreichendem Fixum steht.[2]

Die Leistungsbeschreibungselemente (Baubeschreibung, Leistungsverzeichnis, technische Anforderungen etc.) beschreiben die einzelnen Anforderungen an die Leistungen und bilden somit die Grundlage für das vom Auftraggeber zu vergütende Bau-Soll. Der Begriff der Leistungsbeschreibung ist § 7 VOB/A näher dargelegt. Dieses Leitbild strahlt über die VOB/A hinaus, wird von der VOB/B übernommen und gilt darüberhinaus für sämtliche Bauverträge gleichgültig ob die VOB/B vereinbart wurde. Die Leistungsbeschreibung enthält demnach alle notwendigen Elemente und Angaben, die zur notwendigen Zielerreichen erforderlich sind.

Der Auftraggeber wird also zum einem darauf zu achten haben, dass er den innenraumhygienischen oder „wohngesunden" geschuldeten Werkerfolg hinreichend klar definiert und gleichzeitig darauf zu achten haben, dass die Leistungsverzeichnisse und Auftragsunterlagen dieses Bau-Soll auch abbilden.

Kommt es hier zu einer Differenz von vertraglich geschuldetem Werkerfolg und in den Leistungsbeschreibungen vereinbarten Leistungen, kann sich der Auftraggeber Nachträgen seitens der Unternehmer ausgesetzt sehen.

5.2.2 „Wohngesundes" Nachtragsrisiko vermeiden

Ein solches Nachtragsrisiko ist immer dann gegeben, wenn die ausdrücklich vereinbarte Leistung nicht ausreicht, den werkvertraglich geschuldeten Erfolg herstellen zu können. Also wenn ein Leistungsverzeichnis oder eine Auftragsunterlage zwar bestimmte schadstoffarme Verfahren oder Produkte beinhaltet, diese aber nicht ausreichen, die vertraglichen Ziele (z. B. Sentinel-Gesundheitspass) zu erreichen.

Ferner drohen Nachträge, wenn der Auftraggeber Leistungsänderungen vornimmt, die nicht Gegenstand bei der Vergabe waren. Wenn also ein Bauherr um seine innenraumhygienischen Ziele zu erreichen, sich gezwungen sieht, andere Verfahren oder Produkte einzusetzen.

Schließlich stehen immer dann Nachträge im Raum, wenn sich die Baumumstände ändern, ohne dass dies vom Unternehmer zu vertreten ist. Klassischerweise handelt es sich hierbei häufig um Bauzeitenverzögerungen, die zum Beispiel im Bereich der „Wohngesundheit" durch Zwischenmessungen oder durch nicht im Bauzeitenplan berücksichtigte Abluftzeiten ergeben können.

Diese Beispiele zeigen überdeutlich, dass Auftraggeber und ausschreibende Stellen, gerade bei innenraumhygienischen Bauvorhaben, die Leistungsbeschreibung sehr genau im Blick haben sollten. In jedem Falle sollte vermieden werden, dass durch lückenhafte, unvollständige, widersprüchliche oder gar fehlerhafte Leistungsbeschreibungen Nachträge entstehen können.

5.2.3 Detaillierte vs. funktionale Leistungsbeschreibung

Dem Auftraggeber obliegt es, das Bau-Soll in den Leistungsbeschreibungselementen entsprechend festzulegen. Der private Bauherr ist in seiner Entscheidung frei, ob er dies im Wege einer detaillierten Leistungsbeschreibung (Leistungsverzeichnis) oder in Form einer funktiona-

---

[1] BGH Urt. v. 11.11.1999 – VII ZR 403/98 „Dachstuhl": Zur Funktionstauglichkeit eines Daches gehört seine Dichtigkeit, auch wenn diese mit der vereinbarten Ausführungsart (Leistungsbeschreibung) nicht zu erreichen ist.

[2] Kuffer/Wirth-Würfele, Leistungsbeschreibung und Nachforderung, Rdnr. 3

len Leistungsbeschreibung (Leistungsprogramm) vornimmt. Bei letzterer gibt der Auftraggeber die Funktion des Baus oder Gewerks vor (z. B. „ Erstellung eines zweigeschossigen EFH
mit x qm Wohnfläche ... unter Einhaltung des Sentinel-Gesundheitspasses in der Fassung vom
Januar 2012") Dabei sind auch Mischformen möglich.

Der öffentlichen Hand ist dagegen nicht ganz so einfach möglich, ihre Leistungsbeschreibung
funktional vorzunehmen. § 7 Nr.9 VOB/A geht vielmehr von detaillierten Leistungsbeschreibung mittels Leistungsverzeichnissen als Regel aus. Ob innenraumhygienische Zielvorgaben
eine funktionale Leistungsbeschreibung gem. § 7 Nr. 13f VOB/A zu rechtfertigen vermögen,
darf stark bezweifelt werden.

Im privaten Sektor ist es allerdings gut vorstellbar, dass – zumal bei der Beauftragung von
GUs oder GÜs – der Auftraggeber innenraumhygienische oder wohngesunde Vorgaben rein
funktional ausschreibt. Der Auftraggeber wird aber zu bedenken haben, ob die Auftragnehmer
fachlich hinreichend qualifiziert sind, die Reichweite einer solch funktionalen innenraumhygienischen Ausschreibung auch tatsächlich umzusetzen. Es ist sicherlich das eine, die Ausfüh-
rungs- und Kalkulationsrisiken mittels einer funktionalen Ausschreibung auf den Unternehmer
zu übertragen, das andere aber, Risiken eines vielleicht nicht mehr im Zuge von Nachbesse-
rungen behebbaren innenraumhygienischen Mangels in Kauf nehmen zu müssen.

5.2.4 Vorbemerkungen und Transparenzgebot

Im Rahmen der Leistungsbeschreibung kommt bei „wohngesunden", „nachhaltigen" oder
innenraumhygienisch definierten Bauvorhaben den Vorbemerkungen sicherlich eine besondere
Bedeutung zu. Die Vorbemerkungen bieten sicherlich einen geeigneten Ort, den potentiellen
Auftragnehmer auf das „wohngesunde", „nachhaltige" Bau-Soll transparent und genau zu
definieren. Dabei wird es angebracht sein, deutlich und hervorgehoben auf diese Ziele und ihre
Spezifikationen hinzuweisen, um einen eventuell AGB-rechtlichen Überraschungseffekt zu
vermeiden.

Für den öffentlichen Auftraggeber bedeutet dies, dass nach § 7 Abs. 1 Nr. 1 VOB/A die Leistungsbeschreibung „eindeutig" und „erschöpfend" sein muss. Daher wird es der Auftraggeber
– zumal der öffentliche – es kaum mit der pauschalen Nennung oder dem Verweis von Zertifikaten oder Umweltzeichen bewenden lassen können, um seine innenraumhygienischen Ziele
als Bau-Soll verbindlich werden zu lassen. Auf diese Problematik hat zu Recht *Tschäpe* im
Zusammenhang mit sogenannten „Zertifikatsklauseln" hingewiesen[3]. In diesem Zusammenhang sind auch die vergaberechtlichen Maßstäbe des EuGH zu berücksichtigen, der in seiner
Entscheidung „EKO und MAX HAVELAAR"[4] vom 10.05.2012 auf die Notwendigkeit der
Angabe detaillierter Spezifikationen bei der Ausschreibung von Öko- und Fairtradeprodukten
abstellt. Diese hohen Anforderungen an die Dar- und Offenlegung der Spezifikationen müssten
auch bei der Ausschreibung von innenraumhygienischen Bauvorhaben erfüllt werden.

Vor diesem Hintergrund empfiehlt sich ein entsprechendes Ausschreibungslektorat, dass die
Ausschreibungen entsprechend ergänzt und überprüft.

In wohngesundheitlichen Belangen erfahrene Planer können dies nach entsprechender Fortbildung für kleine, weniger anspruchsvolle Projekte selbst erledigen.

Für größere Objekte, vor allem im öffentlichen oder gewerblichen Bereich, empfiehlt sich die
Nutzung des entsprechenden Sachverstands, sowohl bautechnisch, gesundheitlich wie auch

---

[3] Tschäpe, Das DGNB-Zertifikat als Leistungsanforderung, ZfBR 2012, 130f.
[4] EuGH Urt. v. 10.05.2012 Az C-368/10 (Komm. / Königreich Niederlande)

juristisch. Alle drei Bereiche dienen dazu, das Gebäude entsprechend den geplanten Vorgaben zu errichten und – mindestens genauso wichtig – eventuelle Haftungsansprüche im Vorfeld zu klären und festzulegen.

Nicht zuletzt verschafft eine eindeutige Definition der geforderten Leistung eine Transparenz hinsichtlich der zu erwartenden Kosten. Gerade wenn der Auftragnehmer zum ersten Mal nach erhöhten wohngesundheitlichen Anforderungen arbeitet, kann er so beurteilen, was von ihm gefordert wird. In Verbindung mit einer Aufklärung über die Zusammenhänge (Schulung) und konkrete Produkt- und Verarbeitungsempfehlungen besteht die Chance, dass unmaßstäbliche Sicherheitszuschläge unterbleiben.

5.2.5 Einflussmöglichkeit in der Ausschreibung für öffentliche Bauten

Im Bereich der öffentlichen Vergabe ist der entsprechende gesetzliche Rahmen zu berücksichtigen. Der Auftraggeber hat über mehrere Ansatzpunkte, die sich ggf. gegenseitig ergänzen, die Möglichkeit, im Rahmen der Ausschreibung die Innenraumluftqualität festzulegen. Die nachfolgend genannten Beispiele sind lediglich unverbindliche Formulierungsvorschläge und sind an das jeweilige Bauvorhaben und die gewünschte Innenraumluftqualität anzupassen. Dabei ist die technische und rechtliche Eignung eigenverantwortlich zu prüfen.

Integration der Innenraumhygiene in das Bewertungsverfahren

Im Bewertungsverfahren kann bereits durch die Kriterien zur Wertung des Angebotes eine Bevorzugung von schadstoffreduzierten Baustoffen bei gleicher Tauglichkeit sowie von Firmen, die bereits nachweislich schadstoffreduzierte Referenzobjekte errichtet haben, erreicht werden.

Beispiel 1:

Im Rahmen der Wertung der Angebote nach der Wirtschaftlichkeit mithilfe einer Nutzwertanalyse werden die Angebote im Hinblick auf die folgenden Parameter mit den angegebenen Anteilen bewertet:

30 %   die nachweisliche Qualifikation des Anbieters in Bezug auf den Umgang mit schadstoffreduzierten Baustoffen
20 %   die Dauerhaftigkeit und der Grad der Schadstoffreduzierung der Materialien und Komponenten
20 %   die Funktionalität und Gebrauchstauglichkeit für die Nutzung
20 %   hälftig jeweils Bauzeit und Angebotspreis
10 %   die Betriebskosten und Erhaltungsinvestitionen für die nächsten XY Jahre

*Wichtig ist in diesem Zusammenhang gerade die **genaue Definition der verwendeten Baustoffe** durch den Bieter, um Bieter, die keine/keine ausreichenden Baustoffangaben machen, vom Verfahren ausschließen zu können.*

Beispiel 2:

Alle vom Bieter vorgeschlagenen Fabrikate und Typen sind unter den entsprechenden Punkten eindeutig zu benennen. Sofern nicht alle angebotenen Fabrikate und Typen eindeutig benannt werden, wird das Angebot als unvollständig angesehen und aus der Wertung ausgeschlossen.

5.2.6 Integration der Innenraumhygiene in die Vorbemerkungen

In die Vorbemerkung der Ausschreibung können zum Beispiel woanders definierte Bestimmungen integriert und zum Ausschreibungsbestandteil werden. Beispiele sind die Empfehlungswerte des Umweltbundesamtes oder der Sentinel-Haus-Gesundheitspass.[5] Hierbei ist aber in jedem Falle darauf zu achten, welche zum maßgeblichen Abnahmezeitpunkt anzuwendende Version von Prüf- oder Ausschlusskriterien, bzw. in welcher Version diese Kriterien gelten sollen. Eine Verschärfung oder Änderung dieser Kriterien sollte ausgeschlossen werden. Es empfiehlt sich daher stets, die geltende Fassung zum Zeitpunkt der Ausschreibung als verbindlich zu vereinbaren, es sei denn anderes ist ausdrücklich gewollt. Auch sind nach Maßgabe der bereits oben zitierten Rechtsprechung des EuGH die Spezifikationen der jeweiligen Zertifikate möglichst offen und umfassend aufzuführen.

Auch durch die konkrete Nennung von Maximalkonzentrationen der Schadstoffe als Zielwerte können schadstoffreduzierte Baustoffe und ihre emissionsarme Verarbeitung textlich wie folgt definiert werden.

5

Beispiel 3:

Alle verwendeten Baustoffe sollen möglichst gemäß den Richtlinien von natureplus e. V., eco-Institut oder gleichwertig volldeklariert und zugelassen sein. Für alle nicht volldeklariert und zertifiziert erhältlichen Baustoffe, wie insgesamt für alle verwendeten Baustoffe, gelten sowohl die technische Gleichwertigkeit im Hinblick auf die in der Bau- und Leistungsbeschreibung formulierten Eigenschaften als auch die Gleichwertigkeit im Hinblick auf die Unbedenklichkeit der Baustoffe für die Innenraumluftqualität im Sinne der im folgenden genannten Grenzwerte. Die Gleichwertigkeit ist durch den Bieter nachzuweisen.

Dabei gelten die nachfolgend aufgeführten Grenzwerte mit Angebotsabgabe als verbindlich vereinbart. Die Grenzwerte entsprechen den Empfehlungen des Umweltbundesamtes (http://www.umweltbundesamt.de/ gesundheit/innenraumhygiene/innenraumluftkontaminationen.pdf)

---

[5] Die aktuelle Version des Gesundheitspasses findet sich zum Download unter
http://www.sentinel-haus.eu/das-konzept/gesundheitspass/

Objektspezifische Raumluftmessungen

Folgende Parameter sind je nach Projekt und/oder Projektausstattung zusätzlich zu messen. Die Notwendigkeit einzelner Messungen wird individuell bewertet.

- Feinstaub

    Bestimmung der Feinstaubkonzentration $PM_{2.5}$ gemäß DIN EN 14907 (eventuell bei mechanischen Lüftungsanlagen etc.)

- Schimmel

    Untersuchung der Raumluft/Aussenluft nach VDI 4300 Blatt 10 (z. B. zur Überprüfung der Hygiene mechanischer Lüftungsanlagen)

- Kohlendioxid (CO_2)

    Es ist eine mathematische Abschätzung der Konzentration aufgrund fehlender Nutzungsbedingungen notwendig. Der tatsächliche Luftwechsel wird bei der Abnahme der Lüftungsanlage gemäß DIN EN 12599 bestimmt und ist mit dem errechneten Wert abzugleichen. Die Abschätzung des CO_2 Gehaltes ist besonders bei KiTA´s, KiGA´s, Schulen, Büroräumen, Kliniken, Altenheimen, Hotels etc. notwendig.

3.   **Sentinel Haus Institut Gesundheitspass - Grenzwerte**

Die nachfolgend angeführten SHI-Grenzwerte stellen den Status 01/2012 dar. Sie werden ständig den internationalen Standards bzw. neuen Erkenntnissen aus Medizin und Forschung angepasst. Grundlage ist die Ermittlung der Werte siehe Punkt 2.

- **Formaldehyd:** $\leq$ 60 µg/m³

- TVOC: $\leq$ 1000 µg/m³ mit Bewertung der Einzelsubstanzen.

- SVOCs (Mittel- bis schwerflüchtige organische Substanzen, Hinweis unter Pkt 2)

sentinel Haus institut

SHI-Gesundheitspass Neubau 01-2012

–3–

Bild 5-2   Auszug SHI-Gesundheitspass

Unter Allgemeine Anforderungen kann die Auswahl von schadstoffreduzierten Baustoffen zum Beispiel wie folgt definiert werden. Somit wird sichergestellt, dass die Innenraumlufthygiene zur Bedingung für die Abnahme des Gebäudes vor Übernahme durch den Auftragnehmer wird.

Beispiel 4:

Beim Materialeinsatz ist zu berücksichtigen, dass (vorrangig) nur (ökologisch einwandfreie) emissionsgeprüfte (VOC/SVOC) und schadstoffreduzierte Baustoffe verwendet werden. Der Bieter hat ausschließlich lösungsmittelfreie oder -arme Baustoffe einzusetzen.

Für die zur Verwendung kommenden Baumaterialien ist der Nachweis der Unbedenklichkeit für den Einbau in Innenräumen gemäß den Richtlinien der natureplus e. V. oder gleichwertig vorzulegen. Bauholz ohne Bewitterung darf gemäß DIN 68800 keinen chemischen Holzschutz erhalten. Asbesthaltige Baustoffe (Feuerschutzklappen, Dichtungen, Feuerschutzverkleidungen etc.) sowie formaldehyd- und lindanhaltige Baustoffe dürfen nicht verwendet werden.

Die Empfehlungen des Umweltbundesamtes zur Innenraumqualität in Schulen und Kindergärten sind einzuhalten. Die unter Pkt. ... aufgeführten Werte für Schadstoffkonzentrationen sind als Grenzwert für dieses Bauvorhaben festgelegt und mit Angebotsabgabe als verbindlich vereinbart.

Der Auftraggeber wird nach Fertigstellung und vor Abnahme des Gebäudes die Innenraumluftqualität durch ein unabhängiges Institut überprüfen lassen. Die Einhaltung der Grenzwerte des Gebäudes wird mind. 30, max. 100 Tage nach Anzeige der Fertigstellung durch den Auftraggeber überprüft. Der Bieter hat während dieser Zeit für die Belüftung wie unter Nutzungsbedingungen zu sorgen. Die Einhaltung der Grenzwerte gilt als Voraussetzung für die Abnahme des Gebäudes durch den Auftraggeber.

Der Bauherr wird zu prüfen haben, ob die bloße Verankerung der wohngesundheitlichen Qualitäten und Ziele in den Ausschreibungsunterlagen ausreichend ist. Dies ist im Einzelfall zu klären. Aufgrund der Komplexität der Bauaufgabe kann es aber empfehlenswert sein, das Ausschreibungslektorat nur als einen Baustein eines umfangreicheren Vertragsmanagements zu begreifen und im gegenseitigen Interesse von Bauherr und Bauunternehmer eine weitere vertragliche Basis in Form eines Bauvertrages mit entsprechenden wohngesundheitlichen Regelungen zu treffen (s. hierzu Kap. 4.3, Vertragsgestaltungen bei wohngesunden und nachhaltigen Bauprojekten).

5.3 Wohngesundheit aus Sicht des Planers

Christine Overath

Einleitung

Bislang gingen Architekten und Planer davon aus, dass die Belange der Hygiene am Bau nicht oder nicht mehr zu den problematischen Planungsaufgaben gehören, da sie bereits in der Vergangenheit gelöst wurden. Hygienische Wohnverhältnisse vor dem Hintergrund der historischen Entwicklung scheinen heute eine Selbstverständlichkeit zu sein, deshalb ist eine genauere Definition des Begriffs der Innenraumhygiene und der damit verbundenen planerischen Aufgaben notwendig. Warum gehört die Umsetzung der heutigen Innenraumhygiene genau wie die Entwicklung von Lösungen für die „unhygienischen Wohnverhältnissen" der Vergangenheit zu den zentralen Aufgaben der Architekten?

5

Unhygienische Wohnverhältnisse wurden insbesondere zu Beginn der Industrialisierung im 19. Jahrhundert mit der damit verbundenen Landflucht durch das schnelle Wachstum der Städte sowohl in der Fläche als auch bei der Einwohnerdichte bewirkt: Die auf Arbeitssuche in die Stadt abwandernden Kleinbauern lebten oft in ärmlichsten Unterkünften in drangvoller Enge. Oftmals musste eine Familie mit 5 oder 6 Personen in nur einem einzigen Raum kochen, essen und schlafen. Die sanitären Anlagen waren auf ein absolutes Minimum begrenzt, Toiletten gab es nur vereinzelt in den Häusern. Zwar waren die Wohnverhältnisse zu dieser Zeit auf dem Land nicht unbedingt besser, jedoch gab es genügend Platz in der Umgebung, sodass das Leben sich überwiegend draußen abspielen konnte. Die Fäkalien- und Abfallentsorgung wurde in der Enge der Stadt zu einem großen Hygieneproblem in den von Fuhrwerken und Personen stark benutzten Straßen. Da sich die Viertel für die ärmsten und zahlreichsten Bewohner außerdem oft in der direkten Umgebung der neuen Arbeitsstätten, also der Industrieanlagen befanden, entstanden dort durch die Umweltverschmutzungen Wohnlagen, die die Gesundheit ihrer Bewohner schädigten: Die Menschen litten unter dem allgegenwärtigen Lärm, dem Rauch und den Abgasen, verschmutztem Wasser und hohem Verkehrsaufkommen.

Eine Entschärfung und durchgreifende Veränderung der rein durch finanzielle Gewinninteressen der Vermieter wuchernden Bautätigkeit brachte erst die Regulierung durch Bauvorschriften. Die hygienischen Lebensumstände in der Stadt wurden durch den Bau der Schwemmkanalisierung und Anschluss der Häuser an die Trinkwasserversorgung weiter verbessert. Im Laufe der Geschichte entwickelten verschiedene Architektenzirkel eine Vision der „modernen" Stadt, die postulierte, die Stadt nach den Bedürfnissen ihrer Bewohner zu formen und zu diesem Zweck auch die Gesellschaft nachhaltig zu verändern. So entstanden neue Konzepte, die eine totale Durchgrünung der Stadt mit öffentlichen Parks anregten oder auch, wie z. B. die Gartenstadtbewegung, komplett neue Stadterweiterungskonzepte schufen. Viele der städtebaulichen Konzepte existierten nur auf dem Papier oder wurden in bewunderten Ausnahmefällen umgesetzt, jedoch bewirkten sie spätestens beim Wiederaufbau der durch den 2. Weltkrieg zerstörten Städte ein allgemeines Umdenken. Es galt wieder, schnell und in großem Stil neuen Wohnraum in kurzer Zeit zu errichten. Wie schon zuvor waren vorrangig Kostenaspekte ausschlaggebend für die Qualität des errichteten Wohnraums, jedoch wurde in den Nachkriegssiedlungen die Gebäudedichte zugunsten guter Besonnung und Belichtung gelockert. Die neuen Wohnungen mit Blick ins Grüne galten mit ihren integrierten Bädern und separaten Kochküchen gerade in der Zeit des Wirtschaftswunders als chic und waren sehr begehrt.

Die technische Entwicklung und Industrialisierung machte bereits vor dem Krieg ebenfalls vor dem Wohnungsbau nicht halt. Die Entwicklung und Verbreitung der Zentralheizung läutete seit den 1920er Jahren auch in nicht gehobenen Kreisen eine deutliche innenraumhygienische Verbesserung ein. Die in den Mietwohnungen lange Zeit üblichen Einzelöfen verbrauchten viel Sauerstoff und produzierten dadurch, dass alles, was geeignet erschien, verbrannt wurde, nicht nur in der Außenluft Schadstoffbelastungen. Gegenüber der Ofenheizung erzielte man mit dem Einsatz von Warmwasser-Etagenheizungen in den Mietwohnungen nach und nach eine mit weniger Feinstaub, Ruß und Kohlenmonoxid belastete Innenraumluft. Der Luxus von Zentralheizungen fand jedoch erst in den 1970er Jahren eine flächendeckende Verbreitung und verbannte als Nebeneffekt den Schadstoff-produzierenden Verbrennungsprozess endgültig aus den Wohnungen.

Das Problem der unhygienischen Wohnverhältnisse war also aus planerischer Sicht mehr oder weniger gelöst. Jedoch erforderte die Weiterentwicklung der Baustoffe einerseits und der Gebäudeanforderungen andererseits eine neue Betrachtung der Innenraumluftqualität.

Durch die fortlaufende technische Weiterentwicklung und die Veredelung durch chemische Zusätze ab den 1950er/1960er Jahren konnte eine bessere und damit schnellere und kostengünstigere Verarbeitung der Baustoffe erzielt werden. Dabei lag der Fokus auf der technischen Verarbeitbarkeit der Materialien, die Belange des späteren Bewohners spielten keine Rolle. So hielten PCB (Polychlorierte Biphenyle) und PAK (Polycyclische aromatische Kohlenwasserstoffe), aber auch Asbest und Holzschutzmittel, um nur einige Beispiele zu benennen, die gerne wegen ihrer besonderen und einmaligen Eigenschaften eingebaut wurden, vermehrt Einzug in die Bauten und sind bis heute im Bestand zu finden. Nicht nur das Motto „Viel hilft viel", mit dem in der Vergangenheit auch schwierige baukonstruktive Probleme aus der Sicht von Planer und Hand- oder Heimwerker durchaus zufriedenstellend mithilfe von bauchemischen Produkten gelöst wurden, konnte im Nachgang auch gesundheitliche Belastungen für den späteren Nutzer produzieren. Der Siegeszug chemisch optimierter Baustoffe durch leichte Verfügbarkeit wurde nur vorübergehend aufgrund von Skandalen und Vergiftungsmeldungen gebremst. Die leichte Verarbeitbarkeit verdrängte lange die Wahrnehmung der möglichen Gefahren und gesundheitlichen Folgen.

Im Zusammenhang mit den veränderten Heiz- und Lüftungsgewohnheiten als Folge der ersten Ölkrise 1972 entstand sozusagen schleichend „dicke Luft" aus Baustoffemissionen in Gebäuden. Bis dato erforderte die Verfügbarkeit billiger Energie keine Notwendigkeit, die Dämmung und damit verbunden die Luftdichtigkeit von Gebäuden grundlegend zu verbessern. Dies änderte sich mit der Erkenntnis der begrenzten Verfügbarkeit der fossilen Energieressourcen, beim Thema Luftdichtigkeit aber wurden erst mit der dritten Novellierung der Wärmeschutzverordnung im Jahr 1994 Fakten geschaffen. Erstmals wurde dort gefordert und auch mit entsprechenden Werten hinterlegt, dass Gebäude dauerhaft luftundurchlässig sein sollten. Somit weisen erst Gebäude ab dem Baujahr 1994 eine nennenswerte Dichtheit auf. Die Infiltration, d. h. die ungewollte Lüftung über Fugen in der Gebäudehülle und damit einhergehende Energieverluste, aber auch die Verdünnung von Innenraumschadstoffen wurden so nach und nach eingeschränkt.

Heute sind luftdichte Gebäude im Neubau Standard. Das Problem der Innenraumschadstoffe wurde dadurch deutlich verschärft. Für den Planenden bedeutet dies, dass er sich aktiv mit den Zusammenhängen und Konsequenzen der „neuen" Innenraumhygiene auseinandersetzen muss.

5.3.1 Voraussetzung: Qualitätsvolles Bauen

Ehe sich der Planer beziehungsweise die Planerin (im Folgenden wird aus sprachlichen Vereinfachungsgründen die männliche Form gewählt, ohne damit eine Priorität ableiten zu wollen) explizit um das Thema Wohngesundheit im Sinne der Innenraumhygiene kümmern kann, hat er einige grundsätzliche Anforderungen zu erfüllen, die ihrerseits die Grundlage für eine umfassende wohngesundheitliche Ausgestaltung des Gebäudes bilden. Hier sind insbesondere die technischen Planungsaspekte gemeint, die sich auf das Wohlbefinden der Nutzer direkt auswirken.

Lärm- und Schallschutz

Ruhe ist ein Grundbedürfnis, vor allem in unserer hektischen Zeit.
Angesichts der in den letzten vier Jahrzehnten stark gewachsenen Lärmbelastung gerade durch Straßenverkehr, aber auch Flugzeuge und „Freizeitlärm", gehören vorbeugende konstruktive Maßnahmen zur Reduzierung des Schallpegels insbesondere in Wohngebäuden zu den wichtigen Aufgaben des Planers. Dieser Schutz gegen Außenlärm, meist Folge behördlicher Aufla-

gen in Bebauungsplänen, muss seine logische Fortsetzung in der Lösung des i. d. R. zivilrechtlich vereinbarten Schallschutzes innerhalb des Gebäudes finden. Es ist ausschließlich die Gebäudehülle mit ihren Elementen Wand, Fenster, Dach, die den Bewohner vom Außengeräuschpegel trennt. Öffnungen wie Lüftungselemente und Fenster, aber auch Fugen bedürfen der planerischen Kontrolle.

Grundlegend für alle Gebäudetypen angewendet wird bis heute die im Jahr 1989 herausgegebene DIN 4109 – Schallschutz im Hochbau. Mit der VDI 4100 aus dem Jahr 1994 wurde dem Planer durch die Einführung der sog. Schallschutzstufen ein weiteres Instrument für die Planung zumindest im Wohnungsbau an die Hand gegeben. Durch die Umsetzung europäischer Normung wurden und werden die den Schallschutz regelnden DIN-Normen weiter überarbeitet und ergänzt werden. Betrachtet man die DIN 4109 unter der Prämisse, dass sie eine allgemein anerkannte Regel der Technik widerspiegeln soll, zeigt sich, dass sie zumindest für die Definition der Anforderungen an den inneren Schallschutz von Wohngebäuden diese Rolle nicht mehr erfüllt. Gerade die Häufigkeit von gerichtlichen Auseinandersetzungen zu diesem Gegenstand bestätigt die Notwendigkeit einer eindeutigen Festlegung von gewünschten Eigenschaften des Gebäudes. Andererseits zeigt sie auch die gewachsene Sensibilität der Bewohner gegenüber Lärm, der innerhalb eines Gebäudes zwischen den verschiedenen Bereichen entsteht. Deshalb sollten Trittschallschutz, Luftschallschutz und u. a. auch der sogenannte Flankenschall unbedingt betrachtet werden.

Bereits im Jahr 2004 hat die LARES-Studie[6] „Housing and Health" des APUG (Aktionsprogramm Gesundheit und Umwelt) in Zusammenarbeit mit der WHO-Europa ergeben, dass Menschen, die an durch Lärm hervorgerufenen Schlafstörungen leiden, ein erhöhtes Risiko für Allergien, Herz-Kreislauf-Erkrankungen, Bluthochdruck und Migräne haben. Trotz der Allgegenwärtigkeit von Geräuschen und Lärm – Ohren kann man im Gegensatz zu Augen nicht schließen – und der mehr oder weniger unverändert geltenden Gesetze und Normen ist der Schallschutz also eine noch zu oft unterschätzte Planungsaufgabe im Bauprozess.

Wird nun die Wohngesundheit bei einem Gebäude betrachtet, ist die planerische Berücksichtigung des Lärmschutzes von besonders hoher Bedeutung. Vor allem in verkehrsbelasteten Lagen ist die Lärmbelastung ein weiteres Argument für eine Lüftungsanlage, um, ohne ein Fenster öffnen zu müssen, eine gute Raumluftqualität zu erreichen. Die Betrachtung des Lärms im Gebäude muss also zur Selbstverständlichkeit gehören.

5.3.2 Thermische Behaglichkeit

Sommerlicher Wärmeschutz

Nicht nur, aber auch in hochwärmegedämmten Häusern ist der sommerliche Wärmeschutz aktiv zu planen. Solare Gewinne sind für alle Gebäude aus Energiespargründen in der kalten Jahreszeit ausdrücklich erwünscht, sie müssen jedoch gesteuert werden. Dabei sind die geografische Lage und die Bauweise des Gebäudes dezidiert zu betrachten. Die Sommerklimaregionen für den sommerlichen Wärmeschutznachweis nach DIN 4108-2 geben hier eine gute Orientierung (s. Bild 5-4). Während bei Lagen in Regionen A, sommerkühl, und oft auch in Regionen B, gemäßigt, das Überhitzungsrisiko relativ gering ist oder ein innenliegender Sonnenschutz ausreichen kann, werden beispielsweise gerade die stark besiedelten Gebiete entlang des Rheintals oder die wärmer geprägten Klimazonen in Ostdeutschland als Klimaregionen C,

---

[6] LARES-Studie (Large Analysis and Review of European housing and health Status), 01.06.2002-
31.12.2004, Ergebnisse veröffentlicht auf http://www.apug.de/leben/wohnen/housing-and-health.htm

Bild 5-3 Entwurfszeichnung für ein Passivhaus mit Schiebeläden im Obergeschoss und in die Fassade integrierten Raffstoreanlagen im Erdgeschoss. Das Gebäude befindet sich im Bau.

Sommerheiß, klassifiziert, sodass dort in der Regel Handlungsbedarf besteht. Pflicht ist hier, dass der Planer zumindest die kritischen Räume mit großen Fenstern betrachtet.

Zudem sind leichte und mittlere Bauweisen wie Holz- oder Fertigbauten eher überhitzungsgefährdet als massive Gebäude mit großer Speichermasse. Aber auch im Massivbau muss der sommerliche Wärmeschutz beachtet werden, denn ist das Gebäude erst einmal mit Wärme aufgeladen, dauert es oft tagelang, bis ein zuträgliches Temperaturniveau erreicht wird. Ein bereits in die Planung integrierter Sonnenschutz, z. B. durch Schiebeläden oder außen liegende, in der Fassade verborgene Raffstoreanlagen, reduziert die Zahl der als unbehaglich empfundenen Tage im Gebäude auf ein Minimum. Ab etwa 24 °C beginnt der Bereich, in dem die Behaglichkeit nur noch eingeschränkt empfunden wird. Um Überhitzung zu vermeiden, sollte z. B. nachts verstärkt gelüftet werden. Zudem beschränken Verschattungselemente bei Ost-, Süd- und Westfenstern passive Solargewinne zuverlässig auf die Zeiten, in denen sie zur anteiligen Deckung des Energiebedarfs erwünscht sind.

Winterlicher Wärmeschutz und energiesparender Dämmstandard

Der winterliche Wärmeschutz im innenraumhygienisch geplanten Gebäude ist besonders sorgfältig zu planen, sodass nicht nur die energetischen Ziele hinsichtlich des Wärmebedarfs erreicht werden, sondern auch Wärmebrücken weitestgehend vermieden werden.

Die Anforderungen der Energieeinsparverordnung – EnEV – 2009 und die zugehörige DIN 4108 – Wärmeschutz und Energie-Einsparung in Gebäuden – sind als Regelwerke allgemein bekannt und eingeführt. Vom Planer wird jedoch oft übersehen, dass sich, je höher der Dämmstandard eines Gebäudes vorgesehen wird, Wärmebrücken desto stärker im Baugefüge auswirken. Durch die bereits angekündigten Verschärfungen der EnEV im Jahr 2012 wird spätestens ein Standard erreicht werden, dem die im Beiblatt 2 der DIN 4108 dargestellten Planungs- und Ausführungsbeispiele für Wärmebrücken nur noch im Einzelfall entsprechen. Der Planer resp. Fachplaner wird in Zukunft also, um weiter kostengerecht im Sinne des Bauherrn zu arbeiten, alle Wärmebrücken separat planen und berechnen müssen.

5

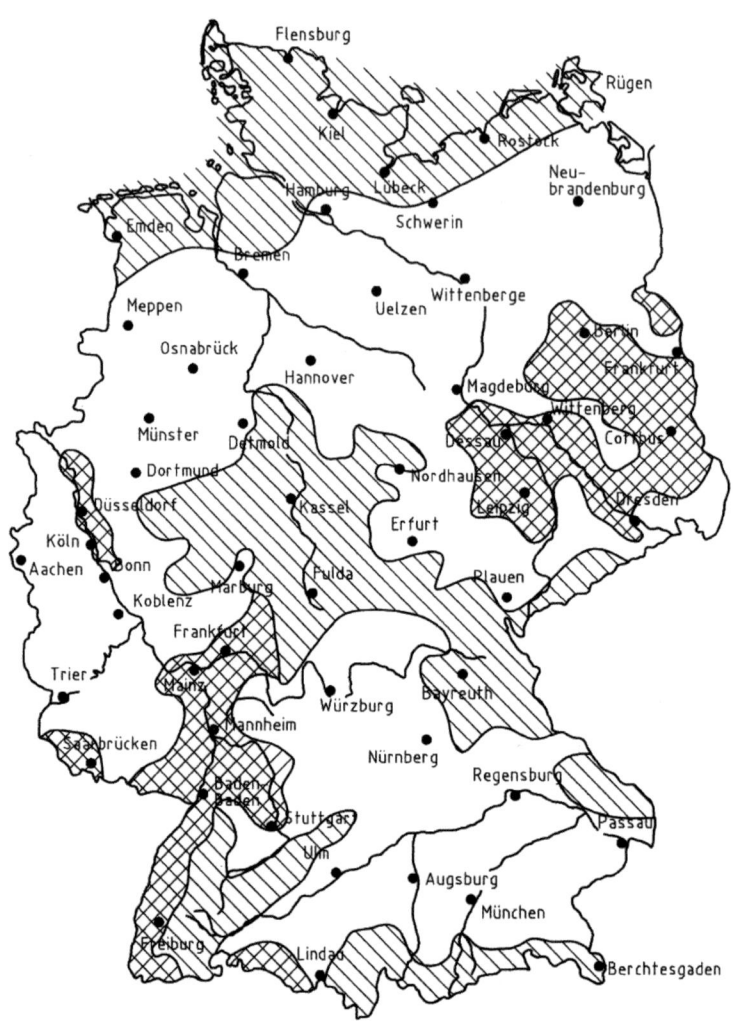

Legende:

▨ Region A   ☐ Region B   ▨ Region C

Bild 5-4   Klimaregionen nach DIN 4108-2; 2003-07 [7]

In Kombination mit einer hohen Raumluftfeuchte entstehen gerade in den kühleren Bauteilbe-
reichen, oftmals sind dies die o. g. Wärmebrücken, Schimmelprobleme, da die Schimmelpilze
die kondensierende Feuchtigkeit als Grundlage für ihr Wachstum gerne annehmen. Dabei sind
Neubauten mit massiven Bauteilen und teilsanierte Altbauten besonders schimmelgefährdet. In

---

[7] Quelle: DIN 4108-2; 2003-07 Wärmeschutz und Energie-Einsparung in Gebäuden Teil 2: Mindestanforderungen an den Wärmeschutz – Mindestanforderung an den sommerlichen Wärmeschutz, Bild 3

Neubauten muss zudem die noch im Bauteil vorhandene Feuchtigkeit aus der Bauzeit zusätzlich abgelüftet werden. Da alle Neubauten aus den gleichen Energiespargründen möglichst luftdicht errichtet werden, kann die Luftfeuchtigkeit nur durch aktives Lüften abgeführt werden.

Werden in einem ungedämmtem Altbau als Sanierungsmaßnahme beispielsweise nur die Fenster wegen zu hoher Verkehrslärmbelastung erneuert, ohne gleichzeitig zusätzliche Lüftungs- oder Dämmmaßnahmen zu ergreifen, ist ein Schimmelbefall insbesondere an geometrischen Wärmebrücken sicher zu erwarten.

Wenn ein Gebäude energetisch und innenraumhygienisch betrachtet werden soll, ist es also unerlässlich, Wärmebrücken so weit wie möglich zu reduzieren. Dabei sind die Wärmebrücken bis ins Detail zu planen, um Schimmelbildung dauerhaft zu verhindern und damit eine erhöhte Raumluftbelastung durch Schimmelsporen zu vermeiden. Unterstützend wirkt dabei die aktive Steuerung der Luftfeuchtigkeit im Gebäude durch eine feuchtigkeitsgeregelte Lüftungsanlage. So werden Feuchtigkeitsspitzen, z. B. nach dem Duschen oder beim Kochen, deutlich reduziert.

Nicht nur, aber unbedingt in besonders energiesparenden und damit luftdichten Gebäuden wird bei Berücksichtigung der DIN 1946-6 der Einsatz einer Lüftungsanlage unumgänglich.

Dieser DIN zufolge hat der Planer – dem Stand und der Regel der Technik entsprechend – zunächst für alle Gebäude ein Lüftungs- und Luftdichtheitskonzept zu erarbeiten. Während die Lüftungsanlage gemäß den Volumenstromberechnungen einzuregeln ist, muss die Luftdichtheit während und nach der Errichtung der Gebäude mittels Blower-Door-Test überprüft werden. Der zu erreichende n_{50}-Wert $\leq 1,5$ h^{-1}, der die maximale Luftwechselrate über Gebäudefugen (sog. Infiltration) im Verhältnis zum Gebäudevolumen beschreibt, ist beim Einbau einer Lüftungsanlage nach EnEV 2009 zwingend vorgeschrieben.

Fazit:

Eine explizite Betrachtung der Wohngesundheit kann nur sinnvoll sein, wenn die Voraussetzungen für eine gute technische und bauphysikalische Qualität des Gebäudes gegeben sind. Damit sind nicht nur planerische Festlegungen gemeint, sondern durchaus auch die Umsetzung auf der Baustelle mit geschulten Handwerkern sowie ein funktionierendes Qualitätsmanagement durch die Bauleitung.

5.3.3 Umsetzung der Innenraumhygiene im Planungsprozess

Sind die Voraussetzungen für qualitätsvolles Bauen gegeben, kann die Wohngesundheit, gekoppelt an die verschiedenen Leistungsphasen der HOAI, Einzug in den Planungsprozess finden. Dabei ist es wichtig, je nach Anforderung der späteren Nutzer, genau zu definieren, welche Qualität der Innenraum erhalten soll. Für einen Menschen, der gesund ist und der gemeinsam mit seinen Kindern gesund bleiben will, gelten andere Richtlinien als für Personen, die bereits gesundheitlich vorbelastet sind. Hierzu gehören beispielsweise Allergiker, Asthmatiker oder Personen mit geschwächtem Immunsystem. Auch die Bedürfnisse älterer Menschen bedürfen einer besonderen Beachtung und sind gegebenenfalls in barrierefreie Konzepte zu integrieren.

Grundlagenermittlung

Schon die Lage des Bauplatzes hat Einfluss auf die spätere Innenraumqualität. Befindet sich das Bauvorhaben im städtischen, vorstädtischen oder ländlichen Raum?

Am Beispiel eines Projektes im städtischen Umfeld sei dieser Aspekt kurz erläutert: Je nach Stadtteil und genauer Lage des Objekts sind die herrschenden unterschiedlichen Belastungen aus Verkehr, Industrie und verarbeitendem Gewerbe sowie häuslichen Abgasen (Heizung), aber auch durch natürliche Einflussfaktoren wie Pollen und Sporenbelastung zu beurteilen.

Um dies leisten zu können, gilt es, zu differenzieren und detailliert zu recherchieren. So ist die Feinstaubbelastung in der Stadt in der Regel deutlich höher als in den meisten ländlichen Gebieten. In der direkten Umgebung von Parkanlagen kann die Menge des Feinstaubs wiederum wegen der staubfilternden Wirkung von Bäumen und Sträuchern reduziert sein. Auch Zeitpunkt und Höhe der Belastung durch hohe Ozonkonzentrationen infolge von Sommersmog können durch eine Parkanlage reduziert werden, während sie in weniger begrünten Gebieten und zeitverzögert auch in Außenbereichen der Stadt und dem Umland erhöht sein können.

5

Bild 5-5   Die Lage des Bauplatzes als Einflussfaktor für die Innenraumqualität

Die überwiegend baumarme Vorstadt kann für manche Pollen-Allergiker der richtige Wohnort sein. Hier werden Wiesen und Äcker für die Bebauung erschlossen, größere Bäume gibt es selten oder sie werden für die Bebauung gerodet. Sofern sich nicht in direkter Nachbarschaft ein Wald befindet, ist die Belastung durch Pollen hier eher reduziert.

Feuchtgebiete an Bächen und Gewässern oder in Wäldern mit ihren schattenfeuchten Lagen sind verbreitet mit natürlich hohen Konzentrationen von Schimmelsporen belastet. Obwohl Schimmel ubiquitär ist, sind solche Wohnlagen für Schimmelallergiker aufgrund der erhöhten Sporenkonzentration in der Umgebungsluft und damit in der Frischluft, die durch Lüften dem Gebäude zugeführt wird, ungeeignet.

Ein besonders wichtiges, oft wenig beachtetes Thema sind erhöhte Radonbelastungen in Gebäuden, die sich in Gebieten mit erdgeschichtlich vulkanischem Ursprung befinden. Radon ist ein radioaktives, nahezu inertes Gas, das in Gebieten mit erhöhten Uran- und Thoriumvorkommen vermehrt aus der Erde dringt. Es ist schwerer als Luft und sammelt sich über Fugen und Risse in Kellern und niedrigen Schichten der Raumluft. Radon hat nur eine kurze Halbwertszeit. Weil es beim Zerfall aber Alphastrahlen freisetzt, die über das Gasgemisch der

Raumluft eingeatmet direkt in die Zellkerne des menschlichen Körpers eindringen können, sind in solchen Regionen langfristig mehr Lungenkrebsfälle zu erwarten. Zu den belasteten Gebieten zählen u. a. die deutschen Mittelgebirge wie Eifel, Schwarzwald, Bayerischer Wald und Fichtel- oder Erzgebirge. Um Risiko und Höhe einer Radonbelastung abzuschätzen, helfen entsprechende Kartenwerke mit Angaben über natürliche Radonvorkommen. Auch gibt es Indikatorpflanzen, die einen ersten Hinweis auf Radonbelastungen geben können. Besenginster z. B. wächst bevorzugt, meist linienförmig, entlang der Erd- und Gebirgsspalten, aus denen Radon entweicht. Möglichen Radonquellen sollte deshalb bei entsprechend häufigem Vorkommen dieser Pflanze erhöhte Aufmerksamkeit gezollt werden.

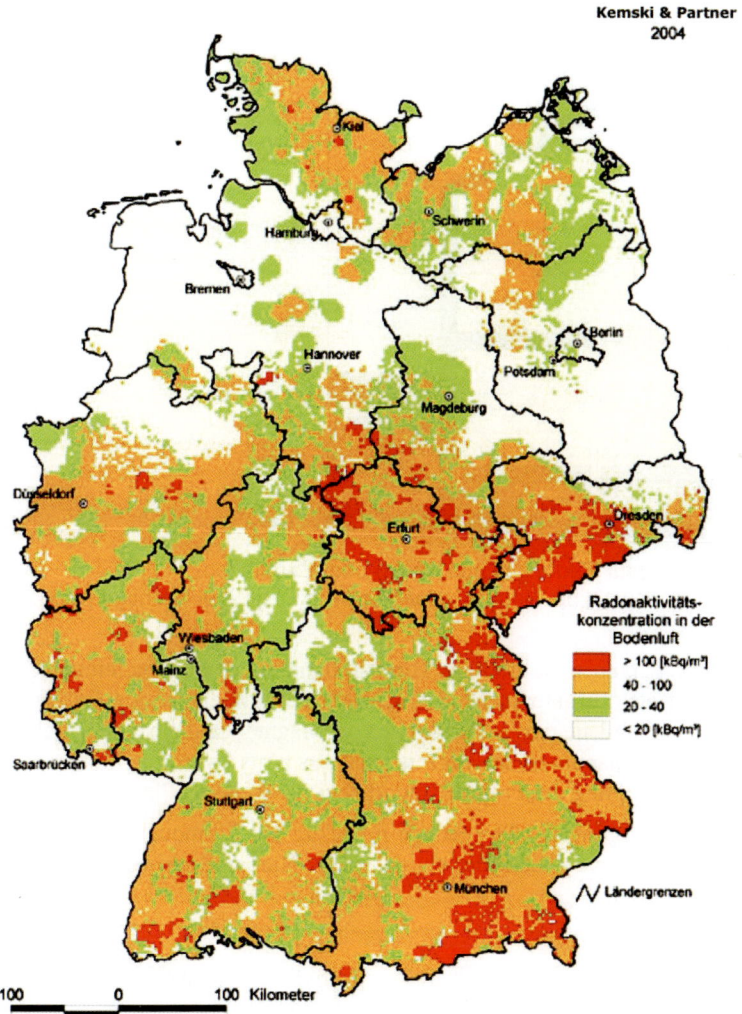

Bild 5-6   Der Radonatlas für Deutschland[8] [Quelle: Bundesamt für Strahlenschutz]

---

[8]   Kemski, J., Siehl, A., Stegemann, R., Valdivia-Manchego, M. (1999): Geogene Faktoren der Strahlen-exposition, Schriftenreihe Reaktorsicherheit und Strahlenschutz, BMU-1999-534, 133 S., Bonn

In aktiven oder ehemaligen Bergbaugebieten entweichendes Methangas sei der Vollständigkeit halber wegen seiner hochexplosiven Eigenschaften genannt.

Kommunale Umweltdaten sind, zumindest ab mittelgroßen Städten, in der Regel verfügbar und erlauben eine erste Abschätzung oder sogar eine detaillierte Maßnahmenplanung im weiteren Planungsprozess.

Liegen Belastungen durch anthropogene Umweltwirkungen wie Schadstoffe im Boden vor, sollten diese gutachterlich in ihrer Art und Stärke überprüft werden, etwa durch einen Bodengutachter. Gesetzliche Vorgaben wie z. B. die Technischen Richtlinien für die Verwertung „Boden" und „Gemische" der LAGA (Länderabfallgemeinschaft Abfall) und weitere gutachterliche Empfehlungen sind unbedingt zu beachten.

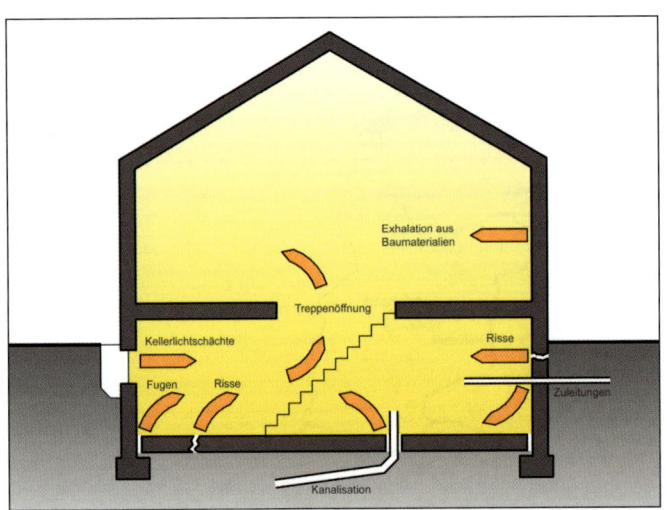

Bild 5-7   Mögliche Eintrittswege für Radongas aus Boden oder Baustoffen, die bei der Planung, sowohl bei Neubau oder Sanierung, zu berücksichtigen sind.

Für elektrosmogempfindliche Personen ist die Lage von Überlandleitungen, Oberleitungen für Bus und Bahn, Handymasten etc. zu untersuchen. Abschließende und eindeutige Ergebnisse und Beurteilungen zu der eventuell negativen Wirkung von Magnet- und Spannungsfeldern sowie Mikrowellen auf den Organismus stehen derzeit noch aus. Aus Vorsorgegründen empfiehlt sich jedoch die Berücksichtigung des Projektstandorts bei der weiteren Planung.

Die Beurteilung und Berücksichtigung der Projektlage in Bezug auf Lärmquellen nach Bundes-Immissionsschutzgesetz und der TA Lärm ist obligatorisch. Hier sind insbesondere kleinräumliche Betrachtungen zu führen.

Vorplanung und Entwurf

Während der Vorplanungs- und Entwurfsphase des Planungsprozesses werden die grundsätzlichen Voraussetzungen für die Integration wohngesundheitlicher Belange in die jeweilige Planungsaufgabe selbst geschaffen. Dabei sollen Vorplanung und Entwurf nicht nur die Raumbeziehungen nach außen, sondern auch die Raumbeziehungen untereinander berücksichtigen. An dieser Stelle sei der Hinweis gestattet, dass die grundsätzlichen Zusammenhänge von Architektur und Gestaltung, Bauweise und Behaglichkeit, Belichtung und Beleuchtung, Materialität, Optik und Haptik etc. nicht Thema dieser Betrachtung sind.

Bereits bei der grundsätzlichen Festlegung der Bauweise ist zu beachten, dass Gebäude aus nachwachsenden Rohstoffen aufgrund der natürlichen Herkunft der Baustoffe eine etwas höhere Grundbelastung mitbringen. Meist sind dies Stoffe aus der Gruppe der Terpene und Aldehyde, die sich fast immer in der Innenraumluft nachweisen lassen. Das massiv oder aus mineralischen Baustoffen errichtete Gebäude besitzt aufgrund der Feuchtigkeit während der Bauzeit und der etwas geringeren Oberflächentemperaturen im Vergleich ein größeres Schimmelpotential. Darum sollte die Entscheidung für die Bauweise nach möglichst umfassender Betrachtung gemeinsam mit dem Bauherrn getroffen werden. Mancher Bauherr fühlt sich „nach seinem Bauchgefühl" in einem steingefügten Gebäude ohne Angabe von genaueren Gründen nicht wohl. Für andere Bauaufgaben können entsprechende alternative Bauweisen eine zu bevorzugende Lösung darstellen. Die Innenraumhygiene kann bei entsprechend sorgfältiger Planung und Umsetzung in jeder Bauweise Berücksichtigung finden.

Die nachfolgenden Absätze geben dem Leser erste Anregungen und Lösungsstrategien an die Hand, um verschiedene gesundheitliche Aspekte und Anforderungen an die Innenraumhygiene und Raumluftqualität bereits im Entwurf zu integrieren. Dabei erhebt die Aufzählung der Maßnahmen keinen Anspruch auf Vollständigkeit. Vielmehr muss der jeweilige Entwurf auch in Bezug auf innenraumhygienische Aspekte an die Bedürfnisse der Nutzer angepasst und gegebenenfalls ergänzt werden. Viele der angegebenen Empfehlungen beziehen sich vordergründig auf Wohngebäude, können jedoch bei näherer Betrachtung auch auf alle anderen Lebens- und Aufenthaltsbereiche für Menschen mit unterschiedlicher persönlicher Empfindlichkeit modifiziert übertragen werden.

Bild 5-8   Schnelle Ergebnisse auf trockenen Baustellen bringen vorgefertigte Holzrahmenbauelemente. Hier die Erweiterung einer Kindertagesstätte in Solingen, die nach dem Sentinel-Haus-Konzept errichtet wurde, nur 3 Tage nach Montagebeginn.

Bild 5-9   Massiver Rohbau der Firma KHB-Creativ Wohnbau nach dem
Sentinel-Haus-Konzept [Quelle: Wienerberger]

Für Schimmelallergiker ist es beispielsweise empfehlenswert, die schon nach kurzer Zeit mit
Schimmel belasteten häuslichen Abfälle umgehend aus dem Haus zu bringen. Darum ist es
hilfreich, die Küche möglichst nah am Wohnungseingang zu platzieren. So können die Abfälle
auf dem kürzesten Weg ins Freie befördert werden. Aus dem gleichen Grund sollte auf Müll-
abwurfschächte und ähnliche Systeme verzichtet werden.

Die Küche ist zudem der Raum, bei dem während der Nutzungszeit bei typischen Tätigkeiten
wie Kochen und Braten Emissionen entstehen, zu denen auch die sogenannten VOCs (Volatile
Organic Compounds) gehören, die belastend sein können. Wesentlich dramatischer sind jedoch die entstehenden PAK (Polyzyklische Aromatische Kohlenwasserstoffe), die bei unvollständiger Verbrennung organischen Materials entstehen und karzinogen wirken. Im gewerblichen Bereich gibt es deshalb für diese Tätigkeiten umfangreiche Regeln und Richtlinien zum
Arbeitsschutz. Obwohl dies aktuell nicht dem Wohntrend entspricht, ist für sensitive Personen
eine Küche als separater Raum zu bevorzugen. Eine Glaswand kann in diesem Fall die optische Raumbeziehung zum Wohn- und Essbereich herstellen. Ist die Glaswand außerdem be-
weglich in Schienen geführt, kann die Abtrennung der Küche temporär nur für die Zeiten erfolgen, in denen tatsächlich die Notwendigkeit dazu besteht. Eventuell kann auch eine profes-
sionelle Dunstabzugshaube in die Küche integriert werden. Dies ist aber vor dem Hintergrund
des Einsatzes von Lüftungsanlagen nur koordiniert mit der TGA-Planung vorzunehmen.

Für Pollenallergiker ist die Anordnung einer Art Schleuse im Eingangsbereich ein wichtiger
Baustein für einen möglichst unbelasteten Wohn- und Regenerationsbereich. Die „Schleuse"
besteht beispielsweise aus einem als Duschbad ausgebauten Gäste-WC, in dem sich der Pollenallergiker seiner Straßenkleidung entledigen kann und nach einer Dusche, weitgehend von
Pollen befreit, in den Wohnraum eintreten kann.

Nicht nur für Allergiker sind Zentralstaubsauganlagen ein wichtiges haustechnisches Element
wohngesunder Lebensräume. Sie befördern Hausstaub, Milbenkot und Ähnliches zuverlässig

in einen zentralen Auffangbehälter mit Grobfilter. Die Abluft wird auf diese Weise gefiltert sofort ins Freie abgeblasen. Staubteilchen, die durch den Kontakt mit heißen Geräteteilen verschwelen, gelangen nicht in den Wohnraum. Die Gefahr, dass Feinstäube durch ineffiziente Filter wieder zurück in den Raum geblasen werden, entsteht bei diesem System nicht, stattdessen gelangen sie direkt in die Außenluft. Strukturierte und feuchte Oberflächen binden hier die Stäube und werden durch Niederschläge fortgewaschen.

Eine Ankleide neben dem Schlafzimmer hält ähnlich wie die „Schleuse" im Eingangsbereich Schadstoffe, die aus der Kleidung selbst oder durch Fremdkontamination eingetragen werden, vom wichtigsten persönlichen Ruhe- und Regenerationsbereich fern. Die zeitweise immer wieder vom Bauherrn gewünschte Integration des Badezimmers in den Schlafbereich ist unter wohngesundheitlichen Aspekten abzulehnen. Neben der Feuchtigkeitsbelastung sind die unterschiedlichen Temperaturniveaus (kühles Schlafzimmer – warmes Badezimmer) kaum zu vereinbaren.

Eine Lüftungsanlage ist ein weiterer fester Bestandteil der wohngesunden Gebäudeplanung. Je nach Gebäudekonzept und Lüftungskonzept nach DIN 1946-6 kann dies eine zentrale Anlage mit Nachströmung über Außenlufteinlässe, eine zentrale Anlage mit Wärmerückgewinnung oder eine dezentrale Anlage mit Wärmerückgewinnung sein. Vor dem Hintergrund der Wartungsfreundlichkeit werden Systeme mit kurzen Rohrleitungen, insbesondere für die Zuluft in die einzelnen Räume, bevorzugt. Je länger und damit unzugänglicher ein Rohrsystem ist, desto schwieriger wird seine Reinigung. Auch muss der Nutzer über die notwendigen Wartungsintervalle einer Lüftungsanlage informiert werden, damit die Funktion der Filter gewährleistet und Verkeimungen der Rohrleitungen ausgeschlossen werden können.

Vorteile sind der schimmelvermeidende Feuchteentzug aus der Raumluft und die Optimierung des Sauerstoffgehaltes in der Raumluft. Gleichzeitig wird die Energiebilanz des Gebäudes bei Anlagen mit Wärmerückgewinnung positiv beeinflusst. Aber auch Anlagen ohne Wärmerückgewinnung helfen, Energie zu sparen, da sie die energiefressende Lüftung über Fenster in Dauer-Kippstellung insbesondere in Schlafräumen vermeiden helfen. Lüftungsanlagen sorgen genau für die Reduzierung von CO_2-Konzentrationen in der Raumluft, die Müdigkeit und Konzentrationsschwäche hervorrufen. Deshalb sollten insbesondere in Räumen, in denen sich viele Personen aufhalten (Kindergärten, Besprechungsräume etc.) oder in kleinen Räumen mit geringem Luftvolumen, wie etwa dem Schafzimmer, für die Steuerung der Lüftungsanlage nicht nur Feuchtigkeitssensoren, sondern auch CO_2-Messfühler verwendet werden. Über den Einsatz von zusätzlich VOC-gesteuerten Lüftungsanlagen ist immer dann nachzudenken, wenn die Räume stundenweise stark frequentiert werden, darauf aber wiederum nur wenig benutzt werden. Flüchtige organische Substanzen beispielsweise aus Baustoffen werden im Gegensatz zum anthropogenen Kohlendioxid auch dann frei, wenn ein Raum nicht genutzt wird. Somit reichert sich die Raumluft über einen längeren Zeitraum regelrecht mit Schadstoffen an. Bei Betreten des Raumes, beispielsweise nach einer Nutzungspause über Nacht, erfolgt anstelle der Ablüftung der Schadstoffe nach außen die konzentrierte Aufnahme über Inhalation in die menschliche Lunge.

Um weit verbreitenden Vorurteilen Einhalt zu gebieten: Lüftungsanlagen sind keine Klimaanlagen, die die Luft be- oder entfeuchten und das bekannte Sick-Building-Syndrom auslösen können. Außerdem dürfen (und sollen) auch beim Betrieb einer Lüftungsanlage die Fenster beispielsweise zum Stoßlüften geöffnet werden.

Alle diese Installationen benötigen Platz im Haus, der jedoch häufig genug vergessen wird. Ein ausreichend dimensionierter Haustechnikraum sowie entsprechende Installationsschächte sind schon früh im Planungsprozess vorzusehen, auch um während des Betriebs notwendige Wartungsarbeiten einfach und damit kostengünstig vornehmen zu können.

Erwähnt werden muss das Thema Elektrosmog, das einen eigenen Beitrag verdient hat. In der Planung gilt es, bei Bedarf oder auf Wunsch der Bauherren für entsprechende Minderung der Einflüsse durch elektrische und elektromagnetische Felder hinzuarbeiten. Stichpunkte sind geschirmte Leitungen oder Leerrohre, Netzfreischalter und eine sternförmige Verkabelung der einzelnen Räume.

Genehmigungsplanung

Spätestens in dieser Planungsphase sind die öffentlichen, d. h. bauordnungsrechtlichen Vorgaben in Bezug auf Schall-, Wärme- und Brandschutz wie üblich in die Planung zu integrieren. Je nach Bundesland und Bauvorhaben sind dafür bereits bei Einreichen des Bauantrags, nicht erst bei Baubeginn, die unterschiedlichen Nachweise beizubringen. Dies bedeutet beispielsweise für die Integration des Brandschutzes in die wohngesunde Planung, dass bereits in diese Phase Vorgriffe auf die Eigenschaften der Baustoffe, die sonst meist erst in der Ausführungsplanung festgelegt werden, getroffen werden müssen. Wenn also Brandschutz und Innenraumhygiene in Aufenthaltsräumen umgesetzt werden müssen, sind hier bereits Festlegungen zu treffen, die im Buch erst im folgenden Absatz Ausführungsplanung und Baustoffauswahl behandelt werden.

Ausführungsplanung und Baustoffauswahl

Die Ausführungsplanung ermöglicht die größte Einflussnahme durch den Planer in Detailfragen. Zu nennen ist hier vor allem die Auswahl der Baustoffe und insbesondere der gewünschten raumseitigen Oberflächen.

Ziel der wohngesunden und innenraumhygienegerechten Detailplanung ist es, durch den Einsatz emissionsarmer Produkte vorbeugend den Eintrag von Schadstoffen in den späteren Lebensraum so weit wie möglich zu minimieren. Grenzwerte können hier nur eine Hilfsfunktion haben. Durchgängiges Prinzip der Planung muss die weitestmögliche Vermeidung von Schadstoffeinträgen in den Innenräumen sein. Dies ist von der Planung über die Ausschreibung bis zur Baubegleitung durchgängig zu berücksichtigen.

Dabei muss der Systemgedanke der aufeinanderfolgenden und aufeinander aufbauenden Baustoffe in einem Bauteil unbedingt berücksichtigt werden, um keine Unverträglichkeiten zu produzieren, die sowohl technische als auch bauphysikalische und hygienerelevante Probleme bereiten können. Als Baustoffe sind nach Möglichkeit nur von namhaften Prüfinstituten und -institutionen wie eco-Institut, natureplus e. V. oder Eurofins Gold empfohlene oder geprüfte Produkte auszuwählen. Dabei muss eine „Labelgläubigkeit", also das strikte Vertrauen auf Gütezeichen, vermieden werden, da es meist nur geprüfte Einzelbaustoffe und keine Produktsysteme gibt, die dann aller Wahrscheinlichkeit nach zu eben den o. g. Unverträglichkeiten und Problemen führen. Letztendlich kann nur ein entsprechend ausgebildeter (Fach-)Planer bzw. Fachmann aus einem Prüfprotokoll mit Emissionseinzelwerten auf eine Beurteilung der eventuell möglichen Wechselwirkungen der verschiedenen Bauprodukte für den jeweiligen Einsatzbereich im Hinblick auf die Innenraumhygiene schließen.

Die Zulassung des Deutschen Instituts für Bautechnik (DiBt) bedingt für Bauprodukte die Prüfung nach dem sogenannten AgBB-Schema (Ausschuss für die gesundheitliche Beurteilung

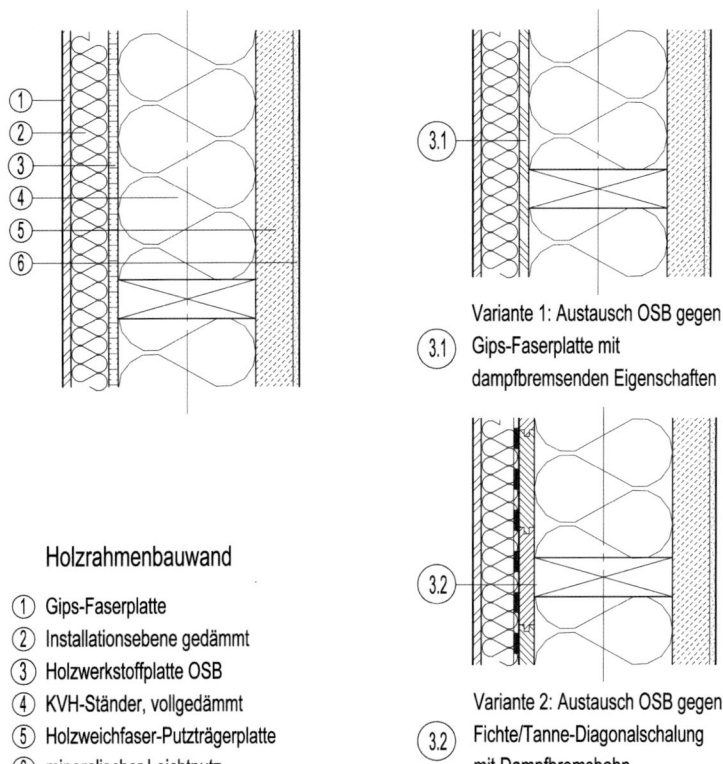

Variante 1: Austausch OSB gegen
(3.1) Gips-Faserplatte mit
dampfbremsenden Eigenschaften

Variante 2: Austausch OSB gegen
(3.2) Fichte/Tanne-Diagonalschalung
mit Dampfbremsbahn

Holzrahmenbauwand

1. Gips-Faserplatte
2. Installationsebene gedämmt
3. Holzwerkstoffplatte OSB
4. KVH-Ständer, vollgedämmt
5. Holzweichfaser-Putzträgerplatte
6. mineralischer Leichtputz

Bild 5-10 Der Austausch von Raumluft belastenden Materialen gegen zertifizierte oder weniger stark emittierende Baustoffe ist früh im Planungsprozess meist problemlos möglich.

von Baustoffen; siehe Kapitel 6.1, AgBB-Schema). Die DiBt-Zulassung allein ist zur Beurteilung des Emissionsverhaltens eines Baustoffs jedoch nicht ausreichend, um eine hochwertige Innenraumluftqualität herzustellen, da die angewendeten Grenzwerte nur die Gefahrenwerte der jeweiligen Prüfsubstanz unterschreiten. Über die tatsächlich in der Prüfkammer erreichten Werte gibt die Zulassung also keine Auskunft. In der Summe können so die verwendeten Baustoffe selbst mit DiBt-Zulassung zu einer Überschreitung hochwertiger raumhygienischer Standards führen. Aus gleichen Gründen ist eine Volldeklaration der Inhaltsstoffe eines Baustoffs nur ein Richtungszeiger, um individuelle Unverträglichkeiten wie Allergien auszuschließen. Es besteht aber keine Garantie für oder gegen Kontaminationen der Raumluft.

Auch ist bei der Verwendung emissionsgeprüfter Produkte die gleiche Sorgfalt anzuwenden wie bei ungeprüften. Fehler, die z. B. aus falscher oder unfachmännischer Verarbeitung oder Missachtung der Herstellervorschriften resultieren, können bei geprüften Produkten genau die gleichen katastrophalen Auswirkungen auf die Innenraumluft wie die Verwendung von ungeprüften haben. Die Ursache der Raumluftkontamination ist meist nur einfacher zuzuordnen, da die Ausgangssubstanzen bekannt sind.

Noch sind also nicht durchgängig für alle Anwendungsgebiete mit Emissionszeugnissen belegte und für gut befundene Baustoffe bekannt. Deshalb ist die Bestätigung durch externe Fachleute, die aufgrund von Kenntnissen in Chemie sowie Erfahrungswerten eine gute Prognose über die Auswirkung des Einsatzes einzelner Baustoffe auf die Innenraumluftqualität geben können, zu empfehlen. Bei der Beurteilung der Eignung der Baustoffe sollte nur die Innenraumluftrelevanz im Vordergrund stehen, eine ökologische Nachhaltigkeitsbetrachtung ist wünschenswert, aber für eine gute Raumluftqualität nicht zwingend notwendig.

Auch gibt es Einsatzgebiete, bei denen der Einsatz von Baustoffen aufgrund ihrer speziellen technischen Eigenschaften unumgänglich ist. Hierzu gehören derzeit z. B. Brandschutzschotts, die nicht immer als „harte" zementgebundene Schotts ausgeführt werden können. Auch ist die brandschutztechnische Ausrüstung von Stoffen in Versammlungsstätten oft ohne Alternative, während z. B. die biozide Ausrüstung von Silikonfugen im gefliesten Wohnraum unsinnig bzw. die dauerelastische Fuge selbst durch einfache Konstruktionsänderungen ganz zu vermeiden wäre. Trotzdem gilt der Grundsatz, dass die technische Eignung eines Baustoffs vor die innenraumhygienische Tauglichkeit zu stellen ist. Durch den Einsatz von emissionsgeprüften Baustoffen darf keine Gefahr für Leib und Leben oder die Standfestigkeit und Dauerhaftigkeit der Konstruktion ausgehen. Auch versteht sich Nachhaltigkeit aus Verfassersicht als die Verwendung des richtigen Baustoffs am richtigen Platz, um eine möglichst optimale Ausnutzung der Baustoffeigenschaften und eine möglichst lange Lebensdauer zu erreichen. Als Beispiel sei hier die Perimeterdämmung genannt, deren Vorteil im Erdreich im Schutz vor Belastungen aus Erddruck, Feuchtigkeit und Bodenbakterien bei gleichzeitig guter Dämmwirkung besteht. Im Innenraum sollte sie jedoch nicht angewandt werden. Dieser Nachhaltigkeitsgedanke schließt sich eben erst dann mit den Grundsätzen der Innenraumhygiene aus, wenn eine unzuträgliche oder gar gesundheitsgefährdende Emission aus dem Baustoff in Aufenthaltsräumen zu erwarten ist.

Gleichzeitig sollte ein scheinbar unbedenklicher Baustoff im Hinblick auf sein Emissionsrisiko während seiner Lebenszeit im Gebäude betrachtet werden. Hiermit sind z. B. Reaktionen auf Reinigungsmittel gemeint, die einen als unbedenklich einzustufenden emissionsgeprüften Oberboden bei Anwendung von falschen Reinigungsmitteln zu einer gesundheitlichen Belastung für die Nutzer werden lassen können.

Nicht zuletzt ist der Beladungsfaktor des Baustoffs, also das Verhältnis von Baustoffoberfläche zum Raumvolumen zu berücksichtigen. Auch ein emissionsgeprüfter Baustoff kann bei einer weit überdurchschnittlichen Verwendung im Raum oder in Kombination mit Emissionen anderer Bauprodukte im gleichen Raum zu hohen Emissionswerten führen. Auch muss vom Planer genau betrachtet werden, wo der jeweilige Baustoff verortet ist. Je näher er an der dem Innenraum zugewandten Oberfläche eines Bauteils angeordnet ist, um so größer wird die Wahrscheinlichkeit, dass er seine Inhaltsstoffe in die Raumluft abgibt. Im Umkehrschluss bedeutet dies, dass auf die Art und Qualität sowie die Ausführung der Oberflächenbehandlungen und -beschichtungen besonderes Augenmerk zu legen ist.

Vielleicht verwundert in diesem Zusammenhang die eingangs formulierte zentrale Forderung, für wirklich alle verwendeten Baustoffen einer Konstruktion emissionsarme Produkte zu verwenden, auch wenn diese keinen direkten Kontakt zur Innenraumluft haben. Zur Erklärung sei als Beispiel der Aufbau des schwimmenden Estrichs genannt, zu dessen Dämmung unterhalb der Estrichscheibe häufig expandiertes Polystyrol EPS zum Einsatz kommt. Durch Begehen des schwingenden Estrichs kommt es aber zu einer Pumpbewegung, wodurch die mit Styrolen belastete Luft nach und nach aus dieser Dämmschicht über die Dehnfugen am Rand in den Raum gelangen kann. Dies wurde bereits durch Messungen in Innenräumen nachgewiesen.

5.3.4 Regeln für die wohngesunde Verarbeitung

Ausschreibung und Vergabe

Während der Ausführungsplanung und gleichzeitig mit der zugehörigen Ausschreibung hat der Planer weiter Einfluss darauf, wie Baustoffe oder Bauelemente eingebaut und verarbeitet werden sollen. So ist zum Beispiel der Einbau von Innentürzargen oder aber auch Fensterrahmen in Außenwände ohne Montageschaum ein wichtiger Baustein zur Sicherung einer guten Innenraumluft. Gerade die sorgfältige Abdichtung der Fensterfugen bewirkt zudem einen schalltechnisch und bauphysikalisch einwandfreien Einbau der Fenster, der langfristig eine gute Luftdichtigkeit garantiert.

Bild 5-11
Innentürmontage ohne Ortschaum reduziert auch für den Verarbeiter die Emissionen. Werkseitig beschichtete Stahlzargen reduzieren die VOC-Menge in der Baustelle.

Sinnvoll sind erfahrungsgemäß bereits in der Ausschreibung kommunizierte konkrete und verbindlich vereinbarte Verhaltensregeln für die Durchführung der Arbeiten auf der Baustelle sowie die Förderung eines Grundverständnisses aller am Bau Beteiligten für die gewünschte Innenraumqualität. Dies kann den am Bau Beteiligten durch die Teilnahme an einer Handwerkerschulung vermittelt werden, die idealerweise von allen beauftragten Bauunternehmern vor Baubeginn bzw. vor Beginn der Ausbauarbeiten besucht wird. Die Teilnahme an dieser vom Bauherrn organisierten Veranstaltung kann mit Angebotsabgabe als verbindlich vereinbart gelten.

5

Bild 5-12 Auszug aus den Sentinel-Haus-Institut Baustellenregeln:[9] Einprägsam vermittelte
Regeln können während des Baus leicht eingehalten werden.

---

[9]   Quelle: Sentinel-Haus Institut GmbH, Freiburg, 2008

Die genaue Bezeichnung der ausgewählten Baustoffe und die Formulierung von Einbauweisen sind ebenfalls unverzichtbare Bestandteile der Ausschreibung. Wie in den vorausgegangenen Kapiteln beschrieben, ist nur der Einsatz der genau betrachteten Baustoffe tatsächlich zielführend. Damit verbunden ist eine durchgreifende Paradigmenumkehr beim Bauprozess der Gebäude selbst: Nicht allein das technisch mangelfreie Ergebnis nach Regel und Stand der Technik ist zu erreichen, sondern die gesamte Baustellenlogistik muss vor Baubeginn auf die Verwendung und Verfügbarkeit der vom Planer festgelegten Baustoffe abgestimmt werden. Für den Unternehmer bedeutet dies, dass er nicht irgendeinen, technisch vielleicht bestens geeigneten Baustoff einbauen darf. Vielmehr muss er ein genau benanntes Produkt rechtzeitig besorgen, vorhalten und fachgerecht verwenden, um die vereinbarte Beschaffenheit im Sinne eines technisch und innenraumhygienisch einwandfreien Ergebnis zu erreichen. Diese grundlegende Änderung im Bauprozess muss durch die Ausschreibung für alle Beteiligte klar und deutlich formuliert werden.

Zu guter Letzt sei noch erwähnt, dass auch, wenn Planer keine Rechtsberatung für den Bauherrn durch die Erstellung von Bauverträgen o. Ä. durchführen dürfen, sich Planer und Bauherr stets darüber bewusst sein müssen, dass Vereinbarungen zur Innenraumluftqualität mit allen am Bau beteiligten Bauausführenden derzeit noch eine rechtliche Besonderheit darstellen.

5

Objektbetreuung und Bauleitung

Für den Bauleiter ist die Objektbetreuung einer Baustelle mit dem Ziel einer guten Innenraumluftqualität besonders überwachungsbedürftig. Dabei ist es gleich, ob es sich um Neubau oder Bestandsanierung handelt. Der Vollständigkeit halber sei hier die mögliche Schadstoffkontamination der Bestandssubstanz erwähnt. Deshalb ist bei Bestandssanierungen vor Baubeginn durch Recherchen und entsprechende Baubegehungen eine mögliche Schadstoffkontamination auszuschließen. Bei Verdacht auf Schadstoffvorkommen, seien es offensichtliche oder seien es solche, die in der vorhandenen Bausubstanz verborgen sind und erst bei Öffnen der Konstruktion zutage treten, gilt es, während der Umsetzungsphase umgehend zu handeln und entsprechende Sachverständige hinzuziehen. Für den weiteren Fortgang der Baustelle sind in beiden Fällen die entsprechenden Empfehlungen der Gutachter und die gesetzlichen Bestimmungen und Richtlinien zu befolgen. Die Behandlung von Schadstoffsanierungen sprengt aufgrund der Umfänglichkeit des Themas den Rahmen dieser Abhandlung. Deshalb setzt die Betrachtung der Innenraumhygiene aus Sicht des Planers eine erfolgreiche Schadstoffsanierung voraus.

Waren bisher die Einweisung der Handwerker, die Umsetzung der Ausführungsplanung sowie die Dokumentation und abschließende Kontrolle der von den Handwerkern geleisteten Arbeiten im Sinne eines auf ein mängelfreies Objekt gerichtetes Baustellen- und Qualitätsmanagement zur Leistung vorgegeben, erweitern sich nun die Aufgaben des Bauleiters um weitere Bereiche.

Neben den üblichen qualitätssichernden Maßnahmen übernimmt der Bauleiter von Baubeginn an unbedingt die Eingangskontrolle der gelieferten Baustoffe und Bauteile: Hier ist anhand der Lieferscheine, der genauen Produktcodes auf der Verpackung und der Ausschreibungs- beziehungsweise Bestellunterlagen zu prüfen, ob die richtigen Produkte in der bestellten Qualität mit den entsprechenden Eigenschaften geliefert wurden. Diese sonst nur für bestimmte statisch relevanten Bauteile durchgeführte Kontrolle ist insbesondere für oberflächennahe Baustoffe notwendig. Entsprechend der Verantwortlichkeiten im gesundheitlichen Baustellenmanagement kann diese Aufgabe nicht dem jeweiligen Handwerker überlassen werden.

Spätestens ab der Herstellung der luftdichten Hülle, gemeinhin ist dies der Zeitpunkt des Einbaus der Fenster und der Haustür, ist eine wohngesunde Baustelle mit besonderer Sorgfalt zu betreuen. Neben zu vereinbarenden Raumluftmessungen im Bauablauf sowie nach Fertigstellung kann hier eine einfache, aber effektive Überwachung von Lufttemperatur und Luftfeuchte mit einem handelsüblichen Thermo-/Hygrometer erfolgen. Dies gibt dem Bauleiter direkte Hinweise darauf, ob ausreichend und wann gelüftet wurde. Weiter können Verarbeitungsbedingungen wie Temperatur und Luftfeuchtigkeit leicht eingehalten und dokumentiert werden. In der Folge wird Schimmelbildung vorsorglich durch im Bauprozess eingebrachte und nicht abgelüftete Feuchtigkeit vermieden.

Bild 5-13
Die Kontrolle der eingehenden Baustoffe und Ausbauprodukte gehört zu den Aufgaben des Bauleiters. Aufgrund von Typenähnlichkeiten mit unterschiedlichem Emissionsverhalten ist hier ein sorgfältiger Abgleich mit den Ausschreibungs- und Bestellunterlagen erforderlich. [Quelle: Wienerberger]

Bild 5-14
Ein Thermometer mit Luftfeuchtigkeitsanzeige auf der Baustelle ist ein einfaches Instrument zur Qualitäts-kontrolle und zeigt allen Beteiligten sofort an, ob gelüftet werden muss.

Des Weiteren gehört ab diesem Zeitpunkt die Überprüfung der genauen Einhaltung der Baustellenregeln zu den Pflichten des Bauleiters. Zu den Grundregeln einer „gesunden" Baustelle gehört es, dass die Entstehung von Staub so weit wie möglich vermieden werden soll. Staub und Feinstaub wirken wie das „Gedächtnis des Hauses", da sich an die feinen Staubpartikel Schadstoffe anlagern. Gemeinsam mit der Verlagerung emissionsträchtiger Bearbeitungsschritte durch hochdrehende Werkzeuge (Sägen, Schleifen, Trennen) nach außerhalb des Gebäudes wird so der Schadstoffeintrag ins Gebäude schon während der Bauzeit reduziert. Für die außerhalb des Gebäudes durchzuführenden Arbeiten muss vom Bauleiter ein optimalerweise überdachter Arbeitsplatz organisiert werden. Bei größeren Bauprojekten können dies notfalls durch Folientüren abgetrennte und beschilderte Bereiche in erreichbarer Nähe sein, z. B. in jedem zweiten Geschoss, um den Aufwand des Unternehmers relativ klein zu halten. Die für die Bauzeit zweckentfremdeten Räume sollen gut zu lüften sein und dürfen auch bei der späteren Nutzung nach gründlicher Reinigung nur eine untergeordnete Rolle spielen, z. B. als Abstellräume.

5

Bild 5-15   Nach kurzer Eingewöhnungszeit benutzen und bevorzugen
die Akteure am Bau die gründliche Baustellenreinigung mittels Staubsauger.
Regelmäßiger Austausch der Filter und Filterbeutel ist selbstverständlich.

Dennoch unvermeidliche Stäube sollten folgerichtig nicht gekehrt, sondern mit entsprechenden mit HEPA-Filtern ausgestatteten Staubsauggeräten entfernt werden. Eine abschließende Grundreinigung der Baustelle, die üblicherweise in jedem Gebäude durchgeführt wird, ist deswegen nicht ausreichend, da über Fugen und Risse Staub aus der Bauzeit in den fertigen Innenraum gelangen kann. Auch sind unzugängliche Stellen meist verbaut und können bei Fertigstellung des Gebäudes nicht mehr gereinigt werden.

Dabei ist der Vorbildeffekt einer dauerhaft sauberen Baustelle auf die Handwerker der einzelnen Gewerke nicht zu unterschätzen. Eine aufgeräumte und saubere Arbeitsumgebung setzt eigener Schlamperei und Verschmutzungsneigung enge Grenzen.

Dass das Rauchen auf der Baustelle zu unterlassen ist, versteht sich von selbst, nicht zuletzt vor dem Hintergrund der Vorgaben der Berufsgenossenschaft Bau.

Sämtliche Baustellenbesuche, die mit einer Prüfung der Logistik einhergehen, sollten vom Bauleiter mit Fotos belegt und in Schriftform nachvollziehbar dokumentiert werden. Anhand dieses Bautagebuches kann später eine genaue Materialdokumentation erstellt werden, die im zukünftigen Renovierungsfall Unverträglichkeiten zwischen Baustoffen ausschließt.

Bild 5-16
Eine aufgeräumte Baustelle verhindert die Lagerung von Baustoffen oder Abfällen innerhalb der Baustelle.

5.3.5 Schlussbetrachtung

Für den Planer bedeutet die Berücksichtigung der Innenraumhygiene eine neue, damit andere und differenzierte Sichtweise auf die meist aus gestalterischen oder Kostengründen gewählten Baustoffe mit ihren Oberflächen. Nicht mehr nur die einwandfreie technische Eignung eines Baustoffs und sein möglichst mangelfreier Einbau im Gebäude sind zu berücksichtigen, sondern mit dem Wissen um den Einfluss der Baustoffe auf die Innenraumqualität rückt eine bisher vernachlässigte Komponente für die Materialauswahl in den Vordergrund.

Bie der Durchsetzung der Innenraumhygiene ist jedem Bauleiter dringend anzuraten, sich gemeinsam mit den beteiligten Handwerksunternehmen als Team im Sinne des Bauherrn zu sehen. Dies weicht deutlich von der heute allgemein üblichen Praxis auf Baustellen ab, bei der jeder Handwerker, aber auch jeder Bauleiter nur die Belange seines eigenen Gewerks sieht und ein Blick über den Tellerrand aufgrund von Kostendruck oder wegen möglicher Haftungsrisiken möglichst vermieden wird. Eine durchgängig ergebnisgerichtete Bauleitung mit dem Ziel, ein mängelfreies Gebäude mit gutem Raumklima im Sinne der Innenraumhygiene zu erreichen, kann aber nur funktionieren, wenn die auf der Baustelle handelnden Personen wieder miteinander kommunizieren und sich gegenseitig ergänzen und unterstützen. Selbstverständlich sind auch auf solch eher kommunikativ geführten Baustellen Abnahmen- und Schnittstellenprotokolle zu führen, um den Bau umfassend zu dokumentieren. Der Bauleiter hat immer im Interesse und im Sinne seines Bauherrn zu agieren, jedoch tut er gut daran, auch gut geschulten und erfahrenen Handwerkern Gehör zu schenken und gemeinsam nach praktikablen Lösungen zu suchen. So erhöht sich aus meiner Erfahrung fast automatisch die gesamte Ausführungsqualität des Gebäudes und damit der Gewinn für den Bauherrn und die „neue" Innenraumhygiene.

Literatur

Benevolo, L.: Die Geschichte der Stadt, 6. Auflage. Campus Verlag GmbH, Frankfurt am Main 1991

Gesamtverband Schadstoffsanierung GbR (Hrsg.): Schadstoffe in Innenräumen und an Gebäuden. Erfassen, bewerten, beseitigen, 1. Auflage, Verlagsgesellschaft Rudolf Müller, Köln 2010

Prof. Dr.-Ing. Pohlenz, R.; Info Schallschutz – Anforderungen und Nachweise, in: Seminarunterlagen der Akademie der Architektenkammer Nordrhein-Westfalen gGmbH, Oberhausen 2007

Zwiener, G., Mötzl, H.: Ökologisches Baustoff-Lexikon, Bauprodukte – Chemikalien – Schadstoffe – Ökologie – Innenraum, 3. Auflage, C.F. Müller Verlag, Heidelberg 2006

5

Normen

DIN 4108-2: 2003-07 – Wärmeschutz und Energieeinsparung in Gebäuden, Teil 2

DIN 4109 Schallschutz im Hochbau – Anforderungen und Nachweise; 1989-11

DIN 4109 A1 Schallschutz im Hochbau – Anforderungen und Nachweise; 2003-09

DIN 4109 Beiblatt 1 Schallschutz im Hochbau; Ausführungsbeispiele und Rechenverfahren; 1989-11

DIN 4109 Beiblatt 2 Hinweise für Planung und Ausführung, Vorschläge für einen erhöhten Schallschutz, Empfehlungen für den Schallschutz im eigenen Wohn- und Arbeitsbereich

DIN E 4109-10 Schallschutz im Hochbau – Vorschläge für einen erhöhten Schallschutz von Wohnungen; 2000-07

DIN 1946-6; 2009-05 – Raumlufttechnik, Teil 6: Lüftungen von Wohnungen

Richtlinien

Verein Deutscher Ingenieure, VDI Richtlinie 4100 – Schallschutz von Wohnungen – Kriterien für Planung und Beurteilung, 1994/2007

Länderarbeitsgemeinschaft Abfall, Anforderungen an die stoffliche Verwertung von mineralischen Abfällen: Teil II: Technische Regeln für die Verwertung, 1.2 Bodenmaterial (TR Boden), Stand: 5.11.2004

5.4 Besondere Bedingungen im Holzbau

Peter Bachmann und Susanne Gehrmann

Best-practice-Beispiele zeigen vielerorts hohe Umsetzungskompetenz

Gebäude mit einer hohen Qualität der Innenraumhygiene können in allen üblichen Bauweisen erreicht werden. Die unterschiedlichen Bauweisen erfordern allerdings individuelles Wissen für eine hochwertige Umsetzung.

Holz ist prinzipiell als Baustoff für wohngesunde Gebäude sehr gut geeignet, wie viele Beispiele in Deutschland, der Schweiz und Österreich zeigen. Positiv ist die häufig anzutreffende Gesamtverantwortung von Holzbauunternehmen hervorzuheben, die die Rolle des Generalunternehmers einnehmen und damit das Gesamtergebnis im Blick haben. Außerdem zeichnet sich der Holzbau durch eine trockene Bauweise und schnelle Montage durch Vorfertigung aus: Schimmel kann so gar nicht erst entstehen.

Dass Holz einen spezifischen Geruch aufweist ist allgemein bekannt und häufig gewünscht. Der typische Holzgeruch ist auf VOC zurückzuführen, hier riecht man die sogenannten Terpene. Im Allgemeinen werden diese Geruchsstoffe als angenehm empfunden, bei manchen Menschen können diese jedoch Allergien auslösen.

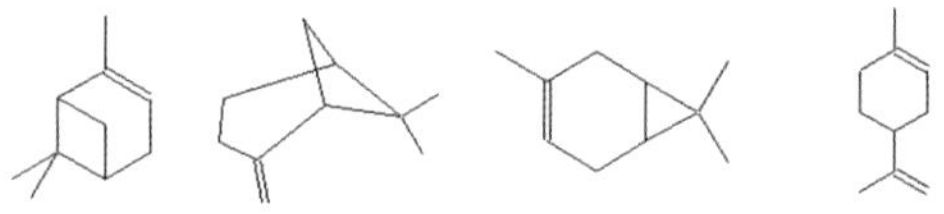

α-Pinen   β-Pinen   3-Caren   Limonen

Bild 5-17 Molekulare Strukturen verschiedener Terpene

Besonders sollte im **Holzbau** auf bestimmte Baustoffe, vor allem Holzwerkstoffe, geachtet werden, die durch den industriellen Verarbeitungsprozess und/oder Zuschlagsstoffe (z. B. Kleber) in ihrem Emissionsverhalten negativ verändert sind. Durch ihren großflächigen Einsatz haben sie jedoch entscheidenden Einfluss auf die Innenraumluftqualität. Schon Untersuchungen von Risholm-Sundmann (2002) zeigen, dass Holzwerkstoffe deutlich mehr Aldehyde freisetzen als Vollholz. Dieses Ergebnis wurde in den letzten Jahren vielfach bestätigt und vertieft (u. a. Kuebart 2004, Horn et al. 2006, Makowski 2007). Aldehyde und insbesondere ungesättigte Aldehyde weisen sehr geringe Geruchsschwellen auf und haben auch bei der gesundheitlichen Bewertung von Bauprodukten nach dem AgBB-Schema (Ausschuss zur gesundheitlichen Bewertung von Bauprodukten) einen geringen NIK-Wert (niedrigst interessierende Konzentration, die aus toxikologischer Sicht gerade noch von Interesse ist). Sie können ggf. gesundheitsschädlich sein. Bekannt ist dieser Geruch beispielsweise von ranzigem Fett. Somit bedürfen die Holzwerkstoffe für eine wohngesunde Gebäudeerstellung einer besonderen Aufmerksamkeit, insbesondere der üblicherweise eingesetzten OSB-Platte (Oriented Strand Board, Grobspanplatte). Leider stehen für diesen für den Holzbau sehr elementaren Baustoff derzeit keine öffentlich zugänglichen Emissionszeugnisse zur Verfügung, die eine Einschätzung der gesundheitlichen Auswirkungen auf die Innenraumhygiene erlauben. Aus den genannten stichprobenartigen Untersuchungen von OSB-Platten ist jedoch abzuleiten, dass hier bezüglich der Innenraumluftqualität kritische Mengen VOC, insbesondere Aldehyde, freigesetzt werden können. So wurde in der Dissertation von Mathias Makowski (Hamburg 2007) das Emissionsverhalten verschiedener OSB-Platten intensiv betrachtet: „Die Ergebnisse zeigen, dass die VOC-Emissionen von OSB von einer Vielzahl zusammenhängender Einflüsse abhängen. Allein die Anpassung technologischer oder verfahrenstechnischer Parameter ist daher vermutlich nicht ausreichend für eine nachhaltige Kontrolle und Reduzierung der Emissionen. Um dies zu erreichen, müssen weiterführende Untersuchungen unter anderem zeigen, welche weiteren Faktoren Einfluss auf die Emissionen von OSB ausüben. Vor allem ist zu klären, unter welchen Umständen es zur Entstehung von Aldehyden kommt und ob bzw. wie diese Reaktion beeinflusst werden kann.“

An dieser Stelle soll auf die aktuelle Studie von Prof. Dr. Volker Mersch-Sundermann der Universität Freiburg verwiesen werden. Hier konnte in umfangreichen Tests eindeutig nachgewiesen werden, dass die üblichen Konzentrationen von Emissionen aus Holz- und Holzwerkstoffen die menschliche Gesundheit nicht schädigen. Dies ist sehr zu begrüßen, steht jedoch in einem Widerstreit zu den Qualitätsforderungen der Behörden (TVOC-Empfehlung) und Gebäudezertifikaten wie z. B. DGNB.

Bild 5-18 Singlehaus nach dem Sentinel-Haus-Standard in der Lüneburger Heide

Durch eine konsequente Baustoffauswahl und angepasste Verhaltensweise auf der Baustelle können im Holzbau bewiesenermaßen sehr gute Innenraumluftqualitäten erzielt werden. Vorfertigung und detaillierte Vorplanung sind im Holzbau üblich und bieten eine hervorragende Grundlage, um wohngesund zu bauen. Denn häufige Quellen für VOC sind Improvisationen auf der Baustelle, die durch unzureichende Planung erforderlich werden. Auch bezüglich der Bauphysik zeichnet sich der Holzbau aus: Eine luftdichte Gebäudehülle ist schon lange selbstverständlich und hohe Dämmstandards allgemein üblich. Zudem ist der Geruch eines frischen Holzes für viele Menschen ein Ausdruck von einem guten Lebensraum. So stellt etwa eine Untersuchung des Joanneum Research zu Zirbenholz signifikante Unterschiede der Erholungsqualität in Räumen mit Zirbenholz fest. Die Versuchspersonen hatten eine ruhigere Herzfrequenz und einen deutlich erholsameren Schlaf.

Ein Beispiel hierfür ist das abgebildete wohngesunde Single-Haus in der Lüneburger Heide, errichtet durch Meyer Holzbau. Hier wurden sämtliche Materialien, bei denen eine gesundheitliche Gefährdung nicht ausgeschlossen werden konnte, ausgetauscht. Es handelt sich um einen üblichen Holzrahmenbau auf einer Betonbodenplatte. Anstelle der meist verwendeten Holzwerkstoffplatten für die Diagonalaussteifung der Bauteile wurde diese aus im eco-Institut emissionsgeprüften Gipsfaserplatten hergestellt, welche gleichzeitig die Innenverkleidung darstellen. Die Fugen wurden mit ebenfalls emissionsgeprüftem Spachtel geschlossen. Außen wurde unter der unbehandelten Lärchendeckelschalung eine 35 mm starke Holzweichfaserplatte montiert und zwischen den Ständern und im Dach steckt eine 20 cm starke Holzweichfaserdämmung. Auch die verwendete feuchtevariable Dampfbremse sowie die Silikatinnenfarbe sind auf Emissionen kontrolliert. Der Fußboden wurde mit druckfesten Holzweichfaserplatten gedämmt. In Zusammenhang mit einer Schulung der Handwerker und optimiertem Verhalten auf der Baustelle (Rauchen verboten, Staubsauger mit Hepa-Filter, keine hochdrehenden Werkzeuge) konnte bei der Abschlussmessung eine sehr gute Innenraumluftqualität festgestellt werden, welche die Empfehlungen des Umweltbundesamtes (2007) bezüglich VOC und Formaldehyd deutlich unterschritt. Viele weitere Projekte, darunter ein ebenfalls von Meyer Holzbau errichtetes Doppelhaus in gleicher Bauweise, bestätigen, dass bei Beachtung einiger wesentlicher Aspekte im Holzbau ohne großen Aufwand sehr gute Innenraumluftqualitäten erreicht werden können.

Zusammenfassend sollten folgende Punkte bei der Erstellung eines Gebäudes in Holzbauweise beachtet werden:

– Verwendung emissionsgeprüfter Baustoffe
– Schulung der beteiligten Mitarbeiter
– Angepasste Verhaltensweise auf der Baustelle
– Wärmebrückenfreie Konstruktion
– Planung und Überprüfung der luftdichten Gebäudehülle
– Vermeidung/Minimierung von lösemittelhaltigen Dichtstoffen (Silikon, Acryl usw.)

Bild 5-19 Kindergarten nach dem Sentinel-Haus-Konzept in Freiburg

Literatur

Horn, W.; Jann, O.; Brödner, D.; Juritsch, E.; Kalus, S. (2006): Classification of OSB Emissions Assessed with a German Evaluation Scheme. Healthy Buildings 2006, Lissabon.

Kuebart, F. (2004): Korkboden und OSB-Platten. 2. Fachgespräch zur Vorgehensweise bei der gesundheitlichen Bewertung der Emissionen von flüchtigen organischen Verbindungen (VOC) aus Bauprodukten, S. 67–85

Makowski, M. (2007): Untersuchungen über die Emissionen flüchtiger organischer Verbindungen von OSB aus Kiefernholz (Pinus Sylvestris L.). Dissertation, Universität Hamburg, Department Biologie der Fakultät für Mathematik, Informatik und Naturwissenschaften.

Gminski R, Marutzky R, Kevekordes S, Fuhrmann F, Bürger W, Hauschke D, Ebner W, Mersch-Sundermann V 2010): Sensorische und irritative Effekte durch Emissionen aus Holz und Holzwerkstoffen: eine kontrollierte Expositionsstudie, Arbeitsmed Sozialmed Umweltmed 2011; 46: S. 459–460

Mersch-Sundermann, V.; Tang, Tao; Gminski R. (2011): Zytotoxizität und Gentoxizität von flüchtigen organischen Verbindungen (VOC) aus Kiefernholz und Grobspanplatten (OSB) im Biologischen Kammerexpositionssystem (BIKAS)

Risholm-Sundman, M. (2002): VOC-Emissions from Wood Based Panels. Tagungsband „Umweltschutz in der Holzwerkstoffindustrie", S. 152–157

Umweltbundesamt (2007) – Beurteilung von Innenraumluftkontaminationen mittels Referenz- und Richtwerten, Bundesgesundheitsblatt – Gesundheitsschutz 2007 – 50, S. 990–1005, Springer Medizin Verlag

5.5 Besondere Bedingungen im Massivbau mit Best practice

Alexander Lehmden, Antonia Krische und Gabriele Meyer-Fössl

Das moderne Leben findet mittlerweile zu fast 90 Prozent in geschlossenen Räumen statt. Doch die unmittelbaren Lebensräume sind mittlerweile mehr und mehr dafür verantwortlich, dass Menschen krank werden. Mehr als 16 Millionen Deutsche leiden an allergiebedingten Beschwerden, es gibt mehr und mehr MCS-Kranke (Multiple Chemikalien-Sensitivität). Nur Häuser und Wohnungen, die weitgehend frei von belastenden Baumaterial sind, können dafür sorgen, dass Menschen in ihrem Lebensraum gesund bleiben und sensitive Menschen wieder besser leben können.

Der Ziegel ist ein natürlicher mineralischer Wandbildner ohne chemische Zusätze: antiallergisch und ausdünstungsfrei. Aufgrund seiner Konstruktion wird kein künstlicher Vollwärmeschutz aus Polystyrol oder Steinwolle benötigt. Mit dem massiven Mauerwerk wurde dadurch eine wohngesunde, luftdichte und zugleich atmungsaktive Basis geschaffen. Weiterer Vorteil der monolithischen Ziegelwand ist die hohe Wärmespeicherkapazität. Während der Naturbaustoff in der Heizperiode die Energiekosten senkt, schützt er im Sommer vor einer Überhitzung der Räume. Die Luftporen und Kapillarstruktur der Ziegel funktioniert hierbei wie eine natürliche Klimaanlage und sorgt dafür, dass das Gebäude trotz hoher Außentemperaturen angenehm kühl bleibt. Hierbei „saugen" die Ziegel die Wärme tagsüber auf, speichern und geben sie zeitversetzt ab. Bei sinkender Außentemperatur wird diese sinnvoll für die Erwärmung der Innenräume genutzt.

Sehr empfehlenswert sind hier hochwärmedämmende Ziegel, die mit dem mineralischen Dämmstoff Perlite gefüllt sind. Der nachhaltige Baustoff Ziegel legt in Labortests nicht nur beste Eigenschaften hinsichtlich Wärmeschutz, Wärmespeicherung, Feuchtepufferung und Schallschutz an den Tag, sondern garantiert auch geringste Schadstoffwerte. Als besonders trockener, hygroskopischer Baustoff verhindern Ziegel zudem die gefährliche Bildung von Schimmel – ein Problem, das leider auch in vielen Neubauten vorkommt. Dank seiner guten Dämmwerte kann auf künstliche, zusätzliche Dämmschichten verzichtet werden, was nicht nur die Ökobilanz, sondern auch die Werthaltigkeit verbessert.

5.5.1 Finanzieller Mehrwert in allen Nutzungsphasen

Massive Mauerziegel vereinen eine Vielzahl positiver Eigenschaften und empfehlen sich in diesem Kontext vor allem als wohngesunder Baustoff – ein Aspekt, den es angesichts der Tatsache, dass in den vergangenen 30 Jahren immer mehr Kinder und Jugendliche in den westlichen Industrienationen an allergischen Erkrankungen leiden, an Bedeutung gewinnt. „Grobkeramische Ziegel" bestehen aus den rein natürlichen Ressourcen Ton, Lehm und Wasser. Sie werden ohne künstliche oder bauchemische Zusätze hergestellt und geben keine gesundheitsschädlichen Substanzen an die Raumluft ab. Zudem zeichnet sich der Ziegel durch seine besondere Kapillarstruktur aus, die diffusionsoffen wirkt. Damit beugen Ziegelwände effektiv einer Tauwasser- und Feuchtigkeitsbildung vor und machen den Einsatz von Dichtungsfolien überflüssig. Mit seinen zahlreichen positiven Eigenschaften erfüllt der Ziegel daher alle Voraussetzungen für anspruchsvolles Bauen und wird dem Wunsch nach behaglichem Wohnen quasi auf natürliche Weise gerecht.

Zu einem gesunden Wohnen gehört außerdem Ruhe in den eigenen vier Wänden. Mauerziegel bieten durch ihre massive Beschaffenheit einen hohen Schallschutz, der den Lärm von außerhalb und innerhalb des Hauses effektiv abblockt. Damit tragen sie maßgeblich zum Wohlbefinden der Bewohner bei.

Sowohl beim Bau als auch während der Nutzungsphase lässt sich mit Ziegel-Mauerwerk bares Geld sparen. So besitzen massive Mauerziegel selbst ohne zusätzliche Außendämmung einen sehr guten Wärmeschutz, der das Haus im Sommer angenehm kühl hält und im Winter das Eindringen von Kälte verhindert – sinkende Energiekosten sind der positive Folgeeffekt. Als Form der Altersvorsorge raten Experten seit jeher zu massiven Ziegelhäusern. Denn bereits beim Brennen erhält der Ziegel seine Endform, die sich nicht mehr verändert. Das Resultat: Das Eigenheim kann über mehrere Generationen genutzt werden, ohne dass teure Instandhaltungskosten am Mauerwerk anfallen. Diese Langlebigkeit garantiert eine hohe Wertbeständigkeit. Selbst nach 40 Jahren kann ein massives Ziegelhaus noch gut weiterverkauft werden. Der Ziegel ist ein Wandbaustoff, der Wohngesundheit und Wirtschaftlichkeit garantiert – und das in allen Nutzungsphasen.

„Der getestete Naturbaustoff Ziegel erfüllt alle Kriterien, die für gesundes Wohnen wichtig sind: geringste Schadstoffemissionen, eine hervorragende Wärmedämmung, hoher Schallschutz, ein sehr guter Feuchtigkeitsausgleich und – als besonders trockener Baustoff – Schutz vor Schimmelbildung."

(Zitat: Peter Bachmann, Geschäftsführer Sentinel-Haus® Institut GmbH [1])

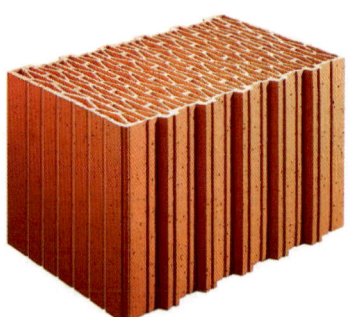

Bild 5-20
Monolithischer Mauerziegel PTH 50 H.i Plan der Firma Wienerberger

Der Ziegel ist mit seiner 5000 Jahre alten Geschichte nicht nur historisch der erfolgreichste Baustoff, sondern auch im 21. Jahrhundert eines der am häufigsten verwendeten Baumaterialien weltweit. Als Naturprodukt aus Ton und aufgrund seiner langen Lebensdauer erfüllt der Ziegel – egal ob Hintermauer-, Dach- oder Vormauerziegel – wie kein anderes Produkt viele unterschiedliche Anforderungen ökologischer, ökonomischer und sozialer Nachhaltigkeit.

Grundlegende Vorzüge des Ziegels für wohngesunde Baukonzepte sind:

1. Dauerhafte Luftdichtheit der Gebäudehülle
2. Hohe Gesundheitsverträglichkeit
3. Guter Feuchtigkeitsausgleich

Dass diese Aussagen auch technisch belegt werden können, soll die folgende Erörterung dieser Vorzüge zeigen. Abschließend sollen drei gebaute Modellprojekte zeigen, dass Ziegel und Wohngesundheit eng miteinander verbunden sind.

1. Dauerhafte Luftdichtheit der Gebäudehülle

Eine wichtige Voraussetzung für Wohngesundheit ist die Luftdichtheit des Gebäudes. Die Luftdichtheit wird durch die innere Dichtebene sicher gestellt, die verhindert, dass feuchte Innenluft durch Fugen in der Konstruktion eindringt und dort Feuchteschäden verursacht. Auch verhindert diese Dichtungsebene, dass kalte Außenluft durch Leckagen in den Innenraum eindringt. Die „Luftdichtheitsschicht" ist in der Regel auf der Warmseite der Gebäudehülle anzubringen. Im Ziegel-Massivbau bildet in der Regel der Innenputz die luftdichte Ebene.

Massivbauten aus Ziegel lassen sich relativ problemlos dauerhaft luftdicht ausführen. Für die flächigen Bauteile gilt, dass nass verputztes Mauerwerk mit mindestens einer verputzten Oberfläche grundsätzlich luftdicht und auch kontrollierbar ist. Durch den Trocken- und Brennprozess der Ziegel wird das Schwinden und Quellen bereits vorweggenommen und zum Abschluss gebracht, sodass – im Gegensatz zu anderen Baumaterialien wie zum Beispiel Holz – durch diese Bewegungen keine nennenswerten Auswirkungen auf das Bauteil entstehen. Somit ist bei Außenwänden die Gewähr für dauerhafte Dichtheit gegeben.

Unzählige Luftdichtheitsmessungen in Ziegelgebäuden haben gezeigt, dass verputzte Ziegelwände luftdicht sind. Der Grenzwert des Sentinel-Haus-Instituts von $n_{50} < 1{,}0 \text{ h}^{-1}$ wird in der Praxis von verputzten Ziegelwänden bei Weitem unterschritten.

Tabelle 5-1 Ergebnisse von Blower-Door-Messungen in Ziegelgebäuden [2]

Messort	Ergebnis n_{50}	Messfirma	Wandsystem
Laa/Thaya	0,4	Isocell	Hochlochziegel 25
Ternitz	0,4	Isocell	Hochlochziegel 25
Telfs	0,6	Isocell	Hochlochziegel 25
Neukirchen	0,6	Isocell	Hochlochziegel 25
Linz	0,33	Land OÖ	Hochlochziegel 25
Ebersdorf	0,2	Arge-PH	Hochlochziegel 20

Prinzipiell sind folgende Ausführungsregeln zu beachten:

– Der Putz muss sauber und vollflächig vom Rohfußboden bis zur Rohdecke gezogen werden, auch an später nicht mehr einsehbaren Stellen.
– Hinter Sanitärobjekten (Bade- und Duschwannen, Spülkästen, Rohrleitungen usw.) an Außenwänden muss verputzt werden, bevor die Sanitärinstallationsarbeiten erfolgen.
– Die Fenster- und Türlaibungen sind sorgfältig und ebenflächig zu verputzen (Glattstrich), um eine glatte Oberfläche für den Einbau zu gewährleisten.

– Aussparungen für Elektro- und Installationsverteilerkästen in Außenwänden sind an allen fünf Seiten sorgfältig und ebenflächig zu verputzen.
– Die Folie von Leichtbaukonstruktionen ist beim Übergang zu Mauerwerk ausreichend lang in der Putzschicht stehen zu lassen und mit Streckmetall als Putzträger zu versehen. Sehr oft wird die Folie vom Verputzer irrtümlich abgeschnitten statt eingeputzt.
– Verteiler- und Steckdosen im Hochlochziegel satt im Gipsbett einsetzen, rund um die Dose und anschließendes Rohr ca. 10 cm dicht einbetten und nicht nur mit Gipsbatzen fixieren.

Bild 5-21
Bei massivem Mauerwerk ist der sauber ausgeführte Innenputz die luftdichte Ebene.

2. Hohe Gesundheitsverträglichkeit

In vielen Ländern wurden Ziegelprodukte mit Gütesiegeln wie dem natureplus®-Qualitätszeichen zertifiziert. Dieses internationale Prüfzeichen für nachhaltige Wohn- und Bauprodukte soll hier eingehender erläutert werden. Um dieses Prüfzeichen zu erlangen, werden Werke und deren Produkte von unabhängigen Institutionen umfassend geprüft. Das natureplus®-Qualitätszeichen steht für Gesundheitsverträglichkeit, umweltgerechte Produktion, Schonung von Ressourcen und Gebrauchstauglichkeit. Produkte, die dieses Zeichen tragen, zeichnen sich durch eine besonders hohe Qualität in Bezug auf Gesundheit, Umwelt und Funktion aus.

„Die drei Säulen der Nachhaltigkeit, die in den Grundsätzen von natureplus® implementiert sind (Umwelt, Gesundheit, Funktion), erfüllen die Produkte von Wienerberger in besonderem Maße. Wienerberger ist auch vorbildlich hinsichtlich seiner Kommunikation und zeigt immer wieder den Wert der ganzheitlichen Nachhaltigkeitsprüfung auf. Damit nimmt Wienerberger eine Vorreiterrolle in Bezug auf die von uns angestrebte nachhaltige Baukultur ein."

(Zitat: Thomas Schmitz-Günther, Geschäftsführer natureplus® e.V. [1])

⇨ Kriterien von natureplus® (nach: http://www.natureplus.org vom 16. Juni 2010):

Für die Zertifizierung kommen nur nachhaltige Produkte infrage, die zu mindestens 85 Prozent aus nachwachsenden oder nahezu unbegrenzt verfügbaren mineralischen Rohstoffen bestehen. Diese haben einen positiven Einfluss auf das Raumklima. Gleichzeitig sind die synthetischen Anteile streng auf das technisch mögliche Minimum reglementiert. So können einerseits schädliche Ausdünstungen vermieden und andererseits der Verbrauch fossiler Energieträger und endlicher Ressourcen minimiert werden. Die Herkunft der Rohstoffe wird sorgfältig kontrolliert.

Produktlebensanalysen (Life Cycle Analysis), Werksbegehungen und anspruchsvolle Richtwerte, beispielsweise für den Energieverbrauch, garantieren, dass die Produkte umweltverträglich hergestellt werden. Strengste Grenzwerte für Schadstoffe, die weit über gesetzliche Anforderungen hinausgehen, sorgen dafür, dass keine gesundheitlichen Beeinträchtigungen von den Bauprodukten ausgehen. Für die Kontrolle dieser Werte sind ausgewählte Laboratorien zuständig.

Auch die Gebrauchstauglichkeit und Langlebigkeit der Produkte ist Voraussetzung für die Vergabe. Die Basiskriterien gelten für alle Produkte, die mit dem natureplus®-Qualitätszeichen ausgezeichnet werden. Darüber hinaus sind die produktgruppen- und produktspezifischen Anforderungen der entsprechenden Produktgruppen- sowie Produktrichtlinien zu erfüllen. Anbieter von zertifizierten Produkten müssen die bei der Herstellung, beim Vertrieb und bei der Anwendung bestehenden gesetzlichen Bestimmungen des jeweiligen Landes erfüllen.

3. Guter Feuchtigkeitsausgleich

Eine hohe Durchfeuchtung von Baustoffen und Bauteilen hat eine Reihe von Folgen [3]:

– Eisbildung und eine damit verbundene Zerstörung der Baustoffe
– Plastifizierung von Baustoffen (Gips, Lehm)
– Verrottung organischer Materialien (Holz, Stroh)
– Erhöhte Wahrnehmbarkeit von Gerüchen
– Schimmelpilzbildung im Inneren und an den Oberflächen von Konstruktionen
– Algenbildung an Oberflächen
– Verlust der wärmedämmenden Eigenschaften

Die Folge unzulässiger Durchfeuchtung sind der Verlust der Standsicherheit des Gebäudes, eine Innenraumluftbelastung sowie ein erhöhter Energieverbrauch. Aus diesem Grund sind Bauteile und Gebäude allgemein so zu planen, herzustellen und zu nutzen, dass

– die Baufeuchte möglichst rasch austrocknen kann,
– Witterung (Regen, Schlagregen) und Bodenfeuchtigkeit keine unzulässigen Feuchtigkeitsgehalte in der Baukonstruktion erzeugen und
– die Nutzung so gestaltet wird, dass die in der Planung angenommenen Innenklimabedingungen eingehalten werden.

Neben den Konstruktiven Regeln ist vor allem auch das Feuchteverhalten der Baustoffe entscheidend.

Der Ziegel ist durch den Trocken- und Brennprozess in der Produktion ein sehr trockener Baustoff. Vor allem beim Brennprozess bei 900 °C entweicht das gebundene Wasser aus dem Baustoff. Der Ziegel hat einen Feuchtigkeitsgehalt von fast 0 %. In der Bauphase erhöht sich der Feuchtigkeitsgehalt durch den Mauermörtel und den Innen- und Außenputz. Durch die Verklebung des Ziegels mit Dünnbettmörtel oder DryFix wird die Baufeuchtigkeit aber reduziert.

Nach der Errichtung des Gebäudes trocknen Ziegelwände und -decken durch die offene Porenstruktur schnell aus. Nach der ersten Heizperiode ist diese Ausgleichsfeuchte erreicht. Je nach Innenraumnutzung beträgt diese Ausgleichsfeuchte 1–5 % (massebezogener Wassergehalt).

„Ziegel und Lehm werden bezüglich einer negativen Beeinflussung der Innenraumluftqualität nicht nur als vollkommen unbedenklich eingestuft, diese diffusionsoffenen und speicherfähigen Baustoffe können, wenn Sie richtig verwendet werden, auch einen positiven Einfluss auf das Innenraumklima haben.“ (Dipl.-Ing. Peter Tappler, führender Experte Österreichs zum Thema Innenraumluftqualität [1])

Ein weiterer großer Vorteil des einschaligen Ziegelmauerwerks ist der diffusionsoffene Wandaufbau. Der Feuchtigkeitstransport von innen nach außen wird durch keine Sperrschicht behindert. Damit kann die Ziegelwand den Feuchtigkeitshaushalt positiv beeinflussen. Auskunft über die Diffusionsoffenheit von Baustoffen gibt die Diffusionswiderstandszahl μ. Je niedriger diese ist, desto besser ist das Diffusionsverhalten des Baustoffes.

Tabelle 5-2   DIN V 4108-4, Tabelle 1 [4]

Stoff	Richtwerte der Wasserdampf-Diffusionswiderstandszahl μ
Hochlochziegel	5/10
Beton	70/150
Expandierter Polystyrolschaum nach DIN EN 13163	20/100

Der Klassiker im Massivbau sollte jedoch nicht vergessen werden: Lehm – der älteste Baustoff der Welt.

Auf Lehm als Baustoff verlassen sich die Menschen seit Jahrtausenden. Aus gutem Grund. Lehm ist natürlich. Mit geringem Energieeinsatz und ohne chemische Umwandlungsprozesse wird aus dem Rohstoff ein hochwertiger Baustoff. Lehm nimmt Feuchtigkeit auf und gibt sie wieder ab. Lehm ist widerstandsfähig und Lehmbauteile lassen sich problemlos reparieren. Nichts liegt also näher, als beim Bauen zum Lehm zu greifen.

Doch in jüngerer Zeit geriet Lehm als Baumaterial mehr und mehr in Vergessenheit. „Moderne“ Baustoffe wurden mit hohem Energieaufwand produziert und begannen, Lehm zu verdrängen. Dabei ist er nach wie vor unersetzlich.

Seit einigen Jahren produzieren nun etliche Betriebe vorgetrocknete Lehmbausteine, die leicht zu verarbeiten sind und keinen Schwund mehr erfahren. Selbstverständlich sollten aber auch hier erfahrene Verarbeiter ausgewählt werden.

Auf dieses Thema soll in der nächsten Auflage des Buches näher eingegangen werden.

Best-Practice-Beispiele in massiver Ziegelbauweise

Massivbauhäuser aus Ziegeln, die sowohl den Kriterien des energieeffizienten als auch des wohngesunden Bauens entsprechen, werden aktuell in mehreren europäischen Ländern realisiert. Ziel ist es jedoch, ein Gebäudekonzept in Europa auszurollen, welches die Kriterien Energieeffizienz sowie Wohngesundheit vereint und welches für Bauherren in unterschiedlichen Ausführungen möglich ist. So kann je nach persönlichem Geschmack, regionalen Besonderheiten oder nationalen Bauvorschriften sowohl ein Passivhaus als auch ein Sonnenhaus realisiert werden. Beispielhaft für energieeffiziente und wohngesunde Ziegelhäuser werden folgende Projekte dargestellt:

– WECON-Haus GmbH
  Altendorf 135

A-9411 St. Michael
⇨ wohngesundes Haus mit Passivhauskomponenten in Kärnten (Österreich)

– KHB-Creativ Wohnbau GmbH
Binswanger Straße 63
D-74076 Heilbronn
⇨ wohngesundes Sonnenhaus in Gundelsheim-Bachenau (Deutschland)

RAAB Baugesellschaft
Frankenstr. 7
D-96250 Ebensfeld
⇨ wohngesunde Wohnanlage in Bad Staffelstein (Oberfranken)

Von WECON-Haus wurde in Kärnten das erste wohngesunde Haus mit Passivhauskomponenten in massiver Ziegelbauweise geplant und realisiert. Das Haus wurde 2009 schlüsselfertig aus hochwärmedämmenden Porotherm-Ziegeln der Wienerberger Ziegelindustrie gebaut. Dieses Baumaterial verfügt über beste Eigenschaften bezüglich Wärmeschutz, Wärmespeicherung, Feuchtepufferung sowie Schallschutz. Mit einem U-Wert der Außenwand von 0,11 W/m^{2}K und einem spezifischen Heizwärmebedarf von 26 kWh/m^{2}a (lt. PHPP) weist das Wohnhaus eine beachtliche Energieeffizienz auf. Dank der sehr guten Wärmedämmung sorgen an den meisten Tagen im Jahr die Sonneneinstrahlung sowie interne Wärmequellen für angenehme Temperaturen im Haus. Den geringen Anteil an Restwärme holt eine Wärmepumpe mit Sole-Wärmetauscher umweltfreundlich aus der Erde. Der nachhaltige Baustoff Ziegel sowie die Zusammenarbeit der WECON-Haus GmbH mit dem Sentinel-Haus® Institut bürgen für ein umweltfreundliches, schadstoffarmes Wohnen, welches sich insbesondere in einer außergewöhnlich hohen Qualität der Innenraumluft niederschlägt. Zum Einsatz kamen ausschließlich streng geprüfte schadstoffarme Materialien, die in staub- und emissionsreduzierten Arbeitsverfahren verwendet wurden. Sämtliche Materialien wurden durch das internationale Umweltzeichen „natureplus®" zertifiziert.

Bild 5-22 Foto WECON-Haus GmbH

In Gundelsheim-Bachenau wurde von der KHB-Creativ Wohnbau aktuell ein Sonnenhaus aus Poroton-Ziegeln der Wienerberger AG realisiert. Baubeginn des Sonnenhauses in Gundelsheim-Bachenau war der 6. September 2009. Fertig gestellt wurde das Gebäude im September 2010. Der Gesundheitspass des SHI wurde im selben Monat ausgestellt und bescheinigt dem Sonnenhaus eine sehr hohe Innenraumluftqualität. So wurden zum Beispiel die vertraglich vereinbarten Werte bei den TVOC um 26 % und beim Formaldehyd sogar um 66 % unterschritten.

Energetisch weist das wohngesunde Sonnenhaus einen Primärenergiebedarf von 9,8 kWh/(m^{2}a) sowie einen U-Wert der Außenwand von 0,18 W/m^{2}K auf und besticht zusätzlich mit dem Indikator CO$_2$-Emissionen von 0,9 kg/(m^{2}a). Das Süddach des Sonnenhauses wird fast vollständig von Solarkollektoren bedeckt (40 m^2), wodurch rund zwei Drittel des Wärmebedarfs für Heizung und Warmwasser abgedeckt werden. Die entstandene Wärme wird durch einen 8.350 l fassenden Solarspeicher über Monate konserviert. Die restliche Energie wird durch einen Kachelofen beigesteuert, über einen Wärmetauscher wird Energie in den Speicher geliefert. Auch bei diesem Projekt spielt die Wahl des Baumaterials Ziegel „Poroton T8" eine entscheidende Rolle, da durch die Verfüllung mit dem natürlichen Mineralgestein Perlit ein sehr hoher Wärmeschutz gesichert ist. Zusätzlich wird der Wärmeverlust durch die Außenwand durch die Stärke des Ziegels von 42,5 cm stark minimiert. Aufgrund seiner geprüften Schadstoffarmut und der ausgleichenden Fähigkeit bei Temperatur- und Feuchtigkeitsschwankungen sorgt der Baustoff Ziegel für ein angenehmes Raumklima, und die hohe Wärmedämmung begünstigt das Bauen eines Sonnenhauses. Durch homogenes, fast fugenloses Mauerwerk mit passenden Ziegelrollladenkästen werden Wärmebrücken vermieden. Das Projekt Sonnenhaus der KHB-Creativ Wohnbau wurde vom Sentinel-Haus® Institut begleitet und abschließend geprüft. Zudem wurde die Innenraumluftqualität gemessen, wodurch die Verwendung von schadstoffarmen Baustoffen sowie eine gesunde Bauweise vertraglich garantiert werden.

Bild 5-23 Foto KHB-Creativ Wohnbau GmbH

Es handelt sich bei dieser kleinen Wohnanlage mit 3 Wohnungen auf jeweils eigener Etage um ein Pilotprojekt im Geschosswohnungsbau in Bayern. Dieses Projekt wurde entwickelt im Hinblick auf den immer größer werdenden Bedarf an wohngesunden Wohnungen, vor allem auch Mietwohnungen in mittleren und großen Städten. Denn dort ist nicht jeder Umwelterkrankte in der Lage, sich ein Haus oder eine Wohnung zu kaufen.

Baubeginn war im September 2010 nach zweijähriger Planungs- und Entwicklungszeit und Fertigstellung im Dezember 2012.

Bild 5-24 Kleine Wohnanlage der RAAB Baugesellschaft in Bad Staffelstein (Oberfranken) Foto: POROTON

Das Sentinel-Haus in Bad Staffelstein ist ein Ziegel-Massivhaus und unterschreitet deutlich die Anforderungen der neuesten Energieeinsparverordnung als KfW 55 Effiezienzhaus. Die Ziegelmassivwände tragen zu einem sehr guten Raumklima bei und garantieren zu jeder Jahreszeit ein angenehmes Wohlempfinden. Im Winter wird am Tag die Wärme der Sonnenstrahlen in den Außenwänden gespeichert, nachts wird sie gedämpft in den Innenraum wieder abgegeben. Im Sommer wirkt die massive Ziegelwand wie eine natürliche Klimaanlage, schont somit die Umwelt und den Geldbeutel. Verwendet wurde der Poroton-Ziegel T8 mit Perlite-Füllung.

Die Dachfläche erhielt einen nachwachsenden Dämmstoff (HOCK Thermohanf) für einen wohngesunden dampfdurchlässigen Dachaufbau, die Dämmstärke beträgt 22 cm.

Durch den Gesamtaufbau des ökologischen Daches mit einer Holzfaserplatte als Unterdach wird neben der guten Wärmedämmung ein sehr guter sommerlicher Hitzeschutz ermöglicht.

Die Bereiche der Spitzböden (Sondernutzung für DG als Abstellfläche möglich) sind zur Vermeidung von Wärmebrücken bis zum Giebel gedämmt. Die Dachschrägen wurden mit einer diffusionsoffenen Dampfbremse von und schadstoffabsorbierenden Gipsfaserplatten verkleidet.

Es wurden zertifizierte Kunststofffenster mit 3-Scheiben-Isolier-/Wärmeschutz-verglasung eingebaut.

Aus Gründen der Wohngesundheit und zum Umweltschutz wurden im Sentinel-Haus der Firma RAAB auf Bauschäume verzichtet und alle Türen und Fenster mechanisch befestigt (verschraubt) und bei den Außenwänden verträglich abgedichtet.

Es wurde Zementestrich als Heizestrich, schwimmend verlegt, auf ökologischem Dämmstoff , hier die Holzfaserplatte.

Mineralfarbanstrich auf Silikatbasis wurde auf allen verputzten Innenwänden (reiner Kalkputz), gespachtelten Decken und Dachschrägen aufgebracht.

Alle Wohnräume erhielten ein schadstoffminimiertes Fertigparkett mit Emissionsnachweis sowie Holzsockelleisten.

Wenn ein bestimmter Primärenergiebedarf aus Fördergründen nicht überschritten werden soll, ist es notwendig, ein Heizsystem auszuwählen, mit dem diese Anforderungen eingehalten werden können. Dies ist insbesondere bei einem KfW-55-Effizienzhaus fast nur noch mit regenerativen Energiequellen möglich.

Aus diesen Gründen hat sich die RAAB Baugesellschaft entschieden, den hohen Ansprüchen an ein „Haus der Zukunft" gerecht zu werden, durch vertikale Erdsonden und Bohrtiefen bis zu 68 m die umweltfreundliche unerschöpfliche Erdwärme zu nutzen. Der Heizraum ist ausschließlich zugänglich von außen, um jegliche Schadstoffbelastung im Innenbereich durch die Dämmstoffe und Installationsmaterialen der Energiezentrale zu vermeiden.

Gerade bei Kindern und älteren Menschen wird heute vermehrt eine Elektrosensibilität festgestellt. In unserer modernen Zeit werden wir ständig mit elektrischen und elektromagnetischen Feldern belastet.

Die Massivbauweise ermöglicht grundsätzlich bereits eine erhöhte Abschirmung gegen elektromagnetische Wellen (Mobilfunk) von außen. Nach Erstellung des Rohbaus, vor Anbringung des Außenputzes wurde nochmals die tatsächliche Abschirmwirkung von einem baubiologischen Messtechniker überprüft.

Die jeweils drei Schlafräume erhielten Feldfreischalter. Diese unterbrechen die Stromversorgung nachgeschalteter Verbraucher und verhindern damit störende elektromagnetische Felder. Bis zu einer Stromaufnahme von 200mA sind Kleinverbraucher zulässig, welche aber nach dem Ausschalten größerer Verbraucher das Feldfreischalten nicht verhindern.

Die Elektroinstallation erfolgte mit geschirmten Mantelleitungen. Alle Geräte- und Verbindungsdosen sind mit Metall-Vakuum-Beschichtung zur Ableitung von elektrischen Wechselfeldern.

In den heutigen, winddichten Gebäuden ist es durch eine kontrollierte Lüftungsanlage möglich, den Luftaustausch auf die vorhandenen Gegebenheiten einzustellen und individuell zu regulieren, wodurch eine gleichmäßige und schadstofffreie Luftqualität gewährleistet werden kann. Dies führt wiederum zu einer hohen Wohnqualität im Gebäude. Die kontrollierte Be- und Entlüftung mit Wärmerückgewinnung dient als technische Unterstützung der Wohnung und trägt zur Verbesserung des Wohnklimas in den Wohnungen bei. Je nach Bedarf kann zusätzlich die Lüftung der Wohnung durch das Öffnen von Fenstern von den Nutzern vorgenommen werden, da der Betrieb der Lüftungsanlage individuell von den Nutzern geregelt werden kann. Das gewählte dezentrale Lüftungssystem entspricht auch den Anforderungen an ein Sentinel-Haus.

Das Projekt wurde von der Handwerkerschulung bis zur Verleihung der Plakette durch das SHI begleitet und sämtliche Baustoffe wurden unter Mithilfe und großem Engagement von Herrn Josef Spritzendorfer (Sentinel-Haus-Stiftung) geprüft und nur dann freigegeben, wenn alle Prüfnachweise und Zertifikate vorlagen. Dies war in der ersten Zeit nicht ganz einfach, da damals noch wenige Produkthersteller Deklarationen freigaben. Zwischenzeitlich ist aber auch durch den Druck der Verbraucher die Zahl der zertifizierten Baustoffe sehr angestiegen.

Der lange und mühsame Weg hat sich gelohnt, die End-Messergebnisse waren traumhaft gut und die den Käufern vertraglich zugesicherten Werte konnten deutlich unterschritten werden:

Tabelle 5-3 Ergebnisse Raumluftmessung

Verbindung	Garantie	Ergebnis
Formaldehyd	< 60 µg/m^3	10 (EG) 11 (OG)
TVOC	< 1000 µg/m^3	70 (EG) 170 (OG)

Die seit Jahren an MCS erkrankte Bewohnerin im Erdgeschoss sagte anlässlich eines Pressetermins:

„Mir geht es richtig gut und jeden Tag immer besser, seit ich hier wohne".

Energieeffiziente Massivbauweise sowie Wohngesundheit stellen keinen Gegensatz dar, sondern lassen sich anhand der dargestellten Projekte bestmöglich vereinen. So sind diese Gebäude aufgrund ihrer niederen U-Werte bzw. durch den Einsatz von erneuerbaren Energien und den damit verbundenen geringen CO_2-Ausstoß nicht nur optimal für zukünftiges klima- und umweltfreundliches Bauen geeignet, sondern stellen auch für den Menschen ein Optimum an gesundem Wohnen dar. So kann in herkömmlichen Gebäuden die Innenraumluftqualität durch Schadstoffe aus Baumaterialien, Verunreinigungen durch Farben oder Lösungsmittel, Elektrosmog sowie durch allergieauslösende oder Allergien verstärkende Stoffe beeinträchtigt werden. Eine wohngesunde Bauweise nach den Sentinel-Haus® Kriterien garantiert jedoch eine hohe Innenraumluftqualität durch ausgewählte schadstoffarme Materialien, geschulte Baumeister und Handwerker sowie Dokumentationen und Messungen während und nach dem Bau. Eine Einhaltung der Kriterien des Sentinel-Haus® Instituts sowie eine abschließende Zertifizierung gewährleisten daher ein Optimum an Wohngesundheit für den Menschen.

Die drei angeführten Beispiele in Österreich und in Deutschland können in Gesamteuropa bzw. auch außerhalb Europas gebaut werden und sollen daher als Leuchtturmprojekte und als Multiplikatoren dienen. Unzählige weitere werden in Zukunft realisiert werden. Denn Wohngesundheit muss wieder selbstverständlich werden.

Literatur

[1] Wienerberger Nachhaltigkeitsbericht 2009, Wien 2010

[2] Empfehlungen für luftdichtes Bauen im Ziegel-Massivbau, Verband Österreichischer Ziegelwerke, 2005

[3] Bau-Konstruktionslehre 5, Bauphysik; Christof Riccabona, Thomas Bednar; Manz Verlag; Wien 2008

[4] DIN V 4108-4:2007 06, Wärmeschutz und Energie-Einsparung in Gebäuden – Teil 4: Wärme- und feuchteschutztechnische Bemessungswerte

5.6 Best Practice in der Schweiz

Reto Coutalides

Mittlere und große Objekte – besondere Bedingungen im Objektbau mit Best Practice in der Schweiz

In der Schweiz wurde im Jahre 2002 erstmals ein Instrument entwickelt,[10] mit welchem die Qualität des Innenraumklimas gesichert werden kann. Die sogenannte Planungsleistung Innenraumklima ist eine frei verwendbare Handlungsanleitung für Planer und Bauherrschaften mit dem Fokus, einen Bau zu erhalten, der ein gutes, schadstoffarmes Innenraumklima aufweist.[11]

Die Planungsleistung Innenraumklima bildet auch die Grundlage für den Aspekt der Wohngesundheit in der Empfehlung 112/1 Nachhaltiges Bauen – Hochbau[12] des schweizerischen Ingenieur- und Architektenvereins SIA. Das Instrument wurde als Empfehlung einer Interessenvereinigung öffentlicher und privater Bauträger KBOB/IPB[13] übernommen, zudem wurden einzelne Aspekte und Arbeitsblätter im Label Minergie-Eco integriert.[14]

Die Handlungsanleitungen innerhalb der Planungsleistung Innenraumklima führen Planer und Bauherrschaft durch den Planungs- und Realisierungsablauf bis zur Abnahme. Es werden pro Leistungsbereich die erwarteten Ergebnisse, Leistungen/Einblicke des Auftraggebers und zu erbringende Leistungen der Planer formuliert. Zentral ist, dass die Bauherrschaft die wichtigsten Planungsziele bezüglich des Innenraumklimas festlegt.

Diese können verschiedene Bereiche umfassen, wie z. B. sommerlicher Wärmeschutz, Vermeiden erhöhter elektromagnetischer Strahlung, tiefer chemischer Schadstoffkonzentrationen in der Raumluft oder tiefer Keim- und Feinstaubkonzentrationen in der Zuluft bei vorhandenen Lüftungsanlagen.

Die Planungsleistung Innenraumklima hält für jede Planungsphase von der Vorstudie bis zur Realisierung, resp. Abnahme des Gebäudes Kernelemente bereit, welche in Tabelle 5-4 zusammengestellt sind.

---

[10] Innenraumklima: Keine Schadstoffe in Wohn- und Arbeitsräumen, Coutalides R. et al, Werd Verlag Zürich, 2002
[11] http://www.eco-bau.ch > Innenraumklima
[12] Empfehlung 112/1 Nachhaltiges Bauen – Hochbau, Ergänzungen zum Leistungsmodell SIA 112, 2004
[13] KBOB, IPB Empfehlung 2004/1 http://Gutes Innenraumklima ist planbar, http://www.bbl.admin.ch/kbob
[14] Verein Minergie, Nachweisinstrument Minergie-Eco, aktuelle Version August 2008, http://www.minergie.ch

Tabelle 5-4 Planungsleistung Innenraumklima[*)]

Kernelemente

Vorstudien	Erwartete Ergebnisse und Dokumente
Personelle Zuweisung des Themas in der Projektorganisation der Bauherrschaft	Organisation des Vorgehens
Formulieren einer Zielvorgabe Innenraumklima (Absichtserklärung) und der projektspezifischen Planungsschwerpunkte	Zielvorgabe Innenraumklima
Immissionsanalyse des Grundstückes	Immissionskataster
Projektanforderungen bei verschiedenen Auswahlverfahren (Architekturwettbewerb, Generalunternehmen etc.) definieren	Kriterienlisten mit definierten Planungsschwerpunkten
Projektierung	
Planungsleistung Innenraumklima festlegen und in Planerverträgen vereinbaren	Planungsleistung Innenraumklima
Schadstoffanalyse der Bausubstanz (bei Umbau- und Sanierungen)	Schadstoffkataster
Bewertung der Materialien, Anlagen- und Gebäudekonzepte entsprechend Zielvorgabe	Kriterien Konzeptbewertung
Festlegung Zielvereinbarung mit konkreten Werten und Parametern	Zielvereinbarung Innenraumklima
Anforderungen für Betrieb und Unterhalt durch die Bauherrschaft festlegen	Anforderungskatalog
Optimierung von Gebäude-, Anlagen- und Materialkonzepten entsprechend Zielvereinbarung	Optimierte Projektkonzepte des Bauprojektes
Ausschreibung	
Ausschreibungs- und Vergabeverfahren sowie Eignungs- und Zuschlagskriterien bezüglich Innenraumklima definieren	Definierte Zuschlagskriterien
Qualitätssicherung im Submissionsverfahren umsetzen	Bereinigte Angebote
Vergabe von Materialien und Anlagen nach raumluftrelevanten Kriterien	Vergabe
Realisierung	
Erstellen der Baubeschreibung/Detailpläne entsprechend Zielvereinbarung	Baubeschreibung
Information der Lieferanten und Unternehmer über die Zielvereinbarung	Informationsschreiben, Startsitzung
Baustellenkontrolle	Protokolle
Überwachung der Austrocknungs- und Auslüftungszeiten	Terminprogramm
Abnahme des Bauwerkes	Abnahmeprotokolle, Abnahmemessungen, Label, Zertifikate

*) vgl. Innenraumklima: Wege zu gesunden Bauten, Coutalides R. (Hrsg), Werd Verlag Zürich, 2009

5

Pro Planungsphase liegen verschiedene Arbeitsblätter vor, die dem Planer ein einfaches Zusammentragen der wichtigsten Fakten erlauben.

⇨   Download: http://www.eco-bau.ch > innenraumklima

Die Abnahmemessungen können nach verschiedenen Vorgaben gemacht werden. Die umfassendsten Anforderungen, die sich bis jetzt in der Praxis erreichen lassen, stellt das Labels GI GUTES INNENRAUMKLIMA®.[15] Das Label ist für Neubauten, Bauten im Bestand und in Kombination mit Anforderungen an allergikergerechtes Wohnen auch für Hotels konzipiert.[16] In der Raumluft werden über 100 Einzelsubstanzen bewertet und bei vorhandenen Lüftungsanlagen die Keime und der Feinstaub in der Zuluft. Die Anforderungen, welches das Label GI GUTES INNENRAUMKLIMA® an Neubauten und Bauten im Bestand stellt sind die strengsten in der Schweiz.[17] Das Zertifikat wird von der unabhängigen Schweizerischen Zertifizierungsstelle S-Cert AG vergeben.[18] Die S-Cert AG auditiert die Probenahmestellen (Probenehmer), die für die Zertifikatsmessungen zugelassen werden. Das Label gilt zu Recht als ein Label of Excellence in der Branche. Aktuell sind 26 Gebäude mit einer Bruttogeschossfläche von ca. 250.000 m^2 zertifiziert worden.

Kosten

Erfahrungen von großen Objekten, die bezüglich Wohngesundheit optimiert und begleitet sowie zertifiziert wurden zeigen, dass sich die Kosten im Bereich von 50 Cent pro m^3 Bauvolumen bewegen. Das entspricht ca. einem Promille der Bausumme. Darin eingeschlossen sind die Beratungskosten sowie die Mess- und Zertifizierungskosten.

Im Folgenden sind zwei Schweizer Projekte beschrieben, bei denen Teile der Planungsleistung Innenraumklima umgesetzt wurden. Es handelt sich um die Kindertagesstätte „Arche" in Wallisellen bei Zürich sowie dem Hauptgebäude der Schweizerischen Lebensversicherungs- und Rentenanstalt Swiss Life in Zürich.

Bild 5-25 GI-Label

Schweizerische Zertifizierungsstelle für Bauprodukte
Organisme suisse de certification pour produits de construction
Ente svizzero di certificazione per prodotti da costruzione
Swiss certification body for construction products

Bild 5-26 Logo S-Cert

---

[15] http://www.innenraumklima.ch
[16] http://www.service-allergie-suisse.ch
[17] Ein neues Schweizer Label für die Zertifizierung des Innenraumklimas, Coutalides R., Heinss U., Thalmann P., Gefahrstoffe – Reinhaltung der Luft, 67, Nr. 3, 63–69, 2007
[18] http://www.s-cert.ch > Produkte > Gutes Innenraumklima

Kindertagesstätte Arche

Bild 5-27 Kindertagesstätte Arche, Zürich Wallisellen

Projektbeschreibung

Bautyp:	Holzständerbau
Bauherrschaft:	Schulgemeinde Wallisellen
Architekt:	Spörri&Schmitter Architekten, Rupperswil
Planung/Realisation:	Zehnder holz+bau, Winterthur-Hegi
Fachberatung Wohngesundheit:	Bau- und Umweltchemie Beratungen+Messungen AG, Zürich
Planungszeit:	2006–2008
Bauzeit:	2008–2009
Anzahl Kinderplätze:	110
Bruttogeschossfläche:	1810 m^2
Volumen SIA 116:	6920 m^3

Der Bau wurde in Holztafelbauweise erstellt und das Erdgeschoss als Sockelgeschoss aus Stahlbeton ausgeführt. Die Holzwände innen sind aus unbehandelten 3-Schichtplatten, als Bodenbelag wählte man einen natureplus-zertifizierten Linoleumbelag. Die heruntergehängte Decke ist mit einer gelochten Gipsfaserplatte verkleidet. Dahinter verbirgt sich eine nature-plus-zertifizierte Schafwollematte, welche als Akustikmaßnahme eingebaut wurde. Das Objekt besitzt eine Komfortlüftung mit zwei getrennten Kreisläufen. Der eine ist für den Hortbetrieb und der andere für den Küchenbetrieb zuständig.

Die Planungsleistung Innenraumklima wurde in den Planungsphasen Projektierung bis Realisierung und Abschluss angewendet. Das Ziel der Bauherrschaft war von Anfang an, für das Objekt das Label GI GUTES INNENRAUMKLIMA® zu erreichen. Der Schwerpunkt in der Projektierung lag auf der Prüfung der Holzbaukonstruktion. Hier wiederum wurde speziell auf emissionsarme 3-Schichtplatten bei den Wandkonstruktionen geachtet. Bei großen Oberflächen/Volumenverhältnissen (> 0,2 m^2/m^3) reicht es nicht, normale E1-gelabelte Platten einzubauen, da damit nicht garantiert werden kann, dass die in der Zielvereinbarung geforderten tiefen Formaldehydwerte von 60 $\mu g/m^3$ erreicht werden können. Die Platten wurden im Vorfeld auf ihre Formaldehyd-Emissionen geprüft und die zu erwartenden Raumluftkonzentration abgeschätzt. Zusätzlich wurden Schafwollmatten in die Holzdecke eingelegt. Diese, wie auch die Akustikmatte, dienen der chemischen Bindung von allfällig ausgegastem Formaldehyd.

In der Ausschreibungsphase wurden dem Konzept der Lüftungsanlage sowie dem Innenausbau besondere Beachtung geschenkt. Hier galt das Augenmerk den Ausschreibungen der Bodenleger-, Maler- und Lackierarbeiten inklusive aller Grundierungen, Kleber und Ausgleichsmassen.

Während der Bauzeit wurden regelmäßig unangekündigte Baustellenkontrollen durchgeführt. Diese wurden protokolliert und mit Fotos dokumentiert. So war sichergestellt, dass Auftraggeber und Bauleitung schnell die benötigten Informationen zur Hand hatten. Die Kontrollen bestätigten, dass die ausgeschriebenen Produkte auch wirklich auf der Baustelle eingesetzt wurden.

Bild 5-28 Innenausbau mit 3-Schichtplatten

Bestandteil der Bauabnahme waren auch die Abschlussmessungen nach den Kriterien des Labels GI GUTES INNENRAUMKLIMA®. Gemessen wurden drei Räume (Lüftung abgestellt, 8 Stunden Ausgleichskonzentration) sowie die Zuluft eines Monoblocks auf Keime und Feinstaub.

Tabelle 5-5: Auszug der Messdaten der chemischen Einzelverbindungen und Verbindungsklassen*[)]

Substanz	50-P	95-P	Max	GI-Zertifikatswert[19]
Formaldehyd	29	40	41	≤ 60
Aliphatische KW	11	84	92	≤ 500
Aromatische KW	87	109	111	≤ 500
Carbonsäuren, Alkohole, Ether	10	23	24	≤ 300
Ester	36	86	91	≤ 300
Glykole/Derivate	30	42	43	≤ 300
Siloxane	62	86	89	≤ 500
Terpene	158	171	172	≤ 400
TVOC	606	652	657	≤ 1000

*[)] Werte in $\mu g/m^3$, Bestimmungsgrenze VOC (10 $\mu g/m^3$) und Aldehyde (2 $\mu g/m^3$). Es wurden noch Acetaldehyd, Propionaldehyd, Butyraldehyd, Valeraldehyd und Hexaldehyd in Spuren nachgewiesen.

Tabelle 5-6: Messdaten Keime[20]

Organismen [KBE/m³][21]	Außenluft (AUL)	Zuluft Ruheraum (ZUL)	GI-Zertifikatswert
Bakterien	50	< 4	≤ 190
Thermoactinomyceten	n.n.*[)]	n.n.	n.n.
Schimmelpilze[22]			
Durchschnitt	244	< 4	≤ 120
Maximum	260	< 4	≤ 120

*[)] n.n.: nicht nachgewiesen, Bestimmungsgrenze Schimmelpilze < 4 KBE/m³

Tabelle 5-7: Messdaten Partikel

Partikelklasse [Partikel/Liter]	Außenluft (AUL)	Zuluft Ruheraum (ZUL)	GI-Zertifikatswert
Partikel > 0.8 µm	531	22	≤ 150
Partikel > 2.0 µm	56	0	≤ 10

---

[19] Zertifikatswerte: http://www.s-cert.ch > Produkte > Gutes Innenraumklima > Zertifikatsanforderungen

[20] Alle Ergebnisse sind basierend auf der Wahrscheinlichkeit, dass bei zunehmender Anzahl Mikroorganismen pro Probenahme mehrere Mikroorganismen in das gleiche Loch des Lochdeckels eintreten, korrigiert.

[21] Kolonie bildende Einheit

[22] Es ist der Durchschnittswert der Ergebnisse für alle drei benutzten Nährböden angegeben.

Die guten Messresultate bestätigten die Bemühungen und zeigten, dass auch Holzbauten mit einem hervorragenden Innenraumklima aufwarten, wenn sorgfältig geplant und ausgeführt wird. Der Bauherrschaft konnte von der Zertifizierungsstelle S-Cert AG das Label GI GUTES INNENRAUMKLIMA® übergeben werden.

⇨   http://www.s-cert.ch > Produkte > Gutes Innenraumklima > Referenzobjekte

Hauptsitz Rentenanstalt Swiss Life

Bild 5-29
Hauptsitz der Schweizerischen Lebens-
versicherungs- und Rentenanstalt
Swiss Life in Zürich

Projektbeschreibung

Bautyp:	Betonkonstruktion
Bauherrschaft:	Schweizerische Lebensversicherungs- und Rentenanstalt, General Guisan-Quai 40, 8002 Zürich
Architekt:	Meier + Steinauer Partner AG, Neugasse 61, 8031 Zürich
Planung/Realisation:	Meier + Steinauer Partner AG, Neugasse 61, 8031 Zürich

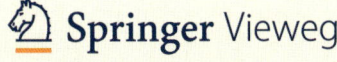

Fachberatung Wohngesundheit:	Bau- und Umweltchemie Beratungen+Messungen AG, Zürich
Planungszeit:	2002–2004
Bauzeit:	2005–2006
Anzahl Arbeitsplätze:	280
Bruttogeschossfläche:	9.589 m^2
Energiebezugsfläche:	7.716 m^2
Volumen:	34.013 m^3

Die beiden Trakte HG2 + HG3 des Hauptsitzes der Rentenanstalt Swiss Life wurden im Inneren bis auf die Tragkonstruktion rückgebaut. Neben der Erneuerung der gesamten technischen Infrastruktur und dem Ausbau von 280 zeitgemäßen Arbeitsplätzen wurde im Erdgeschoss ein Personalrestaurant mit 160 Sitzplätzen realisiert und für diverse Kundenanlässe wurden im Dachgeschoss spezielle Empfangsräumlichkeiten geschaffen. Im Gegensatz zu den Fassaden von Trakt HG2, die nach denkmalpflegerischen Aspekten saniert wurden, erhielt Trakt HG3 mit seinen Glasfassaden ein komplett neues Erscheinungsbild. Mit der ebenfalls komplett erneuerten Innenhofgestaltung fand die Sanierung des gesamten Hauptsitzes (inkl. der Trakte HG1 und HG4) schließlich seinen Schlusspunkt.

In der Projektierungsphase erarbeiteten und verfeinerten Bauökologen, Architekten und die Bauherrschaft das Farb- und Materialkonzept. Den Planenden wurden dazu im Projektpflichtenheft der Bauherrschaft strenge Vorgaben in den Bereichen Energie, Haustechnik, Ökologie und Bewirtschaftung gemacht. Die Bauherrschaft setze sich beim Innenraumklima das Ziel, für das Gebäude das Label GI GUTES INNENRAUMKLIMA® zu erreichen. Die Herausforderung dabei war, optimale Lösungen und Übereistimmungen zwischen den Anforderungen der Bauherrschaft bezüglich Dauerhaftigkeit und Unterhalt, den ästhetischen Vorstellungen der Architekten und den ökologischen und raumlufthygienischen Kriterien der Bauökologen zu finden. Parallel dazu definierten Haustechniker und Bauökologen die hygienischen Anforderungen an die Lüftungsanlage.

In der Ausschreibungsphase überprüften die Bauökologen sämtliche Ausschreibungen von Rohbau II, Ausbau I und Ausbau II der Bauleitung. Materialvorschläge von ausführenden Unternehmungen wurden zusammen mit der Bauleitung geprüft und beurteilt. Wo nötig, wurden Alternativen vorgeschlagen.

Während der Bauzeit kontrollierten die Bauökologen regelmäßig die Qualität der Ausführung. Dabei wurde überprüft, ob Schichtaufbauten und Materialien den Vorgaben in Ausschreibung und Werkverträgen entsprechen. Zudem wurde auch überwacht, wie bestehende Bausubstanz rückgebaut und getrennt wurde. Die Baustellenkontrollen wurden schriftlich protokolliert und mit Fotos dokumentiert. Hohes Gewicht wurde auf Geruchsemissionen der neuen Bodenbeläge, Teppichplatten in den Büros und Linoleum in den Korridoren, gelegt. Beim Linoleum fiel die Wahl auf ein Fabrikat mit natureplus®-Label.

Der Teppich war durch das Corporate Design der Bauherrschaft vorgegeben. Um die charakteristischen Gerüche von neu verlegten Teppichen und Linoleum zu minimieren, wurden Teppichplatten und Linoleumbahnen mehrere Wochen in gut durchlüfteten Räumen vor Ort ausgelüftet. Als Bodenbelagskleber wurde ein Produkt mit dem Gütezeichen EMICODE® EC 1 verwendet.

Bild 5-30 Direktionsetage mit Teppichbodenbelag

Das Gebäude wurde zur Zertifizierung bei der S-Cert AG angemeldet. Aufgrund der Zertifikatsanforderungen mussten 13 Räume auf Aldehyde und VOC gemessen werden. Zudem wurde die Zuluft der Lüftungsanlage der Kantine auf Keime und Feinstaub überprüft.

Tabelle 5-8:   Auszug der Messdaten der chemischen Einzelverbindungen und Stoffklassen[23] *)

Substanz	50-P	95-P	Max	GI-Zertifikatswert
Formaldehyd	18	27	28	≤ 60
Hexaldehyd	22	41	52	≤ 60
Aliphatische KW	32	55	57	≤ 500
Aromatische KW	79	232	234	≤ 500
Carbonsäuren, Alkohole, Ether	29	85	123	≤ 300
Ester	147	203	222	≤ 300
Glykole/Derivate	26	46	46	≤ 300
Siloxane	20	63	80	≤ 500
Terpene	n.n.	33	62	≤ 400
TVOC	485	800	818	≤ 1000

*)   Werte in $\mu g/m^3$, n.n.: unterhalb Bestimmungsgrenze VOC ($10 \ \mu g/m^3$) und Aldehyde ($2 \ \mu g/m^3$). Es wurde noch Acetaldehyd, Propionaldehyd und Glutaraldehyd in Spuren nachgewiesen. Die durchschnittliche Konzentration des geruchsintensiven 2-Ethyl-1-hexanols lag bei $27 \ \mu g/m^3$ in den gemessenen Räumen (GI-Wert: $\leq 50 \ \mu g/m^3$).

[23] Zertifikatswerte: http://www.s-cert.ch > Produkte > Gutes Innenraumklima > Zertifikatsanforderungen

Die guten Messresultate und die geruchsarmen Räume zeigen, dass bei entsprechender Planung und Ausführung auch Gebäude mit Teppichbodenbelägen, deren Geruchsemissionen bei Neu- und Umbauten oftmals ein Grund für Klagen sind, ein sehr gutes Innenraumklima erreichen können. Alle Zertifikatswerte wurden eingehalten und die S-Cert AG konnte das Label GI GUTES INNENRAUMKLIMA® vergeben.

⇨   http://www.s-cert.ch > Produkte > Gutes Innenraumklima > Referenzobjekte

Bild 5-31 Innenansicht Mensa

Bildquellen	Bild
Rolf Steinegger, Winterthur	5-27
Masha Roskosny Wallisellen/Zürich	5-28
Schweizerische Lebensversicherungs- und Rentenanstalt Zürich	5-29, 5-30, 5-31

5.7 Innenraumhygiene in Kommunalbauten

Olaf Peter

5.7.1 Einführung

Es ist davon auszugehen, dass jede Woche in Deutschland mindestens ein öffentliches Gebäude direkt nach Neubau oder Sanierung geschlossen wird. Oder zu schließen wäre.

Diese Aussage stammt von Univ.-Prof. Dr.-Ing. Dirk Müller von der RWTH Aachen auf einer Fachveranstaltung mit dem Umweltbundesamt und ist bezeichnend für die derzeitige Situation in Deutschland. Dabei stehen Kommunen unter einer besonderen Beobachtung der Öffentlichkeit und in einer besonderen Pflicht, schließlich sollen sie im Rahmen der kommunalen Daseinsvorsorge für ihre Bürgerinnen und Bürger gute Lösungen finden. Das gilt auch für die Errichtung oder Sanierung kommunaler Gebäude.

Drei Städte, die sich intensiv mit dem Thema auseinandersetzen und beispielhaft vorangehen, berichten von ihren Erfahrungen, ihrer Motivation, ihren Zielen und ihrer Kommunikation im Umgang mit dem Thema Schadstoffen in Gebäuden oder besser ausgedrückt: gesundes, schadstoffarmes Bauen in kommunalen Bauten.

Gesprächspartner waren für die Stadt Nürnberg Herr Bernd Tilgner, Hochbauamt, Bereich Bau, H/B-bug, Stabsstelle bau-umwelt-gesundheit. Für die Stadt Geesthacht in der Nähe von Hamburg Frau Gabriele Maria Plaßmann, Dipl.-Ing. Architektin, Fachdienst Immobilien-Hochbau. Und für die Stadt Freiburg i.Br. Herr Theodor Kästle, Abteilungsleiter Technisches Gebäudemanagement (Hochbau und Techn. Anlagen).

5.7.2 Dichte Gebäude

Eine entscheidende Ursache für die steigende Zahl der Schadensfälle in Gebäuden ist das nahezu luftdichte Bauen und Sanieren. Dies bestätigt Herr Tilgner durch eigene Erfahrung.

So wurde das 2009 von der Bundesregierung beschlossene Konjunkturpaket 2 in Bayern zum größten Teil für die energetische Sanierung von Gebäuden verwendet. Vornehmlich wurden Fassaden gedämmt und neue, dichte Fenster eingebaut. Im Zuge dieser Sanierungsmaßnahmen kam es bei drei Gebäuden der Stadt Nürnberg zu erhöhten Formaldehydwerten mit Richtwertüberschreitungen. Die Gebäude waren früher nie auffällig in Bezug auf Formaldehyd. Die neu erlangte Dichtigkeit der Gebäude und die damit entfallene „natürliche" Lüftung führte dazu, dass die Schadstoffe, die früher durch undichte Fenster abgelüftet wurden, nach der Sanierung vermehrt im Gebäude geblieben sind.

Negativschlagzeilen durch Schadensfälle

Regelmäßig finden sich Berichte über Schadensfälle in der Presse. Je nachdem, wie ernst das Thema von den verantwortlichen Beteiligten genommen und kommuniziert wird, entwickeln sich in solchen Fällen häufig Schadstoff-Skandale, die je nach politischer Motivation und Gemengelage sogar eskalieren können, wie das Beispiel der 2002 abgerissenen Georg-Ledebour-Schule in Nürnberg zeigt:

In der Schule wurden erhöhte PCB (Polychlorierte Biphenyle) Werte gemessen.

Bernd Tilgner beschreibt den damaligen Schadstoffskandal wie folgt:

„Das war ein Konglomerat aus Schadstoffbelastung und falscher Kommunikation. Die Eltern und die Lehrer waren erst dann beruhigt, als der Neubau beschlossen war. Es war natürlich auch ein besonders günstiger Zeitpunkt, weil haarscharf vor den Stadtratswahlen in Nürnberg und das ist natürlich der richtige Zeitpunkt, um gehörig auf den Busch zu klopfen. Und das haben einige Leute hervorragend verstanden. Das Ganze ist derart eskaliert, dass zum Schluss bei der Bundesregierung in Berlin eine Anfrage der Weltgesundheitsorganisation eintraf, was denn da in Nürnberg los sei. Letztendlich lässt sich feststellen, dass die PCB-Belastung im Jahresmittel 3.000 ng/m³ noch nicht einmal überschritten hat. Wir haben eine Messung gehabt, nicht worst case, sondern das war absolut worsest case, Jahrhundertsommer, 36 Grad im Schatten, zwei Wochen Ferienschließung. Während der Ferienschließung hat eine Messung im Flachdachgebäude, im obersten Stockwerk unterm Dach 22.000 ng/m³ ergeben. Wurde aber unter regulären Bedingungen gemessen, lagen die Werte unter 3.000 ng/m³. Auch der zur Bewertung relevante Jahresmittelwert von 3000 ng/m³ wäre bei der Berücksichtigung aller Werte nicht überschritten gewesen. Kommuniziert wurde aber der Einzelwert von 22.000 ng/m³."

5

Zum besseren Verständnis, nachfolgend ein Auszug aus der PCB-Richtlinie [1]:

Raumluftkonzentrationen unter 300 ng PCB/m³ Luft sind als langfristig tolerabel anzusehen (Vorsorgewert).

Bei Raumluftkonzentrationen zwischen 300 und 3000 ng PCB/m³ Raumluft wird empfohlen, die Quelle der Raumluftverunreinigung aufzuspüren und nach Möglichkeit unter Beachtung der Verhältnismäßigkeit zu beseitigen oder zumindest eine Verminderung der PCB-Konzentration (z. B. durch regelmäßiges Lüften sowie gründliche Reinigung und Entstaubung der Räume) anzustreben.

Raumluftkonzentrationen oberhalb von 3000 ng PCB/m³ Luft sollten im Hinblick auf mögliche andere nicht kontrollierbare PCB Belastungen vermieden werden. Bei entsprechenden Befunden sollten unverzüglich Kontrollanalysen durchgeführt werden. Bei Bestätigung des Wertes sind in Abhängigkeit von der Belastung zur Vermeidung gesundheitlicher Risiken in diesen Räumen unverzüglich Maßnahmen zur Verringerung der Raumluftkonzentration von PCB zu ergreifen. Die Sanierungsmaßnahmen müssen geeignet sein, die PCB-Aufnahme wirksam zu vermindern.

Weiteres zu PCB, siehe Anhang 10.6 – Wichtige Begriffe und Abkürzungen – PCB

5.7.3 Umgang mit der Presse

Wenn es mal schiefgeht in einem öffentlichen Gebäude, ist eine gute Informationspolitik und eine frühzeitige, offene Kommunikation mit den Nutzergruppen der Gebäude, sowie mit der Presse dringend zu empfehlen, wie das obige Beispiel zeigt. Haben sich erst mal Bürger- oder Elterngruppen gebildet, oder erfährt die Presse von zurückgehaltenen oder beschönigten Informationen und Messergebnissen, ist das Vertrauen in die Träger kommunaler Bauten oft stark gestört. Ein sachliches, ziel- und lösungsorientiertes Analysieren und Arbeiten wird dann leicht durch Emotionen stark behindert. Dazu ist allerdings in der Kommune entsprechender Sachverstand nötig, um zum Beispiel normierte Messbedingungen vorzugeben und qualifizierte Prüfinstitute oder Messtechniker auszuwählen. Die Stadt Nürnberg hat aus schlechten Erfahrungen gelernt und geht mit Schadensfällen folgendermaßen um.

Bernd Tilgner:

„Wir haben mittlerweile ein Informationssystem, das regelt, wie wir bei Schadstofffällen vorgehen. Es gibt einen runden Tisch, eine Krisensitzung mit Betreibern, Arbeitsschutz und allen, die damit befasst sein können. In diesem Krisenstab spricht man die weiteren Maßnahmen ab. Danach gibt es eine Information der Mitarbeiter, beziehungsweise bei Kindertagesstätten und Schulen natürlich der Eltern. Parallel zu der Information der Eltern oder der Betroffenen wird eine Presseerklärung oder eine Pressekonferenz geschaltet. Das Ganze ist minutiös abgestimmt. Die Eltern sollen auf keinen Fall vorab etwas aus der Presse erfahren. Wir bereiten dazu alle Kommunikationsmittel vor. Bei Schulen wird ein Elternbrief und evtl. eine Einladung zum Elternabend verschickt. In dem Elternbrief wird erklärt, um was es bei dem Elternabend geht. Der Elternbrief geht zum Termin des Elternabends an die Medien. Die Presse wird zu einem Zeitpunkt informiert, zu dem die Journalisten die Eltern nicht mehr mit Fragen überraschen können und so auf erschrockene, beunruhigte Eltern treffen. Damit fahren wir relativ gut. Wir haben natürlich immer noch Schlagzeilen, in denen steht, wieder Giftschule, so in der Art, aber der Text selber in dem Artikel ist relativ harmlos. "

5.7.4 Motivation auch ohne Schadensfall

So, wie bei der Stadt Nürnberg, ist die Hauptmotivation, dass sich kommunale Träger öffentlicher Gebäude mit dem Thema Innenraumhygiene auseinandersetzen, schlechte Erfahrungen mit konkreten Schadensfällen. Aber es gibt auch Ausnahmen, wie ein Beispiel aus der Stadt Geesthacht bei Hamburg zeigt. Nachfolgend ein Auszug aus einem Interview mit Frau Plaßmann, Dipl.-Ing. Architektin beim Fachdienst Immobilien-Hochbau der Stadt. Auf die Frage, was für Erfahrungen sie mit dem Thema Schadstoffen in Gebäuden hat und ob sie konkrete Schadensfälle nennen kann, antwortete sie: „Nein, glücklicherweise nicht. In der Vergangenheit sind wir lediglich der Empfehlung des Gesundheitsamtes gefolgt und haben Schadstoff emittierende Bauteile entfernt."

Ein geplanter Kindergarten wird dennoch nach den strengen Anforderungen des Sentinel-Haus Haus Instituts gebaut. Die Frage nach den „Hürden" auf dem Weg zur Entscheidung zum garantiert gesunden Bauen beantwortete Frau Plaßmann wie folgt:

„Die größte Hürde liegt meiner Einschätzung nach im fehlenden Zutrauen in sämtliche am Bauprozess Beteiligten und nicht zuletzt in die eigene Person. Der Aufwand, so sehr diszipliniert zu arbeiten, erscheint mir hoch, vor allem, wenn andere mit verantwortlich sind und dadurch für die Baubehörde ein Vielfaches an Kontrolle nötig wird. Das erste Bauvorhaben nach den Sentinel-Haus-Vorgaben wird zeigen, wie hoch die „Hürden" tatsächlich sein werden. Andere Hürden haben wir bisher nicht überwinden müssen. Alle sind hoch motiviert. "

Frau Plaßmann, was machen Sie heute bzw. zukünftig anders als früher?

„Ich gehe davon aus, dass schadstoffarmes Bauen in Zukunft ein selbstverständlicher Planungsstandard sein wird. Mit welchem Maßstab man letztlich messen wird, wird sich herausstellen. Mit dem Sentinel-Haus Haus Institut bewegen wir uns abseits der Schwellenwertschummelei auf der richtigen Seite. "

5.7.5 Fürsorge und Vorbildverpflichtung

Kommunale Daseinsfürsorge und Vorbildverpflichtung. Das sind Selbstverständlichkeiten, wie man sie sich von jeder öffentlichen Institution grundsätzlich wünscht und erwartet. Die Städte Nürnberg, Geesthacht und Freiburg gehen mit gutem Beispiel voran.

Frau Plaßmann:

... somit ist klar, dass schadstoffarmes Bauen ein wesentliches Kriterium für die Gebäude der Zukunft sein wird, wenn man das Thema der sauberen Innenraumluft ernst nimmt.

Herr Kästle:

„Als öffentlicher Bauherr sehen wir uns in der Vorbildverpflichtung bei der Art unserer Bauten. Im Vordergrund steht dabei neben einer ökonomischen und energiesparenden Bauweise auch die Ökologie und der Aspekt der Gesundheit für die Nutzer unserer Gebäude."

5

Fürsorge, Vorsorge, Gesundheitsschutz! So definiert die Stadt Nürnberg die Ziele der im Jahr 2000 gegründeten Arbeitsgruppe „bau • umwelt • gesundheit", kurz bug [2]. Sie setzt sich zusammen aus drei Arbeitsgruppenmitgliedern. Für den Bereich Bau ist das Herr Bernd Tilgner vom Hochbauamt der Stadt Nürnberg. Ein Laborbetrieb der Stadtentwässerung und Umweltanalytik Nürnberg steht für den Bereich Umwelt. Eine Umweltmedizinerin vom Gesundheitsamt der Stadt Nürnberg besetzt den Bereich Gesundheit.

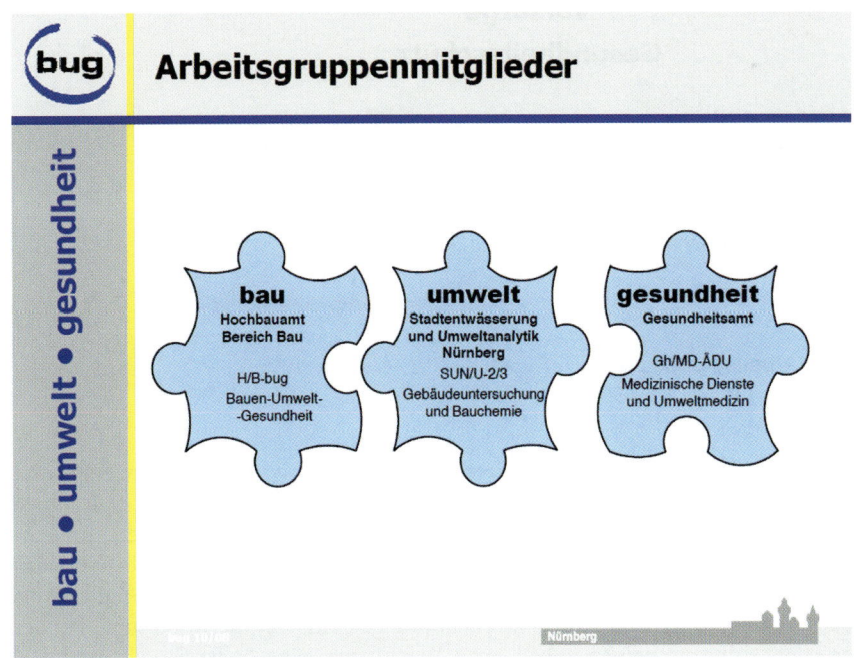

Bild 5-32 Arbeitsgruppenmitglieder bug

Bernd Tilgner: *„Diese drei Bereiche arbeiten in der Arbeitsgruppe eng zusammen, wobei jeder in seiner Einrichtung sitzt. Entscheidungen fallen auf dem kurzen Dienstweg unter den drei Arbeitsbereichen. Auf diese Art ist eine schnelle Sachbearbeitung im Interesse der Betroffenen möglich. Die Arbeitsgruppe hat dazu seit dem 01.01.2010 eine eigene Geschäftsanweisung. Damit ist das Vorgehen im Geschäftsverteilungsplan der Stadt Nürnberg verankert. Können normalerweise Arbeitsgruppen von einem der Amtsleiter aufgelöst werden, so ist dies durch diese Anweisung nicht mehr möglich.*

Wenn es zu gebäudebezogenen Beschwerden kommt (Kopfschmerzen, Konzentrationsstörungen, Augenbrennen ...), entscheidet in Nürnberg ausschließlich die Arbeitsgruppe bug, ob und in welchem Umfang Messungen stattfinden. Dabei gibt es kein Argument, wie z. B. das gibt unser Budget nicht her. So sind schnelle und klare Entscheidungen möglich."

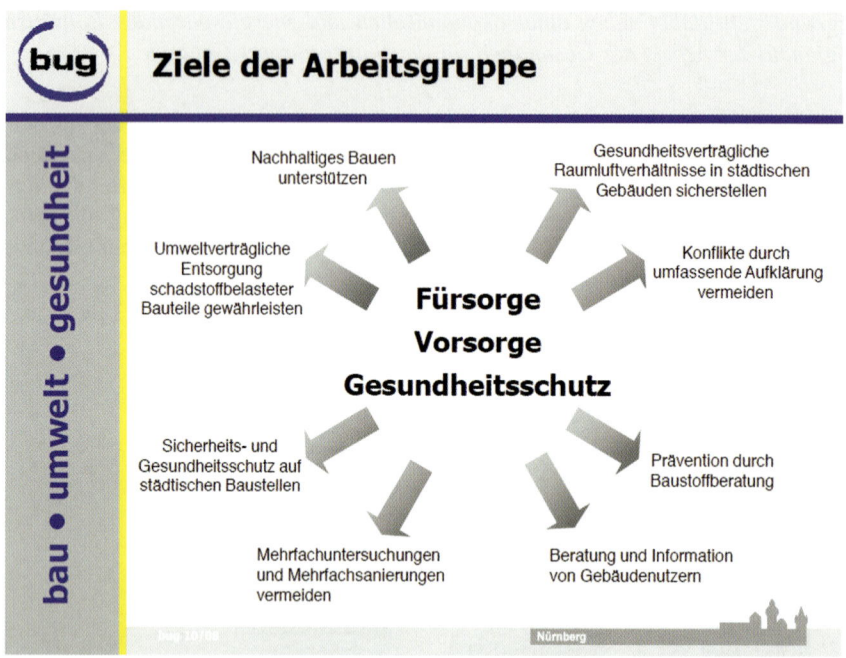

Bild 5-33 Ziele der Arbeitsgruppe bug

5.7.6 Prävention

Bei jedem Gebäude der Stadt Nürnberg, das saniert oder neu gebaut wird, werden zwei bis drei Tage, nachdem der letzte Handwerker das Gebäude verlassen hat, in ausgewählten Räumen Raumluftmessungen durchgeführt, die jedoch noch nicht weiter beurteilt werden. Im Anschluss startet ein mindestens 4-wöchiges Lüftungs- und Heizmanagement. Dabei wird das Gebäude für 24 Stunden am Tag auf einer Dauertemperatur zwischen 20 und 24 Grad Celsius gehalten. An sechs Tagen pro Woche gibt es zweimal pro Tag eine definierte Lüftung, bei der ein Hausmeister oder, sollte es keinen geben, eine Wachfirma, eine halbe Stunde lang alle Fenster öffnet und durch Keile fixiert, damit sie nicht wieder zufallen. Parallel zur Lüftung werden einmal am Tag alle Wasserhähne aufgedreht, sodass der Trinkwasserhygiene ebenfalls Rechnung getragen wird.

Nach Ablauf der vierwöchigen Lüftungsphase werden in den gleichen Räumen wieder Raumluftmessungen durchgeführt, bei dem TVOC und Formaldehyd gemessen werden. Diese sogenannten Freimessungen sind ausschlaggebend für die Inbetriebnahme des Gebäudes. Liegt der Wert oberhalb von 1.000 µg/m^3 TVOC, wird weiter gelüftet und geheizt. Liegt der Wert darunter, wird das Gebäude seiner Nutzung übergeben. In wenigen Ausnahmen, bei denen der Messwert nur wenig über 1.000 µg/m^3 TVOC liegt, kann das Gebäude unter Lüftungsauflagen in Betrieb gehen. So wurde zum Beispiel bei einer Schule, bei der nach den Ferien die Räume gebraucht wurden, 1.200 µg/m^3 TVOC gemessen. Vor Unterrichtsbeginn musste 20 Minuten lang gelüftet werden. Nach jeder Schulstunde wurde durch Fenster und Türen für mindestens vier Minuten quer gelüftet. In jeder Pause wurde die gesamte Pausenzeit unter Aufsicht quer gelüftet.

Auf die Frage, ob es vorkomme, dass nach Ablauf der 4-wöchigen Lüftungs- und Heizphase die gemessenen Raumluftwerte über oder sogar deutlich über den Wert von 1.000 µg/m^3 TVOC liegt, sagte Bernd Tilgner:

„Oh ja, sicher. Auch wir haben immer wieder mal andere Problemfälle. Das fängt an bei einer Schule mit erhöhten Naphtalinwerten im Neubau, wo man sich fragt, wo kommt denn Naphtalin her, eigentlich gibt es doch keine Baustoffe mit Naphtalin. Das ist aber ein großer Irrtum. Hier war es ein Bodenbelag, der wieder entfernt werden musste. "

(Naphtalin ist ein bicyclischer aromatischer Kohlenwasserstoff, von dem akute oder chronische Gesundheitsgefahren ausgehen [3])

Das Letzte, was wir jetzt hatten und da standen wir ganz schön schlecht da, das war 2-Chlorpropan, weil es da weder Richt- noch Grenzwerte gibt. Durch die Raumluftmessung haben wir eine Abweichung festgestellt, die wir uns zunächst nicht erklären konnten. Dann haben wir weiter geforscht, bis wir den Stoff 2-Chlorpropan entdeckten. Als Nächstes war natürlich herauszufinden, was ist 2-Chlorpropan und wo kommt es her? Früher war das mal ein Narkosemittel. Es konnte aber kein Mensch und auch kein Arzt eine Aussage dazu treffen, ob 2-Chlorpropan gesundheitsschädlich ist und ab welcher Konzentration es gesundheitsschädlich ist. Festgestellt ist bisher nur eine Reizwirkung.

In dem vorliegenden Fall war es die Estrichdämmung in einem Kindergarten. Die haben wir dann natürlich wieder rausgerissen. "

Ist das Ergebnis der Raumluft- bzw. Freimessungen nicht jedes Mal eine Art Lotteriespiel, bei dem es immer wieder, trotz des aufwendigen und sicher sehr hilfreichen Lüftungs- und Heizmanagements, böse Überraschungen geben kann?

Bernd Tilgner:

„Sagen wir mal so, bei einem Großteil der Gebäude sind wir in einem grünen Bereich und können nach vier Wochen mit einem Wert unter 1.000 µg/m^3 das Gebäude in Betrieb nehmen. Das haben wir in der Regel im Griff. Wenn natürlich nun ein Baustoff auftaucht, mit dem wir schlechte Erfahrungen gemacht haben, dann sind wir schon so frei und sagen den Kollegen, der wird nicht mehr verwendet. Es gibt da auch zwischenzeitlich ein Papier, das z. B. keine 2-Chlorpropan haltigen Baustoffe mehr eingebaut werden sollen. "

Die Stadt Freiburg i. Br. hat einen Kindergarten nach den strengen Kriterien des Sentinel-Haus Haus Institutes nach den Plänen des Architekturbüros Boos + Giringer, Renchen, gebaut.

Bild 5-34 Kindergarten in Freiburg mit Gesundheitszertifikat

Auf die Frage, was für eine Qualität ihre Immobilien in Zukunft erfüllen müssen und woran sie sich orientieren, antwortete Theodor Kästle, Abteilungsleiter Technisches Gebäudemanagement der Universitätsstadt, wie folgt:

„Unsere Ziele sind Wirtschaftlichkeit, Nachhaltigkeit, Funktionalität und Gestaltung sowie eine gesundheitsbewusste Bauweise. Wir orientieren uns dabei bei der Materialwahl an allgemein zugänglichen anerkannten Materialbewertungen und Umweltlabeln."

Was machen Sie heute bzw. zukünftig anders als früher?

Theodor Kästle:

„Wir schulen unsere Mitarbeiterinnen und Mitarbeiter und gehen insgesamt bewusster mit dem Thema „Schadstoffarmes Bauen" um."

5.7.7 Kosten

Kostet das Bauen mit emissions- und geruchsarmen Baumaterialien und mit geschulten, für das Thema Innenraumhygiene sensibilisierten Handwerkern, verbunden mit einem Lüftungskonzept während der Bauzeit mehr als das derzeit vorherrschende „normale unkontrollierte" Bauen?

Betrachtet man die Fachbeiträge in diesem Buch, vor allem zum Thema Recht, wird schnell deutlich, dass eine unbedenkliche Innenraumluft längst von den Auftragnehmern den Bauherren/Investoren und nicht zuletzt den Nutzern geschuldet ist.

Kann man also für eine Leistung, die nicht anders ausgeführt werden dürfte, von Mehrkosten reden?

Sieht zum Beispiel der Wärmeschutznachweis für ein Gebäude eine Dreifachverglasung für die Fenster vor, werden diese entsprechend kalkuliert, ausgeschrieben und ausgeführt. Ein Vergleich, was das Gebäude mit zweifach verglasten Fenstern gekostet hätte, stellt niemand an. Auch ein Estrich sollte nicht zu früh, also mit einer zu hohen Restfeuchte belegt werden, weil mögliche Bauschäden die Folge wären. Eine ausreichende Trocknungszeit und ein Nachweis, dass der Estrich belegreif ist, gehört zum Baustellenalltag.

Somit kann das Bauen durch die vorhandene oder neu erlangte Erkenntnis, gesundheitlich unbedenklich zu bauen, zwar teurer werden, aber wenn es sich in naher Zukunft um einen Mindeststandard so wie die Statik und den Wärmeschutz eines Gebäudes handelt, wird das gesunde Bauen nicht mehr zur preislichen Diskussion stehen. Gleichwohl kann das Thema Kosten immer wieder eine mögliche Hürde darstellen.

5

Theodor Kästle:

„Es besteht allgemeiner Konsens hinsichtlich gesundheitsbewusstem und schadstoffarmem Bauen. Einzige Hürden sind gelegentlich die damit verbundenen höheren Kosten bei knappen Haushaltsmitteln oder vielleicht auch die fehlende Zeit, bei den in diesem Zusammenhang erforderlichen Recherchen."

Um ein Gefühl zu bekommen und den kommunalen Investoren die Angst vor hohen Kosten zu nehmen, sei hier zum einem auf den Artikel 5.6 in diesem Buch Best Practice in der Schweiz – Kosten hingewiesen, bei dem Erfahrungswerte von großen Objekten zusätzliche Kosten im Promillebereich ergaben und zum anderen auf ein abgeschlossenes Kindergartenprojekt in Köln der Architektin Christine Overath [10.4 Autoren], welche zusätzliche Kosten in Höhe von 1,5 Prozent ermittelt hat. Diese waren Ihr allerdings bewusst und wurden in der Kostenberechnung von vornherein berücksichtigt. So kam es nach Fertigstellung des nach dem Sentinel-Haus Konzept zertifizierten Kindergartens zu keinen Mehrkosten für den Investor.

Literatur

[1] PCB-Richtlinie der Projektgruppe „Schadstoffe" der Fachkommission Baunormung der Arbeitsgemeinschaft der für das Bau-, Wohnungs- und Siedlungswesen zuständige Minister der Länder (ARGEBAU), Fassung September 1994

[2] Arbeitsgruppe bug www.nuernberg.de/internet/umweltanalytik/gebaeude_ag_bug.html

[3] GESTIS-Stoffdatenbank der IFA www.dguv.de/ifa/de/gestis/stoffdb/index.jsp

5.8 Sanierung und Modernisierung in Wohn- und Gewerbebau

Beatrice Kopff, Bernhard Kopff und Susanne Gehrmann

5.8.1 Sanierung als Bauaufgabe

Lange Zeit waren Sanierungen und Umbauten wegen des hohen Planungsaufwands und Haftungsrisikos bei geringer Kalkulationssicherheit ungeliebte Aufgaben für Architekten und Planer. Ungenügende Planungen hatten häufig zu Fehlern und Kostenexplosionen geführt und damit bei Bauherren und Investoren den Eindruck erzeugt, dass Sanierung und Modernisierung teuer und nicht einschätzbar seien.

Diese Entwicklung ist zu bedauern, denn das Bauen im Bestand ist eine anspruchsvolle Bauaufgabe, die durchaus kostensicher und mit ansprechendem Ergebnis umsetzbar ist. Sie bedarf einer sorgfältigen Planung und es sind andere Regeln als beim Bauen auf der grünen Wiese zu beachten. Ein wichtiger Aspekt bei der Sanierung ist, dass absolute Aussagen nur schwer möglich sind. Vielmehr muss sich der Planer mit Wahrscheinlichkeiten auseinandersetzen. Wenn die Bestandsuntersuchung keine Schadstoffe zeigt, heißt es entweder, es sind wirklich keine da, oder man hat sie zu diesem Zeitpunkt nicht gefunden. Deshalb verlangt das Bauen im Bestand immer eine ordentliche Portion Misstrauen. Sinnvoll ist es immer, die Extrempositionen darzustellen und dann in dem dadurch umschriebenen Feld die möglichen Wahrscheinlichkeiten festzulegen.

Bild 5-35
Unvorhergesehene Kosten durch eine Deckenplatte mit zu geringer Stahlbewehrung. Dieses konnte im Rahmen der Bestandsuntersuchung nicht ermittelt werden. Es musste kurzfristig ein neuer Sturz anbetoniert werden.

In allen Bauten befindet sich eine mehr oder weniger große Menge an Schadstoffen, die aus Unkenntnis verbaut wurden oder in Form von biologischen Substanzen wie Schimmelpilzen oder tierischen Substanzen (z. B. Taubenkot) vorgefunden werden. Schadstoffe in Wohn- und Aufenthaltsräumen sind beileibe keine ausschließlich neuzeitliche Situation. Neu ist aber die schnell wachsende Zahl von chemischen Bauprodukten. So steht man bei einer Sanierung immer vor der Aufgabe, die vorhandenen Schadstoffe zu erkennen und fachgerecht zu beseitigen und dann beim Wiederaufbauen keine neuen einzubauen.

5.8.2 Bestandsaufnahme

Der grundlegende Unterschied im Bauablauf zwischen Neubau und Sanierung ist das Vorhandensein von Substanzbaukörpern, die die Kreativität des Planers einschränken und fordern.

Um mit der Substanz angemessen und sinnvoll umgehen zu können, benötigt ein Planer eine umfassende Kenntnis des Gebäudes. Diese verschafft er sich im Rahmen einer Bestandsaufnahme.

Eine Bestandsaufnahme muss neben einer genauen Vermaßung Aussagen zu Nutzung, Ausstattung, Statik, Zustand, Materialien und evtl. vorhandenen Schadstoffen des Bauwerks enthalten. Außerdem muss sich der Planer mit der Geschichte und den Hausakten vertraut machen. Sofern vorhanden oder recherchierbar, sollte die Bauakte anhand von Plänen sowie noch vorhandenen Rechnungen auf mögliche Schadstoffquellen hin untersucht werden. Auch Anträge auf Nutzungsänderungen enthalten Hinweise auf bauliche Veränderungen, zudem können mündliche Berichte der früheren Bewohner oder von Nachbarn hilfreich sein, und die Planungsunterlagen der Baubehörde geben weitere Hinweise auf Altlasten aus früheren Nutzungen.

Die Erhebung dieser Daten verlangt neben der Bereitschaft, auch in unwegsame Ecken zu kriechen, vor allem Erfahrung, um wichtige und unwichtige Merkmale unterscheiden zu können. Mögliche Bauschäden, die sich oft erst später als gravierend herausstellen, müssen frühzeitig und oft anhand von kleinen Hinweisen erkannt werden. Es wurde bereits einige Forschungsarbeit betrieben, um diesen Vorgang zu standardisieren, aber die Fachkenntnis des Untersuchenden kann nur schwer ersetzt werden. Die Auswertung der vielen oft sehr unterschiedlichen Informationen, die im Rahmen eines Ortstermins festgestellt werden können, und deren Kombinationen dürften eine rein technische Erfassung sehr erschweren. Man stelle sich nur vor, dass ein dunkler Fleck auf der Wand sowohl durch Wasser, Öl, Farbe oder Staub verursacht werden kann. Zur weiteren Untersuchung der Stelle müssten Geruch, Temperatur, Haptik und vieles mehr ind die Betrachtung einbezogen werden. Die Bewertung dieser Informationen geschieht oft intuitiv aufgrund der persönlichen Erfahrungen des Planers.

Bild 5-36 Sanierung in München-Obermenzing vorher und nachher
Sanierung ist eine spannende und schöne Bauaufgabe, bei der wie hier
ausführliche Bestandsaufnahme und sorgfältige Planung zum Erfolg führen.
(Quelle: kopff & kopff Architekten)

Vor Ort

Es hat sich bewährt, das Gebäude systematisch von außen nach innen und von den wichtigen Bereichen zu den unwichtigen Bereichen zu begehen und zu vermessen, also z. B. die Hauptwohngeschosse zuerst und Nebenräume wie Keller zum Schluss. Als sinnvoll haben sich auch Formulare erwiesen, die durch eine immer gleiche Fragestellung in jedem Raum die wichtigen Details abfragen, so dass nach dem Aufmaß zu jedem Raum Angaben zu Bodenbelägen, Wandschichten und anderen Details vorliegen. Dabei ist auf konstruktive Hinweise wie Verkofferungen und z. B. hängende Decken zu achten. Diese Details helfen bei der Auswertung, Zusammenhänge zu erkennen. Ebenso sind haustechnische Anlagen einzuzeichnen, weil zum Beispiel Feuchteschäden ihre Ursache in undichten Heizungs- und Wasserleitungen haben können. Die Lage elektrischer Anlagen sollte im Bezug auf die spätere Raumnutzung festgehalten werden, weil Ruheräume Abstand zu Hauptleitungen haben sollten. In diesem Rahmen soll das Objekt gründlich fotografiert werden, so dass man bei der späteren Bearbeitung genügend Bilder als Gedankenstütze hat.

Das Vermessen kann bei kleineren Objekten mit Maßband und Lasermessgerät durchgeführt werden. Bei größeren Objekten oder schwierigen geometrischen Formen wie etwa dem Tragwerk in einem Kirchturm übernimmt diese Aufgabe ein Vermessungsingenieur mit 3D-Scanner und anderen geeigneten Werkzeugen. Auf diese Weise ist es möglich, auch komplexe Räume oder Fassadenflächen vollständig als 3D-Modell zur Weiterbearbeitung zu erhalten. Zudem ist es durchaus wirtschaftlich, die Topografie einer Fassade auf einige Millimeter genau zu erfassen. Dieses ist wichtig, wenn vorgefertigte Bauteile zum Beispiel als Holzkonstruktionen angebracht werden sollen.

In einem weiteren Schritt sind Schäden und Hinweise auf Schäden gesondert zu untersuchen und diese in den Aufmaßplänen oder auf gesonderten Skizzen zu vermerken. Zu dieser Untersuchung gehören auch zerstörende Untersuchungen, die mit äußerster Vorsicht durchzuführen sind, besteht doch immer die Gefahr, mehr Schaden als Erkenntnis zu produzieren. Umgekehrt können durch zu wenig Untersuchungsaufwand entscheidende Kenntnisse zum Baukörper nicht gewonnen werden, was sich als spätere Überraschung im Bauablauf mit oft teuren Folgen erweisen kann. Der Erfolg des Aufmaßes und der nachfolgenden Planung hängt vom Fingerspitzengefühl des Untersuchenden ab. Für den Bauherrn lohnt sich meist eine aufwendige Bestandsaufnahme, die von einem Architekten oder Sachverständigen durchgeführt wird. Diese Kosten zahlen sich später durch eine umso vollständigere Planung und Kostenermittlung aus.

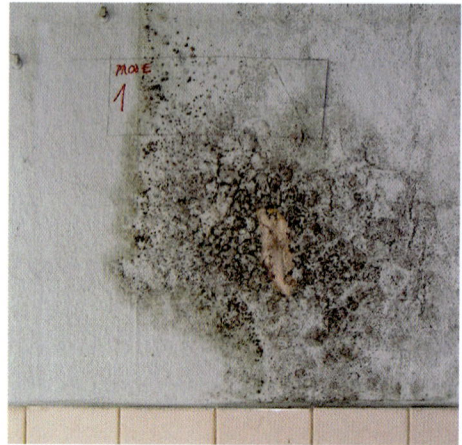

Bild 5-37
Beispiel einer zerstörenden Untersuchung: Hier wird für eine Schimmelpilzprobe ein Stück Putz herausgeschnitten. Die Stelle der Probenahme wird im Vorfeld markiert, fotografiert und der Dokumentation hinzugefügt.

5

Bild 5-38
Das Karsten'sche Prüfrohr gibt Auskunft
über das Saugverhalten von Untergrün-
den.

Bild 5-39
Feuchtemessung in einem Deckenbalken

Bild 5-40
Zerstörende Untersuchung
Bei einer sorgfältigen Bestandsaufnahme
sind Bauteilöffnungen oft nicht vermeid-
bar.

....

....

....
(Name und Adresse Bauherr)

An
Planungsbüro Mustermann
Architektenstraße 23

80000 Musterstadt

5

|

Bestätigung zur Begutachtung mit zerstörenden Untersuchungen

Zu untersuchendes Objekt: ....

                                   ....

                                   ....

Hiermit bestätige ich, dass ich über die erforderlichen zerstörenden Untersuchungen im
Zuge der Begutachtung des o.g. Objekts informiert wurde und diese genehmige.
Mir ist bekannt, dass eventuell notwendige Arbeiten zur Wiederherstellung sowie
Schuttentsorgung auf meine Kosten erfolgen.

....
Ort, Datum

....
Eigentümer

Bild 5-41 Beispiel Formular

Für eine sorgfältige Bestandsaufnahme ist eine zerstörende Untersuchung oft erforderlich.
Hierfür sollte unbedingt die Einverständniserklärung des Eigentümers eingeholt werden.

Auswertung

Die gesammelten Notizen, Fotos und Proben sollten zeitnah in Bestandspläne umgesetzt werden. Die neu zu erstellenden Pläne werden nach den gewonnenen Maßen gezeichnet und erhalten schriftliche Hinweise auf Befunde, sodass bei der späteren Planung auf diese Faktoren Rücksicht genommen werden kann. Zusätzlich kann ein Raumbuch erstellt werden, in dem für jeden Raum zusätzliche Informationen festgehalten werden. Das Raumbuch kann dann der Ausschreibung beigefügt werden. So erhält jeder der Bieter wichtige Hintergrundinformationen, ohne dass er unbedingt das Objekt selber untersuchen muss. Bei größeren Schadstofffunden können diese in einem eigenen Plan für die Sanierung eingetragen werden. Dieser Plan bildet dann die Grundlage für den Arbeits- und Sicherheitsplan.

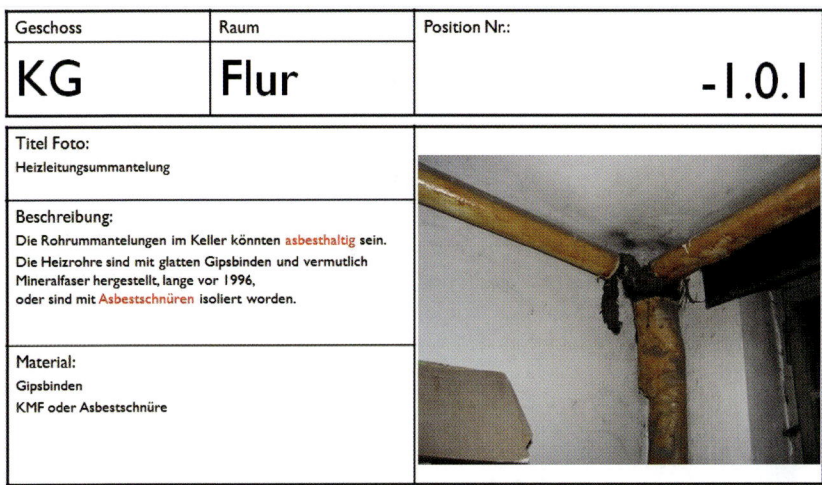

Bild 5-42 Auszug aus einem Raumbuch zur Bestandsaufnahme, Beispiel 1
(Quelle: kopff & kopff Architekten)

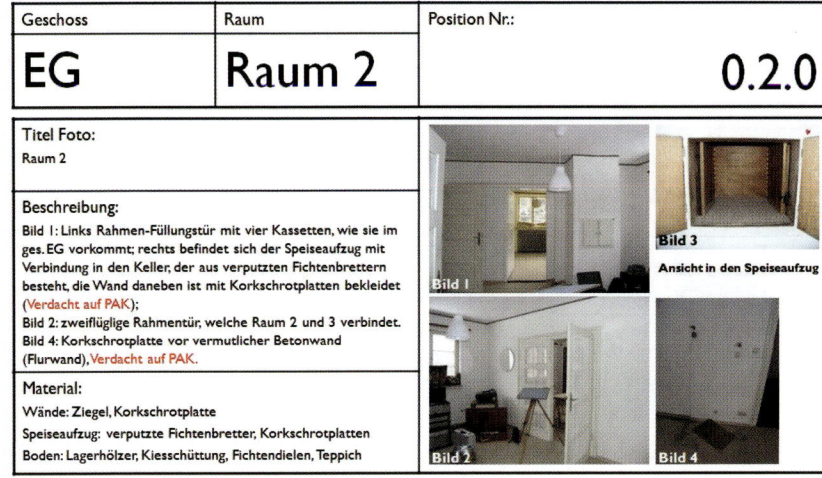

Bild 5-43 Auszug aus einem Raumbuch zur Bestandsaufnahme, Beispiel 2
(Quelle: kopff & kopff Architekten)

Im Rahmen der Auswertung zeigen sich auch Zusammenhänge aus Befunden im Bestand und ihre Beziehung untereinander. Damit lassen sich auch Hinweise auf verdeckte Schäden oder Besonderheiten des Baukörpers finden. Scheinbar kleine Schäden fügen sich dann zu einem gesamten Bild. Zum Beispiel können Rissbilder in Wänden zusammengesetzt werden und somit eine Bewegung im Gebäude aufzeigen. Auch verdeckte Rohrleitungen oder Tragwerkstrukturen lassen sich hier oft gut auffinden. Das Gebäude setzt sich zu einem einheitlichen Gebilde zusammen und erste Lösungsansätze für die Planung können hieraus gefunden werden.

5.8.3 Umsetzung in der Planung

Faktoren und Einflüsse in der Sanierung

Während beim Neubau für den Bauherrn innerhalb seiner finanziellen und der baurechtlichen Möglichkeiten ein Wunschkonzert möglich ist, muss man sich beim Bauen im Bestand auf die Möglichkeiten, wie sie das Gebäude bietet, beschränken lassen. Dabei gilt es, nicht nur die räumliche Nutzung, sondern auch die Tragfähigkeit und Aussteifung, Brandschutzvorgaben und andere spezielle Faktoren zu berücksichtigen. Deshalb ist es wichtig, dass die Wünsche des Bauherrn allgemein gehalten sind und nicht fixe Lösungen bieten. Die Erfahrung hat gezeigt, dass Sanierungen und Umbauten umso wirtschaftlicher sind, je mehr man sich an die Vorgaben des Bestands hält. Es sollten Treppen, Wände und Schächte soweit wie möglich erhalten bleiben und weiter genutzt werden. Wenn noch tragende Wände aus radioaktiv strahlenden Baustoffen errichtet wurden, kann durch Zonierung gegebenenfalls eine Lösung gefunden werden, aber die Möglichkeiten reduzieren sich weiter.

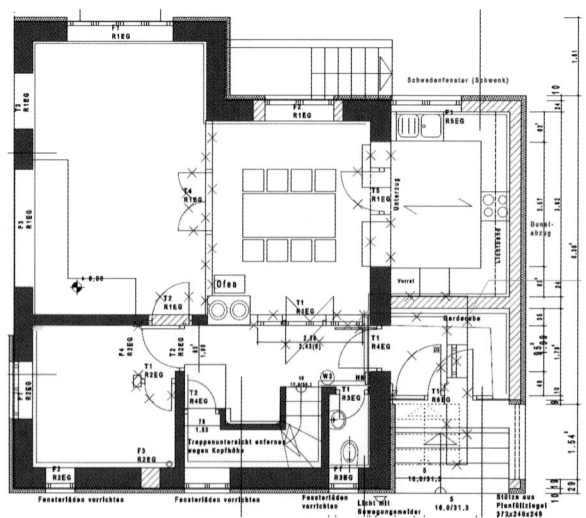

Bild 5-44
Grundriss eines Umbaus
Trotz der erheblichen Änderung der Raumstruktur wurden die wesentlichen Elemente des Bestandes wie Treppe, Kamin, Außenwände und tragende Bauteile größtenteils erhalten.
(Quelle: kopff & kopff Architekten)

Folgende Faktoren sind im Rahmen einer Planung zu berücksichtigen:

– Bauherrenwünsche, Nutzung
– Brandschutz
– Bauphysik
– Statik
– Eigenheiten des Baukörpers
– Schallschutz
– Schadstoffbelastungen
– Kostenentwicklung

Mit Blick auf die vielen zu berücksichtigenden Faktoren ist es nachvollziehbar, dass eine sinn-volle Planung nur ein Kompromiss aus allen oben genannten Faktoren sein kann. Zuerst soll-ten, besonders bei Objekten, die öfters umgebaut wurden, das ursprüngliche Tragwerk und der ursprüngliche Entwurfsgedanke zurückverfolgt werden. Je näher die neue Planung dieser ur-sprünglichen Idee ist, umso leichter wird die Umsetzung. Bei älteren Gebäuden kommen er-schwerend die heute höheren Anforderungen an Tragwerk, Schallschutz und Brandschutz sowie Energieeinsparung hinzu. Diese Faktoren sind besonders zu prüfen und die Planung muss diesen Gegebenheiten angepasst werden. Gelungen kann eine Planung dann genannt werden, wenn der Kompromiss aus allen Faktoren ausgewogen alle Anforderungen berück-sichtigt. Dies verlangt aber intensive Planungsleistung und einen guten Dialog zwischen Bau-herrn und Architekt.

Auch wenn die Planung auf einer soliden Bestandsuntersuchung beruht, darf nicht vergessen werden, dass diese Untersuchung nicht alle Bereiche des Gebäudes offen gelegt hat. Somit kann immer noch Unvorhergesehenes auftreten. Auch hier sollten im Rahmen der Planung verschiedene Szenarien durchgedacht werden, um die Wirtschaftlichkeit der Baumaßnahmen nicht aus den Augen zu verlieren. Es sollten Fragestellungen wie „Welche Ergebnisse müssen

5

Bild 5-45
Überraschungsmomente 1
Im Zuge einer Sanierung kann man auf ungewöhnliche Leitungsführun-gen stoßen. Oft ist es günstiger und kalkulierbarer, vollständig neue Lei-tungsführungen zu planen.
(Quelle: kopff & kopff Architekten)

Bild 5-46
Überraschungsmomente 2
Damit hat bei der Bestandsaufnahme niemand gerechnet: ein Fenstersturz, bei dem Ziegel mit Bauschaum ver-klebt wurden. Das durchgebogene und klemmende Fenster hätte evtl. einen Hinweis liefern können.
(Quelle: kopff & kopff Architekten)

mit der Baumaßnahme erzielt werden?" oder „Wann wird es zu teuer?" besprochen und klare Grenzwerte festgelegt werden. Auch wenn die Planung Geld gekostet hat, ist es noch ungleich billiger, nach der Planung eine Sanierung nicht durchzuführen, als die Undurchführbarkeit im Zuge der Arbeiten festzustellen.

Die Definition wohngesundheitlicher Zielwerte

Die Relevanz und die Verwendung von Empfehlungswerten von Innenraumschadstoffen wird in diesem Buch an anderer Stelle ausführlich beschrieben. Wurde mit der Bauherrschaft die Einhaltung wohngesundheitlicher Werte von Schadstoffen vereinbart, müssen diese an festgelegten Stellen im Bauablauf von einem in Schadstoffmessungen versierten Sachverständigen, z. B. einem baubiologischen Messtechniker, überprüft werden. Nur so ist der Erfolg der Sanierungsmaßnahmen zu bewerten. Gegebenenfalls sind die Maßnahmen, zum Beispiel die Verwendung bestimmter Baumaterialien, im späteren Ausbau daran anzupassen.

Zur Veranschaulichung soll hier ein Beispiel dienen:

– Durch den Einbau formaldehydhaltiger Spanplatten ist in einem Gebäude zum Zeitpunkt der Sanierung die Innenraumluft mit einem Formaldehydgehalt von 85 $\mu g/m^3$ belastet.
– Nach Entfernen der kontaminierten Materialien soll der Formaldehydgehalt der Innenraumluft auf 20 $\mu g/m^3$ sinken.
– Als Ziel ist formuliert, dass der Formaldehydgehalt nach Innenausbau und Aufwertung der Immobilie maximal 60 $\mu g/m^3$ betragen soll.
– Kann durch den Ausbau der belasteten Materialien tatsächlich der geplante Wert von 20 $\mu g/m^3$ Formaldehyd erreicht werden, verbleibt ein „Spielraum" von 40 $\mu g/m^3$ für die Ausbaumaterialien und deren Verarbeitung. Werden nach der Sanierung lediglich 30 $\mu g/m^3$ erreicht, verkleinert sich der Spielraum, sodass eventuell die Auswahl der Baumaterialien geändert werden muss. Die Alternative: Der Zielwert wird im Einvernehmen mit dem Bauherren neu definiert und im Werkvertrag schriftlich fixiert.

Das Abwägen der Maßnahmen

Zur Sanierungsplanung gehört auch die Überlegung, welches Ergebnis in Bezug auf Schadstoffreduzierung tatsächlich möglich ist. Während Dämmstoffe aus zum Beispiel künstlicher Mineralfaser nach Maßgabe der Technischen Regeln für den Umgang mit Gefahrstoffen 521[24] respektive der Handlungsanleitung „Umgang mit Mineralwolle-Dämmstoffen"[25] der BG Bau ausgebaut und entsorgt werden können, sind radioaktive Mauersteine nur durch eine Schicht Barythputz zu überdecken, wenn nicht ganze Wände abgebrochen werden sollen. Damit kann die Strahlenbelastung reduziert, aber nicht entfernt werden. Wenn hingegen Holzschutzmittel in den Putz eingedrungen sind, kann das wahre Ausmaß der Belastung nur noch schwer ermittelt werden und somit kann der Erfolg einer Sanierung nur noch schwer im Vorfeld abgeschätzt werden.

In diesen Fällen stehen Planer und Bauherr vor schwierigen Entscheidungen, denn alle Maßnahmen und Entscheidungen pendeln in diesen Fällen zwischen oft deutlicher Kostensteigerung und der möglichen Reduzierung der Belastung. Auch bei sehr hohen Kosten ist eine vollständige Schadstoffbeseitigung in manchen Fällen nicht möglich. Deshalb muss hier eine sinn-

---

[24] Technische Regeln für Gefahrstoffe, TRGS 521, Abbruch-, Sanierungs- und Instandhaltungsarbeiten mit alter Mineralwolle, Ausgabe: Februar 2008, (GMBl Nr. 14 vom 25. März 2008, S. 279)
[25] Handlungsanleitung „Umgang mit Mineralwolle-Dämmstoffen" hrsg. BG BAU, Ausgabe 5/2010

volle Lösung erarbeitet werden. Als gutes Hilfsmittel hat es sich erwiesen, die möglichen Extrempositionen schriftlich darzustellen und dann den erforderlichen Aufwand aus Sicht jeder dieser Extrempositionen darzustellen, um eine Entscheidung treffen zu können. Dabei sind aber immer die persönliche Belastbarkeit der Nutzer sowie die mögliche Gefährdung durch verbleibende Schadstoffe im Vordergrund zu sehen. In einem gelegentlich genutzten Werkstattraum kann natürlich eine höhere Schadstoffbelastung toleriert werden als in einem Schlafraum. Auch muss auf eine später mögliche Umnutzung geachtet werden. Deshalb ist stets darauf zu achten, dass alle Entscheidungen unter dem Gedanken der Vorsorge getroffen werden und im Zweifelsfall der ungünstigere Fall angenommen wird.

Bild 5-47
Probenahme Pilzmyzel
Bei Pilzbefall lohnt es sich oft, die Laborauswertung abzuwarten – die Art des Pilzes kann ggf. über die weiteren Sanierungsmaßnahmen entscheiden.
(Quelle: kopff & kopff Architekten)

MESSPROTOKOLL

VOC-Messung		
VOC-Konzentration, in Volumenteilen ppb (parts per billion) bezogen auf Isobuten		
Messort		
Außen, zu Beginn der Messungen	10 - 20		
Wohnzimmer	50 - 60		
Keller	Flur (Ölgeruch) 700 – 750	Tankraum, vor der verschlossenen Türe ca. 4.000	Weinkeller 1.500 – 1.600
Keller	Heizraum 850 - 900	„Werkraum" Großes Zimmer Ost 1.200 – 1.300	
Keller	Sauna 900 - 950		
OG	60 - 80		
Außen, Ende der Messungen	15 - 25		
Eingesetztes Messgerät: PID-Photoionisationsdetektor ppb-RAE 3000 mit UV-Gasentladungslampe 10,6 eV		

Bild 5-48 Auszug aus einer überschlägigen VOC-Messung zur Bestandsaufnahme (Quelle: Baubiologie Streil)

Grundvoraussetzung ist auch, dass keine überzogenen Zeitlimits gesetzt werden. Denn schon allein die Probenahme und Auswertung von Staubproben nimmt circa zwei bis drei Wochen in Anspruch, bei starker Inanspruchnahme des Prüfinstituts auch mehr. Und die Entwicklung eines darauf basierenden Sanierungskonzeptes dauert je nach Einzelfall noch einmal deutlich länger. Hier gilt es beim Bauherrn keine überzogenen Erwartungen zu wecken, schließlich kann sich der Zeitbedarf inklusive der eigentlichen Sanierungsarbeiten auf etliche Monate ausdehnen.

5.8.4 Umsetzung im Bauablauf

Sanierung als anspruchsvolle Aufgabe

Wie oben beschrieben, stellt eine Sanierung immer einen dynamischen Prozess dar und verlangt somit von allen Beteiligten eine ständige Bereitschaft, kreativ sinnvolle Lösungen zu schaffen. Mit der Industrialisierung wurden immer mehr Arbeitsplätze vereinfacht und die Möglichkeit zum kreativen Arbeiten besonders auch in handwerklichen Berufen reduziert. Diese Verarmung an Kreativität hat sich auch im Lebensgefühl der Arbeitnehmer niedergeschlagen und kreative Handwerker in Nischen verbannt. Bei vielen Handwerkern, die verstärkt auf Neubaustellen arbeiten, stellt man oft einen geringen Ausbildungsstand und geringe Fähigkeiten zur eigenständigen Lösung von komplexen Aufgabenstellungen fest. Sanierung und Modernisierung finden aber immer im Bestand statt – hier ist der Sachverstand des Handwerkers unerlässlich und deshalb verlangt das Arbeiten im Bestand gut ausgebildete und motivierte Handwerker, Bauleiter und Planer. Die Arbeit im Bestand ist anspruchsvoll und verlangt mehr Kreativität und Fachwissen als die Arbeit im Neubau, bietet aber auch hochwertige Arbeitsplätze, die den Arbeitnehmern Gelegenheit zu Kreativität und Entfaltung bieten. Auf diesen scheinbar unbedeutenden Aspekt weise ich in diesem Zusammenhang deshalb hin, weil gesundes Bauen auch bei den Arbeitsbedingungen beginnt. Somit ist das Sanieren auch eine Möglichkeit, einen sozialen Fortschritt hin zu hochwertigen Arbeitsplätzen zu ermöglichen. Dazu muss aber auch ein Umdenken bei den Planern und Investoren stattfinden.

Ausschreibung und Vergabe

Während bei einem Neubau vor dem Ausschreiben eine vollständige und endgültige Planung möglich ist, ist bei einer Sanierung immer mit Überraschungen zu rechnen. Alle Betriebe, die Erfahrungen im Sanieren haben, wissen um dieses Problem und könnten aufgrund ihrer Erfahrungen hier hilfreiche Hinweise geben. Dieses Wissen kann aber nur genutzt werden, wenn diese Erfahrung auch im Zuge der Planung abgefragt werden kann. Seit einiger Zeit wirbt ein Verbund aus der Bauindustrie für das Partnering-Modell. Dabei geht es darum, dass nicht mehr konfrontativ einerseits Bauherr und Architekt und andererseits die ausführenden Firmen um die Baukosten feilschen. Vielmehr soll bei einem Partnering-Modell auf Vertrauen und Kooperation gesetzt werden und die ausführenden Firmen frühzeitig in die Ausführungsplanung eingebunden werden, damit der beste Preis durch günstige Ausführungsarten und nicht durch unwirtschaftliche Angebote ermittelt wird. Erfahrungsgemäß sind die Lohnkosten und Materialkosten für jede Firma annähernd gleich. Wirkliche Preisunterschiede können nur durch unterschiedliche Ausführungsqualitäten und -arten erzielt werden. Diese Faktoren lassen sich aber am besten im Dialog zwischen Planer, Bauherr und ausführender Firma beeinflussen. Letztendlich muss für eine erfolgreiche Sanierung eine Firma gefunden werden, die in die Kommunikationsstruktur von Bauherr und Planer passt. Die klassische Ausschreibung sucht nur nach dem günstigsten Preis. Deshalb sollte besonders beim Sanieren immer darüber nachgedacht werden, vom klassischen Ausschreibungsverfahren abzuweichen und mögliche ausführende Firmen frühzeitig in die Planung zu integrieren, um auf diese Weise von den Erfahrungen und Kenntnissen der Unternehmen profitieren und gemeinsam nach der optimalen Lösung suchen zu können. Diese Überlegung ersetzt aber nicht eine Ausschreibung im Sinne einer Leistungsbeschreibung als Vertragsgrundlage über die vereinbarten Leistungen. Allerdings wird diese Vertragsgrundlage nicht allein vom Architekten erstellt, sondern in Kooperation mit der ausführenden Firma. Wichtig ist es dabei, nach der Planungsphase eine Möglichkeit zu schaffen, dass auch andere Bieter beauftragt werden können. Dies kann durch eine Vergütung der Beratungs- und Planungsleistungen der Unternehmen erreicht werden.

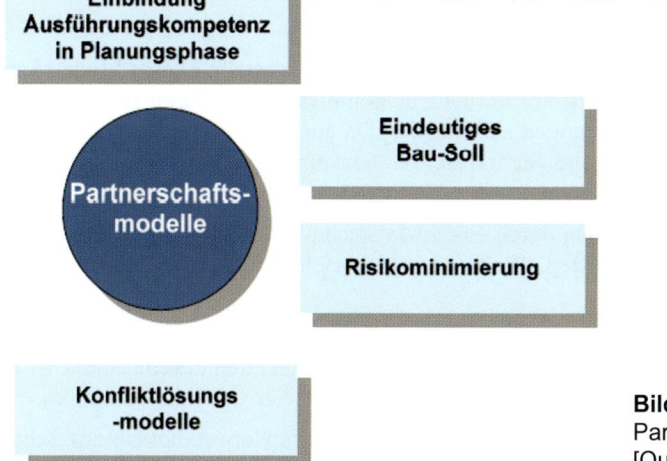

Bild 5-49
Partnerschaftsmodelle
[Quelle: Deutsche Bauindustrie]

Nach Vorliegen der Angebote sollte nochmals auch die Wirtschaftlichkeit der geplanten Maßnahme überprüft werden. Denn jetzt liegen alle Daten und Angaben vor, um den tatsächlichen Umfang der Arbeiten abschätzen zu können, und eine mögliche Fehlinvestition umfängt zu diesem Zeitpunkt nur die Planungsleistungen. Im schlimmsten Fall könnte der Bauherr die Immobilie ohne weiteren Verlust abstoßen. Wenn bereits mit den Arbeiten begonnen wurde, erhalten diese ihren Wert erst durch die Fertigstellung. Somit kann nach Beginn der Arbeiten das Hauptziel nur mit großem Verlust geändert oder die Arbeit abgebrochen werden. Welche Maßnahmen noch wirtschaftlich sind, hängt von verschiedenen Faktoren ab. In beengten Baugebieten und in Reihenhäusern können auch aufwendige Sanierungen durchaus sinnvoll sein. Hier muss immer individuell abgewogen werden.

Bauausführung und Bauleitung

Wenn wie oben beschrieben bereits in der Planungsphase mit den Handwerkern zusammengearbeitet wurde, sind viele Details bereits geklärt. Trotzdem findet jetzt nochmals ein qualitativ neuer Schritt statt, der vom Architekten als Planer bewusst durchgeführt werden muss.

Bisher hat er alle Faktoren wie Entwurf, Lage, die Einflüsse aus Schadstoffen und vieles andere alleine berücksichtigen können. Ab Beginn der Arbeiten wird die Verantwortung für das Gelingen der Arbeit und auch der Schutz für die Gesundheit der Arbeiter auf mehrere Schultern mit sehr unterschiedlichem Wissenshorizont verteilt. Letzterem wird durch den SIGE-Plan oder dem Arbeits- und Sicherheitsplan Rechnung getragen. Bei der Reduzierung von Schadstoffen oder der Formulierung der Zielsetzung des Bauvorhabens wird dieser jedoch häufig übersehen und der unterschiedliche Wissens- und Erfahrungshorizont der am Bau Beteiligten stört dann den wichtigen Informationsfluss. Schnell wird Unwille oder Unfähigkeit vorgeworfen, wenn eigentlich nur eine unterschiedliche Erfahrung und Handlungsweise vorliegt.

Nicht nur in der Sanierung ist es daher wichtig, einen sachkundigen Bauleiter zu bestellen, der die Umsetzung der wohngesundheitlichen Aspekte überwacht und koordiniert. Dies kann der bauleitende Architekt sein, sofern er die erforderliche Zusatzqualifikation und Erfahrung aufweist, oder ein Wohngesundheitskoordinator (WoGeKo). Dieses Berufsbild wird im Kapitel 5.11 WoGeKo ausführlich beschrieben.

Die Wissenspyramide

Die Wissenspyramide wird hier am Beispiel von Schadstoffen dargestellt. Dieses Modell kann aber auf viel andere Bereiche ausgedehnt werden. In komplexen Strukturen treffen immer Menschen mit verschiedenen Vorbildungen aufeinander. Daraus entstehen Missverständnisse, die sich im Baubereich zu Schäden und Mehrkosten entwickeln können. Diesen Sachverhalt kennen wir schon aus der Bibel als Geschichte des „Turmbaus zu Babel".

Örtlich vorhandene Schadstoffe werden durch einen Messtechniker ermittelt. Sein Fokus liegt ganz auf den feststellbaren Schadstoffen. Weitere bautechnische Problemstellungen sind für ihn nur sekundär.

Der Architekt, der die Bestandsaufnahme durchführt, weiß um die Problematik der Schadstoffe, muss aber gleichzeitig auf Bauschäden und andere wichtige Faktoren achten. Somit ist die Schadstoffproblematik für ihn nur eines von vielen Dingen, um die er sich kümmern muss.

Wenn es zur Ausführung kommt, wird der Bauleiter wohl auf die Notwendigkeit, auf Schadstoffe zu achten, hingewiesen, aber für ihn ist es keine greifbare Größe, weil sein Augenmerk betriebsbedingt vorrangig auf Termine und Umsetzbarkeit im Detail gelenkt ist.

Noch weiter von den Vorgaben zum Problembereich Schadstoffe ist der Handwerker entfernt. Sein Augenmerk liegt auf ganz konkreten kurzfristigen Details. Diese Sichtweise ist auch notwendig, um die gestellte Aufgabe erfolgreich lösen zu können. Die gesamte Baumaßnahme ist für den Handwerker nur noch schwer überschaubar. Somit werden auch Vorgaben zur Schadstoffreduzierung für den Handwerker vor Ort immer weniger nachvollziehbar. Das erklärt die Notwendigkeit für eine umfangreiche Handwerkerschulung. Nur durch gezielte und ausführliche Einweisung kann diese Problematik, zusätzlich zum oft schwierigen Tagesgeschäft, den Praktikern auf der Baustelle begreiflich gemacht und Verantwortlichkeiten verteilt werden.

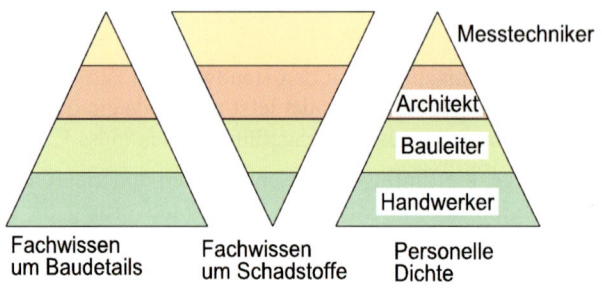

Fachwissen um Baudetails   Fachwissen um Schadstoffe   Personelle Dichte

Bild 5-50
Wissenspyramide

Auf diese Weise zeigt die Wissenspyramide die unterschiedlichen Horizonte und Herange-hensweisen der verschiedenen Fachleute an ein und dieselbe Aufgabe. Ohne bewusste Kom-munikation ist die Gefahr sehr groß, dass eine sinnvolle Verständigung nicht gelingt und Schäden und Fehler alleine durch Unverständnis auftreten. Bauleiter und planende Architek-ten, die bei dieser Pyramide mehr in der Mitte stehen, müssen sich ihrer Aufgabe als Wissens-vermittler zwischen wissenschaftlichen Theoretikern und handwerklichen Praktikern bewusst sein und diese Verbindungsstelle aktiv besetzen sowie stets für Kommunikation zwischen diesen beiden Polen sorgen.

Arbeits- und Sicherheitsplan

Im Rahmen der Sanierungsarbeiten gilt es, die mit den Arbeiten beauftragten Handwerker sowie die Umwelt zu schützen. Der Bauherr ist hier in der Verantwortung. Deshalb ist vor Arbeitsbeginn ein Arbeits- und Sicherheitsplan zu erstellen.

Ein Arbeits- und Sicherheitsplan ist nach den Vorgaben der TRGS 524 für kontaminierte Be-reiche aufzustellen, für Arbeiten mit Asbest gilt die TRGS 519 und für andere Faserstäube wie zum Beispiel KMF gilt die TRGS 521. Was ein kontaminierter Bereich ist, muss zuerst durch eine fachkundige Person festgelegt werden. Hierzu muss die mögliche Gefährdung bewertet werden. Dies kann aufgrund von vorhandenen Unterlagen erfolgen. Meist ist aber eine örtliche Untersuchung mit Laborauswertung erforderlich.

Danach ist für jeden Arbeitsschritt ein geeignetes Arbeitsverfahren zu wählen, wo der Schutz des Arbeiters immer der Wirtschaftlichkeit vorzuziehen ist. Danach ist die Schutzmaßnahme zu wählen. Hier sollte bedacht werden, dass z. B. Arbeiten unter schwerem Atemschutz zu kurzen Arbeitszeiten und langen Ruhephasen führt. Deshalb sind z. B. aufwendige Einhausun-gen und Absauganlagen oft sinnvoller. In Abstimmung von Schadstoff und Schutzmaßnahme wird ein Arbeits- und Sicherheitsplan erstellt, der auch allen betroffenen Arbeitern verständ-lich erklärt werden und zur Einsicht ausgelegt werden muss. Die Einhaltung muss ebenfalls durch einen Sachkundigen überwacht werden.

Mögliche Maßnahmen sind: Einhausung und Absperren der Arbeitsbereiche, sodass nur un-mittelbar mit dem Schadstoff beschäftigte Personen mit den Schadstoffen in Berührung kom-men können, Aufstellen von Absaug- und Luftreinigungsgeräten, Verwenden von abgesaugten Werkzeugen, sodass Schadstoffe direkt aufgenommen und entsorgt werden können.

Bild 5-51
Luftschleusen im
Sanierungsprojekt

Die finale Sicherheitsmaßnahme ist die persönliche Schutzausrüstung. Diese sollte so leicht wie möglich gewählt werden, sodass die Gewichtsbelastung für den Arbeiter möglichst gering ausfällt. Außerdem müssen ein Schwarz/Weiß-Bereich eingerichtet und geeignete Sanitärräume bereitgestellt werden. Der Schwarzbereich ist der kontaminierte Bereich. Dieser darf nur durch eine geeignete Schleuse betreten und verlassen werden. Das gilt auch für Material und Werkzeug, die durch eine gesonderte Schleuse gebracht werden müssen.

Die Maßnahme muss von einer fachkundigen Person begleitet werden, die aktiv für die Sicherheit der Beschäftigten sorgen muss und auch vorbeugend und gewerkübergreifend steuernd eingreifen kann. Denn besonders bei Sanierungen kann immer überraschend ein neuer Gefahrstoff oder eine andere Gefährdung wie z. B. Einsturzgefahr auftreten. Der Arbeits- und Sicherheitsplan muss mit dem SIGE-Plan abgestimmt werden.

Die ausgebauten Schadstoffe müssen durch einen geeigneten Entsorger aufgenommen und entsorgt werden. Der Auftraggeber hat auf eine lückenlose Dokumentation des Verbleibs der Schadstoffe zu achten.

Es ist grundsätzlich darauf zu achten, dass Schadstoffe nicht durch Unachtsamkeit weiter im Gebäude verteilt werden. Dies gilt besonders für kleine Baustellen und staubende Schadstoffe wie KMF oder Asbest. So ist zum Beispiel die Traglattung von Asbestfassadenplatten mit einem geeigneten Staubsauger nach der Demontage der Platten und vor der Demontage der Latten abzusaugen, weil sich auf den Latten oft jahrzehntelang Asbestfasern abgelagert haben, die dann durch die Demontage aufgewirbelt werden.

Nachdem alle festgestellten Gefahrstoffe plangemäß entsorgt wurden, ist der vormals belastete Bereich fein zu reinigen und durch eine Messung freizumessen. Erst wenn die Messung keine schädliche Belastung mehr anzeigt, kann die Absperrung aufgehoben und dieser Bereich normal genutzt werden.

Um Kosten zu sparen oder wenn zum Beispiel tragende Bauteile aus Holz mit Schadstoffen belastet sind, die nicht abgehobelt werden dürfen, weil sie ansonsten den nötigen Querschnitt und damit die erforderliche Tragfähigkeit verlieren würden, gibt es die Möglichkeit, Schadstoffe zum Beispiel hinter Folien oder deckenden Lacken einzusperren. Hier zeigt erst eine sehr gründliche Untersuchung, ob dieses Vorgehen den gewünschten Erfolg bringt. Hinter Folien kann sich Schwitzwasser bilden und zu Schimmel und später holzzerstörenden Pilzen führen. Gleiches kann auch durch Lacke verursacht werden. Ein weiteres Problem stellt die Haltbarkeit der Absperrung dar. Wenn diese nach einiger Zeit versagt, wird dies oft nicht bemerkt, sodass die eingesperrten Schadstoffe wie vor der Sanierung unbemerkt auf die Bewohner einwirken.

Grundsätzlich ist der Ausbau schadstoffbelasteter Materialien solch einer Kapselung unbedingt vorzuziehen. Detaillierte Handlungsempfehlungen bzw. -anweisungen finden sich in der Fachliteratur.[26]

Sollte dies aus konstruktiven und/oder damit verbunden aus finanziellen Gründen nicht möglich sein, ist die Wirtschaftlichkeit eines Totalabrisses und Neubaus zu prüfen. Dies gilt zum Beispiel auch bei älteren Fertighäusern der 1960er bis 1980er Jahre, in denen es häufig zu intensiven Geruchsbelastungen kommt, die auf die „Zerfallsprodukte" des Holzschutzmittels PCP, nämlich Chloranisole, z. B. Tetrachloranisol, zurückzuführen sind.

---

[26] Gesamtverband Schadstoffsanierung (Hrsg.): Schadstoffe in Innenräumen und an Gebäuden, Rudolf Müller Verlag, 2009,

Bild 5-52
Fertighaus BJ ca. 1970
In Fertighäusern aus den Jahren
1960–1980 kann ein muffiger,
schimmelähnlicher Geruch ein
Hinweis auf Chloranisole sein.

5

Nur im Ausnahmefall kann die Kapselung emittierender Flächen (PCP, Lindan) eine letzte Option sein. Nach heutigem Wissensstand wurde bislang noch keine nachweisbar dauerhafte Kapselung gefunden. Dies wird nach Angaben der Sentinel-Haus-Stiftung (SHS) auch von seriösen Herstellern so bestätigt. Zudem stellen zum Beispiel die Emissionen von Absperrfarben selbst (bisher hat sich nach Auskunft der SHS kein Hersteller zur Prüfung seiner Produkte bereit erklärt) ein zusätzliches Risiko dar.

Eine planerische Alternative kann der Verzicht auf die Nutzung von Bereichen sein, die mit Schadstoffen belastet sind. Ob der Nichtausbau des Dachgeschosses wegen früher verwendeter Holzschutzmittel und die luftdichte Trennung gegenüber dem Wohnbereich im Einzelfall tatsächlich eine Option sind, muss jeweils individuell geprüft werden.

Zu nennen ist in diesem Zusammenhang die Sanierung durch den Einsatz eines Schafwollvlieses zur Bindung von PCP. Dies ist in der älteren Fachliteratur dokumentiert[27], allerdings fehlen hier (im Gegensatz zur Formaldehydsanierung) nach wie vor umfassende Nachweise der Langzeit-Funktionalität von Schafwolle.

Im Falle einer Formaldehydsanierung oder als präventive Maßnahme ist Schafwolle oder ein mit dem Wirkstoff Keratin beschichtetes Produkt (zum Beispiel Gipsfaserplatten) jedoch

Bild 5-53
Auf den ersten Blick ein harmloser Altbau in scheinbar gutem Zustand kurz vor der Sanierung. Im Zuge der Bestandsaufnahme wurden hier so hohe Lindan-Werte gemessen, dass das Geschoss, das die Kinder der neuen Besitzer bereits zum Spielen nutzten, bis zur endgültigen Sanierung vollständig gesperrt werden musste.

---

[27] Wieder reine Luft, Trockenbau Akustik 7-8, 2001, Rudolf Müller Verlag

empfehlenswert. Dies kann den oben genannten Spielraum erweitern, was die Mehrkosten tolerabel macht.

5.8.5 Schadstoffbelastungen in Gebäuden

Schadstoffe in Bestandsgebäuden

Auch wenn jedes Gebäude anders ist und man nur mit äußerster Vorsicht von einem Bauwerk auf die Details in einem anderen schließen kann, so gibt es doch einige immer wiederkehrende Belastungen. Hinweise auf typische Belastungen finden sich im Baujahr, in der Nutzung und im Zustand des vorgefundenen Gebäudes. Es sei nochmals darauf hingewiesen, dass diese Faktoren kein Garant für das Fehlen oder das Vorhandensein eines Schadstoffes oder bedenklichen Baustoffes darstellen. Sie drücken lediglich aus, dass bei einigen Hinweisen erhöhte Vorsicht geboten ist.

- Gebäude, die von Angehörigen der amerikanischen Armee genutzt wurden, weisen häufig eine starke Belastung mit Insektenschutzmitteln auf.
- In Gebäuden, die vor 1979 erbaut wurden, kann Spritzasbest als Brandschutzschicht eingebaut sein. Als gebundene Platte kann es auch später noch eingebaut worden sein.
- Gebäude, die vor dem 1. 6.2000 mit Mineralwolle gedämmt wurden, können krebserzeugendes KMF enthalten.
- Gebäude mit offenem Dachstuhl und anderen von außen zugänglichen Räumen können von Tauben als Brutstätte genutzt worden sein und massiv mit Taubenkot verunreinigt sein.
- Bei Gebäuden, die in Eigenleistung umgebaut wurden, können Holzschutzmittel in großer Menge eingebracht worden sein.

Bild 5-54 Verdacht auf PAK. Diese Schiebetür ist in eine Wand aus
Korkschrotplatten eingebaut.(Quelle: kopff & kopff Architekten)

Bild 5-55 Schlackesteine. Hier sollte auf Radioaktivität und Schadstoffe
untersucht werden. (Quelle: kopff & kopff Architekten)

Die zu erwartenden Schadstoffe wurden entweder eingebaut oder im Rahmen der Nutzung
eingebracht. Deshalb ist es oft sehr hilfreich, sich im Rahmen der Bestandsuntersuchung mit
der Geschichte und der Nutzung des Objektes zu beschäftigten.

Tabelle 5-9 listet mögliche Schadstoffe und ihr Vorkommen auf. Die jeweils im Gebäude vorhandenen Schadstoffe müssen immer individuell ermittelt werden. Hierzu sollte im Rahmen
der Bestandsaufnahme von verdächtigen Stoffen Proben genommen und im Labor untersucht

Tabelle 5-9   Liste möglicher Schadstofffundstellen

PAK	In alten bituminösen Dachdichtungsbahnen, in Korkschrot, Dämmplatten, unter Putz, Dachpappen, in Decken, Anstrichen im Sockelbereich, teerhaltigen Bitumenklebern unter Parkett.
PCB	In Anstrichen, als Weichmacher in dauerelastischen Fugen, Linoleumbelägen, Bitumen und Steinkohleteerprodukten.
KMF	In Hohlräumen, als Dämmstoff zwischen Sparren, in Fensterfugen, unter Estrichplatten.
Asbest	Als Brandschutzplatten z. B. an Holzbauteilen, in Bodenbelägen, im Zement als Zuschlag, als Dichtschnüre, Einlagen in feuerfesten Türen, lose auf Deckenflächen gespritzt. Als Dacheindeckung und Fassadenschindeln.
HSM	Holzbauteile, Hausstaub, Putz durch Verfrachtung oder unsachgemäße Handhabung.
Schwammsperrmittel	Nach Schwammsanierung in Putz und Mauerwerk.
Radioaktivität	Aus Gipssteinen oder Betonsteinen, Radon in Kellern aus dem Boden, Schüttungen in Böden.
Schwermetalle	Schüttungen in Böden, auf Holzbauteilen aus Holzschutzmitteln.
Biologische Schadstoffe	Auf Holzwerkstoff und Trockenbauplatten, hinter Wärmedämmverbundsystemen, in Hohlräumen, Taubenkot auf Dachböden, in ehemaligen Tierställen.

werden. Sinnvoll ist es immer, das Gebäude wenigstens stichprobenartig durch einen erfahrenen baubiologischen Messtechniker untersuchen zu lassen.

Baujahr / Belastete Bauteile	vor 1918	1919–1948	1949–1958	1959–1968	1969–1978	nach 1979
Von Schimmelpilz befallene Innen- und Außenwände				x	x	x
Schadhafte Außenwandbekleidung und Dacheindeckung aus Asbestzement				x	x	Bis ca. 1992
Chemischer Holzschutz im Dachstuhl (PCP, Lindan, DDT)				x	x	Bis ca.1986, eh. DDR bis 1988
Mit Holzschutzmitteln (PCP, Lindan) behandelte Wand- und Deckenverkleidungen				x	x	Bis ca. 1978, Verbot 1986
Chloranisol-emittierende Bauteile in Fertighäusern (stark muffiger Geruch)				x	x	Bis ca. 1986
Potenziell krebserregende Dachdämmung mit künstlicher Mineralfaser				x	x	Bis ca. 1994
Dachausbau mit stark formaldehydhaltigen Spanplatten				x	x	Bis ca. 1986
Asbesthaltige Fußbodenbeläge	x	x	x	x	x	Bis ca. 1980
Asbestpappe an Heizkörperverkleidungen				x	x	Bis ca. 1982
Asbesthaltige Nachtspeicheröfen			x	x	x	
Trinkwasserrohre aus Blei	x	x				
PAK haltige Parkettkleber und Abdichtungen			x	x		
PCB-haltige Dichtungsmassen				x	x	Verbot 1983
Schadstoffe u. a. aus Dicht- und Hilfsstoffen sowie aus Lacken, Beschichtungen und Reinigungsmitteln und aus der Umwelt						
Weichmacher (Phatale)				x	x	x
Lösemittel (VOC)					x	x
Radon	x	x	x	x	x	x

Bild 5-56 Verwendung der wichtigsten schadstoffbelasteten Bauteile und Materialien in den verschiedenen Baualtersklassen
[Quelle: Öko-Test Kompakt Umbauen und Sanieren 2007]

Diese Aufstellung ist keinesfalls vollständig und soll nur die Notwendigkeit einer gründlichen Untersuchung darstellen. Besonders, weil durch Augenschein die tatsächlich vorhandene Belastung nicht erkennbar ist. Optisch gleich anmutende Baustoffe können im Labor vollständig unterschiedliche Ergebnisse liefern. Dies gilt sogar bei größeren Objekten bei Proben des gleichen Materials aus unterschiedlichen Bereichen aus demselben Objekt. Es ist also immer große Vorsicht geboten. Hilfreich bei der Suche nach möglichen Schadstoffquellen können auch Gebäudetypologien sein, die nach Baualter gestaffelte Quellen aufführen (vgl. Bild 5.49).

Die Angaben, ohne Anspruch auf Vollständigkeit, gelten für unveränderte Gebäude. Wurde zum Beispiel ein Haus mit Baujahr vor 1918 nachträglich saniert, kann es durchaus mit Schadstoffen belastet sein. Im Fall nachträglicher Änderungen ist von der entsprechenden Baualtersklasse auszugehen. Auch die Angaben zum letztmaligen Einsatz geben nur den ungefähren Zeitpunkt an, da schadstoffhaltige Produkte trotz Verbot häufig noch danach zum Einsatz kamen. Auch sagt ein lange zurückliegender Einsatzzeitpunkt nichts über die Gefährdung aus, da Schadstoffe wie z. B. PCB, Holzschutzmittel mit PCP/Lindan noch nach Jahrzehnten gesundheitsschädlich sein können. Das radioaktive Gas Radon kommt regional unterschiedlich in manchen Natursteinen und Lehm sowie im Erdboden vor.

Neben diesen eingebauten Schadstoffen ist es auch sinnvoll, die Nutzung der angrenzenden Bauwerke zu betrachten. So können zum Beispiel von einer benachbarten Druckerei leichtflüchtige Lösemittel durch Fugen in der Gebäudetrennwand emittieren.

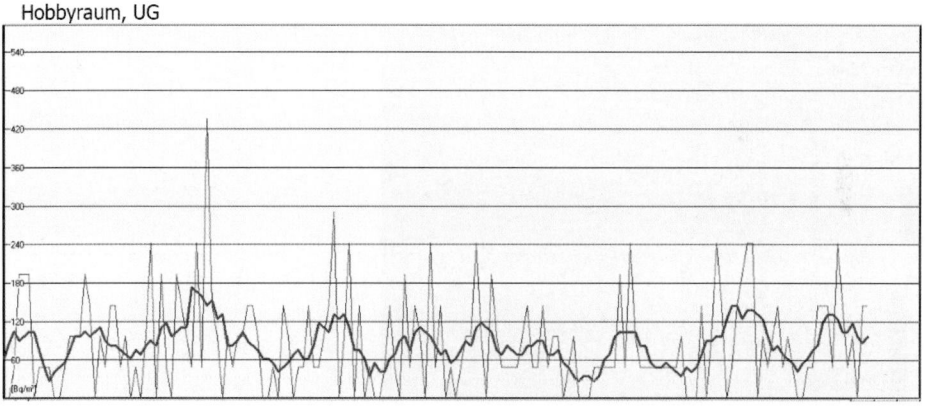

Nr.	Messort	Radionuklide	Mittlere Radonkonzentration in Becquerel pro Kubikmeter [Bq/m³]	Stat. Fehler [%]	Bewertung Nach SBM-2008 (siehe S. 3)
1	Lüftungsanlage	Radon-222 (Po-218, Po-214)	37*	± 9 %	unauffällig
2	Hobbyraum	Radon-222 (Po-218, Po-214)	105*	± 6 %	Stark auffällig (für Wohnräume)

*Keine Auffälligkeiten durch Thoron (Rn-220 bzw. Po-216, Po-212)

Bild 5-57 Beispiel einer Radonmessung in einem Kellergeschoss
[Quelle: Baubiologie Streil]

Haustechnik als Schadstoffquelle

Im Rahmen der Bestandsuntersuchung ist es erforderlich, schadstoffbelastete haustechnische Anlagenteile zu erkennen und diese im Zuge des Abbruchs zu beseitigen. Hier einige Beispiele für schadstoffbelastete Bauteile:

Innerhalb der elektrischen Anlagen finden sich PCB-haltige Kondensatoren in Lampen und Motoren. PCB befindet sich auch in Dichtungen von alten Erdleitungen oder Schaltschränken. Asbest wurde zur Auskleidung hinter Schaltschränken und als Brandschutzplatten eingesetzt. Alte Feuchtraumleitungen zum Beispiel der Post waren aus Blei, die Litzen innen sind mit Papier isoliert.

In Wasser- und Abwasser-Anlagen wurden asbesthaltige Dichtungen und Wärmedämmungen eingebaut. Abwasserrohre wurden aus Asbest hergestellt. Gussrohre können mit PAK-haltigen Teeren eingelassen sein. In sehr alten Häusern befinden sich Wasserleitungen aus Blei und bei noch höherem Alter ist auch die Hauszuleitung aus Blei.

In lufttechnischen Anlagen sind möglicherweise die Leitungen oder Brandschutzklappen aus Asbest.

Wenn ein Gebäude gesamt entkernt und neu aufgebaut wird, können alle haustechnischen Bauteile entfernt und durch unbedenkliche ersetzt werden. Sanieren oder Modernisieren betrifft aber häufig nur Gebäudeteile, sodass oft schadstoffbelastete Bereiche erhalten bleiben.

Bild 5-58
Das Abluftrohr besteht aus Eternit und ist möglicherweise asbesthaltig

Deshalb ist eine vollständige Bestandsuntersuchung besonders im Bereich der haustechnischen Anlagen dringend erforderlich.

Grundsätzlich sollten haustechnische Bauteile wie Wasserleitungen und elektrische Leitungen soweit irgend möglich erneuert werden. Die Erfahrung hat gezeigt, dass in vielen Fällen das Nachbessern und Anstückeln an vorhandene Leitungen nicht viel günstiger ist als eine Neuinstallation. Eine Neuinstallation ist allerdings besser zu kalkulieren, wodurch die Baukosten vor Arbeitsbeginn solide festgelegt werden können. Bei größeren Objekten, die nur teilweise modernisiert werden, muss sehr sorgfältig abgewogen werden, welche Leitungsabschnitte erhalten bleiben und ab welchem Punkt eine neue Installation angefügt wird.

Wenn Mehrparteienhäuser in Eigentumswohnungen umgewandelt werden sollen, ist es dringend erforderlich, dass die Versorgungs- und Abwasserleitungen vor der Teilung des Objektes erneuert werden. Denn wenn die Etagen unterschiedlichen Eigentümern gehören, kann hier nur noch unter größten Anstrengungen ein Strang ausgetauscht werden.

Bei der Auswahl der neuen Leitungen sollte Folgendes bedacht werden:

Bei elektrischen Anlagen sollte die Leitungsführung so gewählt werden, dass Ruhebereiche nicht durch elektrische Felder belastet werden. Eine gewisse Reduzierung der Felder wird durch gedrehtes oder abgeschirmtes Kabel erreicht. Bei der Auswahl der Bauteile wie auch Leitungen und Kanäle soll auf PVC verzichtet und sollen halogenfreie Kunststoffe verwendet werden.

Bei Wasserleitungen soll bei der Auswahl des Leitungsmaterials eine mögliche Verkeimung ausgeschlossen werden. Hier weisen Edelstahlrohre gute Eigenschaften auf. Dagegen stehen Bedenken wegen potentieller gelöster metallischer Anteile, die sich im Trinkwasser finden könnten.

Bei lufttechnischen Leitungen muss darauf geachtet werden, dass die Leitungen staubfrei bleiben und eventuell gereinigt werden können. Um diese Schwierigkeiten zu reduzieren, wird im privaten Wohnungsbau häufig eine dezentrale Zuluftlösung gewählt. Gerade in der Sanierung bieten sich oft dezentrale Systeme an, da diese keinen nachträglichen Einbau von Lüftungskanälen erfordern.

Schadstoffe aus dem Bauablauf

Wenn es durch gewissenhaften Rückbau gelungen ist, die Schadstoffbelastung im Gebäude zu reduzieren oder ganz zu entfernen, besteht im Zuge der Ausbauarbeiten die große Gefahr, wieder neue Schadstoffe einzubauen. Hier gibt es einerseits Baustoffe mit schädigendem Potential und anderseits eingesperrte Baufeuchte und undichte Luftdichtungen, die zu Schimmel und biologischen Schadstoffen führen können.

Baustoffe – Schadstoffe

Wie oben in der Wissenspyramide dargestellt, sind die Wahrnehmungs- und Handlungshorizonte der verschiedenen Akteure auf einer Baustelle sehr unterschiedlich. Während einem um das gesunde Bauen bemühten Architekten vielleicht nach einigem Suchen noch für alle Anwendungsfälle die richtigen Baustoffe zu Verfügung stehen, hat es ein Handwerker, der morgens vor Arbeitsbeginn noch zum Baustoffhändler am Eck fährt, erheblich schwerer, geeignete Baustoffe zu beschaffen. Natürlich können die großen Chargen bestellt und auf die Baustelle geliefert werden. Aber die wirklichen Probleme beginnen mit den Hilfsmitteln wie Klebern und Dichtstoffen für die unvorhergesehenen Fälle. Denn wenn diese beschafft werden, ist auch meist ein zeitlicher Druck im Spiel. Leider können aber genau diese Produkte alleine oder in Kombination mit anderen zu erheblichen Schadstoffbelastungen führen. Hier ist eine vertrauensvolle und enge Zusammenarbeit zwischen Planer und Handwerker unerlässlich.

Tabelle 5-10 zeigt einige Produkte, die beliebte Problemlöser für den Handwerker darstellen, aber zu verdeckten Schadstoffquellen werden können:

Tabelle 5-10   Verdeckte Schadstoffquellen

Produkt mit Schadstoffpotential	Mögliche Schadstoffe	Möglicher Ersatzstoff (die Eignung ist jeweils zu prüfen)
OSB-Platte	Isocyanate, Hexanal	Gipsfaser, Massivholz
PU-Ortschaum und Baukleber	Isocyanate, Additive wie Weichmacher und Stabilisatoren	Stopfwolle, Mörtel, Lehm, Schrauben, Formteile
Schimmelbekämpfungsmittel	Chlor und andere Verbindungen, Biozide, Fungizide	Alkohol, Wasserstoffperoxid
Dispersionsfarbe	Weichmacher, Topfkonservierungsmittel (z. B. Formaldehyd, Isothiazolinole), Fungizide	Je nach Untergrund und Anforderung z. B. Silikatfarbe, Kalkfarbe, Naturharzdispersionen etc., emissionsgeprüfte Produkte (z. B. Natureplus zertifiziert)
Polystyrol (z. B. Trittschallplatten unter dem Estrich)	Styrol	Mineralwolleplatten, Holzweichfaserplatten

Diese Tabelle ist nicht vollständig und soll nur die am meisten verwendeten Problemlöser darstellen. Genauere Angaben zum Schadstoffgehalt werden in anderen Kapiteln ausführlich und umfassend beschrieben.

Aufgrund dieser möglichen Schadstoffquellen sollte vor Arbeitsbeginn vom Planer eine Positivliste der zulässigen Baustoffe festgelegt werden. Gleichzeitig sollten Ausführungsarten mit eher kritischen Materialien benannt und ihr zulässiger Einsatz klar definiert werden.

Grundsätzlich muss davon ausgegangen werden, dass viele der heute üblichen Bauprodukte Schadstoffe emittieren. Wenn der einzelne Baustoff eventuell noch tolerierbar wäre, so ergibt die Vielzahl der verbauten chemischen Produkte aus Klebern, Farben, Belägen und Bauteilen immer die Möglichkeit für neue Verbindungen, die sich als Geruch oder neuer Stoff im Raum niederschlagen.

Um derartiges zu unterbinden, muss die Anzahl der verwendeten Baustoffe soweit wie nur irgend möglich reduziert werden. Als zweiter Schritt sollte versucht werden, Produkte mit einfacher Rezeptur und mit nicht reaktionsfreudigen Inhaltsstoffen zu wählen. Dies ist keine einfache Aufgabe und kann nur in Verbindung mit Herstellern und Instituten erfolgreich geleistet werden.

Biologische Schadstoffe

Häufig geschehen im Bauablauf mehr oder weniger kleine Havarien mit Wasser. Sei es der umgestoßene Wassereimer oder durch Feuchteniederschlag aus Kondenswasser auf Holzschalungen. Beim Kondenswasser entsteht kurzfristig ein Schimmelrasen, der offensichtlich ist und beseitigt werden kann. Schwieriger sind Schadensfälle, bei denen Wasser unter den Estrich läuft oder Restfeuchte aus Betonplatten die Konstruktionen durchfeuchtet. Dann ist ein Schimmelwachstum nicht sichtbar, weil der Schimmel in der Konstruktion sitzt. Besonders gefährdet sind hier auch Gipsbauplatten, die durch Rohbaufeuchte belastet werden. Wenn sie neu sind, sind sie leicht alkalisch und damit gegen Schimmelwachstum geschützt. Diese Alkalität lässt nach kurzer Zeit allerdings nach und wenn die Platte dann noch zusätzlich feucht steht, wächst der Schimmel unbemerkt im Wandhohlraum.

Durch die luftdichte Bauweise und Kunststoffdämmstoffe außen auf den Wänden ist eine langfristige Durchfeuchtung von Wandkonstruktionen möglich. Hier ist eine besondere Gefahr für Balkenköpfe im Mauerwerk zu sehen. Wenn im ungedämmten Gebäude das Holz im Mauerwerk im gerade noch unkritischen Bereich lag, so kann durch einen diffusionsdichten Dämmstoff auf der Außenwand die Feuchte noch etwas ansteigen und damit mikrobielles Wachstum auslösen. Auch wenn holzzerstörende Pilze keine Schadstoffe an sich darstellen, so soll an dieser Stelle auf die mögliche Zunahme dieser Pilzarten in sanierten Gebäuden durch Feuchtezunahme in den Konstruktionen hingewiesen sein.

5

Es gibt Untersuchungen, die festgestellt haben, dass nur ca. 40 % des Schimmelpilzbefalls entdeckt wird. Hier wird in Zukunft von Handwerkern und Bauleitung erhebliche Sorgfalt nötig sein, um beachtliche Schäden und Belastungen durch verstecktes Pilzwachstum zu verhindern. Im Zuge der Planung sollte auch bedacht werden, dass ein Bodenaufbau aus Mineralwolle im Falle eines Wasserschadens getrocknet werden kann, während sich ein Bodenaufbau aus Polystyrol erheblich ungünstiger verhält. Hier sind wieder Kreativität und Weitsicht des Planers gefordert, um langfristig Schadstoffbelastungen zu minimieren und bei späteren Sanierungen oder Reparaturen nicht wieder neue Schadstoffe zu erzeugen.

5.8.6 Der Faktor Zeit in der Kaufentscheidung

Neben dem zusätzlichen Zeitaufwand für die Planung und Ausführung einer Sanierung selbst, ist der Faktor Zeit auch in weiterer Hinsicht relevant.

Im Idealfall wird der Planer vom zukünftigen Bauherren bereits vor dem Kauf zur Beratung hinzugezogen. Hier spielt das Thema Schadstoffbelastung bislang im Regelfall nur eine Nebenrolle im Vergleich zu den emotional besetzten Ideen der Verwirklichung des persönlichen Wohntraums, deren technischer Machbarkeit und den anfallenden Kosten. Verstärkte Aufmerksamkeit ist aber im Entstehen, wie zum Beispiel ein entsprechender Ratgeber des Bauherrenschutzbundes BSB e. V. mit dem Titel „Schadstoffcheck beim Immobilienerwerb aus zweiter Hand"[28]zeigt.

Die Autoren raten potentiellen Käufern, das Thema Schadstoffe gegenüber dem Verkäufer offen anzusprechen. Zitat: „Bei den meisten Kaufverträgen über Gebrauchtimmobilien wird ein sogenannter Gewährleistungsausschluss vereinbart. Das heißt, die Immobilie wird, wie sie steht und liegt, erworben, also unter Umständen mit sämtlichen darin verborgenen Mängeln. Um so wichtiger ist es, vor Abschluss des Kaufvertrages Risiken einzugrenzen. Aus diesem Grunde sollte sich der Käufer nicht scheuen, das Thema Schadstoffe gegenüber dem Verkäufer anzusprechen. Weist der Verkäufer darauf hin, dass die Immobilie eventuell Schadstoffe enthält, ist vor Abschluss eines Kaufvertrages eine Untersuchung durch einen unabhängigen Fachmann zwingend notwendig."

Und weiter heißt es in Bezug auf Haftungsregelungen im Kaufvertrag: „Käufer einer Gebrauchtimmobilie sollten anstreben, eine Gewährleistungsregelung in den Kaufvertrag aufzu-

---

[28] Schadstoffcheck beim Immobilienerwerb aus zweiter Hand, Bauherren-Schutzbund e.V., Berlin, 2010

nehmen, nach der ihm zumindest für eine gewisse Zeit die gesetzlichen Gewährleistungsansprüche zustehen. Hierdurch bestünde für den Käufer die Möglichkeit, sich bei erheblichen Mängeln beim Verkäufer schadlos halten."

Ob sich solch eine Regelung durchsetzen lässt, hängt nicht zuletzt von der Nachfrage ab. In einer Region, in der ein Käufermarkt herrscht, wird eine genauere Raumluftuntersuchung vor dem Kauf und entsprechende Formulierungen im Kaufvertrag machbar sein, solange es keine weiteren Bewerber gibt. In nachfragestarken Regionen, in denen im Immobilienbereich ein Verkäufermarkt vorherrscht, wird ein kritischer Käufer, der zudem noch Haftungserklärungen des Verkäufers verlangt, schnell die Sympathie des Anbieters verlieren und das Nachsehen gegenüber schneller entschlossenen, weniger kritischen Bewerbern haben. Auch hier ist der Kompromiss also ein stetiger Begleiter. Dennoch sollte es Aufgabe und Selbstverständnis eines wohngesundheitlich orientierten Planers oder Bauunternehmers sein, auf entsprechende Risiken hinzuweisen und gegebenenfalls vom Erwerb abzuraten.

5.8.7 Bestandsaufschlag in der HOAI

Der Vollständigkeit halber sei erwähnt, dass eine wohngesunde Sanierung eines Bestandsgebäudes auch aufseiten des Planers einen erheblichen zeitlichen Mehraufwand mit sich bringen kann. Die Honorarordnung für Architekten und Ingenieure[29] sieht in diesem Fall in § 35 (1) vor: „Für Leistungen bei Umbauten und Modernisierungen kann für Objekte ein Zuschlag bis zu 80 Prozent vereinbart werden. Sofern kein Zuschlag schriftlich vereinbart ist, fällt für Leistungen ab der Honorarzone II ein Zuschlag von 20 Prozent an." Ob sich ein entsprechender Aufschlag in der Realität vereinbaren lässt, hängt nicht zuletzt von der Solvenz des Auftraggebers und dem Verhandlungsgeschick des Auftragnehmers ab. Die Praxis zeigt, dass dies, zurückhaltend formuliert, nicht in allen Fällen möglich ist und Kompromisse an der Tagesordnung sind.

5.8.8 Lüftungskonzept nach DIN 1946-6

Essentieller Bestandteil der Kommunikation des Planers/Bauunternehmens mit dem Bauherren beziehungsweise dem Gebäudenutzer ist ein Lüftungskonzept nach DIN 1946-6. Dieses ist kein spezielles Sanierungsthema. Gegenüber dem Neubau ist allerdings bei einer Veränderung der Bausubstanz auch eine Veränderung der Lüftungsgewohnheiten anzustreben und herbeizuführen. Seit ihrer Ausgabe im Mai 2009 verlangt die DIN 1946-6 im Sanierungsfall die Erstellung eines Lüftungskonzeptes, sobald im Ein- und Mehrfamilienhaus mehr als ein Drittel der vorhandenen Fenster ausgetauscht oder im Einfamilienhaus mehr als ein Drittel der Dachfläche neu abgedichtet wird. Dazu hat der Planer oder Verarbeiter festzulegen, wie der unter hygienischen und bauphysikalischen Aspekten notwendige Luftaustausch erfolgen soll. Kernpunkte der DIN sind vier Lüftungsstufen, die den jeweiligen Anforderungen im Alltag gerecht werden sollen:

– Lüftung zum Feuchteschutz
– Reduzierte Lüftung
– Nennlüftung
– Intensivlüftung

---

[29] Verordnung über die Honorare für Architekten- und Ingenieurleistungen (Honorarordnung für Architekten und Ingenieure – HOAI) vom 11. August 2009, Bundesgesetzblatt Jahrgang 2009 Teil I Nr. 53

Bei wohngesunden Gebäuden ist von einem „erhöhten hygienischen Bedarf" auszugehen. Aus diesem Grund und aus Haftungsgründen hinsichtlich der Erfüllung der DIN ist eine Anlage zur kontrollierten Wohnungslüftung in den allermeisten Fällen erforderlich. So empfiehlt der Verband für Wohnungslüftung: „Die aktualisierte Norm DIN 1946-6 sorgt in den entscheidenden Bereichen für Rechtssicherheit. Trotzdem bleiben selbst bei Einhaltung der Norm rechtliche Risiken für Planer und Bauausführende bestehen. Selbst bei strikter Einhaltung der Vorgaben kann es sein, dass für die Herstellung eines hygienischen Raumklimas die notwendige aktive Fensterlüftung, die sich auch aus dem Lüftungskonzept ergibt, als unzumutbar eingeschätzt wird. So stufen zum Beispiel die Gerichte zunehmend bei ganztägig berufstätigen Nutzern bereits ein zweimaliges Stoßlüften am Tag als kritisch bzw. als nicht zumutbar ein. "[30]

Einen detaillierten Einblick in das Thema Lüftung erhalten Sie im Kapitel 5.9 Heizungs-, Lüftungs- und Klimatechnik und 7.5 Prüfung der Klimatisierungs- und Lüftungsqualität.

5.8.9 Zusammenfassung – der Weg zur erfolgreichen Sanierung

5

Sanierung und Modernisierung gelingen nur, wenn im Rahmen einer gründlichen Planung alle Möglichkeiten und Aspekte besprochen und zu einer Lösung geführt werden. Die Grundlage für eine solide Planung ist immer eine gründliche Bestandsaufnahme, die sinnvollerweise auch von einem Messtechniker für Schadstoffe begleitet werden sollte. Aus den daraus gewonnen Daten kann eine Planung erarbeitet werden. Dazu gehört eine klare Formulierung der Ziele und Werte. Im Verlauf der Arbeiten müssen immer wieder die realen Möglichkeiten mit den Zielen verglichen und geprüft werden, ob die Ziele noch erreicht werden können.

Anspruchsvolle wohngesundheitliche Ziele sind im Sanierungsfall nur mit einem entsprechenden Qualitätsmanagement zu erreichen. Damit werden emissionsarme Lebensräume auch im Sanierungsfall planbar, auch wenn der Aufwand für alle Beteiligten deutlich höher ist als im Neubau.

Wurden anspruchsvolle wohngesundheitliche Ziele, sprich konkrete Schadstoffwerte, im fertig sanierten Gebäude vereinbart, sollte, um Rechtssicherheit für alle Beteiligten, vor allem für den Planer selbst, zu erreichen, eine Beschaffenheitsvereinbarung nach § 633 BGB vereinbart werden. Entsprechende Ausführungen dazu finden sich in Kapitel 8 dieses Buches.

Im Rahmen der Bauausführung gilt es einerseits, die Handwerker vor Schadstoffen zu schützen und andererseits, die neuen Baustoffe so zu wählen, dass von diesen keine erneute Belastung für Mensch und Umwelt ausgeht. Um dieses Ziel zu erreichen, sind alle Beteiligten, von den Herstellern und dem planenden Architekten bis zum ausführenden Handwerker aufgefordert, an diesem Ziel mitzuwirken. Dabei ist eine reibungslose Kommunikation unerlässlich und alle Beteiligten sollten sich stets um eine solche bemühen. Denn schon in der Bibel wird beschrieben, dass ein großes Werk alleine wegen mangelnder Kommunikation gescheitert ist. So führen Professionalität, sorgfältige Planung und gute Kommunikation aller Beteiligten zu einer erfolgreichen und wohngesunden Sanierung.

---

[30] Lüften nach Konzept DIN 1946-6: Lüftung von Wohnungen, VFW-Informationen 7/2009, Verband für Wohnungslüftung, Viernheim 2009

5.9 Heizungs-, Lüftungs- und Klimatechnik

Markus Durrer

Gebäude werden in Mitteleuropa zur Verbesserung der thermischen Behaglichkeit während der kalten Jahreszeit schon seit Langem beheizt. Eine eher neuzeitliche Erscheinung ist die Verwendung von raumlufttechnischen Anlagen in Wohnbauten, die Innenräume mit Frischluft versorgen und klimatisieren. Bei den heutigen energieeffizienten Gebäuden mit dichter Gebäudehülle kommt man aber kaum mehr um Lüftungssysteme herum, die den notwendigen Luftwechsel gewährleisten, und auch die Beheizung erfolgt oft über die Erwärmung der Zuluft in der Lüftungsanlage. Kühl- und Befeuchtungsanlagen sind aus Sicht des Energieverbrauchs und der Hygiene äußerst umstritten. Deshalb sollte ein Überhitzen der Räume, wenn immer möglich, durch einen guten Wärme- und Sonnenschutz verhindert werden.

Ein Konzept, das aussagt, wie ein Gebäude beheizt, gekühlt und vor allem mit frischer Luft versorgt wird, sollte bereits im Vorprojekt eines Baues festgelegt werden. Die dabei maßgebenden Verhältnisse und Randbedingungen wie lokales Klima und Winde oder auch Immissionen aus der Nachbarschaft sind vorgängig zu ermitteln.

Nur wenn das Gebäude und das raumlufttechnische Konzept frühzeitig aufeinander abgestimmt werden, ist eine kostenoptimierte und allen Anforderungen genügende Lösung möglich (integrale Planung).

Aufgrund der großen Rohrquerschnitte von haustechnischen Leitungen ist eine frühzeitige Planung der Rohrführung notwendig. Dabei empfiehlt es sich, folgende Reihenfolge einzuhalten:

1. Abläufe
2. Lüftungsleitungen
3. Wasserleitungen
4. Elektro- und Kommunikationsleitungen.

Anforderungen an andere Baubereiche (z. B. Erdbau, Baumeister, Spengler, Dachdecker, Statik, Innenausbau, Sanitär, Elektrik, Gebäudeautomation usw.) und Vorkehrungen zur Vermeidung von Verschmutzungen von Anlagen in der Bauphase vermeiden Ärger und Kosten.

In diesem Kapitel wollen wir uns auf die Aspekte von Heizungs-, Lüftungs- und Klimaanlagen, die das Wohlbefinden und die gesundheitliche Vorsorge betreffen beschränken, das bedeutet, deren Einfluss auf die thermische Behaglichkeit, die Innenraumluftqualität und Schallemissionen aufzuzeigen. Auf den gerade auch bei haustechnischen Anlagen wichtigen Aspekt Energieverbrauch gehen wir in diesem Buch nicht näher ein.

5.9.1 Gewährleistung der thermischen Behaglichkeit

Die Funktion des menschlichen Organismus ist nur in einem engen Temperaturbereich gewährleistet. Um dies zu gewährleisten, steuert eine Thermoregulation den Wärmehaushalt, also die Wärmeproduktion durch Muskelarbeit sowie die Wärmeverteilung im Körper über die Durchblutung der Organe und den Wärmeaustausch mit der Umgebung. Der Wärmeaustausch mit der Umgebung erfolgt über die Atmung und die Hautoberfläche (Konvektion, Strahlung, Feuchtediffusion mit Hauttrocknung). Die Wärmeabgabe über die Hautoberfläche kann durch Schweißsekretion (mit Verdampfen des Schweißes wird Wärme umgesetzt) verstärkt werden. Bei Umgebungstemperaturen nahe der Körpertemperatur oder darüber erfolgt die Wärmeabgabe praktisch nur noch über die Verdunstungswärme. Bei zu tiefen Umgebungstemperaturen priorisiert die Thermoregulation die Wärmeversorgung überlebenswichtiger Organe und kann Muskeln zur Wärmeerzeugung anregen (Muskelanspannung, Kältezittern). Maßnahmen gegen Auskühlen und Überhitzen des Körpers stellen für die daran beteiligten Organe eine Belastung dar.

Die thermische Umgebung kann der Mensch über seine Thermorezeptoren auch bewusst wahrnehmen. Dabei sind die in der Haut und den Schleimhäuten als Kälte- (Empfindlichkeitsbereich 5–43 °C), Wärme- (Empfindlichkeitsbereich 30–48 °C) und Hitzesensoren (Alarm ab ca. 45 °C) spezialisierten neuronalen Rezeptoren vor allem für die Erfassung der Umgebungstemperatur zuständig. Die in Überzahl vorhandenen Kältesensoren sind näher an der Oberfläche angeordnet als die Wärmesensoren und reagieren bedeutend schneller. Es ist deshalb so, dass Menschen auf „zu kühl" empfindlicher reagieren als auf „zu warm".

5

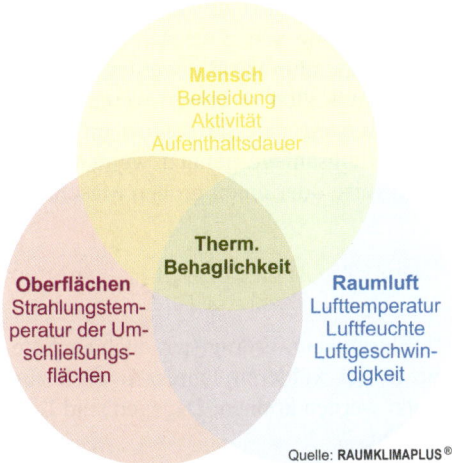

Quelle: RAUMKLIMAPLUS®

Bild 5-59
Die thermische Behaglichkeit beeinflussenden Parameter

Die thermische Behaglichkeit (globale Wärmeenergiebilanz) wird aber nicht nur über die Raumlufttemperatur definiert. Auch die Feuchtigkeit in der Luft (Verdunstungswärme), die Geschwindigkeit der Luftbewegung (Zugluft) und die Strahlung, die die Haut erwärmt, bestimmen neben der Bekleidung und Tätigkeit der Nutzer deren thermisches Wohlbefinden. Da der Wärmehaushalt und somit auch das Wärmeempfinden individuell sind, ist eine thermische Umgebung, bei der 100 % aller Menschen restlos zufrieden sind, nicht erreichbar.

Heiz- und Kühlsysteme

Seitdem der Mensch das Feuer entdeckt hat, nutzt er dieses auch, um sich in kalter Umgebung von dessen Wärmestrahlung aufwärmen zu lassen. Zuerst kannte er nur das offene Feuer, später verwendete er Feuer als Wärmequelle in Heizsystemen, die ganze Gebäude beheizen. Auch bei den Kachel- und Specksteinöfen überwog der Anteil an Strahlungswärme und erst mit den Radiatoren und Heizlüftern kam dann eine überwiegend auf Konvektionswärme basierende Erwärmung der Räume auf.

Mit dem Einsatz von Lüftungsanlagen übernehmen diese oft auch Heizaufgaben. Bei einer reinen Beheizung von Räumen über die zentral erwärmte Zuluft können die Räume nicht individuell temperiert werden. Um wenigstens im Badezimmer und in Duschräumen eine höhere

Temperatur zu ermöglichen, empfiehlt es sich, dass diese über eine zusätzliche Heizmöglich-keit verfügen, sei dies ein Handtuchtrockner, ein Heizstrahler, eine Wand- oder Bodenheizung.

Die Heizanlage oder das -gerät hat die thermischen Behaglichkeitsanforderungen herzustellen und darf die Innenraumluftqualität nicht negativ beeinflussen. Sie darf also keine Gerüche oder Rauchgase an die Innenraumluft abgeben. Die Gefahr von Rauchgasen besteht bei Holzöfen und vor allem bei offenen Kaminen, wenn Abluftanlagen (WC-Abluftventilator, Dunstabzugs-haube in der Küche, Lüftungsanlage) betrieben werden. Deshalb sind derartige Öfen beim gleichzeitigen Betrieb mit raumlufttechnischen Anlagen mit einer raumluftunabhängigen Feue-rung zu betreiben.

Unsere wichtigste Wärmequelle ist und bleibt aber die Sonne, die mit ihrer Wärmestrahlung die Außenwände erwärmt und durch Fenster in die Räume strahlt und diese aufheizt. Dies kann bei intensiver Sonneneinstrahlung schnell mal zu einer Überhitzung der Räume führen. Mit einer guten Wärmedämmung, gutem Sonnenschutz, ausreichend Baumasse zur Pufferung von Wärme und durch das Kühlen in der Nacht durch Lüften kann in den meisten Fällen, auch an heißen Tagen, ohne Kälteanlage eine akzeptable Raumtemperatur bewahrt werden. Mit über Erdregister gekühlte Zuluft kann der Komfort im Sommer zusätzlich verbessert werden. Diese erdverlegten Rohre stellen nicht nur ein preiswertes Kühlsystem dar, sie können im Winter auch zum Vorwärmen der Außenluft für die Komfortlüftungsanlage genutzt werden. Leis-tungsfähigere Kühlsysteme sind nur bei ungünstiger Bauweise oder einen großen Maschinen-park im Raum gerechtfertigt.

Erdwärmetauscher

Als preiswertes und effizientes Kühlsystem haben sich Flüssigkeits-Erdregister, auch als Sole-Erdregister, zur Kühlung der Außenluft bewährt, die in der kühleren Jahreszeit auch zum Vorwärmen der Außenluft für die Lüftungsanlage genutzt werden können. Dagegen sind Luft-erdregister aus hygienischen Gründen kritisch zu betrachten.

Erdwärmetauscher bieten zum Vortemperieren der Außenluft für die Lüftungsanlage eine äußerst interessante Lösung. Mit Erdregistern kann in der kalten Jahreszeit die Außenluft auf mindestens 5 °C vorgewärmt und an heißen Tagen bis gegen 20 °C abgekühlt werden. Sie eignen sich nicht, um große Kältelasten abzuführen.

Bei Erdwärmetauschern wird zwischen Luft- und Sole-Erdwärmetauschern unterschieden. Luft-Erdwärmetauscher punkten bei Kleinstanlagen, wie sie in Einfamilienhäusern Anwen-dung finden, mit tieferen Erstellungskostenpunkten. Dieses System weist aber folgende Nach-teile gegenüber den Sole-Wärmepumpen auf:

– wesentlich anfälliger für Hygieneprobleme,
– aufwendigere Wartung, bzw. höherer Reinigungsaufwand,
– aufwendigere Verlegung, weil ein Mindestgefälle eingehalten werden muss,
– die Wärme- respektive Kühlleistung ist nicht regelbar.

Sonnenschutz

Der perfekte Sonnenschutz soll die direkte Sonneneinstrahlung in Räumen verhindern und die Sicht möglichst wenig beeinträchtigen. Um das zu erreichen, stehen heute moderne Wärme-schutzgläser und effiziente Beschattungslösungen zur Verfügung. Diese Lösungen basieren auf der geschickten Nutzung einer schattenspendenden Fassadenstruktur (Dachvorsprung, Bal-kon), festen Beschattungselementen, die bei hohem Sonnenstand (Sommer) die Fenster abschatten und bei tiefem Stand die Besonnung zulassen, oder ausstellbaren Markisen. Die Beschattung ist, wann immer möglich, außerhalb der thermischen Hülle anzubringen und muss, bevor die Besonnung das Fenster erreicht, ihre Aufgabe übernehmen. Das kann nur mit an den Standort angepassten Lösungen erreicht werden. Durchaus Sinn machen kann es auch, die Beschattung zu automatisieren, sodass die Beschattung auch bei Abwesenheit der Bewohner gewährleistet ist. Es ist wichtig, eine Überhitzung der Räume zu verhindern, denn es ist bei viel zu hohen Temperaturen schwer, kurzfristig die Räume ohne sehr leistungsfähige Kühlsysteme auf Komforttemperaturen abzukühlen.

Behagliche Temperaturanforderungen und Luftgeschwindigkeiten

Temperaturunterschiede, seien es Differenzen der Lufttemperaturen zwischen dem Fuß- und Kopfbereich oder Asymmetrien der Temperaturen der Oberflächen, die den Raum umschließen, aber auch Luftbewegungen im Raum beeinflussen das Wärmeempfinden des Menschen. Leider werden diese Komponenten selten bei der Bauplanung gebührend berücksichtigt. Zur Abschätzung dieser für die Behaglichkeit relevanten Parameter ist fundiertes Wissen in der Bauphysik und der HLK-Planung notwendig. Als Hilfsmittel werden am Markt einschlägige Simulationsprogramme angeboten.

Die Oberflächentemperaturen von Außenwänden sind entscheidend von der Wärmedämmung, der Erwärmung durch Strahlung, aber auch der Temperatur und Geschwindigkeit der vorbeiströmenden Luft abhängig.

Die Luftbewegung ist abhängig von thermischen Asymmetrien, die durch Heizflächen (jede Oberfläche, die wärmer als die Raumluft ist, also auch der Mensch) und Kühlflächen (jede Oberfläche, die kühler als die Raumluft ist, ist eine Kühlfläche), aber auch durch die Be-

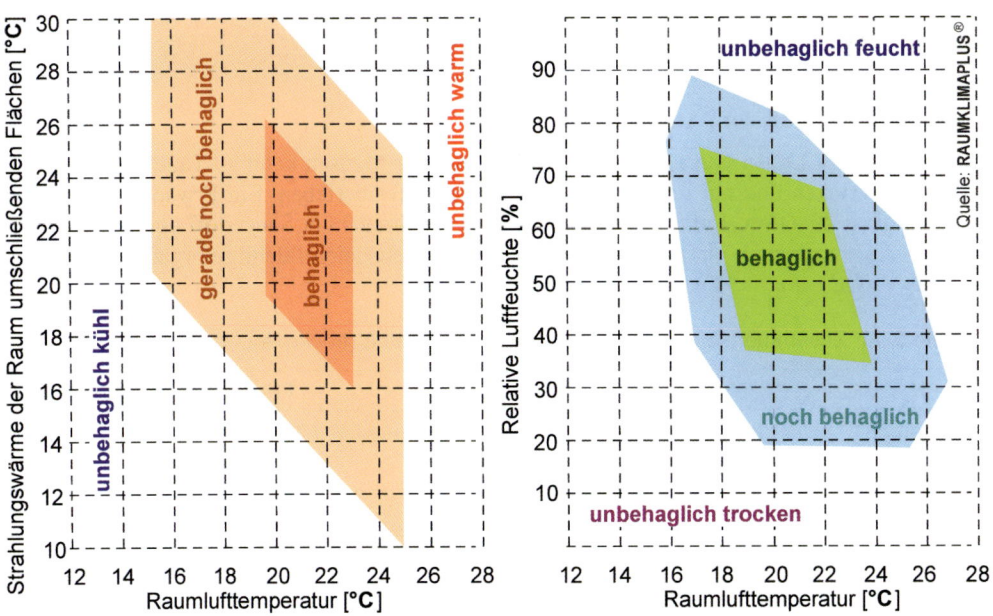

Bild 5-60 Einfluss der Lufttemperatur unter Berücksichtigung der Strahlungswärme (links), bzw. der relativen Luftfeuchte (rechts) auf die thermische Behaglichkeit

wegung, die durch den Luftwechsel des Innenraumes mit anderen Räumlichkeiten, sei dies ein anderer Innenraum oder die Außenluft, entsteht.

Um die Behaglichkeit nicht zu beeinträchtigen, sollten folgende Temperaturdifferenzen eingehalten werden:

- Wandoberfläche zu Raumluft   < 4 K
- Bodenoberfläche zu Raumluft   < 10 K, besser max. 5 K
- Unterschied der Lufttemperatur von Fuß- bis Kopfhöhe   < 3 K
- verschiedenen Wandoberflächen (Strahlungsasymmetrie)   < 4 K, besser max. 4 K
- gekühlte Innenraumluft unter der Außenlufttemperatur   max. 4 °C

Auch die Luftgeschwindigkeiten und Turbulenzen sind klein zu halten:

- Luftgeschwindigkeit   < 0,2 m/s, besser 0,1 m/s

Die unterschiedliche Raumnutzung und das individuelle Temperaturempfinden der Nutzer führen zu unterschiedlichen optimalen Raumtemperaturen. Erfahrungsgemäß gelten folgende Temperaturen im Winter als behaglich:

- Wohnraum/Büro/Schulzimmer: 20–22 °C
- Schlafraum: 16–18 °C
- Bad/Dusche: 22–25 °C

5.9.2 Anforderung an die Innenraumluftqualität

Bereits 1858 schrieb der Hygieniker Pettenkofer: *„Einen fernern Grund, auf reine Luft in den Wohnungen strenge zu halten, haben wir in der Erfahrung, dass schlechte Luft die Quelle vieler chronischer Leiden ist, und das sie sicherlich einen großen Anteil an den Volksübeln: Scrofeln, Tuberkeln etc. hat. Wo also die natürliche Ventilation nicht ausreicht, die Vermehrung des Kohlensäuregehaltes der Luft in unsern Wohn- und Schlafräumen um 1 pro mille zu verhindern, dort hat künstliche Ventilation einzutreten."*

Genügend Frischluft zum Atmen

Luft ist für unser Leben von sehr großer Bedeutung. Der Mensch kann 30 Tage ohne Essen, 3 Tage ohne Trinken und nur gerade 3 Minuten ohne Luft überleben. Ein Erwachsener setzt je nach Tätigkeit 20–60 m^3 Luft pro Stunde um. Dabei verbraucht er Sauerstoff und gibt Kohlendioxid (CO_2), aber auch einiges an Gerüchen und weitere leichtflüchtige organische Verbindungen (VVOC), ab.

Tabelle 5-11 Zusammensetzung ein- und ausgeatmeter Luft (trockene Luft)

Gas	Einatmung	Ausatmung
Stickstoff N_2	79 %	79 %
Sauerstoff O_2	21 %	16 %
Kohlendioxid CO_2	0,1 %	4 %
Edelgase, Wasserdampf, VOCs und andere Schadstoffe	1 %	1 %

Kohlendioxid und leichtflüchtige organische Verbindungen von Menschen, Haustieren, Pflanzen, Emissionen aus Baustoffen wie auch von Geräten und Mobiliar im Raum oder Emissionen von im Raum stattfindenden Verbrennungs- (Kerze, Räucherwaren) oder Gärungsvorgänge

(Verfaulen) belasten die Raumluft und kumulieren sich bei unzureichender Lüftung bis zu Konzentrationen auf, die unser Wohlbefinden und unsere Leistungsfähigkeit beeinträchtigen.

Die empfundene Raumluftqualität ist abhängig von der Anzahl und der Stärke der Verunreinigungsquellen, von der lüftungsbedingten Verdünnung der Raumluft und subjektiven Faktoren. Die Verunreinigung der Luft durch eine standardisierte Person bei einem Aktivitätsgrad I (ruhige sitzende Tätigkeit) wird mit dem Wert von 1 Olf (olfactus = Geruchssinn) definiert. Jede andere Schadstofflast (Möbel, Teppiche und Baustoffe des Innenausbaus) kann äquivalent zu einer entsprechenden Anzahl von Standardpersonen in Olf ausgedrückt werden. Wenn der mit einem Olf belastete Raum dabei mit 10 l/s reiner Luft belüftet wird, besagt die Definition, dass die empfundene Luftqualität 1 dezipol (pollutio = Verunreinigung) betrage. Da aber all die chemischen Verbindungen, die die Luft belasten, nur mit sehr großem Aufwand analytisch zu überprüfen sind, betrachtet man als Luftqualitätsparameter stellvertretend für all diese belastenden chemischen Verbindungen primär die einfach zu messende CO_2-Konzentration, die in der Praxis recht gut mit der Gesamtbelastung korreliert.

5

Die Abfuhr von Feuchtigkeit, Gerüchen und Schadstoffen

Die Luft ist also ein Ausbreitungsmedium für Gerüche, Schadstoffe in Form von Gasen (Formaldehyd, Biozide usw.) und Aerosolen (Flüssigkeitstropfen, Partikel und Fasern). Auch gibt der Mensch durch seine Thermoregulation und durch seine Tätigkeiten, wie Kochen, Bügeln, Duschen, Baden und Pflanzen gießen, Feuchtigkeit an die Luft ab. Wie viel Wasserdampf die Luft bis zur Sättigung aufnehmen kann, ist von der Lufttemperatur und dem Luftdruck abhängig. Eine zu hohe Feuchtigkeit führt meist zu einem mikrobiologischen Hygieneproblem.

Tabelle 5-12 Feuchtigkeitsabgabe an die Raumluft (1 Gramm entspricht ca. 1 Milliliter)

Feuchtigkeitsquelle	Menge [g/h]
– Mensch	
• Schlafen	40–50
• allgemeine Tätigkeit	ca. 90
• anstrengende Tätigkeit	ca. 175
– Pflanzen	
• Topfpflanze	7–15
• mittelgroßer Gummibaum	10–20
– Küche	
• Kochen	400–900
• Braten, Garen	ca.600
• Geschirrspülmaschine	200–300
– Badezimmer/Waschraum	
• Wannenbad (länger Badewasser stehen lassen bedeutet mehr Feuchtigkeit)	ca. 1.000
• Dusche (länger Duschwasser laufen lassen bedeutet mehr Feuchtigkeit)	ca. 3.000
• Waschmaschine	200–300
• Wäsche trocknen 4,5 kg geschleudert tropfnass	50–200

Die Luftfeuchtigkeit beeinflusst auch die Reizbarkeit der Schleimhäute durch Stäube und Schadstoffe in der Luft, wirkt maßgebend auf die Luftelektrizität und ist ein entscheidender Faktor für das Wachstum von Mikroorganismen in Innenräumen.

Normen und Richtlinien fordern hinsichtlich der Behaglichkeit eine relative Luftfeuchtigkeit zwischen 30–65 %, für erhöhte Komfortanforderungen zwischen 40–60 %. Es gibt aber auch Fachleute, die der Auffassung sind, dass der untere Sollwert einzig dazu dient, um die Reizbarkeit von Schleimhäuten durch Staub und Schadstoffe zu reduzieren und deshalb bei sauberer Luft eine sehr niedrige Luftfeuchtigkeit kein Störfaktor darstelle. Auch wenn dieser Ansatz stimmen mag, macht es dennoch Sinn, aus Gründen der elektrischen Luftqualität nur an wenigen Tagen im Jahr ein Soll an relativer Feuchtigkeit von 30 % zu unterschreiten.

Um eine gute Raumluftfeuchte zu fördern, empfiehlt es sich, bei der Wahl der Baustoffe, vor allem bei den Innenraummaterialien, darauf zu achten, dass Materialien gewählt werden, die über gute Sorptionseigenschaften[31] verfügen und so feuchtigkeitsausgleichend wirken.

Der Luftwechsel – ein entscheidender Faktor für die Luftqualität

5

Wir benötigen also, um genügend Frischluft bereitzustellen, aber auch um Feuchtigkeit, Gerüche und Schadstoffe abzuführen, einen Austausch der Raumluft mit der Außenluft.

Von einem Innenraum zum Außenraum (Außenluft, Nachbarraum) findet über Undichtheiten der Hülle des Raumes, über Zugänge (Öffnen von Türen) und durch Lüften (Fenster öffnen, Zu- und Abluftanlagen) ein Luftwechsel statt.

Der Luftwechsel wird meist als Luftwechselrate ausgewiesen – dabei gilt:

$$n = \frac{V}{V_R}.$$

n Luftwechselrate (Luftwechselkoeffizient) in h^{-1}

V Ausgetauschtes Luftvolumen

V_R Raumvolumen

Heutzutage muss zur Erreichung der geforderten Energieeffizienz bei jedem Neubau bzw. bei jeder größeren Sanierung eine möglichst luftdichte Hülle ohne nennenswerte Leckagen angestrebt werden. Auch aus anderen bauphysikalischen Gründen ist eine dichte Hülle zu begrüßen. Leckagen führen durch den unkontrollierten Luftaustausch bei ungenutzten Räumen, in denen sehr wenig Feuchtigkeit in die Luft abgegeben wird, zu einer unerwünscht niedrigen Luftfeuchte.

Klassierung der Luftqualitäten

Im Zusammenhang mit Lüftungsanlagen wurden in den Regelwerken Luftqualitäten klassifiziert, stützen kann man sich diesbezüglich vor allem auf die VDI 6022 Blatt 3.

Ausgangsprodukt, auch für die Innenraumluft, ist die Außenluft. Deshalb hat die Qualität dieser Luft auch einen Einfluss auf die Qualität, oder anders ausgedrückt, die Außenluftqualität ist bestimmend dafür, welche Maßnahmen ergriffen werden müssen, um eine bestimmte Raumluftqualität zu erreichen.

---

[31] Sorption: in diesem Zusammenhang Wasseraufnahme, Pufferung und Abgabe

Tabelle 5-13   Klassierung verschiedener Außenluftqualitäten

Klasse	Außenluftqualität	Kriterium
AUL 1	sauber	Alle Richt- und Grenzwerte der WHO werden eingehalten, zeitweise Staubelastung, z. B. durch Pollen.
AUL 2	hohe Verunreinigung	Ein oder mehrere Richt- oder Grenzwerte der WHO werden max. um den Faktor 1,5 überschritten.
AUL 3	sehr hohe Verunreinigung	Ein oder mehrere Richt- oder Grenzwerte der WHO werden um mehr als den Faktor 1,5 überschritten.

Tabelle 5-14   Klassierung verschiedener Raumluftqualitäten

Klasse	Raumluftqualität	Nutzung	Typische Anwendung
RAL 1	hoch	Räumen, die von Personen mit erhöhtem Hygienebedarf genutzt werden.	– Intensiv- oder Pflegeräume – Räume für Hypersensible, wie MCS, CFS
RAL 2	mittel/normal	Räume für den dauerhaften Aufenthalt von Personen.	– Räume in Senioren-Wohnhäusern, Kindergärten – Wohn- und Arbeitsräume in Neubauten oder renovierte Räume, bei denen die Renovierung auch die Raumlufttechnik, bzw. Raumluftqualität betrifft
RAL 3	Mäßig/moderat	Räume für den dauerhaften Aufenthalt von Personen.	– Räume mit raumlufttechnischen Anlagen im Bestand, wenn keine Änderungen im Raum, die zu einer Luftqualitätsveränderung führen, umgesetzt werden
RAL 4	niedrig	Räume für kurzzeitigen Aufenthalt	– Lagerräume, Korridore, Treppenhäuser und Nebenräume

Klassenbedingte Anforderungen an die Raumluftqualität

Bei den meisten Anforderungen an die Raumluftqualität können wir uns auf die der VDI 6022 Blatt 3 definierten Raumluftqualität (RAL) abstützen. Aufgrund der Tatsache, dass bereits ab

Tabelle 5-15   Definition zulässige CO_2-Belastung für die RAL-Klassen und Luftfeuchtigkeit (Auswahl)

| Klasse | EN 13779 | | VDI 6022 Blatt 3 | | |
	Standardwert CO_2	Bereich für CO_2	CO_2	rel. Feuchte (bei 20 °C)	Taupunkt
RAL 1	AUL+350 ppm	≤ AUL +400 ppm	≤ 1.000	30 ... 65 % r.F.	mind. 2 °C
RAL 2	AUL +500	AUL +400 bis 600 ppm	≤ 1.500	30 ... 65 % r. F.	mind. 2 °C
RAL 3	AUL +800	AUL + 600 bis 1000 ppm	≤ 2.000	30 ... 65 % r.F.	mind. 2 °C
RAL 4	AUL +1200	> AUL +1000	≤ 2.000	–	mind. 2 °C

einer CO_2-Konzentration von 400 ppm über der Konzentration der Außenluft mit 15 % unzufriedenen Nutzern zu rechnen ist, erachten wir die VDI 6022 in diesem Qualitätspunkt als unzureichend und orientieren uns auch bei Wohnbauten besser an der diesbezüglichen Klassierung in der EN 13779.

Im Weiteren sind die Beurteilungswerte der Stufe 2 und 3 gemäß VDI 6022 Blatt 3 nicht zu überschreiten. Auch darf der Richtwert I der Ad-hoc-Arbeitsgruppe Innenraumrichtwerte der Innenraumlufthygiene-Kommission des Umweltbundesamtes und der Arbeitsgemeinschaft des Obersten Landesgesundheitsbehörden (Ad-hoc-AG IRK/AOLG) für die jeweilige chemische Verbindung nicht „ausgeschöpft", sondern sollte nach Möglichkeit unterschritten werden.

Tabelle 5-16 Auszug aus weiteren Anforderungen der VDI 6022 Blatt 3 für die RAL-Klassen

Klasse	Lösemittel TVOC	Formalde-hyd	Kohlenmonoxid CO	Radon Rn	Feinstaub PM_{25}	negative Luftionen
RAL 1	$\leq 300\ \mu g/m^3$	$\leq 100\ \mu g/m^3$	$\leq 1,5\ \mu g/m^3$	$\leq 100\ Bq/m^3$	$\leq 25\ \mu g/m^3$	≤ 3000 Io/cm^3
RAL 2	$\leq 300\ \mu g/m^3$	$\leq 100\ \mu g/m^3$	$\leq 1,5\ \mu g/m^3$	$\leq 200\ Bq/m^3$	$\leq 50\ \mu g/m^3$	≤ 1500 Io/cm^3
RAL 3	$\leq 1000\ \mu g/m^3$	$\leq 100\ \mu g/m^3$	$\leq 3,0\ \mu g/m^3$	$\leq 300\ Bq/m^3$	$\leq 75\ \mu g/m^3$	≤ 500 Io/cm^3
RAL 4	$\leq 3000\ \mu g/m^3$	- - -	$\leq 6,0\ \mu g/m^3$	$\leq 400\ Bq/m^3$	$\leq 100\ \mu g/m^3$	- - -

In Studien zeigt sich bei Radon bereits ab einer Strahlung von 100 bis 200 $\mu g/m^3$ eine signifikante Erhöhung der Lungenkrebsrate. Deshalb sollte auch bei Räumen der Klasse RAL 2 Strahlungswerte mit max. 100 $\mu g/m^3$ angestrebt werden. Radon sollte aber bei Neubauten nicht weggelüftet werden müssen, vielmehr ist mit baulichen Maßnahmen sicher zu stellen, dass möglichst überhaupt kein Radon ins Gebäude gelangt.

Wenn man ein neues Wohn-, Büro oder Schulgebäude errichtet, dann sollte in den Wohn-, Schlaf- und Arbeitsräumen mindestens eine Luftqualität RAL 2 gemäß VDI 6022 Blatt 3, eine CO_2-Konzentration gemäß RAL 2 nach EN 13779 und eine Radon-Konzentration von max. 100 $\mu g/m^3$ vertraglich gefordert werden. Dabei sind die Anforderungen detailliert zu definieren.

Raumlufttechnische Anlagen und Geräte

Mit den heute dichten Gebäudehüllen ist mit konventionellem Fensterlüften ein für die Raumluftqualitätsklasse RAL 2 ausreichender Luftwechsel kaum erreichbar. Es werden deshalb immer mehr automatisierte Lösungen mit raumlufttechnischen Anlagen und Geräten[32] (RLT-Anlagen) angewendet.

Angefangen von Abluftanlagen, die mit automatischen Fensteröffnern oder Überströmluftdurchlässen in der Fassade kombiniert werden, über einfache Fassadenlüftungsgeräte, die nur einen Raum mit Luft versorgen, Wohnungskomfortlüftungsanlagen, großen zentralen Lüftungsanlagen bis zum komplexen semidezentralen Komfortlüftungssystem, das aus einem zentralen Lüftungsgerät und mehreren dezentralen Lüftungsgeräten besteht, bietet der Markt heute viele unterschiedliche Systeme an. Die heute meist bevorzugten mechanischen Lüftungs-

---

[32] RLT-Anlage/Gerät: Gesamtheit der Komponenten, die zur ventilatorgestützten Lüftung gehören

systeme zur Sicherstellung des Luftwechsels sind sogenannte Komfortlüftungsanlagen. Ausgelegt als zentrale, dezentrale und semidezentrale Anlage, übernehmen diese Systeme den ganzen Luftwechsel und die Luftkonditionierung vollautomatisch.

Allgemeine Anforderungen an die Komfortlüftungsanlage

Komfortlüftungen haben, um den Qualitätsansprüchen zu entsprechen, folgende Anforderungen zu erfüllen:

- Als Grundlagen für Planung, Errichtung, Betrieb und Wartung dienen die landesspezifischen Gesetze, die nationalen (DIN, SN/SIA, ÖNORM) und internationalen (ISO, EN) Normen, die VDI-Richtlinie 6022 Blatt 1 und Blatt 3 wie auch die bei einer Immissionsanalyse ausgemachten Emittenten, zudem die vereinbarte Raumluftqualitätsklasse und die daraus resultierenden schriftlich vereinbarten Maßnahmen.
- Die Anlage ist von erfahrenen Komfortlüftungsingenieuren zu planen, von ausgewiesenen Fachleuten zu installieren und im Rahmen der Abnahme der Anlage von einem unabhängigen Inspektor zu prüfen (Erstinspektion nach VDI 6022 Blatt 1).
- Die Anlage sichert dauerhaft eine hohe Luftqualität ohne Zugerscheinungen und ohne störende Betriebsgeräusche.
- Die Luftmenge entspricht dem Bedarf für einen hygienischen Luftaustausch. Die Luftvolumenströme müssen für die normalen Betriebsbedingungen pro Raum mit messtechnischen Mitteln eingestellt werden.
- Die Luftvolumenströme von Komfortlüftungsanlagen müssen für jede Nutzungseinheit separat, mindestens manuell in 3 Stufen (normal, reduziert, intensiv), besser über CO_2-Sensoren gesteuert, dem momentanen Bedarf angepasst werden.
- Die Außenluftfassung ist so zu wählen, dass möglichst unbelastete Außenluft dem Lüftungsgerät zur Verfügung steht. Sie muss mindestens 1,5 m (Feuchtigkeit, Abgase), im öffentlich zugänglichen Bereich 3 m (Vandalenschutz), Abstand zum Boden aufweisen.
- Die Außenluft ist über einen Filter, der der Klasse min. F7 entspricht, die Abluft über einen Filter, der min. G4 entspricht, zu reinigen.
- Dichte der Geräte und Luftleitungssystem – Leckluftstrom ≤ 3 % des Nenn-Abluftstroms
- Über die Anlage darf es zu keinen Luftübertragungen zwischen Nutzungseinheiten[33] kommen.
- Sämtliche Anlageteile müssen inspiziert, gereinigt und ausgewechselt werden können.
- Die Anlage ist mit anderen haustechnischen Einrichtungen wie Heizung, Öfen, Dunstabzug etc. abgestimmt. Insbesondere dürfen keine Feuerungen im Gebäude durch einen Unterdruck gestört werden. Auch darf die Lüftung nicht durch zentrale Staubsauganlagen gestört werden.
- Der Schallschutz gegen Außenlärm und gegenüber anderen Nutzungseinheiten darf nicht beeinträchtigt werden.
- Die elektrische Ausrüstung der Anlage verursacht keinerlei Stromnetzrückwirkungen (Oberwellen).
- Die Bedienung und Wartung der Anlage ist einfach und laienverständlich dokumentiert. Benutzer müssen bezüglich Bedienung und Hygienemaßnahmen instruiert werden.

Alle beteiligten Planer und Handwerker sind zur uneingeschränkten Umsetzung dieser Anforderungen vertraglich zu verpflichten!

---

[33] Nutzungseinheit: Wohnung, Firma, ev. auch Abteilung wie Büro zu Produktion

Planung der notwendigen Zu- und Abluftvolumenströme

Die Ermittlung des Betriebsvolumenstroms dient der Dimensionierung der Luftleitungen und des Lüftungsgerätes. Eine großzügige Auslegung der Luftleitungen bedeutet geringe Druckverluste und damit einen effizienten Betrieb mit geringen Geräuschen sowie eine Reserve, um die gewünschten Luftmengen auch bei veränderter Nutzung zur Verfügung stellen zu können.

Zur Auslegung der Volumenströme für die Zu- und Abluft gibt es verschiedene Berechnungsmethoden.

Tabelle 5-17   Zuluftvolumenstrom auf der Basis der Luftwechselrate

Nutzung/Anwesenheit	m^3/h
Normale Nutzung	$\text{Luftvolumen}_{\text{Nutzeinheit}} \times 0,5$
Minimum bei Abwesenheit	$\text{Luftvolumen}_{\text{Nutzeinheit}} \times 0,2$
Treppenhaus, Flure innerhalb der Gebäudehülle	$\text{Luftvolumen}_{\text{Nutzeinheit}} \times 0,2$

Tabelle 5-18   Zuluftvolumenstrom auf der Basis der Anzahl Personen

Belegung	m^3/h
Min. Zuluftvolumenstrom über Personenzahl	Personenzahl $\times$ 36

Tabelle 5-19   Zuluftvolumenstrom auf der Basis der Nutzungsart/Belegung

Nutzung/Belegung	m^3/h
ausdrücklich nur als Einerschlafzimmer, nicht aber als Arbeits- oder Aufenthaltszimmer	20
ausdrücklich nur als Doppelschlafzimmer, nicht aber als Arbeits- oder Aufenthaltszimmer	40
als Schlaf-, Arbeits- und Aufenthaltszimmer für nur 1 Person (Kinderzimmer, Einzelbüro)	25
Wohnraum	60
keine Angabe, bzw. offene Nutzung	40

Tabelle 5-20   Abluftvolumenstrom bei kontinuierlichem Betrieb

Raumart	m^3/h
Küche/Kochnische	60
Kochnische	40
Bad, Dusche	40
Separates WC	20
Separates WC, direkt aus der WC-Schüssel	10
Abstellraum, Ankleide	10
Hauswirtschaftsraum	20

Der maßgebende Volumenstrom ergibt sich aus dem Abwägen der Resultate aus den Berechnungen gemäß Tabelle 5-17 bis 5-20. In der Regel bestimmt der größte Summenwert den Betriebsvolumenstrom.

Die Optimierung der Gesamtluftmenge der Wohnung ist eine entscheidende Voraussetzung für einen energieeffizienten Betrieb, geringe Schallemissionen und die Einhaltung der Feuchtekriterien auch ohne aktive Befeuchtung oder Feuchterückgewinnung. Deshalb sollte, wann immer möglich, eine Optimierung des notwenigen Volumenstroms mit einer geschickten Kaskadierung umgesetzt werden.

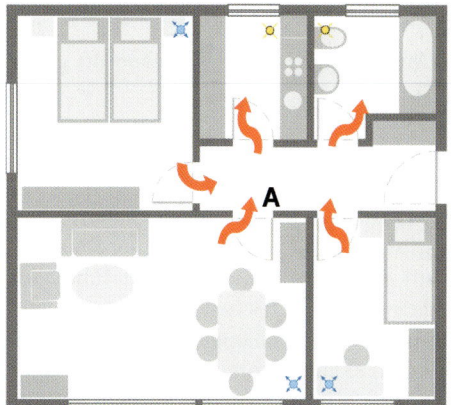 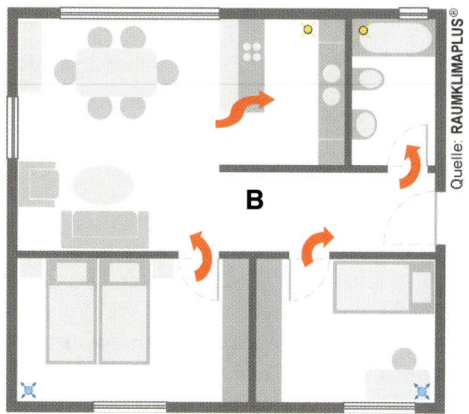

Bild 5-61 Kaskadennutzung (A) ohne und (B) mit Einbezug des Wohnzimmers

Das Beispiel (Bild 5-61) zeigt, wie durch Einbezug des Wohnzimmers in die Kaskadennutzung die Luftmenge für das Wohnzimmer entsprechend reduziert werden kann. Bei der Kombination Elternschlafzimmer und Wohnzimmer passt die kaskadierte Nutzung normalerweise gut zusammen. Bei der Kombination Kinderzimmer und Wohnzimmer ist von Parallelnutzungen auszugehen (man hat für das Wohnzimmer nur einen Vorteil, wenn das Kinderzimmer gerade nicht genutzt wird).

Die Luftmenge der Räume muss aber an die tatsächliche Nutzung angepasst werden (es sollte also auch kein zu großer Zuluftvolumenstrom herrschen), um kein Problem mit zu trockener Luft zu bekommen. Zudem sollte die Luftmenge bei längerem Ausbleiben der Nutzung auf den Wert für die Abwesenheit aus Tabelle 5-17 oder auf ca. 40 % des Betriebsvolumens reduziert werden können. Ansonsten besteht an sehr kalten Tagen die Gefahr einer zu geringen relativen Luftfeuchtigkeit. Im gegenteiligen Falle, bei einer temporären Übernutzung, zum Beispiel bei einer Party oder nach einem Ereignis mit einer übermäßigen Geruchsbelastung, zum Beispiel, wenn in der Küche etwas angebrannt ist, sollte das Betriebsvolumen um ca. 40 % erhöht werden können.

Es gibt heute Anlagen, die die Luftvolumenströme mit Hilfe von CO_2 und Feuchtesensoren vollautomatisch bedarfsgerecht regeln, was das Optimale darstellt.

Außenluft- und Fortluftdurchlass

Der Lüftungsanlage sollte Außenluft in möglichst guter Qualität zur Verfügung gestellt werden. Somit kommt der Platzierung des Außenlufteintritts eine große Bedeutung zu. In Bodennähe hat man es oft mit einer höheren Feuchtigkeit zu tun, die sich aus hygienischer Sicht kritisch auf die Anlage auswirken könnte. Deshalb ist die Außenluft nicht unter einer Höhe von 1,5 m über Boden zu fassen. Im öffentlichen Bereich beträgt die Mindesthöhe 3 m, weil dort mit mutwilligen Verunreinigungen zu rechnen ist (zum Beispiel Raucher, die ihre Zigarettenkippe im Außenlufteinlass entsorgen). Auch ist die Belastung der Außenluft durch nachbarschaftliche Emittenten, auch der eigenen Fortluft, an der Örtlichkeit des Außenlufteinlasses unter verschiedenen möglichen meteorologischen Bedingungen zu betrachten.

Die Fortluft wird in vielen Fällen mit Vorteil über das Dach abgeführt. So besteht kaum Gefahr, dass sie die Außenluft für die Lüftungsanlage ungünstig beeinflusst, wenn sich der Außenluftdurchlass nicht auch über Dach befindet. Auch gelangt so keine Fortluft in geöffnete Fenster.

Gerade die Anforderung an optimale Durchlässe für Außen- und Fortluft sprechen oft gegen reine dezentrale Lüftungslösung.

Die Wahl der Luftfilter

Die Außenluft (AUL) wird gefiltert, um eine bestimmte Qualität der Zuluft (ZUL) zu erreichen. Die Qualität der Zuluft bestimmt zusammen mit der Luftwechselrate die Qualität der Raumluft (RAL). Ein noch wesentlicherer Grund, die Außenluft zu filtern, ist, die Zuluft führenden Bereiche der Lüftungsanlagen vor Verschmutzung und mikrobiologischen Keimen zu schützen. Weil hohe Feuchtigkeit in Anlageteilen, gerade im Zusammenhang mit Wärmerückgewinnung und Kühlung, ohne größere Aufwendungen kaum sicher verhindert werden kann, ist es wichtig, dass sich Keime zusammen mit Feuchtigkeit nicht in der Anlage vermehren können. Um Schimmelpilzsporen ausreichend von der Anlage fernhalten zu können, stellt die Reinigung der Außenluft mit einem Feinstaubfilter (min. Filterklasse F7) eine bewährte Methode dar.

Tabelle 5-21 Zu verwendende Filterklassen für die Zuluft gemäß EN 13779/VDI 6022 Bl.3

Außenluftqualität	Erreichbare Zuluftqualität (ZUL-Klassierung in Analogie mit RAL-Klassen)				
	ZUL 1	ZUL 2	ZUL 3	ZUL 4	ZUL 5
AUL 1	F9	F8	F7	F5	ohne
AUL 2	F7 + GF[a)] + F9	F5 + GF[a)] + F8	F5 + F7	F5 + F6	ohne
AUL 3	F7 + GF[a)] + F9	F7 + GF[a)] + F9	F5 + F7	F5 + F6	ohne

[a)] GF: Luftfilter zur Abscheidung von Gasen – nur wenn Gase die Grenzwerte der WHO überschreiten

Um das Abluftventilationsgerät und das Wärmerückgewinnungsgerät vor übermäßiger Verschmutzung zu schützen, ist die Abluft mit einem Filter, der min. die Klasse G4 erfüllt, zu reinigen. Wird die Abluft für einen Umluftbetrieb verwendet, ist die Filterklasse auf min. F5 zu erhöhen.

Wärme- und Feuchterückgewinnungssysteme

Aus energetischer Sicht ist heute eine neue Lüftungsanlage ohne Wärmerückgewinnung nicht mehr vorstellbar. Für diese Aufgabe eignen sich unterschiedliche Systeme mit unterschiedlichen Vor- und Nachteilen.

Wärmerückgewinnungssysteme lassen sich nach ihrem Wärmeübertrager einteilen in:

– Rekuperatoren (Plattenwärmetauscher): Bei diesem System vollzieht sich der Wärmetausch über Trennflächen direkt von der Fortluft auf die Außenluft oder umgekehrt, je nach dem welche Luft wärmer ist.

– Regeneratoren (Rotationstauscher): Die Fortluft und die Außenluft durchströmen nacheinander den sich drehenden Wärmeträger. Über Kontaktflächen wird die Wärme von der Luft auf den Wärmeträger oder umgekehrt übertragen. Die Wärmeübertragung lässt sich über die Rotationsgeschwindigkeit sehr gut übertragen. Ein Nachteil dieses Systems ist, dass damit auch Gerüche und Schmutz übertragen werden können. Deshalb haben solche Systeme den Anforderungen an Umluftsysteme zu genügen.

– Regenerative Systeme: Bei diesen Systemen befindet sich in der Fortluft und in der Außenluft je ein Wärmetauscher, die über ein Kreislaufsystem, welches das Wärmemedium umwälzt, miteinander verbunden sind. Somit lässt sich die Wärmeübertragung sehr gut regeln. Auch müssen Fortluft und Außenluft nicht zusammengeführt werden.

– Wärmepumpen: Im Gegensatz zum regenerativen System, dessen Kreislaufsystem nur durch eine Umwälzpumpe bewegt wird, sorgen bei Wärmepumpen Kompressoren für eine größere Wärmeübertragung. Die starke Abkühlung der Luft führt zu einer größeren Kondensation und auch eine Vereisung ist zu verhindern.

Um die bei kalten Außentemperaturen in den Räumen oft tiefe relative Luftfeuchtigkeit zu vermeiden, besteht der Wunsch, nicht nur die Wärme, sondern auch die Feuchtigkeit zu tauschen. Durch die Wärmeabgabe und somit Abkühlung von feuchter Luft neigen Wärmetauscher zu Kondensation. Eine Feuchterückgewinnung unter Kondensationsbedingungen gilt aber als hygienisch äußerst kritisch und sollte vermieden werden. Weil eine Feuchterückgewinnung auch nicht immer erwünscht ist (Übergangszeit/Sommer), sollte diese wie die Wärmerückgewinnung regelbar sein.

Regelbare Wärmerückgewinnung und Feuchterückgewinnung können von Rotationswärmetauschern sehr gut erfüllt werden, auch wenn Feuchterückgewinnung und Wärmerückgewinnung nicht unabhängig voneinander geregelt werden können. Rotationswärmetauscher werden aber bisher aus Geruchsgründen in zentralen bzw. semizentralen Lüftungsgeräten für den Wohnungsbereich eher vermieden.

Mittlerweile gibt es auch Rekuperatoren, bei denen die Trennwände zwischen Fort- und Außenluft feuchtedurchlässig sind. Bei diesen kann der Feuchterückgewinnungsgrad jedoch nur durch einen Bypass geregelt werden, der wiederum die Wärmerückgewinnung reduziert.

Heizen und Kühlen

Durch Erwärmen oder Kühlen kann die Zulufttemperatur den Erfordernissen angepasst werden. Die Räume können weder mit zu kalter noch mit zu warmer Zuluft versorgt werden, ohne dass dies negative Folgen auf die thermische Behaglichkeit hat. Auch der Volumenstrom kann ohne negative Folgen nicht für einen größeren Wärmetransport ausgelegt werden. Somit eignet sich eine Komfortlüftungsanlage nicht, um größere Wärme- oder Kältelasten zu übernehmen.

Das bedeutet, dass die Möglichkeit einer Komfortlüftungsanlage, die ganze Beheizung eines Gebäudes zu übernehmen, nur bei Gebäuden mit sehr geringem Wärmebedarf (z. B. Passivhaus) möglich ist.

Mit Kühlregistern in der Lüftungsanlage kann eine moderate Abkühlung der Lufttemperatur im Gebäude erzielt werden.

5

Befeuchten der Luft

Das aktive Befeuchten der Luft ist aus energetischen und hygienischen Überlegungen nur in bestimmten Anwendungsbereichen angebracht, etwa in Produktionsbetrieben, die bestimmte Produktionsbedingungen voraussetzen. Aus diesem Grund gehen wir hier auf diese Thematik nicht näher ein.

Verteilung der Zuluft und Schallschutzmaßnahmen

Die Wahl eines geeigneten Verteilkonzeptes, abhängig von den Raum- bzw. Gesamtverhältnissen, stellt ein umfassendes und spezifisches Wissen der beteiligten Planer voraus. Nur bei entsprechender Dimensionierung und Ausführung der Luftleitungen wird ein geräuscharmer Betrieb und geringer Strombedarf erreicht. Dabei gilt es, den Druckverlust im Gesamtsystem klein zu halten, da ein hoher Druckverlust eine höhere Ventilatorleistung verlangt, welcher somit auch lauter wird. Auch nehmen dadurch die Strömungsgeräusche im Verteilnetz zu. Größer Dimensionierung bedeutet jedoch meist höhere Investitionskosten und einen größeren Platzbedarf. Bei der Dimensionierung ist der Strang mit dem höchsten Druckverlust ausschlaggebend, da die anderen Stränge entsprechend gedrosselt werden müssen.

Neben der Luftgeschwindigkeit ist die Rohr- bzw. Kanalausführung entscheidend für den Druckverlust und auch für die Reinigung. Für Inspektion und Reinigung der Leitungen und vor allem auch bei Ventilen und Schalldämpfern sind genügend Servicedeckel vorzusehen. Ventil, Richtungsänderungen und Veränderungen am Querschnitt führen zu Verwirbelungen der Luft und bedeuten zusätzliche Geräusche (vor allem bei Zulufteinlässen), die bei höheren Geschwindigkeiten ebenfalls ausgeprägter sind. Auch strömt in einem runden Querschnitt die Luft ruhiger als in einem rechteckigen. Bei rechteckigen Querschnitten ist zu beachten, dass mit dem hydraulischen Durchmesser zu rechnen ist. Auch hat das Verteilsystem möglichst dicht zu sein und die Körperschallübertragung auf andere Bauteile ist wirksam zu reduzieren.

Die sogenannte Telefonieübertragung über die Nutzungseinheiten hinaus ist mit geeigneten Schalldämpfern ausreichend einzuschränken. Die notwendigen schalldämpfenden Maßnahmen sind sorgfältig zu validieren und zu berechnen. Dazu sind frequenzmäßig auf das System abgestimmte Schalldämpfer zu verwenden.

Luftführung im Raum

Wie die Zuluft in die Räume eingebracht werden soll, entscheiden oft nicht nur lüftungstechnische Überlegungen. Grundsätzlich besteht die Wahl zwischen einer Verdrängungslüftung, bei

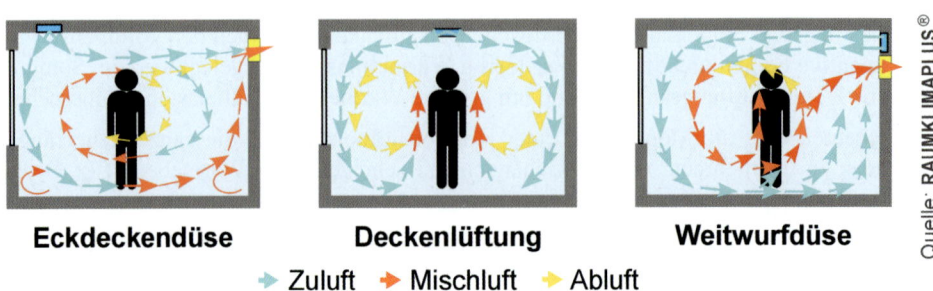

Quelle: RAUMKLIMAPLUS®

Bild 5-62 Induktionslüftung, auch als Mischluftsystem bezeichnet

der die Zuluft die Raumluft verdrängt, oder einem Induktionssystem, bei dem sich die Zuluft mit der Raumluft rasch durchmischt.

In der Praxis wohl am häufigsten anzutreffen sind Induktionssysteme (Mischluftsysteme). Bei diesem System wird die Luft mit höherer Geschwindigkeit in den Raum geblasen. Sie durchmischt sich mit der Raumluft und wird meist über Überstromdurchlässe abgeführt. Wenn über eine Komfortlüftung geheizt werden soll, kommt nur ein Induktionssystem infrage.

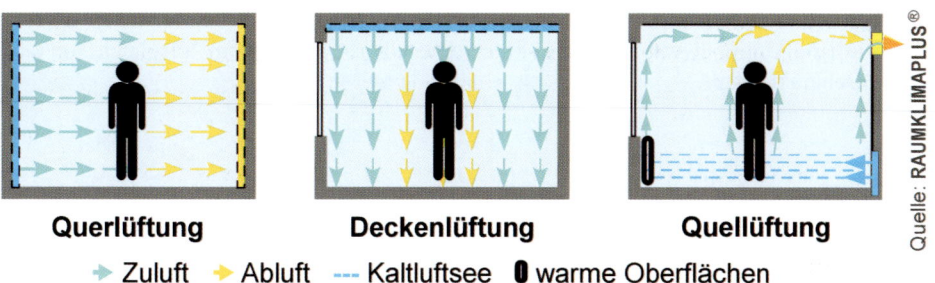

Querlüftung   **Deckenlüftung**   **Quelllüftung**

Quelle: RAUMKLIMAPLUS®

→ Zuluft   → Abluft   --- Kaltluftsee   ❚ warme Oberflächen

Bild 5-63 Verdrängungs- und Quelllüftung

Bei Verdrängungslüftungen wird die Luft auf der einen Seite großflächig eingebracht, auf der anderen Seite abgeführt. Verdrängungslüftungen können quer oder vertikal angeordnet sein. Dieses Lüftungssystem ohne nennenswerte Luftdurchmischung findet vor allem in Reinräumen und Operationssälen Anwendung.

Die Quelllüftung bietet eine interessante Alternative zur Induktionslüftung, wenn der Raum nicht über die Lüftung beheizt werden muss. Bei diesen Systemen wird die Luft, mit 1 bis 3 °C unter der Raumtemperatur beruhigt, im Sockelbereich in den Raum eingebracht, bildet dort einen Kältesee und wandert dann langsam, vorzugsweise entlang von warmen Oberflächen, nach oben. Dies ergibt eine gute Raumdurchströmung ohne große Luftdurchmischung. Schadstoffe, insbesondere die, welche der Mensch abgibt, sind wärmer als die Raumluft und reichern sich damit von unten nach oben an. Theoretisch reicht bei diesem System eine etwas geringere Luftmenge gegenüber der Induktionslüftung aus, um eine gute Luftqualität zu erreichen.

Bei der Planung zu beachten ist auch, dass thermische Asymmetrien oft für mehr Luftbewegung innerhalb der Räumlichkeiten sorgen als die Anordnung und das Volumen der Zu- und Abluft.

Um in den einzelnen Räumen die geplanten Luftmengen sicherzustellen, bedarf es einer gewissenhaften Einregulierung der Lufteinlässe. Dabei dürfen, um eine ausgeglichene Volumenstrombilanz zu erhalten, die Volumenströme der Zu- und Abluft um maximal 10 % voneinander abweichen. Die Stellung der einzelnen Einstellvorrichtungen sollte gekennzeichnet und dokumentiert werden.

Ausbalancierte Volumenströme sind ein wesentliches Qualitätsmerkmal von Komfortlüftungen und sollten nicht durch andere raumlufttechnische Geräte oder Öffnungen nach außen beeinflusst werden. Deshalb sollten auch Dunstabzüge mit ihren hohen Luftvolumenströmen weder in die Lüftungsanlage eingebunden noch im Abluftbetrieb eingesetzt werden. Empfohlen wird, die Kochstelle mit einer Umlufthaube mit Fettfilter und die Küche mit ein bis zwei Abluftdurchlässen (evtl. mit Fettfilter) in der Nähe der Kochstelle (jedoch nicht direkt darüber) auszustatten.

Der unerwünschte Schall

Wenn das Feuer im Kamin knistert, dann wird dies meist als angenehm empfunden. Dagegen stören sich einige Menschen schon an einem Pumpengeräusch, das über Heizleitungen übertragen wird, mit demselben Schallpegel. Die Reaktion von Menschen auf Schall ist individuell sehr unterschiedlich und nicht nur vom Schallpegel abhängig. Aber alle gesetzlichen Vorschriften und technischen Normen orientieren sich nur an diesem Schalldruck. Hinzu kommt, dass die technische Akustik den Schalldruck frequenzabhängig und zeitabhängig je nach verwendetem Filter anders gewichtet. Das menschliche Gehör ist zwar auch nicht über den ganzen Hörbereich gleich empfindlich, der Frequenzfilter A zeigt aber bei Frequenzen unter 1 kHz eine deutliche Unterbewertung, der C-Filter eine Überbewertung im Vergleich zur tatsächlichen Hörcharakteristik.

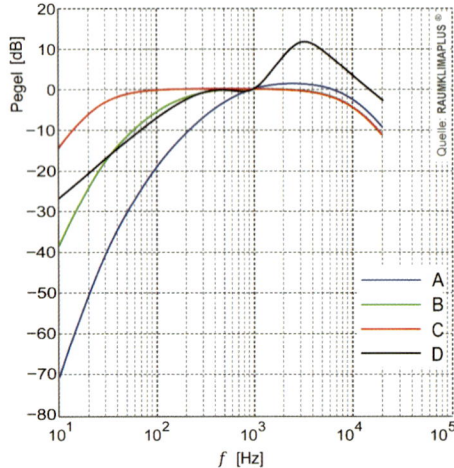

Bild 5-64
A / B / C: frequenzgewichtete technische Bewertung, **D**: Hörkurve des Menschen

Heutzutage liefert neben der technischen Akustik auch die Psychoakustik eine differenzierte Bewertung der Belastung durch Schall. Die Psychoakustik beschreibt die Wirkung eines Schallereignisses auf den Menschen und berücksichtigt dabei folgende Faktoren:

- Lautheit, das Lautstärkeempfinden
- Tonalität, Hervortreten einzelner tonaler Anteile
- Schärfe, die Hochtonhaltigkeit eines Geräusches
- Fluktuation, langsame Lautheitsschwankungen
- Rauigkeit, schnelle Lautheitsschwankungen

Es wäre äußerst schwierig, die für die Planung einer Anlage notwendigen psychoakustischen Daten zu beschaffen, und eine psychoakustische Schallanalyse ist aufwendig. Deshalb wenden wir zur allgemeinen Beurteilung des durch haustechnische Anlagen verursachten Schalles weiterhin die technische Akustik an. Um die tiefen Brummtöne besser zu berücksichtigen, empfiehlt es sich, nicht nur nach der A-Filtercharakteristik (L_{AF}) zu bewerten, sondern zusätzlich auch die C-Kennlinie (L_{CF}) zu berücksichtigen.

Die Schallkulisse in Innenräumen besteht nie nur aus Geräuschen von haustechnischen Anlagen und man kann davon ausgehen, dass ein Geräusch, das nur gerade +1 dB über dem Hintergrundrauschen liegt, kaum wahrgenommen wird. Das bedeutet, dass es bei der Beurteilung der akzeptablen Emission auch eine Rolle spielt, wie laut die Umgebung ist.

Schallemissionsquellen in der Haustechnik

Ventilationsgeräusche, aber auch Strömungsgeräusche in Heizungs- und Sanitäranlagen stellen oft wahrnehmbare Schallquellen dar. Aber auch Pumpen, andere Motoren, das Pfeifen von Frequenzumrichtern und elektronischen Netzteilen oder auch das Brummen von Schützen wie auch mechanische Schwingungen von Anlagebauteilen können Quellen von lästigen Geräuschen sein.

Schall wird nicht nur über die Luft, sondern auch über Festkörper wie Gebäude- und Anlageteile ausgebreitet. Bei dieser Schallausbreitung ist von Körperschall die Rede. Körperschall kann durch den Menschen vor allem bei tiefen Frequenzen taktil wahrgenommen werden. Hörbar ist nur der durch den schwingenden Festkörper abgestrahlte Luftschall. Eine Ausnahme bildet in den Schädelknochen übertragener Körperschall, der direkt vom Innenohr wahrgenommen werden kann (Knochenleitung), was aber im Zusammenhang mit haustechnischen Anlagen eher keine Bedeutung hat.

5

Allgemeine Schallanforderungen an Anlagen und Gerätschaften

In den Normenwerken wird von haustechnischen Anlagen erwartet, dass diese in den Nutzräumen einen Schallpegel von L_{AF} max. 30 dB einhalten. Immer mehr Richtlinien fordern für Wohn- und Schlafräume maximale Schallpegel, die 25 dBA nicht überschreiten. Tatsache ist, dass es empfindliche Personen gibt, die sich selbst bei derart tiefen Werten durch solche monotonen Geräusche, vor allem in der Ruhephase, gestört fühlen. Deshalb ist es durchaus sinnvoll, die technischen Möglichkeiten, insbesondere auch durch eine geschickte Platzierung der Schallquellen, auszunutzen, um die Schallbelastung auf ein machbares Minimum zu reduzieren.

Bei den Schallquellen sollte zwischen kurzeitigen und permanenten Schallbelastungen unterschieden werden. Vor allem für andauernde Schallquellen sollten die Anforderungen, die von den gebräuchlichen Normen abweichen, speziell in Planer-, Liefer- und Werksverträgen aufgeführt werden.

Tabelle 5-22 Zu empfehlende Zielwerte für permanente Schallemission von haustechnischen Gerätschaften

Klasse	Geltungsbereich	L_{AF} [dB]	L_{CF} [dB]
1	Schlaf- und Ruheplätze für akustisch hypersensible Personen	20	35
2	Schlaf- und Wohnräume	25	40
3	Arbeitsräume, Küche, Badezimmer	30	45
4	Treppenhaus, Flur, Balkon, Gartensitzplatz	35	50

Schallübertragung aus anderen Nutzungseinheiten

Heute wird bei qualitativ hochwertigen Bauprojekten ein erhöhter Schallschutz gegenüber Quellen aus anderen Nutzungseinheiten gefordert. Haustechnische Anlagen dürfen dabei diese getroffenen baulichen Schallschutzmaßnahmen nicht mindern.

Literatur

W. Richter: Handbuch der thermischen Behaglichkeit – Sommerlicher Kühlbetrieb, Bundesanstalt für Arbeitsschutz und Arbeitsmedizin

W. Richter: Handbuch der thermischen Behaglichkeit – Winterlicher Heizbetrieb, Bundesanstalt für Arbeitsschutz und Arbeitsmedizin

B. Glück: Zulässige Strahlungstemperatur-Asymmetrie; Zeitschrift gi – Gesundheitsingenieur 1994-6

B. Glück: Strahlungstemperatur der Umgebung; Zeitschrift gi – Gesundheitsingenieur 1997-6

R. Boos, B. Damberger, HP. Hutter, M. Kundi, H. Moshammer, P. Tappler, F. Twrdik, P. Wallner: „Bewertung der Innenraumluft – Physikalische Faktoren – Kohlenstoffdioxid als Lüftungsparameter, IBO

A. Greml, R. Kapferer, W. Leitzinger: 55 Qualitätskriterien für Komfortlüftungen – Einfamilienhaus, Verein komfortlüftung.at

A. Greml, R. Kapferer, W. Leitzinger: 60 Qualitätskriterien für Komfortlüftungen – Mehrfamilienhaus, Verein komfortlüftung.at

Gesundheitliche Bewertung von Kohlendioxid in der Innenraumluft, Bundesgesundheitsblatt – Gesundheitsforschung – Gesundheitsschutz, 2008-11, Springer Medizin Verlag

VDI 6022 – Blatt 1: Hygiene-Anforderungen an Raumlufttechnische Anlagen und Geräte, VDI-Fachbereich Technische Gebäudeausrüstung

VDI 6022 – Blatt 3: Beurteilung der Raumluftqualität, VDI-Fachbereich Technische Gebäudeausrüstung

SIA Merkblatt 2023: Lüftung in Wohnbauten, SIA Schweizerischer Ingenieur- und Architektenverein

DIN/ÖNORM/SN EN 13779: Lüftung von Nichtwohngebäuden – Allgemeine Grundlagen und Anforderungen für Lüftungs- und Klimaanlagen und Raumkühlsysteme

DIN/ÖNORM/SN EN 15251: Eingangsparameter für das Raumklima zur Auslegung und Bewertung der Energieeffizienz von Gebäuden – Raumluftqualität, Temperatur, Licht und Akustik

5.10 Schutz vor elektrischen und magnetischen Wechselfeldern sowie elektromagnetischen Wellen (EMF)

Martin Schauer

5.10.1 Einführung

Die intensive Nutzung elektrischer Geräte und Installationen in Wohngebäuden sowie der immense Ausbau der drahtlosen Informationstechnik bei hohen Frequenzen stellt die Frage in den Raum, ob durch die Veränderung des elektromagnetischen Spektrums im Umfeld der Menschen negative Auswirkungen für deren Gesundheit zu erwarten sind.[34] Nach wie vor gibt es aus der Wissenschaft unterschiedliche Standpunkte. In diesem Beitrag geht es um die Schaffung von Rückzugszonen in Gebäuden und Räumen, die über einen Schutz vor elektromagnetischen Einflüssen verfügen.

---

[34] Schauer, Martin: Elektrische, magnetische und elektromagnetische Felder; in: Schadstoffe in Innenräumen und an Gebäuden, Gesamtverb. der Schadstoffsanierung GbR(Hrsg.); Seiten 319–332; Rudolf Müller Verlag

5.10.2 Anforderungen an Maßnahmen für den Schutz vor elektrischen, magnetischen und elektromagnetischen Feldern

Ähnlich wie bei der Unterscheidung in Körper- und Luftschall müssen bei den elektrischen, magnetischen und elektromagnetischen Feldern zunächst die unterschiedlichen physikalischen Eigenschaften betrachtet werden. Nur wenn diese berücksichtigt werden, ist der Erfolg einer Schutzmaßnahme möglich. Nachfolgend sollen die „Feldarten" elektrische und magnetische Felder sowie elektromagnetische Wellen nach den physikalischen Grundlagen und den daraus abgeleiteten Möglichkeiten im Hinblick auf die Reduzierungsmaßnahmen dargestellt werden. An dieser Stelle können die physikalischen Aspekte nur in aller Kürze vorgestellt und auf das für die Anwendung Notwendige reduziert werden. Weitere Informationen insbesondere auch zu den physikalischen Grundlagen finden sich in Schauer/Virnich (2005).[35]

5

Elektrische Gleichfelder (Elektrostatik [EGF])

Physikalische Aspekte

Elektrische Gleichfelder werden durch elektrische Potentialunterschiede (Spannungen) verursacht. Elektrostatische Vorgänge kennt man von der Blitzentladung oder auch von schmerzhaften „Begegnungen" mit einem gut geerdeten Metallteil. In der Elektronik führen Entladungsvorgänge oft zur unliebsamen Zerstörung von Bauteilen. Voraussetzung für die Aufladung ist die Ansammlung positiver und negativer Ladungsträger durch Reibung oder Influenz sowie anschließender Trennung der „Reibungsobjekte".[36] In Gebäuden sind eine niedrige relative Luftfeuchtigkeit – weniger als 30 Prozent – sowie die möglichst isolierende Eigenschaft der sich „aufladenden" Materialien, wie beispielsweise synthetische Vorhänge und Teppiche, von Bedeutung. Der Entladevorgang zeigt sich im Dunkeln als Funken-Entladung bei der Annäherung von aufgeladenen an z. B. geerdeten leitfähigen Gegenständen. Die physikalische Einheit ist das Volt pro Meter (V/m).

Messtechnik

Die Messung des elektrischen Gleichfeldes wird in der Regel mit einem elektrostatisch-mechanischen Generator, der sogenannten Feldmühle, durchgeführt.

Reduzierungsmaßnahmen

Wie bereits beschrieben, spielen bei elektrostatischen Entladevorgängen in Gebäuden die zwei wesentlichen Aspekte – geringe relative Luftfeuchte und isolierende Eigenschaft der Materialien – eine besondere Rolle. So reicht es in vielen Fällen aus, eine relative Luftfeuchte von möglichst 50 % bis 60 % einzustellen. Auch die Verwendung von „nicht absolut isolierenden" Materialien wie Holz oder natürlichen Putzen, die insbesondere in der Lage sind, Feuchtigkeit aufzunehmen, verhindert die Ladungstrennung und damit das Aufkommen elektrostatischer Felder.

---

[35] Schauer, Martin; Virnich, Martin: Baubiologische Elektrotechnik – Feldmesstechnik und Praxis der Feldreduzierung, de-Fachbuchreihe Elektro- und Gebäudetechnik; Hüthig &Pflaum Verlag GmbH & Co. Fachliteratur KG Heidelberg 2005

[36] Bernd, Hartmut: Elektrostatik – Ursachen, Wirkungen, Schutzmaßnahmen, Messungen, Normung; VDE-Schriftenreihe 71, 2. Auflage 2005

Elektrische Wechselfelder (Niederfrequenz [EWF])

Physikalische Aspekte

Elektrische Wechselfelder werden durch elektrische Spannungen bei ständiger (periodischer) Polaritätsänderung verursacht. In unserer allgemeinen Stromversorgung wird die elektrische Spannung mit einer Frequenz von 50 Hertz [Hz] erzeugt. Da ein Pol des elektrischen Netzes meist am Transformator geerdet wird, breiten sich die (vorgestellten) Feldlinien von den Phasenleitern aus in Richtung aller auf Erdpotential liegenden Objekte (z. B. Heizkörper, mit dem Schutzleiter verbundene Geräte) aus. Elektrische Felder können auch deswegen relativ einfach in ihrer Ausbreitung reduziert werden, indem möglichst an der Feldquelle eine leitfähige und geerdete „Fläche" angebracht wird, welche die Feldlinien quasi „anzieht". Die physikalische Einheit ist das Volt pro Meter (V/m).

Messtechnik

Um Immissionen durch niederfrequente elektrische Wechselfelder an einem Ort zu erfassen, wird das potentialfreie Messverfahren angewendet (Bild 5-58).

Bild 5-65
Messsonde/Potentialfreies Messverfahren [Quelle: ROM-Elektronik GmbH]

Dabei wird über eine Würfelsonde mit drei orthogonal angeordneten Plattenpaaren das ungestörte elektrische Feld erfasst und über einen Lichtwellenleiter der Auswerteeinheit zugeführt. Dieses Messverfahren wurde erst 1995 entwickelt, daher wurden und werden auch heute noch behelfsmäßig andere Verfahren wie die Körperspannungsmessung sowie die erdpotentialbezogene Feldstärkemessung angewendet. Diese Messverfahren haben sich in einer Studie bei Immissionsmessungen als fehlerhaft und unzuverlässig erwiesen.[37]

---

[37] Schauer, Martin: Elektrische Feldstärkemessungen für den Niederfrequenzbereich in Gebäuden und an Körpern; in: de – Der Elektro- und Gebäudetechniker 1-2/2003, 78. Jahrgang, S. 30–34

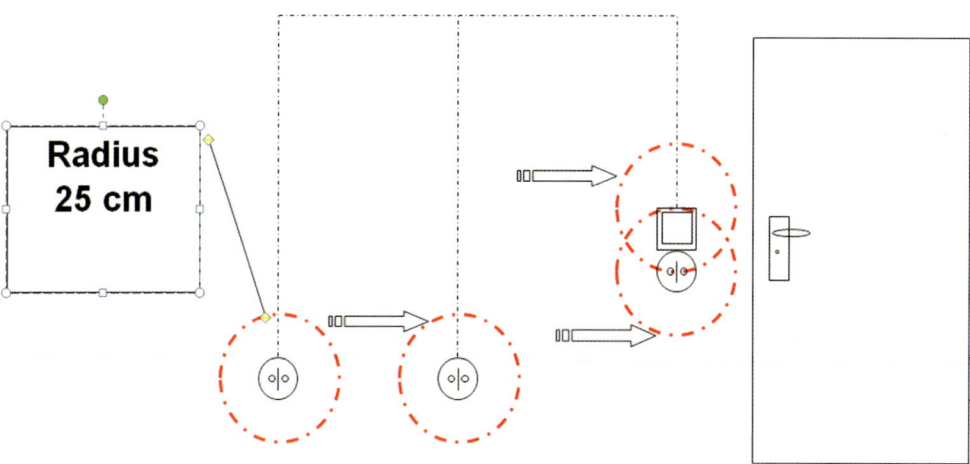

Bild 5-66 Messpunkte bei der Abnahme-Feldmessung [Quelle: Schauer]

Bei Emissionsmessungen an Geräten gemäß TCO (siehe auch Fußnote 40) wird eine standardisierte Messmethode angewandt, bei der die „Gegenelektrode" der Feldsonde mit dem gleichen Schutzleiter des Prüflings kontaktiert wird. In abgewandelter Methode wird dieses Verfahren auch zur Kontrolle von geschirmten Elektroinstallationen verwendet:

Auf einem Radius von 25 cm um die installierten Verbindungs-, Verteilungs-, Schalt- und Steckvorrichtungen wird vorzugsweise mit einer Kleinsonde in einem Abstand von 10 cm das elektrische Feld gemessen. Die Messleitung der Feldsonde wird dabei mit dem gleichen Schutzleiter der Elektroanlage verbunden.

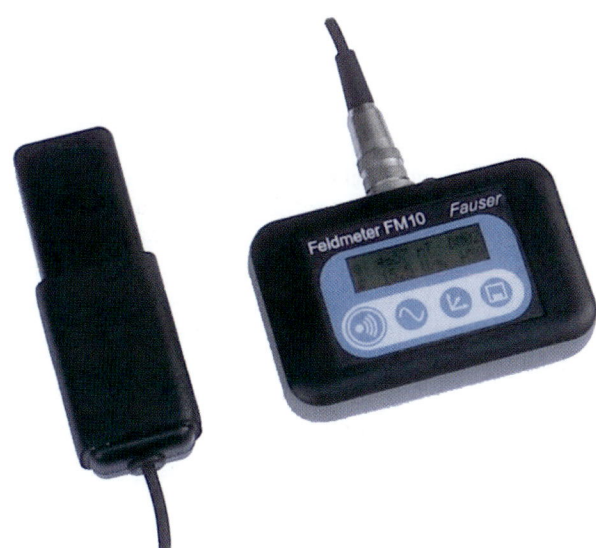

Bild 5-67 Kleinsonde zur Emissions-Messung elektrischer Wechselfelder
[Quelle: Fauser]

Die Messwerte sollten dabei nicht größer als 5 V/m sein. Bei höheren Messwerten muss mit Kontaktierungsfehlern der Schirm-Beidrähte der geschirmten Mantelleitungen bzw. Elektrodosen gerechnet werden.

Reduzierungsmaßnahmen

Elektrische Wechselfelder entstehen in unseren Gebäuden an den Betriebsmitteln, welche die elektrische Spannung fortleiten und verteilen. Beginnend am Gebäudeeinführungskabel, dem Hausanschlusskasten, dem Hauptkabel bis hin zum Zählerschrank, den Verteilungsleitungen, den Stromkreisverteilungen bis schließlich zu den Endstromkreisen, welche über Verteilungsdosen die Spannung bis hin zu Schalter und Steckdosen führen.

Bild 5-68
Geschirmte Mantelleitung
[Quelle: Danell GmbH]

Will man die Ausbreitung der Felder direkt an der Feldquelle verhindern, können bei Neubauten für die Endstromkreise geschirmte Mantelleitungen und geschirmte Elektrodosen zum Einsatz kommen (Bild 5-61 und Bild 5-62). Die Beidrähte der geschirmten Mantelleitung sowie der Elektrodosen werden nach einem bestimmten Schema verdrahtet (vgl. Fußnote 35). Stromkreisverteilungen können in metallischer und geerdeter Ausführung und die entsprechenden Verteilungsleitungen in geschirmter Version unter Einhaltung gewisser Sicherheitsüberlegungen installiert werden. Der meist metallische Zählerschrank kann aus Sicherheitsgründen grundsätzlich nicht geerdet werden. Befindet sich der Zählerschrank im Erdgeschoss eines Holzhauses, kann die Einkopplung der Felder in die Holzkonstruktion z. B. mit einer geerdeten Abschirmplatte behindert werden (die gleiche Ausführung kann auch für den Hausanschlusskasten angewandt werden). Für die Zuleitung zum Zählerplatz eignen sich z. B. geschirmte Kabel mit konzentrischem Leiter oder die Verlegung in einem metallischen und geerdeten Kabelkanal.

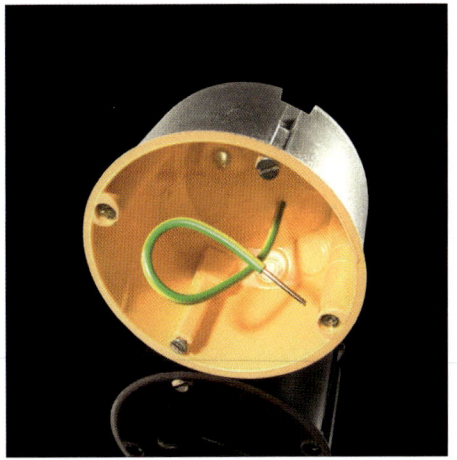 

Bild 5-69 links: geschirmte Hohlwanddose; rechts: geschirmte Unterputzdose
[Quelle: Biologa GmbH & Co. KG]

5

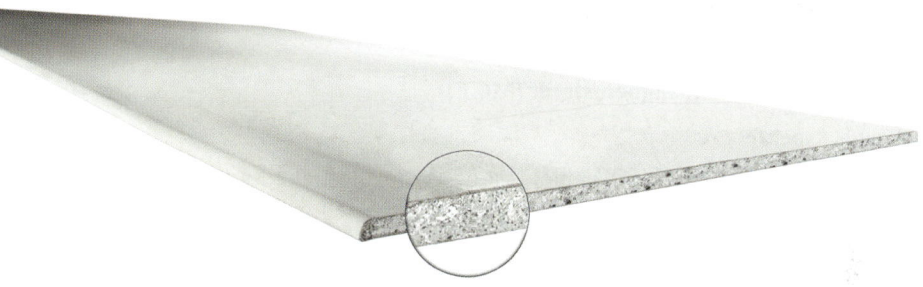

Bild 5-70 Spezielle Gipskartonplatte mit Grafitkern
[Quelle: Saint-Gobain Rigips GmbH]

Bei bestehenden Gebäuden und Elektroinstallationen können auch Endstromkreise abgekoppelt oder abgeschaltet werden. Hierzu eignen sich Netzabkoppler oder auch andere Techniken, welche geeignet sind, im Bedarfsfall die Netzwechselspannung vom Netz zu trennen, um so die Immissionen durch elektrische Wechselfelder zu minimieren. Bedacht werden müssen dabei alle Endstromkreise, die sich in Nähe des zu schützenden Ortes befinden und zu nennenswerten Feldeinstreuungen beitragen. Dies muss zunächst durch Feldmessung ermittelt werden.

Eine weitere Möglichkeit, elektrische Wechselfelder zu minimieren, sind großflächige und in den Potentialausgleich einbezogene Abschirmflächen. So werden alle den Raum umgebenden Flächen – auch Fußböden und Decken – mit elektrisch leitfähigen Materialien, wie spezielle Putze, Platten, Gewebe usw., ausgestattet und mit dem Potentialausgleich des Gebäudes verbunden (Bild 5-63).

Für die Geräte „nach der Steckdose" gibt es heute im Spezialfachhandel geschirmte Anschlussleitungen, Verlängerungsleitungen, geschirmte Steckdosenleisten bis hin zur geschirmten Nachttisch- und Büroarbeitsplatzleuchte (Bild 5-64).

Bild 5-71
Geschirmte Federzugleuchte
[Quelle: Danell GmbH]

Magnetische Gleichfelder (Magnetostatik [MGF])

Physikalische Aspekte

Das uns bekannteste magnetische Gleichfeld ist das Erdmagnetfeld. Mit einem Kompass können wir dessen Kraftfeld verfolgen. Es entsteht durch bewegte Ladungen – in diesem Fall sind es wahrscheinliche flüssige Eisenströme im Erdinnern. Die Erdoberfläche ist aus magnetischer Sicht überwiegend homogen, d. h. über eine bestimmte Fläche kann an jedem Ort die gleiche magnetische Flussdichte gemessen werden. Nur wenige, besondere geologische Strukturen (z. B. Erze) verursachen inhomogene Kräfte-Verhältnisse. Gleiche Auswirkungen haben in der Bautechnik magnetisierte Baustähle, die z. B. in einer Betondecke oder als statische Trägerelemente angeordnet sind. Als physikalische Einheit für die magnetische Flussdichte wird das Mikrotesla angewandt (μT).

Messtechnik

Magnetische Gleichfelder werden mit Magnetometern bzw. Magnetostatik-Sensoren gemessen. Diese sollten das Feld möglichst dreidimensional erfassen. Von Interesse bei der Messung ist hier die Abweichung vom natürlichen Magnetfeld (in unseren Breitengraden ca. 47 μT).

Reduzierungsmaßnahmen

Die einfachste Möglichkeit zur Erhaltung eines homogenen magnetischen Gleichfeldes ist es, magnetisierte Objekte möglichst aus Daueraufenthaltsorten fern zu halten. Ist dies nicht möglich, weil statische Überlegungen den Einsatz von Stahlträgern und Stahlbewehrung erforderlich machen, wird neuerdings ein Entmagnetisierungsverfahren angewandt, mit der die Baustähle „behandelt" werden. Schließlich können Schlafplätze möglichst ohne Metallkonstruktionen (z. B. Federkernmatratzen, Metallbetten) ausgestattet werden.

Magnetische Wechselfelder (Niederfrequenz [MWF])

Physikalische Aspekte

Elektrische Wechselfelder entstehen durch sich periodisch ändernde Potentialunterschiede (Spannungen). Magnetische Wechselfelder dagegen durch bewegte Ladungsträger (elektrischer Strom), wiederum bei sich periodisch ändernder Polarität.

Die Höhe der Immission an einem Ort ist abhängig von der Stromstärke im verursachenden Objekt, dem Abstand zum Feldverursacher und ganz entscheidend von der Konstruktion des stromführenden Objektes. Nicht immer sind es die dafür vorgesehenen Leitungen, welche einen elektrischen Strom führen, wie sich noch zeigen wird. Bei einem Einleiter – der bzw. die dazu gehörige(n) Rückleiter liegt/liegen aus physikalischer Sicht in unendlicher Entfernung – nimmt die magnetische Flussdichte nur sehr langsam ab (1/d – [d = Abstand]). Beispiele für Einleiter sind Potentialausgleichsleiter, etwa Heizungs- und Wasserleitungsrohre, die einen elektrischen Strom führen. Bei einem Zweileiter (z. B. Geräte-Anschlusskabel, in der Regel die Leitungen in den Wänden) liegen Hin- und Rückleiter direkt nebeneinander. Deshalb baut sich das Magnetfeld schneller ab ($1/d^2$). Bei gut verdrillten Leitungen und bei Trafos kann es noch günstiger aussehen ($1/d^3$). Auf den Punkt gebracht bedeutet dies:

- 1/d – bei Verdoppelung des Abstandes zum Feldverursacher reduziert sich die magnetische Flussdichte auf den halben Wert.
- $1/d^2$ – bei Verdoppelung des Abstandes beträgt die magnetische Flussdichte jetzt nur ein Viertel.
- $1/d^3$ – jetzt beträgt die magnetische Flussdichte bei Verdoppelung des Abstandes nur noch ein Achtel.

Eine besondere Problematik spielen in Gebäuden noch alte Installationen, bei denen aus Kupfereinsparungsgründen sogenannte kombinierte Leiter für Rück- und Schutzleiter verwendet werden (TN-C-Systeme). Da mit diesem Leiter aus Schutzgründen viele leitfähige Objekte verbunden werden (z. B. Heizungs- und Wasserleitungen, Gebäudekonstruktion, Potentialausgleichsleitungen), fließen auch die Rückströme hierüber. Die Folge sind im Nahfeld erhebliche Magnetfelder, da – wie bereits erwähnt wurde – hier Einleiter-Verhalten vorliegt.

Als weitere Verursacher für magnetische Wechselfelder in Gebäuden können insbesondere Pumpen der Sanitärtechnik, elektrische Zähler, Netzteile, Geräte mit Transformator, Leitungen oder Kabel mit 3 Phasenleitern (Haupt- bzw. Verteilungsleitungen) und Stromkreisverteiler mit integrierten Transformatoren genannt werden. Aber auch Verursacher, die sich im Außenbereich eines Gebäudes befinden, müssen berücksichtigt werden: elektrische Bahnen, Freileitungen, Erdkabel, Umspannstationen usw.

Zu berücksichtigen ist auch, dass magnetische Felder sich im Gegensatz zu elektrischen Feldern nahezu ungehindert durch fast alle Baustoffe ausbreiten.

Als Einheit für die magnetische Flussdichte wird häufig das Mikrotesla (µT) angewandt.

Messtechnik

Niederfrequente magnetische Wechselfelder werden mit dreidimensionalen Feldmessgeräten (3D = dreidimensional) gemessen, welche oft auch über diverse Frequenzfilter verfügen. Wichtig ist dies insbesondere zur Unterscheidung von Magnetfeldern, die durch den Betrieb der elektrischen Bahnen (16,7 Hz) bzw. unserer elektrischen Energieversorgung (50 Hz) entstehen. Immissionsmessungen sollten immer als Langzeitaufzeichnung durchgeführt werden, da die Stärke der magnetischen Flussdichte über den Tages- und Nachtverlauf oft sehr schwankend ist.

Reduzierungsmaßnahmen

Magnetische Wechselfelder können nicht so einfach abgeschirmt werden, wie dies bei elektrischen Wechselfeldern der Fall ist. Abschirmungen sind nur mit erheblichem Aufwand und speziellen, magnetisch hochleitfähigen Materialien möglich. Teilweise müssen auch komplexe Fertigungsverfahren und weitere Komponenten bei der Herstellung der Abschirmplatten berücksichtigt werden. Großflächige Abschirmungen sind daher immer als „Notlösung" zu sehen, wenn alle Maßnahmen, welche an der Ursache ansetzen, nicht möglich sind. Eine herausragende Stellung bei der Reduzierung von magnetischen Wechselfeldern stellt die Realisierung von Lösungen mit getrennten Schutz- und Rückleitern in der Gebäudeanlage dar (TN-S-Systeme). So wird möglichst ab der Gebäudeeinführung der Schutz- und Rückleiter mit jeweils eigenem Leiter ausgeführt. Heizungs- und Wasserrohre sowie leitfähige Objekte der Gebäudekonstruktion werden mit dem Schutzleiter verbunden, der im TN-S-System kaum Betriebsströme führt. Einleiterströme und deren Magnetfelder werden so weitestgehend verhindert.

Bei der Planung der Gebäude sollten Schlaf- und Daueraufenthaltsorte in möglichst großem Abstand zu Pumpen der Sanitärtechnik, Zähler- und Stromkreisverteiler, Geräten mit Transformatoren usw. angeordnet werden.

Da magnetische Felder die am Bau verwendeten Baustoffe für Wände und Decken nahezu ungehindert durchdringen, sollte darauf geachtet werden, dass sich im Umfeld von Schlafplätzen möglichst keine Geräte der Unterhaltungselektronik befinden. Hier sollten in den Lageplänen sowie in den Schnitten entsprechende immissionsfreie Zonen vorgesehen werden.

Bei Immissionen durch die „öffentliche" Netzversorgung sollte nach Möglichkeit bei Neubauten das Baufenster so verschoben werden, sodass sich große Abstände einstellen.

Elektromagnetische Wellen (Hochfrequenz [HF])

Hochfrequente Wellen werden heute massenhaft zur Nachrichtenübermittlung angewandt. Die elektromagnetische Welle wird von einer Sendeanlage emittiert und setzt sich im Luftraum fort, bis sie von einer Empfangsantenne wieder „eingefangen" wird. Während vor einigen Jahren drahtlose Systeme wie Radio, Fernsehen, Behördenfunkdienste noch überwiegend zur Überbrückung großer Strecken angewandt wurden, werden heute selbst im häuslichen Bereich viele Anwendungen per Funk realisiert.

Physikalische Aspekte

Als physikalische Einheit wird u. a. die Strahlungsdichte, das Watt pro Quadratmeter $[W/m^2]$, das Milliwatt pro Quadratmeter $[mW/m^2]$ und auch das Mikrowatt pro Quadratmeter $[\mu W/m^2]$ verwendet. Sendeanlagen mit hohen Sendeleistungen bis in den Megawatt-Bereich werden für Lang-, Mittel- und Kurzwelle angewandt, da hier ein sehr großer Bereich versorgt werden muss. Die Sendeleistung von Mobilfunkanlagen beträgt dagegen maximal 50 Watt. Hier ist jedoch zu berücksichtigen, dass sich diese Sendeanlagen flächendeckend auch in Wohngebieten, zum Teil in sehr geringer Entfernung zu Gebäuden, befinden. Zu bedenken ist auch, dass bei Mobilfunksendeanlagen sogenannte Sektorenantennen verwendet werden, welche eine „Bündelung" und damit eine Erhöhung der Strahlungsdichte um den Faktor 50 verzeichnen.

Messtechnik

Elektromagnetische Wellen werden hauptsächlich mit Spektrumanalyser und geeigneten Messantennen erfasst. Der Spektrumanalyser erlaubt es, einzelne Funkdienste zu unterscheiden und zu messen. Dies ist für die spätere Bewertung von Bedeutung.

Reduzierungsmaßnahmen

Hochfrequente elektromagnetische Wellen können mit großflächigen Abschirmungen erheblich reduziert werden. Produkte gibt es für die unterschiedlichsten Einsatzzwecke, ob innen oder/und außen, als Putz, als Gewebe, als Tapete, als Farbe usw., an. Alle Produkte haben unterschiedliche Dämpfungseigenschaften.[38] Diese Informationen sind wichtig in Bezug auf die zu planende Maßnahme. Die Dämpfungseigenschaften beruhen auf den Prinzipien Reflexion und Absorption – auch hier unterscheiden sich die Materialien erheblich (Bild 5-65). Der Erfolg der Maßnahme hängt jedoch nicht nur vom eingesetzten Material ab, sondern im Wesentlichen auch von der Detailarbeit, welche bei Bauteilübergängen (Wand-Decke, Wand-Fußboden, Wand-Fensterlaibung, Dachschräge-Wand usw.) zu leisten ist. Auch bei den Fenstern und Türen gibt es im Hinblick auf die Ausführung der Rahmen Unterschiede, wenngleich die Wärmeschutzverglasung selbst bereits eine gute hochfrequente Dämpfung aufweist.

Hochfrequente Abschirmungen können in folgende Maßnahmen eingeteilt werden:

– Großflächige Abschirmung auf der Außenhaut der Gebäudehülle (Außenabschirmung)
– Großflächige Abschirmungen auf den Innenraumflächen (Innenabschirmung)
– Kombination aus Außen- und Innenabschirmungen

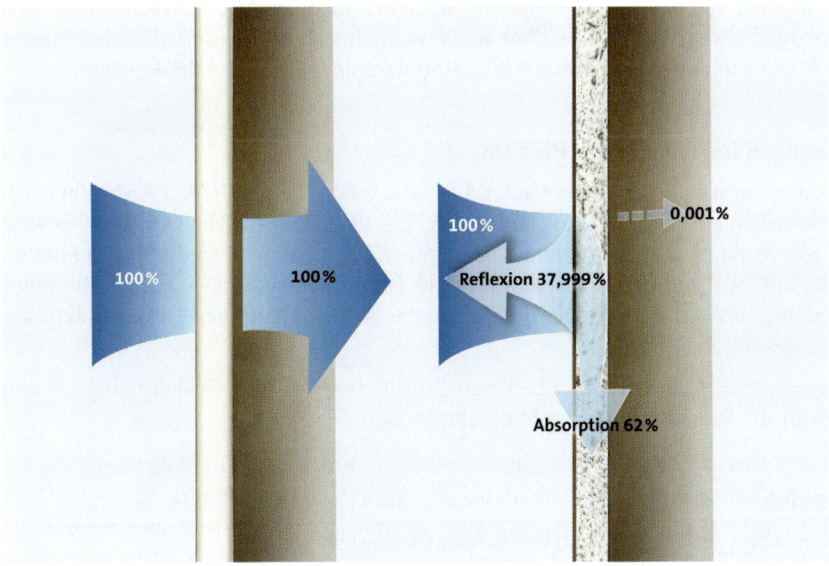

Bild 5-72 Abschirmmaterial mit Reflexions- und Absorptionswirkung
[Quelle: Saint-Gobain Rigips GmbH]

---

[38] Schauer, M: Holzhäuser effizient abschirmen; in Elektrosmog – Bauliche Schutzmaßnahmen, Fraunhofer IRB Verlag, 2007

Großflächige Abschirmungen können bezüglich der abschirmenden Eigenschaften im Hinblick auf EWF und HF kombiniert werden. Gerade bei einer Innenabschirmung können durch die Auswahl eines Produktes, welches sowohl EWF als auch HF minimieren kann, zwei Funktionen mit einem Produkt realisiert werden, wobei der zusätzliche Aufwand für eine abschirmende Elektroinstallation entfällt.

Sehr effektiv ist in vielen Fällen auch die Kombination aus Außen- und Innenabschirmung, da sie die Verwendung relativ preisgünstiger Produkte erlaubt. Durch Auslöschungseffekte zwischen den Materialien kommt es in der Gesamtbetrachtung zu einer beachtlichen Gesamt-Transmissionsdämpfung.

5.10.3 Qualitätsmanagement

Der Schutz vor physikalischen Feldern im Wohnungsbau kann bisweilen als exotische und eher unbekannte Fachdisziplin eingeordnet werden. Weder in der handwerklichen Ausbildung noch im Studium wird dieses Wissen detailliert vermittelt. Kaum ein Handwerker, Bauleiter, Planer sowie Architekt ist deswegen mit der Reduzierung elektrischer, magnetischer und elektromagnetischer Felder vertraut. Es ist daher für das Gelingen dieser Maßnahmen ein gutes Qualitätsmanagement erforderlich.

Beratung der Bauherren

Am Anfang einer Maßnahme steht immer die umfassende Beratung. Hier müssen zunächst die Wünsche und Ziele der Bauherren ermittelt werden. Dabei spielen auch Grenz- oder Richtwerte eine besondere Rolle. Es muss die Frage geklärt werden, welches Schutzziel erreicht werden soll. Außerdem müssen die Vor- und Nachteile der verschiedenen Reduzierungsmethoden abgewogen und dargestellt werden. Schließlich muss auch abgesteckt werden, welches Budget für das geplante Projekt und insbesondere für die Minimierungsmaßnahmen bereit steht.

Immissionsmessungen im Vorfeld der Planung

In vielen Fällen ist es notwendig, am unbebauten Ort oder einem bestehenden Objekt zunächst Feldmessungen sowie eine Ortseinsicht vorzunehmen. Bei bestehenden Objekten kann es u. a. notwendig sein, die vorhandene Elektroanlage dahingehend zu prüfen, ob diese die technische Voraussetzung für die beabsichtigte Maßnahme erfüllt (z. B. Netzsystem, Schutz durch automatische Abschaltung usw.). Ist dies nicht der Fall, müssen Modifikationen an der Elektroanlage zusätzlich ausgeschrieben werden.

Die erzielten Messergebnisse sowie die erhaltenen Informationen durch Besichtigung können ausschlaggebend für die Projektierung von Maßnahmen sein.

Bewertungskriterien

Welche Immissionswerte sollen innerhalb des Gebäudes erreicht werden?

Die Bewertungskriterien zu elektromagnetischen Feldern können vereinfacht in staatliche/behördliche Grenzwerte und Grenzwertempfehlungen im Sinne der Gesundheitsvorsorge unterschieden werden. Den staatlichen Grenzwerten wird in weiten Kreisen der Bevölkerung und in entsprechend interessierten Kreisen kaum gesundheitsvorsorglicher Charakter zugesprochen, da die Werte anhand wissenschaftlicher Untersuchungen zu akuten Reiz- und Wärmewirkungen und nicht langfristigen Effekten festgelegt wurden. Daher sehen sich diverse Organisationen motiviert, „eigene" Richtwerte aufzustellen.

Für Wohngebäude kommt als Problematik hinzu, dass die 26. BImSchV[39] nur für Elektroanlagen mit einer elektrischen Spannung größer 1000 Volt [V] gilt. Im Prinzip müsste in einem Wohngebäude z. B. im Keller eine Umspannstation des Netzbetreibers untergebracht sein, damit diese Verordnung zur Anwendung kommt. Für alle anderen Gebäude gibt es im Prinzip keine staatlich festgelegten Grenzwerte.

Können die Werte des schwedischen TCO-Standards für Computerbildschirme herangezogen werden?

Der schwedische **TCO**-Standard für Computerbildschirme, Fax-Geräte usw. ist keine verbindliche Norm.[40] Trotzdem hat sich dieses Umweltlabel, welches u. a. auch die Emissionen von elektrischen und magnetischen Wechselfeldern berücksichtigt, weltweit durchgesetzt. Hier muss jedoch berücksichtigt werden, dass insbesondere bei den niederfrequenten elektrischen Wechselfeldern Werte angegeben sind, die auf Basis eines speziellen Messverfahrens an den zu testenden Geräten entstanden sind. Auf die Situation in Wohngebäuden ist der Standard daher nicht ohne weiteres übertragbar.

Der NCRP (National Council on Radiation Protection an Measurements: Nationaler Rat für Strahlenschutz), ein Beratergremium der US-Regierung, forderte nach einer der wohl umfassendsten Studien in den USA die schrittweise Reduzierung der Immissionswerte, wie sie in Tabelle 5-23 und Tabelle 5-24 angeben sind. Als interessant können die übereinstimmenden Werte mit der TCO gesehen werden.

Die Schweizer Verordnung über den Schutz vor nichtionisierender Strahlung (NISV) vom 23.12.1999 hat für Orte mit empfindlicher Nutzung (OMEN) wie z. B. Wohnräume, Schulzimmer, Spitäle, Altersheime usw. besondere Anlagengrenzwerte festgelegt (s. a. Fußnote 43). Im Prinzip hat die NISV gleichen bzw. ähnlichen Charakter wie die deutsche 26. BImSchV. Für die sensiblen Orte sind die Grenzwerte jedoch bei der NISV 100-fach niedriger.

Tabelle 5-23 Grenz- und Richtwerte für elektrische Wechselfelder (Niederfrequenz)

Empfehlung Verordnung	Grenzwert [V/m]	Bemerkung
26. BImSchV[39]	5.000 V/m	Gilt für Elektroanlagen mit Spannung >1.000 V
TCO[40]	10 V/m	5 Hz–2.000 Hz
NCRP[41]	10 V/m	Geforderter Wert nach einer Studie (1996) der US-Umweltbehörde EPA für den „Nationalen Rat für Strahlenschutz NCRP", ein Beratergremium der US-Regierung

[39] Sechsundzwanzigste Verordnung zur Durchführung des Bundes-Immissionsschutzgesetzes; http://www.gesetze-im-internet.de/bimschv_26/index.html

[40] TCO-Richtlinien für strahlungsarme Computermonitore, Faxgeräte, Kopierer und PC-Drucker TCO (Tjänstemännens Central Organisation); Offizielle Hompage: http://www.tcodevelopment.com/

[41] NCRP Scientific Committee 89-3: Draft Report of NCRP Scientific Committee 89-3 on extremely low frequency electric and magnetic fields, June 13, 1995

Tabelle 5-24   Grenz- und Richtwerte für magnetische Wechselfelder (Niederfrequenz)

Empfehlung Verordnung	Grenzwert [μT]	Bemerkung
26. BImSchV	100 μT	Gilt für Elektroanlagen mit Spannung > 1.000 V
NISV[42]	1,0 μT	Anlagengrenzwert für Umspannstationen usw.
TCO	0,2 μT	Band 1: 5 Hz–2.000 Hz
NCRP	0,2 μT	Geforderter Wert nach einer Studie (1996) der US-Umweltbehörde EPA für den „Nationalen Rat für Strahlenschutz NCRP", ein Beratergremium der US-Regierung

Die Abteilung STOA (Science and Technology Options Assessments: Bewertung wissenschaftlicher und technologischer Optionen) bei der Generaldirektion Wissenschaft des Europäischen Parlaments bildet einen integralen Bestandteil der offiziellen Tätigkeit des EU-Parlaments.[43] Ihre Aufgabe ist es, den Mitgliedern des EU-Parlaments aktuelle, qualitativ hochwertige und unabhängige Bewertungen wissenschaftlicher und technischer Art zur Verfügung zu stellen. STOA empfiehlt bei Mobilfunkbasisstationen einen Richtwert von 100 $\mu W/m^2$. Begründung: „Im Falle der Belastung von SM-Strahlung [Mobilfunknetze; d. Verf.] können die Intensitäten auf ein Niveau reduziert werden, unterhalb dem empirisch in belasteten Bevölkerungsgruppen keine schädlichen Auswirkungen gefunden wurden." (STOA: Die physiologischen und umweltrelevanten Auswirkungen nicht ionisierender elektromagnetischer Strahlung, 2001, S. 2) In dem Bericht wird insbesondere darauf hingewiesen, dass es Hinweise auf nicht thermische Schwellenwerte für biologische Effekte in der Größenordnung von einigen $\mu W/cm^2$ gebe (1 $\mu W/cm^2$ = 10.000 $\mu W/m^2$).

Tabelle 5-25   Grenz- und Richtwerte für elektromagnetische Wellen (Hochfrequenz)

Empfehlung Verordnung	Grenzwert [$\mu W/m^2$]	Bemerkung
26. BImSchV	14.500.000	GSM 900 / Mobilfunk
	19.000.000	GSM 1800 / Mobilfunk
	10.000.000	UMTS / Mobilfunk
NISV	42.440	GSM 900 / Mobilfunk
	95.491	GSM 1800 / Mobilfunk
	95.491	UMTS / Mobilfunk
STOA [43]	100	Von der Wissenschaftsabteilung (STOA) des EU-Parlaments empfohlener Richtwert (GSM)

Die o. a. Darstellungen von Grenz- und Empfehlungswerten zeigt, wie schwierig es ist, diese auf typische Wohnsituationen anzuwenden. Eine andere Methode ist es, Reduzierungsmaßnahmen im Hinblick auf das technisch Machbare zu beurteilen.

---

[42] NISV: Schweizer Verordnung über den Schutz nichtionisierter Strahlung vom 23.12.1999; Quelle: http://www.bafu.admin.ch/elektrosmog/index.html?lang=de

[43] STOA: Die physiologischen und umweltrelevanten Auswirkungen nicht ionisierender elektromagnetischer Strahlung; Options, Brief und Zusammenfassung PE Nr. 297.574 vom März 2001, Europäisches Parlament, Generaldirektion Wissenschafts-Direktion A, STOA – Bewertung wissenschaftlicher und technischer Optionen; Quelle: http://www.next-up.org/pdf/00-07-03sum_de.pdf

Tabelle 5-26 Technisch erreichbare Werte bei Reduzierungsmaßnahmen

	Machbarer Wert	Bemerkung
EWF	< 1 V/m	Immissionsmessung an einem Schlafplatz in einem Gebäude mit großflächiger und geerdeter Innenraumabschirmung.
MWF	–	Hier kann kein Wert angegeben werden, da trotz hinreichender Berücksichtigung bei der gebäudeinternen Elektroanlage die Immissionen von der Umgebung (Netzbetreiber, benachbarte Elektroanlagen) abhängt, in der sich ein Gebäude befindet.
HF	Transmissionsdämpfung: ca. 30 dB	Mit der Transmissionsdämpfung wird angegeben, in welchem Verhältnis das von außen eingestreute Hochfrequenzsignal durch die Schirmmaßnahme gedämpft wird. 30 dB entsprechen einer prozentualen Reduktion von 99,9 %.

5

Der Autor hat bei einigen Projekten die in Tabelle 5-26 dargestellten Werte in etwa erreicht.

In diesem Zusammenhang muss erwähnt werden, dass insbesondere bei der Minimierung hochfrequenter Einstreuungen noch wesentlich höhere Dämpfungswerte erlangt werden können, wie z. B. bei baulichen Maßnahmen zur elektronischen Spionageabwehr (bis zu 80 dB). Hierbei sind jedoch kostenintensive Eingriffe bzw. Maßnahmen notwendig, welche im „normalen" Wohnungsbau wenig tolerierbar sind.

Denn Reduzierungsmaßnahmen im Sinne des vorbeugenden Gesundheitsschutzes orientieren sich am Machbaren – in finanzieller, bautechnischer und architektonischer Hinsicht. Dabei soll der Wohncharakter eines Gebäudes nicht durch Abschirmmaßnahmen „zerstört" werden.

Technische Regeln, Vorschriften

Reduzierungsmaßnahmen stellen zum einen Eingriffe in das Gebäude dar, zum anderen aber wird die Maßnahme bei großflächigen Abschirmungen durch das Einbeziehen in den Potentialausgleich zusätzlich zum Teil der Elektroanlage. Daher werden mit der Realisierung von Minimierungsmaßnahmen auch einige technische Regeln bzw. anderweitige Vorschriften und Verordnungen berührt:[44]

- Landesbauordnung (Baustoffzulassung, Brandstoffklasse, Bauphysik)
- Denkmalschutz (Erhaltung von Kulturdenkmälern)
- Energieeinsparverordnung (Änderungen an der Fassade)
- Herstellergarantien (z. B. bei Abweichung von einem Hersteller-System)
- Normen/Verband der Elektrotechnik Elektronik Informationstechnik e. V. (VDE)
- Technische Anschlussbedingungen des Netzbetreibers
- Netzanschlussverordnung
- EMV-Gesetz

---

[44] Schauer, Martin: Elektrische, magnetische und elektromagnetische Felder – bauliche Schutzmaßnahmen; in: Der Bausachverständige – Zeitschrift für Bauschäden, Grundstückswert und gutachterliche Tätigkeit; Seiten 29–34; Jahrgang 6; Heft 5/2010; Fraunhofer IRB – Verlag

Landesbauordnung

In den Landesbauordnungen ist u. a. die Beschaffenheit von Bauprodukten geregelt. Auf dem Markt sind durchaus auch Abschirmmaterialien vertreten, die ohne jegliche Baustoffzulassung sind. Im Sinne der Landesbauordnung ist daher zu prüfen, ob diese Produkte entsprechende Forderungen hinsichtlich des Brandschutzes, des Bauproduktengesetzes usw. erfüllen.

Denkmalschutz

Bei Gebäuden, die dem Denkmalschutz unterworfen sind, ist das Denkmalschutzgesetz zu beachten. Die Eigentümer sowie sonstige Verfügungsberechtigte und Besitzer sind verpflichtet, die Kulturdenkmäler im Rahmen des Zumutbaren zu erhalten und zu pflegen.[45] Hier sollte mit den Denkmalschutzbehörden und der Denkmalfachbehörde die geplante Maßnahme abgestimmt werden.

Energieeinsparverordnung

Die Energieeinsparverordnung (EnEV)[46] gilt zunächst für Gebäude, soweit diese unter Einsatz von Energie beheizt oder gekühlt werden. Ausnahmen sind im § 2 dargestellt (z. B. Baudenkmäler, Gebäude < 50 m^2 Nutzfläche). Für neue Wohngebäude trifft diese Verordnung grundsätzlich zu. Bei bestehenden Gebäuden kann bei Veränderungen an der Außenfassade die EnEV greifen. Soll z. B. bei einem bestehenden Gebäude die Außenfassade mit einer hochfrequenten Abschirmung ausgestattet und damit der Außenputz erneuert werden, sind die Angaben über die Wärmedurchgangskoeffizienten der EnEV einzuhalten. Daher sollten bei entsprechenden Vorhaben Fachleute herangezogen werden, welche mit der EnEV vertraut sind.

Herstellergarantien

Bei Außendämmsystemen eines bestimmten Fabrikates kann es vorkommen, dass anstelle des systemkonformen Putzgewebes ein Produkt eines anderen Herstellers verwendet werden soll, welches zusätzlich eine hochfrequenzabschirmende Funktion erfüllt. In diesem Fall muss davon ausgegangen werden, dass bei einem Schaden Gewährleistungsansprüche entfallen, da vom Herstellersystem abgewichen wurde. Hier sollte entweder beim Hersteller des Außendämmsystems eine schriftliche Zustimmung zur Verwendung eines anderen Putzgewebes eingeholt werden, oder es sollten Überlegungen angestellt werden, ein komplett anderes System anzuwenden. Bei allen Maßnahmen sollten unbedingt die Angaben der Hersteller gelesen und angewandt werden.

Anerkannte Regeln der Elektrotechnik

Viele Reduzierungsmaßnahmen sind mit Eingriffen in die Elektroanlage verbunden (z. B. Einbau von Netzabkoppler, Einbeziehen von großflächigen Abschirmungen in den Potentialausgleich). Wer sich mit der Errichtung, Erweiterung und Änderung elektrischer Anlagen befasst, ist nach herrschender Rechtsauffassung in jedem Einzelfall für die Einhaltung der

---

[45] Denkmalschutzgesetz (DSCHG) vom 23.03.1978; zuletzt geändert am 28.09.2010.
[46] Verordnung über energiesparenden Wärmeschutz und energiesparende Anlagentechnik bei Gebäuden, Stand 29.4.2009 (Energieeinsparverordnung – EnEV)

anerkannten Regeln der Elektrotechnik, Normen, Unfallverhütungsvorschriften usw. selbst verantwortlich.

Normen/Verband der Elektrotechnik Elektronik Informationstechnik e. V. (VDE)

Die rechtliche Rangfolge der DIN-VDE-Normen ist an vierter Stelle hinter den Gesetzen, Verordnungen und Vorschriften zu sehen, also noch vor den sonstigen Normen, Richtlinien und Regeln z. B. der Schadenversicherer, der Regulierungsbehörden usw. Zusätzlich wird den VDE-Normen eine hohe Bedeutung beigemessen, da sie z. B. im Energiewirtschaftsgesetz und in den Vorschriften der Berufsgenossenschaften erwähnt werden.

VDE-Bestimmungen sind Grundlage für die sichere Ausführung von elektrischen Anlagen. In diesem Zusammenhang spielen insbesondere die Errichtungsnormen DIN VDE 0100-xxx eine bedeutende Rolle. Hier sind die allgemein anerkannten Regeln zur Vermeidung des elektrischen Schlages sowie der Verhütung von Sachschäden wie z. B. Bränden festgehalten. Insbesondere bei großflächigen Abschirmungen, die in den Potentialausgleich einbezogen werden, handelt es sich um Maßnahmen bzw. Methoden, welche eine gewisse Abweichung von den Bestimmungen der DIN VDE 0100 darstellen. Beinahe alle Materialien können weder in einer stromtragfähigen noch mechanisch festen Ausführung kontaktiert werden. Es sind daher Maßnahmen zu treffen, welche den resultierenden Sicherheitsgrad der Anlage entsprechend wieder anheben:[47]

- Die Elektroanlage muss als TN-S- bzw. TT-System errichtet sein.
- Für die automatische Abschaltung der Stromversorgung muss ein zusätzlicher Schutz durch Fehlerstrom-Schutzeinrichtung (RCD) mit einem Bemessungsdifferenzstrom von nicht größer als 30 mA für alle Endstromkreise, welche in Räume mit großflächigen Abschirmungen hineinführen, vorgesehen werden.
- Als Funktionspotentialausgleichsleiter ist z. B. eine Leitung H07V-K 1 × 4 mm², Farbe nicht grün/gelb zu verwenden.
- Die Funktionspotentialausgleichsleitung ist direkt an die Haupterdungsschiene anzuschließen.
- Für die Kontaktierung am Abschirmmaterial ist das vom Hersteller vorgesehene Systemzubehör zu verwenden.

Niederspannungsanschlussverordnung (NAV)

Die Niederspannungsanschlussverordnung[48] regelt die Allgemeinen Bedingungen, zu denen die Netzbetreiber nach § 18 Abs. 1 des Energiewirtschaftsgesetztes jedermann an ihr Niederspannungsnetz anzuschließen und den Anschluss zur Entnahme von Elektrizität zur Verfügung zu stellen hat. Diese Bedingungen haben auch Auswirkungen auf das Rechtsverhältnis zwischen der Bereitstellung des Netzanschlusses und dem Anschlussnutzer. Viele Reduzierungsmaßnahmen sind mit Eingriffen in die elektrische Anlage verbunden. Daher ist hier insbesondere der § 13 von Bedeutung. Hier werden Maßnahmen beschrieben, um unzulässige Rückwirkungen der Anlage auszuschließen. „Um dies zu gewährleisten, darf die Anlage nur nach

---

[47] DIN VDE 0100-100: 2009-06; Errichten von Niederspannungsanlagen – Teil 1: Allgemeine Grundsätze, Bestimmungen allgemeiner Merkmale, Begriffe Abs. 134.1.8

[48] Verordnung über Allgemeine Bedingungen für den Netzanschluss und dessen Nutzung für die Elektrizitätsversorgung in Niederspannung (Niederspannungsanschlussverordnung – NAV vom 01.11.2006 – zuletzt geändert am 03.09.2010

den Vorschriften dieser Verordnung, nach anderen anzuwendenden Rechtsvorschriften und behördlichen Bestimmungen sowie nach den allgemein anerkannten Regeln der Technik errichtet, erweitert, geändert und instand gehalten werden." Weiterhin heißt es noch, dass „nur Materialien und Geräte verwendet werden, die entsprechend § 49 des Energiewirtschaftsgesetzes unter Beachtung der allgemein anerkannten Regeln der Technik hergestellt wurden. Die Einhaltung der Voraussetzung des Satzes 6 wird vermutet, wenn … insbesondere das VDE-Zeichen oder das GS-Zeichen" vorhanden ist. Hier muss beachtet werden, dass bei geschirmten Elektrodosen und u. U. bei geschirmten Mantelleitungen kein VDE-Zeichen vorhanden ist. In diesem Falle muss die Elektrofachkraft selbst entscheiden, ob sie das Risiko einer Inbetriebnahme trotzdem eingehen will.

Technische Anschlussbedingungen (TAB)

Den Technischen Anschlussbedingungen für den Anschluss an das Niederspannungsnetz (TAB)[49] liegt die NAV zugrunde. Insbesondere werden hier die Handlungspflichten des Netzbetreibers, des Errichters der elektrischen Anlage, des Planers sowie des Anschlussnutzers festgelegt. In diesem Zusammenhang ist der Abschnitt 12 – Auswahl von Schutzmaßnahmen von Interesse: Hier wird u. a. das vorhandene Netzsystem insofern festgelegt, dass der Netzbetreiber über dieses entsprechende Auskunft erteilt. Die eigenmächtige Änderung des Netzsystems im Sinne einer womöglich besseren elektromagnetischen Verträglichkeit ist mit dieser Bestimmung untersagt.

EMV-Gesetz

Jede Änderung und Errichtung einer Elektroanlage unterliegt auch dem EMV-Gesetz.[50] **Elek**tro **M**agnetische **V**erträglichkeit ist die Fähigkeit eines elektrischen Gerätes oder einer Anlage, in der elektromagnetisch belasteten Umgebung zufriedenstellend zu arbeiten, ohne dabei selbst elektrische, magnetische oder elektromagnetische Felder und die damit verbundenen Störungen zu verursachen, die für Geräte und Personen, welche sich in dieser Umwelt befinden, unannehmbar wären. Ein wesentlicher Aspekt des EMV-Gesetzes ist die Dokumentation im Hinblick auf EMV-relevante Aspekte. Gerade bei großflächigen Abschirmungen sollte eine entsprechende Dokumentation erstellt und der EMV-Dokumentation beigelegt werden. Auf ein mögliches Verlangen der Bundesnetzagentur kann die Dokumentation vorgelegt werden.

Abstimmung mit dem Planer, Architekten

Das Anbringen von großflächigen Abschirmungen an Gebäuden erfordert die Abstimmung mit dem Planer bzw. Architekten. So müssen u. a. auch bauphysikalische Gesichtspunkte berücksichtigt werden, damit durch die Abschirmflächen keine Schäden am Gebäude entstehen. Schließlich muss dieses spezielle Gewerk auch in der Ausschreibung bzw. im Leistungsverzeichnis explizit beschrieben werden. Hierbei sollten auch einige „Zeilen" für eine technische Vorbemerkung geschrieben werden. Bei größeren Objekten sollte zudem die Angabe von Referenzobjekten bzw. Schulungen abgefragt werden. Je besser die Leistung hier beschrieben

---

[49] Technische Anschlussbedingungen für den Anschluss an das Niederspannungsnetz (TAB 2007); BDEW Bundesverband der Energie- und Wasserwirtschaft e. V. Rechtsnachfolger des VDN; Ausgabe Juli 2007

[50] Gesetz über die elektromagnetische Verträglichkeit von Geräten (EMVG); Ausfertigungsdatum: 26.02.2008; Quelle: http://www.zvei.org/index.php?id=1314

wird, umso besser ist die „Ausgangslage", sollte es im Verlauf bzw. nach Abschluss der Arbeiten zu Streitigkeiten kommen.

Anleitung der Handwerker

Die meisten Handwerksbetriebe werden mit der handwerklichen Umsetzung der Minimierungsmaßnahmen kaum vertraut sein. Daher sollte zu Beginn der Arbeiten eine „Bauanlaufbesprechung" anberaumt werden, um die Arbeiten sowie die weitere Vorgehensweise detailliert zu besprechen. Bei größeren Objekten sollte ggf. der Hersteller der zu verarbeitenden Materialien hinzugezogen werden. Es empfiehlt sich zudem, die ersten Abschnitte der Arbeiten mit zu verfolgen. Bei einigen Projekten hat sich ein großer Ideenreichtum der Handwerker gezeigt, welcher jedoch nicht immer zum gewünschten Ziel führt. Bei großflächigen Abschirmungen ist eine genaue Abstimmung zwischen dem Verarbeiter des Materials und dem Elektrofachbetrieb notwendig. Teilweise müssen noch vor dem Anbringen der großflächigen Materialien die Komponenten des Potentialausgleichs montiert werden. Hier muss auch die Schnittstelle bestimmt werden – soweit dies nicht schon vom Hersteller vorgegeben ist – an der die Leistungen des Elektrofachbetriebes beginnen.

Kontrolle am Bau – Kontrollmessungen

Der Erfolg einer Abschirmmaßnahme ist im Wesentlichen auch davon abhängig, mit welcher Sorgfalt insbesondere bei den Bauteilübergängen gearbeitet wird. Immer wieder kommt es vor, dass versehentlich ein falsches Material in einer Teilfläche verwendet wird oder bei einer Teilfläche gänzlich vergessen wurde, sie mit einem Abschirmmaterial auszustatten. Da diese Fehler mit dem bloßen Auge nicht immer zu erkennen sind, müssen je nach Baufortschritt Kontroll-Feldmessungen durchgeführt werden. Der Termin für diese Kontrolle sollte so gewählt werden, dass noch „Reparaturen" möglich sind – also die Wand-, Decken und Fußboden-Oberflächen möglichst noch nicht vollständig hergestellt sind. In vielen Fällen verlangt dies die beinahe tägliche Kommunikation mit den Verarbeitern bzw. dem Bauleiter.

Abnahme

Nach Abschluss aller Arbeiten erfolgen die Abnahme sowie die dazu notwendigen Abnahmemessungen. Es soll geprüft werden, ob die durch Projektierung und Leistungsverzeichnis zugesicherten Eigenschaften tatsächlich vorhanden sind. Für die Handwerker bzw. den Projektierer ist die gute Dokumentation der Abnahme auch deshalb von Wichtigkeit, da Veränderungen zu einem späteren Zeitpunkt sowie die Nutzung des Gebäudes seitens des Kunden (elektrischen Geräte usw.) erhebliche Veränderungen bei den entsprechenden Immissionen mit sich bringen können. Die Abnahmemessungen stellen somit den Status quo zum Zeitpunkt der Abnahme dar, der möglichst auch vom Kunden durch Unterschrift zu unterzeichnen ist.

5

5.11 Belichtung und Beleuchtung von Innenräumen

Renate Hammer und Gregor Radinger

5.11.1 Leben mit natürlichem Licht

Evolutionäre Voraussetzungen

In Folge seiner evolutionären Entwicklung ist der Mensch grundsätzlich für das Leben im Freien unter den Bedingungen des zunächst tropischen, dann zunehmend trockenen und strahlungsintensiven Klimas der Regionen entlang der ostafrikanischen Küste konzipiert. Dieses Gebiet, von dem aus der Mensch vor etwa 130.000 Jahren aufbricht und nach und nach andere Kontinente besiedelt, weist intensive Besonnung und eine jährliche Globalstrahlung von bis zu 2.500 kWh/m² auf. Vor rund 10.000 Jahren erreicht er die nördlichen Regionen Europas, wo die jährliche Globalstrahlung mit 750 kWh/m² lediglich ein Drittel des Ausgangswertes beträgt.

Um sich diesen verringerten Strahlungsmengen anzupassen, vollzieht sich innerhalb eines evolutionär kurzen Zeitraums von nur 120.000 Jahren eine auffallende Veränderung. Die Pigmentierung der Haut wird zunehmend reduziert, sodass sich aus dem ursprünglich dunkelhäutigen, schwarzhaarigen schließlich ein annähernd weißhäutiger Typ mit roten oder rotblonden Haaren entwickelt. Diese sehr rasche Anpassung macht deutlich, dass die solare Strahlung von grundlegender Bedeutung für den menschlichen Organismus ist.

Seit etwa hundert Jahren befasst sich die Human Photobiologie mit der Interaktion von Mensch und solarer Strahlung. Diesem Wissenschaftsgebiet kommt immer mehr Bedeutung zu, da wir unter anderem aufgrund der Erfindung leistungsfähiger künstlicher Lichtquellen innerhalb weniger Generationen in den Innenraum übersiedelt sind. So verbringen wir aktuell rund 92 % unserer Lebenszeit im Inneren von Gebäuden, Verkehrsmittel, etc.[51] Dort beträgt die Strahlungsintensität lediglich etwa ein Hundertstel des Außenraumangebots. Auf diesen Umstand müssen wir durch sensible Gebäudekonzeption und entsprechende Lichtplanung reagieren.

5.11.2 Grundlagen der Lichtplanung

Natürliche Strahlung

Unter Strahlung wird die Aussendung oder Übertragung von Energie in Form von Wellen oder Teilchen verstanden.[52]

Von der Sonne geht sowohl Strahlung in Form von Teilchen als auch in Form von elektromagnetischen Wellen aus. Die Teilchenstrahlung bildet einen Teil der kosmische Strahlung, die auf die Erde trifft. Die elektromagnetischen Wellen, die von der Sonne ausgehen, weisen Wellenlängen von 0,1 nm aus dem Bereich der Röntgenstrahlung, bis hin zu 10 km Wellenlänge aus dem Bereich der langen Radiostrahlung auf. Der weitaus größte Teil der solaren elektromagnetischen Strahlung wird jedoch in Wellenlängenbereichen der optischen Strahlung abgegeben. Die optische Strahlung ist durch optische Geräte wie Spiegeln oder Linsen manipulierbar und wird in drei Wellenlängenbereiche unterteilt: den Bereich der ultravioletten (UV) Strahlung (100–380 nm Wellenlänge), den Bereich der sichtbaren (VIS) Strahlung, auf den das

---

[51] Jantunen M. J., et. al., 1998
[52] DIN 5031-8 (1982),1.5

visuelle System des menschlichen Auges reagiert (380 bis 780 nm) und den nahen infraroten (IR) Spektralbereich (780–3000 nm).[53]

Sichtbare Strahlung ist an sich nicht sichtbar. Sie macht Beleuchtetes für das menschliche Auge erkennbar und wird allgemein als Licht bezeichnet.[54]

Die Hauptanteile optischer Strahlung liegen im sichtbaren und nahen infraroten Spektralbereich. Der relativ geringe UV Anteil setzt sich aus der photobiologisch hochwirksamen UV-B Strahlung (280–315 nm) und UV-A Strahlung (315–380 nm) zusammen.[55]

Die auf die Erdoberfläche auftreffende solare Strahlung verteil sich an klaren Tagen wie in Bild 5-73 dargestellt.

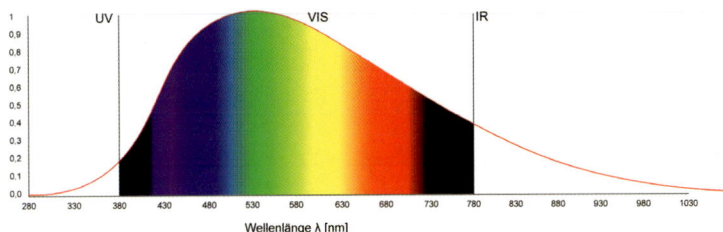

Bild 5-73 Spektrale Verteilung natürlicher Strahlung

Die solare Bestrahlungsstärke am äußeren Rand der Erdatmosphäre bei einem mittleren Sonnenabstand von 150 Mio. km beträgt etwa 1,37 kW/m². Dieser Wert wird als Solarkonstante bezeichnet.[56] Beim Durchgang durch die Erdatmosphäre wird die Sonnenstrahlung durch Reflexion, Streuung und Absorption, je nach Jahreszeit, Wetterlage und Durchdringungslänge verringert. Man spricht dabei von Extinktion.

Die auf die Erde auftreffende Strahlung wird als Globalstrahlung oder Himmelstrahlung bezeichnet, und setzt sich aus Direktstrahlung sowie an Wasser- oder Staubteilchen sowie andern Partikeln gestreuter Diffusstrahlung zusammen. Von diffuser Strahlung beschienene Gegenstände zeigen keine scharfe Schattenbegrenzungen, direkte Strahlung bringt hingegen einen klaren Schattenriss hervor.[57]

Je nach Anteil direkter und diffuser Strahlung werden Himmelszustände in klaren Himmel (wolkenloser Himmel), bedeckten Himmel und mittleren Himmel (langjähriges Mittel aller Himmelszustände) unterschieden.

Sonnenpositionen

Die Tageslichtverhältnisse werden wesentlich durch den Sonnenstand bestimmt, der für den jeweiligen Ort durch Sonnenazimut und Sonnenhöhe beschrieben wird.

Als Azimut α wird der Winkel zwischen der geografischen Nordrichtung und dem Vertikalkreis durch den Sonnenmittelpunkt verstanden. Er gibt an, aus welcher Richtung die Sonne

---

[53] DIN 5031-7 (1982)
[54] DIN 5031-2 (1982), 2.1
[55] Schittich, Staib, Balkow, Schuler, Sobek (2006), S.119f
[56] DIN 5034-2 (1985-02), 2
[57] DIN 5034-2 (1985-02), 2

scheint. Die Sonnenhöhe γ wird dabei durch jenen Winkel definiert, der zwischen dem Sonnenmittelpunkt und dem Horizont, vom Betrachter aus gesehen, eingeschlossen wird.[58]

Mithilfe polarer Sonnenbahndiagramme können die jährlichen Sonnenpositionen am Himmel
bezogen auf einen Erdstandort (Bsp. Wien, Nord 48°13′12″) bestimmt werden.

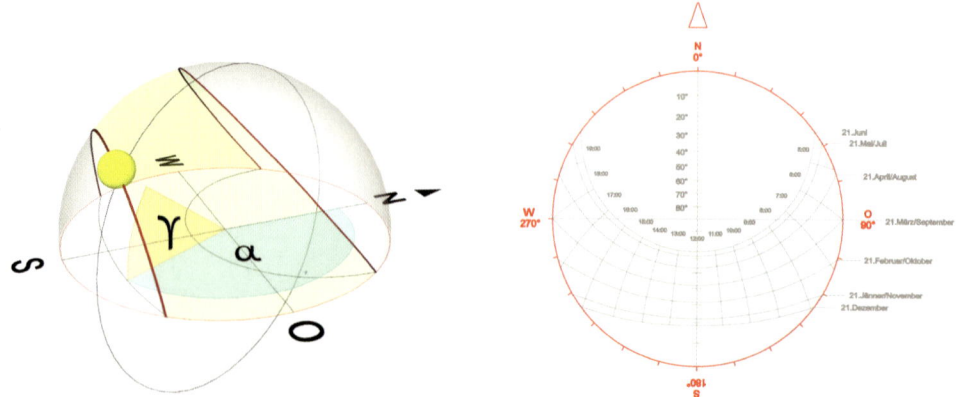

Bild 5-74 Hemisphärischer Himmelsraum und polares Sonnenbahndiagramm, Nord 48°13′12″

Photometrische Grundgrößen

Um die Eigenschaften von Licht quantifizieren zu können, wurden photometrische Grundgrößen definiert. Die Photometrie ist dabei ein Teilgebiet der Radiometrie, die sich mit der Messung von elektromagnetischer Strahlung im Allgemeinen befasst.

Zueinander in Bezug gesetzt werden die Radiometrie und die Photometrie durch die wellen-
längenspezifische Empfindlichkeit des menschlichen Auges, das auf das kontinuierliche Spektrum des Sonnenlichts abgestimmt ist. Die Bewertung von Strahlung durch das menschliche
Auge erfolgt durch den spektralen Helleempfindlichkeitsgrad, dargestellt in der $V(\lambda)$ Kurve.
Dieser weist in jenem Bereich eine höchste Empfindlichkeit auf, in dem auch das Maximum
der Sonnenstrahlung liegt, also im Wellenlängenbereich von etwa 555nm.[59] Hier erreicht das
Auge mit einem wahrgenommenen Lichtstrom von 683 lm pro einem Watt angelegter Strahlungsleistung seinen höchsten Wert. Man spricht von der photometrischen Konstanten K_m.

---

[58] DIN 5034-2 (1985-02), 2
[59] DIN 5031-2 (1982-03), 1.4

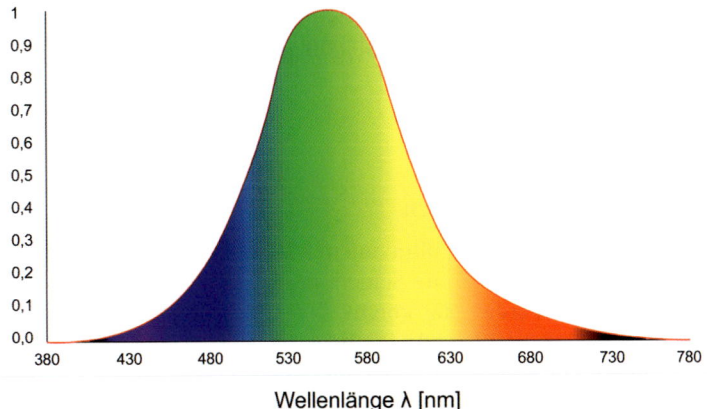

Bild 5-75 V(λ) – Kurve der Helleempfindlichkeit und das solare Strahlungsspektrum

Lichtstrom Φ [lumen]

Der Lichtstrom beschreibt die gesamte Lichtleistung, die von einer Lichtquelle abgegeben wird und definiert die Leistungsfähigkeit einer Lichtquelle.

Ideal punktförmige Lichtquellen strahlen ihren Lichtstrom gleichmäßig in alle Richtungen ab. Durch den Aufbau von Lichtquellen wird jedoch zumeist eine Lenkung des Lichts bewirkt. Daher ist es sinnvoll, ein Maß für die „räumliche Verteilung des Lichtstroms" (=Lichtstärke) anzugeben.[60]

Lichtstärke I [candela]

Die Lichtstärke gibt die richtungsabhängige Lichtausstrahlung von Lichtquellen an.[61]

Sie ist ein Maß für den je Raumwinkel Ω abgegebenen Lichtstrom.

$$I = \Phi / \Omega$$

Beleuchtungsstärke E [lux]

Die Beleuchtungsstärke E gibt den Lichtstrom an, der auf eine bestimmte Fläche auftrifft.[62]

$$E = \Phi / A$$

Die maximale Beleuchtungsstärke auf einer horizontalen Messfläche kann bei klarem Himmel im Freien bis zu 128.000 lux betragen, bei Bewölkung beträgt sie etwa 10.000 lux.[63]

Leuchtdichte L [candela/m^2]

Die Leuchtdichte beschreibt das von einer Fläche ausgehende Licht. Die Fläche kann dabei entweder auftreffendes Licht reflektieren oder selbst leuchten. Die Leuchtdichte bildet somit die Grundlage für die subjektiv wahrgenommene Helligkeit.[64]

---

[60] Ganslandt, Hofmann, (1992)
[61] DIN 5032-1(1999), 9.4
[62] DIN 5032-1(1999), 9.2
[63] Posch (2009)

Die Sonne weist eine Leuchtdichte von einer Milliarde cd/m^2 auf, aber auch wenn der Himmel bedeckt ist, können bestrahlte Wolken Helligkeiten bis zu 30.000 cd/m^2 entstehen lassen.[65]

5.11.3 Die Photobiologie des Menschen

Wirkungen im ultravioletten Solarstrahlungsbereich

Die Haut reagiert auf die terrestrische Strahlung im ultravioletten Bereich auf unterschiedliche Weisen adaptiv. So bildet sich die oberste funktionale Schicht beschleunigt nach, wodurch es zu einer als Lichtschwiele bezeichneten Verdickung kommt.[66,67] Unter der Einwirkung von UV-Strahlung wird auch das in der Haut vorliegende Pigment Melanin chemisch verändert und räumlich feiner verteilt. Man spricht von Sofortpigmentierung.[68] Darüber hinaus erfolgt auch die vermehrte Synthese des Melanins und eine verzögerte und lang anhaltende Pigmentierung. Gemeinsam ist den beschriebenen, adaptierenden Wirkungen, dass sie als Schutz vor Schädigungen interpretiert werden, die mit der Bestrahlung der Haut im ultravioletten Spektralbereich einhergehen.[69]

Die Schädigungen der Haut durch die terrestrische Sonnenstrahlung werden unter dem Begriff der photopathologischen Wirkungen zusammengefasst. So führt etwa eine durch UV-Strahlung hervorgerufene Veränderung der molekularen Struktur der DNA-Stränge in den Kernbereichen der Zellen zu einer Art Verklebung, sodass die Fähigkeit zur Replizierung verloren geht, wodurch Alterungsprozesse beschleunigt werden.[70]

Weiterhin führt UV-Bestrahlung zu einer lokal stärkeren Durchblutung der Haut, die zur Bildung einer Rötung führt, die als Erythem bezeichnet wird. Die Strahlungsdosis, die notwendig ist, um ein Erythem hervorzurufen, wird minimale erythemale Dosis (MED) genannt. Sie ist vom Hauttyp und dem individuellen Zustand der Haut abhängig und liegt beim in Mitteleuropa häufig auftretenden Hauttyp II bei etwa 250 J/m^2. Es wird davon ausgegangen, dass die verstärkte Durchblutung dem Organ Haut einen erhöhten Stoffwechsel und damit die der Strahlungsbelastung entsprechende Versorgung sowie die Entsorgung von Abfallprodukten ermöglicht. Bei einer Dosis von etwa vier MED tritt Sonnenbrand[71] und damit eine schwerwiegende Schädigung der Haut auf.[72]

UV-Strahlung kann zu einer krankhaften Wucherung durch Vermehrung bösartiger Zellen in der Haut führen, die als Photokarzinome bezeichnet werden. Die drei am häufigsten auftretenden Photokarzinome sind das Basaliom, das Spinaliom und das maligne Melanom. Das Auftreten eines Photokarzinoms kann nicht mit konkret quantifizierbaren Strahlungsdosen in Zusammenhang gebracht werden. Es besteht aber ein Bezug zwischen der Auftrittshäufigkeit von Photokarzinomen und einem entsprechenden Expositionsumfang einerseits, sowie den Expositionsmustern andererseits. Wobei ein erhöhtes Risiko bei unregelmäßiger Exposition speziell

---

64   Ganslandt, Hofmann, (1992)
65   Haas Arndt, (2007)
66   Fitzpatrick (1986)
67   Pearse (1987)
68   Ortonne (2003)
69   Fritsch (2004)
70   Buselmaier (2006)
71   Der medizinische Begriff für Sonnenbrand ist Dermatitis solaris.
72   Taylor (1990)

für das maligne Melanom beobachtet wird, sowie ein erhöhtes Risiko bei langer Expositionsdauer speziell für das Spinaliom.[73]

Schließlich sind die photophysiologischen Wirkungen anzuführen, die von der Bestrahlung der Haut im UV-Spektralbereich ausgehen. Dabei ist die Photosynthese von Vitamin D_3 mit ihrer vielfältigen Bedeutung für die unterschiedlichsten Abläufe im Gesamtorganismus Mensch von besonderer Wichtigkeit.

Die Photosynthese von Vitamin D_3 kann ab einer Schwellenstrahlung von etwa 180 J/m^2 Haut ablaufen.[74] Vitamin D_3 wird im Körper mehrfach umgesetzt und in der Blutbahn zu unterschiedlichen Zielorganen und Zielzellen befördert.[75]

Zahlreiche medizinische Studien weisen auf eine weitverbreitete, teils drastische Unterversorgung der europäischen Bevölkerung mit Vitamin D_3 hin. Es kommt in Folge zum epidemischen Auftreten von Mangelerscheinungen.[76] Unter den klassischen Mangelerscheinungen werden Fehlfunktionen im Kalzium- und Phosphatstoffwechsel des Menschen zusammengefasst. Sie liegen Krankheiten des Stoffwechsels von Knochen und Muskeln wie Rachitis und Osteomalazie, Myopathie sowie einem erhöhten Sturzrisiko bei von Osteoporose betroffenen Menschen zugrunde.[77,78]

Nicht klassische Vitamin D_3 Mangelerscheinungen sind aus Sicht der Statistik der Todesursachen von höchster Relevanz. So wurden Zusammenhänge zwischen dem Vitamin D_3 Status und der Auftrittshäufigkeit von Herzkreislauferkrankungen festgestellt.[79] Des Weiteren erhöht Vitamin D_3 Mangel nachweislich das Risiko des Auftretens unterschiedlicher Krebserkrankungen. Dazu zählen Prostatakrebs, Brustkrebs, Darmkrebs, Eierstockkrebs und Non-Hodking Lymphome.[80] Zudem kommt Vitamin D_3 eine moderierende Funktion im Verlauf von Krebserkrankungen zu.[81]

Vitamin D_3 spielt eine entscheidende Rolle bei der Ausdifferenzierung von Zellen im Rahmen angeborener wie erworbener Immunreaktionen.[82] Auch das Auftreten von Autoimmunkrankheiten steht in Zusammenhang mit der Vitamin D_3 Versorgung, speziell anzuführen sind Multiple Sklerose, Typ 1a Diabetes Mellitus, rheumatoide Arthritis und chronisch entzündliche Darmerkrankungen.[83]

Wirkungen im sichtbaren Solarstrahlungsbereich

Neben den für das Sehen notwendigen Stäbchen und Zapfen befinden sich mit den das Pigment Melanopsin enthaltenden Ganglienzellen auch Rezeptoren im Auge, von denen nicht visuelle Wirkungen hervorgerufen werden.[84] Das nichtvisuelle System umfasst den sogenannten retinohypotalamatischen Trakt.[85] So übermitteln die nicht visuellen Rezeptoren des Auges

---

[73] Armstrong (2001)
[74] Hollys (2005)
[75] Pietschmann (2003)
[76] Zittermann (2003)
[77] Holick (2004)
[78] Behrman (2000)
[79] Framingham heart Study (1948 laufend)
[80] Kricker (2006)
[81] Tangpricha (2001)
[82] Pietschmann (2003)
[83] Norval (2001)
[84] Berson (2002)
[85] Rea (2005)

Erregungsmuster an einen neuronalen Kern im Hypothalamus, dessen Anregung wiederum die Synthese des Hormons Melatonin in der Zirbeldrüse unterdrückt. Man spricht von Melatonin Suppression durch Licht.[86,87] Nachgewiesen wurde, dass ausgehend von der nicht visuellen Rezeption von Licht am Auge, die inneren Rhythmen des Körpers an den natürlichen Tagnachtrhythmus anpasst werden.[88] Man spricht vom Entrainment der circadianen Rhythmen des Menschen durch den Zeitgeber Licht.

Die Ausschüttung von Melatonin während der Dunkelheit ist für die Regeneration des menschlichen Organismus von besonderer Wichtigkeit, da Melatonin ein besonders wirksames Antioxidantium ist. Das bedeutet, Melatonin kann freie Radikale binden, die im Rahmen unvollständiger Zellatmungsprozesse entstanden sind und die unterschiedliche Schädigungen von Zellorganellen und DNA-Strukturen hervorrufen.[89]

Über die nicht visuellen Rezeptoren im Auge wird nachweislich auch die subjektive Munterkeit und die objektive Aktiviertheit im Wachzustand, etwa die Körpertemperatur, die Herztätigkeit oder die Hirnaktivität, möglicherweise auch die Quantität und Qualität des Schlafes, beeinflusst.[90]

Beobachtet werden auch Zusammenhänge zwischen dem Angebot an Licht im sichtbaren Spektralbereich und der Gestimmtheit des Menschen. So tritt in den Monaten mit geringem Tageslichtangebot vermehrt eine spezielle Form der Depression auf, die als saisonal affektive Depression bezeichnet wird, und neben der klassischen Symptomatik einer Depression auch mit vegetativen Störungen wie ungezügeltem Appetit und gesteigertem Schlafbedürfnis einhergeht.[91] Vermutet wird ein Zusammenhang zwischen dem Auftreten der saisonalen affektiven Depression und dem Absinken der Konzentration des Neurotransmitters Serotonin in den synaptischen Spalten von Neuronen im Gehirn.[92]

Wirkungen im infraroten Solarstrahlungsbereich

Das terrestrische Spektrum umfasst den Wellenlängenbereich der infraroten (IR) Strahlung zwischen 780 nm und 3000nm.[93] Da der Photonenstrom der vergleichsweise langwelligen IR-Strahlung nur niedrige Energie aufweist, gehen von dieser Strahlung keine chemischen Modifikationen im menschlichen Organismus aus, sondern lediglich molekulare Schwingungszustandsveränderungen, vorwiegend von Wassermolekülen.[94] Das zentrale Rezeptororgan für den infraroten Spektralbereich ist die Haut, in deren mittleren Schichten Blut zirkuliert und in deren tiefen Schichten Wasser in großen Mengen eingelagert ist.[95]

Von der IR-Strahlung und der langwelligen Strahlung im sichtbaren Spektralbereich gehen adaptive Wirkungen auf die menschliche Haut aus. So wird durch entsprechende Strahlungsexposition eine Erwärmung hervorgerufen, von der eine Veränderung der Absorptionseigenschaften und des Lichtbrechungsverhaltens derselben ausgeht. Diese Veränderungen reduzie-

[86] Brainard (2001)
[87] Thapan (2001)
[88] Roenneberg (1997)
[89] Schmidt (2007)
[90] Cajochen (2007)
[91] Rosenthal (1984)
[92] Praschak-Rieder (2008)
[93] DIN 5031-7 (1984)
[94] Meffert (2000)
[95] Schieke (2003)

ren wiederum die Eindringtiefe auftreffender Strahlung.[96] Darüber hinaus werden Wechselwirkungen zwischen der Strahlung des UV-Spektralbereiches und des IR-Spektralbereiches dahin gehend beobachtet, dass die degenerativen Wirkungen der UV-Strahlung durch vorangegangene IR-Bestrahlung reduziert werden.[97]

Eine photophysiologische Wirkung der Strahlung im IR-Spektralbereich besteht in der Aktivierung des Gens Collagenase, das bei der Wundheilung eine Rolle spielt, aber auch im Zusammenhang mit degenerativen Prozessen wie rheumatischen Erkrankungen steht.[98]

5.11.4 Tageslichtsensitives Planen

Klassische Qualitätskriterien für Aufenthaltsräume sind eine visuell-ergonomisch ausreichende Versorgung mit Tagelicht und die entsprechende Sichtverbindung nach außen.

Für eine gesundheitsförderliche Planung im Sinne der Photobiologie sind darüber hinaus Bezüge zwischen der solaren Strahlung und den Innenraumbewohnern herzustellen. Zu berücksichtigen ist dabei einerseits der Bezug zwischen dem Rezeptororgan Haut und der ungefilterten Solarstrahlung und andererseits die Wechselwirkungen von visuellen sowie nicht visuellen Rezeptoren des Auges und dem Tageslicht im Innenraum. Dies führt zu neuen Anforderungen an den architektonischen Entwurf, für den Planungstools erst entwickelt werden müssen.

Grundsätzlich erleichtert die Verwendung polarer Sonnenbahndiagramme die Baukörperorientierung im natürlichen Strahlungsraum eines konkreten Ortes.

Öffnungen in der Gebäudehülle und innenraumzugeordnete Freiflächen lassen sich mithilfe derartiger Sonnenbahndiagramme entsprechend zur direkten Lichtstrahlung ausrichten. Auf diese Weise können Räume, an denen die Schwellenwerte notwendiger photophysiologischer Strahlungsdosen erreicht bzw. überschritten werden, identifiziert werden.

Um die Bearbeitung des räumlichen Bezuges von ungefilterter solarer Strahlung und dem Rezeptororgan Haut möglich zu machen, wurden farbcodierte Sonnenbahndiagramme entwickelt. Die farbig gekennzeichnete Fläche innerhalb der Sonnenbahnen weist jenes Zeitfenster aus, innerhalb dessen die Strahlung bei klarem Himmel ausreichende Intensität erreicht, um die für die Pre-Vitamin D_3 Photosynthese nötige Schwellendosis innerhalb längstens einer Stunde zu überschreiten.

So lässt sich die Orientierungen von Fassadenbereichen, die großflächig öffenbar sein sollen, sowie leicht zugängliche Außenräume mit ausreichender Strahlungsversorgung erkennen. Dadurch wird die Rezeption der ultravioletten Spektralanteile der Solarstrahlung durch die Haut ermöglicht, die in Innenräumen aufgrund der strahlungsphysikalischen Eigenschaften von handelsüblichen, transparenten Bauteilen nicht erfolgen kann.[99]

---

[96] Yeh (2003)
[97] Meffert (2000)
[98] Schieke (2003)
[99] R. Hammer, P. Holzer, M. Nave, (2012)

5

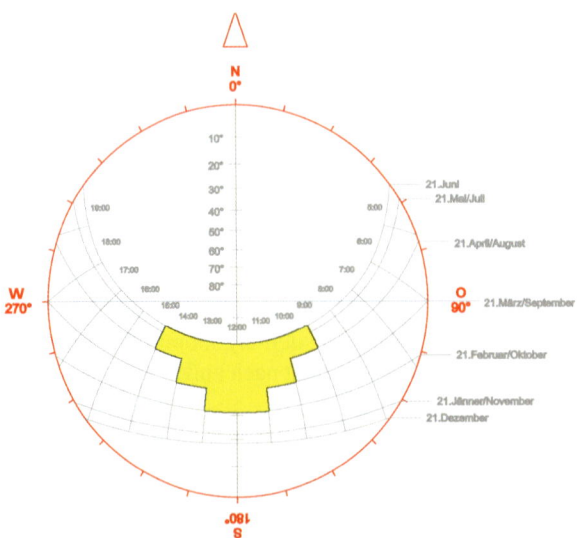

Bild 5-76 Sonnenbahndiagramm mit gekennzeichnetem Zeitfenster für Vitamin D_3 Produktion

Im Bereich der sichtbaren Tageslichtstrahlung sind die unterschiedlichen Bedürfnisse der visuellen Ergonomie und der Photophysiologie zur Stabilisierung der circadianen Rhythmik und zur Erreichung von Aufmerksamkeit und Munterkeit aufeinander abzustimmen. Die dafür notwendigen, hohen Beleuchtungsstärken von über 9100 lx sind im direkten Lichtstrahlungsbereich über den gesamten Strahlungstag und das gesamte Strahlungsjahr im Innenraum erreichbar.[100]

Jedoch muss in Bezug auf die innenräumliche Direktlichtverteilung zwischen dem relativ engen Blickfeld der visueller Wahrnehmung und dem annähernd hemisphärischen Wahrnehmungsraum der nichtvisuellen Lichtrezeption unterschieden werden. Die Einbringung von direkter Sonnenlichtstrahlung in den Innenraum, die im nichtvisuellen Gesichtsfeld wahrnehmbar wird, ohne im visuellen Wahrnehmungsbereich zu Beeinträchtigungen etwa durch Blendung zu führen, ist in der Planung zu berücksichtigen. Daher sollte bereits in frühen konzeptionellen Entwurfsphasen das in den Innenraum einfallende Direktlichtvolumen veranschaulicht werden. (Siehe dazu Abb.6)[101]

Versorgung mit Tageslicht

Die in Bauordnungen geforderte, zumeist auf die Bodenfläche des Raumes bezogene Mindestfläche für Fenster ist aus gesundheitlicher Sicht ein oftmals nicht hinreichendes Kriterium. Aus diesem Grund sind Planungsempfehlungen vonnöten, die akzeptable Sichtverbindungen nach außen, ausreichende Helligkeit und angemessene Beleuchtungsverhältnisse durch Tageslicht, aber auch Schutz vor Blendung und Wärmestrahlung sicherstellen.[102]

---

[100] Zeitzer (2000)
[101] Hammer R., Holzer P., (2012)
[102] DIN 5034-1 (1999-10), 1

Als Maß für die Versorgung eines Raumes mit Tageslicht wird gemäß Norm DIN 5034-1 der Tageslichtquotient (*TQ*) herangezogen. Er beschreibt das Verhältnis von innerer Beleuchtungsstärke (E_i) zur Außenbeleuchtungsstärke (E_e) und wird in Prozent angegeben.

$$TQ = E_i/E_e \times 100$$

Die Definition des TQ gilt nur für diffuses Tageslicht, also für bedeckten Himmel und berücksichtigt keine direkte Strahlung. So ergibt sich etwa aus einer Außenbeleuchtungsstärke von 10.000 lx und einer Beleuchtungsstärke von 500 lx auf einer Arbeitsfläche im Innenraum ein *TQ* von 5 %. Laut DIN 5034 wird in Wohnräumen in halber Raumtiefe in 1 m Abstand von den Seitenwänden und 0,85 m über dem Fußboden ein TQ von 0,9 % gefordert, dies ist jedoch als absoluter Minimalwert zu sehen.[103] Dennoch zeigen Messungen, das selbst dieser Minimalwert oftmals unterschritten wird.

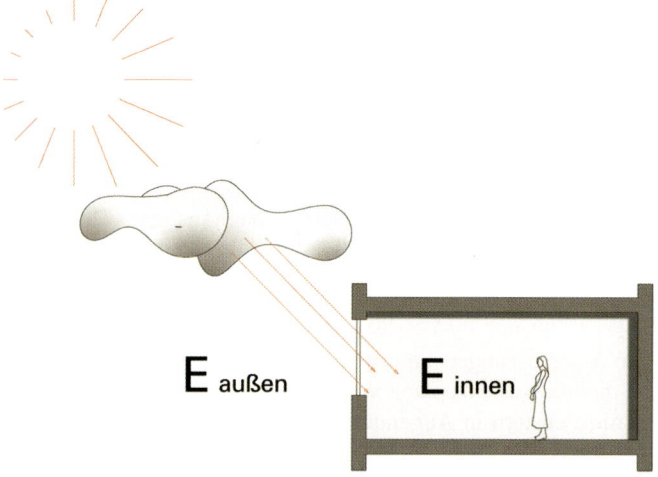

Bild 5-77 Einflussfaktoren zur Tageslichtquotient-Ermittlung

Durch Anordnung und Größe von Fenstern, Qualität der Verglasung, Raumgeometrie und Oberflächeneigenschaften von raumumschließenden Bauteilen kann der TQ entscheidend beeinflusst werden.[104]

Ein wesentliches Qualitätsmerkmal von Wohn- und Aufenthaltsräumen ist auch direkter Lichteintrag und die Möglichkeit der Besonnung. Ein Raum gilt als besonnt, wenn Sonnenstrahlen bei einer Sonnenhöhe γ von mind. 6° in den Raum einfallen können, wobei als Nachweis die Fenstermitte in Brüstungshöhe zu sehen ist. Ausreichende Besonnung eines Wohnraumes ist dann gegeben, wenn diese am 17.1. mind. 1 h beträgt. In einer Wohnung sollte mind. ein Wohnraum ausreichend besonnt sein.[105]

Als zusätzliche Bewertungsmethode der Raumbesonnung wurde der LPF-Wert (= Light Penetration Factor) entwickelt. Durch diesen wird jenes Raumvolumen angegeben, das im Lauf

---

[103] Schittich, Staib, Balkow, Schuler, Sobek, (2006), S.141
[104] Haas Arndt, (2007) S.20
[105] DIN 5034-1(1999-10), 4

eines bestimmten Zeitraumes von direktem Sonnenlicht getroffen wird.[106] Er wird in % des Innenvolumens angegeben.

Dieser Wert ist insbesondere von Bedeutung, als dass er stets in Zusammenhang mit Raumorientierung und thermischer Gebäudeperformance zu sehen ist.

Der LPF bietet die Möglichkeit, Fenstergröße und -position, solaren Strahlungseintrag und Direktlichtverteilung im Raum in Abhängigkeit von der Gebäudeorientierung optimal aufeinander abzustimmen.

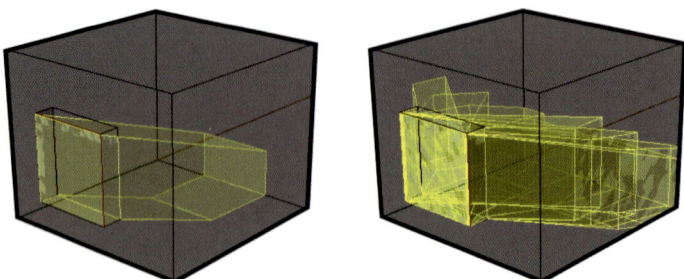

Bild 5-78 Light Penetration Factor, Darstellung des durchlichteten Volumens eines Raumes am Standort Wien, bei Südorientierung am 21.Dezember zur Mittagszeit und ganztägig

Sichtverbindungen

Die Wahrnehmung des ständigen Veränderungen unterworfenen, natürlichen Lichts und der Bezug zur Außenwelt ist für die qualitative Akzeptanz von Räumen unerlässlich. Deshalb ist es notwendig, Aufenthaltsräume mit Fenstern in Augenhöhe der im Raum sitzenden bzw. stehenden Person auszustatten.

Laut DIN 5034 Teil 1 soll die Oberkante von durchsichtigen Fensterteilen (h_{Fo}) mind. 2,20 m und die Unterkante (h_{Fu}) max. 95 cm oberhalb des Fußbodens liegen. Die Breite der durchsichtigen Fensterteile (b_F) sollten mind. 55 % der Raumbreite ausmachen.[107]

Genau zu analysieren sind in diesem Zusammenhang auch andere Aktivitäten in Innenräumen wie Liegen, Spielen am Boden etc. die ebenfalls des Sichtkontaktes nach außen bedürfen.

---

[106] Begriffsdefinition durch Renate Hammer und Peter Holzer, Department für Bauen und Umwelt, Donau Universität Krems
[107] DIN 5034-1 (1999-10), 4

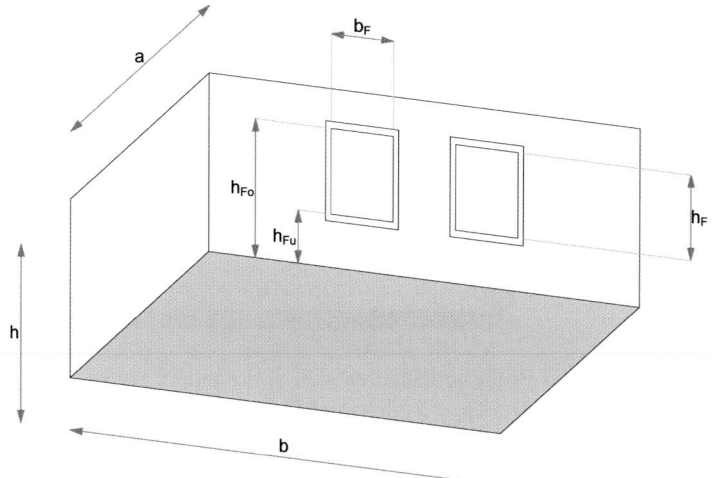

Bild 5-79 Fensterflächen von Aufenthaltsräumen nach DIN 5034 Teil 1

Raumgestaltung

Die Lichtverteilung im Raum wird vordergründig von direktem und diffusem Tageslicht bestimmt. Daneben führt Lichtreflexion an Umgebungsflächen des Raumes (z. B. aufgehellte Decken) zur Erhöhung der Lichtmenge in tiefer gelegenen Bereichen – sie sind oftmals die einzige Quelle für Tageslicht in größeren Raumtiefen.

Ein Arbeitsplatz im Gebäude ist in der Regel dann gut mit Tageslicht versorgt, wenn man von diesem Platz aus wesentliche Teile des natürlichen Himmels sehen kann. Dies ist dann der Fall, wenn der Weg eines Lichtstrahls vom Himmel zur Nutzfläche nicht durch Nachbargebäude, Bauteile des eigenen Gebäudes (Überhänge, Verbauungen im Inneren), Vegetation etc. verstellt ist.

Im Falle einseitig belichteter Räume ist der Himmel im Fensterbereich gut sichtbar. In der Raumtiefe wird der Ausblick auf den freien Himmel kleiner, bis lediglich der Blick auf den Horizont möglich ist.

Für die Dimensionierung der Raumtiefe bei einseitig belichteten Räumen gilt, dass ein Bereich dann ausreichend hell ist, wenn von diesem Bereich aus die Oberkante des Fensters in einem Höhenwinkel von mind. 30° zu sehen ist. Die Raumtiefe entspricht also in etwa der zweifachen Höhe der Fensteroberkante.

Für die seitliche Lichtausbreitung hinter Fenstern gilt, dass jene Raumbereiche ausreichend belichtet sind, die innerhalb eines Winkels von 45° links und rechts des Fensters liegen.

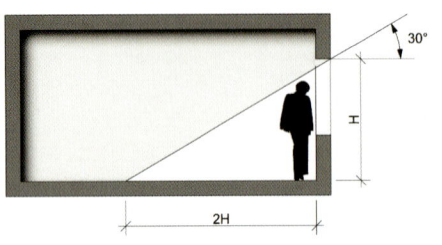

Bild 5-80
Lichtausbreitung hinter Fernstern

Große Räume wie in Schulen, Sport- oder Produktionshallen stellen besondere Anforderungen an die natürliche Belichtung. Große Raumtiefen erfordern entweder zwei- oder mehrseitige Befensterungen oder Lichtöffnungen in der Dachfläche.

Bis zu einem Verhältnis Raumtiefe/Raumhöhe = 3/1 kann die natürliche Belichtung günstig über die Fensteranordnungen an gegenüberliegenden Wänden erfolgen. Besteht die Möglichkeit, Licht über die Dachfläche in den Raum zu leiten, kann dieser ausreichend mit Tageslicht versorgt werden.

Horizontale Dachöffnungen transportieren dabei das meiste Licht in den Raum. Sie sollten einen Abstand zueinander aufweisen, der in etwa jener der Raumhöhe entspricht. Je nach Verglasungsart sollte die Verglasungsfläche etwa 7–15 % der Gesamtdachfläche betragen, um auf der zu belichtenden Nutzfläche einen *TQ* von 4 % zu erreichen. Bei noch größeren Glasanteilen ist die Gefahr sommerlicher Überhitzung zu berücksichtigen.[108]

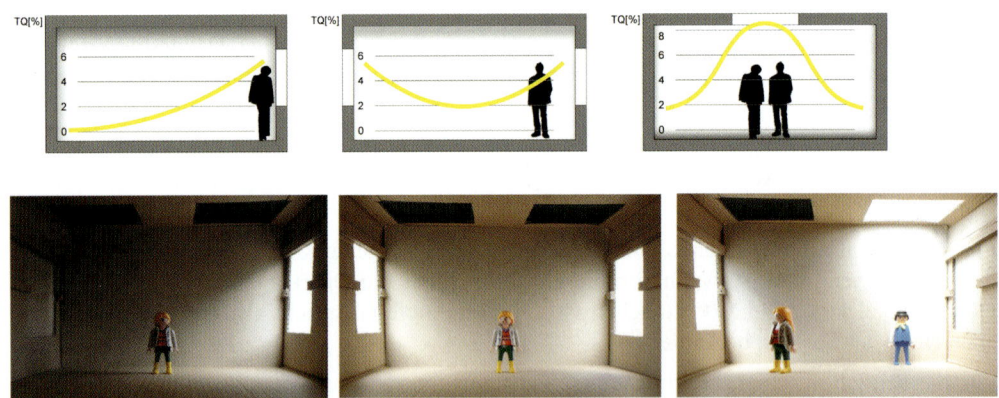

Bild 5-81 *TQ* – Verteilungen und modellhafte Darstellungen von Lichteinträgen bei unterschiedlicher Befensterung

Fassadengestaltung

Für die Tageslichtversorgung von Gebäuden ist die Gestaltung von Fassaden von besonderer Bedeutung. Ihnen kommt die komplexe Aufgabe zu, den Licht- und Strahlungseintrag in den

---

[108] Brandi (2006), S.27 f

Innenraum zu regeln, Frischluftversorgung zu ermöglichen und gleichzeitig Sichtverbindungen nach Außen zu gewährleisten.

Sonnenschutz

Hohe Verglasungsanteile von Gebäuden machen den Einsatz von Sonnenschutzsystemen notwendig, um die thermische Beherrschbarkeit der Innenräume sicherzustellen. Sommerlicher Wärmeschutz ist von Verglasungsanteil, Dämmung und Orientierung von Fassaden sowie von der Wärmespeicherfähigkeit der innen liegenden Bauteile im Zusammenspiel mit Lüftung abhängig. Man unterscheidet in starre und bewegliche Sonnenschutzsysteme.

Zu starren Systemen werden fest stehende Bauteile, wie Dachvorsprünge, Balkone, Fixlamellen, etc. gezählt, deren Wirksamkeit wesentlich von Sonnenverlauf, Standortgegebenheiten und Gebäudeorientierung abhängt.

Bewegliche Sonnenschutzsysteme wie Fensterläden, Markisen, Rollos, Lamellen, Jalousien, u. a. können gezielt dem Sonnenstand nachgeführt und individuell an die jeweiligen Lichtbedingungen angepasst werden. Solare Einstrahlung wird im Fall von außen liegendem Sonnenschutz bereits im Außenraum abgeschirmt.

Sonnenschutzeinrichtungen, die vor Fassaden positioniert sind, verhindern, dass ein Übermaß an solarer Strahlung durch Glasflächen in ein Gebäude eindringt.

Bei innenliegenden Systemen erreicht die solare Strahlung den Innenraum weitgehend ungehindert und kann nur noch wenig verringert werden. Deshalb ist der Einfluss von Verglasungen bei innen liegenden Sonnenschutzsystemen wesentlich.

Der Durchgang von übermäßigem Strahlungs- und Wärmeeintrag in den Innenraum kann durch Verwendung von eingefärbtem oder metallbeschichtetem Sonnenschutzglas mit niedrigem Gesamtenergiedurchlassgrad (g-Wert) gering gehalten werden. Gleichzeitig ist auf möglichst hohe Lichttransmission (τ-Wert) der Verglasung zu achten, um die Helligkeit im Raum

Bild 5-82 Beweglicher Sonnenschutz

und visuelle Qualität des einfallenden Lichts möglichst wenig zu beeinträchtigen. Sonnenschutzglas verringert solare Wärmegewinne allerdings auch in der kalten Jahreszeit.

Der entscheidende Kennwert für ein Sonnenschutzsystem bei gleichzeitiger Tageslichtnutzung ist der sog. Gesamtenergiedurchlassgrad g_{total}. Er ergibt sich aus dem g-Wert der Verglasung und dem Abminderungsfaktor F_c des Sonnenschutzsystems. Dieser liegt zwischen 0 (=totale Verdunkelung) und 1 (kein Sonnenschutz).[109]

$$g_{tot} = g \times F_c$$

Blend- und Sichtschutz

Blendschutzmaßnahmen dienen weniger der thermischen als vielmehr der visuellen Raumoptimierung. Sie werden dann notwendig, wenn große Leuchtdichten- und Helligkeitsunterschiede im Blickfeld des Betrachters auftreten. Blendquellen können besonders helle Objekte sein (z. B. die Sonne oder Leuchten) aber auch lichtreflektierende Flächen wie Computerbildschirme. Man unterscheidet daher zwischen Direkt- und Reflexblendung.

Innen liegende Blendschutzsysteme wie Vorhänge, Rollos, Screens haben sowohl im geschlossenen, als auch im geöffneten Zustand prägende Auswirkungen auf den Innenraum. Je nach Beschaffenheit und Positionierung kann die Sichtverbindung nach außen erhalten oder eine komplette Raumverdunkelung herbeigeführt werden. Idealerweise sind Blendschutzsysteme individuell bedienbar und können an die jeweiligen Lichtanforderungen angepasst werden.[110]

Tageslichtlenkung

Tageslichtlenksysteme ermöglichen es, tiefer liegende Raumbereiche mit natürlichem Licht zu versorgen, um so den Einsatz künstlicher Beleuchtung zu reduzieren. Unterschieden wird zwischen direkten und indirekten Systemen.

Direkte Systeme bestehen aus lichtlenkenden Elementen im Fassadenbereich. Mithilfe speziell geformter und reflektierender Lamellen kann Licht über die Decke in tiefer gelegene Raumbereiche gelenkt werden, beispielsweise durch hochreflektierende Großlamellen, sogenannten Lightshelfs im Kämpferbereich von Fenstern, die neben dieser Lichtlenkfunktion auch vor hoch stehender Sonne schützen.

Lichtlenkjalousien werden vor Fenstern oder im Zwischenbereich von Isolierglasscheiben angebracht. Die Behänge sind oft im oberen und unteren Fensterbereich getrennt voneinander bedienbar. Während der obere Behangteil Licht in den Innenraum lenkt, dient der untere Teil als Blend- und Sonnenschutz.

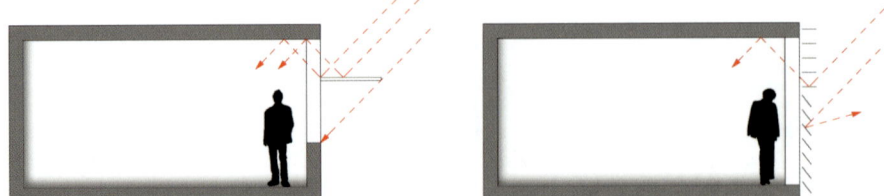

Bild 5-83 Lichtlenkung mit Lightshelf und Behang

---

[109] Haas-Arndt (2007), S51f.
[110] Hochberg, Hafke, Raab (2010), S. 84

Auch andere Systeme, wie Lichtlenkgläser, Spiegelprofile oder holographisch-optische Elemente, nutzen den Aufbau von Verbundgläsern oder den Zwischenraum von Isolierglasscheiben. Acrylgläser- oder Spiegelprofilen werden so in die Scheiben integriert, dass einfallendes Licht entweder reflektiert, umgelenkt oder gezielt hindurchgelassen wird.

Indirekte Systeme wie Heliostaten oder Lightpipes leiten Licht über längere Strecken in lichtferne Räume. Durch nachführbare Spiegel oder mit Hilfe von Fresnel-Linsen wird Licht in das System eingekoppelt und entweder durch weitere Spiegel in das Gebäude gelenkt oder in einen hochreflektierenden Hohlraum weitertransportiert.[111]

5.11.5 Künstliche Beleuchtung

Räume, in denen sich Menschen bewegen und arbeiten, sind zur Aufrechterhaltung von visueller Kommunikation auch dann zu beleuchten, wenn die Sonne als wichtigste Lichtquelle nicht oder nicht ausreichend zur Verfügung steht.

5

Lampen

Die erste künstliche Lichtquelle war die selbstleuchtende Flamme des Feuers, in der glühende Kohlenstoffpartikel ein Licht erzeugen, das ebenso wie das Sonnenlicht ein kontinuierliches Spektrum besitzt. Anstelle der selbstleuchtenden Flamme traten im 19.Jh. Stoffe, die durch Erhitzen zum Leuchten gebracht wurden. Den so entstandenen Bogen- und Glühlampen kamen schließlich Entladungslampen hinzu.

Elektrische Leuchtmittel werden im Wesentlichen in Hauptgruppen unterteilt, die sich durch unterschiedliche Verfahren zur Umsetzung von elektrischer Energie in Licht definieren:
Die Funktionsweise von Temperaturstrahlern wie Glühlampen oder Halogen-Glühlampen beruht darauf, dass eine Metallwendel zum Glühen gebracht wird, wenn sie durch elektrischen Strom hoch genug erhitzt wird. Die Wendeltemperatur beträgt dabei bis zu 3000 Kelvin und darüber. Die Lampen zeichnen sich durch hohe Strahlungs- bzw. Lichtleistung und kleine Abmessungen aus.

Das Licht von Entladungslampen wird nicht durch das Erhitzen einer Wendel, sondern durch das Anregen von Gasen oder Metalldämpfen in Entladungsgefäßen erzeugt. Entladungslampen werden – je nach der Höhe des Betriebsdrucks – in zwei Gruppen mit unterschiedlichen Eigenschaften unterteilt. Bei Niederdruck Entladungslampen werden als Lampenfüllung Edelgase oder ein Gemisch aus Edelgas und Metalldampf bei einem Druck von unter 1 bar verwendet. Die Lichtleistung von Niederdruck Entladungslampen ist v. a. vom Lampenvolumen abhängig und je Volumeneinheit relativ gering. Es werden demnach große, meist röhrenförmige Entladungsgefäße (z. B. Leuchtstofflampen) verwendet. Licht wird von einer großen Oberfläche abgestrahlt, hierdurch wird vorwiegend diffuses Licht erzeugt, das sich vordergründig für großflächig, gleichmäßige Beleuchtung eignet.

Hockdruck-Entladungslampen (z. B. Quecksilberdampflampen) werden bei einem Druck von über 1 bar betrieben. Aufgrund des hohen Drucks und hoher Temperatur kommt es zu Wechselwirkungen im Entladungsgas. Die Lichtleistung je Volumseinheit ist weitaus größer als bei Niederdruckentladungen, gleichzeitig sind die Entladungsgefäße relativ klein. Ähnlich wie Glühlampen sind Hochdruck-Entladungslampen Punktlichtquellen mit hoher Lampenleuchtdichte.[112]

---

[111] Haas-Arndt (2007), S80f.
[112] Ganslandt, Hofmann (1992), 2.3

Eine weitere Gruppe bilden Leuchtdioden (Light-Emitting-Diode, LED), deren Halbleiterbausteine durch Strom Licht emittieren. LEDs zeichnen sich vor allem durch lange Haltbarkeit, kleine Lampendimension und begrenzten Ausstrahlungswinkel aus. Die Ausstrahlung wird durch Anordnung einzelner LEDs gesteuert, Licht lässt sich dadurch sehr gut lenken, während Streulicht vermieden werden kann.[113]

Ein wichtiges Qualitätsmerkmal von Lampen ist die Lichtausbeute η. Diese beschreibt das Verhältnis von emittiertem Lichtstrom zur Strahlungsleistung.[114]

$$\eta = lm/W$$

Exemplarisch werden lichttechnische Eigenschaften unterschiedlicher Lampentypen in Tabelle 5-27 angegeben.

Tabelle 5-27   Exemplarische Lampeneigenschaften[115]

	Energiestrom P	Lichtstrom Φ	Lichtausbeute η
Niedervolthalogenlampe	100 W	2500 lm	25 lm/W
Leuchtstofflampe	54 W	4850 lm	89,8 lm/W
Kompaktleuchtstofflampe	23 W	1500 lm	65,2 lm/W
LED	1,5 W	27 lm	30–90 lm/W

Die spektrale Zusammensetzung des emittierten Lichts einer Lampe ist einerseits entscheidend für deren photobiologische Wirksamkeit und andererseits für Farbwiedergabeeigenschaften. Ein kontinuierliches Spektrum sorgt für optimale Farbwiedergabe, während Linien- oder Bandenspektren diese grundsätzlich verschlechtern.

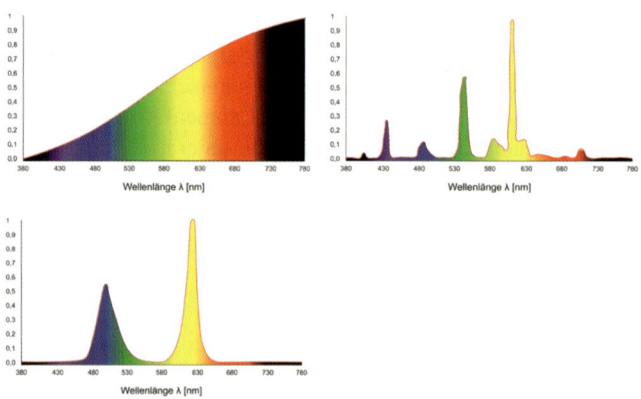

Bild 5-84 Lichtspektren; Glühlampe, Leuchtstofflampe, LED

---

[113] Posch (2009), 2.5.2
[114] DIN 5031-9 (1982), 14
[115] Hayner, Ruoff, Thiel (2010), S.122

Die Farbwiedergabequalität unterschiedlicher Lichtquellen kann durch Farbwiedergabestufen charakterisiert werden. Diese sind in 1A, 1B, 2A, 2B, 3 und 4 eingeteilt, wobei Glühlampen der höchsten (1A), Natriumdampf-Niederdrucklampen der niedrigsten Kategorie (4) zugeordnet werden.[116]

In Bild 5-84 sind die relativen Spektralverteilungen von Licht aus Halogenglühlampe, Leuchtstofflampe und LED dargestellt, jeweils bei Lichtfarbe 3000 K.

Leuchten

Die Aufgabe von Leuchten ist es, Lampen und Betriebsgeräte (z. B. Vorschaltgeräte von Entladungslampen) aufzunehmen und eine einfache Montage, Wartung und sicheren Betrieb zu ermöglichen. Ihre wichtigste Funktion ist die Lenkung des Lampenlichtstroms zur Erzielung der gewünschten Lichtverteilung unter optimaler Ausnutzung der eingesetzten Energie.[117]

Die Charakteristik von Leuchten wird wesentlich von der Beschaffenheit der verwendeten Reflektoren bestimmt. Deren Konturen und Oberflächenreflexion sind für die Abstrahlcharakteristik, also die Verteilung der Lichtstärke, von entscheidender Bedeutung.

Die Unterteilung von Leuchten kann nach ihrer Montageart erfolgen, indem sie in ortsfeste, mit der Architektur verbundene, sowie bewegliche und frei ausrichtbare Typen eingeteilt werden. Aufgrund der Größe von angestrahlten Flächen wird zwischen Flutern (zur Flächenbeleuchtung) und Strahlern (für Akzentbeleuchtungen) unterschieden.

Eine weitere Unterteilung erfolg aufgrund der Richtung des abgestrahlten Lichts in Downlights (nach unten gerichtet) und Uplights (nach oben gerichtet) oder auch in Kombination aus beiden.

Versorgung mit Kunstlicht

Ein wesentliches Kriterium der Beleuchtungsqualität von Innenräumen ist die Ausgewogenheit zwischen diffusem und Schatten bildendem, gerichtetem Licht. Das räumliche Erscheinungsbild wird entscheidend von der Beleuchtung baulicher Merkmale und Gegenstände beeinflusst, deren Form und Struktur angemessen gezeigt werden sollen. Diese Art der Rauminszenierung wird allg. als Modelling bezeichnet.[118]

Das zur Erfüllung von Sehaufgaben notwendige Licht wird üblicherweise durch die vorhandene Beleuchtungsstärke und ihre Verteilung in Arbeitsbereichen quantifiziert.

In EN 12464 werden Mindestwerte von Beleuchtungsstärken für unterschiedliche Sehaufgaben angegeben. In Tabelle 5-28 sind exemplarisch Mindestbeleuchtungsstärken für unterschiedliche Raumbereiche angeführt.[119]

Stark wechselnde Beleuchtungsstärken und Leuchtdichten im Umfeld von Sehaufgaben können rasch zu Beeinträchtigungen führen, da die Leistungsfähigkeit der Augen wie Akkommodation, Pupillenverengung, Augenbewegung etc. davon beeinflusst sind.

Daher ist zuzüglich zur Lichtversorgung am Arbeitsbereich auch die visuelle Qualität des Umfeldes sowie des Hintergrundes zu berücksichtigen.

---

[116] Ganslandt, Hofmann (1992), 3.3.1.2
[117] Ganslandt, Hofmann (1992), 2.6
[118] EN 12464-1, (2009), 4
[119] EN 12464-1, (2009), 5

Tabelle 5-28   Mindestbeleuchtungsstärken unterschiedlicher Räume

Raum	E
Öffentliche Parkgaragen (Ein- und Ausfahrwege, Parkflächen)	75 lux
Verkehrsflächen innerhalb von Gebäuden (Flure und Lifte)	100 lux
Verkaufsräume (Verkaufsbereich, Kassenbereich)	300 lux
Büroräume (Schreiben, CAD Arbeitsplätze, Besprechung)	500 lux
Ausbildungsstätten (Unterrichtsräume, Hörsäle)	500 lux

Quantitative Zusammenhänge zwischen den Beleuchtungsstärken von unmittelbaren Umgebungsbereichen und Hintergrund zur Beleuchtungsstärke im Bereich der Sehaufgabe sind in EN 12464, Tabelle 1 angegeben.

Tabelle 5-29   Beleuchtungsstärken im Bereich von Sehaufgaben und deren räumlicher Umgebung

Beleuchtungsstärke im Bereich der Sehaufgabe	Beleuchtungsstärke im unmittelbaren Umgebungsbereich	Beleuchtungsstärke im Hintergrundbereich
750	500	100
500	300	100
300	200	50
200	$E_{Aufgabe}$	50
150	$E_{Aufgabe}$	50
100	$E_{Aufgabe}$	50
50	$E_{Aufgabe}$	$E_{Aufgabe/2}$

Kunstlichtplanung

Für die Entwicklung von Beleuchtungskonzepten sind Kenntnisse zu Lage und Geometrie eines Gebäudes sowie zu Anforderungen und Bedürfnissen von Nutzern unerlässlich. Tageslichtöffnungen, Farben und Oberflächen von raumumschließenden Bauteilen sind dabei ebenso zu berücksichtigen, wie Ausstattungs- und Möblierungselemente. Aus den Ideen heraus, welche Elemente und Raumbereiche beleuchtet bzw. in Szene gesetzt werden sollen, ergeben sich Überlegungen in Bezug auf die Auswahl von Leuchtentypen, deren Wirkung wiederum von ihren Lampen (=Leuchtmittel) abhängen. Diese Abhängigkeit entsteht aus ästhetischen, technischen und wirtschaftlichen Überlegungen.[120]

Zur Vordimensionierung einer Beleuchtungsanlage für einen bestimmten Raum kann die Leuchtenanzahl durch Zusammenwirkung von Raumgeometrie, Reflexionseigenschaften ρ von Raumoberflächen, gewünschter Beleuchtungsstärke sowie technischer Eigenschaften von Lichtquellen errechnet werden.

Ein entscheidender Faktor dabei ist der Raumwirkungsgrad, durch den diese Einflussfaktoren berücksichtigt werden.[121]

---

[120] Brandi (2006), S.73
[121] Hayner, Ruoff, Thiel, (2010) S.123

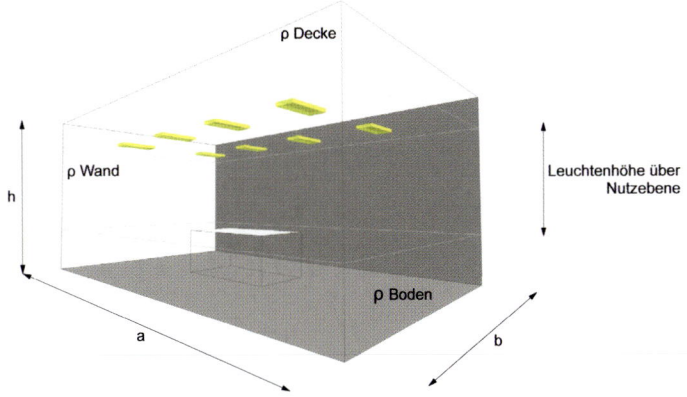

Bild 5-85 Räumliche Einflussfaktoren zur Errechnung des Raumwirkungsgrades

Lichtsteuerung

Die hohen Ansprüche an visuellen Komfort in unseren Gebäuden bei gleichzeitiger Optimierung bzw. Minimierung des Energieverbrauches für Beleuchtung können durch entsprechende Regulierungstechniken gewährleistet werden.

Durch Tageslichtsteuerung wird die adäquate Versorgung mit natürlichem Licht aufgrund entsprechender Sonnenschutz-, Entblendungs- und Lichtlenkungsmaßnahmen geregelt.

Kunstlichtsteuerungen regeln die notwendige künstliche Beleuchtung durch Zeitschaltung bzw. Präsenzmeldung.

Darüber hinaus kann der Energieaufwand für künstliche Beleuchtung durch sensorunterstützte Anlagen, bei denen vorhandene Beleuchtungsstärken im Innen- und Außenraum gemessen werden, optimal an das im Raum vorhandene natürliche Licht angepasst werden.

Die Steuerung erfolgt zumeist über BUS Systeme (BUS = Binary Unit System), wodurch die beteiligten technischen Komponenten koordiniert werden.[122]

5.11.6 Tageslicht und nächtliche Dunkelheit

Bei der Konzeption eines Gebäudes ist die zentrale und vielschichtige Bedeutung des natürlichen Lichts für den Menschen als grundlegendes Planungskriterium von Beginn an zu berücksichtigen. Dabei steht Tageslicht völlig kostenfrei und umweltverträglich zur Verfügung. Eine größtmögliche Tageslichtautonomie, also die ausreichende Belichtung von Räumen ohne zusätzliches Kunstlicht ist anzustreben.

Abschließend soll festgehalten werden, dass aus Sicht der Physiologie einer entsprechenden Versorgung mit Licht während des Tages auch angemessene Dunkelheit während der Nacht gegenüberzustellen ist. Diese nächtliche Dunkelheit ist aufgrund des hohen kunstlichtgenerierten Beleuchtungsniveaus speziell in dicht verbauten Gebieten nicht gegeben.[123]

---

[122] Brandi (2006), S 67
[123] Zagler T., (2012)

Literatur

Armstrong B., Kricker A., The epidemiology of UV induced skin cancer, Journal of Photochemistry and Photobiology 63, 8–18, 2001

Behrman R., Nelson Textbook of Pediatrics, 16. Auflage, 2000

Berson D., Dunn F., Takao M., Phototransduction by retinal ganglion cells that set the circadian clock, Science 295, 1070 – 1073, 2002

Brainard G., Hanifin J., Greeson J., Byrne B., Glickman G., Gerner E., Rollag M., Action Spectrum for Melatonin Regulation in Humans: Evidence for a Novel Circadian Photoreceptor, The Journal of Neuroscience, 21(16) 6405–6412, 2001

Brandi U.,Tageslicht Kunstlicht, Edition 2005, S. 27 f, S. 73, S. 67

Buselmaier W., Biologie für Mediziner, 10. Auflage, 2006

Cajochen C., Altering effects of light, Sleep Medicine Reviews 11, 453–464, 2007

Fitzpatrick T., Ultraviolet-induced pigmentary changes: Benefits and hazards, Current Problems in Dermatology 15, 25–38, 1986

Framingham Heart Studie, Framingham, Mass (T.J.W., M.J.P., E.I., K.L., E.J.B., R.B.D., R.S.V.); Cardiology Division (T.J.W.) and Renal Division (M.W.), Department of Medicine, Massachusetts General Hospital, Harvard Medical School, Boston, Mass; Statistics and Consulting Unit, Department of Mathematics (M.J.P., R.B.D.), Boston University, Boston, Mass; Jean Mayer US Department of Agriculture Human Nutrition Research Center on Aging

(S.L.B., P.F.J.), Tufts University, Boston, Mass; and Sections of Cardiology and Preventive Medicine (E.J.B., R.S.V.), Boston Medical Center, Boston University School of Medicine, Boston, Mass (1948 laufend)

Fritsch P., Dermatologie und Venerologie, 2. Auflage, 2004

Ganslandt R., Hofmann H., Handbuch der Lichtplanung, ERCO Edition, Vieweg, 1992, S 40, S42, 2.3, 3.3.1.2, 2.6

Haas-Arndt D., Ranft F., Tageslichttechnik in Gebäuden, C.F. Müller Verlag Heidelberg, 2007, S. 19, S. 20, S. 51 f, S. 80 f

Hammer R., Holzer P., Nave M., Entwicklung der Diagramme im Rahmen einer laufenden postgradualen Master-Thesis am Department für Bauen und Umwelt, Donau-Universität Krems, 2012

Hammer R., Holzer P., Leben hinter Glas, Tagungsband siebentes Symposium: Licht und Gesundheit, (2012), S. 26–50

Hayner M., Ruoff J., Thiel D., Faustformeln Gebäudetechnik, Deutsche Verlags-Anstalt, 2010, S. 122–123

Hochberg A., Hafke J.H., Raab J., Öffnen und Schließen, Verlag Birkhäuser, 2009, S. 84

Holick M., Sunlight and vitamin D for bone health and prevention of autoimmune diseases, cancers, and cardiovascular disease, American Journal of Clinical Nutrition 80, 1678–1688, 2004

Jantunen M. J., et. al., Air pollution exposure in European cities: The „EXPOLIS" study, Journal of Exposure Analysis and Environmental Epidemiology, Volume: 8, Issue: 4, Pages: 495–518, 1998

Kricker A., Armstrong B., Does sunlight have a beneficial influence on certain cancers?,

Progress in Biophysics and Molecular Biology 92, 132–139, 2006

Meffert B., Meffert H., Optische Strahlung und ihre Wirkungen auf die Haut, Biomedizinische Technik 45/4, 98–104, 2000

Norval M., Eeffects of solar radiation on the human immune system, Journal of Photochemistry and Photobiology 63, 28–40, 2001

Ortonne J., Schwarz T., Klinik und Pathogenese UV-induzierter Pigmentveranderungen, Journal der Deutschen Dermatologischen Gesellschaft 1/4, 274–284, 2003

Pearse A., Gaskell S., Marks R. , Epidermal changes in epidermal skin following irradiation with either UVB or UVA., Journal of Investigative Dermatology 88, 83–87, 1987

Pietschmann P., Willheim M., Peterlik M., Bedeutung von Vitamin D im Immunsystem, Journal fur Mineralstoffwechsel 10/3, 13–15, 2003

Posch T., Freyhoff A., Uhlmann T., Das Ende der Nacht: Die globale Lichtverschmutzung und ihre Folgen, Wiley-VCH Verlag GmbH & Co. KGaA, 2009, S. 17, 2.5.2

Praschak-Rieder N., Willeit M., Wilson A., Houle S., Meyer J., Archives of General Psychiatry, 65/9, 1072 – 1078, 2008

Rea M., Figueiro M., Bullough J., Bierman A., A model of phototransduction by the human circadian system, Brain Research Reviews 50, 213 -228, 2005

Roenneberg T., Foster R., Twilight times – Light and the circadian system, Photochem

Photobiol 66, 549–561, 1997

Rosenthal N., Sack D., Gillin J., Lewy A., Goodwin F., Davenport Y., Mueller P., Newsome D., Wehr T., Seasonal affective disorder: a description of the syndrome and preliminary findings with light therapy, archives of General Psychiatry, 41/1, 72–80, 1984

Schieke S., Schroeder P., Krutmann J., Cutaneous effects of infrared radiation: from clinical observations to molecular response mechanisms, Photodermatology Photoimmunology and Photomedicine 19, 228–234, 2003

Schittich, Staib, Balkow, Schuler, Sobek, Glasbauatlas, 2. Auflage, Birkhäuser Verlag, 2006, S. 141, S. 119f

Schmidt R., Lang F., (Herausgeber), Physiologie des Menschen mit Pathophysiologie, 30. Auflage, 2007

Tangpricha V., Flanagan J., Whitlatch L., Tseng C., Chen T., Holt P., Lipkin M., Holick M., 25-hydroxyvitamin D-1α-hydroxylase in normal and malignant colon tissue, Lancet 357, 1673–1674, 2001

Taylor C., Stern R., Leyden J., Gilchrest B., Photoaging/photodamage and photoprotection, Journal of the American Academy of Dermatology 22, 1–15, 1990

Thapan K., Arendt J., Skene D., An action spectrum for melatonin suppression: Evidence for a novel non-rod, non-cone photoreceptor system in humans, The Journal of Physiology 535 (1), 261–267, 2001

Yeh S., Khalil O., Hanna C., Kantor S., Near-infrared thermo-optical response of the localized reflectance of intact diabetic and nondiabetic human skin, Journal of Biomedical Optics 8/3, 534–544, 2003

Zagler T., Entwicklung eines Messgerätes zur Messung von Vollmondhelligkeiten im Außenbereich, Master-Thesis zur Erlangung des akademischen Grades Master of Science (MSc) in Tageslicht Architektur, Donau-Universität Krems, 2012

Zeitzer M., Dijk D., Kronauer R., Brown E., Czeisler C., Sensitivity of the human circadian pacemaker to nocturnal light: melatonin phase resetting and suppression, The Journal of Physiology, 526, 695–702, 2000

Normen

DIN 5031- 2, Strahlungsphysik und Lichttechnik – Strahlungsbewertung durch Empfänger (1982), 2.1
DIN 5031-7, Strahlungsphysik und Lichttechnik – Wellenlängenbereiche (1982)
DIN 5031-8, Strahlungsphysik und Lichttechnik – Begriffe und Konstanten (1982), 1.5
DIN 5031-9, Strahlungsphysik und Lichttechnik – Lumineszenz Begriffe (1982), 14
DIN 5032-1, Lichtmessung, Photometrische Verfahren (1999), 9.2, 9.4
DIN 5034-1, Tageslicht in Innenräumen – Allgemeine Anforderungen (1999-10), 4
DIN 5034- 2, Tageslicht in Innenräumen – Grundlagen (1985-02), 2
EN 12464-1, Beleuchtung von Arbeitsstätten (2009), 4

5.12 Schutz vor Radon in Innenräumen

Reinhold Uhlig

5.12.1 Einführung

Eine hohe Radonkonzentration in der Raumluft vergrößert das Risiko, an Lungenkrebs zu erkranken. Diesem durch eine Reihe von Untersuchungen [1] erwiesenen Zusammenhang steht die Tatsache gegenüber, dass das Wissen um die Gefährdungen hoher Radonbelastungen noch sehr gering ist und den baulichen Maßnahmen zur Radonvorsorge zu wenig Aufmerksamkeit gewidmet wird. Der Beitrag wird deshalb zu Beginn auf einige allgemeine Grundlagen sowie die Quellen der Radonbelastung und seine Wirkung auf den Menschen eingehen. Daran schließt sich ein kurzer Überblick über (bau-)rechtliche Festlegungen an. Abschließend werden die baulichen Möglichkeiten des Radonschutzes kurz vorgestellt.

5.12.2 Grundlagen

5.12.2.1 Radon und Strahlenbelastung

Der Mensch ist ständig einer Exposition aus natürlicher und künstlicher Strahlung ausgesetzt. Die Größe der Strahlenbelastung des Menschen wird mit der effektiven Dosis gekennzeichnet. In diesen Wert gehen neben der über ein Jahr summierten Exposition natürlicher und künstlicher Strahlung die unterschiedlichen Wirkungen von Alpha-, Beta- und Gammastrahlung sowie Wichtungsfaktoren für die Strahlungsempfindlichkeit der menschlichen Organe ein. Die Maßeinheit für die Strahlendosis ist das Sievert (Sv), im Regelfall in mSv angegeben. Nach [2] beträgt die mittlere jährliche effektive Dosis der Bevölkerung Deutschlands etwa 4mSv. Davon entfallen auf die Inhalation von Radon 1,1 bis 1,4 mSv/Jahr.

Radon entsteht beim Zerfall instabiler Elementarteilchen. Insgesamt gibt es drei Zerfallsreihen, wobei Radon in der Uran-Radium Reihe angesiedelt ist. In dieser entsteht aus Radium (Ra-226) das besonders mobile radioaktive Edelgas Radon (Rn-222) mit einer Halbwertszeit von 3,8 Tagen. Dieses wird vom Menschen über die Atemluft aufgenommen. Während Radon zum größten Teil wieder ausgeatmet wird, können seine Zerfallsprodukte (Polonium-218, Wismut-214, Blei-214 und Polonium-214) im Atemtrakt angelagert werden und dort zu Zellumbildungen beitragen.

Die Radonkonzentration in der Luft wird in Bq/m^3 gemessen. Der Wert sagt dabei aus, wie viele Atome des radioaktiven Edelgases in einer Sekunde zerfallen.

5.12.2.2 Quellen der Radonbelastung

In Böden sind natürliche radioaktive Stoffe enthalten, deren Konzentration in Abhängigkeit von geologischen und weiteren Randbedingungen stark schwankt. Für das Bauen ist das radioaktive Edelgas Radon von besonderem Interesse, da es aufgrund seiner Mobilität leicht an die Oberfläche transportiert werden kann. Die Radonkonzentration in der Bodenluft zeigt eine große Schwankungsbreite, die von etwa 10 kBq/m^3 bis weit über eine Million Bq/m^3 reicht. Ab etwa 100 kBq/m^3 spricht man von hoch belasteten Böden. Hohe Bodenradonwerte werden häufig in Gebirgsregionen gemessen, die höchsten Werte stellen sich zumeist dort ein, wo der Mensch durch Bergbau in das Gefüge eingegriffen hat. Beispielhaft ist in Bild 5-86 die Radonkarte Deutschland für die Bodenluftkonzentration, die im „Radonhandbuch Deutschland" [3] veröffentlicht ist, wiedergegeben. Zu berücksichtigen ist, dass Radonkarten immer nur eine erste Abschätzung zulassen, für konkrete Aussagen zur Bestimmung der ortsgenauen Radonkonzentration in der Bodenluft sind entsprechende Radonmessungen erforderlich.

Eine weitere Quelle der Radonkonzentration in der Raumluft ist die radioaktive Strahlung (Radonexhalation) von Baustoffen.

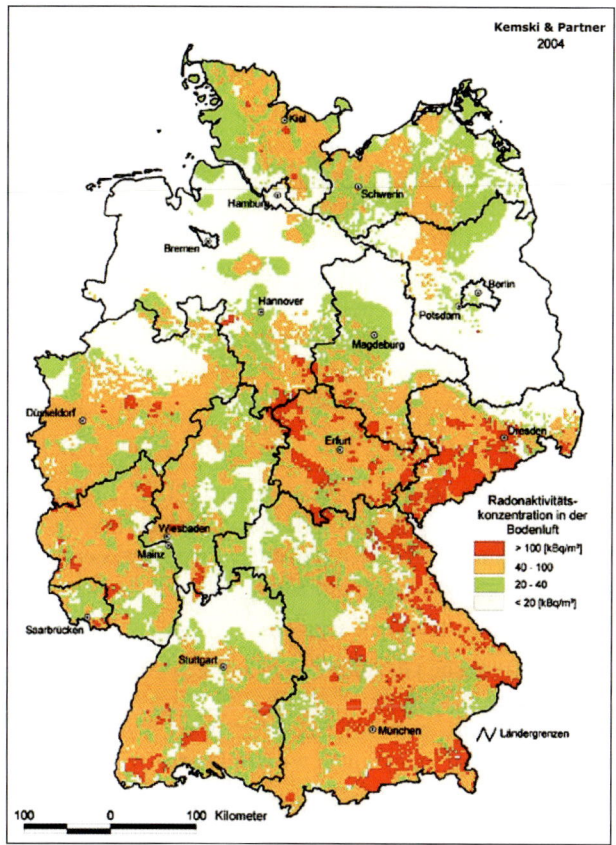

Bild 5-86 Radonkarte Deutschland für die Bodenluftkonzentration
(nach „Radonhandbuch Deutschland")

5.12.2.3 Gesundheitliche Gefährdung durch erhöhte Radonkonzentration

Die Radonkonzentration in der Außenluft liegt im Mittel bei etwa 20 Bq/m³, in Innenräumen kann von einem jährlichen Mittelwert von ca. 50 Bq/m³ ausgegangen werden. Ist die Streubreite sehr groß, können die Radonwerte in Extremfällen deutlich über 10.000 Bq/m³ liegen.

Umfangreiche medizinische Untersuchungen (in [1] zusammengefasst) haben ergeben, dass mit einem Steigen der Radonkonzentration um 100 Bq/m³ das Risiko, an Lungenkrebs zu erkranken, um etwa 10 bis 17 % steigt. Umstritten ist derzeit noch, ob es einen Schwellwert gibt, unter dem keine signifikante Erhöhung des Krebsrisikos beobachtet werden kann.

In Deutschland geht man davon aus, dass etwa 10 % der Lungenkrebserkrankungen auf Radon zurückzuführen sind. Damit ist Radon nach dem Rauchen, die zweithäufigste Ursache für die

Erkrankung an Lungenkrebs. Weitere Krankheiten, die durch Radon verursacht werden, sind nicht bekannt. Neben der Radonkonzentration in der Raumluft ist für die Gefährdung des Menschen die Verweildauer in den Räumen von Bedeutung.

5.12.3 Rechtliche Stellung des Radonschutzes

5.12.3.1 Aktuelle Situation

Grenzwerte für die Radonkonzentration in der Raumluft haben bisher nur wenige europäische Staaten gesetzlich eingeführt. In den meisten Ländern, so auch in Deutschland, existieren - mit Ausnahme für einige besonders exponierte Berufsgruppen - lediglich Empfehlungswerte. Das Fehlen gesetzlicher Regelungen bedeutet, dass die Durchsetzung von Zielwerten auf bauordnungsrechtlichem Weg nur in Ausnahmefällen möglich ist. Dagegen sind zivilrechtliche Vereinbarungen, z. B. im Rahmen vertraglicher Festlegungen zwischen Bauherrn und Architekten sowie Baubetrieb möglich und üblich. Nähere Ausführungen hierzu sind u. a. in [4] enthalten.

Empfehlungswerte sind im Radon-Handbuch Deutschland [3] mit **200 Bq/m²** für Neubauten sowie **400 Bq/m³** für Altbauten angegeben. Bei gemessener Radonexposition in genutzten Räumen über **1000 Bq/m³** wird empfohlen, umgehend Maßnahmen zu ergreifen, die zu einer Senkung der Werte führen. Gesetzesinitiativen für ein Radongesetz in Deutschland sind bisher vor allen Dingen am Widerstand der Ländervertretungen gescheitert.

5.12.3.2 EU-Grundnorm

Die Euratom – die Europäische Atomgemeinschaft – hat in ihrem im Februar 2011 vorgelegten Entwurf der neuen Europäischen Strahlenschutzverordnung (EU-Basic Safety Standards), erstmals Regelungen für Radon mit der Festlegung von Referenzwerten sowie der Verpflichtung zur Durchführung eines nationalen Aktionsplanes aufgenommen.

Für die **Referenzwerte** sind aktuell die folgenden Werte im Gespräch:

– **200 Bq/m³** für neue Wohngebäude und öffentliche Gebäude
– **300 Bq/m³** für bestehende Wohngebäude sowie
– **300 Bq/m³** für bestehende öffentliche Gebäude, wobei dieser Wert je nach Aufenthaltsdauer bis zu einem Maximalwert von **1000 Bq/m³** angehoben werden kann.

Der Begriff des Referenzwertes ist im Bauwesen noch wenig verbreitet. Inwieweit dieser eher in Form eines Empfehlungswertes oder aber in Richtung eines Grenzwertes in nationales Recht überführt wird, ist derzeit noch nicht endgültig abzuschätzen. Allein aus der Tatsache heraus, dass diesen Werten eine europäische Grundnorm zugrunde liegt, wird dazu führen, dass gegenüber den Empfehlungswerten des Radonhandbuches eine höhere Verbindlichkeit vorliegen wird.

Für den **nationalen Aktionsplan** sind die folgenden Inhalte vorgesehen:

– Identifizierung belasteter Gebäude
– Radonmessungen in öffentlichen Gebäuden
– Erlassen besonderer Bauvorschriften
– Kontrolle der Maßnahmen
– Information der Bevölkerung

Aktuell wird davon ausgegangen, dass die EU-Grundnorm 2012 bzw. 2013 beschlossen wird. Danach sind alle Mitgliedsstaaten der EU verpflichtet, die Festlegungen der Verordnung in nationales Recht zu überführen und somit Richtwerte für die Radonkonzentration in Wohn- und Arbeitsräumen einzuführen. Hierfür werden den Ländern in der Regel Zeiträume von maximal 5 Jahren eingeräumt, sodass spätestens 2019 mit einer nationalen Regelung zu rechnen ist. In welcher Form die nationale Umsetzung erfolgt, ist den Mitgliedsländern der EU überlassen.

5.12.4 Radonbelastung in der Raumluft

5.12.4.1 Quellen und Senken

Neben den in Abschnitt 2.2 genannten Quellen der Radonbelastung (Radonkonzentration in der Bodenluft sowie Radonexhalation aus den verwendeten Baustoffen) ist die Radonkonzentration in der Raumluft von den folgenden Faktoren abhängig (s. auch Bild 5-87):

- Eindringwege der Bodenluft in das Gebäude durch die Baumaterialien (Diffusion) und durch Undichtheiten in der erdangrenzenden Gebäudehülle (Konvektion)
- Luftwechselrate im Raum
- Abbau der Radonkonzentration durch den Radonzerfall (konstante Größe).

5

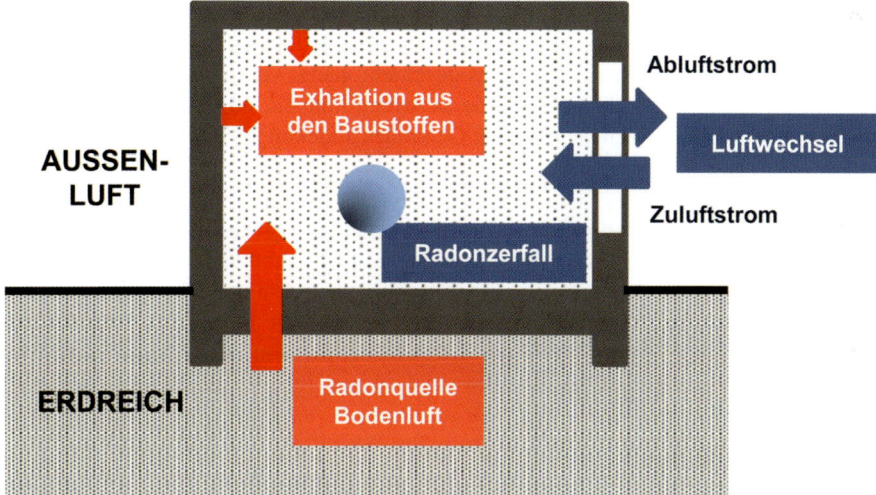

Bild 5-87 Quellen und Senken der Radonkonzentration in der Raumluft am Beispiel eines Einraummodells; rot: Quellen, blau: Senken

5.12.4.2 Konvektion und Diffusion

Der Luftdruck im Gebäude ist zumeist um wenige Pascal geringer als in der Bodenluft. Diese geringen Druckunterschiede reichen aus, um über geringe Undichtheiten in der Gebäudehülle einen Luftstrom vom Erdreich ins Gebäude zu induzieren.

Die Radonkonzentration in der Bodenluft ist in der Regel um mindestens eine Dimension größer als die in den Gebäuden. Diese Konzentrationsunterschiede führen zu einem diffusiven Strom durch die erdangrenzende Gebäudehülle.

Modellrechnungen sowie vergleichende Messungen [6] haben ergeben, dass der konvektive Luftstrom gegenüber dem diffusiven um ein Vielfaches größer ist. Insbesondere ältere Bestandsgebäude haben in der erdberührten Gebäudehülle viele Undichtheiten, über die radonhaltige Bodenluft eindringen kann. Somit ist der konvektive Eintritt radonhaltiger Bodenluft für Bestandsgebäude, die vor Einführung der heute gültigen Abdichtungsregeln errichtet worden sind, die absolut wichtigste Ursache für die Höhe der Radonkonzentration in der Raumluft.

5.12.4.3 Luftwechsel

Die Luftwechselrate ist die wichtigste Senke für die Radonkonzentration in der Raumluft. Simulationsrechnungen in [6] sowie vergleichende Messungen haben ergeben, dass die Luftwechselrate für einen sicheren Radonschutz über 0,5 h^{-1} liegen soll.

5.12.4.4 Radonexhalation aus den eingesetzten Baustoffen

Vor allen Dingen dann, wenn Baustoffe mit einer hohen Radioaktivität (z. B. Granit, Gneis, einige Schlackeschüttungen) eingebaut werden, können diese maßgeblich zur Höhe der Radonkonzentration in der Raumluft beitragen. Allerdings ist die Exhalation aus Baustoffen als maßgebender Faktor für die Raumluftexposition eher selten zu beobachten.

5.12.4.5 Lage des Raumes im Gebäude

Tendenziell ist in den Räumen eines Gebäudes, die an das Erdreich grenzen, die höchste Radonbelastung zu beobachten. Die Konzentration nimmt in höher liegenden Gebäudebereichen zumeist kontinuierlich ab. In welchem Grand dies geschieht, hängt von mehreren Faktoren ab, u. a., welche Druckunterschiede sich im Gebäude aufbauen können, ob die weiter höher liegenden Geschossebenen vom unteren Bereich des Gebäudes abgekoppelt sind usw.

5.12.4.5 Zusammenfassung

Maßgeblicher Quellterm für die Radonexposition in einem Raum ist die Höhe der Bodenradonbelastung sowie deren Möglichkeit, in das Gebäude durch Undichtheiten der Gebäudehülle einzudringen. Die Diffusion durch die an das Erdreich angrenzenden Bauteile spielt wie auch die Exhalation aus den Baustoffen eine untergeordnete Rolle. Für die Reduzierung der Radonkonzentration in einem Raum ist die Größe der Luftwechselrate von ausschlaggebender Bedeutung.

5.12.5 Baulicher Radonschutz

5.12.5.1 Allgemeines

Das radioaktive Edelgas Radon kann man nicht sehen und riechen. Die möglichen gesundheitlichen Folgen treten erst viele Jahre nach der Exposition auf. Von entscheidender Bedeutung ist es deshalb, dass alle Maßnahmen am Bau durch Messungen vor Baubeginn als auch nach dessen Abschluss begleitet werden (Bild 5-88).

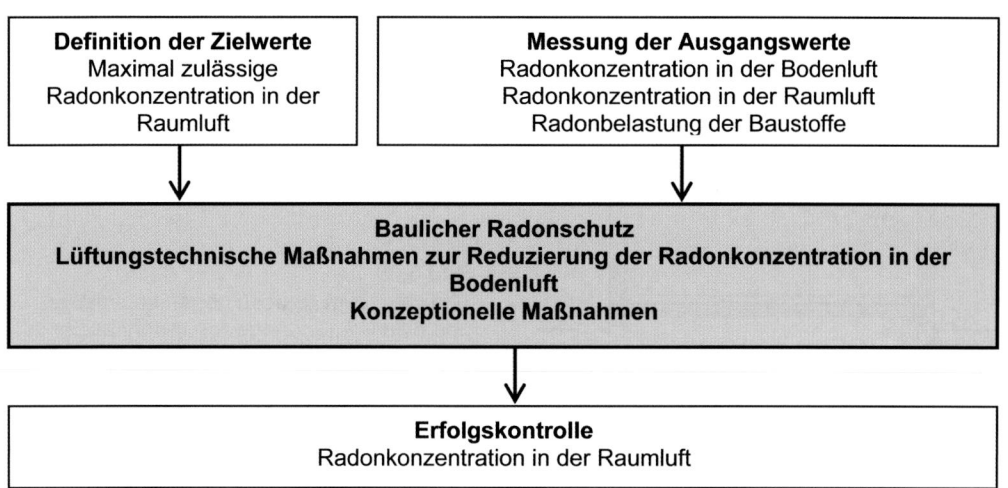

Bild 5-88 Übersicht der Radonschutzmaßnahmen für Neubau und Sanierung

5.12.5.2 Definition der Zielwerte und Radonmessungen

Wie im Abschnitt 5.12.3 beschrieben, bestehen in Deutschland (noch) keine verbindlichen Grenz- bzw. Referenzwerte für die Radonbelastung in Gebäuden. Es sind deshalb im Vorfeld einer Neubau- oder Sanierungsmaßnahme die Zielwerte vertraglich zu definieren.

Das Thema der Radonmessungen ist sehr komplex und – da hierfür standardisierte Verfahren fehlen – nicht eindeutig geregelt. Es wird deshalb empfohlen, für Radonmessungen immer einen erfahrenen Experten hinzuzuziehen. Im Rahmen dieses Beitrages kann nur ein kurzer Überblick über die Verfahren der Radonmessung gegeben werden. Vertiefende Informationen sind u. a. in [7] enthalten.

Für Neubaumaßnahmen ist der Ausgangswert die **Bodenradonkonzentration**. Die Werte der Radonkarte (s. Bild 5-86) ermöglichen dabei lediglich einen ersten Anhaltswert, ob in einer Region hohe Bodenradonbelastungen zu erwarten sind. Klarheit über die tatsächlich am Bauplatz vorhandene Bodenradonkonzentration kann nur über ortskonkrete Messungen erlangt werden. Allerdings sind die heute üblichen einfachen Messmethoden mit einer Streuweite um den Faktor 10 nicht geeignet, aussagefähige Grundlagen für bauliche Entscheidungen zu erhalten. Vorgeschlagen wird deshalb, nur dann Bodenradonmessungen durchzuführen, wenn außerordentlich hohe Bodenradonwerte erwartet werden.

Im Falle der Gebäudesanierung wird als Ausgangswert die **Radonkonzentration in der Raumluft** benötigt. Diese kann mit sogenannten Dosimetern gemessen werden, die über einen längeren Zeitraum (idealerweise über ein Jahr) einen Durchschnittswert ermitteln. Für genauere Aussagen wird eine zeitaufgelöste Messung durchgeführt. Die Radonmessungen sollen bei normaler Nutzung erfolgen, um die tatsächliche Belastung der Nutzer zu erhalten.

5.12.5.3 Radonsicherer Neubau

In der Regel sind hier abdichtende Maßnahmen gegen eindringende Feuchte nach DIN 18 195 ausreichend, um eine genügend radondichte Gebäudehülle zu erreichen (Bild 5-89). Besondere Aufmerksamkeit ist auf eine hohe Bauqualität zu legen, da auch kleinste Undichtheiten in der Gebäudehülle zu konvektiven Luftströmen führen können. Insbesondere sind alle Durchführungen durch die erdberührte Gebäudehülle mit hochwertigen und langlebigen Abdichtungen auszuführen (Bild 5-90).

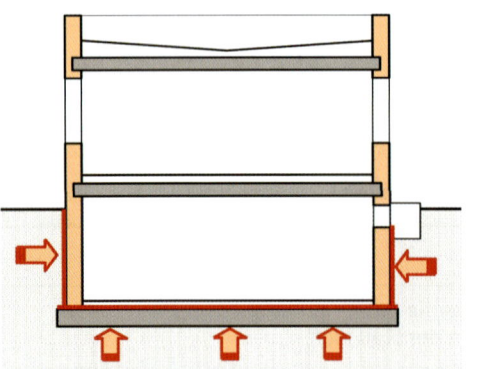

Bild 5-89
Abdichtung im Neubau gegen konvektive und diffusive Eindringwege radonhaltiger Bodenluft

➡Richtung des Luftstroms infolge höherer Radonkonzentration (Diffusion) sowie höheren Luftdruckes (Konvektion)

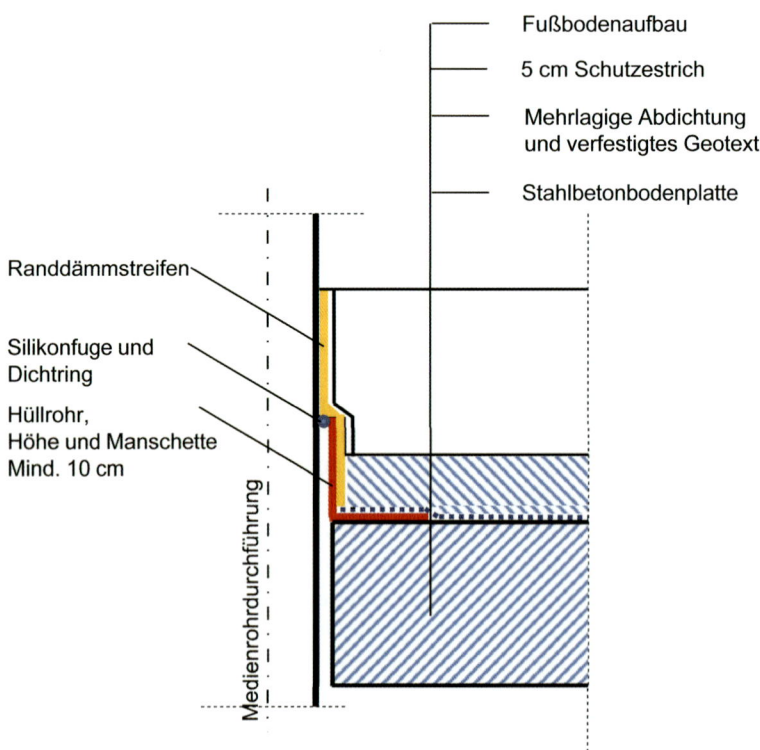

Bild 5-90 Beispiel für die radongerechte Rohrdurchführung durch eine Bodenplatte (nach [8], vereinfacht dargestellt)

5.12.5.4 Radonsicheres Sanieren

Übersicht

Während – wie im Abschnitt 5.12.5.3 erläutert – im Neubau der bauliche Radonschutz in der Regel nur geringe Mehraufwendungen erfordert, ist dieser im Sanierungsfall wesentlich schwieriger zu realisieren und zudem häufig mit großem finanziellen Aufwand verbunden. Das liegt daran, dass häufig eine dichte Gebäudehülle im erdangeschütteten Bereich nicht oder nur mit erheblichem Aufwand realisiert werden kann. Nicht immer ist es auch möglich, die im Abschnitt 5.12.3 aufgeführten Empfehlungs- oder Referenzwerte zu erreichen.

Kann die Gebäudehülle nicht ausreichend abgedichtet werden, stehen folgende Möglichkeiten zur Reduzierung der Radonkonzentration in der Raumluft zur Verfügung:

– Erhöhung der Luftwechselrate sowie
– Reduzierung bzw. Umkehr des konvektiven Luftstromes zwischen Erdreich und Gebäude-innerem durch
– Beseitigung von luftdruckreduzierenden Situationen im Gebäude
– Aufbau eines Unterdruckes im gebäudeangrenzenden Boden,
– Erhöhung des Luftdruckes im Gebäude.

5

Erhöhung der Luftwechselrate

Durch die Erhöhung der Luftwechselrate in hoch belasteten Räumen (z. B. Kellerräumen) kann die Radonbelastung ohne großen finanziellen Aufwand reduziert werden. Diese Maß-nahme bietet sich vor allen Dingen für unbeheizte Räume an, da in beheizten Räumen die Luftwechselrate durch die Anforderungen an das energiesparende Bauen nach unten hin be-grenzt ist.

Beseitigung von luftdruckreduzierenden Situationen im Gebäude

Unterdrucksituationen entstehen vor allen Dingen durch den Kamineffekt, der z. B. in durch-gehenden Treppenhäusern, Lichtschächten, aber auch über nicht luftdicht abgeschlossene Kamine entsteht. Reduziert werden können diese Unterdrucksituationen demnach durch die Beseitigung von vertikalen Verbindungen im Haus (Abschluss der Kellertreppen von den weiteren Geschossen durch luftdichte Türen, Verschluss von Undichtheiten in Kaminen usw.). Eine Besonderheit bilden im Keller aufgestellte Heizungen, da diese zur Verbrennung Luft benötigen, die aus dem Raum angesaugt wird. Der dadurch entstehende Unterdruck kann durch eine direkte Luftansaugung aus der Außenluft verhindert werden (Bild 5-91).

Mit den hier beispielhaft genannten Möglichkeiten zur Reduzierung des Unterdruckes im Ge-bäude wird zwar eine Reduzierung der Radonbelastung erreicht. Bei sehr hohen Vorbelastun-gen sind diese Maßnahmen aber im Regelfalle noch nicht ausreichend, um die in Abschnitt 5.12.3 aufgeführten Werte zu erreichen.

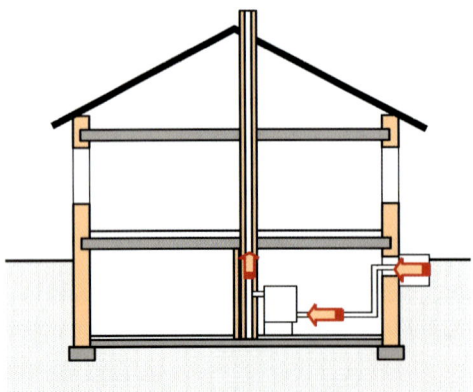

Bild 5-91
Vermeidung eines Unterdruckes im Heizungsraum durch Direktansaugung der Frischluft

➡ Richtung des Luftstroms

Aufbau eines Unterdruckes im gebäudeangrenzendem Erdreich

Wird der Luftdruck direkt unter dem Gebäude soweit reduziert, dass dieser unter den Wert des Luftdruckes im Gebäude fällt, kehrt sich der konvektive Luftstrom um und es strömt keine hoch angereicherte Bodenluft mehr ins Gebäude ein. Der gegen diese Möglichkeit hin und wieder ins Feld geführte Vorwurf, dass dadurch warme Raumluft abfließt, ist nicht stichhaltig, da die hier betrachteten Luftströmungen sehr gering sind.

Für die Druckreduzierung können die folgenden Lösungen angewendet werden:

– Entlüftung von Hohlräumen unter dem untersten Geschoss
– Einbau einer Flächendränage (Bild 5-92)
– Einbau von Radonbrunnen (Bild 5-93)

Die Luftabsaugung erfolgt entweder durch die Ausnutzung des Kamineffektes oder aber durch den Einbau von Lüftern.

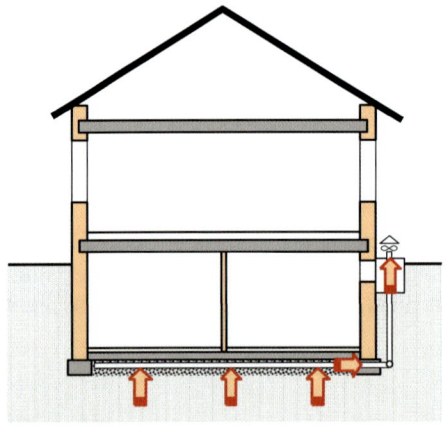

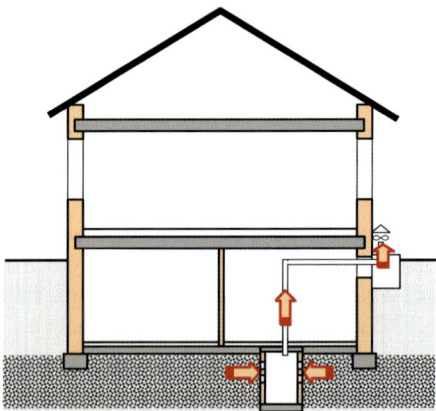

Bild 5-92
Einbau einer Flächendränage mit Anschluss an Ringdränage und Absaugung der radonhaltigen Bodenluft oberhalb des Erdreiches (hier dargestellt Einbau in einen Kellerlichtschacht, mit mechanischem Lüfter)

Bild 5-93
Einbau eines perforierten Schachtes (Radonbrunnen) unterhalb der Bodenplatte (alternative Lage neben Gebäude möglich).

➡ Richtung des Luftstroms

Der erforderliche Unterdruck wird mittels eines Lüfters erzeugt. Für den Erfolg des Radonbrunnens ist eine genügend große Permealität des Erdreiches erforderlich.

Aufbau eines Überdruckes im Gebäude

In hochgedämmten Häusern (z. B. Passivhäusern) kommen zunehmend Lüftungsanlagen mit Wärmerückgewinnung zum Einsatz. Diese sollten immer – auch, um weitere Luftschadstoffe und Krankheitskeime nicht in die Raumluft zu ziehen – mit einem geringen Überdruck von wenigen Pascal betrieben werden. Umfangreiche Messungen in Passivhäusern haben ergeben, dass sich bei ordnungsgemäßem Betrieb einer Lüftungsanlage mit Wärmerückgewinnung Radonkonzentrationen in der Raumluft einstellen, die im Bereich der Außenluftkonzentration liegen.

5.12.6 Erfolgskontrolle

Unmittelbar nach Abschluss der Radonschutzmaßnahmen ist der Erfolg über die Messung der Radonkonzentration in der Raumluft zu überprüfen. Bei der Überprüfung der Erfolgskontrolle im Sanierungsfall sollte dabei an den gleichen Punkten und mit den gleichen Methoden wie bei den Messungen vor Sanierungsbeginn gemessen werden, um vergleichbare Ergebnisse zu erlangen. Die Erfolgskontrolle soll nach jeweils ca. 4 bis 5 Jahren wiederholt werden, um sicher zu gehen, ob die Radonschutzmaßnahmen noch funktionieren.

Literatur

[1] Darby, S. et al.: Radon in homes and risk of lung cancer: Collaborative analysis of individual data from 13 European casa-control studies; British Medical Journal, December 2004

[2] Bundesministerium für Umwelt, Naturschutz und Reaktorsicherheit (Hrsg.): Bericht der Bundesregierung an den Deutschen Bundestag über Umweltradioaktivität und Strahlenbelastung im Jahr 1994; Bonn 1995, Druckseite Deutscher Bundestag 13/2287

[3] Bundesministerium für Umwelt, Naturschutz und Reaktorsicherheit: Radon-Handbuch Deutschland, Bonn 2001

[4] Gisbert, Ludger und Guido Kleve: Öffentliche Verantwortung und zivilrechtliche Haftung für Radonbelastung, Tagungsband 3. Sächsischer Radontag, Dresden 2009

[5] Draft EURATOM Basic Safety Standards Directive

[6] Funke, C.: Beitrag zur Bestimmung der Radondichtheit von Baustoffen und Baukonstruktionen, HTW Dresden, 2007

[7] Guhr. A: Die Strahlenexposition der Bevölkerung bei Aufenthalt in Gebäuden – Messtechnische Erfasung der Radonkonzentration, Tagungsband 1. Tagung Radonsicheres Bauen, Dresden 2005

[8] Liebscher, B.: Entwicklung von radondichten Holzbauteilen; Tagungsband 2. Sächsischer Radontag, Dresden 2008

5.13 Anforderungen an die Handwerkerschulungen

Peter Bachmann und Volker Lehmkuhl

So wohlklingend und gedanklich wie sprachlich elegant Konzepte zur Wohngesundheit sein mögen, ohne die Umsetzung auf der Baustelle bleiben die von Behörden, Instituten oder Auftraggebern erdachten Ideen nackte Theorie. Diese Umsetzung gelingt nur unter Mitwirkung der Handwerker aller beteiligten Gewerke. Auch Planer, Architekten, Baustoffanbieter stehen mit ihren Anliegen auf verlorenem Posten, wenn die Handwerker nicht für das gemeinsame Ziel Wohngesundheit gewonnen werden können.

Von daher sind Schulungen für Handwerker keineswegs Zeitverschwendung oder unnötig, sondern zentraler Bestandteil der Umsetzung wohngesunder Bauten. Erst wenn die versammelten Gewerke das Thema verstanden haben und Lust auf wohngesundes Bauen haben, kann das Vorhaben gelingen.

Dafür spricht nicht zuletzt die zeitliche Dimension: Kein Bauleiter, kein Wohngesundheitskoordinator (WoGeKo) kann 60 Stunden pro Woche auf der Baustelle sein, sondern muss sich auf die Handwerker verlassen können, die vor Ort sind.

Zudem ist Wohngesundheit mehr als das Fernbleiben von Lösemitteln aus Baustoffen. Qualifizierte Handwerker garantieren einen hochwertigen Prozessablauf auf der Baustelle (dies nützt den Bauherren, da die Baustelle deutlich stressfreier abläuft).

Vor diesem Hintergrund wurde in den vergangenen Jahren ein Schulungskonzept entwickelt, das die Handwerker aktiv in die Arbeit an einem wohngesunden Gebäude einbindet, ihre Motivation stärkt und ihre Erfahrungen nutzt. Die Erfahrungen zeigen, dass es auch ökonomisch interessant ist, die Handwerker auf das gemeinsame Ziel einzustimmen. Eine optimierte gewerkeübergreifende Kommunikation spart viel Zeit und Ärger auf der Baustelle.

5.13.1 Zertifizierter Fachhandwerker für gesundes Bauen

In Kooperation mit Handwerkern, Ingenieuren und Schulungsexperten wurde ein Zertifikatslehrgang entwickelt, der den Handwerker qualifiziert und auszeichnet mit der Kompetenz des gesünderen Bauens. Die Qualifizierung baut sich stufenweise auf und startet mit „Bronze" über „Silber" bis hin zu dem „Gold" – Status. Selbstverständlich ist hier eine regelmäßige Auffrischung (alle 2 Jahre) erforderlich. In der Regel kann man davon ausgehen, dass diese Handwerker auch Zugang zu einer Baustoffdatenbank haben, welche gesundheitsgeprüfte Baustoffe bereitstellt.

Bild 5.94
Verschiedene Akademien von Herstellern bieten bereits Lehrgänge zum zertifizierten Fachhandwerker an
Bild: Baumit

Leitfaden für das Gewerk Zimmerer

<u>Baumaterial</u>

- Es dürfen nur vom Sentinel Haus Institut (SHI) freigegebene Bau- und Hilfsstoffe verwendet werden. In Ausschreibungen genannte Produkte sind durch den Architekten vorab mit SHI zu klären. Bei Rückfragen wenden Sie sich bitte an Ihren Bauleiter oder Architekten.

- Es ist **trockenes, unbehandeltes Holz** (KVH) zu verwenden.
- Gefährdungsklassen nach **DIN 68800** für die einzelnen Bauteile prüfen. Wenn möglich, das Bauteil gegen eine entsprechende Holzart austauschen. Chemischer Holzschutz ist nicht zulässig.
- In den einzelnen Bauteilbeschreibungen sind z.B. Wand-, Decken-, oder Dachaufbau genau dargestellt. Innerhalb des Hauses (innerhalb der Dämmebene) sind OSB-Platten nicht zulässig. In Zweifelsfällen fragen Sie bitte den Bauleiter.

- Für ein Maximum an Feuchteregulierung sind diffusionsoffene Materialien/ Bauweise zu verwenden.

- Im Sinne des gesunden Bauens sind alle technischen Maßnahmen für einen optimalen Schallschutz zu ergreifen.

- Im Sinne des gesunden Bauens sind alle technischen Maßnahmen für einen optimalen sommerlichen Hitzeschutz zu ergreifen.

- Im Sinne des gesunden Bauens sind alle technischen Maßnahmen für eine luftdichte Gebäudehülle (< 1,0) zu ergreifen und durch einen Blower-Door-Test nachzuweisen

- Bitumenbahnen sind als Dachbelag/ Dampfsperre unzulässig.

- PU-Schäume sind grundsätzlich verboten.

- Polystyrolprodukte mit Nanotechnologie und Blei sind grundsätzlich verboten.

<u>Lagerung</u>

- Es sind die allgemeinen Hinweise zu berücksichtigen.

- Paletten dürfen nicht im Haus gelagert werden (Holzschutzmittel!); Gleiches gilt für PE-Folien

1

Dieser Leitfaden hat eine Gültigkeit von 6 Monaten ab Ausstellung, dieser Leitfaden wird ständig den wissenschaftlichen und technischen Erfodernissen der Innenraumhygiene angepasst! (Stand: 21.03.12)

Bild 5.95 Handwerkerleitfäden sollten kurz und leicht verständlich sein. Gewerkespezifische Abbildungen erhöhen die Identifikation mit dem Thema. Foto: Sentinel Haus Institut

5.13.2 Respekt als wichtigste Voraussetzung

Grundlegend ist ein respektvoller Umgang mit dem Handwerker und seiner Leistung. Das Handwerk ist zu Unrecht mit einem schlechtem Ruf hinsichtlich Innovationskraft und -freude belegt. Dieses Vorurteil kann nach der Schulung von mehr als 6.000 Handwerkern in Sachen Wohngesundheit eindeutig widerlegt werden. Ein Satz wie „Vielen Dank, dass Sie hier sind, Sie sind die wichtigsten Menschen, damit unser Projekt gelingt", zu Beginn der Handwerkerschulung, fördert den guten Umgang später auf der Baustelle. Weitere Faktoren einer erfolgreichen Handwerkerschulung sind:

5.13.3 Vorbehalte abbauen

Neuen Aspekten stehen manche Handwerker skeptisch bis ablehnend gegenüber. Schließlich mussten und müssen sie architektonische Moden, unausgereifte Produkte und nicht immer praxisgerechte Verordnungen in die Praxis umsetzen. Die Angst, überfordert oder in Haftung genommen zu werden, wird versucht, in den Schulungen durch praktische Beispiele zu nehmen. Im Fall wohngesunder Baustoffe hat es sich etwa bewährt, für jedes Gewerk ein konkretes, im Markt eingeführtes und den Handwerkern vertrautes Produkt zu nennen, mit dem die geforderte Qualität erreicht werden kann. Schließlich kommt es dem Handwerker zuerst auf eine problemlose und dauerhafte Verarbeitung an, bevor er sich mit „weichen Faktoren" wie gesundheitliche Aspekte auseinandersetzt. Kontakte zu den Herstellern von emissionsgeprüften Produkten können so genannte „Angstkalkulationen" vermeiden. Hersteller liefern Kalkulationshilfen und Verarbeitungshinweise, um dem Handwerker bei Kalkulation und Umsetzung neuer Materialien zu helfen.

Kompakte Schulungsunterlagen

Schulungsunterlagen für Handwerker müssen kurz und kompakt erstellt sein und ohne Fremdwörter auskommen. Nicht, weil dazu die intellektuellen Fähigkeiten fehlen, sondern weil dem Handwerker die Zeit für aufwendige Lektüre fehlt. Maximal zwei Seiten pro Thema in übersichtlichem Layout haben sich bewährt. Gewerkespezifische Unterlagen erlauben die Konzentration des Gegenübers auf ihm bekannte Abläufe. Kompaktheit gilt im Übrigen auch für die Zeitdauer: Schulungen sollten nicht länger als sechs Stunden sein.

Mitnehmen und Einladen

Neben einer Didaktik, die den Handwerker anspricht, hat es sich als sehr erfolgreich erwiesen, die Handwerker zur Mitarbeit einzuladen. Die in einer Schulung versammelte berufliche Erfahrung zu nutzen, die Teilnehmer zu Verbesserungsvorschlägen ermuntern und diese aktiv und mit positiver Resonanz einzubinden, stärkt die Verbindlichkeit und das Gemeinschaftsgefühl. Dies gilt im Übrigen für alle MitarbeiterInnen, vom Meister und Betriebsinhaber über die Gesellen und Vorarbeiter bis hin zu den Auszubildenden und Helfern.

Kreativität abrufen

Handwerker haben Spaß, Freude und auch den Kostendruck, Abläufe auf der Baustelle besser, effektiver und schneller zu gestalten. Entsprechende Vorschläge in ein Wohngesundheitskonzept einfließen zu lassen und dem Handwerker eine positive Rückmeldung zu geben, nutzt allen Beteiligten.

Verbindlichkeit herstellen

Allein die Teilnahme an einer Handwerkerschulung sorgt für Aufmerksamkeit. Noch verbindlicher wird das Treffen, wenn die Bauherrschaft/der Investor anwesend ist. Die Erkenntnis „Wir bauen für diese Menschen, die eventuell auch einen besonderen gesundheitlichen Bedarf haben", steigert das Verantwortungsgefühl der Handwerker erheblich.

Bild 5-96 Verbindlichkeit und Zusammengehörigkeitsgefühl: Ist die Bauherrschaft anwesend, wissen Handwerker, für wen sie bauen. Foto: Sentinel Haus Institut.

Qualität würdigen und einfordern

Handwerklicher Qualität wurde in den vergangenen Jahren durch die geltenden (europäischen/ öffentlichen) Ausschreibungsregeln nicht mehr der Stellenwert beigemessen, die sie verdient. Zu erfahren, dass allein der günstigste Preis zählt, kommt für viele gute Handwerker fast einer Demütigung gleich. Anspruchsvolle wohngesundheitliche Standards lassen sich aber nur mit einer guten handwerklichen Ausführung herstellen. Den Teilnehmern zu vermitteln, dass ihre Fähigkeiten als regional verankerter Handwerksbetrieb gefragt sind, stärkt das Selbstbewusstsein und gibt den Unternehmen die Möglichkeit, ihren guten Namen mit einem innovativen Projekt in Verbindung zu bringen. Wohngesundes Bauen ist eine gute Möglichkeit, regionale Handwerkernetzwerke zu initiieren und zu stärken, auch weil Bedingungen in den Ausschreibungen in der Regel nur von Handwerksbetrieben mit hoher Qualität erfüllt werden können.

Kommunikation initiieren

Frontalveranstaltungen, in denen die Teilnehmer mit Dutzenden von Powerpoint-Folien berieselt werden, verfehlen generell ihre beabsichtigte Wirkung, nicht nur bei Handwerkern. Nachhaltiger und wirksamer ist eine aktive Einbindung der Teilnehmer und eine multimediale Ansprache. Offene Fragestellungen („Was gehört zu einem gesunden Haus?") und eine zeitlich abgegrenzte Arbeit in gewerkegemischten Gruppen aktivieren das vorhandene Wissen und verstärken die Kommunikation und das Verständnis der verschiedenen Gewerke untereinander. Metaplanwände und Flipcharts, die das gemeinsam erarbeitete Wissen dokumentieren, bilden Gesprächsanreize und vermitteln das Gefühl etwas „geleistet" zu haben.

Emotionen schaffen

Gute Handwerker messen sich gerne mit Kollegen und lassen sich gerne an der Qualität ihrer Arbeit messen. Wohngesundheitskonzepte bieten die Möglichkeit, diesen Wettbewerb auf ein gemeinsames Ziel zu fokussieren. Die Erkenntnis, durch vertraglich vereinbarte Raumluftmessungen in einem besonderen Aspekt überprüft zu werden, stärkt das Verantwortungsbewusstsein aller am Bau Beteiligten. Bei zahlreichen Projekten konte eine bislang wenig bekannte Hilfsbereitschaft der Handwerker untereinander, ja ein ganz neues Teamgefühl, festgestellt werden.

Fehler offen ansprechen

„Wo Menschen arbeiten, passieren Fehler – gerade auf der Baustelle". Diese Aussage in Verbindung mit der ernst gemeinten Versicherung, dass „niemandem der Kopf abgerissen wird", sollte mal ein Fehler passieren, nimmt dem Handwerker die Angst, Fehler zuzugeben. Kontraproduktiv sind Aussagen wie „Hier darf nichts schiefgehen". Wichtig ist das Bewusstsein des Handwerkers, dass er Fehler (etwa die umgefallene Dose mit Lösemittel), sofort offen ansprechen kann und soll. Denn für nahezu alle Probleme gibt es auch beim Thema Wohngesundheit eine Lösung. Viel gravierender sind vertuschte Fehler, die spätestens an Ende der Bauzeit mit viel Kosten beseitigt werden müssen.

Fazit: Gute Kommunikation – gutes Bauen

Das Bewusstsein, dass wohngesundes Bauen nur mit guter handwerklicher Qualität möglich ist, macht eine wertschätzende, offene Ansprache notwendig. Eventuelle Vorbehalte lassen sich durch eine Aktivierung der Teilnehmer einer Handwerkerschulung erreichen. Dabei sollte der Vortragende stets offen für die Fragen und Belange der Teilnehmer sein.

5.14 Der Wohngesundheitskoordinator (WoGeKo)

Beatrice Kopff und Bernhard Kopff

5.14.1 Der WoGeKo – Die Erfordernis eines neues Berufsbilds

Einleitung

Im Rahmen der Baustellensicherheit hat sich der Sicherheits- und Gesundheitskoordinator (SiGeKo) als Verbindung zwischen Planung und Ausführung im Bereich der Sicherheit etabliert. Der Bauherr ist gemäß § 3 der Baustellenverordnung zur Bestellung eines SiGeKos verpflichtet. Es hatte sich in der Praxis gezeigt, dass effektive Sicherheit für die am Bau Beteiligten nur im Rahmen einer gezielten gewerkübergreifenden Planung und Überwachung umsetzbar ist. Bei Themen der Wohngesundheit wie z. B. Wohngiften, die manchmal auch erst in Wechselwirkung zwischen verschiedenen Produkten entstehen, besteht eine ganz ähnliche Situation. Einerseits ist ein Planungsbüro damit überfordert, zusätzlich zu den sonstigen Anforderungen auch die Schadstoffbelastung aller Baustoffe zu prüfen, und andererseits kann auch eine ausführende Firma nicht gewerkübergreifend Baustoffe und Materialien festlegen und gestalten. Daraus entwickelt sich das Berufsbild des Wohngesundheits-Koordinators. Bisher ist die Bestellung des WoGeKo noch nicht gesetzlich vorgeschrieben. Sinnvoll ist der Einsatz einer solchen Person, wenn Gebäude mit messbar geringen Schadstoffkonzentrationen gebaut werden sollen. Da die Problematiken der Innenraumschadstoffe immer mehr ins Licht der Öffentlichkeit und auch des Gesetzgebers rücken, könnte der WoGeKo zur festen Größe auf Baustellen werden. Der aktuelle Leitfaden für Innenraumhygiene in Schulgebäuden des Umweltbundesamtes und das Bewertungssystem Nachhaltiges Bauen für den Neubau von Büro- und Verwaltungsgebäuden des Bundes antizipieren eine solche Funktion bereits.

Qualitätssicherung im Auftrag des Bauherrn

Während die Qualität der Bauausführung in den letzten Jahrzehnten beständig gestiegen ist, ist eine Sicherung der Innenraumhygiene kaum verfolgt worden. Auch wenn die baubiologische Szene in den letzten Jahren vielfache Versuche zum wohngesunden Bauen unternommen hat, so wurden meist natürliche Baustoffe mit gesunden Baustoffen gleichgesetzt. Leider ist dieser Ansatz nur insofern richtig, als natürliche Gifte natürlich abbaubar sind und damit die Natur oder Lebewesen nur bei direkter Kontamination schädigen. Es darf aber nicht übersehen werden, dass die potentesten Gifte natürliche Gifte sind, wie in anderen Kapiteln dieses Buchs beschrieben wird. Es wurden auch nie verbindliche Standards gesetzt, sodass die Umsetzung der Wohngesundheit dem Wissensstand und der Einschätzung des Planers, der ausführenden Unternehmen oder bestenfalls des beauftragten Baubiologen ausgeliefert war und meist auch noch ist.

Die Entwicklungen in der Baustofftechnologie und der Bauausführung sowie der Anstieg der Zahl an Personen mit SBS (Sick-Building-Syndrom), MCS (Multiple Chemical Sensitivity) und/oder allergischen Reaktionen auf verschiedenste Materialien, so eben auch auf natürliche Substanzen wie Terpene etc., machen es notwendig, diesbezüglich eine verbindliche Qualitätssicherung aufzubauen – auch im Hinblick darauf, dass Investitionen in Gebäuden sehr langfristig sind. Fehler, die zu unbewohnbaren Räumen führen, sind für den Investor oder Bauherren fatal. Beiden kann aber durch geeignete Qualitätssicherung Sicherheit geboten werden.

Die Rolle des WoGeKo im Bauprozess

Der Wohngesundheitskoordinator wird vom Bauherrn oder Bauträger beauftragt, um die vertraglich zugesicherten Schadstoffwerte auch tatsächlich während der Bauphase einhalten zu können. Er koordiniert alle weiteren Aspekte rund um das gesunde Wohnen und Nutzen. Dazu gehören auch die Vermeidung von mikrobiellem Befall durch Feuchtigkeit und die Einhaltung von Vorsorgewerten bei elektrischen, magnetischen sowie elektromagnetischen Feldern. Er beauftragt Messungen und prüft geplante Baustoffe auf Eignung. Er koordiniert aber auch den Bauablauf, damit keine Schadstoffe durch Hilfsstoffe eingeschleppt werden, die bei der Freimessung nach Fertigstellung den Erfolg vereiteln können.

Zudem stellt der WoGeKo die zentrale Anlaufstelle für alle Baubeteiligten zu allen Fragen des gesunden Bauens dar. Falls die Grenzwerte vertraglich vereinbart sind, ist diese Position extrem wichtig, weil bei Nicht-Erreichen dieser Grenzwerte das geschuldete Werk nicht erbracht wurde und damit ein erheblicher Mangel vorliegt. Eine Nachbesserung ist bei Schadstoffbelastungen in vielen Fällen kaum möglich, weil es oft schwierig ist, die tatsächliche Ursache eindeutig festzustellen, im geringsten Fall großflächig Teile ausgebaut werden oder aber ganze Bereiche zurückgebaut werden müssten. In jedem Fall ist aber bei Überschreitung der vertraglich vereinbarten Schadstoffbelastung mit erheblichem Aufwand zu rechnen.

Deshalb ist für den Wohngesundheitskoordinator neben einer guten fachlichen Qualifikation auch die Fähigkeit zur Kommunikation und Durchsetzungsfähigkeit unumgänglich. Von seinem Urteil und seiner Fähigkeit, alle Baubeteiligten zum geplanten Ziel zu führen, hängt der Erfolg der gesamten Baumaßnahme ab. Eine weitere Aufgabe stellt die Information der Nutzer und Bewohner über das Qualitätsmanagement der fertigen Immobilie während der Nutzungsphase dar. Einen Überblick über die Inhalte solcher Empfehlungen gibt Kapitel 7.6, Empfehlungen zu Einrichtung und Unterhalt von Wohnräumen.

5.14.2　Die Leistungen des WoGeKo

Da die Baustoffindustrie eine unüberschaubare Palette an Baustoffen und Hilfsstoffen anbietet, ist der Überblick für einen Planer oder Handwerker nicht möglich. Ein WoGeKo kann von Anfang an allen Beteiligten wegweisend zur Seite stehen. Von den ersten Überlegungen der Planung über die Ausschreibung bis zur detaillierten Materialwahl haben alle Beteiligten stets einen Ansprechpartner, der diesen Aspekt kompetent betreut. Denn gesundes Bauen ist ein wichtiger Aspekt – aber Tragwerk, Bauphysik, Eignung der Baustoffe gegen mechanische Beanspruchung, Wetter und andere Belastungen spielen eine gleichwertige Rolle. Der

Bild 5-97
Materialcollage
Bei der Ausführungsplanung der Innenraumgestaltung ist eine enge Zusammenarbeit zwischen Planer und WoGeKo unabdingbar.

Architekt und der Unternehmer stehen für alle Faktoren in der Verantwortung. Der WoGeKo hilft, den Aspekt des gesunden Bauens nicht aus den Augen zu verlieren, er entlastet durch Kontrolle und aktive Vorschläge. So können die anderen Baubeteiligten sich ihren Aufgaben widmen.

Der WoGeKo in der Planungsphase

Je früher der Wohngesundheitskoordinator im Planungsprozess eingebunden wird, umso effektiver kann er auf das Baugeschehen einwirken. In jedem Fall sind ihm vom Auftraggeber folgende Unterlagen zum Einstiegstermin zur Verfügung zu stellen oder nachzureichen:

– Terminierung, Ausführungsplanung mit Details
– Vergabetermine (Versand Ausschreibung/Submission)
– Bauzeitenplan/Meilensteintermine (Spatenstich/Baubeginn, Richtfest, luftdichte Hülle/ Aufheizen)
– Funktionale Baubeschreibungen oder detaillierte Baubeschreibungen
– Eine Liste aller am Bau beteiligten Unternehmen/Personen → Baubeteiligtenliste (sofern bereits vorhanden)
– Angaben über die Vertragssituationen
– Vollständige Planunterlagen (Genehmigungsplanung, soweit vorhanden Ausführungsplanung), ein Satz Unterlagen, gedruckt sowie digital.

Im Rahmen der Planung werden oft schon frühzeitig die Gestalt und das Erscheinungsbild der Innenräume festgelegt. Damit werden zum Beispiel auch schon Aussagen zu Oberflächen getroffen. Diese emittieren aber die größten Mengen an Schadstoffen in den Raum. Wenn hier frühzeitig die Auswirkungen aus den gewählten Materialien untersucht werden, können ohne Mehraufwand geeignete Alternativen gesucht werden. Im Zweifelsfall besteht noch die Zeit, bis zum Baubeginn Materialien und Schichtaufbauten im Labor testen zu lassen. Gleiches gilt natürlich für viele andere Planungsentscheidungen.

Aufbaubeschreibung

Der Wohngesundheitskoordinator prüft die Aufbaubeschreibung, die der Unternehmer erstellt, und hilft, geeignete Materialien zu finden. Wenn alle gewählten Produkte den Anforderungen entsprechen, kann er diese Aufbaubeschreibungen freigeben und gibt damit den Praktikern konkrete Handlungsanweisungen. Ein Nebeneffekt des gesunden Bauens, der sich sehr positiv auf die Gesamtqualität auswirkt, sind die verbindlichen und ausführlichen Bauteillisten. So kann der Bauträger seinem Kunden bereits in der Planungsphase detaillierte Baubeschreibungen vorlegen, die auch tatsächlich umgesetzt werden.

Beispiel: Aufbaubeschreibung einer Geschossdecke

Aufbau	Stärke	Material	Produktempfehlung
Versiegelung	–	UV Werksversiegelung	Duroforte Matt
Parkett	1,1 cm	2-Schicht-Fertigparkett Eiche 11 mm	Bauwerk Multipark
Kleber	–	Dispersionskleber	Uzin MK 37
Zementestrich	6 cm	E225 aus CEM I oder CEM II/A	OK-Additive checken
Rissbewehrung	–	Polypropylenfasern	Fibrin 623

Aufbau	Stärke	Material	Produktempfehlung
Trennlage	0,01 cm	PE Folie überlappend verlegt 0,1 mm	PE Folie
Trittschalldämm-platte 32/30	3 cm	Holzweichfaserplatte	Pavatex Pavapor 32/30
Dampfbremse	0,02 cm	PE Folie 2lagig mind. 0,2 mm	PE Folie
Schüttung	8 cm	Splittschüttung zementgebunden	OK
Stahlbetondecke	20-25 cm	C25/30	OK-Additive/Öle checken
Evtl. Vorspachtel	–	Mineralische Füllspachtel	
Spachtel	0,3 cm	Organische Spachtel	Baumit GipskalkHaftputz IH 21
Anstrich	–	Dispersion/Mineralische Farbe	Baumit Silicatin

5

Lüftung

Die Luftwechselrate ist ein entscheidender Faktor für den Schadstoffgehalt in der Raumluft. Durch die heute übliche luftdichte Bauweise ist eine bewusste Planung der Lüftung somit ein wichtiger Bestandteil zum gesunden Wohnen. Deshalb gehört auch die Überprüfung der Planungsunterlagen der Lüftungsanlage zu den Aufgaben des WoGeKo. Sein Augenmerk liegt auf der Leitungsführung, darauf, wie gut die Anlage gewartet werden kann und ob die geplante Leistung für eine erfolgreiche Lüftung der Räume ausreicht. Besonders in privaten Wohnhäusern zwingt der relativ dünne Leitungsquerschnitt den Ersteller der Anlage zu Kompromissen zwischen Leistungsfähigkeit und dem technisch Machbarem. Durch die Kontrolle des WoGe-Ko weiß der Kunde, dass die Anlage nicht nur technisch einwandfrei ist, sondern auch die notwendige Leistung bringt, damit die Raumluft stets die hohen Anforderungen an ein gesundes Umfeld erfüllen kann. Weitere Hinweise zu diesem Thema finden sich in Kapitel 7.5.

Das Pflichtenheft – der WoGe-Plan

Wenn die Planung soweit fortgeschritten ist, dass auch die für ein Bauvorhaben besonderen Ausführungsschritte erkennbar sind, kann der WoGeKo das Pflichtenheft erstellen. Während im SiGe-Plan die Gefährdungen und zeitlichen Abläufe zur Reduzierung der Gefahren während der Arbeiten dargestellt werden, stellt der WoGe-Plan die zulässigen Bau- und Hilfsstoffe dar und listet zulässige und unzulässige Handlungen auf. Darunter fallen zum Beispiel die Anweisungen, dass Verpackungen nicht im Gebäude zu öffnen sind, dass Arbeiten mit Trennschleifgeräten nicht im Haus und der Staub nicht Richtung Haus geführt werden dürfen, dass auf der Baustelle nicht geraucht werden darf und Geräte mit Verbrennungsmotor nur mit Abstand zum Gebäude zulässig sind. Zusätzlich zu diesen allgemeinen Vorgaben werden auch für jedes Bauvorhaben spezielle Angaben erarbeitet. Dabei ist es wichtig, dass der Plan so erstellt wird, dass konkrete Handlungen auch konkret einzelnen Gewerken zugeordnet werden können. Auf allgemeine Aussagen sollte weitestgehend verzichtet werden. Der WoGe-Plan soll in einfach formulierten Sätzen und kurzen Abschnitten verfasst werden, damit er auch ohne intensive Aktenstudien von den Handwerkern verstanden und umgesetzt werden kann. Der Verfasser muss immer bedenken, dass die Empfänger dieser Schriftstücke viele dieser Vorschriften und Angaben erstmals erhalten und diese selten in vollkommener Ruhe lesen können.

sentinel haus baustelle HILFEN ZUR QUALITÄTSSICHERUNG

Als Handwerker sind Sie die wichtigste Person für das Erreichen des Ziels der Wohngesundheit! Helfen Sie mit!

Vermeiden Sie in Innenräumen die Entstehung von Staub, Rauch, Gas und und Gerüchen. Bitte achten Sie auf Emissionsquellen und wirken Sie darauf hin, diese umgehend zu beseitigen. Reden Sie mit Ihren Kollegen!

Vom Gebäude sind fern zu halten:

Rauch

Feuer

Stäube, Gase, Gerüche

Verpackungen, Abfälle

Reinigungs- und Lösemittel, Duftstoffe

Materiallager

hochdrehende Schneid- und Schleifwerkzeuge

Verbrennungsmotoren

Verhalten

Nach Möglichkeit sind Staub, Rauch, Geruch entwickelnde Arbeiten im Außenbereich zu verrichten – sofern vorhanden: am ausgewiesenen Arbeitsplatz.

Innenarbeiten mit unvermeidlicher Staubentwicklung sind in Staubkabinen mit Absaugeinrichtungen und Feinstaubfilter auszuführen. Die Geräte sind arbeitstäglich auf Reinheit und Funktionstüchtigkeit zu prüfen.

Arbeitskleider, Werkzeuge und Hilfsmittel sind vor dem Betreten der Innenräume auf schädliche Stoffe zu prüfen, gegebenenfalls zu reinigen oder zu wechseln.

Darauf achten, dass über Bauöffnungen (Fenster/Türen) keine Problemstoffe ins Innere gelangen – z. B. mit Schuhwerk oder durch Wind!

Entsorgung nur in bereitgestellte Container. Deckel geschlossen halten!

Bauheizung: Zugelassen sind nur Geräte ohne Verbrennungsprozesse (z. B. Elektroheizung).

Bild 5-98 Baustellenschild: Die Baustellenbeschilderung des SHI weist die am Bau Beteiligten auf das Verhalten auf der Baustelle hin.

Leistungen des WoGeKo in der Bauausführung

Der WoGeKo berät Planer, Bauleiter und ausführende Firmen neben dem SiGeKo und der Fachkraft für Arbeitssicherheit. Er begleitet die Baustelle bis zur letzten Nachbesserung und zur Abschlussmessung nach Fertigstellung aller Arbeiten. Er prüft, ob alle Handwerker an einer Schulung teilgenommen haben und weist die Handwerker in projektspezifische Details ein. Er achtet darauf, dass die Vorgaben aus dem WoGe-Plan eingehalten werden. Er schlägt die Zeitpunkte für Messungen zur Schadstofflast in den Räumen vor und überwacht die Durchführung.

Schließlich erklärt er die Ergebnisse den Bauschaffenden und schlägt steuernde Maßnahmen vor, um das Ziel zu erreichen. So kann es z. B. sinnvoll sein, wenn aus Unachtsamkeit ein falsches Produkt eingebracht wurde, durch Messung die tatsächlichen Auswirkungen zu prüfen, um danach sinnvolle Maßnahmen ergreifen zu können. Wenn wegen Lieferschwierigkeiten oder aus bautechnischen Zwängen ein ursprünglich vorgesehenes Produkt nicht eingesetzt werden kann, steht der WoGeKo weiterhin für die Auswahl von Ersatzprodukten zur Verfügung. Er überwacht die Durchführung des Blower-Door-Tests und kontrolliert die Einstellungen der Lüftungsanlage.

Der WoGeKo ist ein Berater und übernimmt keine Verantwortung für die technisch richtige Umsetzung der Vorgaben. Er steht dem verantwortlichen Planer und dem Bauleiter beratend zur Seite und hilft bei der Wahl der richtigen Materialien und Messmethoden. Er hat jedoch – ähnlich dem SiGeKo – keine Weisungsbefugnis.

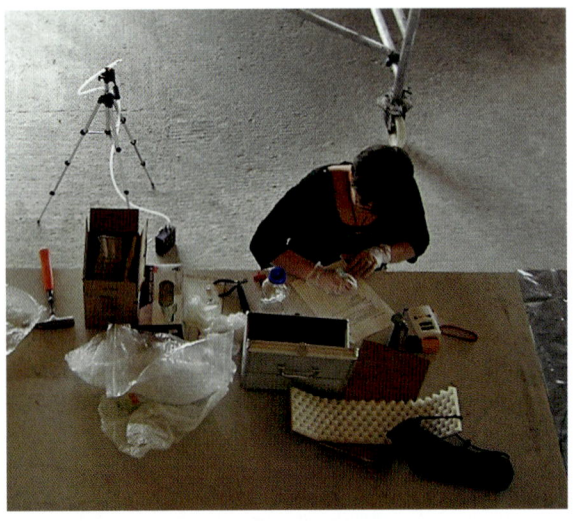

Bild 5-99
Raumluftmessung
Neben der Abschlussmessung durch ein unabhängiges Institut veranlasst der WoGeKo Zwischenmessungen oder führt sie wie hier selber durch.

Bild 5-100
Verhalten auf der Baustelle
Der WoGeKo überwacht das Verhalten auf der Baustelle. Hier reinigen Handwerker die Baustelle mit einem geeigneten Staubsauger mit Hepafilter. [Quelle: CO-Architekten]

Besondere Leistungen beim Bauen im Bestand

Noch vor Beginn der Planung sollte der Wohngesundheitskoordinator auf die Durchführung einer gründlichen Bestandsaufnahme mit gründlicher Suche nach Schadstoffen dringen. Diese sollte von einem Sachverständigen in Zusammenarbeit mit einem Messtechniker mit Blick auf elektrische und ionische Strahlungen, faserartige Schadstoffe, toxische, biologische Schadstoffe und mikrobielle Schadstoffe durchgeführt werden. Detaillierte Angaben finden sich im Kapitel 5.7 zur Sanierung. Die Ergebnisse aus diesen Untersuchungen bilden die Grundlage für den Maßnahmenkatalog. Trotzdem können im Rahmen von Bauteilöffnungen neue und nicht vorhergesehene Schadstoffe entdeckt werden. In diesem Fall muss der WoGeKo mit der Fachkraft für Arbeitssicherheit im Rahmen der TRGS 524 oder 519 oder 521 die nötigen Maßnahmen zur Demontage herbeiführen, um die Ausbreitung dieser Schadstoffe zu verhindern, und anschließend eine geeignete Entsorgung veranlassen. Danach muss der Bauablauf so durchgeführt werden, dass keine neuen Schadstoffe eingebracht werden. Anhand geeigneter Messungen ist zu prüfen, ob die vereinbarten Schadstoffwerte noch eingehalten werden können.

Bild 5-101
Probennahme eines Fußbodens zur Klärung des vorhandenen Aufbaus und wegen Verdacht auf Feuchteschäden.

5

5.14.3 Ausbildung zum WoGeKo

Das Berufsbild des WoGeKo ist neu und deshalb ist auch die Ausbildung noch im Entstehen. Im Auftrag des Sentinel-Haus Instituts wurde ein Lehrplan erarbeitet mit dem Ziel, ausgebildeten Baupraktikern das Wissen zu vermitteln, um im Bauablauf aktiv wohngesundes Bauen zu realisieren. Die Ausbildung beginnt mit der Vermittlung von Grundlagenwissen, um alle Teilnehmer auf den gleichen Wissensstand zu bringen. Im Mittelteil werden praktische Übungen mit den Teilnehmern durchgeführt, sodass sich die Teilnehmer nach Abschluss der Ausbildung auch schnell im Arbeitsalltag mit ihrem neuen Wissen zurechtfinden. Am Schluss der Ausbildung, wenn sich im Rahmen der vorangegangen Übungen einige offene Fragen ergeben haben, wird ein Expertenblock durchgeführt. In diesem Ausbildungsteil werden namhafte Experten zu allen wichtigen Themen vertiefende Vorträge halten und offene Fragen beantworten. Ab wann diese Ausbildung angeboten wird, steht zur Zeit der Drucklegung noch nicht fest.

Tabelle 5-30 Ausbildungsplan Wohngesundheitskoordinator des Sentinel-Haus Instituts
(entwickelt durch: Dipl.-Ing. Christine Overath, Dipl.-Ing. Beatrice Kopff)

Fach	Inhalt	Beschreibung
Theorie-Block		
	Grundsätzlich basiert die Ausbildung auf definierten Quellen, die durch das SHI vertieft und nachgebessert werden. Der Theorieblock wird von den Experten aus dem Expertenblock ausgearbeitet. Somit ist ein einheitlicher Wissensstandard mit definierter Quelle gegeben.	Dieser Block soll dem Teilnehmer einen Überblick verschaffen. Die Inhalte müssen im Praxisblock mehrfach wiederholt und im Rahmen der Beispiele dargestellt werden.

5

Fach	Inhalt	Beschreibung
Theorie-Block		
Bauphysik	Grundkenntnisse der Bauphysik mit Schwerpunkt auf Tauwasser (Wärmebrücken) und Luftdichtigkeit.	
Materialkunde/ Baustoffkunde	Vorstellung der gängigen Baustoffe und ihre Bewertung unter wohngesundheitlichen Aspekten.	Systematische Übersicht in Verbindung mit Alternativprodukten und ihren Schwächen
Bauchemie	Vermitteln der grundsätzlichen bauchemischen Zusammenhänge, insbesondere mit Blick auf Synergieeffekte und Auswirkungen auf den menschlichen Organismus und auf Ökosysteme, Schadstoffe im Bau und ihre Auswirkungen.	
Dokumentation	Vorstellen eines einheitlichen Systems der Dokumentation, erstellen von Hinweisen für Nutzer und Handwerker, Führen eines Bautagebuches, Erstellen von Messprotokollen, Erstellen eines standardisierten Übergabeprotokolls.	
Messtechnik	Vorstellen der gängigen Messmethoden und der gebräuchlichen Messwerkzeuge. Hinweise auf Schwächen und richtige Auswertung.	
Recht	Darstellen der rechtlichen Situation. Verträge, Rechte und Pflichten, Stellung auf der Baustelle.	
Marketing	Auftreten auf der Baustelle vor Kunden und Handwerkern.	Gewichtung der Handlungsschritte nach Priorität und mögliche Maßnahmen. Verhandlungstaktik.

Fach	Inhalt	Beschreibung
Praxis-Block		
EFH Neubau	Beschreibung der Bauherren als Steckbrief, dabei werden Wünsche und Ziele dieser virtuellen Bauherren festgelegt.	Erarbeiten der ersten Maßnahme durch Teilnehmer. Evtl. Rollenspiel für Verhandlung.
	Vorstellen einer beispielhaften Planung und Ausschreibung.	Korrektur und Bearbeitung durch die Teilnehmer.
	Vorstellen eines Beispiel-EFH im Bauverlauf mit versteckten falschen Baustoffen.	Auswertung der visuellen Eindrücke und daraus resultierende Maßnahmen durch die Teilnehmer. Rollenspiel mit Anweisung an unkooperativen Handwerker.
	Übungsmessungen im Klassenraum mit realen Messgeräten.	Auswertung und Bewertung durch Teilnehmer.
	Änderungen der Materialien durch Bauunternehmer als mündlicher Vorschlag des Leiters.	Auswahl der neuen Baustoffe durch Teilnehmer.

Fach	Inhalt	Beschreibung
Praxis-Block		
	Erstellen eines Schlussprotokolls auf Basis der beispielhaften Daten.	Anwenden der Protokollformulare, Abschlussgespräch als Rollenspiel.
	Festhalten von Fragen für den Experten-block.	Wichtige Fragen festhalten und im Verlauf der Bearbeitung verfolgen.
Sanierung Schule	Beschreibung der Baubeteiligten mit Funktion als Steckbrief.	Zuordnen der Personen und ihre Funktion unter Beachtung ihrer Auswirkung auf gesundes Bauen, Festlegung und Bewertung durch Teilnehmer.
	Bildpräsentation und Vorstellung des Beispielgebäudes.	Festlegen der Bestandsaufnahme und den Bereichen, auf die besonderes Augenmerk gelegt wird, Bauteilöffnungen festlegen mit Begründung.
	Bestandsaufnahme	Rückbau festlegen und begründen. Durchführung des Rückbaus beschreiben, Bauabschnitte, WoGePlan erstellen und den anderen Teilnehmern vorstellen.
	Fotodokumentation Bauablauf Rückbau	Bewerten und Verbesserungen durch Teilnehmer erarbeiten.
	Vorstellen einer beispielhaften Planung und Ausschreibung.	Korrektur und Bearbeitung durch Teilnehmer.
	Übungsmessung im Klassenraum mit realen Messgeräten	Auswertung und Bewertung durch Teilnehmer.
	Änderungen der Materialien durch Bauunternehmer als mündlicher Vorschlag des Leiters.	Auswahl der neuen Baustoffe durch Teilnehmer.
	Abschlussmessungen.	Auswerten und vorstellen, hier wurden die Werte nicht eingehalten, es sind Maßnahmen zu ergreifen und die Schuldigen zu ermitteln.
	Schlussbesprechung und erarbeiten von Fragen für den Experten-Block.	

Experten-Block

In den Bereichen
Bauphysik,
Materialkunde,
Bauchemie,
Dokumentation,
Messtechnik,
Recht und
Marketing
vertiefen namhafte Experten das Basiswissen des Theorieblocks und klären offene Fragen.

6 Baustoffe

6.1 AgBB-Schema

Jutta Witten

6.1.1 Gesundheitliche Anforderungen an Bauprodukte

Aufgrund der Tatsache, dass wir Menschen etwa 80–90 % der Zeit in Innenräumen verbringen, werden immer wieder Fragen zu Anforderungen an die Gesundheitsverträglichkeit von Gebäudematerialien und -konstruktionen gestellt. In Zusammenhang mit Gesundheitsbeschwerden werden vielfach reizaktive und geruchsintensive flüchtige organische Stoffe in der Raumluft identifiziert (Umweltbundesamt 2010). Ursächlich können hierfür Baumaterialien und -produkte eine bedeutsame Emissionsquelle darstellen. Aus gesundheitlicher Sicht steht nicht nur das Erkennen, sondern auch die Vermeidung von solchen Bauprodukten und – materialien im Vordergrund, die in Aufenthalts- und Wohninnenräumen zu unerwünschten Luftbelastungen mit chemischen und auch biologischen Stoffen führen. Dies ist umso stärker zu gewichten, wenn Risikogruppen wie Kinder, Schwangere, alte und kranke Menschen, für die ein überwiegend hoher gesundheitlicher Schutz erforderlich ist, entsprechende Räumlichkeiten nutzen. Auch hat der Gebäude- und Raumnutzer selber häufig keine Möglichkeit, die Verwendung gewisser Gebäudematerialien und Bauprodukte zu bestimmen.

Mit dem Ziel, einen ausreichenden Gesundheitsschutz für Raumnutzer zu erlangen, lassen sich öffentlich-rechtliche Anforderungen an Bauprodukte und -materialien nur über das Baurecht festlegen. So sind nach den rechtlichen Vorgaben der Landesbauordnungen Mindestanforderungen zur Gefahrenabwehr von schädlichen chemischen, biologischen und physikalischen Einflüssen von Bauprodukten zu gewährleisten (Musterbauordnung 2002). Sehr wohl verlangt die europäische Bauprodukten-Richtlinie, national umgesetzt in das Bauproduktengesetz, die Vermeidung und Begrenzung von flüchtigen organischen Verbindungen (VOC) in Innenräumen. Diese Erfordernisse sind im zugehörigen Grundlagendokument 3 der Richtlinie für die Bereiche „Gesundheit, Hygiene und Umwelt" ausgeführt, allerdings werden hierzu weitergehende und konkrete Vorgaben zur gesundheitlichen Bewertung nicht festgeschrieben (EC 1994).

6.1.2 AgBB-Schema: Vorgehensweise zur gesundheitlichen Beurteilung von VOC-Emissionen aus Bauprodukten

Zur inhaltlichen Konkretisierung und Umsetzung der Anforderungen aus dem Grundlagendokument 3 der europäischen Bauprodukten-Richtlinie hat der Bund-/Länderausschuss zur gesundheitlichen Bewertung von Bauprodukten (AgBB)[1] erstmals im Jahr 2000 eine Vorgehensweise zur gesundheitlichen Beurteilung von flüchtigen organischen Verbindungen aus

---

[1] Der Ausschuss zur gesundheitlichen Bewertung von Bauprodukten (AgBB) ist von der Länderarbeitsgruppe „Umweltbezogener Gesundheitsschutz" (LAUG) der Arbeitsgemeinschaft der Obersten Landesgesundheitsbehörden (AOLG) eingerichtet worden. Weitere Mitglieder sind das Umweltbundesamt als Geschäftsstelle, das Bundesinstitut für Risikobewertung, die Bundesanstalt für Materialforschung und -prüfung, das Deutsche Institut für Bautechnik, der Koordinierungsausschuss 03 für Hygiene, Gesundheit und Umweltschutz des Normenausschusses Bauwesen im DIN und die Konferenz der für Städtebau, Bau- und Wohnungswesen zuständigen Minister und Senatoren der Länder (ARGEBAU).

innenraumrelevanten Bauprodukten empfohlen und veröffentlicht. Diese am Baurecht ange-lehnte Verfahrensweise stellt standardisierte Prüfnachweise sowie gesundheitlich relevante Bewertungen zur Verfügung. Gemeinsam mit nationalen Herstellern, Industrieverbänden so-wie Prüfinstitutionen wurde die Anwendbarkeit des AgBB-Verfahrens erprobt und laufend an den aktuellen Wissensstand angepasst. Nachfolgend werden die wesentlichen Aspekte der vom AgBB empfohlenen Vorgehensweise zur gesundheitlichen Bewertung der Emissionen von flüchtigen organischen Verbindungen (VOC) aus Bauprodukten vorgestellt. Weitergehende Details finden sich auf der Homepage des Umweltbundesamtes (AgBB 2010).

Messtechnische Erfassung und Bestimmung von VOC-Emissionen in Prüfkammern

Unter flüchtigen organischen Verbindungen sind solche VOC zu verstehen, die messtechnisch und analytisch im Retentionsbereich von C6 bis C16 als Einzelstoffe und für die Ausweisung des Summenparameters als TVOC (TVOC = Total Volatile Organic Compounds) erfasst wer-den. Zusätzlich sind schwerflüchtige organische Verbindungen (SVOC) im Retentionsbereich oberhalb von C16 bis C22 zu ermitteln.

Für die Erfassung von VOC-Emissionen von Bauprodukten stehen mit der DIN ISO 16000-9 bis -11 standardisierte Untersuchungsverfahren in Prüfkammern einschließlich der Probenah-me, ihrer Lagerung sowie der Vorbereitung zur Verfügung. Die qualitative und quantitative Bestimmung der Einzelstoffe als VOC und des TVOC-Werts erfolgen in Anlehnung an die DIN ISO 16000-6. Um die Emissionscharakteristik eines Produktes über einen längeren Zeit-raum zu erfassen, ist in der Regel ein Messzeitraum von 28 Tagen mit zwei ausgewiesenen Messpunkten am 3. und 28. Tag vorgesehen.

Gesundheitsbezogene Bewertungsverfahren für VOC-Emissionen

Das vom AgBB empfohlene gesundheitsbezogene Bewertungsverfahren für die VOC-Emissi-onen aus Bauprodukten baut auf drei wesentliche Säulen auf (siehe auch Bild 6-1):

Die Beurteilung der TVOC-Konzentration

Hygienische Bewertungen geben deutliche Hinweise darauf, dass steigende TVOC-Konzen-trationen die Wahrscheinlichkeit für gesundheitliche Beschwerdereaktionen erhöhen. Als ein wesentliches Beurteilungskriterium wird daher die Summenkonzentration der emittierten flüchtigen organischen Verbindungen als TVOC-Konzentration (max. $\leq 1,0$ mg/m^3) berück-sichtigt.

Die VOC-Einzelstoff-Beurteilung nach dem NIK-Konzept

Damit gesundheitlich bedenkliche Stoffe nicht unberücksichtigt bleiben und um einzelne iden-tifizierte VOC-Verbindungen konzentrationsabhängig berücksichtigen zu können, werden stoffspezifisch „niedrigst interessierende Konzentrationen" (NIK) herangezogen. Das Ablei-tungsvorgehen für die stoffspezifisch „niedrigst interessierende Konzentration" – den NIK-Wert – eines VOC-Einzelstoffs basiert auf einem Ranking-Verfahren ausgehend von an-erkannten wissenschaftlichen toxikologischen Stoffbeurteilungen, in der Regel am Arbeits-platz, oder orientiert sich an der Zuordnung zu bekannten ähnlichen chemischen Strukturen und vergleichbaren toxikologischen Einschätzungen. Grundsätzliche Unterschiede zwischen Expositionsbedingungen und Empfindlichkeiten in der Allgemeinbevölkerung und am

Arbeitsplatz gehen bei der Berechnung des NIK-Werts mit ein. Die für einzelne VOC aufgestellten NIK-Werte werden in einer durch den AgBB autorisierten Liste regelmäßig aktualisiert veröffentlicht.

Für die in der Prüfkammer identifizierten VOC-Verbindungen wird die Annahme der Additivität der Wirkungen geprüft. Dies bedeutet, dass für jeden VOC-Einzelstoff (i) die in der Prüfkammerluft ermittelte VOC-Konzentration (C_i) mit seinem stoffspezifischen NIK-Wert (NIK_i) ins Verhältnis R_i mit $R_i = C_i/NIK_i$ gesetzt wird. Es wird zugrunde gelegt, dass keine gesundheitliche Wirkung auftritt, wenn R_i den Wert 1 nicht übersteigt. Für die Summe R_i gilt $R = $ Summe aller R_i = Summe aller Quotienten (C_i/NIK_i) ≤ 1.

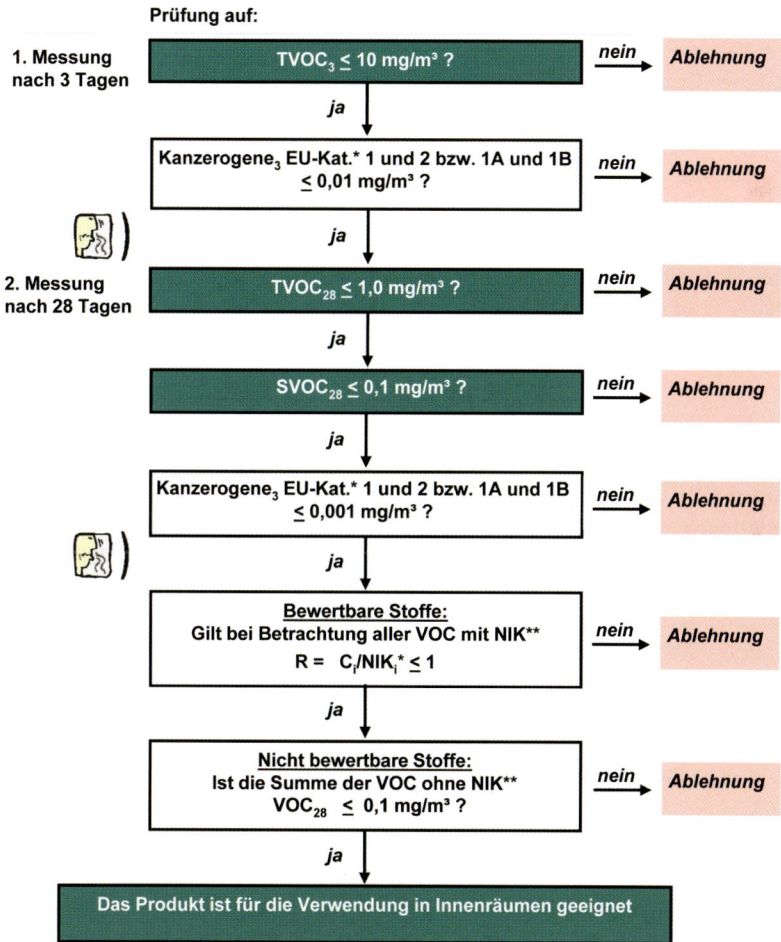

Prüfung auf:

1. Messung nach 3 Tagen

$TVOC_3 \leq 10\ mg/m^3$? — *nein* → **Ablehnung**
ja ↓

Kanzerogene$_3$ EU-Kat.* 1 und 2 bzw. 1A und 1B $\leq 0{,}01\ mg/m^3$? — *nein* → **Ablehnung**
ja ↓

2. Messung nach 28 Tagen

$TVOC_{28} \leq 1{,}0\ mg/m^3$? — *nein* → **Ablehnung**
ja ↓

$SVOC_{28} \leq 0{,}1\ mg/m^3$? — *nein* → **Ablehnung**
ja ↓

Kanzerogene$_3$ EU-Kat.* 1 und 2 bzw. 1A und 1B $\leq 0{,}001\ mg/m^3$? — *nein* → **Ablehnung**
ja ↓

Bewertbare Stoffe: Gilt bei Betrachtung aller VOC mit NIK** $R = C_i/NIK_i^* \leq 1$ — *nein* → **Ablehnung**
ja ↓

Nicht bewertbare Stoffe: Ist die Summe der VOC ohne NIK** $VOC_{28} \leq 0{,}1\ mg/m^3$? — *nein* → **Ablehnung**
ja ↓

Das Produkt ist für die Verwendung in Innenräumen geeignet

Für sensorische Prüfungen steht derzeit noch kein allgemein anerkanntes Verfahren zur Verfügung.
* Richtlinie 67/548/EWG bzw. CLP-Verordnung (EG) Nr. 1272/2008 (GHS-System)
** NIK: Niedrigste interessierende Konzentration

Bild 6-1 Vorgehensweise bei der gesundheitlichen Bewertung der Emissionen von flüchtigen organischen Verbindungen (VOC und SVOC) aus Bauprodukten (nach AgBB 2010)

Die Berücksichtigung von VOC-Einzelstoffen ohne NIK-Wert

Das NIK-Konzept strebt einen möglichst hohen Grad an VOC-Einzelstoffbeurteilungen an. Bei einer unzureichenden Stoffdatenlage zur Toxikologie lässt sich ein NIK-Wert für einen Einzelstoff jedoch nicht ableiten. Für solche nach dem NIK-Konzept nicht beurteilbaren VOC ist eine strenge Mengenbegrenzung über die Summenkonzentration (max. $\leq 0,1$ mg/m³) dieser nicht beurteilbaren Stoffe vorgesehen.

Weitere heranzuziehende Beurteilungskriterien

Hinsichtlich langfristiger Produktemissionen sind schwerflüchtige VOC (SVOC) von Bedeutung und daher zu identifizieren. SVOC werden ausschließlich über die Summenkonzentration mit $\leq 0,1$ mg/m³ begrenzt.

Ebenso hat unter Bezug auf eine langfristige Expositionssituation des Raumnutzers die Konzentration eines kanzerogenen Stoffes, der nach der EU-Kategorie 1 oder 2 der EU-Richtlinie 67/548/EWG (zukünftig „Kategorie 1A und 1B nach GHS-System der Verordnung (EG) Nr. 1272/2008 über die Einstufung, Kennzeichnung und Verpackung von Stoffen und Gemischen") eingestuft ist, den Wert von $\leq 0,001$ mg/m³ nicht zu überschreiten.

Der AgBB empfiehlt in dem Prüfvorgehen auch eine Untersuchung auf sensorische Eigenschaften von Stoffen. Allerdings steht noch kein endgültig allgemein anerkanntes Verfahren zur Geruchsbewertung von Bauprodukten zur Verfügung. Jedoch werden momentan auf nationaler und internationaler Ebene entsprechende Methoden in Normungsverfahren entwickelt und abgestimmt.

6.1.3 Zusammenfassung

Die Sicherstellung einer hygienisch verträglichen Innenraumqualität durch Bauprodukte und -materialien rückt immer mehr in den Vordergrund. Stetig werden Veränderungen in der Zusammensetzung der Verunreinigungen der Innenraumluft analysiert, identifiziert und quantifiziert. Die aus energetischen Gründen verstärkt betriebenen Gebäudeisolationen und die oftmals damit als Folge einhergehenden verminderten Luftaustauschraten können zu einer Erhöhung von Schadstoffbelastungen in Innenräumen führen. Folglich nehmen die Anforderungen an Bauprodukte vielfältig zu. Zusätzlich werden zukünftig auch Harmonisierungsbestrebungen auf europäischer Ebene in Bezug auf Emissionsprüfungen und Bewertungen von Bauproduktemissionen eine wichtige Rolle spielen.

Der Ausschuss zur gesundheitlichen Bewertung von Bauprodukten (AgBB) hat vornormativ ein über mehrere Jahre erprobtes Bewertungsschema zur Vorgehensweise bei der gesundheitlichen Bewertung der Emissionen von flüchtigen organischen Verbindungen (VOC und SVOC) aus Bauprodukten bereitgestellt. Mit dem AgBB-Schema stehen – an den aktuellen Wissensstand angepasst – sowohl objektive standardisierte Prüfnachweise als auch Bewertungsgrundlagen zur gesundheitsbezogenen Beurteilung von flüchtigen organischen Verbindungen aus Bauproduktemissionen zur Verfügung. Bei Einhaltung der vorgegebenen Prüfwerte werden die Mindestanforderungen der Bauordnungen zum Schutz der Gesundheit im Hinblick auf VOC-Emissionen erfüllt. Hiermit wird es sowohl Verbrauchern, Architekten, Planern, Bauausführenden als auch Bauproduktherstellern ermöglicht, bereits im Vorfeld innenraumrelevante Bauprodukte und -materialien gemäß ihrer stoffbezogenen Gesundheits- und Emissionsrelevanz zu erkennen und zielgerecht einzusetzen.

Literatur

AgBB 2010. Ausschuss zur gesundheitlichen Bewertung von Bauprodukten. Vorgehensweise bei der gesundheitlichen Bewertung der Emissionen von flüchtigen organischen Verbindungen (VOC und SVOC) aus Bauprodukten. Zuletzt aktualisiert in 2010. Veröffentlichungen im Internet unter http://www.umweltbundesamt.de/bauprodukte/agbb.htm.

EC (European Commission) 1994. Mitteilung der Kommission über die Grundlagendokumente. Amtsblatt EG, C 62/1 vom 28.02.1994.

Musterbauordnung 2002. Musterbauordnung der Bauministerkonferenz – Konferenz der für Städtebau, Bau- und Wohnungswesen zuständigen Minister und Senatoren der Länder (ARGEBAU), zuletzt geändert im Oktober 2008.

Umweltbundesamt 2010. Kinder-Umwelt-Survey (KUS) 2003/06: Innenraumluft – Flüchtige organische Verbindungen in der Innenraumluft in Haushalten mit Kindern in Deutschland. Umwelt & Gesundheit Nr. 03/2010.

6.2 Zulassung von Baustoffen

6

Wolfgang Misch

Einleitung

Seit vielen Jahren ist ein zunehmender Trend zum gesunden, ökologischen und nachhaltigen Bauen zu verzeichnen. Baustoffhersteller und Handel, ausschreibende Stellen, Ingenieure und Architekten, Mess- und Prüfinstitute haben sich längst darauf eingestellt, dass neben den rein technischen Aspekten von Bauprodukten, wie mechanische Festigkeit, Funktionalität, Brandverhalten oder Dauerhaftigkeit, heute mehr und mehr auch Fragen der Gesundheits- und Umweltverträglichkeit sowie der Nachhaltigkeit in den Vordergrund treten. Auch der normale, zumeist nicht fachkundige Bürger beschäftigt sich als Bauherr, Mieter oder Nutzer von baulichen Anlagen zunehmend mit Fragen der Gesundheits- und Umweltverträglichkeit seines Wohnumfeldes und hinterfragt die Eigenschaften der dort verwendeten Baustoffe, auf deren Auswahl er in der Regel keinen Einfluss hatte. Dank der Nutzung des Internets bestehen heute umfangreiche Informationsmöglichkeiten für den Verbraucher, jedoch wird er gerade hier auch häufig in die Irre geführt.

Den meisten Menschen kommt es bei der Auswahl von Bauprodukten oder der Wahl ihrer Wohnumgebung in erster Linie auf ihre Gesundheit, die ihrer Familie und insbesondere ihrer Kinder an. Die vielen Sanierungsfälle der letzten 30 Jahre (Asbest, Formaldehyd, PCB, PCP, teerhaltige Parkettkleber usw.) haben sicherlich dazu beigetragen, eine hohe Sensibilität gegenüber modernen Gebäuden und den darin verwendeten Baustoffen zu erzeugen und ein Grundbedürfnis nach einem gesunden Wohnumfeld zu entwickeln. Dabei wird der wenig sachkundige Verbraucher nicht immer ausreichend und objektiv informiert, denn auch findige Marktstrategen haben diesen Trend längst als lukrative Einnahmequelle ausgemacht. So steht hinter mancher Aussage zu den gesundheitlichen und ökologischen Eigenschaften von Bauprodukten nicht immer die volle Wahrheit und mögliche Risiken werden verschwiegen. Auch verleiten undefinierte Produktlabels und Gütekennzeichen oft zu unbewusst falschem Handeln oder verwirren zumindest mehr als sie nützen. Es ist deshalb erforderlich, verlässliche, objektive und von Privatinteressen freie Kriterien für die Beurteilung von Bauprodukten und Gebäuden bereitzustellen, die bei den Gebäudenutzern ein hohes Vertrauen genießen.

Europäisch wie auch national wurden und werden umfangreiche Aktivitäten unternommen, um hinsichtlich des Gesundheits- und Umweltschutzes einheitliche Prüfmethoden und objektive Bewertungsgrundlagen für Bauprodukte zu schaffen. Die EU-Kommission hat schon vor vielen Jahren der europäischen Normenorganisation CEN ein Mandat für die Erarbeitung horizontaler Prüfmethoden für gefährliche Stoffe in Bauprodukten erteilt. Erste Ergebnisse sind vorhanden, die nun validiert und in die technischen Spezifikationen für Bauprodukte integriert werden müssen. Dies wird noch einige Zeit dauern, sodass davon ausgegangen werden muss, dass bis auf Weiteres europäische technische Spezifikationen für Bauprodukte den Gesundheits- und Umweltschutz nicht oder zumindest nicht hinreichend berücksichtigen. Dies hat jedoch Konsequenzen für die Verwendung solcher Produkte im Bereich der nationalen Landesbauordnungen, die nachfolgend erläutert werden.

6.2.1 Baurechtliche Anforderungen zum Gesundheits- und Umweltschutz

Nach den Bauordnungen der Länder sind Gebäude so zu errichten und instand zu halten, dass die öffentliche Sicherheit oder Ordnung, insbesondere Leben, Gesundheit oder die natürlichen Lebensgrundlagen, nicht gefährdet werden (§ 3 MBO [1]). Bauprodukte müssen so beschaffen sein, dass bei ihrer Verwendung in Gebäuden keine Gefahren oder unzumutbaren Belästigungen durch Wasser, Feuchtigkeit, pflanzliche und tierische Schädlinge sowie andere chemische, physikalische oder biologische Einflüsse entstehen (§ 13 MBO). Im europäischen Regelwerk sind ähnliche Anforderungen formuliert. Die Bauproduktenrichtlinie [2] fordert die Einhaltung der wesentlichen Anforderung Nr. 3 „Hygiene, Gesundheit, Umweltschutz" als eine von bislang sechs wesentlichen Anforderungen (Essential Requirements – ER) an Gebäude und die darin verwendeten Bauprodukte (Bild 6-2).

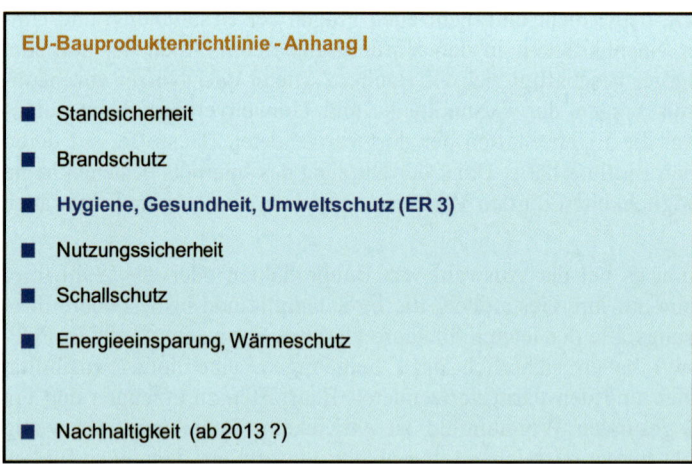

Bild 6-2   Wesentliche Anforderungen an Bauprodukte gemäß Bauproduktenrichtlinie

Im Anhang I der Richtlinie ist zur wesentlichen Anforderung Nr. 3 (ER 3) ausgeführt, dass Bauwerke derart entworfen und ausgeführt sein müssen, dass die Hygiene und die Gesundheit der Bewohner und der Anwohner insbesondere durch folgende Einwirkungen nicht gefährdet werden:

- Freisetzung giftiger Gase
- Vorhandensein gefährlicher Teilchen oder Gase in der Luft
- Emission gefährlicher Strahlen
- Wasser- oder Bodenverunreinigung oder -vergiftung
- unsachgemäße Beseitigung von Abwasser, Rauch und festem oder flüssigem Abfall
- Feuchtigkeitsansammlung in Bauteilen und auf Oberflächen von Bauteilen in Innenräumen.

Es gelten demnach prinzipiell dieselben Ansätze wie im nationalen Baurecht. Die Bauproduktenrichtlinie wird ab Mitte 2013 durch eine in den Mitgliedsstaaten direkt geltende Bauproduktenverordnung ersetzt. An den vorab dargestellten wesentlichen Anforderungen wird sich aber nichts ändern, jedoch wird eine 7. Anforderung hinzukommen, die den Aspekt der Nachhaltigkeit umfasst. Diese sogenannte „Basic Requirement 7" (BR 7) wird primär den Ressourcenschutz und die Rezyklierbarkeit von Bauprodukten umfassen, es ist aber noch offen, ob auch andere Aspekte der Nachhaltigkeit Gegenstand der Betrachtung sein werden. In jedem Fall wir aber die bisherige Anforderung ER 3 (dann BR 3) um die Lebenszyklusbetrachtung des Gebäudes und den Klimaschutz erweitert.

Auf einen wichtigen Unterschied muss jedoch hingewiesen werden (siehe Bild 6-3): Während die europäischen Regelungen für das **Inverkehrbringen** von Bauprodukten gelten, also auf den freien Warenverkehr und den unbeschränkten Handel mit Bauprodukten abzielen, gelten unabhängig davon für die **Verwendung** von Bauprodukten weiterhin auch die Regelungen der Landesbauordnungen, durch die das nationale Schutzniveau bestimmt wird.

6

Nationale Regelungen	Europäische Regelungen
Landesbauordnungen	Bauproduktenrichtlinie (Bauproduktenverordnung ab 2013)
Verwendung von Bauprodukten (Einbau, Nutzung)	**Inverkehrbringen** von Bauprodukten (Handel, freier Warenverkehr)
zuständig: Länder	zuständig: Bund
Leben, Gesundheit und die natürlichen Lebensgrundlagen dürfen nicht gefährdet werden	Hygiene und Gesundheit der Bewohner und der Anwohner dürfen nicht gefährdet werden (ab 2013: Schutz des Klimas und der natürlichen Ressourcen)
Ü-Zeichen	CE-Zeichen

Bild 6-3 Gegenüberstellung nationaler und europäischer Regelungen für Bauprodukte

Die Länder haben demnach ein gewichtiges Wort mitzureden, wenn es um die Umsetzung der europäischen technischen Spezifikationen für Bauprodukte in das nationale System geht. Nicht automatisch sind die Regelungen, die zum CE-Zeichen führen, nämlich mit denen deckungsgleich, die dem nationalen Ü-Zeichen zugrunde liegen, mit dem die Übereinstimmung mit den eingeführten technischen Regeln bestätigt wird. Oft entsprechen CE-gekennzeichnete Produkte nicht dem deutschen Sicherheitsniveau. Dies führt in jedem Einzelfall zu der Entscheidung, ob das nationale Schutzniveau partiell aufgegeben werden muss oder ob den europäischen Regelungen nationale Verwendungsregeln hinzuzufügen sind, was gegebenenfalls zu ergänzenden Nachweisverfahren und zusätzlichen Kennzeichnungen mit dem Ü-Zeichen (CE + Ü) führt (siehe Bild 6-4).

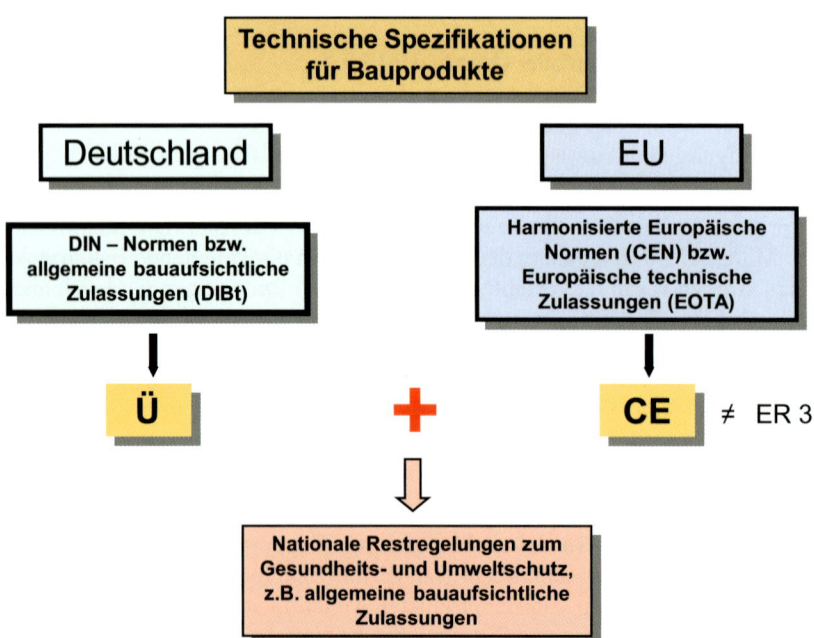

Bild 6-4 Ergänzende Regelungen zum Gesundheits- und Umweltschutz – CE + Ü

Hinsichtlich der Anforderung des Gesundheits- und Umweltschutzes (ER 3) ist dieses ergänzende nationale Verfahren auch von der EU-Kommission ausdrücklich akzeptiert, solange keine harmonisierten Prüf- und Bewertungsverfahren hierfür existieren. Andererseits stellen solche nationalen Regelungen natürlich Handelshemmnisse im Sinne des von der EU bezweckten freien Warenverkehrs von Bauprodukten innerhalb von Europa dar. Harmonisierung um jeden Preis kann aber ebenfalls nicht die Lösung sein. Vielmehr wären die europäischen Regelungen für Bauprodukte so zu gestalten, dass sich die geltenden Schutzniveaus der Mitgliedsstaaten dort adäquat wiederfinden, zum Beispiel in Form von Stufen und Klassen für verschiedene Sicherheitsniveaus, die dann in den jeweiligen nationalen Bauvorschriften der Mitgliedsstaaten in Bezug genommen werden können. Wenn dies nicht gelingt, werden einseitige nationale Zusatzregelungen auch zukünftig unvermeidlich bleiben. Bei der EU-Kommission ist derzeit ein solches Klassenkonzept für die Freisetzung flüchtiger organischer Verbindungen in die Innenraumluft in Diskussion. Ob du wie dieses umgesetzt wird, ist noch offen.

6.2.2 Geregelte und ungeregelte Bauprodukte – technische Spezifikationen für Bauprodukte

Die Bauordnungen unterscheiden zwischen geregelten und ungeregelten Bauprodukten. Geregelte Bauprodukte sind solche Produkte, die mit bekannt gemachten technischen Regeln übereinstimmen. Im Normalfall sind dies nationale oder europäische Normen oder auch andere bewährte technische Regeln oder Richtlinien. Bauprodukte, für die solche Normen oder Regeln nicht existieren oder die von diesen wesentlich abweichen, sind ungeregelte Bauprodukte. Zumeist werden hierfür allgemeine bauaufsichtliche Zulassungen erteilt, sofern diese Produkte

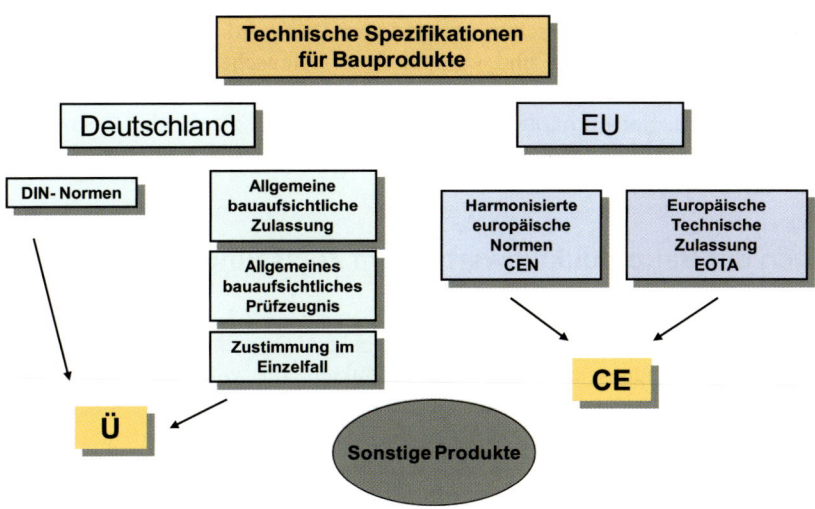

Bild 6-5 Technische Spezifikationen für Bauprodukte im Vergleich

aus bauordnungsrechtlicher Sicht nicht von untergeordneter Bedeutung sind. Die technischen Regeln werden in der Bauregelliste [3] bekannt gemacht. Geregelte und nicht geregelte Bauprodukte, für die die Verwendbarkeit zum Beispiel durch allgemeine bauaufsichtliche Zulassung nachgewiesen ist, sind mit dem Übereinstimmungszeichen (Ü-Zeichen) zu kennzeichnen. Bauprodukte von untergeordneter Bedeutung werden in Liste C aufgeführt. Für diese Produkte ist kein Verwendbarkeitsnachweis erforderlich, sie dürfen auch nicht mit dem Ü-Zeichen gekennzeichnet werden.

Bauregelliste B enthält Bauprodukte, für die europäische harmonisierte Normen oder europäische technische Zulassungen existieren. Diese Produkte sind mit den CE-Zeichen zu kennzeichnen. Bild 6-5 gibt einen vergleichenden Überblick zwischen den nationalen und europäischen technischen Spezifikationen für Bauprodukte.

Aufgrund der dargestellten Probleme mit der Umsetzung von ER 3 wurde für die erste Generation harmonisierter Normen von CEN eine Generalklausel formuliert, die bislang in jeder harmonisierten Produktnorm steht und folgenden Wortlaut hat:

„Zusätzlich zu den speziellen Bestimmungen dieser Norm, die sich auf gefährliche Substanzen beziehen, können im Geltungsbereich dieser Norm weitere Anforderungen an das Produkt gestellt werden (z. B. umgesetzte europäische Gesetzgebung und nationale Rechts- und Verwaltungsvorschriften). Um die Bestimmungen der EG-Bauproduktenrichtlinie zu erfüllen, müssen diese Anforderungen, sofern sie anwendbar sind, ebenfalls eingehalten werden."

Dieser Satz lässt für die Anforderung „Hygiene, Gesundheit, Umweltschutz" de facto auch weiterhin den nationalen Weg offen. Dies ist, wie bereits erwähnt, auch von der EU-Kommission akzeptiert.

Die europäische Organisation der Zulassungsstellen (EOTA) bemächtigte sich dieser Formulierung und nahm sie analog in die Musterformulierungen für europäische technische Zulassungen und Zulassungsleitlinien auf. Dies obwohl in der EOTA aufgrund der gegenüber genormten Produkten genaueren Produkt- und Stoffkenntnis im Allgemeinen bessere Möglichkeiten bestehen, die Aspekte des Gesundheits- und Umweltschutzes bei der Erteilung europäischer technischer Zulassungen zu regeln. Seit einiger Zeit sind deshalb in der EOTA Bestrebungen im Gange, durch Festlegung von schon vorhandenen Prüf- und Bewertungskriterien für die europäischen Zulassungsleitlinien und europäischen technischen Zulassungen eine Teilharmonisierung für diesen Bereich durch gegenseitige Akzeptanz innerhalb der EOTA-Zulassungsstellen zu erreichen. Sobald harmonisierte Prüfmethoden für gefährliche Stoffe in Bauprodukten aus dem Vollzug des oben erwähnten Mandates für CEN vorliegen, können diese hier sukzessive ersetzt werden.

6.2.3 Grundlagen der Bauproduktbewertung im Zulassungsverfahren

Allgemeines

Zulassungsverfahren, seien es nationale oder europäische, behandeln nicht geregelte, zumeist innovative Bauprodukte oder Eigenschaften von Bauprodukten, die von den vorhandenen technischen Regeln (noch) nicht abgedeckt sind. Zulassungsverfahren beziehen sich ihrem Wesen nach auf herstellerspezifische Einzelprodukte oder spezifische Verfahren zur Herstellung oder Verwendung von Bauprodukten. In jedem Fall liegen zur Beurteilung der Verwendbarkeit dieser Produkte oder Bauarten detaillierte Informationen bei der Zulassungsstelle vor, die dort zu bewerten sind. Dies ist ein wesentlicher Unterschied zu technischen Normen, in denen herstellerunabhängige Eigenschaften von Produktfamilien aufgeführt sind. Oft sind die Zusammensetzungen dieser in der Norm geregelten Produkte sowie deren Anwendungsbereiche nur sehr allgemein und unpräzise angegeben, weil alle unter die Norm fallenden Produkte einer Vielzahl von Herstellern durch die Norm abgedeckt werden sollen. Die Bewertung der gesundheitlichen oder umweltrelevanten Eigenschaften von Bauprodukten hängt aber sehr stark von der spezifischen Zusammensetzung der jeweiligen Einzelprodukte ab und kann daher innerhalb der Norm kaum hinreichend behandelt werden. Sie muss folgerichtig allgemein bleiben und kann sich nur auf prüfbare Eigenschaften beziehen, wie zum Beispiel einen bestimmten Gehalt eines kritischen Stoffes oder eine Emissionsrate für gefährliche Stoffe, die nach einer definierten Prüfmethode bestimmt wird. Es kann in der Norm auch ein genereller Stoffausschluss formuliert werden, der bestimmte offensichtliche Produktgefahren ausschließt. Zum Beispiel könnte bei Produkten für den Holzbau der Einsatz von Bioziden für bestimmte Verwendungen ausgeschlossen werden. Biozidhaltige Produkte wären dann nicht normgemäß und somit über Zulassung zu regeln.

Im Bereich der übrigen Inhaltsstoffe kann der Hersteller seine Produktzusammensetzung bei genormten Produkten aber jederzeit ändern, ohne dass dies einer Fremdkontrolle durch neutrale dritte Stellen unterliegt. Die Frage, ob eine bestimmte Rezepturänderung eines Bauproduktes zu veränderten Produkteigenschaften hinsichtlich der Freisetzung gefährlicher Stoffe führen kann oder ob das Produkt danach überhaupt noch normgemäß ist, wird bei genormten Produkten demnach vom Hersteller eigenverantwortlich beantwortet.

Im Zulassungsbereich werden demgegenüber Eigenschaften und Zusammensetzung produktspezifisch festgelegt und zumeist auch einer neutralen Fremdüberwachung unterworfen. Jede Änderung des Produkts ist der Zulassungsstelle anzuzeigen, die dann jeweils zu entscheiden hat, ob neue Nachweise vorgelegt werden müssen, anhand derer eine Neubewertung des Produktes erfolgen kann. Der Hersteller ist insofern auf die zugelassene Zusammensetzung seines Produktes festgelegt. Erforderliche Nachweisverfahren können hinsichtlich des Gesundheits- und Umweltschutzes auf Basis dieses Wissens um die Produktzusammensetzung für das individuelle Produkt konkreter und zielsicherer festgelegt werden, als dies in der Produktnormung möglich ist. Zulassungen und das System der Eigen- und Fremdüberwachung sind demnach immer an der aktuellen Produktion orientiert. Sie schauen dem Hersteller sozusagen auf die Finger und können regulierend eingreifen, wenn sicherheitsrelevante Abweichungen der Produkteigenschaften eintreten. Natürlich spielt in der täglichen werkseigenen Produktionskontrolle auch hier die Eigenverantwortung des Herstellers eine große Rolle, auch diese wird jedoch regelmäßig durch eine neutrale Stelle überwacht. Bei ständigen Abweichungen und wiederholtem Unterschreiten des festgelegten Sicherheitsniveaus kann im äußersten Fall der Überwachungsvertrag gekündigt und die Berechtigung zur Kennzeichnung mit dem Ü-Zeichen entzogen werden. Das Produkt darf dann nicht mehr verwendet werden. In der Regel kommt es aber nur in seltenen Fällen so weit, da entsprechende Produktänderungen im Vorfeld gegenüber dem Fremdüberwacher und dem DIBt kommuniziert werden. Aufgrund dieser Informationen erfolgt eine Neubewertung oder bei wesentlichen Änderungen gegebenenfalls auch eine Neuprüfung des Produktes.

Stoffbewertung auf Basis der Rezeptur

Bauprodukte müssen zunächst die geltenden gesetzlichen Verbote oder Beschränkungen für gefährliche Stoffe einhalten. In den Sicherheitsdatenblättern sind entsprechend den gesetzlichen Vorschriften deshalb auch stets nur solche Stoffe angegeben, für die chemikalienrechtliche Regelungen existieren, etwa in der Gefahrstoffverordnung [4], der Chemikalienverbotsverordnung [5] oder der europäischen REACH-Verordnung [6] sowie der neuen GHS-Verordnung [7] zur Einstufung und Kennzeichnung von Stoffen. Die dort enthaltenen Stoffverbote oder -beschränkungen beziehen sich jedoch häufig nicht auf den Einsatz solcher Stoffe in Bauprodukten oder deren Verwendung in Gebäuden. Die Kennzeichnungsvorschriften für gefährliche Stoffe sind zumeist am Umgang mit diesen Stoffen orientiert, d. h. primär aus Sicht des Arbeitsschutzes abgeleitet. Sie beziehen sich daher oft nicht auf den Geltungsbereich der Bauordnungen, der den Schutz der Gebäudenutzer bezweckt, sich also auf den Normalbürger in seinem täglichen Wohn- und Arbeitsumfeld bezieht. Berücksichtigt man die in Wohnräumen deutlich größeren Expositionszeiten, zusätzliche relevante Expositionspfade (Nahrung), das Auftreten von Risikogruppen und fehlende Schutzmaßnahmen, so wird deutlich, dass Grenz- oder Richtwerte für Wohnräume erheblich niedriger angesetzt werden müssen als in den bestehenden arbeitsschutzrechtlichen Regelungen. Bild 6-6 verdeutlicht den Unterschied zwischen Arbeitsplätzen in Gefahrstoffbereichen und Wohnräumen.

	Arbeitsplatz	Wohnraum
Zielgruppe	gesunder Erwachsener	Normalbevölkerung, Risikogruppen, wie z.B. Kinder, Kranke, Asthmatiker, Allergiker, alte Menschen, Schwangere
ärztliche Kontrolle	regelmäßig	nur bei Beschwerden
max. Expositionszeit	8 Stunden pro Tag 5 Tage pro Woche 44 Wochen pro Jahr 45 Lebensjahre	Bis zu 24 Stunden pro Tag 7 Tage pro Woche 52 Wochen pro Jahr Lebenslang (⊠ 75 Jahre)
Expositionspfad	Überwiegend Atmung und Hautkontakt	Atmung, Hautkontakt und Nahrung
Schadstoff	Meist ein vorherrschender Stoff in höherer Konzentration	komplexes Stoffgemisch, niedrige Konzentrationen, synergistische Wirkungen
Schutzmaßnahmen	verbindlich vorgegeben (Berufsgenossenschaft)	keine

Bild 6-6 Unterschied Arbeitsplatz – Wohnraum

Die Einhaltung der gefahrstoffrechtlichen Regelungen reicht demnach für eine Abschätzung möglicher schädlicher Auswirkungen bei der Verwendung eines Bauproduktes allein nicht aus, auch weil sich diese überwiegend auf den Gehalt eines Stoffes im Produkt beziehen. Die baurechtlichen Bestimmungen sind aber auf die Gefährdung der Gebäudenutzer und der Umwelt abgestellt, die erst dann zu erwarten sind, wenn gefährliche Stoffe mobilisiert und aus den in Gebäuden verbauten Produkten an die Umweltmedien Wasser, Boden und Luft abgegeben werden. Solche Freisetzungsszenarien enthalten die gefahrstoffrechtlichen Regelungen (Ausnahme: Formaldehyd) zumeist nicht. Sie stellen somit lediglich das Mindestmaß dessen dar, was bei der Herstellung eines Bauproduktes zwingend zu beachten ist.

Mit der Einführung der europäischen REACH-Verordnung wird sich diese Situation sukzessive verbessern, weil hier auch Expositionsdaten für die eingesetzten Stoffe vorgelegt werden müssen, die sich auf deren spezifische Verwendung beziehen. Die REACH-Vorschriften gelten jedoch nur eingeschränkt und werden erst nach und nach mit einem recht großen zeitlichen Horizont umgesetzt. Sie umfassen zum Beispiel keine Polymere oder die Verwendung von Abfallstoffen und gelten nur für vermarktete Stoffe, die zielgerichtet in Produkten eingesetzt werden. Der Innenraum von Gebäuden wird aber nicht allein durch solche Stoffe kontaminiert, sondern durch Begleitstoffe, Verunreinigungen, Folgeprodukte und diverse Stoffgemische, die in dieser Form gar nicht vermarktet werden. Zielführend ist demnach nur die Prüfung am fertigen Endprodukt, es sei denn, es kann aufgrund der Kenntnis der Inhaltsstoffe eines Bauproduktes bereits sicher ausgeschlossen werden, dass Gefahren für den Gebäudenutzer oder die Umwelt entstehen können. Mit einiger Erfahrung im Lesen von Rezepturen, die im DIBt über Jahrzehnte gewachsen ist, lassen sich in vielen Fällen bereits entsprechende Aussagen machen. Eine weitere Prüfung ist für solche Produkte dann entbehrlich.

Die Rezeptur des Bauproduktes ist hinsichtlich der Produktbewertung die erste wesentliche Informationsquelle, die eine Abschätzung möglicher Gefährdungen für die Gesundheit oder die Umwelt ermöglicht. Die Kenntnis der Inhaltsstoffe von Bauprodukten lässt über die Berücksichtigung der gefahrstoffrechtlichen Regelungen hinaus auch die Erfassung und Bewertung von Stoffen zu, für die aufgrund der aktuellen wissenschaftlichen Diskussion aus toxikologischer Sicht Bedenken bestehen. Mit einiger Erfahrung ist es darüber hinaus auch möglich, in der Rezeptur primär emissionsrelevante Inhaltsstoffe (Leitkomponenten) zu identifizieren. So erlaubt die Kenntnis bestimmter Stoffeigenschaften (z. B. bestimmte physikalisch-chemische Parameter wie Dampfdruck, Löslichkeit in Wasser usw.) zumindest eine orientierende Abschätzung des EmissionsPotenzials sowie auch gezielte Emissionsmessungen für bestimmte, als relevant erkannte Einzelstoffe.

Die Grenzen der Rezepturbewertung sind dadurch gegeben, dass nicht alle Rohstoffe chemisch eindeutig beschrieben werden können (z. B. bei Präparationen) und Verunreinigungen, Zwischen- oder Folgeprodukte, die während der Herstellung oder Verwendung eines Bauprodukts entstehen können und ihre Gefährlichkeitsmerkmale maßgeblich mit beeinflussen, aus den Rezepturen nicht hinreichend abzulesen sind.

Bewertung der Freisetzung gefährlicher Stoffe

Auch wenn sich mit einiger Erfahrung anhand der Rezeptur zahlreiche Stoffe identifizieren lassen, die zu einer möglichen Innenraumluftbelastung führen könnten, so reicht dies im Regelfall nicht aus, um eine sichere Bauproduktbewertung vorzunehmen. Aus dem Verwendungszweck des Bauprodukts, das heißt der Art des Einbaus in das Gebäude, sind Rückschlüsse darauf zu ziehen, wie weit zum Beispiel direkter Kontakt des Bauprodukts zur Innenraumluft besteht, sodass eine Belastung der Bewohner durch abgegebene Stoffe anzunehmen wäre.

Auch andere Expositionsszenarien, wie zum Beispiel ein möglicher Hautkontakt, sind hierbei zu berücksichtigen. Ebenfalls einzubeziehen sind das Ver- und Bearbeiten von Bauprodukten (Sägen, Schleifen) bei Einbau, Umbau- oder Renovierungsmaßnahmen sowie gegebenenfalls auch mögliche Veränderungen des Bauprodukts über dessen gesamte Lebensdauer gesehen (Alterungsprozesse).

Hierfür sind entsprechend geeignete Emissionsmessungen durchzuführen und deren Ergebnisse raumlufthygienisch bzw. physiologisch zu bewerten. Auf der Basis dieser Bewertungen erfolgt die Entscheidung, ob das Produkt die bauordnungsrechtlichen Anforderungen erfüllt. Im Zulassungsverfahren für Bauprodukte können gegebenenfalls auch Einschränkungen des Verwendungszwecks für das Bauprodukt vorgenommen werden, um schädliche Wirkungen durch Inhaltsstoffe zu minimieren.

Emissionsmessungen erlauben eine genaue Kenntnis der vom Bauprodukt in die Innenraumluft abgegebenen Stoffe. Die Randbedingungen der Messungen sind so abzufassen, dass sie den späteren Nutzungsbedingungen des Bauprodukts entsprechen, das heißt, dass sie den Spielraum der sich in realen Gebäuden einstellenden Randbedingungen abdecken müssen. Andernfalls sind die erhaltenen Stoffkonzentrationen irrelevant und führen zu einer falschen Bewertung des Bauprodukts. So werden zum Beispiel die Luftwechselrate, die Beladung der Emissionskammer (Oberfläche des Bauprodukts im Verhältnis zum Kammervolumen), die Lufttemperatur, Luftfeuchte und eine Vielzahl weiterer Parameter festgelegt. Der zu prüfende Probekörper ist darüber hinaus den realen Einbaubedingungen so gut wie möglich anzupassen. In der Regel liefern solche Emissionsmessungen komplexe Gemische einer Vielzahl von Stoffen in geringsten Konzentrationen, wodurch eine gesicherte toxikologische Bewertung des geprüften Bauprodukts allerdings erschwert wird, da toxikologisch abgeleitete Grenz- oder Richtwerte in der Regel nur für Einzelstoffe existieren.

Um dieses Problem einer Lösung zuzuführen, hat der Ausschuss zur gesundheitlichen Bewertung von Bauprodukten (AgBB) der Arbeitsgemeinschaft der Obersten Landesgesundheitsbehörden (AOLG) auf Basis eines europäischen Projekts im Rahmen der „European Collaborative Action, Indoor air quality and its impact on man" [8], das sich mit der Emission flüchtiger organischer Verbindungen (volatile organic compounds – VOC) aus Bodenbelägen befasste, Mitte der 1990er Jahre begonnen, ein Bewertungskonzept zu entwickeln, das für Bauprodukte allgemein angewendet werden kann. Nach diesem heute allgemein bekannten AgBB-Schema [9] werden alle von einem Bauprodukt emittierten flüchtigen organischen Verbindungen (TVOC = total volatile organic compounds) inklusive der schwerflüchtigen SVOCs (semivolatile organic compounds) erfasst und deren Konzentrationen aufsummiert. Für die Summenkonzentration wird ein maximal zulässiger Wert festgelegt. Die Emissionskammermessung erfolgt nach der vom CEN/TC 264 „Air Quality" erarbeiteten DIN EN 16000-9 Bauprodukte – Bestimmung der Emission flüchtiger organischer Verbindungen [10]. Neben der Gesamtkonzentration flüchtiger organischer Verbindungen werden im AgBB-Schema auch Einzelstoffe bewertet, für die entsprechende NIK-Werte (NIK = niedrigste interessierende Konzentration, englisch LCI = lowest concentration of interest) festgelegt wurden, anhand derer die in der Emissionskammer gemessenen Stoffkonzentrationen bewertet werden. Darüber hinaus werden kanzerogene Stoffe einer besonders scharfen Bewertung unterworfen, sie dürfen praktisch nicht nachweisbar sein ($<1\ \mu g/m^3$). Weiterhin wird auch ein Grenzwert für die Summenkonzentration nicht-bewertbarer bzw. nicht-identifizierbarer Stoffe festgelegt. In Bild 6-7 sind die Bewertungskriterien des AgBB aufgelistet.

Messung nach 3 Tagen	$TVOC_3 \leq 10\ mg/m^3$
	$Kanzerogene_3\ EU\text{-}Kat.1 + 2\ \leq 0,01\ mg/m^3$
	Sensorische Prüfung (z.Zt. nur Platzhalter)
Messung nach 28 Tagen	$TVOC_{28} \leq 1,0\ mg/m^3$
	$\sum SVOC_{28} \leq 0,1\ mg/m^3$
	$Kanzerogene_{28}\ EU\text{-}Kat.1 + 2\ \leq 0,001\ mg/m^3$
	Sensorische Prüfung (z. Zt. nur Platzhalter)
	Bewertbare Stoffe $R = \sum C_i / NIK_i^* \leq 1$
	Nicht bewertbare Stoffe $\sum VOC_{28} \leq 0,1\ mg/m^3$

Bild 6-7   Anforderungen nach DIBt-Grundsätzen bzw. AgBB

Mit diesem Konzept, das erstmals die Bewertung von Bauproduktemissionen in der Gesamtheit und losgelöst von toxikologischen Einzelstoffbewertungen ermöglichte, wurde ein bedeut-
samer Schritt zur Bewertung des Einflusses von Bauprodukten auf die Gesundheit von Gebäudenutzern im Sinne der Bauordnungen der Länder getan.

Im DIBt wurde das AgBB-Schema im Jahr 2002 vorgestellt und im Rahmen der Grundsätze
zur gesundheitlichen Bewertung von Bauprodukten in Innenräumen [11] in 2004 für eine Reihe von Produkten verbindlich als Zulassungskriterium eingeführt. Über die Bewertung von
flüchtigen organischen Verbindungen im Sinne des AgBB-Schemas hinaus werden im Zulassungsverfahren aber auch andere relevante Emissionen bewertet. Hier wäre zum Beispiel das
Formaldehyd zu nennen, das zu den leichtflüchtigen organischen Verbindungen gehört und
dennoch seit Jahrzehnten immer wieder zu bedenklichen Innenraumbelastungen führt, allerdings nicht nur aus Bauprodukten. Weiterhin wird zurzeit sowohl im AgBB als auch im DIBt
über eine mögliche Bewertung von Gerüchen nachgedacht, die dann in das Bewertungsschema
integriert werden könnte.

Auf Basis dieser DIBt-Grundsätze sind im DIBt seit 2004 viele Hundert Bauprodukte für Innenräume, vorwiegend Bodenbeläge, Klebstoffe und Beschichtungen, zugelassen worden. Ein
Absinken des Emissionsniveaus ist im Laufe der Jahre bei vielen dieser Produkte festzustellen.
Diese bauaufsichtliche Maßnahme hat damit sicherlich einen maßgeblichen Beitrag zur Verbesserung der Innenraumluftqualität vor allem in verbrauchernahen Bereichen geleistet, die in
den Landesbauordnungen mit dem Terminus „Aufenthaltsräume" beschrieben werden.

Es sei abschließend erwähnt, dass auch für die Bewertung der Auswirkungen von Bauprodukten auf Boden und Grund- bzw. Oberflächenwasser im DIBt entsprechende Zulassungsgrundsätze entwickelt wurden und mittlerweile vielfältig im Zulassungsverfahren angewendet werden. Auf diese soll im Rahmen dieses Buches aber nicht näher eingegangen werden.

6.2.4 Ausblick

Der Gesundheits- und Umweltschutz gewinnt im Zusammenhang mit der Bewertung von Bauprodukten zunehmend an Bedeutung. Die Bauaufsicht hat sich darauf eingestellt und Bewertungsgrundlagen entwickelt, die in die Genehmigungsverfahren Eingang gefunden haben.
Bauprodukten kommt im Hinblick auf die Innenraumluftqualität insofern eine besondere Bedeutung zu, da die Bewohner eines Gebäudes unmittelbar, häufig großflächig und über lange
Zeiträume mit ihnen konfrontiert sind. Die hierdurch auftretenden Symptome können dabei,

abhängig von der persönlichen Disposition des Exponierten, von Belästigungen, zum Beispiel durch leichte Gerüche, bis hin zu gesundheitlichen Gefährdungen führen. Die für Bauprodukte relevanten technischen Spezifikationen müssen solche Auswirkungen von Bauprodukten hinreichend erfassen, wenn sie die Anforderungen der dargestellten Rechtsgrundlagen erfüllen sollen. Die festzulegenden Sicherheitsniveaus sind – wie auch die zu ergreifenden Maßnahmen bei schon vorhandenen Schadstoffbelastungen – jeweils zwischen dem hygienisch Erforderlichen, dem technisch Machbaren und dem wirtschaftlich Vertretbaren abzuwägen. Die hinnehmbaren Risiken stellen in diesem Prozess generell einen gesellschaftlichen Konsens dar, sind demnach nicht rein toxikologisch festzulegen.

Es ist weiterhin zu bedenken, dass die Bewohner von Gebäuden in der Regel gegenüber einer Vielzahl unterschiedlichster Stoffe exponiert sind, deren synergistische Wirkungen auf den menschlichen Organismus in der Regel wenig bekannt sind. Die Risikopotenziale einzelner Stoffe sollten deshalb nicht bis zu ihrer Gefahrenschwelle ausgeschöpft werden, sondern sie sollten im Sinne einer vorsorgenden Betrachtung möglichst minimiert werden. Auch wenn die Grundlagen des Baurechts auf der Abwehr von Gefahren beruhen, wäre es aus Gründen des vorbeugenden Gesundheitsschutzes zeitgemäß, die rechtlichen Grundlagen dafür zu schaffen, auch schon im Vorfeld eindeutig nachweisbarer Wirkungen handeln zu können. Dies wäre insbesondere im Bereich der Innenraumluftqualität aufgrund der dort vorherrschenden Stoffvielfalt und der Schwierigkeit ihrer toxikologisch eindeutigen Bewertung von großer Bedeutung.

Die bisherigen harmonisierten technischen Spezifikationen berücksichtigen ER 3 nur sehr unzureichend. Viele nationale und europäische Aktivitäten sind derzeit zu verzeichnen, die sich auf Basis der Bestimmungen der Landesbauordnungen sowie der Bauproduktenrichtlinie bzw. der Bauproduktenverordnung mit der Umsetzung entsprechender Anforderungen in technischen Spezifikationen für Bauprodukte befassen. Es ist erforderlich, die nationalen Vorstellungen hinsichtlich einer anzustrebenden Harmonisierung der zugrunde gelegten Prüf- und Bewertungsverfahren abzugleichen und mit Nachdruck in die europäischen Verfahren einzubringen. In die Erarbeitung solcher technischen Spezifikationen sollten deshalb rechtzeitig Fachleute aus den Bereichen Gesundheits- und Umweltschutz einbezogen werden. Dennoch werden harmonisierte europäische Verfahren zur Umsetzung von ER 3 bzw. BR 3 und BR 7 erst in einigen Jahren vorliegen. Ihre praktische Umsetzung in der Folgezeit bleibt abzuwarten.

Bis dahin ist es unerlässlich, an die harmonisierten europäischen technischen Spezifikationen bei der nationalen Umsetzung Zusatzanforderungen zu stellen, um das jeweilige nationale Schutzniveau aufrechtzuerhalten. Solche notwendigen Zusatzanforderungen sollten von der EU-Kommission zwischenzeitlich nicht als Handelshemmnis interpretiert werden. Harmonisierung um jeden Preis unter Ignorierung nationaler Schutzniveaus führt zu Unstimmigkeiten in den technischen Spezifikationen, zu einem Verlust an Sicherheit und letztendlich zu Verwirrung im Vollzug.

Die Entwicklung von Bewertungsgrundlagen für Bauprodukte hinsichtlich der Anforderungen des Gesundheits- und Umweltschutzes wird zukünftig zu einer systematischen, vorsorglichen Bewertung von Bauprodukten führen. Die Aspekte des Gesundheits- und Umweltschutzes sind fundamental und sichern auf Dauer die Lebensgrundlagen der Menschen in Europa; sie dürfen keinesfalls auf dem europäischen Altar aus überzogenem Pragmatismus dem Harmonisierungszwang geopfert werden, jedoch auch nicht an einzelstaatlichen Widerständen scheitern. Das gemeinsame Ziel, durch vernünftige, von allen getragenen Maßnahmen zu einer Verbesserung der Wohnhygiene zu gelangen und zum Schutz der Umwelt beizutragen, muss im Auge behalten werden.

6

Literatur

[1]   Achelis, J., Mustervorschriften der ARGEBAU, Beuth Verlag Berlin, 1997

[2]   Richtlinie des Rates vom 21. Dezember 1988 zur Angleichung der Rechts- und Verwaltungsvorschriften der Mitgliedstaaten über Bauprodukte – 89/106/EWG – Amtsblatt der Europäischen Gemeinschaften Nr. L 40/12 vom 11. Februar 1989

[3]   Bauregelliste A, Bauregelliste B und Liste C, Verlag Ernst & Sohn, Berlin

[4]   Gefahrstoffverordnung vom 26. November 2010, BGBl. I, 2010, S. 1643

[5]   Chemikalien-Verbotsverordnung vom 13. Juni 2003, BGBl. I, 2003, S. 867–884, zuletzt geändert durch Artikel 5 Abs. 10 der Verordnung vom 26. November 2010, BGBl I, 2010, S. 1643

[6]   REACH – Verordnung [EG] Nr. 1907/2006 vom 18. Dezember 2006, Amtsblatt der Europäischen Union L 136/3 vom 29.5.2007

[7]   GHS – Verordnung [EG] Nr. 1272/2008 vom 16. Dezember 2008, Amtsblatt der Europäischen Union L 353/1 vom 31.12.2008

[8]   Evaluation of VOC Emissions from Building Products, European Collaborative Action: Indoor Air Quality & its Impact on Man, Report Nr. 18, 1997

[9]   AgBB-Schema – http://www.umweltbundesamt.de/uba-info-daten/daten/voc.htm

[10] DIN EN 16000-9: Building products-Determination of the emission of volatile organic compounds: Emission test chamber method, 16000-10: Emission test cell method and 16000-11: Procedure for sampling, storage of samples and preparation of test specimens

[11] Grundsätze zur gesundheitlichen Bewertung von Bauprodukten in Innenräumen, DIBt Mitteilungen 5/2010, Verlag Ernst und Sohn, Berlin, sowie http://www.dibt.de

6

6.3 Hersteller-Informationen

Reinhold Rühl

Einführung

Die Hersteller informieren über Baustoffe durch Technische Merkblätter und Sicherheitsdatenblätter. Darüber hinaus wird über Baustoffe durch Fachzeitschriften informiert, deren Redakteure ihren Artikeln ebenfalls die Unterlagen der Hersteller zugrunde legen. Neutrale Informationen zu vielen Baustoffen bietet die BG BAU mit den WINGIS-Infos.

Aufgabe und Verfügbarkeit der Sicherheitsdatenblätter

Sicherheitsdatenblätter müssen die Hersteller von Baustoffen dem gewerblichen Verwender mit der Lieferung übermitteln, wenn die Baustoffe „gekennzeichnet" sind. Gekennzeichnet bedeutet, dass ein Gefahrensymbol oder ein R-Satz auf dem Gebinde zu finden ist (Bild 6-8).

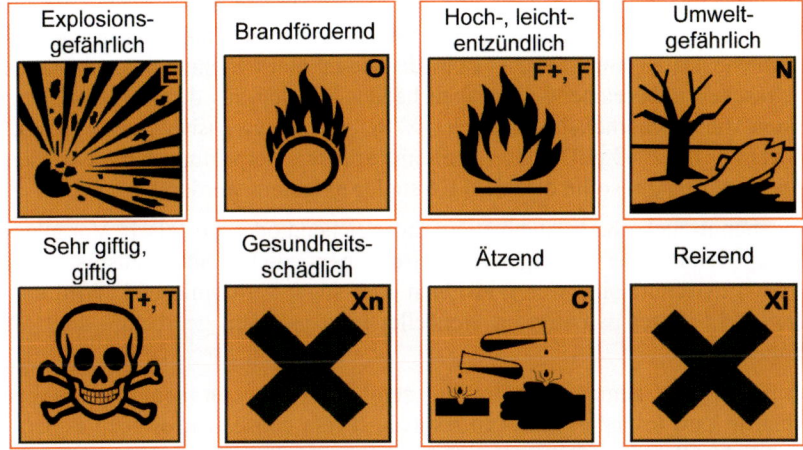

Bild 6-8 Beispiele für die Kennzeichnung von Baustoffen

Auch von nicht gekennzeichneten Baustoffen können beim Umgang Gefahren ausgehen (wenn Stäube entstehen oder Hautkontakt besteht). Daher müssen die Hersteller bei nicht gekennzeichneten Baustoffen dem gewerblichen Verwender auf Anfrage Sicherheitsdatenblätter zukommen lassen.

Das bereits mit der Richtlinie 91/155/EWG eingeführte Sicherheitsdatenblatt wird seit 2008 von der REACH-Verordnung geregelt (Artikel 3 Nr. 13 der REACH-Verordnung). Die inhaltliche Gestaltung und der grundsätzliche Umfang des Sicherheitsdatenblattes werden durch Artikel 31 Absatz 6 der REACH-Verordnung festgelegt. Ein Sicherheitsdatenblatt ist erst dann vollständig ausgefüllt, wenn es datiert ist und die Angaben zu allen Abschnitten vollständig sind.

Zwar ist ein Sicherheitsdatenblatt grundsätzlich nur an den gewerblichen Verwender zu liefern, oft ist eine Differenzierung der potenziellen Kunden aber nicht möglich (so kauft im Baumarkt der Heimwerker, aber auch der Fliesen- oder Bodenleger), sodass viele Hersteller ihre Sicherheitsdatenblätter auf Anfrage allgemein zur Verfügung stellen. Zahlreiche Hersteller sind ohnehin dazu übergegangen, Sicherheitsdatenblätter im Internet anzubieten.

Die Verfügbarkeit der Sicherheitsdatenblätter ist damit grundsätzlich gegeben. Ist deren Inhalt aber auch hilfreich und vertrauenswürdig?

Qualität der Sicherheitsdatenblätter

„Das Sicherheitsdatenblatt ist dazu bestimmt, dem berufsmäßigen Verwender die beim Umgang mit Stoffen und Zubereitungen notwendigen Daten und Umgangsempfehlungen zu vermitteln, um die für den Gesundheitsschutz, die Sicherheit am Arbeitsplatz und den Schutz der Umwelt erforderlichen Maßnahmen treffen zu können." (Richtlinie 2001/58/EG)

Sicherheitsdatenblätter sind somit **die** Information der Hersteller und Inverkehrbringer zu Arbeits- und Umweltschutz beim Umgang mit ihren Produkten. Sie sind die wesentliche Grundlage für die Gefährdungsbeurteilung zum Umgang mit Stoffen.

Der Hersteller muss ein neues Sicherheitsdatenblatt erstellen, wenn wichtige neue Informationen zur Sicherheit, zu Gesundheitsschutz oder Umwelt vorliegen. Unzureichende Angaben im Sicherheitsdatenblatt weisen daher entweder auf eine (noch) unzureichende Datenlage oder auf ein schlecht ausgefülltes Sicherheitsdatenblatt hin. Da im Sicherheitsdatenblatt auch angegeben werden sollte, welche Daten noch fehlen, kann der Leser eines Sicherheitsdatenblattes feststellen, welche Ursachen unzureichende Angaben haben. Mit den aus dem Arbeitsschutz bekannten Checklisten für Sicherheitsdatenblätter (z. B. http://www.gisbau.de/sdb_check/ SDB-Check-Liste_Version_11_2003.pdf) kann leicht eine solche Überprüfung vorgenommen werden. Sind Defizite festzustellen, sollte dies dem Hersteller mitgeteilt werden.

Leider sind viele Angaben in Sicherheitsdatenblättern unzureichend oder gar falsch. Vor allem die insbesondere für den Heimwerker wichtigen Hinweise zu persönlichen Schutzausrüstungen wie Handschuhen und Atemschutz sind wenig hilfreich oder sogar verharmlosend. Wird entsprechend den Angaben in diesen wichtigsten Hersteller-Informationen gearbeitet, sind oft Erkrankungen die Folge.

Selbst die „Swedish Plastics & Chemicals Federation" stellt 2004 fest: „an incomplete Safety Data Sheet, or one that is hard to understand, can result in severe consequences such as accidents when using the product."

2001 hat die EU in den Erwägungsgründen zum Sicherheitsdatenblatt-RL 2001/58 sehr deutlich formuliert: „In letzter Zeit ergriffene Maßnahmen zur Durchsetzung der Bestimmungen und Studien in den Mitgliedstaaten haben gezeigt, dass viele Sicherheitsdatenblätter von geringer Qualität sind und dem Verwender nicht die erforderlichen Informationen liefern."

Dies macht die Praxis der Sicherheitsdatenblätter deutlich. Alle Studien hierzu belegen, dass die Sicherheitsdatenblätter meist schlecht ausgefüllt bzw. oft mit falschen Angaben versehen sind und nicht selten verharmlosende Formulierungen aufweisen (Hombach 1989, Rühl 1989, 2002, Kaup 1995, Wachsmuth und Harnack 1998, Geyer et al. 1999, LASI 2003).

Das Bundesamt für Umwelt-, Wald- und Landschaft der Schweiz (Bern 2004) hat rund 60 Sicherheitsdatenblättern für Sanitärreiniger auf ihre Qualität überprüft. Die durchschnittliche Beanstandungsquote bezüglich aller Kontrollpunkte lag bei 40 %. Abbildung 2 macht deutlich, dass für viele Angaben im Sicherheitsdatenblatt die Beanstandungsquote deutlich höher liegt. Das Schweizer Bundesamt kommt zu dem Schluss, dass diese Tatsache vor allem auch deshalb bedenklich ist, weil sich die Überprüfungsaktion auf Produkte bezog, für die eigentlich viele Daten verfügbar sind.

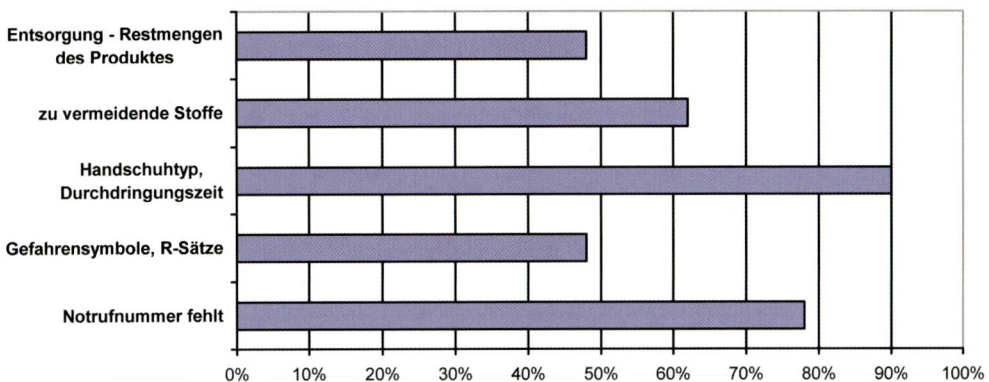

Bild 6-9 Beanstandungsquoten bei Angaben in Sicherheitsdatenblättern (Bern 2004)

Defizite liegen somit nicht darin begründet, dass Daten schwierig zu erfassen sind, sondern in der mangelnden Sorgfalt der Hersteller.

Sicherheitsdatenblätter werden nicht selten von Personen erstellt, die wenig Kenntnisse von Chemikalien, Chemikalienrecht und gesundheitsschädigenden Eigenschaften haben. Begründet wird dies damit, dass sich nicht jeder kleine Hersteller eine fach- oder gar sachkundige Person leisten könne. Diese Argumentation ist befremdlich. Zum einen müssen die Hersteller ein Produkt abliefern, dass allen Anforderungen gerecht wird – auch an die Sicherheit (Kothe 2003). Dazu gehört nun einmal ein Sicherheitsdatenblatt. Zum anderen liefern diese Hersteller, auch wenn sie ein Klein- oder Mittelbetrieb sind, in der Regel gut aufgemachte verständliche technische Merkblätter, die nicht selten von einer Agentur erstellt wurden. Wenn dafür Geld vorhanden ist, dann auch für die Vermittlungen der gesetzlich vorgeschriebenen Informationen.

Die in den Studien ermittelten Defizite bei Sicherheitsdatenblättern sind schwerwiegend, machen das Ausmaß des Dilemmas dennoch nicht zur Gänze deutlich. Schließlich wurden in fast allen Studien nur für den Arbeitsschutz relevante Teile des Sicherheitsdatenblattes betrachtet. Da nicht davon auszugehen ist, dass die Angaben in den anderen Teilen der Sicherheitsdatenblätter besser sind (z. B. zur Umweltgefährdung), kann getrost gefolgert werden, dass kaum ein Sicherheitsdatenblatt den gesetzlichen Anforderungen entspricht. Folgen hatte dies bisher für keinen Hersteller bzw. Inverkehrbringer.

Aus den Angaben in Sicherheitsdatenblättern zu Atemschutz und Handschuhen bei Abbeizern wird deutlich, wie über viele Jahre einfach verfügbare Informationen nicht weitergegeben wurden. Beim Umgang mit dichlormethanhaltigen Abbeizern sind die Grenzwerte immer überschritten. Da Dichlormethan ein Niedrigsieder ist (Siedepunkt unter 65 °C), schützen Atemschutzfilter bei Vorliegen weiterer Lösemittel nicht und es sind umgebungsluftunabhängige Atemschutzgeräte einzusetzen. Die Hersteller dichlormethanhaltiger Abbeizer haben diese Erkenntnis jahrelang ignoriert (Tab. 6-1).

Tabelle 6-1   Angaben zu Atemschutz in DIN- und EG-Sicherheitsdatenblättern von
dichlormethanhaltigen Abbeizmitteln (richtig sind Isoliergeräte)

	DIN		EG		
	vor 1990	ab 1991	bis 1997	1998–20003	2005
Isoliergerät	1	9	1	1	6
Hinweis u. a. auf Isoliergerät	1	4	7	1	1
A- oder AX-Filter	3	2	4	4	–
Atemschutz: ja	19	8	9	2	–
Keine Angabe	15	10	–	1	–
Gesamt	39	33	21	9	7

Die vielen schweren, z. T. tödlichen Unfälle mit dichlormethanhaltigen Abbeizern (Rühl 2003)
haben ihre Ursache sicher auch in solchen Herstellerangaben.

Sicherheitsdatenblätter – Daten für Großbetriebe, Informationen für KMU

Während Großbetriebe Fachleute haben, die aus den Daten der Sicherheitsdatenblätter die
notwendigen Schlüsse ziehen können, benötigen die in der Bauwirtschaft überwiegend anzutreffenden kleinen Betriebe ebenso wie der Heimwerker Informationen in einer für Sie verständlichen Sprache.

Leider sind hinsichtlich der Lesbarkeit oder Verständlichkeit der Sicherheitsdatenblätter noch
größere Defizite festzustellen wie bei den fachlichen Angaben. Wesentliche Ursache hierfür ist
die Verwendung von Standardsätzen. Angeblich ist es den Herstellern weder zumutbar noch
möglich, die Eigenschaften, Gefahren und Schutzmaßnahmen für Chemikalien in jedem Sicherheitsdatenblatt individuell zu beschreiben. Daher wurden „Standardsatz-Kataloge" formuliert, die es erlauben, relativ einfach der Pflicht zur Formulierung von Sicherheitsdatenblättern
nachzukommen (http://www.bdi-online.de/de/fachabteilungen/2394.htm).

Die Verwendung der Standardsätze wird mit der Vielzahl der zu erstellenden Sicherheitsdatenblätter, der Unmöglichkeit, jedes Sicherheitsdatenblatt individuell zu formulieren und
dem Einsatz der EDV gerechtfertigt. Diese Standardsätze führen aber zu sehr allgemeinen,
nicht nur für Laien nur schwierig zu interpretierenden Formulierungen.

Kleinbetriebe und Verbraucher benötigen Informationen, die sich konkret auf den Baustoff
und die Verarbeitungsweise beziehen, wie im entsprechenden technischen Merkblatt beschrieben. Es werden Informationen über mögliche Gefahren beim Umgang benötigt, und nicht etwa
Daten, die interpretiert werden müssen bzw. die Basis für weitere Recherchen sind.

Dies sei am pH-Wert und am Dampfdruck erläutert. Ob jeder weiß, wie ein pH-Wert zu interpretieren ist, darf bezweifelt werden. Daher sollte man erwarten, dass die Angaben hinsichtlich
der für den Menschen kritischen pH-Werte – unter 2 und über 11 – klar und eindeutig sind.
Insbesondere bei Produkten mit pH-Werten über 11,5 steht außer Frage, dass bei unzureichen-
dem Schutz Verätzungen zu befürchten sind. Tabelle 6-2 macht deutlich, dass bei sehr vielen
Produkten die Kennzeichnung auf diese Gefahr einer Verätzung nicht hinweist, sondern diese
erst beim intensiven Studium des Sicherheitsdatenblattes erkannt werden kann (wenn man
einen pH-Wert richtig zuordnen kann).

Tabelle 6-2   Auswertung von 7975 EG-Sicherheitsdatenblättern für Bau-Chemikalien (2384
enthalten eine Angabe zum pH-Wert)

pH-Wert	Gesamt	Gefahrensymbole				Gefahrenhinweise		
		Ätzend C	Reizend Xi	T, Xn	ohne	R 34, 35	R 36, 37, 38, 41	ohne
≥ 11,5	682	63	457	9	153	65	472	145
≤ 2	184	34	45	19	86	34	72	78
Summe	866	97	502	28	239	99	544	223

Der Dampfdruck ist noch schwieriger zu interpretieren, vor allem wenn, wie bei Baustoffen, mehrere Stoffe in den Produkten enthalten sind. Zusammensetzung und Dampfdruck ändern sich hier permanent, weil der Inhaltsstoff mit dem niedrigsten Siedepunkt schneller verdunstet als der Rest der Zubereitung. Daher ist die Angabe eines Dampfdrucks bei Zubereitung ohne weitere Hinweise wenig hilfreich.

Üblicherweise führen die Hersteller bei einem Baustoff im Sicherheitsdatenblatt unter Dampfdruck einen Zahlenwert ohne Erläuterung dieser Problematik auf (oft noch mit dem Hinweis auf eine DIN oder einen „Literaturwert", sodass der Leser meint, einen besonders verlässlichen Wert vor sich zu haben). In weniger als 10 % der Angaben eines Dampfdruckes erfolgt ein Hinweis, dass nicht der Dampfdruck des Produktes vorliegt, sondern der Dampfdruck von Testbenzin oder eines Lösemittels, eines konkret genannten Stoffes oder des kritischsten Inhaltsstoffes (Bild 6-10). Somit bleibt festzuhalten, dass die Angabe eines Dampfdruckes für Baustoffe zumindest problematisch ist; der Hersteller sollte dies im Sicherheitsdatenblatt erläutern oder auf die Angabe des Dampfdruckes verzichten.

Ähnlich problematisch sind die Angaben zum Flammpunkt oder zu den Explosions-Grenzen bei Zubereitungen zu sehen.

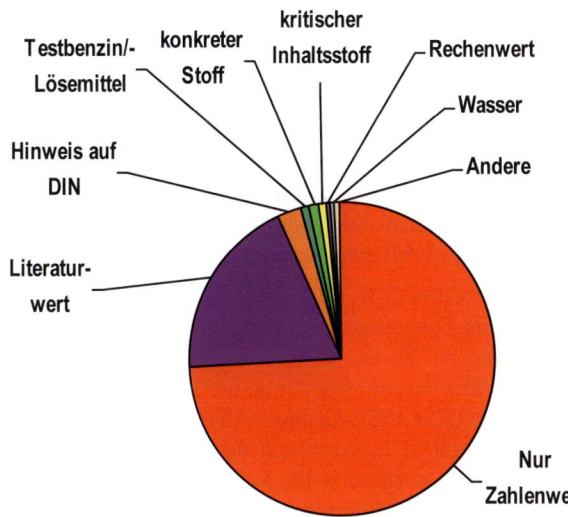

Bild 6-10 Erläuterungen zum Dampfdruck in 4880 EG-Sicherheitsdatenblättern

Technische Merkblätter und andere Hersteller-Informationen

Die Einstellung der Anwender zu Gefahren und Schutzmaßnahmen beim Einsatz von Baustoffen wird nicht allein durch Sicherheitsdatenblätter bestimmt, sondern zumindest in gleichem Maß durch weitere Informationen von Herstellern bzw. deren Verbänden.

So liefern die Hersteller meist Technische Merkblätter, in denen umfassend über den Einsatz der Baustoffe informiert wird. Diese Technischen Merkblätter sind in der Regel sehr gut aufgemacht (meist farbig) und enthalten detaillierte Angaben zum Einsatz der Produkte. Obwohl auch die geeigneten Schutzmaßnahmen unabdingbar für den Einsatz sind, wird in den Technischen Merkblättern hierauf kaum eingegangen. Wenn diese Thematik erwähnt wird, dann meist mit einem Hinweis auf das Sicherheitsdatenblatt, das, wie bereits dargelegt, in der Regel aber keine Hilfe zum sicheren Umgang bietet.

Die Informationen, welche die Hersteller-Verbände über die Produkte ihrer Mitglieder herausgeben, beeinflussen auf vielerlei Weise die Arbeitsweise der Anwender. Einerseits verteilen die Hersteller diese Informationen ihres Verbandes an ihre Kunden, andererseits gehen diese Informationen an die Verbände und Innungen der Anwender. Verbandsinformationen sind in der Regel nicht nur auf ein Produkt beschränkt und gelten somit als „neutral".

Diese Verbandsinformationen beeinflussen über einen weiteren, eventuell sogar den wichtigsten Weg, die Anwender. In Fachzeitschriften für das jeweilige Anwendungsgebiet werden Einsatzbereiche der Produkte von unabhängigen Sachverständigen beschrieben. Diese Sachverständigen benutzen die Angaben der Hersteller bzw. deren Verbände, denn sie gehen davon aus, dass „niemand besser als der Hersteller selbst die Eigenschaften seines Produktes darstellt" (Nader, 1989).

In Verbandsinformation kann es aber kaum Hinweise auf Schutzmaßnahmen, keine konkreten Anwendungshinweise und v. a. keine Hinweise auf Ersatzstoffe geben. Schließlich muss der Verband neutral informieren, nicht auf bestimmte Produkte bezogen.

Es geht aber auch anders, wie der Verband Deutsche Bauchemie e. V. zeigt. Er hat sehr konkret die geeigneten Schutzhandschuhfabrikate für Bitumendispersionen und für lösemittelhaltige Bitumenprodukte sowie für lösemittelfreie Epoxydharzprodukte ermittelt (http://www.gisbau.de/service/epoxi/epoxi.htm).

Informationen der BG BAU zu Baustoffen

Die Berufsgenossenschaft der Bauwirtschaft (BG BAU) informiert ihre Mitgliedsunternehmen, die Bau- und Reinigungsbetriebe, über den sicheren Umgang mit Baustoffen und Reinigungsmitteln. Da viele dieser Produkte auch vom privaten Anwender eingesetzt werden, sind die Informationen der BG BAU nicht nur für den gewerblichen Verwender interessant.

Der Schlüssel zu diesen Informationen ist der GISCODE oder Produkte-Code. Diese Begriffe stehen für das Prinzip, Produkte verschiedener Hersteller für die gleiche Anwendung und mit ähnlicher Gefährdung zu Gruppen zusammen zu fassen. So fasst die GISCODE-Gruppe D1 alle Dispersionsklebstoffe für den Bodenbereich zusammen, die keine Lösemittel oder Reaktivstoffe enthalten. Für die Mehrzahl dieser GISCODE-Gruppen (Tabelle 6-3) wurden die Expositionen während der Verarbeitung ermittelt, d. h. vor allem für die Konzentrationen an Lösemitteln, denen der Bodenleger beim Einbau ausgesetzt ist. Solche GISCODE- oder Produkte-Code-Gruppen gibt es für fast alle Bau- und Reinigungsmittel (Tabelle 6-4).

Der GISCODE oder Produkte-Code (z. B. D1 oder MLB 01) wird in Sicherheitsdatenblättern, auf den Technischen Merkblättern, auf Gebinden und in vielen Herstellerkatalogen aufgeführt

(Bild 6-11). Die BG BAU hat zu diesen GISCODE- bzw. Produkt-Code-Gruppen Informationen im WINGIS-Programm erstellt, das im nächsten Kapitel vorgestellt wird.

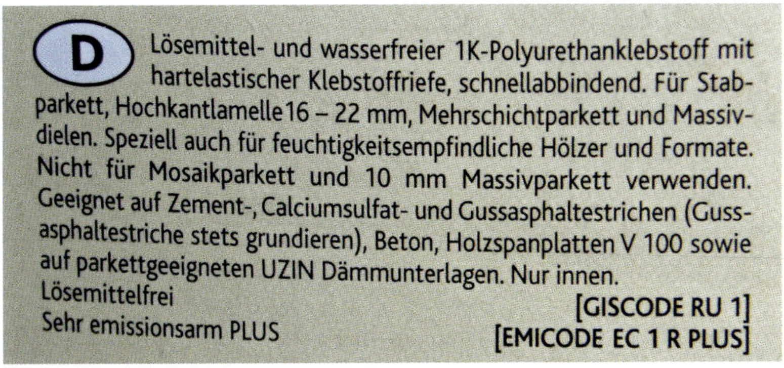

D Lösemittel- und wasserfreier 1K-Polyurethanklebstoff mit hartelastischer Klebstofffriefe, schnellabbindend. Für Stabparkett, Hochkantlamelle 16 – 22 mm, Mehrschichtparkett und Massivdielen. Speziell auch für feuchtigkeitsempfindliche Hölzer und Formate. Nicht für Mosaikparkett und 10 mm Massivparkett verwenden. Geeignet auf Zement-, Calciumsulfat- und Gussasphaltestrichen (Gussasphaltestriche stets grundieren), Beton, Holzspanplatten V 100 sowie auf parkettgeeigneten UZIN Dämmunterlagen. Nur innen.
Lösemittelfrei   [GISCODE RU 1]
Sehr emissionsarm PLUS   [EMICODE EC 1 R PLUS]

Bild 6-11 GISCODE auf einem Baustoff-Gebinde

6

Tabelle 6-3 GISCODE für Bodenbelagsklebstoffe

I. Dispersionsvorstriche und -klebstoffe

D1	lösemittelfrei	D5	lösemittelhaltig, aromatenfrei
D2	lösemittelarm, aromatenfrei	D6	lösemittelhaltig, toluolfrei
D3	lösemittelarm, toluolfrei	D7	lösemittelhaltig, toluolhaltig
D4	lösemittelarm, toluolhaltig		

II. Epoxidharz-Produkte

RE1	lösemittelfrei, sensibilisierend	RE2,5	lösemittelarm
RE2	lösemittelarm, sensibilisierend	RE3	lösemittelhaltig, sensibilisierend

III. Stark lösemittelhaltige Klebstoffe und Vorstriche

S0,5	lösemittelkontrolliert	S4	methanolfrei
S1	aromaten- und methanolfrei	S5	toluolfrei und methanolhaltig
S2	toluol- und methanolfrei	S6	toluolhaltig
S3	aromatenfrei		

IV. Polyurethan-Klebstoffe/-Vorstriche

RU1	lösemittelfrei	RU3	lösemittelhaltig
RU2	lösemittelarm	RU4	stark lösemittelhaltig
RS10	Verlegewerkstoffe, methoxysilanhaltig		

Tabelle 6-4   GISCODE und Produkt-Code für Baustoffe

– GISCODE für Bodenbelagsklebstoffe
– GISCODE für Parkettsiegel
– Produkt-Code für Farben und Lacke
– GISCODE für kaltverarbeitbare Bitumenprodukte
– GISCODE für Epoxidharz-Beschichtungen
– GISCODE für Methylmethacrylat-Beschichtungen
– Produkt-Code für Betontrennmittel
– GISCODE für Polyurethan-Systeme im Bauwesen
– Produkt-Code für Holzschutzmittel
– GISCODE für Korrosionsschutz-Produkte

Auf der Webseite http://www.gisbau.de finden sich unter „Service" viele Informationen über Baustoffe und Reinigungsmittel. Dazu gehören ungefährlichere Alternativen, die geeigneten Schutzhandschuhe beim Umgang mit bestimmten Baustoffen und Reinigungsmitteln, staubarme Baustoffe sowie rechtliche Bestimmungen und Hinweise auf Erkrankungen, die durch bestimmte Baustoffe oder Reinigungsmittel verursacht werden.

Nano in der Bauwirtschaft

Auch in Baustoffen werden die Effekte der Nanotechnologie genutzt. Allerdings wird der Begriff „Nano" hier oft zu Marketingzwecken verwendet, ohne dass Nanoteilchen im Bauprodukt enthalten ist. Für die Hersteller besteht keine gesetzliche Verpflichtung, Angaben auf dem Gebinde oder dem Sicherheitsdatenblatt bzgl. des Einsatzes von Nanoteilchen in Produkten zu machen. Zwar schlägt der Verband der chemischen Industrie in einem Leitfaden vor, im Sicherheitsdatenblatt auf die enthaltenen Nanoteilchen hinzuweisen, dies erfolgt aber selten. Das heißt, man kann aus den Herstellerangaben nicht eindeutig erkennen, ob Nanoteilchen in den Produkten enthalten sind.

Die BG BAU bietet mit ihrer Nanoliste eine Hilfe bei Fragen zu Nano in der Bauwirtschaft (http://www.bgbau.de, Webcode 3056845). In der Nanoliste sind Produktnamen, Hersteller, Anwendungsbereich sowie eine kurze Erläuterung zum Baustoff aufgeführt. Diese Angaben wurden bei den jeweiligen Herstellern ermittelt.

Bisher enthält die Nanoliste überwiegend Baustoffe, bei denen trotz der Erwähnung von Nano im Produktnamen oder in den Informationen der Hersteller tatsächlich überhaupt kein Nano enthalten ist. Somit muss aktuell kaum erklärt werden, welche Nanoteilchen bestimmte Effekte erzeugen.

Die Nanoliste der BG BAU kann genutzt werden, ohne vertieft auf Definitionsfragen einzugehen. Auch nimmt die Nanoliste der BG BAU kein Nanoregister vorweg, das immer wieder gefordert wird. Die Liste wurde aufgrund der Anfragen zusammengestellt, die an die BG BAU herangetragen wurden. Sie soll eine Hilfe für die Anwender von Bau- und Reinigungsprodukten darstellen und nicht für die Nano-Experten.

Die Liste ist nicht vollständig und wird laufend aktualisiert. Es besteht auf der Webseite die Möglichkeit, um die Aufnahme weiterer Nanoprodukte in die Liste zu bitten.

Der sichere Umgang mit Bau- und Reinigungsprodukten, denen Nanoteilchen zugesetzt werden, ist in der Anlage der Nanoliste beschrieben, dort werden auch Fachbegriffe erläutert.

WINGIS

Mit WINGIS hat die BG BAU seit über 20 Jahren ein einzigartiges System. WINGIS bietet Informationen über Bau- und Reinigungsprodukte in einer nicht nur für Chemiker verständlichen Sprache an. WINGIS informiert darüber, ob wirklich Gefahren auftreten beim Einsatz eines Produktes, über mögliche Ersatzstoffe und über die konkreten Schutzmaßnahmen. Die WINGIS-Informationen können anhand des Produktnamens abgefragt werden oder anhand des GISCODEs oder Produkte-Codes, der auf dem Gebinde aufgedruckt ist.

Die WINGIS-Informationen wurden zwar für den Arbeitsschutz entwickelt, sind jedoch auch für den privaten Anwender sehr hilfreich. In WINGIS kann gewählt werden, ob man Informationen für Unternehmer, Beschäftigte, Sicherheitsingenieure, Arbeitsmediziner oder Betriebsräte benötigt, und erhält zum Baustoff darauf abgestimmte entsprechende Informationen. Für den privaten Anwender empfiehlt sich in erster Linie die Information für den Unternehmer. Darin wird beschrieben, ob und ggf. welche Ersatzstoffe es gibt, ob Grenzwerte beim Einsatz des Produktes überschritten werden und welche Schutzmaßnahmen zu verwenden sind.

Sollten Fragen hinsichtlich der gesundheitlichen Auswirkungen der Inhaltsstoffe auftreten, ist ein Blick in die Information für den Arbeitsmediziner sinnvoll. Dort sind ausführliche toxikologische Wirkungsprofile zu den Inhaltsstoffen aufgeführt. Bei eventuellen Beschwerden kann ein solcher Ausdruck mit zum Arzt genommen werden, der es dann leichter hat, mögliche Zusammenhänge zwischen der Erkrankung und dem Bauprodukt herzustellen.

Die im Arbeitsschutz notwendigen Betriebsanweisungen für den Umgang mit Chemikalien sind in WINGIS ebenfalls abzurufen. Diese Betriebsanweisungen sind in derzeit 15 Sprachen verfügbar.

6

Arbeitsschutz und gesundes Bauen

Die Arbeiten der BG BAU haben ein sicheres Arbeiten zum Ziel. Auch ein wesentlicher Teil der Informationen in Sicherheitsdatenblättern dient dem Arbeitsschutz. Gesundes Bauen, Belastung der Innenräume oder Umweltschutz sind nicht Aufgabe der BG BAU. Allerdings gibt es hier nur in ganz wenigen Fällen einen Widerspruch. In der Regel nutzen die Arbeitsschutzmaßnahmen bei Bau- und Reinigungsprodukten der Umwelt und sie verringern die Schadstoffbelastung in Räumen nach dem Einsatz von Baustoffen.

Anfang der 1990er Jahre gab es im Baubetrieb noch wöchentlich Explosionen durch stark lösemittelhaltige Bodenbelagsklebstoffe und Parkettsiegel. Es gab sehr viele schwere, oft tödliche Unfälle durch dichlormethanhaltige Abbeizer. Ein geringer Anteil von Chromatverbindungen im Zement führte zu jährlich Hunderten von Hautallergien usw. Die Arbeit der BG BAU hat dazu geführt, dass heute im Wesentlichen Dispersionskleber für Bodenbelagsarbeiten eingesetzt werden, seit Juni 2012 dichlormethanhaltige Abbeizer europaweit verboten sind – auf www.bgbau.de/praev/fachinformationen/gefahrstoffe wird über Alternativen informiert – und der Zement keine Hautallergien mehr verursacht.

Diese Erfolge waren nur möglich, weil auch die Hersteller ihren Teil dazu beigetragen haben, damit Bauen und Reinigen sicherer (und gesünder) wird. Es ist durchaus nachzuvollziehen, dass die Hersteller Anfang der 1990er Jahre, also zu Beginn der verstärkten Arbeit der BG BAU in diesem Bereich, nicht sehr glücklich mit diesen Aktivitäten waren. Inzwischen wird sehr gut zusammengearbeitet, wenn auch natürlicherweise unterschiedliche Interessen bestehen.

Beispielhaft für diese Zusammenarbeit ist das gemeinsame Vorgehen gegen Hautallergien durch Epoxidharze. Epoxidharze werden in der Bauwirtschaft aufgrund ihrer hervorragenden technischen Eigenschaften immer häufiger eingesetzt, so etwa in Beschichtungsmaterialien, bei der Betonsanierung, in Klebstoffen usw. So lange Epoxidharze noch nicht ausgehärtet sind, haben sie allerdings ein sehr hohes Allergisierungspotenzial, d. h., sie verursachen sehr schnell Hautallergien. Hier besteht ein gemeinsames Interesse der Hersteller, die nicht wollen, dass ihre Produkte im Zusammenhang mit Hauterkrankungen gesehen werden, und der Arbeitsschützer an dem sicheren Einsatz von Epoxidharzen. Die Initiative neue Qualität der Arbeit INQA hat unter http://www.inqa-epoxibewertung.de die Epoxidharze angegeben, die sicherheitstechnisch optimale Voraussetzungen bieten. Auch diese Webseite lebt davon, dass die aufgeführten Epoxidharze bevorzugt verwendet werden und jene Produkte gemeldet werden, die noch nicht auf der Webseite aufgeführt werden.

Fazit

Die Käufer und Anwender von Baustoffen haben es in der Hand, die Informationspolitik der Hersteller zu beeinflussen. Falls sie Sicherheitsdatenblätter oder technische Merkblätter nicht verstehen oder gar falsche Angaben entdecken, sollten die Hersteller angesprochen werden.

Mit der Nutzung der Informationen der BG BAU wird diese Institution bei ihren Arbeiten für sicherere Baustoffe gestärkt. Viele der von der BG BAU angebotenen Informationen sind interaktiv, d. h., sie können nicht nur genutzt werden, sondern man kann Verbesserungen anregen und Informationen über Baustoffe anfordern, die dort noch nicht aufgeführt werden.

Auch der alleinige Einsatz von Baustoffen mit dem GISCODE oder von Epoxidharzprodukten, die auf der INQA-Webseite aufgeführt sind, stärkt diese Institutionen.

Literatur

Bern (2004): Resultat einer gesamt-schweizerischen Qualitätsüberprüfung. Umweltmaterialien des Bundesamtes für Umwelt-, Wald- und Landschaft der Schweiz Nr. 185

Geyer A, Kittel G, Vollebregt L, Westra J, Wriedt H (1999): Assessment of the usefulness of Material Safety Data Sheets (MSDS) for SMEs. Linz, Österreich, http://www.microrisk2001.gr/elsigan.doc

Hombach W (1989): Sicherheitsdatenblätter. Humane Produktion 3/89, 15–19

Kaup U (1995): Sicherheitsdatenblatt keine Formalie. Ministerium für Arbeit, Gesundheit und Soziales, Nordrhein-Westfalen, Jahresbericht, 44–47

Kothe W (2003): Zivilrechtliche Folgen mangelhafter Sicherheitsdatenblätter. Informationsveranstaltung „Sicherheitsdatenblatt – Instrument des Arbeitsschutzes", 5. Juni 2003, Dortmund, BAuA

LASI (2003): Sicherheitsdatenblatt-Instrument des Arbeitsschutzes. Abschlussbericht zur Schwerpunktaktion des Länderausschusses für Arbeitsschutz und Sicherheitstechnik in Kooperation mit der Bundesanstalt für Arbeitsschutz und Arbeitsmedizin, s. a. http//lasi.osha.de/publications

Nader F (1989): Brief vom 4. Juli 1989 an Dr. R. Rühl, Berufsgenossenschaft der keramischen und Glas-Industrie

Rühl R (1989): Wie wird das Sicherheitsdatenblatt für den Arbeitsschutz genutzt. Sicherheitsingenieur 6/89, 18–26

Rühl R (2002): Sicherheitsdatenblätter – Besser und nur noch mit Sachkunde erstellt. Nachrichten aus der Chemie (50), 100–103

Rühl R (2003): Risikofall Abbeizen. Farbe & Lack (109), 65–74

Swedish Plastics & Chemicals Federations (2004): Assessment of the member companies safety data sheets: The quality of Safety Data Sheets. http://www.plastkemiforetagen.se/Publikationer/PDF/SDB_rapport_Eng.pdf

Wachsmuth H, Harnack D (1989): Hilfe oder Verwirrung. Sicher ist sicher, 6/98, 279–283

6.4 Was ist REACH?

Andre Koring und Dorothea Annette Steiger

Heute ist der Begriff „REACH" in der europäischen Chemikalienpolitik allgegenwärtig. Mit der Einführung der europäischen Verordnung (EG) Nr. 1907/2006 zur Registrierung, Bewertung, Zulassung und Beschränkung chemischer Stoffe (auf Englisch „**R**egistration, **E**valuation, **A**uthorisation of **Ch**emicals – kurz REACH) am 1. Juni 2007 wurde eine europaweit geltende Verordnung geschaffen. Viele vor REACH existierende Regelungen mit Chemikalienbezug wurden mit REACH vereinheitlicht. Dadurch entstand das bis dato umfangreichste und komplexeste europäische Regelwerk überhaupt.

Betrachtet man REACH, so wird deutlich, dass die neue Verordnung keineswegs den Anspruch hat, alle Bereiche mit Chemikalienbezug zu regulieren. Neben REACH gibt es noch eine Reihe anderer Richtlinien und Verordnungen mit Bezug zur Verbrauchersicherheit.

6.4.1 Ziele von REACH

Neben eher verwaltungstechnischen Zielen verfolgt REACH unter anderem das Ziel der Sicherstellung eines hohen Schutzniveaus für die menschliche Gesundheit und für die Umwelt.

Dies soll dadurch erreicht werden, dass seit dem Inkrafttreten von REACH Chemikalien nur noch marktfähig sind, wenn die von REACH verlangten Daten zu chemischen Stoffen seitens der Hersteller und Importeure offen gelegt werden – ganz nach dem Grundsatz von REACH: „No data, no market". Durch REACH wird die Verantwortung für die sichere Herstellung und Handhabung, für ein sicheres Inverkehrbringen und für ein sicheres Importieren von chemischen Stoffen in die Hände der Industrie gelegt. Die Europäische Chemikalienagentur ECHA und die zuständigen nationalen Behörden überwachen und kontrollieren diesen Prozess.

Vor REACH wurden Daten nur von solchen Stoffen, die nach 1981 in der Europäischen Gemeinschaft auf den Markt gebracht wurden (Neustoffe), hinsichtlich möglicher Risiken und Gefahren bewertet. Von Zehntausenden so genannten Altstoffen sind zuvor keine Europäischen Daten erhoben worden. Nunmehr wird sich diese Wissenslücke durch REACH schließen und ein umfangreiches Stoffinventar geschaffen werden können, zudem werden die Risiken aller chemischen Stoffe erstmalig über ihren gesamten Lebensweg hinweg analysiert.

6.4.2 Bauprodukte und REACH

Die Pflichten von Herstellern und Importeuren unter REACH richten sich danach, in welche Kategorie REACH das jeweilige Produkt einordnet. REACH unterscheidet hier zwischen Stoffen, Gemischen und Erzeugnissen. Der Begriff Stoff umschreibt Einzelstoffe. Diese werden jedoch nur sehr selten als Bauprodukte eingesetzt (z. B. reine Lösungsmittel). Produkte wie Farben, Lacke, Klebstoffe, Beton oder Holzschutzmittel stellen Gemische dar. Diese zeichnen sich dadurch aus, dass sie aus zwei oder mehr Stoffen bestehen.

Anders verhält es sich bei den so genannten Erzeugnissen. Diese definiert REACH als Gegenstände, die bei der Herstellung eine spezifische Form, Oberfläche oder Gestalt erhalten, alles Faktoren, die in größerem Maße als die chemische Zusammensetzung ihre Funktion bestimmen. Bauprodukte, die Erzeugnisse im Sinne von REACH darstellen, sind z. B. Mauersteine, Wand- und Deckenverkleidungen und Bodenbeläge.

6

6.4.3 Verfahren und Prozesse unter REACH

REACH umfasst einige grundlegende Kernelemente, die die Zielerreichung der Verordnung sicherstellen sollen. Diese umfassen Meldepflichten an die ECHA, Pflichten, bestimmte Daten über Stoffe zu generieren, sowie die Möglichkeit der ECHA, sich für bestimmte Stoffe Verbote und Beschränkungen auszusprechen.

Registrierung

REACH ist genau genommen (Einzel-)Stoffrecht. Demzufolge ist zu berücksichtigen, dass unter REACH keine Gemische und Erzeugnisse an sich, sondern nur Einzelstoffe registriert werden müssen, die im betreffenden Gemisch oder im betreffenden Erzeugnis enthalten sind.

Vergisst ein Hersteller oder Importeur, sein Produkt zu registrieren, so darf er den betreffenden chemischen Stoff nicht mehr herstellen, in Verkehr bringen oder in die Europäische Union importieren.

Die hergestellte oder importierte Jahresmenge des jeweiligen Stoffes entscheidet darüber, wie umfangreich die bei der Registrierung einzureichenden Daten sein müssen. Erst ab einer Stoffmenge von 1 Jahrestonne pro Hersteller oder Importeur muss überhaupt registriert werden. Hierbei sind umfangreiche, in der REACH festgelegte Stoffdaten in Registrierungsdossiers darzulegen. Im Rahmen der Registrierung sind zudem mögliche Verwendungen für den jeweiligen Stoff seitens des Herstellers oder Importeurs anzugeben.

Stoffsicherheitsbericht

Bei Erreichen einer Jahresproduktion (und Importmenge) von 10 Tonnen ist ein Stoffsicherheitsbericht inklusive einer Stoffsicherheitsbeurteilung zu erstellen. Dieser Bericht dokumentiert die Bewertung des Stoffes hinsichtlich aller auftretenden Stoffrisiken. Darunter fallen die schädlichen Wirkungen auf die menschliche Gesundheit und die Umwelt. Hat die Beurteilung des zu registrierenden Stoffes ergeben, dass er die Kriterien für die Einstufung als gefährlich oder als PBT- oder vPvB-Stoff[2] erfüllt, so sind bei der Stoffsicherheitsbeurteilung außerdem eine Risikobeschreibung sowie für alle identifizierten Verwendungen so genannte Expositionsszenarien zu entwickeln. Diese beinhalten eine Expositionsabschätzung des betreffenden chemischen Stoffes im Umwelt-, Arbeits- und auch Verbraucherbereich über den gesamten Lebenszyklus des Stoffes. Außerdem sind in diesen Bereichen Angaben über die sichere Handhabung und den sicheren Umgang mit dem Stoff aufzuführen.

Sicherheitsdatenblatt

Expositionsszenarien werden dem sogenannten Sicherheitsdatenblatt (SDB) angefügt. Als Element der Gefahrenkommunikation sind diese seit Anfang der 1990er Jahre ein effektives Instrument zur sicherheitsbezogenen Information für berufliche und gewerbliche Verwender zum Umgang mit gefährlichen Stoffen und Gemischen in der Europäischen Union. Dem berufsmäßigen Verwender sind SDB kostenlos zur Verfügung zu stellen. Für Stoffe oder Gemische (z. B. Farben, Lacke oder Fugendichtmasse), die der Verbraucher im Baumarkt erwirbt, braucht das SDB hingegen nicht zur Verfügung gestellt werden, wenn die betreffende Verpackung mit ausreichenden Informationen versehen ist.

---

[2] PBT: persistent (schwer abbaubar), bioakkumulierbar (Anreicherung in Pflanzen oder Tieren) und toxisch (giftig); vPvB: sehr persistent und sehr bioakkumulierbar.

REACH regelt einerseits die Erstellung von SDB und andererseits die Bedingungen, unter denen SDB dem Abnehmer zur Verfügung gestellt werden müssen. Dabei sind SDB für chemische Stoffe und Gemische nur dann erforderlich, wenn es sich um einen als gefährlich eingestuften Stoff oder um ein als gefährlich eingestuftes Gemisch handelt, der Stoff die PBT- oder vPvB-Kriterien oder die Bedingung als ein besonders besorgniserregender Stoff (englisch für „substance of very high concern – SVHC") erfüllt.

Nach REACH werden unter SVHC alle Stoffe betrachtet, die krebserzeugende, erbgutverändernde oder fortpflanzungsgefährdende Eigenschaften besitzen oder PBT- oder vPvB-Stoffe sind. Darüber hinaus können unter anderem auch Stoffe mit endokrinen, also hormonähnlichen Eigenschaften als SVHC deklariert werden.

Zulassung und Beschränkung

Als weiteres Instrument bietet REACH die Möglichkeit der Zulassung von Stoffen. Die oben beschriebenen SVHC sollen zukünftig durch ungefährlichere Substitute vom Markt fern gehalten werden. Deshalb werden zukünftig in einem besonderen Verfahren immer mehr der als SVHC bewerteten Stoffe auf lange Sicht hin verboten werden. Ist ein Alternativstoff hingegen nicht verfügbar oder wirtschaftlich nicht tragfähig, so kann der Hersteller oder Anwender einen Antrag auf Zulassung des betreffenden Stoffes stellen. Eine Vermarktung ist dann nur noch mit einer gültigen Zulassung möglich. Das Ziel der Zulassung besteht in der ausreichenden Beherrschung der von besonders besorgniserregenden Stoffen ausgehenden Risiken.

Ein weiteres Instrument zur Verbesserung des Gesundheits- und Umweltschutzes realisiert REACH mit Beschränkungen bzw. Verboten von risikobehafteten Stoffen an sich, in Gemischen oder in Erzeugnissen. Die in einem Anhang zur Verordnung gelisteten Beschränkungen müssen von allen Herstellern, Importeuren und Anwendern eingehalten werden.

Mitteilungspflichten für Produzenten und Importeure

Produzenten und Importeure von Erzeugnissen haben unter bestimmten Bedingungen umfangreiche Mitteilungspflichten gegenüber der ECHA. Eine Unterrichtung der Agentur ist nur dann nötig, wenn es sich bei dem chemischen Stoff um einen besonders besorgniserregenden Stoff handelt. Gleichzeitig muss der Stoff in den betreffenden Erzeugnissen in einer Menge von insgesamt mehr als 1 Tonne pro Jahr und pro Produzent oder Importeur enthalten sein und in einer Konzentration von mehr als 0,1 Massen- % vorliegen

Die oben geschilderten Mitteilungspflichten sind hinfällig, wenn der Produzent oder Importeur sicherstellen kann, dass eine Exposition des Stoffes gegenüber Mensch und Umwelt während des gesamten Lebenszyklus des Stoffes ausgeschlossen werden kann.

6.4.4 Beurteilung gesundheitlicher Risiken

Für die Beurteilung von Wirkungen auf die menschliche Gesundheit wird in REACH der so genannte DNEL-Wert berücksichtigt. DNEL ist die Abkürzung für den englischen Begriff „derived no effect level" und beschreibt die Expositionshöhe, unterhalb derer der Stoff in der vorgesehenen Verwendung keine gesundheitsgefährdenden Folgen hat.

So vielfältig wie die Möglichkeiten der Exposition sein können, so vielfältig sind auch die DNEL-Werte. DNELs berücksichtigen verschiedene Schutzziele (Arbeitnehmer und Verbraucher) wie auch verschiedene Expositionsmöglichkeiten (dermal, oral, oder inhalativ) und Expositionsdauer (Langzeit, gelegentlich oder unbeabsichtigt). Über diese verschiedenen Aspekte (Verwendungsbedingungen) von DNEL-Werten kommt man dem näher, was hier eigentlich von Interesse ist; nämlich der Frage, welche Auswirkungen bestimmte Produkte auf eine „gesunde" Innenraumluft haben und ob Hersteller diesen Aspekt unter REACH auch berücksichtigen müssen. Ausschlaggebend ist hierbei der so genannte DNEL „Verbraucher – Langzeit – inhalativ". Hier müssen die Hersteller untersuchen, ob der Stoff in der betreffenden Verwendungsbedingung von Verbrauchern über die Atmung auf lange Zeit in einer Menge aufgenommen wird, die gesundheitsschädliche Folgen haben könnte.

Die DNEL-Werte werden von den Herstellern anhand von Studienergebnissen aufgestellt und über das Sicherheitsdatenblatt in der Lieferkette weitergegeben. Seitens der ECHA werden die ihr übermittelten DNEL-Werte im Rahmen der Stoff- und Dossierbewertung überprüft und auf der im Internet zugänglichen Datenbank der ECHA veröffentlicht.

6.4.5 Informationsweitergabe in der Lieferkette

Neben den beschriebenen Registrierungspflichten fordert REACH unter bestimmten Bedingungen Informationspflichten von Herstellern, Importeuren und Lieferanten von Erzeugnissen.

Nach Artikel 33 der REACH-Verordnung sind Lieferanten von Erzeugnissen dazu verpflichtet, dem Abnehmer unter bestimmten Voraussetzungen Informationen über Stoffe in Erzeugnissen mitzuteilen. Lieferanten sind nach REACH alle Hersteller und Importeure von Erzeugnissen, Händler oder andere Mitglieder der Lieferkette, die das Erzeugnis in Verkehr bringen. Der Abnehmer des Erzeugnisses ist in diesem Fall nicht der Verbraucher, sondern ein industrieller oder gewerblicher Anwender oder Händler, dem das Erzeugnis geliefert wird.

Die Weitergabe von Informationen in der Lieferkette ist an den Einsatz der SVHC in Höhe von 0,1 Massen- % in Erzeugnissen gekoppelt. Ist dies der Fall, so informiert der Lieferant den Abnehmer über die im Erzeugnis vorkommenden SVHC und darüber, wie das Erzeugnis sicher verwendet werden kann. Als Mindestinformation ist jedoch immer der Name des betreffenden SVHC mitzuteilen.

Auch wenn die Informationsweitergabe unter REACH eigentlich nicht bis zum Endverbraucher vorgesehen ist, so ist es dem privaten Verbraucher dennoch möglich, Informationen über SVHC in Erzeugnissen einzuholen.[3] Auf Ersuchen des Verbrauchers muss eine derartige tonnenunabhängige Informationsweitergabe seitens des Lieferanten geschehen. Dieser ist dann verpflichtet, der Anfrage nachzukommen und innerhalb von 45 Tagen kostenlos zu antworten.

6.4.6 Fazit

Es ist deutlich geworden, dass unter REACH den Herstellern, Importeuren und Produzenten weitreichende Pflichten auferlegt werden. Doch wie wirksam sind diese tatsächlich in Bezug auf den Verbraucherschutz und speziell in Bezug auf Bauprodukte?

REACH bietet mit Blick auf den gesundheitlichen Verbraucherschutz differenzierte Möglichkeiten, Gefahren von chemischen Stoffen zu beherrschen. Die Bereitstellung der bei der Registrierung eingereichten Stoffdaten und die umfangreiche Bewertung der Altstoffe stellen hierbei einen erheblichen Informationsgewinn dar. Die Identifizierung möglicher Verwendungen und

---

[3] Ein Musterbrief für eine solche Anfrage ist unter
    http://www.bund.net/bundnet/themen_und_projekte/chemie/reach/reach_fuer_verbraucher/ eingestellt
    (Letzter Zugriff: 13.2.2011).

die gleichzeitige Beschreibung der Risiken und Risikomanagementmaßnahmen wird die Verbrauchersicherheit gegenüber gefährlichen Stoffen entscheidend stärken. Das Verfahren der Zulassung wird zur Erforschung von Alternativstoffen und -technologien führen und so den Einsatz von gefährlichen Stoffen einschränken.

Die gelieferten Informationen können Ausgangspunkt für die Entscheidung des Händlers sein, auf bestimmte Erzeugnisse zu verzichten und diese nicht mehr zu vertreiben und anzubieten. Letztendlich wird dadurch auch die Verbrauchersicherheit gefördert.

Das erste Mal hat der Verbraucher durch REACH die Möglichkeit, aktiv und „mit dem Gesetz im Rücken" Informationen über gefährliche Inhaltsstoffe in Erzeugnissen zu erlangen. Aufgrund der vom Lieferanten bereitgestellten Informationen wird der Verbraucher zudem in die Lage versetzt, Erzeugnisse, wie z. B. Bauprodukte, zu bewerten und auf Grundlage dieser Bewertung eine Kaufentscheidung zu treffen. Zu berücksichtigen ist hier aber, dass die so gewonnenen Informationen sicher nicht leicht verständlich sein werden. REACH wird hier nicht die Eindeutigkeit eines Labels (z. B. der Blaue Engel) ersetzen können.[4]

Gleichwohl wird man aber auch kritisch anmerken müssen, dass REACH Stoffe dann überhaupt nicht betrachtet, wenn sie unter der Mengenschwelle von 1 Jahrestonne pro Hersteller oder Importeur liegen. Ebenso ist eine gründliche Risikobewertung erst ab 10 Jahrestonnen pro Hersteller und Importeur vorgeschrieben. Ferner ist zu berücksichtigen, dass anzugebene Daten (Registrierungsdossiers, SDB) immer auch eine potentielle Fehlerquelle darstellen können. Zudem werden andere problematische Stoffe, die nicht die Kriterien als SVHC erfüllen, gar nicht oder nur im Einzelfall als Stoffe in Erzeugnissen betrachtet.

Wägt man diese Unzulänglichkeiten jedoch gegenüber den positiven Aspekte von REACH ab, so wird deutlich, dass das neue europäische Chemikalienrecht entscheidende Fortschritte bezüglich der Verbrauchersicherheit bietet.

6.5 Bauprodukte auf dem Prüfstand– Voraussetzung für gesundes Bauen und Wohnen

Frank Kuebart

Wohngesundheit steht für gesundes Wohnen und zielt somit auf eine konsequente Bauweise, in der die Gesundheit der Bewohner von herausragender Bedeutung ist. Üblicherweise gewährleisten zugelassene Bauprodukte die Errichtung von sicheren Gebäuden und erfüllen die üblichen Anforderungen an den Brandschutz, die elektrische Sicherheit, die mechanische Sicherheit und die Gebrauchstauglichkeit im Sinne der Bauordnung und der Normung. Die Einhaltung der hygienischen Anforderungen hingegen bedeutet im klassischen Sinne die Abwesenheit von krankheitserzeugenden Keimen und Mikroorganismen und konzentriert sich insofern auf die ordnungsgemäße Ausführung von Anlagen zur Trinkwasserversorgung und auf lüftungstechnische Anlagen.

Bei der Beurteilung von gesundheitsgefährdenden chemischen Stoffen richtete sich der Blick in der Vergangenheit eher auf einzelne Schadstoffe. Bereits 1858 erkannte Max von Pettenko-

---

[4] Die entsprechende Auskunftsstelle für Hersteller, Importeure und Anwender chemischer Stoffe findet man unter http://www.reach-clp-helpdesk.de. Weiterhin empfehlenswert: http://www.reach-net.com

fer die Bedeutung des vom Menschen ausgeatmeten Kohlendioxids (CO_2) als ermüdendes und konzentrationsminderndes Gas und forderte infolgedessen eine regelmäßige Lüftung und eine Begrenzung dieses Stoffes in der Innenraumluft. Andere im Zuge der Industrialisierung eingebrachte Stoffe wie Additive, Biozide, Lösemittel, Weichmacher, Flammschutzmittel, Konservierungsstoffe, Produktionsrückstände, Abbauprodukte etc. stellen Beispiele für die scheinbar unendliche Liste von zweckgebundenen oder unerwünschten Komponenten dar, die heute in Bauprodukten und Ausstattungsmaterialien anzutreffen sind. Obwohl in der Vergangenheit immer wieder einzelne Schadstoffe in Gebäuden äußerst kostenintensive Sanierungsmaßnahmen nach sich zogen, gibt es bis heute kein umfassendes Regelwerk zur Beurteilung der Innenraumluft.

Gesundes Bauen bedeutet aus chemischer Sicht, sämtliche Gewerke und die darin verwendeten Komponenten, die zur Erstellung eines Gebäudes erforderlich sind, zu begutachten und gegebenenfalls zu analysieren und zu bewerten. Die lange gewohnte Unterscheidung von Produkten zwischen Natur und Synthese im Sinne von aus nachwachsenden bzw. unendlich verfügbaren Rohstoffen (Naturprodukte) und aus nicht nachwachsenden Rohstoffen gewonnenen Produkten (Syntheseprodukte) erweist sich heute als wenig hilfreich. Beiden Herstellpfaden können gesundheitliche Risiken anhaften. Aus beiden Pfaden können Gesundheitsgefahren für die Nutzer des Gebäudes resultieren.

Es ist leicht nachvollziehbar, dass früher oder später alle in einem Produkt enthaltenen flüchtigen Stoffe an die Umgebungsluft abgegeben werden. Die Unterscheidung in leicht flüchtige (VVOC), flüchtige (VOC) und schwer flüchtige (SVOC) organische Verbindungen, gefolgt von den an Partikel gebundenen organischen Verbindungen (POM) bis hin zu anorganischen Stäuben sowie faserförmigen Partikeln macht deutlich, wie komplex die Zusammensetzung der Schadstoffe in der Innenraumluft ist und wie schwierig eine Voraussage für eine mögliche Freisetzung dieses Stoffgemischs zu treffen ist. Die Aussage „Was nicht enthalten ist, kann auch nicht herauskommen" übersieht, dass wir oftmals keine genaue Kenntnis der Qualität und des Gehalts von Stoffen und des freisetzbaren Potenzials besitzen. Selbst die genaue Kenntnis der Zusammensetzung eines Produkts erlaubt keine sichere Aussage über die Freisetzung (Emission) von darin enthaltenen Stoffen an die Umgebungsluft, solange sie nur isoliert betrachtet wird und die Entstehung von Folgeprodukten nach dem Zusammenbringen von chemisch uneinheitlich zusammengesetzten Bauprodukten außer Acht gelassen wird.

Nachfolgend werden daher Prüfmethoden beschrieben, mit deren Hilfe Bauprodukte nach den Kriterien des gesunden Bauens auf den Gehalt und auf die Abgabe von gesundheitsgefährdenden Stoffen und anderen wirkungsbezogenen Faktoren untersucht und bewertet werden können. Zu betrachten sind dabei die Freisetzungswege und die Aufnahmewege der Schadstoffe. In der Europäischen Normung werden dazu die Beurteilungspfade Luft (Innenraumluft) und Wasser (Grundwasser) unterschieden, in denen die Freisetzung und der Transport der freigesetzten Stoffe erfolgt.

Die Gefährdung von Menschen im Innenraum durch chemische Stoffe findet im Wesentlichen auf dem Wege der Atmung statt. Die über die eingeatmete Luft aufgenommene Stoffmenge ist im Vergleich zur Aufnahme über die Haut oder über den Magen-Darm-Trakt vorrangig zu betrachten. Im nachfolgenden Text werden daher nur solche Prüfmethoden behandelt, welche die Wirkung von Bauprodukten und Einrichtungsgegenständen auf die Gesundheit des Bewohners im Innenraum zum Gegenstand haben. Andere Auswirkungen, wie zum Beispiel die Freisetzung von Stoffen in den Boden und in das Grundwasser, werden in diesem Kapitel nicht betrachtet.

Unter einem Stoff verstehen wir hier gleiche Elemente oder identisch zusammengesetzte Verbindungen mit gleichen chemischen und physikalischen Eigenschaften. In der Innenraumluft eines normal genutzten privaten Wohn- oder Büroinnenraums können durchaus mehrere Hundert chemische Stoffe nebeneinander vorkommen. Diese können anorganischer Natur (Minerale, Fasern wie z. B. Asbest) oder organischer Natur (Lösemittel, Polymere, Geruchsstoffe etc.) sein. Die so genannten flüchtigen organischen Verbindungen (VOC) umfassen den Teil der Stoffe, die in der Innenraumluft gasförmig verteilt sind. Hinzu kommen Stäube (Partikel, POM), Aerosole, biologische Komponenten (z. B. Schimmelpilze, Sporen, Milben, Keime) und radioaktive Zerfallsprodukte (radioaktive Strahlung).

Für die vielfältigen Quellen wie z. B. Lösemittel in Anstrichen und Klebemitteln, Weichmacher, Biozide, Flammschutzmittel, Additive, Schwermetalle etc. existieren bisher keine umfassenden Richtlinien oder Verfahrensanweisungen, mit denen alle diese gesundheitsgefährdenden Stoffe in Bauprodukten erfasst und bewertet werden könnten.

Während die für die Wohngesundheit wichtigen Parameter wie Temperatur, relative Feuchte, Lüftungsrate (Luftwechsel), Luftgeschwindigkeit, Beleuchtung etc. nach der Fertigstellung des Gebäudes eingestellt und geregelt werden, sind die mit den Bauprodukten und Ausstattungsmaterialien in den Innenraum transportierten möglichen gesundheitlichen Risiken in der Regel nicht ohne größeren Aufwand (z. B. zusätzliches Lüften, Wärmebehandlung, Versiegelung, Entfernung) beeinflussbar. Die Erstellung von wohngesunden Gebäuden ist also sehr genau zu planen. Alle **vor** der Erstellung des Gebäudes versäumten Schritte sind nach dessen Fertigstellung auch durch ausgefeilte Lüftungs- und Regelungstechnik oder durch oberflächliche Sanierungsmaßnahmen nicht zu beseitigen, bestenfalls sind sie korrigierbar.

Zu unterscheiden sind daher Prüf- und Bewertungsverfahren für Bauprodukte und Einrichtungsgegenstände, die vor deren Verwendung angewendet werden, von den Prüf- und Bewertungsverfahren bis zur Beurteilung des fertig gestellten und genutzten Innenraums. Der Unterschied ist darin zu sehen, dass sich die Prüfung eines Bauprodukts auf ein mehr oder weniger eindeutig definiertes Material oder Produkt bezieht, welches einer separaten Prüfung unterzogen werden kann. Dagegen trifft man im fertigen Innenraum eine Vielzahl von verbauten Materialien an, die in Kombination ein völlig anderes Verhalten zeigen können, als dies zuvor bei dem separat untersuchten Material sichtbar wurde. Im fertigen Innenraum erfasst man also zunächst ein zusammengesetztes Ganzes, aus welchem zur Ermittlung der Ursache für mögliche gesundheitsgefährdende Risiken einzelne Teile oder Materialkombinationen entnommen und diese wiederum isoliert untersucht werden.

Ein sehr charakteristisches Beispiel hierfür ist der Geruch. Die Kombination von unterschiedlichen Materialien und deren Emissionen erzeugen gegebenenfalls eine völlig andere Geruchsnote als die isolierte Komponente. Insofern ist auch die Ermittlung der Ursache für einen Geruch im Innenraum äußerst anspruchsvoll, da die isolierte Prüfung von einzelnen Komponenten aus diesem Raum einen anderen Geruchseindruck erzeugt als deren Kombination. Je mehr Komponenten an dem Geruchseindruck beteiligt sind, desto aufwendiger wird die Ursachenermittlung. Umgekehrt ist die Vorhersage eines Geruchseindrucks im fertigen Innenraum aus den Einzelergebnissen der geprüften Bauprodukte nahezu unmöglich. Insofern tendieren die an der Regelung und Normung beteiligten Institutionen dazu, Bauprodukte mit einem möglichst schwachen Eigengeruch zu empfehlen.

Um eine möglichst genaue Voraussage der zu erwartenden Innenraumluftqualität in Bezug auf die Wohngesundheit treffen zu können, müssen zuvor an den für den Bau und die Einrichtung vorgesehenen Produkten alle denkbaren und sinnvollen Prüfungen zu deren Charakterisierung durchgeführt werden, sodass deren Einfluss auf das Innenraumklima möglichst exakt bewertet werden kann. Hierzu werden die Nutzungsbedingungen in einem sogenannten Prüfszenario abgebildet und definiert. Üblicherweise werden darin die Raumgröße, die umgebenden Flächen, ggf. die Größen von Türen und Fenstern, die Temperatur, die relative Feuchte und der Luftwechsel in möglichst engen Toleranzen definiert und berücksichtigt. Nicht berücksichtigt wird in der genormten Prüfumgebung (Prüfkammer) die Beschaffenheit der realen Oberflächen. Aus Gründen der Reproduzierbarkeit der Prüfergebnisse findet die Prüfung in standardisierten Gefäßen mit Oberflächen aus Glas oder elektropoliertem Edelstahl statt. Die unter diesen Bedingungen ermittelten Ergebnisse gelten dann allerdings zunächst nur für das geprüfte Produkt allein in dem gewählten Szenario. Der gleichzeitigen Anwesenheit einer Vielzahl von Produkten in einem realen Innenraum wird bisher in den Regelwerken und in der Bewertung der Prüfergebnisse zu wenig Rechnung getragen. Die Anwesenheit von unterschiedlichen Produkten im realen Raum zeigt zudem immer kombinatorische Effekte. Die schlichte Addition der flächenanteiligen Emissionen ergibt nach aller Erfahrung nicht die reale Belastungssituation unter Nutzungsbedingungen. Erfreulicherweise liegt die reale Schadstoffkonzentration oft unter der erwarteten. Dies kann damit zusammenhängen, dass die realen Oberflächen adsorptiver sind als die polierten Flächen in der Emissionsprüfkammer. Oft ist aber auch zu beobachten, dass es aber zur Ausbildung von neuen Stoffen kommt, die auf eine Reaktion der Komponenten und deren Inhaltsstoffe untereinander zurückzuführen ist. Im Falle von Renovierungen kommt es durch unsachgemäße Anwendung vielfach zu unerwartet hohen Luftbelastungen.

6.5.1 Verbindliche Prüfmethoden – der lange Weg in der EU

Die Anforderungen an die Hygiene von Bauprodukten wurden 1989 in der Europäischen Bauproduktenrichtline verankert (Construction Product Directive [CPD], 89/106/EWG).

Vorrangiges Ziel der Bauproduktenrichtlinie ist die Regelung des freien Warenverkehrs von Bauprodukten in Europa. Die Umsetzung der Richtlinie in nationales Recht erfolgte in Deutschland mit der Veröffentlichung des Bauproduktengesetzes (BauPG) im Jahr 1992.Im März 2011 wurde die Bauproduktenverordnung Nr. 305/211 beschlossen, die die Bauproduktenrichtlinie fortschreibt und erweitert, unter anderem die nachhaltige Nutzung der natürlichen Ressourcen. Die Bauproduktenverordnung ist in allen EU-Mitgliedstaaten unmittelbar nach ihrer Verkündung geltendes Recht, wobei wesentliche Teile dieser Verordnung ab 1. Juli 2013 wirksam werden.

Danach sind Bauprodukte:

1. Baustoffe, Bauteile und Anlagen, die hergestellt werden, um dauerhaft in bauliche Anlagen des Hoch- oder Tiefbaus eingebaut zu werden,
2. aus Baustoffen und Bauteilen vorgefertigte Anlagen, die hergestellt werden, um mit dem Erdboden verbunden zu werden, wie etwa Fertighäuser, Fertiggaragen und Silos.

Die Bauproduktenverordnung regelt die Brauchbarkeit eines Bauprodukts, also die grundsätzliche Eignung zur Verwendung im Bauwesen. Das Bauordnungsrecht liegt in Deutschland im Kompetenzbereich der Länder. Folglich dürfen **Bauprodukte** nach der **Musterbauordnung** (MBO) und den entsprechenden Vorschriften der Landesbauordnungen nur verwendet werden, wenn sie mit den allgemein anerkannten Regeln der Technik (Bauregelliste) übereinstimmen und aufgrund eines Übereinstimmungsnachweises ein Übereinstimmungszeichen (Ü) oder ein Konformitätszeichen (CE) nach den Regeln der Europäischen Gemeinschaft tragen.

Produkte, die von diesen Regeln abweichen, oder für die es keine Technischen Baubestimmungen oder anerkannte Regeln der Technik gibt (ungeregelte Bauprodukte), benötigen:

- eine allgemeine bauaufsichtliche Zulassung,
- ein allgemeines bauaufsichtliches Prüfzeugnis oder
- eine Zustimmung im Einzelfall.

In der Europäischen Bauproduktenverordnung sind die gesundheitlichen Aspekte in den „Grundanforderungen an Bauwerke" in Anhang I unter Punkt 3 geregelt. Dort heißt es in den Anforderungen an **Hygiene, Gesundheit und Umweltschutz**:

Das Bauwerk muss derart entworfen und ausgeführt sein, dass es während seines gesamten Lebenszyklus weder die Hygiene noch die Gesundheit und Sicherheit von Arbeitnehmern, Bewohnern oder Anwohnern gefährdet und sich über seine gesamte Lebensdauer hinweg weder bei Errichtung noch bei Nutzung oder Abriss insbesondere durch folgende Einflüsse übermäßig stark auf die Umweltqualität oder das Klima auswirkt:

- Freisetzung giftiger Gase,
- Emission von gefährlichen Stoffen, flüchtigen organischen Verbindungen, Treibhausgasen oder gefährlichen Par-tikeln in die Innen- oder Außenluft;
- Emission gefährlicher Strahlen,
- Freisetzung gefährlicher Stoffe in Grundwasser, Meeresgewässer, Oberflächengewässer oder Boden
- Freisetzung gefährlicher Stoffe in das Trinkwasser oder von Stoffen, die sich auf andere Weise negativ auf das Trinkwasser auswirken;
- unsachgemäße Ableitung von Abwasser, Emission von Abgasen oder unsachgemäße Beseitigung von festem oder flüssigem Abfall;
- Feuchtigkeit in Teilen des Bauwerks und auf Oberflächen im Bauwerk.

Unter Punkt 7 wird die „nachhaltige Nutzung der natürlichen Ressourcen" geregelt. Darin wird unter anderem gefordert, dass für das Bauwerk umweltfreundliche Rohstoffe und Sekundärbaustoffe verwendet werden müssen.

Bauprodukte, die auf der Grundlage von so genannten harmonisierten Normen hergestellt wurden, müssen mit dem CE-Kennzeichen versehen werden und dürfen dann ohne Handelshemmnisse über alle Grenzen in Europa gehandelt werden.

Das Vorhandensein des CE-Kennzeichens auf einem Bauprodukt bedeutet jedoch bisher nicht, dass dieses Produkt auf das Vorhandensein oder die Emission von gesundheitsgefährdenden Stoffen geprüft wurde. Die Prüfung und Überwachung eines Bauprodukts auf gesundheitsgefährdende Stoffe ist in dem rechtlich verbindlichen Teil der sog. harmonisierten Norm geregelt, sofern eine solche für das Bauprodukt existiert.

Im Auftrag der Europäischen Kommission werden die harmonisierten Normen durch die europäischen Normungsbehörden erarbeitet und die nationalen Normen im Anschluss nach einem festgelegten Verfahren sukzessive durch diese ersetzt. In diesem Prozess wurden die hygienischen Anforderungen während der vergangenen 20 Jahren in den harmonisierten Normen nur sehr vereinzelt oder gar nicht berücksichtigt. Die in dieser Zeit veröffentlichten europäischen Bauproduktnormen und -zulassungen beinhalten daher bisher nur in sehr geringem Umfang Anforderungen an die Hygiene, die Gesundheit und den Umweltschutz. Zur Wahrung bestehender Schutzniveaus verfügen die Mitgliedsstaaten laut Gründungsvertrag über das Recht, nationalstaatliche Einzelregelungen beizubehalten oder einzuführen, sofern dies gerechtfertigt ist. Da es in Deutschland für die Innenraumluft außer für den Strahlenschutz bisher keine gesetzlich verankerten Grenzwerte gibt, leiten sich die Anforderungen an den Gesundheitsschutz aus den allgemeinen Vorgaben der Landesbauordnungen ab. Zur Konkretisierung dieser Anforderungen wurde daher unter der Beteiligung der oberen Landesgesundheitsbehörden auf der

Grundlage eines europäischen Forschungsprojekts (ECA-Report 18) das AgBB-Schema zur gesundheitlichen Bewertung von Bauprodukten entwickelt, welches somit einen wichtigen Schritt auf dem Weg zu einer einheitlichen Prüfung und Bewertung von Bauprodukten darstellt. Dieses Konzept wurde zu wesentlichen Teilen in die Grundlagen des Deutschen Instituts für Bautechnik (DIBt) integriert, nach denen die nach den europäischen harmonisierten Normen CE-gekennzeichneten Produkte nachgeregelt werden müssen. Die so geprüften und für die Verwendung nach deutschem Baurecht mit einer allgemeinen bauaufsichtlichen Zulassung (abZ) versehenen Bauprodukte tragen das Ü-Zeichen als Übereinstimmungsnachweis.

Einer der Gründe für das Fehlen konkreter Anforderungen an Hygiene, Gesundheit und Umweltschutz in den so genannten harmonisierten Produktnormen nach dem neuen europäischen Konzept ist in den fehlenden harmonisierten Prüfnormen für Bauprodukte zu sehen. Von den etwa 800 Produktnormen betreffen etwa 500 solche Produkte, die ein kritisches Potenzial für die Innenraumluft sowie für Boden und Grundwasser besitzen, unter anderem Bodenbeläge, Klebstoffe, Wand- und Deckenverkleidungen, Isolierwerkstoffe, Holzwerkstoffe, Mörtel, Estriche, Mauersteine, Fugenmassen, Zemente, Betone und Putze. Für all diese Produkte gab es bisher keine harmonisierte Vorgehensweise zur Prüfung auf die gesundheitlichen Auswirkungen.

Daher hat die Kommission im April 2005 das Mandat M 366 an das Europäische Normungskomitee (CEN, *Comité Européen de Normalisation*) übergeben und dieses beauftragt, die horizontalen Normen zur Prüfung von Bauprodukten zu erarbeiten. Von dem daraufhin eingerichteten technischen Komitee TC 351 mit dem Titel „Bauprodukte: Bewertung der Freisetzung gefährlicher Stoffe aus Bauprodukten" wurden aufgrund der unterschiedlichen Freisetzungspfade zwei Arbeitsgruppen gebildet: WG 1 (working group) für Boden und Grundwasser und WG 2 für die Innenraumluft.

Der inzwischen von der Arbeitsgruppe (CEN/TC 351/WG 2) vorgelegte horizontale Normentwurf mit dem Titel „Bauprodukte – Bewertung der Emission regulierter gefährlicher Stoffe aus Bauprodukten – Bestimmung von Emissionen in Raumluft" beschreibt umfassend und detailliert die Prüfung der Emission von flüchtigen organischen Verbindungen (VOC) aus Bauprodukten. Dabei bedeutet „horizontal", dass dieser Prüfstandard für alle Produkte (Mandate) anwendbar ist, wobei weitergehende Spezifikationen hinsichtlich der Probenahme und der Prüfung von den jeweiligen Technischen Komitees (TCs) der einzelnen Produktmandate zu definieren ist.

Es ist beabsichtigt, dass nach der Validierung dieses Prüfverfahrens die mit diesem technischen Prüfstandard gewonnenen Messergebnisse und Informationen Bestandteil der CE-Kennzeichnung werden. Dies hat zur Folge, dass dann aus der CE-Kennzeichnung Informationen über den Gehalt und die mögliche Freisetzung potenziell gesundheitsgefährdender Stoffe abgelesen werden können.

Die Prüfung nach diesem Standard sieht vor, dass die Prüfbedingungen so gewählt werden, dass sie der Nutzungssituation möglichst entsprechen. Zwar obliegt es den technischen Komitees, die genauen Bedingungen für die Probenahme und für die Nutzungssimulation festzulegen, zur Vermeidung einer Vielzahl von unterschiedlichsten Prüfszenarien wurden jedoch in dem harmonisierten Normentwurf ein Standardszenario und ein Standardprüfraum festgelegt. Dies geschah mit dem Ziel, die so gewonnenen Messergebnisse direkt und ohne eine weitere Umrechnung auf den realen Innenraum beziehen zu können, sofern dieser hinsichtlich seiner Größe und der klimatischen Bedingungen dem Prüfszenario entspricht. Der Normentwurf bezieht die bestehenden und für die Prüfung der flüchtigen Stoffe im definierten Bereich relevanten Normen der Normenreihe ISO 16000 (ISO 16000-3, -6, -9, -10 und -11) mit ein. Diese umfassen die Prüfung der flüchtigen und schwerflüchtigen organischen Verbindungen in dem definierten Bereich sowie die Prüfung auf Formaldehyd.

Die klimatischen Bedingungen und das Prüfszenario der EN 717-1 zur Prüfung und Bewertung der Formaldehydemission aus Holzwerkstoffen unterscheiden sich wesentlich von dem horizontalen Normentwurf. Somit sind die Prüfergebnisse aus der horizontalen Norm nur nach Vorliegen vergleichender Messungen mit den Ergebnissen aus der EN 717-1 vergleichbar.

6.5.2 Prüfung der Emission von flüchtigen Verbindungen aus Bauprodukten

Das Prüfverfahren der horizontalen Prüfnorm für die Emissionsprüfung gliedert sich in drei Abschnitte:

Im ersten Abschnitt befindet sich das zu prüfende Material in der Prüfkammer. Das Volumen der Kammer kann von mindestens 20 Litern bis zu einer realen Raumgröße mit 30 Kubikmetern und mehr betragen. Homogene Materialien mit gleichförmiger Zusammensetzung und Beschaffenheit können in kleinen Kammern gemessen werden. Je inhomogener das zu prüfende Material ist, desto größer sollte das Kammervolumen sein. Die überwiegende Anzahl von Prüfungen wird in Kammern zwischen 100 und 250 l Volumen durchgeführt. In der Kammer herrschen während der gesamten Messdauer konstante Klimabedingungen, d. h. Temperatur, relative Luftfeuchte, die spezifische Lüftungsrate und die Luftgeschwindigkeit dürfen nur die in der Norm definierten sehr geringen Schwankungen aufweisen. Die Messdauer beträgt üblicherweise maximal 28 Tage, während das zu prüfende Material in der Kammer verbleibt. Während dieser Zeit werden die in dem zu prüfenden Bauprodukt vorhandenen flüchtigen Stoffe (VOC) an die Kammerluft abgegeben, in dieser gleichförmig verteilt und mit der durchströmenden Luft heraustransportiert.

Im zweiten Abschnitt des Messverfahrens wird zu den gewünschten Messzeitpunkten, üblicherweise nach 3 und 28 Tagen, je nach Prüfstandard auch nach 2, 7, 10 oder 14 Tagen, eine definierte Menge Luft aus der Kammer durch ein geeignetes Sammelmedium (Sorbens) geleitet. Die jetzt in diesem Sammelmedium enthaltenen Stoffe werden anschließend in einem geeigneten analytischen Verfahren aufgetrennt und quantifiziert. Das in der harmonisierten Norm beschriebene Verfahren (DIN ISO 16000-6) verwendet ein Kunststoffgranulat (Tenax) als Sorbens und erlaubt nach heutigem Qualitätsstandard die gleichzeitige quantitative Analyse von mehr als 200 flüchtigen organischen Verbindungen in einem einzigen analytischen Durchlauf. Hierzu werden die auf dem Sorbens gesammelten Stoffe durch Erhitzen wieder freigesetzt und dem analytischen Messverfahren (dritter Abschnitt) zugeführt.

Für weitere sehr leicht flüchtige oder sehr schwer flüchtige organische Verbindungen kommen andere Sammelverfahren zur Anwendung.

In dem dritten Abschnitt des Messverfahrens wird das von dem Sorbens freigesetzte Gemisch der flüchtigen organischen Verbindungen (VOC) aufgetrennt und identifiziert. Dies erfolgt üblicherweise mit einem Gaschromatograph/Massenspektrometer. Die Nachweisempfindlichkeit dieses Verfahrens liegt bei etwa einem Mikrogramm des zu analysierenden Stoffs je Kubikmeter Luft. In einem Milliliter dieser Luft befindet sich zwar immer noch eine Anzahl von mehreren Milliarden Teilchen, dennoch stellt diese analytische Bestimmungsgrenze für einige Stoffe bereits eine große Herausforderung an die Reproduzierbarkeit dar. Es hat sich gezeigt, dass die schwankende Zusammensetzung (Inhomogenität) der Bauprodukte einen wesentlichen Anteil an der Messungenauigkeit hat, sodass auf die Auswahl eines geeigneten Probematerials für eventuelle Laborvergleiche (Ringversuche) große Sorgfalt verwendet werden muss.

6

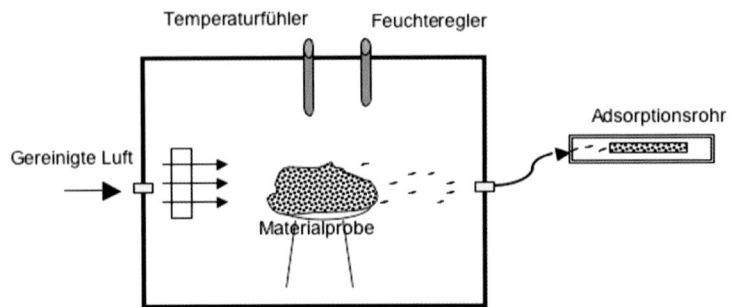

Bild 6-12 Prüfkammer

Das Emissions-Prüfkammerverfahren stützt sich auf die Überzeugung, dass die Prüfergebnisse in den realen Wohnraum übertragbar sind, sofern die Verhältnisse den Gegebenheiten und den Messbedingungen in der Prüfkammer entsprechen. Insofern könnte man versucht sein, die Messbedingungen in der Prüfkammer möglichst exakt so zu gestalten, dass sie dem Realraum entspricht und somit das Messergebnis möglichst exakt die Verhältnisse in dem real genutzten Innenraum wiedergibt. Das wesentliche Ziel bei der Erarbeitung der harmonisierten Norm bestand aber gerade darin, die Prüfergebnisse reproduzierbar zu machen und zwar nicht nur innerhalb eines Labors, sondern möglichst international in jedem erfahrenen Labor mit der erforderlichen Expertise. Um dies zu ermöglichen, mussten alle Randbedingungen für diese Prüfung möglichst exakt festgelegt werden. Anstelle eines Realraums mit üblicher Ausstattung wurde daher ein fiktiver Raum (Szenario) mit definierten Oberflächen aus Glas oder poliertem Edelstahl vorgegeben. Dieser Raum hat eine Größe von 3 m × 4 m und eine Raumhöhe von 2,5 m, also 12 m^3 Grundfläche und 30 m^3 Volumen. Damit orientiert er sich an den Verhältnissen des AgBB-Bewertungsschemas für Bauprodukte und unterscheidet sich deutlich von dem so genannten Dänischen Normraum (Kinderzimmer mit 7 m^2 Grundfläche) aus der DIN EN ISO 16000-9 (Emissionsprüfkammer-Verfahren). Der Raum aus dem EU-Prüfraum-Szenario berücksichtigt zudem ein Fenster und eine Tür. Die sich daraus ergebenden Teilflächen sind auf der nächsten Seite abgebildet.

Die Beladung, also das Verhältnis von eingebrachtem Material zu Volumen der Prüfkammer soll dabei möglichst genau der eines realen Wohnraums entsprechen. Danach werden Bodenbeläge mit der Beladung von 12 m^2 je 30 m^3, also 0,4 m^2/m^3 geprüft, folglich in einer Prüfkammer mit 250 l Volumen mit einer offenen Oberfläche von 0,1 m^2 entsprechend einem Prüfstück von 32 cm × 32 cm Kantenlänge. In einer Prüfkammer von 25 l wäre dies ein Zehntel dieser Fläche, was einem Prüfstück von 10 cm × 10 cm entspräche. Daraus wird ersichtlich, dass kleine Kammern zur Prüfung von Materialien mit einer inhomogenen Zusammensetzung nicht geeignet sind, da das geprüfte Produkt möglicherweise nicht das Emissionsverhalten des Bauprodukts über die gesamte Fläche abbildet.

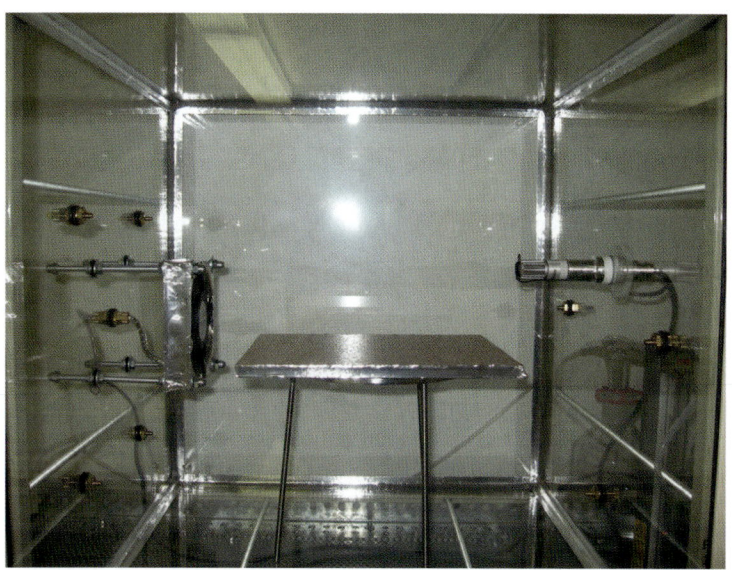

Bild 6-13 Prüfkammermessung nach DIN EN ISO 16000-9

Referenzraum des europäischen Normentwurfs zur Prüfung der Emission flüchtiger Verbindungen aus Bauprodukten

Boden und Decke jeweils 3 m × 4 m =	12	m²
Wandhöhe	2,5	m
Tür 2 m × 0,8 m =	1,6	m²
Fenster	2	m²
Wandfläche (ohne Fenster und Tür)	31,4	m²
Volumen	30	m³
Flächenspezifische Beladungen		
Boden, Decke	0,4	m²/m³
Wände	1,0	m²/m³
Kleine Oberflächen (Tür, Fenster)	0,05	m²/m³
Sehr kleine Oberflächen (Versiegelung)	0,007	m²/m³

Wenn der vorauszusehende Gebrauch die Verwendung des Produkts auf mehreren der oben genannten Oberflächen vorsieht, sind die entsprechenden Beladungsfaktoren zu addieren.

Die Klimabedingungen (Temperatur, relative Feuchte und Belüftung) müssen über die gesamte Prüfdauer in geringen Toleranzen konstant gehalten werden, sie orientieren sich an den üblichen Standards für Innenräume.

Der über die Zeit gemessene Konzentrationsverlauf der flüchtigen Stoffe stellt in der Regel eine Abklingkurve mit einem anfangs steilem und im weiteren Verlauf immer flacher werdenden Kurvenverlauf dar. Dieser Kurvenverlauf ist für jede einzelne flüchtige Komponente für jedes Bauprodukt in Abhängigkeit von den Messbedingungen individuell verschieden. Die in dem unten stehenden Kasten abgebildete Berechnungsformel stellt eine lineare Gleichung dar, die streng genommen nur unter idealen Messbedingungen für den jeweiligen Messzeitpunkt

Gültigkeit besitzt. Dennoch hat es sich gezeigt, dass die Übertragbarkeit der Messergebnisse aus der Prüfkammer in das Prüfszenario unter Berücksichtigung der realen Gestaltung und Zusammensetzung des Raumes statthaft und zielführend ist. Ziel ist es, mit den so gemessenen und bewerteten Bauprodukten gesundheitsverträgliche Innenräume zu gestalten.

Die Beurteilung der Brauchbarkeit von Bauprodukten im rechtlichen Sinne erfolgt üblicherweise auf der Grundlage der Prüfung der einzelnen Produkte und ggf. deren Komponenten. Zur Prüfung eines Bodenaufbaus werden der Estrich, die Ausgleichsmasse und der Oberbelag in der Regel einzeln geprüft. In seltenen Fällen erfolgt die Prüfung des kompletten Aufbaus als System. Aus zahlreichen Sanierungsfällen ist aber bekannt, dass es bei der Kombination von Produkten unter ungünstigen Bedingungen (z. B. Restfeuchte) zur Bildung von Reaktionsprodukten kommen kann, sodass namhafte Hersteller inzwischen dazu übergehen, ihre Produkte mit geeigneten und geprüften Verlegehilfsstoffen als Systemprodukt anzubieten. Diese Vorgehensweise erlaubt zudem eine bessere Absicherung im Gewährleistungsfall. Bei zusammengesetzten Fertigteilen wie z. B. Fenstern oder Türen können entweder die einzelnen Materialkomponenten in anteiligem Verhältnis oder das komplette Bauteil als Ganzes geprüft werden. Bei einem Wandaufbau ist die Voraussage der Emission in den Innenraum aus den Messergebnissen der Einzelkomponenten nur annähernd möglich. Unter den realen Nutzungsbedingungen kommen folglich immer eine Vielzahl von Bauprodukten zusammen, die aufgrund der unterschiedlichen baulichen Nähe zur Innenraumluft in nicht vorhersehbarer Weise an der Gesamtkonzentration von flüchtigen Verbindungen in der Atemluft ihren Anteil haben.

Wie aus der unten stehenden Formel ersichtlich wird, gibt es einen Zusammenhang zwischen der spezifischen Emissionsrate (SER) und der Konzentration in der Prüfkammerluft. Der Korrelationsfaktor „q_i" ist die spezifische Lüftungsrate. Sie ist das Verhältnis aus dem Luftwechsel (n) und der jeweiligen Beladung (L). Unter der Beladung versteht man die Menge eines zu prüfenden Produkts im Verhältnis zum Volumen der Prüfkammer. Die Beladung kann als Stück (Stck./m^3), als laufender Meter (m/m^3), als Fläche (m^2/m^3) oder als Volumen (m^3/m^3) erfolgen. Die häufigste Art der Beladung ist die flächenspezifische Beladung und somit q_a mit dem Index a für die Fläche. Die Maßeinheit ist m^3/(m$^2 \times$ h). Die mitunter durch rechnerische Kürzung der m^2 anzutreffende Angabe in m/h ist wenig erklärend. Konsequenterweise müsste dann die Beladung statt in m^2/m^3 als 1/m bzw. m^{-1} angegeben werden, was irreführend wäre.

$$SER = q_a \times C \quad \text{und} \quad q_a = n/L$$

SER	[µg/(m$^2 \times$ h)]	= flächenspezifische Emissionsrate
$q_a =$	[m^3/(h $\times$ m^2)]	= flächenspezifische Lüftungsrate
C =	SER/q_a [µg/m^3]	= Raumluftkonzentration
n =	[h^{-1}]	= Luftwechselrate
L =	F/V [m^2/m^3]	= Beladung
F =	[m^2]	= Fläche Prüfstück
V =	[m^3]	= Volumen Prüfkammer

Nach ISO 16000 wird anstelle von SER auch einfach „q" ohne Index geschrieben, was im Vergleich zur spezifischen Lüftungsrate q_i mit Index sehr verwirrend ist.

	ISO 16000-9	EN 717-1	neuer CEN Standard	AgBB / DIBt
Referenzraum (Szenario)				
Boden m²	7	kein Referenzraum definiert	12	12
Höhe m	2.5		2.5	2,5
Volumen m³	17.4		30	30
Beladung m²/m³ (produkt-spezifisch)	Boden **0,4** Wand **1,4**	nicht definiert **1,0**	Boden **0,4** Wand **1,0**	Boden **0,4** Wand nicht definiert
Prüfkammer				
Größe	nicht definiert	225 l – 12 m³	min. 20 l	Referenz zu ISO 16000-9
Temperatur °C	23 ±2	23 ± 0,5	23 ± 1	
relative Feuchte %	50 ± 5	45 ± 3	50 ± 5	
Luftwechsel / h	(0.5) [1)]	1	0,25-1,5	

Umrechnung möglich   keine Umrechnung möglich   **Angleichung durch Toleranz**

[1)] ISO 16000-9: Das Verhältnis von Luftwechsel und Beladung ist nicht definiert

eco INSTITUT

Bild 6-14 Umrechnung der Szenarien

Dieser einfache lineare Zusammenhang zwischen der spezifischen Emissionsrate, der spezifischen Lüftungsrate und der Konzentration bedarf einiger Erläuterung. Das Prüfergebnis aus der Emissionsmessung ist zunächst einmal die Konzentration des Einzelstoffs oder der Summe aller Einzelstoffe in Mikrogramm pro Kubikmeter Prüfkammerluft (μg/m³). Diese Angabe bezieht sich aber streng genommen nur auf das für diese Prüfung gewählte Szenario. Das bedeutet, dass die Voraussage für die zu erwartende Konzentration flüchtiger Stoffe im Innenraum nur dann ableitbar ist, wenn genau die in der Prüfkammer verwendete Beladung auch tatsächlich in dem Raum eingebaut wird, im konkreten Fall also nur der Boden mit diesem Belag ausgestattet wird. Wenn aber z. B. ein als Bodenbelag gedachtes und so geprüftes Bauprodukt zusätzlich für die Erstellung oder Beplankung von Wandflächen eingesetzt wird, ist dieses Prüfergebnis nicht mehr auf den realen Innenraum übertragbar. In diesem Fall kann man mithilfe der spezifischen Emissionsrate und der tatsächlichen Einbaufläche (Beladung) die vorauszusehende Konzentration berechnen. Die spezifische Emissionsrate des geprüften Materials wiederum resultiert aus dem Korrelationsfaktor q_a und aus dem Messergebnis (C). Unter der Emissionsrate versteht man die Menge flüchtiger Verbindungen, die in Bezug zur Abmessung (Stück, Länge, Fläche oder Volumen) in einer bestimmten Zeit von diesem Material an die Umgebungsluft abgegeben wird. Die spezifische Emissionsrate ist unter den gewählten Messbedingungen für das geprüfte Bauprodukt von dem gewählten Szenario unabhängig und konstant, also eine Materialkonstante. Die spezifische Emissionsrate stellt somit die unverzichtbare materialspezifische Kenngröße dar. In Kenntnis der tatsächlich verbauten Fläche ist folglich die Umrechnung auf die zu erwartende Konzentration im Realraum möglich. Wenn alle Angaben zum Luftwechsel bzw. der flächenspezifischen Lüftungsrate und zu der in der

Prüfkammer eingesetzten Fläche bzw. Beladung vollständig im Prüfbericht enthalten sind, können diese Größen daraus entnommen und umgerechnet werden. Daher sollte in einem Prüfbericht auch immer die spezifische Emissionsrate (q bzw. SER) angegeben werden.

Hingegen lassen sich die klimatischen Verhältnisse in der Prüfkammer bezüglich der Temperatur und der relativen Feuchte nicht ohne weitere vergleichende Prüfungen (Korrelationen) auf die reale Nutzungssituation unter anderen Klimabedingungen umrechnen. Die Einflüsse von Temperatur und Feuchte auf die Freisetzung von flüchtigen Stoffen sind abhängig von der Art der jeweiligen Bindung des chemischen Stoffs in dem Bauprodukt. Grundsätzlich gilt, dass die höhere Temperatur die Beweglichkeit eines Teilchens (Moleküls) erhöht und somit die Freisetzung von Stoffen beschleunigt. Daher kann durch die Zufuhr von Wärme eine anfangs erhöhte Emission von Stoffen beschleunigt und bei ausreichender Lüftung des Raums somit zeitverkürzt herabgesetzt werden. Die oft zitierte Formel, dass die Temperaturerhöhung um zehn Grad die Reaktionsgeschwindigkeit verdopple, ist jedoch angesichts der komplexen Dynamik für die Abschätzung der Emission ohne exakte Kenntnis der Verdampfungs- und Diffusionskonstanten nicht verwendbar.

Eine Erhöhung der relativen Luftfeuchte beschleunigt die Freisetzung von Stoffen insbesondere dann, wenn sie sich in einer durch Wasser lösbaren Verbindung (Hydrolyse) in dem Bauprodukt befinden. Das bekannteste Beispiel hierfür ist die Freisetzung von Formaldehyd aus formaldehydhaltigen Bindemitteln (Melaminharze), z. B. aus Holzwerkstoffen. Die Freisetzung von Formaldehyd durch die Luftfeuchtigkeit hält so lange an, wie noch Bindemittel in dem Holzwerkstoff vorhanden ist und durch Hydrolyse gespalten werden kann. Zwischen dem Werkstoff und der Umgebungsluft stellt sich ein Gleichgewicht der Formaldehydverteilung ein. Dies ist insofern bemerkenswert, als dass eine Verdoppelung der Lüftungsrate nicht zu einer Halbierung der Formaldehydkonzentration führt. Ebenso führt im umgekehrten Fall die Verdoppelung der Beladung nicht zu einer Verdoppelung der Formaldehyd-Konzentration in der Luft. Bedeutungsvoll wird dieser Zusammenhang in der Diskussion um die Vergleichbarkeit der Ergebnisse aus der Prüfkammermessung nach dem europäischen Normentwurf mit der EN 717-1. Zwischen beiden Prüfmethoden bestehen Unterschiede sowohl im Luftwechsel als auch in der Beladung und der relativen Feuchte. Das erklärt, warum die EN 717-1 vermutlich weiterhin die verbindliche Prüfmethode für die Bestimmung der Formaldehydemission aus Holzwerkstoffen nach der DIN EN 13986 bleiben wird. Die Abschätzung der Formaldehydkonzentration im Realraum, ausgehend von den Prüfkammerergebnissen nach europäischer Norm bzw. ISO 16000-9, erfordert daher eine möglichst genaue Kenntnis der Korrelation zwischen den Prüfverfahren für das jeweilige Produkt.

Auf rein diffusions- oder verdampfungskontrollierte Emissionen hat die Erhöhung der relativen Feuchte dagegen wenig Einfluss.

Die Emissionsprüfung auf flüchtige organische Verbindungen in der Prüfkammer nach europäischem technischen Standard (im Entwurf) auf der Grundlage der DIN EN ISO 16000-9 ist das derzeit bestmögliche Verfahren zur Ermittlung emissionsarmer Bauprodukte. Die Einstufung als *brauchbar* oder als *empfehlenswert* erfolgt auf der Grundlage dieses Prüfverfahrens. Alle von diesem Referenzverfahren abgeleiteten Methoden sind auf ihre Vergleichbarkeit mit diesem Verfahren zu überprüfen. Der Wunsch nach abgeleiteten Verfahren ist häufig in der Beschleunigung des Prüfablaufs und der damit einhergehenden deutlichen Kostensenkung des Prüfablaufs begründet.

Als abgeleitetes Verfahren gilt z. B. die Mikrokammer (Microchamber in Anlehnung an DIN ISO 16000-25). Die Mikrokammer verfügt über ein im Vergleich zur Prüfkammer sehr geringes Volumen von 0,0000032 ($= 3{,}2 \times 10^{-6}$) m^3. In dieser miniaturisierten Messzelle wird ein sehr kleines Probenstück mit einem Durchmesser von 45 mm Durchmesser mit einem definierten Luftwechsel bei Raumtemperatur oder bei erhöhter Temperatur (z. B. 40 °C oder 60 °C) auf seine Emission geprüft. Das Chromatogramm einer solchen Messung weist im Vergleich zur Prüfkammer nach EU-Standard einen ähnlichen Kurvenverlauf (Habitus) auf. Die Berechnung der zu erwartenden Konzentration in der realen Innenraumluft setzt jedoch vergleichende Messungen mit der Referenzprüfkammer voraus. Eine Mikrokammer-Prüfung eignet sich aufgrund der sehr geringen Probenfläche ausschließlich für homogene Materialien (z. B. elastische Bodenbeläge, Klebstoffe, Farben, Lacke, Verlegehilfsstoffe, Folien etc.). Üblicherweise kann eine solche Kurzzeitprüfung innerhalb von ein bis zwei Tagen durchgeführt werden. Die schnelle Durchführung und technisch einfache Erhöhung der Kammertemperatur prädestiniert ihren Einsatz für Forschungszwecke.

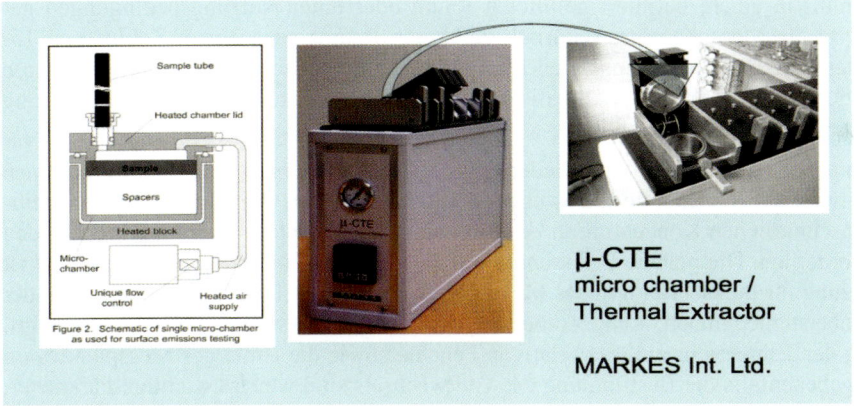

Bild 6-15 Mikrokammer

Ein weiteres abgeleitetes Prüfverfahren ist das Headspace-Verfahren. Im Unterschied zur Microchamber wird hier das zu prüfende Material unter statischen Bedingungen ohne Luftwechsel über einen definierten Zeitraum von etwa einer halben Stunde bei erhöhter Temperatur im Bereich von etwa 90–150 °C temperiert und anschließend ein Teil der Luft aus diesem Gefäß analysiert. Durch den fehlenden Luftaustausch stellt sich in dem geschlossenen Gefäß ein Gleichgewicht zwischen dem Feststoff und der Luft ein. Die unter diesen Bedingungen gewonnenen Prüfergebnisse aus Headspace-Messungen liefern daher keine vergleichbaren Daten, die auf eine Konzentration in der Innenraumluft schließen ließen. Daher ist dieses Verfahren einerseits ideal für vergleichende produktionsbegleitende Untersuchungen von Materialien oder zur Gewinnung von Anhaltspunkten über die Zusammensetzung und den Gehalt von flüchtigen Komponenten, andererseits jedoch keinesfalls geeignet für die Abschätzung einer möglichen Emission aus einem Bauprodukt in die Innenraumluft.

6.5.3 Messung von Innenraumschadstoffen

Verlässliche Messergebnisse im Innenraum setzen eine genaue Messplanung und die Festlegung des Messziels voraus. Die Messstrategie und der analytische Nachweis von Innenraumschadstoffen sind in der Richtlinienreihe des VDI (Verein Deutscher Ingenieure) und der Reihe der ISO 16000 umfassend beschrieben. Eine ordentliche Messung im Innenraumbereich setzt die detaillierte Kenntnis der hierfür relevanten Normen und Richtlinien voraus. Die beauftragten Analyselabore müssen für die Prüfverfahren und Methoden in diesem Kompetenzbereich akkreditiert sein. Nachfolgend werden nur einige wesentliche Aspekte einer Innenraumluftmessung aufgeführt.

Nach VDI 4300 Blatt 1 wird zunächst das Ziel der Messung bestimmt. Die Ermittlung der Gründe für eine Beschwerde oder die Ermittlung einer unter speziellen Bedingungen auftretenden Konzentration oder die Überprüfung eines Sanierungserfolgs stellen ganz unterschiedliche Aufgaben dar, nach denen sich das weitere Vorgehen richtet. Im ungünstigen Fall kann das Ergebnis einer Messung vollkommen unbrauchbar sein, wenn die Vorgaben dieser Richtlinie nicht befolgt wurden. Je nach Aufgabenstellung kann die Messung unter normalen Nutzungsbedingungen oder unter Worst-Case-Bedingungen durchgeführt werden. Abhängig von der Beschwerdesituation kann es angeraten sein, die Messung während der Sonneneinstrahlung im Sommer oder in der Heizperiode im Winter durchzuführen. Je nach Fragestellung wird die Innenraumluft in einem definiert gelüfteten Raum oder unter Nutzungsbedingungen gemessen. So wird die Messung eines natürlich gelüfteten Raums nach einem Zyklus von 15-minütigem intensiven Lüften mit anschließend über 8 Stunden geschlossen gehaltenen Türen und Fenstern durchgeführt. In einem klimatisierten Raum kann es angeraten sein, die Messung bei laufender Klimaanlage durchzuführen.

Die Probenahmestrategie richtet sich wiederum nach dem Messziel: Kurzzeitprobenahmen liefern die Antwort auf die Raumluftbelastung zu einem gegebenen Zeitpunkt. Für die Ermittlung der durchschnittlichen Konzentration ist eine Langzeitprobenahme über mehrere Stunden oder Tage erforderlich. Die genaue Erfassung der Tätigkeiten und örtlichen Gegebenheiten ist die Voraussetzung für die Beurteilung des Messergebnisses. Kurzzeitmessungen werden in der Regel mit Probenahmepumpen, Langzeitmessungen eher mit Passivsammlern durchgeführt. Die Erfassung der Temperatur und der relativen Feuchte sowie die Höhe des Messpunktes im Raum und gegebenenfalls die Bestimmung des Luftwechsels sind weitere wichtige Parameter, die für eine aussagekräftige Raumluftmessung erforderlich sind.

Sofern der Verdacht auf den Eintrag bestimmter Schadstoffe aus der Außenluft (z. B. KFZ-Abgase) besteht, ist zusätzlich eine Außenluftmessung durchzuführen.

Das Personal-Air-Sampling, welches üblicherweise mit einem passiven Sammelsystem durchgeführt wird, dient der personenbezogenen Erfassung von Schadstoffen. Dieses Verfahren ist eher für Messungen am Arbeitsplatz gedacht und liefert keine Information über die durchschnittliche Belastung eines Raumes.

Bei der weiteren Suche nach Schadstoffquellen ist eine fachgerechte Probenahme von Materialproben durchzuführen. Diese sind als repräsentative Proben zu entnehmen. Dabei ist darauf zu achten, dass bei der Entnahme der Probe das Material in seiner chemischen Zusammensetzung und seinem physikalischen Gefüge nicht verändert wird (Erwärmung, mechanische Einwirkung).

6.5.4 Schnelltests, Testkits auf Schimmelpilzsporen, Formaldehyd etc.

Bei Schnelltests und Testkits auf Innenraumschadstoffe handelt es sich häufig um aus Richtlinien und Normen abgeleitete Prüfverfahren mit direkt anzeigenden Messsystemen oder um vereinfachte aktive (z. B. Staubsauger) oder passive Probenahmesysteme (Adsorbentien in Diffusionssammlern) mit nachgeschalteter Auswertung im Analyselabor. Zu beachten ist, dass auf diese Weise gewonnene Messergebnisse in der Regel vor Gericht keinen Bestand haben. Für den Auftraggeber sind an das Analyseergebnis weitergehende Fragen gekoppelt, die das Analyselabor nur unzufriedenstellend beantworten kann. Die Abwesenheit eines Schadstoffs ergibt keine wirkliche Sicherheit. Andererseits sagt der Nachweis eines Stoffs noch nichts über sein Gefährdungspotenzial aus, wenn dieser Befund nicht durch ein anerkanntes Prüfverfahren bestätigt wurde. Üblicherweise werden die Randbedingungen während der Probenahme (Luftwechsel, Temperatur, relative Feuchte, Sonneneinstrahlung, andere Einflüsse) nicht erfasst. Ohne Erfahrung ist eine valide Probenahme nicht möglich. Oft erfolgt die Probenahme aus Unwissenheit oder gar bewusst fehlerhaft. Vor einer Messung mit Passivsammlern ist ebenso wie bei der aktiven Probenahme das Ziel der Messung zu klären, m. a. W. die Frage von Bedeutung, welche Aussage aus dem Messergebnis getroffen werden soll. Die in einem Schnelltest aus dem Internet beigefügte Anleitung kann das ausführliche Beratungsgespräch nicht ersetzen.

Direkt anzeigende Messsysteme für geringes Geld erfreuen sich zunehmender Beliebtheit, weil die mit ihrem dreifarbigen Signal (rot-gelb-grün) als „Ampel" bezeichneten Anzeigesysteme eindeutig und leicht zu interpretieren sind. Bezüglich ihrer Aussagekraft kommt es auf die Nachweisempfindlichkeit für den gesuchten Stoff (Analyten) an. So stellen die für Kohlendioxid entwickelten Ampeln ein sinnvolles Hilfsmittel zur Ermittlung des Lüftungsbedarfs z. B. in Schulen dar. Es ist jedoch zu hinterfragen, ob es sich bei dem angezeigten Signal tatsächlich um Kohlendioxid handelt. Der vielstoffliche Nachweis z. B. für flüchtige organische Verbindungen (VOC) im unteren Messbereich ist hingegen äußerst fragwürdig. Bei den in der Werbung dargestellten Stofflisten handelt es sich keineswegs um kalibrierte Stoffe, sondern nur um beispielhaft aufgezählte flüchtige Verbindungen, auf die das Messsystem mehr oder weniger unempfindlich reagiert. Insofern zeigt das System ein wenig aussagekräftiges Signal, welches sich aus einem beliebigen Stoffgemisch zusammensetzt. Ein positives Signal (gelb oder rot) kann bestenfalls signalisieren, dass eine pauschale Kontamination vorliegt ohne stoffliche Differenzierung. Das negative Signal (grün) garantiert nicht die Abwesenheit von Stoffen, die bereits im unteren Messbereich ein erhebliches Gefährdungspotenzial besitzen (z. B. krebserregende, erbgutverändernde oder reproduktionstoxische Stoffe). Messbereiche von 5 ml/m^3 (ppm) oder höher liegen weit oberhalb des für eine gesunde Innenraumluft akzeptablen Konzentrationsbereichs und sind daher wenig brauchbar. Die Angabe des Messbereichs von 0–4000 ml/m^3 suggeriert eine Empfindlichkeit im unteren Messbereich, die jedoch bisher mit diesen Systemen nicht erreicht wird. Kalibrierfähige Messsysteme für VOC in einem relevanten Messbereich unter 1 ml/m^3 kommen aufgrund ihrer hohen Anschaffungskosten für den privaten Nutzer kaum infrage.

6.5.5 Messung von Gerüchen

Gerüche im Innenraum werden häufig als Belästigung wahrgenommen und sind somit von gesundheitlicher Relevanz. Nun ist die Beurteilung eines Geruchs als angenehm oder gar unerträglich sehr individuell. Es besteht also ein Bedarf nach unabhängiger und objektiver Mess- und Beurteilungsfähigkeit mit dem Ziel, die Zumutbarkeit von als störend empfundenen Gerüchen in Innenräumen und schließlich die Nutzbarkeit der betroffenen Räume zu begutachten.

Die Überwachung und Bewertung der Luftqualität in der Außenluft und der dort anzutreffenden Geruchsbelästigungen erfolgt seit vielen Jahren auf der Grundlage von standardisierten Verfahren. In der Produktion von Nahrungsmitteln und deren Verpackungen ist die Beurteilung von Fehlgerüchen ebenfalls Standard. Umso erstaunlicher erscheint es, dass erst in jüngerer Zeit die Prüfverfahren für die Prüfung und Bewertung von Gerüchen in der Innenraumluft und von Bauprodukten diskutiert und standardisiert werden. Ein Grund hierfür liegt in der Komplexität des Innenraums und der damit verbunden Schwierigkeit, Geruchsquellen eindeutig zuzuordnen. Andererseits ist der Geruch eine der häufigsten Reklamationen in Innenräumen. Mit der zunehmenden Abdichtung der Gebäude nimmt die Wahrscheinlichkeit zu, dass Gerüche reklamiert werden. Die Erfassung und Bewertung von Gerüchen aus Bauprodukten und in der Innenraumluft bekommt daher eine steigende Bedeutung.

Mit klassischen chemisch-physikalischen analytischen Verfahren ist diese Aufgabe nur unvollständig zu lösen, da die Geruchsschwellen von intensiv und zudem unangenehm riechenden Substanzen durchaus um einen Faktor 100 bis 1000 unter der Nachweisempfindlichkeit von üblichen Analysemethoden liegen können. Zudem ist die Bewertung eines Geruchs aus einem Vielstoffgemisch als angenehm/unangenehm (Hedonik) oder akzeptabel/unakzeptabel (Akzeptanz) mittels elektronischer Messsysteme bisher nicht denkbar. Die bisher entwickelten Messgeräte basieren alle auf einer Kalibration mit bekannten Stoffen. Insofern eignen sich diese sehr gut für die Bestimmung von wiederkehrenden Gerüchen aus Stoffgemischen gleicher Zusammensetzung in höheren Konzentrationen, wie diese in industriellen Fertigungsprozessen anfallen. Für die im Innenraum anzutreffende Situation der Beurteilung eines Vielstoffgemisches mit unbekannten und zum Teil extrem niedrigen Konzentrationen sind die Geruchssinne des Menschen jedoch immer noch das optimale „Messgerät".Konkret geht es also darum, einen wie immer gearteten Geruch quantifizierbar zu machen. Im Bereich der Außenluft erfolgt dies mit Hilfe von geschulten Personen, die die in Behältern gesammelte belastete Luft an einem Darreichungsgerät (Olfaktometer) riechen und so lange verdünnen, bis sie gerade nichts mehr riechen. Diese Verdünnungszahl ist ein Maß für die Geruchsstärke. In der Regel sind die Konzentrationen von Geruchsstoffen in der Außenluft deutlich höher als im Innenraum, sodass dieses Verfahren zur Bewertung der Innenraumluft üblicherweise nicht infrage kommt. Die Anreicherung von Geruchsstoffen ist ohne die Veränderung der Geruchscharakteristik nicht möglich, daher muss die Prüfung der Innenraumluft an mit der unverdünnten Probe vorgenommen werden. Zur Objektivierung der Geruchsprüfung unterscheidet man diese in die Beurteilung der Intensität (Wahrnehmungsstärke), der Hedonik (Empfindung als angenehm/unangenehm) und der Akzeptanz (Einstufung als akzeptabel/nicht akzeptabel). Diese Unterscheidung erfordert ein standardisiertes reproduzierbares Vorgehen unter fachkundiger Anleitung von geschultem Personal.

Mit der ISO 16000-28 für Baumaterialien (Entwurf), der ISO 16000-30 für die Innenraumluft (Entwurf) und den VDI-Richtlinien 4302, Blatt 1 und 2 stehen umfängliche Prüfverfahren und Bewertungsmaßstäbe für die Beurteilung von Gerüchen aus Bauprodukten und in der Innenraumluft zur Verfügung.

Die ISO 16000-28 beschreibt die Bestimmung der Geruchsstoffemissionen aus Bauprodukten mit der Emissionsprüfkammer. Die VDI-Richtlinie 4302 beschreibt die Grundlagen und die Durchführung der Geruchsmessung eingehend und umfänglich. Für die Durchführung der Prüfung von Gerüchen unter Laborbedingungen und vor Ort ist diese praxisorientierte Anleitung eine wesentliche Grundlage.

Blatt 1 der VDI-Richtlinie behandelt die Grundlagen des Verfahrens und die Prüfverfahren zur Messung eines Geruchs sowie die Geruchsbestimmung aus Bauprodukten. Blatt 2 behandelt vornehmlich die Bestimmung von Gerüchen in der Innenraumluft unter Bezugnahme auf Blatt 1. In allen Fällen erfolgt die Bestimmung der geruchsrelevanten Messgrößen Intensität, Hedonik und Akzeptanz sowie die Beschreibung der Geruchsqualität unter Einsatz der menschlichen Sinnesorgane für die Wahrnehmung von Gerüchen durch geschulte und ungeschulte Prüfer. Für die Prüfung der Geruchsintensität wird die Nase an einem Vergleichsmaßstab, mit dessen Hilfe dem Prüfer eine Reihe definierter Konzentrationen eines bekannten Stoffs (z. B. Aceton) in Luft dargeboten wird, kalibriert. Der Vergleich zwischen der Luftprobe mit definierter Geruchsintensität und der unbekannten Geruchsprobe ermöglicht es dem Prüfer, die unbekannte Geruchsprobe in ihrer Intensität einzustufen. Es bedarf eines gewissen Abstraktionsvermögens, um sich vorzustellen, dass der Vergleich einer beliebig zusammengesetzten realen Geruchsprobe mit dem Geruchseindruck eines reinen Stoffs zu einem reproduzierbaren Ergebnis in der Beurteilung der Intensität des Geruchs führt. Durch Laborvergleiche mit geschulten Prüfern konnte gezeigt werden, dass dies reproduzierbar funktioniert. Nach der VDI-Richtlinie erfolgt die Bestimmung der Intensität und der Hedonik mit trainierten Prüfern. Hingegen erfolgt die Beurteilung der Akzeptanz mit ungeschulten Prüfern, also Personen, die zuvor nicht an einem Vergleichsmaßstab trainiert wurden.

Das Ziel der Prüfung und Beurteilung des Geruchs von Bauprodukten besteht nun allerdings nicht darin, möglichst geruchlose Bauprodukte zu entwickeln. Es geht vielmehr darum, vor der Fertigstellung eine möglichst klare Aussage über „den Geruch" der Innenraumluft eines neuen oder renovierten Gebäudes treffen zu können. Andernfalls könnte die Renovierung eines luftdicht gebauten Hauses zur Unbewohnbarkeit des Gebäudes führen, weil ein intensiver Geruch durch verstärktes Lüften in der Regel nicht zu beseitigen ist. Somit stellt die Prüfung des Geruchs eine wesentliche Komponente in der Beurteilung der Eignung von Bauprodukten dar. Diese wird vermutlich nach einer Erprobungsphase zunächst im Rahmen der freiwilligen Selbstkontrolle (Kennzeichnung durch Label) erfolgen und später auch als Anforderung für die Eignung im rechtlichen Sinne verankert. Hierzu hat der AgBB im Jahr 2012 eine zweijährige Pilotphase gestartet, nach deren Abschluss über die verbindliche Aufnahme dieses Prüfverfahrens in das AgBB-Schema entschieden werden soll.

Die Geruchsprüfung im Innenraum wird in der Praxis dadurch erschwert, dass die Randbedingungen für die Prüfer hier nicht immer optimal erfüllt werden können. Der Aufenthalt und die Darreichung von Vergleichsstandards in einem geruchsneutralen Raum sind nicht immer möglich. Zudem stellt der Auftritt von mindestens 8 geschulten Prüfern vor Ort einen erheblichen Kostenfaktor dar. Für eine Prüfung unter standardisierten Bedingungen kann die Innenraumluft mit Hilfe von Luftsammelsystemen (geruchsneutrale Beutel oder Gefäße) vor Ort gesammelt und anschließend unter Laborbedingungen geprüft und bewertet werden.

Der AGÖF-Leitfaden „Gerüche in Innenräumen ‒ Sensorische Bestimmung und Bewertung" beschreibt ein erprobtes praxistaugliches Prüfverfahren für die Geruchsmessung vor Ort. Auch hier erfolgt die Prüfung mit geschulten Prüfern, die jeweils am Ort mit geeigneten Standards kalibriert werden. Im Extremfall kann die Geruchsprüfung nach diesem Verfahren auch mit wenigen oder im Ausnahmefall mit einem einzigen sachverständigen Prüfer durchgeführt werden, wenn es darum geht, eine erste Einschätzung einer Geruchsreklamation zu dokumentieren. Weitere Ausführungen dazu im Kapitel 6.10, Sensorische Prüfung von Bauprodukten.

6.5.6 Weitere Prüfverfahren

Die zum Nachweis bestimmter Schadstoffe empfohlenen Prüfverfahren sind der im Anhang enthaltenen Liste der nationalen technischen Regeln zum Innenraumluftbereich zu entnehmen.

Nationale technische Regeln zum Innenraumluftbereich (VDI, DIN, ISO) – Messplanung, Probenahme und Analytik

Bezugsquelle: Beuth-Verlag

DIN EN ISO 16000-1, Allgemeine Aspekte der Probenahmestrategie

DIN EN ISO 16000-2, Probenahmestrategie für Formaldehyd

DIN ISO 16000-3, Messen von Formaldehyd und anderen Carbonylverbindungen – Probenahme mit einer Pumpe

DIN ISO 16000-4, Bestimmung von Formaldehyd – Probenahme mit Passivsammlern

DIN EN ISO 16000-5, Probenahmestrategie für flüchtige organische Verbindungen (VOC)

DIN ISO 16000-6, Bestimmung von flüchtigen organischen Verbindungen in der Innenraumluft und in Prüfkammern – Probenahme auf Tenax TA®, thermische Desorption und Gaschromatographie mittels MS/FID

DIN EN ISO 16000-7, Probenahmestrategie für die Bestimmung luftgetragener Asbestfaserkonzentrationen

DIN ISO 16000-8: Bestimmung des lokalen Alters der Luft in einem Gebäude zur Charakterisierung der Lüftungsbedingungen

DIN EN ISO 16000-9, Bestimmung der Emission von flüchtigen organischen Verbindungen aus Bauprodukten und Einrichtungsgegenständen – Emissionsprüfkammer-Verfahren

DIN EN ISO 16000-10, Bestimmung der Emission von flüchtigen organischen Verbindungen aus Bauprodukten und Einrichtungsgegenständen – Emissionsprüfzellen-Verfahren

DIN EN ISO 16000-11, Bestimmung der Emission von flüchtigen organischen Verbindungen aus Bauprodukten und Einrichtungsgegenständen – Verfahren zur Probenahme, Lagerung der Proben und Vorbereitung der Prüfstücke

DIN EN ISO 16000-12, Probenahmestrategie für polychlorierte Biphenyle (PCB), polychlorierte Dibenzo-p-dioxine (PCDD), polychlorierte Dibenzofurane (PCDF) und polycyclische aromatische Kohlenwasserstoffe (PAH)

DIN ISO 16000-13, Bestimmung der Summe gasförmiger und partikelgebundener dioxin-ähnlicher polychlorierter Biphenyle (PCB) und polychlorierter Dibenzo-p-dioxine/Dibenzofurane (PCDD/PCDF) – Probenahme auf Filtern mit nachgeschalteten Sorbenzien

DIN ISO 16000-14, Bestimmung der Summe gasförmiger und partikelgebundener dioxin-ähnlicher polychlorierter Biphenyle (PCB) und polychlorierter Dibenzo-p-dioxine/Dibenzofurane (PCDD/PCDF) – Extraktion, Reinigung und Analyse mit hochauflösender Gaschromatographie/Massenspektrometrie

DIN EN ISO 16000-15, Probenahmestrategie für Stickstoffdioxid (NO2)

DIN ISO 16000-16, Nachweis und Auszählung von Schimmelpilzen – Probenahme durch Filtration

DIN ISO 16000-17, Nachweis und Auszählung von Schimmelpilzen – Kultivierungsverfahren

DIN ISO 16000-23, Leistungsprüfung zur Beurteilung der Konzentrationsminderung von Formaldehyd durch sorbierende Baumaterialien

Folgende Prüfverfahren sind in Vorbereitung

DIN ISO 16000-18, Nachweis und Auszählung von Schimmelpilzen – Probenahme durch Impaktion

DIN ISO 16000-19, Probenahmestrategie für Schimmelpilze

DIN ISO 16000-24, Leistungsprüfung zur Beurteilung der Konzentrationsminderung von flüchtigen organischen Verbindungen und Carbonylverbindungen (ausgenommen Formaldehyd) durch sorbierende Baumaterialien

DIN ISO 16000-25, Bestimmung der Emission von schwerflüchtigen organischen Verbindungen aus Bauprodukten – Mikro-Prüfkammerverfahren

DIN ISO 16000-27, Bestimmung von Asbestfasern in abgelagertem Staub

DIN ISO 16000-28, Bestimmung der Geruchsstoffemissionen aus Bauprodukten mit einer Emissionsprüfkammer

DIN ISO 16000-30, Sensory testing of indoor air (Entwurf)

Folgende Prüfverfahren sind geplant

DIN ISO 16000-20, Nachweis und Auszählung von Schimmelpilzen – Bestimmung der Gesamtsporenanzahl

DIN ISO 16000-21, Nachweis und Auszählung von Schimmelpilzen – Probenahme von Materialien

DIN ISO 16000-22, Nachweis und Auszählung von Schimmelpilzen – Molekularbiologische Verfahren

Weitere ISO-Normen

DIN ISO 12884, Außenluft – Bestimmung der Summe gasförmiger und partikelgebundener polycyclischer aromatischer Kohlenwasserstoffe – Probenahme auf Filtern mit nachgeschalteten Sorbenzien und anschließender gaschromatographscher/ massenspektrometrischer Analyse

DIN V EN V 13005, Leitfaden zur Angabe der Unsicherheit beim Messen DIN EN 14412, Innenraumluftqualität – Passivsammler zur Bestimmung der Konzentrationen von Gasen und Dämpfen – Anleitung zur Auswahl, Anwendung und Handhabung

DIN EN ISO 16017-1, Innenraumluft, Außenluft und Luft am Arbeitsplatz – Probenahme und Analyse flüch- tiger organischer Verbindungen durch Sorptionsröhrchen/ thermische Desorption/Kapillar-Gaschromatographie – Teil 1: Probenahme mit einer Pumpe

DIN EN ISO 16017-2, Innenraumluft, Außenluft und Luft am Arbeitsplatz – Probenahme und Analyse flüchtiger organischer Verbindungen durch Sorptionsröhrchen/ thermische Desorption/Kapillar-Gaschromatographie – Teil 2: Probenahme mit Passivsammlern

DIN ISO 16362, Außenluft – Bestimmung partikelgebundener aromatischer Kohlenwasserstoffe mit Hoch- leistungs-Flüssigkeitschromatographie

VDI-Richtlinien in Vorbereitung:

VDI 2464 Blatt 3, Messen von Immissionen – Messen von Innenraumluft – Messen von polybromierten Flammschutzmitteln

VDI 4300 Blatt 11, Messen von Innenraumluftverunreinigungen – Messstrategie für Feinstaub

VDI 4301 Blatt 6, Messen von Innenraumluftverunreinigungen – Messen von Phthalaten

VDI 4302 Blatt 1, Sensorische Geruchsprüfung von Innenraumluft und Emissionen aus Innenraummaterialien - Grundlagen

VDI 4302 Blatt 2, Geruchsbestimmung im Innenraum - Bestimmung von Geruchsstoffimmissionen im Innenraum

VDI-Richtlinien

Bezugsquelle: Beuth-Verlag

VDI 2464 Blatt 1, Messen von Immissionen – Messen von Innenraumluft – Messen von polychlorierten Biphenylen (PCB); GC/MS-Verfahren für PCB 28, 52, 101, 138, 153, 180

VDI 2464 Blatt 2, Messen von Immissionen – Messen von Innenraumluft – Messen von polychlorierten Biphenylen (PCB); HR-GC/HR-MS-Verfahren für coplanare PCB

VDI 3484 Blatt 1, Messen von gasförmigen Immissionen – Messen von Innenraumluftverunreinigungen – Messen von Prüfgasen; Bestimmung der Formaldehydkonzentration nach dem Sulfit-Pararosanilin-Verfahren

VDI 3484 Blatt 2, Messen von gasförmigen Immissionen – Messen von Innenraumluftverunreinigungen – Bestimmung der Formaldehydkonzentration nach der Acetylaceton-Methode

VDI 3498 Blatt 1, Messen von Immissionen – Messen von Innenraumluft – Messen von polychlorierten Dibenzo-p-dioxinen und Dibenzofuranen; Verfahren mit großem Filter

VDI 3498 Blatt 2, Messen von Immissionen – Messen von Innenraumluft – Messen von polychlorierten Dibenzo-p-dioxinen und Dibenzofuranen; Verfahren mit kleinem Filter

VDI 4300 Blatt 1, Messen von Innenraumluftverunreinigungen – Allgemeine Aspekte der Messstrategie

VDI 4300 Blatt 2, Messen von Innenraumluftverunreinigungen – Messstrategie für polycyclische aromatische Kohlenwasserstoffe (PAH), polychlorierte Dibenzo-p-dioxine (PCDD), polychlorierte Dibenzofurane (PCDF) und polychlorierte Biphenyle (PCB)

VDI 4300 Blatt 4, Messen von Innenraumluftverunreinigungen – Messstrategie für Pentachlorphenol (PCP) und !-Hexachlorcyclohexan (Lindan) in der Innenraumluft

VDI 4300 Blatt 5, Messen von Innenraumluftverunreinigungen – Messstrategie für Stickstoffdioxid (NO2) VDI 4300 Blatt 6, Messen von Innenraumluftverunreinigungen – Messstrategie für flüchtige organische Verbindungen (VOC)

VDI 4300 Blatt 7, Messen von Innenraumluftverunreinigungen – Bestimmung der Luftwechselzahl in Innenräumen

VDI 4300 Blatt 8, Messen von Innenraumluftverunreinigungen – Probenahme von Hausstaub

VDI 4300 Blatt 9, Messen von Innenraumluftverunreinigungen – Messstrategie für Kohlendioxid (CO2)

VDI 4300 Blatt 10, Messen von Innenraumluftverunreinigungen – Messstrategie für Schimmelpilze

VDI 4301 Blatt 1, Messen von Innenraumluftverunreinigungen – Messen der Stickstoffdioxidkonzentration – Manuelles photometrisches Verfahren (Saltzman)

VDI 4301 Blatt 2, Messen von Innenraumluftverunreinigungen – Messen von Pentachlorphenol (PCP) und !-Hexachlorcyclohexan (Lindan) – GC/MS-Verfahren

VDI 4301 Blatt 3, Messen von Innenraumluftverunreinigungen – Messen von Pentachlorphenol (PCP) und !-Hexachlorcyclohexan (Lindan) – GC/ECD-Verfahren

VDI 4301 Blatt 4, Messen von Innenraumluftverunreinigungen – Messen von Pyrethroiden und Piperonylbut- oxid in Luft, Hausstaub und Lösemittel-Wischproben

VDI 4301 Blatt 5, Messen von Innenraumluftverunreinigungen – Messen von Flammschutzmitteln und Weichmachern auf Basis phosphororganischer Verbindungen – Phosphorsäureester

6.6 Der EMICODE – Ein Emissionszeichen nicht nur für Profis

Michael Zieger

Der von der 1997 gegründeten Gemeinschaft Emissionskontrollierte Verlegewerkstoffe, Klebstoffe und Bauprodukte e. V. (GEV) eingeführte Emicode ist ein geschütztes Emissionssiegel zur Kennzeichnung besonders emissionsarmer Fußbodenverlegewerkstoffe, wie beispielsweise Klebstoffe, Grundierungen oder Bodenausgleichsmassen. Zielsetzung der GEV war es, ein herstellerunabhängiges und wettbewerbsneutrales Kennzeichnungssystem zu schaffen, das den berechtigten Forderungen kritischer Verbraucher nach größtmöglicher Sicherheit vor Raumluftbelastungen aus Bauprodukten Rechnung trägt. Zum damaligen Zeitpunkt gab es auf dem deutschen Markt kein Emissionssiegel, das mit strengen und transparenten Kriterien diesem Anspruch gerecht wurde. Der Emicode konnte anfänglich in drei Anspruchsklassen vergeben werden: EMICODE EC 1, EC 2 oder EC 3. Marktrelevanz erlangte allerdings ausschließlich die beste Klasse EMICODE EC 1 sowie das nach der grundlegenden Revision der EMICODE-Kriterien im Jahr 2010 neu eingeführte, noch anspruchsvollere Zeichen EMICODE EC 1[PLUS].

Bis heute wurden mehr als 3000 EC 1-Lizenzen zur Kennzeichnung von sehr emissionsarmen Fußbodenverlegewerkstoffen erteilt, dennoch ist das EC 1-Siegel nur wenigen Endverbrauchern ein Begriff. Das liegt in erster Linie daran, dass man dem Emicode so gut wie gar nicht im Do-it-yourself-Bereich begegnet, sondern eher im Fachhandel bei den Bodenverlegewerkstoffen für den Profihandwerker. Dort ist der Emicode mittlerweile fest etabliert. Gerade bei professionellen Verarbeitern genießt das Siegel einen exzellenten Ruf, steht es doch gleichermaßen für höchste technische Produktqualität und für größtmögliche Sicherheit im Hinblick auf gesunde Raumluft nach der Verarbeitung. Dieses Kapitel möchte den Emicode einem breiteren Publikum vorstellen und seine interessante Entstehungsgeschichte bis hin zu aktuellen Entwicklungen beleuchten. Deutlich wird dabei gleichzeitig, dass auch ein durch Initiative von Produktherstellern eingeführtes Kennzeichnungssystem speziell im Hinblick auf die sensiblen Themen Raumluftqualität und Wohngesundheit in höchstem Maße anspruchsvoll und glaubwürdig sein kann.

Die Entstehungsgeschichte des Emicode

Die Gründung der GEV und damit die Entstehung des Emicode fällt in eine Zeit des Umbruchs in der Klebstofftechnologie – nämlich der sukzessiven Abkehr von den stark lösemittelhaltigen Bodenbelagsklebstoffen hin zu den wasserbasierenden Dispersionsklebstoffen. Während bis in die späten 1980er Jahre die Verwendung stark lösemittelhaltiger Klebstoffe mangels geeigneter Alternativen gängige Praxis war, setzte Anfang der 1990er Jahre eine allmähliche Abkehr von diesen Produkten ein. Ausgelöst wurde dies durch die Entwicklung von anfangs lösemittelarmen und später gänzlich lösemittelfreien Klebstoffen auf wässriger Dispersionsbasis. Für den damaligen Bodenleger war die Entwicklung der Dispersionsklebstoffe und der damit eingeleitete Lösemittelausstieg aus arbeitsmedizinischer Sicht ein außerordentlicher Fortschritt im Hinblick auf die Vermeidung von lösemittelbedingten Berufserkrankungen, die auf das fortwährend Einatmen von freigesetzten Lösemitteldämpfen während der Verarbeitung zurückzuführen waren.

Lösemittelfrei bedeutet nicht automatisch emissionsarm

Diese längst überfällige Entwicklung war auf der anderen Seite jedoch von unerwünschten Begleiterscheinungen geprägt, insbesondere der starken Zunahme an Geruchsreklamationen nach Bodenbelagsarbeiten. Zwar waren die neuen Klebstoffe nun „lösemittelfrei" und enthielten damit nicht mehr solch typische Lösemittel wie Aceton, Ethylacetat, Toluol oder Spezialbenzine. Diese auch unter dem Begriff „VOC" (aus dem Englischen „Volatile Organic Compounds" – flüchtige organische Verbindungen) zusammengefassten Stoffe wurden in den neuen lösemittelfreien Dispersionsklebstoffen durch andere, meist schwerer flüchtige Stoffe ersetzt. Hierbei handelte es sich um Flüssigkeiten mit Siedepunkten über 200 °C, die in der Fachsprache als SVOC („Semi Volatile Organic Compounds") oder umgangssprachlich auch als „Hochsieder" bezeichnet werden[5]. Diese Verbindungen – typische Vertreter sind beispielsweise Glykole oder Glykolether – gelten per Definition im Bereich der Bodenbelagsklebstoffe nicht mehr als Lösemittel[6], und das durchaus zurecht. Aufgrund ihrer Schwerflüchtigkeit sind sie nämlich weder leicht entzündlich, noch gehen sie während der Verarbeitung in relevanter Menge in die Raumluft über. Sie weisen darüber hinaus in der Regel auch ein nur geringes toxikologisches Potenzial auf, sodass die Substitution leicht flüchtiger Lösemittel durch Hochsieder unter Arbeitsschutzaspekten ein bedeutender Fortschritt war.

Problematische Hochsieder

Im Hinblick auf die Innenraumluftqualität hatte diese Entwicklung jedoch erhebliche Konsequenzen. So war die Raumluft durch die Verwendung stark lösemittelhaltiger Klebstoffe während der Verarbeitung zwar kurzzeitig massiv belastet, doch aufgrund der Leichtflüchtigkeit der eingesetzten Lösemittel löste sich das Problem binnen kürzester Zeit buchstäblich in Luft auf. Nach nur wenigen Tagen hatten sich die Lösemittel – unterstützt durch entsprechende Lüftungsmaßnahmen – weitgehend verflüchtigt und waren dadurch auch geruchlich für den Raumnutzer nicht mehr wahrnehmbar. Ganz anders stellt sich hingegen die Situation nach der Verarbeitung von lösemittelfreien, dafür aber hochsiederhaltigen Klebstoffen dar. Zwar blieb der Verarbeiter aufgrund der Schwerflüchtigkeit der Hochsieder nun aus arbeitsmedizinischer Sicht unbeeinträchtigt, das Problem verlagerte sich jetzt aber auf den späteren Endnutzer des Raumes. Bedingt durch die Schwerflüchtigkeit gehen Hochsieder nur sehr langsam, dafür aber lang anhaltend aus der Klebstoffschicht in die Raumluft über und führen dadurch zu einer zwar niedrigen, dafür aber dauerhaften Belastung der Innenraumluft. Die Anwesenheit von Hochsiedern in der Raumluft kann sich vor allem bei sehr dichter Bauweise und gleichzeitig wenig gelüfteten Räumen in unangenehmer Weise bemerkbar machen. So klagen Personen häufig bereits nach kurzem Aufenthalt in entsprechend belasteten Räumen über ein unangenehmes Geruchsempfinden, oft verbunden mit störenden Begleiterscheinungen wie tränenden Augen, Kratzen im Hals und ähnlichen Symptomen des Unwohlseins, die sich selbst durch intensives Lüften nicht dauerhaft beseitigen lassen.

---

[5] Tatsächlich existieren noch eine Reihe weiterer VOC-Definitionen mit teilweise anderen Grenzen wie den hier genannten. An der prinzipiellen Relevanz vor allem schwerer flüchtiger VOC hinsichtlich der Innenraumluftqualität ändert dies jedoch nichts.

[6] TRGS 610, www.baua.de/de/Themen-von-A-Z/Gefahrstoffe/TRGS/TRGS-610.html

Die Situation kann sich noch erheblich verschärfen, wenn Dispersionsklebstoffe im Renovierungsfall auf alte, nur unvollständig entfernte Klebstoffreste oder, bei Neubauten, auf noch zu restfeuchte Untergründe aufgebracht werden – ein bei heutzutage immer kürzer werdenden Bau- und Renovierungszeiten leider gängiges Problem. Dies kann zu chemischen Wechselwirkungen führen, beispielsweise zwischen alter und neuer Klebstoffschicht, bzw. zur Zersetzung des Klebstoffs aufgrund von überschüssiger Restfeuchtigkeit aus dem Untergrund. Diese unerwünschten Sekundärreaktionen sind häufig verbunden mit der Freisetzung geruchsintensiver Stoffe, die die Raumluftqualität zusätzlich massiv belasten können.

Diese heute so plausibel erscheinenden Erkenntnisse lagen zum damaligen Zeitpunkt keineswegs auf der Hand, vielmehr waren sie das Ergebnis jahrelanger, intensiver Ursachenforschung in den Entwicklungs- und anwendungstechnischen Abteilungen der Klebstoffhersteller. Die bis dato gänzlich unbekannten Phänomene führten zu einer starken Zunahme an Geruchsbeanstandungen nach Bodenbelagsarbeiten, in deren Folge Bodenbeläge vielfach komplett wieder entfernt und neu verlegt werden mussten – eine Problematik, mit der die gesamte Klebstoffindustrie konfrontiert war. Erst in den späten 1990er Jahren war das technologische Know-how bei den Dispersionsklebstoffen so weit fortgeschritten, dass nach und nach auf Hochsieder in den Rezepturen verzichtet werden konnte, ohne hierfür Qualitätseinbußen aus klebetechnischer Sicht in Kauf nehmen zu müssen.

6

Gemeinsam zur Lösung des Problems

Um die Entwicklung emissionsarmer Verlegewerkstoffe konsequent voranzutreiben, gründeten namhafte deutsche Klebstoffhersteller 1997 die GEV, mit dem Ziel, eine einheitliche Branchenregelung mit klar definierten Kriterien für die Prüfung und Kennzeichnung sehr emissionsarmer Verlegewerkstoffe zu schaffen. Für die beteiligten Firmen war dadurch der Ansporn gegeben, im fairen Wettbewerb und im Rahmen eines festen Regelwerks sehr emissionsarme, EC 1-fähige Produkte zu entwickeln und zu vermarkten, die nicht länger zu Geruchsbeanstandungen nach Bodenbelagsarbeiten führen. Der Emicode entwickelte sich schon kurze Zeit nach seiner Einführung zu einem Erfolgsmodell. Bereits ein Jahr nach Gründung wurden mehr als 100 EC 1-Lizenzen für Bauprodukte vergeben, heute sind es mehr als 3000. Dabei entwickelte sich das EC 1-Siegel rasch zum Standard, während von der Möglichkeit der Auslobung weniger emissionsarmer Produkte mit Emicode EC 2 oder EC 3 praktisch kein Hersteller Gebrauch machte.

Strenge Anforderungs- und Prüfkriterien sichern Qualitätsanspruch

Die GEV hatte von Anfang an die klare Zielsetzung, anspruchsvolle Kriterien für die Erreichung der besten Emissionsklasse Emicode EC 1 aufzustellen. Die Hürde zur Erreichung von EC 1 durfte keinesfalls zu niedrig sein. Nur solche Produkte sollten das EC 1-Label erhalten, die in der Lage waren, sowohl Verarbeiter als auch in besonderem Maße den Endverbraucher wirksam vor unerwünschten Emissionen, Gerüchen oder Schadstoffen aus Bauprodukten zu schützen. Für die Akzeptanz und Glaubwürdigkeit des neuen Siegels war dies eine Grundvoraussetzung.

Durch Festlegung definierter Anforderungs- und Prüfkriterien wurde in eindeutiger Weise geregelt, welche Stoffe in einem EC 1-Produkt zulässig sind und wie hoch die freigesetzten Emissionen des Produktes maximal sein dürfen. Neben grundlegenden Stoffausschlusskriterien wie dem Lösemittelverbot (d. h.: keine Lösemittel mit Siedepunkt kleiner 200 °C) oder dem Verbot, Stoffe mit erwiesenem kanzerogenen, mutagenen oder reproduktionstoxischen Potenzial einzusetzen, lag der Schwerpunkt vor allem auf der Einhaltung von VOC-Emissions-Obergrenzen. Um ein Bauprodukt für eine Emicode-Einstufung zu qualifizieren, ist dessen Emissionsverhalten in einer Prüfkammer zu bestimmen. Je nach Produktart dürfen bei dieser Emissionsmessung bestimmte TVOC-Grenzwerte[7] nicht überschritten werden. So lag der Grenzwert für Dispersionsklebstoffe beispielsweise bei 500 µg/m³ nach 10 Tagen[8]. Die Festlegung auf 500 µg/m³ wurde hierbei ganz bewusst gewählt, nämlich in dem Wissen, dass hochsiederhaltige Produkte die Kammerprüfung nicht bestehen, da sie nach 10 Tagen noch deutlich mehr als 500 µg/m³ TVOC emittieren. Die Kennzeichnung von hochsiederhaltigen Produkten mit Emicode EC 1 wurde somit bewusst von vornherein ausgeschlossen.

Bestimmung des Langzeitemissionsverhaltens durch Prüfkammermessung

Die Emissionsprüfung selbst wird auf Basis der DIN EN ISO 16000-9 in Prüfkammern aus Edelstahl durchgeführt. Die Prüfkammer hat ein Volumen von mindestens 100 Liter und wird unter definierten klimatischen Bedingungen (23 °C, 50 % rel. Luftfeuchte) sowie einer konstanten Luftwechselrate von 0,5 pro Stunde betrieben. Diese Parameter simulieren die raumklimatischen Bedingungen und die Lüftungsvorgänge eines Wohn- oder Büroraumes nach Verarbeitung eines Bauprodukts. Die zu prüfende Probe, z. B. ein Klebstoff, wird mit einer definierten Auftragsmenge auf eine Glasplatte aufgebracht und sofort im Anschluss daran in die Emissionskammer überführt. Nach exakt 24 Stunden wird die erste Luftprobe zur Bestimmung der K-Stoffe – unter anderem Formaldehyd und Acetaldehyd – genommen, indem die austretende Kammerluft über ein Prüfröhrchen mit einer Absorbersubstanz geleitet wird. Nach weiteren neun Tagen wird auf dieselbe Weise die zweite Luftprobe für die TVOC-Bestimmung entnommen. Hierbei werden grundsätzlich Doppelbestimmungen durchgeführt. Die in der Absorberschicht des Prüfröhrchens zurückgehaltenen VOC-Stoffe werden anschließend thermisch desorbiert, gaschromatographisch aufgetrennt und quantifiziert und schließlich massenspektrometrisch identifiziert. Zur Durchführung des äußerst anspruchsvollen Prüfverfahrens sind nur akkreditierte Prüflabore (DIN EN ISO 17025) autorisiert, um die Zuverlässigkeit und Reproduzierbarkeit der ermittelten Prüfergebnisse zu gewährleisten. Die Emicode-Prüfmethode ist öffentlich zugänglich und kann über die Internetseite der GEV eingesehen und heruntergeladen werden.[9]

Der Emicode heute – Anpassungen an den Stand der Technik

In den Jahren 2009 und 2010 erfuhr das Emicode-Regelwerk grundlegende Änderungen sowohl technischer als auch satzungsrechtlicher Art. So öffnete sich die GEV 2009 auch gegenüber anderen Emissionssiegeln wie beispielsweise dem Umweltzeichen RAL-UZ 113 (Blauer Engel für Verlegewerkstoffe).[10] GEV-Mitglieder haben seither die Möglichkeit, ihre Produkte sowohl mit dem Emicode als auch mit dem bei Endverbrauchern weitaus bekannteren Siegel „Der Blaue Engel" zu kennzeichnen. Hersteller von Verlegewerkstoffen können auf diese Weise zwei wichtige Zielgruppen gleichermaßen ansprechen – den professionellen Verarbeiter über den Emicode und den Endverbraucher über den Blauen Engel.

---

[7] TVOC total volatile organic compounds – Summe der flüchtigen organischen Verbindungen im Bereich C_6–C_{16}

[8] Bis August 2010, danach modifizierte Grenzwerte aufgrund der Revision der Prüfmethode (siehe Tabelle)

[9] http://www.emicode.com/index.php?id=6

[10] http://www.blauer-engel.de/de/produkte_marken/produktsuche/produkttyp.php?id=207

Eine weitere grundlegende Änderung erfolgte im Jahr 2010 mit der Anpassung der Prüfkammermethode zur Emissionsmessung. Die bisherigen Prüfzeitpunkte wurden geändert und die bis dahin praktizierte 1- und 10-Tagesmessung durch eine 3- und 28-Tagesmessung abgelöst. Diese Entscheidung hatte gute Gründe, geht doch die 3- und 28-Tagesmessung auf die im Jahr 2000 vom Ausschuss zur gesundheitlichen Bewertung von Bauprodukten, kurz AgBB, initiierte Prüfkammermethode („AgBB-Schema")[11] zurück, die im Rahmen der zukünftig obligatorischen bauaufsichtlichen Zulassung für Parkett- und Bodenbelagsklebstoffe die Prüfgrundlage sein wird. Darüber hinaus ist die geänderte Prüfmethode identisch zu der seit 2004 existierenden Emissionsprüfung für das Umweltzeichen RAL-UZ 113 (Blauer Engel für Verlegewerkstoffe). Die Vereinheitlichung der Prüfmethoden hat den großen Vorteil, dass eine einzige Emissionsprüfung in den meisten Fällen ausreicht, um die Anforderungen der verschiedenen Emissionssiegel abzudecken. Gleichzeitig sind Emissionsgrenzwerte und Prüfergebnisse nun unmittelbar miteinander vergleichbar, unabhängig davon, welches Prüfzeichen angestrebt wird.

Mit Anpassung der Prüfmethode wurden auch die Emissionsgrenzwerte für flüchtige und schwerer flüchtige Verbindungen (TVOC / TSVOC) verschärft. Hierfür wurde eine neue Emicode-Klasse, EC 1^{PLUS}, eingeführt, die bisherige Klasse EC 3 entfiel. Die neue Premiumklasse EC 1^{PLUS} setzt die Messlatte für emissionsarme Produkte nochmals höher. So dürfen Produkte mit EC 1^{PLUS} nach 3 Tagen maximal 750 µg/m³ VOC emittieren, nach 28 Tagen nur noch maximal 60 µg/m³. Die nochmals verschärften Anforderungen führen dazu, dass nur noch ein Teil der Produkte, die bisher mit Emicode EC 1 eingestuft sind, nun auch EC 1^{PLUS} erreichen, doch genau dieser Qualitätsanspruch ist gewollt. In die Premiumklasse EC 1^{PLUS} schaffen es tatsächlich nur die Produkte, die höchsten Anforderungen an Emissionsarmut gerecht werden und damit die Innenraumluft am wenigsten belasten.

Der Emicode im Vergleich zu anderen Emissionszeichen für Bauprodukte

Neben der GEV existieren eine ganze Reihe weiterer Institutionen, die das Emissionsverhalten von Bauprodukten bewerten und hierfür zum Teil eigene Emissionssiegel vergeben. Das bekannteste dürfte das 2004 vom deutschen Institut für Gütesicherung und Kennzeichnung, kurz RAL, eingeführte Umweltzeichen RAL-UZ 113 sein, besser bekannt als „Der Blaue Engel" für emissionsarme Bodenbelagsklebstoffe und andere Verlegewerkstoffe. Daneben vergibt das DIBt (Deutsches Institut für Bautechnik, Berlin) für zulassungspflichtige Bauprodukte sogenannte allgemeine bauaufsichtliche Zulassungen, so beispielsweise seit dem 01.01.2011 auch für Parkettklebstoffe.[12] Diese Produkte sind nach erteilter Zulassung mit dem Übereinstimmungszeichen (kurz Ü-Zeichen) zu kennzeichnen. Voraussetzung für die Erteilung der bauaufsichtlichen Zulassung für Parkettklebstoffe ist das Bestehen des bereits erwähnten AgBB-Prüfschemas. Klebstoffe, die das Ü-Zeichen tragen, haben folglich die AgBB-Prüfung mit Erfolg bestanden.

---

[11] AgBB – Bewertungsschema für VOC aus Bauprodukten
(http://www.umweltbundesamt.de/produkte/bauprodukte/dokumente/AgBB-Bewertungsschema_
2010.pdf)

[12] Klebstoffe für andere Bodenbeläge sind seit dem 01.01.2012 zulassungspflichtig.

Diesen Siegeln und Prüfzeichen ist gemeinsam, dass ihnen als Grundlage für die TVOC-
Bestimmung dasselbe Prüfkammerverfahren dient. Allerdings unterscheiden sich die Prüfsiegel zum Teil erheblich in ihren Anforderungen. Die strengsten TVOC-Grenzwerte besitzt das
Siegel Emicode EC 1^{PLUS}, gefolgt von Emicode EC 1 und RAL-UZ 113, die beide nahezu
identische Emissionsgrenzwerte aufweisen. Deutlich schwächere Anforderungen weist diesbezüglich das Siegel Emicode EC 2 auf. Die schwächsten Anforderungen definiert die Emissionsmessung nach dem AgBB-Schema für bauaufsichtlich zugelassene Parkett- oder Bodenbelagsklebstoffe. So ist im Fall der AgBB-Prüfung nach 28 Tagen noch ein TVOC-
Emissionswert von 1000 µg/m³ zulässig, ein Wert, der im Fall von EC 1^{Plus} gekennzeichneten
Produkten bereits nach 3 Tagen unterschritten sein muss.

Tabelle 6-5   TVOC-/TSVOC-Grenzwerte verschiedener Emissionssiegel für Verlegewerkstoffe[13]

Emissionssiegel	TVOC $_{3\,Tage}$ Grenzwert (µg/m³)	TVOC $_{28\,Tage}$ Grenzwert (µg/m³)	TSVOC $_{28\,Tage}$ Grenzwert (µg/m³)
EMICODE EC 1^{PLUS}	750	60	40
Blauer Engel (RAL-UZ 113)	1.000	100	40
EMICODE EC 1	1.000	100	50
EMICODE EC 2	3.000	300	100
AgBB/DIBt	10.000	1.000	100

TVOC – Total volatile organic compounds; Summe der flüchtigen organischen Verbindungen
(C_6–C_{16})

TSVOC – Total semi-volatile organic compounds; Summe der mittelflüchtigen organischen
Verbindungen (C_{16}–C_{22})

Obwohl den drei Emissionssiegeln EMICODE, RAL-UZ 113 bzw. AgBB-Schema ein im
Wesentlichen identisches Prüfverfahren zugrunde liegt, gibt es doch Unterschiede in einigen
Details bei der AgBB-Prüfung zur Erlangung der allgemeinen bauaufsichtlichen Zulassung,
die hier kurz erwähnt werden sollen.

Ein ganz wesentlicher Unterschied besteht hinsichtlich der Probenauftragsmenge bei der Emissionsprüfung von Klebstoffen. Während nämlich für EMICODE- und RAL-UZ 113-Prüfungen
eine **konstante Probenauftragsmenge** von 300 g/m² vorgegeben ist und sich dadurch verschiedene Klebstoffe hinsichtlich ihres Emissionsverhaltens unmittelbar miteinander vergleichen lassen, sieht die AgBB-Prüfung die Applikation der produktspezifischen **maximalen
Auftragsmenge** vor, wie sie im technischen Datenblatt des jeweiligen Produktes angegeben
ist. Bei bestimmten Klebstoffen, insbesondere im Parkettbereich, können hier mitunter Auf-
tragsmengen von mehr als 1000 g/m² resultieren, also die drei- bis vierfache Auftragsmenge
verglichen mit der Prüfung nach EMICODE oder RAL-UZ 113. Das DIBt begründet die Forderung nach Berücksichtigung der maximalen Auftragsmenge damit, dass hierdurch dem produktspezifischen Worst-case-Aspekt Rechnung getragen wird.

---

[13] Die Zertifizierung von Produkten mit den genannten Emissionssiegeln setzt neben der Einhaltung der
T(S)VOC-Grenzwerte die Erfüllung weiterer Kriterien voraus, auf die an dieser Stelle jedoch nicht näher eingegangen wird.

Diesem zunächst nachvollziehbaren Ansatz steht allerdings der zweite wesentliche Unterschied der AgBB- im Vergleich zur EMICODE- oder RAL-UZ 113-Prüfung entgegen, nämlich die **dreitägige Vorkonditionierung** des Prüfmusters nach seiner Herstellung, wie sie bei der AgBB-Prüfung praktiziert wird. Vorkonditionierung bedeutet, dass der Prüfkörper nach Applikation der Probe auf der Glasplatte zunächst drei Tage unter Prüfkammerbedingungen gelagert wird, und erst danach die eigentliche Emissionsprüfung mit Erfassung der freigesetzten flüchtigen Stoffe beginnt. Hält man sich vor Augen, dass die höchsten VOC-Emissionsraten im frischen Zustand der Probe auftreten, wird deutlich, dass die Vorkonditionierung dem Worst-case-Ansatz des DIBt zuwider läuft, da die Probe während der dreitägigen Vorkonditionierungsphase in signifikanter Weise Anfangsemissionen abbauen kann, die bei der nachfolgenden AgBB-Prüfung unter den Tisch fallen, während sie bei der Prüfung nach EMICODE oder RAL-UZ 113 vollständig mit erfasst werden. Die Berücksichtigung der maximalen Auftragsmenge wird also durch die dreitägige Vorkonditionierung wieder aufgehoben, sodass der Ansatz „konstante Auftragsmenge und Emissionsprüfung ohne Vorkonditionierung" wie sie durch EMICODE oder RAL-UZ 113 praktiziert wird, als der wissenschaftlich fundiertere Ansatz erscheint, der zudem den großen Vorteil der vergleichbaren Prüfergebnisse aufweist. In der Praxis ist es in der Tat sogar so, dass die Vorkonditionierung zu mitunter abstrusen und im Sinne der Wohngesundheit völlig kontraproduktiven Ergebnissen führen kann, wie das Beispiel eines Klebstoffherstellers zeigt. Diesem gelang es durch den emissionsmindernden Effekt der Vorkonditionierung, die AgBB-Prüfung für einen stark lösemittelhaltigen Klebstoff zu bestehen und damit die allgemeine bauaufsichtliche Zulassung durch das DIBt zu erhalten.

Glaubwürdigkeit durch unabhängige Kontrollen und strenge Wettbewerbsregularien

Interessanterweise ist der Emicode das einzige Emissionssiegel der oben genannten, bei dem Produkte auch nach Lizenzerteilung durch den Zeichengeber auf Einhaltung der Kriterien überprüft werden. Hierzu führt die GEV regelmäßige Stichprobenuntersuchungen von im Markt gezogenen Produktproben durch und lässt diese von unabhängigen Prüfinstituten auf Konformität überprüfen. Produkthersteller, die gegen die Kriterien des Prüfsiegels verstoßen, müssen mit Sanktionen rechnen, beispielsweise der Auflage zum Rückruf betroffener Produkte. Diese konsequent strenge Regelung sichert die Glaubwürdigkeit und den hohen Qualitätsanspruch, für den der Emicode steht.

Zudem gibt es klare Regeln für die werbliche Kommunikation im Zusammenhang mit Emicode-gekennzeichneten Produkten. Blumige Formulierungen, die lediglich den Anschein emissionsbezogener Unbedenklichkeit suggerieren, sind für Produkte von GEV-Mitgliedsfirmen tabu. Nur die Angabe der Emicode-Klasse, z. B. Emicode EC 1[PLUS], mit Angabe des TVOC-Grenzwerts (≤ 60 µg/m³ nach 28 Tagen) ist zulässig. Auch die Veröffentlichung von Einzelemissionswerten ist satzungsrechtlich strikt untersagt, und zwar aus gutem Grund: Denn aufgrund der nicht unerheblichen Streubreite von Prüfkammermesswerten von ±20 % oder mehr ist ein TVOC-Wert von 50 µg/m³ nicht zwangsläufig schlechter als ein Wert von 40 µg/m³. Das Werben mit Emissionseinzelwerten wäre somit höchst unseriös und irreführend.

Erfolgsgeschichte Emicode

Der Emicode kann 14 Jahre nach seiner Einführung auf eine beeindruckende Erfolgsgeschichte zurückblicken. Im Bereich der professionellen Fußbodenverlegewerkstoffe hat sich das Siegel Emicode EC 1 zu einem Quasi-Standard entwickelt, nicht nur für Klebstoffe, sondern für alle Arten von Verlegewerkstoffen rund um die Verlegung von Fußböden. Das zeigt sich auch daran, dass der Emicode inzwischen fester Bestandteil ist in vielen Ausschreibungstexten, in technischen Regelwerken und sogar im Bereich des nachhaltigen Bauens, wie das Beispiel des Kriteriensteckbriefs Nr. 6 der DGNB (Deutsche Gesellschaft für nachhaltiges Bauen) belegt, in dem die EC 1-Einstufung eines Produktes als Erfüllungskriterium gilt.

Mittlerweile hat die GEV 75 Mitglieder, davon 29 Firmen im Ausland bei inzwischen mehr als 3000 Produktanmeldungen.[14] Der Emicode ist damit das bedeutendste Emissionssiegel für Klebstoffe, Spachtelmassen und andere Verlegewerkstoffe in Deutschland und zunehmend auch in den europäischen Nachbarländern.

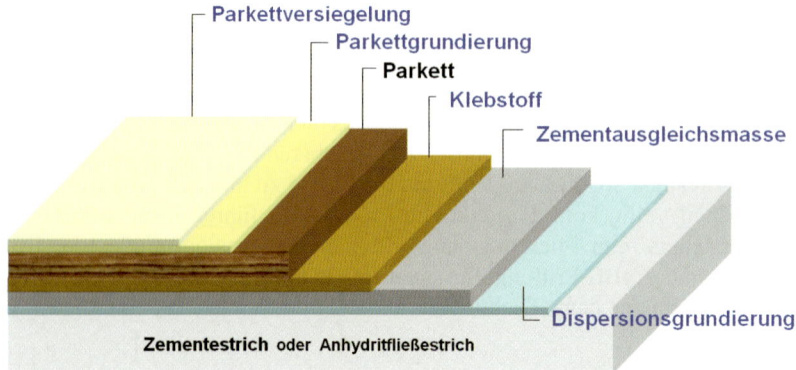

Bild 6-16 Systemprodukte mit EMICODE EC 1 am Beispiel Parkettverlegung

Die stetig wachsende Zahl an EC 1-gekennzeichneten Verlegewerkstoffen korreliert darüber hinaus in eindrucksvoller Weise mit dem Rückgang an Geruchsreklamationsfällen. Statistische Auswertungen belegen, dass die im Zusammenhang mit Bodenbelagsarbeiten gemeldeten Geruchsfälle in den 14 Jahren seit Bestehen des Emicode um bis zu 75 % zurückgegangen sind.[15] Dieser bemerkenswerte Rückgang ist der überzeugende Beleg dafür, dass der Emicode seinem erklärten Anspruch, gesunde Innenraumluft durch die Entwicklung emissionsarmer Produkte zu fördern, in ausgezeichneter Weise gerecht wird. Der Siegeszug der EC 1-Produkte bei den professionellen Fußbodenverlegewerkstoffen hat folgerichtig auch die hochsiederhaltigen Klebstoffe nahezu vollständig vom Markt verdrängt. Für jeden Bodenbelag und für praktisch jede Verlegesituation existieren heute sehr emissionsarme, mit Emicode EC 1 gekennzeichnete Verlegewerkstoffe, die den wohngesunden Komplettaufbau eines Fußbodens ermöglichen und damit dem Endverbraucher das sichere Gefühl geben: „Mit EC 1-Produkten kann ich beruhigt durchatmen."

---

[14] Stand Mai 2011
[15] Uzin Utz AG, Ulm

6.7 Wegweiser mit (bedingter) Aussagekraft

Volker Lehmkuhl

6.7.1 Label und Gütezeichen für Bauprodukte

Welcher Bauprofi hat nicht schon davon geträumt: Ein Blick auf die Verpackung oder das Datenblatt, DAS ZEICHEN entdeckt und schon sind alle Fragen hinsichtlich Inhaltsstoffen, Emissionsverhalten, Nachhaltigkeit, Treibhauspotenzial und Grundwassergefährdung in Produktion, Gebrauch und Entsorgung, zudem Sozialstandards in der Produktion, Energieeinsatz, Wiederverwertbarkeit, Schutz der Regenwälder und, und, und geklärt oder können zumindest zufriedenstellend beantwortet werden. Die Institution, die DAS ZEICHEN vergibt, ist allgemein anerkannt, wirtschaftlich und politisch hundertprozentig unabhängig und hat Zugang zu allen Daten, die außerdem – bis auf die für die Herstellung wichtigsten – allgemein verständlich aufbereitet und leicht zugänglich, kostenlos im Internet veröffentlicht und per Smartphone auch auf der Baustelle sofort recherchierbar sind.

Doch leider wird dieser Traum von absoluter Transparenz von Bauprodukten auf absehbare Zeit ein solcher bleiben. Denn trotz der Flut an Gütezeichen und Labeln existiert kein Zulassungs- oder Zertifizierungssystem, das auf alle Fragen von Baustoffhändlern, Planern, Verarbeitern und nicht zuletzt Investoren und Bauherren eine allseits zufriedenstellende, transparente und nachvollziehbare Antwort gibt.

Über die Gründe für diesen, aus dem Blickwinkel der Wohngesundheit im Besonderen und des nachhaltigen Bauens im Allgemeinen, bedauerlichen Umstand lässt sich trefflich spekulieren. Neben der rein wirtschaftlichen Seite – Produktprüfungen kosten viel Geld – sind dies sicherlich die Bedenken vieler Hersteller, die sich vom Wettbewerb und der kritischen Öffentlichkeit ungern in die Produktionsdaten schauen lassen. Hinzu kommt, das die Aufmerksamkeit der öffentlichen Hand für die Bedeutung gesundheitsrelevanter Daten von Bauprodukten zwar seit Jahrzehnten wächst und nach oft jahrelangen Forschungsreihen und Diskussionen auch etliche, sehr wichtige Erfolge gezeitigt hat, trotzdem aber nach wie vor für viele Produktgruppen Spielräume offenlässt, beziehungsweise erst nach und nach, häufig gegen den heftigen Widerstand potenter Lobbygruppen, Konsequenzen aus wissenschaftlichen Erkenntnissen ziehen kann.

6.7.2 Information oder Marketing?

Im Gegenzug bieten sich Gütezeichen dafür an, „gute" Bauprodukte von Wettbewerbsprodukten abzuheben. Doch wo hört das transparente Herausstellen günstiger Produkteigenschaften auf und wo dominieren Marketingaspekte? Wie ist es um die Unabhängigkeit des Zeichengebers und die Transparenz der Vergaberichtlinien bestellt? Welchen Geltungszeitraum haben Auszeichnungen? Gelten sie unbegrenzt oder müssen die Prüfungen in regelmäßigen Abständen wiederholt werden? Werden die Kriterien dem wissenschaftlichen und technologischen Fortschritt angepasst, um stets nur die marktbesten Produkte auszuzeichnen? Oder kann sich der Hersteller auf einem einmal erteilten Zertifikat ausruhen? Wie streng sind die Prüfbedingungen? Werden die zu prüfenden Produkte vom Prüfinstitut per Zufallsauswahl frei bestimmt oder schickt der Hersteller eine ihm genehme, gut abgelagerte Charge zur Emissionsprüfung ins Labor?

Antworten auf diese Fragen würden eine Analyse und Darstellung der aktuell im deutschsprachigen Raum und Europa existierenden Zeichen ergeben, was den Rahmen dieses Beitrags beziehungsweise dieses Buches allerdings bei Weitem sprengen würde. Mehr als eine übersichtsartige Vorstellung ausgewählter Zeichen kann und will dieser Beitrag nicht sein, er ersetzt somit in keinem Fall das Studium der aktuellen Vergabebedingungen.

Doch selbst eine solche Übersicht ist nicht immer mit befriedigendem Erfolg möglich. Denn manche Zeichengeber sind nicht zur Veröffentlichung bereit oder die Bedingungen sind so schwammig formuliert, dass einer Beeinflussung Tür und Tor geöffnet sind. Aber es gibt auch solche, die für ihren Bereich umfangreiche und zufriedenstellende Informationen bereitstellen. Dabei gilt es zu beachten, dass nicht jedes Zeichen über alle Produktgruppen und Produkteigenschaften zufriedenstellende Aussagen trifft. Mal sind die Grenzwerte zur Erteilung des Zeichens je nach Produktgruppe unterschiedlich, mal wird nur eine einzelne Eigenschaft geprüft und gesondert herausgehoben. Blindes Vertrauen ist also fehl am Platz, hilfreich dagegen ist eine gewisse Kenntnis der Zusammenhänge und Hintergründe.[16]

Blauer Engel

Das Zeichen: Der Blaue Engel ist in Deutschland das älteste und mit Abstand bekannteste Umweltgütezeichen und ist auch im Baubereich auf einer Vielzahl von Produkten, vom Dämmstoff aus Altpapier über Lacke und Farben bis hin zu Bodenbelägen, zu finden. Die Zahl der jeweils ausgezeichneten Produkte reicht von einigen wenigen bis mehr als 1.000.

Der Zeichengeber: Zeicheninhaber ist das deutsche Bundesumweltministerium. Vergeben wird der Blaue Engel vom Deutschen Institut für Gütesicherung und Kennzeichnung (RAL), die Geschäftsstelle liegt beim Umweltbundesamt. Die Vergaberichtlinien werden nach der Anhörung von Experten aus Wirtschafts-, Umwelt- und Verbraucherverbänden, Gutachtern und eigenen Mitarbeitern erstellt.

Transparenz und Kontrolle: Sowohl die Vergaberichtlinien als auch die ausgezeichneten Produkte werden vollständig veröffentlicht, die Vergaberichtlinien haben eine Gültigkeit von maximal vier Jahren. Bestehen sie danach unverändert fort, verlängert sich der Zeichennutzungsvertrag automatisch um ein Jahr. Ansonsten müssen die Hersteller das Zeichen neu beantragen und die Prüfung durchlaufen. Die Nachweise reichen von der reinen Herstellererklärung bis hin zu Laborprüfungen durch autorisierte Prüfstellen.

Charakteristik: In der Regel steht eines der vier Schutzziele (Umwelt und Gesundheit, Klima, Wasser, Ressourcen) sowie ein Kriterium im Mittelpunkt der Auszeichnung: „weil emissionsarm", „weil schadstoffarm", „weil überwiegend aus Altpapier" lauten die hervorgehobenen Vorzüge. Weitere Produktmerkmale und Schadstoffgrenzwerte bedürfen der genauen Betrachtung, weswegen das Zeichen bedingt hilfreich ist. Neuere Umweltzeichen legen hinsichtlich Emissionen deutlich strengere Maßstäbe an als ältere. http://www.blauer-engel.de.

Euroblume

Das Zeichen: Die Euroblume ist der Versuch, ein europaweites Umweltzeichen zu schaffen. Im Bereich Bauprodukte sind für Farben und Lacke (innen und außen) sowie harte Bodenbeläge (Fliesen und Holzbeläge) Richtlinien veröffentlicht, teilweise sind mehrere hundert Produkte ausgezeichnet.

---

[16] Siehe auch „Kompakt Gütesiegel", ÖKO-Test Verlag, Frankfurt, 2010

Der Zeichengeber: Das EU-Umweltzeichen wird vom Ausschuss für das Umweltzeichen der Europäischen Union verwaltet und von der Europäischen Kommission sowie den Mitgliedstaaten unterstützt. Dem Ausschuss gehören Vertreter aus Industrie, Umweltschutzvereinigungen und Verbraucherverbänden an.

Transparenz und Kontrolle: Vergaberichtlinien und ausgezeichnete Produkte sind vollständig veröffentlicht, die Vergaberichtlinien gelten vier Jahre. Der Nachweis erfolgt über Herstellererklärungen und Prüfberichte, Kontrollen sind möglich.

Charakteristik: Der Versuch, in diesem Bereich zu einer europaweiten Vereinheitlichung zu gelangen, ist zu begrüßen. Im Bereich Schadstoffe in Lacken und Farben sind die Grenzwerte im Vergleich zu anderen Labeln allerdings zu hoch angesetzt. http://www.ec.europa.eu/ecat

Österreichisches Umweltzeichen

Das Zeichen: Vom Künstler Friedensreich Hundertwasser gestaltet, folgt das Gegenstück zum deutschen Blauen Engel einer vergleichbaren Systematik. Einer der Vergabeschwerpunkte sind Produkte zum Bauen und Wohnen, darunter Bodenbeläge, Wandfarben, Lacke und Lasuren, Holzwerkstoffe und Dämmstoffe sowie Möbel, die Zahl der ausgezeichneten Produkte ist allerdings überschaubar.

Der Zeichengeber: Eine Umweltzeichen-Richtlinie wird auf Vorschlag des „Beirats Umweltzeichen", ein Beratungsgremium des Umweltministers, von einem Fachausschuss unter Vorsitz des Vereins für Konsumenteninformation (VKI) erarbeitet.

Transparenz und Kontrolle: Alle Richtlinien und geprüften Produkte sind öffentlich, das Zeichen gilt für vier Jahre. Eine vollständige Deklaration der Inhaltsstoffe ist Pflicht, wird aber nicht veröffentlicht.

Charakteristik: Angesichts der relativ wenigen ausgezeichneten Bauprodukte und teilweise zu hoher Grenzwerte ist das Zeichen nur eingeschränkt hilfreich. http://www.umweltzeichen.at

natureplus

Das Zeichen: Das natureplus®-Qualitätszeichen ist ein europäisches Zeichen nur für Bauprodukte und nur für solche, die zu mindestens 85 Prozent aus nachwachsenden oder mineralischen Rohstoffen bestehen. Mit aktuell rund 90 Prüfrichtlinien und ca. 380 gelabelten Produkten ist es in diesem Bereich führend.

Der Zeichengeber: natureplus ist ein unabhängiger, europaweit orientierter Verein, der neben dem deutschsprachigen Raum vor allem in Frankreich, Belgien, England und Italien aktiv ist. Die Mitglieder setzen sich aus Vertretern von Umweltverbänden, Gewerkschaften, Forschungsinstituten, Baustoffherstellern, Baustoffhändlern, Planern und Verarbeitern zusammen. Die Richtlinien werden von einer unabhängigen Kommission unter Anhörung der Hersteller erarbeitet. Mit der im Frühjahr 2011 erfolgten Neufassung seiner Basisrichtlinie hat sich natureplus® noch eindeutiger als ein europäisches Umweltzeichen Typ 1 nach EN ISO 14024 positioniert. Angepasst wurde auch die Einbettung in den europäischen Rechtsrahmen: Die Basisrichtlinie nimmt Bezug auf die Bauproduktenverordnung sowie weitere europäische Gesetze und Regeln (u. a. das EU-Öko-Audit EMAS, die Chemikalienverordnung REACH sowie die europäische Regelung zu Umweltzeichen). Damit wurde die Vereinheitlichung der Erfassung und Darstellung von Daten und deren Übertragbarkeit in alle EU-Staaten verbessert.

Transparenz und Kontrolle: Richtlinien, Prüfverfahren und getestete Produkte sind öffentlich. Produktprüfungen erfolgen durch akkreditierte Prüfinstitute, eine Volldeklaration der Inhaltsstoffe ist Pflicht, veröffentlicht wird aber nur eine Version mit absteigenden Mengenangaben. Eine Betriebsbegehung gehört zum Prüfumfang. Das Zeichen gilt für drei Jahre, danach ist laut Statuten eine neue Hauptprüfung obligatorisch, jährlich findet eine Konformitätsprüfung in reduziertem Umfang statt.

Charakteristik: Mit seinem Prüfumfang und dem umfassenden Ansatz gehört das nature-plus®-Zeichen zu den empfehlenswerten Labeln, da nicht nur die ökologischen, technischen und gesundheitlichen Eigenschaften des Produkts, sondern auch die Nachhaltigkeit der Erzeugung der Rohstoffe sowie die Entsorgung untersucht werden. Die Schadstoffwerte gehören mit zu den strengsten in Europa. Bauprodukte, die nicht überwiegend aus nachwachsenden oder mineralischen Rohstoffen bestehen, sind allerdings von vornherein ausgeschlossen. http://www.natureplus.org

eco-Institut Tested Product

Das Zeichen: Das Label „Eco Institut Tested Product" beschränkt sich auf die Schadstoff- und Emissionsprüfung. Im Baubereich existieren Prüfrichtlinien für Anstrich- und Beschichtungsmittel, Dicht- und Klebstoffe, Holzwerkstoffe/Ausbauplatten, Holzfußböden, Laminat, Paneele sowie mineralische Bauprodukte. Insgesamt tragen rund 60 Produkte das eco-Zeichen.

Der Zeichengeber: Die private Eco-Institut GmbH gehört zu den renommierten Prüfinstituten für Schadstoffkontrollen in Deutschland.

Transparenz und Kontrolle: Alle Prüfkriterien sowie die Liste aller getesteten Produkte sind öffentlich, eine Volldeklaration der Einsatzstoffe obligatorisch. Alle zwei Jahre werden ausgezeichnete Produkte neu geprüft. http://www.eco-institut.de.

Charakteristik: Wird die Beschränkung der Zeichenaussage auf Schadstoffgehalt und Emissionen berücksichtigt, gehört das Zeichen zu den empfehlenswerten Labeln.

Österreichisches Institut für Baubiologie und Bauökologie

Das Zeichen: Wandbaustoffe, Bauplatten, Putze und Mörtel, Dämmstoffe, Dachsteine sowie zwei sonstige, insgesamt rund 35 Produkte tragen aktuell das IBO-Prüfzeichen, das ähnlich umfassend angelegt ist wie das natureplus®-Zeichen, dessen Kriterien auch für die Emissionsprüfung übernommen wurden.

Der Zeichengeber: Das IBO ist ein unabhängiger, gemeinnütziger Verein mit Sitz in Wien.

Transparenz und Kontrolle: Alle Prüfbedingungen und Produkte auf der Basis einer nicht veröffentlichten Volldeklaration sind öffentlich, das Zeichen gilt für zwei Jahre, jährlich wird eine Teilprüfung durchgeführt.

Charakteristik: Das Zeichen gehört zu den empfehlenswerten Labeln. Nach und nach sollen IBO-getestete Produkte, für die natureplus®-Richtlinien existieren, auf dieses Zeichen übergehen, um der Zeichenvielfalt entgegenzuwirken. Das IBO ist natureplus®-Prüfinstitut und nature-plus®-Kontaktstelle in Österreich. http://www.ibo.at.

IBR

Das Zeichen: Das Prüfsiegel „Geprüft und Empfohlen vom IBR" zeichnet unter anderem Ziegel, Produkte aus Kalk, Gips und Zement, Fliesen, Dämmstoffe, Holz und Holzwerkstoffe aus.

Der Zeichengeber: Das Institut für Baubiologie Rosenheim (IBR) ist eine private GmbH.

Transparenz und Kontrolle: Das IBR hat im November 2010 neue Prüfsiegelrichtlinien veröffentlicht, deren Transparenz über die bisherigen Richtlinien aus dem Jahr 2001 beziehungsweise 2004 hinausgeht. Eigene Grenzwerte setzt das Institut nur im Ausnahmefall. In der Regel wird die Übereinstimmung mit DIN-, ISO-, TRGS- und anderen Regelwerken überprüft. Nachrangig kommen Grenzwerte laut AgBB, NIK-Werte sowie Erfahrungswerte anderer Institute zum Tragen. Die Bewertung erfolgt unter Bezugnahme auf jeweils genannte Richtlinien, die Transparenz ist nur bedingt gegeben, da nicht in jedem Fall von vornherein deutlich wird, nach welchen Kriterien das Zeichen vergeben wird. Die Namen der Zeichennehmer und die gelabelten Produkte sind im Gegensatz zu früher veröffentlicht.

Charakteristik: Das Zeichen ist nur eingeschränkt aussagekräftig, da konkrete Grenzwerte nicht veröffentlicht sind. Die Auswahl der zugrundegelegten Regelwerke und damit der Grenzwerte obliegt dem Institut und ist nur bei Veröffentlichung der Prüfberichte nachvollziehbar. http://www.baubiologie-ibr.de.

6

FSC

Das Zeichen: Das FSC-Zeichen kennzeichnet Holz und Holzprodukte aus nachhaltiger Waldwirtschaft, wobei Ökologie, soziale Belange und ökonomische Kriterien eine Rolle spielen. Neben einem Zeichen für 100 Prozent Holz aus FSC-zertifiziertem Holz gibt es weitere Zeichen für Mischprodukte mit anderem Holz (FSC-Mix) und Recycling-Produkten (FSC-Recycling). Zu beachten ist allerdings, dass sich das Zeichen ausschließlich auf die Holzerzeugung und nicht auf die gesundheitliche oder ökologische Qualität des Endprodukts bezieht.

Der Zeichengeber: Der Forest Stewardship Council ist eine gemeinnützige, internationale Nichtregierungsorganisation und in Deutschland als Verein organisiert. Mitglieder sind unter anderem große Umweltverbände, aber auch Privatpersonen. Hersteller und Handel fördern den FSC.

Transparenz und Kontrolle: Die Vergabekriterien und -verfahren sind öffentlich, alle ausgezeichneten Produkte ebenso. Die Zertifikate gelten fünf Jahre. http://www.fsc-deutschland.de.

Charakteristik: Für die Beurteilung eines Holzprodukts hinsichtlich seiner Auswirkungen auf die Innenraumluftqualität bietet das Zeichen keine Hilfestellung.

PEFC

Das Zeichen: Auch das PEFC-Zeichen zertifiziert eine nachhaltige Waldnutzung bei Holz und Holzprodukten. Es gibt zwei Varianten: „PEFC zertifiziert" verweist auf einen Prozentsatz von mindestens 70 Prozent zertifiziertem Holz. „PEFC zertifiziert und recycelt" gibt zudem an, wie groß der Anteil an wieder verwendetem Holz ist.

Der Zeichengeber: Das PEFC, Programme for the Endorsement of Forest Certification Sche-
mes, ist ein eigenes Zertifzierungssystem, das hauptsächlich von europäischen Waldbesitzern
und -verarbeitern als Wettbewerb zum FSC entwickelt wurde. In Deutschland wird das Label
durch den PEFC-Deutschland e. V. repräsentiert.

Transparenz und Kontrolle: Vergaberichtlinien und das Verfahren sowie mit dem Label
ausgezeichnete Produkte sind öffentlich, die Zertifikate gelten drei bis fünf Jahre, jährlich
findet eine Überprüfung statt. Völlig unabhängig ist die Entwicklung der Vergaberichtlinien
und des Verfahrens nicht, da die Initiative in erster Linie von der Holz- und Forstwirtschaft
ausgeht. http://www.pefc.de.

Charakteristik: Für die Beurteilung eines Holzprodukts hinsichtlich seiner Auswirkungen auf
die Innenraumluftqualität bietet das Zeichen keine Hilfestellung.

Korklogo

Das Zeichen: Das Korklogo zeichnet Korkparkett und Korkfertigparkett von
Herstellern und Importeuren aus, die Mitglied des Deutschen Korkverbands
sind. Der Verband verweist zwar auf die Hersteller, deren Produkte das Logo tragen, welche
Produkte mit dem Label versehen sind, ist hingegen nicht ersichtlich.

Der Zeichengeber: Der Deutsche Kork-Verband e. V. ist ein Zusammenschluss von Herstellern unterschiedlicher Korkprodukte.

Transparenz und Kontrolle: Die Richtlinien des Kork-Logos sind öffentlich. Sie wurden
zusammen mit dem Eco-Institut entwickelt, das auch die Prüfungen vornimmt. Das Logo wird
für ein Jahr verliehen, danach ist eine erneute Prüfung notwendig. http://www.kork.de

Charakteristik: Mit Prüfanforderungen für VOC, Formaldehyd und Gerüche deckt das Logo
die wichtigsten Leitwerte für die Innenraumluft ab. Schwermetalle, Flammschutzmittel, Poly-
urethanbindemittel und Pestizide dürfen nicht enthalten sein. Die Grenzwerte entsprechen den
üblichen Standards.

Emicode

Das Zeichen: Emicode ist ein Zeichen für Kleber und Fugendichtstoffe für
Bodenbeläge. Geprüfte Produkte werden je nach ihren Emissionen von flüchtigen organischen Stoffen (VOC) in drei Klassen (EC 1^{PLUS} bis EC 2) eingeteilt, wobei EC 1^{PLUS} „sehr emissionsarm" die beste Kategorie darstellt. Die Grenzwerte der
Klassen sind je nach Produktart unterschiedlich. Eine Datenbank führt über die Produktgruppe
zu Herstellern und mit dem Label versehenen Produkten.

Der Zeichengeber: Die Gemeinschaft Emissionskontrollierte Verlegestoffe, Klebstoffe und
Bauprodukte e. V. ist ein Zusammenschluss von Herstellern.

Transparenz und Kontrolle: Die Prüfbedingungen sind öffentlich. Die Einstufung eines
Verlegestoffes in eine der drei Klassen erfolgt allerdings durch den Hersteller selbst, der auch
die dazu notwendigen Prüfungen durchführt oder ein geeignetes Labor beauftragt. Die Gültigkeit ist nicht begrenzt, bei Rezepturänderungen soll der Hersteller selbst eine Neuprüfung
vornehmen.

Charakteristik: Das Emicode-Zeichen hat den wichtigen Prozess zu emissionsarmen Klebstoffen intensiv vorangebracht. Allerdings findet eine nach außen transparente Kontrolle nicht
statt. Vor allem die neue Emissionsklasse EC 1^{PLUS} hat die Anforderungen gegenüber anderen
Zeichen noch einmal deutlich verschärft. Eine Angabe der absoluten Emissionswerte für das

jeweilige Produkt wäre für hochwertige Anforderungen an die Raumluftqualität wünschenswert. www.emicode.de

GuT/Prodis

Das Zeichen: Das GuT-Zeichen zeichnet Teppiche aus, die auf Geruch, Schadstoffgehalte und Emissionen geprüft wurden. Ergänzend liefert die Verbraucherdatenbank Prodis Informationen zur Gebrauchstauglichkeit.

Der Zeichengeber: Verliehen wird das Zeichen von der Gemeinschaft umweltfreundlicher Teppichboden e. V., einem Zusammenschluss von Herstellern.

Transparenz und Kontrolle: Die Prüfbedingungen sind ausführlich dokumentiert und erläutert. Auch findet eine Betriebsbegehung vor Erteilung statt. Mindestens zehn Prozent aller getesteten Produkte müssen sich einer jährlichen Wiederholungsprüfung unterziehen. Wegen der Übereinstimmung von Zeichengeber und den Zeichennehmern, die gleichzeitig Mitglieder der GuT sind, ist die Unabhängigkeit eingeschränkt. Allerdings führen unabhängige Institute die Prüfungen und Kontrollen durch.

Charakteristik: Die Grenzwerte sind unterschiedlich streng. Daher ist das Zeichen bedingt geeignet. Das Verbraucherinformationssystem Prodis erlaubt eine direkte und komfortable Rückverfolgung zum einzelnen Produkt. http://www.gut-ev.de, http://www.pro-dis.info

TÜV Toxproof

Das Zeichen: Das Siegel wird für verschiedene Produkte vergeben, darunter auch Baustoffe, und soll besonders schadstoffarme Produkte kennzeichnen.

Der Zeichengeber: Der TÜV Rheinland, der unter diesem Zeichen auch die Aktivitäten seiner Tochterfirma LGA Bayern gebündelt hat.

Transparenz und Kontrolle: Die Vergabebedingungen sind nicht öffentlich zugänglich.

Charakteristik: Das Zeichen ist wegen seiner undefinierten Vergabebedingungen ohne Aussagekraft für eine konkrete Bewertung der Relevanz für die Innenraumluft. http://www.tuvdot-com.com

Eurofins Indoor Air Comfort Gold

Das Zeichen: Indoor Air Comfort Gold (IACG) wird an besonders emissionsarme Produkte vergeben und kennzeichnet die Einhaltung aller gesetzlichen und freiwilligen Gütezeichen für die Emission von Produkten.

Der Zeichengeber: Eurofins A/S ist ein internationaler, privater Prüfkonzern und nach eigenen Angaben führend in der Produktprüfung u.a. auf VOC.

Transparenz und Kontrolle: Die Liste der Label, deren Prüfbestimmungen mit denen des IACG über einstimmen ist öffentlich, eine genaue Auflistung der jeweiligen Prüfparameter muss angefordert werden.

Charakteristik: Das Zeichen ist hilfreich, die Grenzwerte hinreichend streng. Der Prüfumfang kann wie bei anderen Labeln von Produkt- zu Produktgruppe variieren. Für Hersteller ist die länderübergreifende Nutzung zur Zertifizierung unterschiedlicher Label interessant. http://www.eurofins.com

6.8 Baustoffauswahl bei besonderem gesundheitlichen Bedarf

Josef Spritzendorfer

6.8.1 Unterschiedliche „gesundheitliche" Bewertung von Baustoffen durch Gütezeichen, Institutionen

Im vorhergehenden Kapitel wurden eine Reihe von Gütezeichen beschrieben, die dem Verbraucher helfen „sollten", optimale Produkte für seine individuellen Wünsche, aber auch gesundheitlichen Bedürfnisse leichter auswählen zu können.

In Summe bringt die Vielzahl dieser Zeichen dem Verbraucher aber sehr oft mehr Verwirrung als Hilfestellung – dies umso mehr, wenn der Bauinteressent auf besondere gesundheitliche Befindlichkeiten Bedacht nehmen muss.

Ein Großteil dieser Zeichen bewertet „ökologische" Fakten – mehr oder weniger intensiv beginnend bei der ökologischen Bewertung von Rohstoffen, dem Energieaufwand bei Transport, Produktion und Entsorgung (graue Energie) bis hin zu energetischen Vor- und Nachteilen in der Nutzungsphase.

Sehr oft wird auch der Anteil toxischer Inhaltsstoffe im Hinblick auf gesundheitliche Risiken für den Verarbeiter bewertet, seltener auf Emissionsrisiken für den späteren Gebäudenutzer.

Manche dieser Zeichen werden nur nach entsprechender strenger Prüfung verliehen – in nicht wenigen Fällen werden aber auch Zeichen „nur" an Hand von Eigendeklarationen der Hersteller ohne labeleigene Prüfungen vergeben. Unterschiedlich sind ebenfalls sehr häufig die „Prüfmethoden" und Nachweisgrenzen einzelner Institutionen – oftmals stark angepasst an die „Wünsche der Hersteller" und weniger an die berechtigten Anforderungen der Verbraucher und an aktuelle Standards.

So konnte bei der Hinterfragung von Gütezeichen für Holzwerkstoffe/Parkettböden in einigen Fällen festgestellt werden, dass „namhafte" Zeichen ohne die sicherlich für gesundheitliche Bewertungen sehr maßgeblichen VOC[17]-Prüfkammeruntersuchungen vergeben wurden.

Misstrauen ist daher vor allem bei Gütezeichen angebracht, die nicht bereit sind, ihre Kriterien zu veröffentlichen. Unabhängige Institutionen wie natureplus oder eco-Institut-Label stellen dagegen alle Kriterien offen auf ihre Homepage.

Die gesundheitlichen Bewertungen der meisten „Label" orientieren sich in der Regel an den Anforderungen für „gesunde" Nutzer und entsprechenden – durchaus wissenschaftlich nachvollziehbaren – Orientierungs- und Richtwerten öffentlicher und institutioneller Organisationen (z. B. AgBB, AGÖF).

Von Verbraucherschutzeinrichtungen, Selbsthilfegruppen von Allergikern, MCS-Kranken und dem Sentinel-Haus -Stiftung e. V. wird seit langem aber auch eine Kennzeichnung von Inhaltsstoffen und Emissionen gefordert, die zwar grundsätzlich nicht als gesundheitsschädlich einzustufen sind, die aber auf Grund sensibilisierender bzw. allergenisierender Eigenschaften im Einzelfall dennoch zu massiven Beschwerden führen können.

---

[17] Volatile Organic Compound (VOC)

Leider wehrt sich nach wie vor ein sehr großer Teil der Baustoffindustrie, vor allem aber auch von Naturbaustoff- und Naturfarbenherstellern, gegen solche Kennzeichnungswünsche.

Während es in der Lebensmittelindustrie schon seit langem selbstverständlich ist, auf der Verpackung Hinweise auf bekannte Allergene (z. B. Nüsse, Erdnüsse) anzubringen (am 26.11.2007 in Kraft getretene EU Richtlinien 2007/ 68 /EG über die Etikettierung verpackter Lebensmittel), befürchten Baustoffhersteller nach wie vor eine „Abwertung" ihrer Produkte, wenn solche Hinweise (derzeit noch auf freiwilliger Basis) gegeben werden sollten.

Zahlreiche „Naturbaustoffe" mit hervorragenden Eigenschaften und keineswegs „giftigen" Inhaltsstoffen können für Allergiker trotzdem „kritisch" werden – allgemein bekannt ist eigentlich das allergene Potenzial vieler natürlicher Lösemittel (Orangenschalenöl, Zitrusschalenöl).

Zum Beispiel mussten wunderbar nach Zitronen „duftende" Möbel in vielen Fällen wieder aus Räumen entfernt werden, weil dieser Geruch durchaus auch von vielen Nichtallergikern nach gewisser Zeit zumindest als störend empfunden wird.

6.8.2 Baustoffauswahl für „Allergiker"

Zunehmend werben Haushersteller, Baufirmen und Baustoffhersteller mit der Vokabel „allergikergerecht" – sehr oft mit dem gleichzeitigen Hinweis auf die „ausschließliche Verwendung" von „Naturbaustoffen".

Selbst Kliniken stellen manchmal in ihre Werbung, der Einsatz „biologischer" Baustoffe würde gleichzeitig „Allergikereignung" bedeuten.

Beispiele solcher Aussagen:

– „Die Klinik ist durch die Verwendung biologischer Baustoffe allergiegeeignet." (aktuelles Internetzitat einer Klinik)
– „Außerdem geben Naturbaustoffe in der Regel keine Schadstoffe ab, so dass sie besonders für Allergiker geeignet sind." (© sueddeutsche.de – erschienen am 14.05.2010)
– „Ein **Boden aus Kork** ist sehr strapazierfähig, wärmeisolierend und behaglich fußwarm. Er dämmt den Schall, ist hygienisch und **ausgesprochen allergikergeeignet**. Entgegen landläufiger Annahme ist Kork wasserfest und leicht zu pflegen."
– „Kork ist antibakteriell (!) und hygienisch – für Allergiker geeignet."

Dazu im Vergleich aus „Dämmstoffvergleich"; Ökotest September 2009:

„Der geprüfte Dämmstoff aus Kork ist stark mit Pilzen und Bakterien belastet und riecht unangenehm."

Nicht ausreichend sind aber auch Bewertungen als „allergikergeeignet" **„nach Datenlage"** bei denen basierend auf den Aussagen der Hersteller selbst (!) ohne neutrale Kontrollmessung in der Prüfkammer „Empfehlungen" ausgesprochen werden.

Richtigerweise sorgen viele Naturbaustoffe tatsächlich für ein emissionsarmes, oft auch allergikerverträgliches, hervorragendes Raumklima.

Tatsächlich können aber gerade auch Naturprodukte häufig nicht unbedeutende Allergene enthalten.

Sehr oft ist dies ohnedies auch mit entsprechenden stark wahrnehmbaren Gerüchen verbunden, die von vielen als durchaus angenehm empfunden werden (z. B. Harzgeruch in Blockhäusern, Orangengeruch bei manchen Naturfarben) und die in den meisten Fällen keinerlei grundsätzlich gesundheitsgefährdendes Potenzial besitzen, sich aber für manche (!) Allergiker als geradezu absolut unverträglich erweisen.

Oberste Maxime muss daher stets die präventive Minimierung sämtlicher (!) Emissionen – unabhängig von deren „offizieller" toxischen Bewertung – sein.

Abhängig von der Art der Allergie liegen die Beratungsschwerpunkte bei

– Grundstücksauswahl (Vegetation der Umgebung, Schimmelbelastung der Außenluft durch Moor, Pollenbelastung ...),
– Hausplanung (Heiz- und Lüftungstechnik, Staubsauganlagen, Pollenfilter, Raumeinteilung ...),
– Produktauswahl (bei chemischen Sensitivitäten), siehe auch Beitrag zu MCS (Kap. 3.4).

Fragen bzgl. der Vermeidung/Reduktion von „Elektrosmog", Radonbelastungen sowie des Schallschutzes müssen ebenfalls individuell mit dem Bauherren abgeklärt werden.

Voraussetzung für eine erfolgreiche Produktauswahl ist eine intensive Vorbereitung und Beratung aller Bauakteure (Planer, Bauunternehmer, Handwerker – Bauherr) in Abstimmung mit dem behandelnden Arzt.

Grundsätzlich kann man bekanntlich nicht von „der Allergie" sprechen.

Vielmehr erstreckt sich das Spektrum „Allergie" von Lebensmittelallergien über Schimmelallergie, Pollenallergie, Latexallergie, Hausstaubmilbenallergie, Nickelallergie, Insektengiftallergie bis hin zu „Chemikalien-Unverträglichkeiten" „zwischen" „Allergie" und „MCS".[18]

Dabei sind es vor allem auch Kombinationen verschiedenerer Allergien – sogenannte „Kreuzallergien" – die eine zusätzliche Herausforderung darstellen.

Viele Formen der erwähnten Allergien stehen grundsätzlich nicht in direktem Zusammenhang mit Baustoffen und dem Wohnumfeld (z. B. Lebensmittelallergien).

Manche der übrigen Allergien können durch planerische Maßnahmen berücksichtigt werden (Zentralstaubsauganlage bei Hausstaubmilbenallergie; spezielle Filter und Fensterschutz, räumliche Berücksichtigung bei Pollenallergie u. a.).

Viele Allergien betreffen aber eben auch Baustoffe, Bauprodukte – sowohl als Kontaktallergene (Nickel in Badezimmerarmaturen, Tür- und Fenstergriffen) als auch über Emissionen aus Farben, Klebern, Dämmstoffen, Möbeln, Bodenbelägen, Dichtstoffen, Reinigungs-und Pflegemitteln.

Erst nach möglichst umfassender Kenntnis der vorhandenen Allergien kann mit der Produktauswahl begonnen werden.

Voraussetzungen dafür sind

a) **Volldeklarationen** der verwendeten Baustoffe und auch Gebrauchsgüter (vor allem im Hinblick auch auf Kontaktallergene) – entsprechend auch *der Verordnung (EG) Nr. 1907/2006 des Europäischen Parlaments und des Rates vom 18. Dezember 2006 zur Registrierung, Bewertung, Zulassung und Beschränkung chemischer Stoffe (REACH),*

---

[18] Multiple Chemical Sensitivity, Multiple Chemikaliensensitivität oder multiple Chemikalienunverträglichkeit

Boden ist heute Sinnbild
für Beständigkeit und Stillstand.

Aber was ist Boden morgen?

Muss man Boden immer besitzen?

Ist er möglicherweise ein Prozess?

Wird Boden sogar produktiv?

Ist er dynamisch oder aktiv?

Muss Boden immer unten sein?

DIE UZIN UTZ AG

Stetiger Wandel bei nachhaltiger Entwicklung – damit lässt sich am besten beschreiben, was 1911 begann und heute die Uzin Utz AG ausmacht: In über 100 Jahren entwickelte sich aus einem kleinen regionalen Klebstoffhersteller der weltweit einzige Komplettanbieter in Sachen Bodenkompetenz. Mit den sieben Marken UZIN, Wolff, Pallmann, Arturo, codex, RZ und UFLOOR Systems bietet die Uzin Utz AG ein umfassendes Sortiment an Produkten, Systemen und Dienstleistungen rund um die Neuverlegung, Renovierung und Werterhaltung von Bodenbelägen aller Art, Parkett, keramischen Fliesen und Naturstein – allesamt aus eigener Entwicklung und Produktion. Das Unternehmen verfügt auf den wichtigsten Märkten rund um den Globus über eigene Gesellschaften und ist neben Deutschland in 39 weiteren Ländern vertreten. Die klare Fokussierung der Unternehmensgruppe auf die Kernkompetenz Boden ist dabei weltweit einzigartig.

Uzin Utz AG

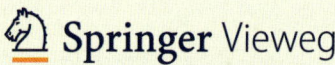

b) Sicherheitsdatenblätter der verwendeten Baustoffe

Ein gut ausgefülltes Sicherheitsdatenblatt ist eine wertvolle Hilfe bei der Umsetzung von Maß-nahmen zur Arbeitssicherheit sowie zum Gesundheits- und Umweltschutz bei Tätigkeiten mit chemischen Arbeitsstoffen Die Anforderungen an die Erstellung von Sicherheitsdatenblättern, (Anhang II REACH-Verordnung) wurden durch die Verordnung (EU) Nr. 453/2010 geändert, die am 20.06.2010 in Kraft getreten ist.

Ein umfassendes aktuelles

c) Emissionszeugnis über Aldehyde, Isocyanate, SVOCs, VOCS (Einzel- und Summenwerte) von einem anerkannten Prüfinstitut- (zertifiziert gemäß DIN EN ISO/IEC 17025, Teilnahme an Ringversuchen)

Prüfkammeruntersuchungen

Prüfmethode: nach anerkannten Prüfmethoden – optimal nach den Prüfkriterien AgBB, natureplus, eco-Institut Köln.

Nur aus einem solchen Emissionszeugnis mit Einzelwerten können sich auch – unabhängig von der Einhaltung diverser Grenzwerte, Richtwerte, Orientierungswerte allgemeiner Art auch Emissionen herauslesen, welche zwar keinesfalls toxisches Potenzial besitzen müssen, aber durchaus allergen, sensibilisierend wirken können.

6

Grundsätzliche Empfehlungen

Wesentlich mehr noch als für generell „wohngesundheitlich optimierte" Gebäude muss bei der Produktauswahl vor allem für gesundheitlich besonders „anspruchsvolle Objek-te" für „sensitive" Bauherren bei der Bewertung von Stoff-Restrisiken das Präventiv- und Minimierungsprinzip im Vordergrund stehen.

Wissenschaftliche Diskussionen über eventuelle gesundheitliche Risiken aus PUR-, Polysty-rolprodukten, Hexanalbelastungen aus VOC intensiven Holzwerkstoffen (z. B. OSB-Platten), Diskussionen über ungeklärte Restrisiken von möglichen Faserbelastungen aus unterschiedli-chen (auch sogenannten ÖKO-)Dämmstoffen veranlassen SHS zu maßgeblichen präventiven Produkteinschränkungen.

Auf Produkte wie Montageschäume, Polystyrolprodukte für den Inneneinbau wird daher gene-rell verzichtet, bis zur Vorlage umfassender aussagekräftiger Emissionsnachweise (diese wer-den jedoch seit Jahren „verweigert") sollten auch OSB-Platten, Einblaszellulose und der über-mäßige Einsatz von Silikonen (für Randfugen können alternativ vielfach auch Distanzschienen eingesetzt werden) möglichst vermieden werden.

Oberflächenbeschichtungen von Fenstern können durch Alu/Holzkombinationen vermie-den/reduziert werden, bevorzugter Einsatz von „harzarmen" Holzarten in Innenräumen ver-mindert ebenfalls das Risiko von Sensibilisierungen durch Terpene.

Emissionsgeprüfte (!) Kalkputze und Calciumsilikatprodukte unterstützen nicht nur bei der Schaffung eines optimierten Raumklimas (Reduktion von Schadstoffen bei Kalkputzen, Feuchtigkeitsregulierung), sondern helfen durch ihre Alkalität, Schimmelrisiken zu reduzieren.

Bei Estrichen sind vor allem die sogenannten „Additive" zu beachten – diese können in nach-gewiesenen Fällen zu wesentlich erhöhten VOC-Emissionen führen (Azeton, Isopropanol, 1-Butanol).

Auch das Verpackungsmaterial von Baumaterialien, Elementen sollte möglichst umgehend aus dem Gebäude entfernt werden: Holzschutzmittelbelastung aus Transportpaletten, Weichmacherbelastungen aus „Schutzfolien" von Kunststofffenstern – all dies sind vermeidbare „Restrisiken".

Vermeidung von „stark riechenden" Produkten – dies gilt auch für jene Produkte die unter Bodenbelägen, hinter Gipsplatten „verbaut" werden. Emissionen können sowohl aus der Fußbodendämmung über die Randfugen den Innenraum belasten als auch aus Dämmungen, Konstruktionselementen durch die durchweg diffusionsoffenen „Verkleidungen".

Verzicht auf „parfümierte" Reinigungs- und Pflegemittel, aber ebenso auf sogenannte Raumbedufter.

Meidung der Baustelle bei starker Sensibilisierung gegenüber Gerüchen, Emissionen. Die Überwachung der besonderen Richtlinien (unter anderem Rauchverbot, ausschließliche Verwendung freigegebener, geprüfter Produkte an Hand von Handwerker-Produktlisten) sollte unbedingt ein entsprechend geschulter Bauleiter oder eine andere Vertrauensperson übernehmen und der gesundheitlich Betroffene nur im unbedingt unverzichtbarem Ausmaß die Baustelle aufsuchen.

Viele dieser Emissionen sind nur „kurzlebig" und können sich bis zur Fertigstellung des Gebäudes bereits wesentlich reduzieren.

Der immer stärker diskutierte Zusammenhang zwischen chemischen Sensibilisierungen und Krankheitssymptomen durch elektromagnetische Belastungen empfiehlt auch den Einsatz PVC-freier, abgeschirmter Elektroinstallationen und eine Gesamtberücksichtigung dieser Thematik bereits bei Grundstücksauswahl (externe Belastungen) und Gesamtplanung (bei Bedarf z. B. Einsatz von Abschirm-Putz-Systemen)

Emissionen aus Heizanlagen (Verbrennungsabgase) können ebenfalls für den Wohnungsnutzer belastend wirken und müssen bei der Planung berücksichtigt werden.

Auch Lärm als Stressfaktor darf nicht unterschätzt werden – entsprechender „schalldämmenden" Materialien muss der Vorzug gegeben werden.

6.8.3 Baustoffauswahl für MCS-Kranke.

Kaum eine Krankheit kämpft seit langem so „erfolglos" um eine öffentliche Anerkennung wie MCS = multiple Chemikalien-Sensitivität.

Würde doch eine endgültige Anerkennung – vor allem auch als „Berufskrankheit" – zugleich ein Eingeständnis unserer derzeitigen „Unwissenheit" über die Auswirkungen zahlreicher Chemikalien auf unseren Körper, über Kombinationseffekte oft auch „nicht beachteter" minimaler Schadstoffkonzentrationen, über komplexe Zusammenhänge zwischen Elektrosmog, chemische und physikalische Umweltbelastungen, über mögliche Auswirkungen auch zahlreicher natürlicher Reizstoffe bedeuten.

Wie viel einfacher ist es doch, MCS-Erkrankte als „Umweltpsychopathen" darzustellen, ihre Forderungen gegenüber den oftmals sogar bekannten Verursachern einfach als unberechtigt abzuschmettern und die leider noch viel zu wenigen Umwelt- und Ganzheitsmediziner öffentlich zu disqualifizieren.

Belächelt am Arbeitsplatz von den Kollegen, gemobbt von Vorgesetzten, sehr oft auch nicht ernst genommen von den engsten Familienmitgliedern – wen kann es da noch verwundern, dass die Betroffenen nach einigen Jahren „Isolation" auch tatsächlich „psychische" Veränderungen aufweisen, und damit ihren „Gegnern" ungewollt weitere Argumente einer „eingebildeten Krankheit" liefern.

Diese Nichtanerkennung erfahren vor allem auch MCS-Bauinteressenten – kaum ein Architekt, Handwerker, Baustoffhändler, der die Nachfrage nach entsprechenden Produktinformationen, Wünsche nach „aussagefähigen" Testmustern (siehe Musterbeschreibung) nicht grundsätzlich mitleidig belächelt. Nur unter „Druck" und rechtzeitigen (!) vertraglichen Vereinbarungen ist es meist möglich, eine gewissenhafte umfassende Projektumsetzung durchzusetzen.

Ähnlich wie bei zahlreichen weiteren stark umweltrelevanten „Krankheiten" wie EMS, (Elektromagnetische Hypersensitivität), CFS (Erschöpfungssyndrome), Autoimmunerkrankungen kann man bei MCS auch mit optimierter Baustoffauswahl und mit baulichen Präventionsmaßnahmen sicherlich keine „Heilung" erreichen – eine Minimierung von Umweltbelastungen kann aber nachweisbar eine Besserung des Krankheitsbildes und eine Verhinderung von zusätzlichen „Steigerungen" (sehr oft addieren sich die genannten Krankheiten im Laufe der Jahre) bewirken.

Empfohlen wird für MCS-Betroffene ein vierstufiges Auswahlsystem – bestehend aus einer zweistufigen Grundauswahl an Hand von umfassenden Produktinformationen (entspricht den grundsätzlichen Anforderungen auch des allgemeinen Sentinel-Haus Konzeptes) aus Deklaration und Prüfnachweisen sowie einer ebenfalls zweistufigen individuellen Austestung der so gefundenen Produktvorschläge abgeleitet aus

– „Verträglichkeitstest an Hand von Testmustern (Kapitel Beschaffung **von Handmustern von Bauprodukten**)"

Wichtig ist dabei im Vorfeld:

– Möglichst Ausschluss von allgemein bekannt allergieauslösenden Stoffen, vor allem in Produkten mit bestimmungsgemäßen Hautkontakt – unter anderem Chrom-VI Verbindungen, Nickel, Kobalt (z. B. Armaturen, Türklinken, Handläufe)
– Austesten der geplanten Produkte – optimal wäre es, das jeweilige Produkt für einige Nächte neben dem Kopfkissen zu platzieren
– Individuelle Verträglichkeitsnachweise gegenüber Schad- & Reizstoffen aus der Umwelt mit aktuellen in-vitro-Analysemethoden (Abgleich der „Verträglichkeit" von Materialien mit Blutproben in einem entsprechenden Labor) begleitet vom behandelnden „Umweltarzt".

Beschaffung von Handmustern von Bauprodukten für individuelle Verträglichkeitstests

Aus mehrjähriger Erfahrung hat sich für SHS die Musterbeschaffung über den jeweiligen Verarbeiter als die sinnvollste Vorgangsweise ergeben.

Für den Verarbeiter ist es mit dem geringsten finanziellen und organisatorischen Aufwand verbunden, im Rahmen der täglichen Handwerksarbeit solche Muster bereits frühzeitig herzustellen – oft verwendet er das benötigte/empfohlene Material ohnehin bzw. kann angeforderte nicht benötigte Materialmuster in einem laufenden Projekt auch sinnvoll „aufbrauchen".

Bei vorgeschlagenen Alternativprodukten erhält er von SHS auf Wunsch auch die Kontaktadressen des Herstellers zur Musterbeschaffung und damit auch den Kontakt bezüglich eventueller besonderer produktspezifischer Verarbeitungsrichtlinien generell.

Die „Selbstherstellung" solcher Muster könnte für den Betroffenen durch anfängliche Produktemissionen zu übermäßigen Sensibilisierungen führen, welche sich auf den eigentlichen späteren „Testvorgang" wesentlich negativ auswirken können – ebenso wie das Austesten zu „junger" (nicht realitätsgemäßer) Produktmuster.

Herstellung von Mustern

Je nach Bauweise/Bedarf gilt es zu beachten, dass entweder ein „ emissions-neutraler Untergrund" (= Fliesen, Glasplatten) verwendet wird – die Testmuster optimal aber auch mit dem vorgesehenen Originaluntergrund bereits als Kombimuster angefertigt werden:

Ziegel + Mörtel + Putz (+ eventuell Grundierung)

Gipsplatte + Putz + Farbe (eventuell Grundierung)

Estrich + Grundierung

Fliese + Kleber + Fugenmasse

Dampfbremse + Kleber

Die Muster sollten möglichst frühzeitig angefertigt werden (= ca. 4 Wochen vor „Testbeginn") um auch hier realistische Produkt-Verhältnisse herzustellen, und **erst nach dieser Zeit (ausgelüftet) an den MCS-Bauherren weitergereicht werden.**

Im Idealfall kann der Handwerker solche Muster aber auch bereits beim Hersteller anfordern, dann sind die Anforderungen bezüglich Transport/Lagerung besonders zu beachten; damit sind Risiken von Vorbelastungen von besonders aufnahmefähigen Produkten (Lehmputze etc.) beim Händler/Transport minimierbar.

Lagerung von Mustern

Es muss gewährleistet sein, dass während der „Trocknungsdauer" keine Zusatzbelastungen durch Verpackungsmaterial, Paletten, Reiniger, Kleber, Fahrzeugabgase, andere Gerüche des „Lagerraumes" erfolgen können; das Austrocknen sollte möglichst realitätsnah (wie auf der Baustelle, unverpackt) erfolgen.

Handel/Transport

Sowohl bei „Einzelmustern" als auch bei Kombimustern darf es auch beim Transport zu keinen Zusatzbelastungen kommen. Optimal ist eine Verpackung in Papier/Karton (keine PVC Beutel etc.).

Bei der Beschaffung ab Händler ist darauf zu achten, dass nicht bereits beim Händler Vorbelastungen stattfanden; bevorzugt wird daher eine Musterbeschaffung direkt beim Hersteller.

Größe der Muster

Optimal sind hier Muster im Format DIN A4, Standardgröße Fliesen – wobei bei der Bewertung auch die Material-Relation in der Praxis zu beachten ist.

Bestimmung, was getestet werden muss

Diese Auswahl muss individuell in Absprachen mit dem Kunden und seinem Arzt nach Vorliegen der Bauteilbeschreibung (Zusammenfassung der ersten Proben) und möglichst gebündelt nach Vorliegen der bearbeiteten Produktlisten der Handwerker getroffen werden.

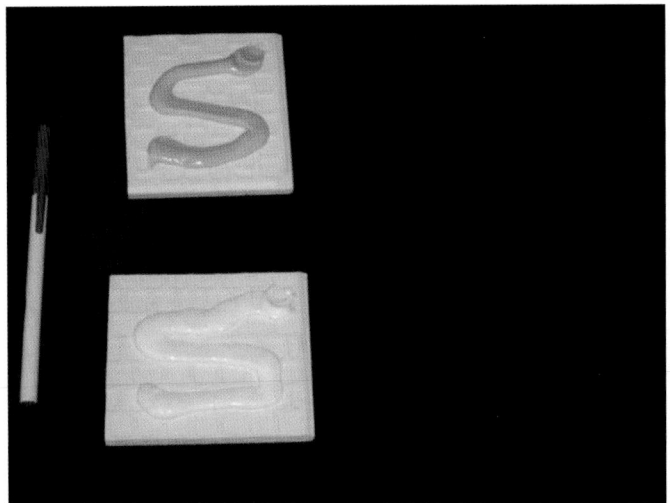

Bild 6-17a   Testmuster verschiedener Fugenmassen auf geruchsneutraler Fliese

6

Bild 6-17b   Testmuster verschiedener Fliesenkleber

Literatur

Josef Spritzendorfer: Nachhaltiges Bauen mit wohngesunden Bauprodukten, C.F. Müller Verlag; 2007

Gerd Zwiener, Hildegund Mötzl: Ökologisches Baustoff-Lexikon: Bauprodukte, Chemikalien, Schadstoffe, Ökologie, Innenraum, C.F. Müller Verlag; 2006

Bauen für „Gesundheitsbewusste" – für Allergiker und MCS-Betroffene, http://www.sentinel-haus-stiftung.eu/beratung/

Chemical Sensitivity network, http://www.csn-deutschland.de/home.htm

Volkmar Hintze: Planung und Ausführung eines MCS-verträglichen Wohnhauses, http://www.oeko-logo-sinzig.de

6.9 Gesundes Bauen mit dem Bau-/Holzwerkstoff Fachhandel

Silvia Furlan

Die umfangreiche Palette an Bau- und Holzwerkstoffen des modernen Fachhandels zeigt deutlich auf, wie vielfältig der Einsatz von Holz in unserem Leben ist.

Für die Verteilung der weiter veredelten Halb- und Fertigprodukte für Anwendungen im Außenbereich und im Innenausbau übernimmt der Bau- und Holzwerkstoff-Handel die Rolle als zentraler Partner zwischen Produzenten, den einzelnen Verarbeitungsstufen und dem Konsumenten.

6.9.1 Welche Bedeutung hat „Nachhaltiges Bauen" für den Fachhandel?

Die Komplexität des „Nachhaltigen Bauens" und die daraus oft intuitiv abgeleitete Wohngesundheit stellt den Fachhandel immer wieder vor neue Herausforderungen.

Denn Konsumenten und ihre individuellen Lebensstile stellen klare Anforderungen an „gute Produkte". Bestens informierte Verbraucher setzen sich mit den Produkten, die sie essen oder an- und verwenden, auseinander. Sie wollen wissen, woher der Rohstoff des gewählten Produkts stammt, wie dessen Herstellungsverfahren, inkl. Arbeitsbedingungen und Transportwegen aussehen, wie belastend das Produkt für die Umwelt während des Produktionsprozesses und dem anschließendem Abbau ist. Alleine durch ein schönes „Gutgefühl-Label" lassen sich diese Konsumenten nicht beeindrucken.

Immer komplexer werdende Anforderungen des öffentlichen Beschaffungswesens und zunehmend sensiblere Bauherren stellen genau die gleichen Bedingungen an Baustoffe und den Handel. Inzwischen setzen sich Bauherren viel stärker mit den Baumaterialien auseinander und interessieren sich für „gute Produkte". Über Architekten und Planer geben sie ihre Wünsche an die Verarbeiter weiter. Meistens handeln die Beauftragten aber nur unter Druck oder wenn sie mit Schadensfällen konfrontiert werden, bei denen eine minderwertige Raumqualität auf die von ihnen eingebauten Materialen zurückgeführt wird.

Leider trägt eine verwirrende Kommunikation und eine unvollständige Betrachtungsweise von aufgetretenen Schadenfällen im Innenausbau noch dazu bei, dass die Ursache für die Schadstoffbelastung der Raumluft auf die dafür verwendeten Holzwerkstoffe zurückgeführt wird und dem Holzbau somit pauschal – und zu Unrecht – ein schlechtes Image verpasst wird.

6.9.2 Die Herausforderung annehmen und Mehrwert schaffen durch ökologische Produkte

Diese Ausgangslage hat die Kuratle & Jaecker AG (HWZ), ein führendes Fachhandels- und Logistikunternehmen für Holzwerkstoffe in der Schweiz, bereits vor mehreren Jahren dazu bewogen, das Projekt „Bauen mit Zukunft" ins Leben zu rufen.

Das laufende Bestreben einer verantwortungsbewussten und auf Nachhaltigkeit ausgerichteten Unternehmung muss es sein, qualitativ einwandfreie und saubere Produkte mit dauerhaftem hohem Kundennutzen anzubieten. Die Zusammenarbeit mit zuverlässigen Partnern ist deshalb eine Selbstverständlichkeit.

Der schonende Umgang mit dem Naturstoff Holz und dessen Herkunft ist demzufolge das größte Anliegen von HWZ. Die Unternehmung ist nicht bloß nach ISO 9001:2000 FSC und

PEFC zertifiziert, sondern auch Förderer von natureplus. Der Endverbraucher hat dadurch die Gewähr, dass die erworbenen Produkte aus verantwortungsvoller Waldwirtschaft stammen und auf Umwelt, Gesundheit und Funktion geprüft sind.

6.9.3 Emissionsarme Bau- und Holzwerkstoffe für wohngesunde Häuser

Komplementär engagiert sich HWZ für die Perfektionierung des wohngesunden Raumklimas und setzt sich aktiv für ein „gutes Innenraumklima" ein. Dafür bietet HWZ ein abgestimmtes Sortiment an Bau-/Holzwerkstoffen und Bodenbelägen, welche die Schadstoffkonzentration der Innenraumluft auf ein Minimum reduzieren und ein geringes EmissionsPotenzial aufweisen.

Bild 6-18 Schmetterlings-Label

Die sorgfältig für das Sortiment ausgewählten Produkte werden im Auftrag von HWZ bei renommierten unabhängigen Instituten auf eigene Kosten, mit verschärften Grenzwerten, die sich an das Gütezeichen „natureplus®" anlehnen, auf verschiedene VOC geprüft. Gekennzeichnet sind die Produkte mit dem Schmetterlings-Label, einem unternehmenseigenen Gütesiegel.

Mit diesem exklusiv in Eigenregie zusammengestellten Sortiment „Emissionsarme Holzwerkstoffe und Bodenbeläge" wird Verarbeitern und Planern bereits seit 2006 eine hilfreiche Produktauswahl geboten. Aktuell präsentiert HWZ in einer eigenen Broschüre „Emissionsarme

Bild 6-19 Label Emissionsarme Holzwerkstoffe

Holzwerkstoffe" rund 25 konstruktive Holzwerkstoffplatten sowie Isolationsplatten, die sehr wenig Formaldehyd enthalten und zudem die Grenzwerte für das Label E1 noch deutlich

Bauen mit Zukunft

Gutes Innenraumklima ist planbar

Die Ansprüche an moderne Bau- und Holzwerkstoffe steigen ständig. Mit einer frühzeitigen Planung und der richtigen Materialwahl kann das Innenraumklima positiv beeinflusst werden.

Proaktiv zu erkennen, was die Zufriedenheit und das Wohlbefinden zukünftiger Gebäudenutzer beeinflusst, ist eine Garantie für zufriedene Bauherren.

Damit Sie das Beste aus und mit Holzwerkstoffen machen, sind wir für Sie da.

unterschreiten. Zum Sortiment gehören auch mehrere formaldehydfrei verleimte Platten aus Nadelholz, Sperrholzplatten, zementgebundene Spanplatten sowie Dämmplatten für unterschiedlichste Anwendungen im Schreiner- und Holzbaubereich. Ein umfangreiches Sortiment an geprüften Bodenbelägen enthält die Broschüre „Emissionsarme Bodenbeläge".

Gutes Innenraumklima ist planbar – mit gutem Beispiel voran

Flankierend unterstützt wird das Projekt „Gutes Innenraumklima ist planbar" im Bereich Wohngesundheit durch die Zusammenarbeit mit einem auf Innenraumhygiene spezialisierten Institut in Deutschland. Dabei wird das auf beiden Seiten vorhandene Wissen über emissionsarme Baustoffe und Bauweisen genutzt und weitergetragen, um das Thema Wohngesundheit im Holzbau und darüber hinaus weiter voranzubringen.

Innovative Produkte und ein Angebot an geprüften Holzwerkstoffen für ein „gutes Innenraumklima", die aus vorbildlichem Umgang mit dem Rohstoff Holz stammen, versprechen allen Anspruchsgruppen eine hundertprozentige Win-win-Situation. Mit dieser von HWZ umgesetzten Business Moral CSR (Corporate Social Responsibility) ist die verarbeitende Industrie den Anforderungen und Normen des öffentlichen Beschaffungswesens und den Herausforderungen einer immer anspruchsvoller werdenden Bauherrschaft jederzeit gewachsen.

Proaktiv erkennen, was die Zufriedenheit und das Wohlbefinden zukünftiger Gebäudenutzer beeinflusst, ist eine Garantie für zufriedene Bauherren. Zufriedene Bauherren generieren Folgeaufträge und Zusatzgeschäfte, betreiben Empfehlungsmarketing und garantieren Mehrwert!

Fazit: Schade finde ich, dass die verarbeitende Industrie in den meisten Fällen erst reagiert, wenn der Druck vom Konsumenten resp. Bauherren entsprechend groß ist, saubere Produkte einzusetzen. Eigentlich sollte es im Interesse des Verarbeiters sein, saubere und geprüfte Baustoffe anzubieten und so zu agieren. Einerseits könnten sie ihre Leistungen zusätzlich aufwerten und eine steigende Nachfrage zwingt die Industrie, sich auf eine vorwiegend nachhaltige Produktion auszurichten.

6.10 Baustoffbewertung nach dem Sentinel Haus-Konzept

Jürgen Paul

6.10.1 Datenrecherche und Baustoffsuche mit der Baustoff- und Wohngesundheitsdatenbank des Sentinel-Haus Instituts

Eine elementare Aufgabe für die Planungsleistung eines guten Innenraumklimas ist die schnelle, zuverlässige und möglichst rechtssichere Bewertung von Baustoffen und Baumaterialien.

Eine wertvolle Hilfe liefern einige am Markt befindliche Baustofflabels, welche im Kapitel Baustofflabel beschrieben werden. Jedoch ist es für Planer und Handwerker eine enorme Herausforderung, schnell die Relevanz und Bedeutung des einzelnen Baustoffs für die Innenraumluft bewerten und erkennen zu können. Weiterhin ist leider zu beobachten, dass es zwar eine zunehmende Zahl von Baustoffdatenbanken gibt, jedoch die Qualität der dort verfügbaren Aussagen hinsichtlich Emissionen der Baustoffe für gesundheitsgeprüfte Immobilien fraglich ist.

6.10.2 Baustoffbewertung

In Kooperation mit Instituten, Bauingenieuren, Architekten und Handwerkern wurde durch das Sentinel-Haus Netzwerk eine Systematik von R0 bis R2 entwickelt und erprobt, welche sich in der Praxis bewährt hat.

Hierbei wird zu Beginn die Relevanz betrachtet, welche ein Baumaterial auf die Innenraumhygiene hat. Ein Außenputz hat beispielsweise in der Regel eine eher unbedeutende Rolle für die Innenraumhygiene und wird deshalb mit der Relevanz R0 gekennzeichnet, wohingegen eine Estrichspachtelmasse oder ein Parkettkleber extrem hohe Auswirkungen auf das Emissionsergebnis haben. Diese Baustoffe werden somit mit hoher Relevanz – also R2 eingestuft. Weiterhin gibt es auch Baustoffe, welche eine mittlere Bedeutung auf das Ergebnis einer abschließenden Innenraummessung haben. Hierzu gehören unter Umständen abgekofferte Entwässerungsleitungen oder einbetonierte Elektroleitungen, welche dann mit R1 gekennzeichnet werden.

Aus der Kategorisierung der Relevanz in Verbindung mit den vorhandenen Prüfzeugnissen zu einem Baustoff ergeben sich die Freigabeeinstufungen des Materials für den Innenraum. Hier wurde eine leicht verständliche Ampelsystematik (Rot, gelb, grün) entwickelt, welche dem Planer und Handwerker schnell zeigt, ob das Material mit den vorliegenden Emissionsdaten im Innenraum verwendet werden kann, besondere Aufmerksamkeit verdient oder sogar abgelehnt werden muss.

Eine notwendige Ingenieursdienstleistung/Planungsleistung ist zunehmend die Bewertung von Risiken aus Baustoffwechselwirkungen (z. B. Haftgrund mit Kleber) sowie die Beurteilung von kritischen Mengen an Baustoffen in Innenräumen. So kann beispielsweise ein Material mit lediglich 1 m^2 Oberfläche unproblematisch sein, jedoch mit einer Oberfläche von 10 m^2 eine ungewollte Überschreitung der Zielwerte im Innenraum nach sich ziehen.

Die Risiken von Wechselwirkungen von Baustoffen können leider derzeit nicht zuverlässig bewertet werden und daher wird in der Baustoffauswahl künftig die Prüfung von Systemen eine zunehmende Bedeutung haben. Durch emissionsgeprüfte Systeme gewinnt der Planer und Handwerker Sicherheit für die Funktion und die Emissionen des Systems. Als Beispiel sei hier das „System Blue" der Firma Nora genannt, welches eine Systemsicherheit für Kleber und Oberfläche bietet.

Bei der Einstufung der Baustoffdaten spielen die Aktualität der Daten sowie die Quellen eine enorme Rolle. Prüfzeugnisse mit einem Alter von mehr als drei Jahren dürften demnach keine zuverlässige Sicherheit geben. Da es enorme Qualitätsunterschiede bei den prüfenden Instituten gibt, sollte man sich auf renommierte Institute wie beispielsweise das eco-Institut, oder Eurofins verlassen. Erfahrungsgemäß spielt leider auch die Probennahme eine enorme Rolle: Wurde beispielsweise das Material durch unabhängige Personen aus der Produktion ins Institut gebracht, oder wurde die Probe womöglich erst einige Wochen „abgelüftet", um das Ergebnis zu optimieren? Mehr zu dieser komplexen Aufgabenstellung liefert das Kapitel 7.1 Anforderungen an Institute und Sachverständige.

Das Sentinel-Haus Institut hat 2012 eine Online-Baustoffdatenbank (www.baustoffe.sentinel-haus.eu) entwickelt, die ab 2013 von den Marktakteuren der Baubranche schnell und sicher genutzt werden kann. Hier können Handwerker, Planer, Bauherr/Investor, Handel und Auditor zuverlässige Informationen zu Innenraumrelevanz und Gefahrenpotenzial recherchieren. Jedoch kann auch diese Datenbank die Ingenieursdienstleistung zur Bewertung von Wechselwirkungen sicherlich nicht ersetzen. Baustoffe der Kategorie „PJ" (gelb) können bei unsachgemäßer Verwendung durchaus einen Mangel verursachen. In dieser Kategorie muss immer die empfohlene Verwendung des Herstellers wie Einbauort, Trocknungszeit, Verarbeitungsmenge und Verarbeitungsart genau berücksichtigt werden. Beispielsweise kann selbst ein „Topsilikon" bei unsachgemäßer Verarbeitung zu einem Emissionsproblem führen.

Große Bedeutung gewinnt an dieser Stelle der Baustoffhandel, welcher mit seiner marktbeherrschenden Stellung die Baustoffhersteller künftig zur Garantie von Emissionseigenschaften verpflichten kann. Diese Marktbewegung wird es den am Bau Beteiligten zukünftig leichter machen, emissionsarme Baustoffe zu erhalten.

Tabelle 6-6   Auszug aus der Ampelsystematik zur Bewertung von Baustoffen

Baustoff	Gesundheitsrelevanz	Beurteilung	Maßnahme
z. B. natureplus-Produkt	relevant	Freigabe	Entspricht nach derzeitigem Kenntnisstand der bestmöglichen Konstruktion.
z. B. künstlicher Faserdämmstoff	relevant	Projektbezogene Freigabe	Konstruktion bleibt unter Nennung eines evtl. ökologischen Nachteils bestehen und/oder Konstruktion bleibt unter Nennung eines evtl. wohngesundheitlichen Nachteils bestehen.
z. B. Zellulosedämmung	vermutlich relevant	Vorläufige Ablehnung	Es liegen keine ausreichenden Untersuchungen zu diesem Produkt vor. Entweder wird es wohngesundheitlich abgeklärt oder gegen ein geeignetes Material ausgetauscht. Klärungsbedarf bezüglich der Relevanz. Kontakt mit SHI aufnehmen.
z. B. Schweißbahn innen	relevant	Ablehnung	Alternativprodukt/Konstruktion muss aus wohngesundheitlichen Gründen geändert werden, da das benannte Produkt wohngesundheitlich nicht geeignet ist!
z. B. Steckdose	nicht relevant	Freigabe	Produkt nimmt keinen Einfluss auf das Innenraumklima.

6.11 Sensorische Prüfung von Bauprodukten

Ana Maria Scutaru

6.11.1 Einführung

Gerüche in Innenräumen haben in unserem alltäglichen Leben eine große Bedeutung und können auch als ein Indikator für das Wohlbefinden der Menschen angesehen werden. In den letzten Jahren hat die aktive Beduftung von Räumen und Raumnutzern stark zugenommen. Dies wird aus umwelthygienischer Sicht als problematisch angesehen, da sich als Folge Sensibilisierungen und allergische Reaktionen entwickeln können. Geruchsempfindungen werden von Mensch zu Mensch unterschiedlich und individuell wahrgenommen. Wissenschaftliche Studien zeigen, dass Geruchsstoffe das Nervensystem stimulieren und über spezifische Rezeptoren interagieren, sie werden jedoch nicht in das Nervensystem aufgenommen. Geruchswahrnehmungen vermitteln Empfindungen, die Verhaltenseffekte auslösen können [1, 2].

Düfte bzw. Duftstoffe, die angenehme Gerüche verursachen, sind bis zu einer bestimmten Konzentration aus innenraumhygienischer Sicht unproblematisch, weil nicht gesundheitsgefährdend. Allerdings können auch Düfte ab einer gewissen Konzentration oder andere Geruchsemissionen in Innenräumen zu Belästigungen und gesundheitlichen Beschwerden führen.

6.11.2 Die Nase und die Geruchswahrnehmung

Unsere Nase kann eine unbegrenzte Vielfalt von kleinen, flüchtigen Molekülen wahrnehmen, die in die Nasenhöhle gelangen und ein olfaktorisches Signal auslösen. Die Atemluft mit den Geruchsstoffen wird zur Riechschleimhaut transportiert, in der mehrere Millionen Riechzellen (Sinnesnervenzellen) eingebettet sind. Jede Riechzelle verfügt über einen Rezeptortyp; insgesamt besitzt der Mensch ca. 400 unterschiedliche Rezeptortypen. Die Geruchsstoffe binden an die Rezeptoren, die dadurch aktiviert werden und anschließend elektrische Signale an höhere Gehirnregionen weiterleiten, u. a. zum limbischen System. Das limbische System erkennt, verarbeitet, reguliert und leitet Emotionen weiter. Ferner ist das limbische System für die Verarbeitung sensorischer Stimuli (Gerüche, Schmerz etc.) zuständig [3, 4]. Dies führt dazu, dass Gerüche immer mit einer Beurteilung verknüpft sind.

6.11.3 Geruchsemissionen aus Bauprodukten

Die meisten flüchtigen organischen Verbindungen (englisch: volatile organic compounds = VOC), die in Innenräumen gemessen werden, sind ab einer bestimmten Konzentration geruchlich wahrnehmbar. Eine Abtrennung der VOC von Geruchsstoffen ist daher nicht möglich. Allerdings treten Gerüche oft schon dann auf, wenn viele VOC messtechnisch am Rand der Bestimmungsgrenze liegen. Andere Geruchsstoffe gehören gar nicht zur Gruppe der häufig identifizierten VOC (bei den VOC wird meist der Bereich von C6-C16-Kohlenstoffatomen bestimmt).

Gerüche in Innenräumen können aus verschiedenen Quellen stammen:

– Bauprodukte, Materialien und Einrichtungsgegenstände
– der Nutzer und seine Aktivitäten
– freigesetzte Verbindungen durch Mikroorganismen.

In den letzten Jahren ist die Zahl der Beschwerden der Bürgerinnen und Bürger über unangenehme Gerüche aus Bauprodukten in Innenräumen stetig gestiegen. Die Zunahme dieser Be-

schwerden kann teilweise durch die stärkere Luftdichtheit der Gebäudehülle (infolge der energieeffizienten Bauweise) und den verminderten Luftwechsel erklärt werden. Dies führt dazu,
dass von Bauprodukten ausgehende Emissionen – inklusive der Gerüche - sich mehr als früher
negativ bemerkbar machen können. Die Quelle für die Geruchsbelastung kann nicht immer
ermittelt werden, da Gerüche sich oft einer einfachen chemischen Analytik entziehen. Umso
wichtiger ist deshalb der Einsatz von emissions- und geruchsarmen Bauprodukten in Innenräumen.

In Deutschland wurde erstmals im Jahr 2000 das AgBB-Schema zur gesundheitlichen Bewertung von VOC-Emissionen aus Bauprodukten veröffentlicht (AgBB = Ausschuss zur gesundheitlichen Bewertung) (nähere Informationen zum AgBB-Schema finden sich im Kapitel 6.1).
Die sensorische Prüfung (die Ermittlung der Geruchsemissionen) war von Anfang an, neben
der Bestimmung der VOC-Emissionen, ein wichtiges Element bei der Bewertung von Bauprodukten. Für die Ermittlung der VOC-Emissionen aus Bauprodukten in Prüfkammern gibt es
seit den 1990er Jahren europäische Normen, die DIN ISO Normen der Serie 16000, wo die
Arbeitsweise bei Verwendung einer Prüfkammer bzw. einer Prüfzelle beschrieben ist. Im
Gegensatz dazu stand in den Anfängen des AgBB-Schemas noch kein anerkanntes Verfahren
zur Geruchsbewertung zur Verfügung. Im AgBB-Schema wurde daher nur mittels eines Platz-
halters auf die sensorische Prüfung hingewiesen. Grundlegende Arbeiten in diesem Bereich
haben Wissenschaftler in den letzten Jahren geleistet.

6.11.4 Sensorische und analytische Untersuchung von Bauprodukten

Ein erstes Forschungsvorhaben „Umwelt und Gesundheitsanforderungen an Bauprodukte –
Ermittlung und Bewertung der VOC-Emissionen und geruchlichen Belastungen" wurde im
Jahr 2006 abgeschlossen [5]. Das Projekt wurde vom Hermann-Rietschel-Institut (HRI, TU
Berlin) und der Bundesanstalt für Materialforschung und -testung (BAM) im Auftrag des
Umweltbundesamtes durchgeführt. Ziel des Vorhabens war die Entwicklung eines Verfahrens,
mit dem die sensorische Prüfung von Bauprodukten leicht im AgBB-Schema integriert werden
kann.

6.11.5 Bewertungsmethoden zur Bestimmung der empfundenen Luft-
qualität bei Geruchsemissionen aus Bauprodukten

Die menschliche Nase ist für die Bestimmung der empfundenen Luftqualität, trotz der verbesserten Analysemöglichkeiten und der Entwicklung „künstlicher Nasen", unersetzbar. Unser
Geruchssinn kann einige Substanzen wahrnehmen, die in Konzentrationen unterhalb der messtechnischen Nachweisgrenze liegen, während für andere Substanzen die Nase unempfindlich
ist. Für die Bewertung der empfundenen Luftqualität stehen mittlerweile mehrere Methoden
zur Verfügung. Für die Bestimmung der Geruchsemissionen aus Bauprodukten haben sich als
Methoden die Bewertung der a) empfundenen Intensität mit Vergleichsmaßstab, b) der Hedonik und c) der Akzeptanz etabliert. Diese Bewertungsmethoden erfordern für die Bestimmung
der Geruchsemissionen den Einsatz von Prüfergruppen.

a) Empfundene Intensität mit Vergleichsmaßstab

Zur Bewertung der empfundenen Intensität mit Vergleichsmaßstab (Maßeinheit Π, pi) bestimmt eine trainierte Prüfergruppe die Geruchsintensität der Luftprobe durch den Vergleich
mit mehreren bekannten Intensitäten des Referenzstoffes Aceton. Aceton wurde als Referenz-
stoff ausgewählt aufgrund des linearen Zusammenhangs zwischen Acetonkonzentration und

Geruchsintensität. Zudem ist Aceton in den „gerochenen" Konzentrationen nicht toxisch. Die Konzentrationen der Luft-Aceton-Gemische am Vergleichsmaßstab liegen meistens im Bereich zwischen 20 mg/m³ (entspricht einer Intensität von 0 pi) und 320 mg/m³ (entspricht einer Intensität von 15 pi). Bei der Konzentration von 20 mg Aceton/m³ Luft können 50 % der Prüfern einen Geruch wahrnehmen. Eine Erweiterung der Vergleichsskala ist grundsätzlich möglich. Bild 6-20 zeigt den Versuchsaufbau zur Vergleichsbestimmung mit Aceton.

Die Größe der Prüfergruppe hat einen wesentlichen Einfluss auf die Standardabweichung der sensorischen Größe. Die Untersuchungen haben gezeigt, dass für die Bestimmung der empfundenen Intensität mit Vergleichsmaßstab, der Einsatz einer kleinen trainierten Prüfergruppe (9 bis 14 Personen) ausreichend ist. Die Verwendung des gleichen Maßstabs führt zu einem differenzierten Urteilsvermögen und dadurch auch zur Objektivierung der Geruchsbewertung.

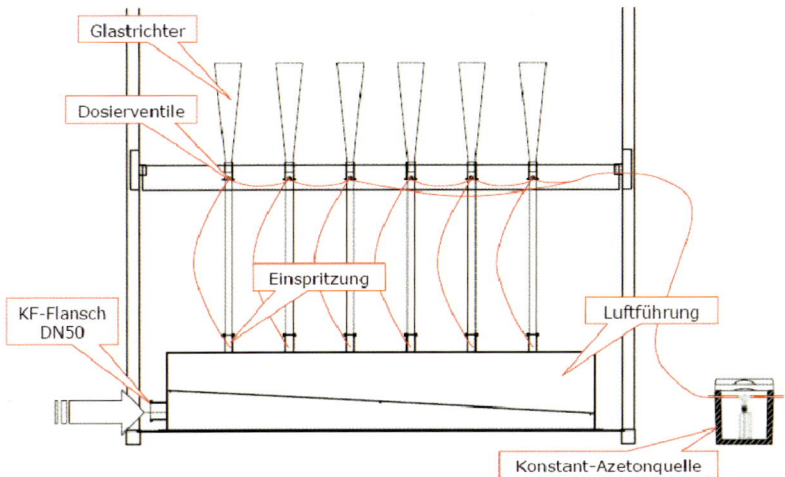

Bild 6-20 Aufbau eines Vergleichsmaßstabs (Quelle: UBA-Texte 16/2007 [5])

b) Hedonik

Die Hedonik beschreibt, ob eine Geruchsempfindung als angenehm oder unangenehm wahrgenommen wird. Für die Bestimmung der Hedonik wird eine 9-Punkte-Skala von „äußerst unangenehm" (–4) bis „äußerst angenehm" (+4) verwendet (Bild 6-21). Untersuchungen haben gezeigt, dass die Erfassung der Hedonik anschließend an die Bewertung der empfundenen Intensität mittels Vergleichsmaßstab mit der gleichen trainierten Prüfergruppe erfolgen kann [5].

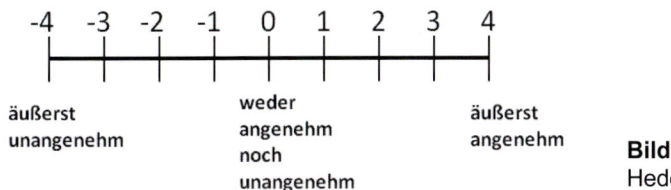

Bild 6-21
Hedonik Skala

c) Akzeptanz

Bei der Bewertung der Luftqualität über die Akzeptanz erfolgt die Abfrage der Prüfer nach der Zufriedenheit. Die Bestimmung der Akzeptanz kann anhand mehrerer Methoden erfolgen. Bei der Bewertung der Geruchsemissionen aus Bauprodukten wird die Akzeptanz mittels einer visuellen Analogskala mit den Endpunkten „klar unakzeptabel" (−1) und „klar akzeptabel" (+1) erfasst. Die Prüfer beantworten durch eine Markierung auf der Skala (Bild 6-22) folgende Frage: „Stellen Sie sich vor, Sie sind in Ihrem täglichen Lebensumfeld diesem Geruch ausgesetzt. Wie würden Sie den Geruch auf der dargestellten Skala bewerten?" Für die Berechnung des Akzeptanzwerts wird die Analogskala in Stufen unterteilt (jeweils 10 Stufen für die beiden Bereiche „akzeptabel" und „unakzeptabel"). Im Gegensatz zur Bestimmung von Intensität und Hedonik wird für die Ermittlung der Akzeptanz aus statistischen Gründen – eine größere Anzahl an untrainierten Prüfern benötigt (mindestens 15 Personen, empfohlen werden 25 und mehr).

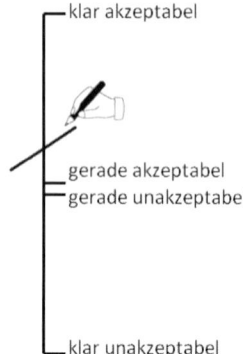

Bild 6-22
Analogskala für die Bewertung der Akzeptanz

6.11.6 Geruchsemissionen aus Bauprodukten – Ergebnisse aus Forschungsvorhaben

In dem ersten Vorhaben [5] wurden 50 Bauprodukte (Acryl- und Silikondichtmassen, Kunstharzfertigputze, Holzwerkstoffe, Klebstoffe, Lacke, Wandfarben) in Emissionsprüfkammern untersucht, für alle Materialien wurden VOC- und Geruchs-Emissionsmessungen durchgeführt. Im Rahmen der Geruchsprüfung wurden die Intensität mit Vergleichsmaßstab und die Hedonik bestimmt. Die Komplexität dieses Themengebiets wurde durch die Ergebnisse bestätigt. Zum Beispiel haben zwei OSB-Platten (OSB = oriented strand board) vergleichbare TVOC-Konzentrationen (TVOC = Summe der flüchtigen organischen Verbindungen, englisch total volatile organic compounds) gezeigt, aber Unterschiede in der geruchlichen Wahrnehmung (Bild 6-23). Der Geruch der Emissionen von OSB 1 wurde als etwas schwächer bewertet, im Vergleich zur OSB 2, und am 28. Tag bei Versuchsende sogar als angenehm empfunden. In diesem Fall konnte keine der analytisch nachgewiesenen Verbindungen für die wahrgenommene Geruchsintensität oder Hedonik verantwortlich gemacht werden [5].

Für die Bestimmung der VOC-Emissionen aus Bauprodukten kann eine breite Palette an Emissionsprüfkammern mit Volumen von 20 bis 1000 L eingesetzt werden. Die Parameter, die einen wesentlichen Einfluss auf die Emissionen haben (Temperatur, Luftfeuchtigkeit, Luftwechsel, Beladung der Emissionsprüfkammer), werden in den ISO-Normen (Serie 16000) vorgegeben. Eine genaue Bewertung der empfundenen Luftqualität ist nur möglich, wenn dem

Prüfer ein bestimmter Probenluftvolumenstrom (von 0,6 bis 0,9 l/s) für die Beurteilung zur Verfügung steht. Problematisch ist, dass meist zu wenig Probenluft für eine direkte Bewertung des Geruchs an den Kammern gewonnen werden kann. Aus diesem Grunde wurde 2001 am HRI ein Probenahme- und Probendarbietungssystem entwickelt [6]. Mit diesem System ist es möglich unter kontrollierten Randbedingungen, über einen längeren Zeitraum die Abluft von den Kammern in sogenannten Probenbehältern (z. B. Tedlar-Behälter) zu sammeln. Die Prüfer können anschließend diese Probenluft bewerten.

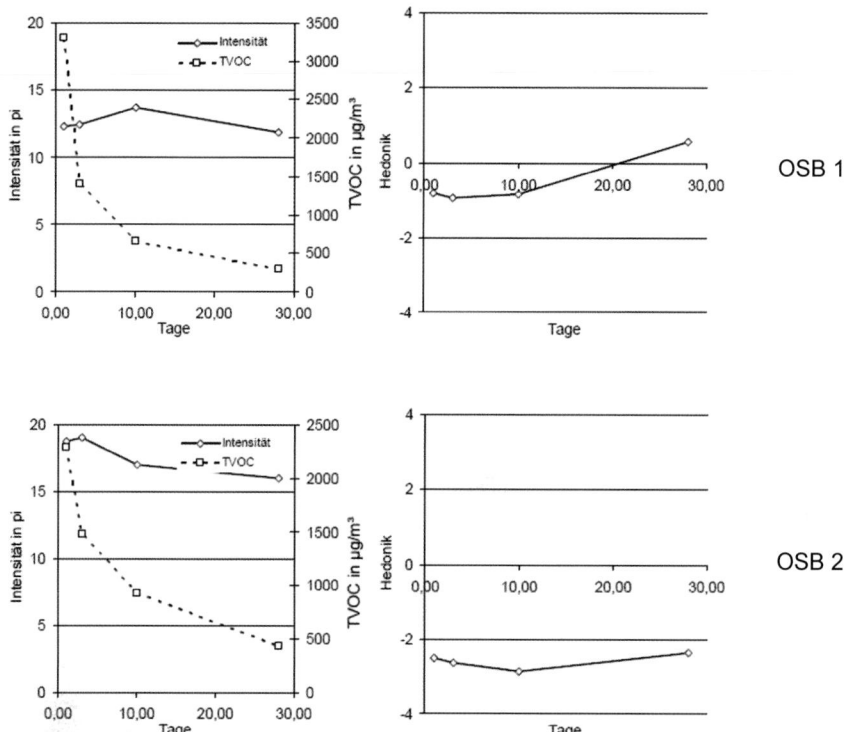

Bild 6-23 Vergleich TVOC-Konzentration und Geruchsmessung für 2 OSB-Platten
Quelle: UBA-Texte 16/2007 [5]

Das entwickelte Geruchsmessverfahren wurde in einem Ringversuch (Laborvergleich) deutschlandweit überprüft. Im Rahmen des Ringversuchs wurden für einen Baustoff die VOC- und Geruchsemissionen an drei Tagen bestimmt. Der Ringversuch hat gezeigt, dass bei Einhaltung von strikten Parametern, vergleichbare Ergebnisse zwischen den Laboren erzielt werden können [5].

Die Ergebnisse eines zweiten Vorhabens „Sensorische Bewertung der Emissionen aus Bauprodukten – Integration in die Vergabegrundlagen für den Blauen Engel und das Bewertungsschema des Ausschusses zur gesundheitlichen Bewertung von Bauprodukten" wurden im Jahr 2011 veröffentlicht [7]. Das Projekt wurde vom HRI, der BAM und E.ON Energy Research Center Aachen im Auftrag vom Umweltbundesamt durchgeführt. Ziel des zweiten Forschungsvorhabens war, das entwickelte Geruchsmessverfahren in dem ersten Projekt [5] durch praktische Anwendung zu erproben und einen Vorschlag für die Einführung der sensorischen Bewertung in das AgBB-Schema und im Blauen Engel zu erarbeiten. Im Rahmen dieses Forschungsvorhabens wurden 33 Einzelbauprodukte und einige Kombinationen von Materialien sensorisch und größtenteils auch analytisch untersucht. Die Messungen wurden sowohl in den kleineren Emissionskammern als auch in der 13 m³-Kammer durchgeführt. Eine von den verwendeten Emissionsprüfkammern war auch die CLIMPAQ (chamber for laboratory investigations of materials, pollution and air quality), die von dänischen Wissenschaftlern entwickelt worden ist. Der Einsatz der CLIMPAQ erlaubt die direkte Beurteilung des Geruchs an der Kammer, allerdings muss aufgrund des geringen Volumens und der hohen Luftdurchflussrate bei den VOC-Messungen nach den ISO 16000-Normen die Beladung der Kammer angepasst werden.

In diesem Projekt [7] wurde neben der Intensität mit Vergleichsmaßstab und der Hedonik auch die Akzeptanz abgefragt. Die untersuchten Bauprodukte haben als Ergebnis ein breites Spektrum an ermittelter Intensität und Hedonik geliefert. Bild 6-24 führt die Ergebnisse der Intensität in Zusammenhang mit der Hedonik für die Bauprodukte am 28. Tag auf. In jeder Produktgruppe waren stärker und schwächer riechende Produkte zu finden. Die Messwerte zeigten eine gute Korrelation zwischen der empfundenen Intensität und der Hedonik, je intensiver ein Produkt gerochen hat, desto unangenehmer wurde es auch empfunden.

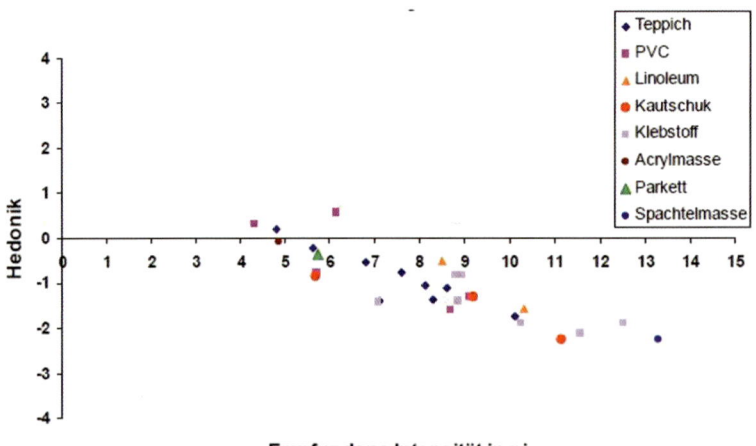

Bild 6-24 Zusammenhang zwischen empfundener Intensität und Hedonik für Bauprodukte am 28. Tag Quelle: UBA-Texte 35/2011 [7]

6.11.7 Ableitung von Bewertungsmethoden und Prüfwerten für das AgBB-Schema und den Blauen Engel

Anhand der zahlreichen Ergebnisse aus den Projekten [5, 7] wurden die Bestimmung der empfundenen Intensität und der Hedonik als Bewertungsmethoden zur Erfassung der Geruchsemissionen aus Bauprodukten ausgewählt. Die Ableitung von Prüfwerten für die sensorische Prüfung von Bauprodukten wurde über den Zusammenhang zwischen der empfundenen Intensität bzw. der Hedonik und der Zumutbarkeit (unter der Berücksichtigung des 90%igen Konfidenzintervalls) durchgeführt. Die Zumutbarkeit gibt die Höhe der noch tolerierbaren Belastungen, die von einem Geruch ausgehen können, an. Zur Erfassung der Zumutbarkeit müssen die Prüfer folgende Frage beantworten „Finden Sie die dargebotene Luft als tägliche Arbeitsumgebung als zumutbar oder nicht?" Der Begriff „Zumutbarkeit" findet im Baurecht Verwendung und wurde daher in diesem Projekt für die Ableitung der Prüfwerte zur Bewertung der Geruchsemissionen aus Bauprodukten ausgewählt. Für die Integration der Geruchsprüfung in das AgBB-Schema und im Blauen Engel wurde in dem Forschungsvorhaben eine Zumutbarkeit von 50 % bzw. von 70 % vorgeschlagen (siehe Bild 6-25a und b) [7].

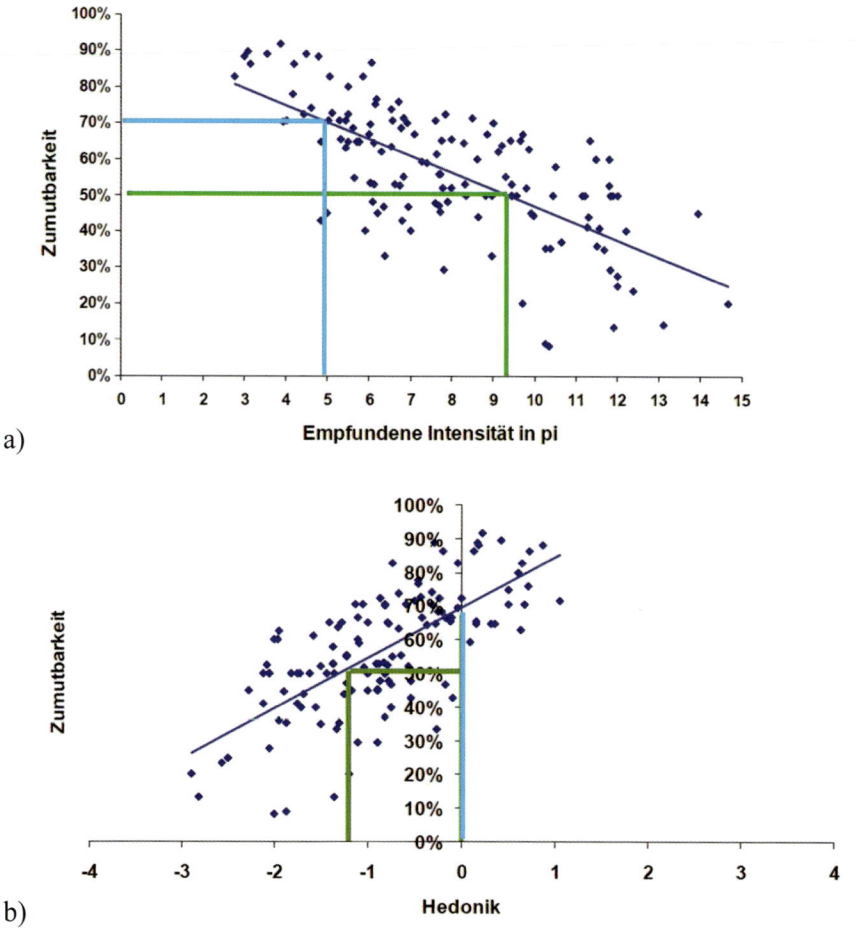

a)

b)

Bild 6-25 Zusammenhang zwischen Zumutbarkeit und a) empfundener Intensität bzw.
b) Hedonik (grün Werte für das AgBB-Schema, blau Werte für den Blauen Engel)
Quelle: UBA-Texte 35/2011 [7]

Folgende Prüfwerte für das AgBB-Schema und für den Blauen Engel leiten sich daraus ab (Tabelle 6-7, siehe auch Bild 6-26a, b, c und d) [7]:

Tabelle 6-7   Vorgeschlagene Prüfwerte für das AgBB-Schema und für den Blauen Engel [7]

Bewertungsmethoden	AgBB	Der Blaue Engel
Empfundene Intensität (pi)	9 pi (± 2 pi als Sicherheit)	5 pi (± 2 pi als Sicherheit)
Hedonik	−1,2 (± 0,8 als Sicherheit)	0 pi (± 0,8 als Sicherheit)

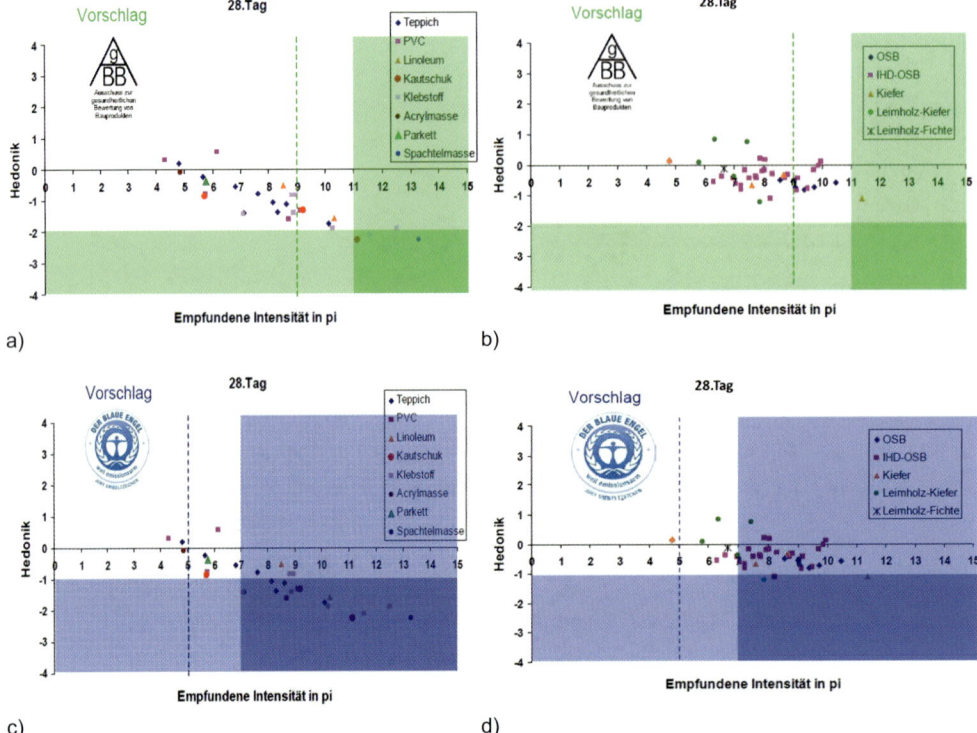

Bild 6-26 Vorschläge für sensorische Prüfwerte für das AgBB-Schema und den Blauen Engel.
Quellen: UBA-Texte 35/2011 (a und c) [7] und UBA-Texte 7/2012 (b und d) [8]. Die
Grafiken zeigen welche von den untersuchten Produkten die Prüfungen nach dem
AgBB-Schema bzw. nach dem Blauen Engel bestehen würden.

Die Grafiken 6-26b und d zeigen Ergebnisse aus einem dritten Forschungsvorhaben „Emissionsverhalten von Holz und Holzwerkstoffen", die 2012 veröffentlicht wurden [8].

6.11.8 Aussagefähigkeit von Geruchsbestimmungen in Innenräumen

Die Erfahrungen und die Ergebnisse dieser Projekte [5, 7, 8] wurden in die Normungsarbeit im
Bereich „Innenraumluftverunreinigung" integriert. Die neue ISO-Norm 16000-28 „Bestimmung der Geruchsstoffemissionen aus Bauprodukten mit einer Emissionsprüfkammer" wurde
2012 veröffentlicht [9]. Ferner ist die VDI-Richtlinie 4302 „Geruchsprüfung von Innenraumluft und Emissionen aus Innenraummaterialien" Blatt 1 (Grundlagen) und Blatt 2 (Prüfstrategie

für Geruchsprüfungen von Innenraumluft) im Frühjahr 2012 als Gründruck erschienen [10]. In den Normen werden Anwendungsbereiche, Bewertungsmethoden, Messstrategien, Anforderungen an den Prüfer und an die Prüfbedingungen vor Ort beschrieben. Gleichermaßen werden in separaten Abschnitten statistische Grundlagen und die Genauigkeit der Prüfung behandelt (siehe auch Kapitel 6.5).

Bei den o. a. Verfahren muss berücksichtigt werden, dass es sich um Bestimmungsverfahren handelt, die weitgehend unter genormten Prüfbedingungen erfolgen. In der Realität hängt aber die Geruchswahrnehmung auch sehr von der räumlichen und „wahrgenommenen" Umgebung ab. Deshalb wurden auch dafür in der VDI 4300 Blatt 1 und 2 Vorgaben gemacht.

Bei der praktischen Erfassung von Gerüchen kann es z. B. passieren, dass sich die trainierten Prüfer von der Umgebung ablenken lassen. Wird ein Ambiente als angenehm empfunden, werden eventuell auch Gerüche im Raum angenehmer empfunden, als im Falle eines weniger angenehmen Ambientes. Umso wichtiger ist es, Geruchsbestimmung und Ort des aufgetretenen Geruches zu trennen. In den o. a. Verfahren hat man das dadurch berücksichtigt, indem man eine Geruchsprobe aus der Emissionsprüfkammer entnommen hat und den Geruch anschließend separat aus dem Probenbehälter im Labor bestimmt hat.

Auch wenn das Instrumentarium zur Bestimmung von Gerüchen heute recht valide und erprobt ist, bedarf es vor der Einführung dieses Bewertungsinstruments für Bauprodukte in der Praxis einer Erprobungsphase. Dies erfolgt zurzeit.

6.11.9 Zusammenfassung

VOC-Emissionen sind häufig mit Geruchsempfindungen verbunden und können zu Beschwerden bei den Nutzern führen. Teilweise werden Gerüche im Zusammenhang mit gesundheitlichen Störungen wie Kopfschmerzen oder Konzentrationsschwäche gebracht.

Der AgBB hat seit Einführung des Bewertungsschemas für VOC-Emissionen aus Bauprodukten geplant, auch die von Bauprodukten ausgehenden Gerüche im Beurteilungsverfahren zu berücksichtigen. In den vergangenen Jahren wurde die Methodik für die Messung von Gerüchen erarbeitet und standardisiert. Am 5. Dezember 2011 wurde in einem 1. Fachgespräch zur Geruchsprüfung bei Bauprodukten im Deutschen Institut für Bautechnik (DIBt) mit den Verbänden, Herstellern, Messinstitutionen, Behörden und Wissenschaftlern über die vorhandenen Erfahrungen bei der Erfassung und Bewertung von Gerüchen aus Bauprodukten diskutiert. Als Ergebnis dieses Fachgesprächs wurde entschieden, zusammen mit den Herstellern eine zweijährige Pilotphase zu starten. Während der Pilotphase soll erprobt werden, inwieweit mit diesem Know-how eine Geruchsbewertung von Bauprodukten vorgenommen werden kann.

Literatur

[1]   van Thriel, C., Kiesswetter, E., Blaszkewicz, M., Golka, K., Seeber, A.: Neurobehavioral effects during experimental exposure to 1-octanol and isopropanol. 2003. Scand J Work Environ Health, 29:143-51

[2]   Stevenson, R.J.: An initial evaluation of the functions of human olfaction. 2010. Chem Senses, 35:3-20

[3]   Mücke, W. und Lemmen, C.: Geruchsstoffe und Gesundheit. Teil 1: Grundlagen der Geruchswahrnehmung. 2011. Umweltmed Forsch Prax, 16(4):207-217

[4]   Schmidt, R. und Thews, G.: Physiologie des Menschen. 1997. Springer Verlag, Berlin.

[5] UBA-Texte 16/07; Horn, W., Jann, O., Kasche, J., Bitter, F., Müller, D., Müller, B.: Umwelt- und Gesundheitsanforderungen an Bauprodukte – Ermittlung und Bewertung der VOC-Emissionen und geruchlichen Belastungen. 2007. Umweltbundesamt, Berlin (http://www.umweltdaten.de/publikationen/fpdf-l/3197.pdf, zuletzt aufgerufen am 02.07.2012)

[6] Müller, B.: Entwicklung eines Gerätes zur Entnahme und Darbietung von Luftproben zur Bestimmung der empfundenen Luftqualität. 2002. Fortschritt-Berichte VDI, VDI-Verlag, Düsseldorf

[7] UBA-Texte 35/2011; Müller, B., Panašková, J., Danielak, M., Horn, W., Jann, O., Müller, D.: Sensorische Bewertung der Emissionen aus Bauprodukten – Integration in die Vergabegrundlagen für den Blauen Engel und das Bewertungsschema des Ausschusses zur Gesundheitlichen Bewertung von Bauprodukten. 2011.Umweltbundesamt, Berlin (http://www.umweltbundesamt.de/uba-info-medien/4121.html, zuletzt aufgerufen am 02.07.2012)

[8] UBA-Texte 07/2012; Wilke, O., Wiegner, K., Jann, O., Brödner, D., Scheffer, H.: Emissionsverhalten von Holz und Holzwerkstoffen. 2012. Umweltbundesamt, Berlin (http://www.umweltdaten.de/publikationen/fpdf-l/4262.pdf, zuletzt aufgerufen am 05.07.2012)

[9] ISO 16000-28: Indoor air – Part 28: Determination of odour emissions from building products using test chambers. 2012.

[10] VDI 4302 Blatt 1 (Gründruck): Geruchsprüfung von Innenraumluft und Emissionen aus Innenraummaterialien – Grundlagen. 2012.

6

7 Qualitätssicherung

7.1 Qualitätsanforderungen an Institute und Sachverständige

Michael Köhler und Elke Bruns-Tober

Einleitung

Innerhalb der chemischen Analytik gehören die Bestimmung und Bewertung von Innenraumschadstoffen zu den besonders komplexen Aufgabenstellungen. Während in anderen Schadstofffachgebieten wie der Altlastenanalytik oder der Produktionskontrolle häufig Fachleute als Auftragnehmer und Auftraggeber aufeinandertreffen, kommt es bei der Untersuchung von Innenraumschadstoffen häufig zu einem Austausch zwischen Laien und Fachleuten. Die Ergebnisse der Untersuchungen haben für die Betroffenen weitreichende Konsequenzen. Aus diesem Grund ist eine hohe Qualität des gesamten Prozesses für einen befriedigenden Abschluss ausschlaggebend.

Für die Schadstofferhebung bzw. Klärung von Fragestellungen hinsichtlich möglicher Innenraumschadstoffbelastungen sind in der Regel folgende Einzelschritte erforderlich:

a) Erstkontakt des Kunden mit dem Sachverständigen (in der Regel telefonisch)
b) Klärung des Anlasses und der Aufgabenstellung
c) Entwicklung eines Handlungsplanes
d) Kommunikation/Vermittlung der erforderlichen Maßnahmen an den Kunden
e) Durchführung einer Begehung, Bestandsaufnahme und Probenahmen
f) Laboranalytik und Prüfbericht
g) Gutachterliche Bewertung der Ergebnisse
h) Schriftliche und mündliche Mitteilung der Ergebnisse einschließlich der gutachterlichen Bewertung und der weiteren Vorgehensweise an den Kunden

Für jeden dieser Schritte gibt es eigene Qualitätsanforderungen. Nur wenn die Qualitätssicherung in allen Unterbereichen gelingt, wird ein für alle Seiten befriedigendes Gesamtergebnis erreicht.

7.1.1 Erstkontakt mit dem Kunden, Klärung der Aufgabenstellung und Entwicklung eines Handlungsplans

Der Erstkontakt des Sachverständigen mit dem Kunden ist ein bedeutender Schritt für die Vertrauensbildung beider Parteien. Der Sachverständige hat hier die Möglichkeit, seine Kompetenz und Zuverlässigkeit mit einer Erstberatung zu vermitteln. Die Fragestellungen des Kunden werden unter Beachtung der allgemein anerkannten Regeln der Technik und dem Stand der Wissenschaft in die analytisch und technisch möglichen Untersuchungsverfahren transportiert. Die Verfahrensvarianten mit ihren Vor- und Nachteilen und ggf. Bewertungsunsicherheiten werden dem Kunden in verständlicher Sprache erklärt. Für den Kunden ist es wichtig, abzuprüfen, ob er die vom Gutachter vorgeschlagenen Verfahrensweisen nachvollziehen kann und die Ausführungen des Gutachters versteht. Aus dem im Gespräch sich ergebenden ersten, groben Konzept wird unter Berücksichtigung der aktuellen Norm- und Richtwertgebung die Messstrategie entwickelt. Hierbei ist häufig eine Erstbegehung zur Feststellung der Gegebenheiten vor Ort erforderlich. Die Messstrategie und die Messbedingungen haben auf die Messergebnisse und deren Interpretation einen großen Einfluss. Sie sind vom erfahrenen Sachverständigen wohl überlegt auszuwählen und zu entscheiden.

Als potenzieller Kunde muss man sich in weiten Bereichen auf den Gutachter und seine Erfahrung verlassen. Folgende Punkte sollte man allerdings in einem Vorgespräch abklären:

– Verfügt das Unternehmen über ein Qualitätssicherungssystem? Welches ist dies?
  Unternehmen ohne ein erkennbares Qualitätssicherungssystem sollten in der Regel nicht mit Aufträgen betraut werden, da eine verlässliche Bearbeitung der Aufgaben nicht gewährleistet ist. Die Analysen sollten in für die Untersuchung von Innenraumproben (Luft, Staub oder Baumaterial) akkreditierten Laboren erfolgen.

– Werden entnommene Proben bei dem beauftragten Unternehmen selbst analysiert oder an ein Labor weitergegeben? Wenn eine Weitergabe erfolgt, verfügt das beauftragte Labor über eine geeignete Qualitätssicherung?

– Wird eine Bewertung der Ergebnisse vorgenommen?
  Ein reiner Zahlenwert wird dem Laien selten eine Hilfe sein. Wichtig ist somit eine Bewertung der Ergebnisse. Natürlich muss diese qualifiziert erfolgen. Hierzu unten einige Infos mehr.

– Mit welchen Kosten muss ich rechnen?
  Ohne Ortskenntnis wird der Gutachter häufig keinen festen Betrag für die entstehenden Kosten nennen können, da sich möglicherweise erst vor Ort ergibt, welche und wie viele Proben zu entnehmen sind. Üblich ist die Abrechnung nach Stundensätzen, Kilometerpauschalen und Kosten für die einzelnen Analysen. Nach einem telefonischen Beratungsgespräch wird ein erfahrener Gutachter allerdings eine vorläufige Kostenschätzung abgeben können. Hierbei ist darauf zu achten, ob Nettopreise genannt werden oder ob die Preisangaben bereits die gesetzliche Umsatzsteuer enthalten.

– Wie lange werden nach den Probenahmen die Bearbeitungsdauer der Analysen und die Berichterstellung dauern?
  Üblich sind hier durchaus einige Wochen. Kürzere Bearbeitungszeiten sind zwar in eiligen Fällen erfahrungsgemäß oft möglich, sollten aber besonders abgesprochen werden.

Die Auswahl eines geeigneten Gutachters oder Analyseunternehmens ist nicht einfach und die üblichen Wege, zu guten Geschäftspartnern zu kommen – etwa Empfehlungen von Vertrauenspersonen, Mundpropaganda, Recherchen auf den Homepages der Anbieter – funktionieren auch hier.

Probenahmen

Der Ortstermin und die Probenahme stellen nicht nur einen sehr wichtigen Teil der Leistung dar, tatsächlich bestimmen sie sogar maßgeblich das Ergebnis der Untersuchungen. Es sollte darauf geachtet werden, dass der Sachverständige eine regelmäßig geprüfte bzw. kalibrierte Geräteausstattung und Messtechnik mit sich führt. Für die Probenahme ist außerdem in einem besonderen Maße die Erfahrung des Sachverständigen gefragt, die nur bedingt prüfbar ist.

Im Rahmen der Probenahme ist es teilweise durchaus üblich, dem Kunden Aufgaben zu übergeben, die mit der Vorbereitung der Räume verbunden sind. Hierzu sollte im Allgemeinen eine Absprache vorab erfolgen. Üblich sind zum Beispiel folgende Vorbereitungen:

Für Luftprobennahmen: Lüften der Räume am Abend vor der Probenahme (gutes Querlüften für ca. 10 Minuten), dann Schließen von Fenstern und Türen, Klimatisieren der Räume auf übliche Nutzungstemperaturen (20/21°C). Nutzungsaktivitäten, die zu erhöhten Belastungen führen können – etwa Rauchen, intensive Reinigungs- oder Renovierungsarbeiten, übermäßige Nutzung von Kosmetika etc. – sind zu unterlassen.

Für Staubproben ist es häufig üblich, eine Woche vor dem Beprobungstermin eine letztmalige gründliche Reinigung der Laufflächen durchführen zu lassen, so dass der Sachverständige am Tag der Beprobung sieben Tage alten Staub gewinnen kann.

Andersartige Vorbereitungen sind in Absprache natürlich fallbezogen möglich. Wichtig ist allerdings, dass, wenn solche Vorbereitungen erforderlich sind, diese auch verlässlich erfüllt werden. In Streitfällen sollten die Gutachter die vorbereitenden Maßnahmen selbst durchführen.

Laboranalytik

Für die Qualitätssicherung von Prüflaboratorien hat sich die Akkreditierung durch eine nationale, staatliche, unabhängige Akkreditierungsstelle nach DIN EN ISO 17025 etabliert. Diese setzt wesentliche Anforderungen an analytische Labore fest (s. u.).

Die Auswahl des Labors wird in der Regel der Gutachter durchführen, er muss daher – insbesondere, wenn er sich in Ausnahmesituationen an nicht akkreditierte Labore wendet – entsprechende Anforderungen an die Qualität formulieren. Der Kommunikation des Gutachters mit dem Labor kommt eine große Bedeutung zu, damit die Analysen das gewünschte Ergebnis bringen. Denn zumindest bei komplexen Fragestellungen wird hier entschieden, welche Analytiken eingesetzt werden müssen.

Gutachterliche Bewertung der Ergebnisse

Die Einordnung und Bewertung der Untersuchungsergebnisse sollte bevorzugt anhand derzeit gültiger und publizierter Orientierungs-, Grenz- und Richtwerte erfolgen. Nur bedingt hilfreich sind Bewertungen der ermittelten Substanzbelastungen nach eigenen Beurteilungsmaßstäben, wenn diese nicht begründet und in ihrer Bedeutung erläutert werden. Allerdings muss darauf hingewiesen werden, dass nicht für jeden Schadstoff ein „offizieller" Grenz- oder Richtwert existiert.

Allgemein akzeptierte Bewertungsmaßstäbe im Bereich Innenraum, die im Bedarfsfall sicher herangezogen werden sollten, sind zumindest die folgenden:

1. Regelungen der Chemikaliengesetzgebung (verschiedene Anforderungen etwa in Gefahrstoffverordnung, Chemikalienverbotsverordnung),
2. über die Landesbauordnung eingeführte – länderspezifisch verbindliche – Regelungen (zur Zeit PCP-, Asbest-, PCB-Richtlinie),
3. Empfehlungen der sog. Ad-hoc-AG Innenraumlufthygiene-Kommission (ansässig am Umweltbundesamt).

Weiterhin sind wissenschaftlich erarbeitete und publizierte Bewertungsmaßstäbe zu nennen, falls sie von übergeordneter Bedeutung sind, so zum Beispiel die Orientierungswerte der AGÖF.

Daneben können natürlich abfallrechtliche Regelungen im Baubereich eine Rolle spielen, jedoch vor allem dann, wenn Altlastenproblematiken erkannt werden.

Durch Darlegung der Bewertungskriterien hinsichtlich ihrer rechtlichen Relevanz und Verbindlichkeit wird die Auslegung des Sachverständigen transparent und nachvollziehbar.

Das Gutachten sollte darüber hinaus eine Beschreibung der Probenahme- und Analyseverfahren sowie der Randbedingungen bei der Probenahme enthalten. Selbstverständlich müssen die Ergebnisse enthalten sein. Das Gutachten sollte allerdings auch mit einer Empfehlung im Hinblick auf die Fragestellung des Kunden schließen.

7.1.2 Qualitätssicherung des Instituts oder Sachverständigen durch externe Prüfzertifikate und Akkreditierungen

Sachverständige und Prüfinstitute, die Schadstoffe in Gebäuden untersuchen, werden zunehmend von Kunden gefragt, ob eine Vergleichbarkeit und Reproduzierbarkeit von Messergebnissen durch den Nachweis eines wirksamen QM-Systems belegt werden kann.

1. Akkreditierung nach DIN EN ISO 17025

Eine geeignete Grundlage für ein Qualitätsmanagementsystem stellt die Akkreditierung nach DIN EN ISO 17025 – einer weltweit gültigen Qualitätsnorm – dar.

Im Rahmen der Akkreditierung nach DIN EN 17025 legt eine Akkreditierungsstelle dar, dass ein Labor oder ein Gutachter die Kompetenz besitzt, bestimmte Aufgaben (hier analytische Dienstleistungen bzw. Probenahmen) sachgerecht durchzuführen.

Die Akkreditierungsstelle begutachtet dabei sowohl das Managementsystem als auch die technische Kompetenz der Labore und Gutachter. Zusätzlich führt die Akkreditierungsstelle regelmäßige Überwachungen durch, um die fortdauernde Kompetenz sicherzustellen.

Allerdings muss darauf geachtet werden, welche Leistungen des Labors/Gutachters akkreditiert sind. Es ist möglich und sinnvoll, die Probenahme von verschiedenen innenraumrelevanten Probenarten (etwa Luft-, Staub-, Wisch-, Material- oder sonstige Probenarten) zu akkreditieren. Auch werden Akkreditierungen bezüglich einzelner Analyseverfahren vergeben. Eine für Wasserprobenuntersuchung erteilte Akkreditierung nutzt nichts, wenn die Analyse von Luftproben erfolgen soll! Dies ist auch sinnvoll, denn es handelt sich um gänzlich unterschiedliche Analysen.

Für welche Probenahmearten bzw. Analysemethoden ein Unternehmen eine Akkreditierung besitzt, kann dem Anhang seiner Akkreditierungsurkunde entnommen werden. Veröffentlicht das Unternehmen dies nicht selbst, kann dieser zumindest auf der Homepage der Akkreditierungsstelle eingesehen werden.

Akkreditierungstelle nach DIN EN ISO 17025 ist seit Beginn 2011 nur noch die Deutsche Akkreditierungsstelle (Dakks), zuvor war eine Erteilung noch durch mehrere Stellen – die wichtigsten waren DaCH (Deutsche Akkreditierungstelle Chemie GmbH) und DaP (Deutsches Akkreditierungssystem Prüfwesen GmbH) – möglich. Diese Akkreditierungen laufen jedoch in den nächsten Jahren aus oder werden durch die Dakks übernommen.

Zum Erhalt einer Akkreditierung muss sich ein Unternehmen verpflichten, die geltenden, qualitätssichernden Anforderungen an die Arbeitsprozesse zu erfüllen bzw. kontinuierlich zu verbessern. Es muss über ein Qualitätssicherungsmanagement verfügen und dieses befolgen. Hierzu gehörten natürlich das Instandhalten der technischen Einrichtungen, die Verwendung aktueller Analyseverfahren und die internen Kontrollen der Analysevorgänge, so dass die Richtigkeit eines Ergebnisses gewährleistet ist. Eine kontinuierliche Qualifizierung der Mitarbeiter (Weiterbildungsmaßnahmen) sowie die Teilnahme an Vergleichsuntersuchungen mit anderen Laboren (sog. Ringversuche und Laborabgleiche) sind verpflichtend.

2. Der öffentlich bestellte und vereidigte Sachverständige

Eine Alternative zur Akkreditierung ist für einzelne Gutachter und Sachverständige die öffentliche Bestellung und Vereidigung (ö.b.u.v. SV) von Industrie- u. Handelskammern und Architektenkammern. Über die öffentliche Bestellung eines Sachverständigen entscheiden die Kammern nach Anhörung der dafür bestehenden Ausschüsse und Gremien. Zur Überprüfung der besonderen Sachkunde werden Referenzen und Stellungnahmen von fachkundigen Dritten zu den Dienstleistungen eingeholt, Gutachten werden geprüft und der Sachverständige selbst beantwortet Fragen zu seinem Fachgebiet, die von einem Gremium mündlich gestellt werden. Außerdem versichert der Sachverständige, dass die Aufgaben unabhängig, weisungsfrei, persönlich, gewissenhaft und unparteiisch erfüllt werden. Der Sachverständige muss eine Haftpflichtversicherung nachweisen, sich im erforderlichen Umfang fortbilden und einen Erfahrungsaustausch mit Kollegen pflegen. In den Gutachten werden die öffentliche Bestellung und Vereidigung mit einem Rundstempel kenntlich gemacht.

3. AGÖF-Qualitätssicherungssystem

Eine dritte Möglichkeit (eventuell auch in Ergänzung zur öffentlichen Bestellung) stellt ein Sachverständiger dar, der sich dem AGÖF-Qualitätssicherungssystem unterwirft.

Die Arbeitsgemeinschaft ökologischer Forschungsinstitute e. V. (AGÖF) wurde 1980 als Dachverband für Vereine und Unternehmen gegründet, die vor allem in den Bereichen Umweltanalytik, Umweltforschung und Innenraumdiagnostik tätig sind. Die Mitgliedsinstitute der AGÖF aus dem Bereich der Innenraumschadstoffe können sich zur Erfüllung der Kriterien und Anforderungen der AGÖF-Qualitätsrichtlinien selbst verpflichten. Diese sind für Unternehmen gedacht, die Innenraumuntersuchungen durchführen, betont werden die Aspekte der Probennahmen, Beratung und Begutachtung.

Details zu den Anforderungen können unter http://www.agoef.de eingesehen werden. Die Qualitätsrichtlinien der AGÖF stellen u. a. zu folgenden Teilbereichen Anforderungen an das Institut bzw. den Sachverständigen:

1. Allgemeine Qualifikation und Erfahrung der Institute und der Sachverständigen
2. Qualifizierte Beratung, Messplanung, Probenahme und Gutachtenerstellung
3. Verbindliche Teilnahme an Weiterbildungsveranstaltungen
4. Beratung, Begehung, Probenahme und Begutachtung liegen in der Regel in der Verantwortung einer Person, die darüber hinaus fundierte Kenntnisse in der physikalisch-chemischen Analytik besitzt.
5. Dokumentation der Umsetzung der Qualitätsrichtlinien in einem Qualitätssicherungshandbuch
6. Teilnahme an Ringversuchen und/oder Laborvergleichsmessungen
7. Nachweis einer regelmäßigen Messgeräteprüfung und Dokumentation
8. Die Einhaltung der Qualitätsansprüche wird durch einen Prüfer im Rahmen einer Ortsbegehung geprüft, ein Zertifikat über das Bestehen wird erstellt. Es handelt sich allerdings um eine verbandseigene Prüfung.

4. Selbstverpflichtung des Berufsverbandes Deutscher Baubiologen VDB e. V.

Die Mitglieder des Berufsverbandes Deutscher Baubiologen VDB e. V. verpflichten sich bei der Aufnahme, die Qualität ihrer beruflichen Tätigkeit sicherzustellen und sich einem kontinuierlichen Verbesserungsprozess zu unterziehen. Einzelne Anforderungen können auf der

Homepage des VDB nachgelesen werden (http://www.baubiologie.net/qualitaetssicherung/). Der Nachweis der Anforderungen erfolgt schriftlich gegenüber der Geschäftsstelle.

Sinnvoll ist es in der Regel natürlich, einen Gutachter aus der näheren Umgebung zu beauftragen. Eine geographisch geordnete Liste mit Angaben des Qualitätssicherungssystems der Gutachter/Sachverständigenbüros findet sich auf http://www.agoef.de.

7.2 Luftdichtheit – Der Schlüssel zu Wohngesundheit, Energieeffizienz und Schutz vor Bauschäden

Lothar Moll

7.2.1 Aufgabe der Gebäudehülle

Die Gebäudehülle, der wärmende Mantel des Hauses, schützt den Menschen vor den Einflüssen von außen und ist Mittler zwischen dem Innen- und Außenklima. Dabei muss die Gebäudehülle verschiedene Aufgaben erfüllen, von statischen Anforderungen über Wärmeschutz und die damit verbundene Energieeffizienz bis hin zur Gewährleistung eines angenehmen Wohnklimas. Damit Hülle und Tragkonstruktion dauerhaft ihre Aufgaben erfüllen können, müssen sie vor Feuchte geschützt werden. Dieser Schutz ist nicht nur von außen wichtig, sondern muss gerade auch von der Raumseite her erfolgen.

Von der Raumseite her geschieht dies durch eine durchgängige und zu planende Ebene für die Luftdichtheit (s. Bild 7-1). Die Luftdichtheitsebene verhindert das Eindringen von Raumluft in die Konstruktion. Denn auf dem Weg durch die Konstruktion kühlt die Raumluft ab und kann die gespeicherte Feuchtigkeit nicht mehr tragen, es fällt Tauwasser aus (s. Bild 7-2). Das kann zu Bauschäden und Schimmel **innerhalb** des Bauteils führen (s. Bild 7-3). Schimmel an Innenoberflächen des Wohnraums hat meist andere Gründe, wie z. B. mangelhafte Raumlüftung oder Wärmebrücken. Neben dem Schutz der Konstruktion trägt die Luftdichtheit zum Schutz der Nutzer des Gebäudes vor Umwelteinflüssen wie Lärm, Pollen und Schimmelsporen bei. Sie ist damit elementare Grundvoraussetzung für die Wohngesundheit.

 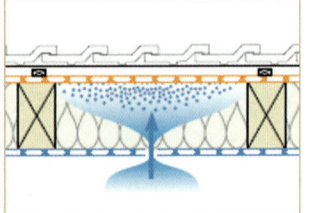 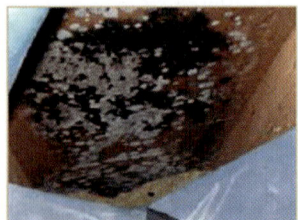

Bild 7-1 Luftdichtheit   **Bild 7-2** Tauwasser   **Bild 7-3** Schimmel

7.2.2 Die Bauphysik der Luftdichtheitsebene

Die Luftdichtheit von Wand und Dach muss nicht nur in der Fläche geplant werden, sondern ebenso müssen Details wie Anschlüsse und Durchdringungen bedacht werden. Warum ist Luft innerhalb eines Bauteils gefährlich und führt zu Bauschäden?

Raumluft trägt relativ viel Feuchtigkeit mit sich. Auf dem Weg durch die Konstruktion nach außen kühlt jedoch dieser konvektive Luftstrom ab. Hier setzt die Physik der Luft ein: Kalte Luft kann weniger Feuchtigkeit aufnehmen als warme. Daher kommt es in einem bestimmten Temperaturbereich innerhalb der Konstruktion zum Ausfall von Tauwasser (s. Bild 7-4). Je nach Aufbau des Bauteils kann diese Feuchte nicht mehr entweichen und reichert sich an. Hohe Feuchte wiederum führt auf Dauer zu Bauschäden und Schimmel. Daher ist es zu vermeiden, dass Luft in ein Bauteil eindringen kann.

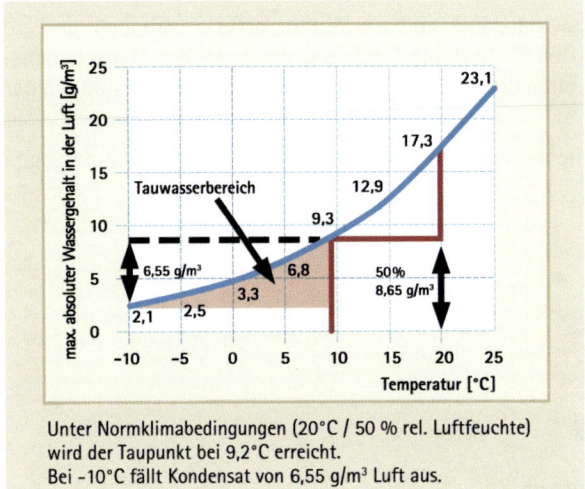

Unter Normklimabedingungen (20°C / 50 % rel. Luftfeuchte) wird der Taupunkt bei 9,2°C erreicht.
Bei -10°C fällt Kondensat von 6,55 g/m³ Luft aus.

Bild 7-4
Tauwasserausfall in Abhängigkeit von der Temperatur

7.2.3 Die Luftdichtungen im Massiv- und im Holzbau

In der Fläche ist die Luftdichtheit eine einfache Aufgabenstellung. Im Mauerwerksbau wird die Luftdichtheit durch eine innere Putzschicht ausgeführt. Im Regelfall erfolgt ebenso ein Putzauftrag auf der Außenseite, welcher für die Luftdichtheit eine weitere Unterstützung darstellt. Betonbauteile gelten allserdings schon von ihrer Struktur her als luftdicht und erfordern keine Putzschichten für die Luftdichtheit.

Bild 7-5 Verklebung in der Holzwerkstoffplatte

Bild 7-6 Verklebung Dampfbremsenmembran

In Holzbaukonstruktionen, wie z. B. dem Dach, werden entweder Holzwerkstoffplatten oder Dampfbrems- und Luftdichtbahnen verwendet. Platten und Bahnen werden untereinander luftdicht abgeklebt – ohne Klebeband gibt es keine Luftdichtheit (Bild 7-5 + Bild 7-6). In Bezug auf die Luftdichtheit bieten diese beiden Materialtypen dieselben Qualitäten. In Bezug auf den Wasserdampfdiffusionswiderstand gibt es jedoch Unterschiede.

7.2.4 Intelligente Luftdichtheitsbahnen mit variablem Diffusionswiderstand

Bahnen mit einem variablen Diffusionswiderstand sind im Winter diffusionsdichter und im Sommer diffusionsoffener. Sie verschaffen dem Bauteil ein besonders großes Bauschadensfreiheitspotential, da bei diesen Bahnen eingedrungene Feuchte durch Umkehrdiffusion wieder aus dem Bauteil einweichen kann.

Damit bieten sie auch bei außergewöhnlichen Feuchtebelastungen einen höheren Schutz gegen Schimmel in der Konstruktion (s. Bild 7-7).

Schutz im Winter

Rücktrocknung im Sommer

Bild 7-7
Funktionsprinzip einer intelligenten Dampfbremse

Das Diffusionsprofil der Bahnen sollte so gewählt werden, dass sie sowohl in Feuchträumen wie auch in feuchtem Baustellenklima eingesetzt werden können. Die Diffusionscharakteristik, welche die optimale Sicherheit bietet, wird als 60/2- und 70/1,5-Regel bezeichnet.

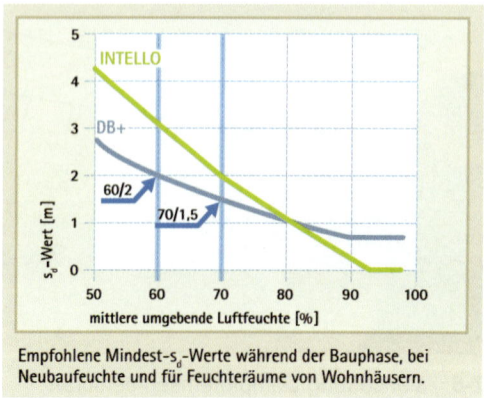

Empfohlene Mindest-s_d-Werte während der Bauphase, bei Neubaufeuchte und für Feuchträume von Wohnhäusern.

Bild 7-8
Sicherheit bei erhöhter Luftfeuchtigkeit 60/2- und 79/1,5-Regel

Bahnen müssen demnach bei 60 % mittlerer rel. Luftfeuchte (das ergibt sich bei dauerhafter 70 % rel. Luftfeuchtigkeit im Raum) noch einen Diffusionswiderstand von mind. s_d 2 m und bei 70 % (das ergibt sich bei 90 % rel. Luftfeuchtigkeit im Raum) von mind. s_d 1,5 m aufweisen, um die Konstruktion sicher zu schützen (s. Bild 7-8).

7.2.5 Gute Luftdichtheit ist eine Detailfrage

Der Regelaufbau, welcher bauphysikalisch berechnet wird, ist in Planung und Ausführung meist unproblematisch. Es gibt jedoch nicht nur den „ungestörten" Aufbau. Vielmehr sind fast immer Anschlüsse an andere Bauteile, Durchdringungen und Einbauteile erforderlich. Hierdurch entsteht die Notwendigkeit, diese Löcher, Verletzungen etc. mit geeigneten Mitteln wieder zu abzudichten.

7.2.6 Durchdringungen, die Herausforderung ...

Auch bei den Maßnahmen zur Dichtung von Verletzungen des Regelaufbaus unterscheiden sich Mauerwerks- und Holzbau.

... im Massivbau

Im Mauerwerksbau wird normalerweise eine Verletzung des Regelaufbaus durch die Putzschicht wieder verschlossen. Es ist vor allem darauf zu achten, dass auch im Anschlussbereich von Fenstern und Türen Putzschichten aufgetragen werden. Dadurch wird einerseits verhindert, dass durch die Lochanteile der Ziegelsteine Außenluft nach innen und Innenluft nach außen dringen kann. Andererseits wird erst durch die Putzschicht der korrekte und luftdichte Einbau von Fenster und Tür entsprechend der RAL-Vorgaben ermöglicht. Bei den Anschlüssen nach RAL gilt, wie auch für den Regelaufbau, der Grundsatz, nach außen hin diffusionsoffener zu konstruieren. So sollten auf der Raumseite des Einbauteils diffusionshemmendere Dichtbänder als auf der Außenseite verwendet werden. Für Anschlüsse an Fenstern und Türen bieten Klebebänder mit einem zwei- oder dreiteiligen Trennpapier, welches sich getrennt abziehen lässt, wesentliche Montagevorteile (Bild 7-9). Hier kann zuerst eine Seite sorgfältig fixiert werden und dann das restliche Trennpapier abgezogen sowie das Klebeband vollständig und kantenscharf fixiert werden (s. Bild 7-10).

Bild 7-9 Eckklebeband mit doppelt geteilter Trennfolie

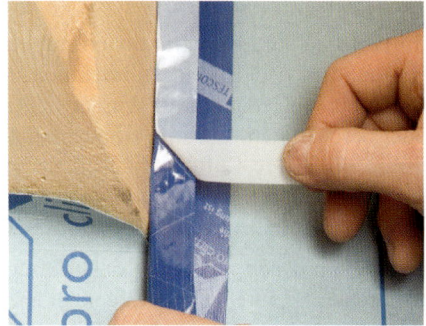

Bild 7-10 Verklebung in Ecken Schenkel für Schenkel

7

... im Holzbau

Im Dach und im Holzbau müssen Holzwerkstoffplatten und Bahnen mit geeigneten Klebesystemen abgeklebt werden. Für Durchdringungen, die im Vorfeld planbar sind, gibt es für die Montage entsprechend vorgefertigte Manschetten, welche direkt während der Montage von Einbauteilen fixiert werden (s. Bild 7-11 + Bild 7-12). Auch für nachträgliche Abdichtungen sind vorkonfektionierte Manschetten auf dem Markt verfügbar (s. Bild 7-13). Dichtmanschetten für einzelne Kabel oder für Kabelstränge mit bis zu 16 Leitungen sind gang und gäbe (s. Bild 7-14).

Bild 7-11 Kabelmanschette

Bild 7-13 Rohrmanschette

Bild 7-13 Kabelmanschette für
nachträglichen Einbau

Bild 7-14 Kabelbaummanschette

Im Holzbau sind Konstruktionen mit einer innenseitigen Installationsebene optimal. In einem Hohlraum zwischen der Luftdichtheitsebene und der Innenverkleidung können Installationen wie Elektro, Heizung und Wasser liegen, ohne dass sie die Luftdichtungsebene durchdringen oder beschädigen. Wird im Holzbau ohne eine Installationsebene gearbeitet, müssen Kabel und Rohre durch die Luftdichtheitsebene in der Tragkonstruktion geführt werden. An den Austrittsstellen in den Wohnraum ist es erforderlich, dass diese Fehlstellen luftdicht verschlossen werden. Hier haben sich Installationsboxen besonders bewährt (s. Bild 7-15).

Gerade im Dach werden Konstruktionen häufig mit Durchdringungen versehen, etwa für Schornstein, Lüfterrohre, Antennenkabel oder Solartechnik. Wie bei Kabeln können auch bei Rohren vorgefertigte Dichtmanschetten verwendet werden. Diese sind bis zu einem Durchmesser von bis zu 300 mm erhältlich und können gleichermaßen für innen und für außen eingesetzt werden. Damit wird sowohl luftdicht von innen als auch regensicher von außen abgedichtet.

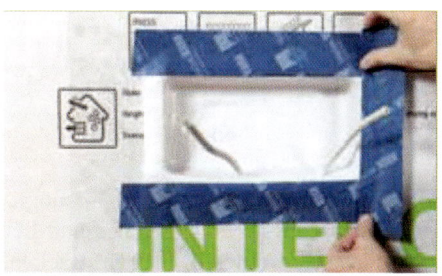

Bild 7-15 Installationsbox

Für alle Durchdringungen, unabhängig von der Bauweise des Gebäudes, gilt, dass vorgefertigte Detaillösungen die höhere Sicherheit bieten und schneller montiert sind als Baustellenlösungen. Gerade bei den Dichtungsversuchen mit Klebebändern gilt nicht das Motto: „Viel hilft viel", sondern: „Sauber, einfach, sicher und schnell hilft am meisten."

Luftdichtheit ist Stand der Technik – in Planung und Ausführung

Luftdichtheit ist eine lösbare Aufgabe, welche sich im Vorfeld mit einfachen Überlegungen bewerkstelligen lässt. Werden bei einer Dichtheitsprüfung der Gebäudehülle durch ein Differenzdruckgerät (z. B. WINCON [s. Bild 7-16] oder Blower-Door-Test) Undichtheiten gefunden, sind Sanierungen meist aufwendig und teuer. Die DIN 4108-7 behandelt das Thema Luftdichtheit detailliert und formuliert deutlich, dass dies eine planerische Aufgabe ist. Die Herausforderung stellen die Schnittstellen der Gewerke dar, welche sorgfältig koordiniert werden müssen, um eine hohe Ausführungsqualität zu gewährleisten. An der Luftdichtungsebene treffen sich unter anderem Zimmerleute, Elektriker, Gas-/Wasserinstallateure und Schreiner. Handwerker, die sich im Klaren darüber sind, mit welchen Funktionsebenen sie umgehen, sind klar im Vorteil. Information und Schulung sind hierzu die beste Voraussetzung für eine hohe Qualität und Bauschadensfreiheit.

Bild 7-16
Prüfung und Dokumentation der
Ausführungsqualität mit einem
WINCON-Testgerät

Fazit

Die Luftdichtheit ist die entscheidende Größe für die Funktionsfähigkeit von Wand-, Decken- und Dachkonstruktionen, für deren Bauschadensfreiheit, Energieeffizienz und daraus folgend für die Wohngesundheit.

7.3 Chemische und mikrobiologische Belastungen

Gerhard Führer

7.3.1 Allgemeines zur Innenraumsituation

Im Vergleich zu früher hat sich die Qualität unserer Innenräume durch eine Vielzahl an möglichen Schadfaktoren verändert: Beispiele dafür sind Mottenschutzmittel in Teppichen und Ledersofas, Formaldehyd in Möbeln und Deckenverkleidungen, Lösemittel in Farben, Lacken, Klebern. Die Qualität und die Quantität chemischer Verbindungen in Innenräumen hat sich somit in den letzten Jahren bis Jahrzehnten stark verändert.

Mittlerweile ist bekannt, dass vielfältige Feuchtigkeitsursachen wie Neubaufeuchte, Wasserschäden, falsches Nutzerverhalten, Hochwasser mit Überschwemmungen, Baufehler und Wärmebrücken (mit nachfolgender Kondensationsfeuchte) regelmäßig zu versteckten und damit zunächst nicht-sichtbaren Schimmelpilzbelastungen in Gebäuden führen.

Aus aktuellem Anlass ist darüber hinaus folgendes zu berücksichtigen: Im Mittelpunkt energetischer Sanierungsmaßnahmen steht in der Regel eine luftdichte und hoch wärmegedämmte Gebäudehülle. Die Kehrseite dieser „Abdichtung" ist eine Anreicherung von möglichen chemischen und biologischen Schadfaktoren in der Raumluft (Bild 7-17)

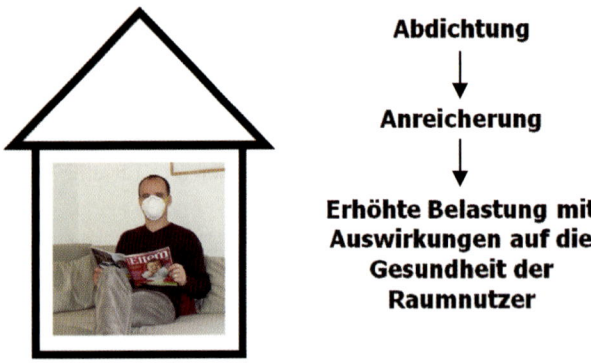

Bild 7-17
Abdichtung bei energetischer Sanierung führt zwangsläufig zu einer Anreicherung von Schadfaktoren in Innenräumen mit möglichen Folgen für die Raumnutzer

Die für unsere Innenräume notwendigen und sinnvollen Energieeinsparungen führen in der Folge zu einer erhöhten gesundheitlichen Belastung der Raumnutzer. Die scheinbare Innenraumqualität mit unsichtbaren Gefährdungspotenzialen hat zur Folge, dass immer mehr gesundheitliche Beschwerden „hausgemacht" sind, ohne dass hierfür konkrete Zahlenangaben vorliegen.

Um zu erkennen, welche Schadfaktoren in welcher Konzentration und in welcher Kombination vorliegen, ist eine chemisch-analytische und mikrobiologische Bestandsaufnahme der Innenräume nötig. Erst mit diesem Wissen können die Faktoren Wohnung und Büro unter innenraumhygienischen Gesichtspunkten charakterisiert oder als Ursache für eine Erkrankung ausgeschlossen bzw. in den therapeutischen Ansatz einbezogen werden [1].

Unabhängig von dem gesundheitlichen Aspekt wird zukünftig verstärkt die Fragestellung auftreten, ob die Immobilie wirklich ihren Kaufpreis wert ist. Neben der Lage des Gebäudes (als bisher wesentliches Kaufkriterium) wird die innenraumhygienische Qualität des Objektes an Bedeutung gewinnen: Denn wer möchte schon „die Katze im Sack kaufen" und im Nachhinein hohe Sanierungskosten auf sich nehmen. Zusätzlich werden juristische Auseinandersetzungen zur Raumqualität an Bedeutung gewinnen [2].

Wesentlich bei innenraumhygienischen Fragestellungen ist aufgrund der Komplexität eine schrittweise und systematische Vorgehensweise, bei der interdisziplinäres Arbeiten zum Wohle des Gebäudeeigentümers, der Raumnutzer oder der umweltbedingt erkrankten Patienten erfolgen muss. Der BVS Sachverständige Bayern (Berufsverband der öffentlich bestellten und vereidigten Sachverständigen in Bayern) hat unter Beteiligung des Verfassers in einem aktuellen Standpunkt zum Thema „Schadstoffe in Innenräumen" eine innovative Handreichung herausgebracht. Dort findet sich folgende grundsätzliche Passage [3]:

„Zusammenfassend lässt sich somit folgern, dass bei chemischen und mikrobiologischen Belastungen in Gebäuden interdisziplinäres und vernetztes Arbeiten und Denken notwendig sind. Neben Innenraumanalytikern und Bauleuten werden von Fall zu Fall auch Mediziner und Juristen hinzugezogen werden müssen. Werden Schäden und ihre Ursachen nicht vollständig beseitigt, verbleibt am Gebäude in der Regel ein merkantiler Minderwert. Nicht zuletzt im Hinblick auf aktuelle Baupraxis sowie die daraus entstehenden riesigen (auch volkswirtschaftlichen) Schäden einerseits und die nicht mehr finanzierbaren Kosten im Gesundheitswesen andererseits empfiehlt der BVS Sachverständige Bayern ausdrücklich

a) die innenraumhygienische Situation von Büroräumen, Wohnungen und Gebäuden verstärkt zu überprüfen und
b) alle Sachverständige auf die Problematik hinzuweisen."

7.3.2 Chemische Belastungen in Innenräumen

Viele Millionen Quadratmeter Deckenbretter wurden mit Holzschutzmittelwirkstoffen behandelt, täglich werden Kubikmeter an Lösemitteln in Farben, Lacken und Klebern in Wohnungen und Büros eingebracht und jedes Jahr Hunderttausende von Tonnen Weichmacher für innenraumrelevante (Bau-)Materialien produziert.

Jeden Tag werden von Kammerjägern oder im Eigenversuch unzählige Wohnungen „desinfiziert" und mit Insektiziden ausgerüstete Teppiche und Putzmittel mit gesundheitlich bedenklichen Inhaltsstoffen in Innenräume eingebracht.

Bereits vom Gesetzgeber verbotene oder mit Richt- und Orientierungswerten versehene Materialien wie Polychlorierte Biphenyle (PCB) oder Polyzyklische Aromatische Kohlenwasserstoffe (PAK) sind als „Altlasten" wegen ihrer langen Halbwertszeit in Gebäuden noch immer in gesundheitlich relevanten Konzentrationen vorhanden.

Ergänzende Darstellungen und weiterführende Literatur finden sich beispielsweise in [4], [5], [6], [7] und [8].

Mögliche Verbindungen und deren Vorkommen

In Tabelle 7-1 finden sich (Bau-)Materialien und deren mögliche Inhaltsstoffe, die in den Innenraum abgegeben werden können.

Tabelle 7-1   Überblick über Innenraumbelastungen und bauseitige Emissionsquellen; nach
Moriske HJ, Turowski E, 1998: Handbuch für Bioklima und Lufthygiene [7], verändert und ergänzt durch den Autor

Emissionsquellen bzw. Hinweise für Schadfaktoren in Innenräumen	Chemische Verbindung oder Verbindungsklasse
Holzwerkstoffe, Lacke, Harnstoff-Formaldehyd-Schäume, Dämmstoffe, Spachtelmassen, Möbel, Textilien, Spanplatten …	Formaldehyd
Trocknende Öle, Alkydharze, Linoleumbeläge	Längerkettige Aldehyde
Alle lösemittelhaltigen Produkte wie Lacke und Kleber; Testbenzin und Verdünner, Reinigungsmittel, Teppichböden, Naturharzlacke	Aliphaten
Lösemittelhaltige Produkte wie Nitro- und Kunstharze, Kleber, Verdünner, Teppichböden	Aromaten
Dämmstoffe, Beschichtungen auf der Basis ungesättigter Polyesterharze, Teppichböden, Lacke	Styrol
Kunstharzlacke, Lösemittel, Teppichböden …	Heterocyclen
Abbeizer, Treibmittel in Dämmstoffen, …	Halogenkohlenwasserstoffe
Holz, Holzwerkstoffe, Naturharz-, Alkydharz-, Einbrennlacke, Reinigungsmittel …	Terpene
Produkte auf Wasser- und auf Lösemittelbasis wie Lacke, Kleber, …	Ketone
Produkte auf Wasser- und auf Lösemittelbasis wie Lacke, Kleber u. a.; Abbeizer, PUR-Schäume, Reparaturspachtelmassen	Alkohole und Ester einwertiger Alkohole
Teppichböden (Schaumrücken), alle kautschukhaltigen Produkte	Trimere Isobutene
Abbeizer, Lacke, Wasserlacke …	Pyrrolidonderivate
Produkte auf Wasserbasis wie Acryllacke, Kleber, Fugendichtungsmaterialien; Einbrennlacke, Holzbeizen, Dispersionsfarben, Weichmacherzusätze in verschiedenen Kunststoffen	Glykole
Weichmacher in Latexfarben, Farben, Kleber, Lacke, Weich-Bodenbeläge, Teppichböden, Kunststoffe	Phthalate
Holzschutzmittel, Naturstoffbeläge, Leder, Teppiche, Teppichböden, …	Biozide
Ehemalige Insektenbekämpfung	Biozide
Teppichböden, textile Ausstattungen, Glasfasertapeten, Brandschutzanstriche, Flammschutzbewürfe, EDV-Anlagen …	Flammschutzmittel
Ältere schwarze Kleber und Estriche, alte Korkdämmplatten …	Polyzyklische Aromatische Kohlenwasserstoffe (PAK)
Ältere Fugendichtungsmassen, ältere (Brandschutz-)Anstriche, alte Neonlampen …	Polychlorierte Biphenyle (PCB)

7

Bild 7-18
Wurde die Verbretterung an der
Schlafzimmerwand mit Holzschutz-
mittelwirkstoffen behandelt?

7

Bild 7-19
Belastet der schwarze Parkettkleber
die Wohnung mit Polyzyklischen
Aromatischen Kohlenwasserstoffen
(PAK) inkl. dem als krebserzeugend
eingestuften Benzo[a]pyren?

Bild 7-20
Ist der Teppichboden aus Naturma-
terial mit einem gesundheitlich relevanten Mottenschutzmittel ausgerüstet?

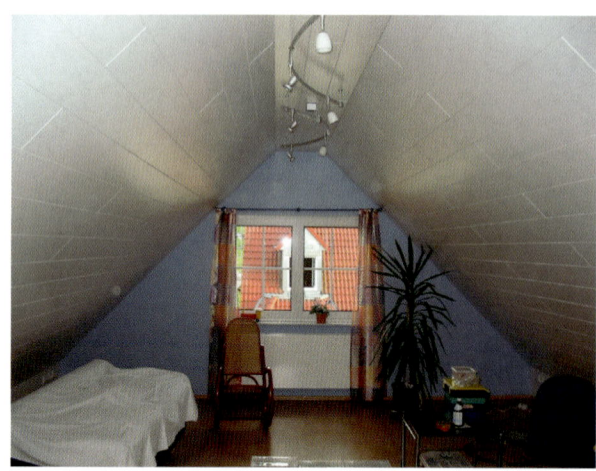

Bild 7-21
Sind Formaldehyd, längerkettige Aldehyde oder flüchtige organische Verbindungen (VOC) in der Raumluft in unauffälliger, erhöhter oder hoher Konzentration vorhanden?

Chemisch-physikalische Eigenschaften der Einzelverbindungen

Experten schätzen, dass bis heute etwa 8.000 chemische Verbindungen in Innenräumen nachgewiesen wurden. Diese unterscheiden sich bezüglich ihrer chemisch-physikalischen Eigenschaften. Zu berücksichtigen sind u. a. der Dampfdruck, die Flüchtigkeit und der Siedepunkt. Um einen ersten groben Überblick über die Vielfalt chemischer Verbindungen in Innenräumen vor dem Hintergrund messtechnischer Überlegungen zu gewinnen, kann deren Siedepunkt herangezogen werden (siehe Tabelle 7-2).

Tabelle 7-2   Der Siedepunkt: eine physikalisch-chemische Kenngröße zur systematischen Einordnung von chemischen Verbindungen

Bezeichnung	Siedepunktsbereich	Beispiele
VVOC: Very Volatile Organic Compounds (sehr flüchtige organische Verbindungen)	< 0 °C bis ca. 50 °C	Aceton, Formaldehyd
VOC: Volatile Organic Compounds (flüchtige organische Verbindungen)	50 °C bis ca. 200 °C	Ester, Alkohole, Terpene, Alkane
SVOC: Semi Volatile Organic Compounds (mittel- bis schwerflüchtige organische Verbindungen)	200 °C bis ca. 350 °C	Biozide, Weichmacher
POM: Particulate Organic Matter (Partikelgebundene organische Verbindungen)	> 350 °C	Yrethroide, Sulfonamide

Standardisierte Erfassung von chemischen Verbindungen

Eine der Voraussetzungen für die Problemlösung ist das Erkennen von (Schad-)Faktoren, die über menschliche Sinnesorgane nicht erfassbar sind. Früher hat man je nach Verdachtsmoment entweder auf Formaldehyd oder Holzschutzmittel oder Lösemittel oder Schimmelpilze oder Pyrethroide oder Flammschutzmittel oder Weichmacher oder PCB (Polychlorierte Biphenyle) oder PAK (Polyzyklische Aromatische Kohlenwasserstoffe) oder … getestet.

Jedoch: Einzelnachweise von Substanzen oder chemischen Verbindungsklassen erlauben alleine keine umfassende Aussage über den möglichen Schadstoffgehalt von Büroräumen oder Wohnungen.

Wie kann die Raumqualität unter innenraumhygienischen und damit unter gesundheitlichen Gesichtspunkten charakterisiert werden? Zur Beantwortung dieser Frage wurde ein „Gebäude-Gesundheits-Check" oder kurz Innenraumcheck entwickelt: Er ist ein Instrument, um im Rahmen einer chemisch-analytischen und mikrobiologischen Bestandsaufnahme Schadfaktoren in Innenräumen zu erkennen. Mit einer systematischen Herangehensweise wird unter Wahrung der Verhältnismäßigkeit mit wenigen Untersuchungen eine Vielzahl an relevanten Schadfaktoren überprüft und einer Bewertung unter innenraumhygienischen und damit gesundheitlichen Gesichtspunkten zugänglich gemacht [9].

Die Optimierung und Standardisierung der Probenahme wird durch ein patentrechtlich geschütztes Verfahren erreicht. Mit der Entwicklung von Screening-Verfahren kann auf eine Vielzahl innenraumrelevanter Verbindungen mit vergleichbaren chemisch-physikalischen Eigenschaften getestet werden. Durch die Kombination verschiedener Verfahren eröffnet sich ein weites Spektrum überprüfbarer chemischer Verbindungen.

Der Innenraumcheck ermöglicht durch systematische Vorgehensweise einen umfassenden qualitativen und quantitativen Nachweis von chemischen Verbindungen in Kombination mit der Erfassung von häufig versteckten, nicht-sichtbaren Schimmelpilzbelastungen.

Die für Innenräume relevanten Konzentrationen liegen in unterschiedlichsten Bereichen von Prozent bis zu mg/kg in Material- und Staubproben und von $\mu g/m^3$ bis hin zu ng/m^3 in Raumluftproben (ng/m^3 = 1.000.000.000 Gramm pro Kubikmeter). Unter Beachtung von Stoffeigenschaften und Nachweisgrenzen wurden Adsorptions- und Trägermaterialien für die Probenahme zusammengestellt. Im Rahmen der Probenahme ist u. a. die zeitliche Abfolge zu beachten, da speziell in niedrigen Konzentrationsbereichen eine Störanfälligkeit von Raumluftmessungen gegeben ist.

Mit dem Innenraumcheck werden den Siedepunktsbereichen entsprechend folgende organische Luftverunreinigungen in Raumluft (Bild 7-22), Staub (Bild 7-23) und/oder Material abgeprüft: VVOC, VOC, SVOC und POM. Weiterhin werden Aldehyde (mit der reaktiven Carbonylgruppe) in der Raumluft erfasst. Das Probenahme-/Untersuchungsspektrum kann bei Verdacht auf „exotische" Verbindungen (bezüglich deren Stoffeigenschaften) durch weitere Verfahren ergänzt werden.

7

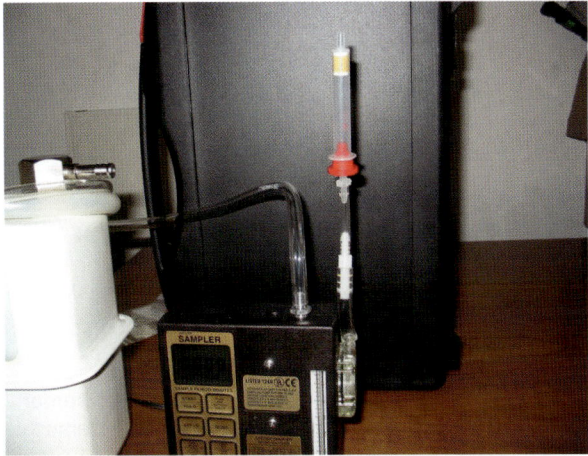

Bild 7-22
Elektronisch gesteuerte Pumpe mit Probenahmeröhrchen und Gasuhr für den Nachweis von flüchtigen organischen Verbindungen und Aldehyden in der Raumluft

Bild 7-23
Aufsatz auf Staubsauger zur Gewinnung einer Staubprobe für eine Übersichtsanalyse auf schwerflüchtige und an Staub gebundene organische Verbindungen

Ein sichtbarer Schimmelpilzbefall ist über die Gewinnung einer Materialprobe für die Bestimmung von Schimmelpilzart und -konzentration leicht zugänglich. Problematisch – weil die Gefahr nicht sichtbar ist – wird es bei einem versteckten Schimmelpilzbefall zum Beispiel hinter Wandbauplatten oder in der Fußbodenkonstruktion (z. B. verursacht durch Wärmebrücken oder nach Wasserschäden). Bei dem Innenraumcheck wird routinemäßig zur Indikation eines versteckten, nicht-sichtbaren Befalls auf typische gasförmige Stoffwechselprodukte (MVOC) von Mikroorganismen (Schimmelpilzen und Bakterien) getestet.

Für die standardisierte Probenahme mit technischen Geräten wie Pumpe und geeichter Gasuhr ist ein Fachkundiger nötig. Nach der Gewinnung werden die Proben laboranalytisch untersucht. Zum Einsatz kommen modernste biochemische, chromatografische und spektroskopische Verfahren (siehe Bild 7-24). Die Untersuchungsergebnisse werden nachfolgend unter innenraumhygienischen und damit gesundheitlichen Gesichtspunkten bewertet. Hinsichtlich der Untersuchungsergebnisse können Schadstoffquellen ermittelt und – falls nötig – belastete Materialien oder Bauteile beseitigt oder sachgerecht saniert werden.

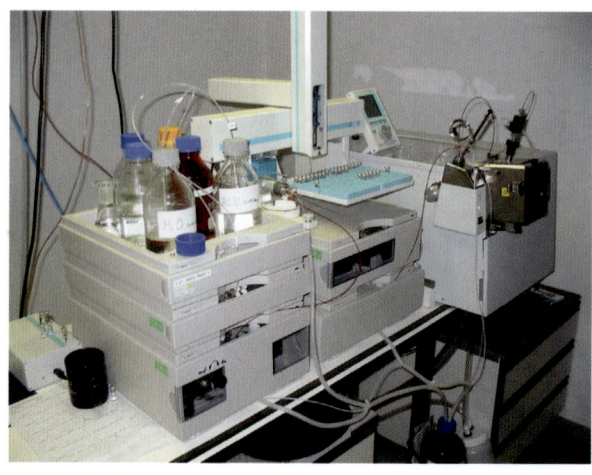

Bild 7-24
Mit moderner Laboranalytik werden die gewonnenen Proben untersucht.

Folgende Vorteile ergeben sich mit der standardisierten, systematischen und kosteneffizienten Vorgehensweise zum Erkennen von wesentlichen Schadfaktoren in Innenräumen durch das europaweit patentierte Probenahme-Verfahren „Innenraumcheck":

– Für die Raumnutzer: Eine Sicherheit bezüglich der Wohnraumqualität ohne gesundheitliche Gefährdung durch ggf. langzeitig einwirkende Schadfaktoren wird erreicht.

– Für das Gesundheitswesen: Gebäudebedingte Erkrankungen können erkannt und die Ursache für gesundheitliche Beschwerden von Raumnutzern geklärt bzw. eingegrenzt werden.

– Für das Bau- und Immobilienwesen: Der Innenraumcheck bietet neue Impulse und innovative Ansätze für eine Verbesserung der Innenraumverhältnisse hin zu „gesunden" Büroräumen und Wohnungen.

– Für die Gerichtsbarkeit: Nachvollziehbare und reproduzierbare Vorgehensweisen werden ermöglicht bzw. sind etabliert.

– Für die Gesellschaft: Volkswirtschaftliche und betriebswirtschaftliche Risiken werden erkannt; erhöhte Ausfallzeiten von Mitarbeitern können beseitigt werden.

– Für die „Innenraumhygiene": Impulsgeber und Weiterentwicklung von Grundlagen und technischen Sachverhalten, was zu einer Verbesserung der Innenraumsituation führt.

Anmerkung: Ein Patent schützt eine technische Erfindung und führt zur Entwicklung neuer innovativer Lösungen und Verfahren. Das Patentrecht ist eine Belohnung dafür, dass der Erfinder die technische Lehre in einer Anmeldung offenlegt und somit den technischen Fortschritt und das technische Wissen der Allgemeinheit bereichert. Patentrecht bricht deshalb Wettbewerbsrecht. Der Nutzen für Lizenznehmer: Einsatz von überprüften, auf chemisch-physikalischen Grundlagen aufbauenden Vorgehensweisen mit Alleinstellungsmerkmal und damit Wettbewerbsvorteilen.

7

7.3.3 Mikrobiologische Belastungen

Es gibt wenige Fachgebiete, in denen vergleichbare emotionale und aus Unkenntnis geführte Auseinandersetzungen geführt werden wie bei dem Thema „Analytik und Sanierung von Schimmelpilz-, Bakterien- und Feuchteschäden". Weil es um Gesundheit, große Schadenspotentiale und wirtschaftliche Interessen geht, ist zwischen Panikmache und Verharmlosung ein weites Feld gegeben.

Bereits im Jahr 2002 hat das Umweltbundesamt einen ersten „Schimmelpilzleitfaden" [10] herausgegeben, dem im Jahr 2005 ein „Sanierungsleitfaden" [11] folgte. Die Grundlagen hierfür wurden vom ehemaligen Landesgesundheitsamt in Baden-Württemberg 2001 und 2004 erarbeitet [12], [13]. Im Jahr 2009 hat die Weltgesundheitsorganisation (WHO) eine umfangreiche Abhandlung zum Thema Feuchtigkeit und Schimmelpilze erstellt [14], womit die Wichtigkeit dieses Themas mittlerweile auch weltweit bekannt ist.

Unabhängig von diesen praxisrelevanten Abhandlungen werden vergleichsweise wenige Maßnahmen von Handwerkern, Architekten und Bauschadenssachverständigen in die praktische Tätigkeit umgesetzt. Es erscheint deshalb dem Autor wesentlich, die Bauberufe in die wissenschaftlich-technische Diskussion einzubeziehen und diese im interdisziplinären Austausch fortzubilden. Auf diesem relativ neuen Gebiet arbeiten Akteure mit unterschiedlichsten Erfahrungen, Kenntnissen und Interessen. Deshalb möge jeder Betroffene/Interessierte/(Bau-) Unternehmer 1. durchgeführte Sanierungsmaßnahmen (auch selbstkritisch) hinterfragen und 2. genau prüfen, mit wem er sich zukünftig bei der Thematik „Schimmel" einlässt.

Was ist Schimmel?

Schimmelpilze bestehen nicht nur aus kultivierbaren, abgestorbenen oder nicht-keimfähigen Sporen oder Sporenpaketen. Während Sporen der Fortpflanzung und Verbreitung dienen (Bild 7-25), sind weitere partikelartige Bestandteile wie Sporenträger, Hyphen und Mycelbruchstücke (Hyphen und Mycel = wurzelähnliche Strukturen) Gestalt bildend.

Bild 7-25
Sporen, die als „Kolonie Bildende Einheiten, KBE" einer mikrobiologischen Auswertung bezüglich Quantität (wie viele?) und Qualität (welche Arten?) zugänglich sind

Der Organismus Schimmelpilz hat ein komplexes biochemisches „Innenleben": Energiereiche Materialien werden aufgenommen, verstoffwechselt und in biochemisch veränderter Form wieder an die Umgebung abgegeben. Gasförmige Schimmelpilzprodukte sind Ausscheidungen des Stoffwechsels inkl. geruchsaktiver Verbindungen, die unter dem Begriff MVOC (Microbial Volatile Organic Compounds) zusammengefasst werden. Hierzu gehören unterschiedlichste Einzelverbindungen aus vielfältigen chemischen Verbindungsklassen wie Aldehyde, Alkohole, Ketone, Ether, Ester, Terpene und Furane. Für ausgewählte Verbindungen wurden eine Analytik und Bewertungskriterien erarbeitet (siehe z. B. [12], [15] und Bild 7-26).

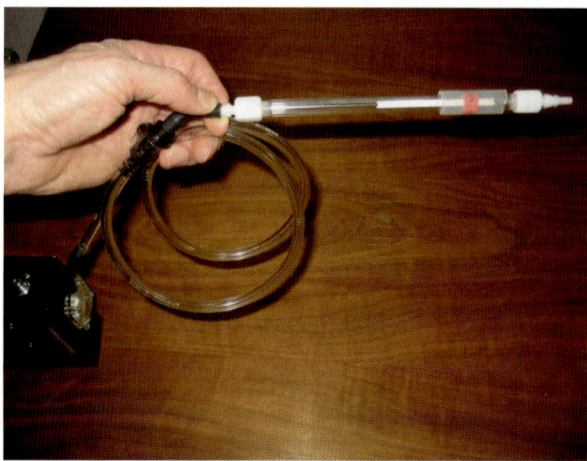

Bild 7-26
MVOC-Nachweis mit Tenax-Röhrchen (MVOC = gasförmige Emissionen von Mikroorganismen): Hohe Konzentrationen in der Raumluft sind ein Indiz für einen vorliegenden verdeckten Schimmelschaden.

Bei einer vorliegenden Schimmelpilzbelastung ist von einer Mycotoxinproduktion und -freisetzung auszugehen, wenngleich die Literatur zu Schimmelpilzgiften in Innenräumen bis jetzt noch überschaubar ist. Weiterhin ist das Freisetzen verschiedenartigster Zellinhaltsstoffe zu erwarten, wenn ein Schimmelpilz abstirbt. Entsprechend ihres gasförmigen oder partikelartigen Charakters sind Schimmelpilz- und Bakterienbestandteile in Tabelle 7-3 aufgeführt. Über den gesundheitlichen Aspekt von Bakterien ist bis jetzt vergleichsweise wenig bekannt. Neben Schimmelarten bilden Bakterien aus der Gruppe der Aktinomyceten geruchsaktive Stoffwechselprodukte. Welche Bakterien in welchem Umfang innenraumrelevante Endo- und/oder Exotoxine (Bakteriengifte) produzieren bzw. freisetzen ist unklar. Eine Bakterienbelastung von Innenräumen wird aktuell wie eine Schimmelpilzbelastung behandelt.

Tabelle 7-3 Gasförmiger und partikelartiger Charakter der Emissionen und Bestandteile von Mikroorganismen

Bestandteile und Emissionen von Schimmelpilzen und Bakterien	Gasförmig
Stoffwechselprodukte (MVOC)	
Geruchsaktive Verbindungen	
Zellinhaltsstoffe	
Myco-, Endo-, Exotoxine	
Einzelsporen	
Sporenpakete	
Mycelbruchstücke	
…?	Partikelartig

Häufigkeit und Vorkommen von Schimmel in Innenräumen und: Ohne Feuchtigkeit kein Schimmel

Mindestens jede fünfte deutsche Wohnung weist nach Brasche und Kollegen [16] einen Feuchte-/Schimmelschaden auf. Praktiker sprechen davon, dass in jeder zweiten Wohnung ein mikrobielles Problem vorliegen könnte. Speziell verstecktes, nicht-sichtbares Schimmelpilzwachstum ist in Innenräumen bzw. in Gebäuden nicht immer einfach zu erkennen [17], [18].

Feuchtigkeit ist die Grundlage für jedes Schimmelpilz- und Bakterienwachstum. Wenn ein mikrobielles Problem erkannt werden soll, ist es somit zwingend notwendig, die zugrunde liegenden Feuchtigkeitsursachen zu kennen und klare Kenntnisse der Baukonstruktionen zu besitzen oder in die Überlegungen mit einzubeziehen: Denn Schimmel ist „nur" ein Folgeschaden nach Durchfeuchtung oder hoher Materialfeuchten. Begründete Verdachtsmomente auf einen Schimmelschaden in der Dämmebene in Innenräumen bzw. Gebäuden finden sich in Tabelle 7-4.

Tabelle 7-4 Feuchtigkeitsursachen als Grundlage für Schimmelpilz- und Bakterienwachstum

Einflussbereich	Einzelursache	Fazit

Gebäude	– Neubaufeuchte
	– „Tropfender" Baustellenwasserhahn
	– Wärmebrücken wie beispielsweise
	  • im Bereich der Auflager von Betondecken auf Außenwänden
	  • bei Erdgeschosswohnungen über kaltem Keller oder über Tiefgarage
	  • durch auskragende Betonplatten von Balkonen
	– Dampfsperren falsch ausgeführt, fehlerhaft geplant, undicht oder nicht vorhanden
	– Unzureichende Entlüftung von (innen liegenden) Bädern
	– Leckagen in der Luftdichtigkeitsebene
	– Wasserschäden verursacht z. B. durch
	  • Heizung
	  • Brauchwasser
	  • ausgelaufene Waschmaschine
	  • undichte „Weiße Wanne"
	– Einsatz von Desinfektionsmittel auf Basis von H_2O_2 in Hohlräumen
	– Undichte Fenster- oder Türanschlüsse
	– …
		!
		
		Lösen Sie sich von der Vorstellung, dass es in einer Wohnung oder einem Gebäude nur eine einzige Feuchtigkeitsursache gibt!

Nutzung	– Waschmaschine oder Spülmaschine ausgelaufen – Nichtvorliegen oder Nichtgebrauch eines Dunstabzugs mit Außenanschluss – Bad/Dusche nach Gebrauch in die Wohnung lüften – Wäschetrockner ohne Außenanschluss – Aquarium – Auslaufen eines Wasserbetts – Umfallen eines gefüllten Wassereimers – Mangelhaftes Lüftungsverhalten – …	
Umwelt	– Überschwemmung – Sturmschaden am Dach – Löschwasser nach Brandschaden – …	**!**

Sichtbare Schimmelschäden

Nicht jede Wandverfärbung wird durch Schimmel verursacht. Auch Schwarzstaubablagerungen (Fogging) können zu sichtbaren Wandbelägen führen [19]. Nicht nur aus diesem Grund ist es oft sinnvoll, Verfärbungen der Raumumschließungsflächen auf Schimmelpilze zu untersuchen. Ob grau-schwarze Verfärbungen mit schimmelpilzartigen Strukturen laboranalytisch auf Schimmelpilzwachstum untersucht werden müssen, hängt aber letztendlich von der jeweiligen Fragestellung ab.

Bild 7-27 und 7-28 Sichtbare Schimmelschäden sind regelmäßig mit verdeckten, nicht-sichtbaren Schimmelschäden vergesellschaftet: Warum sollte an der Sockelleiste das Wachstum aufhören? Wie sieht es an der Wand auf Estrichhöhe aus und welche Belastung hat die benachbarte Dämmebene unter dem Estrich?

Bei einer Beurteilung von sichtbarem Schimmelpilzbefall wie in Bild 7-27 und 7-28 sollten neben Fläche und Tiefe des Befalls auch die Schimmelpilzarten bestimmt werden: Art und Umfang einer Sanierung sind u. a. davon abhängig, ob „Allerweltsschimmel" oder toxische Arten vorliegen. Von Bedeutung ist, ob die Schimmelpilze auf dem Material aktiv gewachsen sind (Nachweis von Hyphen und Sporenträgern) oder nur Sporen abgelagert wurden. Außerdem sollten für die Ermittlung der Ursachen des Schimmelschadens, die Erarbeitung eines Sanierungskonzeptes und die möglicherweise notwendige Sanierungskontrolle die vorliegenden Schimmelpilzarten bekannt sein [12].

Verdeckte und nicht-sichtbare Schimmelpilz- und Bakterienschäden

Sichtbarer Schimmel ist häufig nur die Spitze des Eisbergs. Regelmäßig gehen solche offensichtlichen Schäden nämlich mit verdeckten, also nicht sichtbaren mikrobiellen Belastungen einher. Diese sind nicht leicht erkennbar und deshalb tückisch. Derartige Schäden sind ohne mikrobiologische Untersuchungen, tiefgehende Sachkunde und besondere Erfahrung nicht zu beurteilen. Der Ausschluss eines mikrobiellen Schadens alleine durch eine visuelle Inspektion ist nicht sachgerecht und sollte für den „Fachmann" haftungsrechtliche Konsequenzen auslösen!

Neben Schimmelpilzen treten häufig zusätzlich (sporenbildende) Bakterien auf. Außerdem sind in die Überlegungen mit einzubeziehen: Sporen (keimfähige, schlecht und nicht keimfähige), Zellwandbruchstücke, Oberflächenstrukturen wie β-Glucane, MVOC (Microbial Volatile Organic Compounds = Stoffwechselprodukte) und geruchsaktive Verbindungen, Mycotoxine (Schimmelpilzgifte), Exo- und Endotoxine (Bakteriengifte) sowie möglicherweise noch andere, bis heute unbekannte gesundheitsrelevante Strukturen von gasförmigen Emissionen über Makromoleküle und Nanopartikel bis hin zu größeren staubartigen Bestandteilen (siehe Tab. 7-3).

Wegen dieser Vielfalt der Strukturen reicht erfahrungsgemäß eine Untersuchungsmethode nicht aus, um versteckte, nicht-sichtbare Schimmelschäden zu erkennen und zu lokalisieren oder um die Innenraumqualität unter mikrobiellen Gesichtspunkten zu charakterisieren. Dabei liefern Feuchtemessungen lediglich Indizien dafür, ob möglicherweise ein Schimmelschaden vorliegt, denn: Feuchtigkeit kann phasenweise auftreten (beispielsweise als Kondensations-feuchtigkeit im Winter) oder ehemals aufgetreten sein (z. B. als Neubaufeuchte oder bei einem Wasserschaden) – Wasser trocknet, durch den Übergang von der wässrigen Phase in die Gas-phase, zeitabhängig ab. Im Gegensatz dazu sind Schimmelpilze und Bakterien gebildete Bio-masse, die entweder beseitigt oder sachgerecht von der Raumluft abgetrennt werden muss.

Im Hinblick auf die Erfahrungen des Autors besteht bei einem (begründeten) Verdacht die einzige sichere Möglichkeit zur Klärung eines mikrobiellen Schadens (bzw. zu dessen räumli-cher Eingrenzung) in der mikrobiologischen Untersuchung von Materialproben aus einem verdächtigten Bauteil: Denn Schäden sind da zu untersuchen, wo sie auftreten (siehe Bild 7-29 und 7-30). Raumluftuntersuchungen können dagegen nur Indizien für eine Detailanalyse geben oder eine Bauteilöffnung rechtfertigen. An welcher Stelle im Raum oder Gebäude die Proben gewonnen werden sollten und mit welchen Methoden diese zu untersuchen sind, wird unten näher beschrieben.

Bild 7-33 und 7-34   Auch ohne sichtbaren Befund sind die Materialproben, die aus den Dämmebenen eines Daches (Mineralwolle) und unter einem schwimmend verlegten Estrich (Polystyrol) gewonnen wurden, nach kultivierungstechni-schen Untersuchungen hoch mit Schimmelpilzsporen belastet

Standardisierte Vorgehensweise zur Erfassung von verdeckten und nicht-sichtbaren Schimmelpilz- und Bakterienschäden

Früher und in bestimmten Kreisen auch heute noch heißt es: „Kein Schimmel vorhanden, weil kein Schimmel zu sehen ist." Aber: Das menschliche Auge reicht nicht aus, um ein Schimmel-pilzwachstum (im Frühstadium) und Sporen zu erkennen oder hinter vorgeblendete Decken- und Wandbauplatten oder in Fußbodenkonstruktionen zu sehen. Aus diesem Grund sind Untersuchungsstrategien, Probenentnahmegeräte, und Messinstrumentarien nötig, um die mi-krobiologische Situation in Innenräumen oder Gebäuden eindeutig zu erfassen.

Grau-schwarze Wandverfärbungen mit schimmelpilzartigen Strukturen sind unter dem Licht-mikroskop nach vorheriger Anfärbung leicht als Schimmelpilzmycel inkl. Sporenträger zu identifizieren und können bezüglich des vorhandenen Artenspektrums eingegrenzt werden. Eine größere Herausforderung besteht beim Bestimmen und Lokalisieren von (zunächst) ver-deckten, nicht-sichtbaren Schimmelpilz-/Bakterienbelastungen. Erfahrungsbedingt hat sich über viele Jahre folgende systematische Vorgehensweise entwickelt und in der Praxis bewährt:

1. Sachkundige Begehung des Objektes mit Erfassung von Verdachtsmomenten und/oder Bestimmung der MVOC-Konzentration der Raumluft (bei alleiniger Erfassung von Sporen

[keimfähige, nicht-keimfähige] sind falsch negative Ergebnisse möglich, d. h. mikrobielle Schäden können „übersehen" werden).

2. Zur Eingrenzung bzw. Lokalisierung möglicher Schimmelpilz- und/oder Bakterienschäden in Räumen und Gebäuden und als Grundlage für die Festlegung von Bauteilöffnungen zur Gewinnung von Materialproben: Einsatz und Kombination von Sensorsystemen für Geruch und/oder Feuchtigkeit und/oder Temperatur und/oder Luftströmung. Dieses Verfahren wurde im Jahr 2009 weltweit zum Patent angemeldet.

3. Gewinnung von repräsentativen Materialproben (speziell aus nicht einsehbaren Hohlräumen) zur Überprüfung bzw. zur Qualifizierung und Quantifizierung des mikrobiellen Schadens. Wichtig: Ein Schaden ist da zu untersuchen, wo ein Verdacht besteht, nämlich im Bauteil oder am Material. Wesentlich ist bei Materialuntersuchungen die richtige Auswahl der Untersuchungsmethode, wobei neben Schimmelpilzen auch Bakterien in die Analysen einzubeziehen sind.

Bei der aus einer Fußbodenkonstruktion gewonnenen Polystyrolprobe in Bild 7-31 konnten die grauen Verfärbungen unter dem Mikroskop nach Anfärbung als Mycel, Sporenträger und Sporen identifiziert werden. Bei weniger deutlicher Belastung können mikroskopische Verfahren sehr aufwendig sein, weil bei starker Vergrößerung sehr viele Gesichtsfelder unter dem Mikroskop überprüft werden müssen (um beispielsweise einen Quadratzentimeter Polystyrol zu untersuchen). Zusätzlich können bei der Betrachtung von Oberflächen tiefere Schichten nicht begutachtet werden. Auch wegen der bei manchen Schäden heterogenen Verteilung von Wachstum kann eine Schimmelbelastung des Unterbodens beim ausschließlichen Einsatz von mikroskopischen Verfahren übersehen werden, weshalb diese Methode nur bedingt dafür geeignet ist, verdeckte Schimmelpilzbelastungen zu erkennen.

Bei Kultivierungsmethoden erfolgt eine mikrobielle Charakterisierung der Probe über die Konzentration kultivierbarer Keime (Bild 7-32): Es muss an der beprobten Stelle nicht unbedingt ein Schimmelpilzwachstum vorliegen, um eine Belastung des Unterbodens über den Nachweis hoher Sporenkonzentrationen zu erkennen. Bei hohen Konzentrationen wird indirekt auf ein Wachstum geschlossen, das an oder in der Umgebung der Probenahmestelle vorliegt.

Bild 7-31
Das Ergebnis einer lichtmikroskopischen Untersuchung war der Nachweis von Mycel und Sporenträgern auf dem verfärbten Polystyrol-Schaum aus der Dämmebene eines Fußbodens, womit ein Schimmelpilzwachstum an der Probe belegt ist.

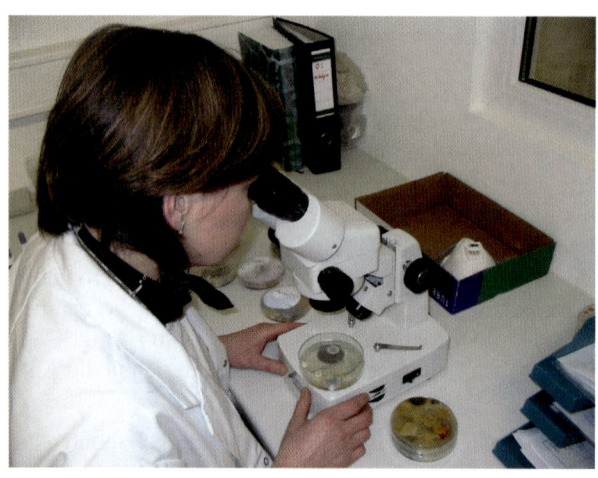

Bild 7-32
Laborauswertung bei der kultivie-
rungstechnischen Untersuchung
von Materialproben

Mittlerweile sind in groben Zügen Hintergrundkonzentrationen in typischerweise unbelastetem Material bekannt. Aktuell wird im Rahmen von Forschungsvorhaben im Detail geklärt, ab welchen Werten in welchen Dämmmaterialien eine Schimmelpilz- oder Bakteriensporenkonzentration als belastet zu bewerten ist.

7.3.4 Geruchsbelastungen

Gesundheitliche Relevanz

Gerüche mindern die Raumluftqualität und können in der Folge eine nicht zu unterschätzende Wirkung auf das Wohlbefinden der Raumnutzer haben. Zu unterscheiden sind langzeitig anhaltende Gerüche von kurzzeitig auftretenden oder vorübergehenden „Stinkereien".

Ein Bauprodukt ist als potentiell problematisch anzusehen, wenn Emissionen von Gerüchen und chemischen Verbindungen zu befürchten sind und wenn es großflächig in Innenräumen eingesetzt wird. Diese grundsätzliche gesundheitliche Geruchsrelevanz in Innenräumen ist schon lange bekannt (z. B. sinngemäß in [20]). Mangels anderer Kriterien kann dieser Ansatz auch auf einen Schimmel-/Bakterien-/Feuchteschaden übertragen werden, da derartige Schäden häufig mit Geruchsauffälligkeiten einhergehen.

Im Jahr 2009 gab es ein richtungsweisendes Gerichts- bzw. Geruchsurteil: Wenn Schlafzimmermöbel auch mehr als ein Jahr nach dem Kauf noch einen unangenehmen Chemikaliengeruch verströmen, dann kann der Käufer vom Vertrag zurücktreten. Dabei ist es ohne Belang, ob die Gerüche auch gesundheitsschädlich sind (LG Coburg, Urteil vom 13.5.2009, Az: 21 O 28/09; OLG Bamberg, Beschlüsse vom 13.7. und 7.8.2009, Az: 6 U 30/09).

Temperatur- und Feuchteabhängigkeit von Geruchsemissionen

Je nach Jahreszeit stellen sich unterschiedliche Temperaturen in Innenräumen und Gebäuden ein bzw. werden Gebäude und deren Hüllen unterschiedlich erwärmt. Prinzipiell gilt: Je höher die anliegende Materialtemperatur, umso höher die Ausgasungsrate chemischer Verbindungen aus dem Material. In der Folge führt eine Temperaturerhöhung letztendlich zu einer Intensivierung einer Geruchsauffälligkeit, Geruchsbelästigung oder Geruchsbelastung.

Schimmelpilz- und/oder Bakterienschäden gehen häufig mit Geruchsbelastungen einher. Die Geruchsbildung hängt in starkem Maße von der Feuchtigkeit ab: Je trockener es (im Material oder Bauteil) wird, umso geringer ist die Stoffwechselaktivität der Mikroorganismen und umso niedrigere Konzentrationen an geruchsaktiven Verbindungen sollten freigesetzt werden.

Umgang mit (subjektiver) Geruchswahrnehmung

Bei einer Fachtagung am 27.03.2009 in Fulda zum Thema „Gerüche in Innenräumen" wurden von dem renommierten Geruchsforscher Prof. Dr. Dr. Dr. med. habil. Hanns Hatt (Lehrstuhl für Zellphysiologie, Ruhr-Universität Bochum) die Grundlagen der Geruchswahrnehmung vorgestellt. Sinngemäß wurden von ihm folgende Aussagen gemacht: 1. Ein Geruch ist seiner Meinung nach objektiv nicht messbar. 2. Bei Geruchsproblemen ist immer das Subjekt, also Bewohner/Raumnutzer, ernst zu nehmen und in die Überlegungen mit einzubeziehen.

Eigene Untersuchungen zur Geruchswahrnehmung brachten folgendes Ergebnis: Von mehreren Hundert Personen, die nach Einweisung und standardisierter Vorgehensweise an denselben Geruchsproben rochen, kamen von den Probanden die unterschiedlichsten Rückmeldungen: Von geruchslos über etwas oder stärker geruchsauffällig bis zur Angabe „extreme Geruchsbelastung". Die Schlussfolgerung daraus: Jeder Mensch erlebt Gerüche anders entsprechend seiner Vorerfahrung, seiner geruchlichen Vorlieben, der individuellen Konstitution bezüglich seines Riechsinnesorgans etc.

Im Rahmen eines vorgestellten Konzeptes auf den 17. WaBoLu-Innenraumtagen an der Freien Universität Berlin (Veranstalter: Verein für Wasser-, Boden- und Lufthygiene e. V. und Umweltbundesamt vom 10.-12.05.2010) sollte nachstehende Reihenfolge in der Bewertung von Geruchsproblemen eingehalten werden (Hintergrund: Die Auswahl einer geeigneten Messgröße zur Erfassung von Gerüchen ist schwierig.):

1. Akzeptanz: Ist der Geruch akzeptabel oder nicht akzeptabel?
2. Empfundene Intensität: Ist der Geruch (sehr) intensiv oder weniger intensiv?
3. Hedonik: Handelt es sich um einen angenehmen oder unangenehmen Geruch?

Zusätzlich sollte die Geruchsqualität (soweit möglich) miterfasst werden. Zusammenfassend besteht bei einer vorliegenden Geruchsproblematik spätestens bei vorgetragenen gesundheitlichen Beschwerden der Raumnutzer unter innenraumhygienischen Gesichtspunkten und im Sinne einer gesundheitlichen Vorsorge Handlungsbedarf. Typischerweise lassen sich auftretende Geruchsauffälligkeiten/Geruchsbelästigungen/Geruchsbelastungen in Innenräumen oder Gebäuden auf eine Geruchsquelle zurückführen, z. B. über die Geruchsqualität und/oder chemische bzw. mikrobiologische Raumluftuntersuchungen. Die Geruchsquelle ist dann zu beseitigen oder sachgerecht zu sanieren.

7.3.5 Überblick über Sanierungsmethoden

Liegen konkrete Hinweise oder begründete Verdachtsmomente auf eine Schadstoffbelastung vor bzw. ist eine solche mittels Untersuchungen nachgewiesen, müssen zur Vermeidung eventueller Gesundheitsgefährdungen bis zur (endgültigen) Klärung des Sachverhaltes (bzw. bis zur Erstellung eines Sanierungskonzeptes) an den jeweiligen Einzelfall angepasste Sofortmaßnahmen erwogen werden. Beispiele sind das Aufstellen von Raumluftfiltern oder – im Extremfall – die (vorübergehende) Aussetzung der Nutzung. Hinweis: Mit (Bau-)Trocknungs- und Desinfektionsmaßnahmen können weder die Ursachen noch die Folgen von Feuchteschäden (= Schimmelpilz- oder Bakterienwachstum) beseitigt werden.

Lüften und Lüftungsanlagen

Unabhängig von allen Belastungsszenarien ist immer auf ein ausreichendes Lüftungsverhalten zu achten. Beim Thema Lüften muss aber berücksichtigt werden, dass damit zwar das Symptom „schlechte Luft" verbessert wird, die Ursache der (Geruchs-)Belastung aber nicht beseitigt werden kann.

Beim händischen Lüften ist entsprechend der OKK-Regel (Oft – Kurz – Kräftig) zu verfahren. Lüftungsanlagen sind in abgedichteten Gebäuden wichtig, um einen ausreichenden Luftaustausch zu gewährleisten. Sie lösen allerdings nur einen Teil des Problems: Leichtflüchtige organische Verbindungen wie Lösemittel werden durch Lüftungsanlagen vermindert, schwerer flüchtige Komponenten wie Flammschutzmittel, Pyrethroide und PAK werden nur unzureichend abgeführt und verbleiben in gesundheitlicher Relevanz in den Räumen. Weiterhin können Lüftungsanlagen zwar die Ursache für nutzungsbedingte Feuchtigkeit als Grundlage für Schimmelpilzwachstum beseitigen, die mikrobiellen Folgen von Wasserschäden, Baufehlern und Wärmebrücken aber nicht beheben. Kurzum: Eine Schimmelpilzbelastung in Innenräumen muss aktiv entfernt oder sachgerecht von der Raumluft abgetrennt werden.

Zusätzlich ist bei Lüftungsanlagen Folgendes wichtig: Es muss unbedingt gewährleistet sein, dass derartige Anlagen regelmäßig gewartet werden und nicht unkontrolliert – z. B. aufgrund von Kondensatbildung – zu „Schimmelschleudern" werden.

7

Sanierung chemischer Belastungen

Die beste Sanierung von Schadstoffbelastungen ist die Entfernung der Primärquelle(n) und ggf. vorhandener Sekundärquellen. Beispielhaft soll dies an einer Holzschutzmittelbelastung im nächsten Absatz erläutert werden. Bei jeder Schadstoffsanierung sind Erfordernis, Fragestellung, fachliche und wirtschaftliche Belange … zu berücksichtigen und die Maßnahme auf die konkrete Vor-Ort-Situation abzustimmen. Das Vorliegen einer Flächenbelastung kann im Extremfall eines ehemaligen Holzschutzmitteleinsatzes den kompletten Rückbau eines Gebäudes mit einem wirtschaftlichen Totalschaden bedeuten.

Alle nachfolgend aufgeführten Methoden führen nach dem Einbringen von Holzschutzmittelwirkstoffen bei sachgerechter Durchführung zu einer (deutlichen) Verminderung der Exposition, aber zu keinen schadstofffreien Innenräumen. Einzelne Maßnahmen sind auch auf andere Schadstoffe bzw. Schadstoffklassen übertragbar oder ggf. modifiziert einsetzbar.

– Entfernen der belasteten Materialien bzw. Bauteile.
– Ein Abspänen der obersten Bereiche z. B. von Fachwerk und Holzbalken ist sehr aufwändig und kann in Gebäuden zu statischen Problemen führen.
– Eine Abschottung durch Isolierfolien oder Isoliertapeten ist ebenfalls sehr aufwändig und verändert durch eine andere Oberflächengestaltung den Charakter der Innenräume bzw. des Gebäudes.
– Thema farblose Decklacke und Sanierungsanstriche: Derartige Beschichtungssysteme sollten nicht flächig eingesetzt werden (Beschränkung auf behandelte Holzbauteile, nicht auf [sekundär belastete] Wandoberflächen), da deren absperrende Wirkung bauphysikalisch relevant ist und im Extremfall wegen Feuchtigkeitsstau zu Schimmelbildung führt (gilt auch für gasdichte Folien).
– Mit dem Einbau einer kontrollierten Be- und Entlüftungsanlage kann das „Symptom" schlechte Luft durch einen konsequenten Luftaustausch verbessert werden.
– Das Beseitigen von Sekundärkontaminationen kann mittels einer Feinreinigung aller Oberflächen in einem Raum (inkl. der Möblierung) erfolgen.

– Um eine effiziente Verminderung einer (Holzschutzmittel-)Belastung zu erreichen, ist oftmals eine Kombination verschiedener Maßnahmen sinnvoll.

Bei einer Sanierung sind immer die physikalisch-chemischen Eigenschaften der chemischen Verbindungen zu berücksichtigen. Unabhängig von den Sanierungsmethoden ist eine messtechnische Begleitung empfehlenswert. Vor dem Beginn von Maßnahmen muss ein konkretes Sanierungskonzept mit einem Sanierungsziel erstellt werden, auch um den Kostenfaktor und damit die Wirtschaftlichkeit der Maßnahme zu bewerten. Bei größeren Maßnahmen ist der Sanierungserfolg durch angepasste Untersuchungsmethoden zu kontrollieren.

Sanierung mikrobiologischer Belastungen

Prinzipiell gilt, dass mit Schimmelpilzen oder Bakterien belastete Materialien aus Innenräumen zu entfernen sind. Da Wasser nach unten fließt und belastete Fußbodenkonstruktionen hohe wirtschaftliche Schäden verursachen, sollen stellvertretend verschiedene Sanierungsmöglichkeiten für den Fußbodenbereich von belasteten Dämmungen unter schwimmend verlegten Estrichen mit ihren Vor- und Nachteilen vorgestellt werden.

Wegen immer wieder auftretender Unklarheiten soll zunächst folgende Frage beantwortet werden: Ist eine Schimmelpilz- und/oder Bakterienbelastung in der Dämmebene eines schwimmend verlegten Estrichs für die Raumluft relevant? Der Estrich trennt eine mikrobielle Belastung in der Dämmebene des Fußbodens wirksam von der Raumluft ab. Über die Randfugen am Übergang von Fußboden zu Wand steht der Unterboden aber mit der Raumluft in Verbindung (siehe Bild 7-33). Zusätzlich führt das Begehen des Fußbodens zu einem geringfügigen Zusammendrücken des Unterbodens. Dabei können wie durch einen Pumpeffekt gasförmige und partikelartige Bestandteile von Schimmelpilzen und Bakterien wie Sporen, Zellwandbruchstücke, Stoffwechselprodukte, geruchsaktive Verbindungen und Schimmelpilzgifte aus der Dämmebene über die Randfuge in die Raumluft verstärkt abgegeben werden.

Bild 7-33 Der unter vielen schwimmend verlegten Estrichen „lebende Schimmelgeist" entweicht über die Randfuge am Übergang von Fußboden zu Wand [17]

Komplettausbau des Fußbodens: Mit dem Ausbau der mit Schimmelpilzen und Bakterien belasteten Materialien erfolgt eine Beseitigung des vorliegenden Schadfaktors aus dem Gebäude (Bild 7-34). Die Entfernung des Dämmmaterials führt zwangsläufig zum Ausbau des Bodenbelages, des Estrichs, ggf. einer vorliegenden Fußbodenheizung und zu einem hohen Beschädigungsrisiko sowohl der im Fußboden verlegten Leitungen und Rohre als auch benachbarter Wandbereiche. Zusätzlich sind Arbeitsschutzmaßnahmen, Feinreinigungsarbeiten und die Entsorgung von belastetem Material zu berücksichtigen. Der Komplettausbau des Fußbodens ist somit sehr aufwendig und führt zu einer Nutzungsaussetzung der Räumlichkeiten von einigen Wochen.

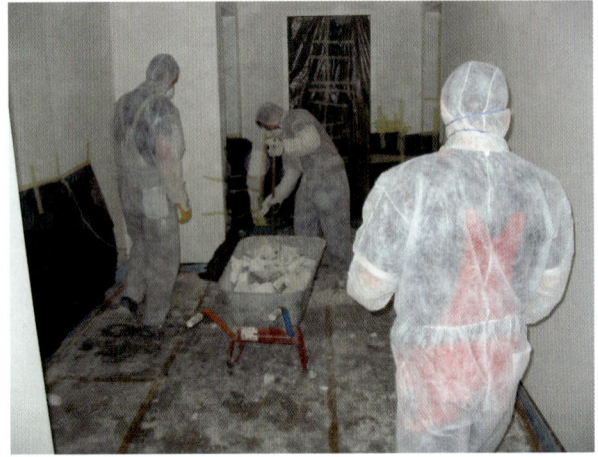

Bild 7-34
Sanierung einer mikrobiell belasteten Fußbodenkonstruktion durch Ausbau des belasteten Materials

Einsatz eines Desinfektionsmittels im Unterboden: Gegen eine derartige Lösung sprechen verschiedene Sachverhalte, u. a.:

1. Für die Anwendung muss das Mittel im Unterboden alle belasteten Stellen erreichen, was bei Fußbodendämmungen auf Schaumbasis nicht zu gewährleisten ist.
2. Schimmelpilz- und Bakteriensporen sind sehr widerstandsfähig gegen Desinfektionsmittel.
3. Auch von abgetöteten bzw. nicht keimfähige Schimmelpilzen und Bakterien bzw. deren Sporen und weiteren Bestandteilen/Bruchstücken/Zersetzungsprodukten können nach Umweltbundesamt allergische und reizende Wirkung ausgehen.
4. Bei einer Fußbodentrocknung verbleibt bei derartigen Fußbodenaufbauten erfahrungsgemäß Restfeuchte im Unterboden (siehe unten), was die Grundlage für erneutes Schimmelpilzwachstum ist.
5. Bei manchen Desinfektionsmitteln werden Fruchtsäuren in die Dämmebene eingebracht, womit zusätzliche „Nahrung" für Mikroorganismen bereitgestellt wird.
6. Presseinformation Nr. 26/2009 des Umweltbundesamtes [21]: „Für eine fachgerechte Sanierung bei Schimmelpilzbefall in Wohnungen, Büros und anderen regelmäßig genutzten Räumen sind keine Desinfektionsmittel nötig – sie stellen oft sogar ein Gesundheitsrisiko dar."

Abtrennen einer Schimmelpilz-/Bakterienbelastung im Unterboden von der Raumluft durch Überarbeiten der Randfuge

– **Gasdichte Ausführungen** sind nicht nur wegen der Kapselung von vorliegender Restfeuchte problematisch (siehe unten). Auch der entstehende Dampfdruck in der Dämmebene führt bei der Bildung von Stoffwechselprodukten bereits bei einem Haarriss zu einem Freisetzen von gasförmigen Schimmelpilz-/Bakterienemissionen aus dem Unterboden, vergleichbar mit einem geplatzten Luftballon. Absperrende Materialien sind zudem sehr störanfällig und werden typischerweise als Wartungsfuge ausgebildet.

– **Diffusionsoffene Ausführung**
Bei Trocknungsarbeiten verbleibt in der Regel Restfeuchte im Unterboden, da sich die trocknenden Luftströme den Weg des geringsten Widerstandes suchen. Durch Verinselung sind erfahrungsgemäß oftmals ganze Unterbodenbereiche noch nass, auch wenn die aus dem Unterboden ausströmende Luft als trocken zu bewerten ist. Wesentlich bei einer Randfugenlösung ist deshalb eine diffusionsoffene Randfugengestaltung, damit eventuell vorliegende Restfeuchte im Unterboden mit der Zeit austrocknen kann.
Durch ein 2-stufiges Filterkonzept können sowohl gasförmige Emissionen als auch partikelartige Bestandteile von Schimmelpilzen und Bakterien aus dem Unterboden effektiv in der Randfuge zurückgehalten werden: Durch das Einbringen eines körnigen, in Bild 7-35 schwarzen Adsorbens in die freigelegten und ausgeräumten Randfugen werden gasförmige Stoffwechselprodukte, Schimmelgerüche und Schimmelpilzgifte aus dem Unterboden gebunden. Partikelartige Schimmelpilz- und Bakterien-Bestandteile wie Sporen und Zellwandbruchstücke werden durch ein Hochleistungs-Filtergewebe zurückgehalten. Dieses wird über die Fuge gespannt (weiß in Bild 7-35). Mittels einer gängigen (Holz-)Sockelleiste kann das Filtersystem abgedeckt und geschützt werden.

Bild 7-35
Alternative zum Komplettausbau des Fußbodens: Das patentierte diffusionsoffene Estrichfugensystem SCHIMMELSTOPP mit seinen zwei Filterkomponenten zur sicheren Zurückhaltung gasförmiger Emissionen von Mikroorganismen und partikelartiger Schimmelpilz- und Bakterienbestandteile aus Fußbodenkonstruktion mit schwimmend verlegten Estrichen

Wesentlich bei einer Sanierung: Berücksichtigung (bau)technischer Grundlagen und weiterer Gesichtspunkte

Je mehr Erkenntnisse im Vorfeld einer Sanierung gewonnen werden, umso einfacher und kostengünstiger gestaltet sich die eigentliche Sanierung. Neben der eigentlichen Beseitigung chemischer und mikrobiologischer Belastungen ist eine Sanierung auch im Hinblick auf die (bau)technischen und (bau)physikalischen Notwendigkeiten abzustimmen und festzulegen. Dies ist die Aufgabe von Baufachleuten.

Neben den fachlichen chemischen, mikrobiologischen und technischen Gesichtspunkten sind bei einer Sanierung auch emotionale, (arbeits-)technische, zeitliche, (versicherungs-)rechtliche und wirtschaftliche Aspekte zu berücksichtigen.

Literatur

[1] Führer G, 2005: Wohnung und Gesundheit, in Umwelt Medizin Gesellschaft 4, 265–273

[2] Moriske HJ, Beuermann R., 2004: Schadstoffe in Wohnungen. Berlin: Grundeigentum-Verlag

[3] BVS Sachverständige Bayern, 2011: BVS Standpunkt „Schadstoffe in Innenräumen"

[4] Botzenhart K, Müller HE, Strubelt, O, 2001: Innenraum-Luftverunreinigungen, expert-verlag, Renningen

[5] Coutalides R, Ganz R, Sträuli W, 2002: Innenraumklima, Werd-Verlag

[6] Führer G, 2006: Die größten Schadstoffquellen in Mehrfamilienhäusern, in: Die Wohnungswirtschaft 7, 71–73

[7] Moriske H-J, Turowski E, 1998: Handbuch für Bioklima und Lufthygiene, ecomed verlagsgesellschaft, Landsberg/Lech

[8] Zwiener G, 1997: Handbuch Gebäudeschadstoffe. Verlagsgesellschaft Rudolf Müller, Köln

[9] Führer G, 2005: Innenraumcheck (neue technische Entwicklungen), in: Immobiliensanierung – Bauschäden und Instandsetzung, Instandhaltung und Modernisierung (Loseblattsammlung/Nachschlagewerk). Hrsg: WRS Verlag/Haufe Mediengruppe, München/Planegg

[10] Umweltbundesamt, 2002: Leitfaden zur Vorbeugung, Untersuchung, Bewertung und Sanierung von Schimmelpilzwachstum in Innenräumen

[11] Umweltbundesamt, 2005: Leitfaden zur Ursachensuche und Sanierung bei Schimmelpilzwachstum in Innenräumen,

[12] Landesgesundheitsamt Baden-Württemberg, 2001 (überarbeitet 2004): Schimmelpilze in Innenräumen – Nachweis, Bewertung, Qualitätsmanagement

[13] Landesgesundheitsamt Baden-Württemberg, 2004: Handlungsempfehlung für die Sanierung von mit Schimmelpilzen befallenen Innenräumen

[14] World Health Organization, 2009: WHO-guidelines for indoor air quality: dampness and mould

[15] Hankammer G, Lorenz W, 2007: Schimmelpilze und Bakterien in Gebäuden, Rudolf Müller Verlag, 2. Auflage

[16] Brasche S, Heinz E, Hartmann T, Richter W, Bischof W, 2003: Vorkommen, Ursachen und gesundheitliche Aspekte von Feuchteschäden in Wohnungen – Ergebnisse einer repräsentativen Wohnungsstudie in Deutschland, Bundesgesundheitsblatt – Gesundheitsforschung – Gesundheitsschutz, 46/8, 683–693

[17] Führer G, 2008: Versteckte Gefahr, in: Gebäude-Energie-Berater 03/2008, 36–41

[18] Führer G, 2010: Schimmel in Fußbodenkonstruktionen erkennen und richtig sanieren, in: Umwelt Medizin Gesellschaft 23, 207–211

[19] Moriske H-J, 2007: Schimmel, Fogging und weitere Innenraumprobleme, Fraunhofer IRB Verlag

[20] Radünz A., 1998: Bauprodukte und gebäudebedingte Erkrankungen. Hrsg.: Enquete-Kommission „Schutz des Menschen und der Umwelt" des 13. Deutschen Bundestages, Springer-Verlag Berlin, Heidelberg

[21] Umweltbundesamt, 2009: Schimmelbefall in der Wohnung, Presseinformation Nr. 26 vom 19.05.2009

7.4 Bauschaden Schimmel: Erfahrungen eines Sachverständigen

Michael Obeloer

Einleitung

Wenn im Zusammenhang mit Wohngesundheit von Baustoffen gesprochen wird, so stehen häufig die chemischen Emissionen aus Baustoffen und die Frage, wie man sie bestimmt, im Vordergrund des Interesses. In der Sachverständigenpraxis überwiegen aber mit großem Anteil Fragestellungen, die sich auf die mikrobielle Besiedlung von Baustoffen beziehen. Circa 80 % der Anfragen, die unser Sachverständigenbüro erreichen, stehen in Verbindung mit einer Schimmelbildung. Von außen eindringende Feuchte, Kondensatbildung an kalten Bauteilen und Havarieschäden führen zu einer Besiedlung der Baumasse mit Schimmelpilzen und Bakterien innerhalb weniger Tage. Als gesundheitlich relevant sind bei Schimmelpilzen das hohe allergene Potenzial, die Reizwirkung und die Möglichkeit, auch innere Organe befallen zu können, bekannt. Eine Schimmelbildung auf Baustoffen muss deshalb vermieden werden. Ist sie aber aufgetreten, so sind Maßnahmen zur Belastungssenkung und Sanierung in jedem Fall zu ergreifen.

Den bisherigen Erkenntnissen zufolge werden gesundheitliche Belastungen durch Schimmel durch Kontakt mit bzw. durch inhalative Aufnahme von luftgetragenen Schimmelbestandteilen wie Myzelbruchstücken oder Sporen verursacht. Anders als chemische Schadstoffe können sie nicht durch partikeldichte Baustoffe hindurch diffundieren.

Von Bakterien sind deren gesundheitliche Auswirkungen bei einem intramuralen Befall bislang nicht in letzter Konsequenz bekannt. Bakterien der Familie Actinomycetalis (Actinomyceten) weisen ähnliche Lebensformen wie Schimmelpilze auf. Deshalb werden aufgrund der Analogie zu Schimmelpilzen zwar Auswirkungen auf die Gesundheit vermutet, es fehlen bislang aber Hintergrundinformationen, um gesundheitliche Beurteilungen vornehmen zu können. Auch ist unbekannt, wie praktikable Messverfahren insbesondere für luftgetragene Actinomycetenbestandteile aussehen könnten. Die laufende Forschung auf diesem Gebiet hat noch nicht genügend Anhaltspunkte geliefert, die in der Sachverständigenpraxis konkret umgesetzt werden können. Bekannt ist aber, dass bei Benässung der Bausubstanz auf dieser häufig auch hohe Konzentrationen an Actinomyceten ermittelt werden können. Deren bevorzugter Lebensraum ist das Erdreich. Der Nachweis solcher Bakterien auf Baumaterialien erstaunt deshalb wenig, denn bei allen Sand enthaltenden Baustoffen werden damit auch Mengen an Actinomyceten-Sporen verbaut. Auch von Lehmbaustoffen ist bekannt, dass diese hohe Mengen an Mikroben enthalten. Solange die Baustoffe nicht feucht werden, überleben die Mikroben nur in Form ihrer Dauerstadien – den Sporen. Bei ausreichender Feuchte entwickelt sich daraus aber ein aktiver Befall. Die Relevanz eines Befalls von Baustoffen mit Actinomyceten wird derzeit viel diskutiert. Abschließende Empfehlungen können aber noch nicht gegeben werden.

Der Schimmelleitfaden des Umweltbundesamtes [1] fordert bei Schimmelbefall generell einen Ausbau befallener Teile. Eine so undifferenzierte Vorgehensweise wird zwischenzeitlich in vielen Fällen als unangemessen angesehen. Trautmann [2] hat erste Orientierungswerte veröffentlicht, nach denen ein mikrobieller Befall, unterschieden nach Schimmelpilzen und Bakterien, auf der Baumasse in drei verschiedene Befallsklassen eingeteilt werden kann. Erst wenn solchen Kriterien zufolge ein relevanter Befall vorliegt, wird eine Schimmelsanierung in Form von Austausch befallener Materialien notwendig. Richardson und Grün [3] haben ebenfalls Handreichungen geliefert, die in der Sachverständigenpraxis gut anwendbar sind und nach

7

denen beurteilt werden kann, ob ein Austauschbedarf von Baumaterialien bei einem Schimmelpilzbefall besteht. Die Autoren unterscheiden dabei nach Baumaterialien und liefern so zum Beispiel für Putz und Estrichdämmstoffe unterschiedliche Werte, die einen relevanten und damit austauschwürdigen Befall indizieren.

Die vorgenannten Publikationen haben es ermöglicht, bei der Beurteilung eines Befalls auf Baumaterialien differenzierter vorzugehen als der 2002 erschienene Schimmelpilzleitfaden des Umweltbundesamtes es zunächst forderte. Ein Komplettaustausch verursacht hingegen bei geringfügigen mikrobiellen Schäden hohe und oft unangemessene Kosten zur Beseitigung eines Schimmelpilzbefalls.

Schimmel in Dachkonstruktionen

Die Beurteilung von Schimmelschäden hat sich in der Sachverständigenpraxis im Jahr 2006 nach einem Urteil des Bundesgerichtshofes [4] auch insofern verändert, dass bei neu eingebauten Materialien der Aspekt einer Schimmelpilzbildung nicht nur unter gesundheitlichen Aspekten, sondern auch unter dem Gesichtspunkt eines nicht bestimmungsgemäßen Zustandes der Baumasse gesehen werden muss. Geklagt hatte seinerzeit ein Hausbesitzer, da das in seinen Dachstuhl eingebaute Holz verschimmelt war. Das erst- und zweitinstanzliche Urteil lautete dahingehend, dass ein Ausbau der mit Schimmel beaufschlagten Konstruktionshölzer des Dachstuhls so weit nachgearbeitet werden konnte, dass eine Gesundheitsgefährdung nicht mehr gegeben war und deshalb ein Komplettausbau der Hölzer nicht befürwortet wurde. Der Bundesgerichtshof gab diese Urteile an die ersten Instanzen mit der Begründung zurück, dass infolge des festgestellten Schimmelbefalls ein Mangel am gelieferten Baustoff vorlag, der durch eine Sanierung nicht vollständig behoben werden konnte. Dem Kläger wurde seinerzeit zugestanden, den Dachstuhl aus diesen Gründen zu erneuern. Die Aspekte „Gesundheitsgefährdung durch Schimmel" und „ein auch nach Sanierungsversuchen evtl. verbleibender Mangel" durch einen nicht bestimmungsgemäßen Zustand des Baumaterials müssen seitdem in der Sachverständigenpraxis unabhängig voneinander betrachtet werden.

Vielfach wird heute noch davon ausgegangen, dass Holzwerkstoffe durch die Holzschutzimprägnierung auch gegen Schimmel geschützt werden. Diese Annahme ist irrig, da ein Schimmelbefall bei Feuchteeinwirkung auch bei mit Holzschutzmitteln imprägnierten Hölzern relativ schnell eintritt. Falsche Lagerung oder unzureichender Schutz gegen Feuchte auf der Baustelle führt deshalb häufig zu einer mehr oder weniger ausgeprägten Schimmelbelastung von Bauhölzern und damit zu einem Mangel am Baustoff. Diesem Umstand wird nur selten Rechnung getragen und verschimmeltes Bauholz wird noch oft eingebaut.

Neben den vorgenannten Schimmelbildungen an Konstruktionshölzern des Dachstuhls treten in der Sachverständigenpraxis in den letzten Jahren vermehrt auch Schäden auf, die sich auf Schimmel an OSB-Platten beziehen. Insbesondere bei Pultdächern und als innenliegende Verkleidungen werden solche Platten häufig eingesetzt.

Dadurch, dass die Platten vor Einbringen der Dämmung und der Dampfsperren während der Bauphase oft über Wochen ungeschützt hohen Luftfeuchten ausgesetzt sind, stellt sich in der kälteren Jahreszeit raumseitig häufig eine Schimmelpilzbildung ein. Der im Bild 7-36 dargestellte Schaden war im Januar 2010 festgestellt worden, da in einigen Bereichen der Dachkonstruktion die Dampfsperren noch nicht genügend dicht ausgeführt worden waren und nach Einbringen von Putz und Estrich hohe Luftfeuchtewerte im Baukörper über mehrere Tage vorherrschten. Die Luftfeuchte breitete sich dann in den Hohlraum zwischen den noch nicht gänzlich geschlossenen Dampfsperren und den OSB-Platten aus und führte zu einem Verschimmeln der Platten und der damit in Berührung stehenden Dämmstoffe. Das hohe verfügbare Feuchtepotenzial zeigte sich bei der Begutachtung zum Teil als festgefrorene Tropfen (Bild 7-37).

Bild 7-36 Extensiver Schimmelbefall an einer Dachkonstruktion

Bild 7-37 Das entstandene Kondenswasser zeigte sich als Eisbildung
an der Unterseite der Dachkonstruktion.

7

Nach dem bisherigen Kenntnisstand erfolgt die die Gesundheit beeinträchtigende Wirkung von Schimmelpilzen durch partikuläre Übertragung von Schimmelpilzbestandteilen in die Raumluft. Wären die Dampfsperren ordnungsgemäß verschlossen worden, wäre eine Übertragung von Schimmelpilzbestandteilen in die Raumluft nicht mehr gegeben gewesen. Auch durch Entfernen der Schimmelpilze mit abtragenden Verfahren wie Strahlen, Hobeln oder Schleifen hätte man die Schimmelpilzbelastung austragen und so die gesundheitsschädliche Wirkung eliminieren können. Im vorliegenden Fall wurde aber festgestellt, dass die Schimmelpilzmyzelien einige Millimeter in die OSB-Platten eingewachsen waren, und der Mangel deshalb auch nach einer derartigen Behandlung nicht vollständig hätte beseitigt werden können.

Aus diesem Grunde entschloss man sich, den Dachaufbau in weiten Teilen zurückzubauen und zu erneuern. Nach Abschätzung der rechtlichen Lage konnte nur so der Mangel vollständig und nachhaltig beseitigt werden. Beeinflusst wurde die Entscheidung auch durch den Druck der Bauherren, die nach vollständiger Sanierung einen Verbleib geringer Restmengen an Schimmel nicht hinzunehmen bereit waren. Lediglich die unter den OSB-Platten verbauten Konstruktionshölzer wurden an ihrer Oberfläche komplett abgeschliffen, da nachgewiesen wurde, dass die Schimmelbildung an diesen Balken nur oberflächig vorhanden war und ein tieferer Einwuchs der Pilzmyzelien in das Holz nicht stattgefunden hatte. Nach unseren diesbezüglichen Erfahrungen ist die Einwuchstiefe auf OSB-Platten durchgängig deutlich höher einzustufen als auf gewachsenem Holz.

Schimmel in anderen Bauteilen

Sozusagen der Klassiker versteckter Schimmelschäden ist im Fußleistenbereich zu suchen. Auch wenn die Wandoberfläche anscheinend unbefallen ist, so muss bei Verdacht auf Feuchteeinwirkung immer der Fußleistenbereich untersucht werden. Durch Konvektionseinwirkung liegt die Wasserverfügbarkeit der Oberfläche (a_W-Wert) an frei anströmbaren Wänden oft in einem Bereich, der ein Schimmelwachstum nicht ermöglicht. Durch die sich stauende Nässe hinter den Leisten kommt es aber zu Erhöhungen des a_W-Wertes bis in einen Bereich, der Myzel- und/oder Fruchtkörperwachstum von Schimmelpilzen zulässt. Der a_W-Wert ist die für ein Schimmelwachstum bestimmende Größe und nicht der Wassergehalt der Baustoffe. Havarieschäden, in Sockelbereichen eindringende oder kondensierende Feuchte und Baurestfeuchte sind die am häufigsten zu beobachtenden Ursache für einen oft lange unentdeckt bleibenden Befall hinter den Fußleisten.

Insbesondere verbliebener Baurestfeuchte wird beim Aufbringen der Fußleisten häufig keine oder zu wenig Bedeutung beigemessen. Immer kürzere Bauzeiten ermöglichen es häufig nicht, die Wandbaustoffe so weit auszutrocknen, dass eine Schimmelbildung an diesen kritischen Stellen ausbleibt. Auch der Nachweis der Belegreife von Estrichen mittels CM-Messungen schließt nicht aus, dass die unteren Wandbereiche nach der Fertigstellung von Bauten noch zu feucht sind, um eine Schimmelbildung nicht stattfinden zu lassen. Insbesondere Kalksandsteine, die während der Bauzeit durch auf der Betonsohle stehendes Wasser benässt wurden, halten eine hohe Feuchte oft über Monate hinweg und sind in der Tiefe des Baustoffes nur schwierig zu trocknen. Tritt eine Schimmelbildung hinter Fußleisten auf, muss auch geprüft werden, ob der Bereich zwischen Oberkante der Betonsohle und Oberkante Fertigfußboden ebenfalls von Schimmelbildung betroffen ist, da die Oberflächen der verwendeten Trittschalldämmstreifen selbst oder die Fußpunktbereiche der Wand durch darauf befindliche Staubablagerungen von Schimmel besiedelt werden können.

Bild 7-38 Schimmelbildung hinter der Fußleiste nach einem Havarieschaden

Schimmelpilze und bakterieller Befall sind häufig auch auf den in den Estrich-Trittschall-dämmlagen eingebauten Polystyrol-Schaumstoffen festzustellen. Nach intensiver Benässung, z. B. durch Havarieschäden, tritt auf diesen Baustoffen schon nach wenigen Tagen ein signifikanter Schimmelbewuchs auf. Der Polystyrol-Schaumstoff selbst ist dabei für die Schimmelpilze nicht als Nährstoff verwertbar und der Bewuchs erfolgt entlang der Korngrenzen und auf der Oberfläche der Platten. Es steht zu vermuten, dass gleichzeitig beim Einbringen der Polystyrol-Schaumstoffplatten vorhandene Staubmengen organischer Struktur zum Bewuchs der Platten ausreichen, um eine Schimmelpilzbildung dort hervorzurufen. Insbesondere in Neubauten und unter Berücksichtigung des schon eingangs erwähnten Urteils des Bundesgerichtshofes muss bei einem signifikanten Befall oft auch die komplette Trittschalldämmlage des Estrichs ausgetauscht werden.

Ob ein signifikanter Befall vorliegt, lässt sich durch Untersuchungen der Trittschalldämmlage feststellen. Dazu muss bei Polystyrol-Dämmplatten deren oberflächennahe Schicht mikrobiologisch untersucht werden. Dies kann qualitativ durch direkte Mikroskopie der Oberflächen geschehen, indem die Myceldichte auf der Oberfläche des Baustoffes beurteilt wird. Quantitativ kann die Bewuchsdichte ermittelt werden, indem oberflächennahe Schichten im Labor vorsichtig abgehoben werden und die darauf wachsenden Schimmelbestandteile in eine Suspension überführt werden. Diese Suspension wird anschließend in verschiedenen Verdünnungsstufen ausplattiert und daraus der Keimgehalt in koloniebildenden Einheiten pro Gramm Baustoff (KBE/g) voll quantitativ bestimmt. Die in den schon genannten Veröffentlichungen [2] und [3] genannten Orientierungswerte für einen relevanten Befall der Baumasse sind dabei gut anwendbar. Die Sachverständigenpraxis hat gezeigt, dass, wenn nach diesen Beurteilungsgrundlagen ein relevanter Befall festgestellt wird, auch deutlich sichtbare Beeinträchtigungen der Oberflächen feststellbar sind.

Bild 7-39 Völlig durchnässtes Dämmmaterial einer Fußbodenkonstruktion

Beim Einfluss von fäkalhaltigen Abwässern empfiehlt es sich, aus der gleichen Suspension eine mikrobiologische Analyse auf Fäkalindikatoren (Escherichia Coli) durchzuführen. Bei deutlichem Einfluss fäkalhaltiger Abwässer ist es aber häufig und ohne weitere Untersuchung angezeigt, die komplette Estrichlage auszutauschen. Meist kann nämlich nicht sicher ausgeschlossen werden, dass zu einem späteren Zeitpunkt eventuell schlechte Gerüche die Raumluftqualität beeinflussen.

In manchen Fällen soll die Estrichlage erhalten werden. Dies kann zum Beispiel der Fall sein, wenn der Schimmelschaden nur gering ausgeprägt ist. Wenn dann keine weiteren Maßnahmen ergriffen werden, ist davon auszugehen, dass durch Erschütterung der Estrichplatten und die damit verbundenen Pumpeffekte aus den Trittschalldämmfugen Schimmelpilzbestandteile in die Raumluft übertreten können. Um diesen Effekt zu vermeiden, ist eine dauerhafte Andichtung zwischen Estrichplatte und der Wandsubstanz umlaufend anzubringen. Normale Silikon- oder Acryldichtmassen bieten dabei keinen wirksamen Schutz, da die Verklebungen zwischen Dichtfuge und Baustoff schon nach kurzer Zeit Flankenabrisse zeigen. Besser zur Abdichtung geeignet sind deshalb handelsübliche Dampfsperrenkleber, die auch auf leicht mit Baustäuben verunreinigten Oberflächen eine gute dauerelastische Verbindung garantieren und sich in der Praxis zwischenzeitlich bewährt haben. Wichtig sind in jedem Falle eine gute Vorreinigung und ein genügend tiefes Einbringen der Klebstoffe in die Trittschalldämmfuge, um die Klebeflächen möglichst groß auszuführen. Dampfsperrenkleber müssen aufgrund ihrer dauerhaft klebrigen Oberfläche nochmals überdeckt werden, da sich ansonsten darauf Staub absetzen würde, der nicht wieder abzureinigen wäre. Empfohlen wird deshalb z. B. das Aufsetzen einer Fußleiste, eines Viertelstabes oder aber das Überspritzen mit handelsüblichen Silikon- oder Acryldichtstoffen. So abgedichtete Estrichflächen haben sich in der Vergangenheit als guter Schutz gegen austretende Schimmelsporen erwiesen.

Auch die Oberflächen von Gipskartonplatten werden von Schimmelpilzen befallen, und zwar aufgrund der in der Papierkaschierung reichlich vorhandenen Nährstoffen. Die in der Sachverständigenpraxis oft zu beobachtenden Schäden beziehen sich dabei sowohl auf Kondensationsschäden infolge zu hoher Luftfeuchtigkeiten, insbesondere während der Bauphase, als auch auf den Befall solcher Gipskartonplatten nach Havarieschäden.

Bild 7-40 Schimmelbildung nach Einwirken zu hoher Luftfeuchten in einem Rohbau

Der in Bild 7-40 dargestellte Schaden trat auf, nachdem in einen Baukörper Putz und Estrich eingebracht wurden. Gegen zu hohe Luftfeuchtigkeiten wurden in den Geschossen Kondensationstrockner aufgestellt, um die entstehenden hohen Feuchtmengen aufzufangen. Dies sollte einer Schimmelpilzbildung an den Gipskartonplatten vorbeugen. Allerdings wurde nicht berechnet, wie viel Wasser aus dem Putz und den Estrichen austrat und die Trocknerleistung zu gering dimensioniert. Das nicht durch die Kondenstrockner aufgefangene Wasser führte zu einer signifikanten Erhöhung der Luftfeuchte im Baukörper über 80 % relativer Feuchte hinaus und damit zu dem beobachteten Schimmelschaden. Die Gipskartonplatten waren in weiten Teilbereichen mit Fruchtkörpern verschiedener Schimmelpilze belastet, und bei weiterer mikrobiologischer Untersuchung ergab sich, dass Myzelwachstum auf nahezu allen verbauten Gipskartonplatten, sowohl an deren raumseitiger Oberfläche als auch zwischen Dämmlage und Gipskartonplatten, vorherrschte. Auch der angrenzende Dämmstoff zeigte hohe Gehalte an Schimmelpilzen und der Rückbau erstreckte sich auf alle Gipskartonplatten unter Einbeziehung der kontaminierten Dämmstoffe.

Werden Gipskartonplatten mit hohen Feuchtemengen, z. B. durch Havarieschäden, beaufschlagt, so ist schon nach wenigen Tagen eine signifikante Schimmelpilzbildung an diesen zu verzeichnen. Das Wachstum geht dabei schnell und intensiv vonstatten, und die häufig in den Fußpunkten der Wände einwirkenden Feuchtemengen werden kapillar auch in höhere Wandbereiche transportiert. Ein Rückschnitt auf diese Weise befallener Gipskartonplatten ist deshalb schon nach kurzer Einwirkdauer unvermeidlich.

Bild 7-41 Innerer Befall einer Trockenwand

In unserer Praxis hat es sich herausgestellt, dass einfach beplankte Wände meistens bis zu
einer Höhe von 30–50 cm mit Fruchtkörpern von Schimmelpilzen befallen sind und die Ausbreitung der Myzelien sich häufig bis auf Höhen von ca. 60–80 cm erstreckt (Bild 7-41). Dies
entspricht dann in der Regel der notwendigen Rückschnitthöhe solcher Trockenwandbeplan-
kungen. In Doppelbeplankungen steigt die Feuchte erfahrungsgemäß deutlich höher auf, da
durch die beiden aufeinander liegenden Kartonlagen ein verstärkter kapillarer Feuchtetransport
bewirkt wird. Die Rückschnittshöhen müssen deshalb bei Doppelbeplankungen meist 1,10 m
bis 1,40 m betragen, um den Schimmelpilzbefall auszutragen. In jedem Fall sind auch die in
den Trockenwänden oder hinter Vorsatzschalen liegenden Dämmstoffe auf gleicher Höhe mit
auszubauen.

Unzureichend ist es in jedem Falle, nur die befallene raumseitige Kaschierung der Gipskartonplatten abzureißen, um den Schimmelpilzbefall so zu entfernen. In den Hohlräumen der Trockenwände ist das Wachstum von Schimmel erfahrungsgemäß deutlich intensiver, da dort die
Wasserverfügbarkeit an der Oberfläche in der Regel auch höher ist. Die raumseitige Konvektion trocknet die Bereiche oberhalb der Fußleisten oft genügend stark ab, um bei geringeren
auf die Trockenwände einwirkenden Feuchtemengen keine Schimmelpilzbildung entstehen zu
lassen. Da in den Trockenwandhohlräumen eine Konvektion gänzlich fehlt, ist dort die Wasserverfügbarkeit an den Oberflächen der Gipskartonplatten deutlich höher und die Schimmelbildung somit intensiver. Wirken die Feuchtelasten über eine längere Zeit auf die Trocken-
wandsubstanz ein oder liegt ein Havarieschaden in einen über der Wand liegenden Geschoss
vor, so ist diese auch auf einen Befall bis zur Deckenhöhe innen zu prüfen.

Eine über einen langen Zeitraum derart einwirkende Feuchte führt zu einer Erhöhung der rela-
tiven Luftfeuchte innerhalb der Trockenwände, deren Ausbreitung durch die darin liegenden
Dämmstoffe etwas verzögert wird. Mit der Zeit breitet sich innerhalb der Trockenwände die
Feuchte immer weiter aus, so dass ein Myzelwachstum bzw. eine Konidienträgerbildung von
Schimmelpilzen nach längerer Einwirkdauer auf der gesamten Höhe zu verzeichnen sein kann
(Bild 7-42). Dies bedingt dann den Komplettaustausch der Beplankungen und der Dämmstoffe.

Bild 7-42
Raumhoch ausgeprägter Schimmelbefall
nach einem Havarieschaden

Bild 7-43 Aufgeständerter Fußbodenaufbau nach einem Feuchteschaden

Aufgeständerte Estriche und auf Plastikformteilen aufgebaute Hohlraumböden in Büro- und Industriebauten erfordern nach dem Feststellen eindringender Feuchte meist einen hohen Aufwand, um das Schadensausmaß festzustellen.

Lokal durch Bau- oder Havarieschäden eingetretene Feuchte kann die relative Luftfeuchte in den Hohlräumen unter dem Boden weitläufig bis auf kritische Werte oberhalb von 70–80 % rF erhöhen. Der unter den Böden liegende Staub sowie Oberflächen der Trägerplatten und Kabeloberflächen können deshalb als bewuchsfähige Substrate von Schimmel befallen werden. Dadurch, dass oft dicke Kabelpakete auf den unteren Schutzestrichen oder den Betonsohlen liegen und die Böden oft nur durch von Doppelbodenplatten verdeckten Trassen in Randbereichen oder durch eingebaute Steckdosentanks zugänglich sind, ist eine Schimmelsanierung derart befallener Böden meist schwierig oder unmöglich. In der Mehrzahl der Fälle müssen solche Böden abgetragen oder sehr weitläufig geöffnet werden, um die Oberflächen von Schimmel zu reinigen. Insbesondere der Reinigungsaufwand für die Kabeltrassen ist dabei sehr hoch. Sind zudem die Unterseiten der begehbaren Fußböden befallen, ist ein Komplettrückbau unumgänglich.

Bild 7-44 Unteransicht eines aufgeständerten Bodens

Der in den Bildern 7-44 und 7-45 dargestellte Schaden wurde erst nach etwa drei Jahren Nutzung in einer Dialysepraxis festgestellt, nachdem über gesundheitliche Beschwerden der Angestellten gehäuft berichtet wurde, den Ursachen dafür aber erst mit langer Verzögerung nachgegangen wurde.

Bild 7-45 Auswirkungen eines jahrelang anhaltenden Wasserschadens

Es stellte sich dabei heraus, dass die eingebaute Umkehrosmose-Anlage offenbar seit Betriebsbeginn geringe Mengen Wasser austreten ließ. Obwohl die Anlage im ersten Obergeschoss des Gebäudes betrieben wurde, wurden über drei Jahre hinweg im Erdgeschoss keine Feuchtespuren an den Decken festgestellt.

Bild 7-46 Befall unter Doppelboden

Die lange Einwirkdauer der Feuchte hatte dabei auch die Trockenwandprofile und die Ständerkonstruktion des Bodens durch starke Korrosion erheblich geschädigt (Bild 7-46). Die auf die Betonsohle aufgesetzten Brandschutzwände mussten auf volle Höhe zurückgebaut werden, während die auf den Hohlraumboden aufgesetzten Trockenbauwände nicht nennenswert geschädigt waren. Böden und Wände mussten zur Sanierung in weiten Teilbereichen nach umfassender mikrobiologischer Untersuchung von einem auf Schimmelsanierung spezialisierten Schadensbeseitigungs-Unternehmen zurückgebaut werden.

Schimmel nach Sanierungen

Dass auch Altbauten ihre besonderen Tücken aufweisen können, soll am nachstehenden Beispiel veranschaulicht werden. Ein mit sehr schönen alten Stuckdecken versehenes Gebäude sollte modernisiert und zu Büroflächen umgebaut werden. Durch Nachlässigkeit wurde das abgedeckte Dach nicht ausreichend gegen Niederschläge geschützt und hohe Regenmengen liefen über Tage und Wochen durch drei Geschosse hindurch. Die alten Holzdielenböden sollten ohnehin durch neue ersetzt werden, jedoch drang die Feuchte auch in die erhaltenswerten Stuckdecken großflächig ein und führte auf deren Unterseite zu extensiver Schimmelbildung (Bild 7-47).

Bild 7-47 Stuckdecke mit Schimmelbildung

Die weitere Untersuchung des Baukörpers ergab dann, dass oberhalb der Stuckdecken eine Rippenkonstruktion aus Beton lag. Zum Bauzeitpunkt des Gebäudes wurde zum Betonguss der Decken eine Holzkonstruktion eingebracht, die mit darüber gelegten Schilfmatten als verlorene Schalung diente. Diese Schalungskonstruktion war ebenfalls zum größten Teil verschimmelt (Bild 7-48).

Bild 7-48 Einblick in die Unterkonstruktion einer Altbaudecke

Die Sanierung dieses Schadens bedingte zunächst die mikrobiologische Untersuchung zur Bestimmung verschimmelter Bereiche. Da für solche Konstruktionen und Schäden keine „Normalwerte" vorlagen, war zunächst die Bestimmung hinsichtlich der Frage schwierig, welcher Gehalt an Schimmel noch als „normal" und demnach als hinnehmbar bezeichnet werden konnte und welche Bereiche als von der durch die Decken durchgedrungenen Feuchte geschädigt gelten mussten.

Die hohen Mengen an Schimmel ließen es zudem auch nicht zu, die befallenen Hohlräume nur partikeldicht abzusperren, da damit gerechnet werden musste, dass der muffige Schimmelgeruch im Endausbauzustand weiter vorherrschen würde. Außerdem ist bei einer solchen Abdichtung von Bereichen häufig eine Akzeptanz der Maßnahmen bei Besitzer und Gebäudenutzern nicht zu erzielen.

Die Sanierung erforderte einen sehr hohen Aufwand und weite Deckenbereiche mit sehr fein ausgeführten Stuckarbeiten konnten nicht mehr erhalten werden. Die verlorene Schalung musste in Handarbeit bis zur Betonkonstruktion rückgebaut werden. Das restlose Entfernen der Schilfmatten war dabei durch die raue Betonoberfläche und den stark daran haftenden Schilf nur unter sehr hohem Zeitaufwand möglich. Bild 7-49 zeigt die teilweise von Schilf befreite Deckenuntersicht während der Sanierung.

Dadurch, dass Schimmel als potentes Allergen auch nach seinem Absterben oder nach einer Desinfektionsmaßnahme seinen sensibilisierenden und allergenen Charakter nach derzeitigem Wissensstand nicht verliert, ist es unabdingbar, Schimmelsanierungen daraufhin auszurichten, dass von Schimmel befallene Baumasse rückgebaut werden muss. Bisher liegen den Sachverständigen nur vereinzelte Werte darüber vor, was als Normalzustand oder noch tolerierbarer Schimmelgehalt von Baustoffen gelten kann. Deshalb muss bei unklarer Erkenntnislage aus Vorsorgegesichtspunkten ein umfassender Rückbau von mit Schimmel befallenen Bauteilen oder aber eine dauerhafte und gut ausgeführte Abdichtung befallener Bereiche erfolgen.

Bild 7-49 Deckenansicht während der Sanierung

Nur so kann der Forderung nach gesunden Wohn- und Arbeitsbedingungen bei einem Schimmelbefall nachgekommen werden.

Fazit

Der Begriff „Wohngesundes Bauen" wird nach wie vor häufig allein mit einer Minimierung chemischer Emission verwendeter Baustoffe assoziiert. Meiner Erfahrung nach ist es aber notwendig, auch die Betrachtung von Bauabläufen und die Bewertung von Konstruktionen einzubeziehen, die während der Bauzeit und durch die Nutzungsdauer eines Gebäudes hindurch einen mikrobiellen Befall minimieren oder verhindern helfen können. Auch den Bauleitern fehlt häufig noch die Kenntnis, warum sich Schimmelbefall während der Bauzeit bildet und wie dieser durch gezielte Maßnahmen zur Feuchtereduktion und durch verbesserte zeitliche Koordination der Einzelgewerke vermieden werden kann. Dabei ist es auch notwendig, dass die Erfahrungen von Mikrobiologen und mit Schimmel erfahrenen Sachverständigen in die Baunormen verstärkt einfließen.

Literatur

[1] Leitfaden zur Vorbeugung, Untersuchung, Bewertung und Sanierung von Schimmelpilzwachstum in Innenräumen des Umwelt-Bundes-Amt (UBA) 2002, S. 61–62

[2] Lorenz, Hankammer, Lassel: Sanierung von Feuchte- und Schimmelschäden (Bewertungsgrundlage nach Trautmann); Verlag: Müller, Rudolf (2005)

[3] Richardson, Nicole und Grün, Lothar: Schimmelpilze in Innenräumen- Sanierung betroffener Wohnungen und Gebäude (III-4.3.3.) In: Turowski, Elisabeth, Moriske, Heinz-Jörn: Handbuch für Bioklima und Lufthygiene; Loseblattwerk in 2 Ordnern, ecomed Verlag, Landsberg ISBN 3-609-72580

[4] BGH, Urteil vom 29.06.2006 – VII ZR 274/04; OLG Celle (http://Lexetius.com , 3/2011)

7.5 Prüfung der Klimatisierungs- und Lüftungsqualität

Markus Durrer

Werden wärme- und raumlufttechnische Anlagen zur Verbesserung der Luftqualität und der thermischen Behaglichkeit verwendet, so sind die relevanten Qualitätsmerkmale dieser Komponenten im fertiggestellten Bauwerk in Bezug auf die vor Baubeginn festgelegten Zielsetzungen durch einen Bauhygienefachmann zu überprüfen.

Die dabei zu prüfenden Qualitätsmerkmale sind:

– Hygienebedingungen in raumlufttechnischen Anlagen,
– der Luftwechsel,
– bei einem Verdachtsmoment oder störendem Geruch auch die Raumluft auf giftige Gase (Quellen in der Umgebung oder Verarbeitungsprozessen), leichtflüchtige organische Verbindungen, Schimmelpilze und Bakterien (z. B. Fäkalienschaden),
– bei einem Baugrund, bei dem mit einem Radonaustritt aus dem Erdreich zu rechnen ist, ist auch die Radonkonzentration in der Raumluft zu prüfen,
– thermische Bedingungen,
– Schallbelästigungen, die von wärme- und raumlufttechnischen Anlagen ausgehen.

Die Qualitätsprüfungen sind ausschließlich mit dafür qualifiziertem Personal und mit adäquaten Messmitteln, die über eine aktuelle Kalibrierung verfügen, durchzuführen.

Die Hauptproblematik bei dieser Prüfung ist, dass das Raumklima und die Luftqualität in Abhängigkeit zu den Außenbedingungen stehen und somit selbst bei der Aufzeichnung der Hygienefaktoren über mehrere Tage immer nur eine Momentaufnahme darstellen. Das messtechnische Aufzeichnen über einen sehr langen Zeitraum ist ökonomisch kaum umsetzbar.

Deshalb sollen die Nutzer aufgefordert werden, während des ersten Betriebsjahres die Behaglichkeit der Räume nach folgenden Kriterien differenziert zu bewerten und zu protokollieren:

– die Zufriedenheit bezüglich der Raumtemperaturen (Sommer, Winter, Übergangszeiten),
– zeitweises oder dauerhaftes Auftreten von Zugluft,
– das Gefühl von zu trockener Luft,
– Kondenswasser an Fensterscheiben und anderen Stellen,
– mangelhafte Luftqualität und störende Gerüche.

Dabei sind die Tages- und Jahreszeit, die Wetterverhältnisse und Nutzungsbedingungen, unter denen die Behaglichkeit im Raum gestört war, zu vermerken.

7.5.1 Hygieneinspektion von lüftungstechnischen Anlagen

Im Rahmen der Abnahmeprüfung nach Fertigstellung einer raumlufttechnischen Anlage und bei Wechsel des Betreibers oder Eigentümers ist eine Hygiene-Erstinspektion gemäß der Richtlinie VDI 6022 Blatt 1.1 (in der Schweiz SWKI[105] VA104-2) notwendig, um die Hygiene solcher Anlagen sicherzustellen. Die Hygieneinspektionen an raumlufttechnischen Anlagen sind regelmäßig zu wiederholen.

Die Inspektionen sind von Hygienefachleuten, die mindestens VDI Hygiene A zertifiziert sind, auszuführen und ausführlich zu dokumentieren. Es wird empfohlen, unabhängige Inspektoren zu bestellen, also solche, die gegenüber Planer, Anlagenbauer, Betreiber und Lüftungsreini-

---

[105] Schweizerische Verein von Gebäudetechnik-Ingenieuren

gungsunternehmung unabhängig sind. Möglichst sollte der Lüftungsinspektor auch befähigt sein, die Prüfung der Raumluftqualität und des Raumklimas selber durchführen zu können.

Erstinspektion

In den ersten 100 Tagen ab Inbetriebnahme oder Besitzerwechsel einer Anlage sollte eine Erstinspektion der Anlagenhygiene durchgeführt werden.

Die Hygiene-**Erstinspektion** beinhaltet:

– die Prüfung der technischen Anlagedokumentation auf Richtigkeit und Vollständigkeit,
– Beurteilung und evtl. Verbesserung des Wartungsplans,
– Festlegung und Markierung der Punkte der Probeentnahme für die Hygienekontrollen und -inspektionen (Hygiene-Monitoring),
– Überprüfung der Umsetzung aller Anforderungen dieser Richtlinie hinsichtlich Planung, Fertigung und Ausführung bzw. ggf. des bisher durchgeführten Betriebes,
– visuelle Begutachtung der RLT-Zentrale einschließlich aller Komponenten und der von ihr versorgten Räume,
– Messung physikalischer Klimaparameter (nach EN 13779 und VDI 3802), ev. auch Schall-emissionen,
– Bestimmung des Verschmutzungsgrades der Lüftungskanäle durch Ermittlung der Staub-flächendichte (g/m²),
– mikrobiologische Untersuchungen mit Oberflächenkeimzahlbestimmung (Schimmel-, He-fepilz, Bakterien), optional zusätzlich auch Luftkeimzahlbestimmung,
– bei Verdacht auch Probenahme und Analyse der Luft oder von Staub auf Schadstoffe.

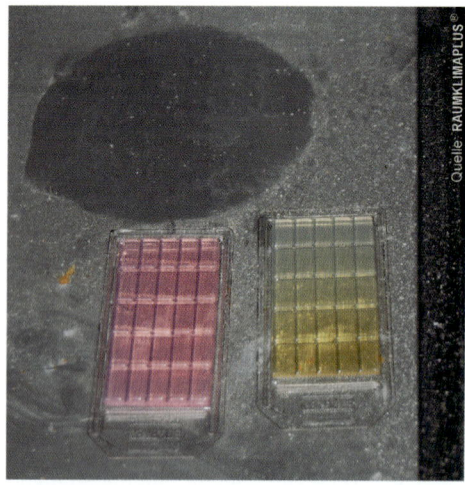

Bild 7-50
Beprobung von Oberflächen in einer Lüftungs-anlage. Vorne die Probenahme mit Contact-Slides, hinten die zur Staubflächendichtebe-stimmung beprobte Fläche.

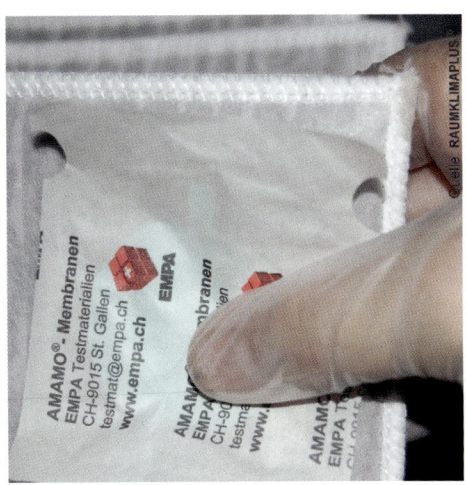

Bild 7-51
Filter und andere Stellen, die nicht leicht zu reinigen sind, dürfen nicht mit einem Nährmedium kontaktiert werden. Solche Flächen werden in der Regel mit Wattestäbchen sowie unter Zuhilfenahme einer Schablone, die die zu beprobende Fläche begrenzt, durchgeführt. Eine Alternative dazu bieten Nitrozellulosemembrane, mit denen die Oberfläche abgeklatscht wird, woraufhin diese dann im Labor zur Zucht auf eine Platte mit einem Nährmedium gelegt wird.

Zusätzliche Prüfungen bei **Befeuchteranlagen** und **Rückkühlwerken**:

– Bestimmung des Gesamtkeimgehaltes sowie der Konzentration an Legionellen sp, Pseudomonas sp, Schimmelpilzen und Hefen im Umlaufwasser.

Regelmäßige Wartung und Hygienekontrollen

Der Betreiber ist dafür verantwortlich, regelmäßig die Gerätschaften auf Verschmutzung und Korrosion zu kontrollieren, um frühzeitig Mängel zu erkennen und beheben zu lassen. Ist mikrobiologische Verunreinigung optisch erkennbar, liegt ein kritischer Befund vor. Bei begründetem Verdacht auf mikrobiologischen Befall sind Oberflächenproben zur Bestimmung der KBE (Kolonie bildenden Einheiten) zu nehmen. Die Sichtkontrollen sind zu protokollieren.

Bei Anlagen, bei denen mit Wasser konditioniert oder gekühlt wird, ist das Wasser regelmäßig einer orientierenden mikrobiologischen Kontrolle zu unterziehen. Dabei wird ein sogenanntes Dip-Slide mit einem CASO-Nährboden (TSA) im Umlaufwasser des Befeuchters oder Rückkühlers vollständig eingetaucht oder die ganze Fläche des Nährbodens beträufelt. Danach ist das auf dem Dip-Slide verbleibende Wasser abtropfen zu lassen (kein Schütteln), das Dip-Slide in seinem Behälter zu verschließen und die Probe zu beschriften. Nach 2–3 Tagen Lagerung der Proben (stehend) bei ca. 30–35 °C ist das Bild von Kolonien bildenden Einheiten (KBE) mit den Bildern auf dem Beipackzettel zu vergleichen und die Verunreinigung so abzuschätzen. Das Protokoll zu dieser Kontrolle hat zu informieren über:

– Typenbezeichnung und Hersteller des Dip-Slide,
– Probenahme-Datum mit Uhrzeit und Name des Probenehmers,
– genaue Bezeichnung der Probenahmestelle,
– Wassertemperatur zur Zeit der Probenahme.

Das Wartungs- und Kontrollpersonal ist für diese Tätigkeit ausreichend zu instruieren (Hygieneschulung Kategorie C nach VDI). Am besten leistet diese Einweisung der Hygieneinspektor, der diese Anlage kontrolliert hat.

Wiederholung der Inspektion

Anlagen, die die Luft mit Wasser konditionieren (Luftbefeuchtung) oder kühlen (nasse Rück-kühlwerke) sind alle 2 Jahre einer erneuten Hygieneinspektion zu unterziehen, alle anderen Anlagen alle 3 Jahre.

Bei den Wiederholungsinspektionen sind folgende Prüfungen durchzuführen:

– visuelle Begutachtung der RLT-Zentrale einschließlich aller Komponenten und der von ihr versorgten Räume,
– Messung physikalischer Klimaparameter (nach EN 13779 und VDI 3802), ev. auch Schall-emissionen,
– Bestimmung des Verschmutzungsgrades der Lüftungskanäle durch Ermittlung der Staub-flächendichte (g/m^2),
– mikrobiologische Untersuchungen mit Oberflächenkeimzahlbestimmung (Schimmelpilz, Hefepilz, Bakterien), optional zusätzlich auch Luftkeimzahlbestimmung.

Bei Verdacht auch Probenahme und Analyse der Luft oder Staub auf Schadstoffe.

Zusätzliche Prüfungen bei **Befeuchteranlagen** und **Rückkühlwerken**:

– Bestimmung des Gesamtkeimgehaltes sowie der Konzentration an Legionellen sp, Pseu-domonas sp, Schimmelpilzen und Hefen im Umlaufwasser.

Hygienemängel

Sichtbare Verschmutzung, Korrosion und fehlerhafte Konstruktion oder Erstellung bedeuten einen Mangel, jedoch noch keine Einschränkung des hygienischen Zustandes der Anlage. Der Mangel ist, wann immer möglich, im Laufe von Wartungsarbeiten zu beseitigen.

Dagegen wird ein Prüfergebnis als hygienisch grenzwertig eingestuft bei:

– einem Ergebnis einer Staubflächendichtebestimmung von 10–20 g/m^2 (Vlies-Rotationsver-fahren, beim Wischverfahren JADCA[106] mit Lösemittel 9–18 g/m^2);
– einem mikrobiologischen Befund der Oberflächen von 25–100 KBE/25cm^2.

Bei einem grenzwertigen Befund ist die Ursache zu ermitteln und der verschmutzte Abschnitt zu reinigen.

Bild 7-52 Die mikrobiologische Probe aus einem zentralen Lüftungsgerät zeigt mit 35 KBE (Kolonie bildenden Einheiten) einen grenzwertigen Befund. Eine Situation, wie sie bei Neubauten oft anzutreffen ist.

---

[106] JADCA: Japanese Air Duct Cleaner Association

Von einem **kritischen Befund** muss ausgegangen werden bei:

- wiederholter Überschreitung der Gesamtkeimzahlen im Befeuchterwasser (Richtwert 1000 KBE/ml) oder Wasser von Nassrückkühlern (Richtwert 10.000 KBE/ml) bei orientierenden Hygienekontrollen oder Hygieneinspektionen,
- mehr als 100 KBE/ml Schimmelpilzen und Hefen im Befeuchterwasser,
- mehr als 100 KBE/ml Legionellen sp. im Befeuchterwasser,
- mehr als 100 KBE/ml Pseudomonas sp. im Befeuchterwasser,
- Auftreten höherer Keimzahlen in der Luft hinter dem RLT-Gerät als vor diesem,
- sichtbarem Schimmelpilzbefall oder anderen mikrobiellen Belägen, mikrobiologische Proben von Oberflächen mit mehr als 100 KBE/25cm^2.

Im Falle eines kritischen Befundes müssen ein Hygieniker (oder ein anderer Fachkundiger), ein Betriebs- oder Umweltarzt (unbedingt erforderlich bei Auftreten von Beschwerden oder Gesundheitsstörungen, insbesondere der Atemwege von Mitarbeitern) und ev. weiteres Fachpersonal zugezogen werden.

Falls erforderlich, sind kurzfristig Sanierungs- oder provisorische Maßnahmen durchzuführen.

7.5.2 Basisprüfung der Raumluftqualität

Die VDI 6022 wurde im Juli 2011 durch Blatt 3 ergänzt, eine neue Richtlinie, die sich gut zur Beurteilung der Raumluftqualität eignet und dies nicht nur für Räume mit Lüftungsanlagen. Bei Räumen mit Lüftungsanlagen ergänzt diese Richtlinie das bisher übliche Abnahmeverfahren mit dem Nachweis gesundheitlich zuträglicher Raumluftqualität und somit auch als Nachweis der Wirksamkeit der Lüftungstechnik.

Solange keine Beschwerden, Reklamationen oder sonstige Verdachtsmomente hinsichtlich der thermischen Qualität und der Raumluftqualität vorliegen, sollen notwendige Messungen zum Nachweis einer gesundheitlich zuträglichen Raumluftqualität (Beurteilungsstufe 1 nach VDI 6022 Blatt 3) mit relativ einfachen Messmethoden und dem Erfahrungsschatz eines erfahrenen Hygieneingenieurs 30 bis 100 Tage nach Aufnahme der Gebäude- und Raumnutzung mit der neuen Lüftungsanlage durchgeführt werden. Die Messungen sind im Gegensatz zu den üblichen und auch notwendigen Abnahmekontrollen der Anlagen während der Raumnutzung (Personen im Raum, raumtypische Tätigkeiten unter Nutzung der vorhandenen Geräte und Maschinen) durchzuführen.

Um die beim Auftreten von Beschwerden oder Reklamationen hinsichtlich der Raumluftqualität notwendigen, aber umfangreicheren und aufwendigeren Messungen (Beurteilungsstufe 3) in Grenzen zu halten, werden durch die VDI 6022 Blatt 3 vorausgehend orientierende Untersuchungen (Beurteilungsstufe 2) vorgeschlagen. Auf eine vollständige Beschreibung der Untersuchungen der Beurteilungsstufe 2 und 3 wird in diesem Kapitel verzichtet.

Thermische Behaglichkeit

Die VDI 6022 Blatt 3 sieht in der Basisuntersuchung (Beurteilungsstufe 1) zur Prüfung der thermischen Behaglichkeit lediglich eine Beurteilung der Temperatur und des Taupunktes vor.

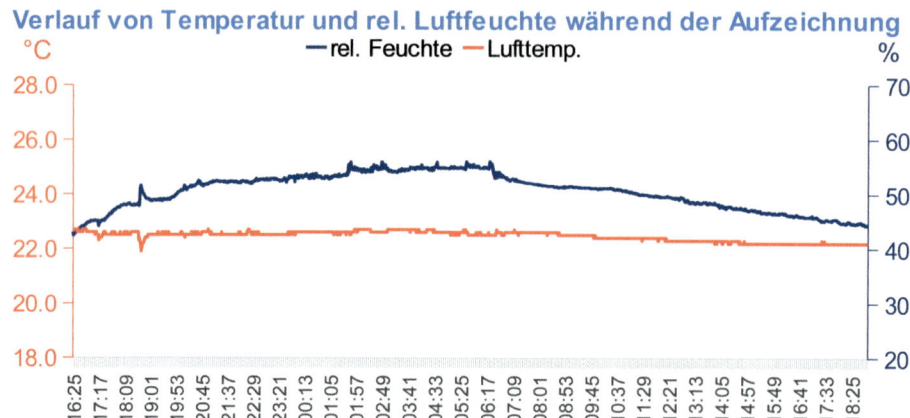

Bild 7-53 Die Aufzeichnung der Lufttemperatur und der relativen Luftfeuchtigkeit in einem Doppelschlafzimmer mit Komfortlüftung zeigt keine großen Schwankungen und hygienisch einwandfreie Werte.

7

Die Lufttemperatur ist in einem Raum nie homogen verteilt. Sie wird in der Nähe von Wänden von dessen Oberflächentemperatur beeinflusst. Auch ist sie strömungsabhängig und in der Regel sammelt sich kalte Luft unten, warme Luft oben. Bei einer höhenabhängigen Beurteilung gilt gemäß Normen eine Höhe von 10 cm ab Boden als Fußbereich. Bei sitzender Tätigkeit wird der Kopfbereich in einer Höhe von 1,1 m, bei stehender bei 1,7 m ab Boden angenommen (Unterleib sitzend 0,6 m, stehend 1,1 m). Wenn man auf ein Höhenprofil verzichtet, werden die Klimawerte auf ca. 1,5 m ab Boden gemessen. Zu Außenwänden sollte ein Abstand von min. 1,0 m eingehalten werden.

Kohlendioxidkonzentration (CO_2)

Die Luftqualität ist nebst der Voraussetzung, dass qualitativ hochwertige Frischluft zur Verfügung steht, maßgebend von der Luftwechselrate abhängig.

Die Lüftungsrate ist im Prinzip nur interessant, um daraus rechnerisch abzuleiten, ob diese unter den vorgesehenen Nutzungsbedingungen genügend Frischluft zur Verfügung stellt sowie ausreichend Feuchtigkeit, Kohlendioxid (CO_2) und weitere chemischen Verbindungen, wie z. B. Gerüche, die die Luft belasten, abtransportiert.

Weil die CO_2-Konzentration einfach zu messen ist und sich vorzüglich als Kenngröße zur Beurteilung der Raumluftqualität eignet, sollte sie bei jeder Prüfung der Raumluftqualität gemäß der Norm EN ISO 16000-26 erhoben werden. In der Praxis trifft man immer wieder Kollegen, die eine CO_2-Messung in ungenutzten Räumen durchführen. Solche Messungen haben keine Aussagekraft, weil in einem leeren oder unterbelegten Raum kaum oder sehr wenig CO_2 anfällt. Deshalb sind typische Nutzungsbedingungen eine Grundvoraussetzung für korrekte CO_2-Messungen. Das bedeutet, dass die Anzahl der Personen im Raum der vorgesehenen Nutzung entsprechen muss und die Personen sich entsprechend der vorgesehenen Nutzung des Raumes verhalten (Bewegung, Türe öffnen usw.) müssen. Auch die Lüftungsanlage ist bei der für diese Nutzung typischen Leistungsstufe zu betreiben. Bei Räumen ohne Lüftungsanlage sollte vor Messbeginn der Raum gut gelüftet werden. Auch ist die Messung über einen zur Nutzung, Raumgröße und Luftwechsel adäquaten Zeitraum durchzuführen und aufzuzeichnen.

Heute werden zur Messung der Kohlendioxidkonzentration elektronische Messgeräte benutzt, die meist mit einem NDIR-Sensor (Nicht dispersitives Infrarot) ausgerüstet sind. Diese Messgeräte zeigen ein auf das Volumen bezogenes Resultat (ppm: parts per million) an, der Sensor misst aber auf die Moldichte bezogen. Das hat zur Folge, dass einerseits Abweichungen des atmosphärischen Luftdruckes zum Druck, auf den sich die Kalibration des Messgerätes bezieht (in der Regel 1013 mbar), zu massiven Messfehlern, andererseits Abweichungen der Temperatur (Kalibrierung in der Regel bei 25 °C) zu geringfügigen Messfehlern führen. Deshalb sind der Luftdruck und die Temperatur bei den Messungen immer zu berücksichtigen und wenn das Messsystem diese Abweichungen nicht selbst korrigiert, die gemessenen Werte auf die effektiven Werte umzurechnen.

Die rechnerische Kompensation von Luftdruck und Temperatur erfolgt gemäß dem idealen Gasgesetz näherungsweise wie folgt:

$$C = C_A \cdot \frac{\Theta + 273}{298} \cdot \frac{1013}{P}$$

C Effektive CO_2-Konzentration in % oder ppm
C_A angezeigte CO_2-Konzentration % oder ppm
P Luftdruck in mbar oder hPa
Θ Lufttemperatur in °C

Die Messsonden haben zu Wänden einen Mindestabstand von 1 m einzuhalten und auch einen ausreichenden Abstand zu Pflanzen und vor allem zu Menschen (min. 1,5 m), denn die ausgeatmete Luft hat ca. 40.000 ppm CO_2-Konzentration. Bei Raumflächen über 50 m^2 sind im selben Raum an mehreren Messstellen die CO_2-Konzentrationen zu erfassen. Auch ist immer, zumindest direkt vor oder nach der Innenraummessung und bei mehrtägigen Aufzeichnungen

7

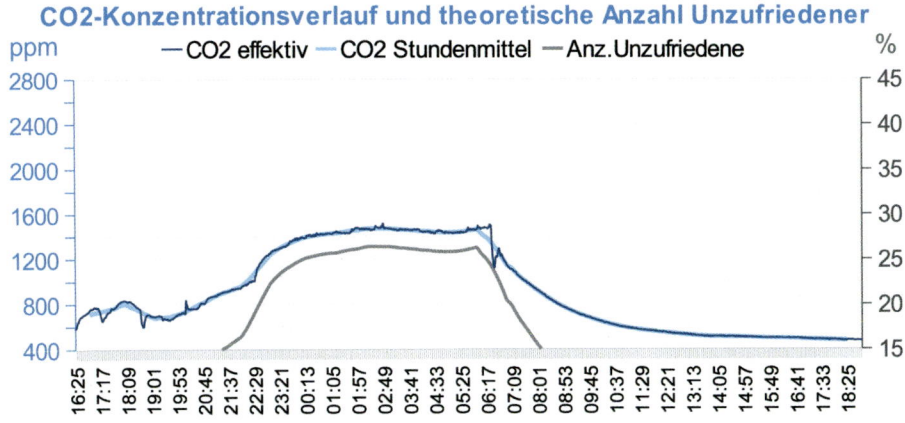

Bild 7-54 CO_2-Aufzeichnung in einem Doppelschlafzimmer mit Komfortlüftung, die über einen CO_2-Sensor gesteuert wird. Zur Zeit des Messtermins herrschte vor Ort (1660 m.ü.M.) ein Luftdruck von 835 mbar. Ohne Einbezug des Luftdruckes und Abzug der Messunsicherheit wäre ein Nichterfüllen der vertraglichen Vereinbarung von 1000 ppm nicht eindeutig nachgewiesen, mit Einbezug des Luftdruckes aber schon. Aus der Differenz der CO_2-Konzentration von innen und außen lässt sich eine Voraussage der Anzahl Person, die beim Betreten des Raumes mit der Luftqualität unzufrieden sind, errechnen (PD = Dissatisfied Persons in %).

mindestens einmal pro Messtag, die CO_2-Konzentration der Außenluft zu erfassen und zu protokollieren.

Wenn die Nutzungsbedingungen nicht hergestellt werden können, kann alternativ auch der Luftwechsel mithilfe einer **Tracergasmessung** erfasst und bewertet werden (Norm ISO 16000-8). Das messtechnisch beste Tracergas ist SF_6, aber es geht auch und vor allem mit einfacheren Mitteln, etwa indem CO_2 als Tracergas und ein CO_2-Messgerät verwendet wird. Dabei wird die Raumluft mit CO_2 aus einer Flasche ausreichend angereichert (zulässig sind max. 20.000 ppm) und mit einem Tischventilator im Raum gut verteilt. Bei der Verwendung von CO_2 als Tracergas darf sich im Gegensatz zur Messung mit SF_6 während der Messung keine Person in dem zu messenden Raum aufhalten und die CO_2-Konzentration der Außenluft muss parallel ebenfalls gemessen werden. Aus dem zeitlichen Konzentrationsabfall kann der Luftwechsel nach folgender Formel berechnet werden:

$$n = \frac{\ln(C_1 / C_2)}{\Delta t}$$

n Luftwechselrate in h^{-1}
C_1 Tracergaskonzentration zum Zeitpunkt t_1 in ppm
C_2 Tracergaskonzentration zum Zeitpunkt t_2 in ppm
Δt Zeitdifferenz $t_2 - t_1$ in h

Wird CO_2 als Tracergas verwendet, muss für die Bestimmung die Differenz von Raumluft-konzentration zur Außenluftkonzentration verwendet werden. Mit mehreren Messpunkten kann die Genauigkeit der Messung deutlich verbessert werden, indem diese über eine entsprechende Software (z. B. Tabellenkalkulationsprogramm mit entsprechend hinterlegten Funktionen) ausgewertet wird.

7.5.3 Erweiterter Prüfumfang

Luftkeimmessungen

Luftkeimmessungen stellen vor allem eine qualitätssichernde Methode zur Prüfung der Luftbelastung nach Schimmelpilz-Sanierungen dar und werden auch zur Prüfung von Reinräumen eingesetzt.

Die Hygienerichtlinien VDI 6022 Blatt 1.1 (Prüfung von raumlufttechnischen Anlagen) empfehlen bei gewissen Verdachtsfällen auch die Messung der Luftkeimzahl im Lüftungssystem. Zur Beurteilung von Keimen in der Raumluft ordnet die VDI 6022 Blatt 3 Luftkeimmessungen zu Recht der Bewertungsstufe 3 zu. Somit sind solche Messungen spezialisierten Sachverständigen und akkreditierten Umweltlaboren vorbehalten. Die Keimzahl ist stark von verschiedenen Randbedingungen abhängig. Schimmelpilze sporulieren abhängig von momentanen Umweltbedingungen und Wachstumsstadien. Sporen haben unterschiedliche Größen und somit unterscheiden sie sich in turbulenter Luft auch in ihrem kinetischen Verhalten. Es sind auch bei Weitem nicht alle Sporen mit den verwendeten Nährmedien und angewendeten Inkubationsbedingungen anzüchtbar. Es ist darauf zu achten, dass keine Querkontaminationen das Ergebnis verfälschen. Die Positionierung des Keimsammlers und die Wahl der richtigen Luftmenge sind entscheidend für eine korrekte Probenahme. Selbst bei idealer Probenahme sind die Messergebnisse mit einer Messunsicherheit von 30 % behaftet. Somit sind die Ergebnisse aus Luftkeimmessungen immer in einem größeren Zusammenhang zu betrachten und zu werten. Eine mikrobiologische Hygienebewertung, die sich ausschließlich auf Ergebnisse aus Luftkeimmessungen stützt, ist höchst fragwürdig.

Luftkeimmessungen in Lüftungsanlagen sind besonders anspruchsvoll. Die Messung darf nicht in turbulenter Luft durchgeführt werden und die Impaktoren[107] sind mit speziellen, auf die Strömungsgeschwindigkeit abgestimmten Sammelköpfe auszurüsten.

Die von einigen Dienstleistern praktizierte Probenahme über einen an den Zuluftdurchlass befestigten Plastiksack oder eine an den Durchlass gedrückte Sammelbox aus Kunststoff ist problematisch, weil die Probenahme in einer turbulenten Strömungsumgebung mit meist unbekannten Strömungsgeschwindigkeiten durchgeführt wird und auch die Gefahr besteht, dass durch elektrostatische Aufladung Sporen an der Kunststoffoberfläche haften bleiben.

Luftkeimmessungen sind entsprechend der Norm ISO 16000-18, Nachweis und Zählung von Schimmelpilzen – Probenahme durch Impaktion, durchzuführen.

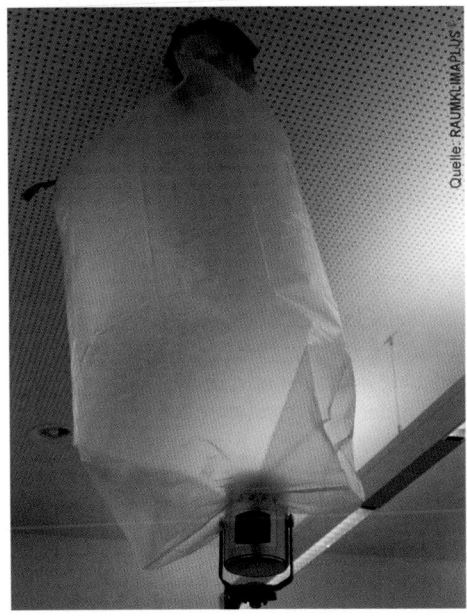

Bild 7-55
Die von einigen Lüftungsinspektoren angewendete Luftkeimsammlung aus der Zuluft mithilfe eines Beutels oder einer Sammelbox aus Kunststoff stellt ein problematisches Probenahmeverfahren dar.

Radon

Zumindest in Regionen, von denen bekannt ist, dass mit höheren Radonwerten zu rechnen ist, ist die Radonkonzentration in jedem Objekt zu messen. Am weitesten verbreitet sind passive Dosimeter, die nach dem Kernspur-Verfahren (DIN 25706-1) funktionieren. Das Radongas diffundiert dabei durch die Dose aus Kunststoff, in der ein strahlungsempfindlicher, ätzbarer Kunststoffchip oder eine Folie eingesetzt ist, auf dem auftreffende Alphateilchen einen Teil der chemischen Bindungen zerstören. Es gibt aber auch elektronische Geräte, die von den nationalen Strahlenschutzbehörden zugelassen werden.

Der messtechnische Nachweis von Radon ist anspruchsvoll. Dabei sollte die mittlere Radonbelastung über mindestens 30 Tage während der Heizperiode durch ausgewiesene Fachleute bestimmt werden. Es sind auch die nationalen Bestimmungen bezüglich Radon-Messungen einzuhalten.

---

[107] Luftkeimsammler (LKS) nach dem Impaktionsprinzip.

Kohlenmonoxid (CO) und Ozon (O$_3$)

Die Messung der Raumluftbelastung durch Kohlenmonoxid (CO) ist vor allem dann angebracht, wenn Emittenten[108] von CO nahe der Außenluftfassung festgestellt werden. CO entsteht vor allem bei schlechtem Verbrennungsprozess (Autoabgase, Rauchgase) und ist gemäß VDI 4300 Blatt 9 zu messen. Zuverlässige und reproduzierbare Messungen können z. B. mit direkt anzeigenden Sensoren (z. B. elektrochemische Sensoren) durchgeführt werden.

Spuren von Ozon-Gas in der Außenluft zerfallen innerhalb einiger Tage, in Innenräumen durch Reaktionen mit dem Hausstaub und Geruchsstoffen noch wesentlich schneller, zu Sauerstoff. Einerseits ist es ein starkes Oxidationsmittel, wodurch es bei Menschen und Tieren zu Reizungen der Atemwege führen kann, andererseits stellt es ein sehr effizientes Geruchsbekämpfungsmittel dar. Ozon kommt in Innenräumen höchst selten in problematischen Konzentrationen vor, eigentlich nur, wenn sich im Raum Emittenten von O$_3$ (z. B. Geruchsneutralisationsgeräte) befinden.

Bei einem Verdacht auf zu hohe O$_3$-Konzentrationen eignen sich zur orientierenden Einzelmessung direkt anzeigende Prüfröhrchen oder elektrochemische Messchips, welche mittels einer Pumpe mit der zu prüfenden Luft durchströmt werden. Um qualifizierte Messreihen zu erheben und Konzentrationsverläufe aufzuzeichnen, eignen sich Ozonmonitoren (beispielsweise durch selektive Messung von Ozon mittels UV-Absorption).

Flüchtige organische Verbindungen (VOC) und Aldehyde

In Neubauten sind vor allem Lösemittel (VOC), Formaldehyd und andere leichtflüchtige Gase, die aus Baustoffen ausdünsten, hauptverantwortlich für die Belastung der Innenraumluft mit Schadstoffen. Diese Belastung kann durch ein konsequentes Bau- und Hilfsmaterialmanagement stark minimiert werden. Wenn Emissionsquellen in der Nachbarschaft den Verdacht auf eine Verunreinigung der Außenluft vermuten lassen, Klagen von Nutzern anstehen, die auf eine Belastung durch solche chemischen Verbindungen hindeuten, oder falls Unsicherheit bezüglich Emissionen von verbauten Baustoffen oder Mobiliar besteht oder aber ein Gebäudelabel eine solche Messung verlangt, ist eine Prüfung der Raumluft auf Lösemittel und andere leichtflüchtige Schadstoffe notwenig.

Messungen von Schadstoffen in der Innenraumluft sind entsprechend der in der Norm ISO 16000-1 beschriebenen Strategie zu planen und durchzuführen.

Vorgehen bei Verdacht auf Quellen im Innenraum:

- Die zu untersuchenden Räume sind mindestens 8 Stunden vor der Probenahme gründlich zu lüften und danach bis zum Abschluss der Probenahme verschlossen zu halten, respektive Lüftungsanlagen sind auszuschalten.
- In diesem Zeitraum darf in diesen Räumen weder geraucht, noch Parfüms, Deos, Nagellack, Duftlampen oder sonstige Raumluftverbesserer verwendet werden.
- Auch sollten in dieser Zeit für den Raum typische Nutzungstemperaturen und Luftfeuchte gewährleistet werden.
- Sammelmedien sind an repräsentativen Stellen im Raum auf einer Höhe zwischen 1,1 m und 1,7 m zu positionieren.

---

[108] Verursacher einer Umweltemission.

Messungen leichtflüchtiger organischer Verbindungen (VOC)

Für VOC-Messungen ist eine Probe der Raumluft gemäß der Norm ISO 16000-5 zu nehmen, indem 1–5 Liter Luft mit einem Durchfluss von 0,1 l/min von einer Pumpe durch ein vom Analysenlabor konditioniertes Tenax-TA-Röhrchen gesogen werden. Im Labor wird mit einem Thermodesorptions-Verfahren die VOC aus dem TENAX gelöst. Die Identifizierung und Quantifizierung der VOCs erfolgt mittels Gaschromatografie/Massenspektrometrie (GC/MS) gemäß ISO 16000-6. Das Labor hat aus den Werten der einzelnen Verbindungen normgerecht den TVOC-Wert zu bilden. Die Interpretation der Werte der einzelnen Verbindungen erfordert einen sehr hohen Sachverstand.

Die direkte Messung von VOC mit einem PID-Messgerät (Photoionisationsdetektor) ist für diese Prüfung ungeeignet, weil mit diesem Gerät nicht alle wichtigen chemischen Verbindungen ausreichend erfasst werden können. Ein hochempfindlicher PID (ppb-Auflösung) eignet sich hingegen hervorragend, um Emittenten zu lokalisieren, weil beim Scannen des Raumes die örtliche Konzentration „just in time" am Gerät angezeigt wird und somit mit dem Gerät die Örtlichkeit mit der höchsten Konzentration gefunden werden kann.

Messungen der Aldehyde

Zur Untersuchung der Raumluft gemäß Norm ISO 16000-3 auf Aldehyde werden 20–50 Liter Luft mit einem Durchfluss von 0,5–1,5 l/min durch DNPH-Kartuschen gezogen und anschließend in einem Labor nach dem Verfahren ISO 16000-3, entweder nur auf Formaldehyd oder nach verschiedenen Aldehyden, analysiert.

Erweiterte Untersuchung der thermischen Behaglichkeit

Wenn die thermische Behaglichkeit objektiviert werden soll, sind Messungen unter Randbedingungen, bei denen die Behaglichkeit durch Nutzer kritisiert wird oder bei genereller Fragestellung im Hochsommer und im Winter durchzuführen.

Um die thermische Behaglichkeit basierend auf messtechnisch erhobenen Daten vollumfänglich beurteilen zu können, sind zu repräsentativen Zeitpunkten folgende physikalischen Umweltfaktoren nach den in der Norm ISO 7730 beschriebenen Verfahren zu erfassen:

- zumindest Raumlufttemperatur und relative Luftfeuchtigkeit,
- die Strahlungswärme mit einem Globe-Thermometer,[109]
- Luftgeschwindigkeit mit einen Anemometer oder besser mit einem strömungsrichtungsunabhängigen Turbulenzgrad-Sensor,
- eventuell Oberflächentemperaturen mit einem Kontaktthermometer an repräsentativen Stellen oder besser mit einer Wärmebildkamera.

Solche Untersuchungen machen ebenfalls nur Sinn, wenn zwischen innen und außen eine sehr deutliche Temperaturdifferenz besteht, also an Hitzetagen und an Tagen mit Frosttemperaturen.

Mit diesen Daten kann eine objektivierte thermische Behaglichkeitsbewertung nach Fanger durchgeführt werden. Dieses empirisch ermittelte Bewertungsschema ermöglicht eine Voraussage über die Anzahl der Personen, die mit der thermischen Behaglichkeit unzufrieden sind

---

[109] Geschwärzte Kupferkugel mit innenliegendem Thermometer.

(PPD = Predicted Percentage of Dissatified; Aussage in %), und eine Vorhersage einer gemittelten Bewertung durch Personen (PMV = Predicted Mean Vote).

PMV	+3	+2	+1	0	-1	-2	-3
Bewertung	heiß	warm	leicht warm	neutral	leicht kühl	kühl	kalt
PPD	> 90 %	75 %	25 %	5 %	25 %	75 %	> 90 %

Prüfung der Schallemission von haustechnischen Anlagen

Schall ist eine sehr schwierige Thematik, weil Schall individuell sehr unterschiedlich empfunden wird. Es kommt hinzu, dass in der Feldpraxis kaum die Möglichkeit besteht, den Schallpegel, der von einer bestimmten Anlage ausgeht, mit einem Schallpegelmesser selektiv zu messen.

Mit einem Schallpegel-Messgerät lassen sich zu Zeiten, in denen die Räumlichkeiten ungenutzt sind, keine anderen Geräte und Anlagen Geräusche verursachen und kaum Lärm von Außen eindringt, in der Raummitte auf einer Höhe von 1,5 m orientierende Messungen durchführen. Die üblichen Schallpegelmessgeräte sind aber mit der Filtereinstellung A für Messungen unter 30 dB ungeeignet, sodass auch unbedingt mit Filter C gemessen werden sollte.

Exakte Messungen sind nur mit einer aufwendigen Schallanalyse möglich, bei der in der nachträglichen Bearbeitung im Akustiklabor die Störgeräusche herausgefiltert werden können.

Normen

VDI 6022 – Blatt 1.1: Prüfung von Raumlufttechnischen Anlagen (Entwurf), VDI-Fachbereich Technische Gebäudeausrüstung

VDI 6022 – Blatt 3: Beurteilung der Raumluftqualität, VDI-Fachbereich Technische Gebäudeausrüstung

DIN/ÖNORM/SN EN ISO 7730: Ergonomie der thermischen Umgebung – Analytische Bestimmung und Interpretation der thermischen Behaglichkeit durch Berechnung des PMV- und des PPD-Indexes und Kriterien der lokalen thermischen Behaglichkeit

DIN/ÖNORM/SN EN ISO 16000-1: Allgemeine Aspekte der Probenahmestrategie

ISO 16000-18: Detection and enumeration of moulds – Sampling by impaction

perEN ISO 16000-26: Probenahmestrategie für Kohlendioxid (CO_2)

7.6 Empfehlungen zu Einrichtung und Nutzung von Wohnungen

Ruth Abel und Silke Sous

Ein gesundes Wohnklima setzt bestimmte bauliche Gegebenheiten voraus, ist aber auch stark vom Nutzerverhalten abhängig. Günstige bauliche Bedingungen ergeben sich, wenn nicht nur die konstruktive und wärmeschutztechnische Beschaffenheit des Gebäudes mangelfrei ist, sondern bei der Planung z. B. durch eine sinnvolle Grundrissgestaltung und durch Lüftungskonzepte möglichen Nutzerfehlern bei der Möblierung und Lüftung vorgebeugt wird. Genauere Hinweise zur Nutzung der Wohnung bei der Wohnungsübergabe sind ebenfalls sinnvoll und manchmal sogar notwendig. Empfehlungen an die Nutzer zu richtigem Lüftungs-/ Heizverhalten und Hinweise zum Aufstellen von größeren Möbelstücken können so zur Vermeidung von Schimmelpilzproblemen beitragen.

Der folgende Beitrag vermittelt daher Grundkenntnisse zu einigen bauphysikalischen Zusammenhängen. Mit diesem Wissen ist es möglich, die geeigneten Maßnahmen zu ergreifen, um Schimmelpilzbildung zu vermeiden, Energie einzusparen und trotzdem in Wohnräumen ein behagliches Raumklima zu schaffen. Weiterhin werden einfache Hinweise zur Pflege der Bauteiloberflächen gegeben, damit die gewünschte Optik der Oberflächen länger bewahrt bleiben kann. Abschließend wird auf erforderliche Instandhaltungsmaßnahmen eingegangen, die auch der Laie ausführen kann, bzw. es werden Hinweise gegeben, wann ein Fachmann hinzugezogen werden sollte. Zur Vermeidung von Streitigkeiten können diese Information vom Eigentümer an den Nutzer weitergegeben werden.

7.6.1 Lüften

Für neu zu errichtende oder modernisierte Gebäude mit lüftungsrelevanten Änderungen ist es nach [DIN 1946-6] empfehlenswert, Lüftungskonzepte zu erstellen, damit dauerhaft ein hygienisches Raumklima sichergestellt ist und Schimmelpilzbildung vermieden wird. In Abhängigkeit von bauphysikalischen, lüftungs-, gebäudetechnischen sowie hygienischen Aspekten stehen unterschiedliche lüftungstechnische Maßnahmen bzw. Lüftungssysteme zur Erfüllung dieser Anforderungen zur Verfügung. Über die Konsequenzen des gewählten Lüftungskonzeptes für das Nutzerverhalten sollte eindeutig informiert werden.

Gebäude neuerer Baujahre und modernisierte Gebäude werden immer luftdichter ausgeführt, dadurch nimmt der Luftaustausch über Undichtigkeiten in der Gebäudehülle (Infiltration) ab. Maßnahmen zur Herstellung einer nicht vom Nutzer beeinflussbaren Grundlüftung (durch Außenluftdurchlässe, Falzlüftung etc.) sind daher sinnvoll. Je nach vorhandenem Gebäudestandard, Feuchtefreisetzung und gewähltem Lüftungssystem muss der darüber hinaus gehende Lüftungsbedarf durch Lüftungsmaßnahmen seitens des Nutzers (Fensterlüftung) durchgeführt werden. Bei Modernisierungen mit lüftungsrelevanten Änderungen müssen Mieter von den Eigentümern darüber informiert werden, welches veränderte Lüftungsverhalten nun erforderlich ist. Auch bei Neubauten können grundsätzliche Lüftungsempfehlungen sinnvoll sein.

Es wird zwischen freien und ventilatorgestützten Systemen unterschieden. Die freie Lüftung nutzt die am Gebäude vorhandenen natürlichen Druckdifferenzen (Wind, thermischer Auftrieb). Die Effektivität der Maßnahmen ist stark von Witterungseinflüssen, der Grundrissgestaltung und vom Lüftungsverhalten bzw. den Lüftungsmöglichkeiten der Bewohner (Berufstätigkeit) abhängig. Es gibt freie Lüftungssysteme, die eine nutzerunabhängige Grundlüftung sicherstellen (Außenluftdurchlässe). Ventilatorgestützte Systeme haben einen mechanischen Antrieb, der grundsätzlich einen nutzerunabhängigen Luftaustausch ermöglicht. Allerdings werden hierbei die Betriebskosten des Gebäudes gesteigert (Strom, Wartung). Während bei freien Lüftungssystemen eine Unterstützung durch manuelles Fensteröffnen die Regel ist, ist dies bei ventilatorgestützten Systemen nur zum Ablüften von Feuchtespitzen (durch Intensivlüftung) notwendig.

Im Folgenden werden die wichtigsten bauphysikalischen Zusammenhänge zum Erreichen eines hygienischen Raumklimas, insoweit es durch das Nutzerverhalten beeinflusst werden kann, dargestellt. Die Erläuterungen beziehen sich im Wesentlichen auf Wohnungen ohne mechanische Lüftungsanlagen.

Luftfeuchtigkeit

Die meiste Zeit des Tages verbringt der Mensch in geschlossenen Räumen. Deswegen sollte darin ein gesundes und behagliches Klima herrschen. Damit dies erreicht werden kann, müssen zu hohe Luftfeuchtigkeit und eventuelle Schadstoffbelastungen durch ausreichende Frischluftzufuhr auf ein unschädliches Maß reduziert oder ganz beseitigt werden.

Durch die Atemluft der Nutzer, Feuchtigkeitsproduktion von Zimmerpflanzen, beim Kochen, Duschen, Wäschetrocknen etc. wird Wasserdampf an die Raumluft abgegeben. So produziert ein drei Personenhaushalt circa 5–6 Liter (ohne Wäschetrocknen!) Feuchtigkeit pro Tag, die regelmäßig abgelüftet werden muss. Auch bei Abwesenheit der Bewohner wird Feuchtigkeit

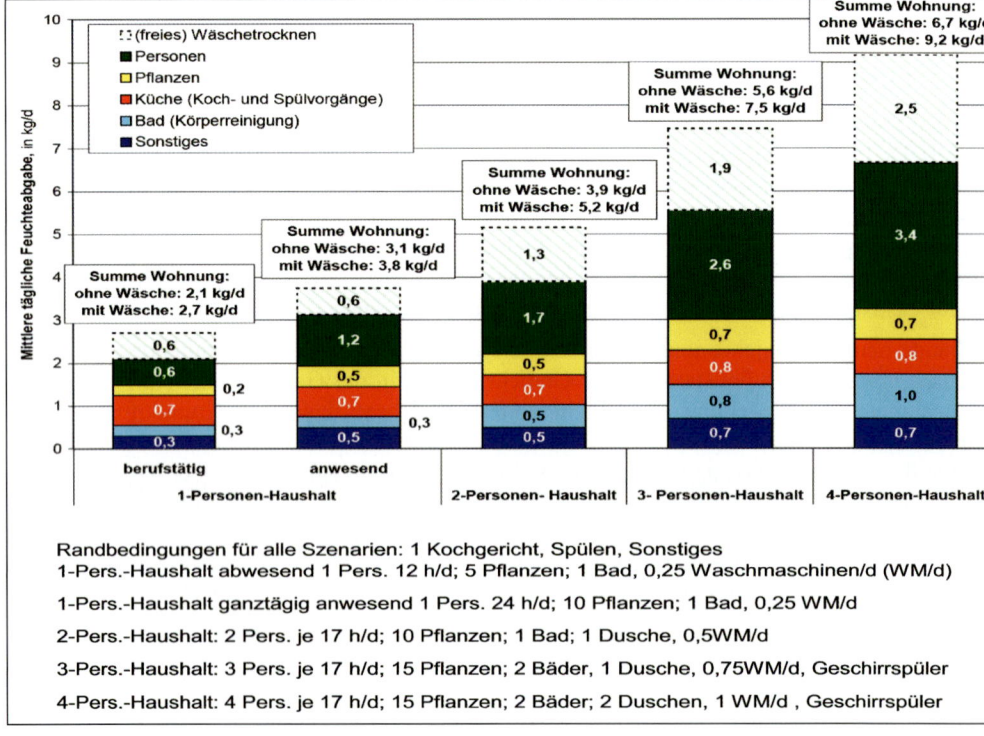

Bild 7-56 Beispiele für die tägliche Feuchteabgabe bei üblichem Wohnverhalten
[DIN-Fachbericht 4108-8]

an die Raumluft, z. B. durch Pflanzen, Haustiere, feuchte Handtücher, ggf. Neubaufeuchte, abgegeben. Eine nutzerunabhängige Grundlüftung ist daher erforderlich.

Der Mensch besitzt kein Wahrnehmungsorgan zur Feststellung von Luftfeuchtigkeit. Deshalb ist die Überprüfung der Raumluftfeuchtigkeit mit Hilfe eines Luftfeuchtigkeitsmessgerätes (Hygrometer) sinnvoll. Um hygienisch günstige Raumluftbedingungen zu erhalten, sollte die Luftfeuchtigkeit in vollbeheizten Wohnräumen im Winterhalbjahr nicht mehr als 50 % betragen (siehe Kapitel 7.7.5).

Bei Neubauten wird zusätzlich die in den Baustoffen enthaltene Feuchtigkeit aus der Bauzeit zu einem großen Teil an die Raumluft abgegeben und führt so zu erhöhter Luftfeuchtigkeit in den ersten 2–3 Jahren nach Fertigstellung. In dieser Zeit muss daher bewusst geheizt und häufiger als üblich gelüftet (Richtwert 4 mal täglich) werden.

Richtiges Lüften

Grundsätzlich kann warme Luft mehr Luftfeuchtigkeit aufnehmen als kalte Luft. Durch den Lüftungsvorgang wird im Winterhalbjahr warme und feuchte Innenraumluft durch kalte, trockene Außenluft ausgetauscht. Bei Erwärmung dieser kalten Außenluft wird die relative Luftfeuchtigkeit erheblich gesenkt. So kann beispielsweise 20 °C warme Luft maximal fünfmal so viel Wasserdampf aufnehmen wie –5 °C kalte Luft. Oder im Umkehrschluss: Lüftet man mit –5 °C kalter Außenluft, hat diese nach der Erwärmung auf 20 °C eine maximale Reserve zur Aufnahme von Wasserdampf von 80 %. Schimmelpilzbildung – verursacht durch zu feuchte Innenraumluft – wird also durch regelmäßiges Lüften vermieden.

Dauerlüften über gekippte Fenster ist i. d R. nicht zweckmäßig, da es zu einem erheblichen Energieverbrauch führt. An den durch **Kipplüftung** stark ausgekühlten Fensterstürzen besteht zusätzlich erhöhte Gefahr von Schimmelpilzbildung. Stattdessen sollte ein Austausch der Raumluft über **Stoßlüftung** vorgenommen werden. Als Stoßlüftung bezeichnet man das kurze Lüften (5–10 Minuten) bei vollständig geöffnetem Fenster. Dieser Vorgang kann durch Querlüftung (Durchzug) beschleunigt werden, dabei müssen möglichst an gegenüberliegenden Fassaden die Fenster und die dazwischen liegenden Innentüren geöffnet werden. Bei der Stoßlüftung wird nur die verbrauchte Raumluft ausgetauscht. Wegen der Kürze des Lüftens kühlen die Wände (Wärmespeicherflächen) nicht aus, so dass der Energieverlust so gering wie möglich gehalten wird. Damit eine regelmäßige Stoßlüftung auch durchgeführt wird, sollte in jedem Raum ein „Lüftungsflügel" frei gehalten werden.

In Schlafzimmern kann über Nacht eine Kippstellung der Fenster zur Erhöhung der Grundlüftung allerdings sinnvoll sein, sofern die Fenster tagsüber prinzipiell geschlossen werden. Zusätzlich muss dann aber tagsüber (insbesondere morgens) mehrfach gelüftet (Stoßlüftung) werden, damit die über Nacht in den Oberflächenschichten der Bauteile, Matratzen etc. eingelagerte Feuchtigkeit abgelüftet wird. Außerdem ist tagsüber eine Grundbeheizung der Räume erforderlich.

Bei üblicher Wohnnutzung ist es ausreichend, ca. 2–3 mal pro Tag für 5–10 Minuten die Fenster zu öffnen. Die Lüftungsdauer ist von der Temperaturdifferenz und dem Luftfeuchtigkeitsgefälle zwischen Innen- und Außenklima abhängig. Bei trockener und kalter Außenluft ist der Vorgang wirkungsvoller, und es kann kürzer gelüftet werden. Im Frühjahr und Herbst sollten aufgrund der geringen Temperaturdifferenzen zwischen innen und außen die Fenster häufiger geöffnet werden. Bei vielen Feuchtigkeitsquellen in einem Raum (z. B. Zimmerpflanzen, Aquarien etc.) muss besonders auf regelmäßiges Lüften geachtet werden.

7

Bild 7-57
Tauwasserbildung im Bereich
des Scheibenrandverbundes,
Lüftung dringend erforderlich

7

In Küche und Badezimmer kann in Abhängigkeit von der Nutzung kurzfristig viel Luftfeuchtigkeit anfallen, die dann zeitnah abgelüftet werden sollte. Um die feuchte Luft dabei nicht in der Wohnung zu verteilen, sollten in diesem Fall die Innentüren während des Lüftens geschlossen sein.

Ein unbeheiztes Schlafzimmer sollte nie mit der warmen und entsprechend feuchteren Luft aus dem Wohnraum temperiert werden. Die warme Luft kühlt im Schlafzimmer vor allem im Bereich kühler Bauteiloberflächen ab und die in der Luft gespeicherte Feuchtigkeit kondensiert. Besonders deutlich wird dieser Vorgang durch das Beschlagen der Fensterscheiben. Spätestens jetzt muss zur Reduktion des Luftfeuchtegehaltes gelüftet werden.

Schadstoffbelastungen aus Baumaterialien und Einrichtungsgegenständen

Vor allem in der ersten Zeit nach der Herstellung bzw. Anschaffung können Baumaterialien und Einrichtungsgegenstände zur Anreicherung von Luftverunreinigungen in Innenräumen beitragen. Zusätzlich können durch menschliche Aktivitäten (Tabakrauch, Reinigungsarbeiten, Kochen, Waschen etc.) und Umgebungseinflüsse (Außenluft, Erdreich) weitere Schadstoffe die Innenraumluft belasten. Von besonderer Bedeutung ist dabei der Eintrag von gasförmigen organischen Verbindungen, den flüchtigen organischen Verbindungen (VOC). Dies macht sich nicht zwangsläufig durch Geruchsbelästigung bemerkbar, kann aber bei zu hoher Konzentration gesundheitsschädlich sein. Sofern Luftschadstoffe vorhanden sind, erhöht sich der Frischluftbedarf drastisch.

7.6.2 Heizen

Einflussgrößen auf das Behaglichkeitsgefühl

Thermische Behaglichkeit drückt sich in der subjektiv empfundenen Zufriedenheit mit dem Umgebungsklima aus. Neben diesen personenspezifischen Einflussfaktoren sind auch raum-

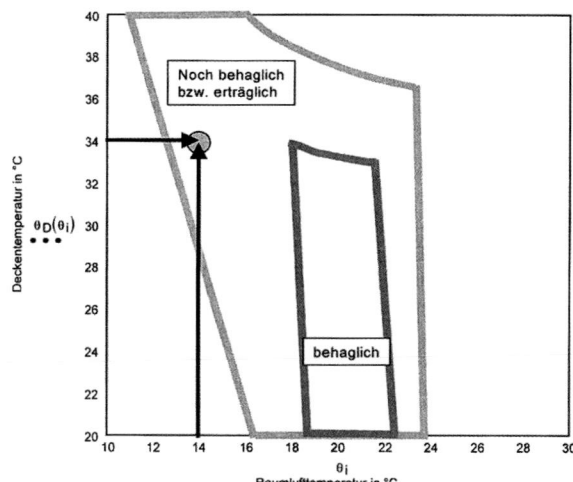

Bild 7-58
Behaglichkeitsfeld Raumlufttemperatur/Deckentemperatur [Fischer u. a.]

klimatische Aspekte, zu denen u. a. die Raumlufttemperatur und die Temperatur der Umschließungsflächen zählen, zu beachten.

Die Differenz zwischen Raumlufttemperatur und Oberflächentemperatur der raumumschließenden Flächen ist ausschlaggebend für das Behaglichkeitsgefühl. Als Richtwert gilt, dass der Unterschied zwischen beiden Temperaturen 3 Kelvin nicht überschreiten sollte. Aufgrund dieser Zusammenhänge zwischen Raumluft- und Oberflächentemperatur ergibt sich das in Bild 7-58 dargestellte Behaglichkeitsfeld.

In Wohnräumen sollte also bei kurzfristiger Abwesenheit die Heizung nicht vollständig abgeschaltet werden, damit die Umfassungswände nicht unnötig abkühlen.

Das Behaglichkeitsgefühl wird außerdem durch die rel. Feuchtigkeit der Raumluft beeinflusst. Unter 30 % rel. Luftfeuchte wird die Raumluft so trocken, dass die menschlichen Schleimhäute auf Dauer geschädigt werden. Zunehmende rel. Luftfeuchte wird in zu warmen Räumen bei konstanter Temperatur als störende Schwüle empfunden. Unter den Gesichtspunkten der Behaglichkeit und der Hygiene ist eine rel. Luftfeuchte nicht über 50 % empfehlenswert.

Zuglufterscheinungen (besonders im Nacken und im Fußknöchelbereich) werden in Abhängigkeit von der Raumlufttemperatur und der ausgeübten Tätigkeit entweder als angenehm oder als störend empfunden.

Energiesparendes Heizen

Der erste Schritt zur Energieeinsparung ist die Möglichkeit einer genauen, dem Bedarf angepassten Regelung der gewünschten Raumtemperatur. Die Raumtemperatur sollte dabei raumweise durch Thermostatventile an jedem Heizkörper exakt geregelt werden können. Voraussetzung ist, dass an den Ventilen die Raumluft frei zirkulieren kann.

Die Erhöhung der Raumtemperatur um nur 1 °C bedeutet schon einen Mehrverbrauch an Energie um ca. 6 %. In nicht genutzten Räumen kann also sinnvollerweise die Raumlufttemperatur etwas gesenkt werden. Um sich allerdings in der gesamten Wohnung wohl zu fühlen, müssen nicht oder nur selten genutzte Räume eine Grundwärme erhalten. Dadurch wird nicht nur das Behaglichkeitsgefühl in benachbarten Räumen gefördert, sondern auch die Gefahr der

Tauwasserbildung reduziert. In diesen Räumen sollte die Temperatur im Verhältnis zu den Wohnräumen lediglich um 3–5 °C niedriger eingestellt werden.

Eine Totalabschaltung der Heizkörper bei Abwesenheit von bis zu zwei Tagen ist nicht zu empfehlen. In dieser Zeit kühlen die Decken und Wände so stark ab, dass sie nicht innerhalb kurzer Zeit wieder aufgeheizt werden können und sich in den Räumen nur sehr langsam ein Behaglichkeitsgefühl einstellen kann. Bei kurzer Abwesenheit steht außerdem die durch die Abschaltung eingesparte Energiemenge in keinem Verhältnis zu der erforderlichen zusätzlichen Energie für das Wiederaufheizen. Erst bei längerer Abwesenheit (länger als 2 Tage) kann ein Herunterstellen der Heizung auf Frostschutz unter energetischen Gesichtspunkten sinnvoll sein.

7.6.3 Einrichtung

Einrichtung und Möblierung

Vor der Montage von Gegenständen insbesondere in Dachgeschosswohnungen sollte durch Abklopfen der Oberflächen geprüft werden, ob es sich um einen massiven Untergrund oder eine leichte Konstruktion z. B. aus Gipskartonständerwänden mit dahinter liegendem Hohlraum handelt. Befestigungen auf Gipskartonständerwänden – auch das Aufhängen von Lampen – können nur mit speziellen Hohlraumdübeln erfolgen. Die Belastungsgrenze ist abhängig von der Tragfähigkeit des Untergrundes sowie der Art des verwendeten Dübels. Große Lasten müssen unmittelbar an der Tragkonstruktion im Untergrund befestigt werden.

Sofern eine leichte Konstruktion vorhanden ist, muss allerdings vor der Montage geklärt werden, ob die raumabschließende Bekleidung gleichzeitig auch die Funktion der Luftdichtheitsebene übernimmt. In diesem Fall müssen zur Vermeidung von Schäden, die z. B. durch Konvektionsströmungen verursacht werden können, größere Durchdringungen (z. B. Steckdosen) luftdicht angeschlossen werden. Wenn allerdings eine zusätzliche Installationsebene zwischen der sichtbaren Bekleidung und der Luftdichtheitsebene vorhanden ist, sind die angesprochenen zusätzlichen Maßnahmen nicht erforderlich.

Bei nachträglich eingebauten Innendämmungen aus Calciumsilikatplatten muss der Nutzer der Immobilie darüber informiert werden, dass eventuell aufzubringende Anstriche diffusionsoffen sein müssen.

Bei Auswahl der Bodenbeläge ist zu beachten, dass der Schallschutz in Abhängigkeit von der Art des Belages verbessert, aber auch verschlechtert werden kann. Weiche Beläge wie z. B. Teppichböden erhöhen den Trittschallschutz, während auf Parkett-, Fliesen- oder Laminatbelägen Laufgeräusche stärker hörbar sind. Einrichtungsgegenstände wie Gardinen und Möbel (Holz- oder Polsterstühle) absorbieren den Schall unterschiedlich und beeinflussen somit die Akustik des Raumes.

Möbelaufstellung

Große Einrichtungsgegenstände sollten nicht unmittelbar vor Außenwandflächen aufgestellt werden. Bauphysikalisch am besten ist es, z. B. Schränke vor Innenwänden aufzustellen. Unmittelbar vor der Außenwand stehende Möbel oder dichte, bodenlange Gardinen behindern die Luftzirkulation in dieser Zone. Die Oberflächentemperatur der Außenwand ist aufgrund des geringen Luft- und Strahlungsaustausches deutlich niedriger als die Raumlufttemperatur. Somit besteht eine erhöhte Gefahr von Schimmelpilzbildung. Besonders ungünstig sind boden-

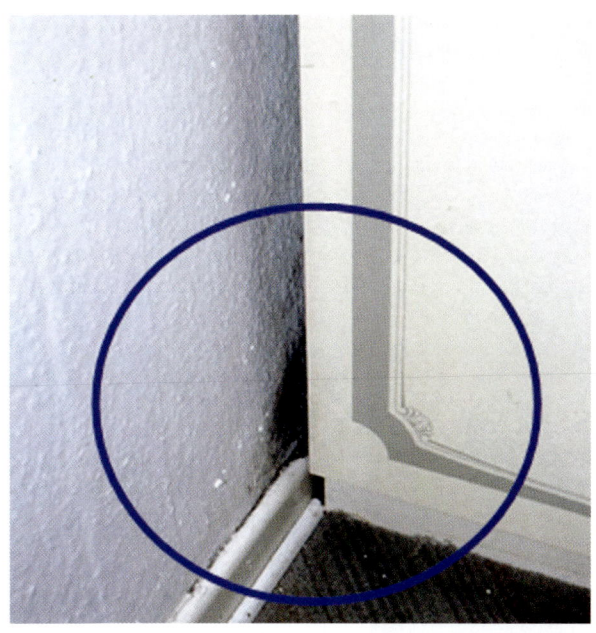

Bild 7-59
Schimmelpilzbildung bei einem
unmittelbar vor die Außenwand
gesetzten Schrank

7

lange Gardinen bei bodentiefen Fenstern (Terrassentüren, französische Fenster), da in diesen Bereichen keine Heizkörper aufgestellt werden können.

Sofern Außenwandflächen unvermeidbar als Stellflächen genutzt werden müssen, sollten Möbel möglichst mit 5–10 cm Abstand vor die Wand gestellt werden. Wesentlich ist dabei, dass eine ausreichende Luftbewegung (Konvektion) zwischen der Außenwand und dem Möbelstück erreicht wird. Besonders günstig sind dabei Möbel mit Füßen oder belüfteten Sockelzonen. Ist dies nicht möglich, sollte der Abstand größer gewählt werden.

Die Thermostatventile von Heizkörpern sollten nicht zugestellt werden.

7.6.4 Pflege

Wandflächen/Bodenbeläge

Damit ein Neuanstrich der Wand- und Deckenflächen nicht so häufig erforderlich wird, ist es hilfreich, die Flächen in regelmäßigen Abständen durch Abwischen mit einem trockenen Tuch von Staubablagerungen zu befreien.

Fenster/Türen

Die beweglichen Teile von Fenstern und Türen müssen hin und wieder gefettet werden. Dies kann mit Vaseline oder mit einigen Tropfen harzfreiem Öl erfolgen. Wenn die Fenster- bzw. Türflügel im Rahmen schleifen oder sich nicht mehr leicht schließen lassen, sollten sie durch einen Fachbetrieb nachjustiert werden.

Türschlösser bzw. Türzylinder dürfen nicht geölt werden. Damit die Schlösser leicht gangbar bleiben, sollte in regelmäßigen Abständen etwas Graphit eingeblasen werden. Bei Renovierungsarbeiten dürfen Türfallen, Beschläge, Scharniere und Schlösser nicht überstrichen werden.

Bild 7-60
Typische Schimmelbildung im
Bereich des Fensterfalz

Eingebaute Fenster- und Türdichtungen dürfen nicht herausgenommen werden. Einmal im Jahr sollten sie mit Vaseline abgerieben werden, um das Versprödern des Materials zu verhindern. Bei Fensterflügeln müssen Verschmutzungen in den Entwässerungsöffnungen der Falze des Rahmenholzes und in den Regenschienen entfernt werden.

Insbesondere bei offenen Treppenräumen in Maisonettewohnungen oder Einfamilienhäusern kann sich an Fenstern im Obergeschoss in oberen Fensterfalzbereichen Tauwasser bilden. Dies ist mit vertretbarem konstruktiven Aufwand kaum zu verhindern. Durch regelmäßiges Abwischen bzw. Säubern der Bereiche kann hier die Schimmelpilzbildung verringert werden.

Sanitärräume/Dichtstofffugen

Im Sanitärbereich sind die Anschlussfugen zwischen den gefliesten Wandflächen und Badewanne bzw. Duschtasse in der Regel mit Dichtstoff geschlossen. Das verwendete Verfugungsmaterial enthält üblicherweise fungizide Bestandteile, die allerdings wasserlöslich und nach ca. 2–3 Jahren ausgewaschen sind. Dieser Effekt ist unvermeidbar. Um hier Schimmelpilzbildung dauerhaft zu verhindern, sollten diese Fugen nach der Benutzung von Wanne bzw. Dusche abgetrocknet und in regelmäßigen Abständen mit Essigwasser gereinigt werden. Gerissene Dichtstofffugen müssen umgehend erneuert werden, da ansonsten die Bausubstanz dauerhaft durch eindringende Feuchtigkeit geschädigt werden kann.

Das „Blindwerden" der Oberflächen von Sanitäreinrichtungen lässt sich durch regelmäßige Reinigung und Entfernung von Kalkablagerungen verhindern.

Perlatoren in Wasserhähnen müssen ebenfalls regelmäßig abgeschraubt und darin abgelagerte Rückstände entfernt werden.

7.6.5 Instandhaltung: Inspektion, Wartung, Schönheitsreparaturen

Der Begriff Instandhaltung umfasst als Oberbegriff alle Maßnahmen zur Erhaltung und Wiederherstellung des ursprünglichen Zustandes (Soll-Zustand). Dazu gehören u. a. Inspektion, Wartung und Instandsetzung. Eine Inspektion beinhaltet Maßnahmen zur Feststellung und Beurteilung der vorhandenen Situation. Die Wartung bezeichnet Maßnahmen zur Erhaltung des Sollzustandes und die Instandsetzung Maßnahmen zur Wiederherstellung des Sollzustandes.

Inspektion

Einmal jährlich sollte ein „Inspektionsrundgang" durchgeführt werden, damit ggf. erforderliche Maßnahmen rechtzeitig ergriffen werden und keine größeren Schäden entstehen können. Nachfolgend werden exemplarisch einige wichtige, zu kontrollierende Punkte aufgeführt.

Bei **Balkonen und Loggien** empfiehlt es sich, die Unter- und Stirnseiten der Bodenplatten auf Durchfeuchtungsschäden oder Ablösung des Anstrichs in Augenschein zu nehmen. Geländer sollten hinsichtlich möglicher Rost-/Korrosionserscheinungen überprüft werden. Des Weiteren ist eine Überprüfung der Abdichtungsaufkantung an den Bauteilrändern hinsichtlich möglicher Ablösungserscheinungen sinnvoll.

Der Anstrich von **Fenstern und Außentüren** sowie der Zustand der Fensteranschlussfugen an verputzte Außenwände sollte insbesondere auf den Wetterseiten in Augenschein genommen werden. Der Zustand der im Fensterfalz eingebauten Dichtungsprofile sollte überprüft und ggf. mit Talkum gepflegt werden. Versprödete und beschädigte Dichtungen werden sinnvollerweise nur vom Fachmann ersetzt. Die Glasversiegelung/-dichtung sollte hinsichtlich vorhandener Ablösungen oder Beschädigungen überprüft werden.

Der Zustand der elastischen Anschlussfugen an die Rollladenschienen ist zu kontrollieren.

In **Küche und Bad** sind die im Folgenden aufgeführten Punkte zu überprüfen. So sind die flexiblen Leitungen von Geschirrspülmaschinen und Waschmaschinen vom Nutzer regelmäßig optisch zu prüfen. Wenn der Verdacht besteht, dass das Material spröde geworden ist, ist frühzeitig der Schlauch auszuwechseln. Es sollten möglichst hochwertige Druckschläuche verwendet werden!

Die Dichtungen von Wasserhähnen sollten ebenfalls überprüft und ggf. ausgetauscht werden.

Bei den sichtbar verlegten Installationsleitungen ist auf Korrosions- bzw. andere Alterserscheinungen zu achten.

Die Anschlussfugen zwischen gefliesten Wandflächen und Badewanne bzw. Duschtasse und die Fugen zwischen Boden und Wand sind mit Dichtstoff geschlossen. Da bei Neubauten der Estrich unter dem Fliesenbelag noch Restfeuchte enthält, die im Verlauf der Standzeit austrocknet, finden in dieser Zeit geringe, aber unvermeidbare Formänderungen statt. Diese können ebenfalls zu Rissbildungen und Ablösungen des Dichtstoffes an den Anschlussfugen führen.

Es ist daher empfehlenswert, bereits bei der Planung ein Abdichtungskonzept zu entwickeln, das nicht von der Funktionsfähigkeit der Dichtstofffuge abhängig ist. Liegt dies nicht vor, muss bei einer Feuchtebelastung im Bereich der ggf. gerissenen Fugen zeitnah der Dichtstoff erneuert werden.

Neben den vom Eigentümer durchzuführenden Inspektionen gibt es Bauteile und Einbauten wie z. B. Flachdächer, Heizungs-/Lüftungsanlagen oder Aufzüge, die von einem Fachbetrieb in regelmäßigen Abständen begutachtet werden müssen.

Schönheitsreparaturen

Durch „Schönheitsreparaturen" sollen durch normale (übliche) Nutzung unansehnlich gewordene Räume wieder in den ursprünglichen Zustand versetzt werden. Sie dienen nicht dem Erhalt der Funktionsfähigkeit von Bauteilen. Mieter sollten darüber informiert werden, welche Arbeiten zu diesen Aufgaben gehören.

Zu den Schönheitsreparaturen zählen in der Regel folgende Leistungen:

- Tapezieren und/oder Anstreichen der Decken und Wände
- Streichen der Heizkörper und -rohre, Innentüren, Fensterinnenseiten, Innenseiten von Außentüren und Wohnungseingangstüren
- Fachmännische Reinigung des Teppichbodens und der Fliesenbeläge

Als Richtwerte für Schönheitsreparaturen können folgende Zeitintervalle angenommen werden:

Alle 3 Jahre: Küchen, Bäder und Duschen
Alle 5 Jahre: Wohn- und Schlafräume, Flure und Toiletten
Alle 7 Jahre: Alle anderen Nebenräume

Ob Schönheitsreparaturen wirklich erforderlich sind, ist abhängig von der tatsächlichen Beanspruchung und Abnutzung der Bauteile. Wohnungen, die nur von Einzelpersonen oder über längere Zeiträume gar nicht genutzt werden, haben in der Regel einen geringeren Renovierungsbedarf als Wohnungen von Mehrpersonenhaushalten mit Kindern oder Wohnungen, in denen viel geraucht wird.

Schönheitsreparaturen und kleinere Instandhaltungsmaßnahmen werden häufig in Eigenleistung erbracht. Unsachgemäß ausgeführte Arbeiten können Schäden nach sich ziehen. Um dies zu vermeiden, werden nachfolgend Hinweise zu den häufigsten Schwierigkeiten bei Schönheitsreparaturen und Instandsetzungsarbeiten gegeben. Die Weitergabe der Informationen an Mieter ist oft hilfreich.

Vor Beginn der Renovierungsarbeiten im Bereich der Wand- und Deckenflächen muss die Festigkeit des Untergrundes (alte Farbschicht) überprüft werden. Die Haftzugfestigkeit des vorhandenen Anstrichs kann durch Abziehversuche mit einem gut haftenden Klebeband festgestellt werden. Das Klebeband wird an mehreren Stellen auf den Anstrich geklebt und dann ruckartig wieder abgezogen. Bleibt dabei Farbe an dem Klebeband haften, so ist der Untergrund i. d. R. für einen Neuanstrich ohne Vorbehandlung nicht geeignet. In diesem Fall ist es erforderlich, neu zu tapezieren. Weiterhin müssen die Ursachen eventuell vorhandener Schäden (Risse, Schimmelpilzbildungen, Flecken etc.) geklärt und wenn nötig behoben werden. Vor Beginn der Arbeiten müssen Teppichboden, Fensterrahmen, Stahlzargen, Einbaumöbel, Fliesen- und Sanitärobjekte sorgfältig mit Folie abgedeckt werden. Dübellöcher oder Unebenheiten im Untergrund müssen geschlossen bzw. ausgeglichen werden.

7.6.6 Hausakte

Die Durchführung von Wartungs-, Instandsetzungs- oder Umbau- und Modernisierungsmaßnahmen wird durch Führung einer Hausakte erleichtert.

Diese Akte sollte möglichst alle aktuellen Planunterlagen und Ausführungspläne des Objektes enthalten, also Baugenehmigungsunterlagen, Prüfstatik, Energieausweis, ggf. vorhandene Baugrundgutachten, Prüfprotokolle, Kurzbeschreibungen der Baukonstruktion, Ausführungspläne, Kontaktdaten der beteiligten Handwerksunternehmen etc. Dazu gehören ebenfalls ggf. vorhandene Bedienungsanleitungen für technische Einrichtungen sowie Pflegehinweise.

Um einen raschen Überblick über das jeweilige Gebäude oder die jeweilige Wohnung zu ermöglichen, muss diese Akte regelmäßig aktualisiert werden.

Idealerweise wird die Hausakte auch dem Mieter zu Verfügung gestellt, damit ihm notwendige Informationen darüber, was beachtet werden sollte, welche Pflege die vorhandenen Materialen benötigen etc., jederzeit zur Verfügung stehen.

Literatur

[DIN 1946-6] DIN 1946: Raumlufttechnik:
Teil 6: Lüftung von Wohnungen – Allgemeine Anforderungen, Anforderungen zur Bemessung, Ausführung und Kennzeichnung, Übergabe/Übernahme (Abnahme) und Instandhaltung, 2009-05

[DIN 4108] DIN 4108: Wärmeschutz und Energie-Einsparung in Gebäuden:
Teil 2: Mindestanforderungen an den Wärmeschutz, 2003-07
Teil 3: Klimabedingter Feuchteschutz, Anforderungen, Berechnungsverfahren und Hinweise für Planung und Ausführung, 2001-07
Teil 7: Luftdichtheit von Gebäuden, Anforderungen, Planungs- und Ausführungsempfehlungen sowie -beispiele, 2001-08 (Entwurf von 2009-01)

[DIN-Fachbericht 4108-8] DIN 4108: Wärmeschutz und Energie-Einsparung in Gebäuden:
Teil 8: Vermeidung von Schimmelpilzwachstum in Wohngebäuden, 2010-09

[UBA 2002] Leitfaden zur Vorbeugung, Untersuchung, Bewertung und Sanierung von Schimmelpilzwachstum in Innenräumen (Schimmelpilz-Leitfaden), Umweltbundesamt, Berlin 2002

[UBA 2005] Leitfaden zur Ursachensuche und Sanierung von Schimmelpilzwachstum in Innenräumen (Schimmelpilzsanierungs-Leitfaden), Umweltbundesamt, Berlin 2005

[DMB 2009] Wohnungsmängel und Mietminderung, Deutscher Mieterbund, Berlin 10/2009

[DMB 2010] Mieterrechte und Mieterpflichten, Deutscher Mieterbund, Berlin 09/2010

[Fischer u. a.] Lehrbuch der Bauphysik, Schall – Wärme – Feuchte – Licht – Brand – Klima, 6. Auflage 2008, Vieweg + Teubner Verlag, Wiesbaden 2008

[AIBau 2001] Gebrauchsanweisung für Wohnungen und Einfamilienhäuser, Forschungsbericht AIBau im Auftrag des BBR, Bonn 2001

[AIBau 2008] Kritische Schnittstellen bei Eigenleistungen, Forschungsbericht AIBau, Fraunhofer IRB-Verlag, Stuttgart 2008

[AIBau 2008] Bauteilbeschreibungen im Bauträgervertrag, Forschungsbericht AIBau im Auftrag des BBR, Bonn 2008

7

8 Innenraumhygiene und Recht

Das Gewährleistungsrecht – heute Mangelrecht – spielt im Baubereich von jeher eine dominante Rolle. Neben den Fragen der Vertragsgestaltung und der Gefahr von Nachträgen während der Bauausführung, handelt es sich immer noch um den Kernbereich des privaten Baurechts. Warum betonen wir dies hier? – Weil sich dieser Mangelbereich verändert. Wir haben eine neue Mangelqualität erhalten – den der Innenraumluftqualität.

8.1 Einführung in die „Rechtliche Problematik"

Axel Wirth und Norbert Galda

Nahezu an jedem Wochenende findet man in den kleinen oder großen Tageszeitungen eine Anlage mit der Überschrift „Pfusch am Bau". Mit dieser soll auf die (angeblich?) mindere Bauqualität in Deutschland hingewiesen werden. Wer Entsprechendes behauptet, hat aber unrecht. Die Bauqualität in Deutschland ist von hoher Güte. Sie ist auch weltweit anerkannt. Man muss insoweit nur die „Auslandsumsätze" deutscher Baufirmen betrachten. Einen Großteil ihres Umsatzes erwirtschaften diese längst im Ausland. Das Know-how und die Bauqualität der deutschen Bauwirtschaft sind hervorragend.

Verwechselt wird diese Bauqualität mit der Tatsache, dass es „natürlich" in jeder Branche „Schwarze Schafe" gibt. Das sind im Baubereich diejenigen, die tatsächlich schlechte Bauqualität abliefern. Die Gründe hierfür sind regelmäßig:

- abgegebene Angebote, die nicht kostendeckend sind – mit der Folge, dass „billige" Materialien verwendet werden, bzw. nicht ausreichend ausgebildete Mitarbeiter eingesetzt werden;
- der Preisdruck der Auftraggeberseite, der finanziell schlecht aufgestellte Firmen dazu zwingt, entsprechend vorzugehen;
- tatsächlich nicht vorhandenes Know-how.

In diesen Fällen besteht dann tatsächlich die Gefahr, dass „Pfusch am Bau" entsteht. Dies ist jedoch nicht der Regelfall. Die entsprechenden Negativbeispiele werden in der Praxis deshalb derart betont, weil sie regelmäßig im Bereich des „kleinen Häuslebauers" auftreten. Diese träumen von ihrem „Lebens-Eigenheim", lassen sich oftmals nicht ausreichend beraten und verfallen Scharlatanen, die zu „Bestpreisen" mindere Qualität anbieten.

Der Gesetzgeber hat Letzteres erkannt und diesen Entwicklungen entgegengesteuert. Die zahlreichen Änderungen im gesetzlichen Werkvertragsrecht und auch in der VOB Teil B belegen dies. Gleiches gilt für den Bundesgerichtshof, der schon in den 1970er Jahren (BGH, Urteil vom 4.12.1975 – VII ZR 269/73, BGH, Urteil vom 5.4.1979 – VII ZR 308/77, BGH, Urteil vom 29.6.1989 – VII ZR 151/88) entschieden hat, dass der *Erwerb* eines Einfamilienhauses vom Bauträger nicht dem Kaufrecht, sondern dem für den Erwerber günstigeren Werkvertragsrecht unterfällt. Die geschilderte Problematik scheint somit „unter Kontrolle" zu sein. Dies unabhängig davon, dass jedem Häuslebauer nur geraten werden kann, sich beim Bau oder Erwerb seiner Lebensimmobilie ausreichend rechtlich beraten zu lassen. Die dabei entstehenden Kosten sind gut investiert.

Die geschilderte Problematik des „Pfusch am Bau" ist deshalb nicht unser Zukunftsproblem. Ebenso nicht die zweite Fallkonstellation, bei der im Rahmen von Bauleistungen nicht geeignete Baumaterialien verwendet werden. Auch diesen Bereich haben der Gesetzgeber und unsere Rechtsprechung in den Griff bekommen. Zu verweisen ist insoweit beispielsweise auf die vom Deutschen Institut für Bautechnik (DIBT) einmal jährlich herausgegebenen Bauregellisten. Diese beinhalten eine umfassende Darstellung der bauaufsichtlichen Vorgaben bei der Verwendung von Bauprodukten. Zwischenzeitlich hat sich in diesem Bereich auch die EU eingeschaltet. Auch diese hat sich zum Ziel gesetzt, europaweit dafür Sorge zu tragen, dass nur geeignete Baumaterialien verwendet werden (EU-Bauproduktenverordnung, erlassen am 09.03.2011).

Kommen wir deshalb zu dem zukunftsträchtigen „neuen Mangelbereich" im Baurecht. Neu ist die Fragenkonstellation, dass „hervorragende" Handwerker an sich „gute" Bauleistungen erbringen, dies auch mit geeigneten Materialien – gleichwohl eine mangelhafte Bauleistung entsteht. Entsprechendes gibt es allerdings nicht nur im Baubereich, sondern auch im Kaufrecht. Zu denken ist an die Entscheidung des OLG Bamberg, bei der ein Fabrikant von Möbeln, ein an sich intaktes Schlafzimmer gefertigt und ausgeliefert hat, die dabei verwendeten Hölzer jedoch noch nach über einem halben Jahr einen unangenehmen Chemikaliengeruch verbreiteten (OLG Bamberg, Beschlüsse vom 13.07.2009 und 07.08.2009, 6 U 30/09). Im Rahmen der gerichtlichen Auseinandersetzung zwischen Käufer und Verkäufer stellte der vom Gericht beigezogene Sachverständige zwar fest, dass die chemischen Ausdünstungen nicht gesundheitsgefährdend, ja nicht bedenklich seien. Das Gericht entschied aber gleichwohl, dass die Möbel mangelhaft waren und vom Verkäufer zurückgenommen werden mussten.

Was soll damit gesagt werden? Diese Entscheidung belegt, dass selbst bei an sich mangelfreien Kauf- oder Werkvertragsleistungen, gleichwohl ein Mangel vorliegen kann. Dies gilt auch für den Baubereich. Auch hier kann es sein, dass geschulte Handwerker mit an sich geeigneten Materialien ordnungsgemäße Bauleistungen erbringen. Dies beispielsweise bei der Sanierung eines Schulgebäudes. Die als mangelfrei abgenommenen Bauleistungen führen gleichwohl dazu, dass bei den Schülern nach einigen Unterrichtstagen Krankheitssymptome im Sinne von Übelkeit etc. auftreten. Unabhängig davon, ob die von den verwendeten Baumaterialien ausströmenden Emissionen zulässig Grenzwerte überschreiten oder nicht, den Kindern ist eine weitere Nutzung der Schule nicht zumutbar. Die Bauleistungen sind mangelhaft.

Als Folge stellt sich die Frage, wie unser Recht mit dieser neuen Mangelsituation am Bau umgehen soll. Im Folgenden wollen wir hierfür einige Anregungen geben.

8

8.2 Der Mangelbegriff

Axel Wirth und Norbert Galda

8.2.1 Mängel im Kauf- und Werkvertragsrecht

Das BGB enthält für das Werkvertragsrecht und das Kaufrecht weitgehend identische Definitionen dafür, was ein Mangel ist. Grundsätzlich gilt: Ein Sachmangel liegt vor bei einer Abweichung der Ist- von der Sollbeschaffenheit.

Damit lautet die entscheidende Frage: Was ist als „Vertragssoll" geschuldet? Die Sollbeschaffenheit wird durch den Vertrag und ergänzend durch das BGB in den Vorschriften zum Kauf- und Werkvertragsrecht vorgegeben.

Bereits hier zeigt sich, dass die Antwort auf die Frage, ob z. B. ein Gewerk mangelhaft ist, unterschiedlich ausfallen kann. Entscheidend ist zunächst, was dazu im Vertrag vereinbart wurde. Diese Vereinbarung kann aber im Verhältnis zwischen Bauherr und Bauunternehmer einerseits und zwischen Bauunternehmer und Subunternehmer andererseits unterschiedlich ausfallen.

Weniger von Bedeutung ist für den Baubereich die Unterscheidung zwischen Kauf- und Werkvertrag. Für bewegliche neu hergestellte Sachen gilt Kaufrecht. Werden solche Sachen zum Einbau in ein Haus vorgesehen, und liegt darin der Schwerpunkt, bleibt Werkvertragsrecht anwendbar. Der Mangelbegriff des Werkvertrages in § 633 BGB ist mit demjenigen des Kaufvertrages (§ 434 BGB) weitgehend identisch. Allerdings können allein im Kaufrecht untaugliche Montageanleitungen zu einem Mangel führen, eine vergleichbare Regelung existiert für das Werkvertragsrecht nicht.

Unterscheidungen gibt es auch bei den Folgen eines Mangels. Während im Werkvertragsrecht der Hersteller darüber entscheiden kann, ob er nachbessert oder das Werk neu herstellt, steht im Kaufvertragsrecht diese Wahl dem Käufer zu.

8.2.2 Wann ist ein Werk mangelhaft?

§ 633 Abs. 2 BGB definiert den Begriff des Mangels. Die Unterscheidung erfolgt auf drei Ebenen, die wiederum an die Regelungsdichte des Vertrages anknüpfen.

Hier soll zunächst betrachtet werden, was gilt, wenn der Vertrag keine spezifischen Regelungen dazu enthält, welche Beschaffenheit geschuldet sein soll.

a) Nach dem Vertrag vorausgesetzte bzw. gewöhnliche Verwendungseignung

Diese Kriterien für einen Mangel greifen hilfsweise ein, wenn die Voraussetzungen des § 633 Abs. 2 Nr. 1 BGB nicht vorliegen, also keine Vereinbarungen zur Beschaffenheit getroffen wurden. Vorrangig ist dann zu prüfen, ob nach dem Vertrag eine Verwendungseignung vorausgesetzt wird und ob diese vorliegt. Gibt es keine solche im Vertrag vorausgesetzte Verwendungseignung, ist nach der Eignung zur üblichen Verwendung von Werken solcher Art zu fragen.

Ein Bauvorhaben setzt als gewöhnliche Verwendung zunächst die Möglichkeit der Nutzung der Räume voraus. Schon in den Bezeichnungen Wohnhaus oder Bürogebäude, die z. B. im Bauantrag oder der notariellen Urkunde mit dem Bauträger zu finden sein werden, liegen Beschaffenheitsfestlegungen.

Wohnen oder Büronutzung ist möglich, wenn das Gebäude eine dichte, isolierte und gedämmte Hülle mit Fenstern und den erforderlichen Anschlüssen zur Verfügung stellt. Das kann deshalb auch ohne schriftliche Vereinbarung im Vertrag als stillschweigend vereinbarte Beschaffenheit angesehen werden.

Gleiches kann für einzelne Einrichtungselemente gelten, z. B. eine Schrankwand. Dort wird im (Kauf- oder Werk-) Vertrag nicht erwähnt, dass sie in einem bewohnten Innenraum aufgestellt wird. Sie wird aber üblicherweise dort zu finden sein. In beiden Fällen ist deshalb der gleiche Maßstab bei der Beurteilung anzusetzen, ob ein Mangel vorliegt:

Ist das Gebäude, sind Möbel, der Baustoff oder die Planung nicht für die Verwendung in einem oder für die Herstellung eines Raumes geeignet, der von Menschen als Aufenthaltsraum genutzt wird, dann liegt ein Mangel vor.

Das führt zu der Frage, wann diese Grenzen überschritten werden.

Die Rechtsprechung ist dazu schon deshalb nicht einheitlich, weil es an gesetzlichen Regelungen weitgehend fehlt.

Einen Anknüpfungspunkt stellt die Gefahrstoffverordnung dar. Sie zielt auf denjenigen ab, der ein Produkt in den Verkehr bringt. Dies wird ihm verboten, wenn das Produkt gewisse Grenzwerte überschreitet.

Damit ist die GefahrstoffVO dem Bereich des öffentlichen Rechts zuzuordnen und gilt nicht unmittelbar zwischen privaten Personen/Vertragspartnern.

Dennoch wird sie von einigen Gerichten als Grundlage für die Beurteilung herangezogen, ob ein Bauherr Mangelansprüche wegen Schadstoffemissionen hat.

Der Anwendungsbereich der GefahrstoffVO legt eine solche Heranziehung in dem Verhältnis Bauherr zu Werkunternehmer auch nahe. Nach § 1 GefStoffV dient sie dem Schutz von Beschäftigten und anderen Personen – also auch dem Bauherrn – vor Gesundheitsgefährdungen durch Gefahrstoffe.

Aus diesem Grund hat etwa das OLG Köln[1] darauf abgestellt, dass eine Schrankwand aus Spanplatten, deren Formaldehydemmission über dem Grenzwert der GefStoffV liegt, mangelhaft ist. Dem – privaten – Käufer der Schrankwand wurde deshalb ein mangelbedingtes Minderungsrecht des Kaufpreises auf 0 EUR (damals DM) zugesprochen.

Andere Gerichte haben davon abgesehen, die GefStoffV im privaten Bereich anzuwenden. So hat das OLG Bamberg[2] auf die Richtlinie des Ausschusses für die Einheitliche Technische Baubestimmungen (ETB) abgestellt. Dieser sieht den Grenzwert in der „Richtlinie über die Verwendung von Spanplatten hinsichtlich der Vermeidung unzumutbarer Formaldehydkonzentrationen in der Raumluft" – wie die GefStoffV – bei max. 0,1 ppm.

Richtlinien stellen aber keine Gesetze dar, sondern haben nur einen Empfehlungscharakter.

Das OLG Bamberg konnte aber dennoch unter Hinweis auf Art. 3 der BayBauO auf die Richtlinie zurückgreifen. Danach werden Richtlinien zu anerkannten Regeln der Baukunst und sind zu beachten, wenn sie durch das Staatsministerium als Technische Baubestimmung qualifiziert werden. Andere Bundesländer haben die Richtlinie ebenfalls als verbindlich umgesetzt, z. B. NRW durch Veröffentlichung im Ministerialblatt im Jahr 1981.

---

[1]   OLG Köln BauR 1991, 759
[2]   OLG Bamberg NJW-RR 2000, 97

Erneut kann die Richtlinie über diese Einordnung als Technische Baubestimmung zunächst nur öffentlich-rechtlichen Charakter beanspruchen und damit nicht unmittelbar im Verhältnis Bauherr zu Werkunternehmer gelten. Auch hier gilt aber, dass die Verwendung eines nicht zugelassenen Stoffes den Bauherrn berechtigt, dies als Mangel geltend zu machen.

Ist eine Umsetzung von Richtlinien nicht erfolgt, haben sie grundsätzlich nur Empfehlungscharakter. Sie können damit nicht als verbindliche Anforderung zugrunde gelegt werden. Etwas anderes gilt, wenn sie in den Vertrag aufgenommen wurden. Dies gilt auch für die Richtwerte der „Ad-hoc-Arbeitsgruppe" des Bundesumweltamtes.

Dennoch sind solche Empfehlungen und Richtwerte in der gerichtlichen Praxis nicht ohne Auswirkung geblieben. So hat das OLG Frankfurt[3] entschieden, dass es „keiner tiefer greifenden Begründung der Feststellung einer Gesundheitsgefährdung und damit eines Mangels bedarf", wenn ein Formaldehydwert von 1,0 ppm festgestellt wurde.

Bemerkenswert ist diese Entscheidung auch insoweit, als das OLG die Gesundheitsbeeinträchtigung deshalb als nachgewiesen ansah, weil der Kläger im vorgeschalteten selbstständigen Beweisverfahren eidesstattlich versichert hatte, dass er aufgrund des Formaldehyds an Kopfschmerzen leide! Der übersteigende Wert wurde auch nur vorübergehend festgestellt und lag später unter dem Grenzwert. Das OLG Frankfurt hatte dem Käufer – hier einer Einbauküche – eine Minderung in Höhe von 10 % für die vier Monate der nach seiner Ansicht eingeschränkten Nutzungsmöglichkeit zugesprochen.

Konsequent ist eine Entscheidung des OLG Nürnberg[4] aus dem Jahr 1992. Es hat zutreffend ausgeführt, dass die GefStoffV und damit deren Grenzwerte zivilrechtlich keine Geltung haben. Um diese Hürde der fehlenden gesetzlichen Beurteilungsgrundlage zu umschiffen, hat das OLG allerdings darauf abgestellt, dass ein Mangel allein deshalb vorliege, weil das Bewohnen aufgrund der Formaldehydkonzentration nicht zumutbar sei.

Mit dieser Entscheidung schließt sich der Kreis: Ein Gebäude ist auch ohne gesonderte vertragliche Vereinbarungen mangelhaft, wenn es für die übliche oder nach dem Vertrag vorausgesetzte Verwendung nicht geeignet ist.

Ein Wohnhaus muss dazu geeignet sein, ohne Gesundheitsgefährdung darin wohnen zu können. Ein Bürogebäude muss geeignet sein, darin gefahrlos arbeiten zu können. Erfüllt es diese Voraussetzungen nicht, weil Schadstoffemissionen in einer Höhe vorliegen, die als gesundheitsgefährdend anzusehen ist, liegt ein Mangel vor.

Gleiches gilt für Werkleistungen wie Möbel, z. B. also Schränke oder Einbauküchen, die nach der üblichen Verwendungsart in Wohn- oder Arbeitsräumen stehen können müssen, ohne dass dadurch die Nutzer der Räume in ihrer Gesundheit gefährdet werden.

b) Beschaffenheitsvereinbarungen

Sollen die Bauten oder Werke weitergehende Anforderungen erfüllen, müssen diese als Beschaffenheitsvereinbarung Vertragsgegenstand werden.

Solche Beschaffenheitsvereinbarungen sollen auch ohne ausdrückliche Regelung Vertragsbestandteil werden können. So hat das OLG München in einer Entscheidung vom 19.05.2009 (AZ 9U 4198/08) festgehalten, dass die anerkannten Regeln der Technik auch dann als Beschaffenheitsvereinbarung zugrunde zu legen seien, wenn dies im Vertrag nicht ausdrücklich erwähnt wurde. Für den Bereich der Schadstoffemissionen wird diese Entscheidung aber nicht

---

[3] OLG Frankfurt NJW-RR 1988, 1455
[4] OLG Nürnberg NJW-RR 1993, 1300

einschlägig sein, da die bisherigen Empfehlungen und Richtwerte noch nicht den Rang von anerkannten Regeln der Technik haben.

Beschaffenheitsvereinbarungen können auch in Werbeaussagen des Herstellers/Werkunternehmers zu sehen sein. Für das Kaufrecht wird dies ausdrücklich in § 434 Abs. 1 S. 3 BGB bestimmt. Diese Regelung geht auf die Verbrauchsgüterkaufrichtlinie zurück.

Auch im Werkvertragsrecht können Werbeaussagen nicht ohne Auswirkungen auf den Vertrag bleiben.

Es entspricht gefestigter Rechtsprechung, dass ein Haus mangelhaft ist, wenn es nur die Mindestanforderungen der Schallschutz-DIN 4109 erfüllt, in der Werbung aber auf dessen hochwertige Ausstattung oder andere Merkmale abgestellt wird, die eine bessere Ausstattung erwarten lassen:[5]

Das OLG Köln[6] hatte (noch zum BGB alter Fassung) eine zugesicherte Eigenschaft angenommen, als in der Werbung auf die Verwendung bestimmter hochwertiger Materialien verwiesen wurde.

Gleiches muss für Werbung mit dem Hinweis auf schadstoffarme Bauweise oder Ähnliches gelten. Sie sind wie eine Beschaffenheitsvereinbarung zu werten. Fraglich ist aber wieder, welcher Maßstab bei der Beurteilung zugrunde zu legen ist, ob die Vereinbarung eingehalten wurde.

Dazu können konkrete Werte in den Vertrag aufgenommen werden. Solche Werte erfüllen die Voraussetzungen von Beschaffenheitsvereinbarungen. Nach dem Grundsatz der verschuldensunabhängigen Erfolgshaftung des Werkvertragsrechts sind sie vom Werkunternehmer einzuhalten. Ist das nicht der Fall, liegt in dem Abweichen von der vereinbarten Beschaffenheit ein Mangel.

8.3 Haftungsfragen und Versicherung

Sven Dreher

Einleitung

Ob Schadstoffe, die in Gebäuden auftreten, einen von einem Versicherungsvertrag gedeckten Schaden darstellen, ist von drei Faktoren abhängig: von der Ursache, die zu dem Schaden geführt hat, von der Haftung des Schadenverursachers und vom Inhalt der Versicherungsbedingungen („Deckung"), die vertraglich zwischen dem schadenverursachenden Versicherungsnehmer (VN) und dem Versicherungsunternehmen (VU) vereinbart wurden. Eine „Schadstoffversicherung" per se gibt es nicht, entsprechende Schäden können aber über unterschiedliche Policen gedeckt sein. Zentrale Bedeutung kommt dabei der Betriebs- und Berufshaftpflichtversicherung (BHV) zu.

Bei einer Haftpflichtversicherung werden die Schadensersatzansprüche „Dritter" reguliert, also nicht die eigenen Schäden des VN. Viele Versicherer bieten Versicherungsprodukte an, die genau auf das Risikoportfolio bestimmter Berufsgruppen wie Planer, Architekten, ausführende

---

[5]   BGH IBR 2009, 447; BGH IBR 2007, 473
[6]   OLG Köln IBR 1995, 299

Firmen im Baugewerbe oder Hersteller von Produkten zugeschnitten sind. Dennoch ist es wichtig, auch bei diesen Versicherungsprodukten genau auf den Deckungsumfang zu achten, da trotz spezieller Vereinbarungen nicht automatisch alle Risiken des jeweiligen Unternehmens abgedeckt werden. Beispielsweise können Asbestschäden, die in den meisten Verträgen explizit ausgeschlossen sind, bei der R+V-Versicherung wieder eingeschlossen werden. Auch die Versicherung von Personenschäden, die durch Asbest verursacht werden, ist bei der R+V als einem der wenigen Anbieter am Markt im Rahmen des Wiedereinschlusses vorgesehen.

Über Sachversicherungen wie der verbundenen Wohngebäudeversicherung können Schimmelschäden – sofern sie die Folge eines Leitungswasserschadens oder eines Elementarereignisses (z. B. Überschwemmung) sind – gedeckt sein.

8.3.1 Anspruchsgrundlagen der Haftpflichtversicherung

Anspruchs- und Regulierungsgrundlage in Schadensfällen ist die gesetzliche Haftung. Von besonderer Bedeutung ist § 823 BGB, welcher die Schadensersatzpflicht regelt. Eine weitere wichtige gesetzliche Grundlage auf der Haftungsseite ist das HGB, hier z. B. § 377 (Prüf- und Rügepflicht). Aufseiten des Versicherungsschutzes bildet das Versicherungsvertragsgesetz (VVG) den gesetzlichen Rahmen. Neben dem Ausgleich von Schadensersatzansprüchen bietet die Haftpflichtversicherung auch Rechtsschutz bei der Abwehr unberechtigter Ansprüche.

Soll die Haftpflichtversicherung bei einem Schaden eintreten, muss den Versicherungsnehmer (VN) ein Verschulden am eingetretenen Schaden treffen („deliktische Haftung", z. B. Verstöße gegen geltende Vorschriften und Normen, soweit diese nicht vorsätzlich begangen wurden), oder es muss ihm ein „Gefahr erhöhendes Verhalten" im Rahmen der Gefährdungshaftung nachgewiesen werden. Hierzu zählt beispielsweise die Verkehrssicherungspflicht, etwa beim Absichern einer Baustelle.

Für fehlerhafte Produkte kann Versicherungsschutz über eine Produkthaftpflichtversicherung geboten werden. Diese bezieht sich konventionell auf Personen- oder Sachschäden, auch wegen Sachmängeln infolge des Fehlens von vereinbarten Eigenschaften. Eine erweiterte Produkthaftpflicht ersetzt darüber hinaus Vermögensschäden, die durch das mangelhafte Produkt entstanden sind. Hierfür werden verschiedene Bausteine angeboten, z. B.

–   Verbindungs-, Vermischungs-, Verarbeitungsschäden
–   Weiterver- oder -bearbeitungsschäden
–   Schäden durch Maschinen, Formen und Maschinen- oder Steuerungsteile
–   Prüf- und Sortierkosten

Die „vereinbarten" oder „zugesicherten" (Altbegriff vor der Schuldrechtsreform) Eigenschaften können äußerst vielfältig sein, z. B. Angaben von Abmessungen und Formen, Aussagen zu Beständigkeiten gegen definierte Parameter wie beispielsweise Temperatur, Licht, Chemikalien oder auch Inhaltsstoffe. Zu Letzterem zählen auch Begriffe wie „lösemittelfrei" oder „umweltfreundlich", die sich mittlerweile auf zahlreichen Produkten wie Farben, Lacken oder Klebstoffen befinden. Dass diese eher allgemeinen Begriffe in Schadensfällen nicht ganz unproblematisch sind, zeigt das nachfolgende Beispiel.

8.3.2 Beispiel Schulgebäude

Im nachfolgend beschriebenen Schadensfall hatte der VN als Fußbodenbauer den Auftrag, einen Fußbodenaufbau in einer Schule herzustellen. Das Schulgebäude wurde renoviert, eine der Vorgaben an den VN lautete, dass die verwendeten Produkte aufgrund der Nutzung „löse-

8

mittelfrei und umweltfreundlich" sein sollten. Da das Produkt auf Epoxidharzbasis, welches der VN normalerweise für den Fußboden-Vorstrich verwendet, nicht verfügbar war, entschied er sich, ein anderes Produkt auf Polyurethanbasis einzusetzen, welches laut Herstellerangaben lösemittelfrei war. Vor Beginn der Arbeiten hielt der VN Rücksprache mit dem Hersteller bezüglich der Eignung des Produktes und führte sogar noch einen Ortstermin mit einem Außendienstmitarbeiter des Herstellers durch. Von Herstellerseite wurde dem Produkt Unbedenklichkeit attestiert, sodass es als Fußboden-Vorstrich zum Einsatz kam.

Nach Fertigstellung und Wiederbezug des Schulgebäudes klagten eine Reihe von Schülern über Symptome wie Geruchsbelästigungen und Reizungen der Atemwege. Erst nach Durchführung umfangreicher Messungen durch unabhängige Sachverständige und Analysenauswertungen von Raumluftproben wurde deutlich, dass die Beschwerden durch einen in der Raumluft gefundenen Inhaltsstoff ausgelöst werden. Neben einem sonst unauffälligen VOC-Profil (Summe VOC ca. 300–400 µg/m^3, VOC = Volatile Organic Compounds, flüchtige organische Verbindungen) wurden deutlich erhöhte Konzentrationen von Dicarbonsäuremethylester (DCE) gefunden ($\sim$ 1.500 µg/m^3). Dieser Stoff war bis zu 49 % im verwendeten Produkt enthalten, aber aufgrund seiner chemischen Eigenschaften, hier vor allem wegen seines Siedepunktes über 200 °C, „nicht kennzeichnungspflichtig", obwohl es sich um ein Lösungsmittel handelt. Die Lösemittel-Definition ist in der TRGS 610 geregelt (TRGS = Technische Regeln für Gefahrstoffe).

Strittig ist hier die Haftung des VN, da er sich in keiner Weise schuldhaft verhalten hat, sondern nach mehrfachem Befragen des Produktherstellers davon ausgehen konnte, dass es sich um das geforderte lösemittelfreie und umweltfreundliche Produkt handelt. Gleichwohl schuldet er nach Werkvertragsrecht seinem Auftraggeber ein mangelfreies Gewerk, was aufgrund der vorhandenen Ausdünstungen offensichtlich nicht der Fall war. Aus diesem Grund wurde der Schaden zunächst von seinem Haftpflichtversicherer reguliert und im Anschluss Regress beim Hersteller genommen. Die Argumente hierfür sind beispielsweise der fehlende Hinweis auf die Lösemitteldefinition der TRGS 610, nach der, wie oben beschrieben, durchaus „nicht kennzeichnungspflichtige" Lösemittel trotz der Angabe „lösemittelfrei" im Produkt enthalten sein können. Darüber hinaus wurden Einzelstoffe nachgewiesen, die einen Siedepunkt unterhalb von 200 °C besitzen und somit in jedem Fall kennzeichnungspflichtig gewesen wären.

Ein Richt- oder Grenzwert speziell für DCE war bisher nicht vorhanden. Das zuständige Landesamt hat diesen Fall zum Anlass genommen, um für C4–C6 DCE einen vorläufigen Richtwert (Eingriffswert) von 500 µg/m^3 und einen Zielwert nach Sanierung von 50 µg/m^3 vorzugeben. Diese Werte werden auch im „Leitfaden für die Innenraumhygiene in Schulgebäuden" (August 2008) des Umweltbundesamtes zitiert.

8.3.3 Beispiel Schimmelpilze

Eine Anreicherung von Schadstoffen in Innenräumen und auch eine zunehmende Schimmelpilzbildung aufgrund von Feuchtigkeit in Gebäuden können eine Folge der Bemühungen um energetische Verbesserungen und die damit einhergehende zunehmende Dämmung der Gebäudehülle sein. Durch nicht ausreichende Luftwechselraten in falsch sanierten oder falsch geplanten Gebäuden wird der notwendige Austausch von Innen- und Außenluft bzw. die ausreichende Abfuhr von „feuchter" Luft aus dem Innenraum oft nicht mehr gewährleistet. Ein Verschulden für das Auftreten dieser Probleme kann somit im planerischen oder im ausführenden Bereich liegen. Auch spielt das „Nutzerverhalten", also das Verhalten der Bewohner, oft eine große Rolle. Fehler werden hierbei durch eine übermäßige Freisetzung von Feuchtigkeit beim Duschen, Kochen oder Wäscheaufhängen ohne entsprechende anschließende Lüftung gemacht. Auch wird die Freisetzung von Feuchtigkeit aus dem menschlichen Körper beim Atmen oder Schwitzen häufig stark unterschätzt, z. B. beim mehrstündigen Aufenthalt im Schlafzimmer. Die so erzeugte Feuchtigkeit wird sich an den kältesten Bauteilen des Gebäudes niederschlagen, wenn die Bewohner sie nicht mittels „Stoßlüftung" abführen, d. h. mit einer kompletten Öffnung des Fensters über einige Minuten Dauer, wobei ein Austausch von „warmer, feuchter" Luft mit „kalter, trockener" Luft erzielt wird. Die von vielen Nutzern praktizierte „Dauerkipp-Stellung" der Fenster ist vor allem in den kälteren Monaten des Jahres problematisch, da sie Abkühlungen im Bereich des Fenstersturzes bewirkt. Innenraumfeuchte wird sich dort infolge der Taupunktunterschreitung bevorzugt niederschlagen, was zu Schimmelpilzbildungen führen kann. Betroffen können aber ebenso schlecht gedämmte Wandaußenseiten oder Raumecken sein, in denen neben einer schlechten Dämmung auch eine geringe Luftzirkulation vorhanden ist, sodass feuchte Luft dort schlechter abgeführt werden kann.

Wird ein Schimmelschaden einer Versicherung gemeldet, können hierfür verschiedene Anspruchsgrundlagen geltend gemacht werden. Bei eindeutigen Planungs- oder Ausführungsfehlern ist die BHV des Planers oder der ausführenden Firma eintrittspflichtig. Versichert ist wie oben gesagt der „Drittschaden", d. h. die Sanierung der schimmelbelasteten Wohnung. Ist es hingegen nur notwendig, etwa die von der ausführenden Firma (VN) angebrachten schadenursächlichen (weil z. B. falsch angebrachten) Dämmplatten wieder zu entfernen und durch neue zu ersetzen, fällt dies in den vom Versicherungsschutz nicht erfassten Nachbesserungs-/Gewährleistungsbereich des VN. Da, wie oben ausgeführt, das Nutzerverhalten eine große Rolle spielen kann, wird bei der Meldung eines Schimmelschadens im Rahmen der Ursachenfindung zunächst die Frage „falsches Nutzerverhalten" oder „Gebäudemangel" zu klären sein. Dies kann in strittigen Fällen durch qualifizierte Sachverständige erfolgen. Zu der Frage, welche Auflagen oder Einschränkungen für Mieter als Nutzer einer Wohnung zumutbar sind (z. B. Anzahl und Dauer der Stoßlüftung, maximale Duschdauer etc.), gibt es mittlerweile eine Reihe von Gerichtsurteilen. Deren Übertragung auf konkrete neue Fälle ist jedoch schwierig, da es sich fast immer um Einzelfallentscheidungen handelt. Ist die Verschuldensfrage nicht eindeutig zu beantworten, so kommt unter dem Aspekt des Mitverschuldens auch eine Schadenaufteilung (Quotelung) in Betracht.

Eine weitere Möglichkeit für eine Eintrittspflicht beim Auftreten von Schimmelpilzen bildet die Wohngebäudeversicherung (Leitungswasser). Hierbei muss ein Zusammenhang zwischen einem versicherten Leitungswasserschaden und dem Auftreten von Schimmelpilzen bestehen. Vor allem bei verdeckten Leitungswasserschäden, bei denen aus einer nicht sichtbaren Leckage über einen längeren Zeitraum Wasser austritt, kann dies zur Schimmelpilzbildung führen und wäre dann – soweit Gebäudeteile wie Putz oder Estrich betroffen sind – als Folgeschaden versichert. Schimmelpilzbefall an Einrichtungsgegenständen wie Polstermöbeln oder Teppichen sind davon ausgenommen, da der Versicherungsgegenstand der Wohngebäudeversicherung nur das Wohngebäude selbst, ohne dessen Inhalt an beweglichen Sachen, ist. Bei Schäden am Gebäudeinhalt greift stattdessen die Hausratversicherung.

Strittig kann der Umfang von Schimmelsanierungsmaßnahmen werden. Aus gutem Grund gibt es keine Grenzwerte für Schimmelpilzkonzentrationen in Innenräumen. Dies liegt zum einen an den jahreszeitlich saisonalen Schwankungen beim Auftreten von Schimmelpilzen. Da es sich um natürlich vorkommende Organismen handelt, die jeder Mensch in der Natur einatmet, kommen diese „Außenpilze" über Lüftungen etc. auch in das Innere der Gebäude. Auf diese Weise sind Innenraumkonzentrationen von Schimmelpilzen immer gekoppelt mit den Außenluftkonzentrationen. Deshalb werden bei der Feststellung, ob eine Innenraumquelle von Schimmelpilzen vorliegt, immer Innenraum- und Außenluftkonzentrationen gleichzeitig gemessen und Anzahl und Art bzw. Gattungen der auftretenden Schimmelpilze miteinander verglichen. Nur so kann eine Aussage getroffen werden, ob überhaupt eine Innenraumquelle vor-liegt oder zumindest als wahrscheinlich anzunehmen ist.

Weitere Gründe für fehlende Grenzwerte sind die Vielzahl der Schimmelpilzarten, die in ihren gesundheitlichen Auswirkungen unterschiedlich einzustufen sind, sowie die persönliche Prä-disposition der jeweilig betroffenen Personen auf das Auftreten von Schimmelpilzen (z. B. Allergiker). Es gibt bisher keine wissenschaftlich gesicherten Erkenntnisse zum Zusammen-hang von möglichen Gesundheitsgefährdungen und der Expositionsdauer sowie der Konzen-tration von Schimmelpilzen. Grundsätzlich ist davon auszugehen, dass Allergiker oder im-mungeschwächte Personen stärker auf vorhandene Schimmelpilze reagieren als „gesunde" Personen.

Aus diesem Grund gibt es selbst unter Fachleuten wie Sanierungsfirmen oder Sachverständi-gen häufig abweichende Meinungen über den notwendigen Umfang bei Schimmelpilzsanie-rungen. Zwar gibt es Handlungsempfehlungen des Umweltbundesamtes oder des Landesge-sundheitsamtes Baden-Württemberg, die dortigen Empfehlungen werden jedoch in der Praxis weit interpretiert. Häufigster Streitpunkt bildet dabei die Frage, inwieweit ein Materialrückbau erfolgen muss, oder ob es andere Möglichkeiten der Sanierung (z. B. durch Desinfizieren oder mechanische Bearbeitung wie Abfräsen von Holzoberflächen) gibt. Aufgrund der damit ein-hergehenden unterschiedlichen Sanierungskosten gilt es hier, einen Spagat zwischen der „Schadenminderungspflicht" gegenüber dem Versicherer und einer umfänglichen Sanierung, bei der eine Gesundheitsgefährdung der Bewohner auszuschließen ist, durchzuführen. Einige Versicherer haben speziell für den Fall von abweichenden Gutachtermeinungen oder unter-schiedlichen Sanierungskonzepten eigene Sachverständige, die dann im Rahmen einer Media-tion eine Lösung herbeiführen müssen.

8.3.4 Zusammenfassung

Aufgrund der vorhandenen gesetzlichen Rahmenbedingungen und der darauf basierenden breiten Palette an Versicherungsprodukten ist es möglich, Innenraumbelastungen durch Schad-stoffe zu versichern. Voraussetzung für die Regulierung ist neben dem „passenden" Versiche-rungsvertrag (d. h. vorhandener Deckung) die eindeutige Haftung des VN. Bei mehreren Be-teiligten, die alle zu einem gewissen Anteil ein Verschulden an dem Schaden trifft, besteht auch die Möglichkeit, „Quoten" zu bilden.

Für den Haftpflichtversicherer bestehen aufgrund der ständig neuen Entwicklung von Produk-ten Risiken, die in der Unkenntnis über die Wirkungsweise neuer Inhaltsstoffe oder Ersatzstof-fe liegen. Der Ersatz von lösemittelhaltigen Produkten, die als VOC-Emittenten gelten, durch „lösemittelfreie" oder wasserbasierende Produkte hat zur Folge, dass andere Inhaltsstoffe ein-gesetzt werden, mit teilweise unbekannter Wirkung. Beispielsweise sind vielfach auch SVOC (Semi Volatile Organic Compounds – schwer flüchtige organische Verbindungen) vorhanden, die nach der Anwendung zwar in wesentlich geringeren Konzentrationen als VOC ausgasen und somit auch kein Geruchsproblem darstellen, dafür aber wesentlich länger in der Raumluft nachweisbar sein können. Vor allem bei ungenügender Lüftung besteht dann die Möglichkeit der Anreicherung hin zu höheren Konzentrationen. Auch die Wirkungsweise von Nanoparti-keln auf die menschliche Gesundheit, die sich heute in vielen Produkten (auch Bauprodukten wie Anstrichen und Farben) finden, ist nicht abschließend erforscht.

Problematisch für VN und VU gleichermaßen können vereinbarte Eigenschaften sein, die der VN seinem Geschäftspartner gegenüber abgibt und die über gesetzliche Vorgaben oder übliche Vereinbarungen hinaus gehen. Hierzu zählen Angaben von Produktherstellern, Bauträgern,

Planern oder Handwerksbetrieben zu gesundheitlichen Aspekten oder zu Wohnraumbelastungen oder -hygiene. Konkret seien hier Zusagen zu maximalen VOC-Gehalten in der Innenraumluft genannt, die deutlich unterhalb der heute als Bewertungsmaßstab allgemein anerkannten Werte liegen sollen (Stufe 1: 300 µg/m^3, Stufe 2: 1000 µg/m^3 gemäß Empfehlungen der Ad-hoc-Arbeitsgruppe der Innenraumhygiene-Kommission des Umweltbundesamtes und der Länder). Solche Zusagen bilden eine klare Risikoverschärfung für den Versicherer. Sofern hier beispielsweise 200 µg/m^3 als Obergrenze der Raumluftbelastung vertraglich vereinbart werden, bedeutet dies, dass der Bewohner bei Werten > 200 µg/m^3 bereits einen Anspruch auf Nachbesserung oder Schadenersatz hätte, während nach den anerkannten Richtwerten der Kommission erst bei Konzentrationen > 1.000 µg/m^3 eingegriffen werden müsste. In solchen Fällen ist es zwingend zu empfehlen, diese Vorgaben dem Versicherer vorab mitzuteilen und um Einschluss in den Versicherungsvertrag zu bitten. Im Schadensfall hilft eine solche klare vertragliche Regelung allen beteiligten Parteien.

8.4 Rechtliche Anforderungen aus Sicht des Planers

Axel Wirth und Norbert Galda

8.4.1 Planung als Grundlage des Bauens

Bevor ein Bauwerk entsteht, muss es geplant werden. Zunächst existiert es nur auf dem Papier. Fehler dieser Planung setzen sich im Baukörper fort, wenn sie in der Ausführungsphase nicht korrigiert werden. Ein Architektenvertrag wird deshalb in der Regel wie auch ein Vertrag mit einem Bauunternehmer als Werkvertrag eingeordnet.[7]

Eine Überprüfung der Planung auf Mängel durch Dritte findet in den meisten Fällen vor der Bauausführung nicht statt. Das Bauaufsichtsamt muss zwar die Pläne zur Ausführung freigeben, indem es die Baugenehmigung erteilt, bzw. dort, wo keine Baugenehmigung notwendig ist, die Bauausführung zulässt – für eine Überprüfung darauf, ob die Planung Mängel enthält, ist das Bauamt aber, von Ausnahmen abgesehen, nicht zuständig.

Dies gilt insbesondere für die Anforderungen an gesundes Bauen. Nach dem Planer gibt es in der Regel keine Instanz mehr, die kontrolliert, ob alle notwendigen Aspekte berücksichtigt wurden. Der Planung kommt somit gerade in diesem Zusammenhang eine besondere Bedeutung zu.

8.4.2 Rechtsfolgen bei Planungsmängeln

Die Einordnung als Werkvertrag bestimmt auch das Vorgehen bei Mängeln der Planung. Dem Auftragnehmer steht grundsätzlich ein Nachbesserungsrecht zu. Das wirft die Frage auf, wie denn ein Planungsmangel nachgebessert werden soll, wenn das Gebäude bereits mit dem Mangel hergestellt wurde. Jetzt die Planung nachzubessern, hilft dem Bauherrn nicht weiter.

Dennoch sollte der Bauherr den Planer auffordern, einen baulichen Mangel, der auf die fehlerhafte Planung zurückzuführen ist, innerhalb einer bestimmten Frist zu beseitigen. Nach Ablauf dieser Frist können dann Schadensersatzansprüche gegen den Planer bestehen. Er haftet in

---

[7] BGH BauR 1997, 154; BauR 1999, 187

diesem Fall, unter Umständen gesamtschuldnerisch mit dem Bauunternehmer, auf den Ersatz der Kosten, die zur Beseitigung des Mangels anfallen.

8.4.3 Wann ist eine Planung mangelhaft?

Bei vielen Mängeln, zum Beispiel dem Fehlen einer Abdichtung gegen Feuchtigkeit, bei zu lauten Geräuschübertragungen aus der Nachbarwohnung und Ähnlichem, kann ein Planungsmangel schnell nachzuweisen sein. Hier werden die Anforderungen an eine mangelfreie Planung vielfach durch Normen vorgegeben.

Anders verhält es sich bei Problemen im Bereich des gesunden Wohnens. Ob ein Mangel vorliegt, kann hier meist nicht anhand von Normen beurteilt werden. Entscheidend sind deshalb in der Regel die vertraglichen Vereinbarungen zwischen Bauherr und Planer.

a) Vertragliche Vereinbarungen

Die Frage, wann ein Mangel vorliegt, ist vorrangig anhand der Vereinbarungen zu beantworten, die zwischen Bauherr und Planer getroffen wurden. Maßgeblich ist, welche Beschaffenheiten das Bauwerk laut Vereinbarung aufweisen soll.

Solche Beschaffenheitsvereinbarungen können verschiedene Anforderungen betreffen. Selbstverständlich muss ein Wohnhaus so geplant werden, dass durch das Dach kein Wasser eindringen kann. Es gibt also Anforderungen, die allein dadurch als vereinbart gelten, dass die Nutzung als (Wohn-)Haus vorgegeben wird. Erfüllt die Planung hier die Voraussetzungen für ein mangelfreies Gebäude nicht, wird auch von einem funktionalen Mangel gesprochen.

Im Bereich des gesunden Wohnens werden solche funktionalen Mängel eher selten auftreten. Auch ohne gesonderte Vereinbarung im Architektenvertrag muss das Haus frei von solchen Schadstoffen sein, die ein Bewohnen unmöglich machen. Greift der Planer in der Ausschreibung und bei der Vergabe von Aufträgen auf die in Deutschland zugelassenen Baustoffe zurück, ist diese Mindestforderung aus planerischer Sicht in der Regel erfüllt.

Stellt ein Bauherr zur Wohngesundheit höhere Erwartungen an sein Haus als diese Mindestanforderung, muss er dies gesondert vereinbaren. Das gilt insbesondere für Bewohner, die besonders empfindlich auf besondere Stoffe reagieren, z. B. mit Allergien. Hier muss die besondere Anforderung, die das Haus später erfüllen soll, im Vertrag geregelt werden. Im Architektenvertrag kann dann z. B. aufgenommen werden, dass nur Baustoffe verwendet werden, die vorgegebene Grenzwerte bei bestimmten Schadstoffen nicht überschreiten. Solche Obergrenzen können im Vertrag auch für Schadstoffkombinationen vereinbart werden. Eine Beschaffenheitsvereinbarung ist auch in der Weise möglich, dass im Architektenvertrag der Hinweis auf Unverträglichkeiten seitens des Bauherrn aufgenommen wird.

Sobald also im Architektenvertrag Vorgaben für die Beschaffenheit des Bauwerks aufgenommen wurden, muss der Planer diese Anforderungen umsetzen. Seine Aufgabe besteht dann darin, nur solche Baustoffe in die Planung und Ausschreibung aufzunehmen, die gewährleisten, dass die entsprechenden Vorgaben erfüllt werden. Dazu kann er sich der Hilfe von Prüfinstituten bedienen. Solche Institute, wie z. B. das eco-Institut in Köln, untersuchen Baustoffe auf den Gehalt an Schadstoffen und deren Emissionen.

Bauherr und Architekt können auch in der Weise vorgehen, dass sie zur Beschaffenheit des Bauwerks vertraglich bestimmte Gütesiegel vereinbaren. Dazu kann in den Vertrag z. B. die Vorgabe aufgenommen werden, dass für das geplante Haus der Sentinel-Gesundheitspass einzuholen ist. Dieses Zertifikat erhält ein Haus, wenn es die für eine Erteilung des Gütesiegels vorausgesetzten Werte bei Schadstoffen nicht überschreitet. Auch mit einer solchen Regelung im Vertrag ist eine Beschaffenheitsvereinbarung getroffen worden. Erfüllt das Haus nach seiner Errichtung die Voraussetzungen für die Erteilung des Zertifikates aufgrund eines Fehlers des Planers nicht, ist dessen Leistung mangelhaft.

b) Mindeststandards

Auch ohne gesonderte vertragliche Vereinbarungen muss der Planer gewährleisten, dass ein Haus nicht durch Schadstoffe unbewohnbar ist. Seine Pflichten gehen über eine Planung, die allein die Errichtung des Gebäudes ermöglicht, hinaus. Als Sachwalter hat er umfangreiche Beratungspflichten gegenüber dem Bauherrn.

Diese Beratungspflicht besteht auch bei der Auswahl der Baustoffe, wenn der Planer mit der Vorbereitung der Vergabe beauftragt ist. Dann gehört es zu seinen Aufgaben, geeignete Anbieter von Bauprodukten zur Abgabe von Angeboten aufzufordern. Es liegt auf der Hand, dass eine Vorauswahl geeigneter Anbieter Einfluss auf die später verwendeten Produkte hat, damit auch auf die Qualität der Innenraumluft.

Die HOAI beschreibt diese Leistung in § 33 Nr. 6 und 7 HOAI (Fassung 2009) in Verbindung mit der Anlage 11. Auch hier gilt, dass die HOAI reines Preisrecht ist, also nicht den Inhalt der vertraglich geschuldeten Leistung bestimmt. Die Vertragsparteien können aber auch durch die Bezugnahme auf die Leistungsphasen der HOAI im Vertrag den Umfang der vom Planer zu erbringenden Leistungen steuern.

Demnach hat ein Planer, dem die Vorbereitung der Vergabe und die Mitwirkung bei der Vergabe übertragen wurde, auch ohne besondere Vereinbarung darauf zu achten, dass keine Bauprodukte eingebaut werden, die zu unzulässigen Schadstoffbelastungen führen können. So ist die Verwendung von biologisch schwer abbaubaren Bioziden, wie Quecksilber, PCP- und zinnorganischen Verbindungen, in Deutschland verboten.[8] Die Ausschreibung eines Planers, die dennoch solche Stoffe vorsieht, wäre damit mangelhaft.

Bei der Ausführung des Bauwerks hat der mit der Bauüberwachung beauftragte Planer darauf zu achten, dass die anerkannten Regeln der Bautechnik, die einschlägigen Vorschriften und die Vorgaben der Baugenehmigung eingehalten werden.

Die Baugenehmigung wird in der Regel keine konkreten Vorgaben zur Verwendung von Baustoffen enthalten. Allerdings bestimmen die Bauordnungen der Länder in Anlehnung an die Musterbauordnung[9], dass keine umweltschädlichen Bauprodukte verwendet werden dürfen. So regelt z. B. § 3 Abs. 2 LBauO Rheinland-Pfalz, dass nur Bauprodukte verwendet werden dürfen, die den Anforderungen des Gesetzes genügen. Damit sind die von § 5 BauPG und der Bauproduktenrichtlinie zugelassenen Baustoffe angesprochen. Deren Voraussetzungen sind u. a. erfüllt, wenn das verwendete Produkt die wesentlichen Anforderungen der Gesundheit und des Umweltschutzes erfüllt:[10]

Da der Planer eine genehmigungsfähige Planung zu erstellen hat, gehört es auch zu seinen Aufgaben, die nach der LBauO zulässigen Produkte in die Ausschreibung einzubeziehen. Der Verweis auf die Bauproduktenrichtlinie in den Landesbauordnungen grenzt somit die Stoffe ein, deren Verwendung zulässig ist.

---

[8] Dazu: Dipl.-Ing. Michael Probst in IBR 2008, 197
[9] Musterbauordnung der Bauministerkonferenz 2002
[10] Jeromin, Kommentar zur LBauO Rheinland-Pfalz, § 3 Rdnr. 33

c) Zwingend vom Planer zu beachtende Regeln und Normen

Die Eingrenzung der zu verwendenden Stoffe durch die Landesbauordnungen stellt nur ein grobes Raster dar. Durch sie werden also keine zwingenden Vorgaben bzgl. der Frage geschaffen, welche Schadstoffe ein einzelnes für den Bau verwendetes Produkt emittieren darf. Solche gesetzlichen Vorgaben existieren derzeit für Wohnräume nicht. Lediglich für Arbeitsplätze findet die Gefahrstoffverordnung Anwendung, die dort die zulässige Schadstoffbelastung regelt.

Es gibt aber Regelungen unterhalb des Ranges von Gesetzen, die sich mit der Schadstoffbelastung der Innenraumluft befassen. Dazu gehören die Richtwerte der Ad-hoc-Arbeitsgruppe aus Mitgliedern der Innenraumlufthygienekommission beim Umweltbundesamt.[11] Diese Richtwerte unterteilen die Schadstoffe in der Innenraumluft in zwei Kategorien. Unter den Richtwert I fallen Konzentrationen, die selbst bei langfristiger Exposition noch als unbedenklich eingestuft werden können. Wird der Richtwert II erreicht oder überschritten, ist es erforderlich, umgehende Maßnahmen zu ergreifen, da Gesundheitsgefährdungen nicht ausgeschlossen werden können.

Diese Richtwerte finden ohne gesonderte Vereinbarung keine unmittelbare Anwendung im Vertragsverhältnis zwischen Bauherr und Planer. Ein Wohnhaus, in dem durch Schadstoffe aus verschiedenen Baumaterialien die Grenzen des Richtwerts II erreicht oder überschritten werden, kann als mangelhaft eingestuft werden. Es kann nicht zu dem Zweck, für den es errichtet wurde, genutzt werden. Hier können die Richtwerte der Ad-hoc-Arbeitsgruppe als Orientierungshilfe im Hinblick auf die Frage dienen, wann ein solcher Zustand vorliegt, der das Wohnen als Nutzung ausschließt.

8.4.4 Verjährung der Ansprüche gegen den Planer

Sind die mit dem Planer vertraglich vereinbarten Grenzwerte von ihm schuldhaft nicht eingehalten worden, können dem Bauherrn Gewährleistungsansprüche und, ggf. nach der Aufforderung zur Mangelbeseitigung in einer bestimmten Frist, Schadensersatzansprüche gegen ihn zustehen.

Solche Ansprüche verjähren, ebenso wie Gewährleistungsansprüche, innerhalb von fünf Jahren nach der Abnahme der Leistungen des Planers. Da solche Abnahmen mit dem Planer häufig nicht durchgeführt werden, kann es dazu kommen, dass der Lauf dieser Verjährungsfrist noch nicht begonnen hat, obwohl ein Schaden bereits entstanden ist.[12] Der Planer riskiert also, noch viele Jahre nach der Beendigung seiner Leistung in Anspruch genommen zu werden, wenn seine Leistung vom Bauherrn nicht abgenommen wurde oder die Erfüllungsphase nicht auf andere Weise, z. B. durch Schadensersatzforderungen des Bauherrn, beendet wurde.

---

[11] Vgl. Wirth/Bachmann in Wirth/Kuffer, Der Baustoffhandel, Rdnr. 2108
[12] BGH IBR

8.5 Die rechtlichen Anforderungen für das Bauunternehmen

Axel Wirth und Norbert Galda

8.5.1 Abnahme als maßgeblicher Zeitpunkt

Der Bauvertrag als Werkvertrag ist von dem Gedanken geprägt, dass der Bauunternehmer seinen Lohn erst nach der Fertigstellung des Werkes erhält. Das BGB hat die Abnahme als den maßgeblichen Zeitpunkt vorgegeben. Erst nach der Abnahme ist der Werklohn fällig.

Von diesem auch heute noch geltenden Grundsatz gibt es mittlerweile mehrere Ausnahmen. Dazu gehört insbesondere die Makler- und Bauträgerverordnung (MaBV), die Zahlungen nach Baufortschritt ebenso zulässt wie Bürgschaften, die von dieser Bindung an den Baufortschritt befreien (§ 3 Abs. 2, § 7 Abs. 1 MaBV).

Außerhalb des Anwendungsbereichs der MaBV lässt § 632 a BGB zu, dass Abschlagszahlungen auch ohne gesonderte Vereinbarung im Vertrag verlangt werden dürfen. Voraussetzung dafür ist es, dass der Bauunternehmer in sich abgeschlossene Teile des Werks abrechnet, die vertragsgemäß, also mangelfrei, hergestellt wurden. Weitere Voraussetzung ist es, dass dem Besteller/Bauherrn das Eigentum an der erbrachten Teilleistung übertragen wurde oder er eine Sicherheit für seine Zahlung erhalten hat. Die Übertragung des Eigentums erfolgt immer schon dann, wenn Bauteile in ein Bauwerk fest eingebaut werden, das auf dem Grundstück des Bestellers errichtet wird. Da das Grundstück als Hauptsache gilt, steht alles, was fest damit verbunden wird, im Eigentum des Grundstückseigentümers (§§ 93, 94 BGB).

Die mangelfreie Leistung ist in allen Fällen Voraussetzung für einen durchsetzbaren Zahlungsanspruch des Bauunternehmers. Auch hier ist die Abnahme der maßgebliche Zeitpunkt. Mit der Abnahme erklärt der Bauherr, dass die vom Bauunternehmer erbrachte Leistung im Wesentlichen vertragsgemäß, also im Wesentlichen mangelfrei ist. Macht er anschließend geltend, dass doch Mängel vorliegen, die er sich bei der Abnahme nicht vorbehalten hat, muss der Bauherr seine Behauptung beweisen. Vor der Abnahme muss dagegen der Bauunternehmer beweisen, dass seine Leistung mangelfrei ist, wenn er dafür seinen Werklohn verlangt.

Stellt sich heraus, dass noch Mängel vorhanden sind, die vom Bauunternehmer zu beseitigen sind, kann der Bauherr der Werklohnforderung ein Zurückbehaltungsrecht entgegensetzen. Mindestens in Höhe des doppelten Betrages, der zur Mangelbeseitigung erforderlich ist, darf er den Werklohn bis zur Beseitigung des Mangels einbehalten, § 641 Abs. 3 BGB.

8.5.2 Anforderungen an eine mangelfreie Leistung

Nutzer können unterschiedlichste Anforderungen stellen. So wird ein öffentliches Gebäude mit anderen Anforderungen beauftragt als ein privates Wohnhaus. Beide werden wiederum in Abhängigkeit von den finanziellen Möglichkeiten der Bauherrschaft errichtet.

Ob eine mangelfreie Leistung vorliegt, ist zunächst anhand der vertraglichen Vereinbarungen zu prüfen. Ist das nicht der Fall, ist ein Werk mangelhaft, da es sich nicht zur Verwendung eignet, die im Vertrag vorausgesetzt wird. Fehlt es an einer solchen Regelung zur Verwendungseignung, liegt dennoch ein Mangel vor, wenn das Werk sich nicht zu einer Verwendung eignet oder nicht die Beschaffenheit aufweist, die von Werken dieser Art üblicherweise erwartet werden kann (§ 633 Abs. 2 BGB). Liegt eine vertragliche Vereinbarung zur Beschaffenheit vor, ist ein Werk mangelhaft, das dieser Vereinbarung nicht entspricht. Damit liegt auch dann ein Mangel vor, wenn das Werk besser ausgeführt wird als vereinbart. Diese zunächst überra-

8

schende Aussage ist die Folge des Grundsatzes, dass jede Abweichung von einer Beschaffenheitsvereinbarung dazu führt, dass eine Abweichung vom Geschuldeten vorliegt, damit ein Mangel.[13]

Allerdings können die Folgen bei einer solchen zwar abweichenden, aber besseren Ausführung anders sein als bei einem Mangel, der zur Verschlechterung führt. Ein Schaden entsteht bei einer besseren als der geschuldeten Ausführung in der Regel nicht, sodass Schadensersatzansprüche im Regelfall ausgeschlossen sein werden.[14] Auch eine Minderung wird selten in Betracht kommen, denn das Werk wird in der Regel nicht in seinem Wert gemindert sein. Einem Nachbesserungsverlangen steht möglicherweise der Einwand der Unverhältnismäßigkeit (§ 635 Abs. 3 BGB) entgegen. Dies ist anzunehmen, wenn der Vorteil, den der Auftraggeber durch die Nachbesserung erhält, gegenüber dem Aufwand des Werkunternehmers für die Mangelbeseitigung unverhältnismäßig ist.

8.5.3 Bauleistungen und Lieferungen

Verpflichtet sich ein Bauunternehmer gegenüber dem Bauherrn dazu, ein Gebäude zu errichten, liegt regelmäßig ein Werkvertrag vor. Der Bauherr kann die Herstellung des Gebäudes aber auch auf verschiedene Vertragspartner übertragen, die dann jeweils nur Teilgewerke erstellen. Auch dann ist von Werkverträgen auszugehen.

In Einzelfällen kann die Abgrenzung zum Kaufvertrag problematisch sein. § 651 BGB bestimmt, dass Vorschriften aus dem Kaufrecht anzuwenden sind, wenn der Vertrag die Herstellung und Lieferung beweglicher Sachen zum Gegenstand hat.

Dabei ist auf den Schwerpunkt der Leistung abzustellen. Liegt dieser Schwerpunkt nicht bei der Erstellung und dem Übertragen des Eigentums an der Sache, sondern in einem darüber hinausgehenden Erfolg, ist nur das Werkvertragsrecht anwendbar.

Bei Lieferungen für Bauwerke muss somit eine Abwägung erfolgen, ob die Lieferung der einzubauenden Teile den Schwerpunkt der Leistung des Unternehmers ausmacht oder der Einbau als Werkerfolg. Ein Vertrag über die Lieferung und den Einbau einer Einbauküche auf der Grundlage von Plänen des Gebäudes ist ein Werkvertrag.[15] Dagegen liegt bei einem Vertrag über die Herstellung und Lieferung einer Innentreppe der Schwerpunkt bei der Lieferung, auch wenn ein Montagehelfer zur Unterstützung des Bauherrn beim Einbau der Treppe zu stellen ist.[16] Für diesen Vertrag sind über § 651 BGB die Vorschriften des Kaufrechts anwendbar.

Der BGH hatte für die Lieferung und den Einbau einer Solaranlage entschieden, dass die Vorschriften des Kaufrechts anwendbar sind, wenn bei Gesamtkosten von ca. EUR 4.000 lediglich ca. EUR 700 auf die Montageleistung entfallen.[17]

Wenn über § 651 BGB Vorschriften des Kaufrechts anzuwenden sind, liegt der Unterschied in dem Wegfall der werkvertragstypischen Regelungen. So ist nicht mehr die Abnahme Voraussetzung der Fälligkeit, die Regelung des § 632 a BGB zu Abschlagszahlungen ist nicht an

---

[13] Zum Mangelbegriff vgl. Kapitel 8.2
[14] Anders z. B. bei einer 35 cm statt vereinbarter 25 cm dicken Geschossdecke, denn hier entstehen Mehrkosten bei der Herstellung, u. U. auch bei der Statik.
[15] OLG Frankfurt IBR 2008, 573
[16] OLG Koblenz IBR 2009, 210
[17] BGH IBR 2004, 306

wendbar und Sicherheiten können nur bei Anwendung des Werkvertragsrechts verlangt werden.

Ist Kaufrecht anwendbar, findet für Auftraggeber, die kaufmännischen Regelungen unterliegen, auch die Vorschrift des § 377 HGB Anwendung. Damit besteht eine Pflicht zur unverzüglichen Rüge der gelieferten Sache. Unterlässt der Auftraggeber eine Überprüfung der Lieferung und die Rüge eines Mangels, verliert er seine Gewährleistungs- und Schadensersatzansprüche. Wie weit eine solcher Rechtsverlust gehen kann, zeigt das Beispiel einer fehlerhaften Lieferung von Stahlträgern. Weichen die gelieferten Träger von den bestellten ab, weil sie nicht die geforderte Tragfähigkeit aufweisen, kann die Statik des gesamten Gebäudes betroffen sein. Welche Kosten nach einem Einbau der fehlerhaften Träger anfallen können, liegt auf der Hand. Hatte der Besteller die Lieferscheine nicht überprüft und deshalb eine ihm mögliche Rüge unterlassen, wird er diese Kosten nicht auf den Lieferanten abwälzen können. Wurden die fehlerhaften Träger dagegen vom Rohbauer im Rahmen eines Werkvertrages geliefert und eingebaut, besteht für den Bauherrn keine Verpflichtung zur Rüge nach § 377 HGB. Als Folge kann er den daraus folgenden Mangel innerhalb der Verjährungsfrist uneingeschränkt geltend machen.

Diese Verjährungsfrist ist für das Werkvertragsrecht und das Kaufrecht angepasst worden. Ansprüche aufgrund vom Werkmängeln verjähren in fünf Jahren, wenn es um Arbeiten an einem Bauwerk oder um Planungs- oder Überwachungsleistungen für ein Bauwerk geht. Für andere Werke, die nicht zu den Bauwerken zählen, beträgt die Verjährungsfrist zwei Jahre, § 634 a Abs. 1 BGB. Beginn der Verjährungsfrist ist der Zeitpunkt der Abnahme, § 641 a Abs. 2 BGB.

Dies Verjährungsfrist von fünf Jahren ist auch für das Kaufrecht übernommen worden, wenn die veräußerte Sache dazu bestimmt war, in ein Bauwerk eingebaut zu werden und folgend dessen Mangelhaftigkeit verursacht hat, § 438 Abs. 1 Nr. 2 BGB.

Mit dieser Angleichung der Verjährung ist eine Haftungslücke für Bauunternehmer geschlossen worden. Vor der Rechtsänderung hatte er zwar dem Bauherrn aus dem Werkvertrag fünf Jahre lang gehaftet, aber nur einen sechsmonatigen Gewährleistungsanspruch gegen den Baustofflieferanten. Jetzt lautet die Gewährleistungsfrist in beiden Fällen fünf Jahre, sofern der Baustoff zum Einbau in ein Gebäude verwendet wurde. Eine Lücke kann für den Bauunternehmer dennoch verbleiben, da der Beginn der Verjährungsfrist unterschiedlich geregelt ist. Die kaufvertragliche Gewährleistungsfrist beginnt mit der Ablieferung des Baustoffes, eine Abnahme findet nicht statt. Dagegen beginnt die werkvertragliche Haftung mit der Abnahme, die in der Regel nach der Vollendung des Bauwerks stattfindet. Die zwischen der Ablieferung des Baustoffes und der Abnahme der Werkleistung liegende Zeit bedeutet für den Bauunternehmer ein Haftungsrisiko, das durch entsprechende Vertragsgestaltung reduziert werden kann. Wird die Gewährleistungsfrist des Baustofflieferanten verlängert und die Abnahme innerhalb dieser Frist durchgeführt, können Werkmängel aufgrund der fehlerhaften Lieferung noch an den Lieferanten weitergereicht werden (wenn die übrigen Voraussetzungen für dessen Haftung vorliegen).

8.5.4 Der Einsatz von Subunternehmern

Ohne den Einsatz von Subunternehmern ist ein Bauvorhaben kaum noch denkbar. Auch hier wird der Hauptunternehmer dafür sorgen müssen, dass beide Verträge, also Bauvertrag mit dem Bauherrn und Subunternehmervertrag, aufeinander abgestimmt sind. Das betrifft nicht nur die Beschreibung der jeweils geschuldeten Leistungen. Weichen diese voneinander ab, kann der Fall eintreten, dass der Bauherr einen Mangel zu Recht rügt, während der Subunternehmer geltend machen kann, dass sein Werk mangelfrei ist (weil es den Anforderungen des mit ihm geschlossenen Vertrages entspricht).

Diese Abstimmung der Verträge aufeinander sollte auch bezüglich der Verjährungsfristen erfolgen. Haftet der Bauunternehmer dem Bauherrn nach § 634 a BGB für fünf Jahre, gilt gegenüber dem Subunternehmer bei Einbeziehung der VOB/B in den Vertrag eine Reduzierung der Gewährleistungsfrist auf vier Jahre. Dem kann auch nicht dadurch begegnet werden, dass die VOB/B in den Vertrag mit einem privaten Bauherrn einbezogen wird. Bei einer Verwendung gegenüber Privaten ist jede einzelne Klausel der VOB/B daraufhin zu überprüfen, ob sie wegen eines Verstoßes gegen AGB-rechtliche Vorschriften unwirksam ist. Die Verkürzung der gesetzlichen Verjährung von fünf auf vier Jahre durch die VOB/B ist als Abweichung vom gesetzlichen Leitbild in Allgemeinen Geschäftsbedingungen, und dazu zählt die VOB/B, gegenüber privaten Bauherrn unwirksam. Auch bei einer Einbeziehung der VOB/B durch den Bauunternehmer in einen Bauvertrag mit dem privaten Bauherrn gilt somit eine fünfjährige Verjährungsfrist.

8.5.5 Werbeaussagen

Zur Verkaufsförderung von neu errichteten oder umgebauten Immobilien werden vielfach Werbeaussagen verwendet, die eine besondere Werthaltigkeit betonen. Dazu gehören in zunehmenden Maß Aussagen zur gesunden Bauweise. Begriffe wie „ökologisches Wohnen", „allergikergeeignet" oder ganz allgemein nur eine Beschreibung als hochwertige Luxusimmobilie, bestimmen vielfach die Prospekte der Bauträger. Solche Beschreibungen in der Werbung sind nicht ohne rechtliche Auswirkungen.

Die Beschreibung einer Immobilie als hochwertig berechtigt z. B. dazu, mehr als nur den Mindestschallschutz der DIN 4109 zu verlangen.[18] Die Vorgaben der DIN 4109 entsprechen nicht den anerkannten Regeln der Technik, da sie keinen ausreichenden Schallschutz gewährleisten.

Auch die Werbung mit gesundheitsrelevanten Merkmalen kann Ansprüche des Bauherrn begründen.

Welcher Bewertungsspielraum hier besteht, zeigt ein Urteil des OLG Bamberg.[19] Dort hatte ein Bauunternehmen unter der Überschrift „Gesundes Bauen" mit der Aussage geworben, dass nur umweltfreundliche Materialien eingesetzt würden, die zudem überprüft würden. Der Bauherr stellte nach seinem Einzug fest, dass Formaldehyd mit einer Konzentration von weniger als 0,1 ppm ausgedünstet wurde. Die (rechtlich unverbindliche) Empfehlung des Bundesgesundheitsamtes hatte damals einen Wert von bis zu 0,1 ppm als gesundheitlich unbedenklich eingestuft. Das OLG kam zu dem Ergebnis, dass die Leistung des Bauträgers mangelfrei war. Das OLG Düsseldorf hatte die Grenze der Gesundheitsgefährdung im Jahr 1990 bei 0,5 ppm gesehen.[20]

Hier zeigt sich die Bedeutung von konkreten Vereinbarungen im Vertrag. Werden dort Obergrenzen für Schadstoffe verbindlich vereinbart, ist das Werk mangelhaft, wenn diese Grenze überschritten wird. Auf den Nachweis einer Gesundheitsgefährdung ist der Bauherr dann nicht mehr angewiesen.

---

[18] BGH IBR 2009, 447; BGH IBR 2007, 473
[19] OLG Bamberg IBR 2000, 165
[20] OLG Düsseldorf IBR 1992, 6

Auf die Zulässigkeit von Werbeaussagen achten auch die Konkurrenten des Bauunternehmers oder Verbraucherschutzverbände. So hat das OLG Köln im Jahr 1992 eine Werbung mit dem Slogan „umweltbewusstes Bauen" als irreführend untersagt, weil der verwendete Baustoff nicht uneingeschränkt umweltfreundlich war, z. B. weil er Defizite bei der Wärmedämmung aufwies.

8.6 Die rechtlichen Anforderungen für den Baustoffhandel

Axel Wirth und Norbert Galda

8.6.1 Die wachsende Bedeutung gesunder Baustoffe

Die Lebensdauer und der Marktwert eines Gebäudes hängen wesentlich von der Qualität der verwendeten Baustoffe ab. Lange Zeit galt der Grundsatz, dass für den Wert eines Gebäudes nur ein Kriterium entscheidend sei: die Lage. Mittlerweile stehen andere Aspekte im Mittelpunkt. Hier ist zum einen die Verwendung hochwertiger Dämmstoffe zu nennen, da sie zur Energieeinsparung beitragen. Zum anderen gewinnt der Einsatz umweltfreundlicher und gesundheitsverträglicher Baustoffe an Bedeutung. Die steigende Anzahl von Personen, die auf Umweltgifte reagieren, wird den Einsatz von schadstoffarmen Baustoffen insbesondere im Bereich des Wohnungsbaus weiter vorantreiben.

In der Planungsphase wächst damit die Bedeutung der Beratung durch den Architekten bei der Auswahl von Baustoffen im Rahmen der Auftragsvergabe.[21] Dem Baustoffhandel kommt die Aufgabe zu, den Einsatz umweltfreundlicher und verträglicher Produkte durch die Entwicklung, aber auch die Information über Verwendungsmöglichkeiten zu fördern.

Diese Informationen sind immer auch der Prüfung unterworfen, ob damit Beschaffenheiten beschrieben oder sogar zugesichert werden. Fehlen die beworbenen Eigenschaften, kann dies zu einem Sachmangel führen. Der Baustoffhändler und der Produzent können Gewährleistungsansprüchen ausgesetzt sein.

8.6.2 Haftung von Baustoffhändler und Produzent

Bis zum Einsatz von Baustoffen beim Bau eines Gebäudes können verschiedene Vertragsparteien beteiligt sein. Produzenten veräußern an Großhändler, diese an Zwischen- oder Einzelhändler. Von diesen erwirbt dann wieder derjenige, der den Baustoff verarbeitet. Dabei kann es sich um einen gewerblichen Einsatz oder um den Erwerb durch einen Verbraucher handeln.

Die rechtlichen Folgen eines Mangels des verkauften Produkts hängen zum einen davon ab, welche Parteien auf beiden Seiten des Vertrages beteiligt sind. Zum anderen ist entscheidend, zu welchem Zweck das Produkt verkauft wurde.

a) Vertragstypen

Auf den Vertrag zwischen Produzent und Händler findet auch dann Kaufrecht Anwendung, wenn das veräußerte Produkt für den Einsatz bei der Errichtung eines Gebäudes vorgesehen ist. Werkvertragsrecht ist hier nicht anwendbar. Der Händler beabsichtigt nicht den Einbau des Produkts. Die Bedeutung des Einbaus ist das Abgrenzungskriterium, wenn sowohl die Liefe-

---

[21] Vgl. Kap. 8.4 Rechtliche Anforderungen aus Sicht des Planers

rung als auch der Einbau geschuldet sind. Liegt der Schwerpunkt auf dem Einbau, ist von einem Werkvertrag auszugehen. Die Abgrenzung ist nicht immer eindeutig. So soll ein Werkvertrag vorliegen, wenn neben der Lieferung von Küchenelementen deren Einbau auf der Grundlage eines Wohnungsgrundrisses geschuldet ist.[22] Dagegen soll ein Kaufvertrag gegeben sein, wenn eine Treppe geliefert wird, für deren Einbau der Lieferant einen Montagehelfer zu stellen hat.[23]

Werkvertragsrecht kann im Verhältnis zwischen Bauherr und Handwerksbetrieb in Betracht kommen, wenn neben der Lieferung auch der Einbau geschuldet wird. Entscheidend ist der Schwerpunkt der geschuldeten Leistung.

Der Baustoffhändler, der nicht selbst herstellt und auch nicht einbaut, schließt Kaufverträge. Als Mischform sieht der Werkliefervertrag (§ 651 BGB) die Anwendung des Kaufrechts vor, wenn die geschuldete Leistung in der Herstellung und Lieferung beweglicher Sachen besteht.

b) Gewährleistungsfristen

Welcher Vertragstyp zugrunde liegt, ist insbesondere für die Frage der Dauer der Gewährleistung von Bedeutung. Im Werkvertragsrecht gilt eine fünfjährige Verjährungsfrist für Gewährleistungsansprüche. Diese beginnt mit der Abnahme des Werks (§ 634 a BGB). Für den Kaufvertrag ist nach dem Verwendungszweck zu unterscheiden. Wird etwas verkauft, das üblicherweise für ein Bauwerk verwendet wird, und hat es dessen Mangel verursacht, beträgt die Verjährungsfrist fünf Jahre. Mangelansprüche aus Kauf- und Werkvertrag sind hier gleichgestellt. Für andere bewegliche Sachen beträgt die Verjährungsfrist zwei Jahre (§ 438 Abs. 1 BGB). Da es im Kaufrecht keine Abnahme gibt, beginnt die Verjährung hier mit der Ablieferung (§ 438 Abs. 2 BGB).

c) Rügepflicht

Ist der Kauf für beide Seiten ein Handelsgeschäft, besteht eine besondere Untersuchungs- und Rügepflicht. § 377 HGB bestimmt, dass der Käufer die Ware unverzüglich zu untersuchen und Mängel zu rügen hat. Unterlässt er dies, verliert er seine Ansprüche gegen den Lieferanten. Dieser Rechtsverlust kann weitreichende Folgen haben, da auch Schadensersatzansprüche untergehen.

d) Produkthaftung

Neben der vertraglichen Gewährleistung können Ansprüche nach dem Produkthaftungsgesetz bestehen. § 1 ProdHaftG bestimmt, dass der Hersteller Schadensersatz zu leisten hat, wenn durch ein fehlerhaftes Produkt jemand getötet, an Körper und Gesundheit verletzt oder eine Sache beschädigt wird. Im Fall der Sachbeschädigung tritt diese Ersatzpflicht nur ein, wenn eine andere Sache als das fehlerhafte Produkt beschädigt wird und diese andere Sache ihrer Art nach zum privaten Gebrauch bestimmt ist und auch dazu genutzt wurde.

Die Haftung entfällt in den Fällen des § 1 Abs. 2 ProdHaftG. Hatte das Produkt den Fehler noch nicht, als es in den Verkehr gebracht wurde, beruht der Fehler auf zwingenden Rechtsvorschriften oder war er nach dem Stand der Wissenschaft und Technik zu diesem Zeitpunkt nicht erkennbar, haftet der Hersteller nicht. Gleiches gilt, wenn das Produkt von ihm noch nicht in den Verkehr gebracht wurde.

---

[22] OLG Frankfurt IBR 2008, 573
[23] OLG Koblenz IBR 2009, 210

Den Herstellern werden durch § 4 Abs. 1 Satz 2 ProdHaftG diejenigen gleichgestellt, die als Hersteller auftreten, indem sie das Produkt mit ihrem Namen oder ihrer Marke versehen.[24] Der Grund dieser Haftungserweiterung liegt darin, dass diese „Quasi-Hersteller" den Eindruck erwecken, dass sie auf die Qualität des Produkts Einfluss haben.[25]

Auch eine Haftung des Lieferanten nach dem ProdHaftG kann in Betracht kommen. Das ist der Fall, wenn der Geschädigte nicht klären kann, wer der vorrangig haftende Hersteller ist (§ 4 Abs. 3 ProdHaftG). Allerdings wird der Lieferant wieder von seiner Haftung befreit, wenn er innerhalb eines Monats den Hersteller oder seinen eigenen Lieferanten mitteilt.

Die Vorschriften des ProdHaftG sind neben anderen Normen – z. B. § 823 BGB – anwendbar. Ein Schadensersatzanspruch aus § 823 BGB setzt nicht die Schädigung eines Verbrauchers voraus, sodass auch gewerbliche Nutzer Ersatzansprüche hierauf stützen können.

8.6.3 Voraussetzungen eines Mangels

Der Mangelbegriff ist für das Kauf- und Werkvertragsrecht weitgehend gleich definiert. Im Vordergrund stehen die vertraglichen Vereinbarungen zur gewünschten Beschaffenheit des Produkts. Weist es die vereinbarte Beschaffenheit nicht auf, ist es mangelhaft (§ 434 BGB, § 633 BGB).

Fehlt es an einer solchen Vereinbarung, liegt ein Sachmangel vor, wenn das Produkt sich nicht für die im Vertrag vorausgesetzte Verwendung eignet. Fehlt es auch an daran, liegt ein Mangel vor, wenn es sich nicht für die gewöhnliche Verwendung eignet oder nicht die Beschaffenheit aufweist, die bei Sachen gleicher Art üblicherweise erwartet werden kann.

Baustoffe müssen auch ohne besondere vertragliche Vereinbarungen die Voraussetzungen für eine Verwendung in Bauwerken erfüllen. Dazu gehört es, dass ihr Einsatz rechtlich zulässig ist. Die Landesbauordnungen regeln dies durch die Zulassung von Produkten, die dem Bauproduktengesetz oder der Bauproduktenrichtlinie entsprechen oder das CE-Zeichen tragen.[26] Allerdings hatte der Europäische Gerichtshof[27] entschieden, dass ein Käufer nicht geltend machen kann, ein Produkt sei mangelhaft, weil es keine CE-Kennzeichnung aufweist. Die Richtlinie zur Kennzeichnung dient nicht dem Schutz des Einzelnen. Dennoch kann ein gewährleistungspflichtiger Mangel vorliegen, wenn der Baustoff wegen eines Verstoßes gegen die Vorgaben in den Landesbauordnungen nicht zulässig ist[28] und dem Bauherrn deshalb Sanktionen der Bauaufsicht drohen.

Ein Mangel kann auch vorliegen, wenn Werbeaussagen nicht eingehalten werden. Eine Werbung mit Aussagen wie „gesundheitlich unbedenklich" oder „allergikergeeigneter Baustoff" ist rechtlich nicht ohne Auswirkungen. Problematisch ist die Frage nach einem Mangel in solchen Fällen, in denen es keine verbindlichen Regeln zur Beurteilung gibt, ab wann ein Mangel vorliegt. Das gilt insbesondere für Baustoffe, die Schadstoffe in die Innenraumluft abgeben.

Das OLG Bamberg[29] hatte über eine entsprechende Mangelfrage zu entscheiden. Als Ausgangspunkt hatte ein Bauunternehmen unter der Überschrift „Gesundes Bauen" mit der Aussage geworben, dass nur umweltfreundliche Materialien eingesetzt würden. Im Bauwerk wurde

8

---

[24] Willner in Wirth/Kuffer, Der Baustoffhandel, Rdnr. 1780 ff.
[25] BGH NJW 2005, 2695
[26] z. B. § 18 LBauO Rheinland-Pfalz
[27] EuGH NzBau 2007, 429
[28] Wirth in Englert/Motzke/Wirth, Baukommentar, Anhang 1 Rdnr. 60
[29] OLG Bamberg IBR 2000, 165

allerdings Formaldehyd mit einer Konzentration von weniger als 0,1 ppm ausgedünstet. Die (rechtlich unverbindliche) Empfehlung des Bundesgesundheitsamtes hatte damals einen Wert von bis zu 0,1 ppm als gesundheitlich unbedenklich eingestuft. Das OLG kam zu dem Ergebnis, dass die Leistung des Bauträgers mangelfrei war.

Vor welche Probleme die Gerichte bei der Beurteilung der Mangelhaftigkeit eines Baustoffes stehen, weil verbindliche Regeln fehlen, zeigt eine Entscheidung des OLG Nürnberg.[30] Das Gericht hat dort ausgeführt, dass die GefStoffV und damit deren Grenzwerte zivilrechtlich keine Geltung haben. Um die Hürde der fehlenden gesetzlichen Beurteilungsgrundlage zu umgehen, hatte das OLG stattdessen darauf abgestellt, dass ein Mangel allein deshalb vorliege, weil ein Bewohnen des Bauwerks aufgrund der Formaldehydkonzentration nicht zumutbar war.

8.7 Rechtliche Dimensionen von Baustofflabels

Barbara Gay

Zertifizierungen, die den Aspekt des gesunden Bauens zum Gegenstand haben, haben unterschiedliche Zielrichtungen, von denen auch die rechtlichen Konsequenzen abhängen. Zentrale Sparte jedes Institutes, das Zertifizierungen durchführt, ist die Erteilung von Labels für Baustoffe, sofern diese bestimmte Prüfkriterien erfüllen. Dafür erstellen die Institute Anforderungslisten für bestimmte Baustoffgruppen, beispielsweise für die Unterschreitung von VOC-, Aldehyd- oder Isocyanat-Konzentrationsunterschreitungen. Werden die vom Institut vorgesehenen Richtwerte unter Anwendung des vorgesehenen Prüfverfahrens eingehalten, darf der jeweilige Baustoff das Label der verleihenden Institution tragen. Andere Zertifizierungsmodelle gehen dahin, die Gesamtinnenraumluft eines bereits fertiggestellten Gebäudes zu messen und nach den Messergebnissen Schadstofffreiheit oder -armut zu bescheinigen. Auch gehen die Leistungen der Zertifizierungsinstitute dahin, die Standardleistungsbeschreibungen von Bauunternehmen unter dem Aspekt der Verwendung belastungsarmer Materialien zu überprüfen und also auch über diesen Weg eine Gesamtschau der zu verarbeitenden Materialien sicherzustellen. Nachfolgend sollen die relevanten Vertragsverhältnisse in Zusammenhang mit der Erteilung von Baustoffzertifizierungen dargestellt werden.

8.7.1 Die Vertragsbeziehung Bauherr und Bauunternehmer

Die Verpflichtungen aus dem abgeschlossenen Werkvertrag ergeben sich in erster Linie aus den Beschaffenheitsvereinbarungen. Vereinbaren die Parteien die Verwendung bestimmter zertifizierter Baustoffe, liegt hierin eine **Beschaffenheitsvereinbarung** mit der Folge, dass das Werk mangelhaft ist, wenn der Unternehmer dieser nicht entspricht. § 633 Abs. 2 S. 1 BGB und § 13 Abs. 1 S. 2 VOB/B. In diesem Falle ist der Auftraggeber berechtigt, Mängelansprüche geltend zu machen, also in erster Linie Nacherfüllung zu verlangen, hilfsweise Kostenersatz, Minderung und Schadensersatz. Gleiches gilt, wenn die Parteien die Einhaltung bestimmter **Grenzwerte für Emissionen** vereinbart haben. Werden die vereinbarten Grenzwerte überschritten, liegt auch hierin ein Sachmangel. Schwieriger ist die Vertragsgestaltung für den Bauherrn, wenn er die Werkleistung in Einzellose aufteilt, ihm aber weniger an der geringen Emission eines einzelnen Baustoffes, als vielmehr an der Unterschreitung bestimmter VOC-Belastungen im Gesamtbauwerk, also in der Gesamtschau, gelegen ist. Jeder der Unternehmer

---

[30] OLG Nürnberg NJW-RR 1993, 1300

kann nur für sein eigenes Gewerk einstehen und hat daher keinen Überblick über die Emissionen der anderen eingebauten Baustoffe und Bauteile. Hier ist es erforderlich, einen **Architekten** zu beauftragen, die Einhaltung bestimmter Richtwerte sicherzustellen. Dies erfolgt durch sinnvolle und aufeinander abgestimmte Ausschreibung und genaueste Objektüberwachung. Der Architekt kann dem Auftraggeber die Einschaltung eines **Baubiologen** bzw. eines **Zertifizierungsinstitutes als Sonderfachmann** empfehlen, damit etwa schon baubegleitende Messungen durchgeführt werden können, die das Gesamtergebnis garantieren.

8.7.2 Rechtsbeziehungen zwischen Bauherr und Architekt

Wie oben bereits dargelegt, kann der Bauherr auch mit dem Architekten die Verwendung bestimmter zertifizierter Baustoffe, die Einhaltung von Schadstoffgrenzwerten oder die Schaffung von Voraussetzungen für die Erteilung eines Gesundheitszertifikates für das Gesamtobjekt vereinbaren. Stets handelt es sich hierbei um **Beschaffenheitsvereinbarungen**, deren Verletzung zu einem **Mangel** des Architektenwerkes führt. Für den Architekten ergeben sich gegenüber den üblichen Vertragspflichten durchaus erhebliche Besonderheiten. In erster Linie setzt die Errichtung eines schadstoffarmen Gebäudes **profunde Materialkenntnis** voraus. Während sich der Architekt normalerweise nämlich darauf verlassen kann, dass ein durch das Deutsche Institut für Bautechnik zugelassener Baustoff ohne Einschränkung verwendet werden kann, hat er nunmehr Eigenschaften zu prüfen, die im Zulassungsverfahren oft keine Rolle spielen, nämlich Schadstoff- und Emissionswerte. Auf **Testergebnisse anerkannter Zertifizierungsstellen** wird sich der Architekt aber verlassen dürfen, ohne eigene Untersuchungen anstellen zu müssen. Die Ausschreibung erfordert auch insoweit Akribie, als Nebenleistungen, die gewöhnlich handwerkliche Selbstverständlichkeiten sind und somit nicht ausdrücklich ausgeschrieben werden müssen, zur Erlangung eines **Gesundheitspasses** besonderes Augenmerk verlangen. So darf einmal mehr das Fabrikat bzw. die Eigenschaften des zu verwendenden Klebers, Mörtels, Abdichtungsmaterials usw. nicht offenbleiben. Bei der Objektüberwachung muss der Architekt den Einbau der ausgeschriebenen Materialien und die Einhaltung der verlangten Arbeitsweisen überwachen, um die spätere Erteilung der gewünschten Zertifizierung bzw. die Einhaltung der geschuldeten Richtwerte nicht zu gefährden. Schließlich hat der Architekt in seinen Kostenermittlungen stets den Einsatz ggf. höher-preisiger ökologischer Produkte bzw. die Kosten zu beauftragender Sonderfachleute mit einzukalkulieren.

8.7.3 Rechtsbeziehung zwischen Baustoffhersteller und Zertifizierer

Die Zertifizierungsinstitute verpflichten sich regelmäßig, die Baustoffe gemäß den von ihnen entwickelten **Prüfverfahren** auf **Übereinstimmung** mit dem von ihnen erstellten Anforderungskatalog zu untersuchen. Die Verfahrensweisen sind unterschiedlich. In der Regel erfolgt zunächst eine Grobprüfung, ob überhaupt von der Art des Produktes her eine Zertifizierung in Betracht kommt. Häufig werden Vorprüfungen durchgeführt, die mit Auflagen verbunden sind, die bis zur Hauptprüfung zu erfüllen sind. Bei bestandener Prüfung wird die Zertifizierung erteilt, die ggf. in regelmäßigen Abständen zu erneuern ist.

Der Zertifizierungsvertrag ist regelmäßig **Werkvertrag**.[31] Der Baustoffhersteller hat somit nicht nur Anspruch darauf, dass ihm das Zertifikat erteilt wird, wenn er die vertraglich vereinbarten Kriterien erfüllt, er hat auch Anspruch darauf, dass das Institut korrekte Messungen und Untersuchungen durchführt und dass die Messergebnisse zutreffend sind. Verlässt sich der

---

[31] OLG München, Urteil vom 30.07.2009, 23 U 2005/08

Hersteller nämlich auf die Messergebnisse des Zertifizierungsinstitutes und legt die Messergebnisse seiner Produktbeschreibung zugrunde, haftet er für die Richtigkeit der Angaben (§ 434 Abs. 1 S. 3 BGB).

8.7.4 Rechtsbeziehung Baustoffhersteller und Baustoffhändler

Trägt das Bauprodukt ein Label, so ist dessen Fortgeltung Beschaffenheitsvereinbarung und somit Bestandteil des Vertrages zwischen Hersteller und Händler. Inhalt des Kaufvertrages ist somit die Gültigkeit des Labels und die Einhaltung der Anforderungskriterien des Zertifizierers. Wirbt der Hersteller durch Angabe konkreter Eigenschaften, die auch im Zertifizierungsverfahren abgefragt wurden, müssen diese gegeben sein, sonst liegt ein Sachmangel i. S. d. § 434 BGB vor. Nach § 434 Abs. 1 S. 3 BGB gehören zur vereinbarten Beschaffenheit auch solche Eigenschaften, die der Käufer nach den **öffentlichen Äußerungen** des Verkäufers und des Herstellers, insbesondere in der Werbung oder bei der Kennzeichnung über bestimmte Eigenschaften der Sache erwarten kann. Wirbt der Hersteller also in Prospekten oder auf seiner Internetseite mit der Zertifizierung und/oder der Einhaltung bestimmter Grenzwerte, gehören diese zur vertraglich geschuldeten Beschaffenheit auch dann, wenn die Beschreibung im konkreten Kaufvertrag nicht enthalten ist.

Ist die Kaufsache danach mangelhaft, kann der Händler die üblichen **Mängelansprüche** geltend machen, nämlich in erster Linie Nacherfüllung verlangen, in zweiter Linie kann er vom Kaufvertrag zurücktreten, den Kaufpreis mindern oder Schadensersatz verlangen (§ 437 BGB). Hat der Händler die mangelhafte Kaufsache an einen **Verbraucher** verkauft und musste der Händler die Sache wegen des Mangels zurücknehmen oder hat der Verbraucher den Kaufpreis gemindert, so kann der Händler seinerseits Mängelansprüche gegenüber dem Hersteller geltend machen, ohne dass es einer sonst erforderlichen Fristsetzung zur Nachbesserung bedarf. Hatte der Händler wegen der Mangelbeseitigung Aufwendungen, kann er diese vom Hersteller zurückverlangen, § 478 Abs. 2 BGB.

8.7.5 Rechtsbeziehungen zwischen Händler und Anwender

Die Produktbeschreibung des Herstellers in Produktdatenblättern, Internetauftritten, Prospekten usw. beschreibt die zu erwartende Beschaffenheit auch im Verhältnis zwischen Händler und Käufer, § 434 Abs. 1 S. 3 BGB. Insoweit muss sich der Händler die Angaben des Herstellers zurechnen lassen. Hat der Unternehmer oder der Bauherr Baustoffe gekauft, die ein bestimmtes Label tragen, und darf der Käufer aufgrund des Anforderungskataloges des Labelgebers davon ausgehen, dass bestimmte Schadstoffgrenzwerte nicht überschritten werden, ist die Kaufsache mangelhaft, wenn die Grenzwerte nicht eingehalten werden. Eines ausdrücklichen Hinweises im Kaufvertrag bedarf es nicht, wenn die Anforderungsliste ebenfalls öffentlich ist und der Käufer mit einer entsprechenden Qualität des Produktes aufgrund des Labels rechnen durfte. Der Käufer hat dann Mängelansprüche, in erster Linie Anspruch auf Nachbesserung, die aber regelmäßig unmögliche sein dürfte. Ist die Mängelbeseitigung ausnahmsweise möglich, beispielsweise weil es sich bei dem Produkt um **Ausreißermängel** handelt, hat der Verkäufer auch die Kosten des Ausbaus des mangelhaften Baustoffes und die des Einbaus des neuen Baustoffes zu tragen.[32]

---

[32] EuGH BauR 2011, 1490.

8.7.6 Rechtsbeziehung Anwender und Baustoffhersteller

Auch wenn der Anwender, sei er Bauherr, Unternehmer oder Architekt, keinen Kaufvertrag mit dem Baustoffhersteller abgeschlossen hat, ist dieser nicht zwingend von einer Haftung befreit, wenn das von ihm beworbene Label nicht besteht oder die Eigenschaften, die der öffentliche Anforderungskatalog des Labelgebers verspricht, nicht gegeben sind. Hat der Hersteller den Anwender über Eigenschaften und Einsatzmöglichkeiten seines Produktes **beraten**, kommt regelmäßig zwischen Hersteller und Anwender ein **selbstständiger Beratungsvertrag** durch schlüssiges Verhalten zustande. In diesem Falle wirbt nämlich der Hersteller mit besonderer Kompetenz und Fachkunde, er nimmt besonderes Vertrauen für sich in Anspruch. Für die Unternehmer ist die Auskunft des Herstellers von erheblicher Bedeutung, denn niemand kennt die Eigenschaften Produktes so detailliert wie der Hersteller selbst.[33] Weist der Hersteller den Unternehmer auf die Einhaltung bestimmter Schadstoffgrenzwerte hin und werden diese tatsächlich überschritten, haftet der Hersteller auf Schadensersatz wegen fehlerhafter Beratung und Auskunftserteilung.

8.7.7 Rechtsbeziehungen zwischen Anwender und Zertifizierer

Auch hier kommt in erster Linie eine Haftung wegen fehlerhafter Beratung infrage. Übernimmt es der Zertifizierer für einen Bauherrn, Messungen in dessen Gebäude nach Fertigstellung vorzunehmen und sind die Messungen fehlerhaft, hat der Zertifizierer dem Bauherrn einen etwa entstandenen Schaden zu ersetzen.

Dagegen haftet der Zertifizierer dem Anwender gegenüber nicht, wenn er ein Baustoffzertifikat zu unrecht erteilt hat, die angegebenen Grenzwerte also beispielsweise überschritten werden. Der Vertrag zwischen Zertifizierer und Baustoffhersteller hat nämlich keine Schutzwirkung zugunsten Dritter, da die Voraussetzung hierfür, nämlich die Begrenzung des Anspruchstellerkreises, nicht gegeben ist.

8

8.8 Das neue Europäische Bauproduktenrecht – Auf dem Weg zu schadstoffärmeren Produkten?

Barbara Gay und Justus Kampp

Schadstoffarme Innenräume setzten schadstoffarme und verträgliche Bauprodukte voraus. Das ist zum einem banal, aber wie die heutige Wirklichkeit am Bau zeigt, leider keine Selbstverständlichkeit. Zwar dürfen keine explizit gesundheitsschädlichen Produkte in den Verkehr gebracht werden, aber die jahrzehntelange Diskussion über die Verwendung des als eindeutig krebserregend anerkannten Formaldehyds zeigt deutlich, wie „steinig" der Weg hin zu schadstoffarmen und gesundheitsverträglicheren Bauprodukten sein kann.

Welchen gesundheitlichen Ansprüchen ein Baustoff zu genügen hat, ist nicht zuletzt Aufgabe des Gesetzgebers. Er hat den Rahmen vorzugeben, innerhalb dessen ein Baustoff als unbedenklich gilt und entsprechende Zulassungskriterien – und verfahren festzulegen.

---

[33] Vgl. BGHZ 107, 331; BGH NJW 1999, 3192; LG Tübingen BauR 1990, 497

Das Gesetz schreibt vor, dass nur bauordnungsrechtlich zugelassene Baustoffe am Bau verwendet werden dürfen. Die Verwendung der Bauprodukte ist somit ein Teil des Bauordnungsrechts und eine der beiden Regelungsbereiche des „Baustoffrechts" und ist in den entsprechenden Landesbauordnungen (§ 17 LBO) geregelt.[34]

Der zweite hier aber bedeutendere Regelungsbereich betrifft die Vorschriften über das Inverkehrbringen und die entsprechende Kennzeichnung der Bauprodukte selbst, um den Anforderungen des Bauordnungsrechts zu genügen.

Grundlage hierfür bildete bislang die „Bauproduktenrichtlinie" des Europäischen Rates vom 21.12.1988 (Richtlinie 89/106/EWG), die 1992 auf nationaler Ebene mit dem Bauproduktengesetz umgesetzt wurde.

Mit der neuen Bauproduktenverordnung, die am 25.04.2011 in Kraft trat, werden diese beiden Regelwerke ersetzt. Die Bauproduktenverordnung gilt unmittelbar in allen EU-Mitglieds-Staaten und führt zu weitreichenden Änderungen des Bauproduktenrechts. An dieser Stelle soll aber nur auf die Aspekte in Bezug auf die Gesundheitsgefährdung und Schadstoffbelastung überblicksartig eingegangen werden.

8.8.1 Binnenmarkt und Nachhaltigkeit und Gesundheitsaspekte von Bauprodukten

Ziel der alten Bauproduktenrichtlinie war es, in erster Linie Handelshemmnisse zu beseitigen. Die vielfach zersplitterten und vielfältigen nationalen Regelungen führten für den überwiegend mittelständisch geprägten Baustoffsektor zu erheblichen Handelshemmnissen. Es war das erklärte Ziel der Bauproduktenrichtlinie, diese Hemmnisse mithilfe der Festlegung wesentlicher Anforderungen an die Bauprodukte zu beseitigen. Auch wenn gleichwohl Aspekte der Hygiene und Gesundheit sowie der Sicherheit in der alten Bauproduktenrichtlinie mit aufgeführt wurden, standen Produktsicherheit und die anderen Aspekte nicht im Fokus der Bauproduktenrichtlinie.[35]

Die neue Bauproduktenverordnung führt hier nun zu einem Paradigmenwechsel. Im Zuge der Neuausrichtung der Europäischen Politik werden nun Aspekte des Umweltschutzes, der Gesundheit und der Nachhaltigkeit mit zu wesentlichen Aspekten des neuen Bauproduktenrechts (Amtl. Begründung Nr. 4). Neben der weiteren Harmonisierung des Binnenmarktes wird dem Bauproduktenrecht die Leitidee eines nachhaltigen, gesunden und sicheren Lebenszyklus der Gebäude unterlegt. Erstmals werden ausdrücklich die Gesundheits- und Sicherheitsaspekte von Gebäuden und damit der Baustoffe explizit als Grundanforderungen formuliert. So wird in Nr. 15 der amtl. Gründe weiter ausgeführt: „*Bei der Bewertung der Leistung eines Bauprodukts sollten auch die Gesundheits- und Sicherheitsaspekte im Zusammenhang mit seiner Verwendung während seines gesamten Lebenszyklus berücksichtigt werden.*"

Insbesondere wurde im Anhang I „Grundanforderungen an Bauwerke" Ziff. 3 „Hygiene, Gesundheit und Umweltschutz" deutlich ausdifferenzierter formuliert, als dies noch in der alten Bauproduktenrichtlinie der Fall war. Erstmals finden sich nun auch die im Bereich der Innenraumhygiene und Wohngesundheit wichtigen flüchtigen organischen Verbindungen wider.

Dort heißt es:

---

[34] Schmidt, Bauproduktenrecht, Rdnr. 1191 in: Wirth/Kuffer, Der Baustoffhandel, 2010
[35] Schmidt, a. a. O.

„Das Bauwerk muss derart entworfen und ausgeführt sein, dass es während seines gesamten Lebenszyklus weder die Hygiene noch die Gesundheit und Sicherheit von Arbeitnehmern, Bewohnern oder Anwohnern gefährdet und sich über seine gesamte Lebensdauer hinweg weder bei Errichtung noch bei Nutzung oder Abriss insbesondere durch folgende Einflüsse übermäßig stark auf die Umweltqualität oder das Klima auswirkt:

a) Freisetzung giftiger Gase;

b) Emission von gefährlichen Stoffen, flüchtigen organischen Verbindungen, Treibhausgasen oder gefährlichen Partikeln in die Innen- oder Außenluft;

[...]"

8.8.2 Leistungsanforderungen

Welche konkreten Anforderungen ein Bauprodukt zu erfüllen hat, ergibt sich aus den harmonisierten technischen Spezifikationen, insbesondere den EN-Normen. Zu den harmonisierten technischen Spezifikationen gehören aber auch sogenannte Europäische Bewertungsdokumente, nämlich solche Nachweise über die Brauchbarkeit eines Bauproduktes, für die es noch keine harmonisierten Normen gibt oder die von den harmonisierten Normen abweichen.

Neu ist, dass die EU-Kommission die Bauproduktenverordnung bei Bedarf durch sogenannte delegierte Rechtsakte ergänzen kann. Damit kann die Kommission zum Beispiel die wesentlichen Merkmale eines Bauproduktes festlegen, die der Hersteller in seiner Leistungserklärung anzugeben hat. Auch ist es der Kommission nun möglich, über die delegierten Rechtsakte Schwellenwerte oder Leistungsklassen für wesentliche Merkmale festzulegen.

Die Bauproduktenverordnung schafft somit ein weitaus differenzierteres Instrumentarium, um zum Beispiel künftig das Schutzniveau für bestimmte Baustoffe einheitlich festzulegen. Denkbar wäre es demnach, dass die EU-Kommission Schwellenwerte oder Leistungsklassen in Bezug auf den Schadstoffgehalt oder flüchtige organische Verbindungen für einzelne Bauprodukte erlässt. Ob sie allerdings hiervon Gebrauch macht, ist bis lang unklar, wäre aber unter dem Aspekt eines möglichst umfassenden Gesundheits- und Umweltschutzes wünschenswert.

8.8.3 „Beipackzettel" für Bauprodukte

Die Leistungserklärung ist Voraussetzung für die notwendige CE-Kennzeichnung der Bauprodukte, ohne dass kein Produkt in den Verkehr gebracht werden darf (Art. 4, 8 Bauprodukten-VO).

Neu ist, dass Bauproduktenverordnung nun auch die Verfügbarkeit von Informationen über die Baustoffe und insbesondere über die gefährlichen Stoffe deutlich verbessert. So schreibt Art. 7 der Bauproduktenverordnung vor, dass die Leistungserklärung jedermann in gedruckter oder elektronischer Form zu Verfügung gestellt werden muss. Da nach Art. 6 Abs. 5 Bauproduktenverordnung die Leistungserklärung auch Angaben über besonders besorgniserregende Stoffe nach REACH oder ein Sicherheitsdatenblatt beizufügen sind, wird ein wesentlicher Schritt hin zu mehr Transparenz getan.

Sollte die EU-Kommission darüber hinaus gesundheitsbezogene Aspekte in Form von Schwellenwerten oder Leistungsklassen festlegen, könnte dies künftig hin zu einer Produktdeklaration führen, die aus der Leistungserklärung ansatzweise einen „Beipackzettel" für Bauprodukte werden lassen könnte.

8

8.8.4 Erweiterte Stoffdeklaration? Revision 2014

Dass der europäische Normgeber offensichtlich der Schadstoffthematik einen neuen Stellenwert innerhalb des Bauproduktenrechts zumisst, lässt sich deutlich auch an Art. 67 Bauproduktenverordnung ablesen. Hierin wird eine Revision der neuen Deklarationspflichten bis zum 25. April 2014 festgeschrieben (Art. 67 Abs. 1). Bis dahin soll vonseiten der Kommission überprüft werden, ob eine Ausweitung der Informationspflichten über die gefährlichen Inhaltsstoffe zum Schutze der Verarbeiter von Bauprodukten und den Nutzern von Gebäuden vorgenommen werden soll.

8.8.5 Fazit

Mit der neuen Bauproduktenverordnung hat die EU-Kommission 2011 ein neues und über das bisherige Bauproduktenrecht hinausgehendes Baustoffrecht in Kraft gesetzt. Neben den, hier nicht behandelten aber deutlichen Fortschritten in Bezug auf die Vereinfachung und Vereinheitlichung der CE-Kennzeichnungen, nehmen nun erstmals Aspekte des Gesundheit- und Umweltschutzes sowie der Nachhaltigkeit von Bauprodukten eine wesentliche Rolle ein. Der EU-Normgeber hat mit dem neuen Recht damit die Grundlage geschaffen, künftig gesundheitsbezogene Aspekte, wie den Schadstoffgehalt oder flüchtige organische Verbindungen, bei der Zulassung von Bauprodukten stärker zu berücksichtigen.

8 8.9 Werben mit Wohngesundheit

Justus Kampp

8.9.1 Anmerkungen zu Haftungsrisiken

Einführung

Eine Formulierung wie „das allergikergerechte Haus" findet sich in der Werbung ebenso wie „Gesundheitshäuser". Eine Baumarktkette preist alle zum Verkauf angebotenen Teppiche mit einem Hinweisschild in der entsprechenden Abteilung als „schadstofffrei" an. Andere wollen wieder „gesunde Gebäude" errichten.

All diese Beispiele aus der Praxis belegen: Hersteller, Händler, aber auch Architekten, Planer, Projektentwickler, Bauunternehmer oder Handwerker versuchen auf vielfältige Weise, mit dem Aspekt der Wohngesundheit zu werben.

Es besteht kein Zweifel: Der Markt für gesunde Bauprodukte, Gebäude oder innenraumhygienisch verbriefte Qualitäten in Gewerbeimmobilien wächst kontinuierlich.

Standen bislang vor allem ökologische oder umweltfreundliche Aspekte einzelner Baustoffe, Verfahren oder Gebäude im Fokus von Werbung und Marketing, so wird zunehmend mit gesundheitlichen Aspekten am Bau geworben.

Dieser Trend wird noch dadurch verstärkt, dass Kriterien der Wohngesundheit bzw. der Innenraumhygiene immer häufiger Bestandteil der Zertifizierung von Gebäuden nach Nachhaltigkeitskriterien (z. B. Deutsche Gesellschaft für nachhaltiges Bauen e. V.) werden.

Es liegt somit auf der Hand, mit dem Thema „Gesundheit" im hart umkämpften Markt punkten zu wollen.

Dabei wird von den Akteuren häufig übersehen, dass sie ihre werblichen Aussagen in Bezug auf die Wohngesundheit oder die Innenraumhygiene nicht in einem rechtsfreien Raum tätigen, sondern sich mit ihnen erheblichen juristischen Risiken aussetzen.

Das Spektrum kann dabei von Verstößen gegen das Gesetz gegen den unlauteren Wettbewerb (UWG)[36] bis hin zur Tatsache reichen, dass werbliche Aussagen Beschaffenheitsvereinbarungen oder in wenigen Ausnahmefällen sogar Garantieversprechen darstellen können, die entsprechende Gewährleistungs- und Haftungsansprüche der Kunden, Bauherren oder Nutzer begründen können. Ferner ist im Zusammenhang mit Werbung und Marketing an Ansprüche aus „Prospekthaftung" zu denken.

Folgende Fragen stellen sich, wenn man mit dem Thema „Gesundheit" von Baustoffen und Gebäuden am Markt auftreten will:

1. Können bio- oder ökologische Baustoffe ohne Weiteres als gesund beworben werden?
2. Welche Aussagen darf ich gegenüber meinen Bauherren, Kunden und der Öffentlichkeit tätigen, ohne Gefahr zu laufen, gegen die Regeln der irreführenden und unlauteren Werbung nach dem UWG zu verstoßen?
3. Können sich Kunden oder Bauherren auf werbliche Aussagen in Bezug auf die Wohn- oder Baugesundheit berufen und wenn ja, mit welchen Haftungsfolgen?

Diese drei wesentlichen Grundfragen sollen im Folgenden kurz geklärt werden.

8.9.2 Bio ist nicht gleich gesund

Das Thema Wohn- oder Baugesundheit ist in der Praxis in vielen Fällen mit der Thematik des ökologischen Bauens und der Verwendung biologischer oder ökologischer Baustoffe verbunden.

Nicht wenige Anbieter im Bereich der ökologischen Bauprodukte oder des biologischen Bauens schließen von den vorhandenen positiven ökologischen Eigenschaften auf deren gesundheitliche Eigenschaften. Damit greifen sie das bei den Verbrauchern weitverbreitete positive Vorurteil über die guten gesundheitlichen Eigenschaften dieser Produkte und Verfahren auf. Vor dieser Schlussfolgerung kann an dieser Stelle gleich aus zwei Gründen nur ausdrücklich nur gewarnt werden.

1. Es liegen zahlreiche naturwissenschaftlich gesicherte Erkenntnisse vor, dass bio- oder ökologische Baustoffe in Bezug auf ihren Schadstoffgehalt und ihr Emissionsverhalten ebensolche, in manchen Fällen sogar größere, Probleme bereiten können wie konventionelle Baustoffe oder Bauverfahren. Entsprechende Prüf- und Emissionszeugnisse international anerkannter Prüfinstitute und Forschungseinrichtungen belegen dies immer wieder aufs Neue. Ferner sind die möglichen Wechselwirkungen von Baustoffen und Bauverfahren in Hinblick auf die Nutzung und die Nutzer (z. B. Allergiker, sensitive Menschen) zu komplex, als dass man einfach von den bio- oder ökologischen Eigenschaften ungeprüft auf die gesundheitlichen Eigenschaften schließen sollte.
2. Daraus ergibt sich juristisch die Tatsache, dass sich die einfache Gleichsetzung von bio = gesund verbietet. Wie noch ausgeführt wird, legt die Rechtsprechung im Wettbewerbsrecht zu Recht hohe Maßstäbe an Richtigkeit und Nachprüfbarkeit in Bezug auf gesundheitsbezogene Aussagen an. Aber auch mit Blick auf die ebenfalls noch zu erörternde zivilrechtli-

[36] Gesetz gegen den unlauteren Wettbewerb in der Fassung der Bekanntmachung vom 3. März 2010 (BGBl. I S. 254)

che Haftung für werbliche Aussagen birgt eine solche verkürzte Gleichsetzung erhebliche Risiken, die es in jedem Falle zu vermeiden gilt.

8.9.3 Gesundheitsbezogene Werbung hat Grenzen

Zum Einstieg ein paar Beispiele aus der Praxis:

1. Ein Ziegelhersteller bewirbt seine Ziegelsteine mit dem Werbeslogan „Bausteine für eine gesunde Welt".[37]
2. Ein anderer Ziegelhersteller beruft sich in seiner Werbung auf ein unabhängiges Prüfinstitut und bezeichnet seine Produkte als „baubiologisch hervorragender Baustoff", weiter heißt es in der Werbung, die Ziegel des Herstellers können „somit als unbedenklich für die Gesundheit für die Hausbewohner gelten".[38]
3. Wieder ein anderer Ziegelhersteller schaltet eine Zeitungsanzeige, in der es heißt: „Ziegel bleibt Ziegel. Gesund durch konsequente Baubiologie, energiesparend und preisgünstig ...".[39]
4. Ein Hersteller von Kalksteinsandziegeln wirbt mit der Aussage „umweltbewusst bauen, gesund wohnen".[40]
5. Ein Baustoffhersteller versucht einen Imagewandel seines Produkts, indem er ein Umweltzeichen kreiert und seinen Baustoff nunmehr als „asbestfrei" und „innovativ" bewirbt.[41]
6. Ein Fertighaushersteller gibt in einer Unternehmensbroschüre an, sich nicht nur der „umweltgerechten Produktion", sondern auch dem „gesunden Wohnen" verschrieben zu haben.[42]
7. Und erst jüngst wurde ein Trocknungssystem für feuchtes Mauerwerk beworben, dessen neuartige Verfahrensweise nicht nur das Mauerwerk trocken legen soll, sondern auch verspricht, dass die Bewohner solch sanierter Häuser „weitaus gesünder" leben.[43]

All diese Beispiele aus der Rechtsprechung zeigen: Immer wieder werfen Aussagen zu Gesundheitseigenschaften am Bau differenzierte wettbewerbsrechtliche Fragen auf.

Die Tatsache, dass die Gerichte bis auf den Fall der Fertighausentscheidung des Bundesgerichtshofs (BGH) (den oben unter Ziff. 5 aufgeführten) immer einen klaren Wettbewerbsverstoß nach § 3 UWG annahmen, zeigt deutlich, welche Risiken bei einem zu leichtfertigen Umgang mit der Thematik der „gesundheitsbezogenen Werbung" bestehen können.

Verstöße gegen § 3 des Gesetzes gegen den unlauteren Wettbewerb (UWG) führen in der Regel zu Unterlassungsansprüchen (§ 8 UWG) und unter Umständen zu Schadensersatzansprüche gegenüber den Mitbewerbern nach § 9 UWG.

Wie bereits angedeutet, setzen die Gerichte in Bezug auf die gesundheitlichen und umweltschutzbezogenen Aussagen der Werbung weitaus strengere Maßstäbe an, als dies bei anderen werblichen Aussagen der Fall ist.

Begründet wird dies mit der Gesundheit als hohem Schutzgut. In einer seiner grundlegenden Entscheidungen zu „gesundheitsbezogener Werbung" führt der BGH entsprechend aus:

---

[37] BGH I ZR 116/92 = NJW RR 94,1126–1127
[38] OLG Frankfurt 6 U 143/84 = WRP 85, 271–247
[39] OLG Nürnberg 3 U 2642/88 = GRUR 89, 686–687
[40] OLG Köln 6 U 122/91
[41] OLG Köln 6 U 13/92 = WRP 93, 191–197
[42] BGH I ZR 213/93 = NJW 96, 1135–1137
[43] LG Darmstadt 16 O 142/09

„Allerdings sind überall dort, wo die Gesundheit in der Werbung ins Spiel gebracht wird, besonders strenge Anforderungen an die Richtigkeit, Eindeutigkeit und Klarheit der Aussagen zu stellen (st. Rspr.; vgl. BGH GRUR 1980, 797, 799 – Topfit Boonekamp, m. W. N.; vgl. auch Urt. v. 14.01.1993 – I ZR 301/90, GRUR 1993, 756, 757 = WRP 1993, 697 – Mild-Abkommen). Dies rechtfertigt sich in erster Linie daraus, dass die eigene Gesundheit in der Wertschätzung des Verbrauchers einen hohen Stellenwert hat und sich deshalb an die Gesundheit anknüpfende Werbemaßnahmen erfahrungsgemäß als besonders wirksam erweisen (vgl. BGH GRUR 1980, 797, 799 – Topfit Boonekamp), ferner daraus, dass mit irreführenden gesundheitsbezogenen Werbeangaben erhebliche Gefahren für das hohe Schutzgut der Gesundheit des Einzelnen sowie der Bevölkerung verbunden sein können."[44]

Dieser Rechtsprechung folgen die Gerichte, wenn sie, wie im Falle der Kalksandsteinentscheidung des OLG Köln, ausführen:

„Bei der Aussage „gesund wohnen" handelt es sich um eine Werbemaßnahme, die an die Gesundheit anknüpft und damit besonders werbewirksam ist. Die besondere Bedeutung, die der menschlichen Gesundheit zukommt, führt zu einer gesteigerten Wertschätzung solcher Waren, die mit einer an die Gesundheit anknüpfenden Wertung angeboten werden (vgl. BGH, GRUR 1991, 848, 850 – „Rheumalind II"). Sowohl die besondere Bedeutung der Gesundheit für den einzelnen und die Gesellschaft als auch die große Zugkraft einer Gesundheitswerbung rechtfertigen es, deren Zulässigkeit nach strengen Maßstäben zu beurteilen (BGH GRUR 1967, 592, 593 – „gesunder Genuss")."[45]

Ähnlich strenge Beurteilungsmaßstäbe legt die Rechtsprechung im Übrigen auch an „umweltbezogene Aussagen" an.[46] So stellte der Bundesgerichtshof in seiner „Umweltengelentscheidung" aus dem Jahr 1988 klar:

„Die Werbung mit Umweltschutzbegriffen und -zeichen ist ähnlich wie die Gesundheitswerbung (vgl. dazu BGHZ 47, 259, 261 – Gesunder Genuss) grundsätzlich nach strengen Maßstäben zu beurteilen. Mit der allgemeinen Anerkennung der Umwelt als eines wertvollen und schutzbedürftigen Gutes hat sich in den letzten Jahren zunehmend ein verstärktes Umweltbewusstsein entwickelt, das dazu geführt hat, dass der Verkehr vielfach Waren (Leistungen) bevorzugt, auf deren besondere Umweltverträglichkeit hingewiesen wird. Gefördert wird ein solches Kaufverhalten auch durch den Umstand, dass sich Werbemaßnahmen, die an den Umweltschutz anknüpfen, als besonders geeignet erweisen, emotionale Bereiche im Menschen anzusprechen, die von einer Besorgnis um die eigene Gesundheit bis zum Verantwortungsgefühl für spätere Generationen reichen.[47]

Als Maßstab für die Beurteilung einer Irreführung gilt die Vorstellung der betroffenen Verkehrskreise, in der Regel der Verbraucher, von „gesundem Wohnen". Wie das OLG Köln in seiner Kalksandsteinentscheidung ausführlich darlegt, gehen diese Vorstellungen im Allgemeinen weit über die konkreten Produkteigenschaften hinaus und sind entsprechend vonseiten der Werbenden mit einzubeziehen. Gesundes Wohnen oder Bauen meint im allgemeinen Verständnis eben mehr als nur das Fehlen „nachteiliger Wirkungen auf die menschliche Gesundheit".[48] Entsprechend sind die gesundheitsbezogenen Aspekte hinreichend zu konkretisieren.

---

[44] BGH I ZR 318/98 Kellogg's – Das Beste jeden Morgen = WRP 2002, 74-81
[45] OLG Köln 6 U 122/91 Ziff. 13
[46] Umfassend zum Thema: von Lambsdorff/Jäger, Die individuelle Verantwortlichkeit in der umweltbezogenen Werbung, BB 92, 2297–2306
[47] BGH I ZR 219/87 = BGHZ 105, 277–283
[48] OLG Köln a. a. O.

Gerade diese Pflicht zur Konkretisierung der gesundheitlichen Vorzüge oder Eigenschaften hat sich an objektiven, wissenschaftlich nachvollziehbaren Maßstäben zu orientieren. Wer sich auf die besonderen gesundheitlichen Eigenschaften seiner Produkte oder Gebäude beruft, steht somit in der Pflicht zur gesteigerten Klarheit und Richtigkeit seiner Aussagen. In jedem Falle, so zum Beispiel das OLG Nürnberg, ist er „zur umfassenden Aufklärung der angesprochenen Verbraucherkreise verpflichtet, in welchem Sinne er die fraglichen Begriffe verwendet".[49]

Und das LG Frankfurt führt in seiner oben unter Ziff. 2 eingeführten Entscheidung deutlich aus, dass „bei einer gesundheitsbezogenen Werbung – wegen der damit verbundenen Bereitschaft des Publikums, kritiklos zu reagieren – die Herausstellung gesundheitlicher Vorzüge schon dann unlauter ist, wenn diese Vorzüge nicht unbestritten und klar erwiesen sind".[50] Selbst der Verweis auf die Untersuchungen eines unabhängigen Prüfinstituts nützten in dem Falle wenig, da dessen stichprobenartige Untersuchungen den strengen gerichtlichen Maßstäben an Objektivität und Transparenz nicht genügten.

Festzuhalten bleibt somit, dass gerade der unbestimmte Begriff der „Gesundheit" ebenso wie umweltbezogene Begriffe oder der Begriff „baubiologisch" aufklärerische oder präzisierende Erläuterungen erfordern.[51]

Erschwerend kommt hinzu, dass im Bereich der gesundheitsbezogenen Werbung in Wettbewerbsverfahren faktisch eine Beweislastumkehr zulasten des Unternehmers gilt. Die Richtigkeit der Aussagen ist also vom Verwender zu beweisen.[52]

Somit ist jede allzu pauschale Werbung mit gesundheitsbezogenen Aspekten in Bezug auf ein Produkt, ein Gebäude oder ein Bauverfahren kritisch zu sehen und stets im Vorfeld und im Einzelfall einer genauen wettbewerbsrechtlichen Prüfung zu unterziehen.

8.9.4 Werbung und Mängelhaftung

Auch wenn die einzelnen Werbemaßnahmen nicht gegen die oben ausgeführten Regeln des Wettbewerbsrechts verstoßen, so können werbliche Aussagen über Baustoffe oder Gebäude Ansprüche gegen den Veräußerer begründen.

Ein angenommenes Beispiel:

Ein Teppichhersteller möge seine Ware als frei von Weichmachern und als besonders schadstoffarm bewerben. Entsprechende Infomaterialien etc. stellt er seinen Vertragshändlern zur Verfügung und wirbt entsprechend in den Medien. Ein Kunde erwirbt die entsprechende Ware bei einem Vertragshändler. Tatsächlich gast der Teppich beim Kunden so stark Schadstoffe aus, dass er sich hiervon beeinträchtigt fühlt und Mängelrechte geltend machen will.

In diesen Fällen ist eine Mängelhaftung des Verkäufers auch nach § 434 Abs. 1 S. 3 BGB denkbar. Demnach können werbliche Aussagen und sonstige öffentliche Äußerungen des Herstellers, des Händlers oder seiner Gehilfen eine Beschaffenheitsvereinbarung über die Kaufsache darstellen. Ausdrücklich regelt der im Zuge der Schuldrechtsmodernisierung neu gefasste § 434 BGB, dass der Verkäufer sich stets die werblichen Äußerungen des Herstellers oder

---

[49] OLG Nürnberg a. a. O.
[50] OLG Frankfurt a. a. O. S. 273
[51] OLG Nürnberg 3 U 2642/88 Ziff. 26, 27
[52] So seit BGH NJW 1958, 1235–1237 – Odol; ausführlich auch LG Darmstadt in Bezug auf Wirksamkeit von Baustoffen und Bauverfahren a. a. O.

anderer Dritter zurechnen lassen muss, es sei denn, dass er die werblichen Aussagen berichtigt hat oder er sie nicht kannte oder sie nicht kennen musste.[53]

Auch wenn die wohngesundheitliche Beschaffenheit des Teppichs hier nicht ausdrücklich im Kaufvertrag vereinbart worden war, kann § 434 Abs. 1 S. 3 BGB eine Mängelhaftung nach § 437 BGB begründen. Die in den Informationsmaterialien des Herstellers angepriesene Schadstoffarmut stellt eine Beschaffenheit i. S. d. § 434 BGB dar. Weist der Teppich, wie im Beispiel angenommen, diese Eigenschaften nicht auf, liegt die den Mangel begründende Abweichung der Ist- von der Sollbeschaffenheit vor. Von einem Vertragshändler wird man annehmen dürfen, dass er die Produktinformationen seiner Hersteller kennt. Auch hat der Händler den Werbeaussagen des Herstellers nicht widersprochen oder sie berichtigt.

Der Käufer könnte sich also auf die Informationsmaterialien als eine wohngesundheitliche Beschaffenheitsvereinbarung berufen.

In einem Prozess trägt im Übrigen der Verkäufer die Beweislast für das Vorliegen der in § 434 Abs. 1 S. 3 genannten Ausnahmen.

Allerdings erstreckt sich der Anwendungsbereich des § 434 Abs. 1 S. 3 BGB auf alle öffentlichen Äußerungen im Geschäftsverkehr. In einem vom OLG Düsseldorf 2007 entschiedenen Fall deutet sich ein weiteres Streitfeld an. In diesem ging es um die Beschaffenheitsvereinbarung eines Teppichbodens im Zuge der Ausschreibungsunterlagen. Dort wurden Produktinformationen in die Ausschreibungsunterlagen eingeführt.[54]

Abschließend sei darauf hingewiesen, dass die Haftung nach § 434 Abs. 1 S. 3 BGB außerhalb des Verbrauchsgüterverkaufs in den Grenzen des § 444 BGB abdingbar ist. Gerade Baustoffhändler, die an gewerbliche Kunden veräußern, sollten daher ihre allgemeinen Geschäftsbedingungen entsprechend überprüfen.

8

8.9.5 Prospekthaftung für wohngesunde Gebäude?

In den Verkaufsprospekten von Bauträgern finden sich häufig Aussagen zu Ausstattungsmerkmalen der entsprechenden Objekte. Mal wird ein Gebäude nach „modernsten Standards"[55], in anderen Fällen werden „hochwertige Anlagen"[56] oder dergleichen versprochen.

Es stellt sich dann immer wieder die Frage, welche baulichen Standards die Vertragsparteien vereinbart haben und ob solche Angaben in den Verkaufsprospekten zu Beschaffenheitsvereinbarungen führen können.

Die Rechtsprechung, nicht zuletzt der BGH, hat dies immer wieder in Bezug auf die Frage der Güte des vereinbarten Schallschutzes bejaht und eine stillschweigend vereinbarte Beschaffenheitsvereinbarung i. S. d. § 633 Abs. 2 BGB angenommen. Insoweit hat sich durch alle Instanzen hindurch eine Haftung der Bauträger nach den Grundsätzen der sogenannten „Prospekthaftung" durchgesetzt. Demnach ist anerkannt, dass der Käufer in diesen Fällen mehr als nur die Einhaltung von bautechnischen Mindeststandards erwarten darf.[57]

---

[53] Insgesamt zur Thematik: Kowala, Die Haftung des Verkäufers für unrichtige Werbeangaben, Berlin 2006; Kasper, Die Sachmangelhaftung des Verkäufers für Werbeaussagen, ZGS 2007, 172181n

[54] OLG Düsseldorf I-18 U 14/07, die konkrete Frage nach § 434 Abs. 1 S 3 BGB aber offen lassend.

[55] Für viele andere: LG Flensburg 3 O 15/07 = BauR 10,1110

[56] BGH VII ZR 54/07 = BGHZ 181, 225-233

[57] z. B. LG München I 18 O 2325/08 = IBR 2008, 727

Ob allerdings allein schon die Beschreibung eines Objektes als nach „höchsten Baustandards" gebaut eine stillschweigende Vereinbarung von möglichst geringen Schadstoffimmissionen darstellt, kann wohl zum heutigen Zeitpunkt bezweifelt werden. Die Problematik der Innenraumluftqualität und der Schadstoffbelastungen im Innenraum sind noch nicht so weit ins Bewusstsein der Marktteilnehmer vorgedrungen, dass dies zweifelsfrei angenommen werden kann. Entscheidend ist, ob aus der anzunehmenden objektiven Empfängersicht solcher Aussagen mit Rücksicht auf Treu und Glauben und der Verkehrssitte davon ausgegangen werden darf, dass ein Bauträger mit den „gehobenen oder höchsten Baustandards" auch eine besondere innenraumhygienische Qualität verbindet. Das wird man wohl heute noch bezweifeln können.

Etwas anderes darf freilich angenommen werden, wenn der Bauträger bewusste Aussagen zur baubiologischen Beschaffenheit oder gar zur Verwendung „gesunder Baustoffe" oder der „Gesundheit des Gebäudes" trifft. In diesem Fall wird man wohl davon ausgehen dürfen, dass der Bauträger entsprechende Leistungen, Ausführungen und Qualitäten auch tatsächlich schuldet.

Im Streitfall wird dann aber der konkrete Beurteilungsmaßstab fraglich. Im Gegensatz zu den häufig entschiedenen Fällen des Schallschutzes fehlen im Bezug auf die Innenraumluftqualität eindeutige Normen (z. B. DIN) und Vorschriften. Auch gibt es keinerlei vom Gesetzgeber vorgeschriebene Grenzwerte. Allerdings setzten sich am Markt immer mehr Leit- oder Zielwerte durch, die letztlich auf die innenraumhygienischen Richt- und Empfehlungswerte der WHO oder des Umweltbundesamtes Bezug nehmen.[58] So verlangt die Deutsche Gesellschaft für nachhaltiges Bauen zum Beispiel einen Zielwert von 500 -g/m^3 TVOC-Schadstoffgehalt zur Erreichung des „Goldstandards".[59] Ebenso der Leitfaden des Bundesbauministeriums zum Nachhaltigen Bauen.[60] Und das Umweltbundesamt sieht die innenraumhygienische Unbedenklichkeit bei mehr als 3000 -g/m^3 TVOC-Schadstoffgehalt überschritten. Insofern existieren für den Gesamtgehalt von TVOC oder auch einzelne Schadstoffe (z. B. Formaldehyd) bereits hinreichend konkretisierte und bewährte Richt-, Leit- oder Zielwerte, die im Streitfall zur Beurteilung hinzugezogen werden können.

8.9.6 Schlussbemerkung

Die Ausführungen zeigen, dass mit der gesundheitsbezogenen Werbung am Bau oder für Bauprodukte nicht allzu leichtfertig umgegangen werden darf.

Insbesondere die strengen Maßstäbe der Rechtsprechung im Wettbewerbsrecht zeigen hier deutlich Grenzen auf. Mit Blick in die Zukunft ist davon auszugehen, dass sich die Gerichte noch intensiver mit den wettbewerbsrechtlichen Aspekten der Bau- oder Wohngesundheit auseinanderzusetzen haben, drängen doch immer mehr Wettbewerber auf den Markt.

Gleiches gilt für das bislang noch nicht richterlich entschiedene Feld der Prospekthaftung bei Bauträgern in Bezug auf die wohngesundheitlichen Mindest- und Qualitätsstandards.

Eine im Vorfeld eingehende juristische Prüfung der geschäftlichen Aktivitäten gerade im Marketing und der Werbung ist daher in allen Fällen anzuraten.

---

[58] http://www.umweltbundesamt.de/gesundheit/innenraumhygiene
[59] http://www.dgnd.de
[60] http://www.nachhaltigesbauen.de/fileadmin/pdf/BNB_Steckbriefe_Buero_Neubau/aktuell/BNB_BN_313.pdf

8.10 Wohngesundheit als Wettbewerbsvorteil bei der Vergabe öffentlicher Bauaufträge?

Hajo Willner

Wer als Bauunternehmer so baut, dass die erreichte Innenraumluftqualität über den heute vorherrschenden Standard bzw. die anerkannten Regeln der Technik hinausgeht, darf sich Vorteile im Wettbewerb um Bauaufträge versprechen. Jedenfalls gegenüber privaten Auftraggebern kann er ein Mehr an Qualität uneingeschränkt als Argument einsetzen. Werden dagegen Bauleistungen von öffentlichen Auftraggebern wie Bund, Land oder Kommunen ausgeschrieben, ist zumeist im Einzelnen vorgegeben, in welcher Form und mit welchem Inhalt die Angebote abzugeben sind. Unter den eingereichten Angeboten darf der Auftraggeber nicht nach seinem Belieben wählen, sondern er hat den Zuschlag auf das wirtschaftlichste Angebot – in der Praxis oftmals gleichbedeutend mit dem preislich niedrigsten Angebot – zu erteilen. Inwieweit gleichwohl Spielräume eröffnet sind, im Vergabeverfahren nach VOB/A mit einem innovativen Angebot zu „punkten", soll im Folgenden aufgezeigt werden.

8.10.1 Angebotsausschluss wegen Änderung an den Vergabe-unterlagen vermeiden!

Eiserne Regel für Bieter ist es, zunächst überhaupt mit einem wertungsfähigen Angebot im Wettbewerb zu bleiben und nicht aus formalen Gründen ausgeschlossen zu werden. Dies droht dann, wenn mit dem Angebot eine unzulässige sog. „Änderung an den Vergabeunterlagen" verbunden ist (§ 13 Abs. 1 Nr. 5 Satz 1 VOB/A). Weicht die angebotene Leistung von der auftraggeberseitigen Leistungsbeschreibung ab, besteht immer das Risiko eines Angebotsausschlusses.

Dies müssen Unternehmer berücksichtigen, die zwecks verbesserter Wohngesundheit spezielle Baustoffe oder Bauweisen anbieten wollen. Denn die angebotene Leistung mag mit der ausgeschriebenen Leistung gleichwertig oder ihr sogar qualitativ überlegen sein – für den Angebotsausschluss ist hingegen nur entscheidend, dass objektiv eine Abweichung von der Leistungsbeschreibung gegeben ist. Dabei spielt es keine Rolle, ob die Änderungen zentrale und wichtige oder eher unwesentliche Leistungspositionen betreffen (OLG Düsseldorf IBR 2001, 75).

Ein die Vergabeunterlagen änderndes Angebot ist zwingend auszuschließen (§ 16 Abs. 1 Nr. 1b VOB/A). Das heißt, der Auftraggeber ist zum Ausschluss verpflichtet. Im Extremfall muss er selbst auf die Beauftragung einer angebotenen Leistung verzichten, die preislich an erster Stelle liegt und deren einziger „Fehler" darin besteht, qualitativ hochwertiger zu sein als die ausgeschriebene Leistung. Ob in der Praxis tatsächlich ein Ausschluss erfolgt, sei dahingestellt, jedenfalls sollten Bieter im Bereich formaler Fehler kein Risiko eingehen, also in den Vergabeunterlagen grundsätzlich keinerlei Ergänzungen, Streichungen oder sonstige nicht verlangte Eintragungen vornehmen.

Ist im Leistungsverzeichnis nicht ausdrücklich eine Produktangabe durch den Bieter verlangt, wäre es deshalb verfehlt, wenn der Bieter im Angebot für die Ausführung vorgesehene Produkte *verbindlich* benennt – etwa um deren positive Umwelteigenschaften bzw. Gesundheitsaspekte herauszustellen. Die Folge wäre, dass der Angebotsinhalt auf die benannten Produkte eingeengt würde. Hierin läge eine Abweichung von der Leistungsbeschreibung – die gerade kein bestimmtes Produkt vorgibt. Das Angebot wäre auszuschließen. Dies ist selbst dann der Fall, wenn das vorgesehene Produkt die Vorgaben des Leistungsverzeichnisses einhält.

8

Unkritisch ist es hingegen, bei Angebotsabgabe mit den für den Einbau vorgesehen Produkten und deren herausragenden Eigenschaften zu „werben", sofern der Bieter im Angebot ausdrücklich klarstellt, dass die Produktangabe nur informatorischen Charakter hat und keine Änderung der Vergabeunterlagen bezweckt.

Auch im Rahmen einer von der Vergabestelle nach Submission durchgeführten Angebotsaufklärung können Bieter ohne Weiteres die Qualität der vorgesehenen Produkte oder der Bauweise herausstellen – also etwa dann, wenn die Vergabestelle nach § 15 Abs. 1 VOB/A die Angabe von Fabrikat und Typ der für den Einbau vorgesehenen Produkte verlangt.

Im Rahmen einer solchen nach Submission stattfindenden Angebotsaufklärung könnte der Bieter zunächst sogar Produkte benennen, die nicht die im Leistungsverzeichnis vorgesehenen Merkmale besitzen. Ein Angebotsausschluss wegen Änderung der Vergabeunterlagen dürfte nicht erfolgen. Grund hierfür ist, dass eine im Rahmen der Angebotsaufklärung abgefragte Produktangabe von vornherein nur informatorisch ist, d. h. keine rechtsverbindliche Ergänzung des Angebots herbeiführt. Denn aufgrund des Nachverhandlungsverbots (§ 15 Abs. 3 VOB/A) darf der Angebotsinhalt nach Submission nicht mehr verändert werden. Stimmt das angegebene Produkt nicht mit der Leistungsbeschreibung überein, wird die Vergabestelle dem Unternehmer Gelegenheit zur Korrektur, d. h. zur Benennung eines anderen Produkts, geben müssen (OLG München VergabeR 2008, 114). Ein sofortiger Ausschluss – gestützt auf vermeintliche Änderungen an den Vergabeunterlagen – wäre vergaberechtswidrig und sollte umgehend gerügt werden.

Anders liegt es, wenn im Leistungsverzeichnis die Angabe von Fabrikat und Typ gefordert wird, der Bieter jedoch die vorgesehenen Felder freilässt und die Vergabestelle – wie nach neuem Vergaberecht gemäß § 16 Abs. 1 Nr. 3 VOB/A möglich und notwendig – die Angaben innerhalb einer 6-Tages-Frist nachfordert.

Wird auf diese Aufforderung hin ein nicht dem Leistungsverzeichnis entsprechendes Produkt genannt, wird eine unzulässige Änderung an den Vergabeunterlagen gegeben sein. Das heißt, das Angebot ist zwingend auszuschließen. Begründung hierfür ist, dass das Angebot durch die nachträgliche Produktbenennung in seinem verbindlichen Inhalt vervollständigt wird und die Produktbenennung nicht unverbindlich ist wie bei der Angebotsaufklärung im Sinne des § 15 Abs. 1 VOB/A. Unternehmer, die die im Leistungsverzeichnis geforderte Produktangabe nachreichen, können dies ohne Weiteres mit einer darüber hinausgehenden „Produktwerbung" verbinden – entscheidend ist ausschließlich, dass die angegebenen Produkte die im Leistungsverzeichnis genannten Merkmale besitzen.

8.10.2 Wann sind Abweichungen von den Vorgaben der Leistungsbeschreibung zulässig?

Unvorteilhaft ist es für einen Unternehmer, wenn sich sein Betrieb auf bestimmte Fabrikate oder Bauweisen festgelegt hat, diese jedoch nicht mit der vom Auftraggeber vorgegebenen Leistungsbeschreibung übereinstimmen. Bei Vorliegen der jeweiligen Voraussetzungen gibt es grundsätzlich zwei Möglichkeiten, dennoch ein formal ordnungsgemäßes Angebot abzugeben.

Hat der Auftraggeber Nebenangebote zugelassen, kann der Unternehmer ein Nebenangebot unterbreiten. Hierfür ist als Form vorgeschrieben, dass das Nebenangebot auf besonderer Anlage gemacht und deutlich gekennzeichnet wird (§ 13 Abs. 3 VOB/A). Nichtbefolgung führt zum Angebotsausschluss. Auch sollte zusammen mit dem Angebot ein Gleichwertigkeitsnachweis vorgelegt werden.

Selbst ein von der Leistungsbeschreibung abweichendes Hauptangebot ist u. U. zulässig. Die Abgabe eines Nebenangebots ist dann nicht notwendig. Voraussetzung ist, dass lediglich von sog. Technischen Spezifikationen im Sinne des § 13 Abs. 2 VOB/A abgewichen wird. Außerdem muss die Leistung gleichwertig mit der ausgeschriebenen Leistung sein. Unter Technischen Spezifikationen sind technische Regelwerke, Normen, ggf. auch allgemeine Eigenschafts- und Funktionsbeschreibungen zu verstehen, nicht aber individuelle auf das konkrete Bauvorhaben bezogene technische Vorgaben (OLG Düsseldorf VergabeR 2005, 188; OLG München VergabeR 2006, 119 = IBR 2005, 564).

Erfüllt bspw. die angebotene Leistung eine andere DIN als ausgeschrieben wurde, wird das Angebot in aller Regel zulässig sein, sofern die Leistung im Hinblick auf Sicherheit, Gesundheit und Gebrauchstauglichkeit mindestens gleichwertig ist. Im Einzelfall ist allerdings die Abgrenzung, ob ein Leistungsbeschreibungselement eine Technische Spezifikation im Sinne des § 13 Abs. 2 VOB/A darstellt oder nicht, mit Unsicherheiten behaftet. Im Zweifel sollte vor Angebotsabgabe bei der Vergabestelle nachgefragt werden, ob bezüglich einer bestimmten Vorgabe eine Abweichung akzeptiert wird.

In formaler Hinsicht hat der Bieter bei Abweichungen von Technischen Spezifikationen darauf zu achten, dass er die Abweichung im Angebot selbst eindeutig bezeichnet (§ 13 Abs. 2 Satz 2 VOB/A). Auch ein Gleichwertigkeitsnachweis sollte von Anfang an beigefügt werden – selbst wenn dieser wohl von der Vergabestelle nachgefordert werden müsste (§ 16 Abs. 1 Nr. 3 VOB/A).

Festzuhalten ist somit, dass die Möglichkeit von Nebenangeboten sowie die Möglichkeit einer Abweichung von Technischen Spezifikationen Raum für ein Angebot innovativer Leistungen und Produkte lassen, auch wenn die amtliche Leistungsbeschreibung diese nicht vorsehen.

8.10.3 Wohngesundheit als Wertungskriterium?

Hat ein Angebot die Prüfung in formaler Hinsicht bestanden – enthält es also insbesondere keine Änderungen an den Vergabeunterlagen – (1. Wertungsstufe), gelangt es in die 2. Wertungsstufe (Eignungsprüfung). Hier prüft die Vergabestelle die Fachkunde, Zuverlässigkeit und Leistungsfähigkeit des Unternehmens. Auf der 3. Wertungsstufe hat die Vergabestelle zu prüfen, ob der Angebotspreis angemessen ist (kein Unter- oder Übergebot). Schließlich ist im Rahmen der 4. Wertungsstufe das wirtschaftlichste Angebot zu ermitteln (§ 16 Abs. 6 Nr. 3 VOB/A). Hier stellt sich die Frage, ob es positiv für einen Unternehmer zu Buche schlägt, wenn sein Angebot– in Bezug auf die Innenraumluft – Qualitäten aufweist, die den Angeboten von Mitbietern fehlen.

Erste Voraussetzung einer Berücksichtigung entsprechender Qualitäten ist, dass sich die einzelnen Angebote tatsächlich inhaltlich – nicht nur im Preis – unterscheiden. Zu bejahen ist dies, wenn etwa unterschiedliche Produkte oder Bauweisen *verbindlich* im Angebot benannt wurden. Die Unterschiede dürfen also nicht allein auf Angaben im Rahmen der nach Submission stattfindenden Angebotsaufklärung nach § 15 Abs. 1 VOB/A beruhen, denn solche Angaben sind wegen des Nachverhandlungsverbots (§ 15 Abs. 3 VOB/A) rechtlich unverbindlich.

Weiter ist Voraussetzung, dass der Preis nicht das einzige Wertungskriterium ist. Ansonsten muss zwingend das Angebot mit dem niedrigsten Preis den Zuschlag erhalten. Für die Berücksichtigung inhaltlicher Unterschiede ist dann bei der Wertung kein Raum.

Bei EU-weiten Ausschreibungen ist der Auftraggeber verpflichtet, die anzuwendenden Zuschlagskriterien einschließlich ihrer Gewichtung in der Bekanntmachung oder in den Vergabeunterlagen anzugeben (§ 16a Abs. 1 VOB/A). Eine – nicht abschließende – Aufzählung möglicher Zuschlagskriterien enthält § 16 Abs. 6 Nr. 3 VOB/A: Qualität, Preis, technischer Wert, Ästhetik, Zweckmäßigkeit, Umwelteigenschaften, Betriebs- und Folgekosten, Rentabilität, Kundendienst, technische Hilfe, Ausführungsfrist.

Bei nationalen Ausschreibungen ist eine Bekanntgabe der Zuschlagskriterien nicht durch die VOB/A vorgeschrieben. Aus Transparenzgründen wird allerdings auch für nationale Ausschreibungen vertreten, dass die Zuschlagskriterien den Bietern bekannt zu geben sind. Fehlt die Bekanntgabe, sollte bei der Vergabestelle nachgefragt werden, ob auch andere Kriterien als der Preis bei der Auftragsvergabe berücksichtigt werden.

Die Angabe der maßgebenden Zuschlagskriterien und ihrer Gewichtung ermöglicht den Bietern erst die Abwägung, ob es überhaupt Vorteile verspricht, eine Leistung höherer Qualität anzubieten. So kann es geboten sein, vor allem auf einen niedrigen Angebotspreis Wert zu legen. In der überwiegenden Zahl der Ausschreibungen wird dies leider die Regel sein. Wer als Unternehmer sein Angebot hinsichtlich der Innenraumluftqualität optimieren will, sollte deshalb vor Angebotsabgabe prüfen, ob und inwieweit der Auftraggeber Wert auf eine verbesserte Wohngesundheit legt. Dies gilt jedenfalls dann, wenn mit einem entsprechenden Angebot eine Erhöhung des Angebotspreises verbunden ist. Gibt der Auftraggeber bspw. als Auftragskriterium „Qualität" oder „technischer Wert" bekannt, sollte vor Angebotsabgabe bei der Vergabestelle nachgefragt werden, ob hierunter auch Anforderungen an die Wohngesundheit zu fassen sind.

Hervorzuheben ist, dass nur Wertungskriterien Berücksichtigung finden dürfen, die für die Vergabestelle überprüfbar sind. Dies wird für das Kriterium Wohngesundheit zu bejahen sein, wenn für Baustoffe und Bauweisen entsprechende anerkannte Zertifizierungen vorgelegt werden können.

Immer sollte bei der Ausarbeitung eines Angebots bedacht werden, dass – wie die Praxis zeigt – auch bei Anwendung anderer Auftragskriterien ein niedriger Preis häufig die besten Chancen auf die Zuschlagserteilung bietet. Dies kann anders zu beurteilen sein, wenn der Auftraggeber in der Bekanntmachung oder in den Vergabeunterlagen die Innenraumluftqualität als Auftragskriterium ausdrücklich nennt und ihr entsprechendes Gewicht beimisst.

8.10.4 Fazit

Bei Angebotsabgabe ist penibel darauf zu achten, dass die Vorgaben der auftraggeberseitigen Leistungsbeschreibung eingehalten werden, da Abweichungen in der Regel zum Angebotsausschluss führen. Dies müssen Unternehmer berücksichtigen, die zwecks verbesserter Innenraumluftqualität spezielle Baustoffe oder Bauweisen anbieten wollen. Zulässige Abweichungen sind lediglich im Rahmen von Nebenangeboten oder der Abweichung von sog. Technischen Spezifikationen bei Einhaltung der jeweiligen Voraussetzungen möglich. Ein in Bezug auf Wohngesundheit optimiertes Angebot ist bei der Auswahl des zu bezuschlagenden Angebots nur dann entsprechend bevorzugt zu berücksichtigen, wenn die Innenraumluftqualität ein vom Auftraggeber zugelassenes und überprüfbares Auftragskriterium darstellt. Im Zweifel sollten sich Unternehmer vor Angebotsabgabe bei der Vergabestelle entsprechende Auskunft erteilen lassen. Die Praxis vieler Vergabestellen zeigt, dass in aller Regel das Angebot mit dem niedrigsten Preis die besten Chancen auf Bezuschlagung hat (wobei Unter- oder Dumpingangebote selbstverständlich ausgeschlossen werden). Gleichwohl sollten Unternehmer, die eine verbesserte Wohngesundheit gewährleisten können, hierauf immer bei Angebotsabgabe hinweisen. Selbst wenn solche Angaben keine unmittelbare Auswirkungen für die Angebotswertung haben bzw. haben dürfen, ist es niemals verfehlt, bei der Vergabestelle einen guten Eindruck zu hinterlassen – auch im Hinblick auf Einladungen zu Beschränkten Ausschreibungen. Auch sorgen entsprechende Hinweise dafür, dass das Thema Wohngesundheit im Bewusstsein der Auftraggeber verankert wird. Dies kann dazu führen, dass bei künftigen Ausschreibungen die Innenraumluftqualität verstärkt Beachtung findet – insbesondere durch Anpassungen der Leistungsbeschreibung oder Berücksichtigung als Wertungskriterium.

8.11 Urteile zur Innenraumhygiene – eine Auswahl

Peter Bachmann und Matthias Lange

8.11.1 Bundesfinanzhof akzeptiert außergewöhnliche Belastung bei Sanierung in Einzelfällen

Außergewöhnliche Belastung liegt bei Sanierung wegen Brandgefahr, Asbest und Geruch vor

Hierzu können auch Aufwendungen für die Sanierung eines Gebäudes gehören, wenn durch die Baumaßnahmen konkrete Gesundheitsgefährdungen, etwa durch ein asbestgedecktes Dach (VI R 47/10), abgewehrt, Brand-, Hochwasser- oder ähnlich unausweichliche Schäden, beispielsweise durch den Befall eines Gebäudes mit Echtem Hausschwamm (VI R 70/10) beseitigt oder vom Gebäude ausgehende unzumutbare Beeinträchtigungen (Geruchsbelästigungen, VI R 21/11) behoben werden. Allerdings darf der Grund für die Sanierung weder beim Erwerb des Grundstücks erkennbar gewesen noch vom Grundstückseigentümer verschuldet worden sein. Auch muss der Steuerpflichtige realisierbare Ersatzansprüche gegen Dritte verfolgen, bevor er seine Aufwendungen steuerlich geltend machen kann und er muss sich den aus der Erneuerung ergebenden Vorteil ("Neu für Alt") anrechnen lassen.

Quelle: BFH, Urteile vom 29.03.2012; Az.: VI R 21/11, VI R 70/10 und VI R 47/10).

8.11.2 Maßnahmen gegen Elektrosmog steuerlich absetzbar

Die Kosten für die Abschirmung einer Eigentumswohnung vor Hochfrequenzimmissionen können als außergewöhnliche Belastungen bei der Einkommensteuer abgezogen werden. Die Klägerin machte bei ihrer Steuererklärung Aufwendungen in Höhe von 17.075 Euro für die Anbringung einer Hochfrequenzabschirmung zum Schutz ihrer Eigentumswohnung vor Radio-, Fernseh- und Mobilfunkwellen geltend. Das Finanzamt lehnte die Berücksichtigung dieser Kosten als außergewöhnliche Belastungen ab, da kein amtsärztliches Gutachten über die Notwendigkeit der Maßnahme vorgelegt worden sei und es sich allenfalls um eine vorbeugende Maßnahme handele. Der 10. Senat des Finanzgerichts Köln gab mit Urteil vom 08.03.2012 (Az. 10 K 290/11) der Klage der Wohnungseigentümerin statt. Eine Revision zum Bundesfinanzhof wurde nicht zugelassen.

Die Richter verwiesen in der Begründung darauf, dass der Nachweis der medizinischen Notwendigkeit nicht nur durch das Attest eines Amtsarztes erbracht werden kann. Zwangsläufig und damit steuerlich absetzbar seien nämlich nicht nur medizinisch unbedingt notwendige Aufwendungen im Sinne einer Mindestversorgung. Vielmehr fielen hierunter die Kosten aller diagnostischen oder therapeutischen Verfahren, deren Anwendung im Erkrankungsfall hinreichend gerechtfertigt sei. Zum Nachweis der Zwangsläufigkeit der Baumaßnahme reichten dem Gericht ein ärztliches Privatgutachten über die ausgeprägte Elektrosensibilität der Klägerin und das Gutachten eines Ingenieurs für Baubiologie über "stark auffällige" Hochfrequenzim-missionen im Rohbau der Eigentumswohnung aus.

Quelle: Finanzgericht Köln (Aktenzeichen 10 K 290/11)

8.11.3 Haftung des Bauunternehmers für beigestellte fehlerhafte Bauprodukte

Nach der Rechtsprechung des Bundesgerichtshofs ist ein Werk auch dann mangelhaft, wenn es eine vereinbarte Funktion nur deshalb nicht erfüllt, weil vom Besteller gelieferte Stoffe oder Bauteile oder Vorleistungen anderer Unternehmer, von denen die Funktionsfähigkeit des Werks abhängt, unzureichend sind. Der Unternehmer kann in diesen Fällen der Verantwortlichkeit für den Mangel seines Werks durch Erfüllung seiner Prüfungs- und Hinweispflichten entgehen, trägt insoweit jedoch die Darlegungs- und Beweislast (BGHZ 174, 110 Tz. 21 ff.). Bei Bauleistungen ergeben nicht nur erst verschiedene Sachleistungen das Ganze, sondern stammen (verschiedenen Sachleistungen) i. d. R. auch von ganz unterschiedlichen Partnern des Auftraggebers. Auch dieser selbst kann Baustoffe beistellen. – So können auch Fehler am Bauwerk auf ganz unterschiedliche Ursachen zurückgehen, z. B. auch darauf, dass Baustoffe des Bestellers mangelhaft sind und dann zum Mangel des umfasssenderen Gewerkes eines Dritten führen. Der Unternehmer kann sich allerdings entlasten. Er hat bei der Verwendung von Vorleistungen oder fremden Materialien eine Prüfpflicht, § 4 Nr. 3 VOB/B. Kommt er dieser Prüfung ausreichend nach oder kann er bei seiner Prüfung den Fehler nicht erkennen, ist er für einen später gleichwohl auftretenden Mangel am Gewerk nicht verantwortlich. Kann er den Fehler jedoch erkennen, muss er ihn melden, auf Bedenken hinweisen und die Weisungen des Auftraggebers abwarten.

Quelle: BGH, Urt. v. 10.06.2010 – Xa ZR 3/07

8.11.4 DIN-Vorschrift bei der Fertigstellung des Baus entspricht nicht mehr dem aktuellen Stand der anerkannten Regeln der Technik

In dem vom Bundesgerichtshof entschiedenen Fall rügten Käufer von Eigentumswohnungen einen mangelhaften Schallschutz zur Nachbarwohnung. Der Bauträger berief sich darauf, dass die Wohnungswände und Decken der DIN 4109 aus dem Jahre 1984 entsprachen. Der Bundesgerichtshof entschied, dass diese DIN-Vorschrift bei der Fertigstellung des Baus nicht mehr dem aktuellen Stand der anerkannten Regeln der Technik entsprach. In dem Urteil wird darauf hingewiesen, dass DIN-Vorschriften keine Rechtsnormen darstellen, sondern private technische Regelungen mit Empfehlungscharakter, die nicht immer dem neuesten Stand der Regeln der Technik entsprächen. Da ein Bauwerk jedoch zum Zeitpunkt der Fertigstellung dem neuesten Stand der Technik entsprechen muss, kann der Erwerber im Einzelfall Anforderungen stellen, die über die Erfordernisse der DIN-Normen hinausgehen. Bei gleichwertigen, nach den anerkannten Regeln der Technik möglichen Bauweisen darf der Besteller angesichts der hohen Bedeutung des Schallschutzes im modernen Haus- und Wohnungsbau erwarten, dass der Unternehmer zumindest dann diejenige Bauweise wählt, die den besseren Schallschutz erbringt, wenn sie ohne nennenswerten Mehraufwand möglich ist.

Quelle: Bundesgerichtshof (Aktenzeichen VII ZR 184/97)

8.11.5 Schadensersatz und Nutzungsausfall für stinkende Parkettversiegelung

Lösungsmittel zur Parkettversiegelung stank monatelang

Wenn das neu versiegelte Parkett monatelang stinkt, kann der Werklohn zurückverlangt werden. Auch muss der Werkunternehmer evtl. Nutzungsausfall erstatten, wenn die Räumlichkeiten nicht nutzbar waren. Dies hat das Oberlandesgericht Köln entschieden.

Wer Parkett abschleifen und versiegeln lässt, weiß, dass es danach einige Zeit unangenehm riechen kann. Nach spätestens ein paar Wochen sollte der Gestank aber verflogen sein. Im vorliegenden Fall ließ eine Familie das Parkett im Schlaf-, Wohn- und Kaminzimmer von einer Spezialfirma neu versiegeln. Der Gestank wollte einfach nicht verschwinden. Auch nach zehn Monaten konnte ein Sachverständiger noch eine Geruchsbelästigung feststellen. Der „Duft" wurde von ihm als unangenehm und stechend beschrieben, sodass bei der Lackierung der Böden noch einmal nachgearbeitet werden musste.

Parkettversiegelung stinkt höchstens bis zu 3 Wochen

Das Gericht sprach der Familie gem. § 635 BGB a. F. insgesamt 6.635,82 DM Schadensersatz zu. Ein Sachverständiger hatte ausgeführt, dass bei üblicher Belüftung die unangenehmen Geruchsstoffe normalerweise etwa 2 bis 3 Wochen, längstens aber 2 bis 3 Monate nach der Parkettversiegelung nicht mehr wahrnehmbar seien. Das Gericht ging daher von einem Werkmangel aus.

Anspruch auf Ersatz der Kosten für die Neuversiegelung

Die Familie habe deshalb Anspruch auf Ersatz der Kosten für die Neuversiegelung in Höhe von insgesamt 3.035,82 DM sowie auf eine Nutzungsentschädigung für das Schlaf- und Wohnzimmer. Hier ging das Gericht von 10,- DM je Quadratmeter aus. Für das knapp 20 Quadratmeter große Schlafzimmer, das vier Monate nicht nutzbar war, errechnete das Gericht eine Nutzungsentschädigung von 800,– DM (4 Monate x 20 Quadratmeter x 10, – DM). Die Nutzungsentschädigung für das Wohnzimmer betrug 2.800,- DM (7 Monate x 40 Quadratmeter x 10, – DM).

Quelle: Oberlandesgericht Köln; Urteil vom 17.12.2002 [Aktenzeichen: 3 U 66/02]

8

8.11.6 Unangenehmer Geruch bei Schlafzimmermöbeln über längere Zeit – Käufer darf vom Kaufvertrag zurücktreten

Käufer hat Anrecht auf geruchsneutrale Ware

Wenn Schlafzimmermöbel auch mehr als ein Jahr nach dem Kauf noch einen unangenehmen Chemikaliengeruch verströmen, kann der Käufer vom Vertrag zurücktreten. Dabei ist es ohne Belang, ob die Gerüche auch gesundheitsschädlich sind. Dies hat das Landgericht Coburg entschieden.

Im zugrunde liegenden Fall kaufte die Klägerin beim Beklagten eine Einrichtung in Esche massiv für rund 6.200,– EUR. Doch auch Monate nach dem Kauf verströmten die Möbel einen unangenehmen Chemikaliengeruch. Die Klägerin monierte diesen Zustand. Der Verkäufer konnte aber keine Abhilfe schaffen. Als eine Raumluftanalyse eine auffällige Häufung flüchtiger organischer Verbindungen ergab, trat die Klägerin vom Kauf zurück und klagte auf Rückzahlung des Kaufpreises.

Mit Erfolg, denn das Landgericht Coburg gab ihrer Klage statt und verurteilte den Verkäufer zur Rückzahlung des Kaufpreises an die Kundin.

Mögliche Grenzwertüberschreitung unerheblich – Geruch an sich lässt Ware mangelhaft erscheinen

Auch noch 13 Monate nach der Anlieferung ging von der Schlafzimmereinrichtung ein störender Geruch aus. Die mit diesem Geruch verbundene nachvollziehbare Sorge der Käuferin, dass dadurch ihre Gesundheit gefährdet werde, verhindert nach Auffassung der Gerichte einen ungestörten Gebrauch der Schlafzimmereinrichtung. Unabhängig von der Frage, ob es für die organischen Verbindungen einen verbindlichen Grenzwert gibt und dieser überschritten war, eignen sich die Möbel nicht für die gewöhnliche Verwendung, also das Schlafen in dem mit ihnen ausgestatteten Raum, und sind deshalb mangelhaft. Denn auch ohne besondere Vereinbarung kann ein Käufer solcher Möbel erwarten, dass sie geruchsneutral sind oder Geruchsentwicklungen, die wegen der Lackierung unvermeidbar sind, zumindest alsbald nach dem Aufstellen verschwinden.

Quelle: Oberlandesgericht Bamberg; Beschluss vom 07.08.2009 [Aktenzeichen: 6 U 30/09]

8.11.7 Schadstoffkampf ist Sache der Vermieter

Stellt ein Sachverständiger fest, dass eine Wohnung mit Schadstoffen belastet ist (im vorliegenden Fall Formaldehyd – Emissionen aus dem Teppich), muss der Vermieter die Kosten sowohl für den Sachverständigen als auch für die Beseitigung der Schadstoffquelle tragen.

Quelle: Amtsgericht Frankfurt am Main, [Aktenzeichen: 33 C 2618/98]

8.11.8 Schadstoffe in gesundheitsgefährdender Konzentration in der Wohnung – fristlose Kündigung möglich

Ein Mieter kann eine Wohnung fristlos kündigen, wenn diese Schadstoffe in gesundheitsgefährdender Konzentration aufweist.

Dies geht aus einem Urteil des Landgerichts Lübeck hervor. Weisen nur einige Räume der Mietwohnung gesundheitsgefährdende Schadstoffkonzentrationen auf, sei die Situation etwas komplizierter: Die Kündigungsmöglichkeit hänge dann davon ab, welche Auswirkungen dies auf die Brauchbarkeit der gesamten Wohnung habe und ob die Gesundheitsgefährdung als erheblich einzustufen sei. Hiervon sei immer auszugehen, wenn ein Kinderzimmer hochbelastet sei, weil bei Kindern die Schwelle zur gesundheitlichen Beeinträchtigung besonders niedrig anzusetzen ist. Das Gericht erklärte weiter, die Mieter hätten ihr Recht zur fristlosen Kündigung auch nicht dadurch verwirkt, dass sie zunächst Monate lang abwarteten. Im verhandelten Fall hatten die Mieter auf eine mögliche Sanierung der Wohnung gewartet und erst dann fristlos gekündigt, als die Schadstoffkonzentration bereits zurückging.

Quelle: Landgericht Lübeck [Aktenzeichen: 6 S 2/00]

8.11.9 Formaldehydbelastete Bauteile müssen ausgetauscht werden

In einem Bauträgervertrag hatten die Parteien vereinbart, dass das Dachgeschoss eines Wohnhauses mit formaldehydfreien Spanplatten verkleidet werden sollte. Tatsächlich wurden jedoch formaldehydhaltige Platten eingebaut.

Als der Mieter infolge der Formaldehydbelastung über gesundheitliche Beschwerden klagte und die Miete minderte, verlangte der Auftraggeber den Austausch der Platten.

Obwohl die vom Bundesgesundheitsministerium empfohlenen Grenzwerte für eine Schadstoffkonzentration in der Raumluft nicht überschritten wurden, gab das OLG Brandenburg (Urteil vom 13.12.2005) dem Auftraggeber recht. Der Bundesgerichtshof hat die Nichtzulassungsbeschwerde gegen diese Entscheidung zurückgewiesen.

Wenn im Bauvertrag bestimmte Eigenschaften von Bauteilen vereinbart wurden, sind diese auch vertraglich geschuldet. Jede Abweichung stellt einen Mangel dar. Auf Grenzwerte, die sich aus den anerkannten Regeln der Technik ergeben, kommt es nur dann an, wenn die Parteien keine besondere Vereinbarung zur Verwendung formaldehydhaltiger Bauelemente getroffen haben.

Danach hat auch das Oberlandesgericht differenziert. Der Bauträger muss die Spanplatten im Dachgeschoss austauschen. Die Mietminderung muss er seinem Auftraggeber jedoch nicht ersetzen. Im Mietvertrag wurde eine Formaldehydbelastung nicht generell ausgeschlossen. Folglich muss der Mieter eine Belastung im Rahmen der zulässigen Grenzwerte akzeptieren und ist nicht zur Minderung der Miete berechtigt.

Quelle: OLG Brandenburg [Aktenzeichen: 11 U 15/05]

8

8.11.10 Wann ist eine Gesundheitsbeeinträchtigung wesentlich?

Der Bundesgerichtshof vertritt nach seinen neuesten Urteilen vom 13. Februar 2004 – V ZR 217/03 und V ZR 218/03 zu dieser Frage folgenden Standpunkt:

Ob eine Beeinträchtigung wesentlich ist, hängt nach der ständigen Rechtsprechung des Senats von dem Empfinden eines verständigen Menschen und davon ab, was diesem auch unter Würdigung anderer öffentlicher und privater Belange billigerweise nicht mehr zuzumuten ist. Dabei steht dem Tatrichter ein auf die konkreten Umstände des Einzelfalls bezogener Beurteilungsspielraum zu. Hierbei hat er indes zu beachten, dass nach § 906 Abs. 1 Satz 2 BGB eine unwesentliche Beeinträchtigung „in der Regel" dann vorliegt, wenn – wie hier – die in Gesetzen oder Rechtsverordnungen festgelegten Grenzen oder Richtwerte von den ermittelten und bewerteten Immissionen nicht überschritten werden. Die Einhaltung solcher Grenzen oder Richtwerte schließt zwar das Vorliegen einer wesentlichen Beeinträchtigung nicht aus, hat aber Indizwirkung zugunsten einer nur unwesentlichen Beeinträchtigung.

Grenzwerte: Die von den Gesundheitsämtern zum Teil festgelegten Grenzwerte für bestimmte Belastungen sind kein Maßstab für die Beurteilung einer konkreten Gesundheitsgefährdung, da jeder Mensch anders auf Umweltgifte reagiert. Dabei ist aber die vorstehend dargestellte Rechtsansicht des BGH von Bedeutung. Sind die von den Gesundheitsämtern festgelegten Grenzwerte nicht überschritten, so ist zunächst davon auszugehen, dass **keine** Gesundheitsgefährdung vorliegt. Der Mieter kann und muss in einem solchen Fall seinerseits nachweisen, dass **trotz Unterschreitung** der Grenzwerte eine Gesundheitsgefährdung vorliegt.

Für **Innenraumschadstoffe** gibt es bislang mit wenigen Ausnahmen keine gesetzlich festgelegten Grenzwerte. Ist es in Wissenschaft, Rechtsprechung und Lehre streitig, ab welchem Grenzwert in der Raumluft für einen bestimmten Schadstoff eine Gesundheitsschädlichkeit anzunehmen ist, so reicht es für den Nachweis der Mangelhaftigkeit der Wohnung aus, wenn allein die Tatsache der Schadstoffbelastung in der Wohnung bewiesen ist (LG Lübeck 14. Zivilkammer, Urteil vom 6. November 1997, Az: 14 S 135/97).

Die mietrechtliche Praxis: In der Praxis reicht es für eine Kündigung eines Mietvertrages aus, wenn objektiv das Vorhandensein von Umweltgiften in der Wohnung festgestellt ist. Auch wenn wissenschaftlich ungeklärt sein sollte, ob sich das Gift negativ auf die Gesundheit auswirken kann, wird kaum ein Gericht den Mieter zum „Versuchskaninchen" machen wollen und ihn an einem Mietvertrag festhalten. **Eine bloße Anscheinsgefahr oder Befürchtung des Mieters** reicht aber nicht aus (siehe nachstehende Urteile). Fast immer entstehen bei den Bewohnern einer belasteten Wohnung allein aufgrund der Tatsache, dass ihnen die Belastung bekannt ist, psychische Beeinträchtigungen, die ebenso gesundheitsgefährdend sind. Gegebenenfalls wird das Gericht einen sonstigen wichtigen Grund annehmen, der die Kündigung rechtfertigt.

Quelle: www.mietrechtslexikon.de/a1lexikon2/g1/gesundheit.htm

8.11.11 Fogging in Mietwohnung

Vorrangiger Zweck einer Tapezierung ist es, einen ansprechenden optischen Eindruck herbeizuführen. Tapeten, die sich vorzeitig und über die Maßen wegen des sog. Fogging-Effekts schwarz verfärben, sind daher mängelbehaftet.

Der VIII. Zivilsenat des Bundesgerichtshofs hat auf die mündliche Verhandlung vom 28. Mai 2008 durch den Vorsitzenden Richter Ball, den Richter Dr. Wolst und die Richterinnen Hermanns, Dr. Milger und Dr. Hessel für Recht erkannt:

Tenor: Die Revision der Beklagten gegen das Urteil der Zivilkammer 63 des Landgerichts Berlin vom 14. September 2007 wird zurückgewiesen.

Die Beklagten haben die Kosten des Revisionsverfahrens zu tragen.

Tatbestand:

Die Klägerin ist Mieterin einer Wohnung in einem Mehrfamilienhaus der Beklagten in B. Sie verlangt Vorschuss für die Beseitigung von in der Wohnung aufgetretenen Schwarzstaubablagerungen („Fogging"). Die Ablagerungen traten zunächst Anfang Dezember 2002 in geringem Umfang in Küche, Bad und den Zimmern der Wohnung auf und verbreiteten sich bis Februar 2003 auf sämtliche Decken und Wände der Wohnung.

Entscheidungsgründe

1. Die Revision hat keinen Erfolg.
2. Das Berufungsgericht (LG Berlin, GE 2007, 1487) hat ausgeführt:
3. Die Klägerin sei berechtigt, den geltend gemachten Betrag als Vorschuss zur Beseitigung eines Mangels zu fordern. Die aufgetretenen Schwarzverfärbungen seien ein Mangel der Mietwohnung. Ursache dieses Mangels in Form der Schwarzstaubablagerungen sei ein Zusammenwirken von Emissionen aus Wandfarbe und Teppichboden und einer Absenkung der Bauteiloberflächentemperatur während des im Winter vorgenommenen Fensterputzens und dem zusätzlichen Eintrag flüchtiger organischer Stoffe während des Fensterputzens. **Damit liege die Ursache der „Fogging-Erscheinungen" nicht im Gefahrenbereich der Beklagten begründet, sondern stamme aus dem Verantwortungsbereich der Klägerin, die Wandfarbe und Teppich in die Wohnung eingebracht und die Reinigung der Fenster veranlasst habe. Dennoch habe die Klägerin den Mangel nicht zu vertreten, weil sie die Grenzen des vertragsgemäßen Gebrauchs der Mietsache nicht überschritten habe.** Liege – wie hier – ein Mangel der Mietsache vor, sei der Vermieter, unabhängig

8

von einem etwaigen Verschulden auf seiner Seite, verpflichtet, den vertragsgemäßen Zustand wiederherzustellen.

4. Rechtsfehlerfrei und insoweit von der Revision nicht beanstandet sieht das Berufungsgericht in den Schwarzstaubablagerungen, die nach den tatrichterlichen Feststellungen im Dezember 2002 plötzlich auftraten und sich bis Februar 2003 über sämtliche Decken und Wände der Mietwohnung der Klägerin ausbreiteten, einen Mangel der Mietsache i. S. d. § 536 BGB. Dessen Beseitigung schulden die Beklagten als Vermieter gemäß § 535 Abs. 1 Satz 2 BGB unabhängig davon, ob die Mangelursache in ihrem eigenen oder im Gefahrenbereich der Klägerin zu suchen ist. Anders wäre das, wie das Berufungsgericht weiter zutreffend erkannt hat, nur dann, wenn die Klägerin die Entstehung des Mangels zu vertreten hätte. (…)

5. Ohne Erfolg beruft sich die Revision auf die Rechtsprechung des Bundesgerichtshofs (Urteil vom 10. Januar 1962 – VIII ZR 199/60, WM 1962, 271 f.), wonach ein Mangelbeseitigungsanspruch des Mieters ausscheidet, wenn der Mangel darauf beruht, dass der Vermieter auf Wunsch des Mieters eine Veränderung der Mietsache durchgeführt hat und sich hieraus eine Beeinträchtigung des vertragsgemäßen Gebrauchs ergibt. Die Revision meint, Gleiches müsse dann gelten, wenn der Mieter selbst eine Veränderung der Mietsache vorgenommen hat, die zu einem Mangel der Mietsache führe.

6. Die Revision übersieht, dass die Mietsache nicht verändert wurde. Die von der Klägerin vorgenommene Teilrenovierung der Wohnung durch Tapezieren einiger Wände mit handelsüblicher Tapete und Verlegung eines ebenfalls handelsüblichen Teppichbodens ist keine Veränderung der Mietsache. Beides waren lediglich Maßnahmen, die der Erhaltung der Mietsache zu dienen bestimmt sind. Auch hat die Klägerin weder schuldhaft gehandelt noch mit ihren Maßnahmen die Grenzen des vertragsgemäßen Gebrauchs überschritten.

Nach § 538 BGB hat der Mieter Verschlechterungen der Mietsache, die durch vertragsgemäßen Gebrauch herbeigeführt worden sind, nicht zu vertreten.

Gericht: BGH, Datum: 28.05.2008, Aktenzeichen: VIII ZR 271/07

9 Aussichten

Peter Bachmann und Matthias Lange (im Folgenden: PB/ML)

9.1 Interview mit Professor Dr.-Ing. Jörn Moriske

Bild 9.1   Prof. Dr.-Ing. Jörn Moriske (*M*)

1. ***PB/ML***: Das Umweltbundesamt ist die oberste Behörde für die Innenraumhygiene in Deutschland. Hat sich die Situation in deutschen Innenräumen in den letzten Jahren verändert und wenn, wie macht sich das bei Ihnen in der Behörde bemerkbar?

M: Die Situation bezüglich Innenraumluftqualität hat sich in den vergangenen Jahren in der Tat geändert. Die forcierte energiesparende Bauweise, die seit 2002 Pflicht für Neubauten und – bei umfassender Sanierung – auch für bestehende Gebäude ist, führt zu erhöhter Luftdichtheit der Gebäudehülle und mithin zu einer möglichen Anreicherung von Stoffen, die aus Innenraumquellen in die Raumluft freigesetzt werden. Überdies haben sich die Zusammensetzung und das Spektrum der in Produkten eingesetzten flüchtigen und schwer flüchtigen organischen Chemikalien geändert, die später unter Umständen in die Innenraumluft abgegeben werden können. Im Umweltbundesamt macht sich dies durch eine beständig hohe Anzahl von Anfragen aus der Bevölkerung zu Innenraumluftproblemen bemerkbar.

2. ***PB/ML***: Vorausschauend planen und nicht „wenn das Kind in den Brunnen gefallen ist" handeln, ist Aufgabe des Umweltbundesamtes. Wie kann dem Verbraucher/Nutzer/Bewohner kurz- und mittelfristig geholfen werden? Wird es einen Leitfaden für Innenraumhygiene in privaten Gebäuden geben?

M: Im Errichtungsgesetz des Umweltbundesamtes stellt die Abwehr von Gefahren und Risiken für die Umwelt und Gesundheit des Menschen durch Umweltschadstoffe eine zentrale Aufgabe dar. Das Umweltbundesamt geht aber vielfach über diese Forderung hinaus und fordert auch dort Begrenzungen des Schadstoffeinsatzes, wo die eigentliche Gesundheitsgefahr noch nicht belegt ist, wo aber die Datenlage sehr wohl ein Risiko erkennen lässt. Es gilt das Vorsorgeprinzip. Im Innenraumbereich helfen wir Verbraucherinnen und Verbrauchern dadurch, dass wir über Probleme aufklären und Hilfestellung zur Vorbeugung und Beseitigung geben – etwa im Fall des Schimmelpilzbefalls und der Schimmelsanierung in Gebäuden (UBA-Leitfäden von 2002 und 2005) oder als Empfehlungen zur Innenraumlufthygiene in Schulgebäuden (UBA 2008). Darüber hinaus erarbeitet eine Ad-hoc-Arbeitsgruppe am UBA-Richtwerte für einzelne Innenraumluftschadstoffe, die nicht überschritten werden sollen. Im Bereich der Bauprodukte ist am UBA die Geschäftsstelle des Ausschusses zur gesundheitlichen Bewertung von Bauprodukten (AgBB) angesiedelt. Der AgBB schafft in Deutschland die Grundlagen für die Zulassung von Bauprodukten aus gesundheitlicher Sicht.

3. **PB/ML**: Wie beurteilen Sie die zunehmende Zahl von „luftverbessernden" Produkten? Wir denken hier z. B. an mit Keratin beschichtete Gipsfaserplatten, durch Titandioxid Schadstoff abbauende Wandfarbe oder Teppiche („Der Teppich für eine saubere Luft.").

M: Wir begegnen „luftverbessernden" oder „luftreinigenden" Produkten mit großer Skepsis. Zunächst, weil es der falsche Weg ist, Innenraumluftprobleme zu lösen. In erster Linie gilt es, die Schadstoffquelle zu erkennen und den Eintrag der Stoffe in die Raumluft zu beseitigen. Allenfalls dort, wo dies nicht sogleich möglich ist, können vorübergehend (!) Luftreinigungsmaßnahmen durchgeführt werden. Der Markt bietet eine Reihe von Systemen an. Abzulehnen sind in jedem Fall solche Verfahren, bei denen die Luft behandelt wird (Ionisation, Ozonung). Dabei können nämlich weitere Reaktionsprodukte entstehen, die wir zum Teil gar nicht kennen, und deren gesundheitliche Bedeutung im Einzelfall schwer schätzbar ist. Luftwäscher zur Staubbindung funktionieren. Allerdings muss das „Waschwasser" regelmäßig gewechselt werden, sonst kann es zur Verkeimung kommen. Mit Nanoteilchen beschichtete Wandfarben und Tapeten sollen helfen, die mikrobiologische Situation (Gehalt von Schimmelpilzen und Bakterien) im Innenraum zu verbessern. Die Gefahr sehen wir hier in einem Abrieb durch Abnutzung der Materialien oder Verwitterung mit anschließender Freisetzung von Nanoteilchen in die Raumluft. Der Beweis dafür oder dagegen – ob und wann die Partikelfreisetzung geschieht – steht jedoch noch aus. Werden nanobehandelte Farben abgeschliffen, entsteht in jedem Fall eine Partikelfreisetzung. Aus Vorsorgegründen daher lieber „nein" zum Einsatz dieser nanobehandelten Produkte als „ja". Dies soll die Nanotechnik an sich keineswegs verteufeln. Solange aber nicht ausreichend Produktsicherheit bei der Anwendung im Innenraumbereich gegeben ist, bleibt die Forderung „so wenig Nano wie möglich" aufrecht zu erhalten.

4. **PB/ML**: Wo sehen Sie die Rolle des Handels, also z. B. der Baumärkte und des Möbelhandels?

M: Der Handel kann einen entscheidenden Impuls liefern, um am Markt solche Produkte durchsetzen zu helfen, die möglichst wenig bedenkliche Inhaltsstoffe aufweisen oder bei denen belegt ist, dass bei Einbau und Verwendung solcher Produkte im Gebäude später keine Emissionen in die Raumluft auftreten. Es gilt der Nachweis, dass keine Emissionen unter Nutzungsbedingungen zu erwarten sind. Da der Gesetzgeber nur solche Stoffe und Produkte verbieten kann, von denen nachweislich eine Gesundheitsgefahr ausgeht, kann der Handel entscheidend dazu beitragen, „die Spreu vom Weizen" aus gesundheitlicher Sicht zu trennen. Erwirbt der Verbraucher bevorzugt als emissionsarm gekennzeichnete Produkte, werden die anderen über kurz oder lang von selber vom Markt verschwinden. Wohlgemerkt, akut gesundheitsgefährdende Stoffe und Produkte dürfen schon heute gar nicht erst in den Handel gelangen. Bei allen anderen kann der Handel jedoch Wegbereiter für bessere Produkte – auch aus gesundheitlicher Sicht – sein. Dies unterstützen wir ausdrücklich. Kehrseite der Medaille ist allerdings, dass der Beleg der Schadstoffarmut oder der begrenzten Emissionen nachhaltig, wissenschaftlich exakt und transparent durch die Hersteller und den Handel belegt sein muss. Nicht jedes Produkt, das ein Hersteller gern als schadstoffarm kennzeichnen würde, ist es auch. Hier gibt es noch viel zu tun im Hinblick auf die Prüfbedingungen und Kontrolle der Produktuntersuchungen im Werk und später im Baumarkt oder Möbelgeschäft. Bei Möbeln funktioniert das Kontrollsystem übrigens seit einigen Jahren bereits recht gut.

5. **PB/ML**: Welche Ministerien sind nach Ihrer Einschätzung an der Innenraumhygiene beteiligt?

M: Hier geht es weniger um die Einschätzung als vielmehr um die Aufgabenverteilung innerhalb der Bundesressorts. Im Baubereich sind das Bauministerium (BMVBS) und die Bauministerien der Länder (Bauen ist in Deutschland Länderhoheit) beteiligt, etwa bei der Frage der verwendeten Materialien, was ja auch aus innenraumhygienischer Sicht wichtig ist. Die Beurteilung der innenraumhygienischen Situation und die sich daraus ableitende Forderung nach schadstoffarmen Produkten oder nach Prüfverfahren für die Untersuchung eines Produktes auf seine Schadstoffarmut fallen in die Zuständigkeit des Bundesumweltministeriums (BMU) und des Umweltbundesamtes (UBA). Ausnahme bildet der Trinkwasserbereich. Hier ist historisch gesehen das Gesundheitsministerium (BMG) zuständig, wenn es z. B. um die Festsetzung von Grenzwerten geht. Bei der Auswahl geeigneter Installationsmaterialien für die Wasserversorgung im Haus sind BMU und BMG gemeinsam aktiv.

Ferner ist auch das Verbraucherschutzministerium (BMELV) zu beteiligen, wenn es um die Risikobewertung von Innenraumnoxen – den Einzelstoff betrachtend – geht. Das Bundesinstitut für Risikobewertung (BfR), das nachgeordnete Behörde im Zuständigkeitsbereich des BMELV ist, übernimmt diese Aufgabe.

Die Vielfalt der behördenmäßigen Zuständigkeiten im Innenraumbereich macht naturgemäß die politischen Maßnahmen zur Verbesserung der Situation in Innenräumen nicht einfacher.

6. **PB/ML**: Wie schätzen Sie die neue EU-Verordnung zu Bauprodukten ein? Reicht dies für die gesundheitliche Sicherheit in Lebensräumen?

M: Die Verordnung Nr. 305/2011 des Europäischen Parlamentes und Rates vom 09.03.2001 soll die bisherige EU-Bauproduktenrichtlinie ersetzen. Bei der „alten" Richtlinie war vieles – gerade auch aus dem Bereich des Gesundheitsschutzes – nur vage formuliert, und ließ den Mitgliedsstaaten viele Hintertüren offen. Dies führte zu unterschiedlichen Schutzniveaus in den Mitgliedsländern bei der Frage der Wohngesundheit durch Bauprodukte.

Die neue Verordnung soll hier stärker eingreifen und regeln. Anwendung und Anforderung an Produkte wurden besser als bisher voneinander getrennt. Ziel ist, eine Harmonisierung und Angleichung der Schutzniveaus in Europa zu erreichen. Ob es gelingt, wird die Praxis zeigen. Auch die neue Verordnung lässt nämlich den Mitgliedsländern einen Ermessensspielraum bei der Festlegung von „Klassen". So kann es nach der Verordnung durchaus passieren, dass wir künftig ein Bauprodukt in Deutschland erwerben, dass nach einer „VOC-Klasse Frankreich" oder einer „VOC-Klasse Deutschland" geprüft und gekennzeichnet ist. Der Verbraucher muss dann wissen, welche Anforderungen den einzelnen Klassen zugrunde liegen. Dies kann er mitnichten beurteilen. Regional unterschiedliche Anforderungen, etwa an den Wärmeschutz im Winter oder der Vermeidung von Aufheizungen des Gebäudes im Sommer, erfordern aber länderweise angepasste Anforderungen. Hier gilt es aufmerksam zu sein, um tatsächlich ein einheitliches – und aus deutscher Sicht anspruchsvolles – Schutzniveau für die Gebäudenutzer in Europa zu erreichen.

9

Die Verordnung ist in jedem Fall schon von der Rechtsform her verbindlicher als die frühere Richtlinie.

7. PB/ML: Nach der Veröffentlichung des Leitfadens für Innenraumhygiene in Schulgebäuden stellt sich die Frage nach Empfehlungen für die Innenraumhygiene in privaten Gebäuden. Wie stehen Sie hierzu?

M: Die Frage ist berechtigt, aber nicht in dieser einfachen Form zu beantworten. Der Schulbereich ist ein klar umrissener Gebäude- und Funktionsbereich. Innenraumprobleme dort führten in der Vergangenheit rasch zu großer Verunsicherung von Eltern, Schülern und Lehrern mit oft auch hoher Beteiligung auch der Medien bei der „Schadensbeseitigung" und der Suche nach Lösungen. Es machte daher Sinn, diesen Bereich umfangreich zu betrachten und Empfehlungen abzugeben. Der Schulbereich ist öffentlich, der Wohnungsbereich privat. Rechtsgrundsätze greifen schon von daher in der „Privatsphäre" weniger und sind dort auch juristisch weniger durchsetzbar. Das ist auch mit ein Grund, warum es bis heute keine „TA Innenraumluft" in Analogie der im Außenluftbereich seit langem bekannten TA Luft gibt (TA = Technische Anleitung nach dem Bundesimmissionsschutzgesetz).

Es gibt auch nicht **den** Innenraumbereich zu Hause. Sehr viele Randeinflüsse kommen zusammen, wie Lage und Größe der Wohnung, baulicher Zustand, Aufenthaltszeiten der Bewohner, Nutzungsbedingung allgemein, Lüftungs- und Heizverhalten im Besonderen, Senkeneffekte an Wänden und Decken, Resuspensionseffekte, Einfluss des Inventars, Kosmetikgebrauch etc. Empfehlungen für diesen Bereich zu erarbeiten, die allgemeingültig sind, ist daher aufwendig und im Einzelfall vielleicht dennoch nicht sachgerecht. Das UBA macht es sich seit Jahren zur Aufgabe, dennoch gerade auch für den Wohnbereich Verbesserungen der Innenraumsituation zu erreichen. Dies geschieht zum Beispiel durch Ableitung von Innenraumrichtwerten für Einzelstoffe, die für jede Wohnung, egal wo sie liegt, wie alt sie ist oder wie oft sie genutzt wird, gelten. Zurzeit arbeiten wir daran, Vorgaben für den Gebäudeplaner und Raumnutzer und zu erarbeiten, wie unter den geänderten Rahmenbedingungen der erhöhten Luftdichtheit (vgl. Anmerkungen zu Frage 1) eine gute Raumlufthygiene sicher gestellt werden kann.

8. PB/ML: Welche Baustoffe und Materialien stehen aus Ihrer Sicht ganz oben auf die Prioritätenliste zur weiteren Regulierung?

M: Es war wichtig und richtig, dass man bei der Einführung von gesundheitsbezogenen Prüfungen in die Zulassung von Bauprodukten zunächst den Bereich der Bodenbeläge auswählte, da hierüber ein Großteil der Beschwerden in neu gebauten oder sanierten Gebäuden kommt. Daneben gibt es folgende Bauprodukte und Produktbereiche, für die alsbald Zulassungsprüfungen nach AgBB oder in Analogie zu AgBB erfolgen sollten. Dies sind:

– Dichtungsmassen (Silikon- und Kautschukmassen, PU-Schäume etc.)
– Dämmstoffe (Mineralwollerzeugnisse, Hartschaumprodukte, alternative Dämmstoffe)
– Holzwerkstoffe (OSB, V100-Verlegeplatten, Paneele etc.)
– Putz- und Beschichtungssysteme (mineral- und kunststoffbasierte Putze, „Thermoanstriche" etc.)

Schwierig wird die Situation bei (Natur-) Holz. Auch solche Produkte können irritative Stoffe enthalten, beispielsweise Terpene, die die Sensibilisierung von Allergikern gegenüber allergenen Stoffen erhöhen können. Sie stammen aus dem Harz von Nadelhölzern und sind somit „naturgegeben". Dennoch muss auch für solche Stoffe eine Begrenzung späterer Emissionen gefunden werden, da damit ausgestattete Gebäude von Allergikern im Einzelfall sonst nicht bezogen werden könnten. Die Hersteller arbeiten bereits an Konditionierungsverfahren, um die Terpenemissionen zu verringern.

9. PB/ML: Wie stehen Sie zu den Empfehlungswerten der DGNB für Innenraumhygiene? (TVOC und Formaldehyd)

M: Die Deutsche Gesellschaft für Nachhaltiges Bauen (DGNB) hat ein Zertifizierungsverfahren für „Nachhaltige Gebäude" erarbeitet, das sukzessive in Neubauten und Bestandbauten eingeführt werden soll. Nur einer von mehr als 60 „Steckbriefen" zur Überprüfung des Gebäudes betrifft dabei die Innenraumlufthygiene. Das ist per se genügend, wenn die Ablehnung in diesem Punkt zur Ablehnung des gesamten Gebäudes führen würde (Ausschlusskriterium). Ob dies allerdings so geplant ist und so kommen wird, ist gegenwärtig eher fraglich. Das Zertifizierungssystem der DGNB ist überfrachtet und in der Praxis nur mit viel Aufwand umsetzbar. Zudem ist es ein freiwilliges Verfahren. Niemand muss sich dieser Prüfprozedur während der Planung und Errichtung des Gebäudes unterziehen. Das Bundesbauministerium beschreitet daher seit einiger Zeit eigene Wege. Mit dem Bewertungssystem des Bundes (BNB) sollen künftig alle Bundesbauten im Hinblick auf ihre Nachhaltigkeit geprüft werden. Für den Bestandsbau findet das System bislang keine Anwendung. UBA wird sich dafür einsetzen, dass Gesundheitsaspekte beim Bauen in das BNB-System integriert werden, wenn es auf den Bestandsbau und Wohnungsbau allgemein ausgeweitet werden soll. Hierzu sind allerdings noch verschiedene Prüfvorgaben in Absprache mit der Innenraumlufthygiene-Kommission des UBA zu erarbeiten. Die im DGNB- und BNB-System bisher zugrunde gelegte „bloße" TVOC-Betrachtung (TVOC = Gesamtgehalt der analytisch ermittelten flüchtigen organischen Verbindungen VOC in der Raumluft) reicht nicht aus.

Formaldehyd hat das National Toxicology Programm in den USA unlängst als humankarzinogenen Stoff eingestuft. (NTP Report 12th edition 2011). Das Bundesinstitut für Risikobewertung (BfR) hat vor einigen Jahren den Richtwert des früheren Bundesgesundheitsamtes von 0,1 ppm (= 124 $\mu g/m^3$) aus dem Jahr 1977 für die Innenraumluft aus toxikologischer Sicht bestätigt. Daran wird sich in absehbarer Zeit also nichts ändern. Geändert werden müssen aber die Prüfvorgaben auf den Formaldehydgehalt hin für Holzwerkstoffe. Die bisherige Norm schreibt noch einen Luftwechsel von 1/h vor, der in der Praxis längst deutlich unterschritten wird im energieeffizienten, luftdichten Neubau (Luftwechsel von 0,02-0,03/h). Die Prüfbedingungen sind somit nicht mehr praxisgerecht uns müssen dringend angepasst werden. Allerdings geht dies nur über eine Änderung der EU-verbindlichen bisherigen Norm.

10. PB/ML: Sehen Sie eine Chance, dass bei der kommenden EnEV die gesundheitliche Qualität berücksichtigt wird?

M: Auch Bundesbehörden wie dem UBA ist selbstverständlich bekannt, wie wichtig solche Aspekte beim Bauen sind. Ja, ich möchte sogar so weit gehen, zu sagen, das energieeffizientes Bauen, ohne gleichzeitig Gesundheitsaspekte bereits in der Planung und bei der späteren Errichtung des Gebäudes zu berücksichtigen, keinen Sinn ergibt. Was nützt das beste energieeffiziente Haus, wenn die Bewohner darin hinterher erkranken oder sich unwohl fühlen? Beide Aspekte – Energiesparen und gesundes und behagliches Wohnklima – gilt es zu verbinden.

Die Sicht der Innenraumhygiene ist aber leider nur ein Aspekt in dem ganzen Komplex des energiesparenden Bauens. Es ist trotz unserer Mahnungen schon in der Vergangenheit bei der bestehenden EnEV nicht gelungen, den Gesundheitsbezug mit konkreten Forderungen in der

9

VO zu verankern. Ob dies in künftigen Novellierungen gelingen wird, bleibt abzuwarten. Vielleicht gibt die EU-Bauproduktenverordnung hier einen neuen Schub.

11. *PB/ML*: Reicht der Blaue Engel bei Baustoffen für eine 100%ige Sicherheit bzgl. Emissionen in Lebensräumen?

***M*:** Der Blaue Engel als Umweltgütezeichen wurde von Anbeginn eingeführt, um von den am Markt vorhandenen Produkten die aus umwelt- und gesundheitlicher Sicht besten auszuzeichnen und Verbrauchern damit die Möglichkeit zu schaffen, selber darüber zu entscheiden, ob sie nur noch solche Produkte erwerben möchten. Mit der Veränderung der Produktpalette im Baubereich und der Änderung der Rezepturen unterliegen auch die Blauen-Engel-Prüfvorgaben einem stetigen Anpassungsprozess. Der Blaue Engel ist das derzeit am Markt bestmögliche Instrument für den Bauherrn, Architekten und allgemein für den Verbraucher, zu erkennen, ob er besonders umwelt- und gesundheitsfreundliche Produkte erworben hat. Allerdings gibt es nicht für alle Produkte eine Blaue-Engel-Prüfung. Der Prüfaufwand wäre viel zu groß. Zudem ändern wie angesprochen die Hersteller regelmäßig ihre Produkte und Produktinhaltsstoffe. Die Prüfungen, die zumeist in der Prüfkammer nach standardisierten Bedingungen vorgenommen werden, spiegeln zudem nicht immer die realen Bedingungen in der Praxis wider (siehe Anmerkungen zu Formaldehyd bei Frage 9). Der Blaue Engel allein reicht also nicht aus, um gesundes Bauen und Wohnen in seiner Gesamtheit zu gewährleisten. Am Markt etablierte andere Label können daher eine sinnvolle Ergänzung sein. Unbedingt erforderlich sind dabei aber die Transparenz und Neutralität bei der Prüfvergabe sowie die Zugrundelegung des aktuellen wissenschaftlichen Erkenntnisstandes bei der inhaltlichen Festlegung der Prüfvorgaben. Auf Erfahrung eines Prüflabors beruhende Werte reichen als Label-Grundlage nicht aus.

9

12. *PB/ML*: Welche Rolle wird nach Ihrer Einschätzung der Geruch (VDI 4302) bei der Bewertung von Baustoffen und Innenräumen spielen? Und wann gehen Sie von einer Einführung der VDI 4302 aus?

***M*:** Der Geruch spielt eine zentrale Rolle bei der Beurteilung oder besser bei der Akzeptanz von Bauprodukten, nachdem sie eingebaut worden sind. Die meisten Beschwerden von Raumnutzern werden wegen Geruchsproblemen geäußert. Schwierig ist es, Gerüche so zu dokumentieren und einzuordnen, dass über die Frage des Geruches eine Entscheidung getroffen werden kann, ob ein Produkt die bauaufsichtliche Zulassung erhält oder nicht. Von Anbeginn an hat der Ausschuss zur gesundheitlichen Bewertung von Bauprodukten (AgBB) die Geruchsprüfung in die Prüfbedingung von Bauprodukten mit aufgenommen – die Umsetzung aber zurück gestellt, bis a) das methodische Rüstzeug zur Bestimmung von Gerüchen vorliegt und b) Beurteilungswerte für die Zulassung geschaffen sind. Mittlerweile gibt es beides. In der VDI 4302 Blatt 1 und 2 werden die Vorgehensweise, Geruchsbestimmungsmethoden und Empfehlungen zur Bewertung von Gerüchen beschrieben. Die Richtlinie ist derzeit im Gründruck (also im öffentlichen Abstimmungsprozess). Bis Ende des Jahres 2011 soll der Weißdruck erscheinen. Derweil wird in einer Pilotphase mit Herstellern untersucht, ob die in der VDI 4302 gemachten Vorgaben sich als praxistauglich für die Prüfung von Bauprodukten nach dem AgBB-Schema erweisen. Die Pilotphase soll circa 2 Jahre dauern.

***PB/ML*:** Vielen Dank, Herr Prof. Moriske für das Gespräch.

9.2 Interview mit Professor Dr. Michael Braungart

Bild 9-2   Prof. Dr. Michael Braungart (*B*)

Das Gespräch führten die Herausgeber Peter Bachmann (PB) und Matthias Lange (ML).

1. **PB/ML**: Herr Professor Braungart, Sie unterscheiden in Ihrem Werk zwischen Effizienz und Effektivität. Was meinen Sie damit?

B: In Deutschland verstehen wir traditionell unter Umweltschutz, wie wir weniger zerstören, um damit die Umwelt zu schützen. Wir sagen zum Beispiel: „Fahre weniger Auto, schütze die Umwelt, mach weniger Müll, schütze die Umwelt, reduziere Deinen Energieverbrauch, schütze die Umwelt." Damit schützen wir aber nicht, wir machen nur weniger kaputt. Das heißt, wir optimieren damit Systeme, die eigentlich falsch sind, und machen sie dadurch nur gründlich falsch. In dieser Logik hat die DDR die Umwelt viel besser geschützt als wir.

Die Artenvielfalt, die Bodenqualität war höher in der DDR, weil es kein effizientes System war – obwohl man regional eine hohe Belastung hinterließ. Man wird durch kein Gesetz der Welt die Zerstörung, die durch Effizienzsteigerung eintritt, ausgleichen können. Effizienz heißt, etwas richtig zu machen. Aber wenn es falsch ist, ist es dadurch nur richtig falsch. Effektivität dagegen fragt „Was ist das Richtige?", um es dann zu optimieren.

Im Allgemeinen optimiert die Natur nicht durch Sparen, Verzichten, Vermeiden, sondern eher durch Verschwendung. Ein Kirschbaum spart nicht, verzichtet nicht, reduziert nicht; ein Kirschbaum ist völlig ineffizient, aber ungeheuer effektiv.

So ist zum Beispiel die Luftqualität in einem Gebäude heute, verglichen mit Frankfurter Außenluft, etwa drei- bis achtmal schlechter. Weil die Dinge im Gebäude nicht für Innenräume hergestellt werden. Wenn wir die Produkte analysieren, die im Gebäude sind, stellen wir fest: Kein Fernseher, keine Waschmaschine, kein Staubsauger, kein Teppichboden wird für Innenräume hergestellt. Hergestellt wird, was kostengünstig ist. Wenn man jetzt das Gebäude versiegelt, um Energie zu sparen, dann macht man das Falsche nur perfekt!

Die Asthma-Rate in der DDR war viel niedriger als im Westen. Der wesentliche Grund, wie wir gesehen haben, ist, dass die Gebäude einfach nicht gasdicht waren, viel Energie verschwendet worden ist, aber dadurch viel mehr abgelüftet wurde. Man hat zusätzlich natürlich massive Schimmelprobleme, wenn man die Gebäude dicht macht.

2. PB/ML: Wenn ich das richtig verstehe, läuft das Konzept „Kirschbaum" ja dem so populären Passivhauskonzept entgegen.

B: Es geht um Intelligenzverschwendung. Ein Passivhaus ist schön, wenn man sich selbst quälen möchte. Ein Passivhaus ist wirklich die Bankrotterklärung an unsere Zivilisation, weil wir die Menschen in ihren Gestaltungsmöglichkeiten einschränken, ohne ihnen irgendwann etwas zu bieten. Wenn ich das Gebäude versiegele und die Energie und den Energieverbrauch minimiere, bekomme ich einen drastischen Anstieg von Innenluftbelastung, den ich auch durch Erhöhung der Lüftungsrate nicht ausgleichen kann.

3. PB/ML: Sie erwähnen in Ihrem Buch die Lust an der frischen Luft. Kollidiert der Gedanke an die Umwelt mit der Gesundheit, wenn der Bewohner oder Nutzer feststellt: „Ich habe Achtkammerfenster und schütze damit die Umwelt, aber ich darf sie nicht mehr öffnen."

B: Der Hintergrund ist ein sehr trauriger. Wir fühlen uns so schädlich auf der Erde, dass wir sagen, es wäre besser, wir würden nicht existieren. Darum die Begriffe „Nullemission" oder „kohlenstoffneutral". Das ist ganz interessant: Dadurch, dass Sie da sind, können Sie keine Nullemission haben; selbst, wenn Sie sich jetzt sofort erschießen würden, hätten Sie Emissionen. Oder wenn man kohlenstoffneutral sein will – kein Baum ist kohlenstoffneutral. Ja, die Bäume sind sogar kohlenstoffpositiv. Deshalb zu versuchen, möglichst wenig schädlich zu sein, funktioniert nicht, weil wir dafür zu viele sind. Und indem man versucht, durch Energieeffizienz und Materialeffizienz die bestehenden Produkte zu optimieren, macht man sie damit nur gründlich falsch. Und die Effizienzsteigerung führt letztlich gesehen zu viel mehr Zerstörung als ein ineffizientes System, das keinerlei Regulierung hat.

4. PB/ML: Wir sind in unserem täglichen Schaffen damit beschäftigt, wohngesunde beziehungsweise innenraumhygienisch akzeptable Lebensräume zu erstellen. Das lässt sich natürlich nur mit der Baubranche umsetzen. Es gibt ja viele Architekten, die sich in den letzten Jahren mit Nachhaltigkeit und Energieeffizienz beschäftigt haben. Wie kann die Architektur, die letztendlich dafür verantwortlich ist, dass man Fenster nicht mehr öffnen soll, ökoeffektiv werden?

B: Das Konzept der Nachhaltigkeit ist falsch. Es geht davon aus, dass man etwas, das man falsch gemacht hat, wieder ausgleichen muss. Das ist so, wie wenn ich Sie fragen würde: „Wie geht's Ihnen so mit Ihrer Lebensgefährtin?" Jetzt würden Sie sagen: „Nachhaltig." Dann würde ich sagen: „Herzliches Beileid."

Das ist so wie „kompostierbar". Das ist gerade das Minimum. Die Nachhaltigkeit hat historisch eine große Bedeutung: Mitteleuropa war im 18./19. Jahrhundert praktisch abgeholzt gewesen und man hat auch dadurch, dass man den deutschen Wald romantisiert und besungen hat, erstmal Mitteleuropa wieder aufgeforstet. Das ist aber ein rückwärtsgewandtes Konzept: Etwas, das man gemacht hat, wieder auszugleichen.

Das erste Problem entsteht, wenn man die Natur überhöht. Wenn die Leute von „Mutter Natur" reden, dann ist das Kind immer schlecht, weil die Mutter ja gut sein muss. Wenn man aber sieht, dass die am stärksten krebserzeugenden Stoffe immer noch Naturstoffe sind, auch die giftigsten Stoffe, muss man feststellen: „Keine Mutter würde ihrem Kind Krebs geben!" Das heißt, es gibt keine „Mutter Natur". Die Natur ist unsere Lehrmeisterin, aber nicht unsere Mutter. Das heißt, wir können von der Natur lernen, aber wir können auch stolz auf uns selbst sein.

Unsere natürliche Lebenserwartung wäre etwa 30 Jahre. Die Natur braucht uns nicht, wenn wir älter als 30 sind. Der Grund, dass wir älter werden als 30, liegt an den Errungenschaften der Architektur, der Chemie, Physik und Biologie etc. und wir müssen uns dafür nicht entschuldigen. Es geht jetzt darum, das, was wir in 30 Jahren Weltuntergang-Blame-und-Shame-Diskussion gelernt haben, in Qualität umzusetzen. Darum ist es ganz wichtig zu verstehen, dass es nicht um „grüne" oder „nachhaltige" Architektur geht; es geht nur um gute oder schlechte Architektur. Architektur, die die Menschen krankmacht, die die Natur zerstört, Architektur, die Müll verursacht, die mit Kinderarbeit verbunden ist, ist einfach nur schlechte Architektur. Denn wenn ich diese in die grüne Nische packe, dann packe ich sie auf die Ebene der Verantwortung und der Ethik.

Es geht darum, dass wir Architektur nicht als ethisches Konzept verstehen, sondern als Qualitätskonzept. Das heißt also, dass wir dann investieren, wenn wir in der Krise sind, weil wir wissen, dass wir ein Qualitätsproblem haben. Es geht eben nur um qualitätvolle Architektur oder um umfassende, ganzheitliche Qualität. Im europäischen romantisierenden Sinne: „Es geht um Schönheit." Ein Haus, das die Leute krankmacht, ist einfach kein schönes Haus.

9

5. *PB/ML*: Damit greifen Sie aber nicht nur die Natur-Romantik an, sondern Sie wenden sich damit ja gegen eines der liebsten Kinder der deutschen Baubranche: die Technologie.

B: Ja sicherlich. Was es wirklich zu verstehen gilt, ist, dass die ganze Umweltdiskussion dazu geführt hat, dass wir uns als Schädlinge auf der Erde fühlen. Also Sie kennen vielleicht diesen Witz: Da trifft ein Planet einen anderen und sagt: „Du siehst wirklich schlecht aus!" und sagt der andere: „Jaja, ich hab Homosapiens." Da sagt der andere Planet: „Macht nichts, das geht wieder weg, das hatte ich auch schon."

Können Sie sich vorstellen, dass es kein Biosiegel der Welt gibt, das erlaubt, unsere eigenen Exkremente zurückzubringen? Es ist nur bio ohne uns. Ob Demeter, Bioland, EU-Siegel, Naturland oder was auch immer.

Alles ist nur bio ohne uns. Es ist nur bio, wenn wir nicht dabei sind. Dabei ist z. B. Phosphat viel seltener als Öl und sehr viel kritischer. Phosphor ist entscheidend für unsere Knochen, für unsere Energiespeicherung. Die Phosphate, die wir abgeben, stecken alle im Klärschlamm. Aber wir sind zu dumm, um unsere eigenen Stoffwechselprodukte der Natur zurückzugeben. Es wird übrigens viel mehr Radioaktivität durch den Phosphatbergbau gefördert, als in allen Atomanlagen weltweit verwendet wird – viel mehr. Das heißt, wir müssen Phosphor zurückgewinnen, sonst sind wir zu viele Menschen auf der Erde.

6. *PB/ML*: Sie haben eine Firma gegründet, die McDonough Braungart Design Chemistry. Was macht die?

B: Das ist ein gemeinsames Institut. Wir haben hier mehrere Institute gemeinsam gegründet. Wir arbeiten mit Architekten zusammen, um Gebäude zu planen, die positive Ziele haben. Also Gebäude, die wie Bäume sind. Also nicht, die weniger stinken, sondern die, die Luft reinigen. Gebäude, die Wasser reinigen, Gebäude, die Lebensraum für andere Lebewesen sind, Gebäude, die kohlenstoffpositiv sind, nicht kohlenstoffneutral. Um dadurch Gebäude zu haben, die Lebensraum für andere Lebewesen schaffen und nicht nur nicht schädlich oder nicht giftig sind. Dadurch können wir für andere Lebewesen nützlich sein.

7. *PB/ML*: Sie vergeben mit diesem Unternehmen ja auch ein Label. Genau wie Cradle to Cradle ja eine geschützte Marke ist.

B: Cradle to Cradle ist keine Marke, sondern eine Qualitätsaussage.

8. *PB/ML*: Der Verbraucher begegnet sehr vielen Siegeln. Alleine im Baustoffbereich gibt es in Deutschland über 40 Labels. Wie schätzen Sie die Wirksamkeit Ihres Labels ein?

B: Ich war einer der Initiatoren der LEED-Zertifizierung (*Leadership in Energy and Environmental Design, ein System zur Klassifizierung für Ökologisches Bauen, das vom U.S. Green Building Council 1998 entwickelt wurde, die Herausgeber*), die sich praktisch global umgesetzt hat, da die Gebäudequalität in den USA gegenüber Europa noch mal um viele Zehnerpotenzen schlechter ist und vor allem war. Das ist die Qualitätsoffensive der amerikanischen Architekten gewesen. Diese bleibt, weil der Ausgangspunkt so viel schlechter ist als in Europa, natürlich hinter dem zurück, was eigentlich gehen könnte. Nach LEED Platin zertifizierte Gebäude als Standard wären immer noch eine Katastrophe. Die Zertifizierung ist eigentlich auch nicht das richtige Instrument, weil Zertifizierung immer rückwärts gewandt ist. Sie sagt: „Du bist eigentlich schlecht und ich muss Dich alle zwei Jahre kontrollieren." Man kann immer nur die Vergangenheit zertifizieren, nicht die Zukunft. Das heißt, hier wiederholt sich das negative Menschenbild, weil es sagt: „Ich bin der Gute und Du bist der Schlechte und ich muss Dich alle zwei Jahre kontrollieren."

In Gesellschaften, die so viele Anwälte haben wie die USA, muss man das machen, weil man etwas Einklagbares haben muss. Aber eigentlich ist Cradle to Cradle das Gegenteil von Zertifizierung. Weil Cradle to Cradle sagt: „Ich gehe davon aus, dass Du gut sein willst, und ich möchte Dich unterstützen, gut zu sein."

Ich hab mir weltweit viele Naturvölker angeschaut: Selbst die ärmsten der Armen sind, wenn sie gemocht werden, wenn sie akzeptiert sind, wenn sie sich sicher fühlen, immer großzügig und freundlich. Nur dann, wenn sie ihre Existenz gefährdet sehen, wenn sie sich unsicher sind, wenn jemand anderes ihnen die Existenzrechte abspricht, dann werden sie kleinlich und feindselig.

Das Erste ist, die Menschen zu feiern. Es ist wichtig zu verstehen, dass es eigentlich kein Überbevölkerungsproblem gibt. Die Biomasse der Ameisen ist etwa das Vierfache der Menschen. Weil die Ameisen viel härter körperlich arbeiten als wir und weil sie nur drei bis sechs Monate leben, entsprechen sie dem Kalorienverbrauch von etwa 30 Milliarden Menschen. Es gibt kein Überbevölkerungsproblem, es gibt nur die Frage, wie unsere Gebäude und unsere Produkte gemacht sind, wie die zwei Drittel des Energie- und Materialeinsatzes mit Architektur verbunden sind dabei. Das heißt, unsere Architekten sind nicht gut genug. Wir haben ein Qualitätsproblem.

Wir schützen Cradle to Cradle nur deshalb, damit es alle nutzen können. Darum gibt es hier in San Francisco ein Cradle-to-Cradle-Institut, ein Innovationsinstitut, wo jeder hingehen und sein Produkt anmelden kann, wenn es so gestaltet ist, dass es in die Biosphäre oder die Technosphäre zurückgeht. Wir haben hier zum Beispiel Fenster auf dem Markt von Europas größtem Fensterhersteller, der Leuten keine Fenster mehr verkauft, sondern nur noch die Versicherung, durchzuschauen; und das für 25 Jahre. Denn ein Energiesparfenster kann ohne giftige Stoffe nicht gemacht werden. Die sind aber nur giftig, wenn sie in die Biosphäre kommen. In der Technosphäre sind sie endlos einsetzbar. Der Hersteller hat so ein Interesse daran, die besten und nicht mehr die billigsten Materialien zu verwenden.

Das heißt, Cradle to Cradle ist ein Konzept, welches zwischen Materialien unterscheidet, die verschleißen, die kaputtgehen und die so gemacht sind, dass sie der Biosphäre nützlich sind, und Dingen, die nur genutzt werden, so wie Waschmaschinen, wie Fernseher, die für die Technosphäre bestimmt sind. Ein Fernseher enthält über 4.000 Chemikalien, der wird nie kompostierbar sein. Das heißt aber, diese Materialien müssen durch das Design so gestaltet werden, dass sie endlos in technische Kreisläufe zurückgehen. Wenn man diese Produkte wie einen Baum macht, dann gibt es endlos Innovationsmöglichkeiten. Wir haben zum Beispiel eine Farbe entwickelt, die die Luft reinigt; die nicht nur nicht giftig ist. Teppichböden, die die Luft reinigen, nicht, die weniger stinken, sondern die nützlich sind, so wie ein Blatt eines Baumes auch die Luft reinigt und nicht nur weniger schädlich ist. Und so können wir jetzt 30 Jahre „Blame-und-Shame" in Qualität umsetzen.

In Angstgesellschaften wie Deutschland, England, wie in den USA braucht man eine Zertifizierung, obwohl eigentlich das Wesen von Cradle to Cradle genau das Gegenteil ist. Darum ist der Prozess Cradle to Cradle geschützt, damit Leute nicht „Nudel to Nudel" oder „Knödel to Knödel" als Cradle to Cradle bezeichnen. Das ist nur zur Qualitätssicherung.

Cradle to Cradle ist für alle zugänglich. Im gemeinnützigen Institut, in der Stiftung hier in San Francisco, kann jeder das Cradle to Cradle Product Innovation Institut besuchen. Jeder kann sein Produkt dort anmelden, jeder kann es dort zertifiziert kriegen. Damit es nicht wieder nur ein Geschäft für ein paar wenige wird.

9. *PB/ML*: Sie hatten LEED angesprochen – LEED hat als Zugangsvoraussetzung für die Zertifizierung von Gebäuden ja auch bestimmte Label. Nehmen wir unter anderem das Beispiel „Greenguard Label"; für den Produktmanager oder den Marketingverantwortlichen in einem Industrieunternehmen ist es oft schwer, zu durchschauen, an welches Label er sich jetzt anlehnen sollte.

B: Er sollte es auch bleiben lassen. Ein Label ist schon ein Signal für ein Designfehler. Gebäude wie Bäume zu machen gibt so viele Gestaltungsmöglichkeiten. Mein Plädoyer ist, vom Bauhaus zum Baumhaus zu gehen. Das heißt, Produkte zu machen, die aus sich heraus Botschaften haben, denn das, was man transparent wirklich jedem erklären kann, das muss ich auch nicht zertifizieren. Ich kann sagen: „In meinem Gebäude ist die Luft sauberer als draußen! Mein Gebäude reinigt die Luft! Mein Gebäude ist energiepositiv!" Das kann ich nachweisen, das muss ich nicht zertifizieren, das kann jeder überprüfen, das kann ich im Internet transparent verfügbar machen.

In Deutschland sind die Hälfte aller Tapeten geschäumte PVC-Tapeten, die geben pro Stunde und Quadratmeter an die Umgebung 1 Milligramm an Schadstoffen ab. Wenn Sie die auf die

Waage packen, können Sie sehen, wie die Schadstoffe pro Stunde verschwinden. Die Tapeten werden leichter dadurch, dass die Schadstoffe rausgehen, sie schrumpfen. Deshalb benötigt man Weichmacher und Stabilisatoren für diese Tapeten. Ein Gebäude, das PVC enthält, sollte nicht zertifiziert werden. Sie müssen sich vorstellen: Wir haben jetzt seit drei Jahren zum ersten Mal in der Menschheitsgeschichte ein Toilettenpapier, das für Klärschlamm hergestellt worden ist. Das erste Toilettenpapier! Wir haben den ersten Staubsauger mit Philips entwickelt, der für Innenräume gemacht ist; den allerersten! Verglichen mit den entsprechenden Wettbewerbsprodukten sind das Welten, weil Staubsauger normalerweise nicht für Innenräume hergestellt werden. Wenn Architekten verstehen, dass sie umfassende Qualität liefern, dann müssen sie auch nicht perfekt sein. Sie können in jedes Gebäude drei bis fünf schöne Botschaften packen und etwa zehn Gimmicks dazu; Dinge, die dem Gebäude Charakter verleihen. Zum Beispiel haben wir vorgeschlagen – und jetzt auch umgesetzt –, Drehtüren zu entwickeln, die Energie produzieren. Thomas Rau in Amsterdam hat das zum Beispiel umgesetzt; Drehtüren zu machen, die die Kaffeemaschine betreiben.

10. *PB/ML*: Eine schöne Idee.

***B*:** Jetzt kriegt das Gebäude eine Identität. Die Leute können darüber schmunzeln und insgesamt werden diese Gebäude dann Cradle to Cradle. Weil wir Schritt für Schritt vorgehen müssen: In dem einen Gebäude sind die Fenster als Dienstleistung enthalten, im anderen Gebäude ist der Baustahl so ausgesucht, dass keine seltenen Buntmetalle verschwendet werden. Der schlimmste Verlust an Buntmetallen ist nämlich der Baustahl. Wir finden in normalen, kleineren Gebäuden im Baustahl dreieinhalb Tonnen an Kupfer verteilt. Kupfer ist ebenfalls viel seltener als Öl.

Wir haben Lichtschalter entwickelt, die man auf die Wände klebt. Dadurch kann man auf Leitungskanäle verzichten, spart Strom ein und auch über 40 Prozent des Kupfers. Weil die Fernsteuerung des Lichts nicht über ein Kupferkabel läuft, sondern über einen Infrarotimpuls, der jeweils erzeugt wird, wenn man auf den Schalter draufdrückt. Es gibt also viele Innovationen, die man jetzt in Qualität umsetzen kann. Und dann kann man das kommunizieren und insgesamt entsteht dann ein Kaleidoskop von Cradle-to-Cradle-Produkten. Und jeder kann staunend von einem Gebäude zum anderen gehen.

11. *PB/ML*: Ich übersetze das für mich ja gerne mit: Sie machen den Kuchen größer mit Ihrem Konzept.

***B*:** Genau. Wir definieren Ziele, darum „Effektivität". Wir sagen, wo wir 2020 sein wollen. Und dann – je mehr Du kaufst, lieber Kunde, desto schneller kommen wir voran.

Das Unternehmen DESSO zum Beispiel, das Teppichböden herstellt, die Luft reinigen, hat als einziger Teppichbodenhersteller der Welt in den letzten drei Jahren jeweils seine Gewinne steigern können. Alle anderen haben in der Krise Geld verloren. Normalerweise sage ich mir, wenn ich ökoeffizient sein will: „Muss ich wirklich einen neuen Teppichboden haben? Könnte ich nicht meinen ökologischen Fußabdruck minimieren, wenn ich ihn gar nicht kaufe?" Hier ist es anders: Dadurch, dass ich transparent die Ziele kommuniziere, ist der Kunde mein Freund. Je mehr er kauft, desto schneller komme ich voran. Der Kunde hilft mir sozusagen als Change-Agent, schneller voranzukommen.

12. *PB/ML*: Das hört sich für mich nach einem Konzept an, das eher bottom up als top down geht. Braucht es aus Ihrer Sicht dann auch nicht mehr gesetzliche Regulierung?

B: Doch, der Staat muss Ziele vorlegen; nicht regulieren. Regulierung ist ein Zeichen für einen Designfehler. Der Staat legt Ziele fest. Wenn der Staat sagt: „In fünf Jahren soll Phosphor in Kalifornien zurückgewonnen werden!", dann wissen die Architekten, wo es hingeht. Wenn der Staat sagt: „In drei Jahren soll alles Papier so beschaffen sein, dass man es wirklich in biologische Kreisläufe zurückbringen kann!", dann setzt sich die Industrie zusammen. Das kann man durch Einkaufsrichtlinien verstärken, aber es geht eher um das Setzen von positiven Zielen. Zum Beispiel: Wenn wir in Deutschland sagen würden: „In zehn Jahren wird die Luftqualität in den Gebäuden besser sein als draußen!", würde das in den Unternehmen so viel Kreativität und Innovation freisetzen. Denn wir brauchen eigentlich keine moralischen Appelle mehr; es reicht ein bisschen Selbstwertgefühl. Die „Ich bin noch nicht blöd"-Generation" ist bei den Architekten angekommen. Die Architekten wollen stolz auf ihre Arbeit sein. Ein Gebäude, das stinkt und das ein bisschen weniger schädlich ist, macht nicht besonders stolz. Eine umfassende Qualität für den Bewohner macht stolz. Was der Staat dazu tun kann, ist, wirklich in allen Bereichen positive Ziele festzulegen und zu sagen: „Da wollen wir sein."

Schauen Sie, es gibt im Amazonasgebiet immer noch 600 Milliarden Bäume. Haben Sie jemals irgendetwas von Überbevölkerungsproblemen bei Bäumen gehört?

13. *PB/ML*: <lachen> Nein.

B: Das heißt, die Bäume sind nützlich, und wenn auch wir nützlich sind, dann können wir uns Menschen anschauen und müssen nicht sagen: „Verdammt, Überbevölkerung!", sondern wir können sagen: „Schön, dass Du da bist!" Das feiert die menschliche Kreativität. Aus Nachhaltigkeit, aus Schuldmanagement sind die Menschen nicht kreativ, weil sie ja im Prinzip gesehen nur versuchen, möglichst wenig schädlich zu sein. Anstatt Mais anzubauen und daraus dann Biogas zu machen, wobei man pro Jahr und pro Hektar zwischen 11 und 30 Tonnen an Boden verliert (damit ist das unsinnig von Anfang an), können Fassaden zum Beispiel idealerweise genutzt werden, um in den Städten Algen anzubauen. Algen sind etwa 200-mal produktiver als Mais. Und ich brauche keine landwirtschaftliche Fläche dafür zu stehlen, ich kann Oberflächen von Straßen und von Gebäuden dazu nutzen, um das Gebäude allein über die Algen an der Fassade energiepositiv machen.

Das heißt, wir können viel schönere Systeme machen, wir können den menschlichen Fußabdruck feiern, wir können Kreativität feiern. Und damit wird ein Architekt und Designer viel wichtiger. Leider ist es so, dass das Ansehen der Architekten und Designer so sehr gelitten hat, dass sie in vielen Bereichen nur noch „Behübscher" geworden sind. Und sie waren damit auch ganz zufrieden. Die meinen, wenn sie ein Stück von einem Hochhaus wegschneiden, dass das moderne Architektur sei. Da gibt es aber keinen Grund dazu. Architekten können im eigentlichen Sinne Gestalter sein und dadurch die Dinge anders machen. Wenn man sieht, wie primitiv die bestehenden Gebäude selbst der besten Architekten sind im Verhältnis und im Bezug auf Gesundheit und Umwelt, dann können unsere jungen Architekten mit ganz wenig schon Gebäude machen, die den bestehenden Gebäuden weit überlegen sind.

14. *PB/ML*: Wir haben festgestellt, dass Sie in sehr vielen Ländern bekannter sind als in Deutschland. Ist Deutschland kein Markt für ein solches Konzept oder was ist hinderlich dabei? Glauben Sie, es gibt da noch eine Möglichkeit, Ihr Konzept in die deutsche Kultur einzubringen?

9

B: In Deutschland hat man in besonderer Weise eine Schuld- und Angstgesellschaft, die natürlich auch mit der totalitären Vergangenheit zu tun hat. Eine Gesellschaft, die durch die vielen Bilder, die man sieht, immer mehr Angst hat und sich bedroht fühlt. Das führt zu dem Bedürfnis, diese Schuld möglichst zu reduzieren und auszugleichen. Es ist kein Zufall, dass dieses Gefühl, Schädling zu sein, sich im Biolandbau in dieser Weise umgesetzt hat und weltweit stilbildend geworden ist. Für die Umsetzung des Cradle-to-Cradle-Konzepts sind die Deutschen die größte Bedrohung, weil in Deutschland als Umweltschutz definiert wird, was weniger kaputt gemacht wird.

Deutschland ist weltweit führend, was den Bau von Müllverbrennungsanlagen angeht, und es wird als Entwicklungshilfe verstanden, wenn zum Beispiel der Bau einer Müllverbrennungsanlage in Shanghai mit 174 Millionen Euro unterstützt wird. Für Müll, den man überhaupt gar nicht trennt. Dort müssen am Tag bis zu 80 Tonnen Heizöl dazugegeben werden, weil der Müll gar nicht brennt. Überall, wo Sie hinkommen, stehen deutsche Müllverbrennungsanlagen: in Shanghai, in Taipeh, in Delhi, in Mumbai.

Das wird als Umweltschutz verstanden und weltweit exportiert. Verstehen Sie, wenn man überfordert ist, fällt man in mittelalterliches Verhalten zurück. Das heißt, man will dann – wenn man die Probleme nicht bewältigt – wenigstens gründlich zerstören. Das Böse mit Feuer aus der Welt schaffen; Bücher zu verbrennen, um das Böse, den bösen Umweltgeist zu entsorgen, wie es so schön heißt. Ich habe das erst so richtig vor einem halben Jahr begriffen, als ich mit dem britischen Umweltminister ein Streitgespräch darüber geführt habe, dass Großbritannien jetzt plant, 50 Verbrennungsanlagen zu bauen. Er sagte, das ginge auf die EU zurück; die Deutschen hätten das gemacht und dann meinte er grinsend: „We learnt this from the germans. And the germans are pretty good in final solutions."

Ich halte das nur für begrenzt witzig.

9

15. *PB/ML*: Das ist es wirklich nicht.

B: Die Stadt Hamburg, aus der ich ursprünglich komme, hat in Deutschland das höchste Müllaufkommen, weil sie verzweifelt ihre Anlage füttern muss. Pro Kopf das höchste Aufkommen – gegenüber Freiburg etwa das Zweieinhalbfache. Daher müssen Papier und Kunststoff im Müll bleiben, denn sie sind die einzigen Dinge, die wirklich den Brennwert bilden. Das heißt, das, was Cradle to Cradle propagiert, intelligente Verschwendung, passt mit dem deutschen Schuldmanagement nicht zusammen. Und ist natürlich von der Bedeutung her diametral das Gegenteil. Das hat allerdings auch einen tollen Vorteil: Dadurch, dass das Konzept nicht aus Deutschland kommt, ist es in Dänemark, in der Schweiz, in Holland oder in Österreich ungeheuer populär. In der ganzen Region Limburg, Maastricht oder Venlo zum Beispiel, baut sich die ganze Region, 2,6 Millionen Leute, nach Cradle to Cradle komplett um. Jedes Gebäude muss dort Cradle to Cradle sein. Jeder Kindergarten, jede Schule, jedes öffentliche Gebäude. In Holland gibt es über 400 Unternehmen, die sich als Cradle-to-Cradle-Unternehmen verstehen. Da sind ja auch Konzerne wie Philips darunter. Die Mitarbeiter können plötzlich stolz sein, Ingenieure und Wissenschaftler zu sein. Sie können ihren Beruf in Qualität umsetzen; sitzen freiwillig übers Wochenende an der Arbeit an diesen Dingen. Das heißt, die Situation in Deutschland nutzt uns sozusagen in den Nachbarländern. Wenn Cradle to Cradle nicht aus den USA kommen würde, sondern aus Deutschland, dann könnte es nicht in gleicher Weise in Holland akzeptiert werden.

16. *PB/ML*: Sie haben jetzt mit vielen Unternehmen zu tun – Sie nannten das Beispiel „Philips" mit dem Staubsauger. Diese Unternehmen agieren aber doch ganz klar international.

B: Sicher. Wir sind auch sehr optimistisch, dieses Konzept tatsächlich weltweit umsetzen zu können. Die Europäische Union hat jetzt beispielsweise über 100 Millionen Euro an Forschungs- und Entwicklungsgeldern für Cradle to Cradle freigegeben.

Unlängst war ich bei Innenarchitekten in Düsseldorf – die kommen aus dem Gespräch und sind völlig angetan, weil sie über die Rolle der Behübscher herauskommen und tatsächlich echte Designer werden können. Ich glaube, dass gerade die Architekten und Designer dabei Katalysatoren für eine umfassende Qualitätsinitiative sein können. Denn in Deutschland versteht man durchaus, was mit Qualität gemeint ist. Wenn Mercedes darüber mit Kia konkurrieren muss, dass ihre Autos auch vier Räder haben, dann haben sie keine Chance. Es geht vielmehr um Qualitätsarbeit. Das Interessante ist ja, dass die Qualität, die wir vorschlagen, durchaus auch zu Kosteneinsparungen führt: Die essbaren Bezugsstoffe z. B. sind 20 Prozent billiger. Sie lassen sich hier in den USA in Serien herstellen und müssen nicht in Malaysia produziert werden.

Raumluftqualität ist im Flugzeug natürlich von größter Bedeutung. Werden diese Konzepte jetzt von Herstellern umgesetzt, die über 60 Prozent im Transportsektor am Markt weltweit haben, dann müssen die anderen folgen. Es gibt übrigens auch Cradle-to-Cradle-Chefkabinen und Cradle-to-Cradle-Busse und -Züge und Ähnliches. Also das geht inzwischen sehr schnell. Es ist wie ein freundlicher Tsunami. Weil die Menschen dann mit ihrer Kreativität alle möglichen Dinge erfinden, die ungeheuer witzig sind und Menschen inspirieren. Ich glaube, dass die Menschen gut sein wollen, wenn man ihnen die Chance dazu gibt. Wir müssen sie nicht kontrollieren, möglichst wenig schlecht zu sein.

Ein Beispiel für das herrschende Schuldmanagement: Wir haben ausgerechnet, dass es immer besser ist, im Gebäude in der traditionellen Ökoeffizienz den Aufzug zu nehmen, denn selbst für eine Vegetarierin bedeutet, eine menschliche Kalorie zu erzeugen, fünfmal mehr Energieaufwand, als den Aufzug zu nehmen. Das heißt, wer die Umwelt schützen will, müsste immer mit dem Aufzug fahren.

Man könnte so den „carbon footprint" durch den Aufzug im Gebäude um das Fünffache reduzieren. Die Treppen würden gesperrt mit einem Warnschild: „Achtung, Sie schaden der Umwelt, indem Sie die Treppe nehmen."

Die Leute würden dann ja auch früher sterben, was ihren carbon footprint noch weiter reduzierte.

17. *PB/ML*: Braucht es nicht auch eine gehörige Portion Idealismus, um gegen die herrschende Meinung anzukämpfen?

B: Mir geht es gerade nicht um Idealismus, das ist mir ganz wichtig. Die positive Variante von Schuldmanagement ist Idealismus; mir geht es nur um Qualität. Ich will einfach nur in dem Bereich, den ich vertrete, der beste Wissenschaftler sein. Und für mich ist eine Chemikalie, die sich nachher in Muttermilch wiederfindet, einfach nur ein Qualitätsproblem. Also gerade nicht Idealismus. Der Idealismus ist für das Individuum wichtig, so wie Ethik und Moral, aber als gesellschaftliches Modell führt das immer zu Doppelmoral. Immer! Das Bauhaus beispielsweise war ein Qualitätsansatz, der aber stehen geblieben ist, wo es um Gesundheit und Umwelt geht.

9

Darauf aufzubauen und sozusagen vom Bauhaus zum Baumhaus zu kommen, das heißt, die Dinge noch mal völlig neu zu erfinden, aufbauend auf dem Qualitätsbegriff.

Ich bin kein besserer Mensch als jeder anderer. Ich bin bloß in meinem Bereich weltweit führender Wissenschaftler. Das ist aber nur ein kleiner Bereich. Wenn ich nicht mit anderen – z. B. mit Ihnen – zusammenarbeite, ist das was ich mache, völlig nutzlos. Also bin ich zu 95 Prozent mittelmäßig. Ich muss also mit anderen zusammenarbeiten, denn nur dadurch kann umfassende Qualität entstehen. Darum kann ich auch alle anderen gelten lassen; ich habe auch Platz für alle anderen, weil ich mir selber meiner Mittelmäßigkeit bewusst bin.

Worauf ich hinweisen will: Die Dinge sind inzwischen weltweit verfügbar (es gibt in Deutschland inzwischen über 150 Baustoffe, die für Cradle to Cradle taugen, das sind alle möglichen Produkte, die eben im Außen- und Innenausbau etc. verwendet werden können). So kann man einfach auf die Cradle-to-Cradle-Zertifizierung zurückgreifen und sich die Materialien aussuchen. Es ist also nicht nur ein nettes Konzept, sondern es ist praktisch handhabbar und direkt umsetzbar. Und wie gesagt: Versuchen Sie nicht, perfekt zu sein, sondern versuchen Sie, dass die Leute aus den Gebäuden heraus oder hineingehen und das mit einem Lächeln tun. Weil Sie selber inspiriert werden. Jeder Mensch kann, wie Beuys gesagt hat, ein Künstler sein; so kann jeder Mensch auch ein Architekt und Designer sein – unter entsprechender Anleitung. Wenn die Menschen lächeln, sich freuen, wenn sie inspiriert sind, dann brauchen sie auch nicht so viele Dinge an sich zu raffen, denn sie fühlen sich wieder selbst wohler. Weil sie selber gerne existieren.

PB/ML: Vielen herzlichen Dank für dieses Gespräch.

9

9.3 Projekt Gesundes Kinderzimmer – ein Praxisversuch

Matthias Lange

9.3.1 Die Idee

Eltern wollen immer das Beste für ihre Kinder. So werden für den Nachwuchs deshalb meist weder Zeit noch Mühen noch Kosten gescheut, um Kinderzimmer schön und kindgerecht auszustatten. Schließlich sollen es die Kleinen gut haben. Sie halten sich ja auch besonders lange in Innenräumen auf, oft 20 Std. oder mehr am Tag.

Frisch tapeziert und bunt gestrichen, der Bodenbelag ausgetauscht und noch eine nette Disney-Figur an die Wand geklebt - fertig ist das neue Kinderzimmer!

Doch neu ist nicht gleich sicher: Aus fast allen Bauprodukten können gesundheitlich bedenkliche Stoffe ausgasen: ob Acrylate aus Farbstoffen und Lacken, Diisocyanate aus Lacken und Polyurethanschäumen, Formaldehyd aus Spanplatten von Möbeln, Lösemittel aus Klebern, Farben und Lacken oder Halogenkohlenwasserstoffe aus Fleckentfernern, Pestizide aus Teppichböden und Tapeten, Terpene aus Holz und Reinigungsmitteln bis hin zu Vinylacetat aus

Fußbodenbelägen, Styrole aus Lacken und Dämmstoffen, Weichmacher aus PVC-Produkten, um nur einige Beispiele zu nennen.

Zudem sind Kinder deutlich stärker als Erwachsene durch Schadstoffe gefährdet, die Atemwegsreizungen, Unwohlsein oder Allergien auslösen können. Ihr Immunsystem und ihre Organe entwickeln sich gerade erst, die Abwehrmechanismen des Körpers sind noch nicht so gut ausgeprägt. Das gilt vor allem für Babys und Kleinkinder.

Um dieses Problem zu lösen, haben die Experten des Sentinel Haus Instituts (SHI) in Freiburg ein Konzept entwickelt, mit dem wohngesunde Häuser und Renovierungen sicher geplant und umgesetzt werden können. Dieses Konzept sollte nun auf die besondere Situation in Kinderzimmern angewendet und wissenschaftlich überprüft werden.

Das Institut wollte wissen, wie viel an Raumluftbelastung man vermeiden kann, wenn emissionsgeprüfte und zertifizierte Bauprodukte verwendet werden.

9.3.2 Der Versuch

Für den Versuch entstanden im eco-Institut in Köln zwei gleich große Kinderzimmer entsprechend dem „Dänischen Normraum" nach ISO 16 000-9 mit je 15 m^2.

Bild 9-3   Versuchsanordnung im eco-INSTITUT

Aus den Regalen eines Baumarkts wurden von Mitarbeitern des SHI unter juristischer Aufsicht typische Produkte ausgewählt, die bei einer Renovierung oder einem Neubau zum Einsatz kommen: Türen, Fenster, Wandverkleidungen, Bodenbeläge, Spachtel, Farben und Kleber. Von jedem Produkt wurden eine Standardausführung und eine besonders schadstoffarme Variante erworben.

9.3.3 Die Baumaterialien

Tabelle 9-1   Liste der Baumaterialien, Kinderzimmer „wohngesund", Raum 1

Baustoffe des Wohngesundheits-Zimmers	
Erfurt Raufaser	Rom Velourteppich
Metylan normal	Bauwerk Unopark Eiche
Dekoschablone	Bauwerk Kleber F 5
Fermacell Estrichelement	Baumit Kalkin Putz
Fermacell Gipsfaserplatte und Fermacell Fein-spachtel	Kneer Kunststofffenster
Lugato Riss und Fugen zu	Wirus Tür und Zarge
Hornbach Eigenmarke Lehmfarbe 10 L	ÖkoControl Bett Zaubermaus Matratze Frederik
Abtönfarbe Color Spicy Red	Sitzgruppe Triolino: 1 x Tisch, 1 x Hocker

Der Boden wurde zur Hälfte mit Parkett, zur Hälfte mit Teppich belegt. Die Wände wurden zur Hälfte tapeziert, zur Hälfte mit Lehmfarbe gestrichen.

Tabelle 9-2   Liste der Baumaterialien, Kinderzimmer „Standard", Raum 2

Baustoffe des Standardzimmers	
OSB Verlegeplatte E1	Wand- und Deckenfarbe
Holzöl farblos	Acryl-Tiefengrund
Gipskarton Ausbauplatte 9,5 mm	Maler Acryl Weiß
Gipsspachtel	Kindertapete Sterne
Nadelholzfenster	Spezial Kleister
Landhaustür und Zarge	Spielteppich
Montageschaum	Teppich Schlinge
Wanddeko Mickey	Teppich Fixierung

Der Boden wurde zur Hälfte mit der OSB-Platte, zur Hälfte mit Teppich belegt. Die Wände wurden zur Hälfte tapeziert, zur Hälfte mit Dispersion gestrichen.

Die Oberflächenbehandlung der für den Standardraum vorgesehenen Türe incl. Türrahmen, Fenster und OSB-Bodenbelag erfolgte an einem Ort außerhalb des Gebäudes. Die Anwendung des Holzöls erfolgte nach Verpackungsangabe des Herstellers. Die Anwendung und Verarbeitung der Materialien erfolgte nach den Verarbeitungshinweisen der Hersteller.

9.3.4 Der Einbau

Die Raumtrennung erfolgte in Holzständerbauweise mit Folienabdeckung in luftundurchlässiger Bauweise. Insoweit wiesen die Trennflächen vor der weiteren Beplankung jeweils dieselbe Charakteristik für beide Räume auf. Die bauliche Ausstattung erfolgte mit unterschiedlichen Bauprodukten und Ausstattungsmaterialien (vgl. Liste der Baumaterialien, Tabelle 9-1 und

9-2). In Abhängigkeit von den verwendeten Baumaterialien wurden die Räume mit den Attributen „*wohngesund*" (Raum 1) und „*Standard*" (Raum 2) gekennzeichnet.

Die Verarbeitung und der Einbau der Baumaterialien erfolgten innerhalb einer Woche. Hierbei wurde zunächst das wohngesunde Zimmer fertig gestellt und nach dem Einbau der Türen und Fenster möglichst geschlossen gehalten. Anschließend erfolgte die Fertigstellung des konventionellen Zimmers. Ein vorzeitiges Ablüften der bereits fertig gestellten Räume kann aufgrund des quasi nicht vorhandenen Luftwechsels ausgeschlossen werden. Die originale Wand des Büroraums wurde in ihrem Originalzustand belassen.

Bild 9-4 Holzständeraufbau   **Bild 9-5** Rohbau

9.3.5 Die Einrichtung

Die Einrichtung für das konventionelle Zimmer stammt von einem Möbelabholmarkt. Die Einrichtung für das wohngesunde Zimmer stammt von einem Lieferanten für ökologisch ausgerichtete Möbel.

Bild 9-6
Ansicht des Zimmers „wohngesund"

9.3.6 Luftwechsel

Im geschlossenen Zustand wiesen die Räume bis auf den Luftspalt unter der Türe keine „natür-lichen" Öffnungen auf und somit einen Luftwechsel von kleiner 0,1 pro Stunde. Die Lüftung sollte unter realen Bedingungen mit Außenluft erfolgen. Die Lüftung der Räume erfolgte nach VDI 4300 Blatt 6 (Messen von Innenraumluftverunreinigungen, Messstrategie für flüchtige organische Verbindungen) in der Weise, dass Türen und Fenster zwischen dem letzten Lüften und dem Messzeitpunkt 8 Stunden geschlossen blieben. Unmittelbar nach der Fertigstellung der Räume wurden diese zunächst intensiv gelüftet. Hierzu wurden die Räume wechselseitig

Bild 9-7   Ansicht des Zimmers „Standard"

nacheinander mit geöffneten Türen und Fenstern über jeweils gleiche Zeiträume so gelüftet, dass sich die Rauminhalte nicht miteinander vermischen konnten. Nach der Erstbeprobung erfolgte das weitere Lüften nach einem definierten Lüftungsplan. Sämtliche Lüftungsvorgänge wurden in einem Lüftungsprotokoll dokumentiert.

9.3.7 Klimatisierung

Die Räume wurden nicht klimatisiert. Da die Räume unmittelbar aneinandergrenzen, weisen sie nahezu denselben Temperaturverlauf und dieselbe relative Feuchte auf. Temperatur und relative Feuchte wurden in regelmäßigen Abständen protokolliert.

Bei Außentemperaturen zwischen 18 °C und 25 °C beträgt die Raumtemperatur 21–23 °C. Bei Außentemperaturen oberhalb von 25 bis 30 °C steigt die Raumtemperatur auf etwa 24–27 °C. Die relative Feuchte lag in der Regel im Bereich von 40 +/-5 %.

9.3.8 Lüftungsplan

Die beiden Kinderzimmer wurden an den Wochentagen Montag bis Freitag vormittags und nachmittags jeweils abwechselnd bei komplett geöffnetem Fenster und komplett geöffneter Tür für 15 Minuten stoßgelüftet. Die Lüftung erfolgte in der Weise, dass eine Vermischung der Raumluft aus beiden Zimmern ausgeschlossen war.

9.3.9 Luftprobenahme / Messzeitpunkte

Raumluftproben auf Tenax und DNPH wurden an folgenden Messzeitpunkten gezogen: 3, 7, 10, 14, 28, 42, 56 und 70 Tagen.

Die Probenahme erfolgte mittels Sonden aus Edelstahlrohr, die zwischen der Zimmertür und der Trennwand in einer Höhe von 80 cm über dem Boden etwa 30 cm in das jeweilige Zimmer hineinragten.

9.3.10 Analytik

Die Analyse und Auswertung erfolgte nach DIN ISO 16000-3 (Aldehyde/Ketone) und DIN ISO 16000-6 (VOC).

9.3.11 Die Ergebnisse

In Tabelle 9-3 werden die wesentlichen Emittenten der beiden Kinderzimmer miteinander verglichen. Auffällig sind vor allem die hohen Konzentrationen an cyclischen und nicht cyclischen Aliphaten, die in dem konventionellen Zimmer den bei weitem größten Anteil der flüchtigen Verbindungen darstellen. In der Summe weist das *Standard*-Zimmer etwa die zehnfache Konzentration an flüchtigen Verbindungen auf im Vergleich zu dem *wohngesunden* Zimmer. Krebserzeugende Verbindungen waren in keinem der beiden Zimmer nachweisbar. Stoffe ohne NIK-Wert nach dem AgBB-Konzept (NIK = Niedrigste Interessierende Konzentration) waren ebenfalls nicht nachweisbar.

Eine gezielte Identifikation der Herkunft der nachgewiesenen Verbindungen wurde im Rahmen dieses Forschungsprojekts nicht vorgenommen. Die Prüfung der eingebrachten Möblierung ergab jedoch keine Hinweise auf diese Stoffe, sodass der Ursprung in den nach Rohbau

Tabelle 9-3 Vergleich zu den Messzeitpunkten 7, 14, 28 und 70 Tage

	R1/7d	R2/7d	R1/14d	R2/14d	R1/28d	R2/28d	R1/70d	R2/70d
Formaldehyd	26	56	30	52	29	43	28	34
Acetaldehyd	88	110	53	71	50	74	33	42
Propanal	30	104	15	59	13	39	8	14
Ethylmethylketon	6	58	8	56	5	36		20
Butanal	14	54	9	26	8	17	5	5
Pentenal		4						
Pentanal	38	313	32	180	29	96	16	41
1-Butanol	21	51	16	51	7	26		12
Hexanal	85	190	54	200	63	130	62	100
1-Butylacetat	9		6					
Dibutylether	10		5					
alpha-Pinen	140	210	110	140	77	120	53	56
Camphen	7	9	5					
Benzaldehyd	5	6	9		5			
Cluster Iso+Cycloalkane, Alkene, Alkohole		3500		3900		2000		1100
beta-Pinen	65	43	51	30	32	18	25	10
Octanal	8		7		8			
3-Caren	88	74	76	67	43	37	35	31
Limonen	53		50	32	27	12	26	12
n-Undecan	7	350	10	82	7	61		54
n-Dodecan		220	5	74		58	5	51
Nonanal	14		12		10		11	
2,2,4-Trimethyl-1,3-pentandiolmonoisobutyrat		100		87		35		19

(1. Messzeitpunkt) eingebrachten Materialien zu vermuten ist, vorrangig in den zuvor außerhalb des Gebäudes geölten Holzoberflächen. Die in Raum 2 vermehrt auftretenden gesättigten Aldehyde (Propanal, Butanal, Pentanal, Hexanal u. a.) und kurzzeitig auch ungesättigten Aldehyde (Pentenal nach 7 Tagen) sind vermutlich ebenfalls auf die Holzbehandlung zurückzuführen. Charakteristisch ist der Anstieg der Konzentration dieser Stoffe innerhalb der ersten 10 Tage. Im Vergleich dazu treten Limonen, ß-Pinen und Nonanal in Raum 1 während der gesamten Untersuchungsdauer im Vergleich zu Raum 2 in signifikant höherer Konzentration auf. Als charakteristisches Lackhilfsmittel ist zudem Texanol ausschließlich in dem konventionellen Zimmer in relativ hoher Konzentration nachweisbar. Vergleicht man die R-Werte der beiden Zimmer über die gesamte Untersuchungsdauer, so fällt auf, dass dieser für den Raum 2 über die gesamte Versuchsdauer etwa doppelt so hoch liegt wie der für Raum 1. Dennoch überschreitet nach 7 Tagen der Raum 2 nur kurzzeitig den Wert von 1. Der trotz der etwa 10-fach

höheren Summe der VOC-Konzentration relativ kleine Faktor von 2 für den R-Wert ist ein Indiz für die vergleichsweise niedrige toxikologische Einstufung der Aliphaten.

Nach 42 Tagen sinkt die Konzentration in den Kinderzimmern bei gleichbleibenden Lüftungs-zyklen erwartungsgemäß deutlich langsamer als in den vorausgehenden Wochen. Aus dem Verlauf der Abklingkurven kann geschlossen werden, dass durch die praktizierte Stoßlüftung keine weitere deutliche Verminderung der Konzentration der flüchtigen organischen Verbin-dungen in der Innenraumluft erwirkt werden kann. Daraus wird deutlich, dass eine Verringe-rung der Konzentration der VOC nach der Fertigstellung eines Gebäudes mit erheblichem Aufwand verbunden ist.

Vergleichende grafische Darstellung:

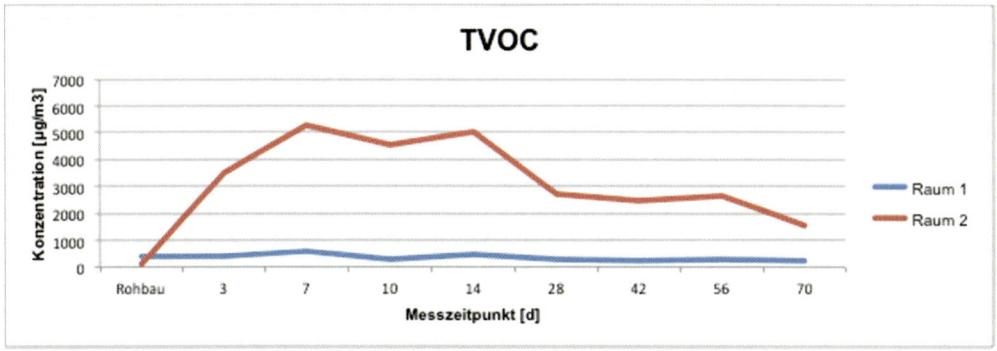

Bild 9-8   Emission der flüchtigen organischen Verbindungen (TVOC)

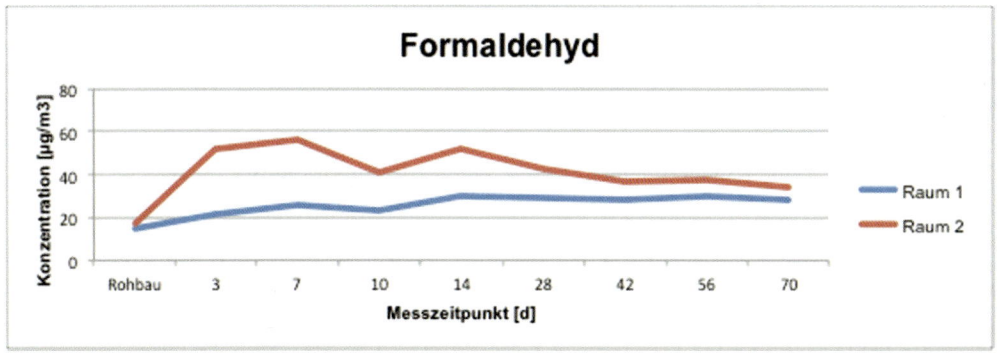

Bild 9-9   Emission von Formaldehyd

9

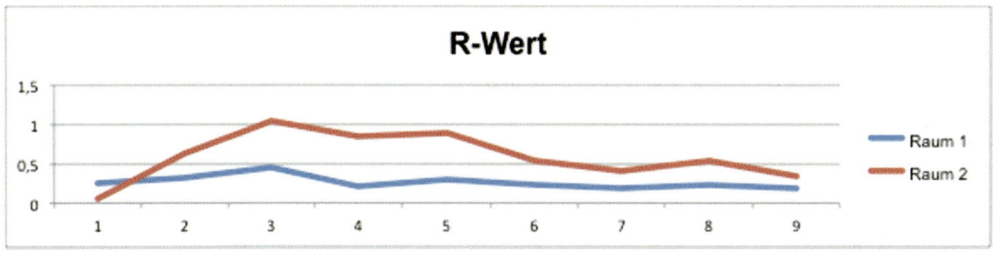

Bild 9-10 *R*-Wert (nach AgBB-Schema)

9.3.12 Zusammenfassung und Ausblick

Im herkömmlichen Kinderzimmer war nach drei Tagen der Wert der Lösemittel doppelt so hoch wie im wohngesunden Raum. Nach einer Woche erhöhte sich dieser Wert auf das Zehnfache. Nach einem Monat stand fest, dass im Standard-Kinderzimmer 15 Mal mehr Schadstoffe gemessen werden konnten als im wohngesunden Raum.

Die vergleichende Untersuchung der zwei Kinderzimmer bildet so deutlich ab, dass durch die gezielte Auswahl der Bau- und Einrichtungsprodukte die Raumluftqualität hinsichtlich der flüchtigen organischen Verbindungen (VOC) und Formaldehyd gezielt gesteuert werden kann. Somit kann bereits während der Planung eines Bauvorhabens dieser Aspekt der Wohnqualität zur Zufriedenheit der Bewohner beantwortet werden. Voraussetzung ist die Kenntnis des Emissionsverhaltens der Bauprodukte sowohl im Einzelfall als auch in der kombinierten Anwendung.

Eine flächendeckende Prüfung aller Bauprodukte hinsichtlich ihres Emissionsverhaltens ist daher absolut notwendig. Aus den Ergebnissen dieses Forschungsvorhabens leitet sich als logischer nächster Schritt eine gezielte Untersuchung des Emissionsverhaltens der einzelnen Bauprodukte mit dem Ziel ab, deren flächenbezogene Anteile der Emission in einem neu zu erstellenden Gebäude mit der tatsächlich ermittelten Immission in dem fertig gestellten Innenraum quantitativ zu vergleichen. Nach den Richtwerten des Umweltbundesamtes würde das herkömmliche Zimmer als „hygienisch bedenklich" eingestuft und eine Benutzung wäre „nicht länger zu tolerieren". Um es bewohnbar zu machen, müssten die Emissionsquellen herausgefunden und durch andere Materialien ersetzt werden. Dr. Frank Kuebart, Geschäftsführer des eco-INSTITUTS zum Ergebnis des Kinderzimmer-Experiments: „Eltern können mit wohngesunden Baustoffen viel für die Gesundheit ihrer Kinder tun. Und dabei war die schadstoffarme Ausstattung für unseren Versuch nur um 10 Prozent teurer."

Das zeigt, dass Wohngesundheit kein Luxus ist, sondern pure Notwendigkeit. Vor allem wenn man bedenkt, dass Neugeborene von Müttern, die während der Schwangerschaft renoviert hatten oder in frisch renovierten Räumen lebten, ein zehn Mal höheres Allergierisiko haben, als Kinder von Müttern in nicht renovierten Wohnungen. Das hat das Umweltforschungszentrum der Helmholtz-Gesellschaft in Leipzig herausgefunden (Studien LISA, LARS und LiNA[1]). Da ein schönes Kinderzimmer für viele werdende Eltern einfach dazugehört, lohnt es sich also, auf geprüft emissionsarme Bauprodukte zu achten und bei der Auswahl bewusst die Nase einzusetzen. Was heftig riecht, ist im Zweifelsfall nicht gesund. Im Umkehrschluss können Eltern mit einer wohngesunden Ausstattung des Kinderzimmers, aber auch aller sonstigen Wohnräume, mit emissionsgeprüften Bauprodukten viel für die Gesundheit ihrer Kinder und für das eigene Wohlergehen tun. Die dafür notwendigen Produkte sind erprobt und überall im Handel erhältlich und kosten kaum mehr als Standardprodukte, die häufig leider immer noch zu hohe Schadstoffwerte aufweisen.

---

[1]   Studienorganisation LiNA
      Helmholtz-Zentrum für Umweltforschung – UFZ
      Permoserstr. 15; 04318 Leipzig; Tel. 0341/235-1555; Fax 0341/235-1787; lina@ufz.de

10 Anhang

10.1 Checkliste für gesundes Bauen und Modernisieren

Matthias Lange

Für Bauherren und Investoren (nachfolgend Bauherr genannt) besteht ein durchgängiges Interesse an Lebensräumen und Nutzungsräumen mit hoher gesundheitlicher Qualität. Es ist es dem Bauherrn nicht möglich, jeden einzelnen Baustoff und jedes technische System, welches in der Immobilie verarbeitet wird, auf dessen gesundheitliche Qualität zu prüfen. Schnell

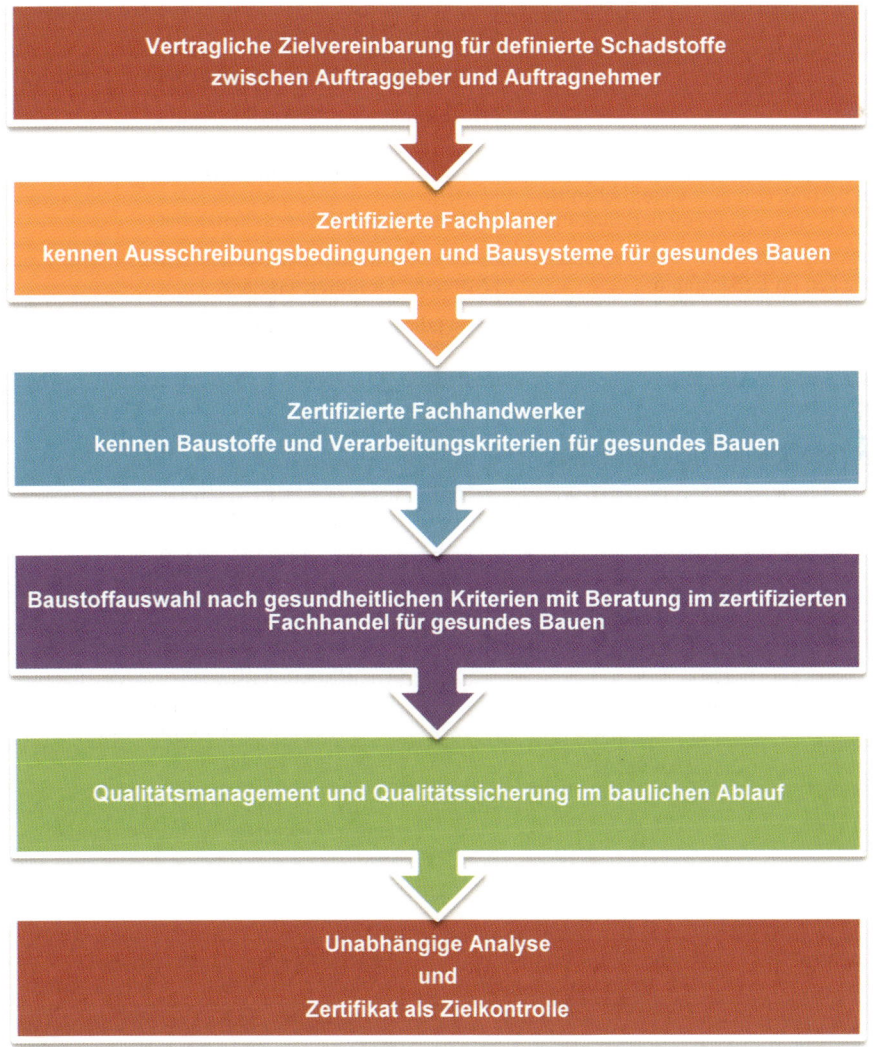

Bild 10-1 Weg zu einer gesunden Immobilie

kommen über 400 einzelne Baustoffe und Bausysteme in einem Gebäude zusammen. Aus diesem Grund empfiehlt es sich, bereits mit der Beauftragung der Planungs- und Bauleistungen die gesundheitliche Qualität des gesamten Gebäudes zu definieren und damit auch einen klaren Haftungsanspruch gegenüber seinen Vertragspartnern zu erzielen. In Bild 10-1 werden die einzelnen Schritte und Maßnahmen benannt, die den Weg zu einer gesünderen Immobilie ermöglichen.

1. Gesundheitliche Ziele für die Immobilie definieren

Es gibt viele unterschiedliche Innenräume in unseren modernen Gebäuden. Die künftigen Nutzer und Bewohner sollten die gesundheitliche Qualität der Immobilie bestimmen.

Tabelle 10-1 Beispiele für unterschiedliche Nutzergruppen

Nutzergruppe	Mögliche Zieldefinition
Kleinkinder	Höchstmöglicher Gesundheitsschutz
Schwangere	Höchstmöglicher Gesundheitsschutz
Ältere Menschen	Höchstmöglicher Gesundheitsschutz
Menschen mit besonderem gesundheitlichen Bedarf (Asthma, Allergie, Autoimmunerkrankungen, weitere)	Höchstmöglicher Gesundheitsschutz
Gesunde Menschen im Lebensraum	Normaler Gesundheitsschutz
Gesunde Menschen am Arbeitsplatz	Gesetzliche Erfordernisse beachten

Tabelle 10-2 Schadstoffe und Emissionen

Schadstoff	Mögliche Zielvereinbarung	Mögliche Ursache
Lösemittel	1000 mg TVOC je m3 Raumluft	Baustoffe, Reinigungsmittel, Einrichtungsgegenstände, Spielsachen
Formaldehyd	60 mg Formaldehyd je m3 Raumluft	Baustoffe, Reinigungsmittel, Einrichtungsgegenstände, Verbrennungsstätten
CO2	1000 ppm	Atmung, Verbrennungsstätten
Radon	100 Bq/m3	Immission aus dem Erdreich
Elektrosmog		Elektrische Installation, Immission von außen, Elektrogeräte, Handystrahlen
Geruch	Siehe VDI 4302	Durch Lösemittel aus Baustoffen, Einrichtungsgegenständen und Reinigungsmitteln
Schimmel, Bakterien	Siehe Leitfaden für Schimmelsanierung UBA	Feuchteschaden, bauphysikalische Probleme, Reinigung, Lüftungskonzept
Altlasten wie PAK, PCB, Fasern, Holzschutzmittel, etc.		Schlechte Baustoffe aus der Vergangenheit

Weiterhin sind in einem Lebensraum viele unterschiedliche Schadstoffe und Emissionen zu finden. Tabelle 10-2 zeigt einige Beispiele (ohne Anspruch auf Vollständigkeit).

Menschen mit besonderem gesundheitlichem Bedarf sollten unbedingt gemeinsam mit einem qualifizierten Umweltmediziner die baulichen Maßnahmen (Baustoffauswahl und Standort der Immobilie) abstimmen. Qualifizierte Beratung und Information hierzu bietet die Sentinel-Haus Stiftung, www.sentinel-haus-stiftung.eu.

2. Qualitätsvereinbarung

Die gesundheitlichen Kriterien sollten vertraglich definiert werden. Grundlage ist der § 633 Abs. 2 BGB. Nach diesem Paragraphen kann der Bauherr mit dem Auftragnehmer eine Beschaffenheit der Immobilie nach Modernisierung und Neubau vereinbaren.

Zudem können Kriterien für die Innenraumqualität bei anerkannten Zertifizierungsorganisationen ausgewählt werden. Hier besteht auch die Möglichkeit, Teilaspekte der Kriterien für das jeweilige Bau-Projekt zu verwenden.

Bild 10-2 Zertifizierungsorganisationen

Neben den Eigenschaften für die Immobilie ist es unbedingt empfehlenswert, die gesundheitlichen Eigenschaften für Baustoffe vertraglich zu definieren. Hilfreich können anerkannte Baustoffzertifikate und Baustoffempfehlungen sein.

Bild 10-3 Baustofflabel

3. Experten für gesundes Bauen und Modernisieren

Nach aktuellem Stand ist es ratsam, Baufachleute (Handwerker, Architekten und Fachplaner) einzusetzen, die ausreichend zum gesunden Bauen und Modernisieren qualifiziert sind. Hierzu

Tabelle 10-3   Kriterien für die Auswahl geschulter Baufachleute

Zertifizierte Fachplaner für gesundes Bauen nach SHK	Kennen Kriterien zur fachgerechten Ausschreibung von gesundheitlich optimierten Neubauten und Modernisierungen. Verfügen über ein Netzwerk von Handwerkern, welche Fachkenntnisse zum gesunden Bauen erworben haben. Kennen Bausysteme und Ausführungen, die die gesundheitlichen Anforderungen des Auftraggebers erfüllen. Kennen die aktuellen Kriterien der Innenraumhygiene (z. B. Richtwerte des Umweltbundesamtes). Kennen Planungshinweise, welche auf die standortbedingten Immissionen eingehen.
Zertifizierte Fachunternehmer für gesundes Bauen nach SHK	Verfügen über ein Netzwerk von Handwerkern und Planern, die die gesundheitlichen Anforderungen des Bauherrn erfüllen. Regelt die gesundheitliche Qualität der Immobilie in den Verträgen und bietet dem Bauherren eine Fachberatung zum gesunden Bauen und Modernisieren. Kennt Baustoffe und Bausysteme, welche den gesundheitlichen Anforderungen genügen. Verfügt über ein Qualitätsmanagement, das die gesundheitliche Qualität der Immobilie sichert. Ist mit Qualitätssicherungsmaßnahmen (Innenraumanalytik) vertraut.
Zertifizierte Fachhandwerker für gesundes Bauen ach SHK	Kennen Baustoffe und Bausysteme, welche den gesundheitlichen Anforderungen genügen. Kennen die Verarbeitungshinweise auf Baustellen mit gesundheitlichen Anforderungen. Verfügen über ein Qualitätsmanagement, das die gesundheitliche Qualität der Immobilie sichert. Verfügen über Fachkenntnisse zu Altlasten, die die gesundheitliche Qualität beeinträchtigen könnten.
Zertifizierte Fachhändler für gesundes Bauen nach SHK	Kennen Baustoffe und Bausysteme, die den gesundheitlichen Anforderungen genügen
Zertifizierter Fachhersteller für gesundes Bauen nach SHK	Verfügt über ein Sortiment von Baustoffen oder Bausystemen, welche nach gesundheitlichen Aspekten geprüft sind. Kann Kunden zu gesundheitlichen Fachfragen zum Bauen und Modernisieren beraten
Zertifizierter Fachberater für gesundes Bauen (Baubiologen, Rechtsanwälte) nach SHK	Rechtsanwälte, Institute und Baubiologen mit einer definierten Kompetenz zum gesunden Bauen und Modernisieren

bietet das Sentinel Haus Institut verschiedene Qualifikationen an, deren Nachweis dem Bauherrn Sicherheit in Sachen Wohngesundheit geben. Erfragen Sie beim Sentinel Haus Institut die entsprechend qualifizierten Experten für gesundes Bauen und Modernisieren.

4. Analytik von Baustoffen und Innenräumen

Bitte achten Sie bei der Beauftragung von Bausachverständigen, Baubiologen, Prüf- und Messinstituten sehr genau auf die Qualifikation für die gewünschte Analyse. Leider gibt es einige schwarze Schafe im Markt, welche alles Mögliche messen und analysieren und keine ausreichende Kompetenz/Qualifikation hierfür haben. Berufsbezeichnungen wie z. B. „Baubiologe" oder „Sachverständiger" sind nicht geschützt und geben damit keine absolute Sicherheit für eine belastbare Ergebnisfindung. Es gibt jedoch Verbände und Vereinigungen, die hier bei der Expertensuche behilflich sein können.

Bild 10-4 Verbände und Vereinigungen

Die Expertenkompetenz für Innenraumhygiene in Deutschland liegt beim Umweltbundesamt. Hier befassen sich viele unabhängige Experten mit unterschiedlichen Aspekten von Schadstoffen, Baumaterialien und Gesundheitsaspekten. Es ist empfehlenswert, die relevanten Internetseiten des Umweltbundesamtes genauer zu studieren.

10

Bild 10-5 Umweltbundesamt

Zusammenfassung:

1. Definieren Sie als Bauherr Ihren gesundheitlichen Bedarf für Ihren Neubau oder Modernisierung und vereinbaren diesen vertraglich.
2. Achten Sie auf Altlasten bei Altbauten und ggf. gute Sanierungskonzepte.
3. Beauftragen Sie qualifizierte Architekten für gesundes Bauen und Modernisieren.
4. Wählen Sie qualifizierte Fachhandwerker und/oder Fachunternehmer aus.
5. Verwenden Sie Baustoffe und Bausysteme, die von unabhängigen Prüfinstituten auf definierte Eigenschaften geprüft sind.
6. Suchen Sie Baustoffhändler, die Ihnen eine Fachberatung zu den gesundheitlichen Eigenschaften der von ihnen angebotenen Baustoffe bieten.

7. Achten Sie vor, während und nach der Bauphase auf ein wohngesundheitliches Qualitäts-management, das ein gutes Endergebnis in Form einer schadstoffarmen Innenraumluft unterstützt

8. Beauftragen Sie ausschließlich Umweltanalytiker, Institute und Labore, die sich strengen Qualitätsauflagen (z. B. Ringversuchen, Akkreditierung nach ISO/IEC 17025) unterziehen

10.2 Auszug Planungsleitfaden nach dem Sentinel-Haus-Konzept

Peter Bachmann, Christine Overath und Jürgen Paul

Für die planerische Umsetzung eines Lebensraums sind verschiedene Aspekte zu berücksichtigen. Hier ist in grundsätzliche Planungsaspekte und optionale Planungsaspekte zu unterscheiden.

Für die zuverlässige Umsetzung einer Planung unter Berücksichtigung gesundheitlicher Aspekte sind verschiedene Voraussetzungen notwendig:

- Qualifizierung des Architekten/Planers (Beispielsweise „Zertifizierter Fachplaner für gesundes Bauen") mit Fachwissen zu den Themen CO_2, Radon, Lösemittel, Schimmel, Behaglichkeit, Schall, Licht, Strahlung, Wechselwirkungen von Materialien und behördliche Vorgaben/Normen
- Zugang zu hochwertigen und aktuellen Datenbanken mit gesundheitlich geprüften Baustoffen/Bausystemen und qualifizierten Fachhandwerkern für wohngesundes Bauen

Besonders Bedeutung zum Erreichen einer schadstoffarmen Raumluft hat die Planung. In professionellen Gesprächen zwischen einem Fachplaner für Innenraumhygiene und dem Architekten wird frühzeitig der Grundstein für ein bedarfsgerechtes Gebäude gestellt. Zu berücksichtigen ist, dass sowohl der Kunde unter Umständen schon einen besonderen gesundheitlichen Bedarf hat, der berücksichtigt werden muss als auch bereits das Grundstück Einfluss auf wohngesundheitliche Eignung der Immobilie hat.

Grundstücksanalyse

- Altlasten
- Radon
- Radioaktivität
- Bepflanzung (Pollen)
- Überprüfung hoch- und niederfrequenter Belastungen (z. B. durch Hochspannungsleitungen, Bahnstrom oder Mobilfunk)
- Landwirtschaft (Mist, Silage, Tierhaltung)
- Feuchtwiesen oder Bachläufe (Sporen, Schimmel, Pollen)
- Radaranlagen
- Verkehrsaufkommen (Feinstaub, Lärm) (Asthma)

Grundsätzliche Planungsaspekte

- Lüftungsanlage zur ausreichenden Frischluftversorgung und Abtransport von Luftfeuchtigkeit (beachte Filteranlage und Justierung)
- begehbarer Kleiderschrank
- Planung von ausreichendem Sonnenschutz
- Heizsysteme, die mit Thermo-Energetik oder Strahlungswärme arbeiten, sind Konvektionsheizkörpern vorzuziehen
- feuchtebelastete Bereiche müssen ausreichend belüftet sein (Fenster)
- Vermeidung von Strahlenbelastung durch Haushaltsgeräte (z. B. Kühlschrank an der Schlafzimmerwand z. B. durch abgeschirmte Leitungen)
- luftdichte Trennung von Heiz- und Hausanschlussräumen zum Wohnraum und Flur
- direkte Verbindungen von Wohnraum zu Garagen und/oder Carports sind zu vermeiden
- Reduktion von Küchendämpfen durch technische und räumliche Maßnahmen
- vom Heizen und Kochen mit offener Flamme wird abgeraten (Gasherd, offener Kamin, Schwedenofen)
- feuchtebelastete Bereiche sollten mit stark alkalischen Oberflächen und feuchteregulierenden Materialien ausgestattet sein (ph > 10,0)

10.3 Auszüge aus Leitfäden für Handwerker

Peter Bachmann, Jürgen Paul und Josef Spritzendorfer

Für die zuverlässige Umsetzung einer Baustelle unter Berücksichtigung gesundheitlicher Aspekte sind verschiedene Voraussetzungen sinnvoll.

1. Qualifizierung des Handwerkers (Beispielsweise „Zertifizierter Fachhandwerker für gesundes Bauen) mit Fachwissen zu den Themen korrekte Verarbeitung, Krisenmanagement bei einem emissionsrelevanten Vorfall auf der Baustelle (z. B. verschüttete Lösemittel), Wechselwirkungen von Materialien und behördliche Vorgaben/Normen
2. Zugang zu hochwertigen und aktuellen Datenbanken mit gesundheitlich geprüften Baustoffen/Bausystemen

10

10.3.1 Elektroinstallationen

Es wird dringend angeraten, jeden Raum mit einer eigenen **Sicherung** abzusichern, da dadurch zu einem späteren Zeitpunkt leichter Änderungen durchgeführt werden können, was insbesondere den Einsatz von Netzfeldabkopplern (Netzfreischaltern) betrifft.

Sollte eine Heizungsart mit **Raumthermostat** vorgesehen werden, so ist dafür unbedingt ein eigener Stromkreis vorzusehen!

Alle **Stahlarmierungen** (Bodenplatte, Geschossdecken, Betonwände) sind in den Potentialausgleich einzubeziehen. Es ist für jede Erdungsmaßnahme ein extra Kabel bis zum HPA zu ziehen und dieses Kabel ist beim HPA auch entsprechend zu beschriften.

Alle **Stromnetze** sind als TN-S-System auszuführen, es sei denn, das örtliche EVU schreibt ein TT-Netz vor.

Die **Brücke** zwischen dem Neutralleiter und dem Schutzleiter muss an der dem EVU nächstgelegen Stelle im Haus durchgeführt werden. Sie darf nicht in Unterverteilungen stattfinden.

Die **Hauptverteilung bzw. Unterverteilung** ist Schutzklasse II = schutzisoliert und kann bzw. darf daher nicht geerdet werden. Zur Vermeidung des Ausbreitens von elektrischen Wechselfeldern wird daher empfohlen, seitlich und hinter der Verteilung ein elektrisch leitfähiges Material (z. B. Sto Abschirmgewebe AES) zu montieren und in das Erdpotenzial mit einzubeziehen.

Alle Stromleitungen sind als **abgeschirmte Kabel** zu verlegen.

10.3.2 Estrichleger

Baumaterial

– Es dürfen nur vom Sentinel-Haus Institut (SHI) freigegebene Bau- und Hilfsstoffe verwendet werden. In Ausschreibungen genannte Produkte sind durch den Architekten vorab mit SHI zu klären. Bei Rückfragen wenden Sie sich bitte an Ihren Bauleiter oder Architekten.
– Bitumenbahnen, insbesondere mit dem Brenner „heiß" verlegte Bahnen oder auch Kaltschweißbahnen dürfen im Innenbereich auf keinen Fall benutzt werden.
– Alle verwendeten Estriche müssen durch SHI freigegeben sein (siehe Produktliste).
– Bauschäume sind nicht gestattet.

Lagerung

– Der Estrich ist wegen möglicher Feinstaubbelastung an einem geeigneten Platz außerhalb des Hauses zu lagern.

Arbeiten auf der Baustelle

– Alle Estriche etc. sind außerhalb des Hauses anzumachen, um die Staubproduktion innerhalb des Hauses zu reduzieren.
– Materialreste müssen direkt außerhalb des Hauses entsorgt werden. Sie dürfen auf keinen Fall im Haus liegen gelassen werden.
– Der Untergrund ist vor dem Aufbringen der Dämmschicht gründlich zu säubern. Dazu ist ein Staubsauger mit HEPA-Filter zu verwenden. Auf der Baustelle wird wegen der starken Staubentwicklung nicht gefegt.
– Es muss darauf geachtet werden, dass keinerlei Reste von ausgelaufenem Flüssigreiniger, Benzin, Lösemittel oder sonstigen Chemikalien auf dem Untergrund vorhanden sind. Für die Reinigung sind ausschließlich freigegebene Mittel zulässig.
– Randfugen sind mit einem Estrichrandstreifen aus PE zu dichten.
– Alle verwendeten Additive im Estrich müssen vor dem Einbau auf Emissionsverhalten geprüft und freigegeben sein.

10.3.3 Zimmerer

Baumaterial

– Es dürfen nur vom Sentinel-Haus Institut (SHI) freigegebene Bau- und Hilfsstoffe verwendet werden. In Ausschreibungen genannte Produkte sind durch den Architekten vorab mit SHI zu klären. Bei Rückfragen wenden Sie sich bitte an Ihren Bauleiter oder Architekten.
– Es ist **trockenes, unbehandeltes Holz** (KVH) zu verwenden.
– Gefährdungsklassen nach **DIN 68800** für die einzelnen Bauteile prüfen. Wenn möglich, das Bauteil gegen eine entsprechende Holzart austauschen. Chemischer Holzschutz ist nicht zulässig.

- In den einzelnen Bauteilbeschreibungen sind z. B. Wand-, Decken-, oder Dachaufbau genau dargestellt. Innerhalb des Gebäudes sind OSB-Platten nicht zulässig. In Zweifelsfällen fragen Sie bitte den Bauleiter.
- Für ein Maximum an Feuchteregulierung sind diffusionsoffene Materialien/Bauweise zu verwenden.
- Im Sinne des wohngesunden Bauens sind alle technischen Maßnahmen für einen optimalen Schallschutz zu ergreifen.
- Im Sinne des wohngesunden Bauens sind alle technischen Maßnahmen für einen optimalen sommerlichen Hitzeschutz zu ergreifen.
- Im Sinne des wohngesunden Bauens sind alle technischen Maßnahmen für eine luftdichte Gebäudehülle (< 1,0) zu ergreifen und durch einen Blower-Door-Test nachzuweisen
- Bitumenbahnen sind als Dachbelag/Dampfsperre unzulässig.
- Bauschäume sind nicht gestattet.

10.3.4 Maler, Trockenbau und Putzer

Arbeiten auf der Baustelle

- Arbeiten mit schnelldrehenden Werkzeugen (z. B. **schleifen, flexen**)sind außerhalb des Hauses oder in dem dafür vorgesehenen Arbeitsraum auszuführen, um Staubentwicklung und -belastung im Haus auszuschließen. Flex- und Schleifarbeiten innerhalb des Gebäudes sind nur mit Staubsaugern mit HEPA-Filtern vorzunehmen.
- Generell sind Maschinen mit **Elektromotor** zu verwenden.
- Schleifen von Oberflächen sind ausschließlich mit Absaugung und Feinfilter HEPA zulässig.
- Trockenbaumaterialien dürfen auf der Baustelle nur gebrochen werden. Schneiden und sägen im Innenraum sind nur mit Absaugung erlaubt.
- Bei der Verarbeitung von Farben ist eine maximale Lüftung zu organisieren.
- Es dürfen nur freigegebene Materialien (Grundierungen, Farben, etc.) verwendet werden
- Lackieren z. B. von Stahlbauteilen und Holzoberflächen ist nur werksseitig durchzuführen
- Sollte ein Unfall mit bauchemischen Produkten oder Reinigungsmitteln passieren, ist folgendes Vorgehen angeraten:
    - Umgehende Aufnahme der Substanz unter Berücksichtigung der eigenen Gesundheit mit Verwendung eines stark saugenden Mittels (z. B. Katzenstreu unparfümiert) oder Spezialsubstanzen analog Feuerwehr
    - Sofortige Information des Bauleiters

10

10.4 Autoren

Ruth Abel

Dipl.-Ing. Architektin, Architekturstudium an der RWTH Aachen; seit 1988 Mitarbeiterin im Büro von Prof. Dr.-Ing. Oswald und beim AIBau; praktische Bauschadensforschung u. a. Flachdachabdichtung, Instandsetzung und Instandhaltung von Gebäuden, Kostengünstiges Bauen.

Matthias Augustin

Prof. Dr. med.; Jahrgang 1962; Facharzt für Dermatologie und Venerologie; Direktor des Instituts für Versorgungsforschung in der Dermatologie und bei Pflegeberufen (IVDP), Universitätsklinikum Hamburg; Leiter dermatologische Forschung (CeDeF) und Versorgungsforschung (CVderm, CVvasc); Leiter Comprehensive Wound Center (CWC); Professur für Gesundheitsökonomie und Lebensqualitätsforschung; Board Member des Hamburg Center for Health Economics; Präsident der Deutschen Gesellschaft für Präventivmedizin und Präventionsmanagement (DGPP); Sachverständiger in Anhörungen des Gesundheitsausschusses im Bundestag; Vorsitzender der Leitlinien-Subkommission „Arzneimitteltherapie" der Dt. Dermatologischen Gesellschaft und des Berufsverbandes der Dt. Dermatologen; ca. 260 wissenschaftliche Publikationen; 44 Beiträge in medizinischen Büchern; Herausgeber/Autor von 17 medizinischen Fachbüchern.

Peter Bachmann

Jahrgang 1970; Ausbildung in der Baustoff- und Umwelttechnik. Mehrjährige Tätigkeit im Labor und Bauüberwachung. Mitgründer und Initiator von Unternehmen zur ökologischen Baustoffberatung und Verarbeitung in Wetzlar und Gießen in den Jahren 1992–1997. Fortbildung zum ökologischen und baubiologischen Bauen mit dem Schwerpunkt Baustoffkunde. Kaufmännische Ausbildung mit den Schwerpunkten Marketing und PR. Tätigkeiten als Vertriebs- und Marketingleiter in Bauunternehmen mit hohem qualitativem und ökologischem Anspruch. Marketingleitung bei der 81 FÜNF AG mit dem Schwerpunkt zur Beratung von mittelständischen Bauunternehmen 1999–2004. Initiator und Projektleiter des DBU – Forschungsprojekts zum wohngesunden Hausbau von 2004–2006. Referent und Gastdozent zum wohngesunden und qualitätsvollen Bauen in Deutschland, Schweiz und Österreich. Gründer und Geschäftsführer des Sentinel-Haus Haus Instituts in Freiburg. Autor zahlreicher Fachbeiträge zur Innenraumhygiene mit dem Schwerpunkt Baustoffe, gesundheitliche Wirkungen auf den Menschen und zur Rechtssituation von Marktakteuren. Seminarleiter von Planer- und Handwerkerseminaren zur Innenraumhygiene. Vater von 2 Söhnen.

Christoph Böhringer

Dipl.-Ing. (FH) Holztechnik; Anwendungstechnik pro clima in den Bereichen Verarbeitung, feuchtevariable Dampfbremsen und Unterdeckbahnen, dynamische Feuchteprozesse in Bauteilen und SHERPA Holzbauverbinder; Werdegang: Holzleimbau mit Objektbau; Vertrieb Holzstegträger im Holzhandel; Technik und Vertrieb Holzwerkstoffplatten eines europ. Herstellers; Technik bei einem Hersteller von Holzfaserdämmplatten (Schwerpunkte u. a. Unterdeckung und Brandschutz).

10

Elke Bruns-Tober

Dipl.-Ing. Elke Bruns-Tober studierte bis 1987 an der FH Wolfenbüttel „Gesundheitstechnik". Sie ist heute als öffentlich bestellte und vereidigte Sachverständige für „Schadstoffe in Gebäuden" in ihrem Umwelt- und Gesundheitsinstitut für Privatpersonen und -unternehmen, Kommunen und Gerichte tätig. Seit 2006 arbeitet sie außerdem im Gesundheitsamt der Stadt Salzgitter im Fachbereich „Umweltschadstoffe und Umweltmedizin". Als langjähriges Mitglied der Arbeitsgemeinschaft ökologischer Forschungsinstitute (AGÖF) ist sie dort seit 2007 aktives Vorstandsmitglied.

Michael Braungart

Professor Dr. Braungart ist Gründer und wissenschaftlicher Geschäftsführer von EPEA Internationale Umweltforschung GmbH in Hamburg. Er ist Mitbegründer und Leiter von McDonough Braungart Design Chemistry (MBDC) in Charlottesville, Virginia (USA) und wissenschaftlicher Leiter des Hamburger Umweltinstituts (HUI).Diese Institute teilen einen gemeinsamen Wertekanon, der intelligentes, ästhetisches und öko-effektives Design umfasst.

Braungart studierte Chemie und Verfahrenstechnik unter anderem in Konstanz und Darmstadt. In den 1980er Jahren engagierte er sich bei der Umweltorganisation Greenpeace und baute dort ab 1982 den Bereich Chemie mit auf. 1985 übernahm er die Leitung der Abteilung. Im gleichen Jahr promovierte er an der Universität Hannover am Fachbereich Chemie. EPEA gründete er 1987. Prof. Michael Braungart erhielt 1999 den Umweltpreis des Bundesdeutschen Arbeitskreis für Umweltbewusstes Management e. V. (B.A.U.M.) für herausragende wissenschaftliche Leistungen. Michael Braungart hält Vorträge an vielen internationalen Universitäten. Seine Expertisen werden in zahlreichen Journalen und Magazinen in Europa und den USA veröffentlicht.

Braungart ist Co-Autor der „Hanover Principles of Design: Design for Sustainability", die als Richtlinien für die Weltausstellung 2000 in Hannover dienten. Im Jahr 2002 verfasste er zusammen mit William McDonough das Buch „Einfach intelligent produzieren" (Originaltitel: „Cradle to Cradle: Remaking the Way We Make Things").

10

Reto Coutalides

geb. 1958, ist Umweltchemiker und Inhaber der Firma Bau- und Umweltchemie Beratungen+Messungen AG in Zürich, die sich auf gesundes und nachhaltiges Bauen sowie auf Innenraummessungen spezialisiert hat. Er ist Dozent am Master of Advanced Studies (MAS) Arbeit und Gesundheit an der ETH in Zürich und Autor verschiedener Fachpublikationen u. a. dem Buch „Innenraumklima – Wege zu gesunden Bauten". Diverse Vorträge an nationalen und internationalen Fachtagungen und Kongressen zum Thema gesundes Bauen. Er ist Mitglied der Innenraumhygiene Kommission in Umweltbundesamt (UBA) in Berlin. Reto Coutalides lebt und arbeitet in Zürich.

Sven Dreher

Jg. 1962; Diplom-Geologe, Promotion in Geologie/Geophysik. Von 1990–1997 Tätigkeit in Ing.-Büro (von 1992–1997 als Niederlassungsleiter) mit fachlichen Schwerpunkten Hydrogeologie, Altlastensanierung, Innenraum-/Gebäudeschadstoffe. Seit 1998 in der Sachverständigenabteilung der R+V Allgemeine Versicherung AG in Wiesbaden; Arbeitsschwerpunkte dort: technisches Riskmanagement und sachverständiges Schadenmanagement für die Bereiche Umwelt- und Produkthaftpflicht sowie Kraftfahrt- und Sach-Umweltschäden. Seit 2005 Spezialisierung auf Schimmelschäden. Hierzu zahlreiche Vorträge und Schulungen. Mitglied des wissenschaftlichen Beirates für Schimmelpilzsanierungen der Firma Sprint Sanierung GmbH, Sprecher der „Projektgruppe Schimmelpilzsanierung" des GDV (Gesamtverband der Deutschen Versicherungswirtschaft e. V.). Im Rahmen der Projektgruppe aktuell Erarbeitung einer Richtlinie zur Schimmelpilzsanierung (VdS 3151). Mitglied der Ad-hoc-Arbeitsgruppe des GDV „Richtlinien zur Brandschadensanierung" (VdS 2357).

Markus Durrer

Jg 1961. Nach der Berufsausbildung zum Elektromonteur und Studium der Elektrotechnik an der Ingenieursschule ATIS in Horw jahrelange Tätigkeit im Bereich Engineering von industriellen Prozessen, Prüftechnik und Qualitätssicherung. Teilnahme an diversen Tagungen und Seminaren, unter anderem VDI-Schulung Hygiene A für raumlufttechnische Anlagen. Seit 2004 Inhaber der Firma ECOENGINEER M. DURRER mit Sitz in Chur, Schweiz. Praxiserfahrung mit Hygieneinspektionen von Lüftungsanlagen, Innenraumklimabeurteilungen, Thermographie, Messung und Beurteilung der Exposition durch elektromagnetische Felder, einfachen Schallmessungen, Beurteilung von Feuchte- uns Schimmelpilzschäden, Probenahme von Hausstaub und Luft zur chemischen Analyse, Autor diverser Fachartikel.

Gerhard Führer

Dr. rer. nat.; Öffentlich bestellter und vereidigter Sachverständiger (ö.b.u.v. SV) für Schadstoffe in Innenräumen, Leiter des Institut peridomus, in Himmelstadt bei Würzburg

Nach dem Studium der Fächer Biologie und Chemie: wissenschaftlich tätig in der Umweltforschung bei der Gesellschaft für Umwelt und Gesundheit (GSF) in München.

Leiter des Arbeitskreises „Innenraumhygiene" beim BVS Sachverständige Bayern (Landesverband ö.b.u.v. SV). Lehraufträge u. a. am Department für Bauen und Umwelt, Donau-Universität Krems, Österreich

Vielfältige Fachpublikationen zur Schadstoffproblematik, Initiierung und Organisierung von Fachtagungen und Weiterbildungsveranstaltungen zum Thema Schadstoffe in Innenräumen, Herausgeber der Loseblattsammlung „Schimmelbildung in Gebäuden", Entwicklung mehrerer europaweit patentierter Verfahren zum Erkennen und Beseitigen von Schadfaktoren in Innenräumen; Arbeitsschwerpunkte: Untersuchung und Bewertung von mikrobiellen und chemischen Schadstoffen in Wohnungen, Bürogebäuden, öffentlichen Einrichtungen (wie Kindergärten, Schulen).

Silvia Furlan

Jg. 1959. Studium an der Hochschule Luzern mit Abschluss zum Master of Advanced Studies in Corporate Communication; seit über 10 Jahren tätig als Marketing- und QMS-Leiterin und Mitglied in der Geschäftsleitung bei der Holzwerkstoff Holding AG CH-Leibstadt Schweiz; verantwortlich für die Entwicklung der Unternehmens- und Marketingkommunikationsstrategie sowie die Konzeption und Realisation diverser Marekting und Sortimentsentwicklungs Projekten; von Beginn an aktive Begleitung des Projekts „Gutes Innenraumklima" und dessen Weiterentwicklung; Koordinatorin interner und externer Anlaufstellen, in Fachverbänden und Fachhochschulen.

Barbara Gay

Dr. jur., Fachanwältin für Bau- und Architektenrecht, seit 2001 in der Kanzlei Kapellmann und Partner, Düsseldorf, tätig. Ihr Schwerpunkt liegt in der Abwicklung komplexer Bauschadens-fälle, in der Beratung bei der Entwicklung von Immobilienprojekten, in der Beratung zu Hono-raransprüchen der Architekten und Vergütungsansprüchen von Bauunternehmen, in der Bera-tung von Baustoffherstellern und -händlern in Bezug auf die Zulassung von Baustoffen und Haftung. Sie ist außergerichtlich wie forensisch tätig. Es besteht eine Fördermitgliedschaft beim Verband Deutscher Baubiologen (VDB) sowie eine Zusammenarbeit mit dem Arbeits-kreis Ökobau Niederrhein e. V. Barbara Gay hält ständig Vorträge und Seminare im Privaten Bau- und Architektenrecht, sie ist Autorin zahlreicher Veröffentlichungen in diesem Bereich.

Susanne Gehrmann

Diplom-Holzwirtin; Studium der Holzwirtschaft an der Universität Hamburg sowie Bauen im Bestand an der Hochschule 21 in Buxtehude. Tätigkeit an der Bundesforschungsanstalt für Forst- und Holzwirtschaft am Institut für Holzphysik, später Johann Heinrich von Thünen-Institut am Institut für Holztechnologie und Holzbiologie in Hamburg im Bereich Emissionen aus Holz und Holzwerkstoffen. Seit 2008 tätig im familiären Holzbaubetrieb mit dem Schwer-punkt Gebäudesanierung.

Oliver Goldau

Dipl.-Ing. (FH) Architekt, MA, Projektleitung Marketing bei pro clima MOLL bauökologische Produkte GmbH in den Bereichen digitale und analoge Medien, national und international, Veranstaltungs-, Aktions- und Kampagnenmanagement, Presse und Publikationen, technische Beratung. Vita: Planung und Bauleitung mit den Schwerpunkten Bauen im Bestand, Umnut-zung und Sanierung; postgraduales Studium Architekturmarketing und Medienmanagement; verantwortlich in einer Projektentwicklungsgesellschaft für den Bereich Werbung und Kom-munikation.

Renate Hammer

Jg. 1969. Studium der Architektur an der Technischen Universität Wien. Studium der Philoso-phie an der Universität Wien. Zwischen 1988 und 1998 Praxis in Architekturbüros in Öster-reich und Deutschland. Seit 1994 DI Arch. Postgraduales Studium Urban Engineering an der University of Tokio. Postgraduales Studium Solararchitektur an der Donau-Universität Krems. Seit 1998 Lehre am Department für Bauen und Umwelt der Donau-Universität Krems. Seit 1999 freie Architektin BAK und MAS (Solararchitektur). 2006–2009 Doktoratsstudium an der Technischen Universität Wien, Fakultät für Architektur und Raumplanung, bei Ao. Univ.-Prof. DI Dr. techn. Klaus Kreč am Institut für Architektur und Entwerfen. 2006-2010 Leiterin des Fachbereichs Architektur- und Ingenieurwissenschaften des Department für Bauen und Um-welt und Leitung der Stabstelle Forschung und Entwicklung am Department für Bauen und Umwelt. Seit 2009 Dr. techn. Seit 2009 Mitglied des Beirates für Baukultur im Bundeskanz-leramt. 2009–2012 Geschäftsführung und wissenschaftliche Leitung des Kompetenzzentrums Future Building GmbH, gemeinsam mit DI Dr. Peter Holzer.

Seit 2011 Dekanin der Fakultät für Bildung, Kunst und Architektur der Donau-Universität Krems.

10

Justus Kampp

Rechtsanwalt in Freiburg. Nach seinem Studium in Freiburg und Heidelberg war er im Dt. Bundestag und bei der Handwerkskammer Freiburg tätig. Er hat sich auf Fragen des nachhaltigen Bauens, der Innenraumhygiene, der Zertifizierung von Gebäuden sowie des Baustoffrechts spezialisiert. Er berät und begleitet Bauunternehmen und Baustoffhersteller sowie Projektdienstleister und Investoren.

Michael Köhler

Michael Köhler hat nach seinem Abschluss als Biologe seine Arbeit im Bremer Umweltinstitut 1995 begonnen. Neben seiner langjährigen Tätigkeit als Gutachter für Innenraumschadstoffe ist er seit Gründung des gemeinnützigen Vereins natureplus aktives Mitglied in der Kritierien-Kommission (auch hier mit den Schwerpunkten chemische Inhaltstoffe bzw. Emissionen). In verschiedenen Fragestellungen wurde er auch von Gerichten mit Aufgaben betraut, so u. a. bei der Bewertung der Innenraumbelastungen ausgehend von einem Bodenbelag im Umweltbundesamt in Dessau. Er betreut seit einigen Jahren die Laborvergleichsuntersuchungen der AGÖF im Hinblick auf die Erfassung der VOC-Belastung in Innenräumen. Zur Zeit ist er zudem Vorstand der AGÖF.

Beatrice Kopff

Jg. 1965; Dipl.-Ing. Architektin (FH); Studium der Architektur an der FH Köln; Kunstausbildung; freie Mitarbeit in verschiedenen Architekturbüros und zeitgleich Realisierung div. eigener Projekte; Feng Shui-Ausbildung u. a. bei dem Feng-Shui-Architekten Howard Choy; Ausbildung in mediativen Planungsprozessen; seit ihrer Selbstständigkeit 1999 liegt ihr Schwerpunkt in der Planung gesunder und menschengerechter Wohn- und Arbeitsplatzformen; seit 2008 zertifizierte Sentinel Haus-Fachplanerin; Betreuung div. schadstoffkontrollierter Bauvorhaben; Entwicklung des Ausbildungs-Konzeptes WoGeKo (Wohngesundheitskoordinator) für das Sentinel-Haus-Institut gemeinsam mit Dipl.-Ing. Architektin Christine Overath; Partnerin der 81fünf hightech & holzbau AG; seit 2003 führt Beatrice Kopff gemeinsam mit ihrem Mann das Büro kopff & kopff Architekten in München-Pasing mit den Schwerpunkten Ökologischer Holzbau, Sanierung, Umbauten, Holzschutzgutachten sowie Bauschadensgutachten.

Bernhard Kopff

Jg. 1968; Dipl.-Ing. Architekt (FH); Schreinerlehre; Studium der Architektur an der FH Köln; Leitung einer Mietwerkstatt für Holzbearbeitung in Bonn; 1999–2002 freie Mitarbeit in verschiedenen Architektenbüros, zeitgleich Baubiologie-Ausbildung bei IBN (Institut für Baubiologie in Neubeuern) und IBR (Institut für Baubiologie in Rosenheim); Sachverständiger für Schäden an Gebäuden HTWG; Sachkundenachweis für Holzschutz am Bau, Denkmalhof Gernewitz; Mitglied im Sachverständigenkreis des DHBV; Sachkundenachweis für den Umgang mit Altlasten gemäß BGR 128 und Fachkunde gemäß TRGS 524 Anlage 2A. Seit 2003 führt Bernhard Kopff gemeinsam mit seiner Frau das Büro kopff & kopff Architekten in München-Pasing mit den Schwerpunkten Ökologischer Holzbau, Sanierung, Umbauten, Holzschutzgutachten sowie Bauschadensgutachten.

Andre Koring

Jahrgang 1982; Studium der Umweltwissenschaften an der Universität Bielefeld; ehemals tätig für das Bundesumweltministerium im Fachreferat für den Bereich REACH.

Antonia Krische

Jg. 1981; 2000–2004 Studium der Politikwissenschaften und der Romanistik in Wien und Paris (Mag. phil.); seit 2010 postgradualer Masterlehrgang der Rechtswissenschaften an der Donau Universität Krems; 2007–2008 externe Lehrbeauftragte der Universität Wien (Europapolitik); berufliche Tätigkeiten in Wien und Brüssel (z. B. Bundesministerium für Europäische und Internationale Angelegenheiten, Vereinigung der österreichischen Industrie); seit 2008 European-Affairs-Experte bei der Wienerberger AG in Wien; Betreuung der Wienerberger AG Energy Globe Award; Einreichung des Projekts „Bauen für Menschen und Umwelt – energieeffiziente und wohngesunde Massivhäuser".

Frank Kuebart

Studium der Chemie in Köln; Promotion zum Dr. rer. nat. in organischer Chemie; Beteiligung am Aufbau des analytischen Labors der KATALYSE e. V.; Institut für angewandte Umweltforschung; Geschäftsführer und Teilhaber der eco-UMWELTINSTITUT GmbH, seit Januar 2007 eco-INSTITUT GmbH; Geschäftsführer und Teilhaber der eco -Euroconsultant und Produktentwicklungsgesellschaft mbH ; Aktivitäten: Aufbau des eco-Laboratuar in Istanbul (Türkei); Consultant beim Aufbau des staatlichen Textil-Labors in Bombay (Indien); Aufbau und Leitung der Abteilung ÖKOLOGISCHE PRODUKTPRÜFUNG im eco-Umweltinstitut und Entwicklung der Kriterien für das „eco-Zertifikat Produkt Emissionsarm schadstoffgeprüft" und „eco-Zertifikat Ökologische Produktprüfung"; Gründung des Qualitätsverbandes umweltverträglicher Latexmatratzen e. V. (QUL) und Entwicklung der Kriterien für das Zeichen Q-Latex®; Entwicklung der Kriterien des Markenzeichens NATURTEXTIL® im Internationalen Verband der Naturtextilwirtschaft (IVN); Entwicklung der Kriterien für das Zeichen ÖkoControl® des Bundesverbandes ökologischer Einrichtungshäuser (BÖE); Entwicklung der Kriterien für das KORK-LOGO® Im Deutschen Korkverband, Beratung der portugiesischen Korkindustrie und Korkbindemittelindustrie; Gründungsmitglied „Internationaler Verein für zukunftsfähiges Bauen und Wohnen natureplus e. V."; Entwicklung der Kriterien für das Baustofflabel natureplus®; Entwicklung der Kriterien für das Qualitätszeichen „eco-INSTITUT-Label" des eco-INSTITUTS; Mitglied u. a. Ad hoc-Gruppe „Bodenbeläge und Klebstoffe" im Deutschen Institut für Bautechnik (DIBt); VDI-Kommission Reinhaltung der Luft, VDI, GDCh, Dialog Textil-Bekleidung DTB, Arbeitsgemeinschaft Ökologischer Forschungsinstitute (AGÖF), Bundesdeutscher Arbeitskreis für Umweltbewusstes Management e. V. (B.A.U.M. e. V.).

10

Matthias Lange

Jg. 1965, Studium der Germanistik und Ethnologie, Mediator, ist nach langjähriger Tätigkeit im Veranstaltungs- und Projektmanagement seit 2008 Marketingleiter des Sentinel-Haus-Instituts.

Alexander Lehmden

DI Alexander Lehmden ist im strategischen internationalen Produktmanagement der Firma Wienerberger seit März 2008 tätig. Wienerberger ist der weltgrößte Ziegelhersteller und in 27 Ländern tätig. Nach dem Abschluss des Bauingenieurstudiums an der technischen Universität in Wien 2004 war Alexander Lehmden vier Jahre in der bauphysikalischen Projektplanung bei DI Hans Jörg Dworak tätig, bevor er in die Wienerberger AG wechselte. Im Mai 2008 wurde ihm die Baumeisterbefähigung verliehen.

Neben den klassischen bauphysikalischen Themen ist Alexander Lehmden bei der Firma Wienerberger auch für die Kooperation mit dem Sentinel Haus Institut zuständig.

Volker Lehmkuhl

Jg. 1963, M.A., Studium der Politischen Wissenschaft und Geographie, wissenschaftlicher Mitarbeiter am Institut für Energie- und Umweltforschung Ifeu, Heidelberg, Redakteur eines Fachinformationsdienstes für Umweltberater, verantwortlicher Redakteur einer Kundenzeitschrift, seit 1998 freier Bau-Fachjournalist und Buchautor für verschiedene Publikums- und Fachzeitschriften, Mitglied im Arbeitskreis Baufachpresse e. V.

Anja Lüdecke

Jg. 1979, Dipl. Biomath.; Studium der Biomathematik an der Universität Greifswald. Seit 1.12.2009 wiss. Mitarbeiterin im Umweltbundesamt, FG Innenraumhygiene, Schwerpunkt: Exposition gegenüber Innenraumschadstoffen, Zusammenhangsanalyse.

Gabriele Meyer-Fössl

Baubiologin (IBN) und SHI-Fachberaterin. Ist seit über 30 Jahren in der Baubranche tätig, seit 1997 Mitarbeit an verschiedenen „Ökologischer Siedlungsbau"-Projekten mit dem Schwerpunkt Wohngesundheit und Nachhaltigkeit bei der RAAB-Baugesellschaft in Ebensfeld/Oberfranken. Involviert in der Umsetzung der ersten Wohnanlage im Geschosswohnungsbau in Bayern der Fa. RAAB Baugesellschaft in Bad Staffelstein, welches vom SHI zertifiziert wurde.

Wolfgang Misch

Diplom-Chemiker, Jahrgang 1952; Studium der Chemie an der TU Berlin, Schwerpunkt Technische Chemie, makromolekulare Chemie, Polymertechnik, von 1980–1986 leitender Angestellter in einem mittelständischen Betrieb der bauchemischen Industrie, verantwortlich für Produktentwicklung, technische Kundenbetreuung, Anwendungstechnik, Qualitätskontrolle – Bereich Farben, Lacke, Putze, Wärmedämmverbundsysteme, Betonsanierung. Seit 1986 beschäftigt im Deutschen Institut für Bautechnik (DIBt), zunächst im Bereich anlagenbezogener Gewässerschutz, seit 1993 Leiter des Referates „Gesundheits- und Umweltschutz". Zu den Aufgaben des Referates gehören die gesundheitliche Bewertung von Bauprodukten im Zulassungsverfahren – Schwerpunkt Innenraumlufthygiene – sowie die Erarbeitung von entsprechenden Bewertungsgrundlagen und deren Umsetzung im nationalen wie europäischen Bereich, weiterhin allgemeine Fragen zu Schadstoffen in Bauprodukten und Gebäuden und bauchemische Fragen. Mitglied in zahlreichen nationalen und internationalen Gremien auf dem Arbeitsgebiet, z. B. Innenraumlufthygiene-Kommission des Umweltbundesamtes, Ad-hoc-AG Richtwerte für die Innenraumluft, Ausschuss zur gesundheitlichen Bewertung von Bauprodukten (AgBB), Geschäftsführung der Projektgruppe „Schadstoffe" der ARGEBAU, Obmann der Joint Working Group EOTA PT 9 / UEAtc Task Group „Dangerous Substances".

Hildegund Mötzl

Physikerin; langjährige Mitarbeiterin des IBO – Österreichisches Institut für Baubiologie und
-ökologie in Wien; Lehrbeauftragte für „Bauökologie" an der Universität für künstlerische und
industrielle Gestaltung Linz, Architektur-Meisterklasse Gnaiger, Expertin für Bauökologie für
den wohnfonds der Stadt Wien (Fond für Wohnbau und Stadterneuerung); Expertin in diversen Ausschüssen des österreichischen Normungsinstituts; zahlreiche Publikationen u. a. „Ökologie der Dämmstoffe", „Ökologisches Baustofflexikon".

Lothar Moll

Dipl. Ing. (FH) Holztechnik, Baubiologe, Geschäftsführer der Moll bauökologische Produkte
GmbH. 1979 eröffnete Lothar Moll den ersten ökologischen Baustoffhandel mit baubiologischer Beratungsstelle des IBR. Im Vordergrund stand die Bestrebung, technisch hochwertige
Lösungen und Produkte auf einem möglichst hohen ökologischen Niveau zu vermarkten. Ab
1985 wurden erste Konvektionsschutzbahnen und ökologische Dampfbremsen als Luftdich-
tungssystem entwickelt und vertrieben. 1991 Entwicklung und Einführung der weltweit ersten
feuchtevariablen Dampfbremse DB+. Die Einführung der Marke pro clima 1994 unterstützte
die professionellen Aktivitäten, um die Themen Wohngesundheit, Bauschadensfreiheit und
Energieeffizienz bekannt zu machen.

Das Ziel, für das Lothar Moll eintritt, ist die Verbindung zum Leben zu intensivieren, u. a.
durch ökologisch verträgliche und technisch überlegene Bauprodukte, sowie bewusstes Bauen.

Heinz-Jörn Moriske

Geboren 1956 in Lüneburg (Niedersachsen). Verheiratet. 1976 bis 1982 Studium „Technischer
Umweltschutz" an der TU Berlin. 1986 Promotion im Bereich Umwelthygiene. 1983 bis 1992
wissenschaftlicher Mitarbeiter und Hochschulassistent am Fachgebiet Hygiene der TU Berlin
und Institut für Hygiene der FU Berlin. 1993 Fachgebietsleiter für Luftanalytik im Bundesgesundheitsamt. Seit 1995 Referatsleiter für Innenraumhygiene/Gesundheitsbezogene Umweltbelastungen im Umweltbundesamt. 1995 Ernennung zum Wissenschaftlichen Direktor. 2006
Ernennung zum Direktor und Professor. 200 Fachveröffentlichungen, darunter mehrere Fach-
bücher. 180 wissenschaftliche Vorträge. Vorsitzender des Ausschusses Innenraumhygiene
beim Verein Deutscher Ingenieure. Vorsitzender der Innenraumlufthygiene-Kommission am
Umweltbundesamt. Mitglied im Sachverständigenausschuss Gesundheitsfragen des Deutschen
Instituts für Bautechnik. Freizeit: Haus und Garten, Geschichte, Musik.

Michael Obeloer

Jg. 1953; Diplom-Ingenieur; Studium des Maschinenbaus an der TU Hannover; danach Indus-
trietätigkeit in Deutschland, England und Südafrika bis 1994. Ab 1994 selbständig als Sachverständiger für Innenraumschadstoffe; seit 1999 für dieses Fachgebiet öffentlich bestellt und
vereidigt. Geschäftsführender Gesellschafter der biomess Ingenieurbüro GmbH mit ange-
schlossenen Labors für Mikrobiologie und Rasterelektronenmikroskopie.

Christine Overath

Diplom Ingenieurin, Architektin; Ausbildung zur Glas- und Porzellanmalerin an der Staatlichen Glasfachschule in Rheinbach; Studium der Architektur, Fachrichtung Hochbau an der
RWTH Aachen; seit 1994 freie Mitarbeit in verschiedenen Aachener Architekturbüros; seit

2003 Inhaberin des Architekturbüros co-architekten, Solingen; seit 2008 Sentinel-Haus Institut Fachplanerin; Arbeitsschwerpunkte: Wohngesunde und energieeffiziente Planung für Passivhäuser, Holzrahmenbauten und kommunale Bauten, Bauen im Bestand; Mitglied bei natureplus eV.; Beratung, Projektleitung zu Wohngesundheit und Innenraumhygiene in kommunalen und privaten Gebäuden, Referententätigkeit.

Jürgen Paul

Jahrgang 1972; Diplom- Ingenieur (FH), wohnhaft in 96215 Bad Staffelstein, Bauingenieurstudium an der Fachhochschule Coburg, Sicherheits- und Gesundheitsschutzkoordinator; Langjährige Tätigkeit in der Bauüberwachung. Verantwortlich für die Umsetzung von zahlreichen Massiv-, Schlüsselfertig- und Tiefbauprojekten sowie Sanierungsmaßnahmen. Als Abteilungsleiter im Schlüsselfertigbau verantwortlich für Kundenbetreuung, Projektsteuerung, Kosten- und Terminüberwachung, Nachtragsmanagement, Vertragsgestaltung und Abnahmen. Berufliche Stationen: Architekturbüro Seemüller, Bamberg; BackerBau, Kulmbach; RAAB Baugesellschaft, Ebensfeld; Riedelbau Schweinfurt.

Seit September 2011 Leiter des technischen Projektmanagementes im Sentinel Haus Institut, Freiburg i. B. Hier unter anderem Referent für die praktische Umsetzung der Innenraumhygiene sowie Projektleiter des Sentinel Haus Institutes für die Umsetzung wohngesunder Objekte in Deutschland, Österreich und der Schweiz; Unterstützung der Regionalberatung sowie Marketingabteilung im baupraktischen Bereich. Bautechnische Unterstützung bei der Entwicklung der Baustoffdatenbank.

Michael Pöll

Jg. 1965; Maschineningenieurstudium an der ETH Zürich, Schlussdiplom mit Vertiefung in Verfahrenstechnik; Sachbearbeiter im Büro für Umweltchemie von Ueli Kasser in Zürich, Co-Autor von verschiedenen Publikationen zur Grauen Energie von Baustoffen, Mitentwicklung der eco-devis-Methode zur ökologischen Beurteilung von Baustoffen; seit 2006 Bauökologe der Stadt Zürich, Arbeitsschwerpunkte: Materialökologie, Bauchemie, Innenraumschadstoffe, Schadstoffe in Gebäuden; seit 2009 Dozent am Zertifikatslehrgang CAS MINERGIE®-ECO zu Theorie und Praxis der Bauökologie und Gesundheit am Bau an der Fachhochschule Nordwestschweiz; seit 2011 zuständig für die technische Koordination im Verein eco-bau, Nachhaltigkeit im öffentlichen Bau.

Gregor Radinger

Jg. 1973. Studium der Architektur an der Technischen Universität Wien, Diplom 2000. Mitarbeiter in Architekturbüros in Österreich zwischen 1994 und 2006. Ziviltechnikerprüfung 2004. Lehrbeauftragung an der Kunstuniversität Linz, Abteilung Architektur, 2006. Lehrbeauftragter an der TU Wien, Abteilung für Raumgestaltung und nachhaltiges Entwerfen, seit 2007. Postgraduales Studium Sanierung und Revitalisierung an der Donau-Universität Krems, Diplom 2011. Wissenschaftlicher Mitarbeiter und Leiter des Zentrums für Lichtplanung und Lichtlabor Krems an der Donau Universität Krems, Department für Bauen und Umwelt, seit 2009.

Reinhold Rühl

Diplom Chemiker Dr. rer. nat. , Jg. 51, Chemiestudium an der Lustus-Liebig-Universität Gießen, Aufbau und Leitung des Gefahrstoff-Informationssystems der Berufsgenossenschaften der Bauwirtschaft (GISBAU); Leiter des Referates für Gefahrstoffe bei der Bau-Berufsgenossenschaft Frankfurt am Main, seit September 2008 leitet er das Zentralreferat Gefahrstoffe der Berufsgenossenschaft der Bauwirtschaft, BG BAU.

1998/1999 abgeordnet zum Bundesministerium für Arbeit und Sozialordnung, Mitglied der GDCh-Fachgruppen Festkörperchemie, Anstrichstoffe und Pigmente, Ökotoxikologie und Umweltchemie sowie Bauchemie. Im Ausschuß für Gefahrstoffe war und ist er Obmann verschiedener Arbeitskreise, u. a. zu Ersatzstoffen für stark lösemittelhaltige Bodenbelagsklebstoffe und Parkettsiegel, für dichlormethanhaltige Abbeizmittel, chromathaltige Zemente und zementäre Produkte. Als Obmann des Gesprächskreises BITUMEN ist er seit Jahren der Ansprechpartner für Fragen zu Auswirkungen von Dämpfen und Aerosolen aus Bitumen auf den Menschen.

Martin Schauer

von der Handwerkskammer öffentlich bestellter und vereidigter Sachverständiger im Elektrotechniker-Handwerk und für elektrische, magnetische und elektromagnetische Felder, VdS-anerkannter Sachverständiger zum Prüfen elektrischer Anlagen.

Tätigkeit: Beratung, Planung, Messdienstleistungen zum Themengebiet Elektromagnetische Verträglichkeit (EMV), Herausgeber des Buches „Reduzierung elektrischer, magnetischer und elektromagnetischer Felder in Gebäuden" (erscheint ca. 01/2012).

Mitglied im DKE-Arbeitsgremium AK 221.0.4 – Koordinierung des Potentialausgleichs von Gebäuden, Mitglied im EMV-Kompetenz-Netzwerk und Mitglied in der Fachgruppe Elektronik und EDV.

Ana-Maria Scutaru

Jg. 1981; Dipl.-Chem.-Ing.; Studium im Fachbereich Technologie für Organische Substanzen, Fakultät für Industrielle Chemie an der Technische Universität Iasi, Rumänien; 2004–2009 Promotion am Institut für Pharmazie der Freien Universität Berlin. Seit Januar 2009 wissenschaftliche Mitarbeiterin im Umweltbundesamt, FG Innenraumhygiene, gesundheitsbezogene Umweltbelastungen, Schwerpunkt: Emissionen von flüchtigen organischen Verbindungen aus Bauprodukten und deren gesundheitliche Bewertung.

Silke Sous

Dipl.-Ing. Architektin, Architekturstudium an der RWTH Aachen; seit 1997 Mitarbeiterin im Büro von Prof. Dr.-Ing. Oswald und beim AIBau, seit 2009 staatlich anerkannte Sachverständige für Schall- und Wärmeschutz; Tätigkeitsschwerpunkte: baukonstruktive und bauphysikalische Beratungen, Planung von Bauleistungen im Bestand, Mitarbeit bei Gutachten; praktische Bauschadensforschung u. a. zu den Themen Wärmeschutz, Energieeinsparung, Flachdachabdichtung, Instandsetzung und Instandhaltung von Gebäuden, kostengünstiges Bauen.

Josef Spritzendorfer

geboren 1950 in Österreich, wohnhaft in Abensberg, Bayern; Baustoffexperte; Geschäftsführer Sentinel-Haus Stiftung e.V; Mitbegründer, Gesellschafter und Berater Sentinel-Haus Institut Freiburg; Geschäftsführer Beratungsagentur für zukunftsfähiges Bauen ÖBAG; Journalist und Sachbuchautor.

10

Seit 1965 in der internationalen Umweltbewegung tätig; von 1991 bis 2004 im Naturbau-stoffhandel (Raab Karcher Baustoffe, Zentrale Frankfurt: Produktmanager für Naturbaustoffe, wohngesundes Bauen und Schadstoffsanierung; Ausbildungsleiter Fachberater für Naturbau-stoffe bundesweit); 1998/2001 Autor von 2 Auflagen des Buches „Naturnah Bauen und Woh-nen"; 2000 bis 2006: Mitglied der wissenschaftlichen Kriterienkommission von „natureplus" (ehrenamtlich); seit Oktober 2004 Gesellschafter Q3 Lebensqualität KG (ab 6.3.2007 in der Nachfolgefirma : Sentinel-Haus® OHG; wissenschaftlicher Koordinator) und Geschäftsführer der Beratungsagentur für zukunftsfähiges Bauen „Öbag"; 2005/2006 Produktverantwortlicher beim DBU Forschungsprojekt „Zukunftsfähiger, wohngesunder Holzhausbau" (SENTINEL-HAUS); 2007 Mitbegründer der Sentinel-Haus-Instituts Freiburg, Mitgeschäftsführer bis 10/2009; Februar 2007 Herausgabe Buch (link:) Nachhaltiges Bauen mit wohngesunden Bau-stoffen (C.F.Müller Verlag); Konzepterarbeitung Häuser für MCS-Kranke (www.mcs-haus.de); Seit 10/2009 Geschäftsführer des gemeinnützigen Sentinel-Haus Stiftung e. V.; Mitglied des Deutschen Fachjournalisten Verbandes e. V./Berlin.

Dorothea Annette Steiger

Jahrgang 1975; Assesorin; Studium der Rechtswissenschaften an der Justus-Liebig-Universität Gießen; Studium des Europarechts und Internationalen Rechts an der Universität Lapplands (Finnland); Rechtsreferendariat; Weiterbildung im Bereich des Europäischen Umweltrechts; Spezialisierung auf europäisches Chemikalienrecht (REACH); Sachverständige für Chemika-lienrecht; ehemals tätig für das Bundesumweltministerium im Bereich REACH, Chemikalien-verbots-Verordnung und Innenraumluftqualität; Mitarbeit im AgBB (Ausschuss für gesund-heitliche Bewertung von Bauprodukten); tätig als Referentin für europäisches Chemikalien-recht (REACH) in einem Verband.

Peter Tappler

Jg. 1959. Diplom-Ingenieur. Studium der Umweltanalytik TU/BOKU Wien. Allgemein be-eideter und gerichtlich zertifizierter Sachverständiger, Fachbereich Schadstoffe in Innenräu-men, Bauchemie, Schimmelpilze in Innenräumen. Leiter des „Arbeitskreises Innenraum" am Bundesministerium für Land- und Forstwirtschaft, Umwelt und Wasserwirtschaft. Seit 1991 Leiter des Mess- und Beratungsservice Innenraum des Österreichischen Instituts für Baubiolo-gie und Bauökologie (IBO) in Zusammenarbeit mit dem Technischen Büro/Chemisches Labor IBO Innenraumanalytik OG. Vorstandsmitglied beim IBO und Verein Komfortlüftung. Stv. Vorsitzender des Normenkomitees 236 „Indoor Air" am Österreichischen Normungsinstitut. Lehrbeauftragter am Department für Bauen & Umwelt an der Donauuniversität Krems. Durch-führung und Publikation zahlreicher wissenschaftlicher Studien im Bereich Innenraumluft. Vortragstätigkeit zum Thema Lüftung und Schadstoffe in Innenräumen.

Walter-Reinhold Uhlig

Prof. Dr.-Ing, Bauingenieur; Studium des Verkehrsbauwesens an der Hochschule für Ver-kehrswesen Dresden. Von 1994 bis 2007 Planungstätigkeit für die Deutsche Reichsbahn/Bun-desbahn, zuletzt als Leitender Ingenieur für Architektur und Verkehrshochbau bei der Bahn-tochter DE-Consult. 1997 Berufung an die HTW Dresden für die Fächer Baukonstruktionsleh-re/Hochbau. Neben dem Berufungsgebiet hat Prof. Uhlig in den letzten Jahren die Studien-schwerpunkte Bauwerkserhaltung und Radonsicheres Bauen etabliert. Weitere Lehrtätigkeit im Bereich Bauphysik.2005 Gründungsmitglied und seitdem Vorstandsvorsitzender des Kompe-tenzzentrums für Radonsicheres Bauen und Sanieren (KORA e. V.). Ausrichtung des alljährlichen Sächsischen Radontages in Dresden (gemeinsam mit dem Sächsischen Ministerium für Umwelt, Landwirtschaft und Geologie). Prof. Uhlig ist weiterhin Mitglied im Bundesverband Feuchte & Altbausanierung (BuFAs) e. V.

Hajo Willner

Dr. iur.; Europajurist (Univ. Würzburg); Studium der Rechtswissenschaften an der Universität Würzburg und an der Université de Caen; Rechtsreferendariat in Mannheim; 2006–2009 Wissenschaftlicher Mitarbeiter im Fachgebiet Deutsches und Internationales Öffentliches und Privates Baurecht an der TU Darmstadt; 2010 Promotion an der TU Darmstadt; seit 2010 Jurist im Baureferat der Landeshauptstadt München; Spezialisierung im Vergaberecht und im Privaten Bau- und Architektenrecht.

Axel Wirth

Prof. Dr., ist seit dem 1. April 1999 Inhaber des ersten deutschen universitären Lehrstuhls für Deutsches und Internationales Öffentliches und Privates Baurecht an der TU Darmstadt. Im Rahmen seiner universitären Tätigkeit war er sowohl in den Jahren 2000–2002 als auch 2004–2006 Dekan des Fachbereichs Rechts- und Wirtschaftswissenschaften der TU Darmstadt. Vor seiner Hochschullaufbahn war Prof. Dr. Wirth über 15 Jahre forensisch und beratend als Rechtsanwalt auf den Gebieten des öffentlichen und privaten Baurechts sowie des Gesellschaftsrechts tätig. Bei letzterem lag der Schwerpunkt seiner Tätigkeit ca. vier Jahre im Bereich „Mergers & Acquisitions" in den USA.

Prof. Wirth ist Mitglied des Fachbeirats für ziviles Baurecht der Zeitschrift „baurecht", (Werner Verlag, Düsseldorf) sowie des Beirats der Zeitschrift „UnternehmerBrief Bauwirtschaft" (UBB) (Verlag Ernst & Sohn, Berlin). Er ist Präsident des Centrums für Deutsches und Internationales Baugrund- und Tiefbaurecht e. V. (CBTR), Ehren- u. Gründungsmitglied der ARGE Baurecht im Deutschen Anwaltsverein sowie stellvertretender Vorsitzender des Arbeitskreises Internationales Baurecht der deutschen Gesellschaft für Baurecht. Neben seiner Tätigkeit als Schiedsrichter, Schiedsgutachter und Schlichter ist er als „of counsel" für die Rechtsanwälte und Notare Schultz & Seldeneck, Berlin tätig.

10

Jutta Witten

Dr. rer. nat.; Referentin im Hessischen Sozialministerium und für den gesundheitsbezogenen Umweltschutz in der obersten Gesundheitsbehörde des Landes Hessen tätig. Arbeitsschwerpunkte Innenraum- und Bauproduktenhygiene. Vorsitzende des Bund-/Länder-Ausschusses zur gesundheitlichen Bewertung von Bauprodukten (AgBB) und Mitglied in der Bund-/Länder-Arbeitsgruppe der Innenraumhygiene-Kommission und der obersten Gesundheitsbehörden der Länder. Zuvor erfolgten Tätigkeiten im Dezernat Luftreinhaltung des Hessischen Landesamts für Umwelt und Geologie sowie als Laborleitung für Trinkwasseruntersuchungen im Hygiene-Institut der Universität Düsseldorf und als wissenschaftliche Mitarbeiterin am Institut für Umwelthygiene an der Universität Düsseldorf. Studium Chemie und Molekularbiologie an der Universität Hamburg.

Michael Zieger

Jg. 1962, Dr. rer. nat.; Diplom-Chemiker, Studium der Chemie an der Universität Ulm, seit 1997 bei der Uzin Utz AG in Ulm, Leiter der Produktsicherheit und Beauftragter für Nachhaltigkeit; Arbeitsschwerpunkte: Konzernweite Umsetzung und Implementierung chemikalienrechtlicher Vorgaben aus der europäischen Chemikaliengesetzgebung, entwicklungs-begleitendes Gefahrstoffmanagement zur Vermeidung und Eliminierung von Schadstoffen in Bauprodukten, Leiter einer Projektgruppe zur Ökobilanzierung von Bauprodukten und Erstellung von Umweltproduktdeklarationen (EPDs).

10.5 Akteure der Wohngesundheit

Die Zahl der Akteure im Bereich Wohngesundheit ist überschaubar. Dennoch erhebt die nachfolgende Liste für den deutschsprachigen Raum in alphabetischer Reihenfolge keinen Anspruch auf Vollständigkeit. Auch stellt sie keine Empfehlung dar.

10.5.1 Behörden und Institute (Auswahl)

Behörden Deutschland

Umweltbundesamt

Postfach 1406
06813 Dessau-Roßlau
Tel.: 0340 2103-0
E-Mail: info@umweltbundesamt.de
http://www.uba.de

im Umweltbundesamt sind angesiedelt:

Ad-Hoc Kommission Innenraumhygiene beim Umweltbundesamt

Vorsitz Dr. Heinz-Jörn Moriske
FG II 1.3
http://www.umweltbundesamt.de/gesundheit/innenraumhygiene/irk.htm,
Richt- und Empfehlungswerte zu unterschiedlichsten Schadstoffen, Ratgeber und Broschüren für Endkunden, z. B. Schimmelsanierung , VOC u. a.

Ausschuss zur gesundheitlichen Bewertung von Bauprodukten (AgBB)

Geschäftsstelle FG II 1.3
http://www.umweltbundesamt.de/produkte/bauprodukte/agbb.htm
Bewertungsschema und Informationen über die Gesundheitliche Bewertung der Emissionen von flüchtigen organischen Verbindungen (VOC und SVOC) aus Bauprodukten

Deutsches Institut für Bautechnik (DiBt)

Kolonnenstraße 30 B
10829 Berlin
Tel. +49 (0) 30 78730 -0
E-Mail: dibt@dibt.de

Bestimmungen für die bauaufsichtliche Zulassung von Bauprodukten in Deutschland, Mitarbeit an entsprechenden Bestimmungen innerhalb der EU.

Behörden Österreich

Bundesministerium für Land- und Forstwirtschaft, Umwelt und Wasserwirtschaft
Stubenring 1
1012 Wien
Tel.: (+ 43 1)711 00 - 0
E-Mail: service@lebensministerium.at
http://www.lebensministerium.at

Behörden Schweiz

Bundesamt für Gesundheit BAG
3003 Bern
Tel.: +41 (0)31 322 21 11
Fax: +41 (0)31 323 37 72
http://www.bag.admin.ch
BAG, Abteilung Chemikalien
http://www.bag.admin.ch/themen/chemikalien/00238/01355/index.html?lang=de

10.5.2 Forschungs- und Analyseinstitute, Beratungsstellen, Sachverständige und Messtechniker (Auswahl)

Arbeitsgemeinschaft ökologischer Forschungsinstitute

im Energie- und Umweltzentrum
31832 Springe/ Eldagsen
Tel.: 05044/ 97575
E-Mail: info@agoef.de
http://www.agoef.de
Tätigkeit: Veröffentlichung von Empfehlungswerten für Schadstoffe, Labor- und Raumluftmessungen, Verzeichnis von Mitgliedsinstituten

10

UL Eco-Institut

eco-INSTITUT GmbH
Sachsenring 69
50677 Köln
Tel.: 0221 – 931245-0
E-Mail: info@eco-institut.de
http://www.eco-Institut.de
Tätigkeit: Prüfung vom Bauprodukten auf Schadstoffe, eigenes Baustoff-Label

Bremer Umweltinstitut

Bremer Umweltinstitut GmbH
Fahrenheitstr. 1
28359 Bremen
Tel.: 0421 / 7 66 65
E-Mail: mail@bremer-umweltinstitut.de
http://www.bremer-umweltinstitut.de
Tätigkeit: Prüfung von Baustoffen auf Schadstoffe, AGÖF-Mitglied

anbus analytik GmbH

Gesellschaft für Gebäudediagnostik, Umweltanalytik und Umweltkommunikation
Mathildenstraße 48
90762 Fürth
Tel.:+ 49 911 743 71 70
E-Mail: info@anbus-analytik.de
http://www.product-testing.eurofins.comwww.anbus-analytik.de

Eurofins

Eurofins Scientific GmbH
Stenzelring 14 b
21107 Hamburg
E-Mail: ProductTesting@eurofins.com
http://www.product-testing.eurofins.com

GfU GmbH

Castellbergstr. 5
79282 Ballrechten-Dottingen
Tel.: + 49 76 34 / 67 58
Fax: + 49 76 34 / 67 59
E-Mail: info@gfu-analytics.de
http://www.gfu-analytics.de

Sentinel Haus Institut

Sentinel Haus Institut GmbH
Merzhauser Straße 76
79100 Freiburg im Breisgau
Tel.: 0761/590 481-70
E-Mail: info@sentinel-haus.eu
http://www.sentinel-haus.eu
Tätigkeit: Wohngesunde Baukonzepte mit vertraglicher Garantie für alle Arten von Gebäuden. Schulungen und Fortbildungen für Planer, Bauunternehmen und Handwerker, Wissensdatenbank

Helmholtz-Zentrum für Umweltforschung GmbH – UFZ

Permoserstr. 15
04318 Leipzig
Tel.: 0341/ 235-0
E-Mail: info@ufz.de
http://www.ufz.de
Tätigkeit: u. a. in der Abteilung Umweltimmunologie Forschung zu Wirkungen von Baustoffen auf Allergien von Säuglingen

Dr. Moldan Umweltanalytik

Am Henkelsee 13
97346 Iphofen
Tel.: 09323/8708-10
E-Mail: info@drmoldan.de
http://www.drmoldan.de
Tätigkeit: Baubiologe, Iphöfer Messtechnik Seminare IMS

Martin Schauer

Von der Handwerkskammer für Unterfranken
Öffentlich bestellter und vereidigter Sachverständiger
im Elektrotechniker-Handwerk und
elektrische, magnetische und elektromagnetische Felder
Gertrud-von-le-Fort-Str. 8
97074 Würzburg
0931 70 288-0
0931 70 288-29
E-Mail: mail@sv-schauer.de
Tätigkeit: Experte für Elektrotechnik, Elektrosmog

Dr. Rainer Bruns Baubiologische Umweltanalytik

Dr. rer. nat. Rainer Bruns
Diplom Biologe, Baubiologe IBN
Kirchstr. 99
26871 Papenburg
Tel. +49 (0)4961 833331
Fax +49 (0)4961 833332
E-Mail: baubiologie-bruns@ewetel.net
http://www.baubiologie-bruns.de
Tätigkeit: Baubiologische Messtechnik und Beratung

biomess Ingenieur- und Sachverständigenbüro GmbH

Herzbroicher Weg 49
41352 Korschenbroich
Tel.: (02161) 64 21 14
E-Mail: obeloer@biomess.de
http://www.biomess.de
Tätigkeit: Messung und Beratung, Erstellung von Gutachten, Hygiene-Inspektionen gemäß
VDI 6022, Erstellung von Altlastenkatastern

Ingenieurbüro für Baubiologie und Umweltmesstechnik Dr.-Ing. Martin H. Virnich

Dürerstr. 36
41063 Mönchengladbach
Tel.: 02161 – 89 65 74

10

Fax: 02161 – 89 87 53
E-Mail: kontakt@baubiologie-virnich.de
http://www.baubiologie-virnich.de
Tätigkeit: Baubiologische Beratung und Planung, Messung & Analytik, Experte für Elektrosmog

Herzberg Gebäudeanalyse

Riedstraße 11
74076 Heilbronn
Tel: 07131/95 77 100
E-Mail: info@herzberg-gebaeudeanalyse.de
http://www.herzberg-gebaeudeanalyse.de
Tätigkeit: Baubiologische Beratung und Planung, Messung & Analytik

Baubiologie und Umweltanalytik Tappeser

Höhenweg 26
69469 Weinheim
Tel.: 06201 – 959000
info@tappeser.de
http://www.tappeser.de
Tätigkeit: Baubiologische Beratung und Planung, Messung & Analytik

Institut für Umweltmedizin und Krankenhaushygiene der Universitätsklinik Freiburg

Breisacher Straße 115b
79106 Freiburg
Tel.: 0761/270 – 83 29 0
E-Mail: wohnmedizin@uniklinik-freiburg.de
http://www.uniklinik-freiburg.de/iuk/live/wohnmedizin.html
Tätigkeit: Forschung und Studien u. a. zur Innenraumhygiene, Wohnmedizinische Beratungen und Untersuchungen

Institut für Baubiologie + Oekologie (IBN) GmbH

Holzham 25
D-83115 Neubeuern
Tel.: +49 (0) 8035-2039
Fax: +49 (0) 8035-8164
E-Mail: institut@baubiologie.de
http://www.baubiologie.de

Österreich

IBO – Österreichisches Institut für Baubiologie und -ökologie (Verein) und IBO GmbH

Alserbachstraße 5/8
A-1090 Wien
Tel.: + 43 (0) 1 319 20 05
E-Mail: ibo@ibo.at
http://www.ibo.at

Schweiz

ECOENGINEER M. DURRER

Fontanastrasse 16
Postfach 154, CH-7001 Chur
Tel.:   +41(0)81 501 40 25
Fax: +41(0)32 511 77 31
E-Mail: kontakt@ecoengineer.ch
http://www.ecoengineer.ch
http://www.raumklimaplus.ch
Tätigkeit: Analysen & Beratung bez. Elektrosmog, Raumklima und Raumlufthygiene; Hygieneinspektionen gem. SWKI VA104 / VDI 6022, Gebäudecheck Asbest, PCB, PAK, Schimmel

emvu GmbH Ingenieurbüro für
EMV/Elektrosmog – Umweltanalytik – Baubiologie

Erlenstrasse 16/Sumpfstr. 26
CH-6300 Zug
Tel: +41 (0)41 500 50 20
Fax: +41 (0)41 500 50 21
E-Mail: contact@emvu.ch
http://www.emvu.ch
Tätigkeit: Baubiologische Baubegleitung, Elektrosmog, Schall

10

Kentron Baubiologie – Alfred Gertsch

Buechgasse 1
CH-3652 Hilterfingen
Tel: +41 (0)33 243 32 12
Fax: +41 (0)33 243 32 12
Tätigkeit: Baubiologische Beratungen und Messungen

Mönkeberg Analysen GmbH

Zwillikerstrasse 15
CH-8912 Obfelden
Tel.: +41 (0)44 520 05 22
E-Mail: kontakt@moenkeberg.ch
http://www.moenkeberg.ch
Tätigkeit: Raumluftanalysen, Baubiologische Beratung

S-CERT AG

Lindenstraße 10
CH-5103 Wildegg
Tel.: 0041/ 628877111
E-Mail: info@s-cert.ch
http://www.s-cert.ch
Tätigkeit: Zertifizierungsstelle GI- Label (Gutes Innenraumklima)

Bau- und Umweltchemie AG

Wasserwerkstrasse 129
CH-8037 Zürich
Schweiz
Tel.: +41 (0) 44 440 72 11
Fax: +41 (0) 44 440 72 13
E-Mail: buc@raumlufthygiene.ch
http://www.raumlufthygiene.ch
Tätigkeit: Emissions-, Raumluft-, Arbeitsplatzmessungen; Hygieneinspektionen gem. SWKI
VA104, Gebäudecheck Asbest, PCB, PAK usw; Beratung nachhaltiges Bauen, Zertifizierungen

10.5.3 Verbände und Initiativen in Deutschland (Auswahl)

Verband Deutscher Baubiologen VDB

Reindorfer Schulweg 42
21266 Jesteburg
Tel.: 0800 2001 007 (gebührenfrei)
E-Mail: gf@baubiologie.net
http://www.baubiologie.net
Tätigkeit: Beratung bei und Bewertung von Schadstoffbelastungen, Schimmelvermeidung und
-entfernung, Schulungsangebote

Sentinel-Haus Stiftung e. V.

Am Bahndamm 16
93326 Abensberg
Tel.: 09443 700 169
E-Mail: beratung@sentinel-haus-stiftung.eu
http://www.sentinel-haus-stiftung.eu
Tätigkeit: Kostenlose Erstberatung (1/2 Stunde, Termine siehe Website) für Privatkunden
(auch mit Allergien, MCS, etc.) zum Thema wohngesunde Innenräume. Beratungsdienstleistungen

Fachverband Schadstoffsanierung

Nassauische Str. 15
10717 Berlin
Tel.: 030/ 860004-890

E-Mail: info@sanierungsfachbetrieb.de
http://www.sanierungsfachbetrieb.de
Verbund von Fachfirmen zur sachgerechten Schadstoffsanierung, Sachverständigen-
Datenbank

natureplus e. V.

Hauptstr. 41, D-69151 Neckargemünd
Tel.: 06223 / 86 11 47
E-Mail: office@natureplus.org
http://www.natureplus.org
Zertifizierung von Baustoffe aus überwiegend nachwachsenden oder mineralischen Rohstoffen

Deutscher Allergie- und Asthmabund e. V. (DAAB)

Fliethstraße 114
41061 Mönchengladbach
Tel. 0 21 61 / 81 49 40
E-Mail: info@daab.de
http://www.daab.de

Deutscher Berufsverband der Umweltmediziner

Siemensstraße 26a
12247 Berlin
Tel. 030/7715 – 484
E-Mail: dbu@dbu-online.de
http://www.dbu-online

VDI Wissensforum GmbH

Postfach 10 11 39
40002 Düsseldorf
Tel.: +49 (0) 211 62 14-2 01
E-Mail: wissensforum@vdi.de
http://www.vdi-wissensforum.de

10

**Kompetenzzentrum für Forschung und Entwicklung zum Radonsicheren Bauen und
Sanieren KORA e. V.**

Friedrich-List-Platz 1
01069 Dresden
E-Mail: info@koraev.de
http://www.koraev.de

10.5.4 Weitere Internetadressen – eine Auswahl

Behörden

Bundesministerium für Umwelt, Naturschutz und Reaktorsicherheit

http://www.bmu.de

Umweltbundesamt

http://www.uba.de

Bundeszentrale für gesundheitliche Aufklärung

http://www.bzga.de

Bundesinstitut für Risikobewertung

http://www.bfr.bund.de

Bundesamt für Strahlenschutz

http://www.bfs.de

Bundesministerium für Land- und Forstwirtschaft, Umwelt und Wasserwirtschaft Österreich

http://www.lebensminsterium.at

Umweltbundesamt Österreich

http://www.umweltbundesamt.at

Ökokauf Wien

http://http://www.wien.gv.at/umweltschutz/oekokauf/download.html#information

Bundesamt für Gesundheit Schweiz

http://www.bag.admin.ch

Bundesamt für Umwelt Schweiz

http://www.bafu.admin.ch

Forschungs- und Analyseinstitute

ECOLOG – Institut für sozial-ökologische Forschung und Bildung GmbH

http://www.ecolog-institut.de

Freiburger Institut für Umweltchemie e. V.

http://www.umweltchemie.org

Umweltinstitut München e. V.

http://www.umweltinstitut.org

Institut für angewandte Umweltforschung

http://www.katalyse.de

Institut für Energie- und Umweltforschung Ifeu GmbH

http://www.ifeu.de

Öko-Institut e. V.

http://www.oeko.de

TÜV Rheinland/LGA Product Service GmbH

http://www.tuv.com/de/deutschland/gk/produktpruefung/produktpruefung.jsp

ALAB Analyselabor in Berlin GmbH

http://www.alab-berlin.de

Textiles & Flooring Institute GmbH

http://www.tfi-online.de

10

Label/Zertifizierungen/ Bewertungssysteme für Gebäude

Labelvergleiche

Unabhängige Internet-Datenbanken

http://www.baulabel.de
http://www.label-online.de

Gebäudelabel

Bewertungssystem Nachhaltiges Bauen für Bundesgebäude (BNB)

http://www.nachhaltigesbauen.de/bewertungssystem-nachhaltiges-bauen-fuer-
bundesgebaeude-bnb.html

Leadership in Energy and Environmental Design (LEED) USA

http://www.leedcertifiedgreenbuildings.com

Deutsche Gesellschaft für Nachhaltiges Bauen – DGNB e. V.

http://www.dgnb.de

Qualitätssiegel Nachhaltiger Wohnungsbau – NaWoh

http://www.nawoh.de

Building Research Establishment Environmental Assessment Method (BREEAM) England

http://www.breeam.org

Schweizer Gesellschaft für Nachhaltige Immobilienwirtschaft SGNI

(Zertifizierung nach DGNB-Anforderungen in der Schweiz)
http://www.sgni.ch

Minergie Schweiz

http://www.minergie.ch

Haute Qualité Environnementale (HQE) Frankreich

http://www.assohqe.org

Comprehensive Assessment System for Building Environmental Efficiency (CASBEE) Japan

http://www.ibec.or.jp/CASBEE/english/index.htm

SHI-Gesundheitspass

http://www.sentinel-haus.eu/das-konzept/gesundheitspass/

Baustofflabel

Greenguard

http://www.greenguard.org

Indoor Air Comfort Gold (Eurofins)

http://www.eurofins.com/product-testing-services/highlights/ecolabels,-quality-labels/indoor-air-comfort-eurofins-certified-products.aspx

Emicode

http://www.emicode.de

Blauer Engel

http://www.blauer-engel.de

http://www.ral-umwelt.de/blauer-engel.html

FloorScore

www.rfci.com

AFFSET/ANSES Frankreich

http://www.anses.fr

DICL Dänemark

http://www.teknologisk.dk/ydelser/253

M1 Finnland

http://www.rakennustieto.fi

natureplus

http://www.natureplus.org

Verbände und Initiativen

Verband Deutscher Baubiologen VDB

http://www.baubiologie.net

Sentinel-Haus Stiftung e. V.

http://www.sentinel-haus-stiftung.eu

Fachverband Schadstoffsanierung

http://www.sanierungsfachbetrieb.de

Deutscher Allergie- und Asthmabund e. V. (DAAB)

http://www.daab.de

Deutscher Berufsverband der Umweltmediziner

http://www.dbu-online

VDI Wissensforum GmbH

http://www.vdi-wissensforum.de

10

Bundesverband für Wohnungslüftung e. V.

http://www.wohnungslueftung-ev.de

Institut für Bauforschung e. V.

http://www.bauforschung.de

Kompetenzzentrum für Forschung und Entwicklung zum Radonsicheren Bauen und Sanieren KORA e. V.

http://koraev.de

Institut für Wohngesundheit

http://www.inwoge.de

Deutsche Gesellschaft für Präventivmedizin und Präventionsmanagement e. V.

http://www.dgpp-ev.de

Deutscher Berufsverband der Umweltmediziner e. V.

http://www.dbu-online.de

Gesellschaft für Hygiene, Umweltmedizin und Präventivmedizin GHUP e. V.

http://www.ghup.de

Deutsche Gesellschaft für Umwelt- und Humantoxikologie e. V. (DGUHT)

http://www.dguht.de

Chemical Sensitivity Network

http://www.csn-deutschland.de

Deutsche Gesellschaft Multiple-Chemical-Sensitivity (DGMCS)

http://www.dgmcs.de

Allergie- und umweltkrankes Kind e. V.

http://www.bundesverband-allergie.de

Chemical Injury Information Network (CIIN)

http://www.ciin.org

Interdisziplinäre Gesellschaft für Umweltmedizin

http://www.igumed.de

Ärzte für eine gesunde Umwelt – ISDE Austria

http://www.aegu.net

Ärztinnen und Ärzte für Umweltschutz – Umweltmedizinische Beratungsstelle

http://www.aefu.ch

Wohnbaugenossenschaft Gesundes Wohnen MCS, Zürich, Schweiz

http://www.gesundes-wohnen-mcs.ch

European Public Health Alliance

http://www.epha.org

Internationaler Verein für Umwelterkrankte

http://www.ivuev.de

Toxnet Schweiz Infoportal

http://www.toxnet.ch

Verein eco-bau Zürich

http://www.eco-bau.ch

10.6 Wichtige Begriffe und Abkürzungen

Aerosole

Unter Aerosolen versteht man flüssige oder staubförmige Teilchen, welche sich an ein Gas binden.

Sichtbar werden sie nur, wenn sie in einer sehr großen Konzentration in der Luft vorkommen, ab etwa 1.000.000 Partikel pro Kubikzentimeter. Dies nimmt man als sogenannten Smog wahr. Der Durchmesser der Partikel liegt zwischen 0,5 nm und mehreren 10 µm. Am oberen Ende dieses Bereiches liegen beispielsweise größere Pollen.

Aerosole sind in unserer Atmosphäre stets enthalten. Je nach Zusammensetzung sind sie völlig ungefährlich, bis stark gesundheitsgefährdend. Sie können natürliche organische Anteile wie Pollen, Sporen und Bakterien sowie natürliche anorganische Anteile wie Staub, Rauch, Seesalz, Wassertröpfchen, vom Menschen eingebrachte Verbrennungsprodukte wie Rauch, Asche oder Stäube vom Menschen hergestellte Nanopartikel enthalten.

Die Giftigkeit der Aerosole hängt nicht nur von ihrer Mischung, sondern auch von der Teilchengröße ab. Je kleiner die Teilchen, desto tiefer dringen sie in den Atemtrakt ein. Hier können sie sich anreichern und zum Teil mehrere Jahre verbleiben. Viele Aerosole können auch Allergien fördern. Hierzu gehören insbesondere schadstoffbeladene Pollen, chemische Duftstoffe, Dieselruß und Schimmelsporen.

AgBB

Der Ausschuss zur gesundheitlichen Bewertung von Bauprodukten (AgBB) ist von der Länderarbeitsgruppe „Umweltbezogener Gesundheitsschutz" (LAUG) der Arbeitsgemeinschaft der Obersten Landesgesundheitsbehörden (AOLG) eingerichtet. Weitere Mitglieder sind das Umweltbundesamt als Geschäftsstelle, das Bundesinstitut für Risikobewertung, die Bundesanstalt für Materialforschung und -prüfung, das Deutsche Institut für Bautechnik, der Koordinierungsausschuss 03 für Hygiene, Gesundheit und Umweltschutz des Normenausschusses Bauwesen im DIN und die Konferenz der für Städtebau, Bau- und Wohnungswesen zuständigen Minister und Senatoren der Länder (ARGEBAU). Der AgBB hat ein Bewertungsschema entwickelt, mit dem die Emissionen flüchtiger und schwerflüchtiger organischer Stoffe aus Bauprodukten bewertet werden können. Das „AgBB-Bewertungsschema" ist ein Instrument, mit dem Bauaufsichts- und Gesundheitsbehörden die gesundheitliche Bewertung von Bauprodukten mit einheitlichen Kriterien vornehmen können.

Allergie

Allergische Reaktionen beruhen auf Fehlregulationen im menschlichen Immunsystem.

– Häufigste Form ist die Soforttyp-Allergie (Typ I): Dringen Fremdstoffe (Antigene) in den Organismus ein, bildet das Immunsystem spezifische Antikörper oder Lymphozyten, die in der Lage sind, bei erneutem Kontakt mit diesen Fremdkörpern zu reagieren. Im Falle der Immunität führt diese Auseinandersetzung zwischen körperfremden Substanzen und den vom Körper produzierten Stoffen zu einem Schutz; dagegen verhält es sich bei der Allergie umgekehrt: Primär unschädliche, von den meisten Menschen tolerierte Stoffe können infolge der Reaktion mit Antikörpern oder sensibilisierten Zellen zu Krankheitserscheinungen führen.

– Neben der TYP 1 Allergie unterscheiden wir noch zwischen Typ II (seltene Form der Allergie, bei der z. B. Zellen des Blutes geschädigt werden können; Auslöser sind möglicherweise auch Medikamente); Typ 3 Allergie (Immunkomplexbildung – Allergen + Antikörper – äußert sich häufig in Entzündungen der Gefäße, der Lungenbläschen, Nieren und Gelenke) und Typ 4 Allergie (Spättypallergie, bei der sensibilisierte Abwehrzellen = T-Lymphozyten direkt gegen Allergene vorgehen – Kontakt-Ekzem).

Mögliche Ursachen:

– Genetische Faktoren
– Ernährung
– Umweltverschmutzung und Umweltgifte (so kann bereits während der Schwangerschaft durch erhöhte VOC Belastungen der Grundstein für spätere Allergien gelegt werden kann – Lars-Studie des UFZ Leipzig)
– Stress

CFS – ME/CFS

Chronisches Erschöpfungssyndrom (CFS – *Chronic fatigue syndrome*)

Das Krankheitsbild Myalgic Encephalomyelitis/Chronic Fatigue Syndrome ME/CFS ist eine in Deutschland noch wenig bekannte Erkrankung. In den USA wird sie auch als Chronic Fatigue Immune Dysfunction Syndrome – CFIDS – und in Großbritannien als Myalgische Enzephalomyelitis – ME – bezeichnet. Die Weltgesundheitsorganisation klassifiziert sie als neurologische Erkrankung (ICD-10: unter G 93.3).

Ähnlich der Krankheit → **MCS** kämpft auch CFS noch immer um die öffentliche Anerkennung als organische Erkrankung und wird fälschlicherweise sehr oft als „psychische Störung" diagnostiziert.

Als mögliche Auslöser von CFS werden in der Literatur angeführt:

– Infektionen (unter anderem virale Hirnhautentzündungen und Leberentzündungen)
– Impfungen (vor allem gleichzeitig mit Infektionen)
– Lebensereignisse (Stress) als verstärkender Faktor
– Physische Verletzungen (nach physischem oder operativem Trauma)
– Umweltgifte (Berichte über CFS in Verbindung mit Exposition gegenüber Umweltgiften wie z. B. Organophosphatverbindungen)

Chloranisole

Chloranisole sind Verbindungen, die bisher hauptsächlich als Verursacher des Korktons in Wein einer breiteren Öffentlichkeit bekannt wurden. Werden sie in die Luft freigesetzt, machen sie sich durch einen schimmelig-muffigen Geruch bemerkbar. Chloranisole werden auch mit dem teilweise intensiven Eigengeruch von Fertighäusern älterer Bauart in Verbindung gebracht. Dieser kann ebenfalls als schimmelig-muffig charakterisiert werden. Der typische „Fertighausgeruch" ist manchmal so penetrant, dass er in der Kleidung von Bewohnern „hängen bleibt" und noch längere Zeit nach Verlassen des Gebäudes an der Person wahrnehmbar ist. Die auftretenden Gerüche durch Chloranisole haben stark belästigenden Charakter, auch wenn eine toxikologisch basierte Gesundheitsgefährdung nicht gegeben ist. Durch die Ähnlichkeit dieses Geruchs mit dem typischen Schimmelgeruch kann zudem eine Unsicherheit entstehen, ob nicht ein Schimmelpilzbefall des Gebäudes vorliegt. Zur Klärung von Fragen nach Identität und Intensität des Geruchs ist die Analyse einer Raumluftprobe notwendig. Die Chloranisolgerüche treten ganz häufig in Gebäuden auf, in denen Spanplatten des Typs V100G eingesetzt werden. Die Bezeichnung V100 spezifiziert Spanplatten, die einem maximalen Feuchtegehalt von 15–18 % widerstehen können. Durch den Zusatz „G" wird die Verwendung von Holzschutzmitteln im Plattenmaterial indiziert, die die Verwendung dann auch oberhalb von 18 % Feuchte möglich macht.

CO_2

Kohlendioxid, ein Produkt der Reaktion zwischen Kohlenstoff und Sauerstoff (CO_2) ist ein farb- und geruchloses Gas und ein Bestandteil der Atmosphäre. Als ein sogenanntes „Treibhausgas" hat es einen wesentlichen Einfluss auf die „Klimaerwärmung" – Hauptproblem ist die Verbrennung fossiler Brennstoffe und gleichzeitige Vernichtung vor allem tropischer Baumbestände und damit verbunden eine Störung des natürlichen CO_2 Haushalts in der Natur.

Gesundheitlicher Aspekt: Auch der Mensch produziert beim Atmen CO_2 und bewirkt damit eine Reduktion der Luftqualität vor allem in geschlossenen Räumen. Qualitätsempfehlungen gehen von maximalen CO_2 Konzentrationen in Innenräumen von 1000 ppm aus – zwischen 1000 und 2000 ppm (parts per million) spricht man bereits von „hygienisch auffällig", über 2000 ppm von hygienisch unakzeptabel (Quelle: Umweltbundesamt).

Co_2 ist ein guter Parameter zur Bewertung der Luftqualität. Etwa 400 ppm dieses Gases sind derzeit in natürlicher Landluft enthalten.

Erhöhte CO_2 Werte führen zu einer Vertiefung der Atmung durch die Steuerung des Atemzentrums mit CO_2. Kopfschmerzen, Schwindel, Schwächegefühl, Herzrasen, Konzentrationsprobleme und Atemnot sind weitere Zeichen. Starke Vergiftungen zeigen sich durch Krämpfe und Bewusstseinsstörungen.

Vor allem in energetisch hochwertigen Gebäuden (z. B. Passivhausstandard) aber auch Schulen, Kindergärten ist durch entsprechende Lüftungskonzepte für eine ausreichende Luftwechselrate und damit CO_2-Reduktion zu achten.

Dampfdiffusionsfaktor

Bezeichnet den Widerstand, den ein Baustoff dem Wasserdampf in der Luft entgegensetzt.

Er wird auf die äquivalente Luftschichtdicke bezogen. Je kleiner der Wert, desto leichter kann der Dampf durchdringen. Warme Luft transportiert Wasserdampf zur Kaltseite. Damit in der Konstruktion kein Feuchtigkeitsstau entsteht, muss sie innen dichter sein als außen. Zu dichte Schichten führen zu einem ungünstigen Raumklima, weil Feuchteaustausch unmöglich ist.

EHS

Elektromagnetische Hypersensitivität – unspezifische Symptome, die der Exposition gegenüber EMF zugeschrieben werden. Häufigste Symptome sind:

– dermatologische Symptome (Rötungen, Verbrennungsgefühl, Kribbeln)
– neurasthenische und vegetative Symptome (z. B. Müdigkeit, Konzentrationsschwierigkeiten, Übelkeit, Schlafprobleme, Schwindel, etc.)

In Europa derzeit noch nicht als „Krankheit" anerkannt, gibt es in den USA und in Kanada bereits zahlreiche Initiativen/ Proklamationen lokaler und regionaler Behörden, die auf eine Anerkennung dieser „Umwelterkrankung" drängen.

Bei klinischen Untersuchungen wurden auch Zusammenhänge zwischen Sensitivität auf chemische Noxen und EHS (Störung der Homöostase in den Körpersystemen) festgestellt.

Elektrosmog (EMF)

Umgangssprachlicher Ausdruck für verschiedene durch Einsatz von Technik verursachte elektrische, magnetische und elektromagnetische Felder, die nachweisbar Auswirkungen auf die Gesundheit haben können.

Unterschieden wird dabei zwischen

– elektrischen Wechselfeldern (Niederfrequenz); Wechselspannung in Kabeln, Installationen, Geräten, Wänden, Böden, Betten, Freileitungen
– magnetischen Wechselfeldern (Niederfrequenz); Wechselstrom in Installationen, Geräten, Transformatoren, Motoren, Frei- und Erdleitungen ...
– elektromagnetische Wellen (Hochfrequenz); Sender wie Rundfunk, TV, Mobilfunk, Datenfunk, Schnurlostelefone, Radar, Militär, Geräte
– elektrischen Gleichfeldern (Elektrostatik); Synthetikteppiche, -gardinen, Kunststofftapeten, Lacke, Stoffe, Beschichtungen, Bildschirme
– magnetischen Gleichfeldern (Magnetostatik); Stahlteile in Betten, Matratzen, Möbeln, Geräten, Baumasse; Gleichstrom der Straßenbahn.

Bei der gesundheitlichen Betrachtung bzw. Bewertung ist zu unterscheiden zwischen

– Allgemeinen gesundheitlichen Risiken aus solchen Strahlenbelastungen
– und – zumindest teilweise – diagnostizierbaren Krankheitsbildern wie
– Elektrosensibilität (Electrosensitivity) und
– → **EHS** Elektromagnetischer Hypersensitivität

Die Berücksichtigung planerischer Aspekte (Raumplanung) und Produktauswahl (abgeschirmte Leitungen, Abschirmprodukte) können eine wesentliche Reduktion des „Elektrosmogs" bewirken.

10

Emission

Bezeichnet die Abgabe von Stoffen, Energien und Strahlen an die Umgebung aus einer bestimmten Quelle. Dabei kann es sich um

– Schadstoffe
– Lärm
– Radioaktivität
– Elektrosmog handeln.

Informationen zum Emissionsverhalten können durch Messungen gefunden werden, deren Qualität (z. B. VDI-Standards, AgBB und andere) ausschlaggebend für den Aussagewert der Messung ist.

Bei der Ermittlung von Schadstoffemissionen aus Bauprodukten bietet dazu beispielsweise eine Prüfkammeruntersuchung über einen längeren Zeitraum (28 Tage) definitive Aussagen zum „Emissionsverhalten" eines Produktes und damit Informationen, die aus Inhaltsdeklarationen und Datenblättern in dieser Qualität nicht abzuleiten sind.

Feinstaub

Als Feinstaub, Schwebstaub oder englisch „Particulate Matter" (PM) bezeichnet man Teilchen in der Luft, die nicht sofort zu Boden sinken, sondern eine gewisse Zeit in der Atmosphäre verweilen. Die winzigen Partikel sind mit bloßem Auge nicht wahrzunehmen. Lediglich während bestimmter Wetterlagen kann man Feinstaub in Form einer „Dunstglocke" sehen. Je nach Korngröße der Staubteilchen wird der Feinstaub in sogenannte Fraktionen unterteilt: Unter PM10 versteht man alle Staubteilchen, deren aerodynamischer Durchmesser kleiner als 10 Mikrometer (das sind 10 Millionstel Meter) ist. Eine Teilmenge der PM10-Fraktion sind die feineren Teilchen, deren aerodynamischer Durchmesser weniger als 2,5 Mikrometer beträgt. Diese bezeichnet man als „Feinfraktion" oder 2,5 (im Gegensatz dazu den Größenbereich 2,5 bis 10 Mikrometer „Grobfraktion"). Die kleinsten von ihnen, mit einem aerodynamischen Durchmesser von weniger als 0,1 Mikrometer (das sind 100 Milliardstel Meter), sind die ultrafeinen Partikel. Feinstaub kann natürlichen Ursprungs sein oder durch menschliches Handeln erzeugt werden. Wichtige vom Menschen geschaffene Feinstaubquellen sind Kraftfahrzeuge (PKW, LKW), Kraft- und Fernheizwerke, Abfallverbrennungsanlagen, Öfen und Heizungen in Wohnhäusern, der Schüttgutumschlag, die Tierhaltung sowie bestimmte Industrieprozesse. In Ballungsgebieten ist vor allem der Straßenverkehr eine bedeutende Feinstaubquelle. Dabei gelangt Feinstaub nicht nur aus Motoren – vorrangig aus Dieselmotoren – in die Luft, sondern auch durch Bremsen- und Reifenabrieb sowie durch die Aufwirbelung des Staubes auf der Straßenoberfläche. Eine weitere wichtige Quelle ist die Landwirtschaft: Vor allem die Emissionen aus der Tierhaltung tragen zur Sekundärstaubbelastung bei. Als natürliche Quellen für Feinstaub sind Emissionen aus Vulkanen und Meeren, die Bodenerosion, Wald- und Buschfeuer sowie bestimmte biogene Aerosole – Viren, Sporen von Bakterien und Pilzen, außerdem Algen, Zellteile, Ausscheidungen usw. – zu nennen.

Emissionsquellen im Innenraum – Rauchen, Kerzen, Staubsaugen ohne Feinstfilter im Luftauslass, Bürogeräte, Kochen/Braten, offener Kamin usw. – können die Staubkonzentration, vor allem der ultrafeinen Partikel, erheblich erhöhen. Wegen der unterschiedlichen Herkunft der Feinstaubpartikel in der Außenluft und im Innenraum sind Feinstäube in ihrer Wirkung nicht direkt vergleichbar.

Flüchtige organische Verbindungen (VOC)

Flüchtige organische Verbindungen (Abk.: VOC bzw. VOCs nach volatile organic compound[s]) ist die Sammelbezeichnung für organische, also kohlenstoffhaltige Stoffe, die leicht verdampfen (flüchtig sind) bzw. schon bei niedrigen Temperaturen (z. B. Raumtemperatur) als Gas vorliegen. VOCs werden gemeinhin in VVOC, in VOC, SVOC und MVOC aufgeteilt.

Substanzen mit einer Siedetemperatur von etwa 50 bis 260 °C werden als leichtflüchtig bezeichnet. Der Begriff volatile organic compounds oder kurz VOC ist auch im deutschen Sprachraum etabliert.

Die wichtigste VOC-Quelle für Innenräume sind Lösemittel, die in einer Vielzahl von Produkten eingesetzt werden. VOC können auch aus Baumaterialien und Einrichtungsgegenständen freigesetzt werden, z. B. Teppichen, Möbeln, Klebern, Farbanstrichen, aber auch Parfums, Duftkerzen, Pflege- und Putzmitteln und entstehen ferner bei unvollständiger Verbrennung.

Beschreibung	Siedebereich
Very Volatile Organic Compound (VVOC)	< 0 bis 50 … 100 °C
Volatile Organic Compound (VOC)	50 … 100 bis 240 … 260 °C
Semi Volatile Organic Compound (SVOC)	240 … 260 bis 380 … 400 °C

Fogging

Als Fogging-Effekt, auch Schwarzstaub oder magic-dust genannt, bezeichnet man die Schwarzverfärbung von Räumen in Gebäuden. Der Effekt tritt in Wohnungen in Deutschland meistens zur Winterzeit auf. Als Ursache wird in vielen Fällen Thermophorese angenommen. Staubteilchen oder Aerosolteilchen unterliegen der Thermophorese. Das bedeutet, sie bewegen sich durch die Luft aus einem warmen Gebiet in kältere Zonen und scheiden sich dort ab. Das Wort Fogging kommt aus dem Englischen und bedeutet so viel wie Vernebelung. Im Allgemeinen sind Neubauten oder kürzlich renovierte Wohnungen betroffen. Dies wird vom Umweltbundesamt damit erklärt, dass schwerflüchtige organische Stoffe, z. B. Weichmacher, aus Baustoffen und Einrichtungsgegenständen entweichen und sich mit Staub- und Rußpartikeln zu einem schmierigen Film verbinden. Das Phänomen ist komplex, dennoch sind meist Ausgasungen aus Innenraumfarben, geschäumten Strukturtapeten, Kassettendecken aus Styropor, Heizkörperlacken, Laminatfußböden, Isolierschäumen und Standard-Teppichauslegware sowie Glasfasertapeten als entscheidende Ursache zu vermuten.

Diese Produkte geben SVOC an die Innenraumluft ab. Die Konzentration dieser Verbindungen in der Raumluft ist im Winter (Heizperiode und geringere Lüftung) besonders hoch. Die SVOC können dann an vorhandene Staubpartikel in der Luft angelagert und setzen sich an den betroffenen Oberflächen ab.

Eine Studie des Umweltbundesamtes zu diesem Phänomen findet man unter http://www.umweltdaten.de/publikationen/fpdf-l/2276.pdf.

Formaldehyd

Formaldehyd (chemisch: **Methanal – HCHO**) ist einer der bekanntesten und am besten erforschten Luftschadstoffe in Innenräumen. Es ist ein farbloses, in hohen Konzentrationen stechend riechendes, brennbares Gas. In Deutschland sind seit Beginn der 1980er-Jahre die Formaldehydemissionen aus Holzwerkstoffen geregelt. Die Chemikalien-Verbotsverordnung schreibt vor, dass nur solche Holzwerkstoffplatten in den Handel gebracht werden dürfen, die nachgewiesenermaßen eine Ausgleichskonzentration von 0,1 ppm unter definierten Prüfbedingungen nicht überschreiten („Emissionsklasse E1"). Ausgenommen hiervon sind Holzwerkstoffe zur Beschichtung beispielsweise für den Möbelbau, die auch heute noch deutlich mehr Formaldehyd emittieren dürfen. Als Fußbodenverlegeplatten beispielsweise sind E1-Holzwerkstoffprodukte heute Standard. F. ist in der MAK-Liste unter Abschnitt III-B „Stoffe mit begründetem Verdacht auf krebserzeugendes Potenzial" aufgeführt. Der MAK-Wert ist auf 0,5 ppm bzw. 0,6 mg/m^3 festgesetzt. Die karzinogene Wirkung von F. wurde in Tierversuchen bei Ratten und Mäusen bei hohen Konzentrationen nachgewiesen. Bei Bakterien, Insekten und bestimmten Pflanzen sowie menschlichen Zellkulturen ließen sich mutagene Wirkungen nachweisen. Die Geruchsschwelle (stechend) von F. liegt bei 60 μg/m^3. Erste körperliche Reaktionen bei einer F.-Belastung können schon ab 0,03 ppm auftreten und äußern sich in Augen- und Schleimhautreizungen (Schwellung der Nasenschleimhäute, Hustenreiz), weiter können Atembeschwerden und unspezifische Symptome wie Unwohlsein und Kopfschmerzen auftreten.

10

Schafwolle ist in der Lage, Formaldehyd abzubauen und ist daher gut für den Einsatz bei Formaldehydsanierungen geeignet.

Geomantie

Die heutige europäische Geomantie (das Wort Geomantie stammt aus dem Griechischen und leitet sich aus: „Geos" (früher Gaia), die Erde und „Mantis", lesen bzw. deuten ab) ist eine Lehre, die sich selbst als „ganzheitliche" Erfahrungswissenschaft versteht und versucht, die Identität eines Lebensraumes, eines Ortes oder einer Landschaft zu erfassen und diese durch Gestaltung, Kunst oder Raum- und Landschaftsplanung zu berücksichtigen und individuellen Ausdruck zu verleihen. Geomantie ist das Erkennen und Erspüren von guten Plätzen in Raum und Landschaft und damit die Grundlage für ein harmonisches und gesundes Wohnen und Leben. Die Aufgabe eines Geomanten besteht darin, „baubiologisches Wissen" mit der geomantischen Kunst zu vereinen, Räume zu gestalten, den guten Ort zu erkennen und zu erspüren und mit den Menschen in Einklang zu bringen. Die Geomantie ist so stets eine Mischung aus Intuition (Einfühlen in die Qualität des Ortes, Rutengehen, Hellsehen, etc.) und wissenschaftlich nachvollziehbarer Aspekte (Wettereinfall, Sonnenwende, Nutzung und Veränderung des Lichteinfalles, Vorkommen von Quellen, etc.).

Die Geomantie wird von der Schulwissenschaft abgelehnt. Gitter- und Liniensysteme und deren „Energieströme" wurden bisher noch nie mit physikalischen Messinstrumenten nachgewiesen.

Immission

Immission ist die Einwirkung emittierter Schadstoffe, Strahlen, Energien (→Emission) auf Pflanzen, Tiere, Menschen und Gebäude, nachdem sie sich in Luft/Wasser/Boden „ausgebreitet" – eventuell auch chemisch/physikalisch dabei verändert haben.

Die gesundheitliche Auswirkung von Emissionen ist abhängig von der Konzentration und von der „Einwirkzeit". Für bestimmte Umweltmedien/Stoffe gibt es Immissionsgrenzwerte.

MAK-Wert (Maximale Arbeitsplatz-Konzentration)

Ein MAK-Wert (maximale Arbeitsplatzkonzentration) ist nach der Deutschen Forschungsgemeinschaft (DFG), die höchstzulässige Konzentration eines Arbeitsstoffes als Gas, Dampf oder Schwebstoff in der Luft am Arbeitsplatz, die nach dem gegenwärtigen Stand der Kenntnis auch bei wiederholter und langfristiger, in der Regel täglich achtstündiger Exposition, jedoch bei Einhaltung einer durchschnittlichen Wochenarbeitszeit von 40 Stunden, im Allgemeinen die Gesundheit der Beschäftigten nicht beeinträchtigt und diese nicht unangemessen belästigt. Die Senatskommission der Deutschen Forschungsgemeinschaft für gefährliche Arbeitsstoffe gibt jährlich eine Liste von ca. 500 Stoffen mit deren Grenzwerten in der Raumluft am Arbeitsplatz heraus, die MAK-Liste.

In der Regel wird der MAK-Wert als Durchschnittswert über Zeiträume bis zu einem Arbeitstag oder einer Arbeitsschicht integriert. Durch Umweltgifte sind viele Menschen zusätzlich dauernden Belastungen ausgesetzt. Bei der Festlegung der MAK-Werte berücksichtigt man wenig, dass sich der Beschäftigte außerhalb der Acht-Stunden-Arbeitszeit nicht in schadstofffreier Umgebung erholen kann. Auch gilt der Grenzwert praktisch nur für den gesunden Menschen im mittleren Alter.

MCS (Multiple-Chemical Sensitivity)

Bei MCS handelt es sich um eine vielfache Chemikalienunverträglichkeit, die in sehr vielen Fällen nicht als solche diagnostiziert wird und häufig in den Bereich der psychosomatischen Erkrankungen „abgeschoben" wird.

1. Die Symptome sind mit (wiederholter chemischer) Exposition reproduzierbar.
2. Der Zustand ist chronisch.
3. Minimale Expositionen (niedriger als vormals oder allgemein toleriert) resultieren in Manifestation des Syndroms.
4. Die Symptome verbessern sich oder verschwinden, wenn der Auslöser entfernt ist.
5. Reaktionen entstehen auch gegenüber multiplen nicht chemischen Substanzen.
6. Die Symptome involvieren mehrere Organsysteme

MCS ist im WHO Register für Krankheiten, dem ICD -10, im Kapitel 19 unter „Verletzungen, Vergiftungen" klassifiziert. (1,2,3)

In Deutschland wird diese rechtsverbindliche Klassifizierung vom Deutschen Institut für medizinische Dokumentation und Information (DIMDI) vorgenommen. Ärzte und Dokumentare in den Krankenhäusern sind nach dem Sozialgesetzbuch V verpflichtet, die Diagnosen zu codieren. Zuordnung:

ICD-10 (internationale Klassifizierung der Krankheiten): Multiple-Chemical-Sensitivity T78.4

Mikrobiologisch erzeugte flüchtige organische Verbindungen (MVOC)

MVOC sind durch Mikroorganismen erzeugte flüchtige organische Verbindungen: Bei Auftreten von Schimmelpilzwachstum infolge von Feuchtigkeitsschäden in Innenräumen können flüchtige Stoffwechselprodukte von Mikroorganismen, z. B. verschiedene Alkohol-, Aldehyd- und Ketonverbindungen in die Raumluft gelangen. MVOC kann man mit speziellen Verfahren in der Raumluft messen und als Indikatoren für die Gegenwart mikrobieller Schäden heranziehen. MVOC kommen in Innenräumen in der Regel in deutlich geringeren Konzentrationen (unter 1 -g/m³) vor als VOC. Sie können aber aufgrund ihrer geringen Geruchsschwelle zu Geruchswahrnehmungen führen. Besonders bei Schimmelpilzschäden, die nicht gleich mit dem bloßen Auge erkennbar sind, können MVOC-Messungen bei der Erfassung des Schadens hilfreich sein.

Nanopartikel

Nanotechnologie bezeichnet die Herstellung, Untersuchung und Anwendung von Strukturen, die in mindestens einer Dimension kleiner sind als 100 Nanometer. Das sind etwa Teilchen oder Schichten, die über 1.000 Mal dünner sind als der Durchmesser eines Menschenhaares. Nanoteilchen – oder auch Nanopartikel – sind derzeit vor allem für die Elektronikbranche, die Pharmazie, die Medizin, die Kosmetik, die Flächenveredelung und die Chemie von großem Interesse. So enthalten zum Beispiel Sonnenschutzmittel Titan- und Zinkoxidpartikel. Bislang müssen Herstellerinnen und Hersteller Produkte, die Nanopartikel enthalten, nicht kennzeichnen. Verbraucherinnen und Verbraucher erfahren daher nicht, in welchen Produkten Nanoteilchen enthalten sind.

Solange Nanopartikel fest in Materialien eingebunden sind und nicht freigesetzt werden, ist nach Ansicht des Umweltbundesamtes eine Gefährdung von Mensch und Umwelt kaum zu erwarten.

Anwendungen im Baubereich sind z. B. wasserabweisende Putze und Farben für den Außenbereich, die eine geringere Verschmutzung garantieren oder biozide Beschichtungen gegen Algen, Bläue und Schimmelpilze. In einer Untersuchung wurde 2011 festgestellt, dass in einem Zeitraum von zehn bis ca. 20 Monaten nach Applikation des Putzes oder der Beschichtung die gut gemeinten Inhaltsstoffe schon um eine Größenordnung (das heißt den Faktor 10) ausgewaschen wurden. Auch die Frage, welche Auswirkung dies auf die Umwelt hat, kann bisher nicht geklärt werden.

NIK-Wert (Niedrigste Interessierende Konzentration)

NIK-Werte sind die niedrigsten (toxikologisch) interessierenden Konzentrationen für Innenräume im privaten und öffentlichen Bereich; sie beziehen sich nicht auf Arbeitsplatzbelastungen. Bei der Herleitung von NIK-Werten orientiert sich der Ausschuss zur gesundheitlichen Bewertung von Bauprodukten (AgBB) – erweitert um Fachleute der Herstellerseite – nach Vorschlag einer internationalen Expertengruppe an MAK-Werten. Dabei werden die Unterschiede zwischen Innenräumen (Wohnungen, Kindergärten, Schulen) und Arbeitsplätzen berücksichtigt.

NIK-Werte können nur als Rechenwerte zur Bewertung und Zulassung von Bauprodukten dienen. Sie sind nicht als Grenzwerte für Innenräume geeignet. Da Bauprodukte in Innenräumen viele Stoffe an die Innenluft abgeben, sind NIK-Werte zur Abwehr von Gesundheitsgefahren durch VOC/SVOC-Gemische ein geeignetes Instrument. Um die unterschiedlichen Expositionsbedingungen und Empfindlichkeiten in der Bevölkerung im Vergleich zur Arbeitsplatzbelastung zu berücksichtigen, wird der jeweilige MAK-Wert durch 100 geteilt (Ausnahme z. B. Reizgase). Bei möglicherweise kanzerogenen Stoffen der EU-Kategorie 3 (nach EU-Richtlinie 67/548/EWG) wird in der Regel durch 1000 dividiert.

Die für einzelne VOC aufgestellten NIK-Werte werden in einer durch den AgBB autorisierten Liste regelmäßig aktualisiert veröffentlicht (http://www.agbb-nik.de).

Pentachlorphenol (PCP)

Pentachlorphenol war neben Lindan lange Zeit der am häufigsten eingesetzte Wirkstoff in Holzschutzmitteln. Noch Jahre nach der Anwendung entweicht es aus den behandelten Hölzern und kann bis heute durch Importprodukte in unsere Wohnungen gelangen. Zahlreiche Gesundheitsstörungen (u. a. →MCS) werden von Betroffenen immer wieder in Zusammenhang mit einer Holzschutzmittel-Belastung gebracht.

1989 wurden die Herstellung, das Inverkehrbringen und die Verwendung von PCP in Deutschland verboten. Die Sanierung von Gebäuden mit PCP-haltigen Baumaterialien wurde in der PCP-Richtlinie von 1997 geregelt: Bei Überschreitung bestimmter PCP-Werte in der Raumluft bzw. im Blut oder Urin der Raumnutzer müssen Sanierungsmaßnahmen ergriffen werden. Auch die derzeit am Markt eingesetzten „Nachfolge-Wirkstoffe" wie Propiconazol werden vielfach als „Nervengift" eingestuft.

Phthalate (Weichmacher)

Weichmacher kommen in vielen Produkten in zum Teil erheblicher Konzentration (bis zu 40 %) vor. Da sie mit den anderen Stoffen keine chemische Bindung eingehen, entweichen sie dem Produkt im Lauf der Zeit. Weichmacher sind zwischenzeitlich überall nachweisbar. Der überwiegende Teil der industriell in großen Mengen erzeugten Phthalate wird als Weichmacher für Kunststoffe wie PVC, Nitrocellulose oder synthetisches Gummi verwendet. Die wichtigsten Vertreter der Phthalate sind Dioctylphthalat (DOP, Veresterungsprodukt aus o-Phthalsäure mit 2-Ethylhexanol, Alternativbezeichnung: Diethylhexylphthalat, DEHP) und Diisononylphthalat (DINP). Dimethyl-, Diethyl- oder Dibutylphthalat kommen auch als Bestandteil von Kosmetik oder Körperpflegemitteln und pharmazeutischen Produkten zum Einsatz. Niedermolekulare Phthalate (DEHP; DBP; u.a) sind gesundheitlich problematische Verbindungen, da sie im Verdacht stehen, wie Hormone zu wirken und beispielsweise Unfruchtbarkeit, Übergewicht und Diabetes beim Mann hervorzurufen. Eine EU-Untersuchung hat festgestellt, dass niedermolekulare Phthalate, Parabene und PCBs unter anderem den Hormonhaushalt von männlichen Föten und Kindern stören, und so zu einer Feminisierung führen.

Als problematisch an niedermolekularen Phthalaten erweist sich außerdem, dass, wie nachgewiesen wurde, ihre Giftigkeit sich im Gemisch mit anderen Substanzen potenziert. Phthalate gehören zu den SVOC und werden in Innenräumen über Materialproben und Hausstaubproben analog DIN ISO. 16000-6 (2004-12) gemessen.

Polychlorierte Biphenyle (PCB)

Polychlorierte Biphenyle (PCB) sind chlorierte Kohlenwasserstoffe, die in der Natur nicht vorkommen. PCB wurden bis etwa Anfang der 1980er Jahre häufig in Innenräumen verwendet, insbesondere in Gebäuden in Betonfertigbauweise: Beispielsweise wurden hochchlorierte PCB-Gemische bei flammhemmenden Anstrichen von Deckenplatten verwendet. Dagegen findet man in dauerelastischen Fugendichtungsmassen eher PCB-Mischungen niedrigeren Chlorierungsgrades. Zudem wurden PCB auch in Kabelummantelungen und als Isolierflüssigkeit von elektrotechnischen Bauteilen wie Transformatoren und Kondensatoren verwendet und man findet sie auch in Motoren von älteren Haushaltsgeräten, Büromaschinen und Heizungspumpen.

Verwendung und Inverkehrbringen PCB-haltiger Produkte sind seit 1989 verboten. PCB-haltige Abfälle gelten als besonders überwachungsbedürftige Abfälle. Sie dürfen daher nicht mit dem Hausmüll entsorgt werden.

PCB lassen sich in fast allen menschlichen Geweben nachweisen, z. B. in Leber, Muskeln, Nervengewebe, Milz und Thymus. Zu den Risikogruppen gehören neben Menschen mit Leberschäden auch Ungeborene und Säuglinge, bei denen der Schadstoffabbau noch nicht voll entwickelt ist.

Bei Belastungen mit sehr hohen PCB-Konzentrationen kommt es u. a. zu Chlorakne, Hautverdickung, verstärkter Pigmentierung, Atemwegserkrankungen, Veränderungen der Blutfette, Immun-, Fortpflanzungs- und Leberfunktionsstörungen sowie Lebertumoren.

Polycyclische Aromatische Kohlenwasserstoffe (PAK)

PAK finden vor allem in Bitumen- und Steinkohlenteer-Produkten sowie zur Herstellung anderer Chemikalien Verwendung.

10

Zahlreiche PAKs sind krebserregend, die gesamte Gruppe steht in der MAK-Werte Liste unter der Rubrik III A2: im Tierversuch krebserzeugend. Am besten untersucht ist bisher das Benzo[a]pyren. Außerdem wirken viele PAK giftig auf das Immunsystem und die Leber, schädigen das Erbgut und reizen die Schleimhäute. Genauere Angaben sind nur zu jedem Vertreter im Einzelnen möglich.

In Erdöl sind PAK von Natur aus enthalten. Sie kommen aber auch in Gemüse, geräucherten, gegrillten und gebratenen Fleischprodukten und Tabakrauch vor. In Gebäuden sind PAK hauptsächlich zu finden in:

- teer- und pechhaltigen Klebstoffen und Farben unter Holzparkett und Hirnholzfußboden
- teerhaltiger Beschichtung (innen) von Trinkwasserleitungen
- Bitumenerzeugnissen (zum Teil asbesthaltig)
- Asphalt-Fußbodenbelägen (Gussasphalt, Hochdruckplatten)
- bitumierten Dichtungs- und Dachbahnen
- Bitumenlösungen, Bitumenvergussmassen, Bitumenlacken, Bitumenemulsionen

Radon

Radon ist ein natürliches radioaktives Edelgas mit einer Halbwertszeit von 3,8 Tagen, das durch radioaktiven Zerfall von Uran (Halbwertszeit ca. 4,5 Mrd. Jahre) bzw. dessen Tochterprodukt Radum-226 (Halbwertszeit ca. 1600 Jahre) entsteht. Es ist farb-, geschmacks- und geruchlos. Radon kommt besonders in Gegenden mit Granitgestein vor. Als Gas breitet es sich leicht im Boden aus und dringt aus der Bodenluft über Kellerwände und Fundamente in Gebäude ein. Tritt Radon aus dem Boden in die Atmosphäre aus, wird es in der Außenluft sehr schnell verteilt, sodass in der Außenluft deutlich geringere Konzentrationen als in der Bodenluft vorliegen. Übliche Konzentrationen in der Außenluft liegen zwischen 10 und 30 Becquerel (Bq)/m^3 (1 Bq bezeichnet einen radioaktiven Zerfall pro Sekunde).

In Deutschland gibt es einige Regionen mit einem besonders hohen Radongehalt des Bodens, in denen entsprechend hohe Radonkonzentrationen auch im Fundamentbereich von Gebäuden auftreten können. Zu diesen Regionen gehören z. B. einige Teile des Bayerischen Waldes, des Schwarzwaldes, des Fichtelgebirges sowie des Erzgebirges und die Eifelregion.

Wird das Radongas eingeatmet, so kommt es durch dieses und seine alphastrahlenden Zerfallsprodukte zu einer erhöhten Strahlenexposition der Lunge und zu einer Erhöhung des Lungenkrebsrisikos. Aufgrund der Belastung von Innenräumen ist davon auszugehen, dass etwa sieben Prozent der jährlich 37.000 Lungenkrebsfälle auf den Einfluss von Radon zurückzuführen sind. Damit ist die Inhalation von Radon nach dem Rauchen die zweithäufigste Ursache für Lungenkrebs. Schutz vor Radonstrahlungen bieten Dränageleitungen, zusätzliche Sperrschichten und Lüftungsanlagen mit Wärmerückgewinnung.

Richtwert I (RW I)

Richtwertkonzept der Ad-hoc-Arbeitsgruppe aus Mitgliedern der Innenraumlufthygiene–Kommission (IRK) des Umweltbundesamtes und der Arbeitsgemeinschaft der obersten Gesundheitsbehörden der Länder (AOLG).

Der RW I ist die Konzentration eines Stoffes in der Innenraumluft, bei der im Rahmen einer Einzelstoffbetrachtung nach gegenwärtigem Erkenntnisstand auch bei lebenslanger Exposition keine gesundheitlichen Beeinträchtigungen zu erwarten sind. Eine Überschreitung des RW I ist mit einer über das übliche Maß hinausgehenden hygienisch unerwünschten Belastung verbunden.

Aus Vorsorgegründen besteht auch im Konzentrationsbereich zwischen RW I und RW II Handlungsbedarf. Der RW I wird vom RW II durch Einführen eines zusätzlichen Faktors (in der Regel 10) abgeleitet. Dieser Faktor ist eine Konvention. Der Richtwert I (RW I) kann als Sanierungszielwert dienen. Er soll nicht „ausgeschöpft", sondern nach Möglichkeit unterschritten werden.

Richtwert II (RW II)

Ist ein wirkungsbezogener, begründeter Wert, der sich auf die gegenwärtigen toxikologischen und epidemiologischen Kenntnisse zur Wirkungsschwelle eines Stoffes unter Einführung von Sicherheitsfaktoren stützt. Er stellt die Konzentration eines Stoffes dar, bei deren Erreichen bzw. Überschreiten ein unverzüglicher Handlungsbedarf besteht, da diese Konzentration geeignet ist, insbesondere für empfindliche Personen bei Daueraufenthalt in derart belasteten Räumen eine gesundheitliche Gefährdung darzustellen. Je nach Wirkungsweise des betrachteten Stoffes kann der Richtwert als Kurzzeitwert (RW II K) oder Langzeitwert (RW II L) definiert sein. Das Unterschreiten des RW II ist die Voraussetzung für die Nutzbarkeit eines Raumes als Aufenthaltsraum und damit auch für die Bewohnbarkeit.

Schwerflüchtige organische Verbindungen (SVOC)

Organische Stoffe mit einer Siedetemperatur von über 260 °C (bzw. einem Dampfdruck von weniger als 10 Pascal bei 20 °C) werden als schwerflüchtig bezeichnet. Viele dieser Substanzen können in der Raumluft noch in nennenswerten Konzentrationen auftreten. Die meisten schwerflüchtigen Stoffe haben eine ausgeprägte Neigung zur Adsorption an Staubpartikel und Oberflächen wie Tapeten, Gardinen und Einrichtungsgegenständen, die damit selbst zu Sekundärquellen dieser Schadstoffe werden.

Zu finden solche Stoffe auch in vielen sogenannten „lösemittelfreien" Farben, Lacken, Klebern, da sie aufgrund ihrer Siedetemperatur nicht als „Lösemittel" deklariert werden müssen.

10

Sick-Building-Syndrom SBS

Das Sick-Building-Syndrom wird seit Mitte der 1970er Jahre beobachtet. Es steht im Zusammenhang mit der zunehmenden Innenraumabdichtung, dem Einbau raumlufttechnischer Anlagen und dem Einsatz neuartiger Bau- und Einrichtungsmaterialien.

Ursachen für das Sick-Building-Syndrom werden angesehen (D. Eis 1999):
- mangelnde Lüftung (u. a. → CO_2),
- Innenraumbelastung durch Gase, Staub, flüchtige organische Verbindungen (die z. B. aus Farben und Teppichen stammen) und Biozide,
- Schimmelpilze, Milben, Bakterien und deren Ausscheidungen, die oft aus schlecht gewarteten oder falsch dimensionierten Klimaanlagen stammen (verkeimtes Befeuchterwasser, Filterüberladung).

Hinzu kommen bürotypische Expositionen wie Bildschirmtätigkeit, Lärm, falsche raumklimatische Bedingungen oder Passivrauchen am Arbeitsplatz. Betroffene berichten auch über sogenannten → **Elektrosmog** durch Computer, Fax- und Kopiergeräte als Auslöser.

Terpene

Terpene sind in der Natur weit verbreitet, vor allem in Pflanzen als Bestandteile der ätherischen Öle. Viele Terpene sind Kohlenwasserstoffe, man findet jedoch auch sauerstoffhaltige Verbindungen wie Alkohole, Aldehyde und Ketone (*Terpenoide*). Ihr Baustein ist der Kohlenwasserstoff **Isopren**, $CH_2 = C(CH_3) – CH = CH_2$ (*Isoprenregel*, Wallach 1887).

Terpene kommen auch als natürliche Bestandteile im Harz der Coniferen (besonders der Pinus-Arten) vor. Als flüchtige Stoffe können sie somit aus Fichten- oder Kiefernholz freigesetzt werden. Dominierende Peaks sind hierbei die Monoterpene **Alpha-Pinen, Beta-Pinen und Delta-3-Caren** (Marutzky). Die Abgabe dieser Stoffe kann sich bei der Verwendung von neuen Holzteilen, z. B. Massivholzmöbeln, im Innenraum geruchlich deutlich bemerkbar machen.

Eine weitere Quelle für das Vorkommen der Terpene im Innenraum stellt die Verwendung der durch Extraktion/Destillation aus den Hölzern gewonnenen Terpentinöle (Balsamterpentinöl, Wurzelterpentinöl) bei der Herstellung von Lacken/Farben dar. Insbesondere die sog. „Bio-Lacke" können diese Stoffe in deutlichen Mengen als Lösemittel enthalten und entsprechend auch an die Innenraumluft emittieren.

Wenngleich das toxische Potenzial dieser „natürlichen Stoffe" im „üblichen" Konzentrationsbereich vielfach ausgeschlossen wird, so kann/können

– die Geruchsbelastung im Einzelnen als „störend" empfunden werden,
– sich bei erhöhten Konzentrationen irritative Effekte im Bereich der Nasen, Augen einfinden
– für Allergiker, Chemikaliensensitive (→MCS) ist ein sensibilisierendes Potenzial (vor allem bei Delta-3-Caren) nicht ausgeschlossen – Delta 3 Caren kann auch eine allergische Kontaktdermatitis auslösen.

Unabhängig von jeder „gesundheitlichen" Bewertung führen hohe Terpenwerte in Gebäuden oftmals zur Überschreitung der von der Ad-hoc-Arbeitsgruppe der Innenraumlufthygiene-Kommission des Umweltbundesamtes vorgegebenen TVOC-Richtwerte für die Beurteilung der Innenraumluft und können damit Bauunternehmern, Bauträgern bei vorher vertraglich fixierter Zusicherung der Einhaltung solcher Richtwerte rechtliche Probleme bei der Gebäudeabnahme bescheren.

Total Volatile Organic Compounds (TVOC)

In der Regel wird der VOC-Summenwert zur Raumluftbewertung herangezogen, für den es seit 2007 Empfehlungen des Umweltbundesamtes (UBA) bezüglich der Höchstwerte gibt. Dazu dienen die Methoden und Grenzwerte der Innenraumexperten Molhave und Seifert. Der Summenwert berücksichtigt nicht die unterschiedliche Toxizität beziehungsweise das irritative, allergene Potenzial der Einzelkomponenten, sondern orientiert sich an Erfahrungswerten bauüblicher Mischungsverhältnisse. Die pauschalisierende Betrachtung wird herangezogen, da wie beschrieben für viele VOCs die allgemein wissenschaftlich anerkannten Gefahrenwerte noch fehlen. Lediglich die Einhaltung der Grenzwerte einzelner, bekannt hochtoxischer Stoffe wie Benzol wird in einer detaillierten Nachbetrachtung zusätzlich berücksichtigt.

WLAN: *W*ireless *L*ocal *A*rea *N*etwork

Lokale Netzwerke (LAN, Local Area Network) werden insbesondere benutzt, um mehrere Computer miteinander zu vernetzen. Als drahtgebundener Standard ist hier das Ethernet besonders verbreitet. Drahtlose LANs ermöglichen ebenfalls diese Vernetzung, aber ohne den für die Kabelverlegung erforderlichen Aufwand.

Diese drahtlosen Netzwerke werden als

WLAN = Wireless Local Area Network oder RLAN = Radio Local Area Network

bezeichnet.

Die damit verbundene Strahlenbelastung → **Elektrosmog** wird von zahlreichen Baubiologen als gesundheitlich äußerst bedenklich eingestuft.

Quellen

Sentinel-Haus Stiftung	http://www.sentinel-haus-stiftung.eu
KATALYSE Institut für angewandte Umweltforschung e. V.; Umweltlexikon	http://www.umweltlexikon-online.de
Arbeitsgemeinschaft ökologischer Forschungsinstitute e. V. (AGÖF)	http://www.agoef.de/
Umweltbundesamt	http://www.umweltbundesamt.de/
Bundesministerium für Umwelt, Naturschutz und Reaktorsicherheit	http://www.bmu.de
Proclima Wissenwiki	http://www.wissenwiki.de
Helmholtz-Zentrum für Umweltforschung GmbH – UFZ	http://www.ufz.de/
ME/CFS aktuell	http://www.cfs-aktuell.de/was_ist_cfs.htm
Chemical Sensitivity Network	http://www.csn-deutschland.de/home.htm
Umweltanalytik Dr. Moldan	http://www.drmoldan.de
Bayerisches Landesamt für Umwelt	http://www.lfu.bayern.de
Enius	http://www.enius.de
Allum – Allergie-Umwelt-Gesundheit	http://www.allum.de
Wikipedia	http://de.wikipedia.org

10

Sachwortverzeichnis

S

S

S

S

S

S

S

S

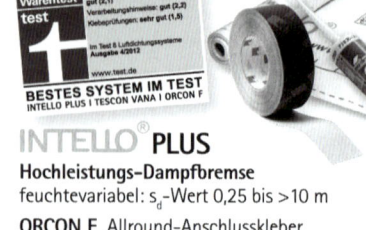